Chemie

Oberstufe

Gesamtband

Allgemeine Chemie · Physikalische Chemie
Organische Chemie

VOLK UND WISSEN

Autoren der Neubearbeitung: Dr. Karin Arnold (Treuen),
Prof. Dr. Volkmar Dietrich (Potsdam), Andreas Eberle (Gotha),
Andreas Grimmer (Magdeburg), Dr. Anja Grimmer (Magdeburg),
Dr. Astrid Jenckel (Boizenburg), Marianne Karohs (Königs Wusterhausen),
Dr. Bettina Labahn (Berlin), Dr. Uwe Lüttgens (Berlin),
Ralf Malz (Berlin), Jörn Peters (Papenburg), Steffen Schäfer (Dresden),
Boris Teichert (Berlin), Kerstin Tischendorf (Schwerin)

Die Neubearbeitung basiert auf Texten von: Prof. Dr. Helmut Barthel †,
Dr. Dr. Wolfram Felber †, Dr. Dietrich Henning, Dr. Eberhard Ludwig,
Prof. Dr. Gerhard Röbisch, Prof. Dr. Erhard Uhlemann †

Berater: Jörn Peters, Hannes Rehm, Dr. David Richter
Leitende Beratung: Dr. Karin Arnold, Prof. Dr. Volkmar Dietrich

Redaktion: Volkmar Kolleck, Heidi Riens, Dr. Claudia Seidel, Dr. Ulrich Strunk
Redaktionelle Mitarbeit: Dr. Manfred Kuballa, Dr. Dagmar Pennig
Bildrecherche: Susanne Finke
Grafik: Karin Mall
Gesamtgestaltung und technische Umsetzung: V+I+S+K, Kirstin Eichenberg
und Torsten Symank

Das Umschlagbild zeigt eine rasterelektronenmikroskopische
Aufnahme von Quarzkristallen.

Das Buch setzt die neue EU-Verordnung zur Einstufung und Kennzeichnung
von Chemikalien um (Globally Harmonised System of Classification and
Labelling of Chemicals, GHS).

www.cornelsen.de/chemie-oberstufe
Unter dieser Adresse befinden sich multimediale Zusatzangebote.
Die Buchkennung ist: COS011179

www.cornelsen.de

1. Auflage, 5. Druck 2016

Alle Drucke dieser Auflage sind inhaltlich unverändert
und können im Unterricht nebeneinander verwendet werden.

Druck: Grafisches Centrum Cuno GmbH & Co.KG, Calbe

ISBN 978-3-06-011180-0

Inhalt

Erläuterung
Die mit L gekennzeichneten Experimente dürfen nur von einer Lehrerin oder einem Lehrer durchgeführt werden.

Bei allen Experimenten sind entsprechend der Gefahrenkennzeichnung von Stoffen die Gefahrenhinweise, Gefahrenmerkmale und Kennzeichnungselemente auf S. 539 ff. zu beachten.

1 Atombau und Ordnung der Elemente

Im Frühling des Jahres 1054 n. Chr. beobachteten die Astronomen einen neuen Stern im Sternbild Stier, der so hell leuchtete wie die Venus und über zwei Monate sogar am Taghimmel sichtbar war. Heute wissen wir, dass die Menschen damals Zeugen einer gigantischen Supernovaexplosion eines Sterns waren, deren Überreste jetzt als Krebsnebel zu beobachten sind. Aus theoretischen Modellen von Supernovaexplosionen konnte geschlossen werden, dass der Stern die acht- bis zehnfache Masse unserer Sonne gehabt haben musste. Gegenwärtig besteht der Krebsnebel aus einer expandierenden Gasmasse mit einem Pulsar als Zentralstern. Pulsare sind rotierende Neutronensterne, die über das gesamte elektromagnetische Spektrum von Radio- bis Röntgenstrahlen Impulse aussenden. Man bezeichnet sie deshalb auch als kosmisches Leuchtfeuer. Der Krebsnebel ist etwa 6300 Lichtjahre von uns entfernt.
Aus der Erforschung solcher kosmischen Ereignisse gewinnen die Wissenschaftler bedeutende Erkenntnisse über die Elementarteilchen und die Entstehung der Elemente.

Grundlagen der Atomtheorie

Entwicklung der Atomtheorie Überlegungen zur Struktur der Materie führten schon den griechischen Philosophen Demokrit (460 bis 371 v. Chr.) zu der Feststellung, dass die Stoffe nicht unendlich teilbar, sondern aus kleinsten unteilbaren Einheiten, den **Atomen** (griech. atomos – unteilbar), aufgebaut sind. (Abb. 1). Diese Auffassung wurde 1803 von John Dalton wieder aufgegriffen und theoretisch erweitert. Nach **Daltons Atomvorstellungen** muss alle Materie aus kleinsten, kugelförmigen unveränderlichen Teilchen, den Atomen, bestehen (Abb. 2). Die Atome eines Elements sind untereinander gleich. Sie unterscheiden sich von den Atomen anderer Elemente in ihrer Masse und ihrer Größe. Bei chemischen Reaktionen werden Atome nicht verändert, sondern lediglich umgruppiert.

1 Atome nach Demokrit

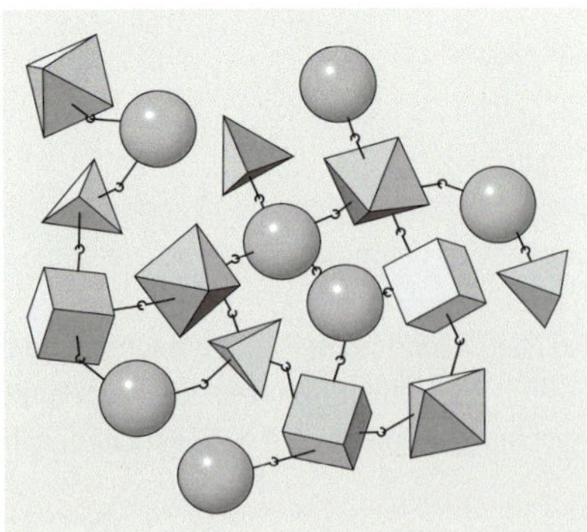

Mit DALTONS Atommodell lassen sich Phänomene wie die Aggregatzustände oder das Mischen von Stoffen, aber auch das von JOSEPH LOUIS PROUST im Jahr 1797 aufgestellte Gesetz der konstanten Proportionen gut erklären.
Bis zum Ende des 19. Jahrhunderts wurden die Atome tatsächlich als unteilbar angesehen. Dann aber entdeckte man bei Strahlungserscheinungen Teilchen, die kleiner und leichter als Atome sind und außerdem elektrische Ladungen tragen können.
Nach JOSEPH JOHN THOMSON stellen die Atome Kugeln dar, bei denen Masse und positive Ladung gleichmäßig über das gesamte Volumen verteilt sind (1897). Der Ausgleich der positiven Ladung sollte durch eingebettete negativ geladene Teilchen erfolgen (Abb. 3). Die Elektronen können aus dem Atom entfernt werden oder dazukommen. Dabei entstehen Ionen.
Weitere Aufklärung über die Verteilung von Ladungen im Atom wurde 1911 durch einen Versuch von ERNEST RUTHERFORD erreicht. RUTHERFORD bestrahlte eine dünne Goldfolie mit α-Teilchen (positive Heliumkerne) und stellte fest, dass nahezu alle α-Teilchen die Folie durchdrangen. Nur ein sehr geringer Teil wurde abgelenkt (Abb. 5). Daraus schloss er, dass fast die gesamte Masse des Atoms sowie die Träger der **positiven Ladung**, die **Protonen**, im Bereich des **Atomkerns** konzentriert ist, während der übrige Bereich fast massefrei vorliegt, aber negativ geladene **Elektronen** enthält. Die Elektronen bewegen sich in der **Elektronenhülle (Atomhülle)** mit hoher Geschwindigkeit um den Atomkern. Die Anzahl der Protonen im Atomkern und die Anzahl der Elektronen in der Elektronenhülle sind in den Atomen eines chemischen Elements immer gleich (Abb. 4). Deshalb ist ein Atom elektrisch neutral.
Alle diese Theorien besitzen den Charakter von Modellen, mit denen man versucht, die Struktur des Atoms zu erklären.

5 Streuversuch von RUTHERFORD:
Apparatur und modellhafte Darstellung

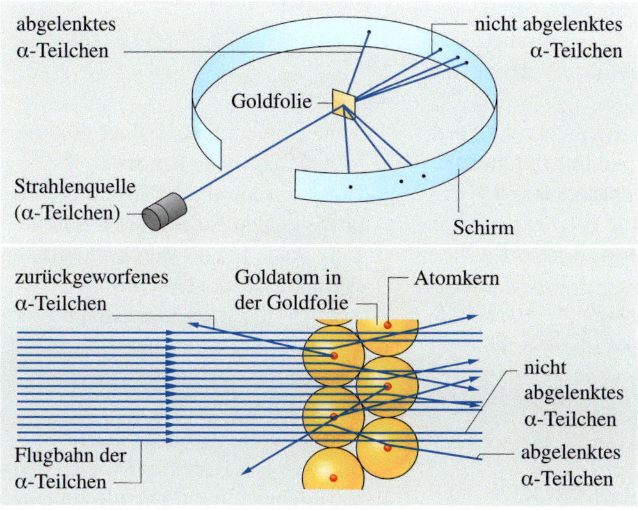

2 Atommodell von DALTON

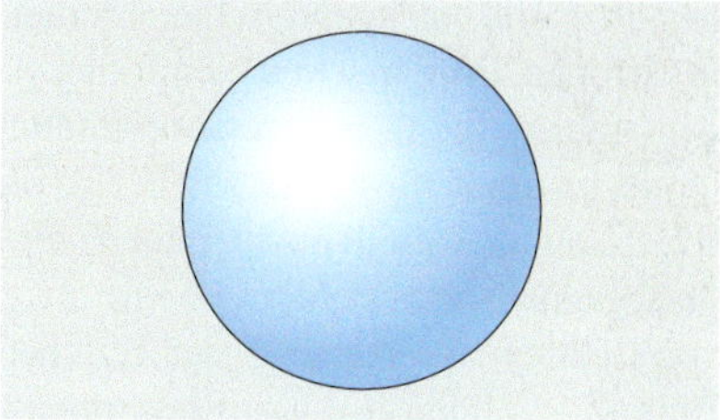

3 Atommodell von THOMSON

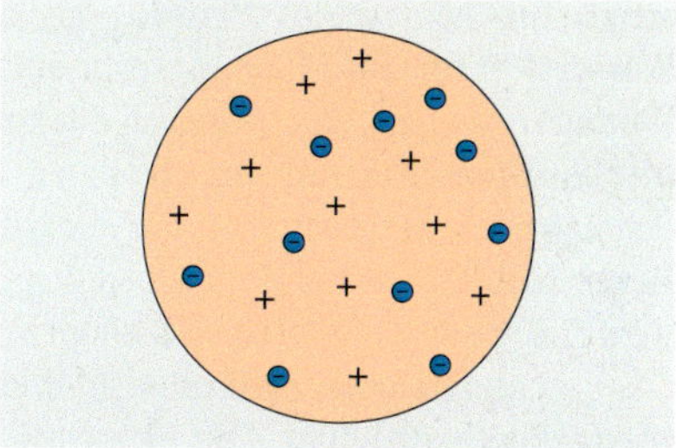

4 Kern-Hülle-Modell von RUTHERFORD

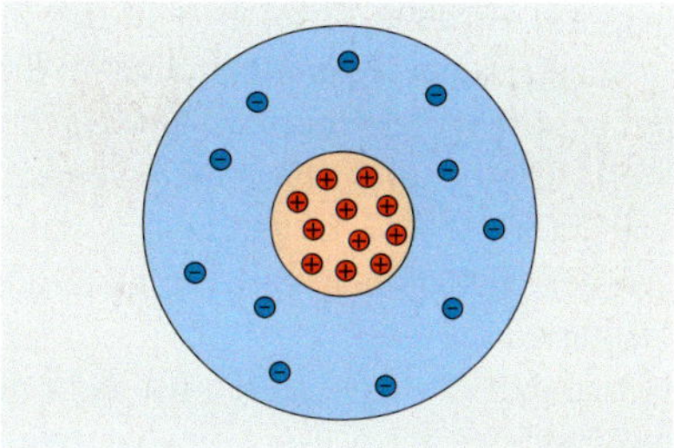

AUFGABEN

1 Erläutern Sie die Gesetze der konstanten und multiplen Proportionen.
2 Informieren Sie sich über die Größenverhältnisse von Atom und Atomkern.
3 Beschreiben Sie anhand der Abb. 5 den Streuversuch von RUTHERFORD und charakterisieren Sie das daraus abgeleitete Atommodell.

Bausteine des Atoms Für den Aufbau des Atoms sind von bisher über 400 nachgewiesenen Elementarteilchen insbesondere Elektronen, Protonen und Neutronen von Bedeutung. Die Kathodenstrahlen, die in einem Gasentladungsrohr aus einer Glühkathode austreten, bestehen aus **Elektronen**. Sie haben eine negative Ladung. Aus der Ablenkung der Teilchen in elektrischen und magnetischen Feldern konnte auf ein bestimmtes Verhältnis von Ladung und Masse dieser Teilchen geschlossen werden.
Beim Zusammenstoß von Elektronen mit Molekülen oder Atomen von Gasen in einem Gasentladungsrohr werden positiv geladene Teilchen der Kanalstrahlung gebildet. Das leichteste derartige Teilchen ist das **Proton**, das bei der Verwendung von Wasserstoff im Gasentladungsrohr entsteht.
Protonen besitzen eine positive, Elektronen eine negative elektrische **Elementarladung**. ROBERT MILLIKAN gelang 1909 erstmalig die Bestimmung der elektrischen Elementarladung. Beim Millikan-Versuch, auch Öltröpfchenmethode genannt, wird die Bewegung kleinster elektrisch aufgeladener Öltröpfchen im elektrischen Feld eines Plattenkondensators mit einem Mikroskop beobachtet. Die elektrostatische Aufladung der zuvor fein zerstäubten Öltröpfchen erfolgt mithilfe von Röntgenstrahlen (Abb. 1). Durch geeignete Wahl der Spannung gelingt es, einzelne Tröpfchen in der Schwebe zu halten. Nach Abschalten der Spannung sinken die Öltröpfchen. Aus den Fallgeschwindigkeiten der Öltröpfchen leitete MILLIKAN den Wert für die elektrische Elementarladung in Coulomb ab: $e = 1{,}602 \cdot 10^{-19}$ C. Es zeigte sich, dass unterschiedliche Ladungen der Öltröpfchen stets ein ganzzahliges Vielfaches der Elementarladung sind.
Neben den Protonen treten im Kern noch ungeladene Teilchen mit fast gleicher Masse, die **Neutronen**, auf. Sie wurden erst 1932 von JAMES CHADWICK bei der Bestrahlung von Beryllium mit α-Teilchen nachgewiesen (Tab. 1).
Der Atomkern besteht aus Protonen und Neutronen. Beide Teilchenarten werden auch als **Nukleonen** (lat. nucleus – Kern) bezeichnet. Allgemein wird jede Atomart eines chemischen Elements auch **Nuklid** genannt. Jedes Nuklid ist durch die Protonen- und Neutronenanzahl charakterisiert.
Isotope sind Atomsorten eines chemischen Elements mit einer bestimmten Neutronenanzahl. Isotope sind Nuklide mit gleicher Protonenanzahl, aber unterschiedlicher Neutronenanzahl und damit unterschiedlicher Massenzahl.

Tab. 1 Masse und Ladung von Elementarteilchen

Elementarteilchen	Masse absolut	Masse relativ*	Ladung
Proton	$1{,}67262 \cdot 10^{-27}$ kg	1,007261	$+1{,}60218 \cdot 10^{-19}$ C
Neutron	$1{,}67493 \cdot 10^{-27}$ kg	1,008650	
Elektron	$9{,}10939 \cdot 10^{-31}$ kg	0,0005486	$-1{,}60218 \cdot 10^{-19}$ C

* bezogen auf die Basis der atomaren Masseneinheit u

1 Versuchsanordnung zur Bestimmung der Elementarladung nach MILLIKAN

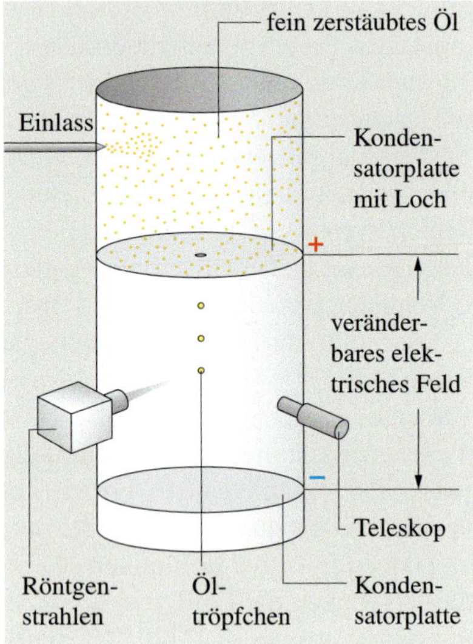

2 Isotope des Wasserstoffs

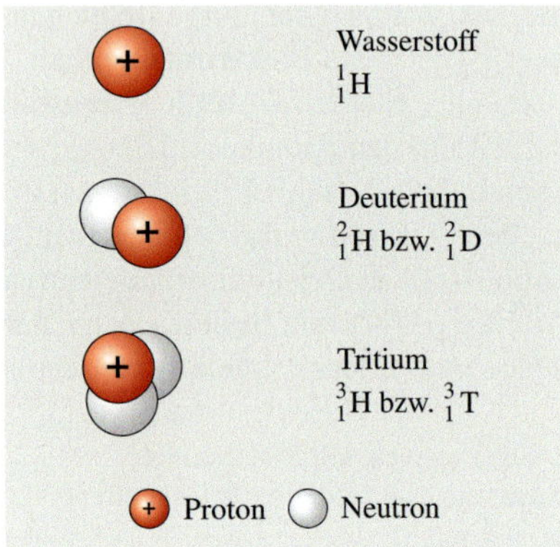

AUFGABEN

1 Vom Element Quecksilber gibt es sieben natürliche Isotope.
a Ermitteln Sie aus der Literatur den prozentualen Anteil dieser Isotope.
b Berechnen Sie die durchschnittliche Atommasse in u für Quecksilber aus der Häufigkeitsverteilung.
c Diskutieren Sie das Ergebnis.
2 Deuten Sie folgende Angaben: $^{20}_{10}Ne$, $^{120}_{50}Sn$, $^{39}_{19}K$, $^{28}_{14}Si$
3 Formulieren Sie für die Kernreaktion zwischen Berylliumatomen und α-Teilchen die Reaktionsgleichung.

Forschung

Entstehung der Elemente

Vom Urknall zu den leichten Elementen Nach heutigen Vorstellungen ist unser Universum vor etwa 15 Milliarden Jahren mit dem Urknall aus einem sehr heißen und unendlich dichten Zustand hervorgegangen. Seitdem dehnt sich der Raum mit der Materie aus. In einem Sekundenbruchteil nach dem Urknall entstanden die Elementarteilchen: Protonen, Neutronen und Elektronen. Nach 10 Sekunden vereinigten sich Protonen und Neutronen zu ersten Atomkernen. Später entstanden die Sterne aus einer Wolke interstellarer Materie, wobei sich auch die schwereren Elemente bildeten. Je nachdem, wie viel Masse sich zu einem Stern zusammenzieht, verläuft seine Entwicklung entsprechend unterschiedlich.

Die Entstehung der leichten Elemente aus Protonen (Wasserstoffatomkernen) spielt sich auch heute noch im Innern der Sterne ab. Durch Kernfusion werden die Protonen zu Heliumkernen vereinigt. Bei Kernfusionen nimmt die Masse der beteiligten Atome ab. Bei der Bildung von Helium aus Wasserstoff wird etwa 1 % der Masse in Energie umgewandelt. Dabei wird je Gramm Helium eine Energie von $7 \cdot 10^8$ kJ frei. Der Prozess der Fusion von Wasserstoff zu Helium lässt sich vereinfacht wie folgt darstellen:

Bei etwa 10^7 K: $4\,^{1}_{1}H \rightarrow\,^{4}_{2}He$

Dieser Prozess findet in unserer Sonne und in all den Sternen statt, die ungefähr eine Sonnenmasse haben. So werden z. B. auf unserer Sonne je Sekunde etwa sechs Tonnen Helium aus Wasserstoff gebildet. Kontrollierte Fusionsreaktionen werden in Forschungseinrichtungen mithilfe von Teilchenbeschleunigern erreicht (Abb. 1).

1 Simulation eines Zusammenstoßes von hochenergetischen Protonen im Teilchenbeschleuniger

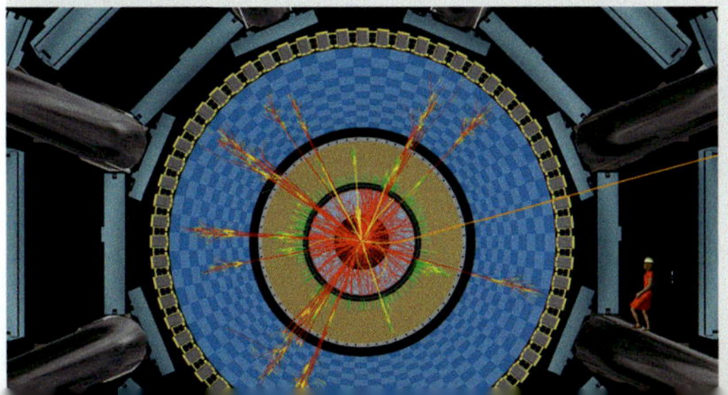

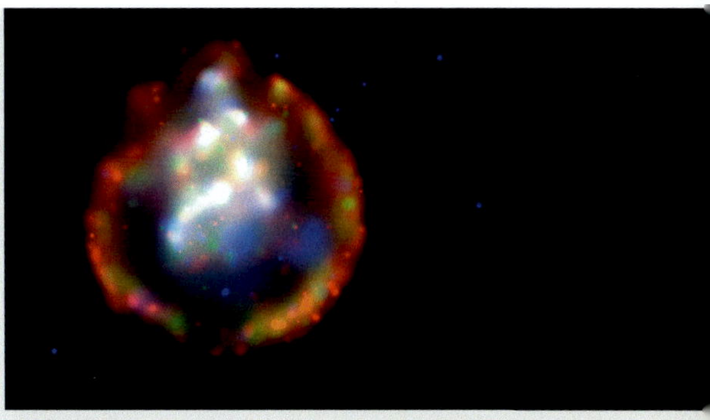

2 Supernova 1987A in der Großen Magellanschen Wolke

Massereiche Sterne durchlaufen nach dem Wasserstoffbrennen eine Folge von weiteren Brennphasen (Tab. 1). Diese Fusion stoppt mit der Entstehung von Elementen aus dem Massenbereich von Eisen. Danach kollabiert das Sternzentrum. Es entsteht eine Supernova (Abb. 2). Dabei stößt der Stern seine Hülle ab und schleudert die Nuklide ins Weltall.

Tab. 1 Kernfusionen in Sternen

Temperatur	Mögliche Reaktionen
etwa 10^8 K	$3\,^{4}_{2}He \rightarrow\,^{12}_{6}C$ $^{12}_{6}C + ^{4}_{2}He \rightarrow\,^{16}_{8}O$
etwa 10^9 K	$2\,^{12}_{6}C \rightarrow\,^{20}_{10}Ne + ^{4}_{2}He$ $2\,^{16}_{8}O \rightarrow\,^{28}_{14}Si + ^{4}_{2}He$
etwa $2 \cdot 10^9$ K	$^{28}_{14}Si + x\,^{4}_{2}He \rightarrow$ Elemente bis $^{56}_{26}Fe$

Schwere Elemente Fast alle Elemente, die schwerer sind als Eisen, sind bei einer Supernovaexplosion bei extrem hohen Energien entstanden. Durch den Einfang von Neutronen können sich kurzzeitig sehr massereiche Kerne bilden, die sich über Beta-Zerfall sofort weiter umwandeln, bis ein stabiles Element übrig bleibt. Das schwerste heute noch auf der Erde vorkommende Element ist Uran mit einer Atommasse von 238 u.

AUFGABEN

1 Bei der Entstehung von Sternen unterscheidet man u. a. zwischen Braunen Zwergen, Roten Riesen und Weißen Zwergen. Erläutern Sie diese Begriffe. Nutzen Sie dafür das Internet.

2 Um großtechnisch aus der Kernfusion Energie zu gewinnen, müssen Verhältnisse wie im Innern eines Sterns auf der Erde realisiert werden. Geben Sie drei wesentliche Bedingungen an, die dabei zu erfüllen sind.

Atomspektren Führt man einem Gas Energie zu, so beginnt es zu leuchten. Im ausgesandten Licht sind aber nicht alle Wellenbereiche des sichtbaren Lichts vertreten, sondern bei Betrachtung durch ein Spektroskop bemerkt man in Abhängigkeit von der Natur des Gases eine Reihe farbiger Linien, ein **Linienspektrum**. Die Spektren werden als **Atomspektren** bezeichnet. Im Gegensatz dazu senden glühende Festkörper ein **kontinuierliches Spektrum** aus, in dem alle Farben von Rot bis Violett vertreten sind (Abb. 2).

Bei den Gasen liegen im energiereichen (angeregten) Zustand freie Atome vor, deren Elektronen die zugeführte Energie aufnehmen, sie aber alsbald wieder in Form von Licht abgeben. Das Auftreten diskreter Linien im Spektrum zeigt, dass von den Elektronen stets nur bestimmte Energiebeträge aufgenommen oder abgegeben werden können. In der **Elektronenhülle** sind für die Elektronen demnach nur bestimmte Energiezustände, **Energieniveaus**, möglich. Jede Spektrallinie entspricht einem **Elektronenübergang** zwischen verschiedenen Energieniveaus der Elektronen eines Atoms. Die dabei umgesetzte Energie ist zur Wellenlänge des ausgesandten Lichts umgekehrt proportional. Die Spektrallinien sind in Form von Serien angeordnet (Abb. 1).

1 Balmer-Serie im Atomspektrum des Wasserstoffs

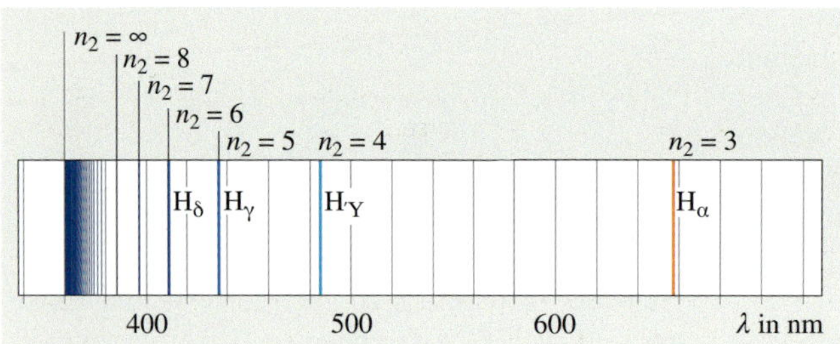

Für das Linienspektrum des Wasserstoffatoms im sichtbaren Bereich wurden die zugrunde liegenden Gesetzmäßigkeiten von JOHANN JAKOB BALMER im Jahr 1885 ermittelt und von JOHANNES RYDBERG 1888 verallgemeinert.

$$\frac{1}{\lambda} = R_H\left(\frac{1}{n_1^2} - \frac{1}{n_2^2}\right) \quad \text{mit } n_1 = 2; \quad n_2 = 3, 4, 5, \dots$$

λ Wellenlänge
R_H Rydberg-Konstante
n Hauptquantenzahl

Die Zahlenwerte von n charakterisieren Energieniveaus, zwischen denen Elektronenübergänge stattfinden. Weitere Spektrallinienserien wurden im Infrarotbereich von PASCHEN ($n_1 = 3$), BRACKETT ($n_1 = 4$) und PFUND ($n_1 = 5$) sowie im ultravioletten Bereich von LYMAN ($n_1 = 1$) entdeckt.

Auf Grundlage der gewonnenen Erkenntnisse ist es möglich, ein

2 Kontinuierliches Spektrum und Linienspektrum einiger Gase

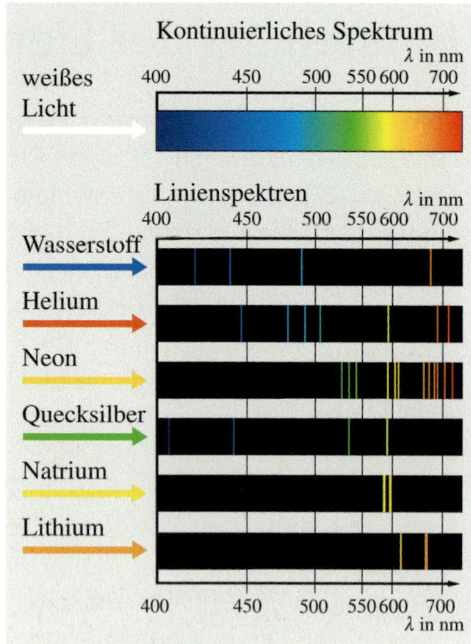

Tab. 1 Frequenzen und Wellenlängen im Wasserstoffspektrum nach der Balmer-Formel

Linie	n_2	Frequenz f in 10^{14} Hz	Wellenlänge λ in nm
H_α (rot)	3	4,566	657
H_β (grün)	4	6,165	487
H_γ (blau)	5	6,905	434
H_δ (violett)	6	7,307	411

3 Deutung von Atomspektren des Wasserstoffs

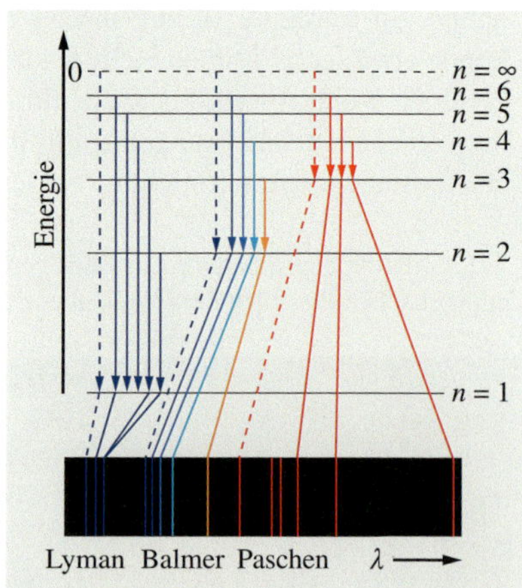

Energieniveaudiagramm für das Wasserstoffatom darzustellen (Abb. 3). Mit zunehmender Energie rücken die Energieniveaus immer dichter aneinander, bis schließlich die Seriengrenze bei $n_2 \to \infty$ erreicht wird. Jenseits der Seriengrenze kann das Elektron dann jede beliebige Energie annehmen. Dies entspricht einem Austritt des Elektrons aus dem Atom.

Das Bohr-Sommerfeld'sche Atommodell Aus den Atomspektren wurden von N. BOHR (Abb. 4) Vorstellungen über den Aufbau der Atome abgeleitet. BOHR postulierte für sein Atommodell, dass sich die Elektronen nur auf ganz bestimmten Bahnen um den Kern bewegen. Der Umlauf auf den Bahnen erfolgt strahlungslos mit konstanter Energie. Jede Bahn entspricht somit einem bestimmten Energieniveau. Die Elektronen absorbieren oder emittieren Energie nur beim sprunghaften Übergang zwischen zwei Energieniveaus. Die Stabilität der Bahnen wird durch ganzzahlige Vielfache des **Planck'schen Wirkungsquantums *h*** charakterisiert ($h = 6{,}6261 \cdot 10^{-34}$ J · s). Dieser Faktor des Planck'schen Wirkungsquantums wird als Quantenzahl bezeichnet und in der Balmer-Formel durch *n* symbolisiert. Durch die **Quantenzahl *n*** sind die Energieniveaus im Wasserstoffatom exakt beschrieben.

Ein großer Erfolg des **Bohr'schen Atommodells** war es, dass die Spektrallinien der Lyman-Serie mithilfe des Modells berechnet werden konnten, ehe sie experimentell nachgewiesen wurden. Nach dem Bohr'schen Atommodell kommen die Linien der Lyman-Serie durch Elektronenübergänge von äußeren Bahnen auf die kernnächste Bahn zustande, bei der Balmer-Serie sind es Übergänge zwischen der zweiten Bahn und weiter außen befindlichen usw. (Abb. 5). Die durch die Zahlenwerte von *n* charakterisierten Bahnen werden auch als Schalen ($n = 1$: K-Schale, $n = 2$: L-Schale usw.) bezeichnet. Das Bohr'sche Atommodell wird daher auch **Schalenmodell der Atomhülle** genannt.

In den Spektren von Atomen, die mehr als ein Elektron aufweisen, tritt eine größere Anzahl von Spektrallinien auf, als nach der einfachen Formel zu erwarten ist. Ursache dafür ist eine Vervielfachung der möglichen Energiezustände infolge zwischenelektronischer Wechselwirkungen. Um diese Energieniveaus der Elektronen eines Atoms charakterisieren zu können, wurden von ARNOLD SOMMERFELD 1915 neben der **Hauptquantenzahl *n*** drei weitere Quantenzahlen eingeführt. Im Atommodell sind nämlich für die Elektronenbewegung außer Kreisbahnen auch elliptische Bahnen möglich. Die Form dieser Ellipsen wird durch die **Nebenquantenzahl *l*** charakterisiert. Weiterhin ist dem Elektron eine Eigenrotation, der Spin, zuzuordnen, die zur Bahnbewegung in gleicher oder entgegengesetzter Richtung erfolgen kann. Sie wird durch die **Spinquantenzahl *s*** beschrieben. Die **magnetische Quantenzahl *m*** ist erforderlich, um die Aufspaltung von Spektrallinien in magnetischen und elektrischen Feldern zu erklären. Durch diese vier Quantenzahlen ist der energetische Zustand eines Elektrons im Atom eindeutig bestimmbar.

4 NIELS BOHR (1885 bis 1962), dänischer Physiker, schuf auf der Grundlage der Quantenhypothese von MAX PLANCK ein anschauliches Atommodell. Er trennte sich damit von den Vorstellungen der klassischen Physik. 1922 erhielt BOHR den Nobelpreis für Physik.

5 Zustandekommen der Spektralserie des Wasserstoffatoms nach dem Schalenmodell

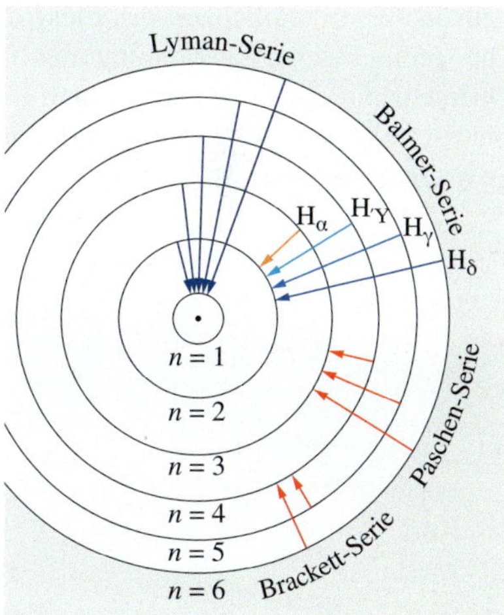

Das wellenmechanische Atommodell Nach einer von LOUIS DE BROGLIE im Jahr 1924 aufgestellten Hypothese ist ein Elektron nicht nur als kleines Masseteilchen zu betrachten, sondern besitzt gleichzeitig Welleneigenschaften. Diese Auffassung stieß zunächst auf scharfe Kritik, konnte aber im Jahr 1927 durch Beugung von Elektronenstrahlen an Kristallgittern von DAVISSON und GERMER experimentell bestätigt werden.

Betrachtet man das Elektron ausschließlich als Teilchen, so ist es nach HEISENBERG nicht möglich, gleichzeitig Ort und Geschwindigkeit genau anzugeben **(Unschärferelation)**. Bestimmbar ist lediglich die **Aufenthaltswahrscheinlichkeit** in einem bestimmten Bereich der Elektronenhülle. Auch dies deutet auf den **Welle-Teilchen-Dualismus** des Elektrons hin. Die Aufenthaltswahrscheinlichkeit eines Elektrons im Atom ist abhängig von den drei Raumkoordinaten und der Zeit. Sie wird durch eine Differenzialgleichung zweiter Ordnung, die Schrödinger-Gleichung, beschrieben. Zur Vereinfachung beschränkt man sich meist unter Vernachlässigung der Zeitabhängigkeit (stehende Welle) auf eine zeitunabhängige Form dieser Wellengleichung.

Lösungen der Schrödinger-Gleichung sind nur für bestimmte Reihen kleiner Zahlen möglich. Es sind dies die von BOHR und SOMMERFELD zur Deutung der Spektren angenommenen Quantenzahlen, die sich so mathematisch ableiten lassen. Die Lösungen dieser Wellengleichung sind selbst Funktionen. Ihre grafische Darstellung gibt die Ladungsdichteverteilung bzw. die Aufenthaltswahrscheinlichkeit eines Elektrons in einem bestimmten Bereich der Elektronenhülle wieder. Ein solcher Raum heißt **Orbital**. Meist begrenzt man die Orbitalräume so, dass die Aufenthaltswahrscheinlichkeit des Elektrons 90 % beträgt (Abb. 1). Die geometrische Ausrichtung der Orbitale wird durch die Quantenzahlen *n*, *l* und *m* bestimmt. Es ergeben sich kugelsymmetrische **s-Orbitale**, hantelförmige **p-Orbitale**, rosettenförmige **d-Orbitale** (Abb. 2).

1 Radiale Aufenthaltswahrscheinlichkeit des Elektrons im Wasserstoffatom

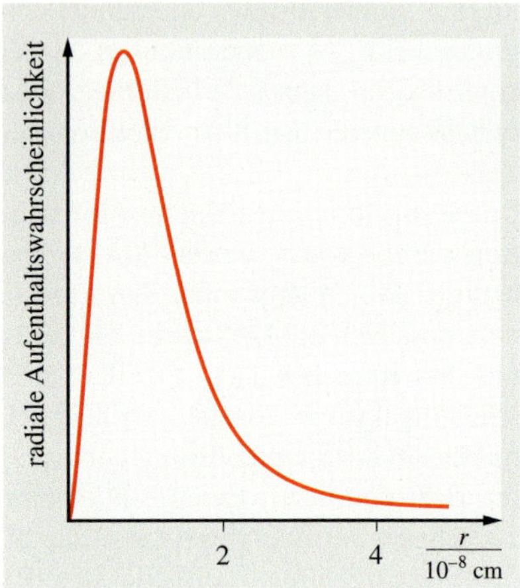

AUFGABEN

1 Erklären Sie die Entstehung eines Atomspektrums anhand der Abb. 2, S. 16. Interpretieren Sie dieses Spektrum und vergleichen Sie es mit dem Spektrum von weißem Licht.

2 Welchen Inhalt hat die Grundaussage der Planck'schen Quantentheorie?

3 Erläutern Sie das Bohr'sche Atommodell und geben Sie Grenzen dieses Modells an.

4 Erläutern Sie die Bedeutung der vier Quantenzahlen.

2 Modellvorstellungen von Atomorbitalen

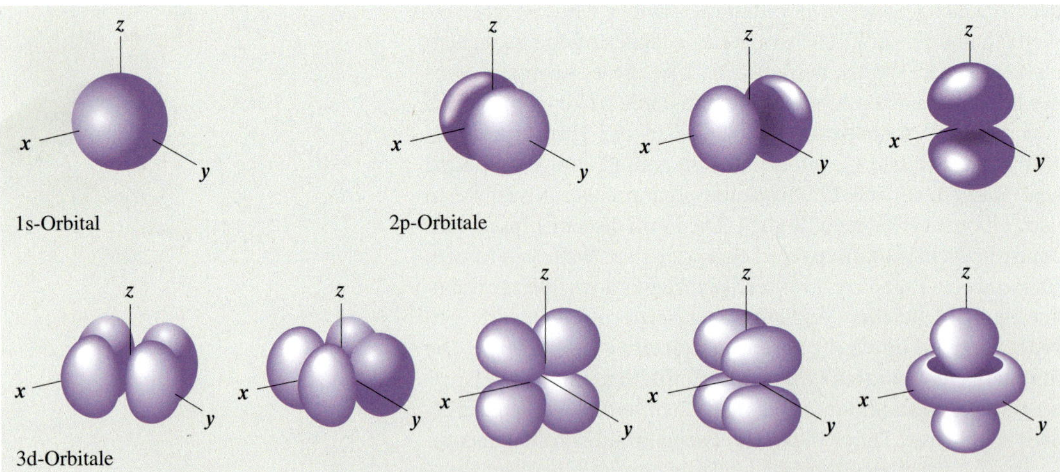

Elektronenkonfiguration der Atome

Besetzung der Orbitale mit Elektronen Die Besetzung der Orbitale eines Atoms mit Elektronen, die **Elektronenkonfiguration** des Atoms, wird durch die vier Quantenzahlen bestimmt. Die Quantenzahlen können jedoch keine beliebigen Werte annehmen. Für sie gelten bestimmte Auswahlregeln (Tab. 1).

Tab. 1 Beziehungen zwischen den Quantenzahlen

Quantenzahl	Regel	Werte
Hauptquantenzahl n	kann ganzzahlige Werte mit $n \geq 1$ annehmen	$n = 1, 2, 3, ...$
Nebenquantenzahl l	ist ganzzahlig, muss aber kleiner n sein	$l = 0, 1, 2, ...$ $l \leq (n-1)$
Magnetquantenzahl m	kann alle ganzzahligen Werte zwischen $-l$ und $+l$ annehmen	$m = ..., -1, 0, 1, ...$ $-l \leq m \leq l$
Spinquantenzahl s	zulässige Werte $+\frac{1}{2}$ und $-\frac{1}{2}$ je nach Spin	$s = +\frac{1}{2}$ oder $-\frac{1}{2}$

Aufgrund der Auswahlregeln ergeben sich für jede Hauptquantenzahl n und somit für jede Elektronenschale die dargestellten Kombinationsmöglichkeiten (Tab. 2). Entsprechend den unterschiedlichen Werten von m gibt es jeweils drei p-, fünf d- und sieben f-Orbitale, die untereinander energetisch gleich sind, sich aber in der räumlichen Orientierung unterscheiden.

Tab. 2 Mögliche Quantenzahlen der Atome von Elementen der K-, L-, M- und N-Schalen

Hauptquantenzahl n	Nebenquantenzahl l	Orbitale	Magnetquantenzahl m	Anzahl der Orbitale	Spinquantenzahl s	Elektronenanzahl	Maximale Besetzung	Schale
1	0	1s	0	1	$\pm\frac{1}{2}$	2	2	K
2	0	2s	0	1	$\pm\frac{1}{2}$	2	8	L
	1	2p	+1, 0, −1	3	$\pm\frac{1}{2}$	6		
3	0	3s	0	1	$\pm\frac{1}{2}$	2	18	M
	1	3p	+1, 0, −1	3	$\pm\frac{1}{2}$	6		
	2	3d	+2, +1, 0, −1, −2	5	$\pm\frac{1}{2}$	10		
4	0	4s	0	1	$\pm\frac{1}{2}$	2	32	N
	1	4p	+1, 0, −1	3	$\pm\frac{1}{2}$	6		
	2	4d	+2, +1, 0, −1, −2	5	$\pm\frac{1}{2}$	10		
	3	4f	+3, +2, +1, 0, −1, −2, −3	7	$\pm\frac{1}{2}$	14		

Prinzipien der Orbitalbesetzung Die Elektronenkonfiguration eines Atoms wird durch drei Prinzipien bestimmt.

Pauli-Prinzip: Die Elektronen im gleichen Atom müssen sich in mindestens einer Quantenzahl unterscheiden. Demnach kann ein Orbital nur mit 2 Elektronen entgegengesetzten Spins besetzt werden.

Energetisches Aufbauprinzip: Die Elektronenkonfiguration der Atome entspricht der energetischen Reihenfolge der Orbitale. Die Besetzung beginnt also mit dem Orbital mit der niedrigsten Energie, dem 1s-Orbital. Die energetische Reihenfolge ist bei Mehrelektronensystemen nicht immer mit der Reihenfolge der Hauptquantenzahlen identisch. So ist die Energie des 4s-Orbitals niedriger als die des 3d-Orbitals. Eine Abschätzung der Energieverhältnisse kann aus der Summe $n + l$ vorgenommen werden. Für das 4s-Orbital beträgt $n + l = 4$, für das 3d-Orbital gilt dagegen $n + l = 5$. Bei gleicher Summe $n + l$ ist das Orbital mit der kleineren Hauptquantenzahl das mit der niedrigeren Energie.

Hund'sche Regel: Orbitale gleicher Energie eines Atoms werden zunächst mit Elektronen parallelen Spins besetzt, bevor Doppelbesetzung unter Spinpaarung erfolgt.

Die Anordnung der Orbitale eines Atoms kann durch Kästchen, die Orientierung der Spins durch Pfeile symbolisiert werden. In vereinfachter Schreibweise gibt man nach den Orbitalbezeichnungen jeweils die Anzahl der Elektronen durch eine hochgestellte Zahl an (Tab. 1).

AUFGABEN

1 Beschreiben Sie die Phänomene Beugung und Interferenz von Wellen.

2 Erläutern Sie die Regeln, die bei der Besetzung der Orbitale mit Elektronen beachtet werden müssen.

3 Geben Sie die Elektronenkonfiguration für die Atome der Elemente mit den Ordnungszahlen 26, 38 und 54 wieder.

4 Erklären Sie, warum die Edelgase reaktionsträge sind.

5 Geben Sie die maximal mögliche Anzahl von Elektronen an, deren Energie durch die Hauptquantenzahl 4 bestimmt wird.

6 Ordnen Sie den folgenden Elektronenkonfigurationen die entsprechenden Atome zu:

a $1s^2\ 2s^2\ 2p^6\ 3s^2\ 3p^6\ 4s^2$

b $1s^2\ 2s^2\ 2p^6\ 3s^2\ 3p^6\ 3d^{10}\ 4s^2\ 4p^5$

c $1s^2\ 2s^2\ 2p^6\ 3s^2\ 3p^6\ 3d^{10}\ 4s^2\ 4p^6\ 4d^{10}$ $5s^2\ 5p^2$

Tab. 1 Elektronenkonfiguration von Atomen der Elemente der 1. bis 2. Periode

Atom (Symbol)	Besetzung der Orbitale in Kästchenschreibweise					Vereinfachte Schreibweise
	1s	2s	2p	3s	3p	
H	[↑]	[ ]	[ ][ ][ ]	[ ]	[ ][ ][ ]	$1s^1$
He	[↑↓]	[ ]	[ ][ ][ ]	[ ]	[ ][ ][ ]	$1s^2$
Li	[↑↓]	[↑]	[ ][ ][ ]	[ ]	[ ][ ][ ]	$1s^2\ 2s^1$
Be	[↑↓]	[↑↓]	[ ][ ][ ]	[ ]	[ ][ ][ ]	$1s^2\ 2s^2$
B	[↑↓]	[↑↓]	[↑][ ][ ]	[ ]	[ ][ ][ ]	$1s^2\ 2s^2\ 2p^1$
C	[↑↓]	[↑↓]	[↑][↑][ ]	[ ]	[ ][ ][ ]	$1s^2\ 2s^2\ 2p^2$
N	[↑↓]	[↑↓]	[↑][↑][↑]	[ ]	[ ][ ][ ]	$1s^2\ 2s^2\ 2p^3$
O	[↑↓]	[↑↓]	[↑↓][↑][↑]	[ ]	[ ][ ][ ]	$1s^2\ 2s^2\ 2p^4$
F	[↑↓]	[↑↓]	[↑↓][↑↓][↑]	[ ]	[ ][ ][ ]	$1s^2\ 2s^2\ 2p^5$
Ne	[↑↓]	[↑↓]	[↑↓][↑↓][↑↓]	[ ]	[ ][ ][ ]	$1s^2\ 2s^2\ 2p^6$

Tab. 2 Elektronenkonfiguration von Atomen der Elemente der 3. Periode

Atom (Symbol)	Besetzung der Orbitale in Kästchenschreibweise					Vereinfachte Schreibweise
	1s	2s	2p	3s	3p	
Na	[↑↓]	[↑↓]	[↑↓][↑↓][↑↓]	[↑]	[ ][ ][ ]	$1s^2\,2s^2\,2p^6\,3s^1$
Mg	[↑↓]	[↑↓]	[↑↓][↑↓][↑↓]	[↑↓]	[ ][ ][ ]	$1s^2\,2s^2\,2p^6\,3s^2$
Al	[↑↓]	[↑↓]	[↑↓][↑↓][↑↓]	[↑↓]	[↑][ ][ ]	$1s^2\,2s^2\,2p^6\,3s^2\,3p^1$
Si	[↑↓]	[↑↓]	[↑↓][↑↓][↑↓]	[↑↓]	[↑][↑][ ]	$1s^2\,2s^2\,2p^6\,3s^2\,3p^2$
P	[↑↓]	[↑↓]	[↑↓][↑↓][↑↓]	[↑↓]	[↑][↑][↑]	$1s^2\,2s^2\,2p^6\,3s^2\,3p^3$
S	[↑↓]	[↑↓]	[↑↓][↑↓][↑↓]	[↑↓]	[↑↓][↑][↑]	$1s^2\,2s^2\,2p^6\,3s^2\,3p^4$
Cl	[↑↓]	[↑↓]	[↑↓][↑↓][↑↓]	[↑↓]	[↑↓][↑↓][↑]	$1s^2\,2s^2\,2p^6\,3s^2\,3p^5$
Ar	[↑↓]	[↑↓]	[↑↓][↑↓][↑↓]	[↑↓]	[↑↓][↑↓][↑↓]	$1s^2\,2s^2\,2p^6\,3s^2\,3p^6$

ZUSAMMENFASSUNG

Atome
Die Atome sind aus dem Atomkern, dem Träger von Masse und positiver Ladung, und der Elektronenhülle (Atomhülle) aufgebaut. Die Struktur der Elektronenhülle kann aus den Atomspektren abgeleitet werden.

Atomspektren
Die Atomspektren bestehen aus Serien von Spektrallinien. Jede Spektrallinie entspricht einem Elektronenübergang zwischen zwei Energieniveaus der Elektronenhülle.

Bohr-Sommerfeld'sches Atommodell
Atome bestehen aus einem elektrisch positiv geladenen Atomkern und den elektrisch negativ geladenen Elektronen, die eine bestimmte Energie haben und sich ohne Energieverlust in der Atomhülle auf bestimmten Bahnen bewegen können.

Quantenzahlen
Im Atom sind nur bestimmte Energieniveaus möglich, die durch 4 Quantenzahlen n, l, m, s charakterisiert werden. Nach dem Pauli-Prinzip müssen sich Elektronen im gleichen Atom mindestens in einer Quantenzahl unterscheiden.

Orbitalmodell (wellenmechanisches Atommodell)
Elektronen haben zugleich Teilchen- und Welleneigenschaften. Atomorbitale beschreiben die Aufenthaltsorte der Elektronen in der Atomhülle als Räume, in denen sie sich gemäß ihrem Energiezustand mit hoher Wahrscheinlichkeit aufhalten.

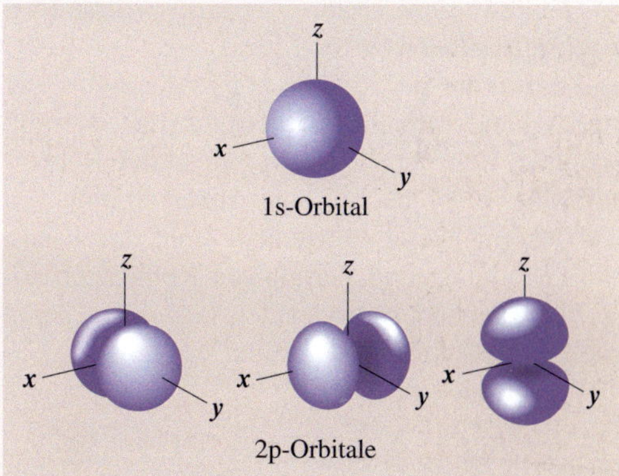

Elektronenkonfiguration eines Atoms
Die Besetzung der verfügbaren Orbitale eines Atoms nennt man Elektronenkonfiguration. Sie erfolgt nach dem Pauli-Prinzip, der Hund'schen Regel und dem energetischen Aufbauprinzip.

► Stoff-Teilchen-Konzept

Forschung

Die Kohlenstoffuhr

Die C-14-Methode Eine Altersbestimmung historischer Fundstücke ermöglicht die im Jahr 1949 von WILLARD FRANK LIBBY entwickelte Radiokarbonmethode, auch C-14-Methode genannt. Die Methode erlaubt die Datierung von 300 bis maximal 50000 Jahre alten Fundstücken. Für die Gletschermumie (Abb. 1) konnte mithilfe dieser Methode ein Alter von etwa 5300 Jahren bestimmt werden.
Die Methode beruht auf der Entstehung und dem Zerfall des radioaktiven Kohlenstoffisotops C-14. In den oberen Schichten der Erdatmosphäre setzt kosmische Strahlung Neutronen frei, die mit Stickstoffkernen reagieren. Diese wandeln sich unter Aussendung eines Protons in das radioaktive Kohlenstoffisotop C-14 um:

$$^{14}_{7}N + ^{1}_{0}n \rightarrow ^{14}_{6}C + ^{1}_{1}p$$

Da das Kohlenstoffisotop C-14 nicht stabil ist, zerfällt es wieder in das Element Stickstoff unter Abgabe eines Elektrons.

$$^{14}_{6}C \rightarrow ^{14}_{7}N + ^{0}_{-1}e^{-}$$

Das frei gewordene Elektron bewirkt β-Strahlung, eine Form radioaktiver Strahlung.
Die Zeit, in der bei Radionukliden die Hälfte der ursprünglich vorhandenen Atomkerne zerfällt, nennt man Halbwertszeit. Das radioaktive Kohlenstoffisotop C-14 besitzt eine Halbwertszeit von 5730 Jahren. Die C-14-Methode geht davon aus, dass Neubildung und Zerfall von Kohlenstoffatomen C-14 einander ausgleichen und damit deren Anteil in der Atmosphäre zeitlich konstant ist.

1 Von Bergsteigern 1991 in den Alpen gefundene mumifizierte Leiche des „Ötzi"

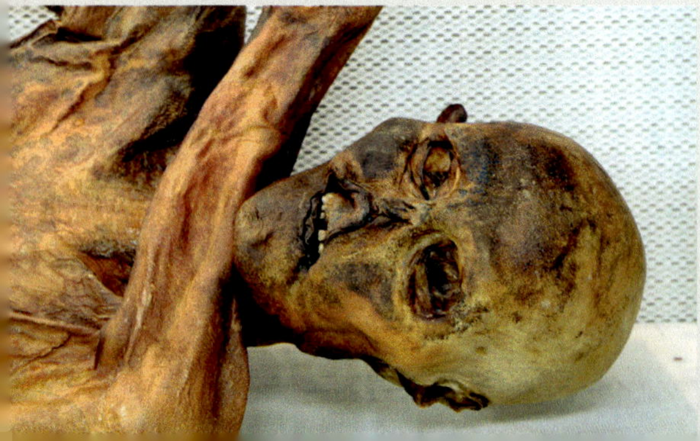

Der Gang der Kohlenstoffuhr Die Kohlenstoffatome C-14 reagieren in der Erdatmosphäre mit den Sauerstoffmolekülen zu Kohlenstoffdioxidmolekülen. Kohlenstoffdioxid wird von Pflanzen assimiliert und gelangt über die Nahrungskette auch in Tiere und Menschen. Beim Aufbau ihrer organischen Verbindungen unterscheiden die Lebewesen chemisch nicht zwischen den Kohlenstoffisotopen C-14 und C-12. Deshalb liegt in einem Organismus, solange er lebt, d.h. atmet, kohlenstoffhaltige Nahrung aufnimmt und wieder ausscheidet, ein konstantes Verhältnis von radioaktiven Kohlenstoffatomen C-14 und stabilen Kohlenstoffatomen C-12 vor. Auf etwa $2 \cdot 10^8$ Kohlenstoffatome C-12 kommt ein Kohlenstoffatom C-14. Mit dem Tod des Organismus endet der Austausch von Kohlenstoff mit der Biosphäre. Die „Uhr" beginnt zu ticken. Das radioaktive Kohlenstoffisotop C-14 zerfällt weiter, ohne dass es ersetzt wird.
Um das Alter einer Probe ermitteln zu können, ist es notwendig, den Anteil der noch vorhandenen Kohlenstoffatome C-14 zu bestimmen. Dies erfolgt über die konventionelle Zählrohrmethode nach LIBBY oder die neuere AMS-Methode (engl. Accelerator Mass Spectrometry – Beschleuniger-Massenspektrometrie).

2 Zeitlicher Verlauf des radioaktiven Zerfalls von Kohlenstoffatomen C-14. Deren prozentualer Anteil ist beim Start der „Uhr" auf 100 % gesetzt.

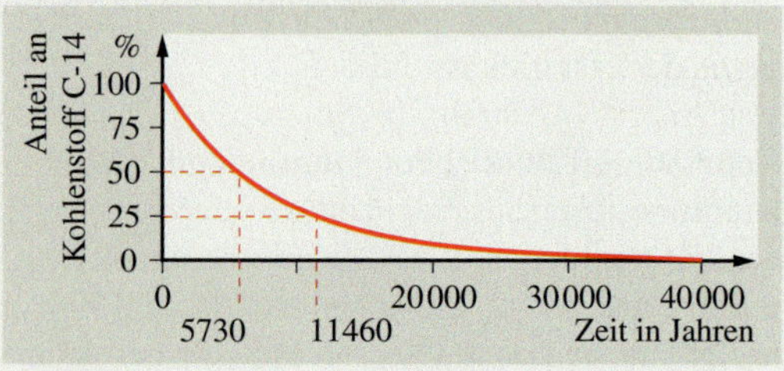

AUFGABEN

1 Informieren Sie sich über die Zählrohrmethode und die AMS-Methode in der Literatur bzw. im Internet. Erläutern Sie das Prinzip, das ihnen zugrunde liegt. Vergleichen Sie die beiden Verfahren.

2 In letzter Zeit hat der Anteil des radioaktiven Kohlenstoffisotops C-14 in der Atmosphäre leicht zugenommen. Nennen Sie Einflüsse, die dazu geführt haben können.

Atombau und Anordnung der Elemente im Periodensystem

Ordnung der Elemente Eine systematische Ordnung der Elemente wurde mit dem Aufstellen des Periodensystems vorgenommen. Als Ordnungsprinzip dienten zunächst die Atomgewichte (heute Atommassen) und die chemischen Eigenschaften (Abb. 1). Elemente mit ähnlichen Eigenschaften treten in periodischer Reihenfolge auf. Sie werden im Periodensystem in Gruppen zusammengefasst.
Die Stellung eines Elements im Periodensystem ist letztlich auf die Elektronenkonfiguration seiner Atome zurückzuführen. Danach unterscheidet man zwischen Haupt- und Nebengruppen.

Hauptgruppenelemente Die Elektronenkonfiguration der Atome ist aus dem **Periodensystem der Elemente** ablesbar. In den **Perioden** stehen Elemente, deren Atome die gleiche Anzahl Energieniveaus haben. Elemente mit Atomen ähnlicher Anordnung der äußeren Elektronen (Außenelektronen) sind in **Gruppen** zusammengefasst. Die niedrigste Energie im **Energieniveauschema** weist das 1s-Orbital auf. Diese Energie hat das Elektron des Wasserstoffatoms im Grundzustand. Danach wird die Elektronenkonfiguration für das Wasserstoffatom als $1s^1$ angegeben. Die Elektronenkonfiguration $1s^2$ entspricht der im Heliumatom. Mit dem Element Helium wird die 1. Periode abgeschlossen (Abb. 2).
Die 2. Periode beginnt mit dem Element Lithium, dessen Atome die Elektronenkonfiguration $1s^2\ 2s^1$ haben, und schließt mit dem Element Neon mit Atomen der Elektronenkonfiguration $1s^2\ 2s^2\ 2p^6$ ab. In der 3. Periode sind die Elemente vom Natrium ($1s^2\ 2s^2\ 2p^6\ 3s^1$) bis zum Argon ($1s^2\ 2s^2\ 2p^6\ 3s^2\ 3p^6$) angeordnet. Charakteristisch für die Atome der Edelgase Helium, Neon, Argon ist eine Elektronenkonfiguration, bei der alle vorhandenen Energieniveaus und Unterniveaus besetzt sind. Zur Beschreibung komplizierterer Elektronenkonfigurationen werden daher häufig diese Anordnungen als **Edelgasrümpfe** zugrunde gelegt, z. B. **[Ar]** für die Elektronenkonfiguration des Argonatoms.
Zum Energieniveau der Hauptquantenzahl $n = 3$ gehören noch fünf 3d-Orbitale, denen zehn Elemente zuzuordnen sind. Energetisch günstiger ist aber das 4s-Orbital. Deshalb haben die Atome der dem Argon folgenden Elemente Kalium und Calcium die Elektronenanordnungen [Ar] $4s^1$ und [Ar] $4s^2$ (Abb. 2). Bei allen bisher betrachteten Elementen sind s- oder p-Orbitale der Atome die energetisch höchsten besetzten Orbitale. Derartige Elemente werden als **Hauptgruppenelemente** bezeichnet.

Nebengruppenelemente Im Energieniveauschema folgt auf das 4s-Niveau das 3d-Niveau. Die Elektronenbesetzung der fünf 3d-Orbitale ist für die Atome der zehn Elemente von Scandium [Ar] $4s^2\ 3d^1$ bis Zink [Ar] $4s^2\ 3d^{10}$ charakteristisch. Elemente, deren Atome als energetisch höchste besetzte Orbitale d-Orbitale haben, werden als **Nebengruppenelemente** bezeichnet.

1 Periodensystem der Elemente nach DMITRI I. MENDELEJEW (1834 bis 1907)

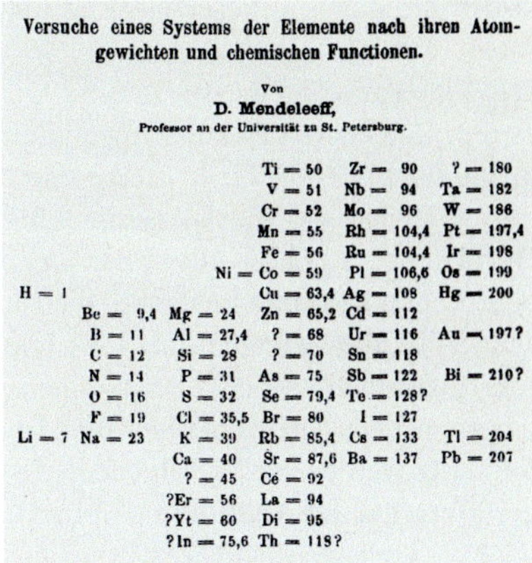

Versuche eines Systems der Elemente nach ihren Atomgewichten und chemischen Functionen.

Von
D. Mendeleeff,
Professor an der Universität zu St. Petersburg.

			Ti = 50	Zr = 90	? = 180
			V = 51	Nb = 94	Ta = 182
			Cr = 52	Mo = 96	W = 186
			Mn = 55	Rh = 104,4	Pt = 197,4
			Fe = 56	Ru = 104,4	Ir = 198
			Ni = Co = 59	Pl = 106,6	Os = 199
H = 1			Cu = 63,4	Ag = 108	Hg = 200
	Be = 9,4	Mg = 24	Zn = 65,2	Cd = 112	
	B = 11	Al = 27,4	? = 68	Ur = 116	Au = 197?
	C = 12	Si = 28	? = 70	Sn = 118	
	N = 14	P = 31	As = 75	Sb = 122	Bi = 210?
	O = 16	S = 32	Se = 79,4	Te = 128?	
	F = 19	Cl = 35,5	Br = 80	I = 127	
Li = 7	Na = 23	K = 39	Rb = 85,4	Cs = 133	Tl = 204
		Ca = 40	Sr = 87,6	Ba = 137	Pb = 207
		? = 45	Cé = 92		
		?Er = 56	La = 94		
		?Yt = 60	Di = 95		
		?In = 75,6	Th = 118?		

2 Energieniveauschema von Mehrelektronensystemen

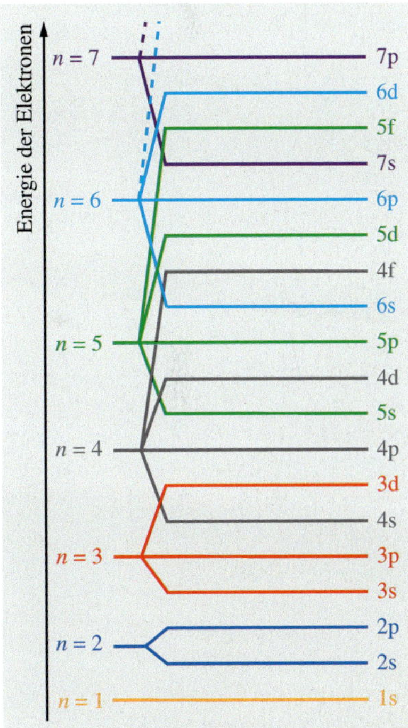

Angabe der Elektronenkonfiguration
Je nach beabsichtigter Aussage können die Elektronenkonfigurationen in der energetischen oder in der numerischen Abfolge der Orbitale angegeben werden.

Infolge von Wechselwirkungen zwischen den Elektronen sinkt mit steigender Elektronenzahl die Energie der 3d-Orbitale unter die des 4s-Orbitals ab (Tab. 1), sodass bei der Bildung von Ionen zunächst die beiden 4s-Elektronen abgegeben werden. Daher bilden die meisten dieser Nebengruppenelemente zweiwertige Ionen (Tab. 2).

Der Existenz von 3d-, 4d- und 5d-Orbitalen entsprechend gibt es drei Reihen von Nebengruppenelementen: die 3d-Reihe von Scandium bis Zink, die 4d-Reihe von Yttrium bis Cadmium und die 5d-Reihe, die die Elemente Lanthan sowie Hafnium bis Quecksilber umfasst. Die Unterbrechung der 5d-Reihe nach dem Lanthan kommt zustande, weil hier im Energiediagramm sieben 4f-Orbitale angeordnet sind. Die Besetzung dieser Orbitale erfolgt bei den Atomen der 14 Elemente, die als **Lanthanoide** bezeichnet werden. Ähnliches wiederholt sich nach dem Actinium. Hier werden die 14 folgenden 5f-Orbitale bei den Atomen der Elemente der **Actinoide** besetzt (↑PSE im Anhang).

Tab. 2 Elektronenkonfigurationen einiger Ionen von Nebengruppenelementen

Ion	Elektronenkonfiguration
Mn^{2+}	$[Ar]\ 3d^5\ 4s^0$
Ni^{2+}	$[Ar]\ 3d^8\ 4s^0$
Cr^{2+}	$[Ar]\ 3d^4\ 4s^0$
Cd^{2+}	$[Kr]\ 4d^{10}\ 5s^0$
Tc^{2+}	$[Kr]\ 4d^5\ 5s^0$

Tab. 1 Zusammenhänge zwischen den Energieniveaus der Atome und der Einordnung der Elemente in das Periodensystem

Energieniveau	Elemente und Ordnungszahlen		
5p		In Sn Sb Te I Xe 49 50 51 52 53 54	
5s	Rb Sr 37 38		
4d			Y Zr Nb Mo Tc Ru Rh Pd Ag Cd 39 40 41 42 43 44 45 46 47 48
4p		Ga Ge As Se Be Kr 31 32 33 34 35 36	
4s	K Ca 19 20		
3d			Sc Ti V Cr Mn Fe Co Ni Cu Zn 21 22 23 24 25 26 27 28 29 30
3p		Al Si P S Cl Ar 13 14 15 16 17 18	
3s	Na Mg 11 12		
2p		B C N O F Ne 5 6 7 8 9 10	
2s	Li Be 3 4		
1s	H He 1 2		

Anordnung der Elemente im Periodensystem Für die Einordnung der Nebengruppenelemente in das Periodensystem gibt es verschiedene Möglichkeiten. Im meistens verwendeten **Langperiodensystem** stehen alle Elemente einer Periode nebeneinander. Haupt- und Nebengruppenelemente sind voneinander getrennt. Elemente mit Atomen gleichartiger Orbitale sind in Blöcken zusammengefasst. Aus Gründen der Übersichtlichkeit ist es üblich, die Lanthanoide und Actinoide in besonderen Zeilen als Anfügung anzuordnen (↑PSE im Anhang).

Im weniger gebräuchlichen **Kurzperiodensystem** werden die Elemente von der 4. Periode an in zwei Spalten so angeordnet, dass Haupt- und Nebengruppenelemente in einer Gruppe nebeneinander stehen. Diese Darstellung hat den Nachteil, dass in einer Gruppe unterschiedliche Elemente zusammengefasst sind (z. B. Alkalimetalle und Kupfer, Silber, Gold). Gemeinsamkeiten bestehen in der Anzahl der Außenelektronen der Atome und im Vorhandensein gleicher Oxidationszahlen (↑S. 28).

Beziehungen zwischen Atombau und Periodensystem Zwischen der Stellung eines Elements im Periodensystem und der Elektronenkonfiguration seiner Atome bestehen folgende Beziehungen.

Die **Ordnungszahl** eines Elements gibt die Gesamtzahl der Elektronen im Atom an. Die Nummer der Periode entspricht der Anzahl der in den Atomen vorhandenen Energieniveaus. Die Nummer der Gruppe gibt die Anzahl der Valenzelektronen an. Als **Valenzelektronen** bezeichnet man Elektronen, die auf unvollständig besetzten Energieniveaus angeordnet sind. Sie bewirken bei chemischen Reaktionen in erster Linie die Veränderungen der Bindungsverhältnisse. Valenzelektronen befinden sich bei den Atomen der Hauptgruppenelemente in s- und p-Orbitalen, bei den Atomen der Nebengruppenelemente in s- und d-Orbitalen, in manchen Fällen auch in f-Orbitalen.

Als Beispiel für die Einordnung eines Elements in das Periodensystem soll das Element Zink betrachtet werden. Zinkatome haben die Elektronenkonfiguration [Ar] $3d^{10}\,4s^2$, die neben zwei s-Valenzelektronen die maximal mögliche Anzahl von d-Elektronen aufweist. Demnach ist Zink ein Nebengruppenelement der II. Nebengruppe. Weiterhin gehört es zur 4. Periode, da Zinkatome über vier Energieniveaus verfügen. Umgekehrt kann aus der Stellung eines Elements im Periodensystem die Elektronenkonfiguration seiner Atome abgeleitet werden. Dabei sind zunächst aus der Nummer der Gruppe Anzahl und Art der Valenzelektronen zu ermitteln. Aus der Nummer der Periode ergibt sich dann die Anzahl der Energieniveaus.

Im Folgenden soll die Elektronenkonfiguration des Aluminiumatoms abgeleitet werden. Das Aluminiumatom hat drei Valenzelektronen. Nach der Stellung des Hauptgruppenelements Aluminium in der 3. Periode kommen drei Energieniveaus in Betracht. Für die Elektronenkonfiguration ergibt sich:

Al: $1s^2\,2s^2\,2p^6\,3s^2\,3p^1$

Voll und halb besetzte Energieniveaus zeichnen sich durch besondere Stabilität aus. Daher haben Kupfer- und Chromatome die Elektronenkonfiguration

Cu: [Ar] $3d^{10}\,4s^1$		Cr: [Ar] $3d^5\,4s^1$
anstatt	und	anstatt
Cu: [Ar] $3d^9\,4s^2$		Cr: [Ar] $3d^4\,4s^2$

AUFGABEN

1 Geben Sie die Elektronenkonfigurationen der Atome für die Elemente mit den Ordnungszahlen 21 bis 30 an. Stellen Sie gemeinsame Merkmale dieser Elemente zusammen.

2 Ermitteln Sie Ähnlichkeiten, die in der Elektronenkonfiguration der Atome bei den Elementen mit den Ordnungszahlen 9, 17, 35 und 53 bestehen.

3 Erklären Sie, warum die 1. Periode des Periodensystems nur 2 Elemente enthält, in der 4. Periode aber 18 Elemente stehen.

4 Die Atome der Elemente in der 3. Periode des Periodensystems verfügen nicht über d-Elektronen. Erklären Sie diesen Sachverhalt.

5 Begründen Sie, warum die Elemente Sauerstoff, Schwefel, Selen, Tellur und Polonium in der VI. Hauptgruppe stehen.

6 Begründen Sie nach der angegebenen Elektronenkonfiguration der Atome, ob es sich um Haupt- oder Nebengruppenelemente handelt:

a $1s^2\,2s^2\,2p^5$

b $1s^2\,2s^2\,2p^6\,3s^1$

c $1s^2\,2s^2\,2p^6\,3s^2\,3p^6\,3d^5\,4s^2$

d $1s^2\,2s^2\,2p^6\,3s^2\,3p^6\,3d^{10}\,4s^2\,4p^6\,4d^{10}\,5s^2\,5p^2$

7 Die Elektronenkonfiguration des Arsenatoms ist:
$1s^2\,2s^2\,2p^6\,3s^2\,3p^6\,3d^{10}\,4s^2\,4p^3$
Ermitteln Sie aus dieser Angabe die Stellung des Arsens im Periodensystem.

Atombau und Eigenschaften von Elementen

Periodizität von Eigenschaften Im Periodensystem ändern sich die Eigenschaften der Elemente in charakteristischer Weise. In den Perioden stehen Elemente, deren Atome sich in der Anordnung der Valenzelektronen unterscheiden, also auch chemisch recht unterschiedlich reagieren. Elemente in den Gruppen haben Atome mit analoger Anordnung der Valenzelektronen. Sie sind daher im chemischen Verhalten sehr ähnlich. Besonders charakteristisch ist dies in der Gruppe der Alkalimetalle (Elektronenkonfiguration ns^1) und in der Gruppe der Halogene (Elektronenkonfiguration $ns^2\ np^5$).
So sind die Änderung des Metall- und des Nichtmetallcharakters der Hauptgruppenelemente zwei sich periodisch ändernde Eigenschaften. Die charakteristischen Eigenschaften der **Metalle** beruhen im Wesentlichen darauf, dass die Atome dieser Elemente leicht Elektronen abgeben können, was wiederum eng mit der Ionisierungsenergie der betreffenden Elemente zusammenhängt (S. 27). Somit nimmt der Metallcharakter innerhalb der Periode mit steigender Ordnungszahl ab und innerhalb der Hauptgruppen zu.
Die Atome der **Nichtmetalle** weisen die Tendenz zur Elektronenabgabe nicht auf. Sie besitzen viele Valenzelektronen und nehmen deshalb bevorzugt Elektronen auf oder benutzen Elektronen mit Bindungspartnern gemeinsam, um eine stabile Elektronenkonfiguration zu erreichen. Die Elemente Francium und Fluor stellen die Extreme innerhalb dieser Klassifikation dar.
In der Kohlenstoffgruppe treten dagegen kontinuierliche Veränderungen der Eigenschaften vom Nichtmetall Kohlenstoff über die Halbmetalle Silicium und Germanium bis zu den Metallen Zinn und Blei auf.

Atom- und Ionenradien Die Größe von Atomen und Ionen haben ebenfalls einen direkten Einfluss auf die Eigenschaften von Elementen. So nimmt in den Gruppen der Atomradius zu, da mit jeder Periode eine neue Elektronenschale hinzukommt. Das gilt auch für die Ionen der Elemente einer Gruppe. Dabei sind die elektrisch positiv geladenen Ionen stets kleiner als die jeweiligen Atome aufgrund der höheren Anziehungskraft auf die Elektronen im Atom (Abb. 1). Die Radien von elektrisch negativ geladenen Ionen sind dagegen stets größer als die Radien der entsprechenden Atome, da die elektrische Anziehungskraft auf die Elektronen geringer ist als im Atom (Abb. 2).
Innerhalb einer Periode nehmen die Atomradien der Elemente ab, da die Elektronenhülle mit zunehmender Kernladungszahl stärker vom Kern angezogen wird.
In enger Beziehung zum Atomradius steht das molare Atomvolumen, d. h. der Raum, den ein Mol Atome eines Elements theoretisch bei 0 K einnehmen würde. Atome mit einem großen Radius nehmen also ein größeres Volumen ein als solche mit einem kleineren.

1 Atom- und Ionenradien der Elemente der I. Hauptgruppe

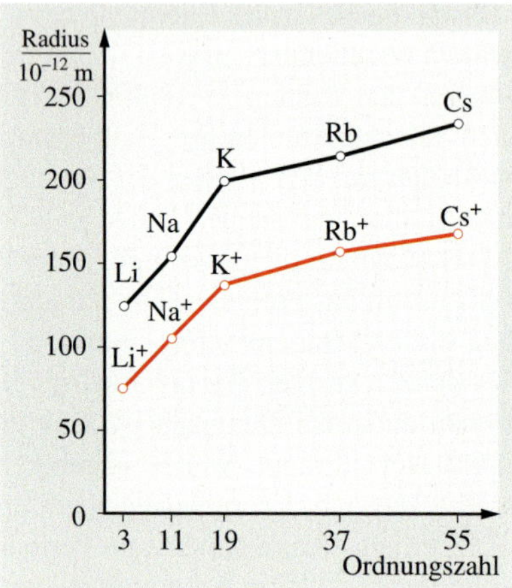

2 Atom- und Ionenradien der Elemente der VII. Hauptgruppe

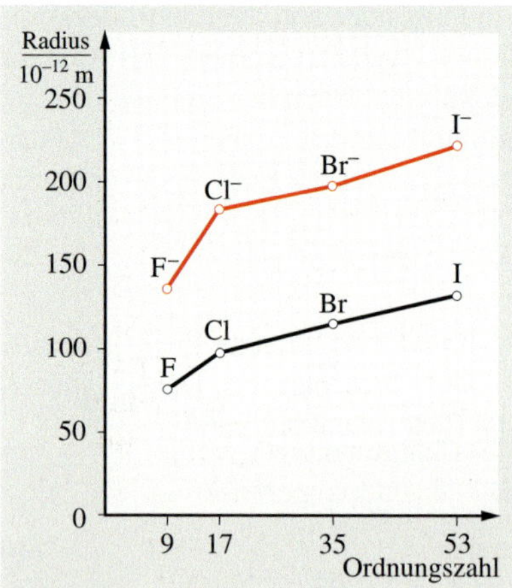

3 Abhängigkeit des molaren Atomvolumens von der Ordnungszahl

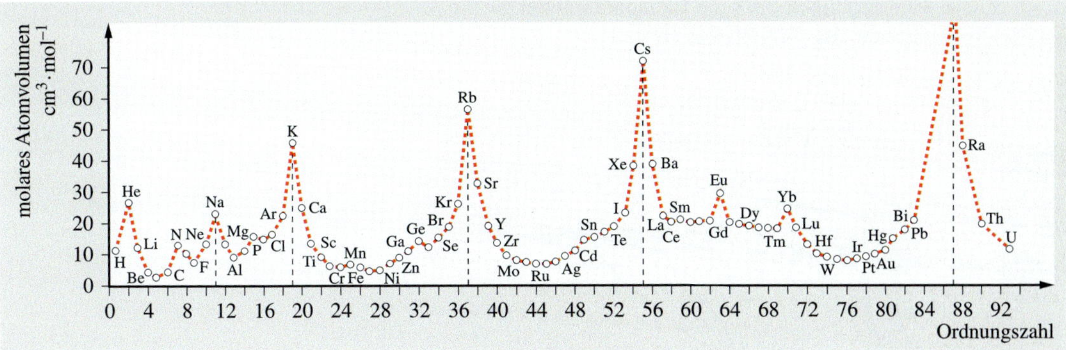

Die Abhängigkeit der Atomvolumen (Abb. 3) von der Kernladungszahl wird bei den Atomen mit 4f-(und 5f-)Niveaus besonders deutlich. Mit dem Atomvolumen eng verknüpft ist die Dichte der Elemente, deren grafische Darstellung ein Spiegelbild der Atomvolumenkurve darstellt.

Ionisierungsenergien, Elektronenaffinitäten, Elektronegativitäten Periodizitäten bestehen auch bei den Ionisierungsenergien, den Elektronenaffinitäten und den Elektronegativitäten.
Unter der **Ionisierungsenergie** versteht man die Energie, die erforderlich ist, um aus Atomen eines Stoffs im gasförmigen Zustand Elektronen freizusetzen (Abb. 4).

4 Abhängigkeit der Ionisierungsenergie von der Ordnungszahl

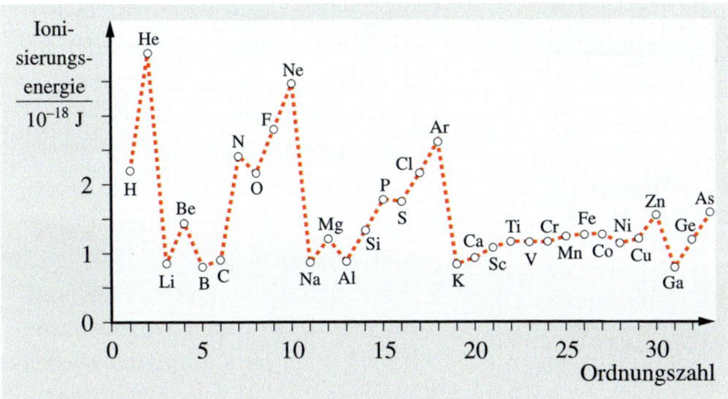

Die **Elektronenaffinität** ist die Energie, die bei der Aufnahme von Elektronen durch Atome eines im gasförmigen Zustand befindlichen Stoffes auftritt (Abb. 5). Die niedrigsten Ionisierungsenergien weisen die Alkalimetallatome auf, die höchsten Elektronenaffinitäten besitzen die Halogenatome. Unschwer ist die Tendenz zur Bildung positiver und negativer Ionen, die sich aus der Elektronenkonfiguration der Atome ergibt, zu erkennen.
Die **Elektronegativität** ist ein relatives Maß für die Anziehungskräfte von Atomen unterschiedlicher Elemente auf gemeinsame Elektronenpaare. Die höchste Elektronegativität be-

5 Abhängigkeit der Elektronenaffinität von der Ordnungszahl für die Elemente 1 bis 20

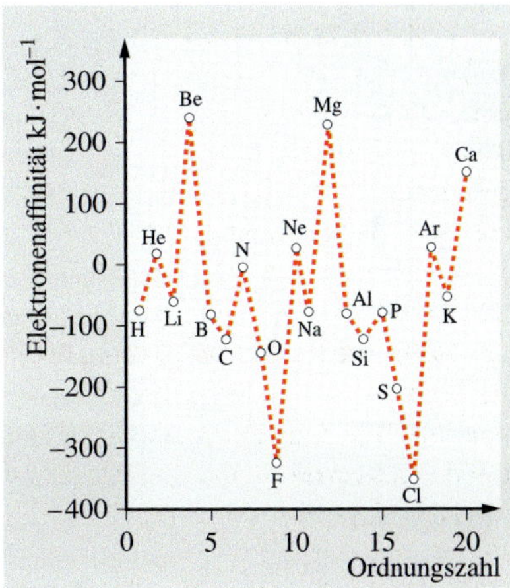

sitzen die Elemente, die rechts oben im Periodensystem stehen (F, O, N, Cl), während unten links die Elemente mit der geringsten Elektronegativität angeordnet sind (Abb. 1).

1 Zusammenhang zwischen Elektronegativität und Stellung eines Elements im Periodensystem

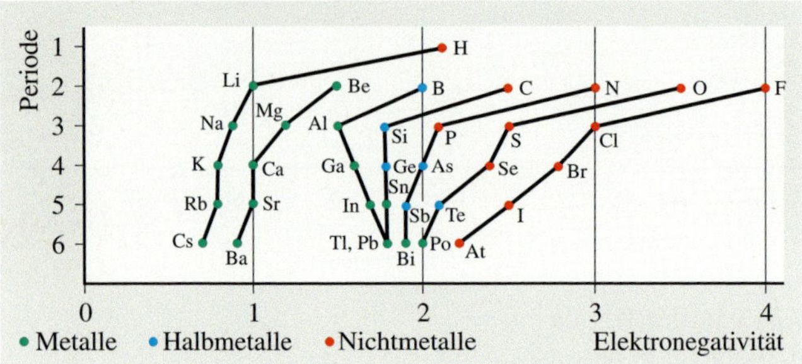

Oxidationszahlen Die Elektronenkonfiguration gibt auch Aufschluss darüber, welche Oxidationszahlen für die Elemente zu erwarten sind. Als **Oxidationszahl (Oxidationsstufe)** bezeichnet man die Ladung, die einem Atom in einer Verbindung zugeordnet ist, wenn man sich diese Verbindung aus einfachen Ionen aufgebaut denkt. Die Oxidationszahlen werden als arabische Ziffern mit positivem oder negativem Vorzeichen über dem Elementsymbol angegeben. Für das Phosphoratom gilt z. B. die Elektronenanordnung P: [Ne] $3s^2$ $3p^3$. Durch Abgabe oder Aufnahme von Elektronen kann das Phosphoratom die Konfigurationen [Ne], [Ne] $3s^2$ und [Ne] $3s^2$ $3p^6$ erreichen, die den Oxidationszahlen +5, +3 bzw. −3 entsprechen. Bei den Hauptgruppenelementen ergibt sich die höchste Oxidationszahl aus der Anzahl der Valenzelektronen und ist meist gleich der Gruppennummer im Periodensystem (Abb. 2).

2 Zusammenhang zwischen der Anzahl der Valenzelektronen und den Oxidationszahlen bei den Hauptgruppenelementen der 3. Periode

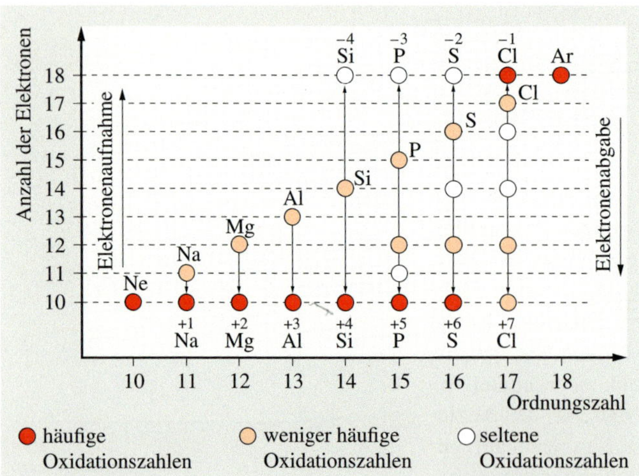

AUFGABEN

1 Die Elemente Bor, Silicium, Germanium, Arsen, Selen, Antimon und Tellur werden auch als Halbmetalle bezeichnet. Begründen Sie die Richtigkeit dieser Angabe.

2 Erklären Sie, warum Atomradien der Elemente innerhalb einer Periode abnehmen, aber mit dem Übergang zur nächsten Periode sprunghaft ansteigen.

3 Alkalimetalle reagieren heftig mit Sauerstoff. Erklären Sie dieses Verhalten unter Beachtung der Ionisierungsenergie und der Elektronegativitäten der Atome der Stoffe.

4 Geben Sie die Elektronenkonfigurationen der Atome der Elemente Wasserstoff, Sauerstoff, Stickstoff, Calcium und Eisen an. Leiten Sie daraus mögliche Oxidationszahlen für die genannten Elemente ab.

5 Begründen Sie das Auftreten von Mangan mit den Oxidationszahlen +2 und +7 anhand der Elektronenkonfiguration der Atome.

Oft tritt auch eine um zwei Einheiten niedrigere Oxidationszahl auf. Es sind aber auch noch weitere Oxidationszahlen möglich. Die niedrigste Oxidationszahl ergibt sich aus der Differenz der Elektronenanzahlen der Atome des betreffenden Elements und des nächstfolgenden Edelgases. Niedrigere Oxidationszahlen als –4 sind nicht bekannt.

Für die Elemente der 3. Periode sind die Zusammenhänge in der Abbildung 2 dargestellt.

Bei den Nebengruppenelementen werden die chemischen Eigenschaften fast ausschließlich von den Elektronen der d- und s-Niveaus bestimmt. Da zwischen diesen nur geringe Energieunterschiede bestehen, existiert bei Nebengruppenelementen eine größere Vielfalt an Oxidationszahlen als bei entsprechenden Hauptgruppenelementen.

Beispielsweise kann Mangan Oxidationszahlen von ±0 bis +7 haben. Bei chemischen Reaktionen tritt daher oft ein Wechsel der Oxidationszahl ein, der z. B. im Fall von Manganverbindungen besonders gut an der Änderung der Farbe zu erkennen ist (Tab. 1).

Für die Elemente der 4. Periode sind die Zusammenhänge in Abbildung 3 dargestellt. Die höchste Oxidationszahl entspricht auch hier der Elektronenkonfiguration der Atome des vorhergehenden Edelgases und steht in Bezug zur Gruppennummer.

3 Zusammenhang zwischen der Anzahl der Valenzelektronen und den Oxidationszahlen bei den Nebengruppenelementen der 4. Periode

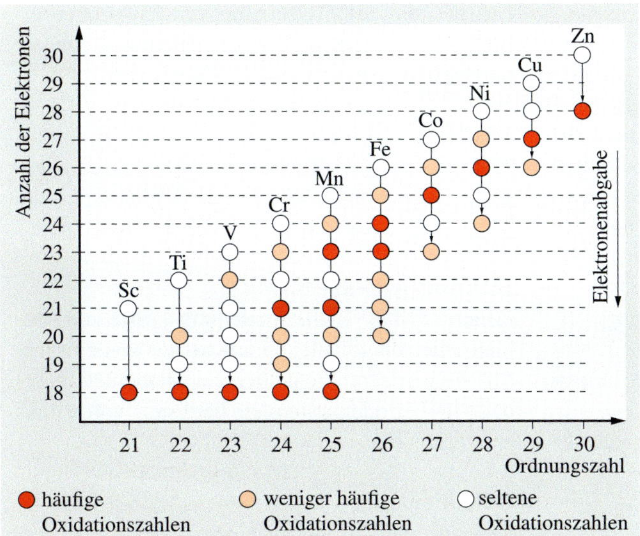

Tab. 1 Farbigkeit von Manganverbindungen

Formel der Verbindung	Oxidationszahl des Mangans	Farbe der Verbindung
$MnCl_2$	+2	
$MnO(OH)$	+3	
MnO_2	+4	
Na_3MnO_4	+5	
$BaMnO_4$	+6	
$KMnO_4$	+7	

Gruppennummerierung im Langperiodensystem Im Langperiodensystem der Elemente wurden Haupt- und Nebengruppen bisher in unterschiedlicher Art und Weise bezeichnet. Zur Vereinheitlichung wird daher von der IUPAC empfohlen, die Gruppen von 1 bis 18 durchzuzählen (↑PSE im Anhang). Die Elemente der Bor-, Kohlenstoff- und Stickstoffgruppe sowie die

Chalkogene und Halogene stehen dann in den Gruppen 13 bis 17. Die Gruppennummer der Edelgase wird 18. Kupfer- und Zinkgruppe erhalten die Gruppennummern 11 und 12. Für diese Elemente ergibt sich die Anzahl der Valenzelektronen als Differenz der Gruppennummer und 10. Danach hat ein Sauerstoffatom nach der Stellung des Sauerstoffs in Gruppe 16 eine Anzahl von (16–10 =) 6 Valenzelektronen ($2s^2\ 2p^4$).
Diese neue Bezeichnung erlaubt auch in den Triaden der VIII. Nebengruppe eine problemlose Ableitung der Valenzelektronenanzahl. So beträgt z. B. für Nickelatome (Gruppe 10) auch die theoretisch mögliche Anzahl der Valenzelektronen 10 ($3d^8\ 4s^2$).

ZUSAMMENFASSUNG

Hauptgruppenelemente
Elemente, deren Atome als energetisch höchste besetzte Orbitale s- oder p-Orbitale haben, werden als Hauptgruppenelemente bezeichnet.

Na: $1s^2\ 2s^2\ 2p^6\ 3s^1$

Nebengruppenelemente
Als Nebengruppenelemente werden Elemente zusammengefasst, deren Atome als energetisch höchste besetzte Orbitale d-Orbitale haben.

Zn: [Ar] $4s^2\ 3d^{10}$

Valenzelektronen
Valenzelektronen sind Elektronen, die sich auf unvollständig besetzten Energieniveaus befinden. Elemente, die in der gleichen Gruppe des Periodensystems stehen, haben Atome mit analoger Anordnung der Valenzelektronen und sind demzufolge im chemischen Verhalten sehr ähnlich.

Beziehungen Atom – Periodensystem
Nummer der Periode ≙ Anzahl vorhandener Energieniveaus der Atome
Nummer der Hauptgruppe ≙ Anzahl der Valenzelektronen der Atome

Zn: $1s^2\ 2s^2\ 2p^6\ 3s^2\ 3p^6\ 3d^{10}\ 4s^2$

4. Periode ≙ 4 Energieniveaus der Atome
II. Nebengruppe ≙ 2 Valenzelektronen und vollständig besetzte d-Niveaus der Atome

Viele Eigenschaften der Atome von Elementen, wie Atom- und Ionenradien, Ionisierungsenergien, Elektronenaffinitäten, Elektronegativitäten, und chemisches Verhalten der Elementsubstanzen ändern sich in periodischer Weise.

Atomradien
Die Atomradien nehmen in den Gruppen des Periodensystems zu, innerhalb einer Periode ab.

Ionisierungsenergie
Energie, die zur Freisetzung von Elektronen erforderlich ist. Sie ist bei den Alkalimetallen am niedrigsten.

Elektronenaffinität
Energie, die bei Aufnahme von Elektronen abgegeben wird. Sie ist bei den Halogenatomen am höchsten.

Elektronegativität
Relatives Maß für die Anziehungskräfte von Atomen unterschiedlicher Elemente auf gemeinsame Elektronenpaare. Sie ist bei den Elementen rechts oben im Periodensystem am höchsten, unten links am geringsten.

Oxidationszahl
Ladung eines Atoms in einer Verbindung unter der Annahme, dass die Verbindung aus einfachen Ionen aufgebaut ist. In vielen Fällen können auftretende Oxidationszahlen aus der Elektronenkonfiguration der Atome abgeleitet werden.

► Stoff-Teilchen-Konzept

KOMPLEX GEDACHT

1 Insbesondere Alkali- und Erdalkalimetalle bzw. deren Verbindungen weisen charakteristische Flammenfärbungen auf.

a Erklären Sie, worauf die Flammenfärbung beruht.

b Erläutern Sie, warum bei vielen Salzen keine Flammenfärbung zu beobachten ist.

2 Erklären Sie das Auftreten der Seriengrenzen in den Atomspektren des Wasserstoffs.
Warum rücken die Spektrallinien vor dem Erreichen einer Seriengrenze immer dichter aneinander?

3 Abbildung 1 zeigt den Doppelspaltversuch. Informieren Sie sich zunächst über die Beugung von Licht am Doppelspalt. Interpretieren Sie auf der Grundlage Ihrer Erkenntnisse die Schirmbilder. Welche Aussagen lassen sich über die Natur des Elektrons treffen?

1 Doppelspaltversuch

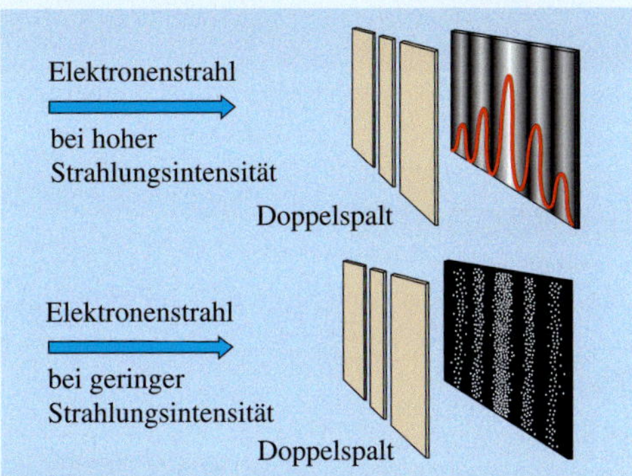

4 Nach DE BROGLIE haben Elektronen auch Welleneigenschaften. Das Elektron befindet sich aber nur in einem stabilen Zustand, wenn die „Elektronenwelle" eine stehende Welle ist.
Abbildung 2 zeigt zweidimensionale Wellen verschiedener Wellenlängen λ. Damit sich eine stehende Welle ausbilden kann, müssen bestimmte Bedingungen erfüllt sein.

a Zeichnen Sie Wellen verschiedener Wellenlängen λ zwischen zwei reflektierenden Wänden, die einen festgelegten Abstand l zueinander haben. Geben Sie an, unter welchen Bedingungen stehende Wellen entstehen.

b Formulieren Sie den mathematischen Zusammenhang zwischen der Wellenlänge λ und dem Abstand l der reflektierenden Wände beim Vorliegen einer stehenden Welle:
– mit keinem Knoten zwischen den Wänden
– mit einem Knoten zwischen den Wänden
– mit zwei Knoten zwischen den Wänden

c Setzen Sie die Ergebnisse in Beziehung zur Hauptquantenzahl n. Begründen Sie, warum n nur ganzzahlige Werte annehmen kann.

2 Zweidimensionale Wellen

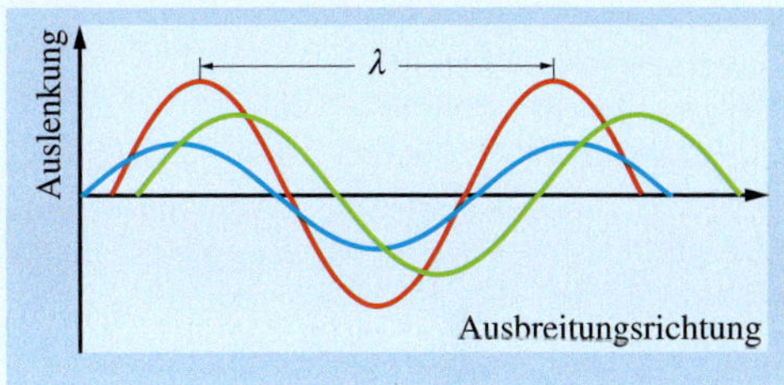

5 Aus dem Periodensystem kann man nicht nur die Elektronenkonfiguration der Elemente ablesen, sondern auch Aussagen über wichtige Eigenschaften der Elemente ableiten.

a Geben Sie für das Chromatom im Grundzustand das Energieniveauschema in Kästchenschreibweise an. Erläutern Sie den Zusammenhang zwischen der Elektronenkonfiguration des Chromatoms und der Anordnung des Elements im Periodensystem.

b Das zuletzt eingebaute Elektron eines Atoms besitzt die Quantenzahlen $n = 5$, $l = 2$, $m = -2$, $s = -\frac{1}{2}$. Um welches Element handelt es sich? Geben Sie die Elektronenkonfiguration dieses Elements in vereinfachter Schreibweise an.

c Leiten Sie aus dem Atombau die Stellung des Elements Phosphor im Periodensystem ab. Gehen Sie von der Elektronenkonfiguration aus. Begründen Sie mithilfe Ihrer Kenntnisse über stabile Elektronenkonfigurationen das häufige Auftreten der Oxidationszahlen −3 und +5 beim Element Phosphor.

d Im Periodensystem ändern sich die Eigenschaften der Elemente innerhalb der Periode allmählich, beim Übergang von einer Periode zur anderen jedoch sprunghaft. Erklären Sie diese Erscheinung anhand selbst gewählter Beispiele.

2 Chemische Bindungen – Struktur und Eigenschaften von Stoffen

Betrachten wir die stoffliche Vielfalt unserer Umwelt, so wird klar, dass sich die Stoffe in ihren Eigenschaften unterscheiden.
Am Beispiel des Wassers können wir uns verdeutlichen, dass uns viele Stoffe in den Aggregatzuständen fest, flüssig und gasförmig begegnen. Aber auch Stoffeigenschaften wie elektrische Leitfähigkeit, Wärmeleitfähigkeit, Löslichkeit in polaren oder unpolaren Lösemitteln nutzen wir im Alltag regelmäßig.
Mit der Kenntnis über die Struktur und der für sie typischen chemischen Bindung werden vor allem komplizierter aufgebaute Stoffe in ihren Eigenschaften und ihrem Reaktionsverhalten beurteilt und für technische Anwendungen nutzbar gemacht.

Vielfalt der Stoffe und ihrer Eigenschaften

Die unterschiedlichen Eigenschaften sind im Bau der Stoffe, vor allem in der Anordnung der Elektronen in den Teilchen der Stoffe begründet. Umgekehrt darf jedoch nicht bei Vorliegen gleicher Eigenschaften auf einen gleichen Bau der Stoffe geschlossen werden. Obwohl Natriumchlorid, Eisen, Iod, Diamant und Quarz (Abb. 1) bei Raumtemperatur fest sind, unterscheiden sie sich in der Art ihrer Teilchen und im Bau der Gitter. Um beide Aussagen belegen zu können, sind verschiedene Modellvorstellungen zum Bau der Stoffe entwickelt worden.
Beim Betrachten der submikroskopischen Struktur der Stoffe fällt auf, dass die Teilchen eine überwiegende Tendenz zur Ausbildung von Aggregaten (lat. se aggregare – sich anschließen) zeigen. Edelgase, die aus Atomen aufgebaut sind, stellen die einzige Ausnahme dar. In Aggregaten sind die Teilchen miteinander verbunden, zwischen den Teilchen liegt eine **chemische Bindung** vor. Die Art der chemischen Bindung ist dabei von der Atomsorte und den Bindungspartnern abhängig.
Es sind drei **Grenztypen der chemischen Bindung** bekannt: Ionenbindung, Elektronenpaarbindung (Atombindung, kovalente Bindung), Metallbindung. Dabei stellen alle Bindungsmodelle

1 Diamant und Quarz sehen sich sehr ähnlich und unterscheiden sich doch in ihrer molekularen Struktur und in ihren Eigenschaften.

Vereinfachungen dar, die lediglich Idealisierungen der realen Verhältnisse sind (↑ S. 60).
Durch die chemische Bindung allein sind die Eigenschaften der Stoffe häufig noch nicht zu erklären. Zusätzlich werden Kräfte zwischen Molekülen wirksam, die bestimmte Eigenschaften von Molekülsubstanzen wie Sauerstoff, Wasser, aber auch von polymeren Naturstoffen und Kunststoffen erklären. Diese Kräfte werden als **zwischenmolekulare Wechselwirkungen** bezeichnet (↑ S. 48 ff.).

Struktur und Eigenschaften von Ionensubstanzen – Ionenbindung

Bildung von Ionen durch Redoxreaktion Durch Abgabe oder Aufnahme von Elektronen werden aus Atomen elektrisch geladene Teilchen, die **Ionen**, gebildet. Dieser Vorgang ist eine chemische Reaktion, die in der Regel zwischen Atomen der Metalle und Atomen der Nichtmetalle erfolgt.
Metallatome sind **Elektronendonatoren**, durch Elektronenabgabe werden positiv geladene **Kationen** gebildet.

2 Bildung von Natriumchlorid aus den Elementsubstanzen

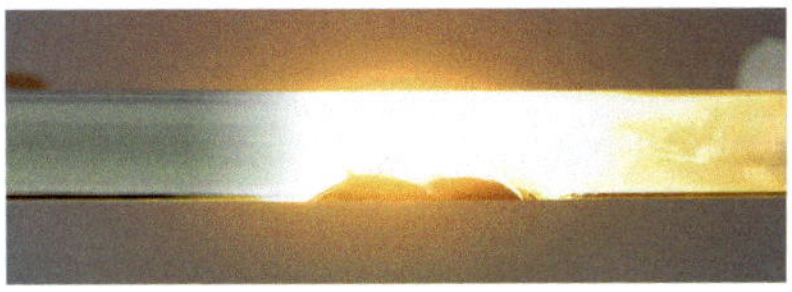

$$Na \rightarrow Na^+ + e^-$$

Nichtmetallatome fungieren als **Elektronenakzeptoren**, durch Elektronenaufnahme werden negativ geladene **Anionen** gebildet.

$$Cl + e^- \rightarrow Cl^-$$

Die Bildung von Natriumchlorid aus den Elementsubstanzen Natrium und Chlor ist eine **Redoxreaktion**, bei der Elektronenaufnahme und -abgabe gekoppelt auftreten (↑ S. 196 ff.). Die Elektronenübergänge zwischen den beteiligten Teilchen lassen sich als Teilreaktionen formulieren. Die Teilreaktion der Elektronenabgabe wird als **Oxidation** bezeichnet, die Teilreaktion der Elektronenaufnahme als **Reduktion**.

Oxidation

$$2\,Na + Cl_2 \rightarrow 2\,NaCl$$

Reduktion

Beim Elektronenübergang zwischen Teilchen der Reaktionspartner entstehen energetisch stabile Elektronenschalen. Die Anzahl der abgegebenen oder aufgenommenen Elektronen wird durch die 1915/16 unabhängig voneinander von WALTHER KOSSEL und GILBERT LEWIS formulierte **Oktettregel** bestimmbar: Danach ist das Erreichen der **Edelgaskonfiguration** mit acht Elektronen in der Außenschale (Ausnahme Heliumkonfiguration: zwei Elektronen) energetisch begünstigt (↑ S. 37 f.).

AUFGABE

1 Geben Sie die Teilgleichungen für Oxidation und Reduktion der Reaktionen an und formulieren Sie die Gesamtgleichungen:
a Magnesium und Sauerstoff
b Aluminium und Chlor
c Kalium und Phosphor

Wegen der veränderten Elektronenkonfiguration sind Natrium- und Chlorid-Ionen (jeweils 8 Außenelektronen) verglichen mit Natriumatomen (1 Außenelektron) und Chloratomen (7 Außenelektronen) reaktionsträge, stabile Teilchen. Die chemische Reaktionsfähigkeit der Stoffe wird demnach durch die Elektronenkonfiguration der sie aufbauenden Teilchen bestimmt. Stoffe, deren Teilchen die Elektronenkonfiguration von Edelgasatomen aufweisen, sind reaktionsträge.

Struktur von Ionensubstanzen Ein typischer Vertreter der **Ionensubstanzen** ist das Salz Natriumchlorid. Ionensubstanzen sind aus entgegengesetzt geladenen Ionen aufgebaut (Abb. 2). Das System entgegengesetzt geladener Ionen ist in der Summe elektrisch neutral.

Die regelmäßige räumliche Anordnung der entgegengesetzt geladenen Ionen im Natriumchloridkristall wird durch das Modell des **Ionengitters** veranschaulicht. Charakteristisch für die Symmetrie eines Ionengitters ist die **Koordinationszahl**. Sie gibt die Anzahl der nächsten Nachbarn eines Gitterbausteins an. Im Natriumchloridgitter (Abb. 2) hat jedes Natrium-Ion sechs Chlorid-Ionen als Nachbarn, die ein Oktaeder bilden. Ebenso ist jedes Chlorid-Ion von sechs Natrium-Ionen umgeben. Im Natriumchloridkristall haben beide Ionenarten die Koordinationszahl 6.

Neben dem Natriumchloridgitter existieren bei anderen Ionensubstanzen andere Typen von Ionengittern, die auch andere geometrische Formen und Koordinationszahlen aufweisen.

Ionenbindung Zwischen den entgegengesetzt geladenen Ionen des Natriumchloridgitters wirken starke elektrostatische Anziehungs- und Abstoßungskräfte. Dabei hängt die Stärke der elektrischen Anziehung vom Ionenradius und von der Ladung der beteiligten Ionen ab.

Um jedes Natrium-Ion und Chlorid-Ion bildet sich ein elektrisches Feld aus (Abb. 1). Das elektrische Feld bewirkt, dass sich die positiv geladenen Natrium-Ionen symmetrisch mit weiteren negativ geladenen Chlorid-Ionen und die negativ geladenen Chlorid-Ionen mit positiv geladenen Natrium-Ionen umgeben. Die dabei auftretenden elektrostatischen Anziehungs- und Abstoßungskräfte führen zu einer regelmäßigen Anordnung der Ionen in der festen Ionensubstanz. Es wird ein **Ionenkristall** gebildet. Das Wachstum eines Ionenkristalls kann besonders eindrucksvoll z. B. an Alaunkristallen (Kaliumaluminiumsulfat) beobachtet werden (Exp. 1).

Die durch Anziehungskräfte entgegengesetzt geladener Ionen und Abstoßungskräfte gleichartig geladener Ionen bewirkte chemische Bindung heißt **Ionenbindung**.

Die chemische Bindung anderer Ionensubstanzen wie Magnesiumoxid ist weniger polar als die des Natriumchlorids. Magnesiumoxid besitzt keine reine Ionenbindung. Um die Ladungsverteilung in einer polaren chemischen Bindung abschätzen zu

EXPERIMENT 1

Züchtung von Alaunkristallen

15 g $Al_2(SO_4)_3 \cdot 18\ H_2O$ werden in 65 ml Wasser gelöst. Aus 4 g Kaliumsulfat und 35 ml Wasser wird eine gesättigte Lösung hergestellt. Beide Lösungen werden bei 80 °C vereinigt und in einer Kristallisierschale langsam abgekühlt. Die abgeschiedenen Kristalle werden von der Mutterlauge abfiltriert und zwischen Filterpapier getrocknet.

1 Feldlinien zwischen einem positiv geladenen und einem negativ geladenen Ion mit gleich großer Ladung. Da die elektrischen Felder in alle Raumrichtungen wirken, sind zwischen allen Kationen und Anionen Anziehungskräfte wirksam.

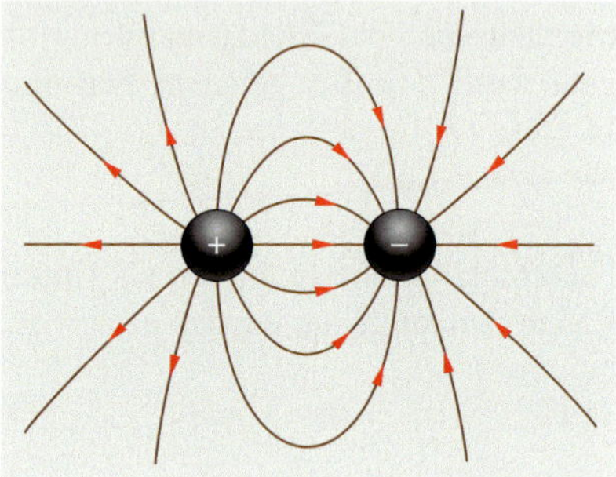

2 Ionengitter des Natriumchlorids

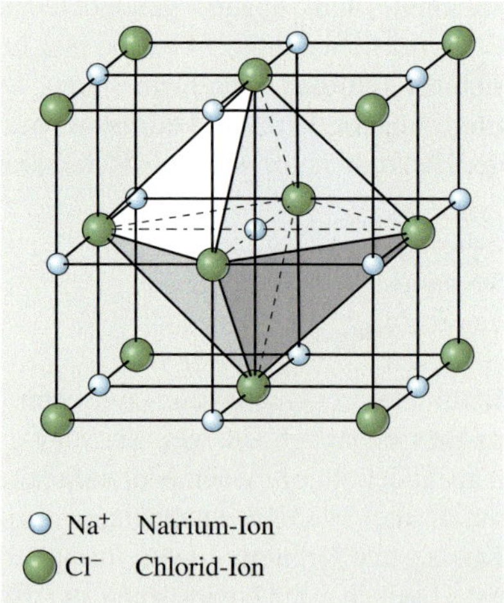

können, hat LINUS PAULING 1932 den Begriff der Elektronegativität eingeführt (↑S. 27).
Dabei ist die Elektronegativitätsdifferenz zweier Bindungspartner ein Maß für die Polarität der chemischen Bindung und ermöglicht abzuschätzen, wie hoch der sogenannte Ionenanteil einer chemischen Bindung ist. Je größer die Elektronegativitätsdifferenz zweier Bindungspartner ist, umso stärker polar ist die Bindung zwischen ihnen.
Nach PAULING liegt bei $\Delta EN > 1{,}7$ eine Ionenbindung vor (↑Abschätzung der Polarität einer Bindung, S. 40).

Eigenschaften von Ionensubstanzen Bei Einwirken einer Kraft auf den Ionenkristall verschieben sich die Ionen entlang einer bestimmten Gitterebene (Abb. 3). Dabei besteht die Möglichkeit, dass sich Ionen gleicher elektrischer Ladung berühren. Es kommt zur Abstoßung und zur Spaltung des Ionenkristalls. Ionenkristalle sind daher spröde, hart und nicht plastisch verformbar. Ihre **Härte** wird von der Gitterenthalpie mitbestimmt (Tab. 1; ↑Gitterenthalpie, S. 182 f.).
Aluminiumoxid, eine Ionensubstanz mit extrem hoher Gitterenthalpie von $\Delta_G H = -15\,000\ \text{kJ} \cdot \text{mol}^{-1}$, ist sehr hart. Es wird daher als Schleifmittel verwendet.

Tab. 1 Ionenabstand, molare Gitterenthalpie, Schmelztemperatur und Härte von Erdalkalimetalloxiden

Ionen-substanz	Ionen-abstand R in pm	Molare Gitter-enthalpie $\Delta_G H$ in $\text{kJ} \cdot \text{mol}^{-1}$	Schmelz-temperatur ϑ_S in °C	Ritzhärte nach MOHS
MgO	212	−3850	2800	6
CaO	240	−3461	2570	4,5
SrO	253	−3283	2430	3,5
BaO	276	−3114	1920	3,3

Beim **Schmelzen** der Ionensubstanzen müssen die elektrostatischen Anziehungskräfte zwischen den Ionen überwunden werden. Im Vergleich zu den Molekülsubstanzen wie Iod sind wegen der sehr viel größeren Gitterenthalpien auch höhere Schmelz- und Siedetemperaturen zu erwarten. Es besteht bei gleichem Gittertyp ein Zusammenhang zwischen den Schmelztemperaturen der Ionensubstanzen und den Gitterenthalpien.
Die Schmelztemperaturen der Alkalimetallhalogenide und Erdalkalimetalloxide nehmen gesetzmäßig mit der Zunahme des **Ionenabstands *R*** ab. Der Einfluss der Ionenladung auf die Schmelztemperatur wird an den Ionensubstanzen NaF und CaO sowie NaCl und BaO, Ionensubstanzen mit annähernd gleichem Ionenabstand *R*, deutlich (Tab. 2).
Die Schmelzen der Ionensubstanzen haben wegen der bestehenden Anziehungskräfte zwischen den Teilchen hohe Siedetemperaturen. Nur im gasförmigen Zustand liegen freie Ionen vor.

Tab. 2 Einfluss des Ionenabstands auf die Schmelztemperatur der Ionensubstanz

Ionen-substanz	Ionen-abstand R in pm	Schmelz-temperatur ϑ_S in °C
NaF	233	992
CaO	240	2570
NaCl	276	801
BaO	276	1920

3 Einwirken einer Kraft auf einen Ionenkristall

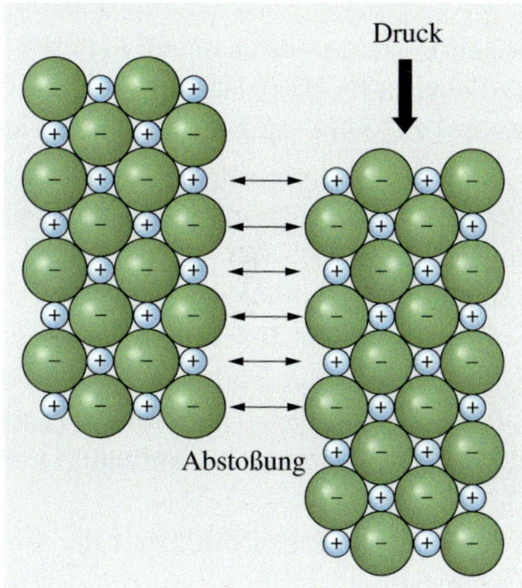

1 Auflösen eines Ionenkristalls

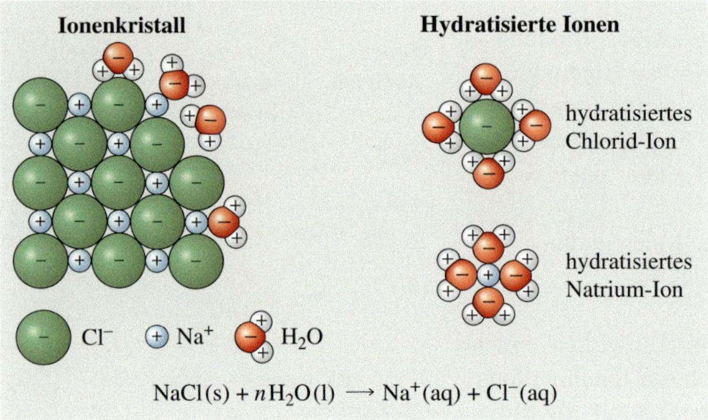

Ionensubstanzen sind in polaren Lösemitteln (↑S. 51) löslich. Dabei wird für das **Lösen** eines Ionenkristalls Energie benötigt. Beim Lösen einer Ionensubstanz im polaren Lösemittel Wasser wird diese Energie durch die Hydratationsenthalpie $\Delta_H H$ aufgebracht. Die Ionen umgeben sich mit einer Hülle aus Wassermolekülen (Abb. 1).
Ursache der Hydratation (↑S. 51) von Ionen sind Wechselwirkungen zwischen Ionen und den Wassermolekülen, die Ionen-Dipol-Kräfte. Eine Vorhersage über die Löslichkeit einer Ionensubstanz lässt sich bei Kenntnis der molaren Gitterenthalpie und der molaren Hydratationsenthalpie treffen (↑S. 182 f.).

Die **elektrische Leitfähigkeit** der Ionensubstanzen hängt von ihrem Zustand ab: Bei Raumtemperatur sind die Ionen an ihren Gitterplätzen im Ionenkristall nicht frei beweglich. Daher zeigen Ionensubstanzen im festen Zustand keine elektrische Leitfähigkeit. In Schmelzen von Ionensubstanzen sind die Ionen dagegen frei beweglich und können als elektrische Ladungsträger den elektrischen Strom leiten (↑Schmelzflusselektrolyse, S. 243 f.). Auch in wässrigen Lösungen von Ionensubstanzen liegen frei bewegliche Ionen vor, Salzlösungen sind daher elektrische Leiter (↑Elektrolyse, S. 236 f.).

AUFGABEN

1 Erläutern Sie die Abstufungen der Ritzhärte nach MOHS in der Reihe der Erdalkalimetalloxide.

2 Begründen Sie, ob in den folgenden Stoffen eine Ionenbindung vorliegt: $BeCl_2$, MgO, CaO, $SrCl_2$
Ermitteln Sie dazu mithilfe des PSE (↑Anhang) die Elektronegativitätsdifferenzen.
Informieren Sie sich im Internet oder in der Literatur über die Eigenschaften dieser Stoffe. Beziehen Sie diese Informationen in Ihre Zuordnungen mit ein.

3 In Abb. 2 ist die Struktur des Caesiumchloridgitters gezeigt. Ermitteln Sie die Koordinationszahl der Caesium- und Chlorid-Ionen und begründen Sie die geometrische Struktur dieses Gittertyps.

2 Caesiumchloridgitter

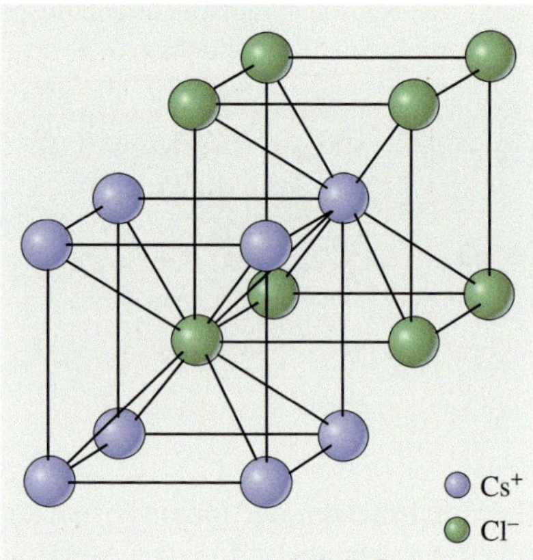

ZUSAMMENFASSUNG

Ionensubstanzen bestehen aus **Ionenkristallen.** Die elektrostatischen Anziehungskräfte zwischen den Ionen bewirken die **hohen Schmelz- und Siedetemperaturen**. Bei gleichem Ionengitter und gleicher Ionenladung nehmen die Schmelztemperaturen mit zunehmendem Ionenabstand ab. Dagegen steigt die Schmelztemperatur bei gleichem Ionenabstand und zunehmender Ionenladung.

Ionenkristalle leiten den elektrischen Strom nicht. Ionensubstanzen sind in polaren Lösemitteln, z. B. Wasser, löslich.
Schmelzen und wässrige Lösungen von Ionensubstanzen leiten den elektrischen Strom. In ihnen sind die Ionen frei beweglich.

▶ Stoff-Teilchen-Konzept
▶ Struktur-Eigenschafts-Konzept

Struktur von Molekülsubstanzen – Elektronenpaarbindung

Im Gegensatz zu Ionen sind Moleküle elektrisch neutrale Teilchen, die aus mindestens zwei Atomen (Nichtmetallatomen) aufgebaut sind. Zur Beschreibung der chemischen Bindung und der Molekülstrukturen können verschiedene Konzepte bzw. Modelle verwendet werden.

Lewis-Konzept

Elektronenpaarbindung Das von GILBERT N. LEWIS im Jahre 1916 entwickelte einfache Konzept beschreibt die chemische Bindung zwischen Atomen eines Moleküls durch **gemeinsame Elektronenpaare**, die **bindenden Elektronenpaare**. Die Bildung des Elektronenpaars entsteht durch ungepaarte Elektronen der äußeren Elektronenschale der Atome der Bindungspartner. Der Bindungstyp wird als **Elektronenpaarbindung** (Atombindung, kovalente Bindung) bezeichnet. Die übrigen Elektronenpaare heißen **freie** (nicht bindende) **Elektronenpaare**.

Oktettregel Im Wasserstoffmolekül sind zwei Wasserstoffatome durch ein gemeinsames Elektronenpaar miteinander verbunden. Beide Wasserstoffatome haben dadurch die Elektronenkonfiguration eines Edelgasatoms, die des Heliumatoms. In vereinfachten **Lewis-Formeln** werden Elektronen als Punkte und Elektronenpaare als Striche dargestellt.
In einem Chlormolekül sind zwei Chloratome ebenfalls durch ein gemeinsames Elektronenpaar miteinander verbunden. Jedes Chloratom hat damit die Elektronenkonfiguration des Argonatoms.

H:H oder H–H   :C̤̈l:C̤̈l: oder |C̄l–C̄l|

In einem Kohlenstoffdioxidmolekül sind die beiden Sauerstoffatome durch zwei gemeinsame Elektronenpaare (**Doppelbindung**), in einem Stickstoffmolekül sind die Stickstoffatome durch drei gemeinsame Elektronenpaare (**Dreifachbindung**) miteinander verbunden (Abb. 3).
Auf diese Weise können Atome des Sauerstoffs und des Stickstoffs die Elektronenkonfiguration des Neonatoms erreichen. Mit den gemeinsamen bindenden Elektronenpaaren verfügen die im Molekül verbundenen Atome in ihrer Außenschale jeweils über 8 Elektronen und damit über eine Elektronenkonfiguration, die nach LEWIS als besonders stabil gilt und durch Molekülbildung angestrebt wird.
Dieses Bestreben der Atome, eine stabile Außenschale von 8 Elektronen zu erreichen, kommt in der **Oktettregel** zum Ausdruck (Abb. 3).

3 Lewis-Formeln und Oktettregel

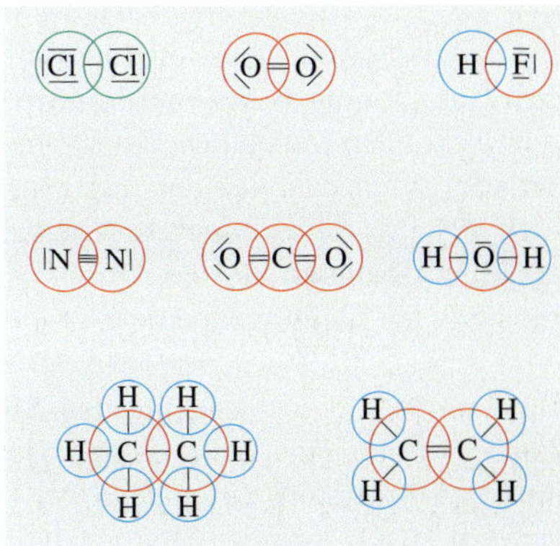

AUFGABEN

1 Bestimmen Sie die Anzahl der bindenden und freien Elektronenpaare in den Molekülen von Wasser, Ammoniak und Methan (Lewis-Formeln).
2 Begründen Sie mithilfe der Oktettregel die Formeln der folgenden Wasserstoffverbindungen: PH_3, CH_4, SiH_4, H_2S, HCl
3 Beschreiben Sie mithilfe der Oktettregel die Bindungsverhältnisse im Kohlenstoffmonooxidmolekül.
4 Geben Sie die Lewis-Formeln für die Moleküle bzw. Ionen folgender Stoffe an: Brom, Bromwasserstoff, Schwefelsäure, Ammonium-Ion, Ethanol, Kohlensäure, Schwefel (S_8).
5 Zeigen Sie anhand der Lewis-Formel des Aluminiumbromidmoleküls, dass die Oktettregel erfüllt wird.

Damit lässt sich die maximale Anzahl der Elektronenpaarbindungen, die von einem Atom im Molekül ausgehen können, bestimmen: Jedem Atom werden 4 Elektronenpaare zugeordnet (Edelgaskonfiguration). Bindungselektronenpaare werden beiden Bindungspartnern zugeordnet. Die Oktettregel gilt für die Atome der Elemente der IV. bis VII. Hauptgruppe der 2. Periode. In Molekülen, die Wasserstoffatome gebunden haben, gilt: Wasserstoffatomen wird ein Elektronenpaar zugeordnet, sie erreichen damit die Elektronenkonfiguration des Heliumatoms.

Grenzen der Oktettregel Die Oktettregel wird nicht bei allen Molekülen erfüllt. Im Stickstoffmonooxidmolekül NO ist die Anzahl der Außenelektronen ungerade.

|Ṅ=O⟩

Die Lewis-Formel des Bortrifluoridmoleküls BF_3 zeigt, dass dem Boratom nur 6 Außenelektronen zugeordnet werden können (Abb. 1). In Molekülen, die Atome der 3. oder einer höheren Periode aufweisen, können bei einzelnen Bindungspartnern auch mehr als 4 Elektronenpaare auftreten. So ist im Schwefelhexafluoridmolekül SF_6 die Anzahl der dem Schwefelatom zuzuordnenden Elektronenpaare 6.

Mesomerie Einige Moleküle und Molekül-Ionen lassen sich durch mehr als eine Lewis-Formel darstellen. So ergeben sich für das Distickstoffoxidmolekül N_2O oder das Salpetersäuremolekül HNO_3 mehrere Möglichkeiten, wobei jede der dargestellten Formeln als **mesomere Grenzformel** bezeichnet wird (Abb. 2). Keine der Grenzformeln stellt die Bindungsverhältnisse angemessen dar. Die tatsächliche Elektronenverteilung wird nicht korrekt wiedergegeben, sondern sie liegt zwischen den einzelnen Grenzformeln. Dies wird als **Mesomerie** bezeichnet. Der Mesomeriepfeil $\leftrightarrow$ symbolisiert, dass jede der Grenzformeln nur einen hypothetischen Zustand beschreibt.
In vielen mesomeren Grenzformeln wird den im Molekül gebundenen Atomen eine fiktive **Formalladung** zugeordnet. Man ermittelt die Formalladung des isoliert betrachteten Atoms aus der Differenz der Außenelektronen gemäß der Stellung des Atoms im PSE und der *Hälfte* der Bindungselektronen plus den freien Elektronen des betrachteten Atoms. Die Summe aller Formalladungen ergibt bei Molekül-Ionen die Ionenladung.

Räumlicher Bau von Molekülen

Elektronenpaar-Abstoßungsmodell Über den räumlichen Bau eines Moleküls, seine Molekülstruktur, macht die Lewis-Formel keine Aussage. Deshalb entwickelten 1957 Ronald J. Gillespie und Sir Ronald Nyholm, ausgehend von der Lewis-Formel, das **Elektronenpaar-Abstoßungsmodell** (kurz: EPA-Modell, *Valence Shell Electron Pair Repulsion Theory, VSEPR-Theory*).

1 Grenzen der Oktettregel

2 Mesomere Grenzformeln des Distickstoffoxidmoleküls und des Salpetersäuremoleküls.
Die zur Unterscheidung von Ionenladungen in einen Kreis gestellten Formalladungen sind rot gekennzeichnet.

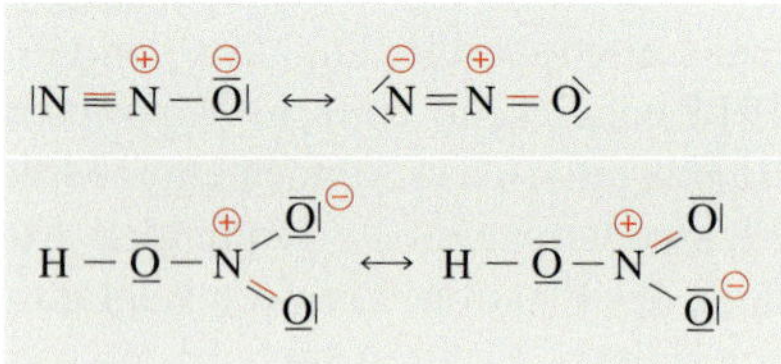

AUFGABEN

1 Stellen Sie jeweils die Lewis-Formeln für das Kohlenstoffmonooxidmolekül CO und das Stickstoffdioxidmolekül NO_2 auf.
Geben Sie die Formalladungen der Bindungspartner an.
2 Erläutern Sie den Begriff Formalladung am Beispiel des Silicat-Ions SiO_4^{4-}.
3 Sulfat-Ionen wandern im elektrischen Feld zur Anode. Begründen Sie, weshalb sie dort schwer entladbar sind.
4 Bestimmen Sie die Formalladungen der Atome in folgenden Ionen: SO_3^{2-}, PO_4^{3-}
5 Zeichnen Sie für folgende Moleküle und Ionen die mesomeren Grenzformeln und geben Sie die Formalladungen an: CO_2, O_3, CO_3^{2-}

Es beschreibt den räumlichen Bau von einfachen Molekülen und Ionen, wobei für die Aufenthaltsräume der Elektronen kugelförmige **Ladungswolken** angenommen werden, die mit höchstens zwei Elektronen entgegengesetzten Spins besetzt werden können. Dabei berücksichtigt das Modell die Ladungswolken der Außenelektronen in unmittelbarer Nähe des zentralen Atoms, und zwar von bindenden und freien Elektronen.

Am Beispiel des Methanmoleküls, das ausschließlich *bindende Elektronenpaare* besitzt, kann das Prinzip verdeutlicht werden: Im Methanmolekül CH_4 ist das zentrale Kohlenstoffatom über 4 Elektronenpaare mit 4 Wasserstoffatomen verbunden. Die Molekülstruktur ergibt sich aus den abstoßenden Kräften, die zwischen den elektrisch negativen Ladungswolken wirken, sodass sich die Ladungswolken möglichst weit voneinander anordnen und einen möglichst großen Raum um den Atomkern des zentralen Atoms einnehmen. Angewandt auf das Methanmolekül weisen die vier Ladungswolken also in die Ecken eines **Tetraeders** mit einem Bindungswinkel von 109,5° am Kohlenstoffatom. Diese Struktur konnte experimentell bestätigt werden.

Für alle Molekülstrukturen gilt, dass sich die Anordnung der Ladungswolken aus ihrer Anzahl ergibt (Abb. 3):

Zwei Ladungswolken ordnen sich gegenüber an und ergeben eine **lineare** Molekülstruktur, z. B. im Berylliumchloridmolekül $BeCl_2$. Der Bindungswinkel beträgt 180°. Drei Ladungswolken ordnen sich **trigonal-planar** (in einem ebenen Dreieck) an, z. B. im Bortrifluoridmolekül BF_3. Die Bindungswinkel betragen 120°. Sechs Ladungswolken weisen in die Eckpunkte eines **Oktaeders** mit einem Bindungswinkel von 90° am Atomkern des zentralen Atoms, z. B. im Schwefelhexafluoridmolekül SF_6.

In Molekülen, die neben bindenden auch *freie Elektronenpaare* aufweisen, wurden experimentell andere Bindungswinkel festgestellt. So wurde der Bindungswinkel im Ammoniakmolekül mit 107° bestimmt.

Das Elektronenpaar-Abstoßungsmodell liefert dafür eine Erklärung, indem es freie Elektronenpaare wie bindende Elektronenpaare behandelt. Auch im Ammoniakmolekül ordnen sich die 4 Ladungswolken tetraedrisch an. Dabei wirken auf die Ladungswolke, die die Bindung zwischen dem Stickstoff- und dem Wasserstoffatom bildet, die Anziehungskräfte des Wasserstoffatomkerns und des Stickstoffatomkerns. Auf die Ladungswolke des freien Elektronenpaars am Stickstoffatom wirken dagegen nur die Anziehungskräfte des Stickstoffatomkerns. Diese Ladungswolke befindet sich daher dichter am Stickstoffatomkern und hat einen größeren Raumbedarf als die anderen Ladungswolken. Durch den größeren Raumbedarf der Ladungswolke freier Elektronenpaare wird der Bindungswinkel am zentralen Atomkern, hier dem Stickstoffatomkern, verkleinert. Die Moleküle des Ammoniaks besitzen eine **trigonal-pyramidale** Struktur mit dem Stickstoffatom an der Spitze der Pyramide mit dreieckiger Basisfläche (Abb. 4).

3 Anordnung von Ladungswolken um den Atomkern des zentralen Atoms

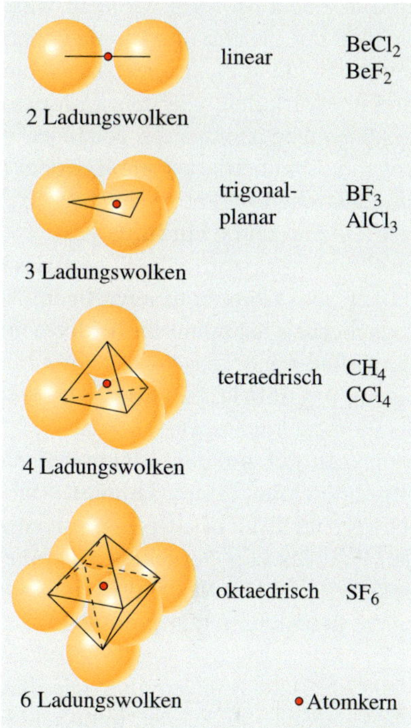

4 Moleküle mit freien Elektronenpaaren, nur die Ladungswolken freier Elektronenpaare werden gezeigt

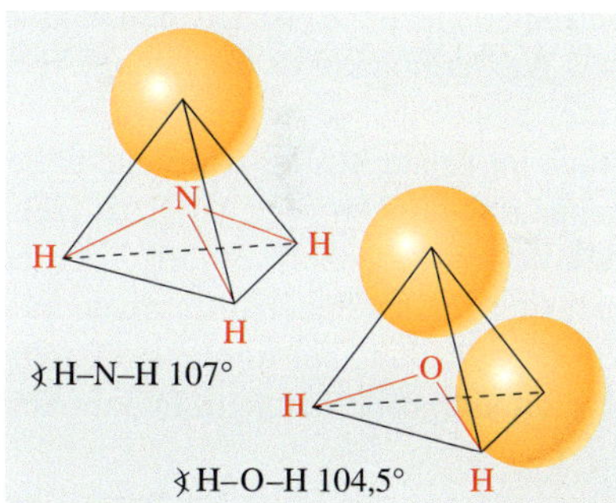

AUFGABEN

1 Begründen Sie die gewinkelte Struktur und den Bindungswinkel von 104,5° im Wassermolekül.

2 Geben Sie für folgende Ionen und Moleküle Lewis-Formeln an und leiten Sie aus der Anzahl der bindenden und freien Elektronenpaare die Molekülstrukturen ab: NH_4^+, CO_3^{2-}, SO_2, IF_5

Polare Elektronenpaarbindung – Dipolmoleküle

Sind in einem Molekül wie dem Wasserstoff- oder Sauerstoffmolekül nur gleichartige Atome gebunden, so sind die Elektronen des Bindungselektronenpaars symmetrisch verteilt. Dagegen sind in Molekülen, wie dem Chlorwasserstoffmolekül, die unterschiedliche Atomsorten gebunden haben, die Bindungselektronen unsymmetrisch verteilt, wobei der eine Bindungspartner die Elektronen stärker zu sich heranzieht. Es entsteht eine **polare Elektronenpaarbindung**.
Im Chlorwasserstoffmolekül wird das bindende Elektronenpaar stärker vom Chloratom angezogen. Aufgrund der Elektronenverschiebung bekommt das Chloratom eine elektrisch negative **Partialladung** δ^-, das Wasserstoffatom hat eine positive Partialladung δ^+ (Abb. 1). Partialladungen (Teilladungen) sind kleiner als Elementarladungen.
Moleküle mit polaren Elektronenpaarbindungen sind häufig **Dipolmoleküle** (kurz: **Dipole**). Dabei bilden die Ladungsschwerpunkte der negativen und positiven Partialladung die beiden Pole des Dipolmoleküls. Sind die beiden Ladungsschwerpunkte im Molekül ständig vorhanden, so spricht man von einem **permanenten Dipolmolekül**.

Viele Moleküle besitzen nicht nur eine, sondern mehrere polare Elektronenpaarbindungen. In diesem Fall müssen die Ladungsschwerpunkte aus den Teilladungen ermittelt werden. Durch den gewinkelten Bau des Wassermoleküls (↑Abb. 4, S. 39) befindet sich der Ladungsschwerpunkt der negativen Partialladung beim Sauerstoffatom, der Ladungsschwerpunkt der positiven Partialladung ist zwischen den Wasserstoffatomen lokalisiert. Das Wassermolekül ist ein Dipol (Abb. 1).

Auch im Kohlenstoffdioxidmolekül liegen zwei polare Elektronenpaarbindungen vor. Aufgrund seines symmetrischen Baus fällt jedoch der Schwerpunkt der beiden negativen Partialladungen an den Sauerstoffatomen mit dem Zentrum der positiven Partialladung am Kohlenstoffatom zusammen. Das Kohlenstoffdioxidmolekül ist kein Dipol (Abb. 1).

Abschätzung der Polarität einer Bindung Nach PAULING ist die **Elektronegativität** (**EN**) ein Vergleichswert für die Anziehungskräfte von Atomen unterschiedlicher Elemente auf gemeinsame Elektronenpaare (↑Ionenbindung, S. 34; ↑Atombau und Eigenschaften von Elementen, S. 27 f.). Damit kann die Elektronegativität als Maß für die Polarität einer Bindung dienen, wobei der Übergang von unpolarer zu polarer Elektronenpaarbindung bis hin zur Ionenbindung eingeordnet werden kann.

EN-Differenz < 1,7 bedeutet überwiegend Elektronenpaarbindung.
EN-Differenz > 1,7 bedeutet überwiegend Ionenbindung.

EXPERIMENT 1
Ablenkung eines Wasserstrahls
Nähern Sie einen durch Reibung elektrisch negativ geladenen Hartgummistab einem aus einer Bürette fließenden Wasserstrahl und erklären Sie Ihre Beobachtung mit der Molekülstruktur des Wassers.

1 Polare Elektronenpaarbindung

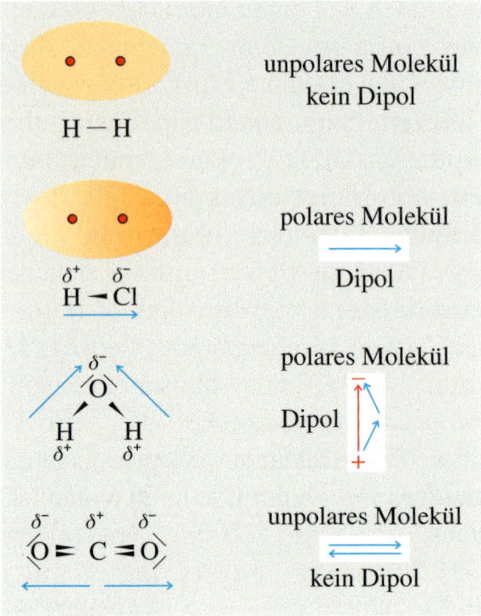

AUFGABEN

1 Ordnen Sie die Elektronenpaarbindungen zwischen folgenden Atomen nach wachsender Polarität: H–O, H–F, N–Cl, P–I, C–Br, C–F
2 Beschreiben und begründen Sie die Struktur des Schwefeldioxidmoleküls.
3 Obwohl zwischen Kohlenstoff und Fluor die Elektronegativitätsdifferenz 1,5 beträgt, ist das Tetrafluorkohlenstoffmolekül kein Dipol. Erläutern Sie diesen Sachverhalt.
4 Begründen Sie, warum die Moleküle der Monohalogenalkane Dipole sind.
5 Deuten Sie Experiment 1 unter der Annahme, dass Decan anstelle von Wasser verwendet wird.

Molekülorbitaltheorie

Mithilfe des Lewis-Konzepts können einfache Bindungsverhältnisse in Molekülen beschrieben werden. Über energetische Aspekte bei der Bildung von gemeinsamen Elektronenpaaren sagt dieses Konzept nichts aus. Dies wurde erst durch das wellenmechanische Bindungsmodell von LINUS PAULING möglich. Darüber hinaus können auch mit diesem Modell Aussagen über die Molekülstruktur erzielt werden.
Der Grundgedanke dieses Modells besagt, dass bei der Bildung eines Moleküls aus Atomen die Atomorbitale (↑S. 18) zu neuen Orbitalen, den **Molekülorbitalen**, kombiniert werden.

Bindung im Wasserstoffmolekül Nach dem Orbitalmodell besitzt ein Wasserstoffatom ein 1s-Atomorbital, das durch ein Elektron besetzt ist (↑S. 20). Zwei Wasserstoffatome reagieren miteinander unter Bildung eines Wasserstoffmoleküls. Das Wasserstoffmolekül nimmt einen energieärmeren Zustand ein als die Wasserstoffatome. Dabei treten die beiden 1s-**Atomorbitale** der Wasserstoffatome in Wechselwirkung. Es entstehen ein **bindendes** und ein **antibindendes** Molekülorbital (Abb. 2).
Das bindende Molekülorbital wird durch **Überlappung** der beiden 1s-Atomorbitale gebildet (Abb. 2). Es ist rotationssymmetrisch zur Kernverbindungsachse der beiden Atomkerne und wird **σ-Molekülorbital** genannt (σ – sprich: Sigma). Die auf diese Weise entstandene Bindung heißt **σ-Bindung**. Die Elektronendichte ist dadurch zwischen den beiden Atomkernen am größten. Beim antibindenden Molekülorbital ist die Elektronendichte geringer. Es wird σ*-Molekülorbital genannt (Abb. 2).
Der Übergang der Atomorbitale zum Molekülorbital ist mit Energieabgabe verbunden. Diese wird als **Bindungsenergie** bezeichnet. Sie entspricht der Energie, die aufgewendet werden muss, um die beiden miteinander verbundenen Atome wieder zu trennen (↑S. 43). Der Übergang der Atomorbitale zum Molekülorbital ist der Übergang von einem energiereicheren in einen bevorzugten energieärmeren Zustand (Abb. 3).

Bindung im Chlormolekül Im Chlormolekül sind zwei Chloratome miteinander verbunden. Durch Überlappung der jeweils mit einem Elektron besetzten 3p-Atomorbitale der Chloratome (Abb. 4) entsteht das p-p-σ-Molekülorbital. Die auf diese Weise entstandene Bindung ist ebenfalls eine σ-Bindung (Abb. 5). Die doppelt besetzten 3s- und 3p-Orbitale sind nicht an der Bindung beteiligt. Auch im Chlormolekül ist die Elektronendichte im p-p-Molekülorbital zwischen den Atomkernen am größten. Das σ-Molekülorbital ist bezogen auf die Kernverbindungsachse rotationssymmetrisch. Um eine σ-Bindung ausreichend zu kennzeichnen, werden auch die an der Bindung beteiligten Atomorbitale in die Namensgebung einbezogen. Folglich heißt die Bindung in einem Wasserstoffmolekül **s-s-σ-Bindung**, die in einem Chlormolekül **p-p-σ-Bindung**.

2 Bildung des bindenden σ-Molekülorbitals und antibindenden σ*-Molekülorbitals im Wasserstoffmolekül

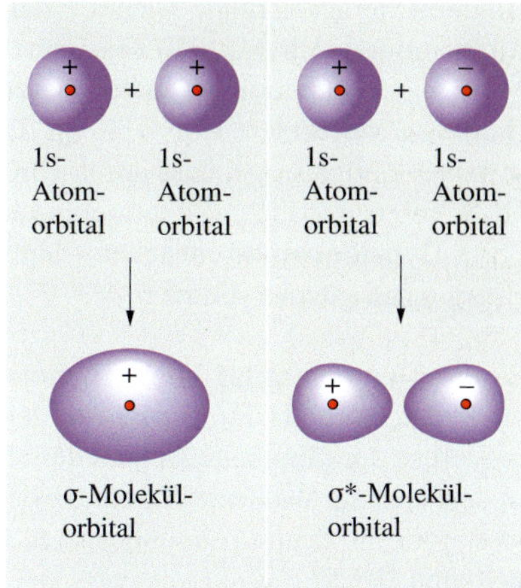

3 Energieniveauschema der Molekülorbitale (MO-Schema) für das Wasserstoffmolekül

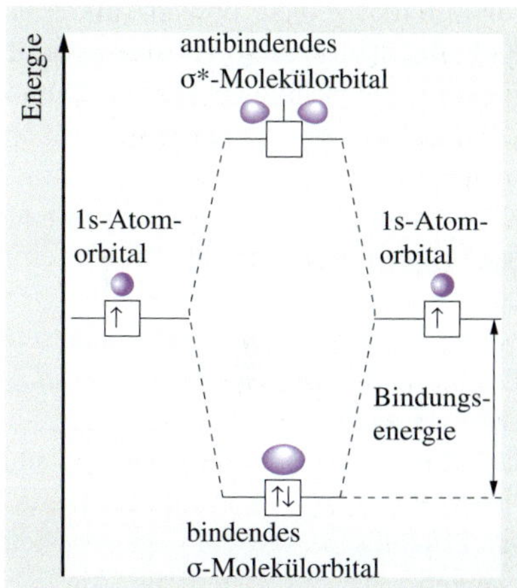

4 Elektronenkonfiguration des Chloratoms

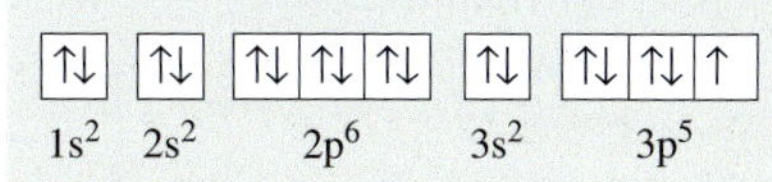

5 p-p-σ-Bindung im Chlormolekül

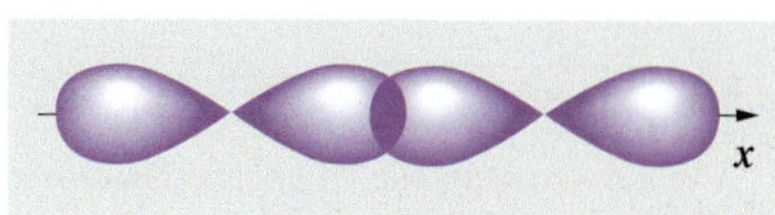

Valenzbindungsmodell Wird die Molekülorbitaltheorie auf Moleküle mit mehr als zwei Atomen angewandt, so wird die exakte Berechnung der Molekülorbitale kompliziert. Man nimmt daher zur Vereinfachung ein Modell zu Hilfe, das nur die **Valenzelektronen** (↑S. 25) zur Beschreibung der chemischen Bindung berücksichtigt. Dieses Modell wird als **Valenzbindungsmodell (VB-Modell)** bezeichnet und führt, anders als die Molekülorbitaltheorie, auch zur Beschreibung des räumlichen Baus von Molekülen. Dabei besagt das Valenzbindungsmodell in seiner Kernaussage, dass durch Umwandlung von Atomorbitalen unterschiedlicher Energieniveaus und unterschiedlicher Form **Hybridorbitale** entstehen – äquivalente Orbitale gleicher Energie und gleicher Form.

Bindung und Struktur im Methanmolekül Das Methanmolekül hat die Formel CH_4. Nach dem Elektronenpaar-Abstoßungsmodell ist der räumliche Aufbau der eines regulären Tetraeders, in dem sich die Wasserstoffatome in den Ecken und das Kohlenstoffatom im Zentrum befinden (↑S. 39). Die Bindungswinkel betragen 109,5°.
Zwischen dem Kohlenstoffatom und den Wasserstoffatomen bestehen jeweils Elektronenpaarbindungen mit gleicher Bindungsenergie. Im Methanmolekül liegen folglich vier gleichwertige Bindungen zwischen dem Kohlenstoffatom und den vier Wasserstoffatomen vor, obwohl die Elektronenkonfiguration des **Kohlenstoffatoms im Grundzustand** durch energetisch unterschiedliche Orbitale gekennzeichnet ist (Abb. 1).
Das Kohlenstoffatom hat im Grundzustand nur zwei einfach besetzte p-Atomorbitale zur Verfügung. Die vier gleichwertigen Elektronenpaarbindungen im Methanmolekül können aber nur durch das Vorhandensein von vier einfach besetzten Atomorbitalen erklärt werden. Durch Energieaufnahme geht eines der beiden 2s-Elektronen in das unbesetzte 2p-Atomorbital über. Damit sind im **angeregten Zustand** des Kohlenstoffatoms vier Orbitale mit ungepaarten Elektronen besetzt (Abb. 1).
Das 2s-Atomorbital unterscheidet sich energetisch und räumlich von den 2p-Atomorbitalen. Die Ausbildung der Bindungen im Ergebnis der Gesamtreaktion liefert die Energie für eine energetische und räumliche Angleichung der Atomorbitale. Diese Angleichung wird **Hybridisierung** genannt.

1 Energieniveauschema der sp^3-Hybridisierung beim Kohlenstoffatom

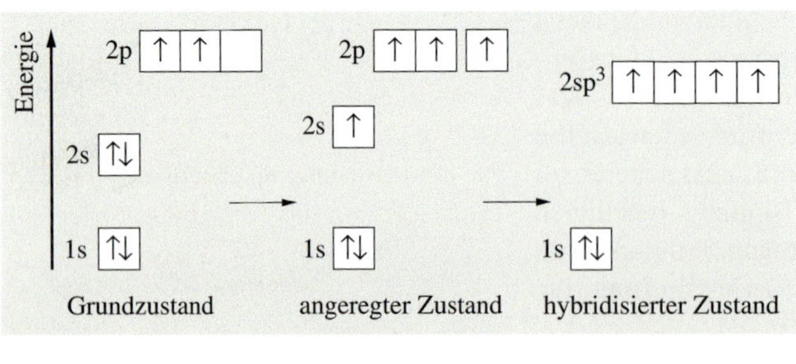

2 Modell des Methanmoleküls und sp^3-Hybridisierung im Methanmolekül

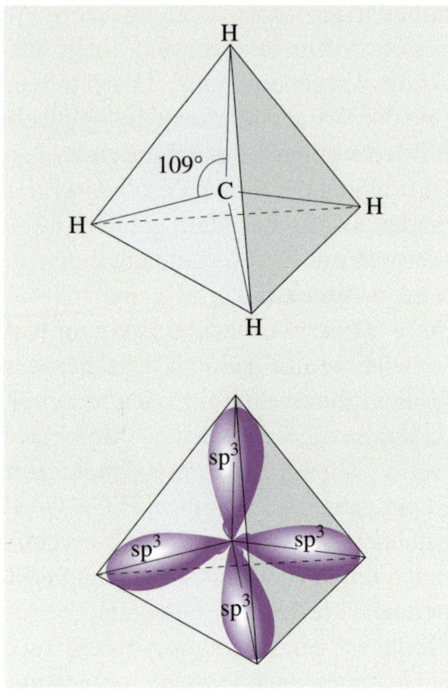

AUFGABEN

1. Nennen Sie Beispiele für Moleküle, in denen eine p-p-σ-Bindung auftritt. Geben Sie jeweils die Nummer des Energieniveaus an, zu der die p-Orbitale gehören.
2. Erstellen Sie das Molekülorbitalschema für ein (hypothetisches) He_2-Molekül. Versuchen Sie zu begründen, warum He_2-Moleküle nicht existieren.

An der hier beschriebenen Hybridisierung aus dem angeregten Zustand des Kohlenstoffatoms sind ein 2s- und drei 2p-Atomorbitale beteiligt. Die entstehenden Orbitale werden deshalb **$2sp^3$-Hybridorbitale** genannt. Die vier $2sp^3$-Hybridorbitale sind nach den Eckpunkten eines Tetraeders angeordnet (Abb. 2).
Die sp^3-s-σ-Molekülorbitale der Kohlenstoff-Wasserstoff-Bindungen im Methanmolekül sind rotationssymmetrisch zur Kernverbindungsachse angeordnet.

Bindung und Struktur im Ethenmolekül

Das **Ethenmolekül** hat die Formel C_2H_4. Seine Struktur ist durch die Lewis-Formel darstellbar.

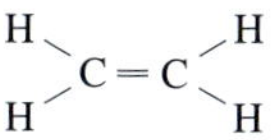

Das Ethenmolekül ist eben (planar). Alle Bindungswinkel im Molekül betragen 120°. Zwischen den Kohlenstoffatomen und Wasserstoffatomen bestehen Elektronenpaarbindungen mit gleicher Bindungsenergie. Die beiden Kohlenstoffatome sind durch eine Doppelbindung miteinander verbunden, die eine höhere Bindungsenergie als eine Einfachbindung hat (Abb. 3).
Da die molare Bindungsenergie einer Doppelbindung nicht gleich der Summe der molaren Bindungsenergie zweier Einfachbindungen ist, kann angenommen werden, dass die zweite Bindung zwischen den Kohlenstoffatomen schwächer ist als die Einfachbindung. Das ist experimentell belegbar. Die Bindungsverhältnisse im Ethenmolekül lassen sich auch mit dem Hybridisierungsmodell beschreiben. Im angeregten Zustand der Kohlenstoffatome entstehen drei Hybridorbitale aus einem 2s- und zwei 2p-Atomorbitalen, die als **$2sp^2$-Hybridorbitale** bezeichnet werden können (Abb. 4).
Das dritte 2p-Atomorbital ist nicht in die Hybridisierung einbezogen und unterscheidet sich folglich von den $2sp^2$-Hybridorbitalen energetisch und räumlich.
Die drei $2sp^2$-Hybridorbitale liegen im Ethenmolekül in einer Ebene und sind nach den Ecken eines gleichseitigen Dreiecks gerichtet. Senkrecht zu dieser Ebene steht das dritte, unveränderte 2p-Atomorbital (Abb. 5).
Zwei der $2sp^2$-Hybridorbitale eines Kohlenstoffatoms bilden mit den 2s-Atomorbitalen der Wasserstoffatome **sp^2-s-σ-Molekülorbitale** aus. Das dritte $2sp^2$-Hybridorbital bildet mit dem $2sp^2$-Hybridorbital des zweiten Kohlenstoffatoms ein **sp^2-sp^2-σ-Molekülorbital** aus. Die σ-Molekülorbitale zwischen den Kohlenstoffatomen und Wasserstoffatomen sowie den Kohlenstoffatomen liegen rotationssymmetrisch zu den Kernverbindungsachsen. Sie sind also σ-Bindungen. Die nicht an der Hybridisierung beteiligten 2p-Atomorbitale der beiden Kohlenstoffatome bilden ebenfalls ein bindendes Molekülorbital, das senkrecht zur Ebene der $2sp^2$-Hybridorbitale angeordnet ist. Solche Orbitale heißen **π-Orbitale**, die durch sie gebildete Bindung heißt **π-Bindung** (Abb. 6).

3 Molare Bindungsenergien

CH_3–CH_3 Einfachbindung:
molare Bindungsenergie 348 $kJ \cdot mol^{-1}$

CH_2=CH_2 Doppelbindung:
molare Bindungsenergie 614 $kJ \cdot mol^{-1}$

4 Energieniveauschema der sp^2-Hybridisierung beim Kohlenstoffatom

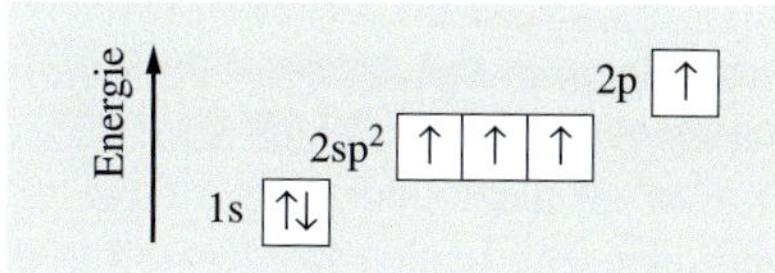

5 $2sp^2$-Hybridorbitale im Ethenmolekül

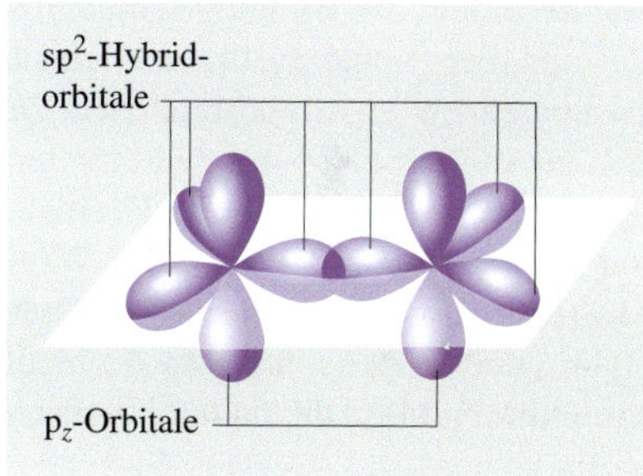

6 π-Orbital im Ethenmolekül

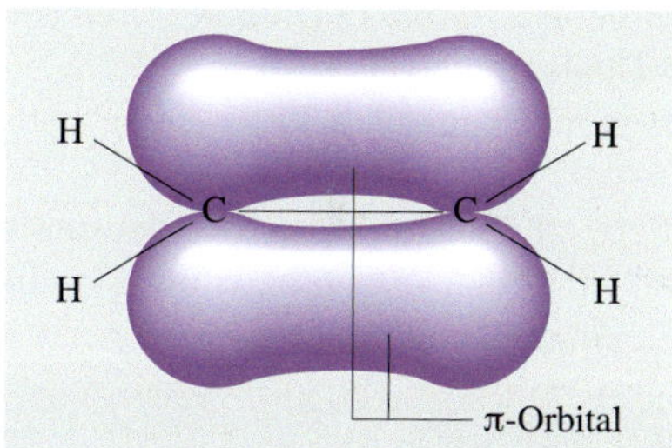

AUFGABEN

1 Wodurch unterscheiden sich die drei möglichen p-Atomorbitale eines Energieniveaus?
2 Geben Sie den Hybridisierungszustand der an Einfachbindungen beteiligten Kohlenstoffatome in Alkanmolekülen an.
3 Zeigen Sie in Abb. 6 und Abb. 2 (↑S. 44) die Lage der σ-Bindungen.

Moleküle mit mehreren Doppelbindungen Es gibt Kohlenwasserstoffe, deren Moleküle mehrere Doppelbindungen enthalten. Die Struktur des Butadienmoleküls ist durch die verkürzte Strukturformel $H_2C{=}CH{-}CH{=}CH_2$ darstellbar. Das Molekül besitzt **konjugiert angeordnete C=C-Doppelbindungen**, d. h., zwei Doppelbindungen sind durch eine Einfachbindung voneinander getrennt. Die vier Kohlenstoffatome sind jeweils sp^2-hybridisiert. Die nicht an der Hybridisierung beteiligten $2p_z$-Atomorbitale bilden ein durch π-Elektronen besetztes, über alle vier Kohlenstoffatome delokalisertes π-Elektronensystem aus.

Bindung und Struktur im Ethinmolekül Das **Ethinmolekül** hat die Formel C_2H_2. Seine Struktur ist durch die Lewis-Formel H–C≡C–H darstellbar. Die Atome im Molekül sind linear angeordnet. Die beiden Kohlenstoffatome sind durch eine **Dreifachbindung** miteinander verbunden. Die molare Bindungsenergie zwischen den beiden Kohlenstoffatomen beträgt $839\ kJ \cdot mol^{-1}$, der Bindungswinkel 180°. Aus dem angeregten Zustand der Kohlenstoffatome entstehen aus jeweils einem 2s- und einem 2p-Atomorbital zwei **2sp-Hybridorbitale**. Zwei der 2p-Atomorbitale sind nicht an der Hybridisierung beteiligt (Abb. 1). Ein 2sp-Hybridorbital eines Kohlenstoffatoms bildet mit einem 1s-Atomorbital eines Wasserstoffatoms ein **sp-s-σ-Molekülorbital**, das zweite 2sp-Hybridorbital mit dem 2sp-Hybridorbital eines anderen Kohlenstoffatoms ein **sp-sp-σ-Molekülorbital**. Die dadurch entstandenen Bindungen sind σ-Bindungen.
Aus nicht an der Hybridisierung beteiligten 2p-Atomorbitalen werden zwischen zwei Kohlenstoffatomen zwei π-Bindungen ausgebildet (Abb. 2). Die C≡C-Dreifachbindung besteht aus einer σ-Bindung und aus zwei π-Bindungen. Auch die zweite π-Bindung im Ethinmolekül ist weniger stabil als eine σ-Bindung.

Bindung und Struktur im Wassermolekül Das Sauerstoffatom hat im Grundzustand bzw. im hybridisierten Zustand folgende Elektronenkonfiguration:

↑↓	↑↓	↑↓ ↑ ↑		↑↓	↑↓ ↑↓ ↑ ↑
$1s^2$	$2s^2$	$2p^4$		$1s^2$	$2sp^3$
Grundzustand				sp^3-hybridisierter Zustand	

Bei der Hybridisierung entstehen aus 2s- und drei 2p-Atomorbitalen vier $2sp^3$-Hybridorbitale, die in die vier Ecken eines Tetraeders gerichtet sind. Davon sind zwei $2sp^3$-Hybridorbitale einfach besetzt. Sie überlappen mit je einem 1s-Atomorbital eines Wasserstoffatoms und bilden die zwei **sp^3-s-σ-Molekülorbitale** des Wassermoleküls. Da dieser Vorgang nur in die Richtung zweier Tetraederecken erfolgen kann, entsteht ein Molekül mit gewinkeltem Bau. Die beiden anderen, zweifach besetzten $2sp^3$-Hybridorbitale erstrecken sich in Richtung der verbleibenden Tetraederecken. Zwei der $2sp^3$-Hybridorbitale enthalten je

1 Energieniveauschema der sp-Hybridisierung beim Kohlenstoffatom

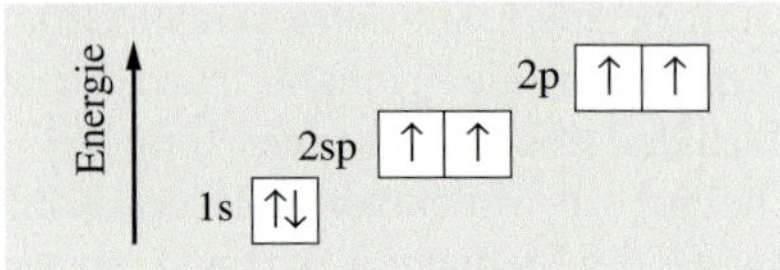

2 π-Bindungen im Ethinmolekül

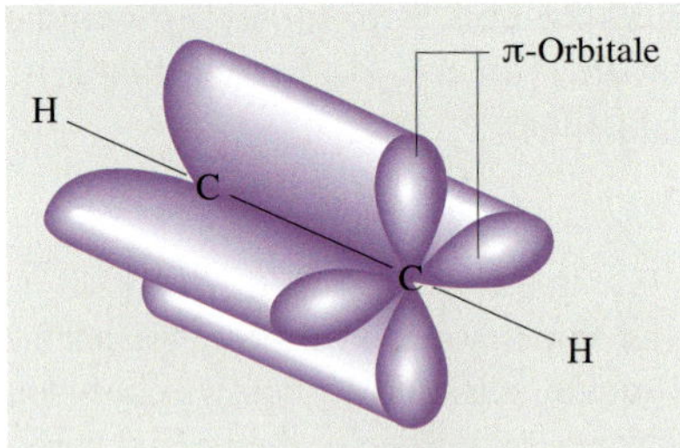

3 Struktur des Wassermoleküls

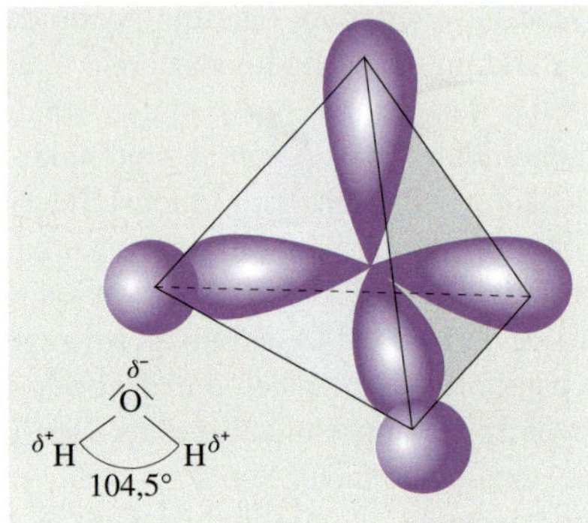

AUFGABEN

1 Erläutern Sie ausgehend vom Grundzustand des Kohlenstoffatoms die Teilschritte der sp^3-Hybridisierung.
2 Nennen Sie die Anzahl der π-Bindungen, die in einem Molekül des Propens C_3H_6, des Propins C_3H_4 und des 1,3-Butadiens C_4H_6 vorliegen.
3 Kennzeichnen Sie die Atomorbitale, die an der Bindung im Iodmolekül und im Iodwasserstoffmolekül beteiligt sind.
4 Erstellen Sie das Energieniveauschema der Molekülorbitale für das Wassermolekül (↑ S. 41, Abb. 3).

ein nicht an der Bindung beteiligtes Elektronenpaar. Durch die Abstoßung der Elektronen entsteht ein Bindungswinkel von 104,5° (Abb. 3). Damit entsteht eine Verzerrung des Tetraeders. Aufgrund der Differenz zwischen den Elektronegativitäten des Wasserstoffatoms und des Sauerstoffatoms liegen im Wassermolekül polare Elektronenpaarbindungen vor. Durch den gewinkelten Bau des Moleküls fallen die Schwerpunkte der positiven Partialladung der beiden Wasserstoffatome und der negativen Partialladung des Sauerstoffatoms nicht zusammen. Wasser ist ein Dipolmolekül (↑S. 40; ↑Exp. 1, S. 40).

ZUSAMMENFASSUNG

Aussagen des Lewis-Konzepts

Atome zeigen das Bestreben, eine stabile Außenschale mit Edelgaskonfiguration (8 Außenelektronen bzw. 2 Außenelektronen) zu erreichen. Dies führt zur Bildung von Molekülen.

Mithilfe von Lewis-Formeln lässt sich die Anordnung von bindenden und freien Elektronen in Verbindungen und isolierten Atomen darstellen.

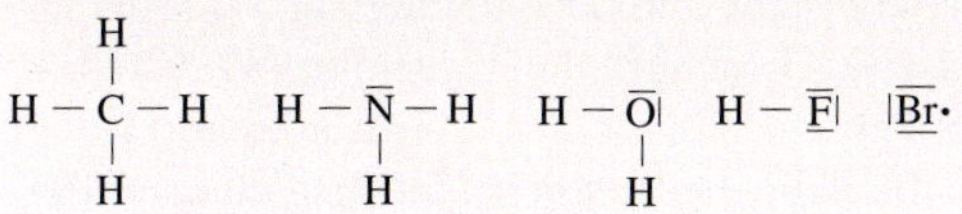

Die Polarität von Molekülen kann mithilfe der Elektronegativitätswerte der Bindungspartner erklärt werden.

Über den räumlichen Bau macht dieses Modell keine Aussagen.

Aussagen des Elektronenpaar-Abstoßungsmodells (EPA-Modell)

Das Elektronenpaar-Abstoßungsmodell macht Aussagen zur räumlichen Gestalt von einfachen Molekülen und Ionen.

Aussagen der Molekülorbitaltheorie und des Valenzbindungsmodells

Atome zeigen das Bestreben, durch Hybridisierung einen energetisch begünstigten (energieärmeren) Zustand zu erreichen. Dadurch kommt es zur Bildung von Molekülen.

Die zur Molekülstruktur ableitbaren Aussagen sind mit denen des Elektronenpaar-Abstoßungsmodells übereinstimmend.

- ▶ Stoff-Teilchen-Konzept
- ▶ Struktur-Eigenschafts-Konzept

Struktur einiger Moleküle und Ionen

Struktur		Beispiele	Bindungswinkel	Struktur		Beispiele	Bindungswinkel
linear		$HC{\equiv}CH$ CO_2	180°	trigonal-pyramidal	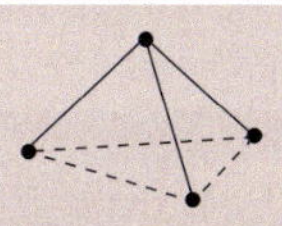	NH_3 PCl_3	107° 100°
gewinkelt	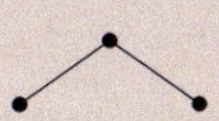	H_2O H_2S SO_2 O_3 NO_2	104,5° 92° 119,5° 117° 134°	tetraedrisch	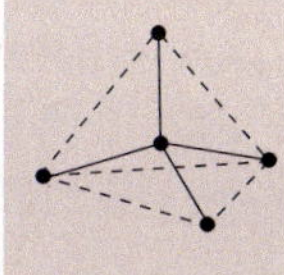	CH_4 NH_4^+ CCl_4	109,5° 109,5° 109,5°
trigonal-planar	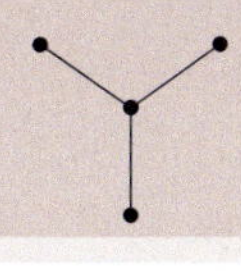	SO_3 CO_3^{2-} NO_3^-	120° 120° 120°				

Forschung

Nanotechnologie

Die Nanotechnologie umfasst alle Methoden, Prozesse und Werkzeuge, die zur Herstellung von Materialien dienen, deren Partikel kleiner als 100 nm (10^{-7} m) sind. Dazu gehören Teilchen, Fasern und Schichten, aber auch Strukturen auf Körpern und in Hohlräumen, die diese Bedingung erfüllen. Methoden zur Analyse dieser Materialien sind ebenfalls in dieses Gebiet einbezogen. Damit ist die Nanotechnologie eine Querschnittstechnologie, die auf bekanntem Wissen der Naturwissenschaften aufbaut und dieses bewusst anwendet und erweitert.
Durch die gezielte Vergrößerung der Oberfläche eines Materials bei konstantem Volumen können Effekte erzeugt werden, die die Materialeigenschaften grundlegend ändern und die deshalb als Nanoeffekte bezeichnet werden.
Zur Veranschaulichung der Oberflächenvergrößerung kann modellhaft das Verhältnis von Volumen zu Oberfläche bei unterschiedlichen Kantenlängen von Würfeln mit einem Gesamtvolumen von 1 cm^3 dienen (Tab. 1).

Entscheidend ist, dass bei einem Würfel von 10 nm Kantenlänge bereits ein bedeutender Anteil der Atome an der Oberfläche liegt, die andere Bindungseigenschaften haben als die im Innern verborgenen Atome. Es wird angenommen, dass ab einer bestimmten Größe der Partikel (< 10 nm) diese Eigenschaften annehmen, die sich mehr und mehr den Eigenschaften der Einzelatome bzw. Moleküle annähern.
Im Modell kann man sich vorstellen, dass ein Teil der normalerweise für Elektronenpaarbindungen genutzten Elektronen der Oberflächenatome keine Bindungen ausbilden können, da ihnen an der Oberfläche die Partneratome fehlen. Besonders ausgeprägt ist dieser Zustand an Ecken und Kanten der Würfel. Eine große Zahl freier (nicht bindender) Elektronen erhöht aber die Reaktivität des entsprechenden Stoffes stark. Daraus folgt, dass eine starke Vergrößerung der Oberfläche auch eine bedeutende Erhöhung der Reaktivität und damit der Wechselwirkungen mit Reaktionspartnern oder elektromagnetischer Strahlung nach sich zieht. Damit verhalten sich die Nanopartikel annähernd wie einzelne Atome bzw. Moleküle.

Herstellung, Verwendung und Eigenschaften von Nanomaterialien Bereits seit vielen Jahrhunderten wurden Nanomaterialien, natürlich ohne das theoretische Wissen um diese Stoffe, verwendet, z. B. Goldnanopartikel zur Erzeugung einer rubinroten Färbung im Glas. Heute werden Nanomaterialien gezielt und mit spezifisch konstruierten Eigenschaften hergestellt. Ihre Herstellung kann aus der Gasphase, aus Lösungen durch gezieltes Wachstum von Partikeln oder durch den Abbau größerer Strukturen durch unterschiedliche Zerkleinerungsprozesse erfolgen. Dabei ist die durchschnittliche Größe der Partikel durch Reaktions- und Prozessbedingungen einstellbar. Die Größe von Titandioxid-Nanopartikeln lässt sich bei der Fällung aus Lösungen unterschiedlicher Titanalkoxylate durch den pH-Wert, die Temperatur und die Reaktionszeit sowie durch die Viskosität des Lösemittels einstellen. Die entstehenden Titandioxid-Nanopartikel werden z. B. in Wandfarben genutzt, um fotokatalytisch Schadstoffe aus der Raumluft abzubauen oder um in Sonnenschutzcremes den UV-Anteil des Lichts zu adsorbieren.

1 Kohlenstoffnanoröhren (CNTs) mit verschiedenen Eigenschaften. Die Struktur 7,10 ist metallisch leitend, 10,10 und 0,10 sind dagegen halbleitend.

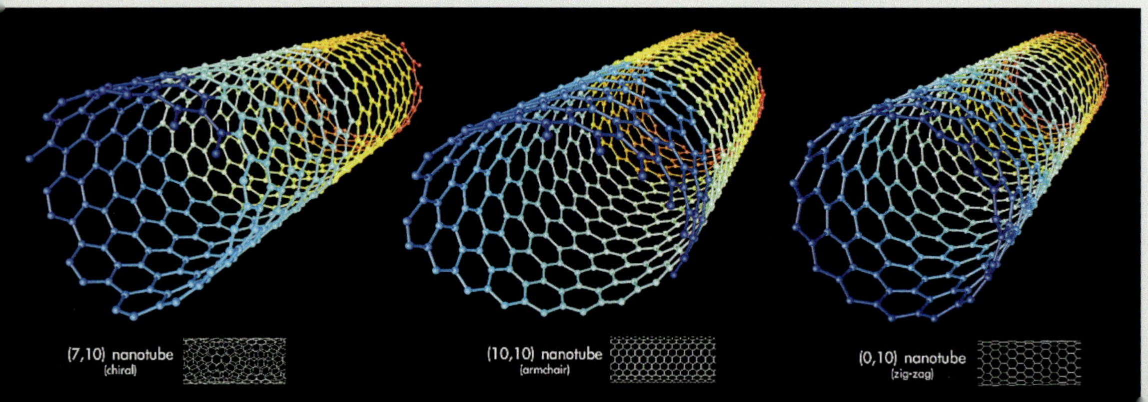

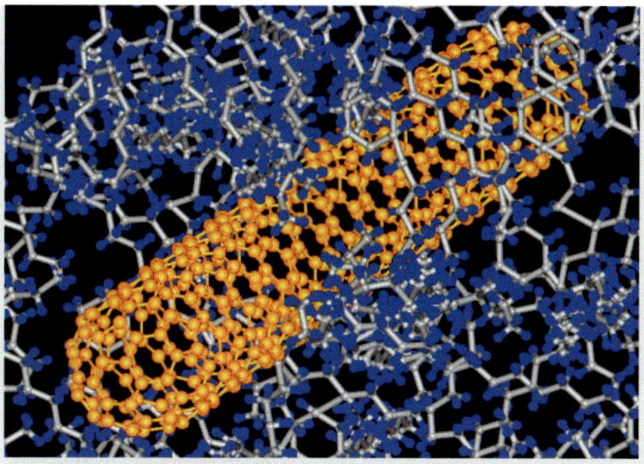

2 CNT-Polymer-Komposite

Die Herstellung von Kohlenstoffnanoröhren (engl. carbon nanotubes, CNT) erfolgt durch Zersetzung unterschiedlicher Kohlenwasserstoffe (z. B. Ethin) in der Gasphase bei Temperaturen um 800 °C an Eisen- oder Nickelkatalysatoren. Dabei ist es möglich, durch die Temperatur, die Verweilzeit des Gases in der Reaktionszone, den Katalysator und die Gaszusammensetzung unterschiedliche Erscheinungsformen (Morphologien) von CNTs herzustellen. Interessanterweise kann auch die Bildung unterschiedlicher Arten von CNTs durch die Gaszusammensetzung bestimmt werden. So können bei Einsatz von Kohlenstoffmonooxid als Reaktionsgas und in Gegenwart von Eisenpentacarbonyl als Katalysator fast ausschließlich einwandige CNTs erzeugt werden, während bei Verwendung von Kohlenwasserstoffen mehrwandige, nach dem Zwiebelprinzip aufgebaute CNTs entstehen.
CNTs zeigen eine Reihe von Eigenschaften, die nur im Bereich der Nanomaterialien erreicht werden können und die für die Herstellung von Verbundmaterialien von höchstem Interesse sind. CNTs leiten den elektrischen Strom (Abb. 1) und haben eine hohe Wärmeleitfähigkeit. Die aus Modellen errechneten und real ermittelten Werte für mechanische Eigenschaften wie Zugfestigkeit und Elastizität von einwandigen CNTs liegen weit über den für Stahl und Kohlefasern gefundenen Werten.
CNTs werden derzeit vor allem zur Modifizierung von Kunststoffteilen eingesetzt, um elektrostatische Aufladungen zu vermeiden und gleichzeitig die Festigkeit der Bauteile zu erhöhen (Abb. 2). Solche Bauteile kommen in Tankanlagen und in Pkw-Tanks zum Einsatz. Anwendungen in der Elektronik werden intensiv entwickelt, haben aber noch keine größere Verbreitung gefunden bzw. befinden sich noch im Versuchsstadium.

Risiken Intensiv diskutiert werden derzeit mögliche Risiken der Nanotechnologie. Dabei ist wichtig zu wissen, dass die Menschheit seit ihrer Existenz von Ultrafeinstäuben umgeben ist, die aus vielen natürlichen Quellen stammen können und die die gleiche Größe haben, wie die hier vorgestellten Nanopartikel, z. B. kosmischer Staub, Meerwasseraerosol, Kohlenstoffpartikel aus natürlichen Verbrennungsprozessen, mineralischer Staub. Zusätzlich entstehen durch menschliche Aktivitäten unbeabsichtigt ultrafeine Partikel, z. B. bei Verbrennungsprozessen (Kerze, Zigarette, Kraftwerke), durch Abrieb von Reifen und Bremsen sowie aus Verbrennungsmotoren im Straßenverkehr und anderes mehr. Derzeit wird intensiv an Methoden gearbeitet, um diese Partikel zu erfassen und zu klassifizieren.
Trotzdem und dem Vorsorgeprinzip folgend werden eine Vielzahl von Untersuchungen vorgenommen, um Aussagen zu möglichen Risiken beim Einsatz von hergestellten Nanopartikeln in unterschiedlichsten Anwendungen zu erhalten. Die derzeit veröffentlichten Ergebnisse sind noch widersprüchlich und erlauben keine einheitliche Aussage zu möglichen Gefahren. Wie ernst dieses Problem genommen wird, zeigt die stark ansteigende Zahl von Publikationen zu diesem Thema. Allein zu möglichen toxikologischen Wirkungen von CNTs sind zwischen 2005 und 2008 weltweit etwa 500 Veröffentlichungen erschienen.

Tab. 1 Verhältnis von Volumen zu Oberfläche bei unterschiedlichen Kantenlängen von Würfeln mit einem Gesamtvolumen von 1 cm^3

1 cm^3 = 1 Würfel mit 1 cm Kantenlänge	Oberfläche 6 cm^2
1 cm^3 = 10^3 Würfel mit 1 mm Kantenlänge	Oberfläche 60 cm^2
1 cm^3 = 10^{12} Würfel mit 1 µm Kantenlänge	Oberfläche 60000 cm^2 = 6 m^2
1 cm^3 = 10^{18} Würfel mit 10 nm Kantenlänge	Oberfläche 6000000 cm^2 = 600 m^2

AUFGABE

1 Bestimmen Sie die Anzahl der Atome an der Oberfläche und im Innern eines Würfels (Kantenlänge 10 nm) bei einem Atomdurchmesser von 0,2 nm und kubisch-flächenzentrierter Anordnung der Atome.

Zwischenmolekulare Wechselwirkungen – Eigenschaften von Molekülsubstanzen

Schmelz- und Siedetemperaturen von Stoffen werden direkt von der Struktur der Stoffe beeinflusst. Überführt man feste bzw. flüssige Stoffe in den gasförmigen Aggregatzustand, so wird zur Überwindung der Anziehungskräfte zwischen den Teilchen Energie benötigt. Einen Hinweis auf die Größe der Anziehungskräfte zwischen den Teilchen in festen und flüssigen Stoffen können die Schmelz- und Siedetemperaturen geben.

Van-der-Waals-Kräfte In Molekülsubstanzen wirken neben den Elektronenpaarbindungen, durch die die Atome jedes einzelnen Moleküls zusammengehalten werden, noch Anziehungskräfte zwischen den Molekülen. Diese Anziehungskräfte sind schwach. Sie werden **zwischenmolekulare Kräfte** oder auch **Van-der-Waals-Kräfte** genannt. Sie bewirken, dass feste Molekülsubstanzen Molekülkristalle ausbilden (Abb. 1). Die Molekülkristalle haben wegen der schwachen zwischenmolekularen Kräfte niedrige Schmelztemperaturen (Tab. 1). Manche Molekülsubstanzen, z. B. Iod, sublimieren beim Erhitzen (Exp. 1).
Die Anziehungskräfte zwischen den Molekülen von flüssigen Molekülsubstanzen sind ebenfalls schwach. Flüssige Molekülsubstanzen haben deshalb niedrige Siedetemperaturen und lassen sich leicht in den gasförmigen Zustand überführen.
Die Van-der-Waals-Kräfte zwischen unpolaren Molekülen sind auf kurzfristige Elektronenverschiebungen in der Elektronenhülle der Moleküle zurückzuführen. Man kann annehmen, dass die Symmetrie der Ladungsverteilung in einem unpolaren Molekül gestört wird und ein **kurzzeitiger Dipol** entsteht. Dieser induziert in seinen Nachbarmolekülen weitere Dipole. Zwischen jedem kurzzeitigen Dipol und den **induzierten Dipolen** bestehen elektrostatische Anziehungskräfte, die **Dispersionskräfte** (lat. dispersio – Verteilung) genannt werden (Abb. 2).
In großen Molekülen lassen sich die Elektronenhüllen der Atome leichter deformieren, weil sich ihre Elektronen in größerer Entfernung vom Atomkern befinden. Die Dispersionskräfte hängen von der Anzahl der vorhandenen Elektronen ab. Ihre Größe ist der molaren Masse proportional. Das erklärt den stetigen Anstieg der Siedetemperaturen in der Reihe der Halogene und der Kohlenwasserstoffe (Tab. 1).
Die Moleküle von Fluor und von Chlorwasserstoff haben je 18 Elektronen. Folglich sollte erwartet werden, dass die Dispersionskräfte zwischen den Molekülen gleich groß sind. Die Siedetemperatur des Chlorwasserstoffs ($\vartheta_V = -85\,°C$) ist aber sehr viel höher als die des Fluors ($\vartheta_V = -188\,°C$). Die höhere Siedetemperatur lässt darauf schließen, dass neben den Dispersionskräften zusätzliche Anziehungskräfte zwischen den $^{\delta+}H{-}Cl^{\delta-}$-Dipolmolekülen wirken. Diese zusätzlichen Anziehungskräfte werden als **Dipol-Dipol-Kräfte** bezeichnet (Abb. 3).

1 Molekülgitter des Iods, Schichtstruktur aus zweiatomigen Iodmolekülen

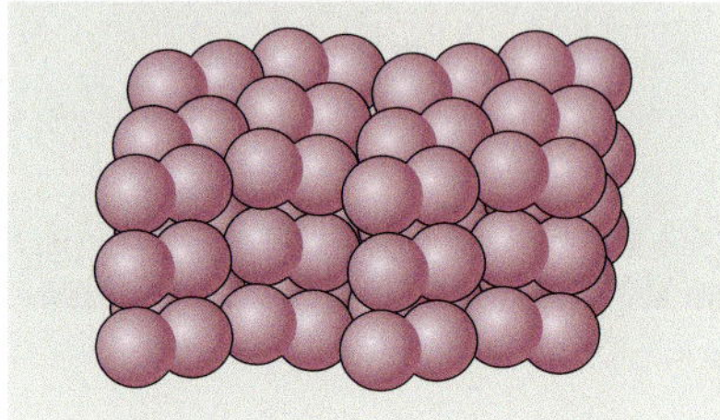

2 Induzierte Dipole

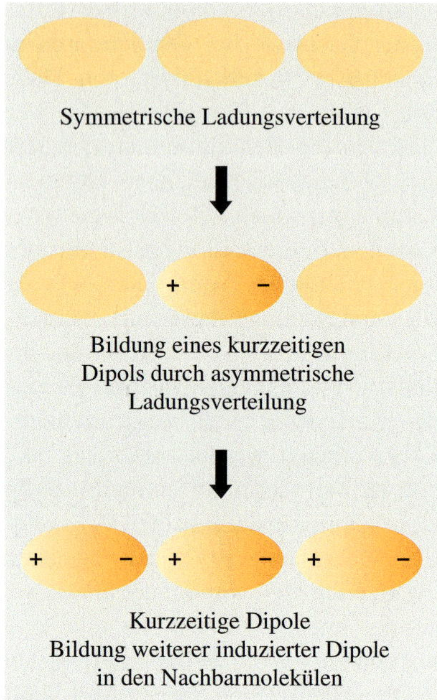

3 Dipol-Dipol-Kräfte

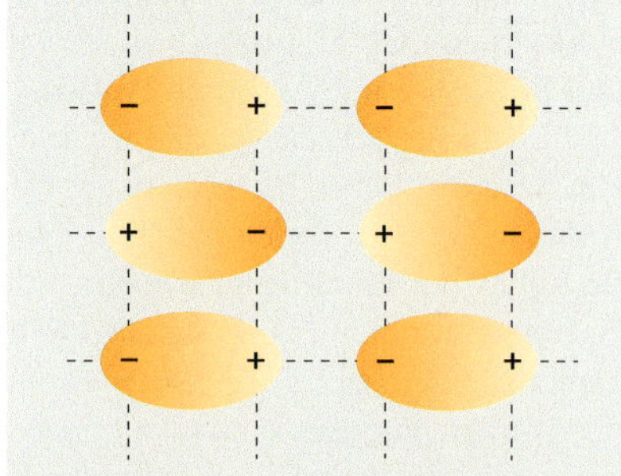

Tab. 1 Schmelz- und Siedetemperaturen einiger Molekülsubstanzen

Molekülsubstanz	Schmelztemperatur ϑ_S in °C	Siedetemperatur ϑ_V in °C	Molekülsubstanz	Schmelztemperatur ϑ_S in °C	Siedetemperatur ϑ_V in °C
Fluor	–220,0	–188,0	Methan	–182,5	–161,4
Chlor	–101,0	–35,0	Ethan	–183,2	–88,5
Brom	–7,0	+58,7	Propan	–187,1	–42,1
Iod	+114,0	+182,8	Butan	–135,0	–0,5

Die Van-der-Waals-Kräfte sind größer, wenn außer den Dispersionskräften Anziehungskräfte zwischen **permanenten Dipolmolekülen** wirken. Deshalb sind die Siedetemperaturen von polaren Molekülsubstanzen höher als die von unpolaren Molekülsubstanzen mit gleicher Elektronenanzahl im Molekül. Auch die Schmelztemperaturen steigen in der Regel mit zunehmender molarer Masse der Stoffe. Diese Abhängigkeit ist z. B. in der Reihe H_2S, H_2Se, H_2Te erkennbar (Abb. 4). Wasser hat dagegen eine ungewöhnlich hohe Siede- und Schmelztemperatur. Es liegt bei Zimmertemperatur flüssig vor. Ähnliche Ausnahmen sind auch in der Reihe der Wasserstoffverbindungen der Elemente der V. und VII. Hauptgruppe, bei Ammoniak und Fluorwasserstoff, festzustellen. Es ist anzunehmen, dass besondere Anziehungskräfte zwischen den Molekülen dieser Stoffe wirken.

Wasserstoffbrückenbindung In den Molekülen der genannten Stoffe ist das Wasserstoffatom jeweils mit einem Atom mit großer Elektronegativität verbunden. Deshalb sind diese Atombindungen besonders stark polar. Das Wasserstoffatom hat eine positive Partialladung (δ^+), das mit ihm verbundene Atom eine negative Partialladung (δ^-). Zwischen den Wasserstoffatomen eines polaren Moleküls und Atomen mit einer negativen Partialladung eines anderen Moleküls bildet sich eine Bindung aus, die **Wasserstoffbrückenbindung** genannt wird.

4 Schmelz- und Siedetemperaturen der Wasserstoffverbindungen der Elemente der VI. Hauptgruppe des Periodensystems

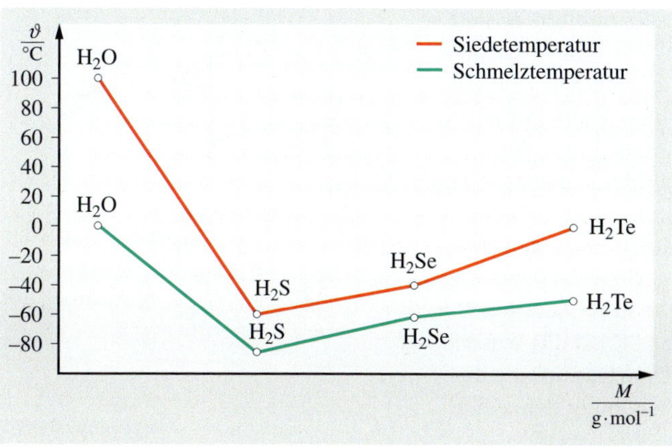

EXPERIMENT 1
Sublimation von Iod
Fein verteiltes Iod (GHS07 | 09) wird in ein Becherglas gebracht, mit einem mit Eiswürfeln und Wasser gefüllten Uhrglas bedeckt und erwärmt.

AUFGABEN
1 Interpretieren Sie Abb. 4. Nehmen Sie besonders zur hohen Schmelz- und Siedetemperatur von Wasser Stellung.
2 Vergleichen Sie die unterschiedlichen Siedetemperaturen der Edelgase (↑ Tafelwerk) und begründen Sie die Unterschiede.
3 Begründen Sie die Abstufung der Siedetemperaturen der Luftbestandteile Sauerstoff und Stickstoff. In welcher Reihenfolge werden sie bei der fraktionierten Destillation von flüssiger Luft gewonnen?
4 Formulieren Sie Aussagen hinsichtlich des Aggregatzustands nachfolgender Molekülsubstanzen bei Raumtemperatur (25 °C) und im Normzustand (273 K, 101,3 kPa): P_4O_{10}, S_8, Cl_2
Begründen Sie Ihre Aussage.
5 Begründen Sie die Abstufung der Siedetemperaturen von Fluormethan und Fluor.

Die Wasserstoffbrückenbindung bewirkt die elektrostatische Anziehung zwischen dem Dipol einer X–H-Bindung und dem freien Elektronenpaar eines stark elektronegativen Atoms (X = F, O, N) in einem Nachbarmolekül.
Die Wasserstoffbrückenbindung wird in den chemischen Formeln als gestrichelte Linie gekennzeichnet.

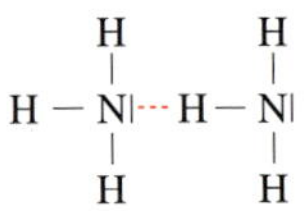

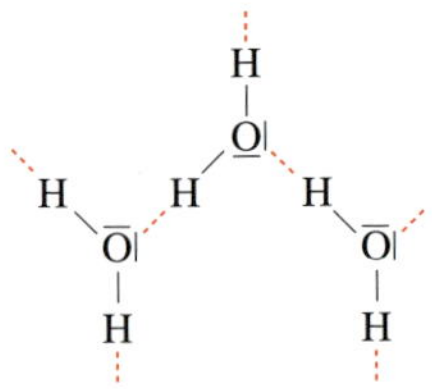

Die molare Bindungsenergie einer Wasserstoffbrückenbindung beträgt etwa 4 bis 25 kJ·mol^{-1}. Sie ist damit bedeutend geringer als die von Elektronenpaarbindungen (↑S. 43), jedoch größer als die der Van-der-Waals-Kräfte (Dispersions- und Dipol-Dipol-Kräfte). Die hohen Schmelz- und Siedetemperaturen von Fluorwasserstoff, Wasser, Ammoniak, Alkoholen, Carbonsäuren und Aminen sind auf Wasserstoffbrückenbindungen zurückzuführen.

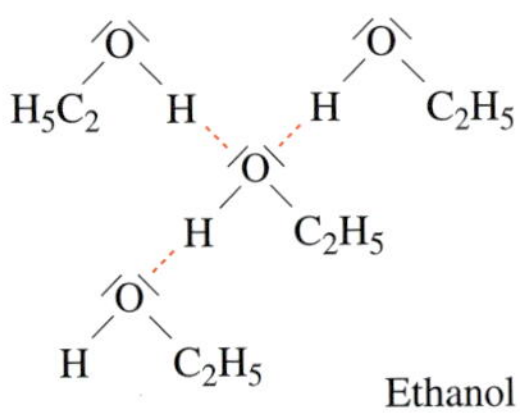

Ethanol

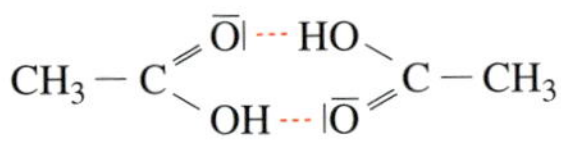

Ethansäure

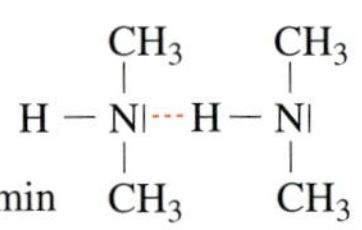

Dimethylamin

Molekülgitter im Eis Molekülgitter, in denen zwischen den Molekülen Wasserstoffbrückenbindungen vorliegen, sind relativ stabil und weisen charakteristische Strukturen auf. Die Wasserstoffbrückenbindungen im Eis sind für dessen lockere Hohlraumstruktur und damit für die gegenüber flüssigem Wasser geringere Dichte verantwortlich. Im **Molekülgitter** von **Eis** (Abb. 1) bildet jedes Sauerstoffatom eines Wassermoleküls zwei Elektronenpaarbindungen zu seinen Wasserstoffatomen und zwei Wasserstoffbrückenbindungen zu Wasserstoffatomen benachbarter Wassermoleküle aus. Die vier Bindungen sind tetraedrisch um das Sauerstoffatom angeordnet. Diese Struktur erlaubt die Bildung einer größtmöglichen Anzahl von Wasserstoffbrückenbindungen und führt zur Ausbildung eines netzartigen Gitters mit hexagonalen Hohlräumen.
Der große Raumbedarf der im Gitter zusammengelagerten Moleküle ist die Ursache dafür, dass Eis eine geringere Dichte als flüssiges Wasser hat. Schmilzt das Eis, bricht das Gitter zusammen. Die Dichte des Wassers nimmt zu. Bei 4 °C hat das Wasser die größte Dichte. Diese Erscheinung wird **Dichteanomalie des Wassers** genannt. Bei weiterer Temperaturerhöhung dehnt sich das Wasser wie jede andere Flüssigkeit aus.

AUFGABEN

1 Stellen Sie die Siedetemperaturen der Wasserstoffverbindungen von Elementen der IV, V. und VII. Hauptgruppe in Abhängigkeit von der molaren Masse dar. Erläutern Sie die Abweichungen bei den ersten Gliedern dieser Reihen.
2 Begründen Sie, ob zwischen den folgenden Molekülen Wasserstoffbrückenbindungen auftreten können: H_2O, NH_3, N_2, CO_2 und CH_3–COOH.
3 Prüfen Sie, welche der nachfolgenden Moleküle NH_3, I_2, CH_3–COOH, CH_3–CH_2–OH, HCl Wasserstoffbrückenbindungen mit Wassermolekülen ausbilden können.
4 Erläutern Sie, was unter der Dichteanomalie des Wassers verstanden wird. Geben Sie eine Erklärung für diese Erscheinung.
5 Erläutern Sie die Dichteunterschiede in einem stehenden Gewässer im Sommer und im Winter. Welche biologische Bedeutung ergibt sich aus diesen Dichteunterschieden?
6 Aceton (Propanon) und 1-Propanol sieden bei 56 °C bzw. bei 97 °C. Erklären Sie die unterschiedlichen Siedetemperaturen.

1 Gitterstruktur im Eiskristall

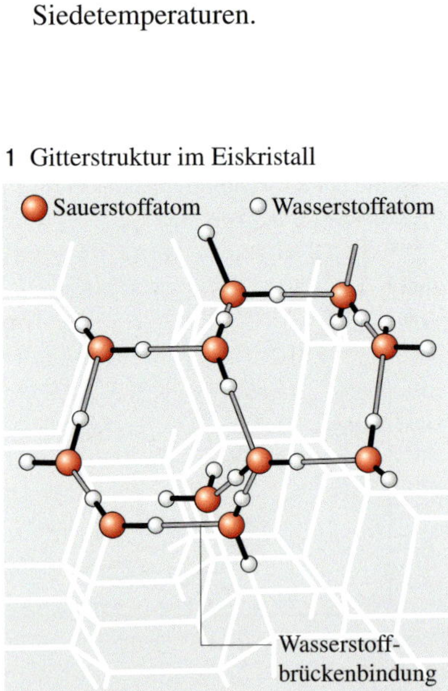

Löslichkeit von Stoffen Eine **Lösung** besteht aus dem **Lösemittel** und dem **gelösten Stoff**.
Eine Lösung, die trotz Berührung mit noch ungelöstem Stoff (Bodenkörper) nichts mehr von diesem Stoff aufnehmen kann, ist eine **gesättigte Lösung**. Die Konzentration der gesättigten Lösung ist die **Löslichkeit**. Polare bzw. unpolare Molekülsubstanzen können als Lösemittel verwendet werden.
- Beispiele für polare Lösemittel sind: Wasser, Ethanol.
- Beispiele für unpolare Lösemittel sind: Hexan, Benzin, Aceton, Tetrachlormethan, Toluol.

Beim **Lösen** einer festen Molekülsubstanz werden die Moleküle aus dem Molekülkristall abgespalten und gehen in das Lösemittel über. Sie werden im Lösemittel von den Molekülen des Lösemittels umschlossen. Dieser Vorgang wird als **Solvatation** bezeichnet.
Ist das Lösemittel Wasser, wird der Vorgang **Hydratation** genannt. Zwischen den Molekülen des zu lösenden Stoffes und den Molekülen des Lösemittels wirken Anziehungskräfte, durch die die im Kristallgitter wirkenden zwischenmolekularen Kräfte überwunden werden können.
Die Löslichkeit einer Molekülsubstanz ist von der Stärke der Gitterkräfte und von der Stärke der Anziehungskräfte zwischen den gelösten Molekülen und den Lösemittelmolekülen abhängig. Dieser Sachverhalt wurde schon sehr früh erkannt und von den Alchimisten in der folgenden Regel ausgedrückt: „Ähnliches wird durch Ähnliches gelöst" („Similia similibus solvuntur").

Polare Molekülsubstanzen Je ähnlicher die Moleküle des Lösemittels und des zu lösenden Stoffs in Bezug auf ihre Polarität sind, umso besser lösen sich die Stoffe ineinander. Soll beim Mischen zweier Flüssigkeiten eine homogene Lösung entstehen, müssen zwischen den verschiedenen Molekülen der Flüssigkeiten ähnliche zwischenmolekulare Bindungskräfte vorliegen. Die in der Lösung vorhandenen Moleküle können sich dann in der Lösung frei bewegen. Ethanol und Essigsäure mit *hydrophilen* (wasserfreundlichen) Gruppen (–OH und –COOH) in den Molekülen sind in Wasser gut löslich (Exp. 2).
Auch die Löslichkeit von gasförmigen Molekülsubstanzen wird durch die Stärke der Dipolkräfte beeinflusst. In 1 l Wasser lösen sich bei 0 °C 70 l Schwefeldioxid, dagegen werden von Ammoniak 727 l bei 15 °C in 1 l Wasser gelöst. Die unpolare Molekülsubstanz Kohlenstoffdioxid löst sich erst unter Druck in größeren Volumenanteilen im Wasser.

Unpolare Molekülsubstanzen Unpolare Molekülsubstanzen wie Hexan, Heptan und Toluol sind in Wasser nicht löslich. Es bilden sich zwei nicht mischbare Phasen aus (Exp. 3). Die Anziehungskräfte zwischen den **unpolaren Molekülen** und den Dipolmolekülen des Wassers sind zu schwach, um eine gegenseitige Durchmischung der Moleküle zu bewirken.

EXPERIMENT 2
Lösen polarer Molekülsubstanzen
Im Reagenzglas werden jeweils 2 ml Ethanol (GHS02) bzw. 2 ml Essigsäure (Eisessig; GHS02 | 05) mit 8 ml Wasser gemischt.

EXPERIMENT 3
Mischen von polaren mit unpolaren Molekülsubstanzen
Mischen Sie im Reagenzglas 2 ml n-Heptan (GHS02 | 08 | 07 | 09) mit 8 ml Wasser. Vergleichen Sie mit Experiment 2.

EXPERIMENT 4
Lösen unpolarer Molekülsubstanzen
In ein Reagenzglas mit 5 ml n-Heptan (GHS02 | 08 | 07 | 09) wird ein Tropfen Öl gegeben. Anschließend werden in je ein Reagenzglas 3 bis 5 ml destilliertes Wasser und n-Heptan (GHS02 | 08 | 07 | 09) sowie ein kleiner Kristall Iod (GHS07 | 09) gegeben.

AUFGABEN
1 Ethanol ist mit Wasser gut, 1-Pentanol jedoch nur wenig mischbar. Worauf beruht dieser Unterschied?
2 Schwefel ist in Kohlenstoffdisulfid CS_2 löslich, in Wasser jedoch nicht löslich. Begründen Sie.
3 Begründen Sie, weshalb Aceton (Propanon CH_3–CO–CH_3) zu den unpolaren Lösemitteln zählt, obwohl die Acetonmoleküle freie Elektronenpaare am Sauerstoffatom aufweisen.
4 Geben Sie Ihre erwarteten Beobachtungen zum Experiment 4 an und deuten Sie diese.

Stoffe, die sich nicht in Wasser lösen, werden **hydrophobe** (Wasser meidende) Stoffe genannt. Dagegen sind Hexan, Heptan und Toluol gute Lösemittel für unpolare feste und flüssige Molekülsubstanzen, z. B. Öle und Fette (Exp. 4). Diese Molekülsubstanzen werden deshalb auch **lipophile** (fettfreundliche) Stoffe genannt. Die Termini *hydrophob* und *lipophil* haben die gleiche Bedeutung.
Die Wasserlöslichkeit von Alkanolen nimmt mit steigender Kettenlänge der Moleküle ab, weil die Dispersionskräfte zwischen den Molekülen größer werden und die hydrophoben Eigenschaften damit zunehmen. Folglich ist die Wasserlöslichkeit der Alkanole mit langkettigen Molekülen sehr gering (Abb. 1). Alkanole mit mehr als sieben Kohlenstoffatomen im Molekül lösen sich nur noch in unpolaren (lipophilen) Lösemitteln.

1 Löslichkeit von n-Alkanolen in Wasser

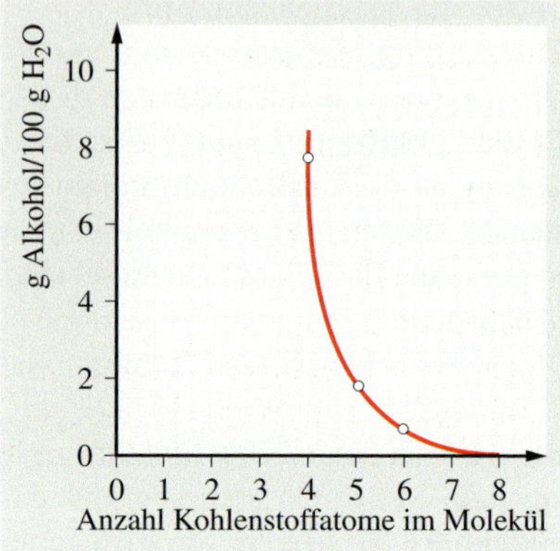

ZUSAMMENFASSUNG

Zwischenmolekulare Wechselwirkungen in Molekülsubstanzen

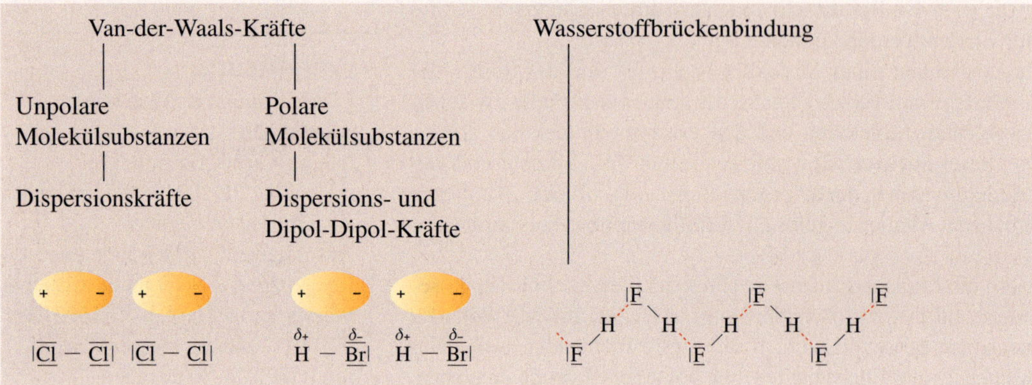

Die Molekülsubstanzen aufbauenden Moleküle werden durch **Van-der-Waals-Kräfte** zusammengehalten.
Zwischen Molekülen, bei denen Wasserstoffatome an Atome von Elementen mit hoher Elektronegativität gebunden sind, treten **Wasserstoffbrückenbindungen** auf.

Löslichkeit
Die Löslichkeit einer Molekülsubstanz ist von der Größe der Gitterenthalpie (↑S. 182 f.) und von der Stärke der Anziehungskräfte zwischen den gelösten Molekülen und den Lösemittelmolekülen abhängig.

▶ Stoff-Teilchen-Konzept

Polare Lösemittel
Polare Lösemittel lösen polare Molekülsubstanzen.
Molekülsubstanzen, deren Moleküle **hydrophile** Gruppen wie –OH, $-NH_2$, $-NH_3^+$, –COOH, –COO– enthalten, lösen sich in polaren Lösemitteln, z. B. Wasser.

Unpolare Lösemittel
Unpolare Lösemittel lösen unpolare Molekülsubstanzen.
Molekülsubstanzen, deren Moleküle hydrophobe Gruppen, z. B. lange Alkylreste, enthalten, lösen sich in unpolaren (lipophilen) Lösemitteln, z. B. Heptan.

▶ Struktur-Eigenschafts-Konzept

Struktur und Eigenschaften der Metalle – Metallbindung

Bau und Eigenschaften Der Bau der Metalle aus gleichartigen Atomen wird durch das Modell der **Metallbindung** beschrieben: Ein Metallkristall besteht aus positiv geladenen Metall-Ionen, zwischen denen sich frei bewegliche Elektronen befinden. Ein Metallkristall kann demnach als Makromolekül aufgefasst werden, der durch ungerichtete elektrostatische Kräfte zusammengehalten wird.
Metalle haben gemeinsame Eigenschaften wie gute elektrische Leitfähigkeit, gute Wärmeleitfähigkeit, metallischen Glanz und plastische Verformbarkeit. Mit steigender Temperatur nimmt die elektrische Leitfähigkeit der Metalle ab. Die gute plastische Verformbarkeit und die relativ hohe Festigkeit der Metalle sind die Ursache für deren frühe Verwendung als Werkstoffe. Die Eigenschaften der Metalle können mit dem Elektronengasmodell erklärt werden.

Elektronengasmodell Die gute elektrische Leitfähigkeit der Metalle wird durch Elektronen als bewegliche Ladungsträger verursacht. Schon um 1900 wurde eine Modellvorstellung über die metallische Bindung entwickelt, nach der in Metallkristallen die Gitterplätze durch positiv geladene Atomrümpfe (Metall-Ionen) besetzt sind und sich die Valenzelektronen der Atome frei im Metallgitter bewegen. Im Unterschied zu den Nichtmetallatomen haben Metallatome kleinere Ionisierungsenergien und weniger Valenzelektronen. Im Metall sind daher die Valenzelektronen der Metallatome nicht wie bei den Atomen von Molekül- und Ionensubstanzen an ein bestimmtes Atom gebunden, sondern können sich im gesamten **Metallgitter** frei bewegen. Diese Ansammlung leicht verschiebbarer Elektronen wird als **Elektronengas** bezeichnet. Es bewirkt den Zusammenhalt der positiven Atomrümpfe (Metall-Ionen) im Metallgitter (Abb. 2).
Mit diesem Modell lassen sich viele Eigenschaften der Metalle erklären.
Die Bindungskräfte zwischen den positiven Atomrümpfen und dem Elektronengas sind ungerichtet. Metallatome lagern sich daher zu dicht gepackten Strukturen zusammen (Abb. 2). Die plastische **Verformbarkeit** der Metalle ist aus dem Aufbau der Metallgitter ersichtlich. Die einzelnen Gitterebenen können leicht gegeneinander verschoben werden, da die positiven Atomrümpfe stets wieder in die gleiche Umgebung treten (Abb. 3). Der Einbau von Fremdatomen in das Metallgitter, wie es bei **Legierungen** der Fall ist, beeinträchtigt das Gleiten der Gitterebenen wesentlich. So ist reines Eisen weich und seine Festigkeit gering. Erst der Einbau von Kohlenstoffatomen in das Metallgitter des Eisens ergibt einen festen Werkstoff, z. B. den Stahl (↑S. 206). Die Existenz des Elektronengases erklärt die gute elektrische und thermische Leitfähigkeit der Metalle. Unter dem Einfluss eines elektrischen Feldes bewegen sich die freien Elektronen im Metallkristall in Richtung der Anode.

2 Metallgitter, Elektronengas

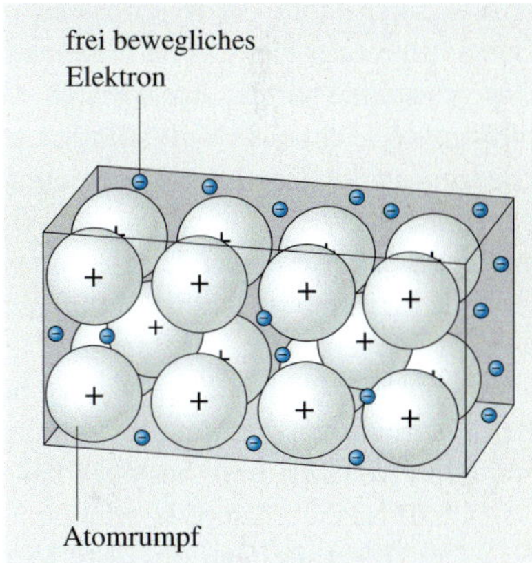

3 Verschieben der Gitterebenen im Metallgitter

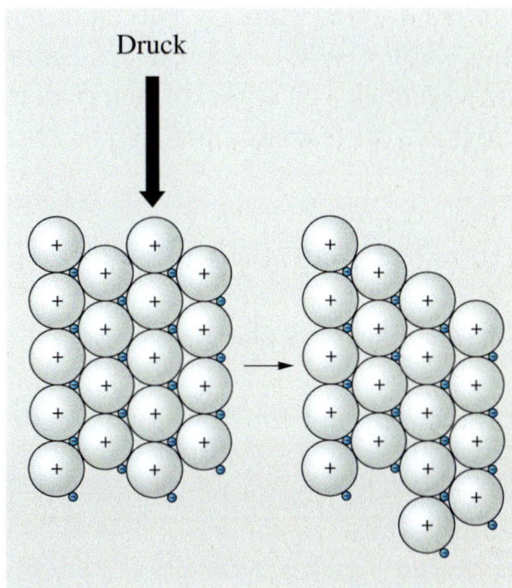

Tab. 1 Physikalische Eigenschaften einiger Metalle

Metall	Schmelztemperatur ϑ_S in °C	Siedetemperatur ϑ_V in °C	Farbe	Dichte ϱ in $g \cdot cm^{-3}$
Natrium	98	892	silberglänzend	0,97
Eisen	1540	3000	silberweiß	7,86
Kupfer	1083	2600	rotbraun	8,96
Aluminium	660	2450	silberweiß	2,70

Die **elektrische Leitfähigkeit** hängt von der Anzahl der freien Elektronen und vom Aufbau des Metallgitters ab (Abb. 1). Mit wachsender Temperatur sinkt die elektrische Leitfähigkeit, da die Anzahl der Schwingungen der Atomrümpfe zunimmt und eine Störung der freien Beweglichkeit der Elektronen erfolgt. Zwischen elektrischer Leitfähigkeit und Wärmeleitfähigkeit besteht eine direkte Proportionalität. Die Übertragung von Wärme erfolgt durch Stöße der freien Elektronen auf die Atomrümpfe. Dabei nimmt der elektrische Widerstand des Metalls zu.

Der grauweiße **Glanz** der meisten Metalle ist durch die Reflexion von Licht aller Wellenlängen an der Oberfläche bedingt. Die frei beweglichen Elektronen nehmen Energie des Lichts mit beliebiger Frequenz auf und geben sie beim Zusammenstoß mit anderen frei beweglichen Elektronen wieder ab. Bei Kupfer und Gold dringt grünes Licht in das Innere der Metallgitter ein und wird absorbiert. Die Mischfarbe des reflektierten Lichts von Kupfer und Gold lässt diese Metalle farbig erscheinen.

Beim Verdampfen der Metalle verändern sich deren Eigenschaften, denn Metalldämpfe bestehen aus Atomen und Molekülen. So enthält Natriumdampf Natriumatome und Natriummoleküle Na_2. Der Übergang vom flüssigen Metall zum Metalldampf erfordert viel Energie, da die elektrostatischen Kräfte zwischen den positiven Atomrümpfen und den Elektronen überwunden werden müssen. Deshalb haben alle Metalle relativ hohe **Siedetemperaturen** (Tab. 1). Die **Schmelztemperatur** von Eisen und Kupfer ist höher als die des Natriums, weil die zusätzliche Anwesenheit von d-Elektronen in den Atomen dazu führt, dass die positiven Atomrümpfe stärker zusammengehalten werden.

1 Elektrische Leitfähigkeit

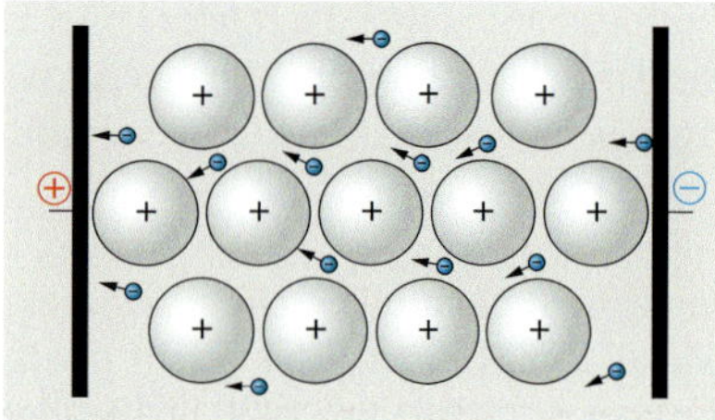

AUFGABEN

1 Vergleichen Sie die Ionisierungsenergien und die Anzahl der Valenzelektronen der Atome der Elemente Natrium und Chlor.

2 Erklären Sie mit dem Elektronengasmodell die gute elektrische Leitfähigkeit und die Wärmeleitfähigkeit der Metalle.

3 Vergleichen Sie die Schmelz- und Siedetemperaturen von Lithium, Beryllium und Nickel.
Erklären Sie mithilfe Ihrer Kenntnisse über das Elektronengasmodell und die Elektronenkonfiguration der entsprechenden Atome die unterschiedlichen Schmelz- und Siedetemperaturen.

ZUSAMMENFASSUNG

Nach dem **Elektronengasmodell** ist ein Metall aus positiv geladenen Atomrümpfen (Metall-Kationen) und frei beweglichen Elektronen aufgebaut.

Mit diesem Modell lassen sich die charakteristischen Eigenschaften wie Verformbarkeit, elektrische Leitfähigkeit und Glanz erklären.

▶ Stoff-Teilchen-Konzept
▶ Struktur-Eigenschafts-Konzept

Struktur und Eigenschaften anorganischer polymerer Stoffe

Neben den Molekülsubstanzen, bei denen nur wenige Atome miteinander verbunden sind, gibt es **polymere Stoffe**, die aus großen Atomverbänden aufgebaut sind. In ihnen sind viele Atome durch Atombindungen in ein, zwei oder drei Richtungen des Raumes miteinander verbunden. Solche Atomverbände können als **Makromoleküle** angesehen werden, die entweder Ketten-, Schicht- oder Raumnetzstruktur aufweisen. Durch die unterschiedliche Struktur ihrer Makromoleküle sind die Eigenschaften der polymeren Stoffe sehr verschieden.

Kohlenstoffmodifikationen

Diamant Der **Diamant**, eine Modifikation des Kohlenstoffs, ist ein polymerer Stoff. Die ihn aufbauenden Kohlenstoffatome bilden ein Atomgitter, indem die vier sp^3-Hybridorbitale eines jeden Kohlenstoffatoms mit sp^3-Hybridorbitalen von benachbarten Kohlenstoffatomen überlappen. Dadurch ist jedes Kohlenstoffatom tetraedrisch von vier anderen Kohlenstoffatomen umgeben, es entsteht eine Raumnetzstruktur (Abb. 2). Die C–C-Bindungen haben eine hohe Bindungsenergie (↑S. 43), die die Festigkeit und außerordentliche Härte des Diamanten bewirken. Er ist extrem schwer flüchtig und unlöslich. Wird Diamant unter Luftabschluss auf über 1500 °C erhitzt, entsteht Graphit. In Anwesenheit von Luft verbrennt er bei 800 °C zu Kohlenstoffdioxid.

Reine Diamanten sind elektrische Nichtleiter. Farblose, geschliffene Naturdiamanten sind geschätzte Edelsteine. Wegen ihrer großen Härte und ihres geringen Verschleißes werden Diamanten zum Bohren und Schneiden harter Mineralien eingesetzt (Abb. 4). Dafür verwendet man heute überwiegend synthetisch hergestellte Diamanten, die aus Graphit bei hohen Drücken und bei hoher Temperatur entstehen. Neben Diamant sind Stoffe mit analoger Kristallstruktur und daher ähnlichen Eigenschaften bekannt. Sie werden **diamantartige Stoffe** genannt. Zu den technisch bedeutenden diamantartigen Stoffen zählen das Siliciumcarbid SiC und das Bornitrid BN. Sie sind fast so hart wie Diamant und werden als Schleifmittel eingesetzt. Aus Siliciumcarbid werden auch Heizelemente für Hochtemperaturöfen hergestellt. Als **Halbleiter** besitzt es auch bei hohen Temperaturen eine ausreichende elektrische Leitfähigkeit bei gleichzeitiger Korrosionsresistenz und geringer thermischer Ausdehnung.

Graphit Eine weitere Modifikation des elementaren Kohlenstoffs ist der **Graphit**. Die Struktur des Graphits besteht aus übereinandergelagerten ebenen Schichten, die aus sechsgliedrigen Kohlenstoffringen aufgebaut sind (Abb. 3).

2 Struktur von Diamant

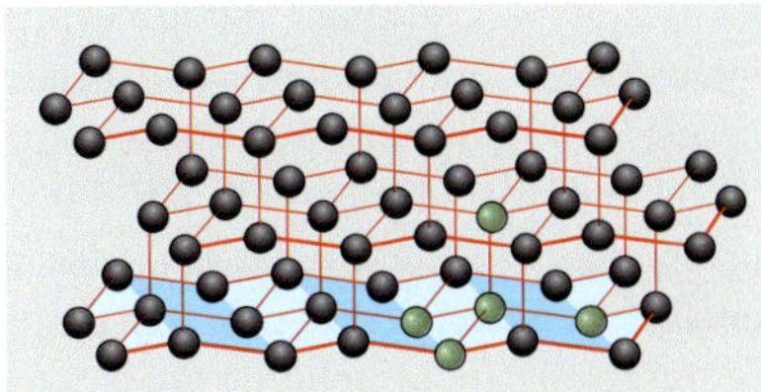

3 Struktur von Graphit

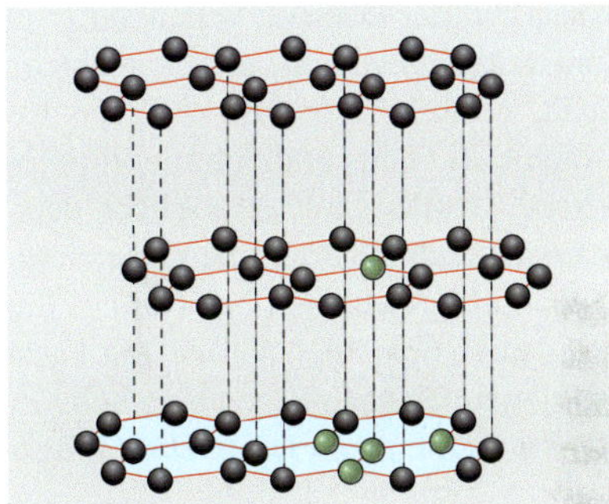

AUFGABEN

1. Vergleichen Sie die Bindungen in Ionen- und in Atomkristallen. Begründen Sie die unterschiedlichen Eigenschaften der Ionensubstanzen und der polymeren anorganischen Stoffe.
2. Vergleichen Sie die Struktur von Diamant und Graphit. Erläutern Sie die unterschiedliche Verwendung in der Technik.
3. Siliciumcarbid kann anstelle von Diamant zur Herstellung von Schleifpapier oder als Bohrkrone eingesetzt werden. Begründen Sie.

4 Diamantbohrkrone

Die Bindungsabstände innerhalb der Schicht sind kleiner als die Abstände zwischen den Schichten. Die Kohlenstoffatome sind sp^2-hybridisiert und bilden mit ihren jeweils drei Nachbaratomen innerhalb der Schicht σ-Bindungen aus. Der Bindungswinkel zwischen den Kohlenstoffatomen beträgt 120°. Die nicht an der Bindung beteiligten p-Atomorbitale stehen senkrecht zur Schichtebene und bilden p-p-π-Bindungen (↑ Molekülorbitaltheorie, S. 41), die sich über die gesamte Schicht erstrecken. Die π-Elektronen sind innerhalb der Schicht delokalisiert. Sie verhalten sich wie Elektronen eines Metalls und verursachen den metallischen Glanz, die schwarze Farbe und die gute elektrische Leitfähigkeit. Im Graphit ist die elektrische Leitfähigkeit parallel zu den Schichten 104-mal höher als senkrecht zu den Schichten. Zwischen den Schichten wirken nur schwache Van-der-Waals-Kräfte. Deshalb liegen sie relativ weit auseinander und sind leicht gegeneinander verschiebbar. Wegen der leichten Spalt- und Verschiebbarkeit der Kohlenstoffschichten wird Graphit als Gleit- und Schmiermittel verwendet. Die gute elektrische Leitfähigkeit ermöglicht den Einsatz als Elektrodenmaterial. Durch thermische Zersetzung von synthetischen Fasern unter Luftausschluss (Pyrolyse) gelingt es, Graphit herzustellen, dessen Schichten parallel zur Faser ausgerichtet sind. Diese **Kohlenstofffasern** haben eine hohe Zugfestigkeit und Elastizität. Sie werden zum Beispiel im Flugzeugbau eingesetzt.

Fullerene Eine dritte Modifikation des Kohlenstoffs stellen die **Fullerene** dar, die erst 1985 von ROBERT CURL, SIR HAROLD KROTO und RICHARD SMALLEY beschrieben wurden. Fullerene sind Moleküle mit einer eindeutig begrenzten Anzahl an Kohlenstoffatomen. Sie zählen daher zu den Molekülsubstanzen. Die aus Fullerenmolekülen aufgebauten Stoffe heißen **Fullerite**. Die bekannteste Molekülstruktur der Fullerene ist das **C_{60}-Fulleren**, in dem 60 Kohlenstoffatome in Form einer fußballähnlichen Hohlkugel verbunden sind (Abb. 1). Der Name dieser Modifikation geht auf den geodätischen Kuppelbau auf der Weltausstellung 1967 in Montreal des Architekten RICHARD BUCKMINSTER FULLER zurück.

Alle Kohlenstoffatome des C_{60}-Fullerens sind sp^2-hybridisiert und bauen die Hohlkugel aus 12 ebenen Fünfecken und 20 Sechsecken auf. Diese symmetrische Anordnung erzielt eine sehr stabile Kugelstruktur. Neben den C_{60}-Molekülen sind auch Moleküle mit einer größeren Anzahl an Atomen isoliert worden. In den Kristallen des C_{60}-Fullerens werden die kugelförmigen Moleküle durch Van-der-Waals-Kräfte zusammengehalten. Sie sind deshalb weich und leicht spaltbar. In unpolaren Lösemitteln sind Fullerene gut löslich. Derzeit werden verschiedene Möglichkeiten zur Verwendung z. B. als Katalysator, als Schmiermittel, zur Herstellung künstlicher Diamanten, in der Medizin sowie als Halbleiter und Supraleiter erforscht. Moleküle mit solchen Käfigstrukturen bieten auch die Möglichkeit, Atome oder Verbindungen in den Hohlraum einzubringen.

1 Molekülmodell des C_{60}-Fullerens. Das C_{60}-Molekül besitzt einen Hohlraum mit einem Durchmesser von 700 pm, in den Atome oder Moleküle eingelagert werden können.

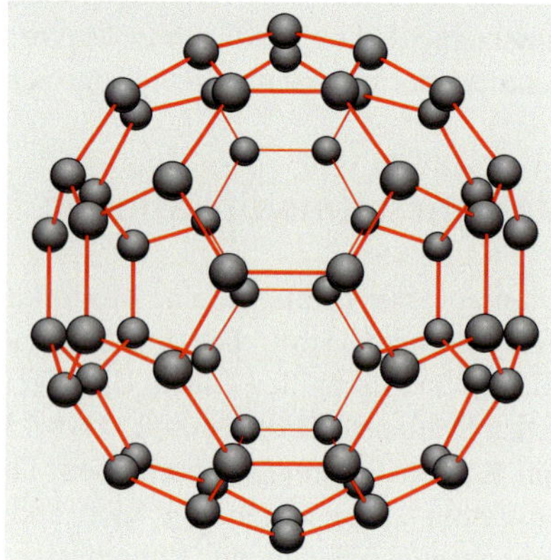

Tab. 1 Eigenschaften und Verwendungen der Kohlenstoffmodifikationen

Diamant
$\varrho = 3{,}51\ g \cdot cm^{-3}$ ϑ_S = ab 3550 °C Härte = 10 – Schneid- und Schleifmittel in Technik und Medizin (Mikroskalpelle) – Schmuck
Graphit
$\varrho = 2{,}26\ g \cdot cm^{-3}$ ϑ_S = ab 3730 °C Härte = 1 – 2 – Gleit- und Schmiermittel – Elektrodenmaterial – Kohlenstofffasern als Baumaterial
Fullerit
$\varrho = 1{,}9 - 2{,}0\ g \cdot cm^{-3}$ Sublimiert bei ϑ = 400 °C Härte = 3,5 – praktischer Einsatz bisher gering – Forschung: Katalysatoren, Schmiermittel, Halb- und Supraleiter

Silicate und Silicone

Siliciumdioxid - Quarz Die chemische Zusammensetzung des **Siliciumdioxids (Quarz)** wird durch die Formel SiO_2 wiedergegeben. Quarz kommt als Bestandteil vieler Gesteine (Quarzsand, Granit, Sandstein) vor. Er zeichnet sich durch große Härte (Härte nach MOHS 7) und eine hohe Schmelztemperatur von 1705 °C aus. Eine sehr reine Form des Quarzes ist der Bergkristall.
Im Gegensatz zur gasförmigen Molekülsubstanz CO_2 ist Siliciumdioxid SiO_2 ein polymerer Stoff, der sich von der Orthokieselsäure H_4SiO_4 ableiten lässt. Die Salze der Orthokieselsäure werden als **Silicate** bezeichnet. Andere Silicate haben weitere Metall-Kationen gebunden, sodass eine Vielzahl von Silicaten mit unterschiedlichen Eigenschaften resultieren. Sie bilden mit einem Anteil von 80 % in der Erdkruste die vielfältigste Gruppe der Mineralien.

Die Formel SiO_2 für Quarz ist eine Verhältnisformel. Sie gibt seine chemische Zusammensetzung exakt wieder, lässt aber keine Aussagen über die Struktur zu. Die Siliciumatome sind sp^3-hybridisiert. Jedes Siliciumatom kann vier Sauerstoffatome tetraedrisch binden. Im Quarzkristall liegt ein Atomgitter vor, das aus SiO_4-Tetraedern aufgebaut ist, die über gemeinsame Ecken verbunden sind. Die Sauerstoffatome sind „Brückenatome" zu vier weiteren Siliciumatomen.

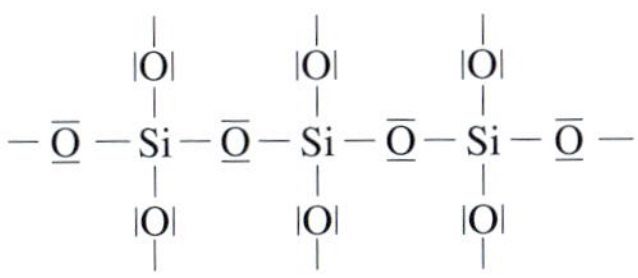

Dadurch entsteht eine ähnliche Raumnetzstruktur wie im Diamanten (Abb. 2). Die Stärke der Si–O-Bindung und die Raumnetzstruktur führen zu der großen Härte und der hohen Schmelztemperatur von Quarz. Er ist chemisch sehr widerstandsfähig und wird nur von Fluorwasserstoffsäure und starken Basen angegriffen.
Eine Besonderheit unter den Silicaten stellen die als **Zeolithe** bezeichneten Gerüstsilicate dar, die sowohl natürlich vorkommen als auch synthetisch hergestellt werden können. In ihren dem SiO_4-Raumnetz vergleichbaren Gittern kann eine unterschiedliche Anzahl an Siliciumatomen durch Aluminiumatome ersetzt sein. Dadurch entstehen Hohlräume, in denen Kationen eingelagert werden können (Abb. 3). Zeolithe werden deshalb als Ionenaustauscher verwendet.

Silicone Die polymeren **Silicone** (Polysiloxane) leiten sich von der Struktur des Quarzes ab. Weil die Siliciumatome jedoch mit organischen Resten verbunden sind, nehmen sie eine Stellung zwischen den anorganischen Polymeren und den organischen Kunststoffen ein.

2 Atomgitter des Quarzes SiO_2

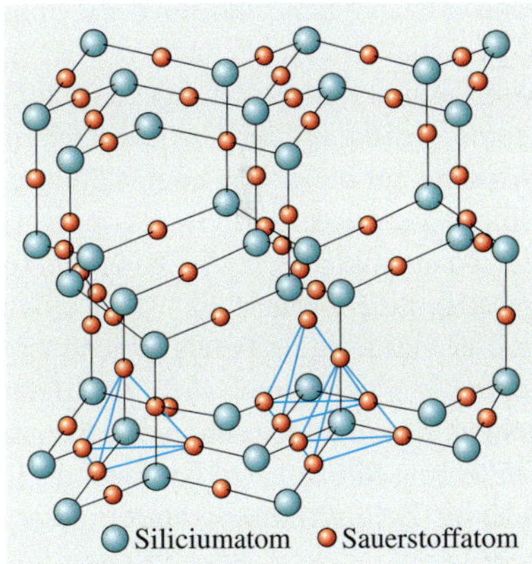

3 Struktur von Zeolith A

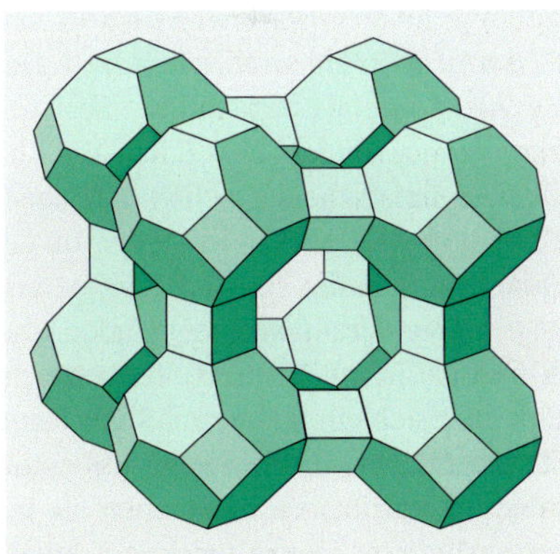

AUFGABE

1 Ordnen Sie den Stoffen NaCl, MgO, H_2O, N_2, CO_2, SiC, Cr die Art der chemischen Bindung und die Gitterart zu und begründen Sie jeweils Ihre Entscheidung.

Die für die Silicon-Herstellung benötigten Ausgangsstoffe sind Alkylchlorsilane, die durch Reaktion von Alkylhalogeniden wie Chlormethan und Silicium mit Kupfer als Katalysator gebildet werden. Versetzt man diese Alkylchlorsilane mit Wasser, erhält man in einer stark exothermen Reaktion Silandiole, die unter dem Einfluss von Salzsäure zu Siliconen (Abb. 1) reagieren. Die gebildeten polymeren Silicone zeigen, ähnlich den Bindungen im Quarz, Si–O-Bindungen (Abb. 1). Über die Anzahl der Chloratome im Silanmolekül kann der Vernetzungsgrad des Polymers variiert werden. In Abhängigkeit von der Molekülgröße und dem Vernetzungsgrad entstehen wasserabweisende **Siliconöle** (lineare Polysiloxane), harte **Siliconharze** (dreidimensional vernetzte Polysiloxane) oder elastische **Siliconkautschuke** (lineare, geringfügig vernetzte Polysiloxane).
Silicone zeichnen sich durch eine gute chemische und thermische Beständigkeit und hohe Flexibilität aus. Ihre besonderen Eigenschaften ergeben sich aus der molekularen Struktur. Die Wärme- und Kältebeständigkeit ist auf die gebundenen Siliciumatome zurückzuführen, die Elastizität und die wasserabweisende Wirkung auf die gebundenen Alkylgruppen.
Siliconöle werden als Brems- oder Hydraulikflüssigkeiten, in der Kosmetik und in der Medizin für Hautschutzsalben eingesetzt. Siliconkautschuk ist in einem Bereich von −100 bis 250 °C elastisch, beständig gegenüber Chemikalien und Verwitterungseinflüssen und wird zur Herstellung von z. B. Laborschläuchen, Backformen und Kabelummantelungen verwendet. Die harten Siliconharze kommen als Lacke, im Fassadenschutz oder als Dichtungsmasse zum Einsatz.

1 Struktur eines Silicons (Polysiloxan), Prinzip der Synthese (Kondensation)

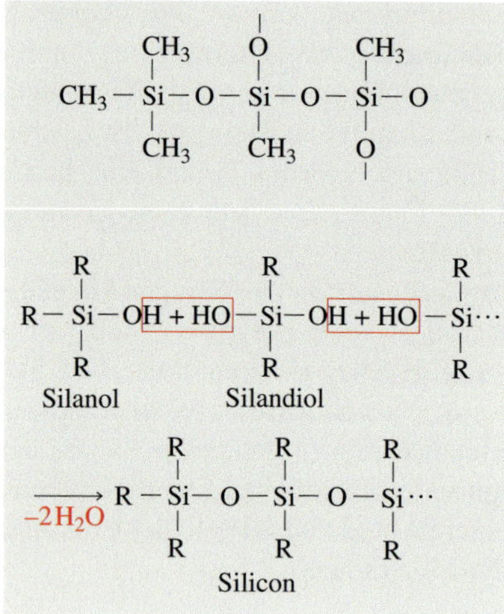

Quarzglas – Glaszustand Wenn eine Quarzschmelze schnell unter die Schmelztemperatur von 1705 °C abgekühlt wird, entsteht ein nicht kristalliner Feststoff, das **Glas**. Gläser sind ohne Kristallisation erstarrte Schmelzen. Beim Erwärmen schmelzen sie nicht wie der kristalline Feststoff bei einer bestimmten Temperatur, sondern erweichen allmählich. Der Glaszustand des Quarzes unterscheidet sich vom festen Zustand durch die Art der Verknüpfung der SiO_4-Tetraeder. Im Gegensatz zum kristallinen Quarz, in dem die Tetraedergruppen durch den ganzen Kristall regelmäßig miteinander verbunden sind, erfolgt beim Quarzglas die Verknüpfung der SiO_4-Tetraeder nur in kleinen Bereichen. Es bildet sich ein unregelmäßiges Raumnetz aus.
Da bei Gläsern die Bereiche mit intakter Quarzstruktur unterschiedlich groß sind, **erweichen** sie in einem bestimmten Temperaturbereich. Die Erweichungstemperatur von Quarz liegt bei 1500 °C. Für die Herstellung von technischen Gläsern werden dem Quarz Alkali- und Erdalkalimetalloxide zugesetzt. Die Oxid-Ionen sprengen einen Teil der Si–O–Si-Brücken. Dabei wird das Raumnetz weiter aufgelockert (Abb. 2) und die Erweichungstemperatur herabgesetzt. Normalglas, z. B. Fensterglas, erweicht ab 550 °C. Gläser können durch Zusätze gefärbt werden (Tab. 1).

Tab. 1 Zusätze für die Färbung von Gläsern

Zusatzstoff	Farbe des Glases
FeO	grün
Fe_2O_2	braun
CoO	blau
Au	rubinrot
$Ca_3(PO_4)_2$	milchig

2 Strukturausschnitt von Normalglas

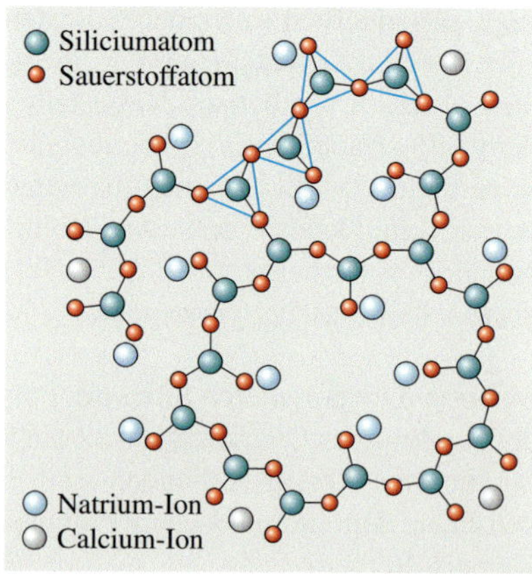

Technik

Spezialgläser

Gewünschte Eigenschaften lassen sich gezielt erzeugen Glas wird in vielen technischen Bereichen eingesetzt und muss den jeweiligen Anforderungen in Bezug auf z. B. Temperaturbeständigkeit, Härte, Strahlendurchlässigkeit und chemische Beständigkeit entsprechen. Daher werden den meisten Glassorten Zusatzstoffe beigefügt, um die gewünschten Eigenschaften zu erzielen. Durch Variation der zugesetzten Stoffe und deren Anteile lässt sich Spezialglas für fast jeden Verwendungszweck herstellen, z. B. als Laborglas, optisches Glas oder Sicherheitsglas (Tab. 1).

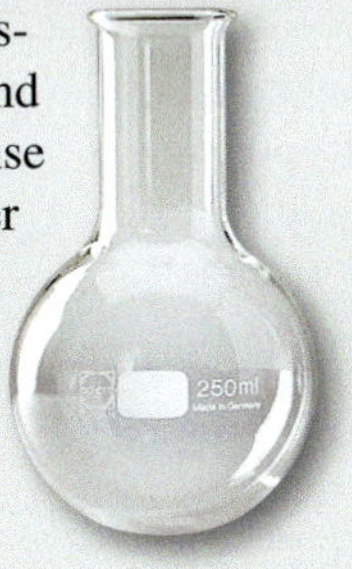

Laborglas Das normale Gebrauchsglas (Natron-Kalk-Glas) ist klar und optisch durchlässig, vergleichsweise hart, aber spröde. Gegenüber Wasser und Basen ist es chemisch nicht resistent, es quillt auf. Laborgläser müssen aber spezielle Eigenschaften aufweisen. So erhöht die Beimischung von Bortrioxid die thermische und chemische Beständigkeit von Glas. Die Bruchfestigkeit des Glases wird durch die Zugabe von Aluminiumoxid erhöht. Beide Zusätze finden z. B. in dem in Laboren eingesetzten Jenaer Glas Anwendung. Aus solchen Gläsern werden Bechergläser oder Reagenzgläsern hergestellt, die über dem Gasbrenner stark erhitzt werden und gleichzeitig auch chemisch resistent und bruchfest sein sollen. Supremaxglas enthält einen größeren Anteil an Bortrioxid als Jenaer Glas und ist sogar bis 1000 °C beständig.

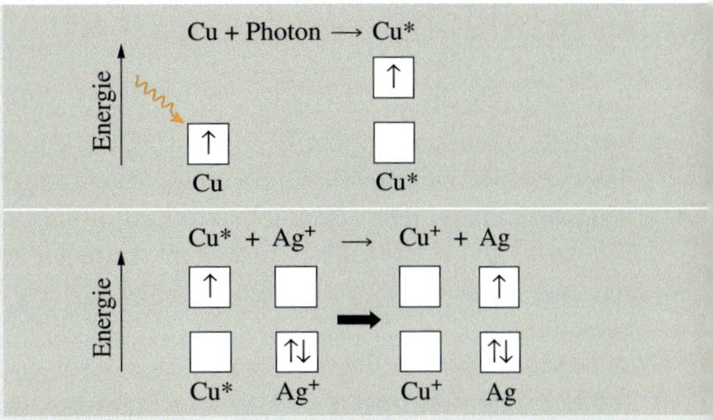

1 Funktionsprinzip von phototropem Glas

Phototropes Glas Bei phototropen Gläsern ändert sich deren Lichtdurchlässigkeit beim Bestrahlen. Diese Eigenschaft wird z. B. für selbsteinfärbende Brillengläser genutzt. Dazu sind im Glas kristalline Strukturen aus mit Kupfer dotierten Silberhalogeniden enthalten. Einfallendes UV- oder kurzwelliges sichtbares Licht regt in den Kupferatomen Elektronen an, die von Silber-Ionen aufgenommen werden (Abb. 1). Die auf diese Weise gebildeten Silberatome lagern sich zu Clustern zusammen, die sichtbares Licht absorbieren und deshalb das Glas dunkel färben. Nach Ende der Bestrahlung kehrt sich der Prozess um und das Glas entfärbt sich.

Chalkogenidglas Bei diesem Glas sind in die SiO_2-Grundstruktur die namensgebenden Chalkogene Schwefel-, Selen- und Telluratome bzw. Germanium- und Arsenatome eingebaut. Durch die höhere Masse dieser Atome und eine schwächere chemische Bindung verschiebt sich die Lichtdurchlässigkeit aus dem sichtbaren in den infraroten Spektralbereich: Chalkogenidgläser lassen Licht der Wellenlänge $\lambda = 0{,}9$ bis 12 µm durch. Diese Gläser können deshalb für Wärmebildkameras oder Nachtsichtgeräte verwendet werden.

AUFGABE

1 Glas reagiert mit Wasser. Stellen Sie unter Verwendung der Formel Na_2CaSiO_4 für Normalglas die Reaktionsgleichung auf und charakterisieren Sie die Reaktion.

Tab. 1 Chemische Zusammensetzung einiger Gläser

Glasart	Hauptbestandteile, Massenanteile in %							
	SiO_2	Na_2O	K_2O	CaO	Al_2O_3	MgO	B_2O_3	Sonstige
Normalglas	72	14,5	–	8,5	1,5	3,5	–	–
Jenaer Glas	75	6	1	1	6	–	7,5	1,75 BaO 1,75 As_2O_3
Supremaxglas	53	–	–	5	21	10	10	
Duranglas	81	4	Spuren	–	2	–	13	–

Chemische Bindungen im Vergleich

Die in den Stoffen enthaltenen Teilchen (Atome und Ionen) werden durch chemische Bindung zusammengehalten. Man unterscheidet zwischen Ionenbindung, Metallbindung, Elektronenpaarbindung. Der Bindungstyp bestimmt wesentlich die Eigenschaften der Stoffe. Zusätzlich werden die Stoffeigenschaften auch durch zwischenmolekulare Wechselwirkungen beeinflusst.

Chemische Bindung
Art der chemischen Bindung; Stärke der Wechselwirkungen zwischen den Teilchen

→

Struktur des Stoffes
Art und räumliche Anordnung der Teilchen (Atome, Ionen, Moleküle)

→

Eigenschaften der Stoffe
Chemisches Reaktionsverhalten, physikalische Eigenschaften

▶ Stoff-Teilchen-Konzept ▶ Struktur-Eigenschafts-Konzept

In den vorangegangenen Abschnitten wurden Ionenbindung, Metallbindung und Elektronenpaarbindung als **Grenztypen der chemischen Bindungen** charakterisiert. Zwischen allen Bindungstypen bestehen fließende Übergänge, sodass für viele Stoffe Anteile von zwei Bindungstypen charakteristisch sind.

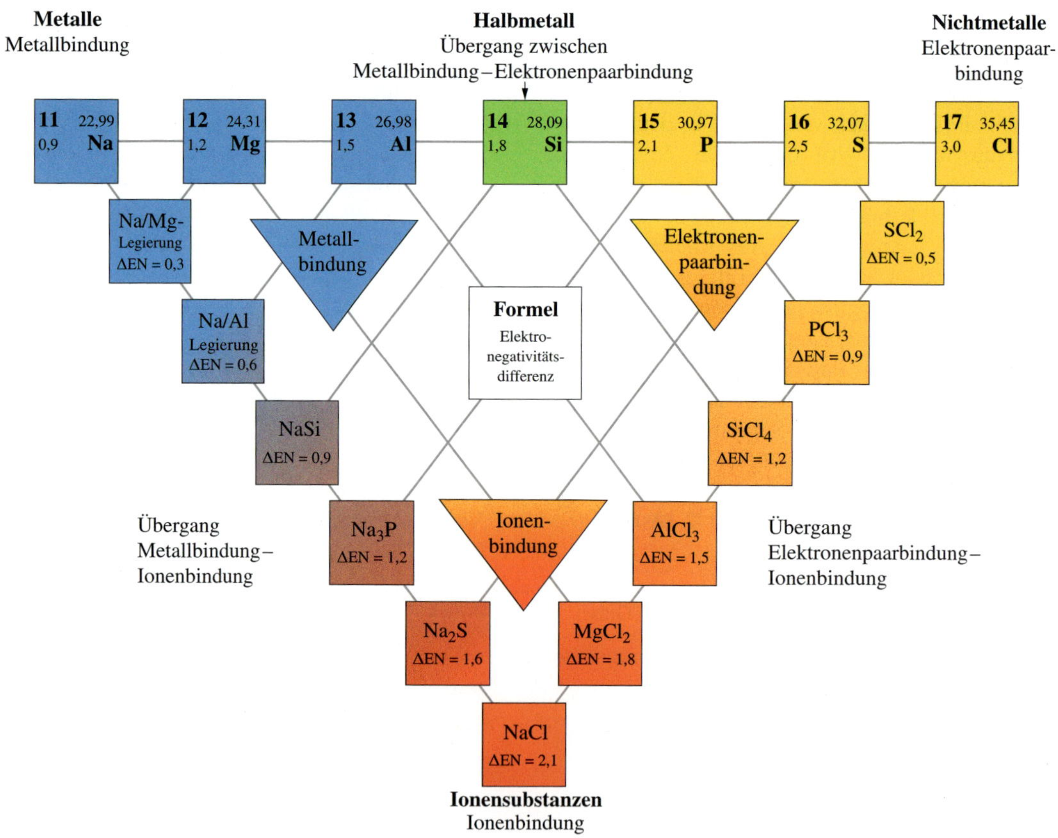

KOMPLEX GEDACHT

1 Begründen Sie mithilfe der Elektronenkonfiguration des Schwefelatoms, warum dieses im Schwefelhexafluoridmolekül SF_6 sechs Elektronenpaarbindungen zu den Fluorid-Ionen ausbilden kann.
Verallgemeinern Sie Ihre Aussage in Bezug auf die Elemente der 3. und höherer Perioden.

2 Das Zustandsdiagramm von Wasser (Abb. 1) zeigt, dass der Übergang von einem Aggregatzustand in einen anderen nicht nur von der Temperatur, sondern auch vom Druck abhängig ist.
a Interpretieren Sie das Diagramm. Gehen Sie dabei auf die unterschiedlichen Kurven und die Punkte S, V und P ein.
b Begründen Sie, warum Gletscherbewegungen trotz des tonnenschweren Gewichts der Eismassen möglich sind.

1 Zustandsdiagramm des Wassers

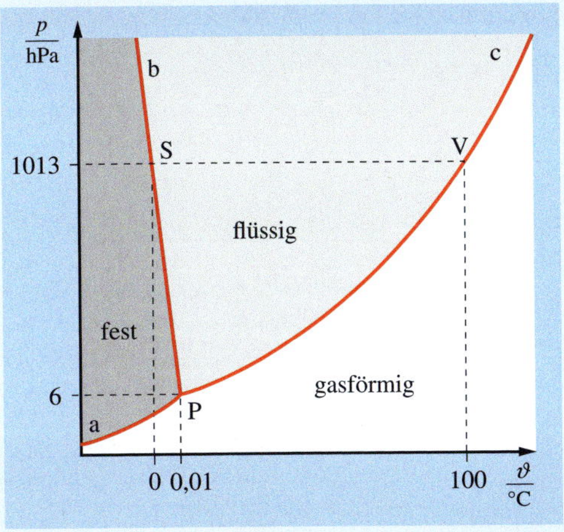

3 Halbmetalle, z. B. Silicium, besitzen bei 25 °C nur eine geringe elektrische Leitfähigkeit, die aber mit steigender Temperatur zunimmt. Halbmetalle kristallisieren im Gegensatz zu Metallen in Molekülgittern.
Deuten Sie die mit der Temperatur steigende Leitfähigkeit des Siliciums und begründen Sie das im Vergleich dazu verschiedene Verhalten von Metallen.

4 Das auf S. 60 abgebildete Schema wird auch als „Bindungsdreieck" bezeichnet.
a Charakterisieren Sie jeden der an den Ecken des Dreiecks aufgeführten Stoffe, indem Sie seine Stoffeigenschaften wie Schmelz- und Siedetemperatur, elektrische Leitfähigkeit, Wärmeleitfähigkeit sowie plastische Verformbarkeit nennen.
b Begründen Sie die unter a) aufgeführten Stoffeigenschaften mithilfe der zugrunde liegenden Bindungsarten und der Struktur der Stoffe.
c Recherchieren Sie in der Fachliteratur Stoffeigenschaften der auf den Dreiecksseiten mittig angeordneten Stoffe Silicium sowie für *einen* der Stoffe Natriumphosphid Na_3P bzw. Natriumsilicid NaSi und Siliciumchlorid $SiCl_4$ bzw. Aluminiumchlorid $AlCl_3$. Formulieren Sie Hypothesen zu den zugrunde liegenden Bindungsarten der genannten Stoffe.
d Formulieren Sie eine zusammenfassende Aussage zur Anordnung der Stoffe im abgebildeten Schema.

5 In festen Stoffen kann die Elektronendichteverteilung gemessen werden.
a Interpretieren Sie die Elektronendichteverteilung für Magnesium, Natriumchlorid und Diamant (Abb. 2).
b Begründen Sie die Richtigkeit der Aussage, dass Metallbindung, Ionenbindung und Elektronenpaarbindung nicht nur als Grundtypen, sondern auch als Grenztypen der chemischen Bindung zu bezeichnen sind.

2 Elektronendichteverteilung in verschiedenen Stoffen

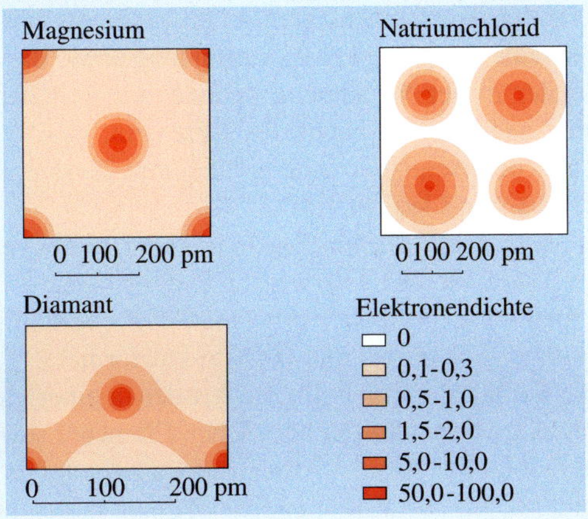

3 Stoffe und Reaktionen – quantitativ betrachtet

Stoffe und deren Umwandlungen spielen nicht nur in der Chemie, sondern auch im Alltag eine große Rolle. Damit Stoffe und chemische Reaktionen exakt beschrieben sowie in Technik und Alltag sinnvoll eingesetzt werden können, müssen sie qualitativ und quantitativ betrachtet werden.

Chemische Zeichensprache

Symbole und Formeln Stoffe werden durch international gültige Symbole und Formeln gekennzeichnet. Symbole werden für chemische Elemente und Formeln für chemische Verbindungen und Teile chemischer Verbindungen verwendet. Das Symbol bzw. die Formel eines Stoffs umfasst immer Aussagen sowohl aus dem stofflichen (makroskopischen) als auch aus dem teilchenmäßigen (submikroskopischen) Bereich. So kennzeichnen Symbole und Formeln einerseits jeweils einen Stoff und andererseits ein Atom eines chemischen Elements bzw. ein Molekül oder eine Baueinheit einer Verbindung sowie das Zahlenverhältnis der in der Verbindung gebundenen Teilchen. Ein Symbol steht auch für ein chemisches Element, eine Formel auch für eine chemische Verbindung und ihre Zusammensetzung aus chemischen Elementen.
In Abhängigkeit davon, was mit einer Formel verdeutlicht oder dargestellt werden soll, werden in der Chemie eine Reihe unterschiedlicher Formeln verwendet, z. B. Verhältnis-, Molekül-, Summen-, Struktur- und Halbstrukturformeln.
Die Verhältnisformel gibt die Art der in einer chemischen Verbindung vorhandenen chemischen Elemente sowie das Zahlenverhältnis der Atome, Atomgruppen oder Ionen in dieser Verbindung an. Die Verhältnisformel einer salzartigen Verbindung kennzeichnet deren Baueinheit.

1 Beispiele für chemische Zeichen

Symbole für ein Natriumatom und ein Natrium-Ion

Na Na^+

Verhältnisformeln für Natriumchlorid, Magnesiumbromid, Wasser und Wasserstoffperoxid

$NaCl$ $MgBr_2$ H_2O HO

Summenformeln (Molekülformeln) für Wasser, Wasserstoffperoxid sowie Propansäure und Summenformel für das Sulfat-Ion

H_2O H_2O_2 $C_3H_6O_2$ SO_4^{2-}

Die Summenformel einer chemischen Verbindung oder eines Ions gibt die Art und die Anzahl der Atome an, die am Aufbau eines Moleküls der Verbindung oder eines Ions beteiligt sind. Die Summenformel einer aus Molekülen aufgebauten Verbindung ist mit deren Molekülformel identisch.
Strukturformeln werden für Moleküle mit Atombindungen (Elektronenpaarbindungen) verwendet. Strukturformeln machen Aussagen über die Zusammensetzung der Verbindung aus den Elementen und über die chemischen Bindungen zwischen den Atomen. In der Halbstrukturformel eines Moleküls werden bestimmte Atomgruppen des Moleküls zusammengefasst.

Reaktionsgleichungen Durch Reaktionsgleichungen werden chemische Reaktionen mithilfe chemischer Zeichen beschrieben. Eine Reaktionsgleichung enthält Aussagen über die qualitativen Veränderungen und die quantitativen Verhältnisse zwischen den Reaktionspartnern bei einer chemischen Reaktion.
Beispiel: Synthese von Chlorwasserstoff

$$H_2(g) + Cl_2(g) \rightarrow 2\ HCl(g)$$

Stoffliche Deutung: Wasserstoff und Chlor reagieren zu Chlorwasserstoff.
Teilchenmäßige Deutung: Je 1 Molekül Wasserstoff und 1 Molekül Chlor reagieren zu 2 Molekülen Chlorwasserstoff.

$$N(H_2) : N(Cl_2) : N(HCl) = 1 : 1 : 2$$

Häufig erfolgt auch eine Angabe der Aggregatzustände der an der Reaktion beteiligten Stoffe durch die Symbole s für fest (solid), l für flüssig (liquid) und g für gasförmig (gaseous), die den chemischen Zeichen in Klammern gesetzt nachgestellt werden. In wässriger Lösung hydratisiert vorliegende Ionen und Moleküle erhalten das Symbol aq. Sollen das Ausfällen eines Reaktionsprodukts aus einer Lösung oder das Ausgasen eines Reaktionsprodukts gekennzeichnet werden, erfolgt dies durch die Pfeile ↓ und ↑ direkt nach dem chemischen Zeichen des Stoffs.

Tab. 1 Schrittfolge zum Entwickeln einer Reaktionsgleichung

Formulieren der Wortgleichung	Eisen + Chlor → Eisen(III)-chlorid
Einsetzen der chemischen Zeichen	Fe Cl_2 $FeCl_3$
Ermitteln der Faktoren	2 Fe 3 Cl_2 2 $FeCl_3$
Überprüfen der Anzahl der Teilchen jedes Elements in den Ausgangsstoffen (As) und Reaktionsprodukten (Rp)	As Rp Eisen: $2 \cdot 1 = 2 \cdot 1$ Chlor: $3 \cdot 2 = 2 \cdot 3$
Reaktionsgleichung	$2\ Fe + 3\ Cl_2 \rightarrow 2\ FeCl_3$

2 Beispiele für Strukturformeln

Strukturformeln für das Wasserstoff- und das Propansäuremolekül

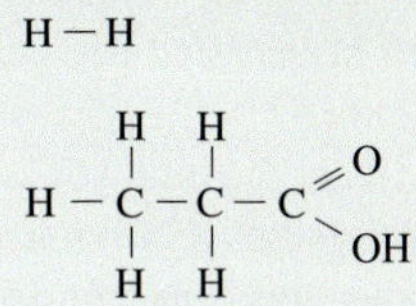

Halbstrukturformeln für das Propansäuremolekül

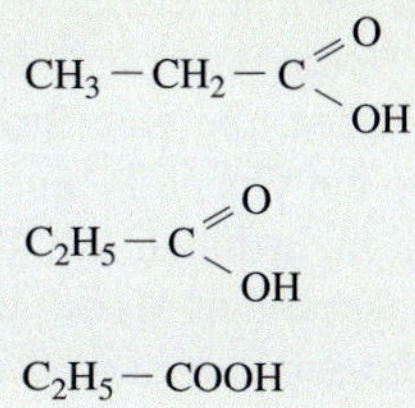

AUFGABEN

1 Notieren Sie die Summen- und die Verhältnisformeln folgender Stoffe:
a Bariumchlorid
b Kohlenstoffdioxid
c Ethin
d Benzol
e Oxalsäure
2 Notieren Sie die Summenformel und mindestens zwei mögliche Halbstrukturformeln für das Ethanolmolekül.
3 Entwickeln Sie für folgende chemische Reaktionen die Reaktionsgleichungen:
a Phosphorsäure reagiert mit Zink zu Zinkphosphat und Wasserstoff.
b Natriumoxid reagiert mit Wasser zu Natronlauge.
c Eisen(III)-oxid reagiert mit Kohlenstoffmonooxid zu Eisen(II)-oxid und Kohlenstoffdioxid.
d Ethanol reagiert mit Sauerstoff zu Kohlenstoffdioxid und Wasser.

Größen zur Beschreibung von Stoffen und Reaktionen

Größen in der Chemie Zur quantitativen Beschreibung stofflicher Systeme dienen verschiedene Größen. Die bereits bekannten Größen lassen sich bei genauer Betrachtung in zwei Gruppen einteilen.

Zu den Größen, die eine konkrete Stoffportion und deren Quantität kennzeichnen, gehören u. a. die Teilchenanzahl *N*, die Stoffmenge *n*, die Masse *m* und das Volumen *V*. Werden zwei völlig gleiche stoffliche Systeme, z. B. zwei gleiche Proben eines Stoffes vereinigt, so verdoppelt sich der Wert dieser Größen. Weitere Größen, auf die diese Eigenschaft zutrifft, sind z. B. die Enthalpie *H*, die Entropie *S* und die freie Enthalpie *G*.

Zu den Größen, die eine Stoffportion oder einen Stoff unabhängig von der Quantität einer bestimmten Probe dieses Stoffs kennzeichnen, gehören die Dichte ϱ, die Temperatur *T*, der Druck *p*, die molare Masse *M*, das molare Volumen V_m sowie die Zusammensetzungsgrößen von Stoffgemischen wie die Stoffmengenkonzentration *c*. Diese Größen ändern bei der Vereinigung von zwei völlig gleichen Stoffportionen ihren Wert nicht.

Weitere Größen, auf die diese Eigenschaft zutrifft, sind z. B. die weiteren molaren Größen molare Enthalpie H_m, molare Entropie S_m und molare freie Enthalpie G_m sowie spezifische Größen wie der Heizwert H_i oder der Brennwert H_s.

Tab. 1 Größen in der Chemie

Größe	Formelzeichen	Übliche Einheit	Definitionsgleichung
Teilchenanzahl	*N*	–	
Stoffmenge (= Objektmenge)	*n*	mol	
Volumen	*V*	m^3	
Masse	*m*	kg	
molares Volumen	V_m	$l \cdot mol^{-1}$	$V_m = \frac{V}{n}$
molare Masse	*M*	$g \cdot mol^{-1}$	$M = \frac{m}{n}$
Stoffmengenkonzentration	*c*	$mol \cdot l^{-1}$	$c = \frac{n}{V}$
Temperatur	*T* ϑ	K °C	 $\vartheta = \left(\frac{T}{K} - 273{,}15\right)°C$
Druck	*p*	Pa	
Dichte	ϱ	$g \cdot cm^{-3}$	$\varrho = \frac{m}{V} = \frac{M}{V_m}$

1 Zusammenhang zwischen Teilchenanzahl *N* und Stoffmenge *n* einer Stoffportion

$$N = N_A \cdot n$$

N_A Avogadro-Konstante
$N_A = 6{,}022\,1367 \cdot 10^{23}\ mol^{-1}$

Aufgabe: Die Stoffmenge eines Stücks Zink beträgt *n*(Zn) = 1,5 mol.
Wie groß ist die Anzahl der Zinkatome *N*(Zn)?

$N(Zn) = N_A \cdot n(Zn)$
$N(Zn) = 6 \cdot 10^{23}\ mol^{-1} \cdot 1{,}5\ mol$
$N(Zn) = 9 \cdot 10^{23}$

In dem Stück Zink sind $9 \cdot 10^{23}$ Zinkatome enthalten.

2 Beziehungen zwischen Größen

$$\boldsymbol{m}(\text{Stoffportion}) = \boldsymbol{M}(\text{Stoff}) \cdot \boldsymbol{n}(\text{Stoffportion})$$

$$\boldsymbol{M}(\text{Stoff}) = \frac{\boldsymbol{m}(\text{Stoffportion})}{\boldsymbol{n}(\text{Stoffportion})}$$

$$\boldsymbol{n}(\text{Stoffportion}) = \frac{\boldsymbol{m}(\text{Stoffportion})}{\boldsymbol{M}(\text{Stoff})}$$

$$\boldsymbol{n}(\text{Stoffportion}) = \frac{\boldsymbol{N}(\text{Stoffportion})}{\boldsymbol{N_A}}$$

$$\boldsymbol{M}(\text{Stoff}) = \boldsymbol{m_a}(\text{1 Atom des Stoffes}) \cdot \boldsymbol{N_A}$$

$$\boldsymbol{V_m} = \frac{V(\text{Stoffportion})}{n(\text{Stoffportion})}$$

$$\boldsymbol{V}(\text{Stoffportion}) = \boldsymbol{n}(\text{Stoffportion}) \cdot \boldsymbol{V_m}$$

$$\boldsymbol{\varrho}(\text{Stoff}) = \frac{\boldsymbol{m}(\text{Stoffportion})}{\boldsymbol{V}(\text{Stoffportion})}$$

3 Beziehungen zwischen Größen in der Chemie

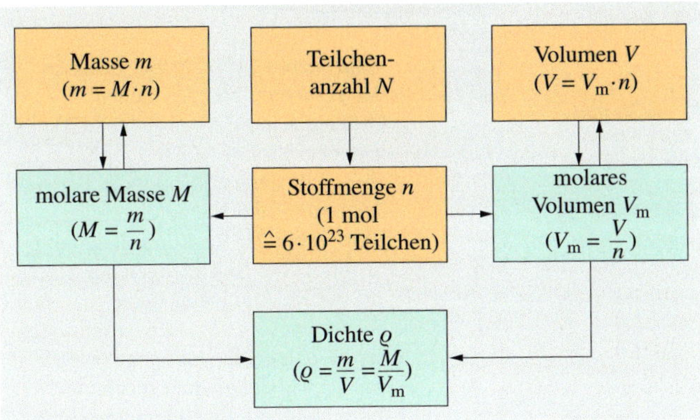

4 Ein Airbag kann in 20 bis 40 Millisekunden durch eine Reaktion von Natriumazid NaN_3 mit 60 bis 150 Liter Stickstoff gefüllt werden.

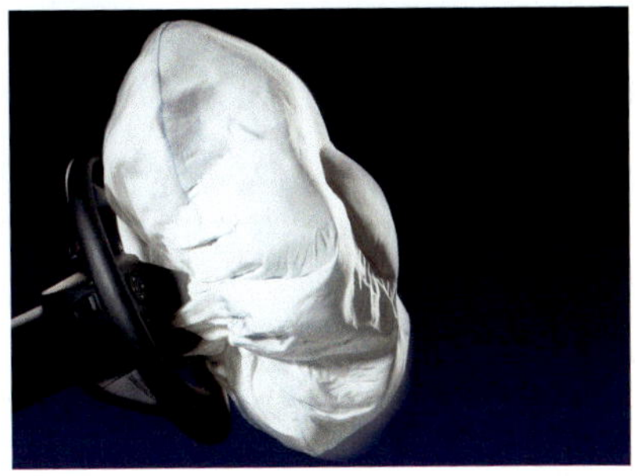

Berechnen der Masse, der Stoffmenge und des Volumens von Stoffportionen Durch Nutzen der Beziehungen zwischen den Größen lassen sich verschiedenste Berechnungen durchführen.

Aufgabe: 500 ml einer wässrigen Lösung sollen Natriumchlorid mit der Stoffmenge $n(\text{NaCl}) = 2$ mol enthalten. Welche Masse an Natriumchlorid muss abgewogen werden?

Gesucht: $m(\text{NaCl})$

Gegeben: $n(\text{NaCl}) = 2$ mol
$M(\text{NaCl}) = 58{,}5\ \text{g} \cdot \text{mol}^{-1}$ (↑Tabellenwerk)

Lösung: $M(\text{NaCl}) = \frac{m(\text{NaCl})}{n(\text{NaCl})}$ $\quad m(\text{NaCl}) = M(\text{NaCl}) \cdot n(\text{NaCl})$

$m(\text{NaCl}) = 58{,}5\ \text{g} \cdot \text{mol}^{-1} \cdot 2\ \text{mol}$
$m(\text{NaCl}) = 117\ \text{g}$

Ergebnis: Für die Herstellung der geforderten wässrigen Lösung muss eine Masse $m(\text{NaCl}) = 117$ g abgewogen werden.

Aufgabe: Zur Demonstration des aluminothermischen Schweißens werden 100 g Eisen(III)-oxid mit Aluminium umgesetzt. Berechnen Sie die Stoffmenge dieser Stoffportion.

Gesucht: $n(Fe_2O_3)$

Gegeben: $m(Fe_2O_3) = 100$ g
$M(Fe_2O_3) = 160\ \text{g} \cdot \text{mol}^{-1}$ (↑Tabellenwerk)

Lösung: $M(Fe_2O_3) = \frac{m(Fe_2O_3)}{n(Fe_2O_3)}$

$$n(Fe_2O_3) = \frac{m(Fe_2O_3)}{M(Fe_2O_3)} = \frac{100\ \text{g}}{160\ \text{g} \cdot \text{mol}^{-1}}$$

$n(Fe_2O_3) = 0{,}625$ mol

Ergebnis: 100 g Eisen(III)-oxid entsprechen einer Stoffmenge von $n(Fe_2O_3) = 0{,}625$ mol.

AUFGABEN

1 Berechnen Sie die Stoffmengen folgender Stoffportionen:
a 399 g Aluminiumchlorid
b 40 g Calciumbromid
c 96 g Citronensäure
d 448 m^3 Butan
e 5,6 ml Kohlenstoffmonooxid
f 112 l Ozon

2 Berechnen Sie das Volumen folgender Stoffproben:
a 100 g Ethan
b 100 g Ethanol (bei 25 °C)
c 3,2 mol Kohlenstoffdioxid
d 2 mol Gold (bei 25 °C)

3 6,1 l Kohlenstoffdioxid besitzen bei 0 °C eine Masse von 12,06 g. Berechnen Sie die Dichte.

4 82 ml Schwefelsäure haben bei 25 °C eine Masse von 150 g. Berechnen Sie die Dichte.

5 Berechnen Sie die Masse folgender Stoffportionen:
a 2,5 mol Ethanol
b 33,6 l Propan
c 5 l Salpetersäure

Aufgabe: Eine Kuh trägt durch Ausstoß von etwa 26 mol Methan täglich zur Luftverschmutzung bei. Berechnen Sie das freigesetzte Volumen an Methan.

Gesucht: $V(CH_4)$ *Gegeben:* $n(CH_4) = 26$ mol
$V_m = 22{,}4\ l \cdot mol^{-1}$

Lösung: $V_m = \frac{V(CH_4)}{n(CH_4)}$

$V(CH_4) = V_m \cdot n(CH_4) = 22{,}4\ l \cdot mol^{-1} \cdot 26\ mol$
$V(CH_4) = 582\ l$

Ergebnis: Eine Kuh trägt täglich durch Freisetzung von $V(CH_4) = 582$ l zur Luftverschmutzung bei.

Quantitative Betrachtung einer Reaktionsgleichung Aus jeder Reaktionsgleichung lassen sich neben den schon bekannten (↑S. 63) weitere quantitativen Aussagen ableiten, z. B.:

$C_6H_{12}O_6(s)$	→	$2\ C_2H_5OH(l)$	+	$2\ CO_2(g)$
1 Molekül Glucose	→	2 Moleküle Ethanol	+	2 Moleküle Kohlenstoffdioxid
$6 \cdot 10^{23}$ Moleküle Glucose	→	$2 \cdot (6 \cdot 10^{23})$ Moleküle Ethanol	+	$2 \cdot (6 \cdot 10^{23})$ Moleküle Kohlenstoffdioxid
1 mol Glucose	→	2 mol Ethanol	+	2 mol Kohlenstoffdioxid
180 g Glucose	→	92 g Ethanol	+	88 g Kohlenstoffdioxid
180 g Glucose	→	116,5 ml Ethanol	+	44,8 l Kohlenstoffdioxid

Berechnen der Massen von Reaktionspartnern Da bei chemischen Reaktionen die Massenverhältnisse der reagierenden Stoffe konstant sind, lassen sich bei bekannter Reaktionsgleichung die Massen der einzelnen Stoffe berechnen.

Tab. 1 Allgemeine Größengleichungen zu Massen- und Volumenberechnungen bei chemischen Reaktionen
(A) Stoff der gesuchten Größe
(B) Stoff der gegebenen Größe

Gesuchte und gegebene Größe	Größengleichung
Masse gesucht, Masse gegeben	$\frac{m(A)}{m(B)} = \frac{n(A) \cdot M(A)}{n(B) \cdot M(B)}$
Masse gesucht, Volumen gegeben	$\frac{m(A)}{V(B)} = \frac{n(A) \cdot M(A)}{n(B) \cdot V_m}$
Volumen gesucht, Masse gegeben	$\frac{V(A)}{m(B)} = \frac{n(A) \cdot V_m}{n(B) \cdot M(B)}$
Volumen gesucht, Volumen gegeben	$\frac{V(A)}{V(B)} = \frac{n(A)}{n(B)}$

1 Schrittfolge für Massenberechnungen bei chemischen Reaktionen

1. Analysieren der Aufgabe: Erfassen der gesuchten und gegebenen Größen, z. B. $m(A)$ gesucht, $m(B)$ gegeben. Molare Massen mithilfe eines Tabellenwerks oder des Periodensystems der Elemente ermitteln
2. Entwickeln der Reaktionsgleichung
3. Ermitteln der Stoffmengen der Stoffe aus der Reaktionsgleichung
4. Formulieren des Massenverhältnisses der gesuchten zu einer gegebenen Größe; Aufstellen der Gleichung unter Nutzung der allgemeinen Größengleichung $m = n \cdot M$
   $$\frac{m(A)}{m(B)} = \frac{n(A) \cdot M(A)}{n(B) \cdot M(B)}$$
5. Umformen dieser Gleichung nach der gesuchten Größe
   $$m(A) = \frac{n(A) \cdot M(A) \cdot m(B)}{n(B) \cdot M(B)}$$
6. Einsetzen der bekannten Größen und Berechnen des Ergebnisses
7. Formulieren eines Antwortsatzes

AUFGABE

1 Viele Pigmentfarben bestehen aus Eisenoxiden. Ein rotes Eisenoxid hat die Formel Fe_2O_3. Dieses Pigment wird aus Roheisen durch Reaktion mit Sauerstoff hergestellt. Roheisen besteht zu 96 % aus Eisen.

a Berechnen Sie die erforderliche Masse an Roheisen, wenn 100 kg dieses Pigments hergestellt werden sollen.

b Welche Masse an Sauerstoff wird für diese Reaktion benötigt?

Aufgabe: Eisen(III)-oxid kann durch Kohlenstoff zu Eisen reduziert werden. Berechnen Sie die Masse an Eisen(III)-oxid, die im Laborexperiment durch eine Masse von 7,2 g Kohlenstoff theoretisch reduziert werden kann.

Gesucht: $m(Fe_2O_3)$

Gegeben: $m(C) = 7{,}2\ g$
$M(C) = 12\ g \cdot mol^{-1}$; $M(Fe_2O_3) = 160\ g \cdot mol^{-1}$

Reaktionsgleichung:
$$3\,C(s) + 2\,Fe_2O_3(s) \rightarrow 4\,Fe(s) + 3\,CO_2(g)$$

Lösung:
$$\frac{m(Fe_2O_3)}{m(C)} = \frac{n(Fe_2O_3) \cdot M(Fe_2O_3)}{n(C) \cdot M(C)}$$

$$m(Fe_2O_3) = \frac{n(Fe_2O_3) \cdot M(Fe_2O_3) \cdot m(C)}{n(C) \cdot M(C)}$$

$$m(Fe_2O_3) = \frac{2\ mol \cdot 160\ g \cdot mol^{-1} \cdot 7{,}2\ g}{3\ mol \cdot 12\ g \cdot mol^{-1}}$$

$$m(Fe_2O_3) = 64\ g$$

Ergebnis: 7,2 g Kohlenstoff können eine Masse $m(Fe_2O_3) = 64\ g$ zu Eisen reduzieren.

Volumenberechnungen bei chemischen Reaktionen Da bei chemischen Reaktionen neben den Massenverhältnissen auch die Volumenverhältnisse der reagierenden Stoffe konstant sind, lassen sich bei bekannter Reaktionsgleichung auch die Volumina der einzelnen Stoffe berechnen.

Aufgabe: Bei der Reaktion von Kupfer mit konzentrierter Salpetersäure entsteht neben einer Kupfer(II)-nitratlösung und Wasser auch das giftige Stickstoffdioxid. Berechnen Sie das entstehende Volumen an Stickstoffdioxid, wenn 2 g Kupfer umgesetzt werden.

Gesucht: $V(NO_2)$

Gegeben: $m(Cu) = 2\ g$
$M(Cu) = 63{,}5\ g \cdot mol^{-1}$; $V_m = 22{,}4\ l \cdot mol^{-1}$

Reaktionsgleichung:
$$Cu(s) + 4\,HNO_3(aq) \rightarrow Cu(NO_3)_2(aq) + 2\,NO_2(g) + 2\,H_2O(l)$$

Lösung:
$$\frac{V(NO_2)}{m(Cu)} = \frac{n(NO_2) \cdot V_m}{n(Cu) \cdot M(Cu)}$$

$$V(NO_2) = \frac{n(NO_2) \cdot V_m \cdot m(Cu)}{n(Cu) \cdot M(Cu)}$$

$$V(NO_2) = \frac{2\ mol \cdot 22{,}4\ l \cdot mol^{-1} \cdot 2\ g}{1\ mol \cdot 63{,}5\ g \cdot mol^{-1}}$$

$$V(NO_2) = 1{,}4\ l$$

Ergebnis: Bei der Umsetzung von 2 g Kupfer mit konzentrierter Salpetersäure entsteht ein Volumen von $V(NO_2) = 1{,}4\ l$.

2 Schrittfolge für Volumenberechnungen bei chemischen Reaktionen

1. Analysieren der Aufgabe: Erfassen der gesuchten und gegebenen Größen, z. B. $V(A)$ gesucht, $m(B)$ gegeben: molare Massen mithilfe eines Tabellenwerks oder des Periodensystems der Elemente ermitteln
2. Entwickeln der Reaktionsgleichung
3. Ermitteln der Stoffmengen der Stoffe aus der Reaktionsgleichung
4. Formulieren des Verhältnisses zwischen Volumen der gesuchten Größe und Masse der gegebenen Größe; Aufstellen der Gleichung unter Nutzung der allgemeinen Größengleichungen $m = n \cdot M$ und $V = n \cdot V_m$
$$\frac{V(A)}{m(B)} = \frac{n(A) \cdot V_m}{n(B) \cdot M(B)}$$
5. Umformen dieser Gleichung nach der gesuchten Größe
$$V(A) = \frac{n(A) \cdot V_m \cdot m(B)}{n(B) \cdot M(B)}$$
6. Einsetzen der bekannten Größen und Berechnen des Ergebnisses
7. Formulieren eines Antwortsatzes

AUFGABEN

1 Eine Kerze mit der Masse $m = 56\ g$ besteht aus reinem Docosan $C_{22}H_{46}$. Berechnen Sie das Volumen an Kohlenstoffdioxid und die Masse an Wasser, wenn diese Kerze vollständig verbrennt.

2 In einer Chlor-Alkali-Elektrolyse werden 2 Tonnen Steinsalz mit einem Reinheitsgrad von 90 % umgesetzt. Berechnen Sie

a das Volumen an Chlor und

b das Volumen an Chlorwasserstoffgas, das aus dem erhaltenen Chlorgas hergestellt werden kann.

Größen zur Beschreibung von Stoffgemischen Stoffgemische werden in der Chemie durch sogenannte Zusammensetzungsgrößen quantitativ gekennzeichnet.
Soll der Anteil einer Komponente (eines Stoffes) im Stoffgemisch angegeben werden, geschieht das mithilfe der Anteilsgrößen. Zwei wichtige schon im Chemieunterricht verwendete **Anteilsgrößen** sind der Massenanteil w und der Volumenanteil φ.

Tab. 1 Anteilsgrößen in der Chemie

Anteilsgröße	Formel	Beispiel
Massenanteil w	$w(B) = \frac{m(B)}{m(Gem)}$ $w(Fett) = \frac{32{,}5\ g}{250\ g}$ $w(Fett) = 0{,}13$	250 g Vanilleeis enthalten 32,5 g Fett. Der Massenanteil an Fett beträgt $w(Fett) = 0{,}13$ bzw. $w(Fett) = 13\,\%$.
Volumenanteil φ	$\varphi(B) = \frac{V(B)}{\Sigma V}$ $\varphi(Alk.) = \frac{78{,}75\ ml}{750\ ml}$ $\varphi(Alk.) = 0{,}105$	0,75 l Sekt enthalten 78,75 ml Alkohol (Alk.). Der Volumenanteil an Alkohol beträgt $\varphi(Alk.) = 0{,}105$ bzw. $\varphi(Alk.) = 10{,}5\,\%$ Vol.

Besonders in der Chemie und in der Medizin sind zwei weitere Zusammensetzungsgrößen von Bedeutung. Diese werden als **Konzentrationsgrößen** bezeichnet. Wird die Masse eines in einem bestimmten Volumen einer Lösung gelösten Stoffes angegeben, erhält man die **Massenkonzentration** $\boldsymbol{\beta}$. Wird dagegen die Stoffmenge eines in einem bestimmten Volumen einer Lösung gelösten Stoffes angegeben, heißt die Größe **Stoffmengenkonzentration** $\boldsymbol{c}$.

Tab. 2 Konzentrationsgrößen in der Chemie

Konzentrationsgröße	Formel	Beispiel
Massenkonzentration β	$\beta(B) = \frac{m(B)}{V(Ls)}$ $\beta(Ca^{2+}) = \frac{24{,}3\ g}{0{,}5\ l}$ $\beta(Ca^{2+}) = 48{,}6\ mg \cdot l^{-1}$	500 ml des Mineralwassers enthalten 24,3 mg Calcium-Ionen. Die Massenkonzentration an Calcium-Ionen beträgt $\beta = 48{,}6\ mg \cdot l^{-1}$.
Stoffmengenkonzentration c	$c(B) = \frac{n(B)}{V(Ls)}$ $c(NaOH) = \frac{0{,}025\ mol}{0{,}5\ l}$ $c(NaOH) = 0{,}05\ mol \cdot l^{-1}$	In 0,5 l Natronlauge sind 0,025 mol Natriumhydroxid enthalten. Die Stoffmengenkonzentration der Natronlauge beträgt $c = 0{,}05\ mol \cdot l^{-1}$.

1 Bedeutung der Formelzeichen in Zusammensetzungsgrößen

$w(B)$	Massenanteil des Stoffes B
$m(B)$	Masse des Stoffes B
$m(Gem)$	Masse des Gemisches
$\varphi(B)$	Volumenanteil des Stoffes B
$V(B)$	Volumen des Stoffes B
ΣV	Summe der Volumina aller Stoffe des Stoffgemischs vor dem Mischen
$\beta(B)$	Massenkonzentration des Stoffes B
$m(B)$	Masse des Stoffes B
$V(Ls)$	Volumen der Lösung
$c(B)$	Stoffmengenkonzentration des Stoffes B
$n(B)$	Stoffmenge des Stoffes B
$V(Ls)$	Volumen der Lösung

AUFGABEN

1 Es sollen 70 g einer 15%igen Zuckerlösung hergestellt werden. Berechnen Sie, welche Masse an Zucker und an Wasser dafür bereitzustellen sind.

2 Berechnen Sie die benötigten Volumina an Tinte [$\varphi(Tinte) = 100\,\%$] und an Wasser zur Herstellung von 30 ml einer 10%igen Tintenlösung.

Herstellen und Verdünnen von Lösungen Mithilfe der verschiedenen Größengleichungen lassen sich die zum Herstellen und Verdünnen von Lösungen erforderlichen Massen und Volumina berechnen.

Aufgabe: Berechnen Sie die Massen an Kupfersulfat-5-Wasser und Wasser, die zur Herstellung von etwa 300 ml einer 5%igen Kupfersulfatlösung benötigt werden.

Gesucht: $m(CuSO_4 \cdot 5\ H_2O)$, $m(H_2O)$

Gegeben: $w(CuSO_4) = 5\ \% = 0{,}05$
$V(Ls) \approx 300\ ml$
$M(CuSO_4 \cdot 5\ H_2O) = 249{,}5\ g \cdot mol^{-1}$
$M(CuSO_4) = 159{,}5\ g \cdot mol^{-1}$

Lösung: $m(Ls) = V(Ls) \cdot \varrho(Ls) \approx 300\ ml \cdot 1\ g \cdot ml^{-1} = 300\ g$

$$w(CuSO_4) = \frac{m(CuSO_4)}{m(Ls)}$$

$$m(CuSO_4) = w(CuSO_4) \cdot m(Ls) = 0{,}05 \cdot 300\ g = 15\ g$$

$$\frac{m(CuSO_4 \cdot 5\ H_2O)}{m(CuSO_4)} = \frac{n(CuSO_4 \cdot 5\ H_2O) \cdot M(CuSO_4 \cdot 5\ H_2O)}{n(CuSO_4) \cdot M(CuSO_4)}$$

$$m(CuSO_4 \cdot 5\ H_2O) = \frac{n(CuSO_4 \cdot 5\ H_2O) \cdot M(CuSO_4 \cdot 5\ H_2O) \cdot m(CuSO_4)}{n(CuSO_4) \cdot M(CuSO_4)}$$

$$m(CuSO_4 \cdot 5\ H_2O) = \frac{1\ mol \cdot 249{,}5\ g \cdot mol^{-1} \cdot 15\ g}{1\ mol \cdot 159{,}5\ g \cdot mol^{-1}}$$

$$m(CuSO_4 \cdot 5\ H_2O) = 23{,}5\ g$$
$$m(H_2O) = m(Ls) - m(CuSO_4 \cdot 5\ H_2O) = 300\ g - 23{,}5\ g$$
$$m(H_2O) = 276{,}5\ g$$

Ergebnis: Zur Herstellung von etwa 300 ml einer 5%igen Kupfersulfatlösung werden 23,5 g Kupfersulfat-5-Wasser in 276,5 g Wasser gelöst.

Aufgabe: Berechnen Sie die Massen an 5%iger Kupfersulfatlösung und Wasser, die zu mischen sind, wenn etwa 200 ml einer 2%igen Kupfersulfatlösung benötigt werden.

Gesucht: $m_1(CuSO_4)$, $m(H_2O)$

Gegeben: $w_1(CuSO_4) = 5\ \% = 0{,}05$
$w(CuSO_4) = 2\ \% = 0{,}02$
$V(Ls) \approx 200\ ml$

Lösung: $m(Ls) = V(Ls) \cdot \varrho(Ls) \approx 200\ ml \cdot 1\ g \cdot ml^{-1} = 200\ g$

$$m_1(CuSO_4) \cdot w_1(CuSO_4) = m(Ls) \cdot w(CuSO_4)$$

$$m_1(CuSO_4) = \frac{m(Ls) \cdot w(CuSO_4)}{w_1(CuSO_4)} = \frac{200\ g \cdot 0{,}02}{0{,}05}$$

$$m_1(CuSO_4) = 80\ g$$
$$m(H_2O) = m(Ls) - m_1(CuSO_4) = 200\ g - 80\ g = 120\ g$$

Ergebnis: Zur Herstellung von etwa 200 ml einer 2%igen Kupfersulfatlösung werden 80 g einer 5%igen Kupfersulfatlösung mit 120 g Wasser gemischt.

2 Herstellen von wässrigen Lösungen

– Herstellen einer wässrigen Lösung mit der Masse $m(Ls)$ und dem Massenanteil $w(B)$:

$$m(B) = w(B) \cdot m(Ls)$$
$$m(H_2O) = m(Ls) - m(B)$$

Lösen des Stoffes B mit der Masse $m(B)$ in Wasser mit der Masse $m(H_2O)$.

– Herstellen einer wässrigen Lösung mit dem Volumen $V(Ls)$ und der Stoffmengenkonzentration $c(B)$:

$$m(B) = c(B) \cdot V(Ls) \cdot M(B)$$

Lösen des Stoffes B mit der Masse $m(B)$ in Wasser in einem Messkolben mit dem Volumen $V(Ls)$.

– Herstellen einer wässrigen Lösung mit dem Volumen $V(Ls)$ und der Massenkonzentration $\beta(B)$:

$$m(B) = \beta(B) \cdot V(Ls)$$

Lösen des Stoffes B mit der Masse $m(B)$ in Wasser in einem Messkolben mit dem Volumen $V(Ls)$.

AUFGABEN

1 Berechnen Sie die Masse an Kochsalz, um 40 ml einer wässrigen Kochsalzlösung mit einer Massenkonzentration $\beta(\text{Kochsalz}) = 4\ g \cdot l^{-1}$ herzustellen. Beschreiben Sie die Herstellung der Lösung.

2 50 ml einer Magnesiumchloridlösung mit einer Stoffmengenkonzentration $c = 1\ mol \cdot l^{-1}$ sollen hergestellt werden.
Berechnen Sie die benötigte Masse an Magnesiumchlorid. Beschreiben Sie die Herstellung der Lösung.

4 Chemische Thermodynamik

Alle Stoffumwandlungen sind mit Energieumwandlungen gekoppelt. In der Technik werden Stoffumwandlungsprozesse sowohl zur Herstellung von Stoffen, z.B. von Metallen aus ihren Erzen, als auch zur Umwandlung von Energie, z.B. zum Antrieb von Motoren oder zur Wärmeerzeugung, genutzt. Gegenstand der chemischen Thermodynamik ist die Untersuchung von Gesetzmäßigkeiten der bei chemischen Reaktionen auftretenden Energieumwandlungen. Erkenntnisse der chemischen Thermodynamik gestatten unter anderem, chemische Prozesse ökonomisch und ökologisch günstig zu gestalten sowie vorauszusagen, ob eine chemische Reaktion bei bestimmten Bedingungen freiwillig stattfinden kann.

Energetische Beschreibung stofflicher Systeme

Innere Energie Jedes stoffliche System besitzt einen Vorrat an äußerer und innerer Energie. Die Energie, die sich aus der Lage eines stofflichen Systems in elektrischen, magnetischen und Gravitationsfeldern (potenzielle Energie) oder aus seiner Bewegung gegenüber anderen Systemen (kinetische Energie) ergibt, wird als **äußere Energie** bezeichnet. Die äußere Energie ist prinzipiell nicht bestimmbar, weil sich kein Nullpunkt festlegen lässt. Sie spielt bei chemischen Reaktionen keine Rolle.

Die durch innere Zusammenhänge in einem stofflichen System vorhandene Energie heißt **innere Energie**. Die innere Energie U umfasst vereinfacht drei Energieformen: Kernenergie U_K, chemische Energie U_{ch} und thermische Energie U_{th}.

$$U = U_K + U_{ch} + U_{th}$$

1 Bei der Nutzung der Sonnenenergie durch Solarzellen treten auch Veränderungen der inneren Energie des Halbleitermaterials z.B. des Siliciums auf.

Die Existenz der verschiedenen Energieformen der inneren Energie lässt sich bei Änderungen der jeweiligen Energieform feststellen:

- Atomkernumwandlungsprozesse haben Änderungen der Kernenergie U_K zur Folge (Nutzung der Kernenergie erfolgt z. B. durch Umwandlung in elektrische Energie in Kernkraftwerken).
- Chemische Umwandlungsprozesse verändern die chemische Energie U_{ch} eines Systems bei Vorgängen in der Elektronenhülle der Atome und durch den Umbau chemischer Bindungen (chemische Energie kann z. B. durch Umwandlung in elektrische Energie in einem Bleiakkumulator genutzt werden).
- Austauschprozesse thermischer Energie U_{th} bewirken Veränderungen des Bewegungs- und Ordnungszustands der Teilchen eines Systems (Exp. 1).

Ein Absolutbetrag der inneren Energie U stofflicher Systeme lässt sich nicht angeben, weil sich kein Energienullpunkt festlegen lässt. Deshalb sind immer nur Änderungen der inneren Energie ΔU bestimmbar.

Energieumwandlungen bei chemischen Reaktionen Energieumwandlungen bei chemischen Reaktionen können sehr unterschiedlich sein. Von Einfluss sind dabei vor allem die Art der Reaktion, die Wahl der Reaktionspartner und die jeweiligen Reaktionsbedingungen (Druck, Temperatur).

Ein Teil der chemischen Energie der Ausgangsstoffe kann beim Ablauf chemischer Reaktionen in thermische, mechanische, elektrische oder auch Strahlungsenergie (Licht) umgewandelt werden und umgekehrt (Exp. 2; Exp. 3, S. 72).

2 Energieumwandlungen bei chemischen Reaktionen

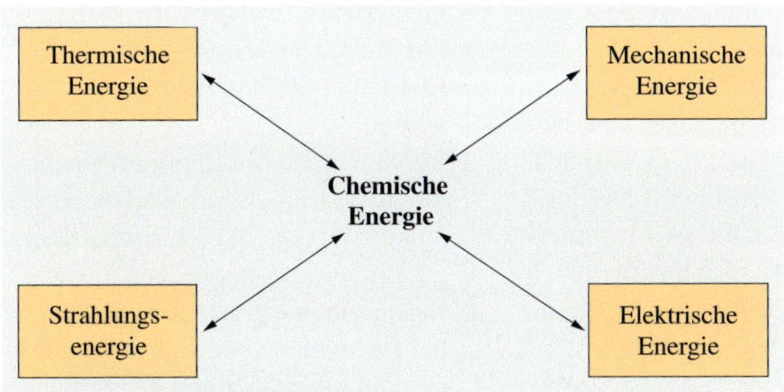

Meist laufen mehrere Umwandlungsprozesse parallel ab. Besonders deutlich wird dies beim Ablauf von Explosionen (Abb. 3): Chemische Energie der Ausgangsstoffe wird teils in thermische, teils in mechanische und teils in Strahlungsenergie umgewandelt.

Chemische Reaktionen können durch die Wahl der Reaktionsbedingungen so beeinflusst werden, dass eine bestimmte Energieumwandlung bevorzugt abläuft.

EXPERIMENT 1

Modellieren der Brown'schen Bewegung

1 ml H-Milch ist in einem Reagenzglas mit Wasser zu verdünnen, bis das Gemisch schwach durchscheinend ist. Ein Tropfen davon wird auf einen Objektträger gegeben und ein Deckglas daraufgelegt. Das Präparat ist unter einem Mikroskop bei 500- bis 1000-facher Vergrößerung zu betrachten.

EXPERIMENT 2

Bestimmen der Temperatur vor und nach dem Lösen von Salzen in Wasser

Jeweils 1 g Ammoniumchlorid (GHS07) und wasserfreies Calciumchlorid (GHS07) werden in verschiedenen Reagenzgläsern in je 10 ml Wasser gelöst. Die Temperatur des Wassers ist vor der Salzzugabe und nach dem Lösen zu messen (direkt nach dem Lösen, 1 min und 2 min nach dem Lösen).

3 Sprengung in einem Steinbruch

AUFGABE

1 Erläutern Sie die beim Verbrennen von Holz in einem Lagerfeuer auftretenden Energieumwandlungen.

1 Experiment zur Chemolumineszenz

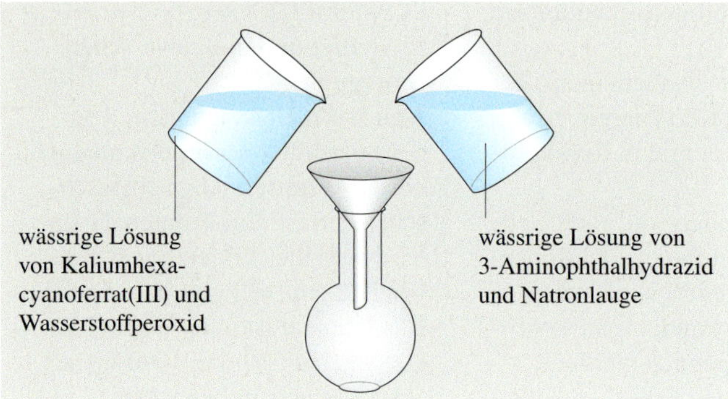

Beim Zusammengeben der wässrigen Lösung von Luminol und Natronlauge mit der wässrigen Lösung von rotem Blutlaugensalz und Wasserstoffperoxid ist eine blaue Lichterscheinung zu beobachten. Diese wird als Chemolumineszenz bezeichnet.
Die Reaktionsgleichung lautet:

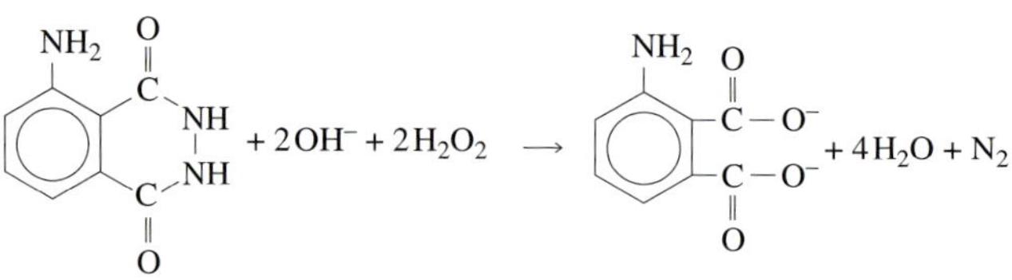

3-Aminophthalhydrazid — 3-Aminophthalat

Praktische Bedeutung besitzen solche Reaktionen u. a. als optisches Signal zur Ortung von Seenotrettungsinseln, beim Sichtbarmachen von Blutspuren in der Kriminaltechnik oder auch in Knicklichtern, die von Anglern beim Nachtangeln oder auf Partys als Stimmungslichter verwendet werden.

Arten stofflicher Systeme Für thermodynamische Untersuchungen von Stoffen und Stoffumwandlungen ist es nützlich, **offene**, **geschlossene** und **abgeschlossene (isolierte) Systeme** zu unterscheiden (↑Tab. 1). Als System wird der jeweils untersuchte reine Stoff, die Stoffmischung oder das Stoffgemisch bezeichnet. Offene, geschlossene und abgeschlossene Systeme sind immer stoffliche Systeme.
Die quantitative Betrachtung abgeschlossener und geschlossener Systeme ist besonders einfach. Diese Systeme sind daher für Modelluntersuchungen gut geeignet. Die Thermodynamik konzentriert sich auf diese Systeme. In Natur und Technik handelt es sich meist um offene Systeme, bei denen kontinuierlich oder diskontinuierlich Stoffzufuhr und Stoffabgabe stattfinden. Aber die so interessanten offenen Systeme, zu denen auch alle Lebewesen gehören, sind kompliziert und lassen sich in ihren Wechselwirkungen mit der Umgebung nicht mit einfachen Mitteln quantitativ beschreiben.

EXPERIMENT 3 — L

Chemolumineszenz
0,1 g 3-Aminophthalhydrazid (Luminol) sind in 10 ml Natronlauge ($c = 1\ \text{mol} \cdot \text{l}^{-1}$; GHS05) zu lösen. Die Lösung wird in ein Becherglas mit 200 ml Leitungswasser gegeben. In einem weiteren Becherglas sind 0,1 g Kaliumhexacyanoferrat(III) (rotes Blutlaugensalz) in 200 ml Leitungswasser zu lösen und 20 ml Wasserstoffperoxidlösung ($w = 10\,\%$; GHS05 | 07) hinzuzufügen.
Im voll verdunkelten Raum werden nach etwa 3 min Adaptionszeit beide Lösungen gleichzeitig mithilfe eines Trichters in einen 500-ml-Stehkolben gegossen (Abb. 1).

AUFGABEN

1 Erklären Sie die Bewegungen, die mit dem Mikroskop an Fetttröpfchen beobachtet werden.
2 Erläutern Sie Vor- und Nachteile, Probleme und Gefahren der Erzeugung elektrischer Energie:
a in Kernkraftwerken
b durch chemische Reaktionen (z. B. in Kohlekraftwerken)
c durch die Umwandlung thermischer Energie (z. B. Nutzung der Erdwärme)
3 Benennen Sie die Energieformen, die in Wasser-, Wind- und Gezeitenkraftwerken in elektrische Energie umgewandelt werden?
4 Beschreiben Sie an selbst gewählten Beispielen chemischer Reaktionen die Möglichkeiten der Energieumwandlungen.
5 Nennen Sie Beispiele, bei denen aus gleichen Ausgangsstoffen unter verschiedenen Reaktionsbedingungen unterschiedliche Energieumwandlungen stattfinden.
6 Kennzeichnen Sie die Arten stofflicher Systeme und geben Sie für jede Art jeweils ein Beispiel an.

Tab. 1 Einteilung stofflicher Systeme

Art des stofflichen Systems	Beziehung zur Umgebung	Beispiele
Offenes System 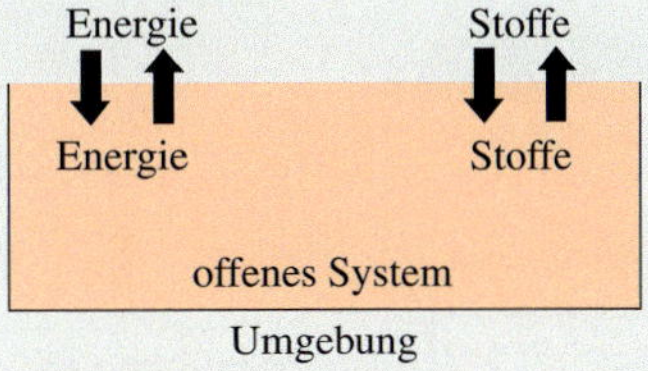	Es finden Stoff- und Energieübergang über die Systemgrenzen statt.	Verbrennen von Erdgas in einem Heizkessel – Stoffübergang: ständige Zufuhr von Erdgas und Luft sowie ständige Abfuhr der Verbrennungsprodukte und Restgase (Kohlenstoffdioxid, Wasserdampf und Stickstoff) – Energieübergang: Wärme wird aus dem Heizkessel an die Umgebung abgegeben
Geschlossenes System 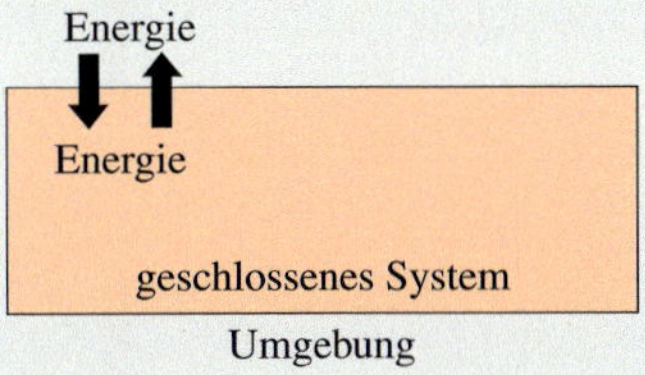	Es findet kein Stoffübergang über die Systemgrenzen, aber Energieübergang in Form von z. B. mechanischer Arbeit, Wärme, elektrischer Arbeit und/oder Lichtstrahlung statt.	Reaktion von Schwefel- mit Eisenpulver in einem Reagenzglas: Energieübergang in Form von Wärme und Licht; Lade- und Entladevorgang eines Bleiakkumulators: Energieübergang in Form von elektrischer Arbeit und Wärme
Abgeschlossenes System (isoliertes System) 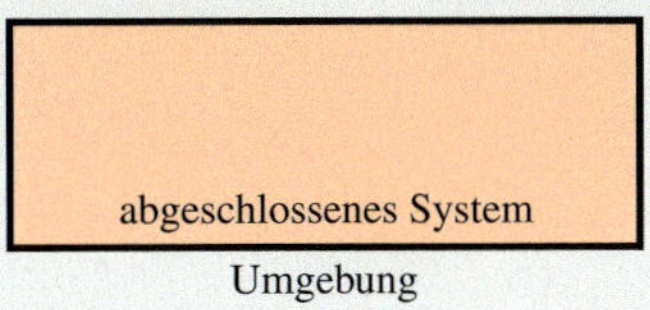	Es finden kein Stoffübergang und kein Energieübergang über die Systemgrenzen statt.	Vorgang des Lösens eines Salzes in einem fest verschlossenen Gefäß mit wärmeisolierenden Wänden

AUFGABEN

1 Beschreiben Sie die Art der Energieumwandlung beim Lösen von Kohlenstoffdioxid in Wasser und bei der Umkehr dieses Vorgangs (z. B. beim Beschicken und beim Gebrauch eines Siphons).

2 Aus 1 mol Wasser (18 cm^3) soll durch ständiges Halbieren ein Wassermolekül erhalten werden. Berechnen Sie die Anzahl der notwendigen Teilungen aus der Avogadro-Konstante.

ZUSAMMENFASSUNG

Jedes stoffliche System besitzt einen Vorrat an innerer Energie. Die **innere Energie *U*** eines stofflichen Systems ist vereinfacht die Summe aus Kernenergie U_K, chemischer Energie U_{ch} und thermischer Energie U_{th}.

$$U = U_K + U_{ch} + U_{th}$$

Da sich für stoffliche Systeme kein Energienullpunkt festlegen lässt, sind jeweils nur Änderungen der inneren Energie ΔU bestimmbar.

Beim Ablauf chemischer Reaktionen kann die chemische Energie der Ausgangsstoffe in thermische, mechanische, elektrische und Strahlungsenergie umgewandelt werden und umgekehrt. Je nachdem, ob ein Stoff- und/oder Energieübergang über die Systemgrenzen stattfindet, wird zwischen **offenen**, **geschlossenen** und **abgeschlossenen (isolierten) Systemen** unterschieden.

▶ Energie-Konzept

1. Hauptsatz der Thermodynamik

Satz von der Erhaltung der Energie Bereits in der Mitte des 19. Jahrhunderts formulierte der deutsche Arzt JULIUS ROBERT VON MAYER (1814 bis 1878) eine Erkenntnis, die aus der Beobachtung vieler Naturphänomene gewonnen wurde – den **Satz von der Erhaltung der Energie**:

> Bei einem Prozess kann Energie weder erschaffen noch vernichtet werden. Energie kann nur aus einer Form in andere Energieformen umgewandelt werden.

Dieser Erfahrungssatz wird auch als **1. Hauptsatz der Thermodynamik** bezeichnet. Wendet man diesen Satz auf ein abgeschlossenes System an, bei dem kein Stoffübergang und kein Energieübergang über die Systemgrenzen stattfinden, ergibt sich als Folgerung, dass die Summe der Energien in einem abgeschlossenen System immer gleich sein muss.
In einem geschlossenen System ändert sich aber während eines physikalischen und/oder chemischen Prozesses die innere Energie U des stofflichen Systems. Die Änderung der inneren Energie ΔU erfolgt von einem Anfangszustand mit der inneren Energie U_1 zu einem davon verschiedenen Endzustand mit der inneren Energie U_2. Daraus abgeleitet gilt:

$$\Delta U = U_2 - U_1$$

In der Thermodynamik wird davon ausgegangen, dass die Änderung der inneren Energie ΔU in einem geschlossenen System ihre Ursache im Energieübergang in Form von **Arbeit *W*** und von **Wärme *Q*** über die Systemgrenzen hat.

$$\Delta U = U_2 - U_1 = Q + W$$

Der 1. Hauptsatz der Thermodynamik ist ein Erfahrungssatz. Bisher ist keine Ausnahme bekannt, sodass er wie ein Gesetz betrachtet werden darf. Es hat im Laufe der Menschheitsgeschichte nicht an Versuchen gefehlt, Maschinen und Geräte zu erfinden, mit denen man hoffte, Energie aus dem „Nichts" zu erzeugen. Eine solche Einrichtung, die noch nirgends funktioniert hat, heißt **Perpetuum mobile erster Art**. Es gab viele interessante Versuche, den 1. Hauptsatz zu „überlisten".

Innere Energie als Zustandsgröße Aus dem 1. Hauptsatz der Thermodynamik folgt, dass die innere Energie U eines Systems in einem bestimmten Zustand auch einen bestimmten Wert hat. Dieser Wert ist unabhängig davon, auf welchem Weg dieser Zustand erreicht wurde. Die innere Energie eines Systems ist damit durch den Zustand dieses Systems (Temperatur, Druck, Volumen und Zusammensetzung) charakterisiert. Die innere Energie U ist eine **Zustandsgröße**.

1 Beispiel einer Energieumwandlungskette

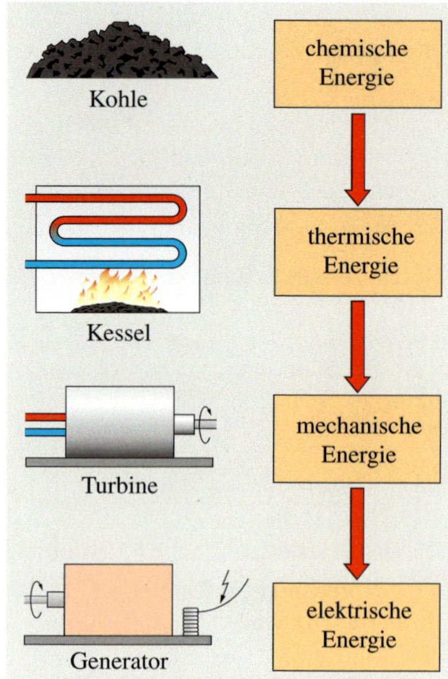

AUFGABEN

1 Interpretieren Sie die in Abb. 1 dargestellte Energieumwandlungskette.
2 Informieren Sie sich im Internet über Perpetua mobilia erster Art. Stellen Sie ein chemisches Perpetuum mobile vor und diskutieren Sie Gründe des Nichtfunktionierens solcher Maschinen.
3 Zink reagiert in einem Experiment mit Chlorwasserstoffsäure.
a Formulieren Sie die Reaktionsgleichung.
b Erläutern Sie am Beispiel dieser Reaktion den 1. Hauptsatz der Thermodynamik.
c Entwickeln Sie Experimentieranordnungen, damit diese Reaktion als offenes, als geschlossenes und als abgeschlossenes System charakterisiert werden kann.

Zustandsgrößen, zu denen neben der inneren Energie auch Größen wie das Volumen, die Temperatur und der Druck gehören, sind von der Vorgeschichte des Systems unabhängig. Es ist zum Beispiel gleichgültig, ob ein System von 50 °C oder von 0 °C auf 20 °C gebracht worden ist. Jede Zustandsgröße erreicht auf beiden Wegen den für 20 °C charakteristischen Wert.

Volumenarbeit bei chemischen Reaktionen Der 1. Hauptsatz der Thermodynamik gilt nach allen vorliegenden Erfahrungen auch für die Umwandlung chemischer Energie in andere Energieformen und umgekehrt, also auch für chemische Reaktionen.

Die Arbeit W in der Gleichung $\Delta U = Q + W$ ist bei chemischen Reaktionen häufig mechanische Arbeit, die im Allgemeinen als Volumenarbeit auftritt. Für isobare Prozessführung (p = konst.) gilt (Abb. 2):

$$W = W_{\text{mech}} = -p \cdot \Delta V$$

Das Minuszeichen ergibt sich aus der Überlegung, dass eine Volumenzunahme des stofflichen Systems gleichbedeutend mit einer Abgabe von Volumenarbeit des Systems an die Umgebung ist.

Dagegen wird bei Volumenabnahme dem System von der Umgebung Volumenarbeit zugeführt.

Damit gilt für solche Prozesse allgemein:

$$\boldsymbol{\Delta U = Q - p \cdot \Delta V}$$

Als Beispiel soll die Reaktion von Salzsäure mit Zink untersucht werden (Exp. 1).

Einfluss der Prozessführung auf übertragene Wärme und verrichtete Arbeit Die Änderung der inneren Energie eines Systems von einem Zustand 1 mit der inneren Energie U_1 in einen Zustand 2 mit der inneren Energie U_2 ist vom Weg und von der Art der Prozessführung unabhängig. Um zu untersuchen, ob die übertragene Wärme Q und die verrichtete bzw. aufgewendete mechanische Arbeit $W_{\text{mech}} = -p \cdot \Delta V$ ebenfalls unabhängig vom Weg und der Art der Prozessführung ist, sollen jeweils zwei Tropfen Benzin a) im Klassenraum und b) im verschlossenen Gefäß verbrannt werden (↑Exp. 2, S. 76).

Im Klassenraum erfolgt die Reaktion unter dem herrschenden Luftdruck. Bei der Verbrennung wird Wärme freigesetzt und wenig Volumenarbeit gegen einen konstanten Druck geleistet.

Im verschlossenen Gefäß erfolgt die Reaktion unter einem während der Reaktion zunehmenden Druck. Die Druckerhöhung ergibt sich aus der Zunahme der Anzahl der Gasmoleküle und dem Temperaturanstieg bei der Verbrennung des Benzin-Luft-Gemischs. Der aufgelegte Stopfen (Kolben) ermöglicht, dass das System nutzbare Volumenarbeit abgeben kann.

2 Volumenarbeit bei isobarer Prozessführung

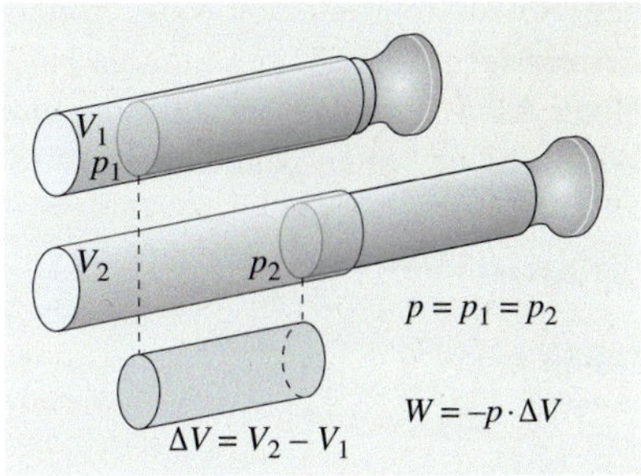

EXPERIMENT 1

Volumenermittlung bei der Reaktion von Zink mit Salzsäure

Das Experiment wird wie in Abb. 3 dargestellt durchgeführt. Ausgangsstoffe sind 10 ml Salzsäure (c = 5 mol · l^{-1}; GHS07) und 250 mg Zink (GHS09).

3 Reaktion von Zink mit Salzsäure

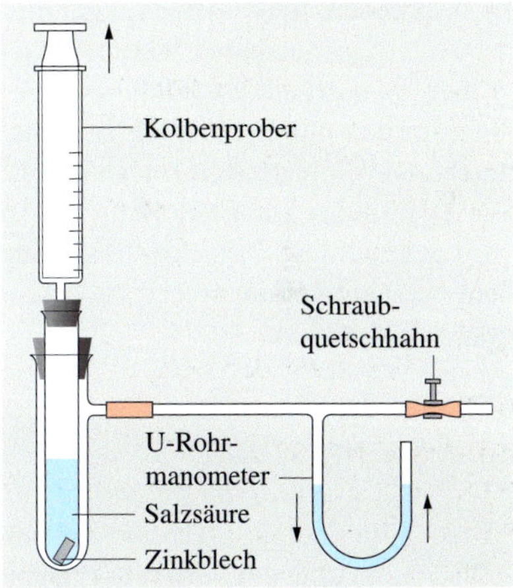

AUFGABEN

1 Berechnen Sie das bei Experiment 1 zu erwartende Volumen an Wasserstoff bei 298 K und 101,3 kPa.

2 Vergleichen Sie das theoretisch berechnete mit dem experimentell ermittelten Volumen und diskutieren Sie möglicherweise vorhandene Abweichungen.

Die vom System verrichtete Volumenarbeit und die an die Umgebung abgegebene Wärme unterscheiden sich bei den beiden Prozessführungen jeweils voneinander, obwohl die Änderung der inneren Energie ΔU in beiden Fällen gleich groß ist. Unter der Annahme, Benzin sei nur eine Mischung aus Alkanen, gilt für beide Varianten die allgemeine Reaktionsgleichung:

$$C_nH_{(2n+2)} + (1{,}5\,n + 1)\,O_2 \rightarrow n\,CO_2 + (n + 1)\,H_2O \quad (5 \leq n \leq 10)$$

Damit gilt:

$$\Delta U_a = \Delta U_b$$
$$Q_a > Q_b$$
$$W_a < W_b$$

Die Prozessführung bestimmt die Größe des Anteils an der Änderung der inneren Energie, der in Form von Wärme vom System an die Umgebung abgegeben oder als nutzbare Volumenarbeit vom System verrichtet wird. Wärme und Arbeit sind Größen, die von der Prozessführung und damit vom Weg einer Zustandsänderung abhängig sind. Wärme und Arbeit werden deshalb auch als **Prozessgrößen** bezeichnet. Die Änderung der inneren Energie ist keine Prozessgröße, da sie unabhängig von der Prozessführung ist. Sie ist die Änderung einer Zustandsgröße.
Die sehr vereinfachte Auswertung der beiden Varianten, Benzin zu verbrennen, führt zu der Erkenntnis: Bei einem Prozess wird der Anteil an nutzbarer Volumenarbeit mit steigendem Druck größer. So wird die Verdichtung des Benzin-Luft-Gemischs bei Ottomotoren möglichst hoch gewählt, um einen großen Anteil nutzbarer Volumenarbeit (mechanischer Arbeit) zu erhalten.
Dieses Prinzip zur Steigerung der nutzbaren Volumenarbeit wird generell bei Wärmekraftmaschinen angewendet. Eine größere nutzbare Volumenarbeit bedeutet einen höheren Wirkungsgrad der Maschine.

EXPERIMENT 2 L

Entzünden von Petroleumbenzin

a) Auf einen kopfstehenden Porzellantiegel werden 2 Tropfen Petroleumbenzin (GHS08) gegeben und entzündet.
b) Nach Aufbau der Apparatur (Abb. 1) werden in den Trockenturm 2 Tropfen Petroleumbenzin (GHS08) gegeben. Dabei ist der Trockenturm schräg zu halten, sodass das Benzin innen auf die Wandung tropft. Anschließend ist oben ein Gummistopfen aufzulegen (keinesfalls den Stopfen einpressen). Nach etwa 2 min wird durch Anlegen der elektrischen Spannung am Transformator das Benzin-Luft-Gemisch elektrisch gezündet.

1 Apparatur zum Zünden eines Petroleumbenzin-Luft-Gemischs

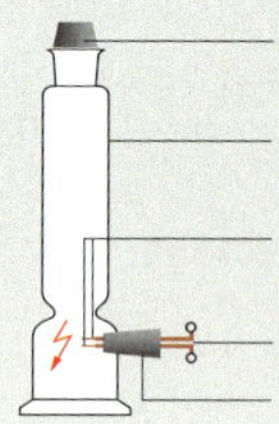

ZUSAMMENFASSUNG

Die innere Energie U ist eine **Zustandsgröße**.
Die **Änderung der inneren Energie ΔU** bei einem Prozess ist gleich der Summe der dem System in Form von Wärme und Arbeit zugeführten oder entnommenen Energie.
Sie hängt nur vom Anfangs- und Endzustand des Systems ab. Die Prozessführung – und damit der Weg, auf dem die Zustandsänderung erfolgt – hat keinen Einfluss auf die Größe der Änderung der inneren Energie.

$$\Delta U = U_2 - U_1 = Q - p \cdot \Delta V$$

Die Größe des jeweiligen Anteils an der Änderung der inneren Energie, die in Form von Wärme, mechanischer Arbeit, elektrischer Arbeit oder Lichtstrahlung zwischen dem System und der Umgebung ausgetauscht wird, ist aber von der Prozessführung und damit dem Weg der Zustandsänderung abhängig. Wärme, Arbeit usw. sind daher **Prozessgrößen**.

► Energie-Konzept

Reaktionsenergie und Reaktionsenthalpie

Reaktionsenergie – isochore Prozessführung Die Änderung der inneren Energie eines stofflichen Systems bei einer chemischen Reaktion wird als **Reaktionsenergie $\Delta_r U$** bezeichnet. Der Index r kennzeichnet den Bezug der Änderung einer Zustandsgröße (z. B. ΔU, ΔV) auf eine chemische Reaktion. Für die Reaktionsenergie gilt:

$$\Delta_r U = Q + W = Q - p \cdot \Delta_r V$$

Eine chemische Reaktion kann bei konstantem Volumen (V = konst.) ablaufen. Die Änderung des Volumens bei einer chemischen Reaktion, das **Reaktionsvolumen $\Delta_r V$**, ist bei einer solchen **isochoren Prozessführung** (Index: V) gleich null. Damit gilt für die Reaktionsenergie:

$$\boldsymbol{\Delta_r U = Q_V}$$

Bei konstantem Volumen ist die Reaktionswärme gleich der Reaktionsenergie.
Isochore Prozessführung lässt sich dadurch erreichen, dass die chemische Reaktion in einem Autoklaven (Abb. 2) durchgeführt wird. Dies gilt aber nur für Reaktionen, an denen ausschließlich gasförmige Stoffe teilnehmen.
Sind an einer chemischen Reaktion feste und flüssige Stoffe beteiligt, ist eine isochore Prozessführung nicht möglich, denn diese Stoffe ändern auch im Autoklaven ihre Volumen.

Reaktionsenthalpie – isobare Prozessführung Die meisten chemischen Reaktionen verlaufen in der Natur und in der Technik unter dem in der Umgebung oder im Reaktionsgefäß herrschenden konstanten Druck ab. Für die Reaktionsenergie $\Delta_r U$ bei **isobarer Prozessführung** (p = konst.; Index: p) gilt:

$$\Delta_r U_p = Q_p - p \cdot \Delta_r V$$

Mit

$$\Delta_r U = U_2 - U_1 \quad \text{und} \quad \Delta_r V = V_2 - V_1$$

folgt bei konstantem Druck:

$$U_2 - U_1 = Q_p - (p \cdot V_2 - p \cdot V_1)$$

und nach Umformung

$$Q_p = (U_2 + p \cdot V_2) - (U_1 + p \cdot V_1)$$

In dieser Gleichung ist die Reaktionswärme bei isobarer Prozessführung Q_p als Differenz zweier Terme dargestellt, die je-

2 Autoklav im Labor

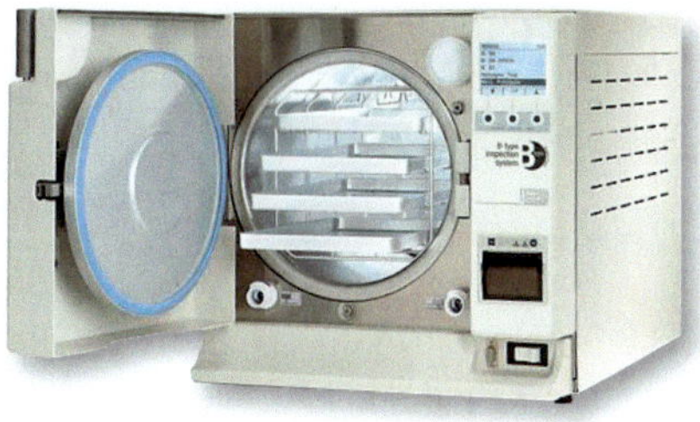

AUFGABEN

1 Bei den Varianten a und b der Verbrennung von Benzin beim Experiment 2 wird chemische Energie in Wärme und mechanische Arbeit umgewandelt.
a Vergleichen Sie die Reaktionen bezüglich der freigesetzten Wärme und mechanischen Arbeit bei beiden Varianten.
b Welche der beiden Verbrennungen verläuft unter isobarer Prozessführung? Begründen Sie.
2 Erläutern Sie, was unter isochorer Prozessführung verstanden wird. Nennen Sie Beispiele für nahezu isochor verlaufende chemische Reaktionen.

weils den Anfangszustand und den Endzustand der chemischen Reaktion mathematisch beschreiben. Der Term $U + p \cdot V$ ist nur aus Zustandsgrößen zusammengesetzt und damit selbst auch ein Ausdruck für eine Zustandsgröße. Diese Zustandsgröße wird als **Enthalpie *H*** (griech. enthalpein – erwärmen, Symbol H: engl. heat – Wärme) definiert.

$$\boldsymbol{H = U + p \cdot V}$$

Die Enthalpie H eines Systems ist die Summe aus der inneren Energie U und dem oft als Volumenenergie bezeichneten Produkt aus Druck p und Volumen V des Systems.
Da absolute Werte für die innere Energie U nicht angegeben werden können, kann auch die Enthalpie H eines Systems nicht absolut bestimmt werden. Bestimmbar ist jedoch wie bei der inneren Energie die Differenz zwischen den Enthalpien zweier Zustände.

$$\Delta H = H_2 - H_1 = (U_2 + p \cdot V_2) - (U_1 + p \cdot V_1)$$

Damit gilt für die **Reaktionsenthalpie $\Delta_r H$** einer chemischen Reaktion:

$$\boldsymbol{\Delta_r H = Q_p}$$

Bei konstantem Druck ist die Reaktionswärme gleich der Reaktionsenthalpie.
Da die meisten chemischen Reaktionen in der Praxis beim konstanten Druck der Umgebung ablaufen, haben die Berechnungen der Reaktionsenthalpie gegenüber denen der Reaktionsenergie besondere Bedeutung.
Eine chemische Reaktion, bei der die Reaktionswärme kleiner als null ist, wird als **exotherme Reaktion** bezeichnet. Bei einer exothermen Reaktion gibt das stoffliche System Energie in Form von Wärme an die Umgebung ab.
Eine chemische Reaktion, bei der die Reaktionswärme größer als null ist, wird als **endotherme Reaktion** bezeichnet. Das stoffliche System nimmt bei einer endothermen Reaktion Energie in Form von Wärme aus der Umgebung auf.

Exotherme Reaktion: $Q_p < 0$
Endotherme Reaktion: $Q_p > 0$

Molare Reaktionsgrößen Reaktionsenergie und Reaktionsenthalpie sind extensive Reaktionsgrößen, denn je größer die in der Reaktion umgesetzten Stoffmengen der Ausgangsstoffe sind, umso größer wird auch die jeweilige Reaktionsenergie $\Delta_r U$ bzw. Reaktionsenthalpie $\Delta_r H$. So werden für die Reaktion von Kupfer mit Schwefel zu Kupfersulfid (Exp. 1) in Abhängigkeit von der erhaltenen Stoffmenge des Reaktionsprodukts unterschiedliche Reaktionsenthalpien erhalten (Tab. 1).

EXPERIMENT 1 — L

Reaktion von Kupfer und Schwefel

4 g Kupferpulver und 2 g Schwefelpulver (GHS07)werden durch mehrfaches Umschütten von einem Blatt Filterpapier auf ein anderes vermischt. *Vorsicht:* Kupfer und Schwefel nicht in einer Reibschale mischen! Es besteht Explosionsgefahr!
Nach dem Aufschütten des Gemisches zu einem Kegel auf einer hitzebeständigen Unterlage (Ziegelstein) wird die Reaktion mit einem glühenden Stahldraht eingeleitet.

AUFGABEN

1 30 g Kohlenstoff werden vollständig zu Kohlenstoffdioxid verbrannt. Berechnen Sie für diese Reaktion:
a die Stoffmenge der Formelumsätze
b die Stoffmengen der beteiligten Reaktionspartner

2 Vergleichen Sie die Experimente 1 und 2 hinsichtlich ihrer Reaktionswärme.

3 Bei der Reaktion von 8 g Zink mit 4 g Schwefel wird eine Reaktionswärme von 25,3 kJ an die Umgebung abgegeben. Berechnen Sie für diese Reaktion die molare Reaktionsenergie.

Tab. 1 Reaktionsenthalpie der Reaktion $Cu + S \rightarrow CuS$ in Abhängigkeit von der Stoffmenge des Reaktionsprodukts

$n(CuS) = n(Cu) = n(S)$	$\Delta_r H \cdot kJ^{-1}$
1 mol	−53,0
0,2 mol	−10,6
0,1 mol	−5,3

Durch Division der einzelnen Reaktionsenthalpien durch die jeweils erhaltene Stoffmenge des Reaktionsprodukts ergibt sich die **molare Reaktionsenthalpie $\Delta_r H_m$**. Die molare Reaktionsenthalpie ist eine Größe, die von der Quantität eines Stoffs unabhängig ist. Sie beträgt für die Reaktion:

$$Cu + S \rightarrow CuS \quad \Delta_r H_m = -53\ kJ \cdot mol^{-1}$$

Nicht immer sind die Stöchiometriezahlen der Reaktionsteilnehmer gleich 1, z. B. bei der Synthese von Wasser:

$$2\ H_2 + O_2 \rightarrow 2\ H_2O$$

Deshalb ist es sinnvoll, die molare Reaktionsenthalpie als den Quotienten aus der Reaktionsenthalpie und der **Stoffmenge der Formelumsätze n_F** zu definieren.

$$\Delta_r H_m = \frac{\Delta_r H}{n_F}$$

Analog gelten für die **molare Reaktionsenergie $\Delta_r U_m$** und für das **molare Reaktionsvolumen $\Delta_r V_m$**:

$$\Delta_r U_m = \frac{\Delta_r U}{n_F} \quad \text{und} \quad \Delta_r V_m = \frac{\Delta_r V}{n_F}$$

1 mol Formelumsatz bedeutet bezüglich oben genannter Reaktionsgleichung zur Wassersynthese, dass $6 \cdot 10^{23}$ (1 mol) Reaktionen von zwei Wasserstoffmolekülen mit einem Sauerstoffmolekül zu zwei Wassermolekülen ablaufen. Die molare Reaktionsenthalpie gibt die Reaktionsenthalpie je Mol formuliertem Teilchenprozess an. Deshalb muss zu den molaren Reaktionsgrößen die Reaktionsgleichung mit angegeben werden.

Molares Reaktionsvolumen chemischer Reaktionen Mit der Definitionsgleichung der Enthalpie gilt für die molare Reaktionsenthalpie einer chemischen Reaktion bei isobarer Prozessführung:

$$\boldsymbol{\Delta_r H_m = \Delta_r U_m + p \cdot \Delta_r V_m}$$

Bei Reaktionen ohne Beteiligung von Gasen (Exp. 2) ist:

$$\Delta_r V_m \approx 0 \quad \text{und dadurch} \quad \Delta_r H_m \approx \Delta_r U_m$$

Bei chemischen Reaktionen mit Beteiligung von Gasen ist das molare Reaktionsvolumen $\Delta_r V_m$ näherungsweise von der Änderung der Anzahl der Gasteilchen abhängig (Exp. 3, 4). Die Änderung der Anzahl der Gasteilchen lässt sich aus der Differenz der Stöchiometriezahlen $\Delta \nu$ gasförmiger Stoffe der Reaktionsprodukte B und der Ausgangsstoffe A berechnen:

$$\Delta \nu(g) = \Sigma \nu_B(g) - \nu_A(g)$$

EXPERIMENT 2

Ermitteln der Temperaturänderung beim Mischen von Salzen

16 g Natriumsulfat-10-Wasser $Na_2SO_4 \cdot 10\ H_2O$ werden in einer Reibschale zerkleinert und in einem kleinen Becherglas mit 7,5 g Kaliumchlorid gemischt. Die Temperaturänderung ist zu ermitteln.

EXPERIMENT 3

Aluminium und Salzsäure

25 bis 30 mg Aluminiumdraht werden in ein Reagenzglas mit 5 ml Salzsäure ($c = 5\ mol \cdot l^{-1}$; GHS07) gegeben. Das Reagenzglas ist mit einem Stopfen, der mit einem 25-ml-Kolbenprober verbunden ist, zu verschließen.

EXPERIMENT 4 L

Chlorwasserstoff und Wasser

Abzug! Ein trockener 250-ml-Rundkolben wird mit Chlorwasserstoff (GHS06 | 05) gefüllt und der Kolben mit einem Stopfen mit Glasrohr und Hahn verschlossen (Abb. 1). Das Glasrohr ist vorher mit Wasser zu füllen. Das Glasrohr wird in ein mit Wasser gefülltes 500-ml-Becherglas getaucht und der Quetschhahn geöffnet.

1 Reaktion von Chlorwasserstoff mit Wasser

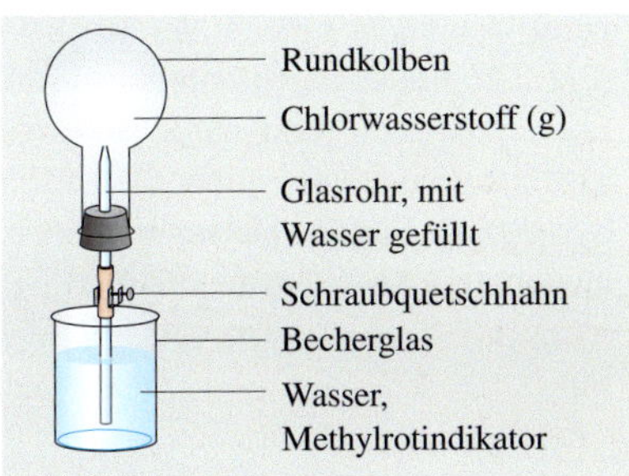

Für das molare Reaktionsvolumen gilt:

$$\boldsymbol{\Delta_r V_m \approx \Delta\nu(g) \cdot V_m}$$

V_m = molares Volumen des idealen Gases
Bei $T_n = 273$ K und $p_n = 101{,}3$ kPa ist $V_{m,n} = 22{,}4\ l \cdot mol^{-1}$.

Bei der Reaktion

$$CO(g) + H_2O(g) \rightarrow CO_2(g) + H_2(g)$$

ist $\Delta\nu(g) = 0$. Damit gilt für diese chemische Reaktion:

$$\Delta_r H_m \approx \Delta_r U_m$$

Dagegen ist bei der Reaktion

$$2\,H_2(g) + O_2(g) \rightarrow 2\,H_2O(g)$$

mit $\Delta\nu(g) = \nu(H_2O) - [\nu(H_2) + \nu(O_2)] = -1$
$\Delta_r V_m \approx \Delta\nu(g) \cdot V_m = -V_m$

Mit der Zustandsgleichung des idealen Gases

$$p \cdot V = n \cdot R \cdot T$$
$$p \cdot V_m = R \cdot T$$

folgt für die molare Reaktionsenthalpie:

$$\Delta_r H_m = \Delta_r U_m + p \cdot \Delta_r V_m \approx \Delta_r U_m - p \cdot V_m$$
$$\Delta_r H_m \approx \Delta_r U_m - R \cdot T$$

AUFGABEN

1 Ermitteln Sie qualitativ das Reaktionsvolumen und das Verhältnis zwischen Reaktionsenthalpie und Reaktionsenergie für die in den Experimenten 3 und 4 (↑ S. 79) untersuchten Reaktionen.

2 Für die thermische Zersetzung von Calciumcarbonat (Kalkbrennen) $CaCO_3(s) \rightarrow CaO(s) + CO_2(g)$ beträgt $\Delta_r H_m = 178{,}4\ kJ \cdot mol^{-1}$. Berechnen Sie die molare Reaktionsenergie $\Delta_r U_m$ der Zersetzung des Calciumcarbonats unter Normdruck ($p_n = 101{,}3$ kPa). Der Zersetzungsdruck des Calciumcarbonats erreicht den Druck $p = 101{,}3$ kPa bei $\vartheta = 897\,°C$. Die Temperaturabhängigkeit von $\Delta_r H_m$ und $\Delta_r U_m$ kann vernachlässigt werden. Berechnen Sie den Anteil der zur Zersetzung benötigten Reaktionswärme ($\hat{=} \Delta_r H_m$), der zur Änderung der inneren Energie des Systems ($\Delta_r U_m$) benötigt wird, sowie den Anteil, der zur Verrichtung der Volumenarbeit erforderlich ist.

ZUSAMMENFASSUNG

Die Änderung der inneren Energie eines stofflichen Systems im Verlauf einer chemischen Reaktion wird als **Reaktionsenergie $\Delta_r U$** bezeichnet. Die Reaktionswärme einer chemischen Reaktion ist bei **isochorer Prozessführung** (V = konst.) gleich der Reaktionsenergie.
Die Reaktionswärme ist bei **isobarer Prozessführung** (p = konst.) gleich der **Reaktionsenthalpie $\Delta_r H$**. Die Reaktionsenthalpie ist die Differenz der Enthalpien von End- und Anfangszustand des stofflichen Systems, wobei die **Enthalpie H** eines Systems als Summe aus innerer Energie und Volumenenergie des Systems definiert ist.

$$H = U + p \cdot V$$

Die wichtigen molaren Reaktionsgrößen, molare Reaktionsenthalpie $\Delta_r H_m$ und molare Reaktionsenergie $\Delta_r U_m$, werden durch Division der extensiven Reaktionsgrößen durch die Stoffmenge der Formelumsätze n_F erhalten.

$$\Delta_r H_m = \frac{\Delta_r H}{n_F}\ ; \quad \Delta_r U_m = \frac{\Delta_r U}{n_F}$$

Das **molare Reaktionsvolumen** ist bei einer chemischen Reaktion ohne Beteiligung von Gasen näherungsweise null. Mit Beteiligung von Gasen an einer chemischen Reaktion gilt:

$$\Delta_r V_m = \frac{\Delta_r V}{n_F} \approx \Delta\nu(g) \cdot V_m$$

► Energie-Konzept

Molare Bildungsenthalpie und molare Verbrennungsenthalpie

Molare Bildungsenthalpie Die Angabe von Reaktionsenthalpien ist nur eindeutig, wenn zugleich die Reaktionsgleichung angegeben wird. Je nach der formulierten Reaktionsgleichung reagieren bei 1 mol Formelumsatz ganz unterschiedliche Stoffmengen an Ausgangsstoffen miteinander (Tab. 1).
Dieses Ergebnis widerspricht dem 1. Hauptsatz der Thermodynamik nicht, da er die Aussage einschließt, dass der Energieumsatz bei chemischen Reaktionen den eingesetzten Stoffmengen der Ausgangsstoffe proportional ist.
Um Reaktionsenthalpien beliebiger chemischer Reaktionen einfach berechnen zu können (↑ S. 90), ist es erforderlich, geeignete charakteristische Größen für die einzelnen an den Reaktionen beteiligten Stoffe zur Verfügung zu haben. Solche charakteristischen Größen sind die **molaren Bildungsenthalpien $\Delta_f H_m$** der Stoffe (engl. form – bilden). Sie gelten für die Bildungsreaktion der Stoffe. Für das Aufstellen der Reaktionsgleichung der Bildungsreaktion eines Stoffes wurde festgelegt:
- Auf der rechten Seite der Reaktionsgleichung steht nur der gebildete Stoff mit der Stöchiometriezahl 1.
- Auf der linken Seite der Reaktionsgleichung stehen nur die Elementsubstanzen in der unter den Reaktionsbedingungen stabilen Form, aus denen der gebildete Stoff besteht.

Durch diese Festlegungen ist es möglich, bei der Angabe der Bildungsenthalpie eines Stoffes auf die zugehörige Reaktionsgleichung zu verzichten. Zum Beispiel stellt die Reaktionsgleichung 2 der Tabelle 1 die Bildungsreaktion des Aluminiumoxids dar, die molare Bildungsenthalpie des Aluminiumoxids beträgt $\Delta_f H_m(Al_2O_3) = -1676\ kJ \cdot mol^{-1}$.
Die Reaktionsgleichung für die Bildungsreaktion vieler Stoffe entspricht nicht einer real durchführbaren Synthese dieser Substanz. Dies ist besonders bei organischen Verbindungen der Fall.

Molare Verbrennungsenthalpie Eine weitere wichtige Reaktion ist die **Verbrennungsreaktion** eines Stoffes. Als Festlegungen für das Aufstellen der Reaktionsgleichung einer Verbrennungsreaktion eines Stoffes gelten:
- Auf der linken Seite der Reaktionsgleichung stehen der zu verbrennende Stoff mit der Stöchiometriezahl 1 und Sauerstoff.
- Auf der rechten Seite stehen die bei der Verbrennung des Stoffes mit einem Überschuss an Sauerstoff entstehenden Reaktionsprodukte.

Die molare Reaktionsenthalpie einer Verbrennungsreaktion wird als **molare Verbrennungsenthalpie $\Delta_V H_m$** eines Stoffes bezeichnet.
Die Reaktionsgleichung 3 der Tabelle 1 symbolisiert die Verbrennungsreaktion des Aluminiums, die molare Verbrennungsenthalpie des Aluminiums beträgt $\Delta_V H_m(Al) = -838\ kJ \cdot mol^{-1}$.

Tab. 1 Oxidation von Aluminium

Reaktionsgleichung	$\frac{\Delta_r H_m}{kJ \cdot mol^{-1}}$
$4\ Al + 3\ O_2 \rightarrow 2\ Al_2O_3$	(1) −3352
$2\ Al + \frac{3}{2}\ O_2 \rightarrow Al_2O_3$	(2) −1676
$Al + \frac{3}{4}\ O_2 \rightarrow \frac{1}{2}\ Al_2O_3$	(3) −838

AUFGABEN

1 Begründen Sie, warum die Angabe einer molaren Reaktionsenthalpie ohne zugehörige Reaktionsgleichung nicht ausreicht. Erläutern Sie die Größe Stoffmenge der Formelumsätze n_F.

2 Entwickeln Sie die Reaktionsgleichung für die Bildung von:
a Kaliumpermanganat
b Ethanol
c Chlorbenzol
Entscheiden Sie, ob die Bildungsreaktionen praktisch durchführbar sind.

3 Entscheiden Sie, ob die Reaktion
$H_2O + SO_3 \rightarrow H_2SO_4$
die Bildungsreaktion von Schwefelsäure ist. Begründen Sie Ihre Entscheidung.

4 Die Reaktionsenthalpie einer chemischen Reaktion kann gleichzeitig Bildungs- und Verbrennungsenthalpie sein, z. B.
$Cl_2 + 3{,}5\ O_2 \rightarrow Cl_2O_7$
$\Delta_r H_m = \Delta_f H_m(Cl_2O_7) = \Delta_V H_m(Cl_2)$
Geben Sie die Enthalpiearten an, die bei folgenden Reaktionen vorliegen:
a $C + 0{,}5\ O_2 \rightarrow CO$
b $C + O_2 \rightarrow CO_2$
c $CO + 0{,}5\ O_2 \rightarrow CO_2$
d $CH_4 + 2\ O_2 \rightarrow CO_2 + 2\ H_2O$

5 Vergleichen Sie die molaren Standardbildungsenthalpien der Halogenwasserstoffe mit den chemischen Eigenschaften dieser Substanzen. Berücksichtigen Sie die Stellung der Halogene im Periodensystem der Elemente.

Molare Standardbildungsenthalpie Durch die Festlegung von Regeln für die Formulierung der Reaktionsgleichungen von Bildungs- und Verbrennungsreaktionen können molare Bildungs- und Verbrennungsenthalpien auch ohne zugehörige Reaktionsgleichung tabelliert werden. Molare Reaktionsenthalpien sind aber von Temperatur, Druck, Aggregatzustand und Modifikation der Reaktionsteilnehmer abhängig. Deshalb müssen die Bedingungen angegeben werden, für die die Tabellierung vorgenommen wird. Tabelliert werden meist die Werte bei $\vartheta = 25\,°C$ ($T = 298$ K) und $p = 101{,}3$ kPa, und zwar die **molaren Standardreaktionsgrößen** (Tab. 1, 2). Standardgrößen werden mit dem Hochzeichen 0 („Null") gekennzeichnet.
Standardgrößen beziehen sich auf die Stoffe im sogenannten Standardzustand, der als der Zustand des reinen Stoffes beim Druck $p = 101{,}3$ kPa definiert wird.
Aufgrund der Festlegungen zum Aufstellen der Gleichung der Bildungsreaktion ist die **molare Standardbildungsenthalpie** $\mathbf{\Delta_f H^0_m}$ der Elemente in ihrer stabilen Form gleich null. Die molare Standardbildungsenthalpie einer instabilen Form (bzw. Modifikation) eines Elements ist dagegen ungleich null.

Tab. 1 Molare Standardbildungsenthalpien einiger Stoffe
Tabellierungsbedingungen: $T = 298$ K, $p = 101{,}3$ kPa

Formel	$\frac{\Delta_f H^0_m}{kJ \cdot mol^{-1}}$	Formel	$\frac{\Delta_f H^0_m}{kJ \cdot mol^{-1}}$
$AgBr(s)$	−101	$KBr(s)$	−394
$AgCl(s)$	−127	$KCl(s)$	−437
$AlCl_3(s)$	−706	$K_2SO_4(s)$	−1438
$Al_2O_3(s)$	−1676	$MgO(s)$	−601
$BaCl_2(s)$	−859	$MnCl_2(s)$	−481
$Br_2(g)$	+31	$MnO_2(s)$	−520
$CO(g)$	−111	$NH_3(g)$	−46
$CO_2(g)$	−394	$NH_4Cl(s)$	−315
$CaCO_3(s)$	−1207	$NO(g)$	+90
$CaCl_2(s)$	−796	$NO_2(g)$	+33
$FeS(s)$	−102	$N_2O_4(g)$	+9
$Fe_2O_3(s)$	−824	$NaCl(s)$	−411
$HBr(g)$	−36	$NaBr(s)$	−361
$HCl(g)$	−92	$NaI(s)$	−288
$HI(g)$	+26	$NaOH(s)$	−426
$HNO_3(l)$	−174	$Na_2CO_3(s)$	−1131
$H_2O(l)$	−286	$PbS(s)$	−99
$H_2O(g)$	−242	$SO_2(g)$	−297
$H_2S(g)$	−21	$SO_3(g)$	−396
$H_2SO_4(l)$	−814	$ZnO(s)$	−350

AUFGABEN

1 Die molaren Standardreaktionsenthalpien für die Dissoziation der Halogene
$X_2(g) \rightarrow 2\,X(g)$
betragen für Chlor $+242$ kJ · mol^{-1}, für Brom $+163$ kJ · mol^{-1} und für Iod $+90$ kJ · mol^{-1}. Vergleichen Sie diese Werte mit der Stellung der Halogene im Periodensystem der Elemente.

2 Für ein Haus ist in der Heizperiode von Oktober bis März (182 Tage) eine durchschnittliche Heizleistung von 5 kW erforderlich. Berechnen Sie die für eine Heizperiode jeweils erforderliche Masse an a) Braunkohlenbriketts, b) Koks, c) Heizöl, d) Flüssiggas bzw. das erforderliche Volumen an e) Stadtgas und g) Erdgas, wenn der Wirkungsgrad der Heizanlagen 80 % (a und b) bzw. 95 % (c bis g) beträgt. Berechnen Sie die jeweiligen Kosten je Heizperiode anhand aktueller Handelspreise.

Tab. 2 Molare Standardverbrennungsenthalpien organischer Stoffe
($T = 298$ K, $p = 101{,}3$ kPa)

Formel	Name	$\frac{\Delta_v H^0_m}{kJ \cdot mol^{-1}}$
$CH_4(g)$	Methan	−889
$C_2H_4(g)$	Ethen	−1409
$C_2H_6(g)$	Ethan	−1557
$C_3H_8(g)$	Propan	−2217
$C_4H_{10}(g)$	Butan	−2874
$C_6H_6(l)$	Benzol	−3265
$C_2H_5OH(l)$	Ethanol	−1364
$C_6H_{12}O_6(s)$	Glucose	−2820

Kohlenstoff: $\Delta_f H^0_m$(Graphit) = 0
$\Delta_f H^0_m$(Diamant) = +1,897 kJ · mol^{-1}

Sauerstoff: $\Delta_f H^0_m(O_2)$ = 0
$\Delta_f H^0_m$(O) = +249 kJ · mol^{-1}
$\Delta_f H^0_m(O_3)$ = +143 kJ · mol^{-1}

Ebenso ist die molare Standardbildungsenthalpie vom Aggregatzustand abhängig.

Natrium: $\Delta_f H^0_m$(Na, s) = 0
$\Delta_f H^0_m$(Na, g) = +107 kJ · mol^{-1}

Verwendung von Brennstoffen Bei der Wärme- und Energieerzeugung in der Industrie erweist sich die Verwendung von Bildungs- und Verbrennungsenthalpien der Brennstoffe für Berechnungen als unpraktisch. Für das Heizen einer Wohnung mit Erdgas oder für die Energieerzeugung im Kohlekraftwerk ist es interessanter zu wissen, welche Enthalpie bei der Verbrennung eines Kubikmeters Erdgas oder eines Kilogramms Kohle frei wird. In der Industrie finden deshalb **Brennwerte H_s** und **Heizwerte H_i** Verwendung (Tab. 3 bis 5).
Brenn- und Heizwerte fester und flüssiger Brennstoffe sind spezifische Größen. Im Gegensatz zu molaren Reaktionsenthalpien exotherm verlaufender Reaktionen werden Brenn- und Heizwerte mit positivem Vorzeichen angegeben.
Der **Heizwert H_i** eines Brennstoffs (früher als unterer Heizwert H_u bezeichnet) kennzeichnet die bei der Verbrennung abgegebene Wärme, wenn das durch die Verbrennung entstehende Wasser im gasförmigen Zustand vorliegt.
Der **Brennwert H_s** eines Brennstoffs (früher als oberer Heizwert H_o bezeichnet) kennzeichnet Verbrennungswärmen für den Fall, dass das bei der Verbrennung gebildete Wasser im flüssigen Zustand entsteht. Die bei der Kondensation des Wassers freigesetzte Kondensationswärme führt zu einem höheren Brennwert im Vergleich zum Heizwert $H_s > H_i$. Der Unterschied zwischen dem Heizwert und dem Brennwert eines Brennstoffs ist dabei umso größer, je größer der Anteil des gebundenen Wasserstoffs im Brennstoff ist. So liegt z. B. der Brennwert von Erdgas 11 % über dessen Heizwert.

Tab. 3 Heizwerte von Gasen

Name	$\frac{H_i}{\text{MJ} \cdot \text{m}^{-3}}$
Generatorgas	5,3
Wassergas	10,2
Stadtgas	16,3
Erdgas, nass	43,0

Tab. 4 Heizwerte flüssiger Brennstoffe

Name	$\frac{H_i}{\text{MJ} \cdot \text{kg}^{-1}}$
Methanol	19,5
Ethanol	26,9
Benzol	40,3
Petroleum	40,8
Dieselkraftstoff	41,7
Benzin	42,5
Heizöl	42,9
Flüssiggas (Propan-Butan-Gemisch)	45,9

Tab. 5 Heizwerte fester Brennstoffe

Name	$\frac{H_i}{\text{MJ} \cdot \text{kg}^{-1}}$
Holz, frisch	8
Holz, lufttrocken	15
Weichbraunkohle	8,5
Hartbraunkohle	17
Braunkohlenbriketts	20
Steinkohle	29
Steinkohlenkoks	29
Anthrazit	31

ZUSAMMENFASSUNG

Die molare **Bildungsenthalpie $\Delta_f H_m$** und die **molare Verbrennungsenthalpie $\Delta_V H_m$** eines Stoffes sind molare Reaktionsenthalpien, die für Reaktionen gelten, denen eine nach bestimmten Festlegungen formulierte Reaktionsgleichung zugrunde liegt.

Molare Bildungsenthalpien und molare Verbrennungsenthalpien von Stoffen können ohne zugehörige Reaktionsgleichungen angegeben werden. Für Brennstoffe werden in der Industrie auch **Heizwerte** und **Brennwerte** verwendet.

Energie

Heizwerte und Brennwerte in der modernen Heiztechnik

Viele Heizkessel zur Wohnraumheizung haben eine Abgastemperatur von etwa 200 °C, Heizungsanlagen mit Niedertemperaturkessel von etwa 160 °C. Damit haben diese Anlagen große Wärmeverluste über den Schornstein – Wärme, die zum Heizen und nicht zum Erwärmen der Außenluft erzeugt wurde. Bei einer Niedertemperaturheizung erfolgt eine etwa 90%ige Wärmeabgabe vom Gaskessel an den Heizungsvorlauf. Daraus folgt ein Wärmeverlust von 10 %. Von 100 m^3 Heizgas dienen also nur 90 m^3 dem Heizen der Wohnung. Welche Kosten das im Jahr verursacht, lässt sich leicht errechnen.
Brennwertheizkessel stellen die gegenwärtig modernste Generation an Heizkesseln dar. Die Werbung verspricht sogar Wirkungsgrade von über 100 % (Abb. 1).
Brennwertheizgeräte haben eine Abgastemperatur von etwa 50 °C, bei Fußbodenheizungen sogar nur von 30 °C. Damit wird eine nahezu 100%ige Wärmeübertragung vom Heizkessel an den Heizungsvorlauf erreicht. Grund für diese geringe Abgastemperatur ist, dass Brennwertkessel einen Kondensationswärmeaustauscher besitzen. Dieser bewirkt das Kondensieren des im Abgas enthaltenen Wasserdampfs und die Übertragung der Kondensationsenthalpie auf den Rücklauf der Heizung. Der Gaskessel benötigt weniger Energie, um das Wasser für den Heizungsvorlauf wieder über den Gasbrenner zu erwärmen.
Vorteile von Brennwertkesseln sind:

1 Wirkungsgrade von Heizkesseln bezogen auf den Heizwert H_i (links) und den Brennwert H_s (rechts)

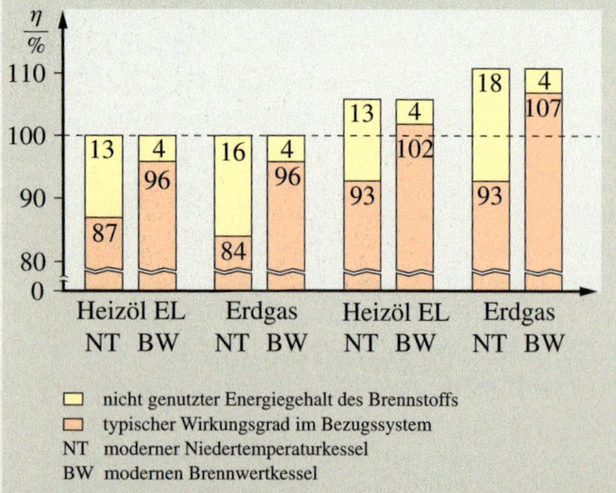

2 Schematische Darstellung der Arbeitsweise eines Brennwertheizkessels

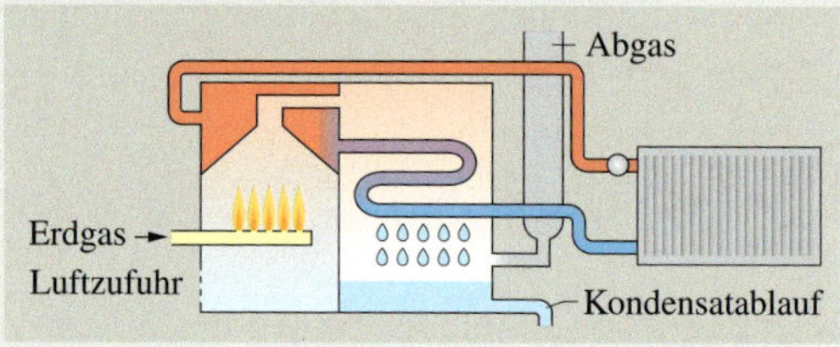

- 10 bis 20 % bessere Energieausnutzung als konventionelle Heizkessel
- höhere Wirkungsgrade als andere Heizkessel
- Kondensation von im Abgas befindlichen Schadstoffen, vor allem Stickoxide und Schwefeldioxid (bei Öl), sodass diese nicht in die Abluft gelangen
- Verminderung der Kohlenstoffdioxid-Emission durch die bessere Nutzung der Brennstoffe
- Einsparung von Brennstoffen. Die Brennstoffeinsparung gegenüber einem Niedertemperaturkessel beträgt für ein Einfamilienhaus in Niedrigenergiebauweise mit 130 m^2 Wohnfläche und einem Heizenergiekennwert von 70 $kWh \cdot m^{-2} \cdot a^{-1}$ 15 bis 25 Euro pro Jahr.

AUFGABEN

1 Diskutieren Sie, ob eine Angabe des Wirkungsgrades von über 100 % für den Verbraucher sinnvoll oder irreführend ist. Entscheiden Sie, welche Bezugsgröße (H_i oder H_s) für die Angaben geeignet ist.

2 Brennwertheizkessel sind gegenüber modernen Niedertemperaturkesseln bei Verwendung von bestimmten Brennstoffen besonders effizient. Ermitteln Sie aus Abb. 1, um welchen Brennstoff es sich handeln könnte, und begründen Sie Ihr Ergebnis.

3 Propan wird in einem Brennwertheizkessel verbrannt. Berechnen Sie die molare Verbrennungsenthalpie von Propan unter Normbedingungen und daraus den Brennwert von Propan. Diskutieren Sie das Ergebnis unter Nutzung des praktisch ermittelten Brennwerts von 101 $MJ \cdot m^{-3}$.

Bestimmung von Reaktionsenthalpien

Grundlagen der Kalorimetrie Für Wärme gibt es keine direkt anzeigende Messeinrichtung wie etwa ein Thermometer für die Temperatur oder einen Zähler für Elektroenergie.
Der Mensch besitzt auch kein Sinnesorgan, das Wärme anzeigt, sondern lediglich ein qualitatives Empfinden für Temperaturunterschiede.
Die Änderung der Temperatur eines stofflichen Systems hat ihre Ursache in der Aufnahme oder Abgabe von Wärme. Die übertragene **Wärme Q** ist dabei der **Temperaturänderung ΔT** proportional.

$$Q \sim \Delta T$$

Für eine bestimmte Temperaturänderung ΔT ist umso mehr Wärme erforderlich, je größer die Masse m des stofflichen Systems ist. Deshalb gilt auch:

$$Q \sim m \cdot \Delta T$$

Den Proportionalitätsfaktor bildet eine systemspezifische Größe, die als **spezifische Wärmekapazität c** bezeichnet und meist in der Einheit $J \cdot g^{-1} \cdot K^{-1}$ angegeben wird.

$$\boldsymbol{Q = c \cdot m \cdot \Delta T} \qquad [c] = 1\ J \cdot g^{-1} \cdot K^{-1}$$

Die spezifische Wärmekapazität c eines Stoffes entspricht der Wärme Q, die zur Erwärmung von 1 g dieses Stoffes um 1 K bei konstantem Druck auf diesen Stoff übertragen werden muss. Die spezifische Wärmekapazität des Wassers bei konstantem Druck beträgt $c_p(H_2O) = 4{,}19\ J \cdot g^{-1} \cdot K^{-1}$. Damit lässt sich durch die Bestimmung einer Temperaturdifferenz die auf eine bestimmte Masse Wasser $m(H_2O)$ übertragene Wärme Q_p berechnen.

$$Q_p = c_p(H_2O) \cdot m(H_2O) \cdot \Delta T$$

Diese Gleichung stellt die Grundlage für das Messverfahren **Kalorimetrie** dar (Kalorie: früher häufig verwendete, nicht SI-gerechte Einheit der Wärme; 1 cal = 4,19 J).
Wärme kann nur dann von einem stofflichen System auf ein anderes übertragen werden, wenn beide Systeme im Wärmekontakt miteinander stehen. Die Wärme wird dabei immer vom System mit der höheren auf das System mit der niedrigeren Temperatur übertragen, bis beide Systeme gleiche Temperatur haben. Aus dem 1. Hauptsatz der Thermodynamik folgt, dass die vom System 1 mit der höheren Temperatur abgegebene Wärme Q_1 entgegengesetzt gleich der vom System 2 aufgenommenen Wärme Q_2 ist.

$$Q_1 = -Q_2$$

1 Kalorimeter in einem Labor

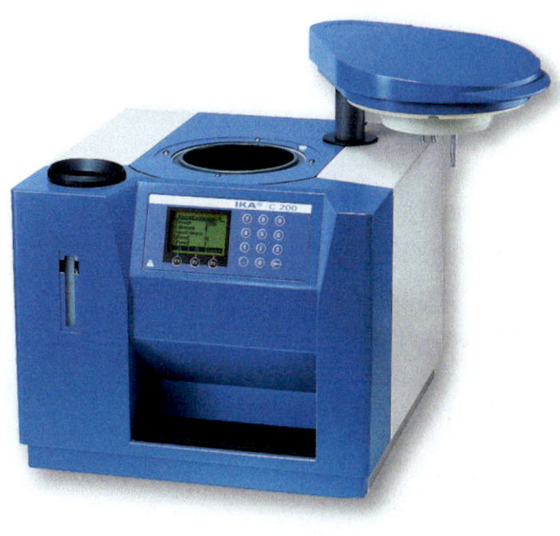

Die Wärmeübertragung zwischen zwei Systemen ist ein Prozess, durch den sich in den Systemen energetische Zustandsgrößen ändern:
Die Enthalpie H_1 des sich abkühlenden Systems nimmt ab und die Enthalpie H_2 des sich erwärmenden Systems nimmt zu.
Bei konstantem Druck ist die Reaktionsenthalpie $\Delta_r H$ gleich der Reaktionswärme Q_p. Unter der Voraussetzung, dass das stoffliche System 1, in dem die chemische Reaktion stattfindet, die Reaktionswärme vollständig auf eine bestimmte Masse Wasser (System 2) überträgt, gilt für die molare Reaktionsenthalpie:

$$\Delta_r H_m = \frac{Q_{p1}}{n_F} = -\frac{Q_{p2}}{n_F}$$

$$\boldsymbol{\Delta_r H_m = -\frac{c_p(H_2O) \cdot m(H_2O) \cdot \Delta T}{n_F}}$$

Kalorimetrische Bestimmung von Reaktionswärmen chemischer Reaktionen Experimentieranordnungen für die Kalorimetrie werden **Kalorimeter** (Abb. 1 bis 3) genannt.
Nicht für alle chemischen Reaktionen können die Reaktionswärmen mithilfe eines Kalorimeters bestimmt werden. Die chemischen Reaktionen müssen bestimmte Voraussetzungen erfüllen:
- Die chemische Reaktion muss schnell verlaufen.
- Die chemische Reaktion muss weitgehend vollständig ablaufen.
- Die chemische Reaktion muss eine ausreichend große Reaktionswärme haben.

So sind z. B. Reaktionen von Säuren mit Alkoholen (Veresterungen) für kalorimetrische Bestimmungen ungeeignet.
Für die experimentelle Durchführung wäre der Idealfall, dass zwischen dem Kalorimeter und der Umgebung keinerlei Wärmeübergang stattfindet. Praktisch ist dieser Wärmeübergang aber nicht vollständig vermeidbar. Der Wärmeübergang führt dazu, dass die Temperatur des sich im Kalorimeter befindenden Wassers während der Vorperiode und der Nachperiode einer chemischen Reaktion nicht konstant ist (Abb. 4).

2 Prinzip der Kalorimetrie: Das geschlossene System „chemische Reaktion“ überträgt Wärme auf die Umgebung, die Kalorimeterflüssigkeit.

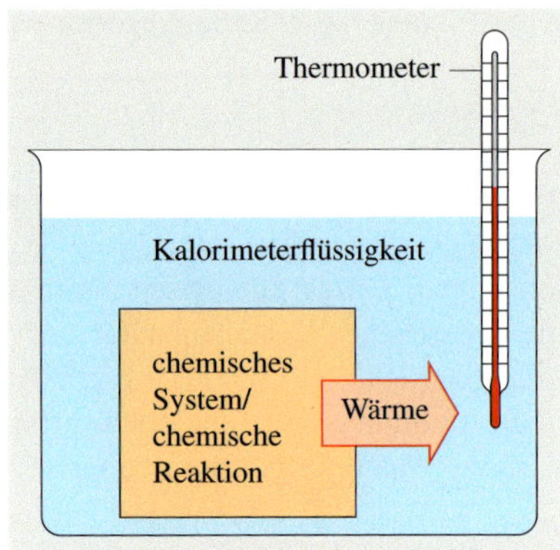

1 Laborkalorimeter zur Bestimmung von Reaktionsenthalpien mit hoher Genauigkeit

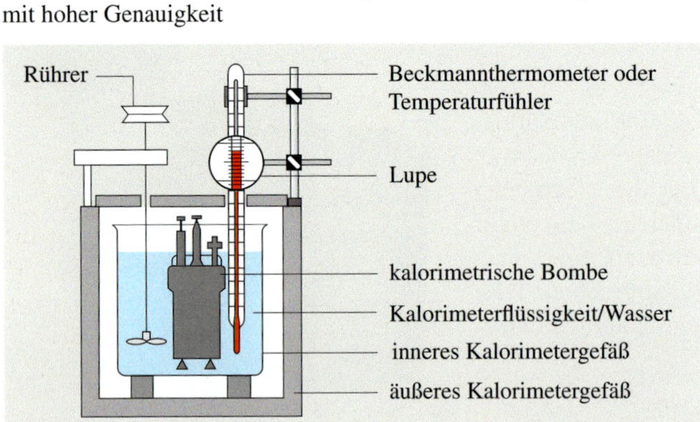

3 Einfaches Kalorimeter zur Bestimmung von Reaktionsenthalpien

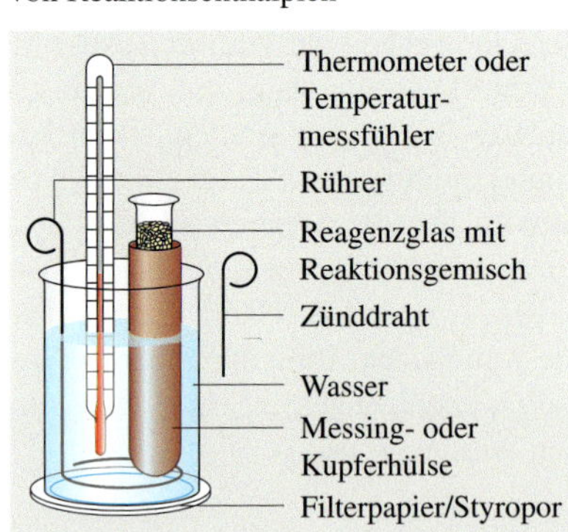

4 Diagramm zur Ermittlung der Temperaturdifferenz ΔT

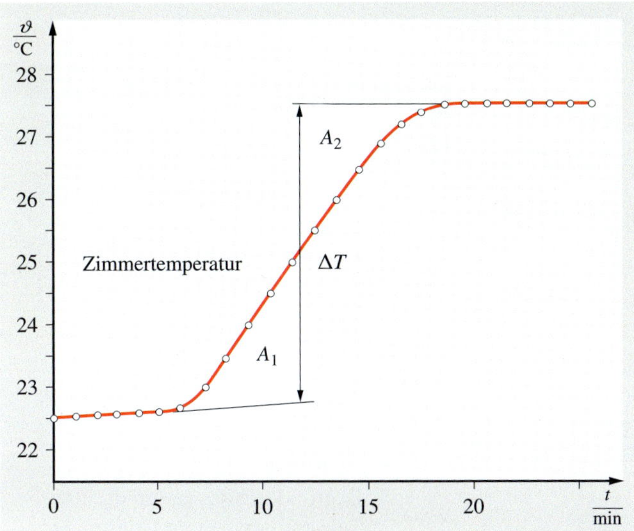

Als *Vorperiode* wird der Zeitabschnitt vor dem Beginn der chemischen Reaktion bezeichnet, die *Nachperiode* ist der Zeitabschnitt nach beendetem Wärmeübergang zwischen Reaktionssystem und Kalorimeterwasser. Der Zeitabschnitt vom Beginn der chemischen Reaktion bis zum Endpunkt des Wärmeübergangs wird als *Hauptperiode* bezeichnet.
Die Ermittlung der Temperaturdifferenz ΔT des Kalorimeterwassers erfolgt auf grafischem Weg (Abb. 4). Die hinreichend linear verlaufenden Abschnitte von Vor- und Nachperiode der Temperatur-Zeit-Kurve eines kalorimetrischen Experiments werden verlängert. Anschließend wird in das Diagramm eine Senkrechte so eingezeichnet, dass die Flächen A_1 und A_2 gleich groß sind. Die Differenz der Temperaturen T_2 und T_1 entspricht der durch die chemische Reaktion bewirkten Temperaturänderung ΔT des Kalorimeterwassers.

Bestimmung von molaren Bildungsenthalpien Zur Bestimmung der molaren Bildungsenthalpie eines Stoffes werden bestimmte Massen der zu dem Stoff reagierenden Elementsubstanzen im Kalorimeter zur Reaktion gebracht. Im Fall des Aufstellens der Reaktionsgleichung einer Bildungsreaktion ist die Stoffmenge der Formelumsätze gleich der Stoffmenge des gebildeten Reaktionsprodukts $n(\mathrm{Rp})$ und mit der Definitionsgleichung der molaren Masse ergibt sich:

$$n_\mathrm{F} = n(\mathrm{Rp}) = \frac{m(\mathrm{Rp})}{M(\mathrm{Rp})}$$

Damit gilt für die molare Bildungsenthalpie:

$$\Delta_\mathrm{f}H_\mathrm{m} = -\frac{c_p(\mathrm{H_2O}) \cdot m(\mathrm{H_2O}) \cdot \Delta T \cdot M(\mathrm{Rp})}{m(\mathrm{Rp})} \quad \text{(Exp. 1)}$$

EXPERIMENT 1 L

Kalorimetrische Bestimmung der molaren Standardbildungsenthalpie von Kupfersulfid

4 g Kupferpulver und 2 g Schwefelpulver (GHS07) werden durch mehrfaches Umschütten von einem Filterpapierblatt auf ein anderes vermischt.
Vorsicht: Kupfer und Schwefel nicht in einer Reibschale mischen! Es besteht Explosionsgefahr!
Das Gemisch wird in ein mit 200 ml Wasser gefülltes Kalorimeter (Abb. 3) durch einen glühenden Eisendraht zur Reaktion gebracht. Die Temperatur des Wassers wird 5 min vor Beginn der Reaktion bis 5 min nach der Reaktion in 30-s-Schritten gemessen.

AUFGABEN

1 Bestimmen Sie die molare Standardbildungsenthalpie des Kupfersulfids (Exp. 1). Stellen Sie Fehlermöglichkeiten zusammen, die zur Abweichung vom tabellierten Wert führen.
2 Berechnen Sie die molare Standardverbrennungsenthalpie von Kohlenstoff aus folgenden durch Kalorimetrie erhaltenen Werten:
$m(\mathrm{H_2O}) = 900$ g
$\vartheta_\mathrm{A} = 22{,}4\,°\mathrm{C}$; $\vartheta_\mathrm{E} = 24{,}1\,°\mathrm{C}$
$m(\mathrm{C}) = 0{,}20$ g
3 100 ml Natronlauge ($c = 1\ \mathrm{mol \cdot l^{-1}}$) wurden in einem nach außen isolierten Becherglas mit dem gleichen Volumen Salzsäure ($c = 1\ \mathrm{mol \cdot l^{-1}}$) neutralisiert. Die errechnete molare Neutralisationsenthalpie beträgt $\Delta_\mathrm{r}H_\mathrm{m} = -54\ \mathrm{kJ \cdot mol^{-1}}$. Berechnen Sie die ermittelte Temperaturdifferenz.

Aufgabe: Mit einem Kalorimeter, das mit 400 g Wasser gefüllt ist, wird bei der Reaktion von 4,48 g Eisen mit 2,56 g Schwefel eine Temperaturerhöhung des Kalorimeterwassers um 4,5 K ermittelt. Berechnen Sie die molare Bildungsenthalpie von Eisensulfid.

Lösung: $Fe + S \rightarrow FeS$

$$\Delta_f H_m = -\frac{c_p(H_2O) \cdot m(H_2O) \cdot \Delta T \cdot M(FeS)}{m(FeS)}$$

Eisen und Schwefel wurden im stöchiometrischen Verhältnis zur Reaktion gebracht. Damit gilt:

$$m(FeS) = m(Fe) + m(S)$$

$$\Delta_f H_m = -\frac{c_p(H_2O) \cdot m(H_2O) \cdot \Delta T \cdot M(FeS)}{m(Fe) + m(S)}$$

$$= -\frac{4{,}19\ J \cdot g^{-1} \cdot K^{-1} \cdot 400\ g \cdot 4{,}5\ K \cdot 88\ g \cdot mol^{-1}}{4{,}48\ g + 2{,}56\ g}$$

$$\Delta_f H_m = -94\ kJ \cdot mol^{-1}$$

Die ermittelte molare Bildungsenthalpie des Eisensulfids beträgt $\Delta_f H_m = -94\ kJ \cdot mol^{-1}$ (tabellierter Wert: $\Delta_f H_m = -102\ kJ \cdot mol^{-1}$).

Bestimmung der molaren Reaktionsenthalpie von Neutralisationsreaktionen Die Neutralisation einer Base mit einer Säure verläuft exotherm und beginnt sofort bei der Vereinigung der Ausgangsstoffe. Die Neutralisation findet in wässriger Lösung statt. Die wässrige Lösung kann deshalb gleichzeitig als Kalorimeterflüssigkeit dienen. Die Reaktionswärme wird dabei direkt aus der Temperaturänderung des stofflichen Systems bestimmt, in dem die chemische Reaktion abläuft. Die spezifische Wärmekapazität c_p und die Dichte ϱ des stofflichen Systems sind etwa gleich denen des Wassers. Für die Masse des Kalorimeterwassers $m(H_2O)$ gilt mit den Volumen von Säure V_S und Base V_B:

$$m(H_2O) = \varrho(H_2O) \cdot (V_S + V_B)$$

Für die Reaktion

$$H^+(aq) + OH^-(aq) \rightarrow H_2O(l)$$

gilt damit für die molare Reaktionsenthalpie:

$$\Delta_r H_m = -\frac{c_p(H_2O) \cdot \varrho(H_2O) \cdot (V_S + V_B) \cdot \Delta T}{n_F}$$

Die Stoffmenge der Formelumsätze n_F ist bei der formulierten Reaktionsgleichung gleich der Stoffmenge des gebildeten Wassers. Werden die Ausgangsstoffe im stöchiometrischen Verhältnis eingesetzt, gilt für die Stoffmenge der Formelumsätze n_F:

$$n_F = n(H_2O) = n(OH^-) = V_B \cdot c_0(OH^-)$$

AUFGABEN

1 Begründen Sie, warum die Reaktionsenthalpie einer langsam verlaufenden chemischen Reaktion, z. B. des Rostens von Eisen, in einem Kalorimeter nicht bestimmt werden kann.

2 Beschreiben Sie, wie gehemmte Reaktionen im Kalorimeter in Gang gebracht werden können.

3 Leiten Sie Größengleichungen her, mit denen der Heizwert H_i
a fester Brennstoffe,
b flüssiger Brennstoffe und
c gasförmiger Brennstoffe
aus den bei einer kalorimetrischen Bestimmung ermittelten Größen berechnet werden kann.

4 Erklären Sie, warum es bei einer kalorimetrischen Bestimmung günstig ist, wenn die Zimmertemperatur jeweils zwischen der Anfangstemperatur und der zu erwartenden Endtemperatur des Kalorimeterwassers liegt (Rumford'scher Kniff).

5 In einem Kalorimeter wurden 2,5 g Glucose ($C_6H_{12}O_6$) zu Kohlenstoffdioxid und Wasser (l) verbrannt. Im Kalorimeter befanden sich 0,850 kg Wasser als Kalorimeterflüssigkeit. Die Temperatur änderte sich von $\vartheta_A = 22{,}1\ °C$ auf $\vartheta_E = 31{,}0\ °C$. Berechnen Sie die molare Verbrennungsenthalpie für Glucose.

Es ergibt sich:

$$\Delta_r H_m = -\frac{c_p(H_2O) \cdot \varrho(H_2O) \cdot (V_S + V_B) \cdot \Delta T}{V_B \cdot c_0(OH^-)} \qquad \text{(Exp. 2)}$$

Aufgabe: Die Reaktion von 40 ml Natronlauge ($c_0 = 1\ mol \cdot l^{-1}$) mit 40 ml Salzsäure ($c_0 = 1\ mol \cdot l^{-1}$) bewirkt eine Temperaturerhöhung der wässrigen Lösung um 6,7 K. Berechnen Sie die molare Reaktionsenthalpie der Neutralisation.

Gesucht: $\Delta_r H_m$

Gegeben: $V(NaOH) = 40\ ml$
$c_0(NaOH) = 1\ mol \cdot l^{-1}$
$V(HCl) = 40\ ml$
$c_0(HCl) = 1\ mol \cdot l^{-1}$
$\varrho(H_2O) = 1\ g \cdot ml^{-1}$
$c_p(H_2O) = 4{,}19\ J \cdot g^{-1} \cdot K^{-1}$
$\Delta T = 6{,}7\ K$

Lösung: $H^+(aq) + OH^-(aq) \rightarrow H_2O(l)$

$$\Delta_r H_m = -\frac{c_p(H_2O) \cdot \varrho(H_2O) \cdot [V(NaOH) + V(HCl)] \cdot \Delta T}{V(NaOH) \cdot c_0(NaOH)}$$

$$= -\frac{4{,}19\ J \cdot g^{-1} \cdot K^{-1} \cdot 1\ g \cdot ml^{-1} \cdot (40\ ml + 40\ ml) \cdot 6{,}7\ K}{40\ ml \cdot 1\ mol \cdot l^{-1}}$$

$$\Delta_r H_m = -56\ kJ \cdot mol^{-1}$$

Die ermittelte molare Reaktionsenthalpie der Neutralisation entsprechend oben formulierter Reaktionsgleichung beträgt $\Delta_r H_m = -56\ kJ \cdot mol^{-1}$ (tabellierter Wert: $\Delta_r H_m = -55\ kJ \cdot mol^{-1}$).

EXPERIMENT 2

Experimentelle Ermittlung einer Neutralisationsenthalpie

In zwei 150-ml-Bechergläser werden genau 50 ml Schwefelsäure ($c = 0{,}5\ mol \cdot l^{-1}$) bzw. 50 ml Kalilauge ($c = 1\ mol \cdot l^{-1}$; GHS05 | 07) gegeben. Beide Lösungen müssen die gleiche konstante Temperatur haben. Unter Rühren wird die Schwefelsäure vorsichtig zur Kalilauge gegeben.
Ausgangs- und Endtemperatur der Neutralisation sind zu ermitteln.

AUFGABEN

1 Berechnen Sie aus den bei Experiment 2 gewonnenen Werten die molare Reaktionsenthalpie der Reaktion:
$H^+(aq) + OH^-(aq) \rightarrow H_2O(l)$

2 Beschreiben Sie die Grundlagen der Kalorimetrie und begründen Sie die Voraussetzungen an eine chemische Reaktion für die kalorimetrische Bestimmung der Reaktionsenthalpien.

ZUSAMMENFASSUNG

Molare Reaktionsenthalpien chemischer Reaktionen können mithilfe des Messverfahrens **Kalorimetrie** in einem **Kalorimeter** bestimmt werden. Grundlage dieses Messverfahrens ist die Gleichung:

$$Q_p = c_p(H_2O) \cdot m(H_2O) \cdot \Delta T$$

wenn als Kalorimeterflüssigkeit Wasser verwendet wird.

Im Fall einer exothermen Reaktion ist die vom Reaktionssystem abgegebene Reaktionswärme Q_1 entgegengesetzt gleich der vom Kalorimeterwasser aufgenommenen Wärme Q_2.

$$Q_1 = -Q_2$$

Unter isobaren Reaktionsbedingungen gilt für die **molare Reaktionsenthalpie**:

$$\Delta_r H_m = -\frac{c_p(H_2O) \cdot m(H_2O) \cdot \Delta T}{n_F}$$

▶ Energie-Konzept

Satz von Hess

Ermittlung der molaren Bildungsenthalpie von Kohlenstoffmonooxid Die molaren Reaktionsenthalpien vieler chemischer Reaktionen lassen sich experimentell nicht bestimmen. So ist es beispielsweise nicht möglich, die molare Bildungsenthalpie des Kohlenstoffmonooxids durch Verbrennung von Kohlenstoff im Kalorimeter zu ermitteln, denn bei der Kohlenstoffverbrennung mit einem Unterschuss an Sauerstoff entstehen stets Kohlenstoffmonooxid und Kohlenstoffdioxid nebeneinander.

$$C(s) + \tfrac{1}{2}O_2(g) \rightarrow CO(g)$$
$$C(s) + O_2(g) \rightarrow CO_2(g)$$

Experimentell können aber die molaren Reaktionsenthalpien für die Verbrennung von Kohlenstoff und Kohlenstoffmonooxid zu Kohlenstoffdioxid bestimmt werden.

$$C(s) + O_2(g) \rightarrow CO_2(g) \qquad \Delta_f H_m(CO_2) = -394\ \mathrm{kJ \cdot mol^{-1}}$$
$$CO(g) + \tfrac{1}{2}O_2(g) \rightarrow CO_2(g) \qquad \Delta_V H_m(CO) = -283\ \mathrm{kJ \cdot mol^{-1}}$$

Die Oxidation des Kohlenstoffs zu Kohlenstoffdioxid kann gedanklich in zwei Teilschritten erfolgen.

$$C(s) + \tfrac{1}{2}O_2 \rightarrow CO(g) \qquad \Delta_f H_m(CO)$$
$$CO(g) + \tfrac{1}{2}O_2(g) \rightarrow CO_2(g) \qquad \Delta_V H_m(CO) = -283\ \mathrm{kJ \cdot mol^{-1}}$$

$$C(s) + O_2(g) \rightarrow CO_2(g) \qquad \Delta_f H_m(CO_2) = -394\ \mathrm{kJ \cdot mol^{-1}}$$

Nach dem 1. Hauptsatz der Thermodynamik (Satz von der Erhaltung der Energie) gilt:

$$\Delta_f H_m(CO_2) = \Delta_f H_m(CO) + \Delta_V H_m(CO)$$

Folglich ist die molare Bildungsenthalpie $\Delta_f H_m(CO)$ des Kohlenstoffmonooxids:

$$\Delta_f H_m(CO) = \Delta_f H_m(CO_2) - \Delta_V H_m(CO)$$
$$= -394\ \mathrm{kJ \cdot mol^{-1}} + 283\ \mathrm{kJ \cdot mol^{-1}}$$
$$\underline{\underline{\Delta_f H_m(CO) = -111\ \mathrm{kJ \cdot mol^{-1}}}}$$

Dieses Ergebnis beruht auf einem allgemeingültigen Gesetz:
Die molare Reaktionsenthalpie hängt nur vom Anfangs- und Endzustand des Systems ab. Sie ist vom Reaktionsweg unabhängig.
Diese Gesetzmäßigkeit wurde bereits vor dem 1. Hauptsatz der Thermodynamik im Jahre 1840 von dem Chemiker HERMANN HEINRICH HESS (Abb. 2) erkannt und wird als **Satz von HESS** bezeichnet. Dieser Satz hat große Bedeutung für die Ermittlung von molaren Reaktionsenthalpien für solche chemische Reaktionen, die kalorimetrisch nicht untersucht werden können.

1 Schema möglicher Reaktionswege zur Darstellung von Kohlenstoffdioxid

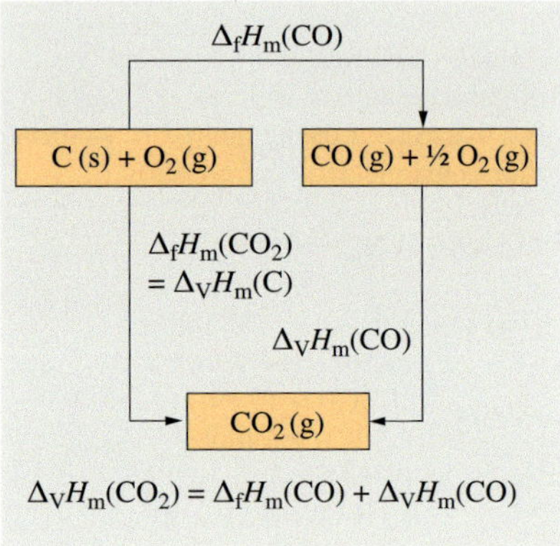

2 HERMANN HEINRICH (GERMAIN HENRI) HESS (1802 bis 1850), geboren in Genf, lebte ab 1805 in Russland. Der Arzt und Chemiker arbeitete auf den Gebieten der Mineralchemie, der organischen Chemie und der Thermochemie. Mit seinen Forschungsergebnissen zur Wärmebilanz chemischer Reaktionen gehört er zu den Begründern der chemischen Thermodynamik.

Molare Reaktionsenthalpie bei der Bildung und beim Zerfall eines Stoffes Für Bildung und Zerfall eines Stoffes gilt nach dem Satz von HESS:
Die molare Reaktionsenthalpie des Zerfalls eines Stoffes ist entgegengesetzt gleich der molaren Reaktionsenthalpie der Bildung dieses Stoffes.
Als Beispiel sei die Synthese von Ammoniak aus Stickstoff und Wasserstoff betrachtet. Sie verläuft exotherm. Der Zerfall des Ammoniaks ist dagegen eine endotherme chemische Reaktion mit entgegengesetzt gleicher molarer Reaktionsenthalpie:

$$N_2(g) + 3\,H_2(g) \rightarrow 2\,NH_3(g)$$
$$\Delta_r H_m = 2 \cdot \Delta_f H_m(NH_3) = -92\ \text{kJ} \cdot \text{mol}^{-1}$$
$$2\,NH_3(g) \rightarrow N_2(g) + 3\,H_2(g)$$
$$\Delta_r H_m = -2 \cdot \Delta_f H_m(NH_3) = +92\ \text{kJ} \cdot \text{mol}^{-1}$$

Berechnung molarer Standardreaktionsenthalpie aus Tabellenwerten Unter Anwendung des Satzes von HESS lässt sich die **molare Standardreaktionsenthalpie $\Delta_r H_m^0$** einer beliebigen chemischen Reaktion aus den tabellierten molaren Standardbildungsenthalpien $\Delta_f H_m^0$ der Ausgangsstoffe und Reaktionsprodukte berechnen.
So kann die molare Standardreaktionsenthalpie der allgemeinen chemischen Reaktion

$$AB + CD \rightarrow AC + BD$$

aus den molaren Standardbildungsenthalpien der Stoffe AB, CD, AC und BD ermittelt werden.
Die Reaktionsgleichungen der Bildung dieser Stoffe lauten allgemein:

$$A + B \rightarrow AB$$
$$A + C \rightarrow AC$$
$$B + D \rightarrow BD$$
$$C + D \rightarrow CD$$

Das folgende Schema zeigt zwei Wege, um von den Ausgangsstoffen zu den Reaktionsprodukten zu gelangen, und stellt die Anwendung des Satzes von HESS auf dieses System dar:

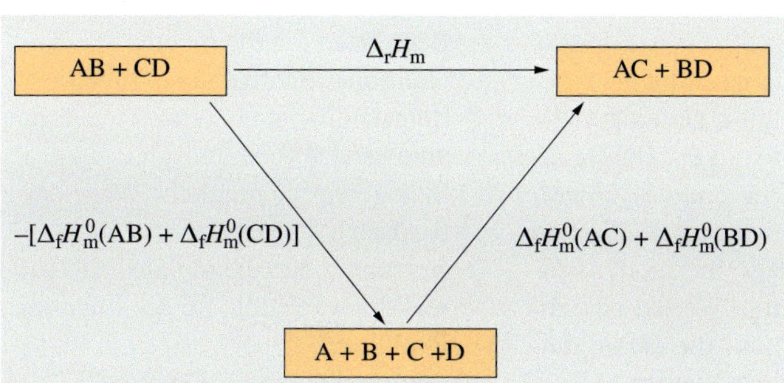

AUFGABEN

1 Begründen Sie, warum
a $\Delta_f H_m(Fe_2O_3) = 2\,\Delta_V H_m(Fe)$ und
b $\Delta_V H_m(S) = \Delta_f H_m(SO_3)$ ist.

2 Die molaren Standardverbrennungsenthalpien von Kohlenstoff, Wasserstoff und Methan betragen:

$$C(s) + O_2(g) \rightarrow CO_2(g)$$
$$\Delta_V H_m^0(C) = -394\ \text{kJ} \cdot \text{mol}^{-1}$$

$$H_2(g) + \tfrac{1}{2}\,O_2(g) \rightarrow H_2O(l)$$
$$\Delta_V H_m^0(H_2) = -286\ \text{kJ} \cdot \text{mol}^{-1}$$

$$CH_4(g) + 2\,O_2(g) \rightarrow CO_2(g) + 2\,H_2O(l)$$
$$\Delta_V H_m^0(CH_4) = -889\ \text{kJ} \cdot \text{mol}^{-1}$$

Skizzieren Sie mögliche Wege der Reaktionsführung und berechnen Sie daraus die molare Standardbildungsenthalpie von Methan.

Nach dem Satz von HESS ist die molare Standardreaktionsenthalpie gleich der Summe der molaren Standardbildungsenthalpien der Reaktionsprodukte vermindert um die Summe der molaren Standardbildungsenthalpien der Ausgangsstoffe:

$$\Delta_r H_m^0 = \Delta_f H_m^0(AC) + \Delta_f H_m^0(BD) - [\Delta_f H_m^0(AB) + \Delta_f H_m^0(CD)]$$

Mithilfe dieser Gleichung lassen sich die molaren Standardreaktionsenthalpien beliebiger chemischer Reaktionen, die der allgemeinen Reaktionsgleichung folgen, aus den tabellierten molaren Standardbildungsenthalpien der Reaktionsteilnehmer berechnen.

Aufgabe: Berechnen Sie die molare Standardreaktionsenthalpie $\Delta_f H_m^0$ für die Herstellung von Calciumcarbonat nach der folgenden Reaktionsgleichung:

$$CaO(s) + CO_2(g) \rightarrow CaCO_3(s)$$

Gesucht: $\Delta_r H_m^0$

Gegeben aus Tabelle:

$\Delta_f H_m^0(CaO) = -635\ kJ \cdot mol^{-1}$
$\Delta_f H_m^0(CO_2) = -394\ kJ \cdot mol^{-1}$
$\Delta_f H_m^0(CaCO_3) = -1207\ kJ \cdot mol^{-1}$

Lösung:

$$\Delta_r H_m^0 = \Delta_f H_m^0(CaCO_3) - [\Delta_f H_m^0(CaO) + \Delta_f H_m^0(CO_2)]$$
$$= -1207\ kJ \cdot mol^{-1} - (-635\ kJ \cdot mol^{-1} - 394\ kJ \cdot mol^{-1})$$
$$\Delta_r H_m^0 = -178\ kJ \cdot mol^{-1}$$

Die molare Standardreaktionsenthalpie der Bildung von Calciumcarbonat nach der oben angegebenen Reaktionsgleichung beträgt $\Delta_r H_m^0 = -178\ kJ \cdot mol^{-1}$.

Sind die Stöchiometriezahlen von Reaktionsprodukten (Rp) und/oder Ausgangsstoffen (As) in der Reaktionsgleichung ungleich 1, so sind die molaren Standardbildungsenthalpien mit den jeweiligen Stöchiometriezahlen zu multiplizieren. Die allgemeine Gleichung zur Berechnung molarer Standardreaktionsenthalpien nach dem Satz von HESS lautet damit:

$$\Delta_r H_m^0 = \Sigma[\nu(Rp) \cdot \Delta_f H_m^0(Rp)] - \Sigma[\nu(As) \cdot \Delta_f H_m^0(As)]$$

Die mit tabellierten molaren Standardbildungsenthalpien berechneten molaren Standardreaktionsenthalpien gelten für die Temperatur $T = 298$ K und den Druck $p = 101{,}3$ kPa. Die Reaktionsbedingungen in der chemischen Produktion, im chemischen Labor oder in der Natur sind meist von diesen tabellierten Bedingungen verschieden. Mithilfe weiterer thermodynamischer Gleichungen können die aus tabellierten Werten berechneten molaren Standardreaktionsenthalpien auf die Bedingungen in der chemischen Produktion umgerechnet werden.

AUFGABEN

1 Berechnen Sie die molare Standardreaktionsenthalpie für die chemische Reaktion
$SO_3(g) + H_2O(g) \rightarrow H_2SO_4(l)$
aus den molaren Standardbildungsenthalpien (↑Tab. 1, S. 82) und skizzieren Sie mögliche Wege der Reaktionsführung.

2 Methanol wird aus Kohlenstoffmonooxid und Wasserstoff hergestellt:
$CO(g) + 2\ H_2(g) \rightarrow CH_3OH(l)$
Berechnen Sie die molare Standardreaktionsenthalpie unter Tabellierungsbedingungen bezogen auf die angegebene Reaktionsgleichung. Skizzieren Sie mögliche Wege der Reaktionsführung.

3 Berechnen Sie die molare Standardreaktionsenthalpie für die folgende Reaktion:
$CO(g) + \frac{1}{2}\ O_2(g) \rightarrow CO_2(g)$

Aufgabe: Berechnen Sie die molare Standardreaktionsenthalpie $\Delta_r H_m^0$ für die Bildung von Salpetersäure nach der folgenden Reaktionsgleichung:

$$4\,NO_2(g) + 2\,H_2O(l) + O_2(g) \rightarrow 4\,HNO_3(l)$$

In der Technik wird diese Reaktion in Rieseltürmen durchgeführt.

Gesucht: $\Delta_r H_m^0$

Gegeben aus Tabelle:

$\Delta_f H_m^0(NO_2) = +33\ kJ \cdot mol^{-1}$
$\Delta_f H_m^0(H_2O) = -286\ kJ \cdot mol^{-1}$
$\Delta_f H_m^0(O_2) = 0$
$\Delta_f H_m^0(HNO_3) = -174\ kJ \cdot mol^{-1}$

Lösung:

$$\Delta_r H_m^0 = 4 \cdot \Delta_f H_m^0(HNO_3) - [4 \cdot \Delta_f H_m^0(NO_2) + 2 \cdot \Delta_f H_m^0(H_2O) + \Delta_f H_m^0(O_2)]$$

$$= 4 \cdot (-174\ kJ \cdot mol^{-1}) - (4 \cdot 33\ kJ \cdot mol^{-1} - 2 \cdot 286\ kJ \cdot mol^{-1} + 0\ kJ \cdot mol^{-1})$$

$$\Delta_r H_m^0 = -256\ kJ \cdot mol^{-1}$$

Die molare Standardreaktionsenthalpie der Bildung von Salpetersäure nach der oben angegebenen Reaktionsgleichung beträgt $\Delta_r H_m^0 = -256\ kJ \cdot mol^{-1}$.

ZUSAMMENFASSUNG

Die molaren Reaktionsenthalpien vieler chemischer Reaktionen lassen sich experimentell nicht bestimmen. Sie lassen sich nach dem **Satz von Hess** berechnen. Dieses Gesetz ist ein Spezialfall des 1. Hauptsatzes der Thermodynamik.
Im Satz von Hess kommt zum Ausdruck, dass die molare Reaktionsenthalpie einer chemischen Reaktion nur vom Anfangs- und Endzustand des Systems abhängt. Die molare Reaktionsenthalpie ist vom Reaktionsweg unabhängig.

Unter Anwendung des Satzes von Hess lassen sich die **molaren Standardreaktionsenthalpien** $\boldsymbol{\Delta_r H_m^0}$ beliebiger chemischer Reaktionen aus den tabellierten molaren Standardbildungsenthalpien $\Delta_f H_m^0$ der Reaktionsteilnehmer berechnen:
Die molare Standardreaktionsenthalpie $\Delta_r H_m^0$ ist gleich der Summe der molaren Standardbildungsenthalpien der Reaktionsprodukte $\Delta_f H_m^0(Rp)$ vermindert um die Summe der molaren Standardbildungsenthalpien der Ausgangsstoffe $\Delta_f H_m^0(As)$ unter Berücksichtigung der jeweiligen Stöchiometriezahlen:

$$\Delta_r H_m^0 = \Sigma[\nu(Rp) \cdot \Delta_f H_m^0(Rp)] - \Sigma[\nu(As) \cdot \Delta_f H_m^0(As)]$$

► Energie-Konzept

Energetische Aspekte chemisch-technischer Verfahren

Bedeutung von Reaktionsenthalpien Die meisten chemischen Produkte werden bei erhöhter Temperatur mithilfe von Katalysatoren hergestellt. Für eine effektive Produktion ist die Wahl günstiger Reaktionsbedingungen sehr wichtig. Oftmals kann die Reaktionswärme der chemischen Reaktionen zur Sicherung der notwendigen Reaktionstemperatur genutzt werden. Bei der Herstellung chemischer Produkte durch endotherme chemische Reaktionen ist die Kopplung von endothermen und exothermen chemischen Reaktionen ein wichtiges Prinzip für die effektive Gestaltung des chemisch-technischen Prozesses. Zur Ermittlung der **Energiebilanz** chemisch-technischer Verfahren werden die molaren Reaktionsenthalpien der ablaufenden chemischen Reaktionen benötigt (Tab. 1). In die Energiebilanz gehen auch das Erwärmen der Ausgangsstoffe und/oder das Abkühlen der Reaktionsprodukte ein. Wärmeverluste treten durch Strahlung, Wärmeleitung und Konvektion auf.

Tab. 1 Reaktionstemperatur und molare Standardreaktionsenthalpie ausgewählter chemisch-technischer Verfahren

Chemische Reaktion	Katalysator	Reaktionstemperatur $\frac{\vartheta}{°C}$	$\frac{\Delta_r H_m^0}{kJ \cdot mol^{-1}}$ (T = 298 K, p = 101,3 kPa)
$SO_2(g) + \frac{1}{2} O_2(g) \rightarrow SO_3(g)$	V_2O_5	480	−99
$CO + H_2O \rightarrow CO_2 + H_2$	Fe_2O_3/Cr_2O_3	360	−40
$N_2 + 3\,H_2 \rightarrow 2\,NH_3$	Fe_3O_4	470	−92
$C_2H_4 + H_2O \rightarrow C_2H_5OH$	H_3PO_4	300	−45
$C_6H_{12} \rightarrow C_6H_6 + 3\,H_2$	Pt	500	+206
$C_6H_5–CH_2–CH_3 \rightarrow C_6H_5–CH=CH_2 + H_2$	Fe_2O_3	550	+228

Physiologie

Physikalische und physiologische Brennwerte

Energiebedarf des Menschen Zur Aufrechterhaltung der körperlichen Funktionen benötigt jedes Lebewesen ständig Energie. In Abhängigkeit von der körperlichen Aktivität können sich beim Menschen erhebliche individuelle Unterschiede im Energiebedarf ergeben, wobei sich der Energiebedarf als Summe aus Grundumsatz und Leistungsumsatz ergibt. Der Grundumsatz stellt den größten Teil des Gesamtenergieumsatzes dar. Der Grundumsatz beträgt bei Frauen etwa 3,8 $kJ \cdot kg^{-1} \cdot h^{-1}$ und bei Männern etwa 4,2 $kJ \cdot kg^{-1} \cdot h^{-1}$.

1 Ermitteln des energetischen Grundumsatzes eines Menschen

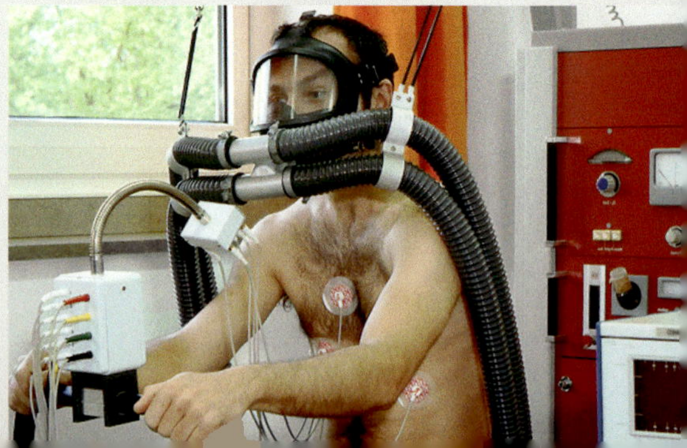

Die molaren Reaktionsenthalpien bei der Reaktionstemperatur können sich zum Teil merklich von den aus tabellierten molaren Standardbildungsenthalpien berechneten molaren Standardreaktionsenthalpien unterscheiden. Sie können mithilfe weiterer thermodynamischer Gleichungen aus den molaren Standardreaktionsenthalpien berechnet werden.
Beispielsweise beträgt die molare Reaktionsenthalpie für das Kalkbrennen bei 25 °C $\Delta_r H_m(298\ K) = +178\ kJ \cdot mol^{-1}$ und bei 750 °C $\Delta_r H_m(923\ K) = +160\ kJ \cdot mol^{-1}$.

Technische Herstellung von Stickstoffmonooxid Die molare Standardbildungsenthalpie des Stickstoffmonooxids, das als Ausgangsstoff für die Salpetersäureherstellung dient, beträgt $\Delta_f H_m^0 = +90\ kJ \cdot mol^{-1}$. Das bedeutet, dass Stickstoffmonooxid aus den Elementsubstanzen entsprechend der Bildungsreaktion bei sehr hoher Temperatur hergestellt werden muss. Die Ausbeute an Stickstoffmonooxid ist bei dieser Reaktion sehr gering. Die hohe Reaktionstemperatur und die geringe Ausbeute dieser Reaktion sind die Ursache dafür, dass die Herstellung des Stickstoffmonooxids auf diesem Weg nicht vertretbar ist.
Bei Verwendung von Ammoniak als Ausgangsstoff anstelle des Stickstoffs, verläuft die chemische Reaktion exotherm.

$$4\ NH_3(g) + 5\ O_2(g) \rightarrow 4\ NO(g) + 6\ H_2O(g) \quad \Delta_r H_m^0 = -908\ kJ \cdot mol^{-1}$$

Das Ammoniak wird an einem Platin-Rhodium-Katalysator bei 700 °C oxidiert. Die durch die Reaktionsenthalpie bedingte Temperaturerhöhung der Reaktorgasmischung kann dazu führen, dass das gebildete Stickstoffmonooxid zu Stickstoff und Sauerstoff zerfällt. In Wärmeaustauschern müssen daher die Reaktionsprodukte rasch abgekühlt werden. Als Kühlmittel dient das Gasgemisch der Ausgangsstoffe. Die Ausgangsstoffe werden dabei auf die Reaktionstemperatur von 700 °C erwärmt.

AUFGABEN

1 Die Ammoniaksynthese aus den Elementsubstanzen wird bei der Reaktionstemperatur $\vartheta = 470\ °C$ in Kontaktöfen, die nicht beheizt werden müssen, durchgeführt.
Erläutern Sie diese Verfahrensweise anhand der molaren Standardreaktionsenthalpie der betreffenden chemischen Reaktion.

2 Stellen Sie die Reaktionsgleichungen der beim Hochofenprozess gekoppelten exothermen und endothermen Reaktionen auf.

Brennwerte der Nahrung Über die Nahrung wird dem Körper die erforderliche Energie zugeführt. Die bei der vollständigen Verbrennung einer Nährstoffprobe frei werdende Energie lässt sich mit einem Kalorimeter (↑S. 85 ff.) ermitteln und daraus der Brennwert berechnen. Dieser Brennwert wird als **physikalischer Brennwert** bezeichnet.
Die Nahrungsumsetzung im Organismus lässt sich analog einer Verbrennung betrachten. Die bei der im Organismus stattfindenden Verbrennung von Nährstoffen frei werdende Energie wird als **physiologischer** Brennwert bezeichnet. Der physiologische Brennwert der Kohlenhydrate beträgt $17{,}16\ kJ \cdot g^{-1}$, der der Eiweiße $17{,}16\ kJ \cdot g^{-1}$, der der Fette $38{,}9\ kJ \cdot g^{-1}$ und der des Alkohols $29{,}3\ kJ \cdot g^{-1}$.
Der physiologische und der physikalische Brennwert der Fette und der Kohlenhydrate stimmen jeweils nahezu überein. Der physikalische Brennwert der Eiweiße ist mit $23\ kJ \cdot g^{-1}$ jedoch deutlich größer als der physiologische.

AUFGABEN

1 Erklären Sie, warum bei Eiweißen die Werte der physikalischen und physiologischen Brennwerte nicht übereinstimmen, bei Kohlenhydraten und Fetten aber nahezu gleich sind. Recherchieren Sie dazu in der Literatur und im Internet.

2 Berechnen Sie die physikalischen Brennwerte für Palmitinsäure ($\Delta_f H_m^0 = -903\ kJ \cdot mol^{-1}$) und Saccharose ($\Delta_f H_m^0 = -949\ kJ \cdot mol^{-1}$).

Kopplung von endothermen mit exothermen Reaktionen Besonders positive Auswirkungen auf die Energiebilanz hat die Kopplung exothermer und endothermer chemischer Reaktionen bei chemisch-technischen Verfahren.
Bei der Druckvergasung von Kohle wird ein Gasgemisch hergestellt, das Kohlenstoffmonooxid, Wasserstoff und Wasser enthält. Es wird als Heiz- und Synthesegas verwendet. Die beiden gekoppelten Hauptreaktionen sind:

$$C(s) + O_2(g) \rightarrow CO_2(g) \qquad \Delta_f H_m^0 = -394 \text{ kJ·mol}^{-1}$$
$$C(s) + H_2O(g) \rightarrow CO(g) + H_2(g) \qquad \Delta_r H_m^0 = +131 \text{ kJ·mol}^{-1}$$

Werden Sauerstoff und Wasserdampf gemeinsam eingeblasen, so verläuft der Prozess ohne Energiezufuhr. Die exotherme Reaktion bringt die Energie für die endotherme Reaktion auf.
Weitere Beispiele der Kopplung von endothermen mit exothermen Reaktionen sind das Kalkbrennen und die Herstellung von Metallen in Schachtöfen.
Endotherme und exotherme Reaktion können auch in zeitlicher Aufeinanderfolge miteinander gekoppelt werden. Diese Art der Kopplung findet bei der Luft- und Wassergasherstellung (Heiß- und Kaltblasen) Anwendung.

Bedeutung von Heizwerten Die Energie, die für die Durchführung chemisch-technischer Verfahren benötigt wird, wird meist aus der Verbrennung von Brennstoffen gewonnen. Da die Brennstoffe in der Regel Gemische vieler Einzelsubstanzen mit wechselnden Zusammensetzungen sind, werden bei Berechnungen in der Technik Heizwerte H_i und Brennwerte H_s verwendet (↑S. 83).
Für Heiz- und Brennwerte der Brennstoffe gilt:
- Je höher der Wasseranteil des Brennstoffs ist (Nässe), desto niedriger sind sein Heiz- und Brennwert.
- Je höher der Wasserstoffanteil des Brennstoffs ist (als molekularer Wasserstoff bzw. in organischen Verbindungen gebunden), desto höher sind sein Heiz- und Brennwert.

AUFGABEN

1 Erklären Sie, warum die Heizwerte von Rohbraunkohle, Steinkohle und Heizöl unterschiedlich sind.

2 Beim aluminothermischen Schweißen von Schienen nach der Reaktionsgleichung
$Fe_2O_3 + 2\,Al \rightarrow 2\,Fe + Al_2O_3$
wird die Reaktionsenthalpie zum Schmelzen des Eisens genutzt. Berechnen Sie die molare Reaktionsenthalpie bezüglich der angegebenen Reaktionsgleichung und die Reaktionsenthalpie für die Herstellung von 1,4 kg Eisen.

3 Die im Hochofen ablaufenden chemischen Prozesse können vereinfacht in einer Reaktionsgleichung zusammengefasst werden:
$Fe_2O_3 + 3\,C \rightarrow 2\,Fe + 3\,CO$

a Berechnen Sie die molare Reaktionsenthalpie für diese chemische Reaktion.

b Berechnen Sie die für die Herstellung von 1,00 t Eisen notwendige Masse an Kohlenstoff.

ZUSAMMENFASSUNG

Die chemische Industrie gehört zu den energieintensiven Wirtschaftszweigen. Zur ökonomischen Gestaltung der Energiebilanz werden in der chemischen Industrie eingesetzt:
- Wärmeaustauscher und Wärmespeicher zur Übertragung thermischer Energie von Reaktionsprodukten auf Ausgangsstoffe
- Kopplung endothermer Reaktionen mit exothermen Reaktionen
- Wärmedämmung

Die zur Durchführung chemisch-technischer Verfahren benötigte Energie wird meist aus der Verbrennung von Brennstoffen gewonnen. Bei Berechnungen wird anstelle der Reaktionsenthalpie der Verbrennung der **Heizwert** bzw. der **Brennwert** des Brennstoffs verwendet. Sie sind spezifische Größen. Heiz- und Brennwerte der Brennstoffe sind vom Wasseranteil und vom Wasserstoffanteil des Brennstoffs abhängig.

► Energie-Konzept

2. Hauptsatz der Thermodynamik

Gerichteter Verlauf von Prozessen Die Gültigkeit des 1. Hauptsatzes der Thermodynamik, des Satzes von der Erhaltung der Energie, ist unbestritten. Er vermag aber keine Aussage über die Richtung zu machen, in die ein Vorgang von allein verläuft. Alle Naturprozesse verlaufen gerichtet. So altern alle Lebewesen, niemand wird wieder jünger.
Zwei Gase vermischen sich miteinander. Es entsteht eine homogene Mischung. Die Umkehr dieses Vorgangs, eine spontane Gasentmischung, findet nicht statt (Exp. 1). Miteinander mischbare Flüssigkeiten bilden ebenfalls homogene Mischungen. Der Vorgang dauert, wenn nicht gerührt wird, nur wesentlich länger als bei Gasen. Auch dieser Vorgang kehrt sich von allein nicht um (Exp. 2). Nur unter Aufwand von Arbeit lassen sich solche Durchmischungen von Stoffen rückgängig machen, beispielsweise durch destillative Stofftrennung oder eine Stofftrennung durch Gaschromatografie.
Bei Wärmeübergangsprozessen wird allgemein beobachtet, dass Wärme stets vom System mit höherer Temperatur auf das System mit niedrigerer Temperatur übergeht.
Ein Wärmeübergang in umgekehrter Richtung wird nicht beobachtet, obwohl der 1. Hauptsatz der Thermodynamik die Möglichkeit eines solchen Wärmeübergangs nicht ausschließt. Er wird nur unter Aufwand von Arbeit erreicht. Beispielsweise wird der Wärmeübergang aus der Umgebung auf Lebensmittel in einem Kühlschrank mithilfe elektrischer Energie und dem Kühlaggregat rückgängig gemacht.
Die genannten spontan ablaufenden Prozesse sind Ausgleichsvorgänge.

Dissipative Vorgänge Bei einigen Vorgängen in Natur und Technik werden Energie und Arbeit aufgrund von Reibung in Wärme umgewandelt. Beispiele dafür sind:
- die Reibung von Rädern beim Rollen oder die Reibung in einer Bremsanlage
- die plastische Verformung von Knete mit den Händen oder von Stahlhalbzeugen in Walzwerken (Abb. 1)
- die Umwandlung elektrischer Energie in thermische Energie durch den elektrischen Strom in einem elektrischen Leiter (Reibungswärme bei der Bewegung von Elektronen durch das Metallgitter)

Solche Vorgänge, bei denen wertvolle mechanische, elektrische, auch Strahlungsenergie unwiederbringlich in Form von Wärme an die Umgebung abgegeben wird, werden als **dissipative Vorgänge** bezeichnet (lat. dissipare – zerstreuen). Dissipative Vorgänge sind nicht umkehrbar und Ursache dafür, dass bei allen real ablaufenden Prozessen die verrichtete Arbeit geringer ist als die theoretisch mögliche Arbeit. Zum Beispiel findet beim Entladen eines Akkumulators (↑Elektrochemie, S. 227 ff.; ↑Abb. 1, S. 98) eine Umwandlung der chemischen Energie in elektrische

EXPERIMENT 1 L

Herstellen eines Brom-Luft-Gasgemischs

Abzug! Unter einem Abzug werden vor weißem Hintergrund einige Tropfen Brom (GHS06|05|09) in einen Standzylinder mit gefettetem Schliffrand gegeben. Der Standzylinder wird sofort mit einem Glasdeckel verschlossen.

EXPERIMENT 2

Herstellen eines Kupfersulfatlösung-Wasser-Gemischs

Ein Standzylinder ist bis 20 mm unter den oberen Rand mit Wasser zu füllen. Mit einer Kolbenpipette wird das Wasser mit 30 ml Kupfer(II)-sulfatlösung (c = 0,5 mol · l^{-1}) unterschichtet. Der Standzylinder ist mit einem Glasdeckel zu verschließen und an einem ruhigen Ort vor weißem Hintergrund abzustellen.

1 Die beim Kaltwalzen von Stahl entstehende Wärme wird durch Abgabe an die Umgebung entwertet.

AUFGABEN

1 Beschreiben Sie die Beobachtungen von Experiment 1 und 2.
2 Erklären Sie die Ursache für die Vermischung von gasförmigem Brom und Luft, obwohl die molare Masse des Broms größer ist als die mittlere molare Masse der Luft.

Energie statt. Ein Teil der elektrischen Energie wird aufgrund des inneren Widerstands des Akkumulators in thermische Energie umgewandelt und in Form von Wärme an die Umgebung abgegeben. Beim Laden wird unter Aufwand von Arbeit elektrische Energie in chemische Energie umgewandelt. Bei diesem Prozess wird ein Teil der elektrischen Energie durch den inneren elektrischen Widerstand im Akkumulator in Form von Wärme an die Umgebung abgegeben. Um den Ausgangszustand des Akkumulators wiederherzustellen, ist ein größerer Arbeitsaufwand notwendig, als beim Entladen an Arbeit genutzt werden konnte.

Reversible Vorgänge Vorgänge in einem abgeschlossenen System, die nicht vollständig rückgängig gemacht werden können, werden in der Thermodynamik als **irreversible Vorgänge** bezeichnet. Im Gegensatz dazu lassen sich **reversible Vorgänge** vollständig rückgängig machen, wobei die übertragene Wärme und die verrichtete Arbeit des rückwärtsgerichteten Vorgangs lediglich das entgegengesetzte Vorzeichen der Wärme und der Arbeit des vorwärtsgerichteten Vorgangs haben. Die Beträge von Wärme und Arbeit beider Vorgänge sind gleich.

Aus den Erfahrungen der Natur ergibt sich, dass reale Vorgänge immer irreversible Vorgänge sind. Reversible Vorgänge sind vom Standpunkt der Thermodynamik idealisierte Grenzfälle realer Vorgänge. Betrachtet man die an irreversiblen Vorgängen beteiligte Wärme, ergibt sich die einfache Formulierung: Wärme fließt von selbst nur von warm nach kalt.

Das Entladen und Laden eines Akkumulators ist nur fast reversibel, weil ein Teil der Energie jeweils in Form von Wärme an die Umgebung übertragen wird. Die Übertragung von Wärme auf den Akkumulator führt nicht zur Umwandlung der thermischen in elektrische Energie. Anstelle der Wärmeübertragung muss Arbeit aufgewendet werden, um den Ausgangszustand wiederherzustellen. Soll das Entladen idealisiert als reversibler Vorgang ablaufen, müsste an den Akkumulator eine elektrische Gegenspannung angelegt werden, die bis auf eine unendlich kleine Differenz gleich der elektrischen Spannung des Akkumulators ist. Das führt zu einer unendlich kleinen Stromstärke, sodass keine Wärme durch dissipative Vorgänge entsteht. Das Entladen würde unendlich langsam ablaufen. Wird das Entladen des Akkumulators reversibel durchgeführt, kann die maximal mögliche Arbeit geleistet werden. Die an die Umgebung übertragene Wärme ist minimal.

Entropie Die Größen Arbeit und Wärme sind vom jeweiligen Weg eines Prozesses abhängig. Bei reversibler Durchführung eines Prozesses im geschlossenen System sind die verrichtete Arbeit W_{rev} und die übertragene Wärme Q_{rev} nur vom Anfangs- und Endzustand des Systems abhängig. RUDOLF JULIUS EMANUEL CLAUSIUS (deutscher Physiker, 1822 bis 1888) und SIR WILLIAM THOMSON (britischer Physiker, 1824 bis 1907) führten

1 Beim Laden eines Akkus mit elektrischer Energie wird ein Teil der Energie durch Wärmeabgabe an die Umgebung entwertet.

AUFGABEN

1 Entscheiden Sie, ob beim Laden eines Akkumulators eine Wärmezufuhr dazu führen kann, dass die zum Laden notwendige elektrische Energie gleich der beim Entladen genutzten ist. Begründen Sie Ihre Entscheidung.

2 Entscheiden Sie, ob sich ein Zimmer durch einen geöffneten Kühlschrank, der sich im Zimmer befindet, abkühlen lässt. Begründen Sie Ihre Entscheidung.

3 Beschreiben Sie das Prinzip einer Einrichtung, die zur Senkung der Raumtemperatur geeignet ist.

deshalb eine Zustandsgröße ein, die **Entropie *S*** (griech. entrepein – umkehren).
Die **Änderung der Entropie Δ*S*** beim Ablauf eines Prozesses im geschlossenen System ist gleich dem Quotienten aus der reversibel übertragenen Wärme Q_{rev} und der Austauschtemperatur T.

$$\Delta S = \frac{Q_{rev}}{T} \qquad [S] = 1\ J \cdot K^{-1}$$

Für die **molare Entropieänderung** gilt dann:

$$\Delta S_m = \frac{Q_{m,\,rev}}{T} \qquad [S_m] = 1\ J \cdot K^{-1} \cdot mol^{-1}$$

Einfache Vorgänge, bei denen bei konstanter Temperatur T Wärme nahezu reversibel übertragen wird, sind **Phasenumwandlungsprozesse** wie das Schmelzen und Erstarren, das Verdampfen und Kondensieren oder Modifikationswechsel.
Die molare Entropieänderung beim Verdampfen von Wasser lässt sich aus der spezifischen Verdampfungswärme und der molaren Masse des Wassers berechnen.

Aufgabe: Die spezifische Verdampfungswärme von Wasser beträgt $2{,}26\ kJ \cdot g^{-1}$ bei 373 K.
Berechnen Sie die molare Entropieänderung bei der Verdampfung von Wasser.

Gesucht: ΔS_m

Lösung:

$$\Delta S_m = \frac{2{,}26\ kJ \cdot g^{-1} \cdot 18\ g \cdot mol^{-1}}{373\ K}$$

$$\Delta S_m = 109\ J \cdot K^{-1} \cdot mol^{-1}$$

Die molare Entropieänderung bei der Verdampfung von Wasser beträgt $109\ J \cdot K^{-1} \cdot mol^{-1}$.

Entropie und 2. Hauptsatz der Thermodynamik

Eine statistische Interpretation der Entropie fand LUDWIG BOLTZMANN (deutscher Physiker, 1844 bis 1906) im 19. Jahrhundert. Nach BOLTZMANN ist die Entropie von der Statistik der Teilchen her ein Maß für die **Unordnung des Systems**. Je größer die Unordnung der Teilchen eines Systems ist, desto größer ist die Entropie des Teilchensystems.
Da die Entropieänderung realer Prozesse im abgeschlossenen System größer als null ist, verlaufen alle Prozesse von einem Zustand kleinerer zu einem Zustand größerer thermodynamischer Wahrscheinlichkeit:

Ein chemischer oder physikalischer Prozess verläuft in einem abgeschlossenen System stets in der Richtung, in der die Unordnung zunimmt.

2 Beim Lösen von Zucker in Tee nimmt die Entropie des Systems zu.

Tab. 1 Molare Standardentropien einiger Stoffe
Tabellierungsbedingungen:
$T = 298$ K, $p = 101{,}3$ kPa

Formel	$\frac{S_m^0}{J \cdot K^{-1} \cdot mol^{-1}}$
$AlCl_3(s)$	+109
$Br_2(g)$	+245
$Br_2(l)$	+152
$CaCO_3$	+93
CaO	+40
CO(g)	+198
$CO_2(g)$	+214
$Cl_2(g)$	+223
$H_2(g)$	+131
HBr(g)	+199
HCl(g)	+187
$H_2O(l)$	+70
$H_2O(g)$	+189
$I_2(g)$	+261
$I_2(s)$	+116
KCl(s)	+83
$N_2(g)$	+192
$NH_3(g)$	+193
$NO_2(g)$	+240
$N_2O_4(g)$	+304
$O_2(g)$	+205
$SO_2(g)$	+248
$SO_3(g)$	+257

Mit der Entropie lautet der 2. Hauptsatz der Thermodynamik:

Bei Vorgängen in einem abgeschlossenen System kann die Entropie niemals abnehmen. Bei ideal umkehrbarem (reversiblem) Verlauf bleibt die Entropie konstant ($\Delta S = 0$), beim tatsächlichen Ablauf in Natur und Technik nimmt sie stets zu ($\Delta S > 0$).

Entropieänderung beim Ablauf chemischer Reaktionen Der Grad der Unordnung nimmt allgemein von den Feststoffen über die Flüssigkeiten zu den Gasen zu (Abb. 1). Der Zustand größter Unordnung ist bei Gasen erreicht. Die Entropie von Gasen ist stets größer als die Entropie von Flüssigkeiten und deren Entropie ist stets größer als die von Feststoffen.
Bei einer Temperaturerhöhung steigt die Unordnung in einem stofflichen System, weil die Temperaturerhöhung eine stärkere und unregelmäßigere Bewegung der Teilchen zur Folge hat. Das führt zur Erhöhung der Entropie des Systems. Die Unordnung in einem System und damit dessen Entropie ist größer, je mehr Teilchen das System enthält.
Daraus ergibt sich für die Entropieänderung bei einer chemischen Reaktion, dass die Entropie des Reaktionssystems steigt, wenn im Reaktionsverlauf die Teilchenanzahl, insbesondere die von Gasteilchen, zunimmt. Die Reaktionsentropie ist dann größer als null. Nimmt dagegen die Teilchenanzahl ab, insbesondere die von Gasteilchen, so ist die Reaktionsentropie kleiner als null.
Diese Aussage, dass negative Reaktionsentropien möglich sind, steht nicht im Widerspruch zum 2. Hauptsatz der Thermodynamik. Der 2. Hauptsatz der Thermodynamik ist an die Bedingung geknüpft, dass ein abgeschlossenes System vorliegt. Meist erfüllt ein Reaktionssystem diese Bedingung nicht. Wird in die Betrachtung die Umgebung mit einbezogen und werden das Reaktionssystem und die Umgebung als Gesamtsystem betrachtet, ist die Entropieänderung des Gesamtsystems bei einer chemischen Reaktion mit negativer Reaktionsentropie größer als null.

Molare Standardreaktionsentropie Für chemische Reaktionen können **molare Standardreaktionsentropien $\Delta_r S_m^0$** in Analogie zum Satz von HESS aus den tabellierten molaren Standardentropien der Ausgangsstoffe und Reaktionsprodukte berechnet werden. Die molaren Standardentropien der Stoffe sind tabelliert (↑Tab. 1, S. 99). Absolute Werte für die Entropie können bestimmt werden, weil die Entropie aller Stoffe am absoluten Nullpunkt ($T = 0$) null gesetzt werden kann. Die meist verwendeten Tabellierungsbedingungen sind $T = 298$ K und $p = 101{,}3$ kPa.
Für die allgemeine chemische Reaktion $\mathrm{A} + 2\,\mathrm{B} \rightarrow \mathrm{C}$ gilt:

$$\Delta_r S_m^0 = S_m^0(\mathrm{C}) - [S_m^0(\mathrm{A}) + 2 \cdot S_m^0(\mathrm{B})]$$

1 Abhängigkeit der Entropie des Chlorwasserstoffs und des Ordnungszustands der Teilchen von der Temperatur

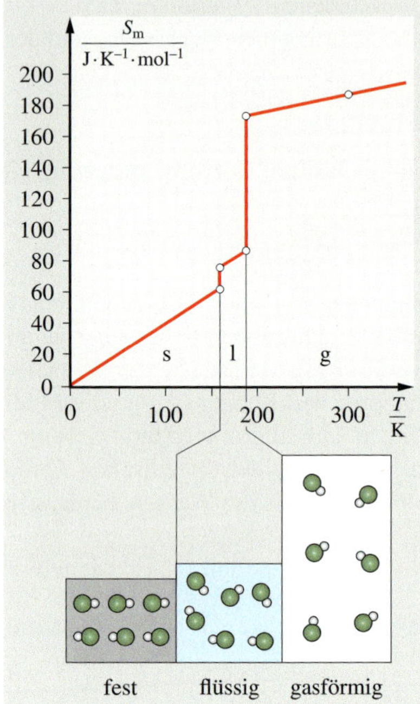

AUFGABEN

1 Vergleichen Sie die molaren Standardentropien von
a Br_2(g) und Br_2(l) sowie
b I_2(g) und I_2(s).
Begründen Sie die festgestellten Unterschiede.

2 Treffen Sie Voraussagen über die Entropieänderungen bei folgenden Vorgängen und begründen Sie:
a Kristallisieren einer Salzes aus Salzlösung
b Sublimieren von Schwefel
c Lösen von Kohlenstoffdioxid in Wasser
d Gefrieren einer Pfütze im Winter

3 Berechnen Sie die molare Schmelzentropie des Eises bei $T = 273$ K.
$H_2O(s) \rightarrow H_2O(l)$
Die spezifische Schmelzwärme des Eises beträgt $336\ J \cdot g^{-1}$.

4 Berechnen Sie die molare Standardreaktionsentropie bei $T = 298$ K und $p = 101{,}3$ kPa der Herstellung von Branntkalk.

Aufgabe: Berechnen Sie die molare Standardreaktionsentropie der Synthese von Wasser entsprechend der Reaktionsgleichung:

$2\,H_2(g) + O_2(g) \rightarrow 2\,H_2O(g)$

Gesucht: $\Delta_r S^0_m$

Gegeben:
$S^0_m(H_2) = 131\ J \cdot K^{-1} \cdot mol^{-1}$
$S^0_m(O_2) = 205\ J \cdot K^{-1} \cdot mol^{-1}$
$S^0_m(H_2O, g) = 189\ J \cdot K^{-1} \cdot mol^{-1}$

Lösung:

$$\Delta_r S^0_m = 2 \cdot S^0_m(H_2O, g) - [2 \cdot S^0_m(H_2) + S^0_m(O_2)]$$

$$= 2 \cdot 189\ J \cdot K^{-1} \cdot mol^{-1} - (2 \cdot 131\ J \cdot K^{-1} \cdot mol^{-1} + 205\ J \cdot K^{-1} \cdot mol^{-1})$$

$$\Delta_r S^0_m = -89\ J \cdot K^{-1} \cdot mol^{-1}$$

Die molare Standardreaktionsentropie der Synthese von Wasser entsprechend der angegebenen Reaktionsgleichung beträgt $\Delta_r S^0_m = -89\ J \cdot K^{-1} \cdot mol^{-1}$.

Die molare Standardreaktionsenthalpie dieser Reaktion beträgt $\Delta_r H^0_m = 2 \cdot \Delta_f H^0_m(H_2O, g) = -484\ kJ \cdot mol^{-1}$, sie entspricht der bei isobarer Prozessführung je Mol Formelumsatz auf die Umgebung übertragenen Wärme $Q_m = -\Delta_r H^0_m$. Dies führt zu einer Entropieänderung der Umgebung U je Mol Formelumsatz von

$$\Delta S_{m,U} = \frac{Q_m}{T} = -\frac{\Delta_r H^0_m}{T} = -\frac{484\ kJ \cdot mol^{-1}}{298\ K}$$

$$\Delta S_{m,U} = 1773\ J \cdot K^{-1} \cdot mol^{-1}$$

Die Entropieänderung des abgeschlossenen Systems (A), das aus dem System der reagierenden Stoffe (S) und der Umgebung (U) besteht, ist damit in Übereinstimmung mit dem 2. Hauptsatz der Thermodynamik größer als null (Exp. 3 u. 4).

$$\Delta S_{m,A} = \Delta S_{m,S} + \Delta S_{m,U} > 0$$

EXPERIMENT 3

Ermitteln der Entropieänderungen beim Mischen von Natriumcarbonat und Eisen(III)-nitrat

In einem Reagenzglas werden 8,5 g Natriumcarbonat-10-Wasser $Na_2CO_3 \cdot 10\,H_2O$ (GHS07) mit 8 g Eisen(III)-nitrat-9-Wasser $Fe(NO_3)_3 \cdot 9\,H_2O$ (GHS03 | 07) vermischt. Die Temperaturänderung des Reaktionssystems wird ermittelt.

EXPERIMENT 4 L

Ermitteln der Entropieänderungen beim Mischen von Bariumhydroxid und Ammoniumthiocyanat

In einem Reagenzglas werden 14,5 g Bariumhydroxid-8-Wasser $Ba(OH)_2 \cdot 8\,H_2O$ (GHS05 | 07) mit 7 g Ammoniumthiocyanat NH_4SCN (GHS07) vermischt. Die Temperaturänderung des Reaktionssystems wird ermittelt.

AUFGABE

1 Vergleichen Sie die Entropieänderungen der Reaktionssysteme von Exp. 3 und Exp. 4 und der Umgebung.
Begründen Sie die Ergebnisse der beiden Vergleiche.

ZUSAMMENFASSUNG

Der **2. Hauptsatz der Thermodynamik** lautet: Bei Vorgängen in einem abgeschlossenen System bleibt die **Entropie *S*** bei ideal umkehrbarem (reversiblem) Verlauf konstant, beim tatsächlichen Ablauf in Natur und Technik nimmt sie stets zu.
Die Entropie *S* ist ein Maß für die **Unordnung eines Systems**: Je größer die Entropie eines Systems ist, desto größer ist die Unordnung.

Die molare **Standardreaktionsentropie $\Delta_r S^0_m$** einer chemischen Reaktion ist gleich der Differenz aus den Standardentropien der Reaktionsprodukte und den Standardentropien der Ausgangsstoffe.
Die Reaktionsentropie einer chemischen Reaktion kann auch kleiner als null sein, wenn das stoffliche System kein abgeschlossenes System ist.

▶ Energie-Konzept

Freie Enthalpie

Freiwilliger Ablauf chemischer Reaktionen Auf der Grundlage der Thermodynamik ist es möglich zu entscheiden, ob ein Prozess oder eine chemische Reaktion freiwillig ablaufen kann. Der deutsche Physikochemiker HERMANN ULICH (1895 bis 1945) formulierte: „Alles in unserer Welt strebt in Richtung abnehmender Enthalpie und zunehmender Entropie." Dieser Satz gilt als Prinzip des Energieminimums und der maximalen Unordnung. Mithilfe dieser Erkenntnis ist es bei Kenntnis der Reaktionsenthalpie und der Reaktionsentropie einer chemischen Reaktion möglich, eine Voraussage über den freiwilligen oder nicht freiwilligen Verlauf der Reaktion zu treffen. So ist z. B. die chemische Reaktion von Salzsäure mit Zink eine exotherme Reaktion. Wegen der Bildung von Wasserstoff verläuft die Reaktion unter Entropiezunahme. Bei dieser Reaktion nehmen also die Enthalpie ab und die Entropie zu. In Anwendung der Erkenntnis von ULICH lässt sich ableiten: Die Reaktion von Salzsäure und Zink verläuft freiwillig. Nur wenn für eine chemische Reaktion die Prüfung auf Enthalpieabnahme und Entropiezunahme übereinstimmen, ist eine sichere Aussage über den Verlauf der Reaktion möglich. Bei Nichtübereinstimmung lässt sich keine sichere Aussage ableiten.

Gibbs'sche Energie Die mathematischen Zusammenhänge, mit deren Hilfe sich berechnen lässt, ob eine chemische Reaktion freiwillig abläuft, wurden von JOSIAH WILLARD GIBBS (1839 bis 1903) erkannt. Er definierte eine weitere Zustandsgröße, die **Gibbs'sche Energie *G***, die auch als **freie Enthalpie *G*** bezeichnet wird.

$$G = H - T \cdot S$$

Wie die Enthalpie H, so kann auch die freie Enthalpie G eines Stoffes oder eines stofflichen Systems nicht mit einem konkreten Wert angegeben werden. Lediglich die Änderung der freien Enthalpie ΔG eines stofflichen Systems bei einer chemischen Reation kann bestimmt werden. Sie ist nur vom Anfangs- und Endzustand des Systems abhängig, nicht vom Reaktionsweg.
Die Änderung der freien Enthalpie ist die Größe, mit deren Hilfe die Richtung des freiwilligen Ablaufs eines Prozesses vorausgesagt werden kann. Bei isobarer Prozessführung gilt:

$$\Delta G = \Delta H - \Delta(T \cdot S)$$

Ist die Prozessführung isotherm-isobar (T = konst.; p = konst.), besteht für die Änderung der freien Enthalpie nur die Abhängigkeit von den Änderungen der Zustandsgrößen Enthalpie und Entropie.

$$\Delta G = \Delta H - T \cdot \Delta S$$

EXPERIMENT 1

Lösen von Natriumhydroxid

Ein Plätzchen Natriumhydroxid (GHS05) wird in 1 ml Wasser gelöst. Die Temperaturänderung ist zu messen.

EXPERIMENT 2

Auskristallisieren von Natriumthiosulfat

10 g Natriumthiosulfat-5-Wasser $Na_2S_2O_3 \cdot 5\,H_2O$ werden in 8 ml Wasser unter Erhitzen auf etwa 80 °C in einem Reagenzglas im Wasserbad gelöst.
Nach erschütterungsfreiem Abkühlen der Lösung auf 30 °C wird durch Einwerfen eines kleinen Kristallstücks Natriumthiosulfat die Kristallisation ausgelöst. Während der Kristallisation ist die Temperatur alle 30 s zu messen. Nach Beendigung der Kristallisation wird die Temperatur wieder erhöht.

AUFGABEN

1 Stellen Sie Enthalpie- und Entropiebetrachtungen für a) das Verbrennen von Ethanol, b) das Verdampfen einer Flüssigkeit und c) die Bildung eines Ammoniumchloridrauchs aus Ammoniak und Chlorwasserstoff an. Formulieren Sie eine Aussage über den freiwilligen oder nicht freiwilligen Ablauf dieser Reaktionen und Prozesse.

2 Stellen Sie Vermutungen über den freiwilligen/nicht freiwilligen Verlauf folgender Reaktionen auf:

a $C_4H_{10}(g) + 6{,}5\,O_2(g) \rightarrow 4\,CO_2(g) + 5\,H_2O(g)$ $\quad \Delta_r H_m < 0\ kJ \cdot mol^{-1}$

b $NH_4HCO_3(s) \rightarrow NH_3(g) + CO_2(g) + H_2O(l)$ $\quad \Delta_r H_m > 0\ kJ \cdot mol^{-1}$

c $2\,H_2(g) + CO(g) \rightarrow CH_3OH(l)$ $\quad \Delta_r H_m < 0\ kJ \cdot mol^{-1}$

Diese Größengleichung geht im Wesentlichen auf Arbeiten von GIBBS und dem deutschen Mediziner HERMANN LUDWIG FERDINAND VON HELMHOLTZ (1821 bis 1894) zurück. Sie wird deshalb auch als **Gibbs-Helmholtz-Gleichung** bezeichnet. Für chemische Reaktionen lässt sich ableiten:

$$\Delta_r G_m = \Delta_r H_m - T \cdot \Delta_r S_m$$

Diese Gleichung verknüpft die molare Reaktionsenthalpie $\Delta_r H_m$ mit der molaren Reaktionsentropie $\Delta_r S_m$ zur **molaren Gibbs-schen Reaktionsenergie $\Delta_r G_m$**.
Bei konstantem Druck und konstanter Temperatur ist die molare Gibbs'sche Reaktionsenergie gleich der maximal möglichen Arbeit je Mol Formelsatz, die das Reaktionssystem im Reaktionsverlauf verrichten kann. Deshalb wird die molare Gibbs-sche Reaktionsenergie $\Delta_r G_m$ auch als **molare freie Reaktionsenthalpie** bezeichnet.
Der andere Anteil der molaren Reaktionsenthalpie $\Delta_r H_m$ entsprechend der Gleichung

$$\Delta_r H_m = \Delta_r G_m + T \cdot \Delta_r S_m$$

der unter keinen Umständen in nutzbare Energie umwandelbar ist, nämlich $T \cdot \Delta_r S_m$, kann als **molare gebundene Reaktionsenthalpie** bezeichnet werden. Dieser Teil kann nur in Form von Wärme abgegeben werden.
Eine reversible Reaktionsführung ist bei elektrochemischen Reaktionen in galvanischen Zellen möglich. Wenn an die galvanische Zelle eine der elektrischen Spannung der Zelle entgegengerichtete elektrische Spannung angelegt wird, die die elektrische Spannung der Zelle kompensiert, ist die Stromstärke $I = 0$ (stromloser Zustand). Mit der gemessenen angelegten Spannung ΔE lässt sich die molare freie Reaktionsenthalpie und damit die maximal mögliche Arbeit berechnen (↑Elektrochemie, S. 219):

$$\Delta_r G_m = -z \cdot F \cdot \Delta E$$

Mit der molaren freien Reaktionsenthalpie kann die Richtung einer chemischen Reaktion ermittelt werden:
Ist **$\Delta_r G_m < 0$**, so kann die chemische Reaktion entsprechend der Reaktionsgleichung freiwillig von links nach rechts ablaufen. Die Reaktion verläuft **exergonisch** (griech. ergon – Arbeit) unter Abgabe von Arbeit.
Ist **$\Delta_r G_m > 0$**, so kann die chemische Reaktion entsprechend der Reaktionsgleichung nur unter Aufwand von Arbeit entsprechend der Reaktionsgleichung ablaufen. Die Reaktion verläuft **endergonisch**.
Ist **$\Delta_r G_m = 0$**, so befindet sich das stoffliche System im **chemischen Gleichgewicht** (↑Chemisches Gleichgewicht – Massenwirkungsgesetz, S. 128 ff.).

EXPERIMENT 3

Reaktion von Oxalsäure und Natriumcarbonat

5,4 g Oxalsäure-2-Wasser $(COOH)_2 \cdot 2\,H_2O$ (GHS07) werden mit der äquivalenten Masse an Natriumcarbonat-10-Wasser $Na_2CO_3 \cdot 10\,H_2O$ (GHS07) gemischt. Die Temperatur des Gemischs während des Mischens ist zu prüfen.

EXPERIMENT 4

Elektrolyse von Schwefelsäure

Verdünnte Schwefelsäure ($c = 0{,}1\ \text{mol} \cdot \text{l}^{-1}$) ist mit Inertelektroden (Platinelektroden) in einer Elektrolyseapparatur (↑Abb. 1, S. 236) zu elektrolysieren.

AUFGABEN

1 Beschreiben Sie die Temperaturänderung beim Lösen von Natriumhydroxid in Wasser (Exp. 1).
2 Erläutern Sie die Vorgänge, die beim Erwärmen nach dem Auskristallisieren von Natriumthiosulfat stattfinden (Exp. 2).
3 Stellen Sie die Reaktionsgleichungen für die Elektrodenreaktionen und die Gesamtreaktion der Elektrolyse von Schwefelsäure auf und berechnen Sie für die Gesamtreaktion die molare freie Standardreaktionsenthalpie mithilfe der Gibbs-Helmholtz-Gleichung (Exp. 3).
4 Berechnen Sie mithilfe der Gibbs-Helmholtz-Gleichung die molare freie Reaktionsenthalpie für die Reaktionen der Aufgabe 1 (↑S. 102) bei Standardbedingungen und bewerten Sie die Richtigkeit Ihrer Aussagen über den Verlauf der Reaktionen.

Tab. 1 Die molare freie Reaktionsenthalpie als Funktion von molarer Reaktionsenthalpie, molarer Reaktionsentropie und Temperatur

Fall	$\Delta_r H_m$	$\Delta_r S_m$	$\Delta_r G_m = \Delta_r H_m - T \cdot \Delta_r S_m$		Diagramm
1 (Exp. 1)	$\Delta_r H_m < 0$	$\Delta_r S_m > 0$	$\Delta_r G_m < 0$	exotherme, bei allen Temperaturen exergonische Reaktion	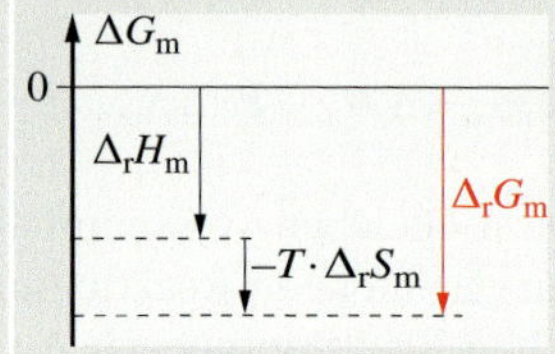
2 (Exp. 2)	$\Delta_r H_m < 0$	$\Delta_r S_m < 0$	bei niedrigen Temperaturen: $\Delta_r G_{m1} < 0$; bei hohen Temperaturen: $\Delta_r G_{m2} > 0$	exotherme, in Abhängigkeit von der Temperatur exergonische oder endergonische Reaktion	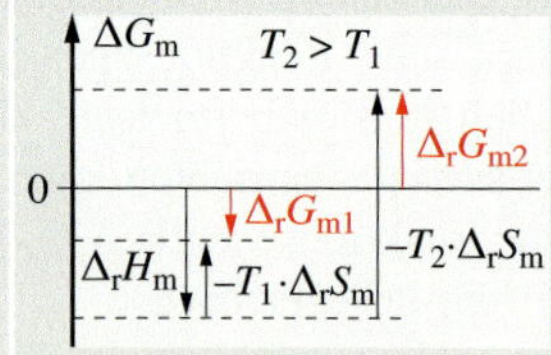
3 (Exp. 3)	$\Delta_r H_m > 0$	$\Delta_r S_m > 0$	bei niedrigen Temperaturen: $\Delta_r G_{m1} > 0$; bei hohen Temperaturen: $\Delta_r G_{m2} < 0$	endotherme, in Abhängigkeit von der Temperatur endergonische oder exergonische Reaktion	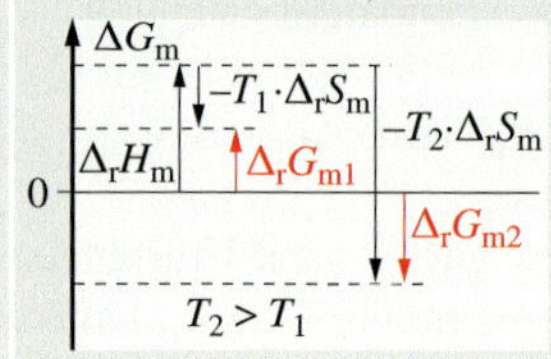
4 (Exp. 4)	$\Delta_r H_m > 0$	$\Delta_r S_m < 0$	$\Delta_r G_m > 0$	endotherme, bei allen Temperaturen endergonische Reaktion	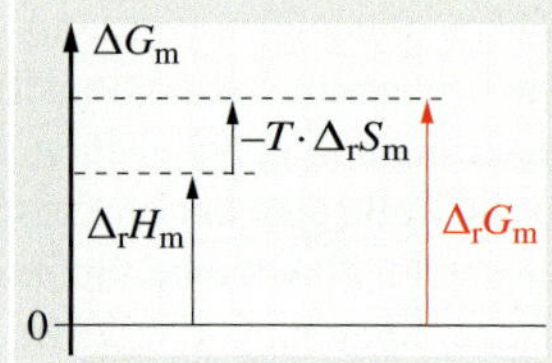

Beeinflussung des freiwilligen Ablaufs chemischer Reaktionen Eine chemische Reaktion kann dann entsprechend der Reaktionsgleichung ablaufen, wenn die molare freie Reaktionsenthalpie $\Delta_r G_m < 0$ ist. Diese Bedingung kann erfüllt sein, wenn $\Delta_r H_m < 0$ und/oder $\Delta_r S_m > 0$ ist (Tab. 1).
Für den Fall $\Delta_r H_m < 0$ und $\Delta_r S_m > 0$ ist die molare freie Reaktionsenthalpie immer negativ: $\Delta_r G_m < 0$.
Ein Beispiel für eine solche Reaktion ist die Bildung von Chlorwasserstoff aus den Elementsubstanzen:

$$H_2(g) + Cl_2(g) \rightarrow 2\,HCl(g)$$
$$\Delta_r H_m^0 = -92\ \text{kJ} \cdot \text{mol}^{-1};\ \Delta_r S_m^0 = 20\ \text{J} \cdot \text{K}^{-1} \cdot \text{mol}^{-1}$$

Für die molare freie Standardreaktionsenthalpie gilt bei 298 K:

$$\Delta_r G_m^0 = \Delta_r H_m^0 - T \cdot \Delta_r S_m^0$$
$$= -92\ \text{kJ} \cdot \text{mol}^{-1} - 298\ \text{K} \cdot 20\ \text{J} \cdot \text{K}^{-1} \cdot \text{mol}^{-1}$$
$$\Delta_r G_m^0 = -98\ \text{kJ} \cdot \text{mol}^{-1}$$

Die molare freie Standardreaktionsenthalpie $\Delta_r G_m^0$ ist kleiner als null: Die Synthese von Chlorwasserstoff aus den Elementsubstanzen ist bei Raumtemperatur ohne Aufwand von Arbeit möglich. Für die Thermodynamik ist es dabei ohne Bedeutung, dass die Reaktion wegen einer Reaktionshemmung (↑Reaktionskinetik, S. 115) erst ausgelöst werden muss.
In dem Fall, dass $\Delta_r H_m < 0$ und $\Delta_r S_m < 0$ ist, ist es von der Temperatur abhängig, ob $\Delta_r G_m < 0$ ist.
Ein Beispiel für eine solche Reaktion ist die Synthese von Wasser aus den Elementsubstanzen:

$$2\,H_2(g) + O_2(g) \rightarrow 2\,H_2O(g)$$
$$\Delta_r H_m^0 = -484\ \text{kJ} \cdot \text{mol}^{-1};\ \Delta_r S_m^0 = -89\ \text{J} \cdot \text{K}^{-1} \cdot \text{mol}^{-1}$$

Für die molare freie Standardreaktionsenthalpie gilt bei 298 K:

$$\Delta_r G_m^0 = \Delta_r H_m^0 - T \cdot \Delta_r S_m^0$$
$$= -484\ \text{kJ} \cdot \text{mol}^{-1} - 298\ \text{K} \cdot (-89\ \text{J} \cdot \text{K}^{-1} \cdot \text{mol}^{-1})$$
$$\Delta_r G_m^0 = -457\ \text{kJ} \cdot \text{mol}^{-1}$$

Die molare freie Standardreaktionsenthalpie $\Delta_r G_m^0$ ist kleiner als null: Die Wassersynthese aus den Elementsubstanzen ist bei 298 K ohne Aufwand von Arbeit möglich.
Mit zunehmender Temperatur wird die molare freie Reaktionsenthalpie der Wassersynthese größer, weil die molare Reaktionsentropie kleiner als null ist. Bei sehr hohen Temperaturen wird die molare freie Reaktionsenthalpie schließlich größer als null, die Wassersynthese läuft nicht mehr ab. Die molare freie Reaktionsenthalpie der Rückreaktion, also des Zerfalls der Wassermoleküle, ist dann kleiner als null. Bei sehr hohen Temperaturen, z. B. an einem glühenden Platindraht, verläuft die Reaktion in die Richtung des Zerfalls von Wassermolekülen.
Endotherm verlaufende Reaktionen ($\Delta_r H_m > 0$) können ablaufen, wenn die molare Reaktionsentropie größer als null ist ($\Delta_r S_m > 0$) und eine Reaktionstemperatur gewählt wird, sodass $\Delta_r G_m < 0$ ist.
Ein Beispiel einer solchen Reaktion ist die thermische Zersetzung von Calciumcarbonat.

$$CaCO_3(s) \rightarrow CaO(s) + CO_2(g)$$
$$\Delta_r H_m^0 = 178\ \text{kJ} \cdot \text{mol}^{-1};\ \Delta_r S_m^0 = 161\ \text{J} \cdot \text{K}^{-1} \cdot \text{mol}^{-1}$$

Für die molare freie Standardreaktionsenthalpie gilt bei 298 K:

$$\Delta_r G_m^0 = \Delta_r H_m^0 - T \cdot \Delta_r S_m^0$$
$$= 178\ \text{kJ} \cdot \text{mol}^{-1} - 298\ \text{K} \cdot 161\ \text{J} \cdot \text{K}^{-1} \cdot \text{mol}^{-1}$$
$$\Delta_r G_m^0 = 130\ \text{kJ} \cdot \text{mol}^{-1}$$

Die molare freie Standardreaktionsenthalpie der Zersetzung von Calciumcarbonat ist bei 298 K größer als null. Die Zersetzung läuft freiwillig nicht ab.

AUFGABEN

1 Interpretieren Sie die Terme $\Delta_r H_m$ und $T \cdot \Delta_r S_m$ in der Gibbs-Helmholtz-Gleichung.
2 Was bedeuten $\Delta_r G_m < 0$, $\Delta_r G_m = 0$ und $\Delta_r G_m > 0$?
3 Unter welchen Bedingungen verlaufen endotherme chemische Reaktionen freiwillig?
4 Unter welchen Bedingungen finden chemische Reaktionen freiwillig statt, bei denen die Reaktionsentropie $\Delta_r S_m$ kleiner wird – der Ordnungszustand zunimmt? Begründen Sie Ihre Aussage.
5 Berechnen Sie die Temperatur in °C, ab welcher das Kalkbrennen (thermische Zersetzung von Calciumcarbonat) freiwillig verläuft.
6 Graphit kann in einer chemischen Reaktion mit Kohlenstoffdioxid zu Kohlenstoffmonooxid umgesetzt werden. Berechnen Sie, ob diese Reaktion bei Standardbedingungen durchführbar ist.

Eine Erhöhung der Reaktionstemperatur auf etwa 1200 K, wie in der Technik praktiziert, führt dazu, dass die molare freie Reaktionsenthalpie kleiner als null ist (die Temperaturabhängigkeit der molaren Reaktionsenthalpie und -entropie bleibt unberücksichtigt):

$$\Delta_r G_m^0 = \Delta_r H_m^0 - T \cdot \Delta_r S_m^0$$
$$= 178 \text{ kJ} \cdot \text{mol}^{-1} - 1200 \text{ K} \cdot 161 \text{ J} \cdot \text{K}^{-1} \cdot \text{mol}^{-1}$$
$$\Delta_r G_m^0 = -15 \text{ kJ} \cdot \text{mol}^{-1}$$

Bei 1200 K ist die thermische Zersetzung von Calciumcarbonat möglich.
Chemische Reaktionen, bei denen $\Delta_r H_m > 0$ und $\Delta_r S_m < 0$ sind, können bei keiner Temperatur freiwillig ablaufen, weil immer gilt: $\Delta_r G_m > 0$.
Eine solche Reaktion kann nur unter Aufwand von Arbeit ablaufen. Ein Beispiel ist die Modifikationsumwandlung des Kohlenstoffs von Graphit zu Diamant:

$$\text{C(Graphit)} \rightarrow \text{C(Diamant)}$$
$$\Delta_r H_m^0 = 2 \text{ kJ} \cdot \text{mol}^{-1}; \ \Delta_r S_m^0 = -4 \text{ J} \cdot \text{K}^{-1} \cdot \text{mol}^{-1}$$

Weder Temperaturerhöhung noch Temperaturerniedrigung führen dazu, dass $\Delta_r G_m$ kleiner als null wird. Erst unter Aufwand von Volumenarbeit bei Anwendung von sehr hohem Druck gelingt die Modifikationsumwandlung und damit die Diamantsynthese.

AUFGABE

1 Eine Lösung von Wasserstoffperoxid soll über einen längeren Zeitraum in der Sammlung des Chemieraums aufbewahrt werden. Einige Schüler behaupten, Wasserstoffperoxid ist unbegrenzt lagerfähig. Andere behaupten, Wasserstoffperoxid ist wegen der Reaktion
$H_2O_2(l) \rightarrow H_2O(l) + 0{,}5\ O_2(g)$
thermodynamisch instabil. Werten Sie die Behauptungen in Bezug auf ihre Richtigkeit.

ZUSAMMENFASSUNG

Die Änderung der **freien Enthalpie** eines stofflichen Systems im Verlauf einer chemischen Reaktion ist die Größe, aus der abgeleitet werden kann, ob eine chemische Reaktion entsprechend der Reaktionsgleichung freiwillig ablaufen kann.
Die **molare freie Reaktionsenthalpie $\Delta_r G_m$** ist bei isotherm-isobarer Prozessführung entsprechend der **Gibbs-Helmholtz-Gleichung** die Differenz aus der molaren Reaktionsenthalpie und dem Produkt aus Temperatur und molarer Reaktionsentropie.

$$\Delta_r G_m = \Delta_r H_m - T \cdot \Delta_r S_m$$

Dabei sind die molare Reaktionsenthalpie und die molare Reaktionsentropie zwei Größen, die in Abhängigkeit von der Temperatur den Ablauf einer Reaktion beeinflussen. Ist die molare freie Reaktionsenthalpie einer chemischen Reaktion kleiner als null ($\Delta_r G_m < 0$), so kann die chemische Reaktion entsprechend der Reaktionsgleichung von links nach rechts **exergonisch** (unter Abgabe von Arbeit) ablaufen.
Bei positiver molarer freier Reaktionsenthalpie ($\Delta_r G_m > 0$) ist die chemische Reaktion nur **endergonisch** (unter Aufwand von Arbeit) möglich.
Ist die molare freie Reaktionsenthalpie gleich null ($\Delta_r G_m = 0$), so liegt ein chemisches Gleichgewicht vor.

▶ Energie-Konzept

KOMPLEX GEDACHT

1 Bei der alkoholischen Gärung wird Glucose unter Einwirkung von Enzymen zu Ethanol und Kohlenstoffdioxid vergoren:
$C_6H_{12}O_6(s) \rightarrow 2\,C_2H_5OH(l) + 2\,CO_2(g)$
Diese Reaktion wird in einem Schulexperiment unter Einsatz von 45 g Glucose in einem verschlossenen Glaskolben mit seitlichem Ansatzrohr durchgeführt. Zum Auffangen des Kohlenstoffdioxids wird an das Ansatzrohr ein Kolbenprober angebracht. Folgende molare Enthalpien sind bekannt:
$\Delta_f H_m(C_2H_5OH) = -277\ \text{kJ} \cdot \text{mol}^{-1}$
$\Delta_f H_m(CO_2) = -394\ \text{kJ} \cdot \text{mol}^{-1}$
$\Delta_f H_m(C_6H_{12}O_6) = -1274\ \text{kJ} \cdot \text{mol}^{-1}$

a Berechnen Sie die Reaktionsenthalpie für diese Reaktion nach dem Satz von HESS unter Nutzung der Werte und zeichnen Sie die möglichen Wege der Teilreaktionen schematisch auf.
b Ordnen Sie die oben beschriebene Reaktion einem chemischen System zu und begründen Sie Ihre vorgenommene Zuordnung.
c Berechnen Sie die Volumenarbeit für diese Reaktion bei Normaldruck und ermitteln Sie rechnerisch, ob ein 100-ml-Kolbenprober bei diesem Experiment verwendet werden kann.
d Formulieren Sie eine begründete Vermutung über den Verlauf der Reaktion und berechnen Sie die Temperatur, ab der die alkoholische Gärung freiwillig verläuft.

2 In einem Kalorimeter wurde eine Masse von 5 g Oxalsäure $(COOH)_2(s)$ zu Kohlenstoffdioxid (g) und Wasser (l) verbrannt. Im Kalorimeter befanden sich 0,900 kg Wasser als Kalorimeterflüssigkeit. Die Temperatur änderte sich von $\vartheta_A = 21{,}10\,°C$ auf $\vartheta_E = 24{,}66\,°C$.

a Erläutern Sie die Grundlagen der Kalorimetrie.
b Nennen Sie die Bedingungen, die bei der Durchführung der Kalorimetrie eingehalten werden müssen, und begründen Sie sie.
c Berechnen Sie die molare Verbrennungsenthalpie für Oxalsäure.

3 In Benzin ist Cyclohexan C_6H_{12} enthalten. Bei bestimmten Temperaturen kann Cyclohexan in das krebserregende, giftige Benzol C_6H_6 und in Wasserstoff zerfallen.
Ermitteln Sie, ob bei der Verbrennung von Benzin in einem Pkw bei einer Motortemperatur von 350 °C giftiges Benzol entstehen kann.

4 Beim Schneidbrennen wird Ethin mit reinem Sauerstoff verbrannt.
$C_2H_2(g) + 2{,}5\,O_2(g) \rightarrow 2\,CO_2(g) + H_2O(g)$
Dabei entsteht eine so heiße Flamme, dass Stahlbleche zerschnitten werden können. Bei einem Schneidvorgang wurden 130 g Ethin verbrannt und eine Verbrennungsenthalpie von 6,5 MJ ermittelt. Folgende weitere Verbrennungsenthalpien sind bekannt (bezogen auf die Entstehung gasförmigen Wassers):
$\Delta_V H^0_m(C) = -394\ \text{kJ} \cdot \text{mol}^{-1}$
$\Delta_V H^0_m(H_2) = -242\ \text{kJ} \cdot \text{mol}^{-1}$
Zeigen Sie mögliche Reaktionen auf und berechnen Sie die molare Standardbildungsenthalpie von Ethin aus den gegebenen Werten.

5 Beurteilen Sie, ob bei folgenden Vorgängen eine Entropiezunahme oder eine Entropieabnahme erfolgt.

a Wasser verdunstet in einem offenen Gefäß.
b Ein Kochsalzkristall wird in Wasser gelöst.
c Ein Liter Meerwasser wird mit einem Liter destilliertem Wasser vermischt.
d Calciumcarbonat zerfällt bei hoher Temperatur in Calciumoxid und Kohlenstoffdioxid.
e Bromdampf und Luft vermischen sich.
f Stickstoff reagiert mit Wasserstoff zu Ammoniak.
g Aus Ammoniak und Chlorwasserstoff entsteht Ammoniumchlorid.

6 Der praktisch ermittelte Brennwert H_s von Methanol beträgt $22{,}310\ \text{MJ} \cdot \text{kg}^{-1}$. Er liegt immer unter dem theoretisch möglichen Brennwert, da die Kondensationswärme des Wassers nicht vollständig zur Wärmeerzeugung zur Verfügung steht.
Der Heizwert H_i von Methanol beträgt $19{,}510\ \text{MJ} \cdot \text{kg}^{-1}$.

a Berechnen Sie aus der molaren Verbrennungsenthalpie von Methanol den theoretischen Brennwert H_s.
b Begründen Sie, warum der Heizwert kleiner als der Brennwert ist.

5 Reaktionskinetik

Die chemische Thermodynamik gibt Auskunft darüber, ob eine chemische Reaktion stattfinden kann und in welcher Richtung ein freiwilliger Verlauf chemischer Reaktionen erwartet werden kann. Die Reaktionskinetik beschäftigt sich indessen mit den Grundlagen des zeitlichen Verlaufs chemischer Reaktionen. Im Mittelpunkt der Untersuchungen steht dabei die Geschwindigkeit chemischer Reaktionen. Da die Reaktionsgeschwindigkeit von verschiedenen Faktoren, z. B. der Temperatur oder der Anwesenheit eines Katalysators, abhängig ist, lässt sich der zeitliche Verlauf chemischer Reaktionen beeinflussen.

Reaktionszeit und Reaktionsgeschwindigkeit

Schnell und langsam verlaufende Reaktionen Es sind viele chemische Reaktionen bekannt, die trotz stark negativer freier Standardreaktionsenthalpie mit geringer Geschwindigkeit ablaufen. So ist zum Beispiel das Rosten von Eisen eine langsam ablaufende Reaktion (Exp. 1).

$$4\,Fe + 3\,O_2 + 2\,H_2O \rightarrow 4\,FeO(OH)$$

Demgegenüber laufen andere chemische Reaktionen spontan mit unvorstellbar hoher Geschwindigkeit ab, z. B. die Neutralisation von Säuren und Basen oder viele Fällungsreaktionen (Exp. 2; Abb. 1).

$$Ag^+ + Cl^- \rightarrow AgCl\downarrow$$

EXPERIMENT 1

Rosten von Eisen

Ein Reagenzglas wird innen mit Wasser befeuchtet. Auf der feuchten Innenwand ist eine Spatelspitze blanke, fettfreie Eisenfeilspäne zu verteilen. Das Reagenzglas wird mit einem Stopfen mit etwa 5 cm langem Kapillarrohr verschlossen und mit dem Kapillarrohr nach unten in ein Becherglas gestellt, das ca. 1 cm hoch mit Wasser gefüllt ist.

Reaktionsgeschwindigkeit Für die Geschwindigkeit einer chemischen Reaktion ist es zunächst naheliegend, die in einem bestimmten Zeitabschnitt $\Delta t = t_2 - t_1$ gebildete Stoffmenge eines Reaktionsprodukts B

$$\Delta n(\mathrm{B}) = n_2(\mathrm{B}) - n_1(\mathrm{B})$$

als Maß zu benutzen. Für das Zeitintervall Δt ergibt sich eine **durchschnittliche Reaktionsgeschwindigkeit $\bar{v}$**:

$$\bar{v} = \frac{n_2(\mathrm{B}) - n_1(\mathrm{B})}{t_2 - t_1} = \frac{\Delta n(\mathrm{B})}{\Delta t}$$

Anstelle der Stoffmengenänderung eines Reaktionsprodukts $\Delta n(\mathrm{B})$ kann auch die eines Ausgangsstoffs $\Delta n(\mathrm{A})$ betrachtet werden.
Die Stoffmengenänderung für den Ausgangsstoff $\Delta n(\mathrm{A})$ ergibt wegen des Verbrauchs dieses Stoffes einen negativen Wert $[n_2(\mathrm{A}) < n_1(\mathrm{A})]$. Um sinnvollerweise immer einen positiven Wert für die Reaktionsgeschwindigkeit zu erhalten, wurde festgelegt:

$$\bar{v} = -\frac{\Delta n(\mathrm{A})}{\Delta t}$$

Bei Berechnungen werden die Beträge verwendet.

$$\bar{v} = \left|\frac{\Delta n(\mathrm{A})}{\Delta t}\right| = \left|\frac{\Delta n(\mathrm{B})}{\Delta t}\right|$$

Messtechnisch ist die Stoffmenge meist nicht direkt zugänglich. An ihrer Stelle können vielmehr Größen gemessen werden, die der Stoffmenge proportional sind (Exp. 3). Für Lösungen ist das in der Regel die Stoffmengenkonzentration $c(\mathrm{i})$ eines Reaktionspartners i.

Mit $n(\mathrm{i}) = c(\mathrm{i}) \cdot V$ gilt bei V = konst.: $c(\mathrm{i}) \sim n(\mathrm{i})$

Daraus folgt

$$\bar{v} = \left|\frac{\Delta c(\mathrm{i})}{\Delta t}\right| \qquad [\bar{v}] = 1\ \mathrm{mol \cdot l^{-1} \cdot s^{-1}}$$

Bei Gasgemischen wird zweckmäßigerweise der Partialdruck $p(\mathrm{i})$ eines Reaktionspartners i eingesetzt. Mit der Zustandsgleichung des idealen Gases

$$p(\mathrm{i}) \cdot V = n(\mathrm{i}) \cdot R \cdot T$$

erhält man: $p(\mathrm{i}) \sim n(\mathrm{i})$

Daraus folgt

$$\bar{v} = \left|\frac{\Delta p(\mathrm{i})}{\Delta t}\right| \qquad [\bar{v}] = 1\ \mathrm{kPa \cdot s^{-1}}$$

EXPERIMENT 2

Fällung von Silberchlorid

In ein Reagenzglas werden 5 ml destilliertes Wasser und 1 ml Silbernitratlösung (c = 0,1 mol · l^{-1}) gegeben und tropfenweise mit Natriumchloridlösung (c = 0,1 mol · l^{-1}) versetzt.

1 Fällung von Silberchlorid

EXPERIMENT 3

Modellexperiment

Ein Messzylinder (V = 250 ml) wird mit 250 ml gefärbtem Wasser gefüllt und eine 25-ml-Messpipette auf den Boden des Messzylinders gestellt. Wenn die Wassersäule in der Pipette mit dem Wasserstand im Zylinder übereinstimmt, wird der Pipetteninhalt in ein Becherglas überführt. Das im Messzylinder verbleibende Wasservolumen wird gemessen und in ein Diagramm (Abszisse: Anzahl der Hebevorgänge, Ordinate: Wasservolumen im Messzylinder) eingetragen. Der Hebevorgang ist zu wiederholen, bis der Messzylinder nur noch etwa 25 ml Wasser enthält.

AUFGABEN

1 Vergleichen Sie die Reaktionsgeschwindigkeit mit der Geschwindigkeit für eine geradlinige Bewegung.
2 Begründen Sie die Vorzeichensetzung bei der Gleichung für die Reaktionsgeschwindigkeit.

Für die allgemeine chemische Reaktion

$\nu(\text{A})\,\text{A} + \nu(\text{B})\,\text{B} \rightarrow \nu(\text{C})\,\text{C} + \nu(\text{D})\,\text{D}$

ist die durchschnittliche Reaktionsgeschwindigkeit:

$$\overline{v} = -\frac{1}{\nu(\text{A})} \cdot \frac{\Delta c(\text{A})}{\Delta t} = -\frac{1}{\nu(\text{B})} \cdot \frac{\Delta c(\text{B})}{\Delta t}$$

$$\overline{v} = \frac{1}{\nu(\text{C})} \cdot \frac{\Delta c(\text{C})}{\Delta t} = \frac{1}{\nu(\text{D})} \cdot \frac{\Delta c(\text{D})}{\Delta t}$$

Durch die Berücksichtigung der Stöchiometriezahlen ν aus der Reaktionsgleichung erhält man unabhängig vom betrachteten Reaktionspartner immer die gleiche Reaktionsgeschwindigkeit.

Durchschnittliche Reaktionsgeschwindigkeit und momentane Reaktionsgeschwindigkeit In geschlossenen und abgeschlossenen Systemen ist die Reaktionsgeschwindigkeit nicht konstant, sie wird während des Reaktionsverlaufs ständig kleiner, da die Konzentrationen der Ausgangsstoffe ständig abnehmen. Deshalb ergeben Berechnungen nach der Beziehung

$$\overline{v} = \left| \frac{\Delta c(\text{i})}{\Delta t} \right|$$

stets nur die für das Zeitintervall Δt **durchschnittliche Reaktionsgeschwindigkeit** $\overline{v}$ (Abb. 1). Soll die **momentane Reaktionsgeschwindigkeit** v für eine chemische Reaktion bestimmt werden, so muss das Zeitintervall Δt im Differenzenquotienten möglichst klein gewählt werden. Das Zeitintervall Δt muss gegen null gehen (Abb. 2, 3).

$$v = \lim_{\Delta t \to 0} \left| \frac{\Delta c(\text{i})}{\Delta t} \right| = \left| \frac{\text{d}c(\text{i})}{\text{d}t} \right|$$

Um auch die Geschwindigkeit langsamer Reaktionen angeben zu können, bestimmt man häufig die **Halbwertszeit** von Reaktionen. Das ist die Zeit, in der genau die Hälfte der ursprünglichen Stoffmenge umgesetzt wurde.

EXPERIMENT 4

Reaktion von Zink mit Salzsäure
In den Erlenmeyerkolben werden 40 ml Salzsäure ($c = 2\ \text{mol} \cdot \text{l}^{-1}$) gegeben. Nach dem Starten des Magnetrührers gibt man 10 g Zinkpulver (GHS09) zu, verschließt den Kolben rasch mit dem Stopfen, öffnet den Dreiwegehahn zum Kolbenprober und startet die Uhr (Abb. 1). Bestimmen Sie das Wasserstoffvolumen in Abhängigkeit von der Zeit. Berechnen Sie jeweils $c(\text{H}_3\text{O}^+)$ und $c(\text{Zn}^{2+})$. Zeichnen Sie ein Konzentrations-Zeit-Diagramm der Reaktion.

1 Aufbau von Experiment 4

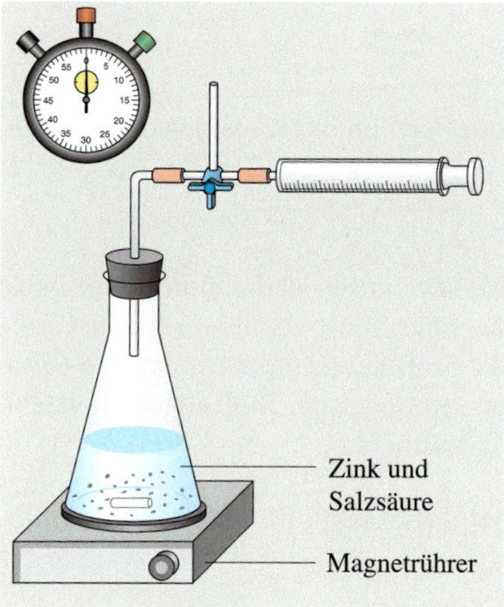

2 Durchschnittliche Reaktionsgeschwindigkeit im Konzentrations-Zeit-Diagramm einer Reaktion

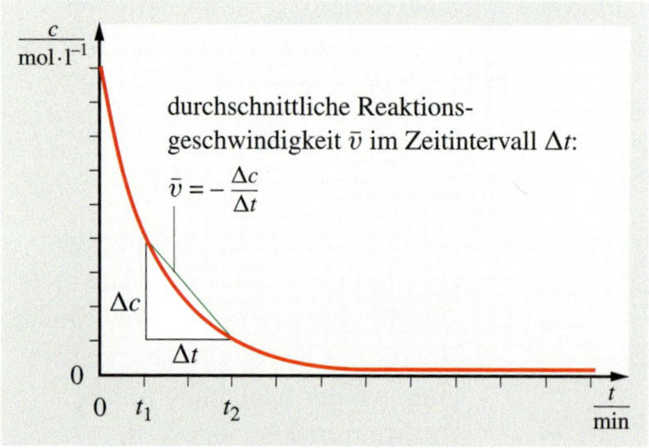

3 Momentane Reaktionsgeschwindigkeit im Konzentrations-Zeit-Diagramm einer Reaktion

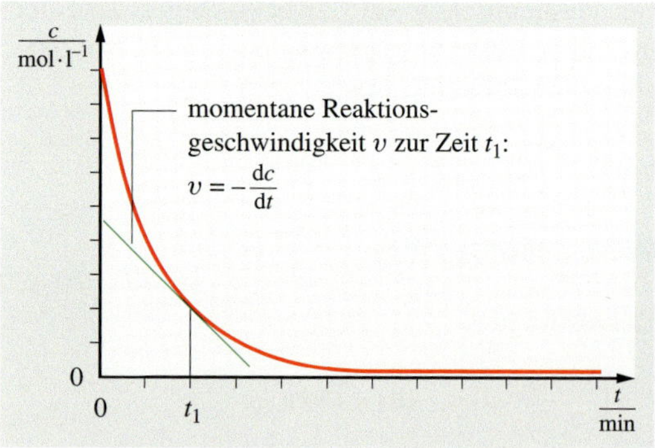

ZUSAMMENFASSUNG

Chemische Reaktionen verlaufen unterschiedlich schnell. Die **durchschnittliche Reaktionsgeschwindigkeit** $\overline{v}$ der chemischen Reaktion ist der negative Quotient aus der Änderung der Stoffmengenkonzentration $\Delta c(\mathrm{A})$ oder des Partialdrucks $\Delta p(\mathrm{A})$ eines Ausgangsstoffs A und dem Produkt aus der Stöchiometriezahl $\nu(\mathrm{A})$ und dem jeweils zugehörigen Zeitintervall Δt.

$$\overline{v} = -\frac{\Delta c(\mathrm{A})}{\nu(\mathrm{A}) \cdot \Delta t} \quad \text{bzw.} \quad \overline{v} = -\frac{\Delta p(\mathrm{A})}{\nu(\mathrm{A}) \cdot \Delta t}$$

Die **momentane Reaktionsgeschwindigkeit** v einer chemischen Reaktion wird durch den Differenzialquotienten definiert.

$$v = -\frac{1}{\nu(\mathrm{A})} \cdot \frac{\mathrm{d}c(\mathrm{A})}{\mathrm{d}t} \quad \text{bzw.} \quad v = -\frac{1}{\nu(\mathrm{A})} \cdot \frac{\mathrm{d}p(\mathrm{A})}{\mathrm{d}t}$$

Die Reaktionsgeschwindigkeit ist eine skalare Größe, sie hat immer ein positives Vorzeichen. Sie nimmt meistens im Verlauf der Reaktion ab.

► Konzept des chemischen Gleichgewichts und der Kinetik

Abhängigkeit der Reaktionsgeschwindigkeit von der Konzentration

Zeitgesetz Bekanntlich erfolgt die Verbrennung eines Stoffs in reinem Sauerstoff schneller als in Luft. Die Reaktionsgeschwindigkeit ist dabei offensichtlich von der Konzentration eines Ausgangsstoffs abhängig.
Die folgenden Überlegungen zur Abhängigkeit der Reaktionsgeschwindigkeit von der Konzentration der Ausgangsstoffe gelten für homogene Systeme, bei denen sich alle Reaktionspartner in der gleichen Phase befinden.
Betrachtet man eine einfache Reaktion wie die Umwandlung eines Ausgangsstoffs A in ein Reaktionsprodukt B, die nach der Reaktionsgleichung

$$\mathrm{A} \rightarrow \mathrm{B}$$

verläuft, so ist anzunehmen, dass die Reaktionsgeschwindigkeit v ausschließlich von der Konzentration c des Ausgangsstoffs A abhängig ist. Es besteht ein proportionaler Zusammenhang zwischen der Reaktionsgeschwindigkeit und der Konzentration des Ausgangsstoffs A:

$$v = -\frac{\mathrm{d}c(\mathrm{A})}{\mathrm{d}t} \sim c(\mathrm{A})$$

Mit der Einführung der **Geschwindigkeitskonstante** $\boldsymbol{k}$ als Proportionalitätsfaktor wird die Gleichung für die Reaktionsgeschwindigkeit erhalten, die als **Geschwindigkeitsgleichung** oder **Zeitgesetz** bezeichnet wird.

$$v = -\frac{\mathrm{d}c(\mathrm{A})}{\mathrm{d}t} = k \cdot c(\mathrm{A})$$

EXPERIMENT 1

Konzentrationsabhängigkeit der Reaktionsgeschwindigkeit

In einem Becherglas werden Natriumthiosulfatlösung ($c = 0{,}2\ \mathrm{mol \cdot l^{-1}}$) und Salzsäure ($c = 2\ \mathrm{mol \cdot l^{-1}}$) gemäß den Versuchsreihen vermischt. Das Becherglas wird auf ein Blatt weißes Papier mit rotem Kreuz gestellt. Die Zeit, bis das Kreuz gerade nicht mehr sichtbar ist, wird bestimmt. Es werden das Konzentrations-Zeit- und das Reaktionsgeschwindigkeits-Konzentrations-Diagramm gezeichnet und die Reaktionsordnung bestimmt.

Nr.	Thiosulfatlösung	Wasser	Salzsäure
1	50 ml	–	5 ml
2	40 ml	10 ml	5 ml
3	30 ml	20 ml	5 ml
4	20 ml	30 ml	5 ml
5	10 ml	40 ml	5 ml
1	30 ml	–	25 ml
2	30 ml	10 ml	15 ml
3	30 ml	15 ml	10 ml
4	30 ml	20 ml	5 ml

Reaktionsordnung Bei einer Reaktion mit mehreren Reaktionspartnern, die nach A + B → C + D reagieren, könnte die Reaktionsgeschwindigkeit entweder nur von der Konzentration $c(\text{A})$, nur von $c(\text{B})$ oder von beiden abhängen.
Ist $v \sim c(\text{A})$, lautet die Geschwindigkeitsgleichung:

$$v = k \cdot c(\text{A})$$

Ist die Reaktionsgeschwindigkeit dagegen dem Quadrat der Konzentration eines Ausgangsstoffs proportional [$v \sim c^2(\text{A})$] oder den Konzentrationen zweier Ausgangsstoffe direkt proportional [$v \sim c(\text{A}) \cdot c(\text{B})$], lautet sie:

$$v = k \cdot c^2(\text{A}) \quad \text{bzw.} \quad v = k \cdot c(\text{A}) \cdot c(\text{B})$$

Allgemein gilt folgende Geschwindigkeitsgleichung:

$$v = k \cdot c^a(\text{A}) \cdot c^b(\text{B}) \cdot \ldots$$

Die Summe der Exponenten a und b stellt die **Reaktionsordnung** dar. Sie gibt an, in welcher Potenz die Konzentrationen der Ausgangsstoffe der Reaktionsgeschwindigkeit proportional sind. Dabei ist a die Ordnung in Bezug auf den Ausgangsstoff A, b die Ordnung in Bezug auf den Ausgangsstoff B usw. Die Gesamtordnung einer Reaktion ergibt sich aus der Summe der Einzelordnungen $a + b + \ldots$
Ist die Summe der Exponenten eins, so handelt es sich um eine **Reaktion erster Ordnung**, ist die Summe zwei, so liegt eine **Reaktion zweiter Ordnung** vor usw. Einfache chemische Reaktionen haben meist Zeitgesetze erster oder zweiter Ordnung.
Die Reaktionsordnung lässt sich nicht aus der Reaktionsgleichung ableiten. Geschwindigkeitsgleichungen und damit die Reaktionsordnungen müssen immer experimentell bestimmt werden. Die ermittelten Messwerte können grafisch als Reaktionsgeschwindigkeits-Konzentrations-Diagramm aufgetragen und zur Beurteilung der Reaktionsordnung herangezogen werden (Abb. 1). Die Einheit der Geschwindigkeitskonstante k ist von der Reaktionsordnung abhängig.

1 Reaktionsgeschwindigkeits-Konzentrations-Diagramme von Reaktionen verschiedener Reaktionsordnungen

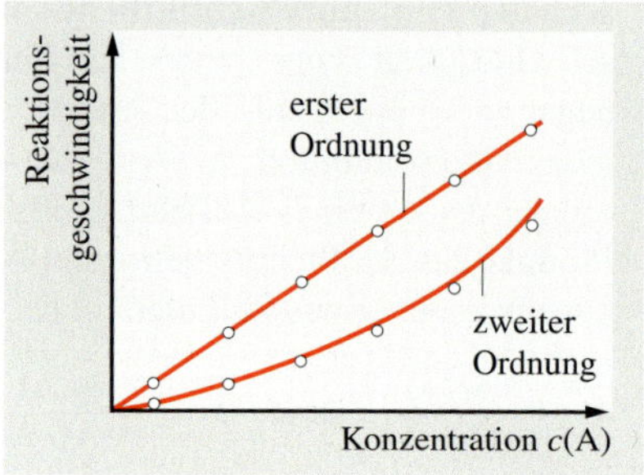

AUFGABEN

1 Formulieren Sie ein mögliches Zeitgesetz einer Reaktion vierter Ordnung, an der drei Ausgangsstoffe beteiligt sind. Geben Sie die Einheit der Geschwindigkeitskonstanten k einer solchen Reaktion an.

2 Für die Reaktion von Chlor mit Chloroform
$Cl_2 + CHCl_3 \rightarrow CCl_4 + HCl$
wurde experimentell folgendes Zeitgesetz ermittelt:

$$v = -\frac{dc(Cl_2)}{dt} = k \cdot c^{1/2}(Cl_2) \cdot c(CHCl_3)$$

Geben Sie die Gesamtordnung der Reaktion sowie die Ordnung in Bezug auf die einzelnen Reaktionspartner an.

3 Es gibt auch Reaktionen nullter Ordnung. Charakterisieren Sie diese. Notieren Sie die Geschwindigkeitsgleichung sowie die Einheit der Geschwindigkeitskonstante.

Tab. 1 Zeitgesetze und Reaktionsordnungen. A, B und C stehen für mögliche Ausgangsstoffe.

Ordnung und Summe Exponenten		Zeitgesetz	Beispiel	
erster	1	$v = k \cdot c(\text{A})$	$N_2O \rightarrow N_2 + 0{,}5\ O_2$	$v = k \cdot c(N_2O)$ $[k] = s^{-1}$
zweiter	2	$v = k \cdot c(\text{A}) \cdot c(\text{B})$		
zweiter	2	$v = k \cdot c^2(\text{A})$	$2\ NO_2 \rightarrow 2\ NO + O_2$	$v = k \cdot c^2(NO_2)$ $[k] = l \cdot mol^{-1} \cdot s^{-1}$
zweiter	2	$v = k \cdot c^2(\text{B})$		
dritter	3	$v = k \cdot c(\text{A}) \cdot c(\text{B}) \cdot c(\text{C})$		
dritter	3	$v = k \cdot c^2(\text{A}) \cdot c(\text{B})$	$2\ NO + Br_2 \rightarrow 2\ NOBr$	$v = k \cdot c^2(NO) \cdot c(Br_2)$ $[k] = l^2 \cdot mol^{-2} \cdot s^{-1}$
dritter	3	$v = k \cdot c^3(\text{A})$		

Abhängigkeit der Reaktionsgeschwindigkeit von der Temperatur

Stoßtheorie Bei einer chemischen Reaktion werden aus Teilchen der Ausgangsstoffe Teilchen der Reaktionsprodukte gebildet. Voraussetzung dafür ist der Zusammenstoß von Teilchen der Ausgangsstoffe. Nicht jeder Zusammenstoß zweier Teilchen der Ausgangsstoffe bewirkt eine chemische Reaktion dieser Teilchen. Für einen **wirksamen Zusammenstoß** (Abb. 2) müssen die Teilchen eine **günstige räumliche Lage** zueinander haben, sodass die reaktiven Zentren der Teilchen beim Stoß zusammentreffen.

Außerdem ist eine bestimmte **Mindestenergie E_{min}** der Teilchen der Ausgangsstoffe für einen wirksamen Zusammenstoß notwendig. Diese Mindestenergie ist erforderlich, damit beim Ablauf einer chemischen Reaktion in den Teilchen der Ausgangsstoffe bestehende chemische Bindungen gelockert und gelöst und neue chemische Bindungen gebildet werden können. Sie ist die für die chemische Reaktion charakteristische **molekulare Aktivierungsenergie ε**. Sie muss aus der kinetischen Energie der zusammenstoßenden Teilchen aufgebracht werden.

2 Räumliche Lage der Teilchen der Ausgangsstoffe bei einem wirksamen und bei einem unwirksamen Zusammenstoß am Beispiel der Reaktion $NH_3(g) + HCl(g) \rightarrow NH_4Cl(s)$

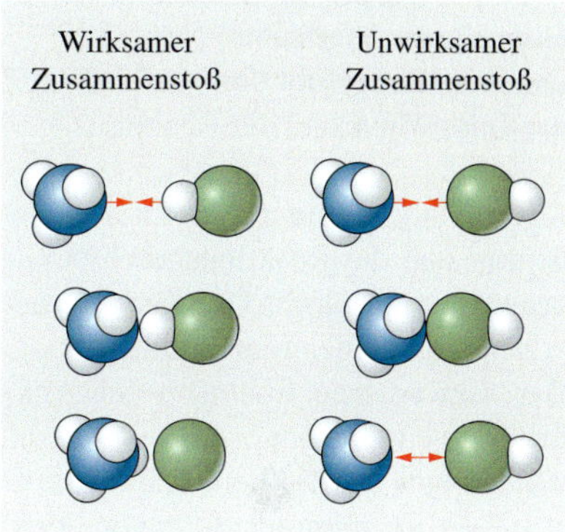

Energieverteilung nach Boltzmann Die Teilchen der Ausgangsstoffe haben bei einer bestimmten Temperatur T nicht alle die gleiche kinetische Energie. Der österreichische Physiker LUDWIG BOLTZMANN (1844 bis 1906) berechnete Energieverteilungskurven für verschiedene Temperaturen (Abb. 3). Die Kurven geben den Anteil der Teilchen an, die bei einer gegebenen Temperatur eine bestimmte Energie haben. Es ist erkennbar, dass auch bei niedriger Temperatur (z. B. $T = 100$ K) eine bestimmte Anzahl Teilchen die erforderliche Mindestenergie E_{min} für einen wirksamen Zusammenstoß besitzt. Bei hoher Temperatur ist die Anzahl solcher Teilchen größer. Die Wahrscheinlichkeit eines wirksamen Zusammenstoßes zweier Teilchen nimmt mit steigender Temperatur zu.

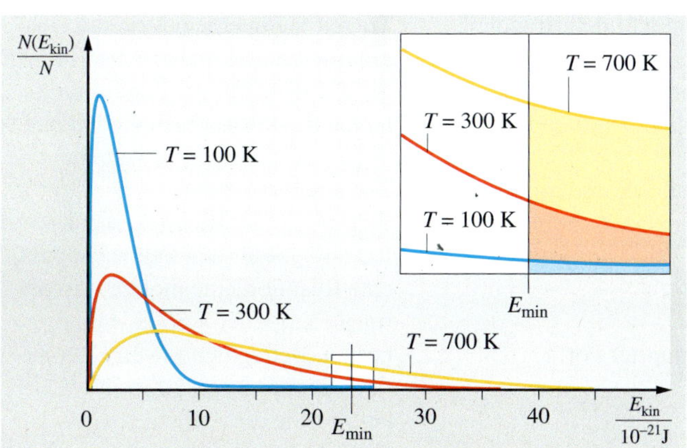

3 Anteil der Teilchen mit bestimmter kinetischer Energie E_{kin} bei verschiedenen Temperaturen (Energieverteilung nach BOLTZMANN). Nur ein kleiner Anteil der Teilchen hat die für eine Reaktion erforderliche Mindestenergie E_{min}. Dieser Anteil wächst exponentiell mit der Temperatur. Der Ausschnitt zeigt die Energieverteilungskurven vergrößert. Die Flächen entsprechen der Anzahl der Teilchen, die bei der jeweiligen Temperatur zu wirksamen Zusammenstößen fähig sind.

RGT-Regel Eine chemische Reaktion hat bei höherer Temperatur aufgrund der höheren Wahrscheinlichkeit wirksamer Zusammenstöße eine größere Reaktionsgeschwindigkeit. Auf der Grundlage empirisch gewonnener Erkenntnisse wurde von JACOBUS HENRICUS VAN'T HOFF Ende des 19. Jahrhunderts eine Regel gefunden, die als **RGT-Regel** (RG = Reaktionsgeschwindigkeit, T = Temperatur) bezeichnet wird:
Eine Temperaturerhöhung um 10 K bewirkt eine Erhöhung der Reaktionsgeschwindigkeit einer chemischen Reaktion auf das Doppelte bis Vierfache.
Die RGT-Regel gibt den qualitativen Zusammenhang zwischen der Temperatur und der Reaktionsgeschwindigkeit wieder.

Arrhenius-Gleichung Der Zusammenhang zwischen der Temperatur und der Reaktionsgeschwindigkeit wird durch das Experiment 1 bestätigt: Die Reaktionsgeschwindigkeit hängt exponentiell von der Temperatur ab.
Der schwedische Chemiker SVANTE ARRHENIUS untersuchte die Temperaturabhängigkeit von Reaktionen. In seinen Experimenten fand er 1889 heraus, dass die Geschwindigkeitskonstante k einer Reaktion wie folgt von der Temperatur abhängt:

$$k = A \cdot e^{-\frac{E_A}{R \cdot T}}$$

k	Reaktionsgeschwindigkeitskonstante
E_A	Arrhenius-Aktivierungsenergie
A	Arrhenius-Konstante
R	Gaskonstante
T	Temperatur

Diese Gleichung wird heute **Arrhenius-Gleichung** genannt. Die Arrhenius-Aktivierungsenergie E_A wird auch als **molare Aktivierungsenergie** (↑S. 117) bezeichnet. Sie ist das Produkt aus der molekularen Aktivierungsenergie ε und der Avogadro-Konstante N_A und hat nur mathematische Bedeutung. Entscheidend für den Ablauf einer chemischen Reaktion zwischen zwei Teilchen ist nur deren kinetische Energie vor dem Zusammenstoß.

Der Term $e^{-\frac{E_A}{R \cdot T}}$ in der Arrhenius-Gleichung gibt den Bruchteil aller Zusammenstöße der Teilchen je Raum- und Zeiteinheit an, bei denen die Teilchen die für einen wirksamen Zusammenstoß erforderliche Mindestenergie erreicht oder überschritten haben. Die Arrhenius-Konstante A gibt den Bruchteil aller Zusammenstöße der Teilchen je Raum- und Zeiteinheit an, die aufgrund der günstigen räumlichen Lage der Teilchen zur chemischen Reaktion führen können.
E_A und A sind konstante Größen.

Die Arrhenius-Gleichung lautet in logarithmierter Form:

$$\ln\{k\} = \ln\{A\} - \frac{E_A}{R \cdot T}$$

EXPERIMENT 1

Temperaturabhängigkeit der Reaktionsgeschwindigkeit

50 ml Natriumthiosulfatlösung (c = 0,05 mol · l^{-1}) werden in einem Becherglas mit einem Wasserbad auf 60 °C temperiert.
Anschließend werden 5 ml Salzsäure (c = 2 mol · l^{-1}) zugegeben, eine Stoppuhr gestartet und der Inhalt durch Umschwenken gut vermischt. Das Becherglas wird auf ein Blatt weißes Papier mit rotem Kreuz gestellt. Die Zeit von der Zugabe der Salzsäure bis zu dem Moment, bei dem das Kreuz gerade nicht mehr sichtbar ist, wird bestimmt. Der Versuch wird anschließend fünfmal wiederholt, wobei die Temperatur der Natriumthiosulfatlösung jeweils um 10 °C reduziert wird.

AUFGABEN

1 Tragen Sie in einem Diagramm die im Experiment 1 berechneten durchschnittlichen Reaktionsgeschwindigkeiten v gegen die Temperatur ϑ auf. Überprüfen Sie die Gültigkeit der RGT-Regel.
Tragen Sie in einem weiteren Diagramm die natürlichen Logarithmen der Zahlenwerte der durchschnittlichen Reaktionsgeschwindigkeiten $\ln\{\overline{v}\}$ gegen die Kehrwerte der Temperatur T^{-1} auf.

2 Weisen Sie die Richtigkeit der RGT-Regel für den Fall nach, dass eine Reaktion eine molare Aktivierungsenergie E_A = 80 kJ · mol^{-1} besitzt. Betrachten Sie eine Temperaturerhöhung von 20 auf 30 °C. Nutzen Sie die Arrhenius-Gleichung.

Durch Einsetzen der Arrhenius-Gleichung in das Zeitgesetz einer Reaktion erster Ordnung wird für die Reaktionsgeschwindigkeit erhalten (Abb. 1):

$$v = c(\mathrm{A}) \cdot A \cdot \mathrm{e}^{-\frac{E_\mathrm{A}}{R \cdot T}}$$

Mit der Arrhenius-Gleichung können gemessene Geschwindigkeitskonstanten chemischer Reaktionen auf beliebige andere Temperaturen umgerechnet werden. Auch können mit ihr die Aktivierungsenergien von chemischen Reaktionen berechnet werden, wenn man die Geschwindigkeitskonstanten bei verschiedenen Temperaturen bestimmt.
Die Arrhenius-Gleichung hat einen weiten Geltungsbereich. Es sind aber auch chemische Reaktionen bekannt, in denen eine völlig andere Temperaturabhängigkeit gilt.

1 Reaktionsgeschwindigkeits-Temperatur-Diagramm einer chemischen Reaktion

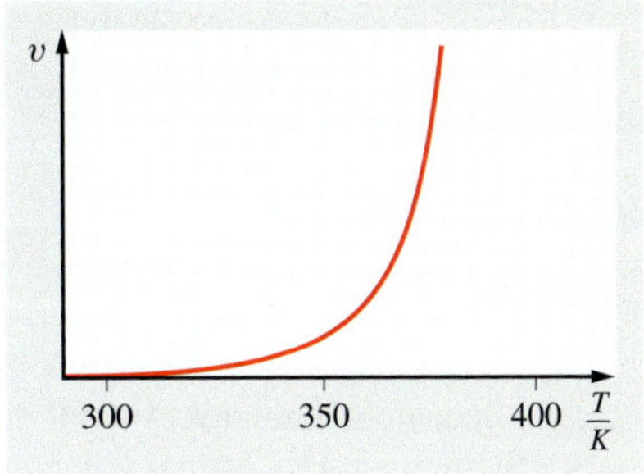

ZUSAMMENFASSUNG

Nur Zusammenstöße von Teilchen, die eine bestimmte Mindestenergie haben und die in einer günstigen räumlichen Lage zusammenstoßen, führen zu chemischen Reaktionen. Sie werden als **wirksame Zusammenstöße** bezeichnet. Die notwendige Mindestenergie der Teilchen entspricht der für eine chemische Reaktion charakteristischen **molekularen Aktivierungsenergie** ε.
Mit steigender Temperatur nimmt die Anzahl der Teilchen zu, die eine bestimmte kinetische Mindestenergie haben. Dadurch erhöht sich die Anzahl der wirksamen Zusammenstöße und die Reaktionsgeschwindigkeit nimmt zu.

Nach der **RGT-Regel** steigt die Reaktionsgeschwindigkeit bei einer Temperaturerhöhung um 10 K auf das Doppelte bis Vierfache.
Die Temperaturabhängigkeit der Geschwindigkeitskonstante k einer chemischen Reaktion kommt in der **Arrhenius-Gleichung** zum Ausdruck.

$$k = A \cdot \mathrm{e}^{-\frac{E_\mathrm{A}}{R \cdot T}}$$

▶ Konzept des chemischen Gleichgewichts und der Kinetik

Reaktionshemmung und Aktivierungsenergie

Hemmung einer chemischen Reaktion Viele chemische Reaktionen laufen nur sehr langsam ab – oft scheinbar gar nicht –, obwohl die freie Reaktionsenthalpie dieser Reaktionen negativ ($\Delta_\mathrm{r}G < 0$) und damit die thermodynamische Voraussetzung für den freiwilligen Ablauf einer Reaktion erfüllt ist. Zum Beispiel reagiert ein Gasgemisch aus 1 mol Wasserstoff und 0,5 mol Sauerstoff bei 11 °C erst innerhalb von 10^{11} Jahren vollständig.

$$2\,H_2 + O_2 \rightarrow 2\,H_2O$$

Die Geschwindigkeitskonstante k für diese Reaktion ist bei 11 °C sehr klein. Ursache für diese Reaktionshemmung ist eine sehr große molekulare Aktivierungsenergie ($\varepsilon \approx 300 \cdot 10^{-21}$ J).

Dagegen ist bei der Reaktion von Hydronium-Ionen mit Hydroxid-Ionen die molekulare Aktivierungsenergie sehr klein ($\varepsilon < 1 \cdot 10^{-21}$ J), sodass die chemische Reaktion innerhalb von Bruchteilen einer Sekunde abläuft. Die Geschwindigkeitskonstante k ist sehr groß.

$H_3O^+ + OH^- \rightarrow 2\, H_2O$

Die molekulare Aktivierungsenergie charakterisiert die **Hemmung einer chemischen Reaktion**. Eine große Aktivierungsenergie bedeutet, dass der Ablauf der chemischen Reaktion stark gehemmt ist. Der Ablauf einer solchen chemischen Reaktion mit merklicher Reaktionsgeschwindigkeit ist erst bei höherer Temperatur zu beobachten. Bei niedriger Temperatur läuft eine solche chemische Reaktion nur mit einer meist nicht messbar kleinen Reaktionsgeschwindigkeit ab.
Diese zwei Extremfälle einer chemischen Reaktion können im Experiment 1 modellhaft verdeutlicht werden. Zunächst ist das Ablaufen des Wassers gehemmt, da die Barriere sehr groß ist. Ist die Barriere dagegen klein, läuft das Wasser mit großer Geschwindigkeit ab.

Energiediagramm einer chemischen Reaktion Die Hemmung einer chemischen Reaktion lässt sich anhand eines Energiediagramms verdeutlichen. In Abbildung 1 ist der energetische Verlauf der chemischen Reaktion zwischen einem Wasserstoffmolekül und einem Fluorradikal dargestellt.
Im Anfangszustand liegen die Teilchen H_2 und F• nebeneinander vor. Die Annäherung beider Teilchen beginnt. Hierbei sinkt die kinetische Energie der Teilchen. Sie wird in chemische Energie umgewandelt. Die chemische Energie wird in der sich lockernden Bindung des Wasserstoffmoleküls und der sich anbahnenden Bindung zwischen dem Fluoratom und einem Wasserstoffatom gespeichert.

1 Energiediagramm des Verlaufs der chemischen Reaktion zwischen einem Wasserstoffmolekül und einem Fluorradikal

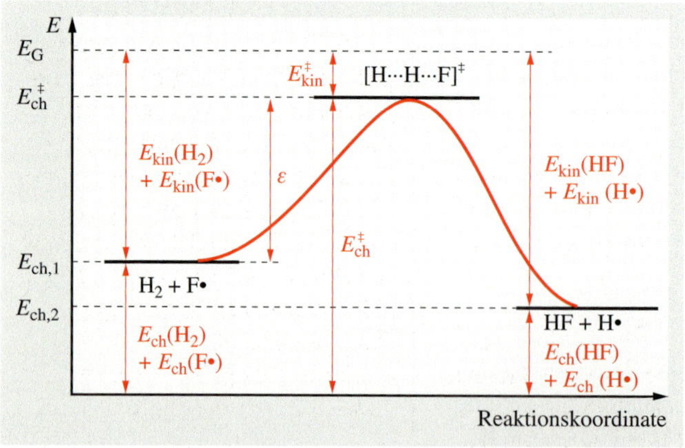

EXPERIMENT 1
Modellexperiment zur Reaktionshemmung
Auf das Auslaufrohr eines Scheidetrichters wird ein Schlauch gezogen (*Vorsicht!*). Der Scheidetrichter wird am Stativ befestigt und zur Hälfte mit gefärbtem Wasser gefüllt (Hahn geschlossen). Das Schlauchende wird in ein Becherglas gehalten, der obere Schlauchbogen befindet sich über dem Wasserstand im Scheidetrichter (Abb. 2). Öffnen Sie den Hahn des Scheidetrichters. Bewegen Sie den oberen Schlauchbogen langsam nach unten.
Notieren Sie Ihre Beobachtungen.

2 Aufbau zu Experiment 1

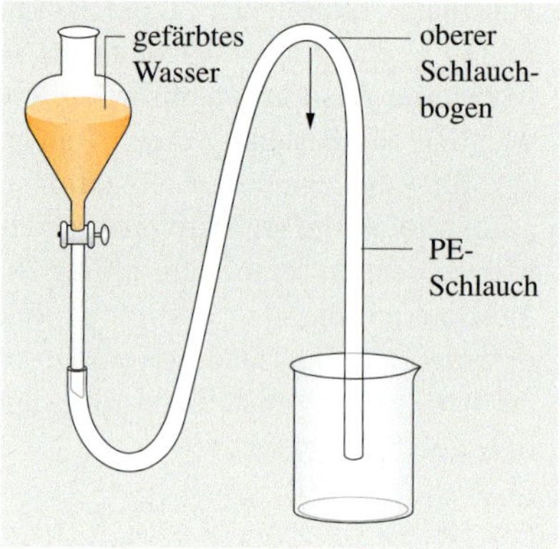

AUFGABE
1 Skizzieren Sie ein Energiediagramm für eine mit hoher Reaktionsgeschwindigkeit ablaufende Reaktion.

Übergangszustand Im **aktivierten Zustand**, auch Zustand des aktivierten Komplexes oder **Übergangszustand** genannt, liegt eine instabile Zwischenverbindung $[H\cdots H\cdots F]^{\ddagger}$ mit maximaler chemischer und minimaler kinetischer Energie vor (Kennzeichnung durch eckige Klammern und Doppelkreuz).
In dieser Zwischenverbindung erfolgt eine weitere Annäherung zwischen dem Fluoratom und einem Wasserstoffatom. Gleichzeitig vergrößert sich der Abstand der beiden Wasserstoffatome, die Bindung wird weiter gelockert. Dabei wird chemische Energie in kinetische Energie umgewandelt.
Im Endzustand liegen dann das Fluorwasserstoffmolekül und ein Wasserstoffradikal vor. Die chemische Energie der Teilchen hat ein Minimum erreicht.
Um die chemische Reaktion zwischen dem Wasserstoffmolekül und dem Fluorradikal zu ermöglichen, muss die Differenz zwischen der chemischen Energie der Teilchen der Ausgangsstoffe und der chemischen Energie des aktivierten Komplexes aufgebracht werden. Sie ist die für diesen Reaktionsschritt erforderliche **molekulare Aktivierungsenergie ε**. Diese Aktivierungsenergie wird dem System der mit bestimmter kinetischer Energie reagierenden Teilchen entnommen.

Aktivierungsenergie und Reaktionsgeschwindigkeit Beispiele für Reaktionen mit geringer Aktivierungsenergie und damit mit hoher Reaktionsgeschwindigkeit ablaufende Reaktionen sind Säure-Base-Reaktionen (Exp. 2) und viele Fällungsreaktionen, z. B. die Fällung von Silberchlorid.

$NH_3 + H_2O \rightarrow NH_4^+ + OH^-$
$Ag^+ + Cl^- \rightarrow AgCl\downarrow$

Auch Reaktionen zwischen Ausgangsstoffen, die in unterschiedlichen Phasen vorliegen (heterogene Reaktionen), können mit hoher Reaktionsgeschwindigkeit ablaufen. Voraussetzung hierfür ist eine sehr feine Verteilung der Ausgangsstoffe. Wird ein fester Ausgangsstoff pulverförmig in einem Gas verteilt, so liegt ein hoher Dispersionsgrad vor. Beispielsweise reagiert sehr fein verteiltes Eisen (pyrophores Eisen) mit Sauerstoff mit hoher Geschwindigkeit. Es entzündet sich von selbst (Exp. 3).

$3\,Fe + 2\,O_2 \rightarrow Fe_3O_4$

Damit aber stark gehemmte Reaktionen mit messbarer Reaktionsgeschwindigkeit ablaufen, ist eine Erhöhung der Temperatur notwendig. Meist ist es erforderlich, die Ausgangsstoffe zu erwärmen.

Wärmeexplosion Für den Fall, dass es sich wie bei der Reaktion von Wasserstoff mit Sauerstoff um eine stark exotherme Reaktion handelt, ist eine Erhöhung der kinetischen Energie der Teilchen nur in einem kleinen räumlichen Bereich notwendig.

EXPERIMENT 2 L

Reaktion von Ammoniak mit Wasser

Ein mit Ammoniak (GHS06|05|09) gefüllter Rundkolben wird mit einem Stopfen mit Glasrohr verschlossen. Das Glasrohr wird in eine Kristallisierschale mit Wasser und einigen Tropfen Universalindikatorlösung getaucht. Die Reaktion wird gestartet, indem etwas Wasser mit einer Pipette in den Rundkolben eingespritzt wird.

3 Aufbau zu Experiment 2

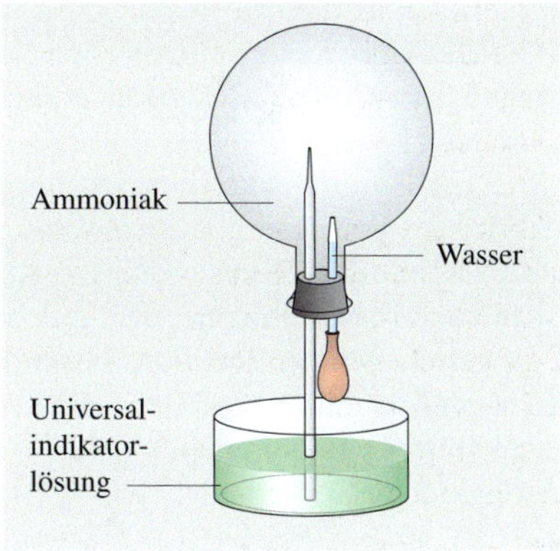

EXPERIMENT 3 L

Selbstentzündung von pyrophorem Eisen

Ein Reagenzglas wird zu einem Viertel mit Eisen(II)-oxalat gefüllt und mit einem Bausch Glaswolle verschlossen. Das Reagenzglas wird gleichmäßig und zügig unter gelegentlichem Bewegen und leichtem Anklopfen über der entleuchteten Brennerflamme erhitzt. Nach dem Abkühlen wird das entstandene pyrophore Eisen (GHS02) in einem abgedunkelten Raum aus ca. 50 cm Höhe langsam auf eine feuerfeste Unterlage geschüttet.
(*Vorsicht:* Pyrophores Eisen gibt schwer entfernbare braune Flecke!)

In diesem Bereich können dann viele Teilchen miteinander reagieren. Die frei werdende Reaktionswärme führt zu einer Temperaturerhöhung des stofflichen Systems, wenn diese Wärme nicht genügend schnell aus dem System abgeführt werden kann. Eine Temperaturerhöhung bewirkt gemäß der Arrhenius-Gleichung eine Vergrößerung der Geschwindigkeitskonstante k und damit eine Zunahme der Reaktionsgeschwindigkeit. Die dadurch bedingte weitere Temperaturerhöhung des Systems bewirkt ein explosionsartiges Ansteigen der Reaktionsgeschwindigkeit. Ein solcher Vorgang wird als **Wärmeexplosion** bezeichnet.
Die Verhinderung der Energieübertragung von den Reaktionsprodukten auf die Ausgangsstoffe wird praktisch als eine Möglichkeit der Brandbekämpfung neben der Trennung der Ausgangsstoffe (Brennstoff und Sauerstoff) genutzt.

AUFGABEN

1 Beschreiben Sie an Beispielen der Brandbekämpfung das Prinzip der Verhinderung der Energieübertragung von den Reaktionsprodukten auf die Ausgangsstoffe.

2 Überlegen Sie, welche Reaktionen bereits bei Zimmertemperatur innerhalb kurzer Zeit verlaufen. Nennen Sie Beispiele und erläutern Sie qualitativ, welche kinetischen Eigenschaften diese Reaktionen aufweisen.

ZUSAMMENFASSUNG

Die **Hemmung einer chemischen Reaktion** wird durch die Größe ihrer Aktivierungsenergie bestimmt.
Die **molekulare Aktivierungsenergie ε** ist die Differenz zwischen der chemischen Energie des aktivierten Komplexes (Übergangszustand) und der chemischen Energie der Teilchen der Ausgangsstoffe vor der Reaktion. Sie wird dem System der mit bestimmter kinetischer Energie reagierenden Teilchen entnommen.

Die **Arrhenius-Aktivierungsenergie E_A (molare Aktivierungsenergie)** ist das Produkt aus der Aktivierungsenergie ε und der Avogadro-Konstante N_A:

$$E_A = \varepsilon \cdot N_A$$

Im Fall einer stark exothermen Reaktion ist bei ungenügender Abfuhr der Reaktionswärme aus dem System eine **Wärmeexplosion** möglich.

► Konzept des chemischen Gleichgewichts und der Kinetik

Katalysator und Katalyse

Katalysator und Inhibitor Die Reaktionsgeschwindigkeit wird außer von den Konzentrationen der Ausgangsstoffe und der Reaktionstemperatur auch von Stoffen beeinflusst, die entsprechend der Reaktionsgleichung nicht zu den Ausgangsstoffen gehören. JÖNS JACOB BERZELIUS glaubte zunächst, dass diese als **Katalysatoren** bezeichneten Stoffe durch ihre bloße Anwesenheit die Reaktionsgeschwindigkeit erhöhen. Ein Katalysator ist jedoch ein an der Reaktion beteiligter Reaktionspartner, der aber nach der Reaktion in unveränderter Form wieder vorliegt und daher in der Reaktionsgleichung meist nicht aufgeführt wird (Abb. 1). Der Katalysator bewirkt eine Erhöhung der Reaktionsgeschwindigkeit. Stoffe, die eine Verringerung der Reaktionsgeschwindigkeit bewirken, werden als **Inhibitoren** bezeichnet.

1 Schema einer chemischen Reaktion mit Katalysator

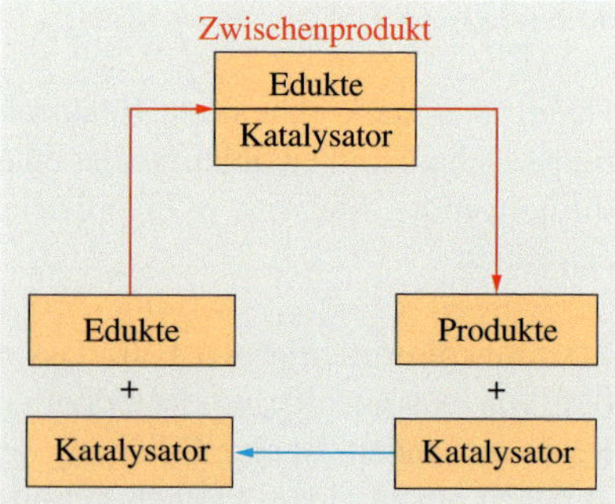

Eine chemische Reaktion, die unter der Einwirkung eines Katalysators abläuft, wird **Katalyse** genannt. Bei einer **positiven Katalyse** wird die Reaktionsgeschwindigkeit der chemischen Reaktion erhöht, bei einer **negativen Katalyse** erniedrigt.
Die Wirkung eines Katalysators bzw. Inhibitors im Vergleich zur unkatalysierten Reaktion lässt sich an der Zersetzung von Wasserstoffperoxid zeigen (Exp. 1; Katalysator: Kaliumiodid, Inhibitor: Phosphorsäure).

$$2\,H_2O_2 \rightarrow 2\,H_2O + O_2$$

Die Inhibitorwirkung der Phosphorsäure wird für die Stabilisierung der Wasserstoffperoxidlösung genutzt.

Wirkung des Katalysators im Reaktionsverlauf Bei oberflächlicher Anwendung der bisher gewonnenen Erkenntnisse auf die Katalyse könnte man zu der Aussage kommen, dass die Steigerung der Reaktionsgeschwindigkeit auf der Herabsetzung der Aktivierungsenergie durch den Katalysator beruht. Der Katalysator bewirkt aber, dass die chemische Reaktion auf einem anderen Reaktionsweg als die unkatalysierte Reaktion abläuft. Der Katalysator K bildet im einfachsten Fall mit einem Ausgangsstoff A ein Zwischenprodukt AK, aus dem der Katalysator K im weiteren Reaktionsverlauf wieder zurückgebildet wird.
Die allgemeine Reaktion

$$A + B \rightarrow C$$

hat ohne die Verwendung eines Katalysators den Reaktionsweg:

$$A + B \rightarrow [A\cdots B]^{\ddagger} \rightarrow C$$

Diese Reaktion nimmt bei Anwesenheit eines Katalysators einen anderen Reaktionsweg (Abb. 2).

$$A + B + K \rightarrow [A\cdots K]^{\ddagger} + B \rightarrow AK + B \rightarrow [A\cdots K\cdots B]^{\ddagger} \rightarrow C + K$$

2 Diagramm der molaren freien Enthalpie G_m im Verlauf einer chemischen Reaktion ohne und mit Katalysator

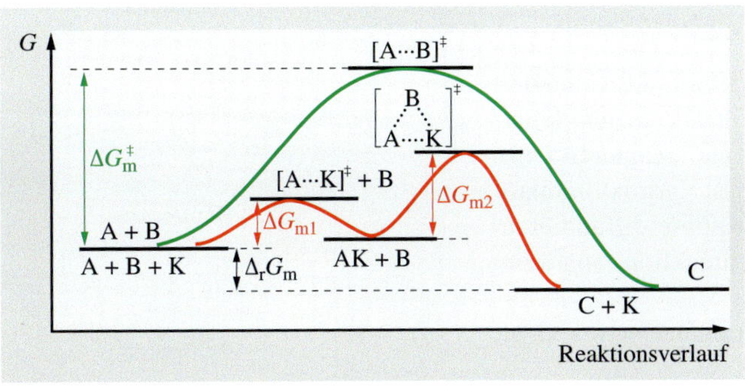

EXPERIMENT 1

Zersetzung von Wasserstoffperoxid

Wasserstoffperoxidlösung ist mit Phosphorsäure (GHS07) stabilisiert. 50 ml 10%ige Wasserstoffperoxidlösung (GHS05 | 07) werden mit Natronlauge ($c = 1\ mol \cdot l^{-1}$; GHS05) neutralisiert (Indikator: Phenolphthalein). Je 15 ml dieser Lösung werden in einem Rundkolben (Abb. 3) versetzt:

a) ohne weitere Zusätze
b) mit 2 ml Kaliumiodidlösung ($c \approx 4\ mol \cdot l^{-1}$)
c) mit 2 ml Phosphorsäure ($c = 1\ mol \cdot l^{-1}$)

Die Kolben werden sofort mit einem Stopfen mit Gasableitungsrohr verschlossen, kurz geschüttelt und eine Stoppuhr gestartet. Bestimmen Sie das innerhalb von 3 min entstehende Gasvolumen.

3 Aufbau zu Experiment 1

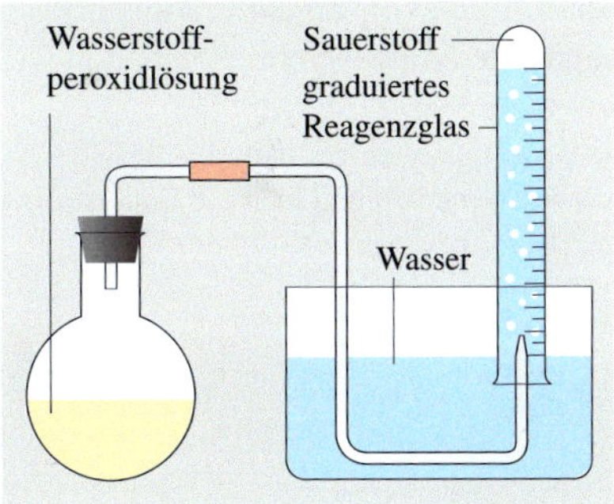

Für die Bildung der aktivierten Komplexe $[A\cdots K]^{\ddagger}$ und $[A\cdots K\cdots B]^{\ddagger}$ bei Verwendung eines Katalysators sind die molaren freien Aktivierungsenthalpien kleiner als die **molare freie Aktivierungsenthalpie $\Delta G_m^{\ddagger}$** für die Bildung des aktivierten Komplexes $[A\cdots B]^{\ddagger}$. Damit sind bei Anwendung der Arrhenius-Gleichung die Geschwindigkeitskonstanten und damit die Reaktionsgeschwindigkeiten für die Reaktionsschritte bei Anwesenheit des Katalysators größer. Dies gilt dann auch für die Reaktionsgeschwindigkeit der gesamten Reaktion.
Das Zwischenprodukt AK tritt tatsächlich in Erscheinung, wenn die Reaktionsgeschwindigkeit der Teilreaktion

$$AK + B \rightarrow C + K$$

kleiner ist als die der Bildung von AK (Exp. 2). Dies ist aber nur sehr selten der Fall, meist ist die Reaktionsgeschwindigkeit der Bildung von AK kleiner.

Oxidation des Wasserstoffs am Platinkatalysator Ein Katalysator kann im günstigsten Fall einen Reaktionsweg ermöglichen, bei dem die Energieniveaus der aktivierten Komplexe nur wenig über dem der Ausgangsstoffe liegen. Dann läuft eine chemische Reaktion mit einer sehr großen Reaktionsgeschwindigkeit ab. Zum Beispiel ist die Reaktion zwischen 1 mol Wasserstoff und 0,5 mol Sauerstoff bei Anwesenheit von fein verteiltem Platin nach etwa 10^{-4} Sekunden beendet (Exp. 3).
Die Reaktion verläuft am Platinkontakt so, dass zunächst Wasserstoffmoleküle an der Platinoberfläche adsorbiert und in Wasserstoffradikale (-atome) gespalten werden (Abb. 1).

1 Wirkungsweise des Platinkatalysators bei der Reaktion von Wasserstoffmolekülen mit Sauerstoffmolekülen

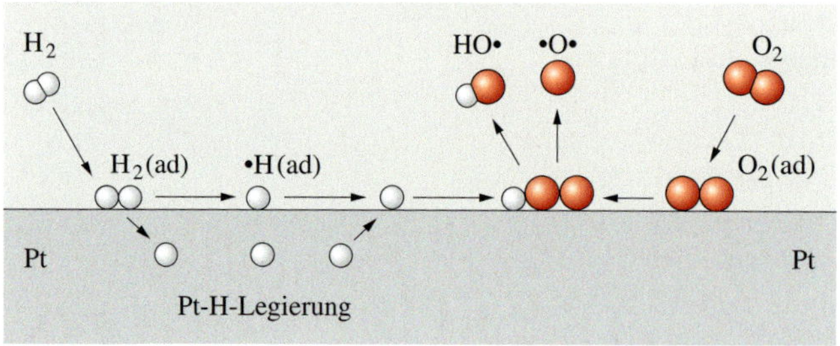

Die Wasserstoffradikale bilden mit dem Platin in der Nähe der Oberfläche eine Platin-Wasserstoff-Legierung. Die an der Platinoberfläche adsorbierten Wasserstoffradikale reagieren mit ebenfalls adsorbierten Sauerstoffmolekülen zu Hydroxylradikalen und Sauerstoffradikalen, die in die Gasphase diffundieren und eine sehr rasch verlaufende Kettenreaktion auslösen (Tab. 1).
Die dargestellte Wirkungsweise des Platinkatalysators liegt auch dem Döbereiner-Feuerzeug zugrunde.

EXPERIMENT 2 L

Nachweis des Zwischenprodukts bei der katalysierten Oxidation von Tartrat-Ionen
(Achtung: Darf nur als Lehrerdemonstrationsexperiment durchgeführt werden!)
In einem Reagenzglas (d = 16 mm, h = 160 mm) werden 10 ml Kaliumnatriumtartratlösung ($c = 0{,}25\ mol \cdot l^{-1}$) und eine Spatelspitze Cobalt(II)-nitrat (GHS08 | 09) mit 4 ml 20%iger Wasserstoffperoxidlösung (GHS05 | 07) versetzt.

EXPERIMENT 3 L

Reaktion von Wasserstoff mit Sauerstoff am Platinkontakt
Eine Gasentwicklungsapparatur für die Herstellung von Wasserstoff (GHS02) wird aufgebaut und über einen Schlauch mit einem zur Spitze ausgezogenen Glasröhrchen mit Kupfergaze als Rückschlagschutz verbunden (Abb. 2). Wenn der die Gasentwicklungsapparatur verlassende Wasserstoff sauerstofffrei ist (*Vorsicht:* Knallgasprobe durchführen!), wird in den Wasserstoffstrom mit einer Pinzette ein Platindrahtknäuel gehalten.

2 Aufbau zu Experiment 3

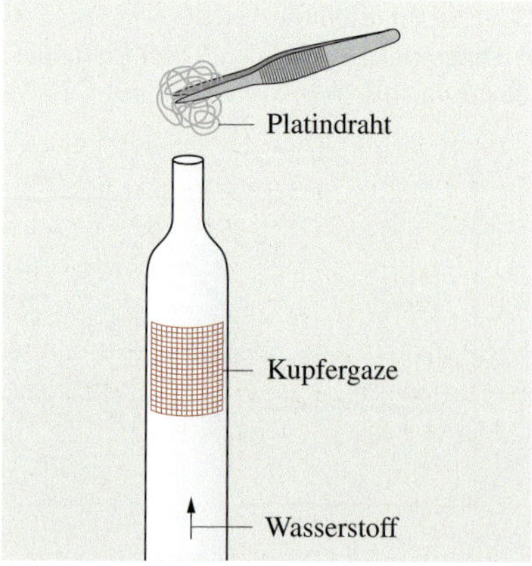

Tab. 1 Kettenreaktion bei der Oxidation des Wasserstoffs am Platinkatalysator

Startreaktion	H – H	$\xrightarrow{Pt}$	H• + H• adsorbiert
Reaktionskette	H• + O_2 •O• + H_2 •OH + H_2 H• + H_2O usw.	→ → → →	•OH + •O• •OH + H• H_2O + H• •OH + H_2
Kettenabbruchreaktion	H• + •OH	→	H_2O

Selektivität von Katalysatoren Bei Verwendung von Katalysatoren wird der Reaktionsweg einer chemischen Reaktion durch den Katalysator verändert. Oft können aus gleichen Ausgangsstoffen in einer Reihe möglicher Reaktionen (Konkurrenzreaktionen) unterschiedliche Reaktionsprodukte gebildet werden. Durch entsprechende Auswahl von Katalysatoren ist es möglich, die Bildung ganz bestimmter Reaktionsprodukte zu begünstigen. Diese Eigenschaft eines Katalysators wird als **Selektivität** bezeichnet (Tab. 1).

Tab. 2 Selektive Wirkung von Katalysatoren auf Synthesegas

Katalysator	Bevorzugte Reaktionsprodukte
– Cu- oder Zn-Cr-Katalysator	– Methanol
– Cu- oder Zn-Cr-Katalysator mit Alkali-Ionen	– höhere Alkohole
– Ni-Katalysator (in Abhängigkeit vom Druck)	– Essigsäure oder Methan

Für die chemische Industrie ist dies von besonderem Interesse, weil dadurch Reaktionsgemische entstehen, in denen weniger unerwünschte Nebenprodukte vorliegen, und damit die Abtrennung des gewünschten Produkts einfacher zu erzielen ist. Gleichzeitig wird die Entsorgung der unerwünschten Nebenprodukte umgangen. Durch die Erhöhung der Reaktionsgeschwindigkeit wird zusätzlich eine höhere Ausbeute je Zeiteinheit erreicht.

Heterogene und homogene Katalyse Bei vielen technischen Synthesen befinden sich Ausgangsstoffe und Katalysatoren in unterschiedlichen Phasen. Es handelt sich um **heterogene Katalysen**. Der Katalysator ist ein Feststoff, an dem die gasförmigen Ausgangsstoffe vorbeiströmen. Die chemische Reaktion findet an der Katalysatoroberfläche statt. Deshalb werden solche Katalysatoren auch als **Kontakte** bezeichnet. Sie sind in hohem Maße empfindlich gegen Vergiftungen durch Verunreinigungen in den Ausgangsstoffen. In einigen Fällen wirken auch die Ausgangsstoffe oder die Reaktionsprodukte selbst als Katalysatorgifte, da sie auf der Katalysatoroberfläche adsorbiert werden. Dadurch wird die katalytisch wirksame Oberfläche verringert.

3 Mit Silber belegter Aluminiumoxid-Katalysator (rasterelektronenmikroskopische Aufnahme)

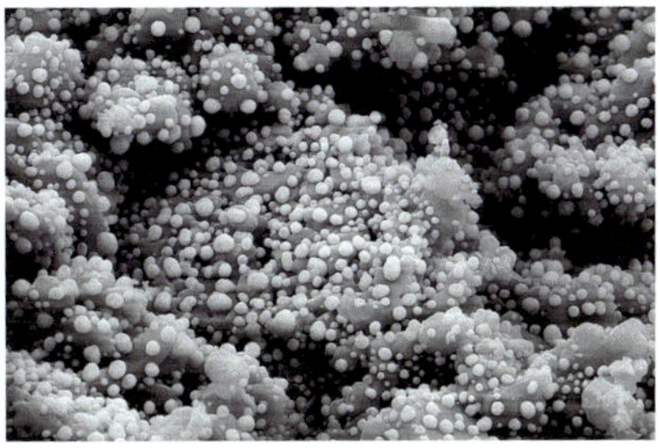

AUFGABEN

1 Charakterisieren Sie die Bedeutung des Einsatzes von Katalysatoren anhand einiger chemisch-technischer Prozesse.

2 Erläutern Sie das Prinzip der Vergiftung eines Katalysators.

3 Erklären Sie, warum Zündaussetzer eines Ottomotors zur Zerstörung der Katalysatoren der Abgasanlage führen können.

Katalysatoren benötigen für ihre Wirksamkeit oft eine über der Zimmertemperatur liegende Ansprechtemperatur. Andererseits werden sie oberhalb einer bestimmten Temperatur irreversibel zerstört. Bei technischen Prozessen liegen die Ansprechtemperaturen meist relativ hoch, sodass ein erheblicher Energieaufwand erforderlich ist. Die Ammoniaksynthese erfordert z. B. eine Temperatur von etwa 450 °C.

Die Katalysatoren in Abgasanlagen von Kraftfahrzeugen haben eine Ansprechtemperatur von etwa 400 °C, sie senken den Schadstoffausstoß um fast zwei Zehnerpotenzen. Der Kraftfahrzeugkatalysator wird bei Überhitzung zerstört.

Bei der **homogenen Katalyse** liegen die Katalysatoren in der gleichen Phase wie die Ausgangsstoffe vor. Ein Beispiel für eine homogene Katalyse ist die Säurekatalyse. Hierbei wirken Protonen als Katalysator. Die Protonierung von Ausgangsstoffen führt zur Bildung eines Zwischenprodukts und damit zu einem veränderten Reaktionsmechanismus mit geringerer Aktivierungsenergie. Problematisch bei homogenen Katalysen ist die Abtrennung des Katalysators nach der Reaktion.

AUFGABEN

1 Charakterisieren Sie den Unterschied zwischen einer homogenen und einer heterogenen Katalyse.

2 Erklären Sie, warum ein Trinkhalm, in eine Selterswasserflasche fallen gelassen, wieder nach oben steigt. Deuten Sie den Vorgang als heterogene Katalyse.

Forschung

Katalysatoren zugeschaut

Die Kenntnis des genauen Ablaufs katalysierter Reaktionen auf atomarer Ebene ist Voraussetzung dafür, technisch bedeutsame Reaktionen effizienter gestalten zu können.

Eine der wichtigsten Reaktionen der chemischen Industrie ist die Synthese von Ammoniak aus den Elementen Stickstoff und Wasserstoff nach dem Haber-Bosch-Verfahren. Lange Zeit war den Forschern der genaue Ablauf dieser Reaktion unklar. Heute weiß man, dass der Reaktionsmechanismus der katalysierten Ammoniaksynthese über den Zerfall des Stickstoffmoleküls in zwei Atome Stickstoff und die anschließende Hydrierung der Stickstoffatome verläuft. Aufgrund der hohen Bindungsenergie der N≡N-Bindung ist die Dissoziation des adsorbierten Stickstoffs der geschwindigkeitsbestimmende Schritt dieser Reaktion. Durch gezielte Beeinflussung dieses Schritts kann die Effizienz des gesamten Prozesses gesteigert werden.

Die Erforschung des genauen Reaktionsverlaufs der katalysierten Ammoniaksynthese trieb maßgeblich der deutsche Chemiker Gerhard Ertl in den 1970er Jahren voran. Für seine Arbeiten zur Wirkungsweise von Katalysatoren wurde Ertl im Jahr 2007 mit dem Nobelpreis für Chemie geehrt.

1 Schematische Darstellung des Mechanismus der katalysierten Ammoniaksynthese

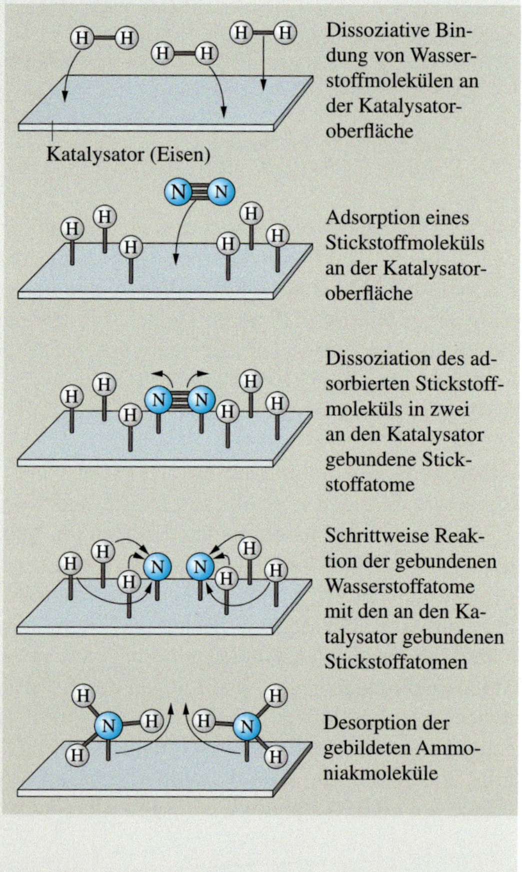

Autokatalyse Eine wichtige Reaktion in der quantitativen Analytik ist die von Oxalat-Ionen mit Permanganat-Ionen (Exp. 4).

$$5\ \begin{matrix}COO^-\\ |\\ COO^-\end{matrix} + 2\ MnO_4^- + 16\ H_3O^+ \rightarrow 2\ Mn^{2+} + 24\ H_2O + 10\ CO_2$$

Diese Reaktion liegt der Permanganometrie, einem Redoxtitrationsverfahren, zugrunde. Die reaktionskinetische Untersuchung zeigt, dass bei Zusatz von Mangan(II)-Ionen die Reaktionsgeschwindigkeit steigt. Mangan(II)-Ionen wirken als Katalysator. Sie werden im Verlauf der Reaktion durch die Reduktion der Permanganat-Ionen gebildet. Dieser Sonderfall, dass ein Reaktionsprodukt als Katalysator wirkt, heißt **Autokatalyse**.

1 Konzentrations-Zeit-Diagramm der Oxidation von Oxalsäure mit Kaliumpermanganat

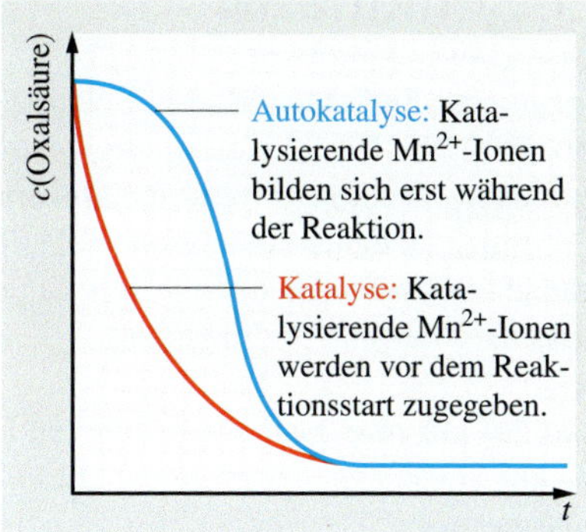

EXPERIMENT 4

Reaktion von Oxalsäure mit Kaliumpermanganat

Zwei Reagenzgläser ($d = 16$ mm, $h = 160$ mm) werden mit 20 ml Oxalsäurelösung ($c = 0{,}25\ mol \cdot l^{-1}$) gefüllt. In Reagenzglas 2 werden zusätzlich 5 Tropfen Mangan(II)-sulfatlösung ($c = 0{,}2\ mol \cdot l^{-1}$) gegeben. In die Reagenzgläser werden 4 Tropfen Kaliumpermanganatlösung ($c = 0{,}02\ mol \cdot l^{-1}$) gegeben, gerührt und eine Stoppuhr gestartet.
Bestimmen Sie die Zeiten bis zur Entfärbung der Lösungen.
Wiederholen Sie die Zugabe von Kaliumpermanganatlösung beim Reagenzglas 1.
Begründen Sie die gemessenen Reaktionszeiten.

Biokatalyse Enzyme, Hormone und Vitamine werden wegen ihrer katalytischen Wirkung auf biochemische Reaktionen als **Biokatalysatoren** bezeichnet. Biokatalysatoren ermöglichen bei der jeweiligen Körpertemperatur und Normaldruck hohe Reaktionsgeschwindigkeiten. Gegenüber Konkurrenzreaktionen wirken sie in starkem Maße selektiv (↑S. 124).

AUFGABE

1 Stellen Sie für die Grundreaktion der Permanganometrie die Reaktionsgleichungen der korrespondierenden Redoxpaare auf.

ZUSAMMENFASSUNG

Katalysatoren sind Reaktionsteilnehmer, die den Reaktionsweg verändern und nach der Reaktion in unveränderter Form wieder vorliegen. Durch den Verlauf der katalysierten Reaktion über Zwischenstufen gelingt eine Herabsetzung der notwendigen molaren Aktivierungsenergie E_A und der molaren freien Aktivierungsenthalpie $\Delta G_m^{\ddagger}$. Dadurch wird die Reaktionsgeschwindigkeit vergrößert: **positive Katalyse**.
Durch **Inhibitoren** kann die Reaktionsgeschwindigkeit einer Reaktion auch herabgesetzt werden: **negative Katalyse**.

Katalysatoren wirken selektiv. Sie beschleunigen unter verschiedenen möglichen Reaktionen der Reaktionsteilnehmer vornehmlich eine Reaktion.
Katalysatoren ermöglichen Reaktionen mit hoher Reaktionsgeschwindigkeit bei niedrigeren Temperaturen als ohne Verwendung eines Katalysators.
Bei der **Autokatalyse** wirkt eines der im Reaktionsverlauf gebildeten Reaktionsprodukte als Katalysator auf die chemische Reaktion.

▶ Konzept des chemischen Gleichgewichts und der Kinetik

Physiologie

Enzymkinetik

Enzyme als Biokatalysatoren Enzyme beeinflussen biochemische Reaktionen in Organismen und werden daher auch als **Biokatalysatoren** bezeichnet. Sie zählen zu den am höchsten spezialisierten Substanzen in Organismen. In jedem Organismus wirken eine Vielzahl von Enzymen.

Bau der Enzyme Fast alle bekannten Enzyme zählen zur Stoffklasse der Proteine. Diese Makromoleküle bestehen aus Hunderten miteinander verbundenen Aminosäuren. Aufgrund der Reihenfolge der Aminosäuren (Primärstruktur) ergibt sich eine spezifische räumliche Struktur des jeweiligen Enzyms. Allen Enzymen gemeinsam ist das Vorhandensein einer katalytisch wirksamen Struktur, dem **aktiven Zentrum**. Das ist die Stelle, an der die Ausgangsstoffe (die Substrate) binden. Es entsteht ein Enzym-Substrat-Komplex. Das aktive Zentrum des Enzyms ist so gebaut ist, dass die Substrate exakt hineinpassen, so wie ein Schlüssel in ein Schloss **(Schlüssel-Schloss-Prinzip)**. Diese Eigenschaft der Enzyme wird als **Substratspezifität** bezeichnet.

1 Ablauf einer enzymatisch katalysierten Reaktion

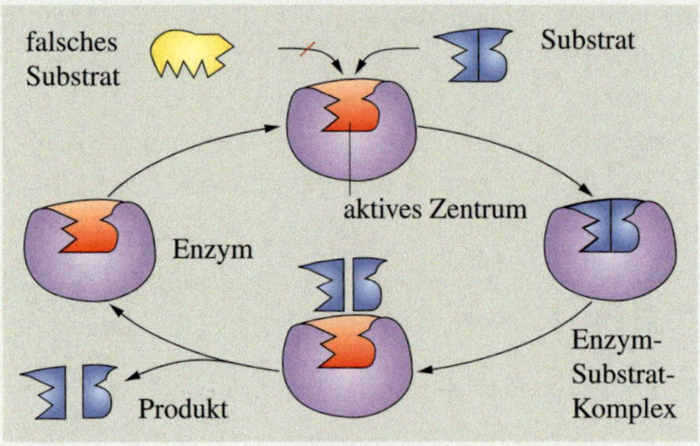

Wirkungsweise In das aktive Zentrum ragen Aminosäurereste, die teilweise elektrisch geladen sind. Diese Restgruppen richten Substrate aus, aktivieren sie und stabilisieren Übergangszustände. Hierdurch wird die Aktivierungsenergie der biochemischen Reaktion so weit abgesenkt, dass sie bereits bei Körpertemperatur optimal abläuft. Jedes Enzym katalysiert durch den charakteristischen Bau des aktiven Zentrums nur spezifische Reaktionen, eine Eigenschaft, die man **Wirkungsspezifität** nennt.

2 Temperaturabhängigkeit der Enzymreaktion

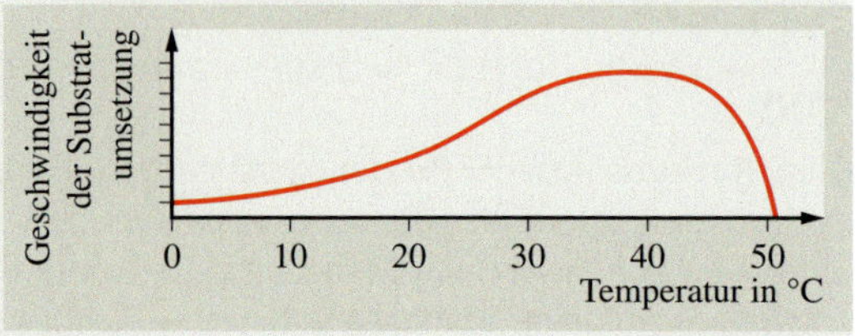

3 Enzymaktivität zweier Verdauungsenzyme des Menschen in Abhängigkeit vom pH-Wert

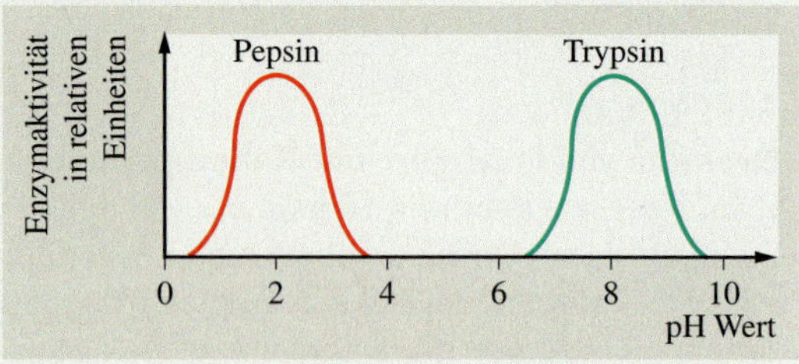

Enzyme wirken temperaturabhängig und pH-abhängig Die Wirksamkeit von Enzymen ist im Wesentlichen von der Temperatur abhängig. Bei niedrigen Temperaturen gilt die RGT-Regel (↑S. 114). Bei höheren Temperaturen wird die räumliche Struktur der Enzyme durch die thermische Bewegung der Moleküle verändert. Bei noch höheren Temperaturen wird das Enzym irreversibel zerstört, es denaturiert. Die Temperatur, bei der die Enzyme optimal katalysieren, ist vom jeweiligen Organismus abhängig. Enzyme des Menschen haben ihr Temperaturoptimum bei 37 °C, ab 42 °C beginnt die Denaturierung.
Enzyme besitzen auch ein pH-Optimum, sie wirken nur innerhalb eines sehr engen pH-Wert-Bereichs. Durch Zugabe von Säuren oder Basen verändert sich die räumliche Struktur der Enzyme, das aktive Zentrum verliert seine Wirksamkeit.

AUFGABEN

1 Die Reaktionsgeschwindigkeit einer enzymatisch katalysierten Reaktion erreicht bei gleichbleibender Enzymkonzentration auch dann einen Maximalwert, wenn die Substratkonzentration immer weiter erhöht wird. Erklären Sie.

2 In modernen Waschmitteln sind vier verschiedene Enzymarten enthalten. Ermitteln Sie, um welche es sich handelt. Erläutern Sie deren Wirkung aus chemischer und ökologischer Sicht.

KOMPLEX GEDACHT

1 Die Reaktion von Methyliodid (Iodmethan) mit Natronlauge ist eine Reaktion zweiter Ordnung.

$CH_3I + OH^- \rightarrow CH_3OH + I^-$

Die nachstehende Tabelle enthält für eine Messreihe die Änderung der Konzentration der Hydroxid-Ionen in der Lösung. In dem Experiment wurden Methyliodid und Natronlauge in gleicher Konzentration eingesetzt.

t [min]	5	15	25	40	50	60
$c(OH^-)$ [$mol \cdot l^{-1}$]	0,49	0,42	0,36	0,3	0,27	0,25

a Stellen Sie die Messwerte in einem Konzentrations-Zeit-Diagramm grafisch dar.

b Bestimmen Sie die durchschnittlichen Reaktionsgeschwindigkeiten in den Zeitintervallen $t_1 = 5$ min, $t_2 = 25$ min sowie $t_1 = 40$ min, $t_2 = 60$ min.

c Bestimmen Sie die Geschwindigkeitskonstante der Reaktion.

2 Glucose reagiert bis etwa 150 °C nicht mit Luftsauerstoff. Wird aber ein Katalysator (Methylenblau) verwendet, ist die Oxidation zu Gluconsäure bereits bei Zimmertemperatur möglich. Die Merkmale dieser Katalyse lassen sich im Blue-Bottle-Experiment untersuchen. Für dieses Experiment benötigt man Glucose, Wasser, Natriumhydroxid und den Farbstoff Methylenblau, der in der oxidierten Form blau und in der reduzierten farblos ist. Die im Kolben angesetzte Lösung ist zunächst blau. Lässt man sie stehen, tritt Entfärbung ein. Schüttelt man den Kolben, so tritt schnell die intensive Blaufärbung wieder auf. Nach dem Schütteln entfärbt sich die Lösung erneut. Dieser Vorgang kann mehrfach wiederholt werden.

1 Das Blue-Bottle-Experiment

Folgende Reaktionen finden statt:

$O_2(g) \rightarrow O_2(aq)$ (A)

$2\ MethH_2 + O_2(aq) \rightarrow 2\ Meth + 2\ H_2O$ (B)
(MethH₂: farblos; Meth: blau)

$Meth + Glucose + H_2O \rightarrow MethH_2 + Gluconsäure$ (C)
(Meth: blau; MethH₂: farblos)

a Ordnen Sie den Beobachtungen in Abbildung 1 die o. g. Reaktionen zu.

b Skizzieren Sie auf der Grundlage der Beobachtungen ein ausführlich beschriftetes Energiediagramm der nicht katalysierten und der katalysierten Reaktion.
Überlegen Sie zuvor, welcher Stoff in der katalysierten Reaktion als Zwischenprodukt angesehen werden muss.

c Nehmen Sie begründet Stellung zu folgender Aussage:
- Es besteht ein direkter Zusammenhang zwischen der Dauer des Schüttelns und der Intensität der Blaufärbung bzw. zwischen der Dauer des Schüttelns und der Zeit, in der Methylenblau wieder entfärbt wird.

Leiten Sie eine allgemeine Aussage zur Abhängigkeit der Reaktionsgeschwindigkeit in heterogenen Systemen ab.

3 Katalysatoren sind nicht nur bei der Herstellung von Stoffen von Bedeutung. Sie werden auch eingesetzt, um Schadstoffe z. B. in Abgasen zu vernichten. Bekanntestes Beispiel hierfür sind die Abgaskatalysatoren in Kraftfahrzeugen. In ihnen ist auf einem wabenförmigen Keramik- oder Metallträger eine Platin-Rhodium-Legierung aufgebracht. An der Katalysatoroberfläche reagieren die im Abgas enthaltenen Schadstoffe.

a Formulieren Sie Reaktionsgleichungen für die Umsetzung der Motorabgase (CO, CO_2, C_mH_n, NO, O_2) zu schadstoffarmen Abgasen.

b Recherchieren Sie die Funktion der Lambdasonde im geregelten Autoabgaskatalysator und welchen Einfluss die Abgastemperatur auf die Katalyse hat. Leiten Sie daraus Aussagen zur Wirksamkeit des Autokatalysators bei verschiedenen Fahrsituationen (Kaltstart, Fahrt auf Landstraße, schnelle Autobahnfahrt) ab.

6 Chemisches Gleichgewicht – Massenwirkungsgesetz

Die flüchtige Beobachtung chemischer Reaktionen fördert meist unbewusst die Vorstellung, dass chemische Reaktionen vollständig in einer bestimmten „naturgegebenen“ Richtung verlaufen. Diese Meinung ist auf die Durchführung chemischer Reaktionen in offenen Systemen zurückzuführen, bei denen meist auf eine quantitative Untersuchung der Reaktionsprodukte verzichtet wird.
Bei Ablauf chemischer Reaktionen in geschlossenen Systemen ist es wesentlich leichter möglich zu beobachten, dass nach dem Abklingen der Reaktion noch Ausgangsstoffe „übrig“ sind. In diesem Zustand liegen Ausgangsstoffe und Produkte nebeneinander vor. Der unvollständige Verlauf chemischer Reaktionen ist ein Nachteil für die Stoffproduktion, z.B. bei der technischen Schwefeltrioxidherstellung, aber auch in der Analytik. Die Ausgangsstoffe werden ungenügend ausgenutzt. Die Abtrennung von Stoffen z.B. durch Fällung gelingt nicht restlos. Möglichkeiten der Einflussnahme auf solche Gleichgewichtszustände haben große Bedeutung bei natürlichen und technischen Prozessen.

Umkehrbarkeit chemischer Reaktionen

Vollständiger Stoffumsatz Bisher wurde bei der Betrachtung chemischer Reaktionen vorausgesetzt, dass sich die Ausgangsstoffe vollständig in die Reaktionsprodukte umwandeln. Bei der Wahl entsprechender Reaktionsbedingungen ist diese Betrachtungsweise auch berechtigt. Reagiert Zink in einem offenen Gefäß mit einem Überschuss Salzsäure, so ist die Reaktion erst beendet, wenn das Zink bei der Reaktion vollständig „verbraucht“ wurde.

$$Zn + 2\,H^+ + 2\,Cl^- \rightarrow Zn^{2+} + 2\,Cl^- + H_2$$

Bei dieser Reaktion findet ein **vollständiger Stoffumsatz** in Bezug auf das Zink statt.

AUFGABEN

1 Geben Sie Beispiele für vollständig und unvollständig ablaufende Reaktionen an. Nennen Sie die jeweilige Ursache für den unvollständigen Ablauf.
2 Nennen Sie charakteristische Merkmale des Gleichgewichtszustands.
3 Beim Öffnen einer Mineralwasserflasche entweicht oft Kohlenstoffdioxid. Erklären Sie dieses Phänomen.

Unvollständiger Stoffumsatz Bei vielen chemischen Reaktionen werden nicht alle Ausgangsstoffe zu Reaktionsprodukten umgesetzt. Ursache für einen **unvollständigen Stoffumsatz** kann sein, dass im Reaktionsverlauf eine steigende Reaktionshemmung auftritt.

So entstehen bei der Oxidation von Zink und Kupfer an der atmosphärischen Luft auf der Metalloberfläche fest haftende und nahezu luftdichte Metalloxidüberzüge. Dadurch wird im Reaktionsverlauf der Sauerstoffzutritt zur Metalloberfläche immer mehr erschwert und schließlich ganz verhindert. Die Oxidation kommt zum Stillstand.

Ursache für unvollständigen Stoffumsatz kann aber auch die grundlegende Eigenschaft chemischer Reaktionen sein, dass sie im Prinzip umkehrbar sind. Chemische Reaktionen können entsprechend der Reaktionsgleichung in beiden Richtungen verlaufen.

$$CH_3-C\begin{matrix}{}^{\nearrow O}\\ {}_{\searrow OH}\end{matrix} + HO-C_2H_5 \underset{\text{Verseifung}}{\overset{\text{Veresterung}}{\rightleftharpoons}} CH_3-C\begin{matrix}{}^{\nearrow O}\\ {}_{\searrow OC_2H_5}\end{matrix} + H_2O$$

$$CH_2{=}CH_2 + H_2 \underset{\text{Dehydrierung}}{\overset{\text{Hydrierung}}{\rightleftharpoons}} CH_3{-}CH_3$$

Bei bestimmten Reaktionsbedingungen laufen Hin- und Rückreaktion gleichzeitig ab. Die in der Hinreaktion gebildeten Reaktionsprodukte können während der Reaktion in umgekehrter Reaktionsrichtung wieder zu den Ausgangsstoffen reagieren. Chemische Reaktionen, die in beiden Richtungen ungehemmt verlaufen können, werden auch **reversible Reaktionen** genannt.

Beispiele für reversible Reaktionen sind die Veresterung bzw. Verseifung, die Hydrierung von Alkenen bzw. Dehydrierung von Alkanen sowie die Protolyse von Ammoniak oder Chlorwasserstoff. Auch die Bildung der faszinierenden Tropfsteine in Tropfsteinhöhlen ist auf die Umkehrbarkeit der dabei ablaufenden chemischen Reaktionen zurückzuführen.

Zur Kennzeichnung des gleichzeitigen Ablaufs von Hin- und Rückreaktion in Reaktionsgleichungen dienen Doppelreaktionspfeile.

$$NH_3 + H_2O \rightleftharpoons NH_4^+ + OH^-$$

EXPERIMENT 1 L

Protolyse von Ammoniak

Auf einer Glastüpfelplatte mit erhöhtem Rand werden in eine Vertiefung eine Spatelspitze Ammoniumchlorid (GHS07) und 2 Plätzchen Natriumhydroxid (GHS05) gegeben. Eine zweite Vertiefung, von der ersten zwei bis drei Vertiefungen entfernt, wird mit Wasser gefüllt, dem man zwei Tropfen Universalindikatorlösung hinzufügt. Danach sind drei Tropfen Wasser in die Vertiefung 1 zu geben und die Tüpfelplatte ist mit einer Glasplatte abzudecken.

Vorsicht: Ammoniak (GHS06 | 05 | 09)!

EXPERIMENT 2 L

Protolyse von Chlorwasserstoff

Die Durchführung erfolgt analog der des Experiments 1. In die erste Vertiefung wird eine Spatelspitze Ammoniumchlorid (GHS07) gegeben auf das drei Tropfen konzentrierte Schwefelsäure (GHS05) zu geben sind.

Vorsicht: Chlorwasserstoff (GHS06 | 05)!

AUFGABE

1 Erklären Sie die unterschiedlichen Zeiten vom Reaktionsstart (Zugabe des Wassers bzw. der Schwefelsäure) bis zum sichtbaren Reaktionsbeginn bei den Experimenten 1 und 2.

ZUSAMMENFASSUNG

Die **Umkehrbarkeit chemischer Reaktionen** stellt eine grundlegende Eigenschaft chemischer Reaktionen dar. Entscheidend für die Umkehrbarkeit chemischer Reaktionen ist die Art der Prozessführung. Chemische Reaktionen, bei denen Hinreaktion und Rückreaktion ungehemmt ablaufen können, werden auch **reversible Reaktionen** genannt.

Chemisches Gleichgewicht

Einstellen eines dynamischen Gleichgewichts Anstelle einer chemischen Reaktion soll zunächst der gleichzeitige Ablauf von Hin- und Rückreaktion an einem Modellexperiment betrachtet werden. Es handelt sich dabei um einen wechselseitigen Transportvorgang von Wasser (Exp. 1). Das Experiment gibt modellhaft die Verhältnisse für eine chemische Reaktion A $\rightleftharpoons$ B wieder.

EXPERIMENT 1

Heberexperiment

Es werden zwei Messzylinder ($V = 50$ ml, $h = 20$ cm) und zwei Glasrohre ($l = 30$ cm, einseitig zur Spitze ausgezogen) mit verschiedenen Innendurchmessern (z. B. 5 und 8 mm) benötigt. Messzylinder 1 wird mit gefärbtem Wasser gefüllt. In die Messzylinder wird je ein Glasrohr auf den Zylinderboden gestellt (Abb. 1). Wenn die Wassersäulen in den Glasrohren den Wasserstand im jeweiligen Zylinder erreicht haben, werden diese Wassersäulen in den jeweils anderen Zylinder übertragen. Der Hebervorgang ist 20-mal zu wiederholen.

Die Wasservolumen in den Messzylindern sind nach jedem Hebervorgang in ein Diagramm einzutragen (Abszisse: Anzahl der Hebervorgänge; Ordinate: Wasservolumen/ml). Das Experiment wird wiederholt, jedoch wird zu Beginn der Messzylinder 2 mit Wasser gefüllt.

1 Versuchsaufbau zum Heberexperiment

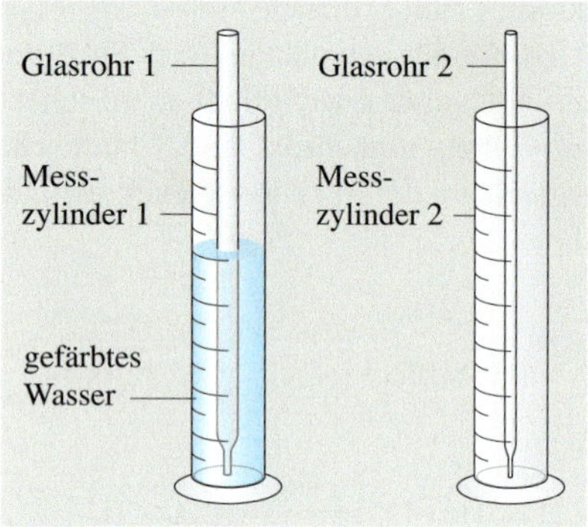

AUFGABE

1 Erörtern Sie, ob sich in einem offenen stofflichen System ein chemisches Gleichgewicht einstellen kann.

Umwelt

Die Ozonschicht

In 15 bis 40 km Höhe über der Erdoberfläche befindet sich eine Schicht, die das Spurengas Ozon O_3 in höherer Konzentration als andere Teile der Atmosphäre enthält. Sie schirmt Tiere und Pflanzen gegen den größten Teil der lebensgefährdenden energiereichen UV-B-Strahlung ab, wobei sich ein Gleichgewicht folgender fotochemischer Reaktionen einstellt:

$$O_2 \rightleftharpoons 2\,\dot{\underset{\cdot}{O}} \qquad \Delta_r H_m = +498\ \text{kJ}\cdot\text{mol}^{-1}$$

$$2\,\dot{\underset{\cdot}{O}} + 2\,O_2 \rightleftharpoons 2\,O_3 \qquad \Delta_r H_m = -212\ \text{kJ}\cdot\text{mol}^{-1}$$

$$3\,O_2 \underset{\lambda > 240\ \text{nm}}{\overset{\lambda < 240\ \text{nm}}{\rightleftharpoons}} 2\,O_3 \qquad \Delta_r H_m = +286\ \text{kJ}\cdot\text{mol}^{-1}$$

Würde das gesamte Ozon der Stratosphäre als reines Gas in einer Schicht mit Normdruck gesammelt, so wäre diese Schicht nur 3 bis 4 mm dick. Fiele der Schutz des stratosphärischen Ozons aus, so wären ernste pathologische Zellveränderungen sowie eine Verminderung der Ernteerträge die Folge. Die mögliche Störung der Fotosynthese des Phytoplanktons in den oberen Schichten der Weltmeere bewirkte eine weitere Verstärkung des Treibhauseffekts.

Der Ozonabbau erfolgt durch komplexe chemische Reaktionen, die vor allem von Fluorchlorkohlenwasserstoffen (FCKWs) und Stickstoffoxiden ausgehen. FCKWs fanden bis in die Mitte der 1990er Jahre zahlreiche Anwendungen als Treibgase für Aerosole und Schäume, als Kühlmedien in Klimaanlagen und Kühlschränken sowie als Lösemittel in der Mikroelektronik. Fluorchlorkohlenwasserstoffe gelangen, einmal in die Umwelt freigesetzt, als stabile chemische Verbindungen mit Verweilzeiten

Das Wasservolumen im Messzylinder 1 entspricht der Konzentration der Substanz A, das im Messzylinder 2 der Konzentration der Substanz B. Nach einer bestimmten Anzahl von Hebervorgängen bleiben die Wasserstände in beiden Messzylindern auf gleicher Höhe, obwohl die Hebervorgänge fortgesetzt wurden. Unter den gewählten Bedingungen hat sich ein Gleichgewicht eingestellt. Da das Gleichgewicht trotz Stofftransport bestehen bleibt, spricht man von einem **dynamischen Gleichgewicht** im Unterschied zum statischen Gleichgewicht einer Waage. Ein solches Gleichgewicht kann sich nur einstellen, wenn je Hebervorgang vom Messzylinder 1 das gleiche Wasservolumen in den Zylinder 2 transportiert wird wie umgekehrt. Wird das Modellexperiment vom gefüllten Messzylinder 2 aus begonnen, stellt sich ein Gleichgewicht ein, das mit dem ersten Gleichgewicht identisch ist.

Einstellen eines chemischen Gleichgewichts Wird eine chemische Reaktion in einem geschlossenen oder abgeschlossenen System durchgeführt und liegt keine Reaktionshemmung vor, laufen Hin- und Rückreaktion gleichzeitig ab.

$$CH_3-C(=O)-OH + HO-C_2H_5 \underset{\text{Rückreaktion}}{\overset{\text{Hinreaktion}}{\rightleftharpoons}} CH_3-C(=O)-OC_2H_5 + H_2O$$

Befinden sich in einem geschlossenen Reaktionsgefäß zu Reaktionsbeginn nur Essigsäure und Ethanol, kann zunächst nur die Veresterung ablaufen. Kurz danach liegen auch Reaktionsprodukte vor, sodass dann auch die Rückreaktion abläuft. Im

2 Konzentrations-Zeit-Diagramm für die Einstellung eines chemischen Gleichgewichts

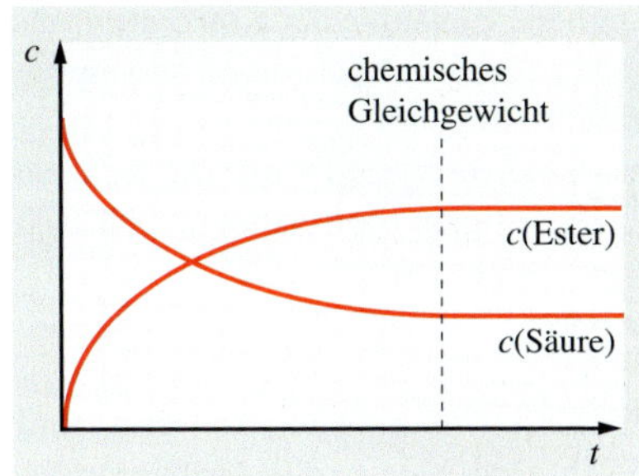

3 Reaktionsgeschwindigkeits-Zeit-Diagramm für die Einstellung eines chemischen Gleichgewichts

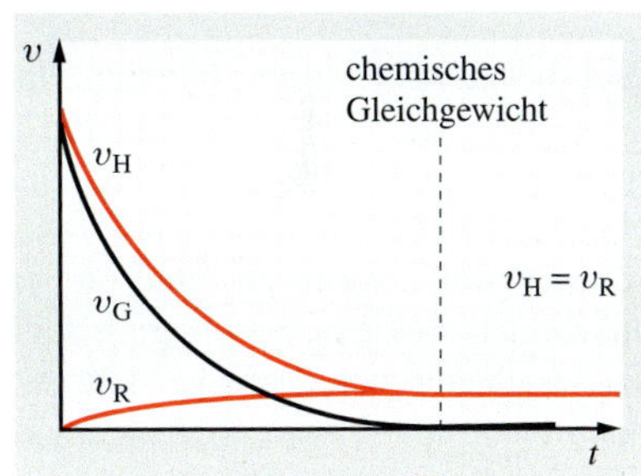

von bis zu mehreren hundert Jahren in der Atmosphäre unverändert in durchschnittlich 10 Jahren bis in die Stratosphäre. Dort werden sie durch die energiereiche UV-Strahlung zersetzt. Die dabei gebildeten Chlorradikale zerstören das Ozon. Ein Chlorradikal kann dabei katalytisch in Kettenreaktionen jeweils einige 10 000 Ozonmoleküle spalten.

$$CCl_2F_2 \xrightarrow{h \cdot \nu} \cdot CClF_2 + Cl\cdot$$
$$Cl\cdot + O_3 \rightleftharpoons ClO\cdot + O_2$$
$$ClO\cdot + \cdot NO_2 \rightleftharpoons ClONO_2$$
$$ClONO_2 + HCl \longrightarrow Cl_2 + HNO_3$$

$$Cl_2 \overset{h \cdot \nu}{\rightleftharpoons} 2\,Cl\cdot$$

AUFGABE

1 Diskutieren Sie Vor- und Nachteile der Verwendung von FCKWs und der möglichen Ersatzstoffe.

4 Das Ozonloch über der Antarktis im Herbst 2008. Die Stärke der Ozonschicht wird in DU (Dobson Unit; Dobson-Einheiten) angegeben (1 DU ≙ 0,01 mm). Im globalen Mittel besitzt die Ozonschicht eine Stärke von etwa 300 DU. Sinkt die Stärke der Ozonschicht unter 220 DU, wird dies als Ozonloch bezeichnet.

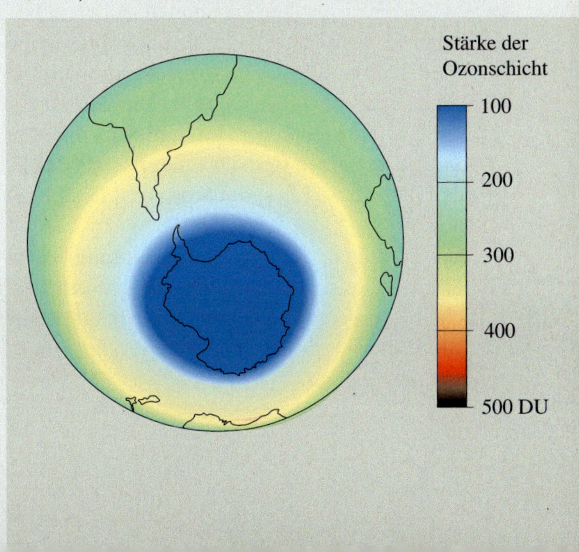

Reaktionsverlauf wird die Geschwindigkeit der Hinreaktion durch die Abnahme der Konzentrationen der Ausgangsstoffe ständig kleiner, die Geschwindigkeit der Rückreaktion wird durch die Zunahme der Konzentrationen der Reaktionsprodukte ständig größer. Nach einer bestimmten Zeit wird ein Zustand erreicht, bei dem genauso viel Ester gebildet wie in der Rückreaktion hydrolysiert wird. Die Konzentrationen der an der Reaktion beteiligten Stoffe ändern sich nicht mehr (↑Abb. 2, S. 129):

$\boldsymbol{\Delta c = 0}$

Die Geschwindigkeiten von Hin- und Rückreaktion sind jetzt gleich groß $v_H = v_R \neq 0$. Während Hin- und Rückreaktion weiterhin ablaufen, ist die Gesamtreaktionsgeschwindigkeit v_G gleich null (↑Abb. 3, S. 129):

$\boldsymbol{v_G = v_H - v_R = 0}$

Auch bei diesem System hat sich ein dynamisches Gleichgewicht eingestellt. Diesen besonderen Zustand eines stofflichen Systems nennt man **chemisches Gleichgewicht**. Da im chemischen Gleichgewicht neben den Reaktionsprodukten auch noch Ausgangsstoffe vorliegen, fand nur ein unvollständiger Stoffumsatz statt. Die Zeit vom Beginn der Reaktion bis zum Vorliegen des chemischen Gleichgewichts wird **Einstellzeit** genannt. Wenn Ester und Wasser als Ausgangsstoffe eingesetzt werden, stellt sich bei gleichen Reaktionsbedingungen das gleiche chemische Gleichgewicht ein, als wären Essigsäure und Ethanol als Ausgangsstoffe verwendet worden. Das chemische Gleichgewicht ist von beiden Seiten einstellbar.

EXPERIMENT 2 L

Bildung und Zerfall von Distickstofftetraoxid

Eine mit einem Gemisch aus Distickstofftetraoxid (GHS03 | 06 | 05) und Stickstoffdioxid (GHS03 | 06 | 05) gefüllte Ampulle wird in eine Eis-Wasser-Mischung (0 °C) gestellt (Abb. 1). Anschließend wird die Ampulle in ein Wasserbad von etwa 50 °C getaucht.

1 Gemisch aus Distickstofftetraoxid und Stickstoffdioxid bei 0 °C (links) und bei 50 °C (rechts)

ZUSAMMENFASSUNG

Das **chemische Gleichgewicht** ist ein besonderer, stabiler und zeitunabhängiger Zustand eines stofflichen Systems, der bei konstanten äußeren Bedingungen (Temperatur, Druck) beliebig lange bestehen bleibt. Konstante Konzentrationen der Reaktionsprodukte stellen sich ein, wenn die Reaktionsgeschwindigkeiten der Hin- und Rückreaktion gleich groß geworden sind. Das chemische Gleichgewicht ist ein stabiles dynamisches Gleichgewicht.

Voraussetzungen für die Herausbildung eines chemischen Gleichgewichts sind die Umkehrbarkeit chemischer Reaktionen und der Ablauf dieser Reaktion in einem geschlossenen oder abgeschlossenen System.

Das chemische Gleichgewicht besitzt folgende **Merkmale:**

- Hin- und Rückreaktion laufen gleichzeitig und mit gleicher Geschwindigkeit ab.
  $\boldsymbol{v_H = v_R \neq 0}$
- Die Reaktionsgeschwindigkeit für die umkehrbare chemische Reaktion ist null.
  $\boldsymbol{v_G = v_H - v_R = 0}$
- Die Ausgangsstoffe und Reaktionsprodukte liegen nebeneinander vor. Ihre Stoffmengenkonzentrationen bleiben unverändert, obwohl Hin- und Rückreaktion permanent ablaufen.
  $\boldsymbol{\Delta c = 0}$

► Konzept des chemischen Gleichgewichts und der Kinetik

Massenwirkungsgesetz

Kinetische Herleitung Für die Dissoziation von Distickstofftetraoxid N_2O_4 und dessen Bildung aus Stickstoffdioxid NO_2

$$N_2O_4 \rightleftharpoons 2\,NO_2$$

gelten die folgenden Zeitgesetze:

$$v_H = k_H \cdot c(N_2O_4)$$
$$v_R = k_R \cdot c^2(NO_2)$$

Im chemischen Gleichgewicht gilt für die Reaktionsgeschwindigkeiten der Hin- und Rückreaktion (↑Reaktionskinetik, S. 111 f.):

$$v_H = v_R$$
$$k_H \cdot c(N_2O_4) = k_R \cdot c^2(NO_2)$$

Durch Umstellen ergibt sich:

$$\frac{k_H}{k_R} = \frac{c^2(NO_2)}{c(N_2O_4)} = K_c$$

Weil der Quotient zweier Geschwindigkeitskonstanten wieder eine Konstante ergibt, muss auch K_c eine Konstante darstellen. K_c wird als **Gleichgewichtskonstante** bezeichnet. Der Index *c* weist darauf hin, dass die Gleichgewichtskonstante mit den Stoffmengenkonzentrationen der an der Reaktion beteiligten Stoffe berechnet wird.
Diese Gesetzmäßigkeit, die hier auf kinetischem Weg hergeleitet wurde, wurde 1867 von CATO MAXIMILIAN GULDBERG und PETER WAAGE als **Massenwirkungsgesetz** formuliert:

Im chemischen Gleichgewicht ist bei einer bestimmten Temperatur der Quotient des Produkts der Konzentrationen der Reaktionsprodukte und des Produkts der Konzentrationen der Ausgangsstoffe eine konstante Größe.

Für die chemische Reaktion

$$A + B \rightleftharpoons C + D$$

lautet die **Gleichung für das Massenwirkungsgesetz:**

$$K_c = \frac{c(C) \cdot c(D)}{c(A) \cdot c(B)}$$

Das Massenwirkungsgesetz ist ein fundamentales Gesetz zur quantitativen Betrachtung chemischer Reaktionen in Systemen, in denen sich aufgrund der Reaktionsbedingungen chemische Gleichgewichte ausbilden.

AUFGABEN

1 Begründen Sie, dass $\Delta c = 0$ ein notwendiges, aber kein hinreichendes Merkmal für ein chemisches Gleichgewicht ist.
2 Warum ist das chemische Gleichgewicht ein dynamisches Gleichgewicht? Begründen Sie.
3 Erläutern Sie Voraussetzungen und Merkmale eines chemischen Gleichgewichts am Beispiel des Systems N_2O_4/NO_2.
4 Begründen Sie, warum die Stöchiometriezahlen einer Reaktionsgleichung in der Gleichung des Massenwirkungsgesetzes die Exponenten der Konzentrationen sind.
5 Formulieren Sie das Massenwirkungsgesetz für die Reaktion:
$3\,A + B \rightleftharpoons 2\,C$
Geben Sie auch die Einheit der Gleichgewichtskonstante K_c an.
6 Formulieren Sie für folgende Reaktionen in der Gasphase das Massenwirkungsgesetz. Geben Sie auch die Einheiten der Gleichgewichtskonstante an.
a $2\,H_2 + O_2 \rightleftharpoons 2\,H_2O$
b $NO + CO_2 \rightleftharpoons NO_2 + CO$
c $CH_4 + H_2O \rightleftharpoons CO + 3\,H_2$

Die Gleichgewichtskonstante K_c charakterisiert bei einer vorgegebenen Temperatur das Konzentrationsverhältnis der reagierenden Stoffe und ist damit ein Maß für die **Lage des chemischen Gleichgewichts**.

Je größer die Gleichgewichtskonstante K_c ist, umso höher sind die Konzentrationen und damit die Stoffmengen der Reaktionsprodukte im chemischen Gleichgewicht und umgekehrt. Je größer die Gleichgewichtskonstante K_c ist, umso mehr liegt das chemische Gleichgewicht auf der Seite der Reaktionsprodukte.

Sollen Gleichgewichtskonstanten verschiedener Reaktionen miteinander verglichen werden, so ist das direkt nur bei solchen Reaktionen möglich, die dem gleichen Gleichungstyp angehören. Gleichungstypen können z. B. sein:

$$A \rightleftharpoons C + D \qquad [K_c] = 1\ \text{mol} \cdot \text{l}^{-1}$$
$$A + B \rightleftharpoons C + D \qquad [K_c] = 1$$
$$A + B \rightleftharpoons C \qquad [K_c] = 1\ \text{l} \cdot \text{mol}^{-1}$$

Die Größe der Gleichgewichtskonstante ist wie die der Reaktionsgrößen ($\Delta_r H_m$, $\Delta_r S_m$, $\Delta_r G_m$) an die Formulierung der jeweiligen Reaktionsgleichung gebunden.

$$N_2O_4 \rightleftharpoons 2\,NO_2 \qquad K_{c,1} = \frac{c^2(NO_2)}{c(N_2O_4)}$$

$$\tfrac{1}{2}\,N_2O_4 \rightleftharpoons NO_2 \qquad K_{c,2} = \frac{c(NO_2)}{\sqrt{c(N_2O_4)}} = \sqrt{K_{c,1}}$$

Werden in der Reaktionsgleichung die Ausgangsstoffe mit den Reaktionsprodukten getauscht, gilt eine neue Gleichgewichtskonstante, die gleich dem Kehrwert der ursprünglichen Gleichgewichtskonstante ist.

$$2\,NO_2 \rightleftharpoons N_2O_4 \qquad K_{c,3} = \frac{c(N_2O_4)}{c^2(NO_2)} = \frac{1}{K_{c,1}}$$

In der Gleichung des Massenwirkungsgesetzes werden nur die Reaktionspartner berücksichtigt, die in gleicher Phase vorliegen (homogene Reaktionssysteme). So wird z. B. bei Löslichkeitsgleichgewichten die Konzentration des sich lösenden Feststoffs in der Gleichung des Massenwirkungsgesetzes nicht berücksichtigt (↑Löslichkeitsgleichgewichte, S. 185):

$$AgCl \rightleftharpoons Ag^+ + Cl^-$$

$$K_c = K_L = c(Ag^+) \cdot c(Cl^-)$$

Massenwirkungsgesetz bei Gasreaktionen Die Gleichgewichtskonstante K_c gilt, wenn für die Reaktionspartner i die Stoffmengenkonzentrationen $c(\text{i})$ in die Gleichung des Massenwirkungsgesetzes eingesetzt werden. Bei Reaktionen von Gasen werden anstelle der Stoffmengenkonzentrationen zweckmäßigerweise die Partialdrücke $p(\text{i})$ der Reaktionspartner i in das Massenwirkungsgesetz eingesetzt.

1 Massenwirkungsgesetz für eine allgemeine chemische Reaktion

In der Gleichung des Massenwirkungsgesetzes für die allgemeine chemische Reaktion

$$\nu(A)\,A + \nu(B)\,B \rightleftharpoons \nu(C)\,C + \nu(D)\,D$$

erscheinen die Stöchiometriezahlen ν in der Reaktionsgleichung als Exponenten der Konzentrationen. Die Gleichung des Massenwirkungsgesetzes für eine solche allgemeine chemische Reaktion lautet:

$$K_c = \frac{c^{\nu(C)}(C) \cdot c^{\nu(D)}(D)}{c^{\nu(A)}(A) \cdot c^{\nu(B)}(B)}$$

$$[K_c] = 1\ (\text{mol} \cdot \text{l}^{-1})^{\Delta\nu}$$
mit $\Delta\nu = [\nu(C) + \nu(D)] - [\nu(A) + \nu(B)]$

Man erhält dann für die Gasreaktion:

$A + B \rightleftharpoons C + D$

die **Gleichgewichtskonstante K_p:**

$$K_p = \frac{p(C) \cdot p(D)}{p(A) \cdot p(B)}$$

Die Relation zwischen den Gleichgewichtskonstanten K_c und K_p ergibt sich aus der thermischen Zustandsgleichung für das ideale Gas:

$$p \cdot V = n \cdot R \cdot T$$

$$p = \frac{n}{V} \cdot R \cdot T \quad \text{Mit } \frac{n}{V} = c \quad \text{erhält man:}$$

$$p = c \cdot R \cdot T \quad \text{bzw. } c = \frac{p}{R \cdot T}$$

Daraus folgt:

$$K_p = K_c \cdot (R \cdot T)^{\Delta\nu}$$

Für das Beispiel $N_2O_4 \rightleftharpoons 2\,NO_2$ gilt damit:

$$K_p = K_c \cdot R \cdot T$$

Zusammenhang zwischen Gleichgewichtskonstante und molarer freier Standardreaktionsenthalpie Die kinetische Herleitung des Massenwirkungsgesetzes ist im strengen Sinne insofern nicht exakt, als stillschweigend vorausgesetzt wird:
- Die Reaktion verläuft entsprechend der Reaktionsgleichung in einem Reaktionsschritt.
- Der Reaktionsverlauf ist für Hin- und Rückreaktion gleich.

Die thermodynamische Ableitung des Massenwirkungsgesetzes enthält solche Unsicherheiten nicht. Bei der thermodynamischen Herleitung des Massenwirkungsgesetzes wird berücksichtigt, dass für die molare freie Reaktionsenthalpie $\Delta_r G_m$ einer Reaktion im chemischen Gleichgewicht gilt: $\Delta_r G_m = 0$ (↑Chemische Thermodynamik, S. 103). Aus dieser Herleitung ergeben sich noch interessante Zusammenhänge zwischen der molaren freien Standardreaktionsenthalpie $\Delta_r G_m^0$ und den Gleichgewichtskonstanten K_c und K_p:

$$\Delta_r G_m^0 = -R \cdot T \cdot \ln\{K_c\} \quad \text{mit } \{K_c\} = \frac{K_c}{(\text{mol} \cdot \text{l}^{-1})^{\Delta\nu}}$$

$$\Delta_r G_m^0 = -R \cdot T \cdot \ln\{K_p\} \quad \text{mit } \{K_p\} = \frac{K_p}{(101{,}3\ \text{kPa})^{\Delta\nu}}$$

Mithilfe dieser Gleichungen lassen sich Gleichgewichtskonstanten für chemische Reaktionen aus molaren freien Standardreaktionsenthalpien berechnen.

2 Massenwirkungsgesetz für eine allgemeine Gasreaktion

Die Gleichung des Massenwirkungsgesetzes für die allgemeine Gasreaktion

$$\nu(A)\,A + \nu(B)\,B \rightleftharpoons \nu(C)\,C + \nu(D)\,D$$

lautet:

$$K_p = \frac{p^{\nu(C)}(C) \cdot p^{\nu(D)}(D)}{p^{\nu(A)}(A) \cdot p^{\nu(B)}(B)}$$

$$[K_p] = 1\ \text{kPa}^{\Delta\nu}$$

ZUSAMMENFASSUNG

Das **Massenwirkungsgesetz** ermöglicht die quantitative Betrachtung chemischer Gleichgewichte.
Im chemischen Gleichgewicht ist bei einer bestimmten Temperatur der Quotient des Produkts der Konzentrationen oder der Partialdrücke der Reaktionsprodukte und des Produkts der Konzentrationen oder der Partialdrücke der Ausgangsstoffe jeweils eine konstante Größe. Diese konstanten Größen werden als **Gleichgewichtskonstanten** $\boldsymbol{K_c}$ und $\boldsymbol{K_p}$ bezeichnet.
Die Gleichgewichtskonstanten K_c und K_p sind von der Temperatur abhängig.

Für die chemische Reaktion
$A + B \rightleftharpoons C + D$

lautet die **Gleichung für das Massenwirkungsgesetz:**

$$K_c = \frac{c(C) \cdot c(D)}{c(A) \cdot c(B)}$$

oder

$$K_p = \frac{p(C) \cdot p(D)}{p(A) \cdot p(B)}$$

► Konzept des chemischen Gleichgewichts und der Kinetik

Berechnungen zum Massenwirkungsgesetz

Das Massenwirkungsgesetz bietet die Möglichkeit, bei bekannter Gleichgewichtskonstante die Konzentrationen der Reaktionspartner im Gleichgewicht und daraus die maximal mögliche Ausbeute zu berechnen.
Es lassen sich auch die für eine bestimmte Ausbeute an Reaktionsprodukten notwendigen Konzentrationen der Ausgangsstoffe ermitteln. Ebenso ist es möglich, aus experimentell ermittelten Gleichgewichtskonzentrationen die Gleichgewichtskonstante und daraus $\Delta_r G_m^0$ zu berechnen.
Bei chemischen Reaktionen ohne Änderung der Stöchiometriezahlen in der Reaktionsgleichung ($\Delta\nu = 0$) können in die Gleichung des Massenwirkungsgesetzes anstelle der Konzentrationen der Reaktionspartner die den Konzentrationen proportionalen Stoffmengen eingesetzt werden.

$$K_c = \frac{c(C) \cdot c(D)}{c(A) \cdot c(B)} = \frac{\frac{c(C)}{V} \cdot \frac{c(D)}{V}}{\frac{c(A)}{V} \cdot \frac{c(B)}{V}}$$

$$K_c = \frac{n(C) \cdot n(D)}{n(A) \cdot n(B)}$$

Für Berechnungen ergeben sich damit Vereinfachungen. In Abhängigkeit von den gegebenen und gesuchten Größen können weitere Gleichungen wie die Zustandsgleichung des idealen Gases genutzt werden.
Ist die Gleichgewichtskonstante für eine chemische Reaktion nicht bekannt, kann diese aus tabellierten thermodynamischen Größen berechnet werden (↑S. 133; ↑Kapitel Thermodynamik S. 103 f.).

1 Schrittfolge für Berechnungen mithilfe des Massenwirkungsgesetzes

1. Aufstellen der Reaktionsgleichung (RGl)
2. Angabe der Konzentrationen, Stoffmengen oder Partialdrücke der Reaktionspartner vor Beginn der Reaktion (Start)
3. Ermitteln der Konzentrationen, Stoffmengen oder Partialdrücke im chemischen Gleichgewicht ($\rightleftharpoons$)
4. Aufstellen der Gleichung des Massenwirkungsgesetzes (MWG)
5. Einsetzen der Konzentrationen, Stoffmengen oder Partialdrücke in die Gleichung des Massenwirkungsgesetzes
6. Berechnen der unbekannten Größe

Berechnen der Gleichgewichtskonstante K_c

Aufgabe: Bei der Reaktion von 5 mol Essigsäure und 3 mol Ethanol bei 25 °C sind bis zur Einstellung des chemischen Gleichgewichts 2,43 mol Essigsäureethylester entstanden. Berechnen Sie die Gleichgewichtskonstante K_c.

Lösung:

1. RGl	CH_3COOH +	C_2H_5OH ⇌	$CH_3COOC_2H_5$ +	H_2O
2. Start	5 mol	3 mol	0 mol	0 mol
3. ⇌	(5 – 2,43) mol	(3 – 2,43) mol	2,43 mol	2,43 mol
	2,57 mol	0,57 mol	2,43 mol	2,43 mol

4. MWG $$K_c = \frac{n(CH_3COOC_2H_5) \cdot n(H_2O)}{n(CH_3COOH) \cdot n(C_2H_5OH)}$$

5. $$K_c = \frac{2{,}43 \text{ mol} \cdot 2{,}43 \text{ mol}}{2{,}57 \text{ mol} \cdot 0{,}57 \text{ mol}}$$

6. $$K_c = 4{,}03$$

Bei 25 °C beträgt die Gleichgewichtskonstante für die Bildung von Essigsäureethylester $K_c = 4{,}03$.

Berechnen der Stoffmenge eines Reaktionsprodukts im chemischen Gleichgewicht

Aufgabe: Die Gleichgewichtskonstante für die Bildung von Essigsäureethylester aus Essigsäure und Ethanol beträgt bei 25 °C $K_c = 4$. Berechnen Sie die Stoffmenge an Ester, wenn von 5 mol Essigsäure und 3 mol Ethanol ausgegangen wird.

Lösung:

1. RGl	CH_3COOH +	C_2H_5OH ⇌	$CH_3COOC_2H_5$ +	H_2O
2. Start	5 mol	3 mol	0 mol	0 mol
3. ⇌	5 mol – n	3 mol – n	n	n

4. MWG $$K_c = \frac{n(CH_3COOC_2H_5) \cdot n(H_2O)}{n(CH_3COOH) \cdot n(C_2H_5OH)}$$

5. Einsetzen der bekannten Werte

$$4 = \frac{n^2}{(5 \text{ mol} - n) \cdot (3 \text{ mol} - n)}$$

6. Aufstellen und Lösen einer quadratischen Gleichung

$$n^2 = 4 \cdot n^2 - 32 \text{ mol} \cdot n + 60 \text{ mol}^2$$

$$0 = n^2 - \frac{32}{3} \text{ mol} \cdot n + 20 \text{ mol}^2$$

$$n_{1;2} = \frac{16}{3} \text{ mol} \pm \sqrt{\frac{256}{9} \text{ mol}^2 - 20 \text{ mol}^2}$$

$$n_{1;2} = \frac{16}{3} \text{ mol} \pm \sqrt{\frac{76}{9} \text{ mol}^2}$$

$n_1 = 8{,}24$ mol Mathematische Lösung, aber chemisch unsinnig, da dieser Wert größer als die Ausgangswerte ist

$n_2 = 2{,}43$ mol

Im chemischen Gleichgewicht enthält das Reaktionsgemisch 2,43 mol Essigsäureethylester.

AUFGABEN

1 Bei der Reaktion von 3 mol Essigsäure und 3 mol Ethanol in einem Lösemittel entstehen bei 25 °C 2 mol Essigsäureethylester. Das Volumen des Gemisches beträgt 500 ml.
Berechnen Sie die Stoffmengen und Konzentrationen aller Stoffe im Gleichgewicht und die Gleichgewichtskonstante K_c.

2 Welche Stoffmenge an Methanol muss eingesetzt werden, um 10 mol Essigsäure zu 90 % zu verestern? Die Gleichgewichtskonstante beträgt $K_c = 9$.

3 Wird Luft auf 2400 °C erhitzt, so reagieren Stickstoff und Sauerstoff zu Stickstoffmonooxid.
Aus a) 100 mol Luft bilden sich maximal 2,2 mol und aus b) 100 l Luft maximal 2,2 l Stickstoffmonooxid. Nehmen Sie an, die Luft enthalte 80 % Stickstoff und 20 % Sauerstoff.

a Berechnen Sie die Gleichgewichtskonstante K_c. Bleibt bei der Reaktion der Druck konstant?

b Begründen Sie die Möglichkeit der Berechnung der Gleichgewichtskonstante K_c aus den Volumina.

Berechnung der Ausbeute einer chemischen Reaktion Die Ausbeute ist bei der Herstellung eines bestimmten Stoffes eine wichtige Kenngröße für die Effektivität dieser Methode. Dies gilt sowohl für großtechnische Verfahren als auch für Verfahren im Labor. Die Ausbeute eines Reaktionsprodukts wird stets auf den Ausgangsstoff bezogen, der hinsichtlich der stöchiometrischen Verhältnisse der Reaktionsgleichung im Unterschuss eingesetzt wurde. Nur dieser Stoff kann praktisch vollständig umgesetzt werden.

Die **Ausbeute** η eines Reaktionsprodukts ist der Quotient aus der erhaltenen Stoffmenge n_e und der für den vollständigen Umsatz des im Unterschuss eingesetzten Ausgangsstoffs berechneten Stoffmenge n_e' dieses Produkts.

$$\eta = \frac{n_e}{n_e'}$$

Dabei handelt es sich immer um die unter diesen Bedingungen maximal mögliche Ausbeute. Die praktische Ausbeute liegt etwa 5 bis 20 % darunter, weil Nebenreaktionen stattfinden können, weil das Reaktionsprodukt nicht vollständig aus dem Reaktionsgemisch abgetrennt werden kann oder weil sich das chemische Gleichgewicht noch nicht einstellen konnte.

Aufgabe: Beim Umsatz von 5 mol Essigsäure mit 3 mol Ethanol bei 25 °C werden 2,43 mol Essigsäureethylester erhalten. Berechnen Sie die Ausbeute an Ester bezogen auf Ethanol.

Lösung:

1.	RGl	CH_3COOH +	C_2H_5OH ⇌	$CH_3COOC_2H_5$ +	H_2O
2.	Start	5 mol	3 mol	0 mol	0 mol
3.	⇌	2,57 mol	0,57 mol	2,43 mol	2,43 mol

$n_e = 2{,}43$ mol

$n_e' = 3$ mol

4. $\eta = \frac{n_e}{n_e'}$

5. $\eta = \frac{2{,}43 \text{ mol}}{3 \text{ mol}}$

6. $\eta = 0{,}81 = 81\,\%$

81 % der eingesetzten Stoffmenge Ethanol können zum Essigsäureethylester umgesetzt werden.

Berechnung eines Ausgangsstoffs im Konvertierungsgleichgewicht Synthesegas, ein Gemisch aus Kohlenstoffmonooxid und Wasserstoff, dient als Ausgangsstoff zur Herstellung einiger Grundchemikalien wie Ammoniak, Methan oder Methanol. Die chemische Reaktion zur Herstellung von Synthesegas durch Reaktion von Kohle mit Wasserdampf wird als Konvertierung (lat. convertere – umwandeln) bezeichnet.

$$CO(g) + H_2O(g) \rightleftharpoons CO_2(g) + H_2(g) \qquad \Delta_r H_m = -41 \text{ kJ} \cdot \text{mol}^{-1}$$

AUFGABEN

1 Berechnen Sie die maximal möglichen Ausbeuten an Essigsäureethylester bezogen auf Ethanol, wenn 1 mol Ethanol mit $n = x$ mol Essigsäure ($1 \leq x \leq 5$; $x \in N$) bei 25 °C umgesetzt werden ($K_c = 4$).
Stellen Sie die Abhängigkeit der Ausbeute von der eingesetzten Stoffmenge an Essigsäure grafisch dar.

2 Berechnen Sie die maximal mögliche Ausbeute beim Umsatz von 1 mol Essigsäure mit 1 mol Ethanol bei 25 °C ($K_c = 4$). Berechnen Sie die maximal mögliche Ausbeute, wenn den Ausgangsstoffen noch 1 mol Wasser zugesetzt wird. Vergleichen Sie beide Ergebnisse miteinander.

3 Berechnen Sie die Stoffmenge an Wasserdampf, die erforderlich ist, um aus einem Gasgemisch von 100 mol Kohlenstoffmonooxid und 100 mol Wasserstoff 98 % des Kohlenstoffmonooxids zu entfernen ($\vartheta = 427$ °C, $K_p = 10$).

4 Berechnen Sie das Volumen von 1 kmol Wasserdampf bei 427 °C und $p = 101{,}3$ kPa nach der allgemeinen Zustandsgleichung des idealen Gases.

5 Bei einer Veresterung beträgt die Gleichgewichtskonstante $K_c = 4{,}5$.

a Berechnen Sie die Ausbeute an Ester bezogen auf 1 mol eingesetzte Säure, wenn 1 mol Säure und 1 mol Alkohol eingesetzt werden.

b Berechnen Sie die Ausbeute an Ester bezogen auf 1 mol eingesetzte Säure, wenn 1 mol Säure und 6 mol Alkohol eingesetzt werden.

Je nach Verwendung muss die Zusammensetzung des Synthesegases auf bestimmte Verhältnisse der Reaktionspartner eingestellt werden. Für die Methanolsynthese z. B. wird ein Synthesegas benötigt, dessen Stoffmengenverhältnis von Kohlenstoffmonooxid zu Wasserstoff etwa 1 : 2 beträgt. Für die Ammoniaksynthese muss das Kohlenstoffmonooxid möglichst vollständig entfernt werden, weil Kohlenstoffmonooxid als Katalysatorgift wirkt.

Aufgabe: Ein Synthesegasgemisch enthält 100 mol Kohlenstoffmonooxid und 100 mol Wasserstoff. Bei einer Temperatur von 700 K ($K_p = 10$) soll das Kohlenstoffmonooxid zu 90 % aus dem Gemisch entfernt werden. Berechnen Sie die einzusetzende Stoffmenge an Wasserdampf.

Lösung:

1. RGl	CO	+	$H_2O(g)$	$\rightleftharpoons$	CO_2	+	H_2
2. Start	100 mol		n		0 mol		100 mol
3. $\rightleftharpoons$	10 mol		$n - 90$ mol		90 mol		190 mol

4. MWG Da $\Delta\nu = 0$, ist $K_p = K_c = \dfrac{n(CO_2) \cdot n(H_2)}{n(CO) \cdot n(H_2O)}$

5. $10 = \dfrac{90\ \text{mol} \cdot 190\ \text{mol}}{10\ \text{mol} \cdot (n - 90\ \text{mol})}$

6. $n - 90\ \text{mol} = \dfrac{90\ \text{mol} \cdot 190\ \text{mol}}{10\ \text{mol} \cdot 10} = 171\ \text{mol}$

$n = 261\ \text{mol}$

261 mol Wasserdampf sind erforderlich, um aus dem gegebenen Synthesegasgemisch 90 % des Kohlenstoffmonooxids zu entfernen.

Prinzip von Le Chatelier und Braun

Einfluss von Temperaturänderungen auf chemische Gleichgewichte Bisher wurden Temperatur und Druck als äußere Bedingungen bei der Betrachtung chemischer Gleichgewichte konstant gehalten. Der Einfluss einer Temperaturänderung auf ein chemisches Gleichgewicht soll an der Bildung und dem Zerfall von Distickstofftetraoxid betrachtet werden.

$2\ NO_2 \rightleftharpoons N_2O_4 \quad \Delta_r H_m = -59\ \text{kJ} \cdot \text{mol}^{-1}$
braun farblos

Die Farbintensität ist hierbei ein Maß für die Konzentration und damit für den Partialdruck des Stickstoffdioxids im Gasgemisch. Ein höherer Partialdruck des Stickstoffdioxids bewirkt eine intensivere Braunfärbung des Gemisches. Die Auswertung des Experiments zeigt, dass eine Temperaturänderung eine Veränderung des chemischen Gleichgewichts zur Folge hat. Bei Temperaturerhöhung ändert sich das chemische Gleichgewicht in Richtung Stickstoffdioxid, bei Temperaturerniedrigung in Rich-

EXPERIMENT 1 L

Temperaturabhängigkeit bei der Bildung und dem Zerfall von Distickstofftetraoxid

Zwei mit einem Gemisch aus Distickstofftetraoxid (GHS03 | 06 | 05) und Stickstoffdioxid (GHS03 | 06 | 05) gefüllte Ampullen werden in ein Wasserbad von 40 °C gestellt. Anschließend wird eine Ampulle in ein Eis-Wasser-Gemisch (0 °C) und die andere Ampulle in ein Wasserbad von 90 °C gestellt.

tung Distickstofftetraoxid. Es stellt sich ein neues chemisches Gleichgewicht mit veränderten Partialdruckverhältnissen der reagierenden Stoffe ein (Abb. 2). Allgemein gilt:

- Einer **Temperaturerhöhung** (äußerer Zwang) weicht ein sich im chemischen Gleichgewicht befindendes stoffliches System durch eine endotherme Reaktion aus, bis sich ein neues chemisches Gleichgewicht eingestellt hat.
- Einer **Temperaturerniedrigung** (äußerer Zwang) weicht ein solches stoffliche System durch eine exotherme Reaktion aus, bis sich ein neues chemisches Gleichgewicht eingestellt hat.

Einfluss von Druckänderungen auf chemische Gleichgewichte

Der Einfluss einer Druckänderung auf ein chemisches Gleichgewicht kann ebenfalls an der Bildung und am Zerfall von Distickstofftetraoxid untersucht werden (Abb. 1).
Bei Druckerhöhung verändert sich das chemische Gleichgewicht in Richtung Distickstofftetraoxid, bei Druckerniedrigung in Richtung Stickstoffdioxid (Exp. 2; Abb. 5). Die Bildung des Distickstofftetraoxids verläuft unter Volumenabnahme.

$$2\,NO_2 \rightleftharpoons N_2O_4 \qquad \Delta_r V_m < 0$$

Allgemein lässt sich feststellen:

- Einer **Druckerhöhung** (äußerer Zwang) weicht ein sich im chemischen Gleichgewicht befindendes stoffliches System durch eine Reaktion aus, die unter Volumenabnahme verläuft, bis sich ein neues chemisches Gleichgewicht eingestellt hat.
- Einer **Druckerniedrigung** (äußerer Zwang) weicht ein solches System durch eine unter Volumenzunahme verlaufende Reaktion aus, bis sich ein neues chemisches Gleichgewicht eingestellt hat.

Die Volumenänderung ergibt sich aus der Änderung der Stoffmenge bzw. der Teilchenanzahl gasförmiger Reaktionspartner, die der Differenz ihrer Stöchiometriezahlen $\Delta\nu$ proportional ist.

1 Einfluss des Drucks auf das chemische Gleichgewicht $2\,NO_2 \rightleftharpoons N_2O_4$

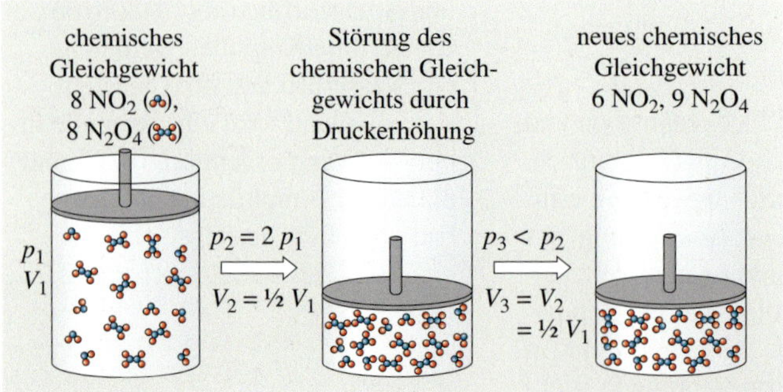

2 Gleichgewichtszusammensetzung in Abhängigkeit von der Temperatur

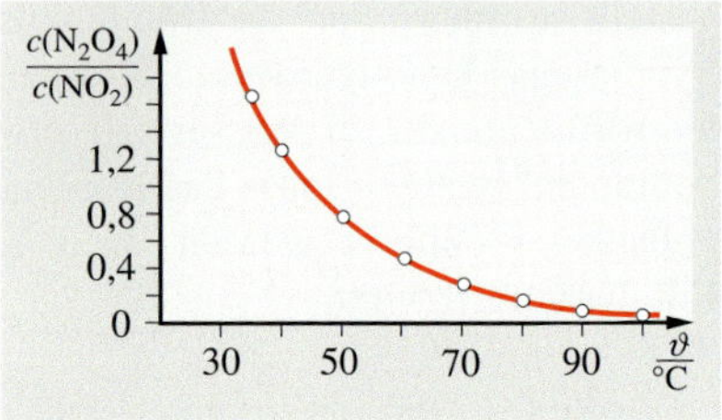

Tab. 1 Temperaturabhängigkeit des chemischen Gleichgewichts $N_2O_4 \rightleftharpoons 2\,NO_2$

T/K	K_p/kPa	$\varphi(NO_2)$	$\varphi(N_2O_4)$
298	11,4	28 %	72 %
373	1380	93,5 %	6,5 %

EXPERIMENT 2 L

Druckabhängigkeit der Bildung und des Zerfalls von Distickstofftetraoxid

Ein Kolbenprober wird unter dem Abzug etwa zur Hälfte mit einem Gemisch von Distickstofftetraoxid (GHS03 | 06 | 05) und Stickstoffdioxid (GHS03 | 06 | 05) gefüllt und mit einer Schlauchklemme verschlossen (Abb. 3). Die Darstellung des Gasgemischs erfolgt durch thermische Zersetzung von Blei(II)-nitrat (GHS08 | 07 | 09). In Längsrichtung wird der Kolbenprober mit einem Bildwerfer durchleuchtet. Mit dem Kolbenprober werden verschiedene Drücke eingestellt.
Erläutern Sie die Auswirkungen der Druckänderungen auf die Gleichgewichte.

3 Experimentaufbau zum Experiment 2

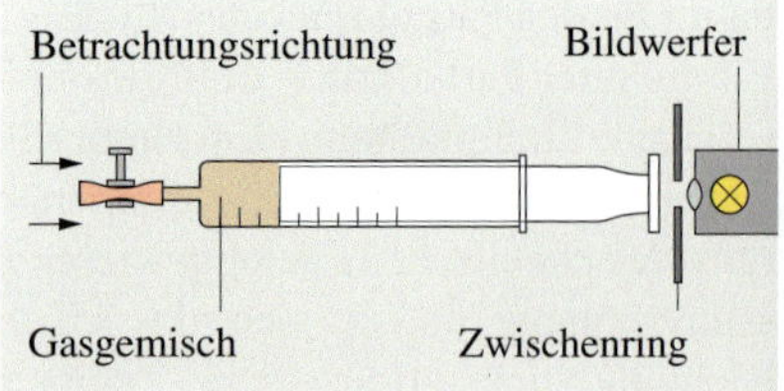

Einfluss von Konzentrationsänderungen auf chemische Gleichgewichte Der Einfluss einer Konzentrationsänderung auf ein chemisches Gleichgewicht lässt sich an der Bildung von Synthesegas verdeutlichen.

$$CO(g) + H_2O(g) \rightleftharpoons CO_2(g) + H_2(g)$$

Die Veränderung der Konzentration eines Reaktionspartners führt zur Veränderung des bestehenden und zur Einstellung eines neuen chemischen Gleichgewichts (Abb. 4).
Durch die Erhöhung der Konzentration eines Ausgangsstoffs oder die Erniedrigung der Konzentration eines Reaktionsprodukts verändert sich das chemische Gleichgewicht in Richtung der Reaktionsprodukte, durch die Erniedrigung der Konzentration eines Ausgangsstoffs oder die Erhöhung der Konzentration eines Reaktionsprodukts in Richtung der Ausgangsstoffe.
Allgemein gilt:

- Der **Zufuhr von Ausgangsstoffen** oder der **Entnahme von Reaktionsprodukten** (äußerer Zwang) weicht ein sich im chemischen Gleichgewicht befindendes stoffliches System durch die Reaktion aus, die unter Bildung der Reaktionsprodukte verläuft, bis sich ein neues chemisches Gleichgewicht eingestellt hat.
- Der **Entnahme von Ausgangsstoffen** oder der **Zufuhr von Reaktionsprodukten** (äußerer Zwang) weicht ein solches System durch die unter Bildung der Ausgangsstoffe verlaufende Reaktion aus, bis sich ein neues chemisches Gleichgewicht eingestellt hat.

4 Einfluss von Konzentrationsänderungen auf das chemische Gleichgewicht $CO(g) + H_2O(g) \rightleftharpoons CO_2(g) + H_2(g)$

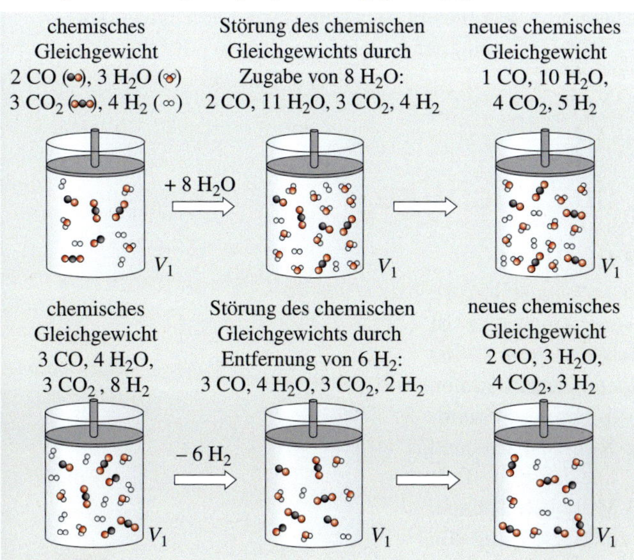

5 Gleichgewichtszusammensetzung in Abhängigkeit vom Druck

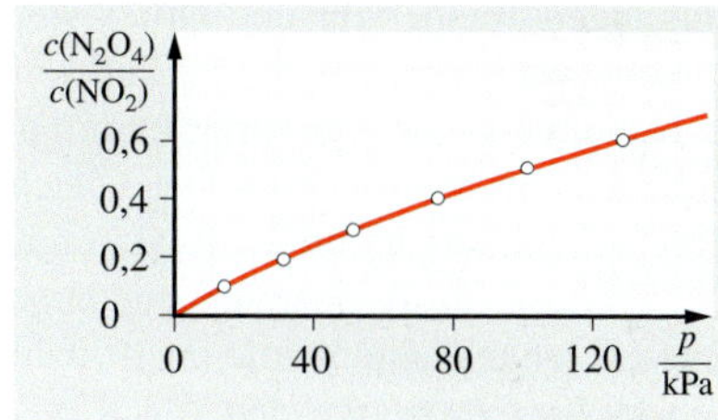

Tab. 2 Druckabhängigkeit des chemischen Gleichgewichts $N_2O_4 \rightleftharpoons 2\,NO_2$

Σp/kPa	K_p/kPa	$\varphi(NO_2)$	$\varphi(N_2O_4)$
101,3	11,4	28%	72%
202,6	11,4	21%	79%
405,2	11,4	15,4%	84,6%

EXPERIMENT 3
Temperaturabhängigkeit des Iod-Iodstärke-Gleichgewichts
Zwei Reagenzgläser werden zu drei Vierteln mit 0,5%iger frisch bereiteter Stärkelösung gefüllt.
In jede Probe ist unter Rühren tropfenweise so viel 0,3%ige Iod-Kaliumiodidlösung zu geben, dass die Lösung kräftig blau gefärbt erscheint. Die erste Probe wird abwechselnd in Bechergläser mit Wasser von etwa 20 und 60 °C getaucht. Die zweite Probe wird zunächst in das Becherglas mit Wasser von etwa 60 °C und anschließend bis zur Hälfte der Füllung in Wasser von 20 °C getaucht.

AUFGABEN

1 Erläutern Sie den Einfluss von Temperatur- und Druckänderungen auf die Reaktionen:
$2\,H_2O(l) + CO_2(g) \rightleftharpoons H_3O^+(aq) + HCO_3^-(aq) \quad \Delta_r H_m < 0$
$N_2O_4 \rightleftharpoons 2\,NO_2 \quad \Delta_r H_m = 59\ kJ \cdot mol^{-1}$

2 Notieren Sie Beispiele chemischer Reaktionen aus Natur und Technik, bei denen gilt: $\Delta \nu(g) \neq 0$.

Das Prinzip des kleinsten Zwangs Bei einer chemischen Reaktion stellt sich in stofflichen Systemen bei gleichen äußeren Bedingungen Temperatur und Druck stets das gleiche chemische Gleichgewicht ein. Werden die äußeren Bedingungen verändert, so beeinflusst dies den Verlauf von Hin- und Rückreaktion. Es stellt sich ein neues chemisches Gleichgewicht mit veränderten Konzentrationen der an der Reaktion beteiligten Stoffe ein.
Der Einfluss von Temperatur- und Druckänderungen auf chemische Gleichgewichte wurde im 19. Jahrhundert unabhängig von HENRY LE CHATELIER und von KARL FERDINAND BRAUN untersucht. Zur Temperatur- und Druckabhängigkeit chemischer Gleichgewichte gilt nach dem **Prinzip des kleinsten Zwangs:**

> Wird auf ein sich im chemischen Gleichgewicht befindendes stoffliches System ein Zwang ausgeübt, dann weicht dieses System dem Zwang so aus, dass die Wirkungen des Zwangs verringert werden.

Dieses Prinzip wird nach seinen Entdeckern auch Prinzip von LE CHATELIER und BRAUN genannt. Es kennzeichnet die qualitative Wirkung von Temperatur- und Druckänderungen sowie die qualitative Wirkung der Entnahme und Zufuhr von Reaktionspartnern auf chemische Gleichgewichte.
Das Prinzip gilt ebenfalls für physikalische Gleichgewichte (z. B. Verdampfen und Kondensieren).

AUFGABEN

1 Welche Reaktionsbedingungen müssen für folgende Reaktionen gewählt werden, um möglichst hohe Ausbeuten an Reaktionsprodukten zu erzielen? Wenden Sie das Prinzip des kleinsten Zwangs an.

Reaktionsgleichung	$\frac{\Delta_r H_m}{kJ \cdot mol^{-1}}$
$2\,SO_2 + O_2 \rightleftharpoons 2\,SO_3$	−196
$CO_2 + H_2 \rightleftharpoons CO + H_2O$	41
$C + CO_2 \rightleftharpoons 2\,CO$	172
$2\,H_2 + CO \rightleftharpoons CH_3OH$	−120

2 Erläutern Sie den Temperatureinfluss auf das Iod-Stärke-Gleichgewicht, wenn $\Delta_r H_m < 0$ (für I_2 + Stärke $\rightleftharpoons$ Iod-Stärke).

3 Begründen Sie, warum beim Experiment 2 (↑S. 138) eine Betrachtung des Kolbenprobers quer zur angegebenen Betrachtungsrichtung zu falschen Ergebnissen führt.

ZUSAMMENFASSUNG

Ein stoffliches System im chemischen Gleichgewicht lässt sich durch Änderungen der Temperatur, des Drucks und der Konzentration mindestens eines Reaktionspartners stören. Es stellt sich ein neues chemisches Gleichgewicht ein.

Nach LE CHATELIER und BRAUN wirkt das „Prinzip des kleinsten Zwangs“.

▶ Konzept des chemischen Gleichgewichts und der Kinetik

Massenwirkungsgesetz und wichtige chemisch-technische Prozesse

Ammoniaksynthese (Haber-Bosch-Verfahren) Ammoniak ist eine der wichtigsten anorganischen Grundchemikalien. Es ist u. a. Ausgangsstoff zur Herstellung von Salpetersäure, Nitraten und Harnstoff. Damit bildet die Ammoniaksynthese die Grundlage für die Produktion von Düngemitteln, Kunst-, Farb- und Sprengstoffen sowie Kunstfasern (↑Tab. 1). Die jährliche Produktion beläuft sich weltweit auf etwa 150 Millionen Tonnen. Nahezu drei Viertel der Produktion werden zur Herstellung von Stickstoffverbindungen für Düngemittel verwendet.

Tab. 1 Verwendung von Ammoniak zur Herstellung von Stoffen

Reaktion	Produkt	Verwendung bzw. Herstellung von
$NH_3 \xrightarrow{+H_2O} NH_3(aq)$	Ammoniaklösung	Düngemittel
$NH_3 \xrightarrow{+CO_2} H_2N{-}CO{-}NH_2$	Harnstoff	Textilien, nassfestes Papier, Erdölverarbeitung, Kunststoffe (Aminoplaste), Schaumstoffe, Düngemittel, Medikamente, Futtermittel
$NH_3 \xrightarrow{+O_2} HNO_3$	Salpetersäure	Schädlingsbekämpfungsmittel, synthetische Fasern, Kunststoffe, Klebemittel, Filme, Arzneimittel, Farbstoffe, Kunstharzlacke
$NH_3 \xrightarrow{+O_2} HNO_3 \rightarrow$ Nitrate	Nitrate	Düngemittel, Sprengstoffe, Nitrocellulose, Nitrolacke, Raketenantriebsstoffe
$NH_3 \xrightarrow{+HNO_3} NH_4NO_3$	Ammoniumnitrat	Düngemittel
$NH_3 \xrightarrow{+H_2SO_4} (NH_4)_2SO_4$	Ammoniumsulfat	Düngemittel
$NH_3 \rightarrow H_2N{-}NH_2$	Hydrazin	Antioxidans, Raketenantriebsstoff
$NH_3 \xrightarrow[+O_2]{+CH_2{=}CH{-}CH_3} CH_2{=}CH{-}CN$	Acrylnitril	Kunstfasern (Polyacrylnitril)

Anfang des 20. Jahrhunderts wuchs der Bedarf an Stickstoffverbindungen in der chemischen Industrie Deutschlands, wobei Deutschland über keine nennenswerten Rohstoffvorkommen verfügte. Lediglich in der Luft ist Stickstoff in praktisch unbegrenzter Menge vorhanden. Aber nur wenige Mikroorganismen wie Knöllchenbakterien können den Stickstoff der Luft direkt in Stickstoffverbindungen umwandeln.
Die Verwirklichung der Ammoniaksynthese nach der chemischen Gleichung

$$N_2 + 3\,H_2 \rightleftharpoons 2\,NH_3 \qquad \Delta_r H_m = -92\ \text{kJ} \cdot \text{mol}^{-1}$$

war in der chemischen Industrie ein außerordentlich bedeutsamer Entwicklungsschritt. Sie war das erste chemische Produktionsverfahren, bei dem die Forschungen zum Massenwirkungsgesetz eine entscheidende Rolle spielten. WALTHER NERNST war es gelungen, die Gleichgewichtskonstante

$$K_p = \frac{p^2(NH_3)}{p(N_2) \cdot p^3(H_2)}$$

für verschiedene Temperaturen aus thermodynamischen Größen zu berechnen (Abb. 1).
Da bei der Ammoniaksynthese eine Verminderung der Stoffmenge und damit des Volumens eintritt, ist das chemische Gleichgewicht druckabhängig (↑Abb. 3, S. 143).
Nach dem Prinzip von LE CHATELIER und BRAUN ergibt sich, dass der Gehalt an Ammoniak im chemischen Gleichgewicht und damit die Ausbeute umso höher wird, je höher der Druck und je niedriger die Temperatur gewählt werden. Die Reaktion zwischen Stickstoff und Wasserstoff ist aber bei tiefen Tempera-

1 Abhängigkeit der Gleichgewichtskonstante der Ammoniaksynthese von der Temperatur

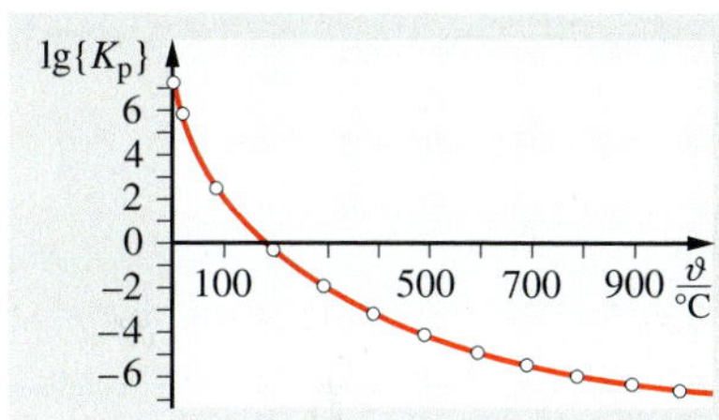

Geschichte

Frauen in der Wissenschaft – Clara Immerwahr

1 Clara Immerwahr

Geboren als jüngste Tochter des Chemikers Philipp Immerwahr und dessen Ehefrau Anna Krohn am 21. Juni 1870 in der Nähe von Breslau (heute Wrocław, Polen), zeigt Clara Immerwahr schon früh ihre Begeisterung für die Naturwissenschaften. Sie absolviert ein Chemiestudium, was einer Frau in der damaligen Zeit ein hohes Maß an Zivilcourage abverlangt. Nach dem Chemiestudium promoviert sie 1900 als erste Frau an der Universität Breslau mit „magna cum laude" im Fach Physikalische Chemie. Mehrere ihrer Arbeiten z. B. über elektrische Messungen an Schwermetallsalzen erscheinen in Fachzeitschriften.

1901 heiratet sie Fritz Haber (1868 bis 1934), ein Jahr später kommt ihr Sohn Hermann (1902 bis 1946) zur Welt. Immerwahr versucht, Ehe und Wissenschaft miteinander zu verbinden. So unterstützt sie fachlich Habers Forschungsarbeiten, ohne jedoch darin namentlich erwähnt zu werden. Immerwahr hält außerdem Vorträge über „Chemie und Physik im Haushalt" vor Frauen in Arbeiterbildungsvereinen, den Vorläufern der heutigen Volkshochschulen. Während Fritz Haber eine steile Karriere gelingt, sieht sich Clara Immerwahr immer stärker in die Rolle der Ehefrau und Mutter gedrängt. Ihre Versuche, wissenschaftlich tätig zu sein, scheitern immer wieder auch aufgrund der fehlenden Unterstützung ihres Mannes.

Fritz Haber entdeckt 1907 das Ammoniakgleichgewicht. Zusammen mit Carl Bosch entwickelt er zwischen 1909 und 1912 bei BASF in Oppau/Ludwigshafen die großtechnische Ammoniaksynthese aus der Luft (Haber-Bosch-Verfahren). Dieses Verfahren machte die deutsche Sprengstoffindustrie vom bis dahin als Rohstoff verwendeten Chile-Salpeter unabhängig. Ohne dieses Verfahren hätten in Deutschland ab Herbst 1914 keine Sprengstoffe mehr produziert werden können. Zunehmend beschäftigt sich Fritz Haber nun mit der Suche nach neuen Kampfgasen und übernimmt 1914 nach Beginn des 1. Weltkriegs als Abteilungsleiter im Kriegsministerium die wissenschaftliche Verantwortung für das gesamte Gaskampfwesen. In mehreren Briefen an ihren Ehemann äußert sich Immerwahr überaus kritisch zu seiner Forschung und bezeichnet sie als eine „Perversion der Wissenschaft". Haber wirft ihr dagegen „Landesverrat" und „antimilitärische Einstellung" vor. Ihre persönliche Beziehung zu Haber wird durch sein militärisches Engagement zunehmend belastet.

Am 22. April 1915 befehligt Haber persönlich an einem Abschnitt der Westfront bei Ypern (Belgien) den Einsatz von Chlor – mit verheerenden Folgen: 15 000 Engländer und Franzosen werden fast schutzlos überrascht, 5000 von ihnen sterben. Den zweiten deutschen Gasangriff soll Haber an der Ostfront vorbereiten. Clara Immerwahr möchte ihn davon abhalten und erschießt sich während seines Aufenthalts in Berlin am Morgen des 2. Mai 1915 mit der Dienstwaffe ihres Ehemanns auf dem Gelände des Kaiser-Wilhelm-Instituts in Berlin-Dahlem. Haber zeigt sich davon unbeeindruckt und fährt noch am gleichen Tag an die Ostfront.

AUFGABEN

1 Recherchieren Sie Möglichkeiten und Grenzen der beruflichen Tätigkeit von Frauen im Deutschen Kaiserreich.

2 Nehmen Sie kritisch zur gesellschaftlichen Verantwortung eines Forschers in damaliger und in heutiger Zeit Stellung.

3 Erarbeiten Sie sich die Lebensläufe von Marie Curie, Maria von Linden und Margarete von Wrangell. Analysieren Sie deren Werdegänge vor dem Hintergrund persönlicher und gesellschaftspolitischer Gegebenheiten.

2 Deutsche Soldaten mit Gasmaske an der Westfront

turen gehemmt. Um Reaktionsgeschwindigkeiten zu erreichen, die ein wirtschaftliches Verfahren ermöglichen, muss ein Katalysator eingesetzt und bei Temperaturen um 450 °C gearbeitet werden.

Um den Arbeitsdruck nach ökonomischen Gesichtspunkten zu optimieren, müssen zwei Aspekte gegeneinander abgewogen werden. Je höher der Arbeitsdruck gewählt wird, desto höher ist die Ausbeute. Auf der anderen Seite erhöhen sich aber die Kosten für die Druckerzeugung. Der höhere Investitionsaufwand für die Drucksicherheit der Anlagen muss ebenfalls berücksichtigt werden. In Deutschland wird heute mit einem Druck von etwa 30 MPa gearbeitet. Der Volumenanteil an Ammoniak im Gleichgewicht beträgt bei diesen Reaktionsbedingungen (450 °C, 30 MPa) etwa 38 %. Das den Synthesereaktor aus wasserstoffbeständigem Spezialstahl verlassende Reaktionsgemisch enthält aber nur etwa 17 % Ammoniak. Die Ursache liegt in der Verweilzeit des Synthesegasgemischs im Reaktor von nur 1 bis 2 Minuten. Diese Zeit ist für die Einstellung des chemischen Gleichgewichts nicht ausreichend. Verluste werden durch die Durchführung der Ammoniaksynthese als Kreislaufprozess vermieden (Abb. 1).

Die Ammoniaksynthese ist insgesamt ein sehr energieintensiver Prozess. Die Wasserstoffgewinnung aus der Wasserdampfzerlegung mit Erdgas ist zwar die einzige endotherme Reaktion, die Nutzung der bei anderen Prozessen frei werdenden Energie ist aber nur begrenzt möglich.

Die Bildung von Ammoniak aus Stickstoff und Wasserstoff verläuft stark exotherm. Die frei werdende Energie bewirkt eine Temperaturerhöhung des Gasgemischs und der Katalysatoren (Kontakte). Jede Temperaturerhöhung führt aber zu einer Verringerung des Volumenanteils des Ammoniaks im Gleichgewicht und damit zur Verringerung der Ausbeute. Um diesem Effekt entgegenzuwirken, muss vor Ort die Reaktionswärme durch Kühlung des Reaktors abgeführt werden. Dies geschieht durch Wärmeaustausch mit frischem Synthesegas bzw. durch

1 Schematische Darstellung des Reaktors zur Herstellung von Ammoniak nach dem Kreislaufprinzip

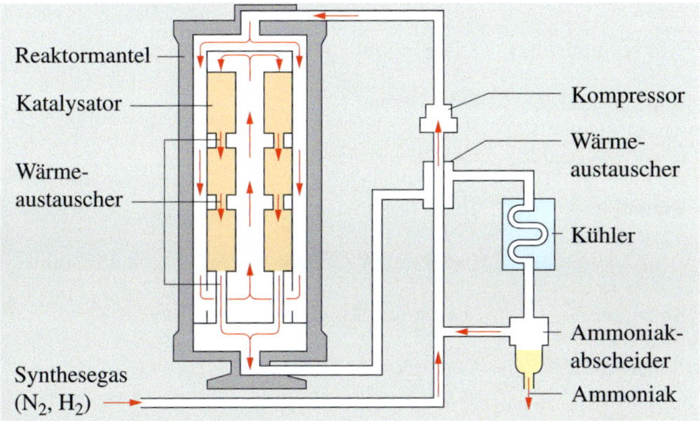

2 Fritz Habers erste Versuchsanlage zur Ammoniakherstellung

3 Abhängigkeit des Volumenanteils an Ammoniak von Temperatur und Druck

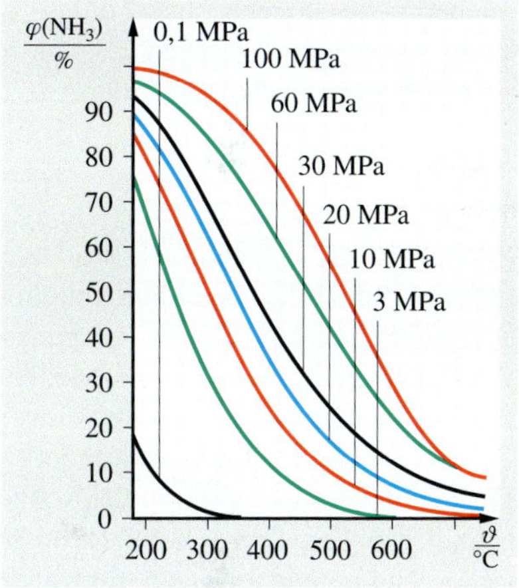

AUFGABEN

1. Informieren Sie sich über die Wasserstoffgewinnung aus der Wasserdampfzerlegung mit Erdgas.
2. Bei der Wasserdampfzerlegung mit Erdgas entsteht als ein Reaktionsprodukt Kohlenstoffmonooxid. Erläutern Sie, wie dieses Katalysatorgift aus dem Synthesegas für die Ammoniakherstellung entfernt wird.
3. In der Technik arbeitet man beim Haber-Bosch-Verfahren bei einer Temperatur von 450 bis 500 °C und einem Druck von 20 bis 30 MPa. Begründen Sie die gewählten Bedingungen. Vergleichen Sie diese Bedingungen mit den theoretisch günstigen und begründen Sie auftretende Unterschiede.

Zuführen kalten Synthesegases direkt in den Reaktor (Abb. 2). Das den Kontaktofen verlassende Reaktionsgemisch wird abgekühlt. Dabei kondensiert das gebildete Ammoniak.
Die Energiebilanz ist ein Faktor zur Bewertung der Wirtschaftlichkeit dieses Verfahrens. Weitere Faktoren sind die Lebensdauer und der Preis des eisenoxidhaltigen Mischkatalysators (enthält noch Kaliumcarbonat, Aluminiumoxid, Calciumoxid, Siliciumdioxid). Als Nebenprodukte der Ammoniaksynthese werden noch die in der Luft vorhandenen Edelgase gewonnen. Als Stickstofflieferant für die Synthese wird Luft verwendet, die neben Stickstoff und Sauerstoff noch Wasser, Kohlenstoffdioxid, Wasserstoff und Edelgase enthält. Während alle Gase außer den Edelgasen während der Synthesegasherstellung bzw. der Ammoniaksynthese entweder aus dem Gasgemisch abgetrennt oder in die Syntheseprodukte übergehen, werden die inerten Edelgase durch den Kreislaufprozess im Synthesegas angereichert. Sie können dann durch Kondensation nach dem Linde-Verfahren und anschließende fraktionierte Tieftemperaturdestillation gewonnen werden.

Schwefelsäureproduktion (Kontaktverfahren) Die am meisten produzierte Grundchemikalie ist die Schwefelsäure. Der größte Teil der auf der Welt produzierten Schwefelsäure wird für die Herstellung von Düngemitteln (Superphosphat) verwendet. Weiterhin dient sie als Ausgangsstoff bei der Produktion von Tensiden für Waschmittel, Medikamenten, Farbstoffen und Farbpigmenten. Die verdünnte Schwefelsäure wird als Elektrolyt in Bleiakkumulatoren verwendet (Tab. 1).
Für die technische Synthese der Schwefelsäure wird Schwefeltrioxid benötigt. Dieses wird vor allem nach dem Kontaktverfahren durch Oxidation von Schwefeldioxid mit Luftsauerstoff gewonnen.

$$2\,SO_2 + O_2 \rightleftharpoons 2\,SO_3 \qquad \Delta_r H_m = -197\ \mathrm{kJ \cdot mol^{-1}}$$

AUFGABEN

1 Erläutern Sie, warum der niedrige Volumenanteil an Ammoniak im Reaktorgas nicht zur Vergeudung des eingesetzten Synthesegases führt.
2 Nennen und begründen Sie theoretisch günstige Bedingungen für die Durchführung der Ammoniaksynthese.
3 Stellen Sie den Verlauf der Ammoniaksynthese mit und ohne Katalysator in einem Energie-Reaktionsverlauf-Diagramm dar. Erläutern Sie in Auswertung des Diagramms die Wirkung des Katalysators auf diese Reaktion und auf das chemische Gleichgewicht.

Tab. 1 Verwendung der Schwefelsäure zur Herstellung von Stoffen

Reaktion	Produkt	Verwendung bzw. Herstellung von
$H_2SO_4 \xrightarrow{+NH_3} (NH_4)_2SO_4$	Ammoniumsulfat	Düngemittel
$H_2SO_4 \xrightarrow{+Ca_3(PO_4)_2} Ca(H_2PO_4)_2$	Superphosphat	Düngemittel
$H_2SO_4 \xrightarrow{+CaF_2} HF$	Fluorwasserstoff	Flusssäure
$H_2SO_4 \xrightarrow{+FeTiO_3} TiO_2$	Titandioxid	Farbstoffe (Weißpigment)
$H_2SO_4 \xrightarrow{+Al(OH)_3} Al_2(SO_4)_3$	Aluminiumsulfat	Gerbemittel („Weißgerberei"), Färbehilfsmittel
$H_2SO_4 \xrightarrow{+R-C_6H_4-H} R-C_6H_4-SO_3^-\ Na^+$	Sulfonate	Waschmittel
$H_2SO_4 \xrightarrow{+ROH} R-OSO_3^-\ Na^+$	Alkylsulfate	Waschmittelherstellung, Netzmittel, Hilfsmittel in der Textilherstellung

Für die Herstellung des Schwefeldioxids existiert eine Vielzahl von Verfahren. Die Oxidation des Schwefeldioxids zum Schwefeltrioxid wird mit Vanadium(V)-oxid V_2O_5 als Katalysator (Kontakt) bei 450 °C und unter Normaldruck durchgeführt. Die Gleichgewichtskonstante

$$K_p = \frac{p^2(SO_3)}{p^2(SO_2) \cdot p(O_2)}$$

hat einen vergleichsweise großen und für die Schwefeltrioxidherstellung günstigen Wert (K_p = 66 kPa^{-1} bei 450 °C). Bei einer Temperaturerhöhung wird die Gleichgewichtskonstante aber kleiner, was die Ausbeute an Schwefeltrioxid verschlechtert. Deshalb wird die exotherme Reaktion an mehreren Kontaktschichten durchgeführt und das Gasgemisch zwischendurch in Wärmeaustauschern auf 420 °C abgekühlt (Abb. 1).
Ein höherer Schwefeldioxidumsatz wird auch durch eine Erhöhung des Sauerstoffpartialdrucks erreicht. Deshalb wird Sauerstoff gegenüber Schwefeldioxid im Überschuss eingesetzt [$\varphi(SO_2) = 7\,\%$, $\varphi(O_2) = 10\,\%$, $\varphi(N_2) = 83\,\%$]. Eine weitere Möglichkeit der Erhöhung des Schwefeldioxidumsatzes ist das Abtrennen des bereits gebildeten Schwefeltrioxids nach dem dritten Kontaktboden. Das Gasgemisch wird nach der Zwischenabsorption noch einmal über eine vierte Kontaktschicht geleitet (Doppelkontaktverfahren). So werden 99,5 bis 99,7 % des Schwefeldioxids umgesetzt (Abb. 2). Ein hoher Schwefeldioxidumsatz ist vor allem deshalb nötig, weil es üblich ist, das Restgas in die Atmosphäre zu leiten. Der Emissionsanteil der Schwefelsäureproduktion an der Gesamtschwefeldioxidemission beträgt 0,3 %.
Zur Herstellung von Schwefelsäure wird Schwefeltrioxid in Absorbertürme geleitet. Es bildet mit konzentrierter Schwefelsäure (98%ig) Oleum. Oleum (rauchende Schwefelsäure) ist ein Gemisch aus Schwefelsäure, gelöstem Schwefeltrioxid und Di-

1 Schematische Darstellung einer Kontaktanlage mit Wärmeaustauschern zur Herstellung von Schwefeltrioxid

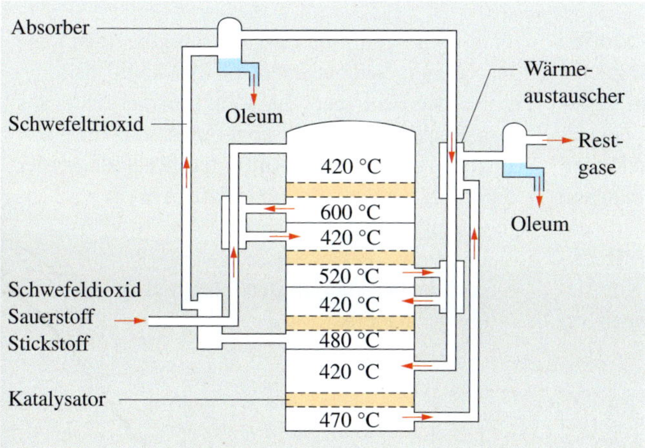

2 Ausbeute an Schwefeltrioxid im Kontaktapparat

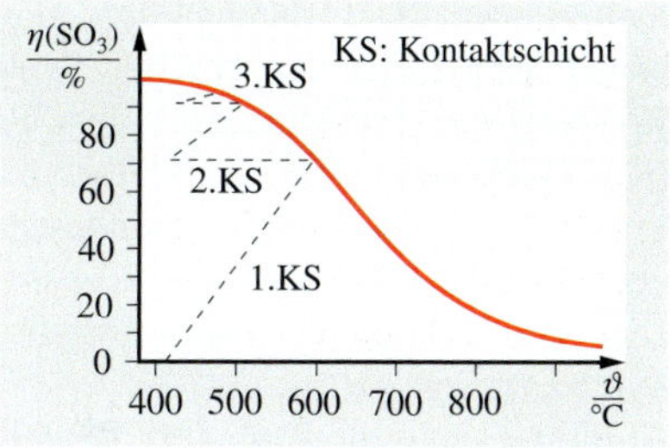

AUFGABEN

1 Informieren Sie sich über technische Verfahren der Schwefelgewinnung und der Schwefeldioxidherstellung.
2 Begründen Sie mithilfe des Prinzips von LE CHATELIER und BRAUN, warum dem technischen Gasgemisch zur Herstellung von Schwefelsäure Luftsauerstoff im Überschuss zugesetzt wird.
3 Erläutern Sie das Prinzip der Erhöhung des Schwefeldioxidumsatzes durch die Zwischenabsorption nach dem dritten Kontaktboden beim Doppelkontaktverfahren.
4 Verunreinigte Schwefelsäure wird beim Recyclingprozess thermisch zerlegt. Formulieren Sie die Reaktionsgleichung.

schwefelsäure $H_2S_2O_7$. Das Oleum wird dann unter Kühlen mit Wasser versetzt. Die Wasserzufuhr wird über Leitfähigkeitsmessungen so geregelt, dass konzentrierte Schwefelsäure als Endprodukt entsteht.

$$H_2SO_4 + SO_3 \rightleftharpoons H_2S_2O_7$$
$$H_2S_2O_7 + H_2O \rightleftharpoons 2\,H_2SO_4$$

Methanolsynthese Methanol ist eine organische Grundchemikalie mit vielseitigen Anwendungsmöglichkeiten. Trotz seiner Giftigkeit dient das Methanol als Lösemittel für Harze, Farbstoffe, Lacke und Polymere sowie in einigen Ländern als Kraftstoff oder Kraftstoffzusatz.
Technisch wird Methanol aus Synthesegas hergestellt.

$$2\,H_2 + CO \rightleftharpoons CH_3OH(g) \qquad \Delta_r H_m = -90\ \mathrm{kJ \cdot mol^{-1}}$$

Der Gehalt an Methanol im Gleichgewicht wird umso größer, je niedriger die Temperatur und je höher der Druck gewählt werden. Es wird ein Chromoxid-Zinkoxid-Mischkatalysator (Cr_2O_3/ZnO) eingesetzt. Die Synthese wird bei einer Temperatur von etwa 400 °C durchgeführt. Der Arbeitsdruck beträgt 20 bis 30 MPa. Nicht umgesetztes Synthesegas wird nach dem Kondensieren des Methanols dem Prozess wieder zugeführt (Kreislaufprinzip). Da die Methanolsynthese eine exotherme Reaktion ist, erwärmen sich Synthesegas und Kontakte während der Synthese. Während des Prozesses muss gekühlt werden. Dies geschieht durch Wärmeaustauscher und Zufuhr kalten Synthesegases.
Aufgrund der sehr ähnlichen Reaktionsbedingungen wurden früher für die Methanolsynthese Reaktoren der gleichen Bauart wie bei der Ammoniaksynthese verwendet. Heute werden Spezialöfen eingesetzt.

AUFGABEN

1 Beschreiben Sie die Bedingungen der technischen Durchführung der Methanolsynthese (Chromoxid-Zinkoxid-Katalysator, $\vartheta \approx 400\ °C$, $p = 22$ MPa).

2 Erläutern Sie die Folgen mangelhafter Kühlung bei der Methanolsynthese.

ZUSAMMENFASSUNG

Bei der großtechnischen Herstellung von Stoffen kommt es darauf an, die Ausgangsstoffe möglichst vollständig und in möglichst kurzer Zeit in Reaktionsprodukte umzuwandeln. Deshalb ist bei der Wahl der **Reaktionsbedingungen Druck** und **Temperatur** nicht nur die Lage des chemischen Gleichgewichts zu berücksichtigen, sondern die Reaktion muss auch eine genügend hohe **Reaktionsgeschwindigkeit** haben. Dies wird vorwiegend durch den Einsatz von **Katalysatoren** erreicht. Bei Reaktionen mit einer ungünstigen Lage des Gleichgewichts kann die Ausbeute dadurch erhöht werden, dass die Reaktionsprodukte aus dem Reaktionsgemisch abgetrennt und die nicht umgesetzten Ausgangsstoffe dem Reaktor wieder zugeführt werden. Das **Kreislaufprinzip** wird angewendet.

► Konzept des chemischen Gleichgewichts und der Kinetik

KOMPLEX GEDACHT

1 Zur Untersuchung des Ablaufs einer Veresterung werden 19,7 ml Methanol ($n = 0{,}5$ mol) und 18,8 ml Methansäure ($n = 0{,}5$ mol) vermischt. In bestimmten Zeitabständen werden dem Reaktionsgemisch mit einer Pipette Proben ($V = 3$ ml) entnommen, die mit Natronlauge ($c = 1\ \text{mol} \cdot \text{l}^{-1}$) titriert werden (Tab. 1).

Tab. 1 Ergebnisse der Titration mit Natronlauge

t in min	*V*(NaOH) in ml
0	38,8
2	27,0
5	20,8
10	19,6
15	19,1
20	18,8
25	18,8

a Zeichnen Sie ein Diagramm, das die Veränderung des Anteils der Methansäure im Reaktionsgemisch darstellt.

b Beschreiben Sie mithilfe dieses Diagramms das Ergebnis des Experiments und werten Sie es allgemein hinsichtlich des Verlaufs chemischer Reaktionen insbesondere im Hinblick auf die Reaktionsgeschwindigkeit und das Massenwirkungsgesetz aus. Leiten Sie dabei das Massenwirkungsgesetz ab.

c Berechnen Sie die Gleichgewichtskonstante der Veresterung. Erläutern Sie deren Aussage.

2 Bei der Umsetzung von Kohlenstoffdioxid mit glühendem Kohlenstoff zu Kohlenstoffmonooxid stellt sich das „Boudouard-Gleichgewicht" ein. Die Reaktion wird technisch bei der Erzeugung von Generatorgas angewandt.

Tab. 2 Volumenanteile im Boudouard-Gleichgewicht

Temperatur ϑ in °C	Volumenanteil $\varphi(CO)$ in %	Volumenanteil $\varphi(CO_2)$ in %
400	1	99
500	5	95
600	23	77
700	58	42
800	90	10
900	97	3
1000	99	1

a Tragen Sie die Messwerte in ein Diagramm ein, das den Zusammenhang zwischen der Reaktionstemperatur und den jeweiligen Volumenanteilen zeigt. Interpretieren Sie den Verlauf des Graphen.

b Berechnen Sie für $\vartheta_1 = 500\ °C$ und $\vartheta_2 = 900\ °C$ die Gleichgewichtskonstante K_p. Der Gesamtdruck dabei beträgt $p_{ges.} = 101{,}3$ kPa. Bestimmen Sie aus der Gleichgewichtskonstante K_p die freie Reaktionsenthalpie.

c Bei der technischen Eisengewinnung aus Eisenerzen im Hochofen werden häufig Kohlenstoff und Kohlenstoffmonooxid als Reduktionsmittel für Eisen(III)-oxid verwendet. Begründen Sie, dass Eisenoxide in der Reduktionsphase des Hochofens bei Temperaturen $\vartheta > 800\ °C$ hauptsächlich durch Kohlenstoffmonooxid reduziert werden.

3 Zwischen Wasser und Wasserdampf besteht ein temperatur- und druckabhängiges Gleichgewicht.

a Begründen Sie die unterschiedlichen Siedetemperaturen des Wassers an den genannten Orten.

b Erläutern Sie die Bildung und die Auflösung von Nebel als Folge einer Gleichgewichtsverschiebung.

Tab. 3 Siedetemperatur von Wasser an verschiedenen Orten der Erde beim jeweils herrschenden Umgebungsdruck

Ort	Höhe über NN	Luftdruck	Siedetemperatur
Berlin	50 m	1013 hPa	100 °C
Zugspitze	2962 m	701 hPa	90 °C
Mt. Everest	8850 m	326 hPa	70 °C

1 Zustandsdiagramm von Wasser

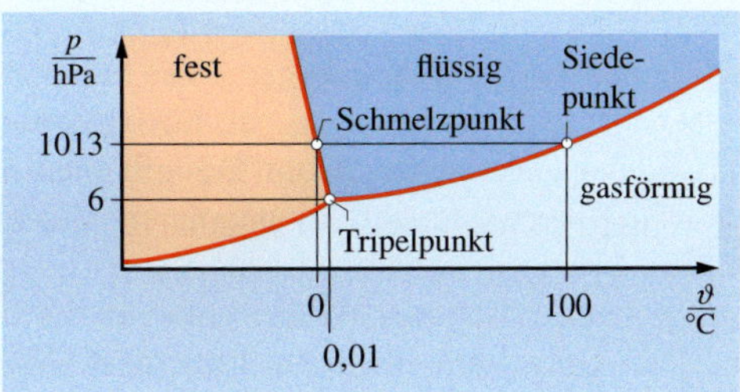

7 Säure-Base-Gleichgewichte in wässriger Lösung

Sehr viele chemische Reaktionen in Natur und Technik verlaufen in wässrigen Systemen. Wasser ist das wichtigste, das umweltfreundlichste und zugleich das preiswerteste Lösemittel. Die Chemie in wässriger Lösung hat deshalb erhebliche Bedeutung.

Wässrige Lösungen sind homogene Systeme. Aber auch für kolloide Systeme, die im biologischen Bereich eine dominierende Rolle spielen, sind die Gesetzmäßigkeiten, wie sie für homogene wässrige Lösungen gefunden werden, gültig. Die vielfältigen chemischen Zusammenhänge, die in einer wässrigen Lösung existieren, sind am Beispiel der Säure-Base-Gleichgewichte besonders gut überschaubar.

Säure-Base-Theorie von Brönsted

Saure Lösungen sind seit Jahrtausenden bekannt, ebenso wie das Phänomen, dass sich die sauren Eigenschaften durch Zugabe von basischen Lösungen aufheben lassen. Im Lauf der letzten Jahrhunderte wurden mehrere Theorien zur Erklärung der sauren und basischen Eigenschaften entwickelt – und auch wieder verworfen oder weiter entwickelt (↑S. 153). Eine heute allgemein anerkannte Definition von Säuren und Basen wurde 1923 von dem dänischen Chemiker Johannes Nikolaus Brönsted und – unabhängig von ihm – von dem englischen Chemiker Thomas Lowry vorgeschlagen.

1 J. N. Brönsted (1879 bis 1947)

Reaktionen mit Protonenübergang Die Molekülsubstanz Chlorwasserstoff leitet weder im festen, flüssigen noch gasförmigen Zustand den elektrischen Strom. Das gilt ebenso für die Lösungen von Chlorwasserstoff in unpolaren Lösemitteln, z. B. in Heptan. Dagegen zeigt die Lösung von Chlorwasserstoff im stark polaren Lösemittel Wasser gute elektrische Leitfähigkeit und färbt Universalindikatoren. Außerdem sind in der Lösung Chlorid-Ionen nachweisbar (Exp. 1).

Offensichtlich wurden Chlorwasserstoffmoleküle unter der Einwirkung von Wassermolekülen in Wasserstoff-Ionen und Chlorid-Ionen gespalten. Dieser Vorgang wird als elektrolytische Dissoziation des Chlorwasserstoffs bezeichnet.

$$HCl \rightleftharpoons H^+ + Cl^-$$

Diese Darstellung gibt aber das Wesen dieser chemischen Reaktion nur unvollkommen wieder. Ionen liegen in Wasser immer hydratisiert vor (↑S. 211). Dies ist besonders bei kleinen Ionen von Bedeutung, wie z. B. beim H^+-Ion, das nur ein Proton darstellt, eine extrem hohe Ladungsdichte hat und die Dipolmoleküle des Wassers stark anzieht. Die Hydratisierung des Protons könnte man z. B. als $[H(H_2O)_4]^+$ formulieren. Vereinfacht wird es jedoch als $H_3O^+(aq)$ geschrieben und mit dem Begriff **Hydronium-Ion** bezeichnet, gelegentlich auch als Oxonium-Ion.
Bei der Reaktion von Chlorwasserstoff mit Wasser geht ein Proton vom Chlorwasserstoffmolekül auf ein Wassermolekül über.

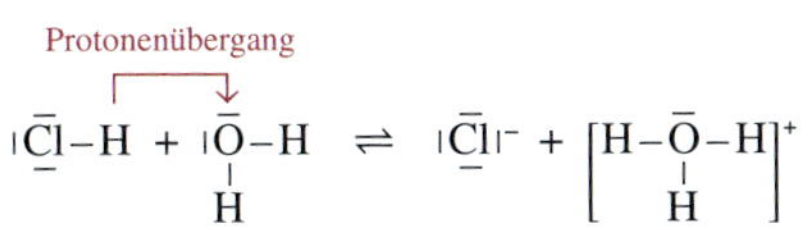

Hydronium-Ionen sind die Ursache für die saure Reaktion (Farbumschlag des Universalindikators). Die wässrige Lösung von Chlorwasserstoff wird als Salzsäure bezeichnet.
Auch bei organischen Säuren wie der Essigsäure läuft beim Lösen in Wasser eine Reaktion mit Protonenübergang ab (Exp. 2a).

Protonenübergang

$$CH_3COOH(g) + H_2O(l) \rightleftharpoons H_3O^+(aq) + CH_3COO^-(aq)$$

Die wässrige Lösung der Molekülsubstanz Ammoniak (Ammoniakwasser) leitet, wenn auch weniger gut als Salzsäure, ebenfalls den elektrischen Strom. Die Lösung bewirkt allerdings bei dem gleichen Universalindikator einen anderen Farbumschlag (Exp. 2b), sie reagiert basisch (alkalisch). Bei dieser Reaktion geben Wassermoleküle je ein Proton an die Ammoniakmoleküle ab. Die dadurch entstandenen Hydroxid-Ionen bewirken die basische Reaktion (Farbumschlag des Universalindikators).

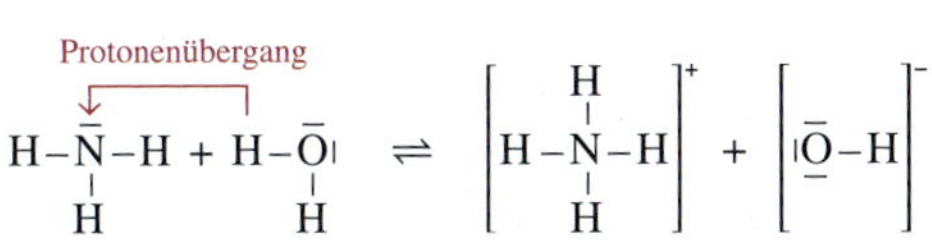

$$NH_3(g) + H_2O(l) \rightleftharpoons NH_4^+(aq) + OH^-(aq)$$

Wird das Salz Ammoniumchlorid in Wasser gelöst, entsteht eine saure Lösung (Exp. 2c). Das Ammonium-Ion gibt ein Proton an das Wassermolekül ab, die dadurch entstandenen Hydronium-

EXPERIMENT 1
Chlorwasserstoff in Wasser und Heptan
Chlorwasserstoff (GHS06 | 05) wird in destilliertes Wasser, dem Universalindikator zugesetzt wurde, und in Heptan (GHS02 | 08 | 07 | 09) eingeleitet. Die elektrische Leitfähigkeit der gebildeten Lösungen wird geprüft. Beobachten Sie auch die Indikatorfarbe und versetzen Sie die wässrige Lösung zusätzlich mit Silbernitratlösung (GHS07).

EXPERIMENT 2
Säuren und Basen in Wasser
a) Die elektrische Leitfähigkeit von wasserfreiem Eisessig (GHS02 | 05) wird geprüft. Dann wird etwas Eisessig in Wasser gegeben, das mit Universalindikator versetzt ist, und die elektrische Leitfähigkeit der Lösung geprüft.
b) *Abzug!* Ammoniak (GHS06 | 05 | 09) wird in Wasser, das Universalindikator enthält, gelöst. Beobachten Sie die Indikatorfarbe und prüfen Sie die elektrische Leitfähigkeit der Lösung.
c) In zwei Wasserproben, die jeweils einige Tropfen eines Farbindikators enthalten, werden Ammoniumchlorid (GHS07) bzw. Natriumacetat gelöst.

AUFGABEN
1 Beim Lösen von Bromwasserstoff, Natriumcarbonat, Natriumsulfid, Lithiumoxid und Lithiumhydrid in Wasser laufen Reaktionen mit Protonenübergang ab. Entwickeln Sie die Reaktionsgleichungen.
2 Formulieren Sie die Ionengleichung für die Neutralisation von Salpetersäure mit Kalilauge.

Ionen sind die Ursache für die saure Lösung. Die Chlorid-Ionen spielen bei der Reaktion keine Rolle.

Protonenübergang

$$NH_4^+(aq) + H_2O(l) \rightleftharpoons H_3O^+(aq) + NH_3(aq)$$

Beim Auflösen des Salzes Natriumacetat entsteht eine basische Lösung (Exp. 2c). Bei dieser Reaktion findet ein Protonenübergang von Wassermolekülen auf Acetat-Ionen statt. Die Natrium-Ionen können keine Protonen aufnehmen oder abgeben und sind an der Reaktion unbeteiligt.

Protonenübergang

$$CH_3COO^-(aq) + H_2O(l) \rightleftharpoons CH_3COOH(aq) + OH^-$$

Die Neutralisation ist ebenfalls eine Reaktion mit Protonenübergang.

Protonenübergang

$$H_3O^+(aq) + OH^-(aq) \rightleftharpoons 2\,H_2O(l)$$

Ammoniumsalze sind gegenüber starken Laugen (z. B. Natronlauge) nicht beständig. Sie zersetzen sich unter Freisetzung von Ammoniak. Auch bei dieser Reaktion werden Protonen übertragen (Exp. 3).

Protonenübergang

$$NH_4^+(aq) + OH^-(aq) \rightleftharpoons NH_3(g) + H_2O(l)$$

Selbst die in der Gasphase ablaufende Reaktion von Ammoniak mit Chlorwasserstoff ist eine Reaktion mit Protonenübergang (Exp. 4).

Protonenübergang

$$NH_3(g) + HCl(g) \rightleftharpoons NH_4Cl(s)$$

In jedem der beschriebenen Fälle besteht die chemische Reaktion darin, dass ein Teilchen ein Proton abgibt und ein anderes Teilchen das Proton aufnimmt. Es handelt sich immer um eine **Reaktion mit Protonenübergang**. Viele chemische Reaktionen in natürlichen und technischen Systemen gehören zu dieser Reaktionsart.

Säure-Base-Definition von Brönsted Auf der Grundlage der Erkenntnis, dass das Wesen aller Säure-Base-Reaktionen der Protonenübergang ist, entwickelte Brönsted seine Säure-Base-Theorie.

Säuren sind nach Brönsted Teilchen, die bei Reaktionen Protonen abgeben. Sie sind **Protonendonatoren**. Oft werden diese Teilchen als Brönsted-Säuren bezeichnet. Sie enthalten Wasserstoffatome mit einer positiven Partialladung.

EXPERIMENT 3

Freisetzen von Ammoniak

Vorsicht! Natronlauge (GHS05) wird auf eine Portion eines Ammoniumsalzes (GHS07) getropft. Das entstehende Gas (GHS06 | 05 | 09) wird mit feuchtem Indikatorpapier geprüft (Abb. 1).

1 Durchführung von Experiment 3

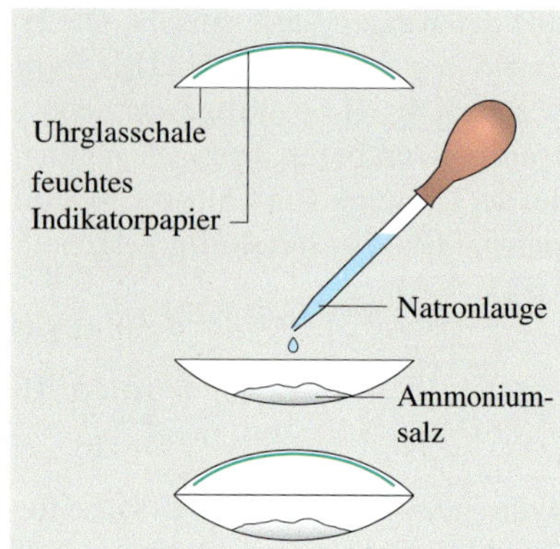

EXPERIMENT 4 L

Bildung von Ammoniumchlorid

Abzug! Ein Stehkolben wird mit Chlorwasserstoff (GHS06 | 05), ein zweiter mit Ammoniak (GHS06 | 05 | 09) gefüllt. Beide Kolben werden mit Glasscheiben bedeckt und aufeinandergestellt, dann die Glasscheiben entfernt.

AUFGABEN

1 Chlorwasserstoff lässt sich durch Auftropfen von konzentrierter Schwefelsäure auf Natriumchlorid herstellen. Entwickeln Sie die Reaktionsgleichung dieser Reaktion.

2 Eine Lösung von Perchlorsäure in Eisessig und eine Lösung von Chlorwasserstoff in Ethanol leiten den elektrischen Strom. Formulieren Sie die Reaktionsgleichungen und benennen Sie die in den Lösungen vorliegenden Ionen.

Basen sind nach BRÖNSTED Teilchen, die bei Reaktionen Protonen aufnehmen. Sie sind **Protonenakzeptoren**. Oft werden diese Teilchen als Brönsted-Basen bezeichnet. Alle Brönsted-Basen besitzen mindestens ein freies Elektronenpaar, das die Ausbildung einer koordinativen Bindung mit dem Proton ermöglicht.

Ampholyte sind nach BRÖNSTED Teilchen, die je nach Reaktionspartner Protonen abgeben oder aufnehmen können. Sie sind **Säure-Base-amphoter** (griech. amphoteros – beides zugleich). Das bekannteste Beispiel dafür sind Wassermoleküle, die je nach Reaktionspartner entweder als Base oder als Säure reagieren können.

Protonenübergang

$$HCl(g) + H_2O(l) \rightleftharpoons H_3O^+(aq) + Cl^-(aq)$$

Protonenübergang

$$NH_3(g) + H_2O(l) \rightleftharpoons NH_4^+(aq) + OH^-(aq)$$

Neben Wassermolekülen besitzen auch andere Teilchen Säure-Base-amphotere Eigenschaften, z.B. Hydrogen-Anionen wie HCO_3^-, HPO_4^{2-}, $H_2PO_4^-$ oder HSO_4^-.

Chemische Reaktionen mit Protonenübergang werden als **Säure-Base-Reaktionen** oder als **Protolysen** bezeichnet.

Säuren, Basen und Ampholyte lassen sich unter der Bezeichnung **Protolyte** zusammenfassen. Protolyte können sowohl Moleküle als auch Ionen sein. Sie können nach ihrer Teilchenladung eingeteilt werden (Tab. 1).

Säuren und Basen wurden früher als **Stoffklassen** angesehen. Nach BRÖNSTED charakterisieren diese Begriffe aber **Funktionen von Teilchen**, d.h. ihr vom Reaktionspartner mitbestimmtes Verhalten als Säure oder als Base. Umgangssprachlich sagt man: „Essigsäure ist eine Säure." Nach BRÖNSTED dagegen „reagiert Essigsäure gegenüber X als Säure (und in Aufgabe 2 von Seite 150 gegenüber Y als Base)." Umgangssprachlich sagt man auch: „Calciumoxid ist eine Base". Nach BRÖNSTED dagegen ist das Ca^{2+}-Ion im Calciumoxid keine Base, da es kein Proton aufnehmen wird. Nur das O^{2-}-Ion im Calciumoxid reagiert als Brönsted-Base.

AUFGABEN

1 Erläutern Sie, in welchen Molekülen eine positive Partialladung am Wasserstoff bestehen kann.

2 Ethan besitzt keine sauren Eigenschaften. Erklären Sie diese Tatsache.

3 Erläutern Sie anhand der Elektronenformeln von Diethylether und Anilin deren basische Eigenschaften.

4 Ordnen Sie folgende Teilchen nach ihrem sauren, basischen oder Säure-Base-amphoteren Verhalten: Schwefelsäure, Hydrogensulfat-Ion, Sulfat-Ion, Phosphat-Ion, Bromwasserstoff, Ammoniak, Essigsäure, Salpetersäure, Kohlensäure, Hydrogencarbonat-Ion, Carbonat-Ion, Fluorwasserstoff, Iodid-Ion, Sulfid-Ion, Cyanwasserstoff HCN, Hexaaquazink-Ion.

5 Ergänzen Sie zu folgenden Teilchen die korrespondierende Säure bzw. Base: Bromwasserstoffmolekül, Ameisensäuremolekül, Ammoniakmolekül, Aminobenzolmolekül, Schwefelsäuremolekül, Kohlensäuremolekül, Hydroxid-Ion, Chlorid-Ion, Nitrat-Ion, Iodid-Ion, Carbonat-Ion, Phosphat-Ion, Sulfid-Ion, Essigsäuremolekül.

Tab. 1 Einteilung der Protolyte nach ihrer Teilchenladung

Protolyte	Neutral-	Kation-	Anion-
Säuren	H_2O, $HClO_4$, HCl, H_2SO_4, CH_3COOH, HNO_3, H_3PO_4, H_2S	H_3O^+, NH_4^+, $R{-}NH_3^+$, $[Al(H_2O)_6]^{3+}$	$H_2PO_4^-$, HSO_4^-
Basen	H_2O, NH_3, $R{-}NH_2$	$[Fe(OH)(H_2O)_5]^{2+}$	OH^-, H^-, O^{2-}, CO_3^{2-}, PO_4^{3-}, CH_3COO^-
Ampholyte	H_2O, Eisessig, NH_3	$N_2H_5^+$, $[Al(OH)(H_2O)_5]^{2+}$	HCO_3^-, $H_2PO_4^-$, HPO_4^{2-}

Korrespondierende Säure-Base-Paare Die saure Eigenschaft des Chlorwasserstoffmoleküls lässt sich durch folgende Gleichung wiedergeben:

$$HCl(g) + H_2O(l) \rightleftharpoons Cl^-(aq) + H_3O^+(aq)$$

Aus der Säure Chlorwasserstoffmolekül entsteht durch Abgabe eines Protons die Base Chlorid-Ion. Betrachtet man die Rückreaktion, bildet sich bei Aufnahme eines Protons durch die Base Chlorid-Ion die Säure Chlorwasserstoffmolekül. Eine Säure und eine Base, die in dieser Weise miteinander in funktionellem Zusammenhang stehen, bezeichnet man als ein **korrespondierendes Säure-Base-Paar**. Das Chlorwasserstoffmolekül ist die korrespondierende Säure des Chlorid-Ions, das Chlorid-Ion die korrespondierende Base des Chlorwasserstoffmoleküls.
Die Abgabe des Protons durch die Säure Chlorwasserstoffmolekül kann allerdings nur erfolgen, wenn eine zweite Base vorhanden ist, die das Proton aufnehmen kann. Diese Aufgabe kommt hier dem Wassermolekül zu. An einer Reaktion mit Protonenübergang sind also immer zwei korrespondierende Säure-Base-Paare beteiligt.

$$\begin{array}{lcl} HCl + H_2O & \rightleftharpoons & Cl^- + H_3O^+ \\ S_1 + B_2 & & B_1 + S_2 \end{array} \qquad \text{Säure-Base-Reaktion}$$

Da die Säure-Base-Reaktion meist nicht vollständig verläuft, stellt sich im Allgemeinen ein chemisches Gleichgewicht ein, das **Säure-Base-Gleichgewicht (Protolysegleichgewicht)**. Wegen der sehr niedrigen Aktivierungsenergie für den Protonenübergang ist eine Säure-Base-Reaktion immer reversibel. Das Säure-Base-Gleichgewicht stellt sich deshalb sehr schnell ein. Bei Redoxgleichgewichten ist das oft nicht der Fall.

AUFGABEN

1 Entwickeln Sie die Reaktionsgleichungen für die korrespondierenden Säure-Base-Paare folgender Stoffe in wässriger Lösung: Salpetersäure, Natriumcarbonat, Ammoniumnitrat, Kaliumacetat, Fluorwasserstoff und Natriumphenolat. (Die Ionen Na^+, K^+ und NO_3^- sind an den Reaktionen nicht beteiligt.)

2 Nennen Sie die korrespondierende Säure und die korrespondierende Base für die Ampholyte Wasser, Eisessig, Hydrogencarbonat-Ion, Monohydrogenphosphat-Ion, Pentaaquahydroxoaluminium-Ion.

3 Es reagieren miteinander in wässriger Lösung:
a verdünnte Essigsäure und Kalilauge
b Ammoniumchlorid und Natronlauge
c verdünnte Phosphorsäure und Ammoniak
Entwickeln Sie die Reaktionsgleichungen für diese Protolysen. Kennzeichnen Sie die korrespondierenden Säure-Base-Paare.

ZUSAMMENFASSUNG

Nach BRÖNSTED besteht das Wesen einer **Säure-Base-Reaktion**, also einer **Protolyse**, im Übergang von Protonen von einer Säure zu einer Base. Die Säure-Base-Reaktion ist also eine **Reaktion mit Protonenübergang**.
Säuren sind Protonendonatoren, **Basen** Protonenakzeptoren.
Ampholyte sind Teilchen, die je nach Reaktionspartner Protonen abgeben oder aufnehmen können.
Durch **Protonenabgabe** entsteht aus einer Säure HA deren korrespondierende Base A^-, durch **Protonenaufnahme** aus einer Base B deren korrespondierende Säure HB^+.

Die korrespondierenden Protolyte bilden ein **korrespondierendes Säure-Base-Paar**. An einer Protolyse sind immer zwei korrespondierende Säure-Base-Paare beteiligt. Meist stellt sich ein **Säure-Base-Gleichgewicht (Protolysegleichgewicht)** ein.

Korrespondierendes Säure-Base-Paar 1

$$HA + B \rightleftharpoons HB^+ + A^-$$

Korrespondierendes Säure-Base-Paar 2

► Donator-Akzeptor-Konzept

Geschichte

Weitere Säure-Base-Theorien

Sauer schmeckende Früchte oder Getränke kannte man schon vor Jahrtausenden. Von dieser Geschmacksempfindung her entstand der Begriff Säure. Neben dem Geschmack waren aber auch andere gemeinsame Eigenschaften dieser Stoffe bekannt. Zahlreiche Forscher befassten sich mit den Phänomenen sauer bzw. basisch und trugen zur Entwicklung der Begriffe Säuren und Basen bei. Eine sehr bekannte Definition der Begriffe Säure und Base geht auf den schwedischen Physikochemiker SVANTE **ARRHENIUS** zurück.

1 S. ARRHENIUS (1859 bis 1927)

ARRHENIUS erkannte, dass viele Stoffe (Elektrolyte) in wässriger Lösung in positiv und negativ geladene „Molekülteile" zerfallen, und bezeichnete diese Tatsache als **elektrolytische Dissoziation**. Gemäß seiner in den Jahren 1884–87 aufgestellten Theorie der elektrolytischen Dissoziation bezeichnet man diese geladenen „Molekülteile" als Ionen. Elektrolyte unterteilte er in drei Gruppen: die Säuren, die Basen und die Salze. Säuren im Sinne von ARRHENIUS sind Stoffe, die in wässriger Lösung Wasserstoff-Ionen bilden. Diese bedingen den „sauren Geschmack" der Säuren und färben blaues Lackmuspapier (Indikator für Säuren) rot. Basen sind dagegen Stoffe, die in wässriger Lösung Hydroxid-Ionen bilden. Die Bildung der Wasserstoff- und Hydroxid-Ionen erfolgt demnach durch elektrolytische Dissoziation, z. B.

$HCl \rightleftharpoons H^+ + Cl^-$ oder $NaOH \rightleftharpoons Na^+ + OH^-$

2 G. N. LEWIS (1875 bis 1946)

Der Amerikaner GILBERT NEWTON **LEWIS** erkannte, dass Stoffe wie Aluminiumchlorid $AlCl_3$ und Eisenbromid $FeBr_3$ auch in nichtwässrigen, polaren Lösemitteln Säure-Base-Indikatoren verfärben, wie herkömmliche Säuren es nur in wässriger Lösung tun. Er erweiterte daher im Jahr 1923 den Säure-Base-Begriff, um auch Lösemittel, die keine Protonen beinhalten, zu beschreiben.

LEWIS ging davon aus, dass es bei Säuren um Moleküle oder Ionen geht, die in ihrer äußeren Elektronenschale eine Elektronenpaarlücke aufweisen (z. B. H^+). Sie wirken dadurch als **Elektronenpaar-Akzeptoren**. Basen dagegen sind Teilchen, die mindestens ein freies Elektronenpaar besitzen (z. B. NH_3) und somit als **Elektronenpaar-Donatoren** wirken. Vereinigt sich eine Lewis-Säure mit einer Lewis-Base, bezeichnet man das Reaktionsprodukt als Säure-Base-Komplex oder Säure-Base-Addukt. Bei einer Säure-Base-Reaktion nach LEWIS kommt es zur Ausbildung einer koordinativen Elektronenpaarbindung. Die koordinative Bindung ist ein Sonderfall der Elektronenpaarbindung, da beide Elektronen des gemeinsamen Elektronenpaars nur von einem Bindungspartner geliefert werden.

AUFGABEN

1 Ordnen Sie Natriumhydroxid, Chlorwasserstoff und Ammoniak auf der Grundlage der drei Säure-Base-Theorien begründet einer Stoff- oder Teilchenklasse zu.

2 Formulieren Sie für das Permanganat-Ion eine mögliche Lewis-Formel und charakterisieren Sie die Bindungsart zwischen dem Mangan- und den Sauerstoffteilchen. Stellen Sie einen begründeten Bezug zu einer der drei Säure-Base-Theorien her.

3 Zwei Beispielmoleküle

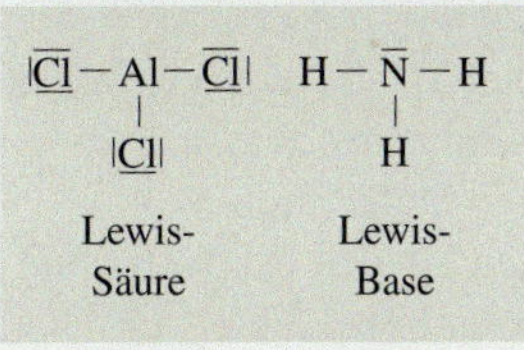

4 Beispiel für eine Säure-Base-Reaktion nach LEWIS

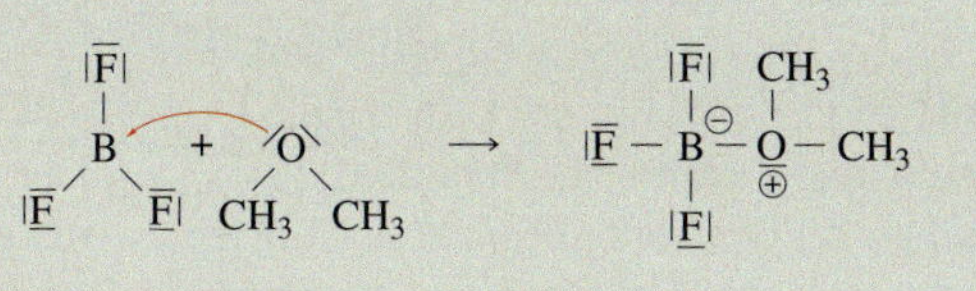

Autoprotolyse und pH-Wert

Autoprotolyse des Wassers Reinstes Wasser hat eine sehr geringe elektrische Leitfähigkeit. Es muss also Ionen in sehr niedrigen Konzentrationen enthalten. Zur Bildung dieser Ionen kommt es durch eine Säure-Base-Reaktion des Wassers mit sich selbst, eine **Autoprotolyse**. Das Wassermolekül H_2O als Ampholyt geht jeweils durch Protonenübergang in seine korrespondierende Säure Hydronium-Ion H_3O^+ und seine korrespondierende Base Hydroxid-Ion OH^- über. Es bildet sich ein chemisches Gleichgewicht aus. Dieses **Autoprotolysegleichgewicht des Wassers** liegt weit auf der Seite der Wassermoleküle.

$$H_2O(l) + H_2O(l) \rightleftharpoons H_3O^+(aq) + OH^-(aq); \qquad \Delta_R H = 57{,}4\ kJ \cdot mol^{-1}$$

Bei Anwendung des Massenwirkungsgesetzes auf dieses Gleichgewicht ergibt sich folgende Gleichgewichtskonstante:

$$K = \frac{c(H_3O^+) \cdot c(OH^-)}{c^2(H_2O)}$$

Aus der Reaktionsgleichung für die Autoprotolyse des Wassers geht hervor, dass in reinem Wasser die Konzentrationen der Hydronium-Ionen und der Hydroxid-Ionen gleich sind. Mithilfe sehr empfindlicher Leitfähigkeitsmessgeräte lassen sich diese Konzentrationen bestimmen. Sie betragen bei 25 °C jeweils $1 \cdot 10^{-7}\ mol \cdot l^{-1}$. Im Vergleich dazu ist die Konzentration des Wassers etwa 556 000 000-mal größer, sie beträgt:

$$c(H_2O) = \frac{1000\ g \cdot l^{-1}}{18\ g \cdot mol^{-1}} = 55{,}6\ mol \cdot l^{-1}$$

Ionenprodukt des Wassers Trotz geringer Autoprotolyse des Wassers kann die Konzentration der Wassermoleküle im Prinzip als konstant angesehen werden. Selbst wenn durch Zusatz einer Säure oder einer Base zu reinem Wasser die Konzentration der Hydronium- bzw. der Hydroxid-Ionen vervielfacht wird, bleibt wegen des sehr großen Wasserüberschusses die Konzentration der Wassermoleküle praktisch konstant. In der Gleichung des Massenwirkungsgesetzes kann deshalb die Konzentration des Wassers in die Gleichgewichtskonstante einbezogen werden. Damit ergibt sich folgender Ausdruck:

$$\mathbf{K_W = c(H_3O^+) \cdot c(OH^-)}$$

Die Gleichgewichtskonstante K_W für das Autoprotolysegleichgewicht des Wassers wird als das **Ionenprodukt des Wassers** bezeichnet. In reinem Wasser bei 25 °C ist die Gleichgewichtskonstante:

$K_W = 1 \cdot 10^{-7}\ mol \cdot l^{-1} \cdot 1 \cdot 10^{-7}\ mol \cdot l^{-1} = 1 \cdot 10^{-14}\ mol^2 \cdot l^{-2}$

Die Temperaturabhängigkeit zeigt Abbildung 1.

Das Ionenprodukt des Wassers gilt nicht nur für reines Wasser, sondern auch für jede verdünnte wässrige Lösung.

1 Temperaturabhängigkeit des Ionenprodukts von Wasser

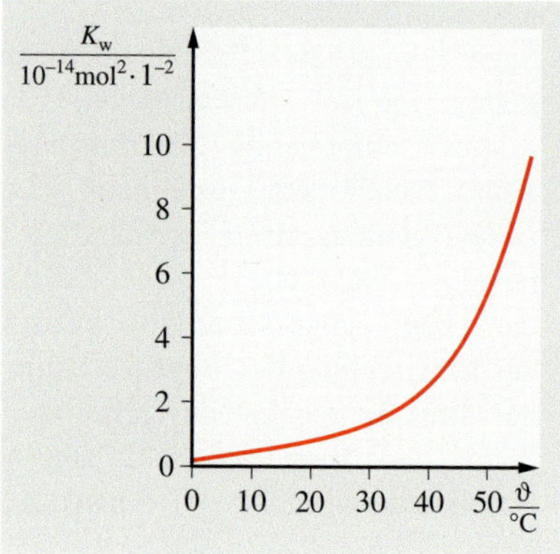

AUFGABEN

1 Berechnen Sie die Anzahl der Hydronium-Ionen in 1 Liter Wasser bei 25 °C.

2 Berechnen Sie die Masse der Hydronium- bzw. der Hydroxid-Ionen in einem Kubikmeter Wasser bei 25 °C.

3 Begründen Sie die Veränderung des Ionenprodukts des Wassers bei steigender Temperatur.

4 Berechnen Sie den pH-Wert von reinem Wasser bei 50 °C.

Daraus resultiert folgender Zusammenhang: In einer sauren Lösung mit einer hohen Hydronium-Ionenkonzentration muss die Hydroxid-Ionenkonzentration entsprechend niedrig sein, sodass das Produkt der beiden Konzentrationen wieder den Wert $K_W = 1 \cdot 10^{-14}\ mol^2 \cdot l^{-2}$ besitzt.
Neben Wasser zeigen alle Ampholyte in wässriger Lösung die Eigenschaft der Autoprotolyse. Demgemäß liegen in jeder Ampholytlösung immer (in geringem Ausmaß) die korrespondierende Säure und die korrespondierende Base des Ampholyten vor, in einer $H_2PO_4^-$-Lösung also auch H_3PO_4-Moleküle und HPO_4^{2-}-Ionen.

2 Zusammenhang zwischen pH- und pOH-Wert

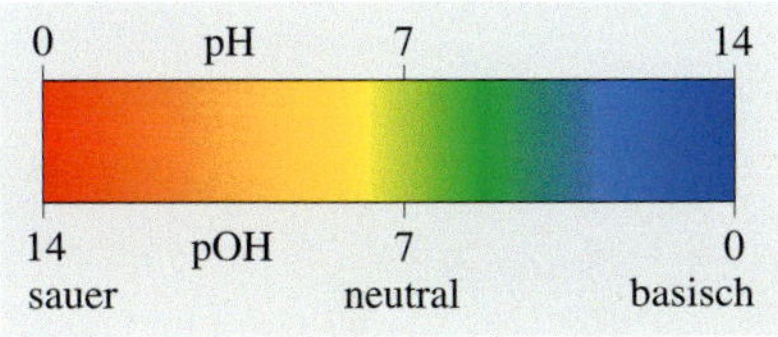

pH-Wert wässriger Lösungen Der Verlauf chemischer Reaktionen in wässriger Lösung kann häufig durch die Konzentration der Hydronium-Ionen beeinflusst werden (Exp. 1). Es ist also vorteilhaft, die Konzentration der Hydronium-Ionen angeben zu können. Da die Konzentration der Hydronium-Ionen auch die Konzentration der Hydroxid-Ionen festlegt und umgekehrt, reicht es, eine der beiden Konzentrationen anzugeben. Dabei hat man sich international auf die Hydronium-Ionen geeinigt.
Zur Vereinfachung von Berechnungen schlug der dänische Chemiker SÖREN SÖRENSEN im Jahr 1909 vor, nicht mit der Stoffmengenkonzentration der Hydronium-Ionen, sondern mit dem negativen dekadischen Logarithmus des Zahlenwerts dieser Stoffmengenkonzentration zu rechnen. Den negativen dekadischen Logarithmus des Zahlenwerts der Hydronium-Ionenkonzentration (angegeben in $mol \cdot l^{-1}$) nannte er den **pH-Wert** (lat. potentia hydrogenii – Kraft des Wasserstoffs) der Lösung. Für Berechnungen möglich ist auch die Verwendung des sinngemäß definierten **pOH-Werts**.

$$\mathbf{pH = -lg \frac{\mathit{c}(H_3O^+)}{mol \cdot l^{-1}} \qquad pOH = -lg \frac{\mathit{c}(OH^-)}{mol \cdot l^{-1}}}$$

In analoger Weise ist es oft vorteilhaft, auch bei Gleichgewichtskonstanten mit den negativen dekadischen Logarithmen ihrer Zahlenwerte zu arbeiten. Für das Ionenprodukt des Wassers

$$K_W = c(H_3O^+) \cdot c(OH^-) = 1 \cdot 10^{-14}\ mol^2 \cdot l^{-2}$$

ergibt sich so der **Ionenexponent des Wassers pK_W**:

$$\mathbf{p\mathit{K}_W = -lg \frac{\mathit{K}_W}{mol^2 \cdot l^{-2}} \qquad p\mathit{K}_W = pH + pOH = 14}$$

In reinem Wasser ist, da $c(H_3O^+) = c(OH^-) = 1 \cdot 10^{-7}\ mol \cdot l^{-1}$, pH = pOH = 7. Solche Lösungen mit pH = 7 bezeichnet man als neutral, Lösungen mit pH < 7 als sauer, Lösungen mit pH > 7 als basisch bzw. alkalisch (Abb. 2). Ausgehend vom Ionenexponenten des Wassers pK_W = 14 umfasst die normale **pH-Skala** die Werte von pH = 0 bis pH = 14.

AUFGABEN

1 Entwickeln Sie die Reaktionsgleichungen für die Autoprotolysegleichgewichte folgender Ampholyte: HCO_3^-, $H_2PO_4^-$, HPO_4^{2-}, HS^-.
2 Begründen Sie die Tatsache, dass die Autoprotolyse nur eine Eigenschaft von Ampholyten ist.
3 In einer Lösung beträgt bei 25 °C die Konzentration der Hydroxid-Ionen $c(OH^-) = 1 \cdot 10^{-3}\ mol \cdot l^{-1}$. Berechnen Sie die Konzentration der Hydronium-Ionen.
4 Berechnen Sie für Salzsäure der Konzentration $c = 2 \cdot 10^{-2}\ mol \cdot l^{-1}$ den pH-Wert.
5 Bei verschiedenen wässrigen Lösungen sind folgende pH-Werte gemessen worden: 0; 1; 1,5; 3,5; 6; 11; 12,5 und 14. Berechnen Sie die entsprechenden Hydronium- und Hydroxid-Ionenkonzentrationen dieser Lösungen.

Tab. 1 Hydronium- und Hydroxid-Ionenkonzentrationen zur pH-Skala

$\frac{c(H_3O^+)}{mol \cdot l^{-1}}$	pH	Eigenschaft der Lösung	pOH	$\frac{c(OH^-)}{mol \cdot l^{-1}}$
$10^0 = 1$	0	sauer	14	10^{-14}
10^{-1}	1		13	10^{-13}
10^{-2}	2		12	10^{-12}
10^{-3}	3		11	10^{-11}
10^{-4}	4		10	10^{-10}
10^{-5}	5		9	10^{-9}
10^{-6}	6		8	10^{-8}
10^{-7}	7	neutral	7	10^{-7}
10^{-8}	8	alkalisch	6	10^{-6}
10^{-9}	9		5	10^{-5}
10^{-10}	10		4	10^{-4}
10^{-11}	11		3	10^{-3}
10^{-12}	12		2	10^{-2}
10^{-13}	13		1	10^{-1}
10^{-14}	14		0	$10^0 = 1$

Bedeutung des pH-Werts Für viele chemische Reaktionen ist der pH-Wert der Lösung eine wesentliche Reaktionsbedingung. Das trifft für Säure-Base-Reaktionen zu, aber auch für Fällungs-, Redox- oder Komplexreaktionen, wenn diese mit Säure-Base-Reaktionen gekoppelt sind. In vielen Fällen wird die Geschwindigkeit chemischer Reaktionen vom pH-Wert entscheidend mitbestimmt, es liegt dann eine **Säure-Base-Katalyse** vor.

Nicht anders ist es in der Natur. Das Gedeihen von Pflanzen hängt von einem bestimmten pH-Wert des Bodens ab. In der Landwirtschaft muss deshalb die Bodenreaktion optimiert werden. Kartoffeln und Lupinen benötigen z. B. schwach saure, Luzerne neutrale bis schwach alkalische Böden. Auch die Existenz der Mikroorganismen im Boden wird von dessen pH-Wert beeinflusst. So kommen in sauren Böden bevorzugt Pilze, in neutralen und schwach alkalischen Böden aber fast nur Bakterien zur Entwicklung. Beim Ausbringen von Mineraldünger verändert sich häufig der pH-Wert des Bodens, saure Böden werden durch Streuen von Kalk neutralisiert.

Regenwasser ist schon aufgrund des Kohlenstoffdioxidgehalts der Luft schwach sauer (pH ≈ 5,6), bei **saurem Regen** wurden aber bereits Werte von pH < 3 gemessen. Fossile Brennstoffe wie Kohle und Erdöl enthalten meist Schwefelverbindungen. Das beim Verbrennen entstehende Schwefeldioxid ergibt mit dem Regenwasser schweflige Säure, die zum Versauern des Bodens beiträgt. Diese Umweltbelastung wurde in den letzten Jahrzehnten durch Entschwefelung der Brennstoffe, den Einbau von Rauchgasentwefelungsanlagen und die Verwendung von Abgaskatalysatoren in Kraftfahrzeugen erheblich vermindert.

Saurer Regen oder das Einleiten von ungereinigten Abwässern in natürliche Gewässer können zu erheblichen Veränderungen ihres pH-Werts führen. Die Gesundheit und das Leben von

EXPERIMENT 1

pH-Messung

Unter Verwendung von Indikatorpapier sowie unter Nutzung eines pH-Meters (Abb. 1) werden die pH-Werte von einigen verdünnten Lösungen, z. B. Regenwasser, Mineralwasser, Fensterputzmittel, Milch und Obstsäften ermittelt.

1 pH-Meter

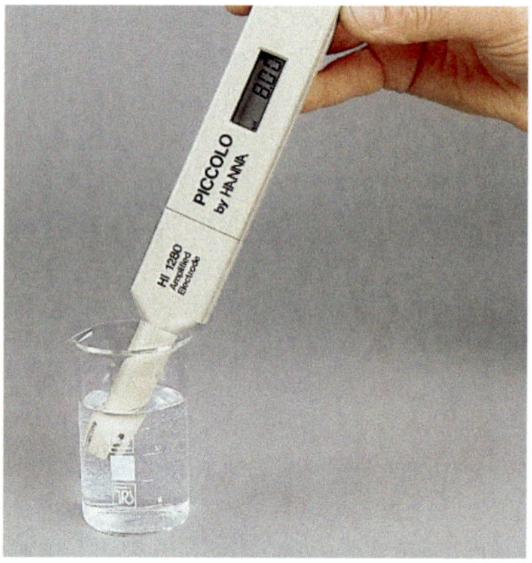

EXPERIMENT 2

Einfluss des pH-Werts

Drei Reagenzgläser werden mit je 2 ml verdünnter Kaliumpermanganatlösung aufgefüllt. In ein Reagenzglas werden 3–5 Tropfen verd. Salzsäure ($c = 0{,}1\ mol \cdot l^{-1}$) und in ein anderes Reagenzglas werden 3–5 Tropfen verd. Natronlauge ($c = 0{,}1\ mol \cdot l^{-1}$) zugetropft. Zu der Kaliumpermanganatlösung im dritten Reagenzglas wird nichts hinzugegeben.

Anschließend versetzt man die Lösungen nacheinander mit verd. Wasserstoffperoxidlösung (GHS07).

Werten Sie die Beobachtungsergebnisse aus und formulieren Sie die Reaktionsgleichungen.

Fischen und anderen Wassertieren ist dann sehr bedroht. Im Wasser von Aquarien ist für einen pH-Wert von 6,7 bis 7,5 zu sorgen. Die Lebensfunktionen bei Tier und Mensch sind an bestimmte, oft eng begrenzte pH-Wert-Bereiche der Körperflüssigkeiten gebunden. So muss z. B. Blut einen sehr konstanten pH-Wert haben, der nur zwischen pH = 7,38 und pH = 7,44 variieren darf (↑ S. 171).
Die Bestimmung von pH-Werten erfolgt entweder mit einem pH-Meter potentiometrisch unter Verwendung von Glaselektroden (↑ S. 249) oder mithilfe von Farbindikatoren (Exp. 1).

AUFGABEN

1 In einer Blutprobe ist bei 25 °C die Konzentration der Hydronium-Ionen $c(H_3O^+) = 4{,}6 \cdot 10^{-8}\ mol \cdot l^{-1}$. Berechnen Sie den pH-Wert.

2 Berechnen Sie für einen Orangensaft mit pH = 2,8 die Konzentration der Hydronium- und der Hydroxid-Ionen. Vergleichen Sie mit den Verhältnissen in reinem Wasser.

2 pH-Werte einiger Naturstoffe und Lebensmittel

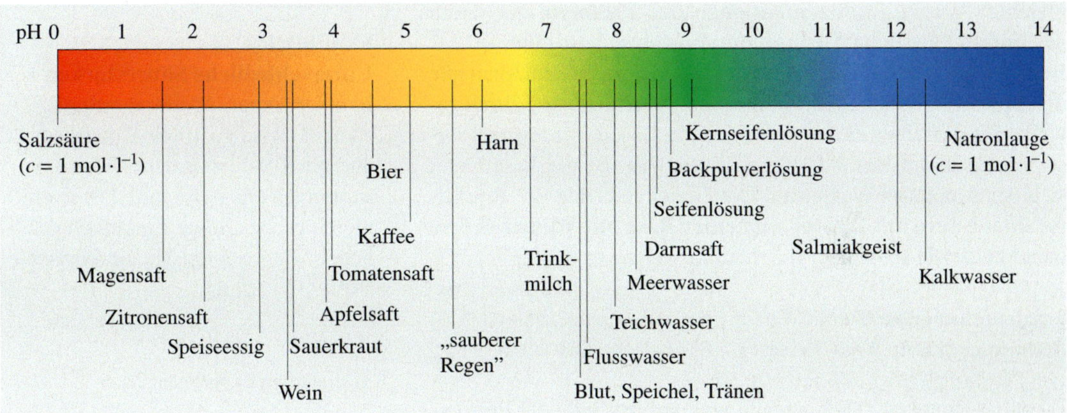

ZUSAMMENFASSUNG

Ein Protonenübergang zwischen gleichartigen Teilchen wird **Autoprotolyse** genannt. Sie ist nur bei Ampholyten möglich. Die Produkte der Autoprotolyse sind die korrespondierende Säure und die korrespondierende Base des Ampholyten. Das Gleichgewicht liegt jeweils weit auf der Seite des nicht protolysierten Ampholyten.
Praktisch sehr bedeutsam als Ampholyt ist das Wasser. Die Gleichgewichtskonstante für sein Autoprotolysegleichgewicht wird als **Ionenprodukt des Wassers** bezeichnet.

$$K_W = c(H_3O^+) \cdot c(OH^-) = 1 \cdot 10^{-14}\ mol^2 \cdot l^{-2}$$

Das Ionenprodukt gilt für reines Wasser und alle verdünnten wässrigen Lösungen. Daraus folgt: Eine hohe Konzentration an Hydronium-Ionen bedingt in derselben Lösung eine niedrige Konzentration an Hydroxid-Ionen (und umgekehrt).

Zur Kennzeichnung der sauren oder basischen Eigenschaften einer wässrigen Lösung wird der **pH-Wert** bzw. der **pOH-Wert** verwendet.

$$pH = -\lg \{c(H_3O^+)\} \quad [c] = mol \cdot l^{-1}$$
$$pOH = -\lg \{c(OH^-)\} \quad [c] = mol \cdot l^{-1}$$

Der pH-Wert einer wässrigen Lösung ist der negative dekadische Logarithmus des Zahlenwerts der Hydronium-Ionenkonzentration.
Der negative dekadische Logarithmus des Zahlenwerts einer Gleichgewichtskonstante ist deren **Gleichgewichtsexponent**. Für das Ionenprodukt des Wassers ist das der Ionenexponent des Wassers.

$$pK_W = -\lg \{K_W\} \quad [K_W] = mol^2 \cdot l^{-2}$$

Für reines Wasser und jede verdünnte wässrige Lösung gilt: $pK_W = pH + pOH = 14$.

Stärke von Säuren und Basen

Säurekonstante und Basekonstante Die pH-Werte gleich konzentrierter Lösungen verschiedener Säuren oder Basen können unterschiedlich sein (Exp. 1). Die Salzsäure ist stärker sauer als die wässrige Lösung der Essigsäure gleicher Konzentration. Die Natronlauge ist stärker alkalisch als die Ammoniaklösung gleicher Konzentration. In der Salzsäure ist demnach die Konzentration der Hydronium-Ionen größer als in der Essigsäurelösung, in der Natronlauge die Konzentration der Hydroxid-Ionen größer als in der Ammoniaklösung. Die Konzentrationen der Hydronium- bzw. der Hydroxid-Ionen werden bei **gleichen Ausgangskonzentrationen der Protolyte** nur durch das **unterschiedliche Ausmaß der Protolyse** bestimmt.
Bezugswerte für den Vergleich der unterschiedlichen Ausmaße der Protolyse erhält man, wenn man verschiedene Säuren jeweils mit derselben Base, verschiedene Basen mit jeweils derselben Säure umsetzt. Als Bezugssäure bzw. Bezugsbase bietet sich der Ampholyt Wasser an. Die Gleichgewichte der **Reaktion einer Säure mit Wasser und einer Base mit Wasser** liefern dann die gewünschten vergleichbaren Werte.

Reaktion einer Säure HA mit Wasser $HA + H_2O \rightleftharpoons H_3O^+ + A^-$
Reaktion einer Base B mit Wasser $B + H_2O \rightleftharpoons OH^- + HB^+$

Liegt das Protolysegleichgewicht weit auf der Seite der Protolyseprodukte, ist der Protolyt stark, im anderen Fall schwach.
Eine quantitative Aussage über die **Stärke einer Säure** bzw. **Base** ist möglich, wenn auf diese Protolysegleichgewichte das Massenwirkungsgesetz angewendet wird. Dabei kann die Konzentration des Wassers wegen seines sehr großen Überschusses gegenüber den gelösten Stoffen wieder als konstant angesehen werden. Die Gleichgewichtskonstante für die Reaktion einer Säure (bzw. Base) mit Wasser bezeichnet man als **Säurekonstante K_S** (bzw. als **Basekonstante K_B**).

$$K_S = \frac{c(H_3O^+) \cdot c(A^-)}{c(HA)} \qquad K_B = \frac{c(OH^-) \cdot c(HB^+)}{c(B)}$$

Große K_S- bzw. K_B-Werte (z.B. $10^7\ mol \cdot l^{-1}$) charakterisieren sehr starke Säuren bzw. Basen, kleine (z.B. $10^{-14}\ mol \cdot l^{-1}$) sehr schwache Säuren bzw. Basen.
Vergleichbar mit der Stoffmengenkonzentration der H_3O^+- bzw. OH^--Ionen nehmen auch die Protolysekonstanten Werte über viele Zehnerpotenzen ein. Für Berechnungen ist es wieder vorteilhafter, anstelle der Protolysekonstanten die negativen dekadischen Logarithmen ihrer Zahlenwerte zu verwenden. Man erhält so den **Säureexponenten pK_S** bzw. den **Baseexponenten pK_B**.

$$pK_S = -\lg \{K_S\} \qquad pK_B = -\lg \{K_B\}$$

EXPERIMENT 1
pH-Vergleich
Der pH-Wert wässriger Lösungen (Konzentration jeweils $c = 0{,}1\ mol \cdot l^{-1}$) von Salzsäure, Essigsäure, Natronlauge und Ammoniaklösung wird gemessen.

EXPERIMENT 2
Unterschiedliche Säurestärken
In einer Experimentieranordnung (Abb. 1) wird zu 10 ml Salzsäure und zu 10 ml Essigsäure (Konzentration jeweils $c = 1\ mol \cdot l^{-1}$) je ein gleich großes Stück Zinkblech gegeben. Beobachten Sie die Wasserstoffentwicklung.

1 Aufbau von Experiment 2

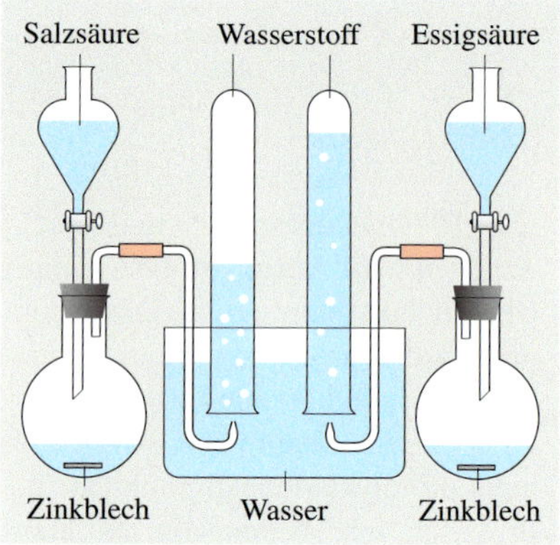

AUFGABEN
1 Formulieren Sie die Reaktionsgleichung für die Reaktion des Experiments 2.
2 Entwickeln Sie für folgende Protolysegleichgewichte die Reaktionsgleichungen und die Gleichungen für die Säurekonstanten:
a Konzentrierte Essigsäure wird verdünnt.
b Ammonium-Ionen reagieren mit Wasser.

Die Säureexponenten und Baseexponenten haben bei starken Säuren und Basen kleine Werte, bei schwachen Säuren und Basen große Werte.
Die Säurekonstante K_S bzw. der Säureexponent pK_S charakterisieren die Stärke einer Säure, die Basekonstante K_B bzw. der Baseexponent pK_B die Stärke einer Base.
Die Stärke der Protolyte lässt sich nach ihren pK-Werten einteilen (Tab. 1). Sehr schwache Säuren (z. B. HS^-) ergeben mit Wasser praktisch keine Säurereaktion, sehr schwache Basen (z. B. NO_3^-) mit Wasser praktisch keine Basereaktion. In Bezug auf Protolysen in wässrigen Lösungen dürfen sie deshalb jeweils unberücksichtigt bleiben.

Säure- und Basestärke bei korrespondierenden Säure-Base-Paaren Ist die Tendenz zur Abgabe des Protons bei einer Säure sehr groß, z. B. beim Chlorwasserstoffmolekül, folgt, dass die Tendenz zur Aufnahme eines Protons bei ihrer korrespondierenden Base, dem Chlorid-Ion, sehr klein sein muss.
Zwischen der Stärke einer Säure und der Stärke ihrer korrespondierenden Base besteht also ein Zusammenhang (↑ S. 160). Die Multiplikation der Säurekonstante einer Säure mit der Basekonstante ihrer korrespondierenden Base ergibt das Ionenprodukt des Wassers.

$$\boldsymbol{K_S \cdot K_B = K_W}$$

Analog ist die Summe aus dem Säureexponenten einer Säure und dem Baseexponenten ihrer korrespondierenden Base gleich dem Ionenexponenten des Wassers.

$$\boldsymbol{pK_S + pK_B = pK_W}$$

Je stärker eine Säure ist, umso schwächer ist also ihre korrespondierende Base und umgekehrt. Ist z. B. der Säureexponent bekannt, kann der Baseexponent der korrespondierenden Base berechnet werden.

Säure- und Basestärke des Wassers Für die Säurekonstante der Hydronium-Ionen ergibt sich nach der Reaktionsgleichung

$$H_3O^+ + H_2O \rightleftharpoons H_2O + H_3O^+$$

$$K_S(H_3O^+) = \frac{c(H_3O^+) \cdot c(H_2O)}{c(H_3O^+)}$$

Für die Basekonstante der Hydroxid-Ionen ergibt sich nach der Reaktionsgleichung

$$OH^- + H_2O \rightleftharpoons H_2O + OH^-$$

$$K_B(OH^-) = \frac{c(OH^-) \cdot c(H_2O)}{c(OH^-)}$$

Tab. 1 Einteilung der Säuren und Basen nach ihren pK_S- bzw. pK_B-Werten

Bezeichnung	pK-Wert
sehr stark	$pK \le -1{,}74$
stark	$-1{,}74 \le pK \le 4{,}5$
schwach	$4{,}5 \le pK \le 9{,}5$

AUFGABEN

1 Entwickeln Sie für die Reaktion von Ammoniak bzw. Acetat-Ionen mit Wasser die Reaktionsgleichungen. Formulieren Sie mithilfe des Massenwirkungsgesetzes die Gleichungen für die beiden Basekonstanten.
2 Berechnen Sie aus folgenden Protolysekonstanten K_S in $mol \cdot l^{-1}$ die Protolyseexponenten: $1 \cdot 10^{6,8}$; $1 \cdot 10^{-14,3}$; $5{,}6 \cdot 10^{-11}$ und $1{,}2 \cdot 10^{-2}$.
3 Berechnen Sie aus den folgenden Protolyseexponenten die Protolysekonstanten (mit ganzzahligen Potenzen): –5; 2,80; 4,75; 9,25.
4 Ordnen Sie die in den Aufgaben 2 und 3 durch ihre Protolysekonstanten bzw. Protolyseexponenten charakterisierten Protolyten nach ihrer Stärke.
5 Formulieren Sie für die Essigsäure und ihre korrespondierende Base die Gleichungen des Massenwirkungsgesetzes ihrer Protolyseexponenten. Beweisen Sie rechnerisch, dass es sich um ein korrespondierendes Säure-Base-Paar handelt.

Tab. 1 Stärke von Säuren und ihren korrespondierenden Basen

	Säurestärke pK_S	Säure	Korrespondierende Base	Basestärke pK_B	
	−11	HI	I^-	25	
	−10	$HClO_4$	ClO_4^-	24	
	−9	HBr	Br^-	23	
	−7	HCl	Cl^-	21	
	−3	H_2SO_4	HSO_4^-	17	
	−1,74	H_3O^+	H_2O	15,74	
	−1,32	HNO_3	NO_3^-	15,32	
	1,81	H_2SO_3	HSO_3^-	12,19	
	1,92	HSO_4^-	SO_4^{2-}	12,08	
	2,12	H_3PO_4	$H_2PO_4^-$	11,88	
	2,22	$[Fe(H_2O)_6]^{3+}$	$[Fe(OH)(H_2O)_5]^{2+}$	11,78	
	3,14	HF	F^-	10,86	
	3,35	HNO_2	NO_2^-	10,65	
zunehmend	3,75	HCOOH	$HCOO^-$	10,25	zunehmend
	4,75	CH_3COOH	CH_3COO^-	9,25	
	4,85	$[Al(H_2O)_6]^{3+}$	$[Al(OH)(H_2O)_5]^{2+}$	9,15	
	6,52	H_2CO_3	HCO_3^-	7,48	
	6,92	H_2S	HS^-	7,08	
	7,04	HSO_3^-	SO_3^{2-}	6,96	
	7,20	$H_2PO_4^-$	HPO_4^{2-}	6,80	
	9,25	NH_4^+	NH_3	4,75	
	9,40	HCN	CN^-	4,60	
	9,60	$[Zn(H_2O)_6]^{2+}$	$[Zn(OH)(H_2O)_5]^+$	4,40	
	10,40	HCO_3^-	CO_3^{2-}	3,60	
	12,36	HPO_4^{2-}	PO_4^{3-}	1,64	
	13,00	HS^-	S^{2-}	1,00	
	15,74	H_2O	OH^-	−1,74	
	23	NH_3	NH_2^-	−9	
	24	OH^-	O^{2-}	−10	

1 Nach Zugabe von Essigsäure zu einer wässrigen Lösung eines Hydrogencarbonats entweicht Kohlenstoffdioxid. Solche Reaktionen kann man anhand von Tab. 1 vorhersagen.

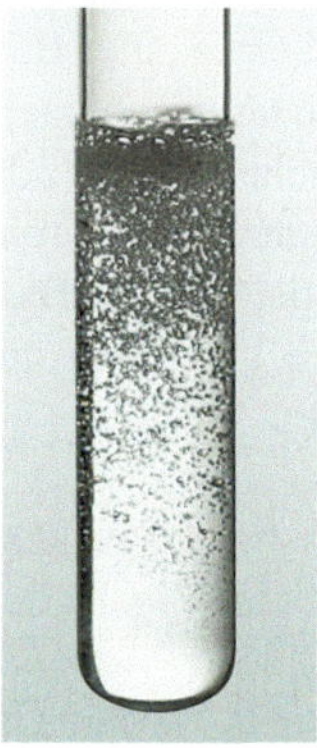

Daraus folgt:

$$K_S(H_3O^+) = K_B(OH^-) = c(H_2O) = 55{,}6\ mol \cdot l^{-1}$$ und

$$pK_S(H_3O^+) = pK_B(OH^-) = -1{,}74$$

Für das korrespondierende Säure-Base-Paar Hydronium-Ion/Wasser ergibt sich:

$$pK_S(H_3O^+) + pK_B(H_2O) = pK_W$$

für das korrespondierende Säure-Base-Paar Hydroxid-Ion/Wasser:

$$pK_B(OH^-) + pK_S(H_2O) = pK_W$$

Daraus resultiert:

$$pK_S(H_2O) = pK_B(H_2O) = 15{,}74$$

AUFGABEN

1 Vergleichen Sie bei den Ampholyten $H_2PO_4^-$ und HPO_4^{2-} die sauren bzw. basischen Eigenschaften.

2 Ammoniumhydrogensulfit wird in Wasser gelöst. Charakterisieren Sie das Milieu der entstandenen Lösung auch unter Angabe von Reaktionsgleichungen.

3 Erklären Sie das Verhalten von Hydrogensulfat-Ionen in wässriger Lösung.

4 Ein Mineralwasser hat einen pH-Wert von 5,1. Berechnen Sie die Konzentration der Hydronium- und Hydroxid-Ionen. Erklären Sie den kleineren pH-Wert des Mineralwassers im Vergleich zu Wasser.

Beim Ampholyten Wasser ist somit das Ausmaß seines sauren Verhaltens genauso ausgeprägt wie das seines basischen Verhaltens. Der Ampholyt Hydrogencarbonat-Ion dagegen (mit $pK_S = 10{,}40$ und $pK_B = 7{,}48$) ist stärker basisch als sauer, er nimmt also eher Protonen auf, als dass er sie abgibt.

Nivellierung der Stärke sehr starker Protolyte durch Wasser
Sehr starke Protolyte ($pK \leq -1{,}74$) reagieren mit Wasser vollständig. Das trifft z. B. auf die Säuren $HClO_4$, HI, HBr, HCl, H_2SO_4 und auf die Basen H^- (LiH), O^{2-} und NH_2^- ($NaNH_2$) zu.

$$HClO_4 + H_2O \rightleftharpoons H_3O^+ + ClO_4^-$$
$$Li_2O + H_2O \rightleftharpoons 2\,Li^+ + 2\,OH^-$$

Ein Protolysegleichgewicht liegt praktisch nicht mehr vor. In ihren Lösungen existieren neben ihren sehr schwach reagierenden korrespondierenden Partnern nur noch die stark sauer reagierenden Hydronium- bzw. die stark basisch reagierenden Hydroxid-Ionen ($pK = -1{,}74$).
Sehr starke Säuren und Basen erscheinen deshalb in wässriger Lösung jeweils gleich stark. Ihre unterschiedlichen Stärken werden durch das Lösemittel Wasser auf das Niveau der Hydronium- bzw. der Hydroxid-Ionen nivelliert. Daraus ergibt sich auch, dass gleich konzentrierte Lösungen verschiedener sehr starker Säuren denselben pH-Wert besitzen. Analog gilt dies auch für sehr starke Basen.

Mehrwertige Säuren und Basen Die Wertigkeit einer Säure oder Base wird bestimmt durch die Anzahl der Protonen, die sie abgeben oder aufnehmen kann. **Mehrwertige Säuren** wie H_2SO_4, H_3PO_4, H_2CO_3, H_2S und **mehrwertige Basen** wie SO_4^{2-}, PO_4^{3-}, CO_3^{2-} protolysieren stufenweise, z. B.:

1. Stufe: $H_3PO_4 + H_2O \rightleftharpoons H_3O^+ + H_2PO_4^-$ $\quad pK_{S1} = 2{,}12$
2. Stufe: $H_2PO_4^- + H_2O \rightleftharpoons H_3O^+ + HPO_4^{2-}$ $\quad pK_{S2} = 7{,}20$
3. Stufe: $HPO_4^{2-} + H_2O \rightleftharpoons H_3O^+ + PO_4^{3-}$ $\quad pK_{S3} = 12{,}36$

EXPERIMENT 3
Aluminiumchlorid als Säure
a) Etwas Aluminiumchlorid (GHS05) wird in Wasser gelöst und der pH-Wert der Lösung ermittelt.
b) Eine Aluminiumchloridlösung wird mit dem Indikator Bromphenolblau versetzt und Natronlauge (GHS05) bis zur Wiederauflösung des ausgefallenen Niederschlags zugefügt. Beobachten Sie die Indikatorfarbe.
c) In ein Becherglas wird 1 ml Aluminiumchloridlösung ($c = 1\ mol \cdot l^{-1}$; GHS07) gegeben. Unter Schwenken wird in 1-ml-Schritten Natronlauge ($c = 1\ mol \cdot l^{-1}$; GHS05) bis zur Bildung einer klaren Lösung zugegeben.

AUFGABEN
1 In welcher Eigenschaft müsste sich ein Lösemittel von Wasser unterscheiden, damit die Perchlorsäure $HClO_4$ bzw. das Amid-Ion NH_2^- mit diesem Lösemittel jeweils ein Protolysegleichgewicht ergäbe?
2 Bei −33 °C ist die Autoprotolysekonstante von flüssigem Ammoniak $K = 1 \cdot 10^{-22}\ mol^2 \cdot l^{-2}$. Berechnen Sie die Konzentration der Ammonium-Ionen in flüssigem Ammoniak bei dieser Temperatur.
3 Bei 25 °C ist die Autoprotolysekonstante von flüssigem Eisessig $K = 1 \cdot 10^{-13}\ mol^2 \cdot l^{-2}$. Berechnen Sie die Konzentration der Acetat-Ionen in diesem Eisessig.
4 Entwickeln Sie die Reaktionsgleichungen für die Protolysestufen einer zweiwertigen Säure und einer zweiwertigen Base.
5 Begründen Sie, weshalb aufeinanderfolgende Protolysestufen mehrwertiger Säuren jeweils kleinere Säurekonstanten haben.
6 Einer Lösung von Orthophosphorsäure werden Hydronium-Ionen zugesetzt. Erläutern Sie die Auswirkung auf die Protolysegleichgewichte dieser Säure.

Hydratisierte Ionen in wässriger Lösung Ionen liegen in wässriger Lösung hydratisiert vor (Abb. 1). An die positiv geladenen **Kationen** sind die Wassermoleküle mit ihrem negativen Ladungsschwerpunkt, der sich am Sauerstoffatom befindet, gebunden. Die Elektronenpaarbindungen in diesen Wassermolekülen werden dadurch zusätzlich polarisiert, was mit einer Erhöhung der positiven Partialladung an den Wasserstoffatomen einhergeht. Solche Wasserstoffatome können dann leichter als Protonen abgegeben werden. Einige hydratisierte Metall-Kationen reagieren dadurch als Säure (↑ S. 253).
Auch Hexaaquaaluminium-Ionen reagieren mit Wasser wie eine Säure (Exp. 3a).

$$[Al(H_2O)_6]^{3+} + H_2O \rightleftharpoons H_3O^+ + [Al(OH)(H_2O)_5]^{2+}\ ;\ pK_S = 4{,}85$$

Die Säurestärke des Hexaaquaaluminium-Ions entspricht der Säurestärke der Essigsäure.
Beim Zutropfen von Natronlauge (Exp. 3b) steigt trotz des Zusatzes der sehr starken Base Hydroxid-Ion der pH-Wert der Lösung zunächst nicht. Die Hydroxid-Ionen bewirken das weitere Fortschreiten der Protolyse des hydratisierten Ions und werden dabei „verbraucht".

$$[Al(OH)(H_2O)_5]^{2+} + H_2O \overset{OH^-}{\rightleftharpoons} H_3O^+ + [Al(OH)_2(H_2O)_4]^+$$

$$[Al(OH)_2(H_2O)_4]^+ + H_2O \overset{OH^-}{\rightleftharpoons} H_3O^+ + [Al(OH)_3(H_2O)_3]$$

Das Erreichen der dritten Protolysestufe ist erkennbar am schleimigen Niederschlag des hydratisierten Aluminiumhydroxids $[Al(OH)_3(H_2O)_3]$.
Bei weiterem Zusatz von Natronlauge löst sich der Niederschlag wieder auf, die nächste Protolysestufe, deren Produkt wieder löslich ist, wird erreicht.

$$[Al(OH)_3(H_2O)_3] + OH^- \rightleftharpoons [Al(OH)_4]^- + 3\ H_2O$$

Die saure Eigenschaft hydratisierter Metall-Kationen hängt von Größe und Ladung dieser Ionen ab. Kleine Metall-Kationen mit hoher Ladung sind starke Säuren. Die hydratisierten, großen und niedrig geladenen Alkali- und Erdalkali-Kationen sind sehr schwache Säuren und reagieren mit Wasser nicht als Säure.
Viele **Anionen** reagieren mit Wasser als Base.

$$CO_3^{2-} + H_2O \rightleftharpoons HCO_3^- + OH^-$$

Den negativ geladenen Anionen sind die partiell positiv geladenen Wasserstoffatome der Hydrat-Wassermoleküle zugewandt. Ein Mechanismus, wie für hydratisierte Metall-Kationen beschrieben, ist nicht möglich. Die Hydrathülle der Anionen kann deshalb bei der Betrachtung chemischer Vorgänge in wässrigen Salzlösungen vernachlässigt werden.

1 Hydratisiertes Aluminium-Ion $[Al(H_2O)_6]^{3+}$

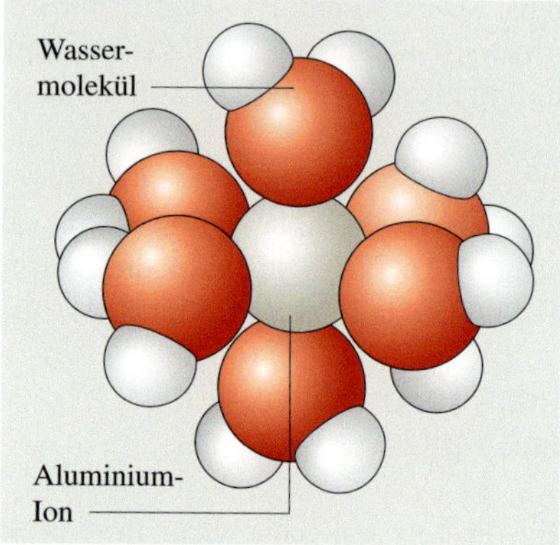

EXPERIMENT 4
Wirkung hydratisierter Kationen
Die pH-Werte wässriger Salzlösungen von Natriumchlorid, Kaliumsulfat, Zinkchlorid (GHS05 | 07 | 09) und Eisen(III)-chlorid (GHS05 | 07) werden bestimmt.

AUFGABE
1 Entwickeln Sie die Reaktionsgleichungen zu den im Experiment 4 untersuchten Lösungen und begründen Sie die ermittelten pH-Werte.

Medizin

Medikamentenaufnahme

Die Aufnahme von Medikamenten in die Blutbahn ist Voraussetzung dafür, dass sie ihre Wirkung entfalten können. Der Eintritt in das Blut kann z. B. durch intravenöse Injektion erfolgen oder – nach oraler Aufnahme – durch Resorption aus dem Magen-Darm-Trakt. An den Resorptionsorten (z. B. Magen, Dünndarm) ist die Zellmembran die Barriere, die der Arzneistoff überwinden muss. Ausmaß und Geschwindigkeit der Resorption hängen von vielen Faktoren ab (Tab. 1).

Tab. 1 Faktoren, die die Resorption von Pharmaka beeinflussen

Substanzeigenschaften	– Hydrophilie/Lipophilie – Säure-Base-Charakter – Molekülmasse
Anatomie, Physiologie	– Oberfläche des Magen-Darm-Trakts – pH-Verhältnisse im Magen-Darm-Trakt – Magenentleerungszeiten – Passagezeit im Darm
Beeinflussung durch andere Stoffe	– andere Medikamente – aufgenommene Nahrung

Tab. 2 Die Abschnitte des Verdauungstrakts

Abschnitt	**Resorbierende Fläche in m^2 (geschätzt)**	**pH-Wert (Durchschnittswerte)**
Mundhöhle	0,02	6,8
Magen	0,2	1,8
Dünndarm	150,0	7,1
Dickdarm	0,8	7,7

Tab. 3 Ionisationsgrad von Acetylsalicylsäure (ASS®)

pH-Wert	Anteil an Acetylsalicylat-Anionen (in %)
1,5	1
2,5	9
3,5	50
4,5	91
5,5	99
6,5	99,9

1 Acetylsalicylsäure (ASS®) ist eine schwache Säure.

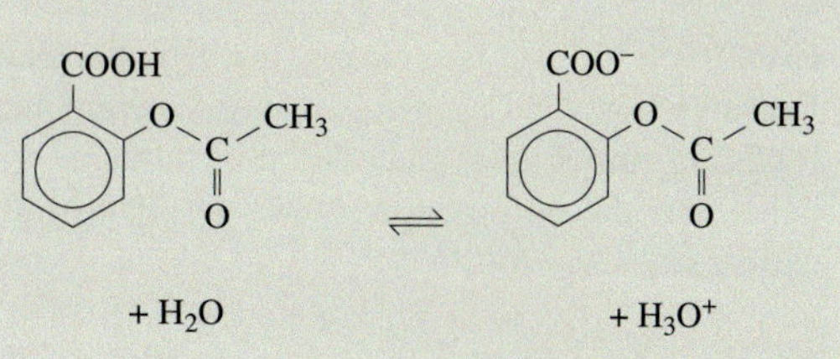

Der Übertritt in die Blut- und Lymphgefäße erfolgt in der Hauptsache passiv durch Diffusion und wird vorwiegend durch die Löslichkeitseigenschaften der Medikamente bestimmt. Hydrophile Medikamente gelangen kaum in den inneren, lipophilen Bereich der Membran. Sie können höchstens durch Poren der Darmtraktwände aufgenommen werden. Lipophile Medikamente werden in der Regel gut resorbiert. Nur nach fettreicher Nahrung kann es Schwierigkeiten geben, da sie sich im Fett des Darminhalts anreichern können.

Der pH-Wert im Magen-Darm-Trakt beeinflusst die Resorption bestimmter Arzneimittel immer dann, wenn es sich bei diesem um eine schwache Säure (z. B. das Analgetikum ASS® und das Antibiotikum Ampicillin®) oder um eine schwache Base (z. B. das Malariamittel Chinin®) handelt. Diese Stoffe werden bevorzugt in der nicht ionisierten Form resorbiert. Der Grad der Ionisierung einer Säure bzw. Base ist direkt vom pH-Wert der Lösung und dem pK_S- bzw. pK_B-Wert der Substanz abhängig.

AUFGABEN

1. ASS® ist ein bekanntes Mittel gegen Kopfschmerzen und zeichnet sich durch einen besonders schnellen Wirkungseintritt aus. Erklären Sie diese Tatsache.
2. Südamerikanische Indianer verwenden zum Jagen ein Pfeilgift namens „Curare“. Das Fleisch der durch ihre Pfeile tödlich vergifteten Beutetiere kann allerdings unbeschadet gegessen werden. Formulieren Sie dafür eine begründete Vermutung.

ZUSAMMENFASSUNG

Grundlage für die Bewertung der **Stärke eines Protolyten** ist die Lage des Gleichgewichts seiner Reaktion mit Wasser und die sich daraus ergebende **Protolysekonstante** bzw. der **Protolyseexponent**.

Reaktion einer **Säure** mit Wasser
$HA + H_2O \rightleftharpoons H_3O^+ + A^-$

Säurekonstante K_S

$$K_S = \frac{c(H_3O^+) \cdot c(A^-)}{c(HA)}$$

Säureexponent pK_S $\quad$ **$pK_S = -\lg\{K_S\}$**

Reaktion einer **Base** mit Wasser
$B + H_2O \rightleftharpoons OH^- + HB^+$

Basekonstante K_B

$$K_B = \frac{c(OH^-) \cdot c(HB^+)}{c(B)}$$

Baseexponent pK_B $\quad$ **$pK_B = -\lg\{K_B\}$**

Bei **Ampholyten** können sowohl eine Säurekonstante (bzw. ein Säureexponent) als auch eine Basekonstante (bzw. ein Baseexponent) angegeben werden. Für Wasser gilt:

$pK_S(H_2O) = pK_B(H_2O) = 15{,}74$

Für korrespondierende Säure-Base-Paare gilt:

$K_S \cdot K_B = K_W$ und **$pK_S + pK_B = pK_W$**

Je stärker also ein Protolyt ist, umso schwächer ist sein korrespondierender Partner.
Die unterschiedlichen Stärken sehr starker Protolyte werden in Wasser auf die Stärke des Hydronium- bzw. des Hydroxid-Ions nivelliert.
Mehrwertige Protolyte protolysieren stufenweise.
Hydratisierte kleine und mehrfach geladene **Kationen** können aus der Hydrathülle Protonen abgeben, sie sind Säuren im Sinne der Definition von BRÖNSTED. **Hydratisierte Anionen** sind entweder Ampholyte oder Basen.

▶ Stoff-Teilchen-Konzept

Berechnung des pH-Werts

Grundlage für die Berechnung des pH-Werts wässriger Lösungen sind die Gleichungen der Säure- und der Basekonstante (↑S. 158). Außerdem benötigt man die Ausgangskonzentrationen der Säuren $c_0(HA)$ bzw. der Basen $c_0(B)$. Da die Berechnung auch von der Lage des jeweiligen Protolysegleichgewichts abhängt, ist sie auch in Abhängigkeit von der Stärke des Protolyten vorzunehmen.

Wässrige Lösungen sehr starker Protolyte Sehr starke Säuren und Basen ($pK < -1{,}74$) sind in wässriger Lösung vollständig protolysiert, das heißt:
$c(H_3O^+) = c_0(HA)$ bzw. $c(OH^-) = c_0(B)$
Zur Berechnung des pH-Werts kann deshalb in die Definitionsgleichung für den pH- bzw. pOH-Wert die Ausgangskonzentration des sehr starken Protolyten eingesetzt werden:

$pH = -\lg\{c_0(HA)\}$ $\quad$ $pOH = -\lg\{c_0(B)\}$

Berechnung des pH-Werts sehr starker Protolyte

Aufgabe: Berechnen Sie den pH-Wert von Salzsäure mit der Konzentration $c_0(HCl) = 0{,}2\ mol \cdot l^{-1}$.

Lösung: $pH = -\lg\{c_0(HA)\}$
$pH = -\lg 2 \cdot 10^{-1} = 0{,}7$

Aufgabe: Berechnen Sie den pH-Wert einer Natronlauge mit der Konzentration $c_0(NaOH) = 0{,}05\ mol \cdot l^{-1}$.

Lösung: $pOH = -\lg\{c_0(B)\}$
$pOH = -\lg 5 \cdot 10^{-2} = 1{,}3$
$pH = 14 - pOH = 14 - 1{,}3 = 12{,}7$

Wässrige Lösungen schwacher Protolyte Schwache Säuren ($pK_S > 4{,}5$) sind in wässriger Lösung nur unvollständig protolysiert. Daher muss die Konzentration der Hydronium-Ionen erst einmal berechnet werden.
Im Protolysegleichgewicht sind die Konzentrationen der Hydronium-Ionen und der korrespondierenden Base aufgrund der stöchiometrischen Verhältnisse gleich.

$$HA + H_2O \rightleftharpoons H_3O^+ + A^- ; \quad c(H_3O^+) = c(A^-)$$

Wendet man das Massenwirkungsgesetz auf das Protolysegleichgewicht an und berücksichtigt diese Tatsache, ergibt sich folgende Gleichung:

$$K_S = \frac{c^2(H_3O^+)}{c_0(HA) - c(H_3O^+)}$$

Weiterhin gilt mit $c(H_3O^+) << c_0(HA)$:

$$K_S = \frac{c^2(H_3O^+)}{c_0(HA)} \quad \text{und} \quad c(H_3O^+) = \sqrt{K_S \cdot c_0(HA)}$$

Zur Berechnung des pH-Werts wendet man auf diese Gleichung den negativen dekadischen Logarithmus unter Berücksichtigung der Produktregel beim Logarithmieren an. Für den pH-Wert von Lösungen schwacher Säuren ergibt sich dadurch:

$$\mathbf{pH = ½\,(p}K_S \mathbf{- lg}\,\{c_0\mathbf{(HA)}\}\mathbf{)}$$

Analog gilt für den pOH-Wert von Lösungen schwacher Basen:

$$\mathbf{pOH = ½\,(p}K_B \mathbf{- lg}\,\{c_0\mathbf{(B)}\}\mathbf{)}$$

Wässrige Lösungen starker Protolyte Im Protolysegleichgewicht einer starken Säure ($-1{,}74 < pK_S < 4{,}5$) gilt wieder:

$$K_S = \frac{c^2(H_3O^+)}{c_0(HA) - c(H_3O^+)}$$

Hier ist aber die Näherung $c(H_3O^+) << c_0(HA)$ nicht möglich. Es muss mit der quadratischen Gleichung

$$0 = c^2(H_3O^+) + K_S \cdot c(H_3O^+) - K_S \cdot c_0(HA)$$

gearbeitet werden, deren chemisch sinnvolle Lösung lautet:

$$c(H_3O^+) = -\frac{K_S}{2} + \sqrt{\frac{K_S^2}{4} + K_S \cdot c_0(HA)}$$

$$pH = -lg\,\{c(H_3O^+)\}$$

Für starke Basen gilt analog:

$$c(OH^-) = -\frac{K_B}{2} + \sqrt{\frac{K_B^2}{4} + K_B \cdot c_0(B)}$$

Berechnung des pH-Werts schwacher Protolyte

Aufgabe: Berechnen Sie den pH-Wert einer Essigsäurelösung mit der Konzentration $c_0 = 0{,}5\ mol \cdot l^{-1}$.

Lösung: $pH = ½\,(pK_S - lg\,\{c_0(HA)\})$
$pH = ½\,(4{,}75 - lg\,0{,}5)$
$pH = 2{,}5$

Aufgabe: Berechnen Sie den pH-Wert einer Natriumacetatlösung mit der Konzentration $c_0 = 0{,}03\ mol \cdot l^{-1}$.
$pK_B(CH_3COO^-) = 9{,}25$

Lösung: $pOH = ½\,(pK_B - lg\,\{c_0(B)\})$
$pOH = ½\,(9{,}25 + 1{,}52) = 5{,}4$
$pH = 14 - pOH = 14 - 5{,}4 = 8{,}6$

Berechnung des pH-Werts starker Protolyte

Aufgabe: Berechnen Sie den pH-Wert einer Lösung von salpetriger Säure mit der Konzentration $c_0 = 0{,}03\ mol \cdot l^{-1}$.
$pK_S(HNO_2) = 3{,}35$

Lösung: $K_S = 10^{-pK_S}\ mol \cdot l^{-1}$
$= 4{,}47 \cdot 10^{-4}\ mol \cdot l^{-1}$
$c(H_3O^+) = -2{,}23 \cdot 10^{-4}\ mol \cdot l^{-1} +$

$$\sqrt{5{,}0 \cdot 10^{-8}\ \frac{mol^2}{l^2} + 1{,}34 \cdot 10^{-5}\ \frac{mol^2}{l^2}}$$

$c(H_3O^+) = 3{,}44 \cdot 10^{-3}\ mol \cdot l^{-1}$
$pH = 2{,}46$

AUFGABEN

1 Der pH-Wert von Salzsäure der Konzentration $c_0 = 0{,}1\ mol \cdot l^{-1}$ beträgt pH = 1, der einer gleich konzentrierten Essigsäure pH = 2,9. Begründen Sie die unterschiedlichen pH-Werte.

2 Diskutieren Sie unter Verwendung von konkreten Beispielen die Tatsache, dass der pH-Wert der Lösung einer Säure auch < 0 und der einer Base > 14 sein kann.

Wässrige Lösungen mehrwertiger Protolyte Die Protolysekonstanten mehrwertiger Protolyte unterscheiden sich meist um etwa fünf Zehnerpotenzen. Die Differenz ist so groß, dass bei der Berechnung des pH-Werts wässriger Lösungen mehrwertiger Protolyte die jeweils folgenden Protolysestufen vernachlässigt werden können, die Protolyte also als einwertig angesehen werden dürfen. Ausnahmen zu dieser Regel treten vor allem bei organischen Säuren auf (z. B. Citronensäure, Weinsäure).
Auch die Schwefelsäure kann als einwertig angesehen werden. Das chemische Gleichgewicht der zweiten Protolysestufe wird durch das Protolysegleichgewicht der ersten Stufe erheblich zurückgedrängt. Für eine Lösung $c_0(H_2SO_4) = 0{,}1\ mol \cdot l^{-1}$ ist bei Nutzung der Näherung der Fehler $\Delta pH \approx 0{,}05$.

Wässrige Lösungen von Gemischen verschieden starker Protolyte Der stärkere Protolyt drängt die Protolyse des schwächeren Protolyten, die ohnehin nur in geringem Ausmaß erfolgt, praktisch völlig zurück. Der stärkere Protolyt bestimmt damit die Konzentration der Hydronium-Ionen in diesen Lösungen.

Wässrige Lösungen von Ampholyten Das saure Verhalten eines Ampholyten wird durch seinen Säureexponenten, das basische Verhalten durch seinen Baseexponenten charakterisiert. Der pH-Wert einer Lösung des Ampholyten HB^- kann nach folgender Näherungsgleichung berechnet werden:

$$\mathbf{pH = ½\,[p\mathit{K}_W + p\mathit{K}_S(HB^-) - p\mathit{K}_B(HB^-)]}$$

Diese Gleichung gilt allerdings nur für Lösungen mit einer Konzentration $c \geq 0{,}1\ mol \cdot l^{-1}$ und wenn der pH-Wert der Lösung nicht zu weit von pH = 7 entfernt ist.
Der pH-Wert einer Ampholytlösung ist demnach weitgehend unabhängig von der Konzentration des Ampholyten. Durch Vergleich des pK_S-Werts mit dem pK_B-Wert eines Ampholyten ist außerdem sofort zu erkennen, ob seine wässrige Lösung sauer oder alkalisch ist. Im Fall des Hydrogencarbonat-Ions ist $pK_S > pK_B$, das basische Verhalten ist bei diesem Ion also stärker ausgeprägt als das saure, die Lösung muss insgesamt basisch reagieren.
Lösungen von Gemischen schwacher Säuren und schwacher Basen können bei der pH-Berechnung wie Ampholytlösungen behandelt werden.

Berechnung des pH-Werts von Ampholyten

Aufgabe: Berechnen Sie den pH-Wert einer wässrigen Lösung von Natriumhydrogencarbonat.
$pK_S(HCO_3^-) = 10{,}4$; $pK_B(HCO_3^-) = 7{,}5$

Lösung: $pH = ½\,(pK_W + pK_S - pK_B)$
$pH = ½\,(14 + 10{,}4 - 7{,}5) = 8{,}5$

AUFGABEN

1 Berechnen Sie die pH-Werte folgender Lösungen mit den Konzentrationen in $mol \cdot l^{-1}$:
- Essigsäure 0,1
- Ammoniak 0,01
- Fluorwasserstoffsäure 0,1
- Kaliumhydroxid 0,2
- Natriumcarbonat 0,08
- Natriumamid 0,1
- Natriumhydrogensulfat 1
- Ammoniumchlorid 0,1
- Eisen(III)-chlorid 1
- Trinatriumphosphat 1
- Zinksulfat 0,01
- Aluminiumchlorid 0,1

2 Berechnen Sie den pH-Wert einer verdünnten Salpetersäure:
$w(HNO_3) = 6{,}66\,\%$
$M(HNO_3) = 63\ g \cdot mol^{-1}$
$\varrho(\text{Lösung}) = 1{,}035\ g \cdot ml^{-1}$
$c_0(HNO_3) = c_0(H_3O^+)$

3 Berechnen Sie den pH-Wert einer 5%igen Kalilauge:
$w(KOH) = 5\,\%$
$M(KOH) = 56{,}1\ g \cdot mol^{-1}$
$\varrho(\text{Lösung}) = 1{,}044\ g \cdot ml^{-1}$

4 Von Salzsäure und Essigsäure sollen jeweils Lösungen mit pH = 3 hergestellt werden. Berechnen Sie die erforderlichen Ausgangskonzentrationen.

5 Berechnen Sie den pH-Wert einer wässrigen Lösung von Schwefelsäure ($c_0 = 0{,}6\ mol \cdot l^{-1}$) mit und ohne Berücksichtigung der zweiten Protolysestufe.

6 Begründen Sie, ob die wässrigen Lösungen von Natriumdihydrogenphosphat, Natriumhydrogenphosphat und Natriumphosphat sauer oder basisch sind.

7 Berechnen Sie die pH-Werte der wässrigen Lösungen ($c = 1\ mol \cdot l^{-1}$) von Orthophosphorsäure, Kaliumdihydrogenphosphat, Dikaliummonohydrogenphosphat und Trinatriumphosphat.

8 Berechnen Sie die pH-Werte einer Natriumhydrogensulfit- und einer Natriumhydrogensulfidlösung.

Protolysegrad Schwache Säuren protolysieren (dissoziieren) in Lösung meist nur zu einem geringen Anteil in Ionen. Der Begriff „schwach“ bezieht sich also auf das Ausmaß der Protolyse. Zur Beurteilung des Anteils der durch die Protolysereaktion entstandenen Ionen wurde der **Protolysegrad der Säure α_S** (Dissoziationsgrad) eingeführt. Er bezieht sich auf das Protolysegleichgewicht der jeweiligen Säure und ist folgendermaßen definiert:

$$HA + H_2O \rightleftharpoons H_3O^+ + A^-$$

$$\alpha_S = \frac{c(H_3O^+)}{c_0(HA)} = \frac{c(A^-)}{c_0(HA)}$$

Analog ist für die chemische Reaktion einer schwachen Base B mit Wasser der **Protolysegrad der Base α_B** definiert:

$$B + H_2O \rightleftharpoons HB^+ + OH^-$$

$$\alpha_B = \frac{c(OH^-)}{c_0(B)} = \frac{c(HB^+)}{c_0(B)}$$

Schwache Protolyte liegen in der Lösung nur in geringem Ausmaß protolysiert vor. Der Protolysegrad wird daher immer einen Zahlenwert unter 1 annehmen. Im Vergleich dazu liegen starke Protolyte praktisch vollständig protolysiert vor, d. h., ihr Protolysegrad ist gleich 1.
Üblich ist auch die Angabe des Protolysegrads in Prozent:

$$\alpha_S = \frac{c(H_3O^+)}{c_0(HA)} \cdot 100\,\%$$

Berechnung des Protolysegrads

Aufgabe: Berechnen Sie den Protolysegrad α_S der Essigsäure in einer Essigsäurelösung ($c_0 = 0{,}01$ mol · l^{-1}).

Lösung: $CH_3COOH + H_2O \rightleftharpoons H_3O^+ + CH_3COO^-$

Im Protolysegleichgewicht der schwachen Säure Essigsäure gilt:

$$c(H_3O^+) = \sqrt{K_S \cdot c_0(HAc)}$$
$$c(H_3O^+) = \sqrt{10^{-4{,}75}\ \text{mol} \cdot \text{l}^{-1} \cdot 0{,}01\ \text{mol} \cdot \text{l}^{-1}}$$
$$c(H_3O^+) = 4{,}2 \cdot 10^{-4}\ \text{mol} \cdot \text{l}^{-1}$$

$$\alpha_S = \frac{c(Ac^-)}{c_0(HAc)} = \frac{c(H_3O^+)}{c_0(HAc)}$$

$$\alpha_S = \frac{4{,}2 \cdot 10^{-4}\ \text{mol} \cdot \text{l}^{-1}}{0{,}01\ \text{mol} \cdot \text{l}^{-1}}$$

$$\alpha_S = 0{,}042 = 4{,}2\,\%$$

Es haben also nur etwa 4 von 100 Essigsäuremolekülen Protonen an Wassermoleküle abgegeben.

EXPERIMENT 1

Protolysegrad und Verdünnung
Mit einem Leitfähigkeitsmessgerät wird die Änderung der elektrischen Leitfähigkeit beim Verdünnen von Eisessig (GHS02 | 05) mit Wasser verfolgt. Die Lösung wird ständig gut gerührt (Abb. 1).

1 Durchführung von Experiment 1

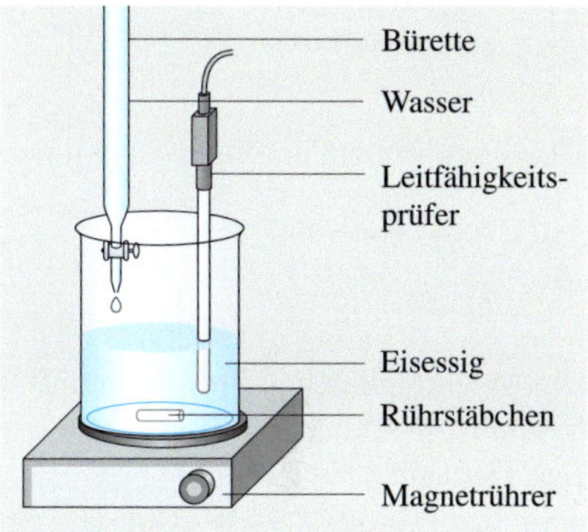

AUFGABEN

1 Erklären Sie die im Experiment 1 gemachten Beobachtungen.
2 Begründen Sie die Abnahme des Protolysegrads bei einer Erhöhung der Konzentration der Lösung.
3 Berechnen Sie die Protolysegrade von Ammoniaklösungen mit folgenden Konzentrationen [mol · l^{-1}]: 1; 0,1; 0,01; 0,001.
4 Berechnen Sie den Protolysegrad einer wässrigen Ammoniaklösung mit dem pH-Wert 11,2.
5 Eine wässrige Lösung von Kaliumcyanid der Konzentration $c = 0{,}01$ mol · l^{-1} hat den pH-Wert 10,76. Berechnen Sie den Protolysegrad α_B des CN^--Ions und den Säureexponenten pK_S der Cyanwasserstoffsäure.
6 Die wässrige Lösung einer einwertigen Säure der Konzentration $c = 0{,}1$ mol · l^{-1} hat den pH-Wert 2,56. Berechnen Sie den Protolysegrad α_S der Säure und ihren Säureexponenten pK_S.

Ostwald'sches Verdünnungsgesetz Das Protolysegleichgewicht einer Säure HA

$HA + H_2O \rightleftharpoons H_3O^+ + A^-$

wird beim Verdünnen der Lösung durch Zusatz des Lösemittels Wasser in die Richtung der Protolyseprodukte verschoben, der protolysierte HA-Anteil nimmt also zu (Exp. 1). Dieser Zusammenhang ergibt sich auch aus dem **Ostwald'schen Verdünnungsgesetz**. Es zeigt, dass mit abnehmender Ausgangskonzentration des Protolyten der Protolysegrad der Lösung ansteigt.

$$K_S = \frac{\alpha_S^2}{1 - \alpha_S} \cdot c_0(HA)$$

Für Basen gilt ein analoger Zusammenhang.

$$K_B = \frac{\alpha_B^2}{1 - \alpha_B} \cdot c_0(B)$$

Die Abhängigkeit des Protolysegrads von der Ausgangskonzentration ist in Abbildung 1 an fünf Beispielen dargestellt.
Das Ostwald'sche Verdünnungsgesetz ermöglicht die Berechnung des Protolysegrads, wenn die Protolysekonstante und die Ausgangskonzentration des Protolyten bekannt sind.

1 Je geringer die Ausgangskonzentration, desto höher der Protolysegrad

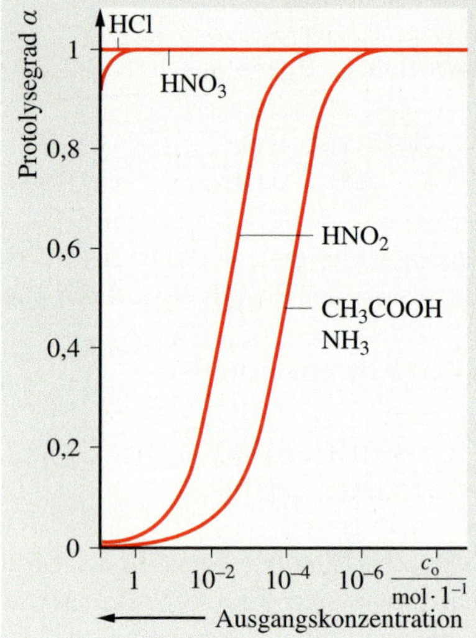

ZUSAMMENFASSUNG

Größengleichungen zur Berechnung des pH-Werts wässriger Lösungen

Sehr starke Säure
$pK < -1{,}74$ **$pH = -\lg \{c_0(HA)\}$**

Schwache Säure
$pK_S > 4{,}5$ **$pH = \frac{1}{2}(pK_S - \lg \{c_0(HA)\})$**

Starke Säure
$-1{,}74 < pK_S < 4{,}5$

$$c(H_3O^+) = -\frac{K_S}{2} + \sqrt{\frac{K_S^2}{4} + K_S \cdot c_0(HA)}$$

$$pH = -\lg \{c(H_3O^+)\}$$

Ampholyt **$pH = \frac{1}{2}[14 + pK_S - pK_B]$**

Für Basen ergeben sich analoge Größengleichungen. Außerdem gilt: pH = 14 – pOH.
In den Größengleichungen ist die Einheit der Ausgangskonzentration $[c_0] = mol \cdot l^{-1}$.

Der **Protolysegrad** charakterisiert das Ausmaß einer Protolyse. Er steigt mit zunehmender Verdünnung der Lösung.

$$\alpha_S = \frac{c(H_3O^+)}{c_0(HA)}$$

Dieser Sachverhalt kommt auch im **Ostwald'schen Verdünnungsgesetz** zum Ausdruck.

$$K_S = \frac{\alpha_S^2}{1 - \alpha_S} \cdot c_0(HA)$$

Puffersysteme

Säure-Base-Puffer Der Begriff Puffer wurde aus der Technik übernommen, wo er mechanische Vorrichtungen bezeichnet, z. B. die Puffer an Eisenbahnwagen zum Abfedern von Druckbelastungen. Der Brauereibesitzer FERNBACH führte diesen Begriff Ende des 19. Jahrhunderts als Bezeichnung von Lösungen in der Chemie ein, die eine schwache bis mittelstarke Säure oder Base (z. B. Essigsäure) und ein Salz ihres korrespondierenden Rest-Ions (z. B. Natriumacetat) enthalten.

Lösungen, die eine schwache Säure HA und die dazu korrespondierende Base A^- in etwa gleicher Konzentration enthalten, nennt man **Säure-Base-Puffer** oder **Pufferlösungen**. Die in der Lösung wirksame Säure wird als **Puffersäure** bezeichnet, die wirksame Base als **Pufferbase**. Beide zusammen bilden das **Puffersystem**. Puffersysteme haben die Fähigkeit, zugegebene H_3O^+- bzw. OH^--Ionen durch Gleichgewichtsreaktionen „abzufangen“ oder „abzufedern“.

Zufuhr von H_3O^+: $H_3O^+ + A^- \rightleftharpoons H_2O + HA$

Zufuhr von OH^-: $OH^- + HA \rightleftharpoons H_2O + A^-$

Das bedeutet, dass solche Lösungen bei Zugabe einer begrenzten Menge einer Säure oder einer Base den pH-Wert annähernd konstant halten bzw. nur geringfügig ändern.

In einer Lösung, die Essigsäuremoleküle und Acetat-Ionen enthält, liegt folgendes Gleichgewicht vor:

$CH_3COOH + H_2O \rightleftharpoons H_3O^+ + CH_3COO^-$

Werden dieser Lösung Hydronium-Ionen zugesetzt, so reagieren diese mit der Base Acetat-Ion unter Bildung von Essigsäure und Wasser, bis sich das gestörte Gleichgewicht neu eingestellt hat. Die zugesetzten Hydronium-Ionen werden also weitgehend gebunden, der pH-Wert sinkt nur sehr wenig.

Enthält der Zusatz Hydroxid-Ionen, so reagieren die Essigsäuremoleküle mit diesen Ionen unter Bildung von Acetat-Ionen und Wassermolekülen. Der pH-Wert bleibt konstant. Die Hydroxid-Ionen können auch die sich im Gleichgewicht befindenden Hydronium-Ionen neutralisieren. Das so gestörte Gleichgewicht stellt sich durch weitere Protolyse der Essigsäure wieder ein, wobei die Hydronium-Ionen im Wesentlichen nachgeliefert werden. Der pH-Wert ändert sich in diesem Fall nur sehr wenig.

Lösungen wie die Essigsäure/Acetat-Lösung können also gewisse Mengen von zugesetzten Hydronium- oder Hydroxid-Ionen abfangen, sodass sich ihr pH-Wert kaum ändert. Werden Hydronium-Ionen oder Hydroxid-Ionen dagegen reinem Wasser zugesetzt, verändert sich der pH-Wert sehr stark (Exp. 1).

Puffergleichung Durch einfache Umstellung der Definitionsgleichung für die Säurekonstante K_S der Puffersäure

$$K_S = c(H_3O^+) \cdot \frac{c(A^-)}{c(HA)} \quad \text{und} \quad c(H_3O^+) = K_S \cdot \frac{c(HA)}{c(A^-)}$$

EXPERIMENT 1

Pufferung

In Reagenzglas 1 werden 4 ml Wasser gefüllt, in Reagenzgläser 2 und 3 je 2 ml Essigsäurelösung ($c = 1\ mol \cdot l^{-1}$) und je 2 ml Natriumacetatlösung ($c = 1\ mol \cdot l^{-1}$). Den 3 Reagenzgläsern werden je 2 Tropfen Bromphenolblaulösung zugesetzt (Abb. 2).

Die Lösungen in den Reagenzgläsern 1 und 2 werden mit je einem Tropfen Salzsäure ($c = 1\ mol \cdot l^{-1}$) versetzt. In Reagenzglas 1 werden 2 Tropfen Natronlauge ($c = 1\ mol \cdot l^{-1}$, GHS05) gegeben, in Reagenzglas 3 ein Tropfen dieser Natronlauge.

Stellen Sie die Änderung des pH-Werts der Lösungen fest. Anschließend werden die Lösungen in den Reagenzgläsern 2 und 3 weiter tropfenweise mit Salzsäure bzw. Natronlauge versetzt, bis der Indikator deutlich seine Färbung ändert.

2 Durchführung von Experiment 1

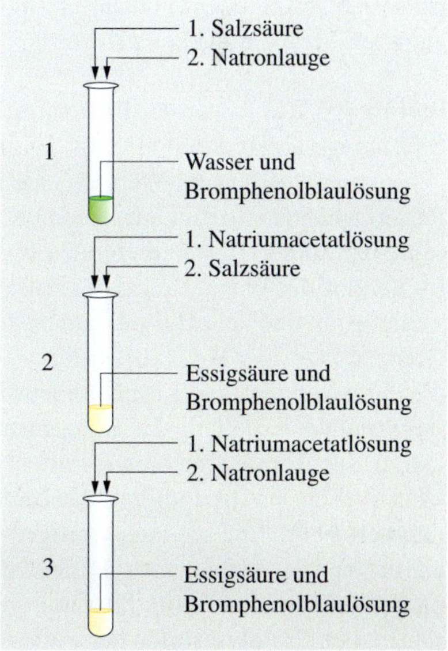

erhält man die **Puffergleichung**, auch **Henderson-Hasselbalch-Gleichung** genannt.

$$\mathbf{pH = p}K_\mathbf{S} \mathbf{+ lg} \frac{c(\mathrm{A}^-)}{c(\mathrm{HA})}$$

Sie ist Grundlage für quantitative Betrachtungen an Pufferlösungen. Aus der Puffergleichung ist erkennbar:
- Der pH-Wert der Pufferlösung wird hochgradig durch den $\mathrm{p}K_\mathrm{S}$-Wert der Puffersäure bestimmt.
- Der pH-Wert der Pufferlösung bestimmt das Konzentrationsverhältnis der Pufferbase zur Puffersäure, umgekehrt beeinflusst das (willkürlich eingestellte) Konzentrationsverhältnis der Pufferbase zur Puffersäure den pH-Wert der Pufferlösung.
- Sind die Konzentrationen von Pufferbase und Puffersäure gleich, dann ist der pH-Wert der Pufferlösung gleich dem Säureexponenten der Puffersäure, also $\mathrm{pH} = \mathrm{p}K_\mathrm{S}$.

Da als Puffersäuren und Pufferbasen immer nur schwache Protolyte verwendet werden, deren geringe Protolyse durch den Zusatz des korrespondierenden Partners fast vollständig zurückgedrängt wird, dürfen in die Puffergleichung anstelle der Gleichgewichtskonzentrationen die Ausgangskonzentrationen der Puffersäure und Pufferbase eingesetzt werden.

Pufferungskurve Die grafische Darstellung der Puffergleichung wird **Pufferungskurve** genannt (Abb. 1). Am Wendepunkt der Pufferungskurve mit $c(\mathrm{A}^-) = c(\mathrm{HA})$ und $\mathrm{pH} = \mathrm{p}K_\mathrm{S}$ ist die Steigung der Kurve am kleinsten. Die Steigung ändert sich bei Vergrößerung oder Verkleinerung des Konzentrationsverhältnisses $c(\mathrm{A}^-) : c(\mathrm{HA})$ zunächst nur wenig. Eine durch Säure- oder Basezusatz verursachte erhebliche Veränderung des Verhältnisses $c(\mathrm{A}^-) : c(\mathrm{HA})$ entspricht in diesem Bereich einer nur geringen Veränderung des pH-Werts.

Pufferkapazität Unter der **Pufferkapazität *β*** versteht man die Stoffmenge an Hydronium- oder Hydroxid-Ionen, die man zugeben muss, um den pH-Wert um eine Einheit zu verändern. Die Pufferkapazität ist erschöpft, wenn der größte Anteil der Puffersäure bzw. der korrespondierenden Base umgesetzt ist.
Im Bereich des Wendepunkts der Pufferungskurve ist die Pufferwirkung gut und bei $\mathrm{pH} = \mathrm{p}K_\mathrm{S}$ am besten. Bei Überschreiten der Grenzen $c(\mathrm{A}^-) : c(\mathrm{HA}) < 0{,}1$ oder > 10 ($\mathrm{pH} = \mathrm{p}K_\mathrm{S} \pm 1$) nimmt die Pufferkapazität der Lösung drastisch ab. Die Pufferkapazität steigt mit der Erhöhung der Konzentration des Puffersystems.
Durch den Einsatz mehrerer Puffersysteme in einer Lösung kann ein sehr breiter Pufferbereich erzielt werden. Das ist auch möglich beim Einsatz mehrwertiger Puffersäuren mit relativ ähnlichen $\mathrm{p}K_\mathrm{S}$-Werten, wie z. B. der Citronensäure ($\mathrm{p}K_\mathrm{S1} = 3{,}07$; $\mathrm{p}K_\mathrm{S2} = 4{,}77$; $\mathrm{p}K_\mathrm{S3} = 5{,}40$), da dann die Pufferbereiche der verschiedenen Protolysestufen der Puffersäure überlappen.

1 Pufferungskurve, pH-Wert als Funktion von $x(\mathrm{A}^-) : x(\mathrm{HA})$

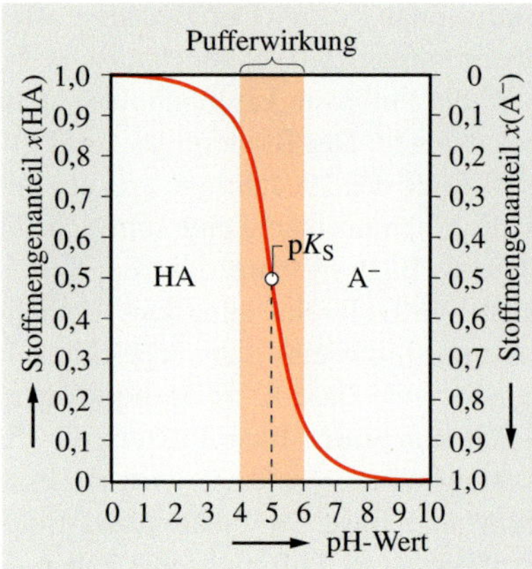

2 Pufferkapazität β einer Essigsäure/Acetat-Lösung der Gesamtkonzentration $c_0 = 0{,}4\ \mathrm{mol \cdot l^{-1}}$

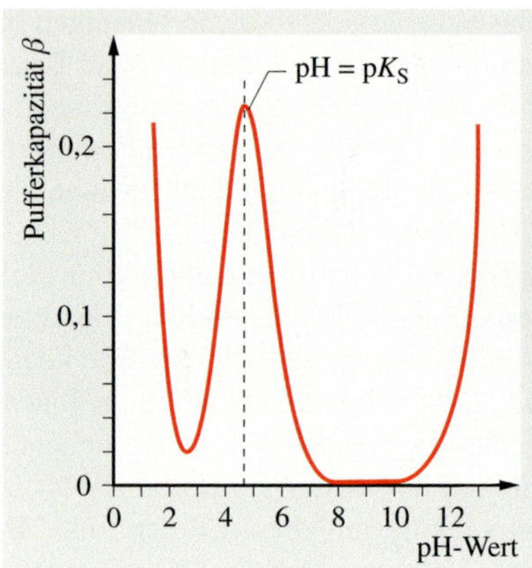

AUFGABE

1 Erläutern Sie:

a die Veränderung des Protolysegleichgewichts einer Säure bei Zusatz von Hydronium- bzw. Hydroxid-Ionen

b die Änderung des pH-Werts der wässrigen Lösung einer schwachen Säure bei Zusatz des Natriumsalzes derselben Säure

c die Pufferwirkung der Systeme Essigsäure/Natriumacetat und Ammoniak/Ammoniumchlorid bei Zusatz von Hydronium- bzw. Hydroxid-Ionen

Physiologie

Bedeutung von Pufferlösungen

Das Blut ist das einzige „flüssige Organ" des menschlichen Körpers. Für eine stets ausgeglichene physikalische, chemische und biologische Zusammensetzung des Bluts müssen Nieren, Lunge, Leber und blutbildendes Knochenmark sorgen. Das macht das Organ sehr störanfällig. So muss das Blut z. B. einen ziemlich konstanten pH-Wert haben, der lediglich zwischen den pH-Werten 7,38 und 7,44 variiert. Mehrere Puffersysteme halten den pH-Wert innerhalb dieses engen Bereichs.

1 Schema der Atmung (HbH^+ = Hämoglobin, HbO_2 = Oxyhämoglobin)

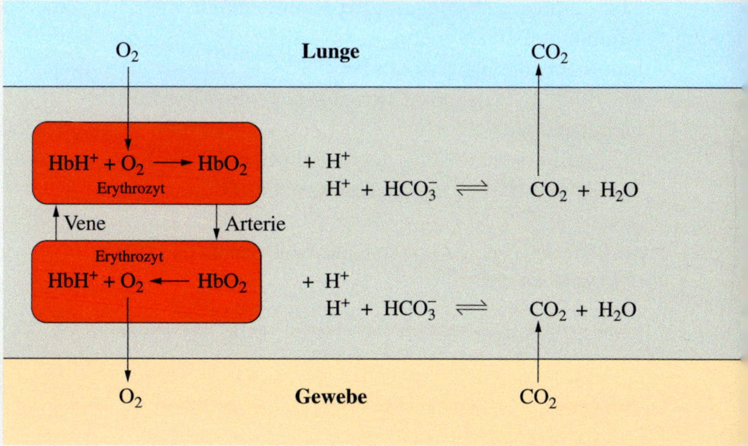

Unter diesen Puffern hat der Kohlensäure-Hydrogencarbonat-Puffer H_2CO_3/HCO_3^- die größte Bedeutung. Der Körper regelt die Konzentration der beiden Komponenten mithilfe verschiedener Mechanismen. Über die Atemfrequenz und die Tiefe der Atmung wird die Kohlensäurekonzentration des Bluts geregelt. Die Konzentration der Hydrogencarbonat-Ionen wird über die Ausscheidung dieses Ions im Urin gesteuert. Das normale Verhältnis von HCO_3^- zu H_2CO_3 im Blut ist 20 : 1.

Bei Verbrennungen tritt Blutplasma aus dem Blutkreislauf in die Wunde ein. Das verursacht Schwellungen (Ödeme) und führt zu Blutverlusten. Bei großflächigen Wunden kann das die Sauerstoffversorgung des gesamten Körpers beeinträchtigen. Bei Sauerstoffmangel kommt es zur überschüssigen Freisetzung von Milchsäure, die mit den Hydrogencarbonat-Ionen zur Kohlensäure reagieren. In solchen Situationen atmet die verletzte Person schneller.

Da der pH-Wert eines Systems oft eine bestimmende Reaktionsbedingung oder generell eine grundlegende Bedingung für die Stabilität eines Systems ist, besitzen Pufferlösungen auch in vielen anderen biologischen Bereichen eine erhebliche Bedeutung. Das Leben auf der Erde wäre ohne die durchgehende Pufferung aller biologischen Systeme gar nicht möglich. So enthält der Erdboden in der Humusschicht mehrere Puffersysteme, die eine lebensnotwendige Bedingung für die Existenz bestimmter Pflanzen und Mikroorganismen sind, u. a. das System $CaCO_3/Ca(HCO_3)_2$. Auch Gewässer wie Seen oder Flüsse stellen sensible Puffersysteme dar. Wird die Pufferkapazität dieser Systeme, etwa durch sauren Regen, überschritten, verringert sich der pH-Wert z. B. des Bodens, er versauert. Dies führt zu erheblichen biologischen Veränderungen in Flora und Fauna.

AUFGABEN

1 Das Blut eines Menschen hat in der Regel einen pH-Wert von 7,4. Kurz nach einem Marathonlauf kann dieser kurzzeitig aber auch bei 7,1 liegen. Berechnen Sie für beide Beispiele das Konzentrationsverhältnis von HCO_3^- und H_2CO_3.

2 Berechnen Sie die pH-Wert-Veränderung, die der Zusatz von 1 ml Salzsäure ($c = 1\ mol \cdot l^{-1}$) zu 100 ml einer Lösung verursacht, die einen Kohlensäure-Hydrogencarbonat-Puffer mit $c(H_2CO_3) = 0{,}1\ mol \cdot l^{-1}$ und $c(HCO_3^-) = 1\ mol \cdot l^{-1}$ enthält.

3 Erklären Sie die Auswirkungen einer Hyperventilation, die durch Sauerstoffmangel hervorgerufen wurde. Entwerfen Sie in Anlehnung an Abb. 1 eine Skizze, in der die Auswirkung der Hyperventilation dargestellt wird.

4 Informieren Sie sich über weitere wichtige Puffersysteme, die an der Regulierung des pH-Werts im Blut beteiligt sind.

Existenzbereiche Die pH-abhängigen Existenzbereiche der Partner korrespondierender Säure-Base-Paare sind aus den Pufferungskurven ablesbar. Dazu einige Beispiele (Abb. 1):

- Das Paar Essigsäure/Acetat liegt bei pH < 2,75 fast ausschließlich in Form von Essigsäuremolekülen vor, Acetat-Ionen sind so gut wie nicht vorhanden.
- Eine Ammoniaklösung mit pH > 11,2 enthält praktisch keine Ammonium-Ionen mehr.
- Sulfid-Ionen existieren nur bei pH > 11, ein Salz „Ammoniumsulfid" $(NH_4)_2S$ lässt sich also aus wässriger Lösung nicht herstellen.
- In einer Phosphatlösung liegen bei pH = 7,2 die Ionen $H_2PO_4^-$ und HPO_4^{2-} in gleichen Konzentrationen vor.

1 pH-Bereiche, in denen korrespondierende Säuren und Basen überwiegend vorliegen

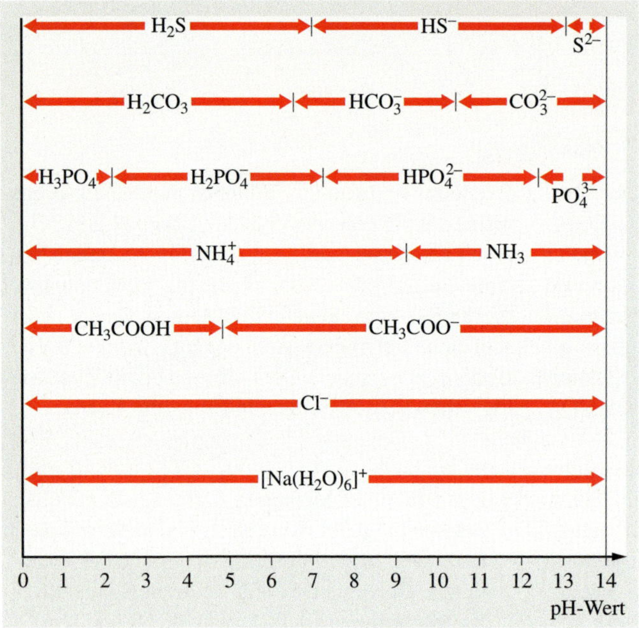

AUFGABEN

1 In 100 ml Essigsäure (c = 0,1 mol·l^{-1}) werden gelöst:
a 1,36 g bzw.
b 2,72 g Natriumacetat-3-Wasser $CH_3COONa \cdot 3\,H_2O$ (M = 135,1 g·mol^{-1})
Berechnen Sie jeweils die pH-Wert-Veränderung.

2 In 50 ml Ammoniaklösung (c = 1 mol·l^{-1}) werden 2,67 g Ammoniumchlorid gelöst. Wie groß ist die pH-Wert-Veränderung?

3 Berechnen Sie das Stoffmengenverhältnis der Partner der jeweiligen korrespondierenden Säure-Base-Paare in verdünnten wässrigen Lösungen von $NaHCO_3$ bei pH = 9,8, von HCl bei pH = 3 und von NaH_2PO_4 bei pH = 5.

4 Erläutern Sie ausgehend von der Puffergleichung eine Möglichkeit, die Stärke einer Säure experimentell zu bestimmen.

ZUSAMMENFASSUNG

Pufferlösungen ändern bei Zusatz nicht zu großer Portionen beliebiger Säuren oder Basen oder beim Verdünnen in den Grenzen ihrer Pufferkapazität ihren pH-Wert fast nicht.
Quantitative Aussagen zu Pufferlösungen sind möglich mithilfe der **Puffergleichung** (Henderson-Hasselbalch-Gleichung).

$$\mathbf{pH = p}K_\mathbf{S} + \mathbf{lg}\,\frac{c(\mathbf{A^-})}{c(\mathbf{HA})}$$

Praktische Bedeutung haben Puffersysteme vor allem im Bereich 1,5 < pH < 12,5. Stärker saure oder stärker basische Lösungen puffern ohne Zusatz ihrer korrespondierenden Partner.

► Konzept des chemischen Gleichgewichts und der Kinetik

Säure-Base-Titration

Chemische Analyse Die auf den vorangegangenen Seiten diskutierten Gesetzmäßigkeiten bilden die Grundlage vieler maßanalytischer Bestimmungsmethoden. Bei einer **Maßanalyse** wird eine Substanz mit unbekannter Konzentration (Analysenlösung, Vorlage) einer definierten chemischen Reaktion unterworfen, deren Endpunkt leicht zu erkennen ist. Meist findet diese Reaktion unter Zugabe einer Lösung statt, deren Konzentration genau bekannt ist (Maßlösung).
Da die Maßlösung schrittweise zugegeben wird, bezeichnet man das Verfahren als **Titration**. Die Gesamtheit aller Verfahren zur Identifizierung und quantitativen Bestimmung der Zusammensetzung einer Substanzprobe bezeichnet man als **chemische Analyse**.
Eine hoch entwickelte Industriegesellschaft ist ohne eine leistungsfähige chemische Analytik nicht denkbar. Die Ergebnisse von solchen Analysen dienen als Grundlagen einer gezielten Stoffentwicklung in den unterschiedlichsten Bereichen. Dazu gehören Natur- und Technikwissenschaften, Landwirtschaft und Industrie sowie der Umwelt- und Gesundheitsschutz, z. B. mit der Reinheitskontrolle von Böden, Wasser, Luft, Nahrungsmitteln und Chemikalien. Die moderne Diagnostik nutzt die chemische Analyse in Medizin und Kriminalistik. Wesentliche neue Erkenntnisse und deren Anwendung in Chemie, Biochemie, Biologie, Medizin und Umweltwissenschaften haben oft ihren Ursprung in Fortschritten der chemischen Analytik. Die chemische Analyse und Synthese sind ferner Voraussetzung für die Entwicklung von Pharmaka und neuen Werkstoffen.

Grundlagen der Säure-Base-Titration Die Säure-Base-Titration ist ein maßanalytisches Verfahren zur Bestimmung der Konzentration einer Säure (Base) in Lösung auf der Grundlage einer Neutralisationsreaktion. Die Neutralisation zwischen einer sauren und basischen Lösung verläuft sehr schnell. Der Endpunkt der Neutralisation kann anhand des Farbumschlags von Indikatoren oder mit elektrochemischen Verfahren (↑ S. 249) ziemlich genau festgestellt werden.
Der Endpunkt einer Säure-Base-Titration, der Äquivalenzpunkt, ist erreicht, wenn z. B. alle Hydronium-Ionen der titrierten Säure durch die Hydroxid-Ionen einer basischen Maßlösung neutralisiert wurden. Am Äquivalenzpunkt liegt somit eine Salzlösung vor.
Bei einer Säure-Base-Titration kommt es in der Umgebung des Äquivalenzpunkts zu einer sprunghaften Veränderung des pH-Werts. Ein besonders großer pH-Sprung tritt jedoch nur bei der Titration starker Säuren mit starken Basen auf.
Aus dem verbrauchten Volumen und der genau bekannten Konzentration der Maßlösung sowie dem vorgelegten Volumen der Analysenlösung lässt sich die Konzentration der Analysenlösung ermitteln.

EXPERIMENT 1
Säure-Base-Titration
25 ml Salzsäure bzw. Essigsäure ($c = 0{,}1\ \mathrm{mol \cdot l^{-1}}$) werden mit Natronlauge ($c = 0{,}1\ \mathrm{mol \cdot l^{-1}}$) gegen Methylrot bzw. Phenolphthalein titriert.

2 Titration mit Farbindikator

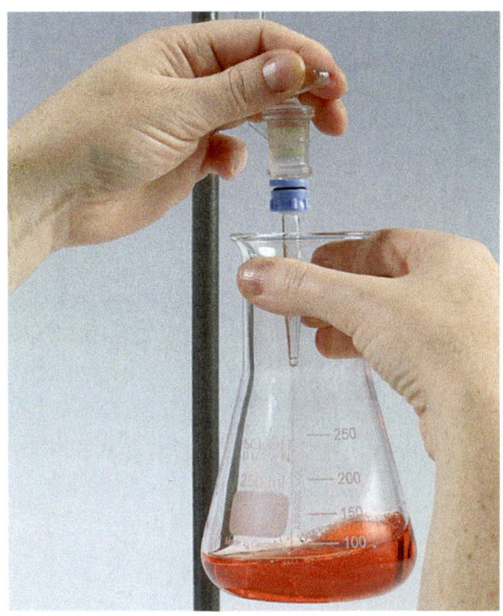

3 Prinzip der Wirkung eines Säure-Base-Indikators

$$\mathrm{HInd} \underset{+H^+}{\overset{-H^+}{\rightleftharpoons}} \mathrm{Ind^-}$$

protonierte Form — deprotonierte Form

Beispiel: protonierte Form: gelb — deprotonierte Form: blau

Mischfarbe: grün

Für maßanalytische Bestimmungen sind neben Säure-Base-Reaktionen (Neutralisationsreaktionen) auch Redoxreaktionen, Fällungsreaktionen oder Komplexreaktionen geeignet.

Säure-Base-Indikatoren Säure-Base-Indikatoren sind schwache organische Säuren (Basen), die farbig sind und deren korrespondierender Partner eine andere Farbe aufweist.

$HIn + H_2O$	$\rightleftharpoons$	$H_3O^+ + In^-$
Indikatorsäure		Indikatorbase
(z. B. gelb)		(z. B. blau)

Bei Zusatz von sauren Lösungen (Zufuhr von H_3O^+) verschiebt sich das Indikatorgleichgewicht nach links, die Lösung zeigt die Farbe der Indikatorsäure. Bei Zusatz einer basischen Lösung verschiebt sich das Gleichgewicht nach rechts, die Lösung zeigt die Farbe der Indikatorbase (Exp. 2).
Die Farbänderung des Indikators ist auf Strukturveränderungen des Indikatormoleküls zurückzuführen, die mit der Protolysereaktion einhergehen. Die Intensität der Farbe von Säure-Base-Indikatoren wie z. B. Bromthymolblau ist so groß, dass die Färbung der Lösung leicht erkannt werden kann, selbst dann, wenn die zugesetzte Indikatormenge zu gering ist, um einen Einfluss auf den pH-Wert ausüben zu können. In Abhängigkeit der Lage des pH-abhängigen Protolysegleichgewichts des Indikators, d. h. vom Verhältnis $c(In^-) : c(HIn)$, zeigt sich die eine oder andere Farbe der Indikatorlösung.
Es gilt die Puffergleichung:

$$\mathbf{pH = p}K_\mathbf{S}\mathbf{(HIn) + lg}\ \frac{c\mathbf{(In^-)}}{c\mathbf{(HIn)}}$$

Wenn die Konzentration der Indikatorsäure und die der korrespondierenden Base gleich sind, also $c(HIn) = c(In^-)$, ist **pH = pK_S(HIn)**. Dies ist der **Umschlagpunkt** des Indikators. Am Umschlagpunkt liegt eine Mischfarbe vor (z. B. Grün). Die verschiedenen Säurestärken (pK_S-Werte) der Indikatoren führen zu deren unterschiedlichen Umschlagpunkten.
Die reine Farbe der Indikatorsäure (z. B. Gelb) nimmt das menschliche Auge meist dann wahr, wenn $c(HIn) = 10\ c(In^-)$ ist, also bei pH = pK_S – 1, die Farbe der Indikatorbase (z. B. Blau) entsprechend bei pH = pK_S + 1. Der Bereich **pH = pK_S(HIn) ± 1** wird als der **Umschlagbereich** des Indikators bezeichnet (Abb. 1).
Beispiele für Säure-Base-Indikatoren mit ihren Umschlagbereichen und Farbänderungen zeigt Tabelle 1.
Eine zweiwertige Indikatorsäure H_2In (mit pK_{S1} und pK_{S2}) besitzt dementsprechend zwei Umschlagbereiche, z. B. Thymolblau bei pH 1,2 – 2,8 und bei pH 8,0 – 9,6.
Phenophthalein ist ein Einfarbenindikator: Die Indikatorsäure (pH < 8,4) ist farblos, die Indikatorbase violett. Bei Einfarbenindikatoren ist der Umschlagbereich von der Indikatorkonzentration abhängig.

EXPERIMENT 2

Farben der Indikatoren

Zu je 5 ml Wasser werden jeweils 3 Tropfen verschiedener Indikatorlösungen zugesetzt. Zu Proben dieser so erhaltenen Lösungen wird je ein Tropfen Natronlauge ($c = 0{,}1\ mol \cdot l^{-1}$) und zu weiteren Proben je ein Tropfen Salzsäure ($c = 0{,}1\ mol \cdot l^{-1}$) gegeben.
Stellen Sie die entstehenden Färbungen der Lösungen in einer Übersicht zusammen.

1 Umschlagbereich von Methylrot

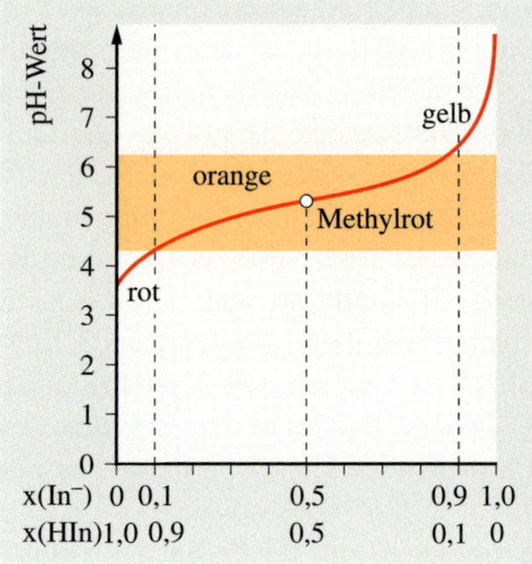

AUFGABEN

1 Nennen Sie die Farben von Methylrot in Lösungen mit folgenden pH-Werten: 2; 4,4; 5,3; 6,2; 8; 12.
2 Der Umschlagpunkt eines Indikators liegt bei pH = 6,1. Berechnen Sie die Säurekonstante K_S der Indikatorsäure.
3 Bewerten Sie den Einsatz von Methylorange als Indikator bei der Neutralisation von Salzsäure ($c = 0{,}001\ mol \cdot l^{-1}$) mit Kalilauge ($c = 0{,}1\ mol \cdot l^{-1}$).

Tab. 1 Umschlagbereiche einiger Säure-Base-Indikatoren

Indikator	Umschlagbereich pH	Farbänderung
Thymolblau, 1. Stufe	1,2– 2,8	rot – gelb
Methylorange	3,0– 4,4	rot – gelborange
Bromphenolblau	3,0– 4,6	gelb – blau
Methylrot	4,4– 6,2	rot – gelb
Lackmus	5,0– 8,0	rot – blauviolett
Bromthymolblau	6,0– 7,6	gelb – blau
Thymolblau, 2. Stufe	8,0– 9,6	gelb – blau
Phenolphthalein	8,4–10,0	farblos – violett

Universalindikatoren sind Gemische von Indikatoren mit unterschiedlichen, überlappenden Umschlagbereichen. Im Handel werden sie in Form von Lösungen, Indikatorpapieren oder Indikatorstäbchen verwendet.

EXPERIMENT 3

Herstellen eines Universalindikators

50 mg Thymolblau, 25 mg Methylrot und 600 mg Bromthymolblau werden in 15 ml Natronlauge ($c = 0,1\ \text{mol} \cdot \text{l}^{-1}$) gelöst. Die Lösung wird mit 500 ml Brennspiritus (GHS02) versetzt und abschließend mit Wasser auf ein Gesamtvolumen von 1 Liter aufgefüllt.
Erstellen Sie eine Farbskala für diesen Universalindikator.

AUFGABEN

1 Für die Neutralisation von 25 ml einer Natronlauge wurden 23,48 ml Salzsäure ($c = 0,1\ \text{mol} \cdot \text{l}^{-1}$) verbraucht. Berechnen Sie Stoffmenge und Masse des Natriumhydroxids in der Lösung.

2 Für die Neutralisation von 25 ml einer Salzsäure wurden 19,86 ml Kalilauge ($c = 0,1\ \text{mol} \cdot \text{l}^{-1}$) verbraucht. Berechnen Sie Stoffmenge und Masse des Chlorwasserstoffs in der Lösung.

Auswertung einer Säure-Base-Titration Reagiert bei einer Neutralisationsanalyse eine Säure mit einer Base gleicher Wertigkeit (Exp. 1), so ist am Äquivalenzpunkt die Stoffmenge n_1 der in der Analysenlösung vorhandenen Säure oder Base gleich der Stoffmenge n_2 der in der verbrauchten Maßlösung vorliegenden Base bzw. Säure.
Am Äquivalenzpunkt gilt bei der Neutralisation von Protolyten gleicher Wertigkeit folgende Beziehung: $n_1 = n_2$
Da $n = c \cdot V$ ist, gilt auch: $c_1 \cdot V_1 = c_2 \cdot V_2$
Zur Berechnung von Größen bei der Auswertung einer Titration ergibt sich für die

– Stoffmengenkonzentration der zu bestimmenden Säure oder Base

$$c_1 = \frac{c_2 \cdot V_2}{V_1}$$

– Stoffmenge der zu bestimmenden Säure oder Base
$n_1 = c_2 \cdot V_2$

– Massenkonzentration der zu bestimmenden Säure oder Base

$$\beta_1 = \frac{M_1 \cdot c_2 \cdot V_2}{V_1}$$

Tab. 2 Erläuterungen zu den Größengleichungen zur Auswertung einer Titration

n_1	Stoffmenge der Analysenlösung
n_2	Stoffmenge der Maßlösung
V_1	Volumen der Analysenlösung
V_2	Volumen der Maßlösung
c_1	Stoffmengenkonzentration der Analysenlösung
c_2	Stoffmengenkonzentration der Maßlösung
M_1	molare Masse der Analysenlösung
β_1	Massenkonzentration der Analysenlösung
m_1	Masse der Säure in der Analysenlösung
$\overline{V}$	Mittelwert des Volumens

– Masse der zu bestimmenden Säure oder Base
$m_1 = M_1 \cdot c_2 \cdot V_2$

Wird allerdings die zweiwertige Schwefelsäure mit der einwertigen Natronlauge titriert, ist am Äquivalenzpunkt die Stoffmenge der verbrauchten Natronlauge doppelt so groß wie die Stoffmenge der zur Titration vorgelegten Schwefelsäure. Es gilt dann:
$n(\mathrm{NaOH}) = 2n(\mathrm{H_2SO_4})$
$c(\mathrm{NaOH}) \cdot V(\mathrm{NaOH}) = 2c(\mathrm{H_2SO_4}) \cdot V(\mathrm{H_2SO_4})$

Berechnungen zur Säure-Base-Titration

Aufgabe: Bei einer Neutralisationsanalyse werden drei Proben zu je 25 ml einer Salzsäure mit 15,29 ml, 15,33 ml und 15,34 ml einer Natronlauge ($c = 0{,}1\ \mathrm{mol \cdot l^{-1}}$) neutralisiert. Berechnen Sie die Stoffmengenkonzentration der Salzsäure.

Gesucht: $c(\mathrm{HCl})$

Gegeben: $\overline{V}(\mathrm{NaOH}) = 15{,}32\ \mathrm{ml}$
$c(\mathrm{NaOH}) = 0{,}1\ \mathrm{mol \cdot l^{-1}}$
$V(\mathrm{HCl}) = 25\ \mathrm{ml}$

Lösung:

$$c_1 = \frac{c_2 \cdot V_2}{V_1}$$

$$c(\mathrm{HCl}) = \frac{0{,}1\ \mathrm{mol \cdot l^{-1}} \cdot 15{,}32\ \mathrm{ml}}{25\ \mathrm{ml}}$$

$$c(\mathrm{HCl}) = 0{,}0613\ \mathrm{mol \cdot l^{-1}}$$

Die untersuchte Salzsäure hat eine Stoffmengenkonzentration von $c = 0{,}0613\ \mathrm{mol \cdot l^{-1}}$.

Aufgabe: Zur Neutralisation von drei Proben einer Essigsäurelösung von je 25 ml werden 24,57 ml, 24,55 ml und 24,53 ml einer Natronlauge ($c = 0{,}1\ \mathrm{mol \cdot l^{-1}}$) verbraucht. Berechnen Sie die Stoffmenge und die Masse der Essigsäure in 25 ml Lösung.

Gesucht: $n(\mathrm{CH_3COOH})$
$m(\mathrm{CH_3COOH})$

Gegeben: $\overline{V}(\mathrm{NaOH}) = 24{,}55\ \mathrm{ml}$
$c(\mathrm{NaOH}) = 0{,}1\ \mathrm{mol \cdot l^{-1}}$
$V(\mathrm{CH_3COOH}) = 25\ \mathrm{ml}$
$M(\mathrm{CH_3COOH}) = 60\ \mathrm{g \cdot mol^{-1}}$

Lösung:
$n_1 = c_2 \cdot V_2$
$n(\mathrm{CH_3COOH}) = 0{,}1\ \mathrm{mol \cdot l^{-1}} \cdot 24{,}55\ \mathrm{ml} = 2{,}455\ \mathrm{mmol}$
$m_1 = M_1 \cdot c_2 \cdot V_2$
$m(\mathrm{CH_3COOH}) = 60\ \mathrm{g \cdot mol^{-1}} \cdot 0{,}1\ \mathrm{mol \cdot l^{-1}} \cdot 24{,}55\ \mathrm{ml} = 147\ \mathrm{mg}$

In 25 ml Essigsäurelösung sind 2,455 mmol bzw. 147 mg Essigsäure enthalten.

EXPERIMENT 4

Titration einer Base

In 100 ml Wasser wird ein Natriumhydroxidplätzchen (GHS02) gelöst und diese Lösung mit Salzsäure ($c = 0{,}1\ \mathrm{mol \cdot l^{-1}}$) gegen Bromthymolblau titriert. Berechnen Sie die Masse des Natriumhydroxids.

AUFGABE

1 10 ml Salzsäure werden in einem 100-ml-Messkolben mit Wasser bis zur Marke aufgefüllt. Vier Proben der Analysenlösung zu je 20 ml werden mit Natronlauge ($c = 0{,}1\ \mathrm{mol \cdot l^{-1}}$) titriert. Der jeweilige Verbrauch an Maßlösung beträgt: 21,22 ml, 21,18 ml, 21,30 ml und 21,26 ml. Berechnen Sie die Masse und die Stoffmenge des Chlorwasserstoffs in den 10 ml Salzsäure (Ausgangslösung).

Titrationskurven Der Verlauf einer Neutralisationsreaktion kann aus den Veränderungen des pH-Werts der Analysenlösung in Abhängigkeit vom Volumen der Maßlösung oder in Abhängigkeit vom Titrationsgrad ausgewertet werden.
Der **Titrationsgrad** τ für die Neutralisation, auch Neutralisationsgrad genannt, ist wie folgt definiert:

$$\tau = \frac{\text{Stoffmenge der zugesetzen Maßlösung}}{\text{Stoffmenge der zu titrierenden Säure (Base)}}$$

Die grafische Darstellung des pH-Werts der Probelösung in Abhängigkeit vom Volumen der Maßlösung oder vom Titrationsgrad bezeichnet man als Titrationskurve (Abb. 2).

Titration einer sehr starken Säure mit einer sehr starken Base Zur Ermittlung der Neutralisationskurve für die Titration einer sehr starken Säure mit einer sehr starken Base (Exp. 5) soll ein Volumen von 100 ml Salzsäure ($c = 0{,}1\ \text{mol} \cdot \text{l}^{-1}$) mit Natronlauge ($c = 1\ \text{mol} \cdot \text{l}^{-1}$) neutralisiert werden. Die Konzentration der Maßlösung wird so hoch gewählt, damit die durch Zusatz der Maßlösung verursachte Volumenveränderung der Analysenlösung gering ist und vernachlässigt werden kann.
Die Salzsäure hat vor Beginn des Zusatzes an Maßlösung den pH-Wert 1. Nach Zugabe von 9 ml Natronlauge sind 90 % der ursprünglich in der Analysenlösung vorhandenen Hydronium-Ionen neutralisiert, der Titrationsgrad ist 90 %. Die Konzentration der Hydronium-Ionen beträgt nur noch ein Zehntel der Ausgangskonzentration, nun ist pH = 2. Eine Zugabe von 9,9 ml Maßlösung entspricht einem Titrationsgrad von 99 % und pH = 3, ein Zusatz von 9,99 ml Maßlösung einem Titrationsgrad von 99,9 % und pH = 4.
Nach weiterem Zusatz von nur 0,01 ml Maßlösung – der Bruchteil eines Tropfens, was sich experimentell gar nicht realisieren lässt – wird der Äquivalenzpunkt erreicht. Die ursprünglich in der Analysenlösung vorhandenen Hydronium-Ionen sind jetzt vollständig neutralisiert, die Neutralisation ist zu 100 % erfolgt.

Tab. 1 Verlauf der Neutralisationstitration von 100 ml Salzsäure ($c = 0{,}1\ \text{mol} \cdot \text{l}^{-1}$) mit Natronlauge ($c = 1\ \text{mol} \cdot \text{l}^{-1}$)

Zugabe an Natronlauge in ml	Titrationsgrad in %	$c(H_3O^+)$ in $\text{mol} \cdot \text{l}^{-1}$	pH-Wert
0,00	0	10^{-1}	1
9,00	90	10^{-2}	2
9,90	99	10^{-3}	3
9,99	99,9	10^{-4}	4
10,00	100	10^{-7}	7
10,10	101	10^{-11}	11
11,00	110	10^{-12}	12
20,00	200	10^{-13}	13

EXPERIMENT 5
Titration von Säuren
100 ml Salzsäure bzw. Essigsäure (jeweils $c = 0{,}1\ \text{mol} \cdot \text{l}^{-1}$) werden mit Natronlauge ($c = 1\ \text{mol} \cdot \text{l}^{-1}$, GHS02) titriert.
Messen Sie mit einem pH-Meter die pH-Werte in Abhängigkeit von der Zugabe der Natronlauge (Abb. 1). Stellen Sie die Ergebnisse grafisch dar.

1 Titration einer Säure mit Natronlauge

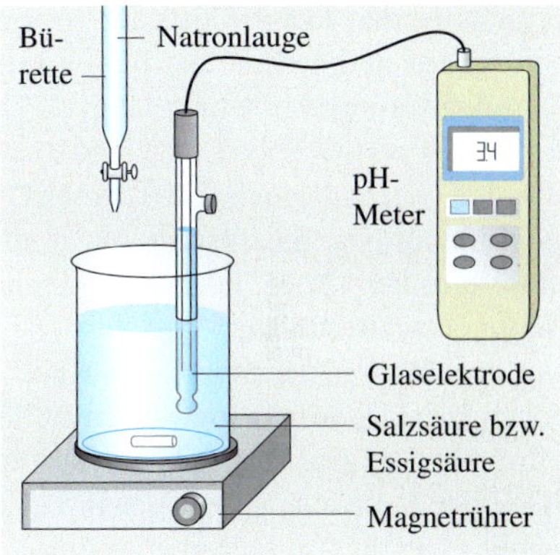

2 Titrationskurven verschieden starker Säuren ($c = 0{,}1\ \text{mol} \cdot \text{l}^{-1}$) mit Natronlauge ($c = 1\ \text{mol} \cdot \text{l}^{-1}$)

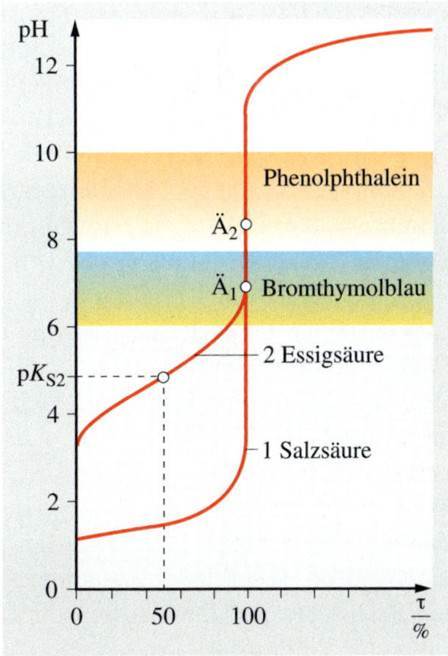

Es liegt nunmehr eine wässrige Natriumchloridlösung vor mit pH = 7.

Zugabe von Natronlauge im Überschuss führt zu einer weiteren Erhöhung des pH-Werts. Bei einer Zugabe von 0,1 ml der Natronlauge mit $c(NaOH) = 1\ mol \cdot l^{-1}$ wird diese auf etwa das 10^3-Fache verdünnt. Die Konzentration der Hydroxid-Ionen in der Lösung ist etwa $c(OH^-) = 10^{-3}\ mol \cdot l^{-1}$. Der pH-Wert beträgt dann 11, der Titrationsgrad 101 %. Aus diesen Zusammenhängen ergibt sich die Titrationskurve für die Neutralisation einer sehr starken Säure durch eine sehr starke Base (↑S. 177, Tab. 1; Abb. 2).

Zu Beginn der Titration steigt der pH-Wert sehr langsam an (die stark saure Lösung puffert!), in der Nähe des Äquivalenzpunkts bewirkt dagegen ein Tropfen der Maßlösung einen großen pH-Sprung, der mit einem geeigneten Säure-Base-Indikator genau erfasst werden kann. Geeignet ist ein Indikator, dessen Umschlagbereich innerhalb des pH-Sprungs liegt.

Vor dem Äquivalenzpunkt überwiegt die Konzentration der Salzsäure $c(H_3O^+) > c(OH^-)$ und nach dem Äquivalenzpunkt die der Natronlauge $c(OH^-) > c(H_3O^+)$. Am Äquivalenzpunkt liegt immer eine Salzlösung vor, in diesem Fall eine Natriumchloridlösung. Da die korrespondierenden Teilchen sehr starker Säuren bzw. Basen nur sehr schwache Protolyte sind, bilden sie mit dem Wasser der Salzlösung kaum zusätzliche Hydronium-Ionen bzw. Hydroxid-Ionen. Daher liegt z. B. bei der Titration einer einwertigen starken Säure mit einer einwertigen starken Base der Äquivalenzpunkt genau bei pH = 7. Der Äquivalenzpunkt ist in diesem Fall gleichzeitig auch der Neutralpunkt der Lösung.

Titration einer schwachen Säure mit einer sehr starken Base Im Ergebnis der Titration einer schwachen Säure mit einer sehr starken Base, z. B. von Essigsäure mit Natronlauge (Exp. 5), liegt am Äquivalenzpunkt eine Lösung von Natriumacetat vor. Das Acetat-Ion als korrespondierende Base einer nur schwachen Säure reagiert mit Wasser als Base, die Salzlösung ist also basisch. Der Äquivalenzpunkt stimmt dadurch nicht mit dem Neutralpunkt pH = 7 überein. Bei dieser Titration erhält man eine Titrationskurve, die sich in einigen Punkten von der Titrationskurve der Salzsäure unterscheidet (↑S. 177, Abb. 2).

Zu berechnen ist der Ursprung der Kurve bei Beginn der Titration ($\tau = 0\,\%$). Es liegt eine wässrige Lösung der mittelstarken Säure vor, ihr pH-Wert ist $pH = \frac{1}{2}\,(pK_S - \lg\{c_0(HA)\})$.

Am Äquivalenzpunkt ist der pH-Wert der gebildeten Natriumacetatlösung zu berechnen nach $pOH = \frac{1}{2}\,(pK_B - \lg\{c_0(B^-)\})$ und pH = 14 – pOH.

Im übrigen Titrationsbereich liegt in der Lösung, verursacht durch die fortschreitende Neutralisation der Essigsäure, immer ein Gemisch wechselnder Zusammensetzung aus der vorgelegten Essigsäure und ihrer korrespondierenden Base Acetat-Ion (also eine Pufferlösung) vor.

AUFGABEN

1 Salzsäure bzw. Essigsäure ($c = 0{,}1\ mol \cdot l^{-1}$) werden mit Natronlauge ($c = 1\ mol \cdot l^{-1}$) bis zum Überschuss der Lauge titriert. Vergleichen Sie markante Punkte der Titrationskurven. Tragen Sie die Ergebnisse in eine geeignete Tabelle ein.

2 Berechnen und zeichnen Sie die Neutralisationskurve für die Titration von Ammoniaklösung ($c = 0{,}1\ mol \cdot l^{-1}$) mit Salzsäure ($c = 1\ mol \cdot l^{-1}$). Nennen Sie einen geeigneten Indikator.

Tab. 1 Verlauf der Titration von 100 ml Essigsäure ($c = 0{,}1\ mol \cdot l^{-1}$) mit Natronlauge ($c = 1\ mol \cdot l^{-1}$)

τ in %	pH-Berechnung
0	$pH = 2{,}38 + 0{,}5 = 2{,}88$
10	$pH = 4{,}75 + \lg \frac{0{,}01}{0{,}1 - 0{,}01} = 4{,}75 - 0{,}95 = 3{,}80$
50	$pH = pK_S = 4{,}75$
90	$pH = 4{,}75 + \lg \frac{0{,}09}{0{,}1 - 0{,}09} = 4{,}75 + 0{,}95 = 5{,}70$
99	$pH = 4{,}75 + \lg \frac{0{,}099}{0{,}1 - 0{,}099} = 4{,}75 + 2 = 6{,}8$
100	$pOH = 4{,}63 + 0{,}5 = 5{,}13$ $pH = 14 - 5{,}13 = 8{,}87$
101	$pOH = -\lg 1 \cdot 10^{-3} = 3$ $pH = 14 - 3 = 11$
150	$pOH = -\lg 0{,}05 = 1{,}3$ $pH = 14 - 1{,}3 = 12{,}7$
200	$pOH = -\lg 0{,}1 = 1$ $pH = 14 - 1 = 13$

Ihr pH-Wert lässt sich mithilfe der Puffergleichung (↑S. 170) berechnen.
Das Ergebnis der Berechnungen ist für die Titration von 100 ml Essigsäure ($c = 0{,}1\ mol \cdot l^{-1}$) mit Natronlauge ($c = 1\ mol \cdot l^{-1}$) in Tabelle 1 zusammengefasst; die Titrationskurve ist auf Seite 177 in Abbildung 2 wiedergegeben.
Der pH-Sprung am Äquivalenzpunkt ist in diesem Fall kleiner als bei der Titration einer sehr starken Säure mit einer sehr starken Base. Eine Titration gegen den Indikator Bromthymolblau wäre hier nicht mehr sinnvoll. Besser geeignet ist ein Indikator, dessen Umschlagpunkt mit dem pH-Wert des Äquivalenzpunkts möglichst übereinstimmt, hier also z. B. Phenolphthalein oder Thymolblau in seiner zweiten Stufe gelb/blau.
Die maßanalytische Bestimmung einer sehr schwachen Säure mit einer sehr starken Base oder die einer schwachen Säure mit einer schwachen Base ist schwierig, da die Änderung des pH-Werts am Äquivalenzpunkt gering ist und nicht präzise erfasst werden kann.

Titration einer mehrwertigen Säure mit einer starken Base

Phosphorsäure ist eine dreiwertige Säure mit den Dissoziationsstufen

$H_3PO_4 + H_2O \rightleftharpoons H_2PO_4^- + H_3O^+ \quad pK_{S1} = 2{,}12$

$H_2PO_4^- + H_2O \rightleftharpoons HPO_4^{2-} + H_3O^+ \quad pK_{S2} = 7{,}20$

$HPO_4^{2-} + H_2O \rightleftharpoons PO_4^{3-} + H_3O^+ \quad pK_{S3} = 12{,}36$

Man würde daher bei der Titration von Phosphorsäure eine Titrationskurve mit drei pH-Sprüngen erwarten. Die pH-metrische Titration der Phosphorsäure mit Natronlauge liefert jedoch nur zwei deutlich erkennbare pH-Sprünge (Abb. 1), da die letzte Protolysestufe der Phosphorsäure, das Hydrogenphosphat-Ion, eine äußerst schwache Säure ist.
In einer Phosphorsäurelösung befinden sich sieben verschiedene Ionen- und Molekülarten gleichzeitig, die sich auch gegenseitig beeinflussen. Wenn eine mehrprotonige Säure protolysiert, stammt jedoch der größte Teil der vorhandenen Protonen aus der ersten Protolysestufe.

$H_3PO_4 + H_2O \rightleftharpoons H_2PO_4^- + H_3O^+ \quad pK_{S1} = 2{,}12$

Die Titrationskurve der Phosphorsäure verläuft bis zum ersten Äquivalenzpunkt wie die einer starken Säure. Da am ersten Äquivalenzpunkt in dieser Lösung vor allem die Brönsted-Säure Dihydrogenphosphat-Ion enthalten ist, befindet sich der erste Äquivalenzpunkt im sauren Bereich.
Danach ist die Titrationskurve vergleichbar mit der einer schwachen Säure. Bei dem pH-Wert, der gleich dem pK_{S2} ist, sind die beiden Formen der Teilchenarten ($H_2PO_4^-$ und HPO_4^{2-}) in gleicher Konzentration vorhanden. Zu diesem Zeitpunkt werden nur sehr wenig Moleküle H_3PO_4 vorhanden sein. Gleiches gilt für die Phophat-Ionen PO_4^{3-}. Die einzigen Säurerest-Ionen, die in der Nähe von pH = 7 Bedeutung haben, sind $H_2PO_4^-$ und HPO_4^{2-}. In ähnlicher Weise spielen im Bereich pH = 2–3 nur H_3PO_4 und $H_2PO_4^-$ eine Rolle.

EXPERIMENT 6

Bestimmung des Säureexponenten einer schwachen Säure durch Halbtitration

Die genau abgemessene Probe einer (unbekannten) schwachen Säure mit Natronlauge ($c = 0{,}1\ mol \cdot l^{-1}$) wird gegen einen geeigneten Indikator titriert. Eine zweite gleiche Probe der Säure wird mit der Hälfte der vorher verbrauchten Stoffmenge an Natronlauge versetzt.
Messen Sie den pH-Wert der Lösung. In der Lösung ist $c(HA) = c(A^-)$ und $pH = pK_S$ der unbekannten Säure.

1 Titrationskurve von Phosphorsäure mit Natronlauge

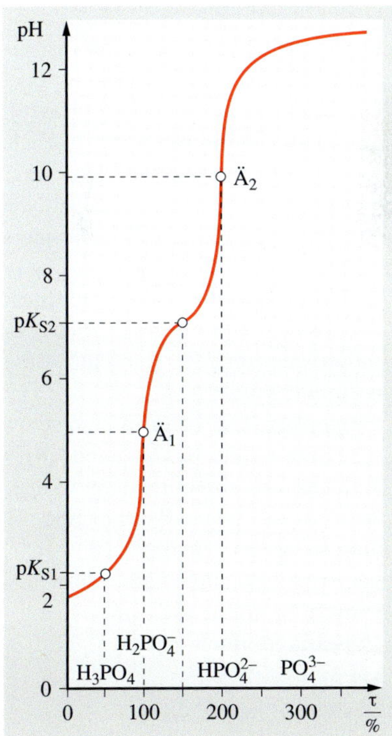

Am zweiten Äquivalenzpunkt der Phosphorsäuretitration liegt im Wesentlichen eine Hydrogenphosphatlösung vor. Da der Ampholyt Hydrogenphosphat stärker basisch als sauer reagiert, befindet sich der zweite Äquivalenzpunkt im basischen Bereich.
Da die dritte Protolysestufe der Phosphorsäure keinen eindeutig erkennbaren pH-Sprung liefert, kann sie bei der Auswertung der Titration vernachlässigt werden.

EXPERIMENT 7

Untersuchung von Lebensmitteln

a) Handelsüblicher Speiseessig wird mit Natronlauge ($c = 0{,}1\ mol \cdot l^{-1}$) gegen Phenolphthalein oder Thymolblau titriert. Berechnen Sie die Massenkonzentration der Essigsäure.

b) Cola-Getränke enthalten Phosphorsäure. 50 ml eines solchen Getränks werden mit Natronlauge ($c = 0{,}1\ mol \cdot l^{-1}$) unter Verwendung eines pH-Meters titriert. Berechnen Sie die Massenkonzentration der Phosphorsäure im Getränk unter Nutzung des ersten Äquivalenzpunkts der gewonnenen Titrationskurve.

AUFGABEN

1 Berechnen und zeichnen Sie die Titrationskurve für die Neutralisation eines Gemischs aus Salzsäure und Essigsäure, $c(HCl) = c(CH_3COOH) = 0{,}1\ mol \cdot l^{-1}$, mit Natronlauge ($c = 1\ mol \cdot l^{-1}$). Begründen Sie, welche Indikatoren man verwenden könnte, um die Bestimmung der Konzentrationen beider Säuren in zwei verschiedenen Proben zu ermöglichen.

2 Begründen Sie am Beispiel der Titration einer sehr starken Säure mit einer sehr starken Base, warum die Analysenlösung nicht zu stark verdünnt werden darf.

ZUSAMMENFASSUNG

Die Maßanalyse (Volumetrie) ist ein klassisches Verfahren der quantitativen chemischen Analyse. Der spezielle Fall der Säure-Base-Titration wird als **Neutralisationsanalyse** bezeichnet. Die gelöste Analysenprobe wird mit einer Maßlösung bekannter Konzentration quantitativ umgesetzt. Aus dem Verbrauch an Maßlösung lässt sich die Konzentration der Analysenlösung ermitteln.
Ziel jeder Titration ist die Ermittlung des **Äquivalenzpunkts**. Der Äquivalenzpunkt einer Neutralisation kann mithilfe von Säure-Base-Indikatoren bestimmt werden.
Säure-Base-Indikatoren sind schwache organische Säuren oder Basen, deren korrespondierende Teilchen sich strukturbedingt in ihren Farben unterscheiden. Das pH-abhängige Verhältnis der Stoffmengenkonzentrationen $c(In^-) : c(HIn)$ bestimmt die jeweilige Farbe einer Indikatorlösung.
Umschlagpunkt: $pH = pK_S(HIn)$
Umschlagbereich: $pH = pK_S(HIn) \pm 1$

Am Äquivalenzpunkt der Neutralisation ist bei Protolyten gleicher Wertigkeit die Stoffmenge der zu bestimmenden Säure (Base) gleich der Stoffmenge der in der verbrauchten Maßlösung enthaltenen Base (Säure):

$$\boldsymbol{n(\text{Analysenlösung}) = n(\text{Maßlösung})}$$

Zur Berechnung von Größen in Auswertung einer Titration mit Protolyten gleicher Wertigkeit eignen sich folgende Größengleichungen:

$$n_1 = c_2 \cdot V_2 \qquad m_1 = M_1 \cdot c_2 \cdot V_2$$

$$c_1 = \frac{c_2 \cdot V_2}{V_1} \qquad \beta_1 = \frac{M_1 \cdot c_2 \cdot V_2}{V_1}$$

Der Verlauf einer Neutralisationsanalyse ist umso günstiger, je stärker die beteiligten Protolyte sind. Der Protolyt der Maßlösung sollte immer der stärkere Reaktionspartner sein.
Moderne Laboratorien arbeiten bei Routinebestimmungen mit Titrierautomaten.

KOMPLEX GEDACHT

1 Ammoniakmoleküle sind vor allem als Brönsted-Base bekannt. Sie können aber gegenüber bestimmten Reaktionspartnern auch als Brönsted-Säure reagieren, beispielsweise wenn man Ammoniak auf erhitztes metallisches Kalium einwirken lässt. Es entsteht dann Kaliumamid.
Formulieren Sie die Reaktionsgleichung für die Bildung von Kaliumamid. Berechnen Sie die Konzentrationen von H_3O^+, OH^-, NH_3 und K^+ in einer Kaliumamidlösung mit der Konzentration $c = 0{,}01\ mol \cdot l^{-1}$.

2 In einem Labor benötigt man eine saure Lösung, deren pH-Wert etwa bei pH = 4 liegt. Um diese Lösung herzustellen, mischt ein Laborant einfach gleiche Volumina einer Salpetersäurelösung ($c = 0{,}01\ mol \cdot l^{-1}$) und einer Natronlauge ($c = 0{,}005\ mol \cdot l^{-1}$).
Bewerten Sie das Vorgehen des Laboranten auf der Grundlage der pH-Werte vor und nach dem Mischen und korrigieren Sie gegebenenfalls sein Vorgehen.

3 Verdauungsbeschwerden und Sodbrennen treten häufig bei einer zu starken Säureproduktion des Magens auf. Eine erhöhte Magensaftproduktion kann zu einem Rückfluss des Magensafts in die Speiseröhre führen, deren Schleimhaut nicht gegen die Magensäure (vereinfacht gesagt eine Chlorwasserstoffsäurelösung mit $c \approx 0{,}1\ mol \cdot l^{-1}$) geschützt ist.
Dies ist ein Grund für die Anwendung von Medikamenten, die eine gewisse Neutralisationskapazität besitzen. Die meisten Wirkstoffe dieser Antazida, wie z. B. Aluminiumhydroxid, sind relativ schwerlösliche Verbindungen.
Bei Zugabe von verdünnter Chlorwasserstoffsäurelösung ($c = 0{,}1\ mol \cdot l^{-1}$) zu einer Aufschlämmung einer Tablette, die Aluminiumhydroxid enthält, beobachtet man zunächst eine Verringerung des pH-Werts, der sich dann aber relativ schnell wieder auf 3,5 einstellt. Dieser pH-Wert ändert sich auch bei erneuter Zugabe der Säure kaum.
Erklären Sie diese Beobachtungsergebnisse. Formulieren Sie entsprechende Reaktionsgleichungen.

4 Berechnen Sie die Konzentration der Hydronium- und der Hydroxid-Ionen in Wein. Geben Sie das Verhältnis dieser Ionen in reinem Wasser sowie in Wein an und beschreiben Sie die Auswirkungen auf das Autoprotolysegleichgewicht des Wassers.

Tab. 1 pH-Werte von einigen üblichen Getränken

Substanz	pH
Zitronensaft	2,1
Orangensaft	2,8
Wein	3,3
Tomatensaft	3,9
Bier	4,7
Schwarzer Kaffee	5,0
Milch	6,8

5 Natron (Natriumhydrogencarbonat) nutzten schon die alten Ägypter zum Einbalsamieren ihrer Toten. Ihnen war auch schon bekannt, dass man aus Natron Soda (Natriumcarbonat) herstellen kann. Sie nutzten bereits viele Eigenschaften der Soda, so z. B. die Wirkung der Basizität von Sodalösung beim Wäschewaschen.
In einer Zeitung ist folgende Schlagzeile zu lesen: „Natron hilft beim Kochen von Hülsenfrüchten und Gemüse“. Erkunden Sie auch experimentell den Wahrheitsgehalt dieser Aussage. Recherchieren Sie weitere Informationen über Natron und beziehen Sie zusätzlich folgendes Experiment mit ein:
Ein Rundfilter wird mit Natronlösung wie mit einer „Geheimtinte“ beschrieben, getrocknet und dann vorsichtig in die Nähe einer Wärmequelle gehalten.

1 Natronlösung als „Geheimschrift“

8 Löslichkeitsgleichgewichte

Bei vielen Vorgängen in der Natur lässt sich das Lösen oder das Fällen eines Stoffes aus einer Lösung beobachten. Die gleichzeitig stattfindenden Fällungs- und Löseprozesse führen zu einem heterogenen chemischen Gleichgewicht zwischen der Lösung und dem nicht gelösten Stoff, das häufig von weiteren chemischen Reaktionen oder Vorgängen beeinflusst wird.

So sind die faszinierenden Formen der während Jahrtausenden in Tropfsteinhöhlen gewachsenen Stalaktiten, Stalakmiten und Stalaknaten das Ergebnis von gestörten Löslichkeitsgleichgewichten. WALTHER NERNST wandte 1889 das Massenwirkungsgesetz auf heterogene Systeme an. So ist es möglich, experimentell erfasste Phänomene zu verstehen und zu beeinflussen.

Lösen von Salzen

Lösungsenthalpie Viele Salze lösen sich gut im Lösemittel Wasser. Beim Lösen werden die Ionen durch starke elektrostatische Wechselwirkungen mit den Dipolmolekülen des Wassers aus dem Ionengitter entfernt, bevorzugt an den Ecken und Kanten der Kristalle. Die Ionen liegen dann in der Lösung hydratisiert vor (↑Abb. 1, S. 36). Beim Abbau des Ionengitters muss die **Gitterenergie (-enthalpie) $\Delta_G H$** (Tab. 2) überwunden werden. Die dazu erforderliche Energie wird vor allem durch die **Hydratationsenthalpie $\Delta_H H$** (Tab. 3), die bei der Ausbildung der Hydrathülle der Ionen frei wird, geliefert. Ist der Betrag der Hydratationsenthalpie größer als der der Gitterenthalpie, verläuft der Lösevorgang exotherm, die Lösung erwärmt sich. Im umgekehrten Fall ist der Lösevorgang endotherm. Die „fehlende" Energie wird dann dem Lösemittel entzogen, die Lösung kühlt sich ab. Diese messbare Reaktionsenthalpie heißt **Lösungsenthalpie $\Delta_L H$** und kann also positiv oder negativ sein (Exp. 1; Tab. 1).

Für die Berechnung der **molaren Lösungsenthalpie $\Delta_L H_m$** gilt:

$$\Delta_L H_m = \Delta_H H_m - \Delta_G H_m$$

EXPERIMENT 1

Bestimmen der Temperaturänderung beim Lösen von Salzen

Unter gutem Umrühren werden zu jeweils 10 ml Wasser etwa 2 g der folgenden Salze gegeben: Ammoniumchlorid (GHS07), Kaliumchlorid, Lithiumchlorid (GHS07), Natriumchlorid, Calciumchlorid (GHS07), Calciumchlorid-6-Wasser (GHS07).

Tab. 1 Molare Lösungsenthalpie $\Delta_L H_m$ beim Lösen eines Salzes

Das Lösen eines Salzes ist ein exothermer Vorgang, wenn	Das Lösen eines Salzes ist ein endothermer Vorgang, wenn
$\lvert\Delta_H H_m\rvert > \lvert\Delta_G H_m\rvert$ Dann ist $\Delta_L H_m < 0$.	$\lvert\Delta_H H_m\rvert < \lvert\Delta_G H_m\rvert$ Dann ist $\Delta_L H_m > 0$.

Tab. 2 Molare Gitterenthalpien $\Delta_G H_m$ einiger Salze in $kJ \cdot mol^{-1}$ ($\vartheta = 25\,°C$)

Anion / Kation	F^-	Cl^-	Br^-	I^-
Li^+	−1039	−850	−802	−742
Na^+	−915	−780	−743	−699
K^+	−813	−710	−679	−643
Rb^+	−779	−686	−656	−624
Mg^{2+}	−2883	−2489	−2414	−2314
Ca^{2+}	−2617	−2231	−2134	−2043

Durch folgende Reaktionsgleichungen kann das Lösen von Natriumbromid in Wasser verdeutlicht werden:

$$NaBr(s) \xrightleftharpoons{\text{Abbau des Ionengitters}} Na^+(g) + Br^-(g) \qquad \Delta_r H_m = -\Delta_G H_m = 743\ kJ \cdot mol^{-1}$$

$$Na^+(g) \xrightleftharpoons{\text{Hydratation}} Na^+(aq) \qquad \Delta_H H_m = -400\ kJ \cdot mol^{-1}$$

$$Br^-(g) \xrightleftharpoons{\text{Hydratation}} Br^-(aq) \qquad \Delta_H H_m = -340\ kJ \cdot mol^{-1}$$

$$NaBr(s) \xrightleftharpoons{\text{Lösen}} Na^+(aq) + Br^-(aq) \qquad \Delta_L H_m = 3\ kJ \cdot mol^{-1}$$

Da auch die endothermen Lösevorgänge freiwillig ablaufen, ist das Lösen eines Salzes offensichtlich mit einer deutlichen Entropieerhöhung verbunden. Sie wird durch das Freisetzen der dann frei beweglichen Ionen aus dem hohen Ordnungszustand des Kristallgitters verursacht. Die Herabsetzung der Entropie durch den Einbau von relativ frei beweglichen Wassermolekülen in die zum Teil geordnete Hydrathülle ist demgegenüber gering.

1 Enthalpiediagramm für das Lösen von Natriumbromid

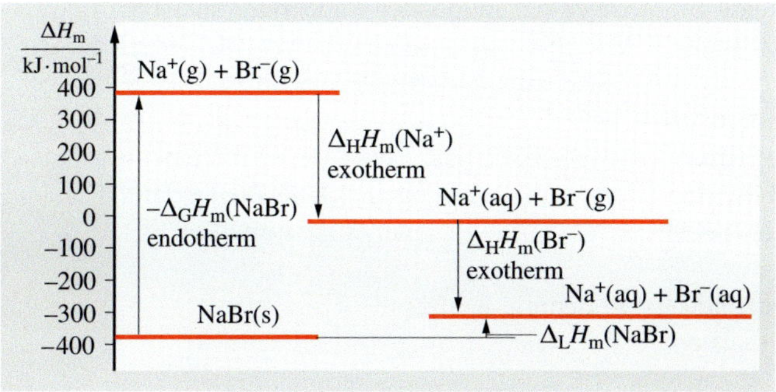

Tab. 3 Molare Hydratationsenthalpien $\Delta_H H_m$ einiger Ionen ($\vartheta = 25\,°C$)

Ion	$\Delta_H H_m$ in $kJ \cdot mol^{-1}$	Ion	$\Delta_H H_m$ in $kJ \cdot mol^{-1}$
H_3O^+	−1085	OH^-	−365
Li^+	−510	F^-	−510
Na^+	−400	Cl^-	−380
K^+	−325	Br^-	−340
Rb^+	−300	I^-	−300
Mg^{2+}	−1910	NO_3^-	−256
Ca^{2+}	−1580		
Fe^{2+}	−1946		
Fe^{3+}	−4430		

EXPERIMENT 2

Lösen von Kaliumnitrat

Unter ständigem Rühren werden kleine Portionen Kaliumnitrat (GHS03) zu 50 ml Wasser bis zum Vorliegen eines Bodenkörpers gegeben. Erwärmen Sie dann, anschließend kühlen Sie wieder ab.

AUFGABEN

1 Berechnen Sie die molaren Lösungsenthalpien für Lithium-, Natrium- und Kaliumchlorid.

2 Erklären Sie die unterschiedlichen molaren Lösungsenthalpien von Calciumchlorid $CaCl_2$ und $CaCl_2 \cdot 6\,H_2O$.
Berechnen Sie die molare Lösungsenthalpie für Calciumchlorid $CaCl_2$.

Temperaturabhängigkeit der Löslichkeit Da der Lösevorgang exotherm oder endotherm sein kann, nimmt die Löslichkeit eines Salzes (Abb. 2) mit steigender Temperatur ab oder zu (↑ Exp. 2, S. 183). Die Temperaturabhängigkeit der Löslichkeit nutzt man beim Reinigen von Stoffen durch **Umkristallisieren**. Der verunreinigte Stoff wird in einem geeigneten Lösemittel unter Erwärmen gelöst. Beim Abkühlen kristallisiert die reine Substanz aus, die Verunreinigungen bleiben in Lösung (Abb. 1).
Die unterschiedliche Temperaturabhängigkeit der Löslichkeiten von Natriumchlorid und Kaliumchlorid in Wasser wird in der Kaliindustrie genutzt, um den Kaliumchloridanteil des Rohsalzes zu erhöhen. Dadurch steigt die Qualität des Kalidüngers.
Trink- und Brauchwasser enthalten aufgrund ihrer Entstehung verschiedene gelöste Salze. Als Anionen sind häufig Hydrogencarbonat-Ionen vorhanden. Ist das Wasser durch kalkhaltige Böden gesickert, sind außerdem viele Calcium- und Magnesium-Ionen enthalten, das Wasser hat eine hohe **Wasserhärte**. Hartes Wasser bildet an heißen Teilen, z. B. der Heizspirale einer Waschmaschine, mit der Zeit Kalkablagerungen, den Kesselstein. Dieser behindert die Wärmeübertragung und kann sogar Rohrleitungen verstopfen. Ursache hierfür ist die Störung des Gleichgewichts zwischen Hydrogencarbonat-Ionen, Carbonat-Ionen und Kohlenstoffdioxid. Das schwer lösliche Calciumcarbonat fällt allmählich aus, es entsteht Kesselstein.

$$Ca^{2+}(aq) + 2\,HCO_3^-(aq) \rightleftharpoons CaCO_3(s) + H_2O(l) + CO_2(g)$$

1 Reinigen von Stoffen durch Umkristallisieren

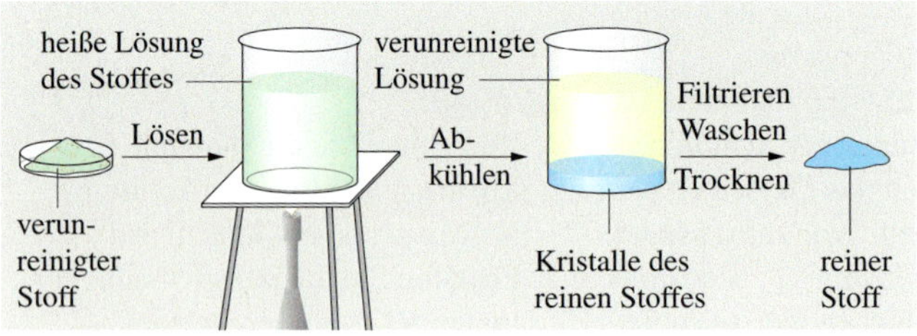

2 Abhängigkeit der Löslichkeit einiger Salze von der Temperatur

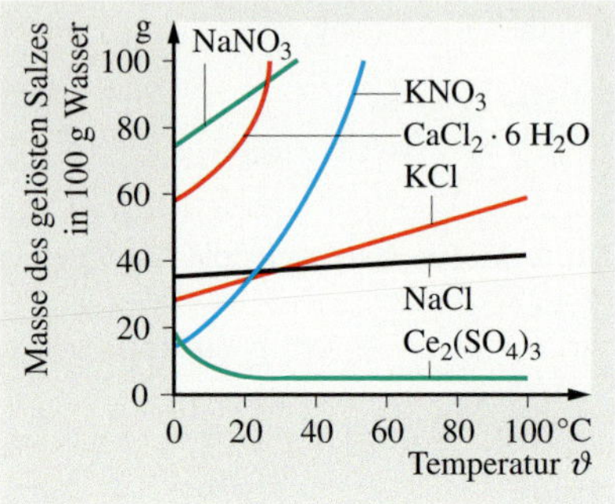

AUFGABEN

1 Entscheiden Sie anhand der Abb. 2, ob das Lösen von Kaliumchlorid KCl, Cer(III)-sulfat $Ce_2(SO_4)_3$ und Calciumchlorid $CaCl_2$ endotherm oder exotherm verläuft.
2 Entwickeln Sie mithilfe der Abb. 2 eine Arbeitsanleitung, mit der Kaliumchlorid im Kalirohsalz angereichert werden könnte.
3 Die molare Lösungsenthalpie für Magnesiumbromid in Wasser beträgt $\Delta_L H_m = -176\ kJ \cdot mol^{-1}$. Erklären Sie, wie sich Temperaturänderungen auf die Löslichkeit dieses Stoffs auswirken.

ZUSAMMENFASSUNG

Polare Stoffe wie Salze lösen sich in der Regel gut in polaren Lösemitteln wie Wasser. Die Ionen liegen in der Lösung hydratisiert vor.
Die **Lösungsenthalpie $\Delta_L H$** kann positiv oder negativ sein. Das wird vor allem durch die **Gitterenthalpie $\Delta_G H$** des Salzes und die **Hydratationsenthalpien $\Delta_H H$** der in Lösung gehenden Ionen bestimmt.
Das Lösen von Salzen erfolgt überwiegend endotherm. Deshalb nimmt die Löslichkeit der meisten Salze mit steigender Temperatur zu. Ist der Betrag der Hydratationsenthalpie viel kleiner als der der Gitterenthalpie, besitzt das Salz nur eine sehr geringe Löslichkeit.
Insgesamt ist der Lösevorgang mit einer Entropieerhöhung verbunden. Deshalb verlaufen auch endotherme Lösevorgänge freiwillig.

▶ Energie-Konzept

Löslichkeitsgleichgewicht, Löslichkeitsprodukt und Löslichkeit

Löslichkeitsgleichgewicht Tropft man Bariumchloridlösung in eine Sulfatlösung, so fällt schwer lösliches Bariumsulfat als Niederschlag aus (Exp. 1). Nach Beendigung der Fällung ist das System aber nicht zum Stillstand gekommen. Von der Oberfläche der Bariumsulfatkristalle gehen ständig Barium-Ionen und Sulfat-Ionen in Lösung, gleich viele Ionen werden aus der Lösung in die Oberfläche der Bariumsulfatkristalle eingebaut. Es liegt ein dynamisches Gleichgewicht vor (Abb. 3).

$$Ba^{2+}(aq) + SO_4^{2-}(aq) \rightleftharpoons BaSO_4(s)$$

Dieses Gleichgewicht stellt sich auch ein, wenn eine Aufschlämmung von Bariumsulfat in Wasser so lange gerührt wird, bis kein Bariumsulfat mehr in Lösung geht. Dann hat sich, wie bei der Fällung, eine gesättigte Lösung von Bariumsulfat gebildet, in der auch noch festes Bariumsulfat als Bodenkörper vorliegt. Dieses Gleichgewicht wird als das **Löslichkeitsgleichgewicht** bezeichnet. Das Löslichkeitsgleichgewicht ist temperaturabhängig. Der Niederschlag und die darüberstehende gesättigte Lösung bilden ein **heterogenes System** (Abb. 3).
Löslichkeitsgleichgewichte spielen auch in der Medizin eine Rolle. Etwa 5 % der Mitteleuropäer haben oder hatten Harnsteine. Obwohl deren Zusammensetzung variiert, enthalten jedoch über 70 % der Harnsteine schwerlösliche Calciumoxalate. Diese entstehen, wenn über die Niere zu viel Oxalat- bzw. Calcium-Ionen ausgeschieden werden. Das Löslichkeitsgleichgewicht von Calciumoxalat wird überschritten und es setzt eine Kristallbildung ein. Aufgrund des langsamen Kristallisationsprozesses und der wechselnden Zusammensetzung des Harns zeigen Harnsteine oft einen schichtartigen Aufbau mit verschiedenen Färbungen (Abb. 4).

Löslichkeitsprodukt Für das Löslichkeitsgleichgewicht eines Salzes A_mB_n kann folgende Reaktionsgleichung angegeben werden:

$$A_mB_n(s) \underset{\text{Fällen}}{\overset{\text{Lösen}}{\rightleftharpoons}} m\,A^{a+}(aq) + n\,B^{b-}(aq)$$

Für die Sättigung der Lösung ist es unerheblich, ob im System viel oder wenig Niederschlag vorhanden ist. Der Niederschlag A_mB_n braucht deshalb in der Gleichung des Massenwirkungsgesetzes nicht berücksichtigt zu werden. Die Gleichung des Massenwirkungsgesetzes für dieses Löslichkeitsgleichgewicht lautet demnach:

$$\boldsymbol{K_L(A_mB_n) = c^m(A^{a+}) \cdot c^n(B^{b-})} \qquad [K_L(A_mB_n)] = 1\ \text{mol}^{m+n} \cdot \text{l}^{-(m+n)}$$

EXPERIMENT 1
Fällung
Natriumsulfatlösung wird tropfenweise mit 3%iger Bariumchloridlösung (GHS07) versetzt.

3 Dynamisches Gleichgewicht zwischen Bodensatz und gesättigter Lösung

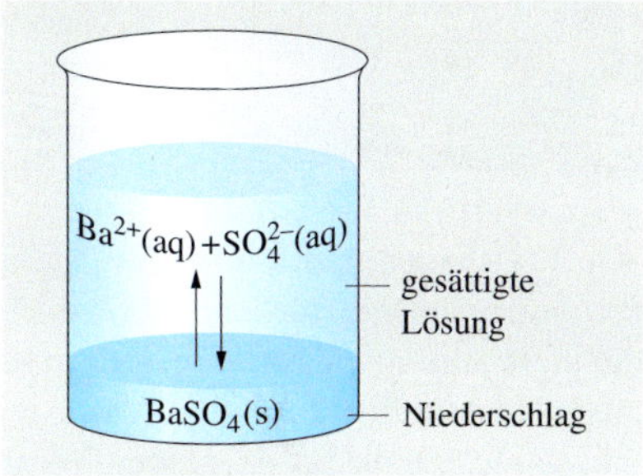

4 Harnstein

AUFGABE

1 Entwickeln Sie die Reaktionsgleichungen in Ionenschreibweise für das Ausfällen von Chlorid-, Bromid- und Iodid-Ionen mit Silbernitratlösung sowie von Carbonat-Ionen mit Bariumhydroxidlösung. Nennen Sie weitere Fällungsreaktionen, die zum Nachweis von Ionen dienen.

Umwelt

Abwasserreinigung

1 Klärwerk zur Abwasserreinigung

Von Haushalten und Industrie verunreinigtes Wasser darf nicht in natürliche Gewässer gelangen, da das Selbstreinigungsvermögen der Gewässer nicht ausreichen würde, um das Abwasser zu klären. Abwasser enthält neben groben Verunreinigungen und Schwebstoffen auch gelöste Stoffe.
In einer Kläranlage werden in einem ersten Schritt die groben Verunreinigungen mechanisch abgetrennt. In der folgenden biologischen Reinigungsstufe zersetzen Bakterien organische Verunreinigungen. Im Abwasser befinden sich nun noch weitere gelöste Substanzen, von denen einige in der folgenden chemischen Reinigungsstufe durch Fällung aus dem Abwasser entfernt werden.
So lassen sich gelöste Phosphate durch Zugabe von Eisen(III)-sulfat in schwer lösliches Eisen(III)-phosphat überführen.

$$Fe^{3+}(aq) + PO_4^{3-}(aq) \rightleftharpoons FePO_4(s)$$

Durch in den letzten Jahren entwickelte Verfahren gelingt das Recycling der gelösten Phosphate. Diesen Verfahren ist gemeinsam, dass durch Zugabe von Magnesiumverbindungen und Erhöhung des pH-Werts im Abwasser gelöste Ammonium- und Hydrogenphosphat-Ionen als Magnesiumammoniumphosphat (MAP) gefällt werden. Das Magnesiumammoniumphosphat wird abfiltriert, aufbereitet und als Düngemittel verwendet.

$$Mg^{2+}(aq) + NH_4^+(aq) + HPO_4^{2-}(aq) + OH^-(aq) + 5\,H_2O(l) \rightleftharpoons MgNH_4PO_4 \cdot 6\,H_2O(s)$$

Schwermetall-Ionen, deren Entfernung aus dem zu reinigenden Wasser besonders wichtig ist, können durch Zugabe von Lauge als schwer lösliches Hydroxid gefällt werden. So lassen sich gelöste Blei-Ionen durch Zugabe von Natronlauge aus dem Abwasser entfernen.

$$Pb^{2+}(aq) + 2\,OH^-(aq) \rightleftharpoons Pb(OH)_2(s)$$

Damit eine nahezu vollständige Fällung der Schwermetall-Ionen erfolgt, muss der pH-Wert an die jeweils zu fällenden Ionen angepasst werden (Tab. 1).
Im Fällungsbecken setzen sich die Feststoffe ab, das gereinigte Abwasser kann die Kläranlage verlassen.

Tab. 1 pH-Wert-Bereiche für die Fällung von Schwermetallhydroxiden

Metall-Ion	pH-Wert		
	Fällungsbeginn	Quantitative Fällung	Beginn der Wiederauflösung
Zn^{2+}	3,8	4,3	9,2
Cu^{2+}	5,8	7,6	–
Fe^{2+}	7,0	8,9	–
Ni^{2+}	7,8	9,9	–
Cd^{2+}	9,1	10,4	–
Pb^{2+}	6,5	10,3	–
Fe^{3+}	2,8	3,5	–

AUFGABEN

1 Recherchieren Sie, welche Fällungsmittel noch zur Phosphatfällung geeignet sind. Stellen Sie die Reaktionsgleichungen für die Fällungen auf.

2 Erläutern Sie, warum die Entfernung der Schwermetall-Ionen aus dem Abwasser besonders wichtig ist.

Die Gleichgewichtskonstante K_L hat die Bezeichnung **Löslichkeitsprodukt**. Das Löslichkeitsprodukt ist von der Temperatur abhängig. Aus der allgemeinen Formulierung ist ersichtlich, dass das Löslichkeitsprodukt verschiedene Einheiten hat (Tab. 1).
Diese vereinfachte Ableitung des Löslichkeitsprodukts gilt nur für schwer lösliche Salze. Nur bei einem schwer löslichen Salz ist die Konzentration der gesättigten Lösung so gering, dass die Ionen in der Lösung einander kaum beeinflussen und deshalb angenähert ideale Eigenschaften haben.
Es ist auch üblich, statt des Löslichkeitsprodukts den negativen dekadischen Logarithmus seines Zahlenwerts anzugeben, den **Löslichkeitsexponenten pK_L**.

$$\mathbf{p}K_L = -\lg\{K_L\}$$

Der Löslichkeitsexponent pK_L verdeckt aber die Tatsache, dass die Löslichkeitsprodukte unterschiedliche Einheiten haben.
Das Erreichen des Löslichkeitsprodukts ist die allgemeine Bedingung für das Ausfällen eines Salzes aus seiner Lösung.

Aufgabe: Das Löslichkeitsprodukt des Salzes Calciumoxalat ist $K_L[Ca(COO)_2] = 8{,}5 \cdot 10^{-9}\ mol^2 \cdot l^{-2}$. Berechnen Sie die Stoffmengenkonzentration der Oxalat-Ionen, damit aus einer Calciumchloridlösung ($c = 1 \cdot 10^{-3}\ mol \cdot l^{-1}$) Calciumoxalat ausfällt.

Lösung:
$$c(Ca^{2+}) \cdot c[(COO)_2^{2-}] = K_L[Ca(COO)_2]$$

$$c[(COO)_2^{2-}] = \frac{K_L[Ca(COO)_2]}{c(Ca^{2+})} = \frac{8{,}5 \cdot 10^{-9}\ mol^2 \cdot l^{-2}}{1 \cdot 10^{-3}\ mol \cdot l^{-1}}$$

$$c[(COO)_2^{2-}] = 8{,}5 \cdot 10^{-6}\ mol \cdot l^{-1}$$
Die Fällung beginnt, wenn die Stoffmengenkonzentration der Oxalsäure den Wert von $8{,}5 \cdot 10^{-6}\ mol \cdot l^{-1}$ überschreitet.

Im vorstehenden Beispiel wird deutlich, dass in der gesättigten Lösung des schwer löslichen Salzes die Konzentrationen seiner Kationen und Anionen nicht gleich sein müssen.
Das Löslichkeitsprodukt ermöglicht es, vielfältige Fällungsreaktionen in der Technik und in der analytischen Chemie auch quantitativ zu beherrschen. In vielen chemischen Systemen liegen Löslichkeits- und Säure-Base-, Redox- oder Komplexbildungsgleichgewichte gleichzeitig vor.
Die Berechnung solcher chemischen Systeme, z. B. zur Optimierung, wird erst möglich, wenn neben der Protolysekonstante, dem Redoxpotenzial bzw. der Komplexstabilitätskonstante auch das Löslichkeitsprodukt berücksichtigt wird.

Löslichkeit Die Konzentration eines gelösten Stoffes in seiner gesättigten Lösung (Sättigungskonzentration c_s) wird als **Löslichkeit *l*** dieses Stoffes in dem Lösemittel bezeichnet.
Die Löslichkeit eines schwer löslichen Salzes in reinem Wasser lässt sich aus dem Löslichkeitsprodukt des Salzes berechnen.

Tab. 1 Löslichkeitsprodukte K_L einiger Salze

Salz	K_L bei 25 °C
AgCl	$1{,}6 \cdot 10^{-10}\ mol^2 \cdot l^{-2}$
AgBr	$6{,}3 \cdot 10^{-13}\ mol^2 \cdot l^{-2}$
AgI	$1{,}5 \cdot 10^{-16}\ mol^2 \cdot l^{-2}$
AgSCN	$1{,}0 \cdot 10^{-12}\ mol^2 \cdot l^{-2}$
Ag_2CrO_4	$4{,}0 \cdot 10^{-12}\ mol^3 \cdot l^{-3}$
$Al(OH)_3$	$1{,}0 \cdot 10^{-33}\ mol^4 \cdot l^{-4}$
$Ba(OH)_2$	$4{,}3 \cdot 10^{-3}\ mol^3 \cdot l^{-3}$
$Ca(OH)_2$	$5{,}5 \cdot 10^{-6}\ mol^3 \cdot l^{-3}$
$Mn(OH)_2$	$4{,}0 \cdot 10^{-14}\ mol^3 \cdot l^{-3}$
$BaCO_3$	$8{,}1 \cdot 10^{-9}\ mol^2 \cdot l^{-2}$
$CaCO_3$	$4{,}8 \cdot 10^{-9}\ mol^2 \cdot l^{-2}$
$FeCO_3$	$3{,}2 \cdot 10^{-11}\ mol^2 \cdot l^{-2}$
$BaSO_4$	$1{,}0 \cdot 10^{-10}\ mol^2 \cdot l^{-2}$

AUFGABEN

1 Entwickeln Sie die Reaktionsgleichungen für die Löslichkeitsgleichgewichte und die Größengleichungen für die Löslichkeitsprodukte folgender Salze: Bariumcarbonat, Calciumfluorid, Antimon(III)-sulfid, Natriumhydrogencarbonat. Geben Sie die Einheiten der Löslichkeitsprodukte an.

2 Berechnen Sie jeweils die Stoffmengenkonzentration der Silber-Ionen, die überschritten werden muss, damit aus folgenden Lösungen die Fällung des entsprechenden Silberhalogenids beginnt: Natriumchloridlösung ($c = 0{,}1\ mol \cdot l^{-1}$), Natriumchloridlösung ($c = 0{,}01\ mol \cdot l^{-1}$), Kaliumbromidlösung ($c = 0{,}1\ mol \cdot l^{-1}$), Kaliumiodidlösung ($c = 0{,}1\ mol \cdot l^{-1}$).

3 Fällt Silberchlorid aus, wenn gleiche Volumina von Silbernitratlösung und Salzsäure (jeweils $c = 2 \cdot 10^{-4}\ mol \cdot l^{-1}$) vermischt werden? Beachten Sie die Volumenverdopplung beim Zusammengießen der Lösungen.

4 Berechnen Sie den pH-Wert, bei dem Mangan(II)-hydroxid gerade auszufallen beginnt, wenn konzentrierte Natronlauge in eine Mangan(II)-chloridlösung ($c = 0{,}01\ mol \cdot l^{-1}$) getropft wird.

In einer gesättigten Lösung von Calciumhydroxid liegt folgendes Löslichkeitsgleichgewicht vor.

$$Ca(OH)_2(s) \rightleftharpoons Ca^{2+}(aq) + 2\ OH^-(aq)$$

Das Löslichkeitsprodukt ist $K_L[Ca(OH)_2] = c(Ca^{2+}) \cdot c^2(OH^-)$. Die Reaktionsgleichung zeigt, dass die Konzentration der Hydroxid-Ionen doppelt so groß ist wie die der Calcium-Ionen (und die des Calciumhydroxids). Somit entspricht die Löslichkeit des Calciumhydroxids der Konzentration der Calcium-Ionen.

$$c_s(Ca^{2+}) = l[Ca(OH)_2]; \quad c_s(OH^-) = 2 \cdot l[Ca(OH)_2]$$

Für das Löslichkeitsprodukt des Calciumhydroxids erhält man:

$$K_L[Ca(OH)_2] = l[Ca(OH)_2] \cdot \{2 \cdot l[Ca(OH)_2]\}^2 \text{ und}$$

$$l[Ca(OH)_2] = \sqrt[3]{\frac{K_L[Ca(OH)_2]}{4}}$$

Allgemein gilt:

$$\boldsymbol{l(A_mB_n) = \sqrt[m+n]{\frac{K_L(A_mB_n)}{m^m \cdot n^n}}}$$

Umgekehrt lässt sich das Löslichkeitsprodukt eines schwer löslichen Salzes aus der Löslichkeit dieses Salzes berechnen.
Die Bestimmung von Löslichkeitsprodukten ist schwierig, da u. a. sehr kleine Ionenkonzentrationen zu messen sind.

AUFGABEN

1 Berechnen Sie die Löslichkeit von Bariumsulfat in $mg \cdot l^{-1}$.

2 Ein Niederschlag von Silberchlorid wird mit 400 ml destilliertem Wasser gewaschen. Berechnen Sie die Masse Silberchlorid, die beim Waschen in Lösung geht.

3 Folgende Sättigungskonzentrationen wurden experimentell ermittelt:
$c_s[Ba(OH)_2] = 0{,}108\ mol \cdot l^{-1}$,
$c_s[Al(OH)_3] = 2{,}47 \cdot 10^{-9}\ mol \cdot l^{-1}$.
Berechnen Sie die Löslichkeitsprodukte dieser Substanzen.

4 Berechnen Sie die molare Löslichkeit von Calciumhydroxid in Wasser und den pH-Wert einer gesättigten Calciumhydroxidlösung.

5 Berechnen Sie das Stoffmengenverhältnis $n(Ca^{2+}) : n(Fe^{2+})$ in einem See, dessen Wasser sich im Gleichgewicht mit Ablagerungen von Calciumcarbonat und Eisen(II)-carbonat befindet.

ZUSAMMENFASSUNG

Zwischen dem Bodenkörper eines Salzes A_mB_n und der gesättigten Lösung dieses Salzes besteht ein chemisches Gleichgewicht, das **Löslichkeitsgleichgewicht**.

$$A_mB_n(s) \underset{\text{Fällen}}{\overset{\text{Lösen}}{\rightleftharpoons}} m\ A^{a+}(aq) + n\ B^{b-}(aq)$$

Die Gleichgewichtskonstante K_L, die sich bei Anwendung des Massenwirkungsgesetzes auf das Löslichkeitsgleichgewicht eines schwerlöslichen Salzes ergibt, ist das **Löslichkeitsprodukt** dieses schwerlöslichen Salzes.

$$\boldsymbol{K_L(A_mB_n) = c^m(A^{a+}) \cdot c^n(B^{b-})}$$

$$[K_L(A_mB_n)] = 1\ mol^{m+n} \cdot l^{-(m+n)}$$

Der negative dekadische Logarithmus des Zahlenwertes des Löslichkeitsproduktes ist der **Löslichkeitsexponent pK_L**.

$$pK_L(A_mB_n) = -\lg\{K_L(A_mB_n)\}$$

Die **Löslichkeit *l*** eines schwerlöslichen Salzes lässt sich aus seinem Löslichkeitsprodukt

$$\boldsymbol{l(A_mB_n) = \sqrt[m+n]{\frac{K_L(A_mB_n)}{m^m \cdot n^n}}}$$

und umgekehrt sein Löslichkeitsprodukt aus der Löslichkeit berechnen:

$$K_L(A_mB_n) = m^m \cdot n^n \cdot l^{m+n}(A_mB_n)$$

► Konzept des chemischen Gleichgewichts und der Kinetik

Veränderung der Löslichkeit von Salzen

Erniedrigung der Löslichkeit durch gleichionige Zusätze In einer gesättigten Lösung von Kaliumperchlorat liegt das folgende Löslichkeitsgleichgewicht vor:

$$KClO_4(s) \rightleftharpoons K^+(aq) + ClO_4^-(aq)$$

Werden dieser Lösung Kalium-Ionen oder Perchlorat-Ionen zugesetzt, fällt Kaliumperchlorat aus (Exp. 1). Die Löslichkeit von Kaliumperchlorat wird durch **gleichionige Zusätze** erniedrigt.

Mithilfe des Löslichkeitsprodukts lässt sich die durch den gleichionigen Zusatz veränderte Löslichkeit des schwer löslichen Salzes berechnen, wenn die Konzentration des gleichionigen Zusatzes bekannt ist.

Wird z. B. Kaliumperchlorat in einer Kaliumchloridlösung gelöst, dann ist die Gleichgewichtskonzentration der Kalium-Ionen die Summe aus der Konzentration der Kaliumchloridlösung und der Konzentration des Kaliumperchlorats. Da die Konzentration der Kalium-Ionen aus dem Kaliumperchlorat sehr viel kleiner als die Konzentration der Kalium-Ionen aus dem Kaliumchlorid ist, kann die Konzentration der Kalium-Ionen aus dem Kaliumperchlorat bei der Berechnung vernachlässigt werden.

Die Konzentration der Perchlorat-Ionen $c(ClO_4^-)$ in der Lösung entspricht der Löslichkeit des Kaliumperchlorats $l(KClO_4)$.

In das Löslichkeitsprodukt

$$K_L(KClO_4) = c(K^+) \cdot c(ClO_4^-)$$

wird die Löslichkeit $l(KClO_4)$ eingesetzt.

$$K_L(KClO_4) = c(K^+) \cdot l(KClO_4)$$

Bei einem Überschuss von Kalium-Ionen gilt die Gleichung:

$$l(KClO_4) = \frac{K_L(KClO_4)}{c(K^+)}$$

Ist die Stoffmengenkonzentration der Kaliumchloridlösung $c = 1\ mol \cdot l^{-1}$, beträgt die Löslichkeit von Kaliumperchlorat:

$$l(KClO_4) = \frac{1 \cdot 10^{-2}\ mol^2 \cdot l^{-2}}{1\ mol \cdot l^{-1}} = 1 \cdot 10^{-2}\ mol \cdot l^{-1}$$

In reinem Wasser ist die Löslichkeit zehnmal größer:

$$l(KClO_4) = \sqrt{1 \cdot 10^{-2}\ mol^2 \cdot l^{-2}} = 1 \cdot 10^{-1}\ mol \cdot l^{-1}$$

Anders verhält es sich mit **fremdionigen Zusätzen**. Sie greifen nicht unmittelbar in das Löslichkeitsgleichgewicht ein, beeinflussen aber die Hydrathüllen und die Wechselwirkungen der

EXPERIMENT 1 L

Gleichionige Zusätze

Zu jeweils etwa 10 ml gesättigter Kaliumperchloratlösung wird

a) 60%ige Perchlorsäurelösung (GHS03 | 05) und

b) Kaliumchloridlösung ($c = 2\ mol \cdot l^{-1}$) getropft.

AUFGABEN

1 Berechnen Sie die Löslichkeit von Bariumsulfat in reinem Wasser und in einer Schwefelsäure ($c = 0{,}2\ mol \cdot l^{-1}$).

2 Vergleichen Sie die Löslichkeit von Silberchlorid in reinem Wasser und in Silbernitratlösung ($c = 0{,}01\ mol \cdot l^{-1}$).

3 Bei der Fällung von Calciumsulfat wird so viel Schwefelsäure im Überschuss zugesetzt, dass deren Stoffmengenkonzentration in der Suspension $c = 0{,}1\ mol \cdot l^{-1}$ ist. Berechnen Sie die Stoffmengenkonzentration an Calcium-Ionen nach der Fällung.

4 Ein Niederschlag von Eisen(II)-sulfid wird einmal mit 50 ml Wasser, zum anderen mit 50 ml Natriumsulfidlösung ($c = 1\ mol \cdot l^{-1}$) gewaschen. Berechnen Sie die Masse der jeweiligen Waschverluste an Eisen(II)-sulfid.

5 Berechnen Sie die molare Löslichkeit von Magnesiumhydroxid bei pH = 9 und pH = 11.

Ionen. Dadurch kann die Löslichkeit eines schwer löslichen Salzes in der wässrigen Lösung eines leicht löslichen (fremdionigen) Salzes größer als in reinem Wasser sein.

Erhöhung der Löslichkeit durch Komplexbildung (↑S. 262)
Im Löslichkeitsgleichgewicht von Silberchlorid sind Silber-Ionen und Chlorid-Ionen enthalten.

$$AgCl(s) \rightleftharpoons Ag^{+}(aq) + Cl^{-}(aq)$$

Bei Zusatz von Ammoniaklösung (Exp. 2) bilden sich Diamminsilber-Ionen des leicht löslichen Diamminsilberchlorids.

$$Ag^{+}(aq) + 2\ NH_3 \rightleftharpoons [Ag(NH_3)_2]^{+}(aq)$$

Silber-Ionen werden so aus dem Löslichkeitsgleichgewicht des Silberchlorids entfernt, sodass sich weiteres Silberchlorid lösen kann. Die Löslichkeit des Silberchlorids wird dadurch größer (Abb. 1).
Analog verläuft das Lösen von Silberbromid durch Zusatz von Natriumthiosulfat (Fixiersalz) unter Bildung von Dithiosulfatoargentat-Ionen (Exp. 2).

$$AgBr(s) \rightleftharpoons Ag^{+}(aq) + Br^{-}(aq)$$

$$Ag^{+}(aq) + 2\ S_2O_3^{2-}(aq) \rightleftharpoons [Ag(S_2O_3)_2]^{3-}(aq)$$

Gleiches ist zu beobachten, wenn das Fällungsreagens selbst mit dem Niederschlag einen leicht löslichen Komplex bildet. Zum Beispiel fällt bei Zusatz von wenig Salzsäure zu Silbernitratlösung schwer lösliches Silberchlorid aus (Exp. 3).

$$Ag^{+}(aq) + Cl^{-}(aq) \rightleftharpoons AgCl(s)$$

Wird das Fällungsreagens in geringem Überschuss zugesetzt, wirkt dieser als gleichioniger Zusatz löslichkeitserniedrigend, die Fällung wird verstärkt. Ein großer Überschuss an Salzsäure löst das ausgefallene Silberchlorid jedoch wieder auf, da sich bei höherer Konzentration der Chlorid-Ionen der Dichloroargentat-Komplex bildet, dessen Salze leicht löslich sind.

$$AgCl(s) + Cl^{-}(aq) \rightleftharpoons [AgCl_2]^{-}(aq)$$

Die Löslichkeitserhöhung durch Komplexbildung wird beim Fixieren eines fotografischen Films nach seiner Entwicklung genutzt.
Beim Nachweis von Ionen durch Fällung stören häufig andere ebenfalls in der Lösung vorliegende Ionen die Nachweisreaktion, da auch sie mit dem Fällungsreagens einen Niederschlag bilden. Diese Störung kann oft durch Überführung der störenden Ionen in einen löslichen Komplex beseitigt werden.

EXPERIMENT 2
Komplexbildung
a) In eine durch Fällung hergestellte Silberchloridsuspension wird Ammoniaklösung (GHS05) getropft und gut geschüttelt.
b) Zu verdünnter Silbernitratlösung ($c = 0{,}1\ mol \cdot l^{-1}$) wird verdünnte Kaliumbromidlösung ($c = 0{,}1\ mol \cdot l^{-1}$) getropft, wobei Silberbromid ausfällt. Der gebildeten Suspension wird Natriumthiosulfatlösung zugesetzt.

1 Abhängigkeit der Löslichkeit von Silberchlorid (in $mol \cdot l^{-1}$) von der Konzentration der Chlorid-Ionen (in $mol \cdot l^{-1}$)

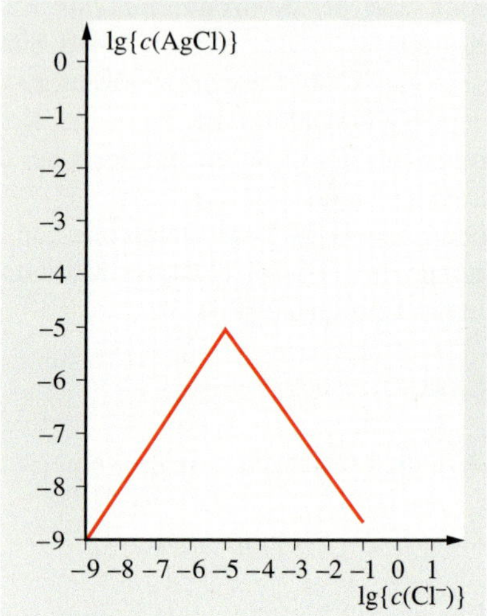

EXPERIMENT 3
Säureüberschuss
Zu wenig Silbernitratlösung ($c = 1 \cdot 10^{-3}\ mol \cdot l^{-1}$) wird konzentrierte Salzsäure (GHS05 | 07) getropft, bis sich der gebildete Niederschlag von Silberchlorid wieder gelöst hat.

Die reinigende Wirkung vieler im Haushalt verwendeter Putzmittel beruht oft darauf, dass sie Schmutzteilchen oder etwa die Oxidschicht von Metallen unter Bildung von Komplexen lösen. Besondere Bedeutung haben hier die leicht löslichen Komplexe von Citrat- und Acetat-Ionen mit Metall-Kationen.

Erhöhung der Löslichkeit durch Säurezusatz Versetzt man eine Calciumchloridlösung mit einer Lösung von Natriumfluorid, so fällt das in Wasser schwer lösliche Calciumfluorid aus (Exp. 4).

$$CaCl_2(aq) + 2\,NaF(aq) \rightleftharpoons CaF_2(s) + 2\,NaCl(aq)$$

Bei Zusatz von Salzsäure löst sich das frisch gefällte Calciumfluorid wieder auf. Im Löslichkeitsgleichgewicht des Calciumfluorids

$$CaF_2(s) \rightleftharpoons Ca^{2+}(aq) + 2\,F^-(aq)$$

reagieren vorhandene Fluorid-Ionen mit den Hydronium-Ionen der Salzsäure unter Bildung von Fluorwasserstoff ($pK_S = 3{,}14$).

$$F^- + H_3O^+ \rightleftharpoons HF + H_2O$$

Das dadurch gestörte Löslichkeitsgleichgewicht stellt sich durch weiteres In-Lösung-Gehen von Calciumfluorid neu ein.
Die Löslichkeit eines schwer löslichen Salzes, dessen Anion deutlich basisch ist, nimmt also mit sinkendem pH-Wert zu.
Die pH-Wert-Abhängigkeit des Löslichkeitsgleichgewichts wird in vieler Weise genutzt, z. B. beim Lösen von in Wasser schwer löslichen Substanzen in Säuren, beim Trennen von in Lösung vorliegenden schwer löslichen Substanzen oder beim Fällen von Schwermetall-Ionen aus Abwasser (↑ S. 186).
Die Löslichkeit von Salzen (z. B. Chloride, Sulfate, Nitrate), in deren Löslichkeitsgleichgewicht nur sehr schwache Basen vorliegen, ist vom pH-Wert der Lösung unabhängig.

EXPERIMENT 4
Säurezusatz
Eine Calciumchloridlösung wird mit einer Natriumfluoridlösung (GHS06) und die gebildete Calciumfluoridsuspension mit Salzsäure (GHS07) versetzt.

AUFGABEN
1 Stellen Sie die Reaktionsgleichungen für das Lösen eines Niederschlags aus Cadmiumsulfid in Salzsäure auf. Erläutern Sie das Zusammenwirken des Löslichkeitsgleichgewichts des Cadmiumsulfids mit dem Protolysegleichgewicht des Schwefelwasserstoffs.
2 Erklären sie, warum die Löslichkeit von schwer löslichen Chloriden und Sulfaten pH-unabhängig ist.
3 Begründen Sie, welche der folgenden Salze in saurer Lösung deutlich besser löslich sind als in reinem Wasser: Silbercarbonat, Cer(III)-fluorid, Silbersulfat, Blei(II)-iodid, Cadmiumhydroxid.

ZUSAMMENFASSUNG

Die Löslichkeit schwer löslicher Salze lässt sich durch Zusätze verändern.
Ein **gleichioniger Zusatz** erniedrigt die Löslichkeit in starkem Maße, ein fremdioniger Zusatz kann sie geringfügig erhöhen.
Durch **Zusatz geeigneter Komplexbildner** kann die Löslichkeit durch Bildung leicht löslicher Komplexe stark erhöht werden. Es gibt aber auch Komplexbildner, die vor allem mit Kationen sehr schwer lösliche Komplexe bilden und deshalb als Fällungsreagenzien eingesetzt werden.

Die Löslichkeit von Salzen, in deren Löslichkeitsgleichgewicht deutlich basische Anionen vorliegen, wird durch **Zusatz von Säuren** stark erhöht.
Das Lösen schwer löslicher Salze durch Komplexbildung und Säurezusatz beruht auf dem Zusammenwirken der Lösereaktion mit einer Komplexbildung bzw. einer Säure-Base-Reaktion.

▶ Konzept des chemischen Gleichgewichts und der Kinetik

Fraktionierte Fällung und Fällungstitration

Fraktionierte Fällung Wird zu einer Lösung, die Chlorid- und Sulfid-Ionen enthält, Bleinitratlösung zugetropft (Exp. 1), fällt zuerst das schwerer lösliche schwarze Bleisulfid aus, da dessen Löslichkeitsprodukt $K_L(PbS) = 3{,}4 \cdot 10^{-28}\ mol^2 \cdot l^{-2}$ praktisch schon bei Zusatz des ersten Tropfens der Bleinitratlösung überschritten wird. Weiterhin zugesetzte Blei-Ionen werden bei der Fällung des Bleisulfids verbraucht, daher nimmt die Konzentration der Blei-Ionen in der Lösung trotz ständiger Zugabe von Bleinitratlösung nicht zu.

Erst nach der Fällung des Bleisulfids führt eine weitere Zuführung von Blei-Ionen zur Erhöhung ihrer Konzentration in der Lösung. Dadurch wird dann auch das Löslichkeitsprodukt des Bleichlorids $K_L(PbCl_2) = 2 \cdot 10^{-5}\ mol^3 \cdot l^{-3}$ überschritten und es beginnt auch seine Fällung (weißer Niederschlag).

Dieses Verfahren wird als **fraktionierte Fällung** bezeichnet.

Am Beispiel der fraktionierten Fällung von Silberiodid und Silberchlorid soll die Trennung quantitativ verdeutlicht werden. Beim Zutropfen von Silbernitratlösung zu einer Lösung, die Iodid-Ionen und Chlorid-Ionen nebeneinander enthält, fällt zuerst das schwerer lösliche Silberiodid aus, danach das leichter lösliche Silberchlorid.

Die Fällung des Silberchlorids beginnt bei:

$$c(Ag^+) = \frac{K_L(AgCl)}{c(Cl^-)}$$

Ist diese Konzentration erreicht, gilt weiterhin für Silberiodid:

$$c(Ag^+) = \frac{K_L(AgI)}{c(I^-)}$$

Da in der Lösung die Konzentration der Silber-Ionen jeweils nur einen Wert annimmt, der für die Löslichkeitsprodukte von Silberchlorid und Silberiodid gleichermaßen gilt, ergibt sich

$$\frac{K_L(AgCl)}{c(Cl^-)} = \frac{K_L(AgI)}{c(I^-)}$$

$$\frac{c(Cl^-)}{c(I^-)} = \frac{K_L(AgCl)}{K_L(AgI)} = \frac{1{,}6 \cdot 10^{-10}\ mol^2 \cdot l^{-2}}{1{,}5 \cdot 10^{-16}\ mol^2 \cdot l^{-2}} \approx \frac{1}{10^{-6}}$$

Die Fällung des Silberchlorids beginnt demnach erst, wenn die Konzentration der Iodid-Ionen in der Lösung 10^6-mal kleiner ist als die der Chlorid-Ionen. Anfangs fällt also praktisch reines Silberiodid aus, danach fast reines Silberchlorid.

Die Trennung ist umso besser, je größer die Differenz zwischen den beiden Löslichkeitsprodukten ist.

In der qualitativen chemischen Analyse spielt die fraktionierte Fällung beim Kationentrennungsgang durch Nutzung der pH-Abhängigkeit der Fällung von Sulfiden, Hydroxiden und Carbonaten eine wesentliche Rolle (Abb. 1).

EXPERIMENT 1 L

Fraktionierte Fällung

Gleiche Volumina Natriumsulfidlösung ($c = 0{,}01\ mol \cdot l^{-1}$) und Natriumchloridlösung ($c = 0{,}1\ mol \cdot l^{-1}$) werden miteinander vermischt. Zu dieser Lösung wird tropfenweise Bleinitratlösung ($c = 0{,}01\ mol \cdot l^{-1}$; GHS08|09) gegeben. Der Niederschlag muss sich nach kräftigem Schütteln jeweils absetzen, bevor weitere Bleinitratlösung zugesetzt wird.

AUFGABEN

1 Berechnen Sie die Konzentration der Blei(II)-Ionen in einer Bleisulfidsuspension am Endpunkt der Bleisulfidfällung. Welche Konzentration muss erreicht werden, damit die Blei(II)-chloridfällung beginnt?

2 Eine wässrige Lösung von Eisen(III)-chlorid ($c = 0{,}1\ mol \cdot l^{-1}$) wird beim Stehen trübe, eine von Eisen(II)-chlorid gleicher Konzentration aber nicht. Erläutern Sie.

1 Abhängigkeit der Fällung von Hydroxiden vom pH-Wert der Lösung und der Konzentration der Metall-Ionen

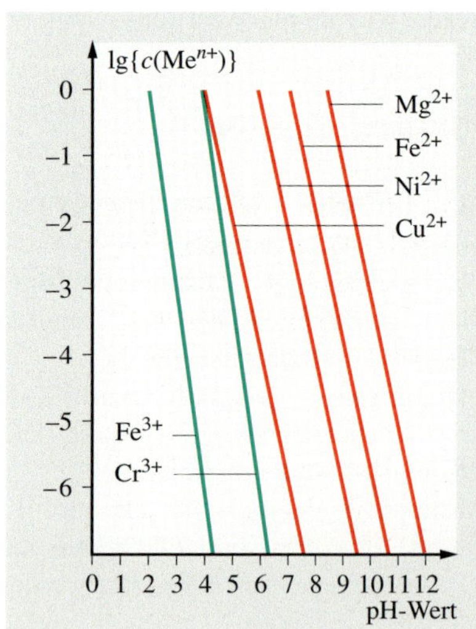

In der quantitativen chemischen Analyse werden derartige fraktionierte Fällungen z. B. zur Anzeige des Äquivalenzpunkts bei Fällungstitrationen genutzt.

Fällungstitration Ergibt eine Substanz (bzw. ein Ion eines Salzes) mit einer Maßlösung einen schwer löslichen Niederschlag, kann diese Substanz maßanalytisch bestimmt werden. Dieser Typ der Maßanalyse, dem eine Fällungsreaktion zugrunde liegt, wird als **Fällungstitration** bezeichnet.
Die wichtigsten Fällungstitrationen sind die argentometrischen Bestimmungen, bei denen mit einer Silbernitrat-Maßlösung gearbeitet wird. Durch solche Bestimmungen lassen sich z. B. die Konzentrationen von Chlorid-, Bromid- und Iodid-Ionen ermitteln.
Mithilfe des Löslichkeitsprodukts lässt sich die Änderung der Konzentrationen der an der Fällungsreaktion beteiligten Ionen berechnen und daraus die Titrationskurve (Abb. 2) konstruieren.
Der Verlauf einer Fällungstitration ist dem der Neutralisation einer sehr starken Säure mit einer sehr starken Base analog (↑S. 177 f.).
Die Daten für die Fällungstritration von Silberchlorid aus einer Lösung von Natriumchlorid ($c = 0{,}01\ mol \cdot l^{-1}$) mit einer Lösung von Silbernitrat ($c = 1\ mol \cdot l^{-1}$) sind in der Tabelle 1 zusammengestellt.

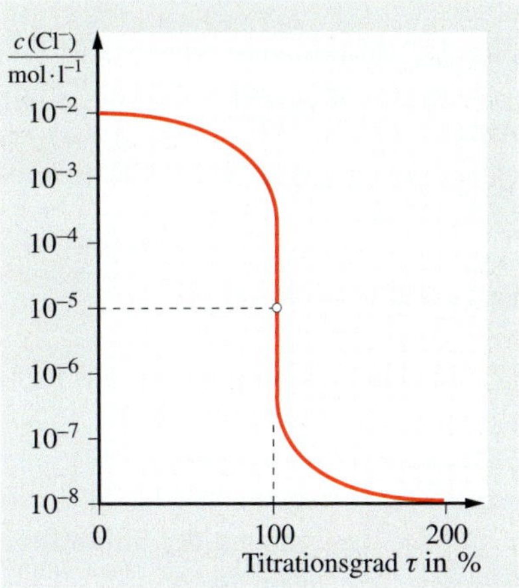

2 Tritrationskurve zur argentometrischen Bestimmung von Natriumchlorid

Tab. 1 Titration von 100 ml Natriumchloridlösung ($c = 0{,}01\ mol \cdot l^{-1}$) mit Silbernitratlösung ($c = 1\ mol \cdot l^{-1}$) (Der Volumenzuwachs durch Zugabe der Maßlösung ist vernachlässigt.)

Zugabe an $AgNO_3$-Lsg. in ml	Titrationsgrad τ in %	$c(Cl^-)$ in $mol \cdot l^{-1}$	$c(Ag^+)$ in $mol \cdot l^{-1}$
0,00	0	$1 \cdot 10^{-2}$	0
0,90	90	$1 \cdot 10^{-3}$	$1 \cdot 10^{-7}$
0,99	99	$1 \cdot 10^{-4}$	$1 \cdot 10^{-6}$
1,00	100	$1 \cdot 10^{-5}$	$1 \cdot 10^{-5}$
1,01	101	$1 \cdot 10^{-6}$	$1 \cdot 10^{-4}$
1,10	110	$1 \cdot 10^{-7}$	$1 \cdot 10^{-3}$
2,00	200	$1 \cdot 10^{-8}$	$1 \cdot 10^{-2}$

Auch bei dieser Titration ändern sich die Konzentrationen der an der Fällung beteiligten Ionen in der Nähe des Äquivalenzpunkts sprunghaft. Der Sprungbereich der Kurve ist umso größer, je kleiner das Löslichkeitsprodukt der ausgefallenen Substanz ist. Der Äquivalenzpunkt liegt für die Chloridbestimmung bei

$$c(Cl^-) = \sqrt{K_L(AgCl)} = \sqrt{10^{-10}\ mol^2 \cdot l^{-2}} = 10^{-5}\ mol \cdot l^{-1}$$

und für die argentometrische Bromidbestimmung bei

$$c(Br^-) = \sqrt{K_L(AgBr)} = \sqrt{5 \cdot 10^{-13}\ mol^2 \cdot l^{-2}} = 7{,}1 \cdot 10^{-7}\ mol \cdot l^{-1}$$

AUFGABEN

1 Erstellen Sie für die Titration von Natriumiodidlösung ($c = 0{,}01\ mol \cdot l^{-1}$) mit Silbernitratlösung ($c = 1\ mol \cdot l^{-1}$) die Titrationskurve. Der Volumenzuwachs ist zu vernachlässigen.
$K_L(AgI) = 1 \cdot 10^{-16}\ mol^2 \cdot l^{-2}$

2 Kaliumiodid in einer wässrigen Lösung wird argentometrisch bestimmt. Der Verbrauch an Silbernitrat-Maßlösung ($c = 0{,}01\ mol \cdot l^{-1}$) beträgt 21,8 ml.
Berechnen Sie die Stoffmenge und die Masse des Kaliumiodids in der Lösung.

Das Erkennen des Äquivalenzpunkts kann bei Fällungstitrationen durch Messen der elektrischen Leitfähigkeit (↑S. 246 f.) oder mithilfe von **Farbindikatoren** erfolgen.
Als Farbindikatoren sind bei Fällungstitrationen Substanzen (bzw. deren Ionen) geeignet, die mit der Maßlösung einen farbigen Niederschlag oder auch eine lösliche gefärbte Verbindung ergeben.
Für die Bestimmung von Silber-Ionen mit Ammoniumthiocyanat-Lösung „nach VOLHARD" eignet sich als Farbindikator Ammoniumeisen(III)-sulfat, dessen Eisen(III)-Ionen mit Thiocyanat-Ionen das in Wasser lösliche rote Eisen(III)-thiocyanat bilden (Exp. 2).

$$Fe^{3+} + 3\,SCN^- \rightleftharpoons \underset{\text{rot}}{Fe(SCN)_3}$$

Während der Titration bleibt die Konzentration an gebildetem Eisen(III)-thiocyanat durch die Fällung des schwer löslichen Silberthiocyanats so gering, dass eine Rotfärbung der Lösung von unserem Auge nicht erkannt werden kann. Am Äquivalenzpunkt der Bestimmung der Silber-Ionen beträgt die Konzentration der Thiocyanat-Ionen:

$$c(SCN^-) = \sqrt{K_L(AgSCN)} = \sqrt{1 \cdot 10^{-12}\ mol^2 \cdot l^{-2}} = 1 \cdot 10^{-6}\ mol \cdot l^{-1}$$

Bereits bei einem sehr geringen Überschuss an Thiocyanat-Ionen lässt sich dann die rote Farbe des Eisen(III)-thiocyanats erkennen.
Beim Einsatz von Farbindikatoren bei der Fällungstitration muss die in der Titrationsvorschrift angegebene Konzentration des Indikators genau eingehalten werden. Eine von der Vorschrift stark abweichende Konzentration des Indikators führt zu falschen Titrationsergebnissen, da sich Fällungsgleichgewicht und Indikatorgleichgewicht beeinflussen.

EXPERIMENT 2
Fällungstitration
20 ml Silbernitratlösung ($c \approx 0{,}05\ mol \cdot l^{-1}$) werden mit destilliertem Wasser auf 100 ml verdünnt und mit 2 ml einer Indikatorlösung aus kalt gesättigter Ammoniumeisen(III)-sulfatlösung versetzt, zu der so lange konzentrierte Salpetersäure ($w = 65\,\%$; GHS03 | 05) gegeben wurde, bis die anfangs entstehende Braunfärbung wieder verschwunden ist. Mit Ammoniumthiocyanat-Maßlösung ($c = 0{,}1\ mol \cdot l^{-1}$) wird bis zum bleibenden Farbumschlag nach Orange titriert.

AUFGABE
1 120 mg eines weißen Chlorids werden in Wasser gelöst und argentometrisch titriert. Der Verbrauch an Silbernitrat-Maßlösung ($c = 0{,}1\ mol \cdot l^{-1}$) beträgt 20,7 ml. Berechnen Sie die molare Masse des Salzes.
Welches Salz könnte es sein?

ZUSAMMENFASSUNG

Eine Trennung leicht löslicher Substanzen durch **fraktionierte Fällung** ist aufgrund der unterschiedlichen Temperaturabhängigkeiten ihrer Löslichkeiten möglich (↑S. 184).
Eine Stofftrennung schwer löslicher Substanzen durch fraktionierte Fällung ist dann möglich, wenn sich ihre Löslichkeiten deutlich unterscheiden.

In der qualitativen und quantitativen chemischen Analyse wird die fraktionierte Fällung in verschiedener Weise genutzt.
Die **Fällungstitration** ist ein weiteres Verfahren der klassischen Maßanalyse. Die Breite ihrer praktischen Anwendung ist deutlich geringer als die der anderen maßanalytischen Verfahren.

▶ Konzept des chemischen Gleichgewichts und der Kinetik

KOMPLEX GEDACHT

1 Die Herstellung von Salzen durch doppelte Umsetzung beruht auf der unterschiedlichen Löslichkeit der beteiligten Salze. Bei einem als Konversion bezeichneten Verfahren wird Kaliumnitrat (Konversionssalpeter) durch die Umsetzung von Kaliumchlorid mit Natriumnitrat hergestellt. Dazu werden beide Salze in heißem Wasser gelöst, anschließend wird die Lösung langsam abgekühlt.

a Welches weitere Salz entsteht neben dem gewünschten Kaliumnitrat?

b Ermitteln Sie die Kristallisationsreihenfolge der entstehenden Salze.

1 Abhängigkeit der Löslichkeit einiger Salze in Wasser von der Temperatur

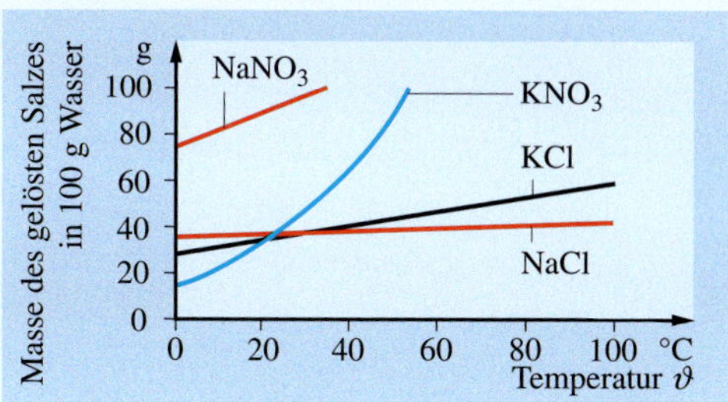

2 Menschen mit hohem Harnsteinrisiko erhalten folgende Ernährungsempfehlungen:
Eine wichtige Maßnahme zur Harnsteinvermeidung ist eine ausreichende Harnverdünnung. Dazu sollten täglich 2,5 bis 3 Liter Flüssigkeit gleichmäßig über den Tag aufgenommen werden. Bei hohem Schweißverlust sollte die aufgenommene Flüssigkeitsmenge erhöht werden. Geeignete Getränke sind mineralienarmes Mineral- bzw. Trinkwasser, Früchtetees und Apfelsaft.
Der tägliche Calciumbedarf eines Erwachsenen von 1000 mg sollte nicht überschritten werden. Achten Sie besonders auf den Calciumgehalt von Milch und Milchprodukten.
Auf Gemüse mit hohem Oxalatgehalt wie Spargel, Rhabarber und Spinat sollte verzichtet werden. Alle anderen pflanzlichen Lebensmittel können in normalen Mengen verzehrt werden.
Begründen Sie, warum die Einhaltung dieser Empfehlungen der Bildung von Harnsteinen vorbeugt.

3 Der Zahnschmelz ist eine fast reine Mineralschicht, die den Zahn umgibt und schützt. Er ist sehr hart und besteht im Wesentlichen aus dem schwer löslichen Calciumsalz Hydroxylapatit $Ca_5(PO_4)_3(OH)$.

a Erklären Sie, warum Hydroxylapatit von Säuren angegriffen wird.

b Bei der Zahnpflege kommt in der Regel fluoridhaltige Zahnpasta zum Einsatz. Hierdurch wird angegriffener Zahnschmelz gehärtet, indem Fluorapatit $Ca_5(PO_4)_3F$ gebildet wird. Erklären Sie, warum Fluorapatit deutlich säureunempfindlicher als Hydroxylapatit ist.

4 Das Löslichkeitsprodukt des Silberchromats ist dem Betrag nach kleiner als das Löslichkeitsprodukt des Silberchlorids, aber Silberchlorid ist schwerer löslich als Silberchromat. Erläutern Sie diesen Sachverhalt. Berechnen Sie die Löslichkeiten von Silberchlorid und Silberchromat.

5 Eine in der Analyse häufig angewandte Methode ist der Trennungsgang.
Der Trennungsgang für Metall-Ionen richtet sich nach der Löslichkeit der entsprechenden Metallchloride, -sulfide, -hydroxide und -carbonate bei verschiedenen pH-Werten.
Erläutern Sie das Prinzip eines Trennungsgangs.

2 Schema des Trennungsgangs für Metall-Ionen

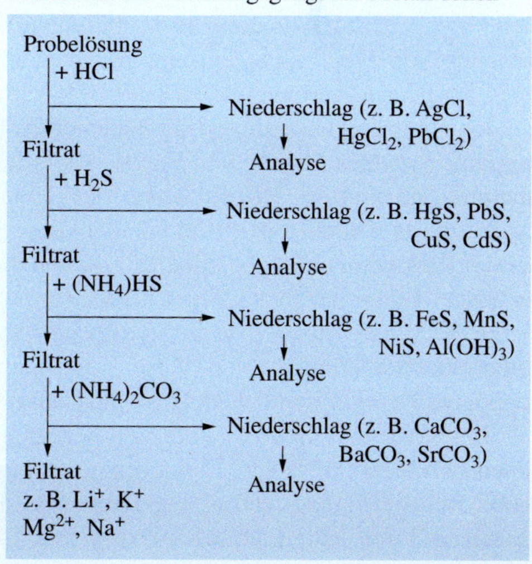

Beim Thermitverfahren wird Eisen in kleinen Mengen aus Eisenoxid und Aluminium hergestellt. Auf diese Weise werden noch heute oftmals Straßenbahnschienen verschweißt. Man nutzt dabei eine wichtige Reaktionsart in Natur und Technik – die Redoxreaktion. Redoxreaktionen finden in jedem Augenblick unseres Lebens statt – als Energie liefernder Prozess des Citronensäurezyklus oder der Atmungskette in unserem eigenen Körper, als Grundlage allen Lebens in Form der Fotosynthese, bei jeder gewünschten oder unerwünschten Verbrennung. Auch die Gewinnung von Metallen aus ihren Erzen sowie die Herstellung vieler chemischer Produkte, die unseren Alltag bestimmen, verläuft über Redoxreaktionen.

Redoxreaktionen von Haupt- und Nebengruppenelementen

Oxidation – Reduktion – Redoxreaktionen Ursprünglich wurde unter **Oxidation** die Reaktion eines Stoffs mit Sauerstoff (Oxygenium), unter **Reduktion** die Rückführung in den ursprünglichen Zustand verstanden. Viele Oxidationen laufen unter Licht- und Wärmeentwicklung als Verbrennung ab. Bei der Verbrennung von Magnesium entsteht Magnesiumoxid, eine aus Ionen aufgebaute Verbindung. Bei der Betrachtung der Redoxreaktionen als Elektronenübergang bedeutet Oxidation des Magnesiums demnach Abgabe von Elektronen durch die Magnesiumatome, sie sind das **Reduktionsmittel** (Abb. 1). Atome des Sauerstoffs als **Oxidationsmittel** nehmen diese Elektronen auf. Bei der Reduktion eines Metalloxids erhalten die Metall-Ionen die bei der Oxidation abgegebenen Elektronen wieder zurück.
Elektronenabgabe kann also nur erfolgen, wenn Atome oder Ionen eines Reaktionspartners diese Elektronen aufzunehmen vermögen. *Oxidation* und *Reduktion* sind daher immer *gekoppelt*. Sie werden als **Redoxreaktionen** bezeichnet. Redoxreaktionen sind **Reaktionen mit Elektronenübergang**.
Diese Kennzeichnung von Oxidations- und Reduktionsvorgängen sind unabhängig vom Sauerstoff und können auf viele andere Stoffe angewendet werden.

1 Verbrennung von Magnesium

Oxidation (Elektronenabgabe)
$2\,Mg \rightarrow 2\,Mg^{2+} + 4\,e^-$

Reduktion (Elektronenaufnahme)
$O_2 + 4\,e^- \rightarrow 2\,O^{2-}$

Redoxreaktion (Elektronenübergang)
$2\,Mg + O_2 \rightarrow 2\,MgO$

Tab. 1 Beispiele für Oxidationsmittel und Reduktionsmittel

Oxidationsmittel	Reduktionsmittel
$Br_2 + 2\,e^- \rightarrow 2\,Br^-$	$Na \rightarrow Na^+ + e^-$
$Fe^{3+} + e^- \rightarrow Fe^{2+}$	$Cr^{2+} \rightarrow Cr^{3+} + e^-$

Da sich bei Elektronenabgabe und -aufnahme auch die Oxidationszahlen ändern, kann man definieren:

Eine **Redoxreaktion** ist eine chemische Reaktion, bei der zwischen den Teilchen der Reaktionspartner **Elektronen übertragen** werden. Oxidation und Reduktion laufen gleichzeitig und abhängig voneinander ab.
Bei der Oxidation erfolgt eine Elektronenabgabe, die Oxidationszahl steigt. Bei der Reduktion erfolgt eine Elektronenaufnahme, die Oxidationszahl sinkt.
Das Teilchen, das Elektronen abgibt, heißt **Elektronendonator** bzw. **Reduktionsmittel**.
Das Teilchen, das Elektronen aufnimmt, heißt **Elektronenakzeptor** bzw. **Oxidationsmittel**.
Elektronenabgabe und -aufnahme sind umkehrbare Vorgänge.

Aus einem Reduktionsmittel (Red) entsteht durch Elektronenabgabe ein Oxidationsmittel (Ox). So haben Zink(II)-Ionen oxidierende, Zinkatome dagegen reduzierende Eigenschaften. Allgemein gilt die Beziehung:

$$\text{Red} \rightleftharpoons \text{Ox} + z \cdot e^-$$

Eine solche Kombination heißt **korrespondierendes Redoxpaar**. Die vom Reduktionsmittel abgegebenen Elektronen werden vom Oxidationsmittel aufgenommen. An einer Redoxreaktion sind stets zwei korrespondierende Redoxpaare beteiligt.

Korrespondierendes Redoxpaar 1

$$\text{Red 1} + \text{Ox 2} \rightleftharpoons \text{Ox 1} + \text{Red 2}$$

Korrespondierendes Redoxpaar 2

Redoxreihe der Metalle Metalle zeigen ein unterschiedliches Bestreben, Elektronen abzugeben. Sie unterscheiden sich in ihrer reduzierenden Wirkung gegenüber den Elektronenakzeptoren. Auch die oxidierende Wirkung von Metall-Ionen ist verschieden. Beides kommt in der **Redoxreihe** der Metalle zum Ausdruck (Abb. 2). Mithilfe der Redoxreihe können mögliche Redoxreaktionen abgeschätzt werden: Metall-Ionen lassen sich von den jeweils weiter links angeordneten Atomen unedlerer Metalle reduzieren.

2 Redoxreihe der Metalle

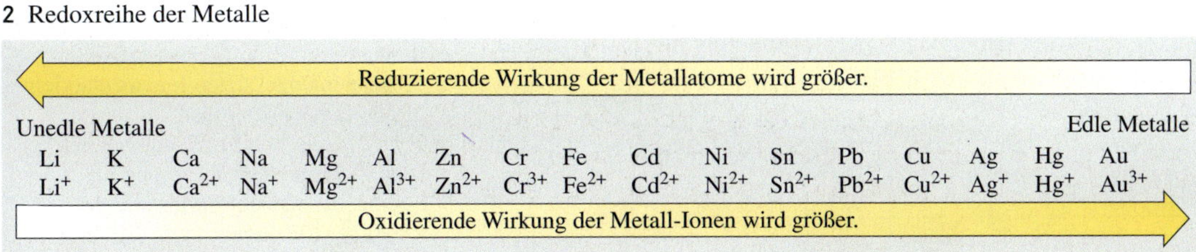

AUFGABEN

1 Kupfer(II)-Ionen werden von Zink zu metallischem Kupfer reduziert, wobei Zink-Ionen in Lösung gehen. Stellen Sie die Reaktionsgleichung auf.

2 Untersuchen Sie das Vorliegen einer Redoxreaktion bei den folgenden chemischen Reaktionen. Nennen Sie Oxidationsmittel und Reduktionsmittel.
- a Synthese von Kochsalz aus den Elementen
- b Knallgasreaktion
- c Neutralisationsreaktion
- d Verbrennung von Erdgas (Methan)

3 Formulieren Sie die Teilgleichungen für die Redoxreaktion von Eisen(III)-salzlösung mit Eisen.

Tab. 2 Kurzschreibweisen für Redoxgleichungen

Teilreaktion 1:
Red 1/Ox 1
$\text{Red 1} \rightleftharpoons \text{Ox 1} + z \cdot e^-$
Teilreaktion 2:
Ox 2/Red 2
$\text{Ox 2} + z e^- \rightleftharpoons \text{Red 2}$
Redoxreaktion:
Red 1/Ox 2 // Ox 1/Red 2
$\text{Red 1} + \text{Ox 2} \rightleftharpoons \text{Ox 1} + \text{Red 2}$

1 Ermitteln von Oxidationszahlen mithilfe der Elektronegativitätswerte der Bindungspartner

Oxidationszahlen	−2 +4 −2	+1 −2 +1	−1 +2 −1
Struktur	O=C=O	H–O–H	F–O–F
Elektronegativitätswerte	3,5 2,5 3,5	2,1 3,5 2,1	4,0 3,5 4,0

2 Oxidationszahlen einiger organischer Verbindungen

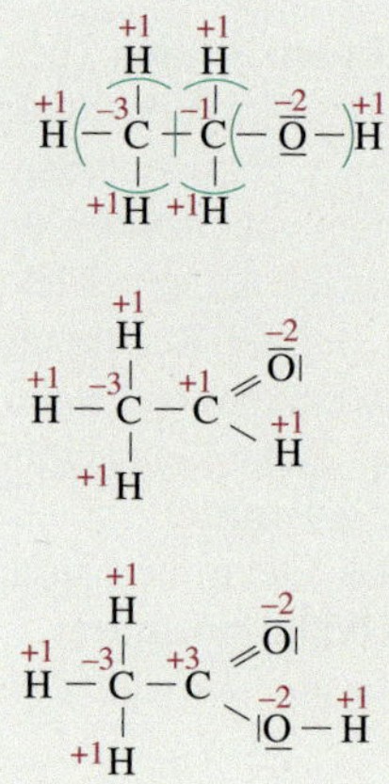

Ethanol

Ethanal

Ethansäure

Aufstellen von Reaktionsgleichungen für Redoxreaktionen

Bei Redoxreaktionen sind die auftretenden Elektronenübergänge oft nicht leicht überschaubar. Zum besseren Verständnis betrachtet man die Veränderungen der **Oxidationszahlen** (↑S. 28). Die Oxidationszahlen werden über den Symbolen der Elemente angegeben, sie beziehen sich jeweils auf ein einzelnes Atom bzw. Ion. Für die Ermittlung der Oxidationszahlen und ihre Veränderungen werden die Elektronegativitäten der Elemente zugrunde gelegt. In einer polaren Elektronenpaarbindung ordnet man die Bindungselektronen formal dem elektronegativeren Atom zu. Bei einer unpolaren Elektronenpaarbindung zwischen zwei gleichartigen Atomen werden die Elektronen den beiden Atomen zur Hälfte zugeordnet (Abb. 1, 2).

Bei der Bestimmung der Oxidationszahlen ist eine Reihe von Regeln zu beachten. Nach diesen Regeln ergeben sich beispielsweise für die Atome bzw. Ionen in nachfolgenden Verbindungen Oxidationszahlen von:

$\overset{+2}{O}\,\overset{-1}{F_2}$ $\quad\overset{+1}{Li}\,\overset{-1}{H}$ $\quad\overset{+1}{H}\,\overset{-1}{Cl}$ $\quad\overset{+1}{H}\,\overset{+5}{Cl}\,\overset{-2}{O_3}$ $\quad\overset{\pm 0}{H_2}$ $\quad\overset{\pm 0}{O_2}$

Bei der Benennung von Verbindungen kann die Oxidationsstufe eines Elements dieser Verbindung durch eine in Klammern gesetzte römische Ziffer nach dem Elementnamen angegeben werden, z. B. Eisen(III)-chlorid, Mangan(IV)-oxid.

Beim Aufstellen der Reaktionsgleichungen für eine Redoxreaktion sind die Stoffmengen der beteiligten korrespondierenden Redoxpaare so aufeinander abzustimmen, dass die Anzahl der abgegebenen Elektronen bei der Oxidation gleich der Anzahl der aufgenommenen Elektronen bei der Reduktion ist. Beide Teilgleichungen können dann miteinander kombiniert werden. Durch **Redoxgleichungen in Ionenschreibweise** werden die Verhältnisse bei Redoxreaktionen übersichtlich wiedergegeben. Für die Reaktion von Eisen(III)-chloridlösung mit Kaliumiodidlösung (Exp. 1) gilt beispielsweise:

Oxidation: $2\,I^- \rightleftharpoons I_2 + 2\,e^- \quad | \cdot 1$

Reduktion: $Fe^{3+} + e^- \rightleftharpoons Fe^{2+} \quad | \cdot 2$

Redoxreaktion: $2\,Fe^{3+} + 2\,I^- \rightleftharpoons 2\,Fe^{2+} + I_2$

Regeln für die Bestimmung von Oxidationszahlen

1. Die Oxidationszahl von Elementen beträgt immer ±0.
2. Die Summe der Oxidationszahlen in chemischen Verbindungen ist immer ±0.
3. Die Oxidationszahl von Fluor in Verbindungen beträgt immer −1.
4. Die Oxidationszahl von Metallen in Verbindungen ist immer positiv.
5. a) Die Oxidationszahl von Wasserstoff in Verbindungen mit Nichtmetallen beträgt stets +1.
   b) Die Oxidationszahl von Wasserstoff in Verbindung mit Metallen beträgt stets −1.
6. Die Oxidationszahl von Sauerstoff in Verbindungen beträgt meist −2. Ausnahmen (Beispiele): −1 in Peroxiden; +2 in OF_2
7. Die Oxidationszahl eines einfachen Ions entspricht der Ladung des Ions.
8. Die Summe der Oxidationszahlen in zusammengesetzten Ionen entspricht der Ladung des Ions.
9. In organischen Verbindungen beträgt die Summe der Oxidationszahlen eines Kohlenstoffatoms und der daran gebundenen Atome ±0.

Redoxreaktionen mit Halogenen Metallhalogenide können in wässriger Lösung mit Halogenen reagieren. Dabei dienen die Halogenid-Ionen als Reduktionsmittel, sie werden oxidiert; die Halogenatome dienen als Oxidationsmittel, sie werden reduziert (Exp. 2).

$$2\,Br^- + Cl_2 \rightarrow Br_2 + 2\,Cl^-$$

Zwischen einer Metallchloridlösung und Brom findet jedoch keine Reaktion statt. Innerhalb der VII. Hauptgruppe nimmt mit zunehmender Ordnungszahl die Bereitschaft zur Elektronenabgabe durch die Halogenid-Ionen zu.
Ursache dafür ist der größere Ionenradius und die damit verbundene geringer werdende Anziehungskraft des Atomkerns auf die Außenelektronen. In der gleichen Richtung nimmt die Bereitschaft zur Elektronenaufnahme durch die Halogenatome ab, weil sie unterschiedliches Bestreben zur Aufnahme eines Außenelektrons zeigen. Dies wird durch die **Elektronenaffinität** (↑S. 27) ausgedrückt, die innerhalb der VII. Hauptgruppe mit zunehmender Ordnungszahl abnimmt.
Die Reaktion von Halogenen mit Halogeniden ist somit nur möglich, wenn das zu reduzierende Halogen im Periodensystem über dem zu oxidierenden Halogenid steht.

pH-Wert-abhängige Redoxreaktionen – Reaktionen mit Kaliumpermanganat Sehr häufig werden Redoxreaktionen durch andere Reaktionen beeinflusst. So ist bei vielen Reaktionen der Elektronenübergang mit einem Protonenübergang gekoppelt. Der Ablauf der Redoxreaktion ist dann vom pH-Wert der Lösung abhängig.
Ein Beispiel sind Redoxreaktionen mit Kaliumpermanganat. In saurer Lösung werden Permanganat-Ionen bis zu Mangan(II)-Ionen reduziert. Dabei ändert sich die Oxidationszahl der Manganatome von +7 nach +2 entsprechend der Aufnahme von 5 Elektronen (Exp. 3, 4, 5; Tab. 1). In neutraler und schwach basischer Lösung entstehen Mangan(IV)-Verbindungen, in stark basischer Lösung werden Manganat(VI)-Ionen gebildet (↑Exp. 6, S. 202).
Aber nicht nur der Übergang zu einer bestimmten Oxidationszahl wird vom pH-Wert beeinflusst, sondern auch die Stärke des Oxidations- oder Reduktionsmittels.
In stark saurer Lösung besitzt Kaliumpermanganat ein stärkeres Oxidationsvermögen als in schwach saurer Lösung. Die pH-Wert-Abhängigkeit von Redoxreaktionen wird beim Aufstellen der Reaktionsgleichungen für die korrespondierenden Redoxpaare durch Hydronium-Ionen H_3O^+, im Folgenden vereinfacht als Wasserstoff-Ionen H^+ geschrieben, zum Ausdruck gebracht. Dabei bilden die Wasserstoff-Ionen mit frei werdenden Oxid-Ionen Wassermoleküle.

Für das Aufstellen von Redox-Reaktionsgleichungen hat es sich bewährt, die nachfolgende Schrittfolge einzuhalten:

EXPERIMENT 1

Redoxreaktionen mit Eisenverbindungen

a) Eisen(III)-chloridlösung (w = 5 %) wird mit Petroleumbenzin (GHS08) überschichtet und mit Kaliumiodidlösung (w = 5 %) versetzt.
b) Frisch bereitete Eisen(II)-sulfatlösung (w = 5 %) wird mit Chlorwasser (GHS07)versetzt.

EXPERIMENT 2

Reaktion von Halogenen mit Halogeniden

In je ein Reagenzglas wird zu 1 ml n-Heptan (GHS02|08|07|09) 2 ml verdünnte Kaliumbromid- bzw. 2 ml Kaliumiodidlösung (w = 5 %) gegeben.
Dann versetzt man portionsweise mit insgesamt 1 ml Chlorwasser (GHS07). Nach jeder Zugabe wird geschüttelt und auf Farbänderung geprüft.

EXPERIMENT 3

Reduktion von Permanganat im sauren Milieu

Eine mit verdünnter Schwefelsäure (w = 10 %; GHS07) angesäuerte Kaliumpermanganatlösung (w = 1 %) wird auf zwei Reagenzgläser verteilt und
- im ersten Reagenzglas tropfenweise mit frisch zubereiteter Eisen(II)-sulfatlösung (w = 5 %) versetzt,
- im zweiten Reagenzglas tropfenweise mit Kaliumiodidlösung (w = 5 %) versetzt. Diese Lösung wird mit etwas Petroleumbenzin (GHS08) ausgeschüttelt.

Schrittfolge zum Aufstellen einer Redoxgleichung
Für die Reaktion von Permanganat-Ionen mit Chlorid-Ionen in saurer Lösung wird die Reaktionsgleichung nach folgender Schrittfolge aufgestellt:

1. Ermitteln der Ausgangsstoffe und Reaktionsprodukte
Aus der Entfärbung der Lösung erkennt man die Reduktion der Permanganat-Ionen zu Mangan(II)-Ionen. Die Bildung von Chlor kann am charakteristischen Geruch erkannt werden.

2. Aufstellen der Teilgleichung für die Oxidation
Chlorid-Ionen werden durch Abgabe von Elektronen zu elementarem Chlor oxidiert.

$$2\,\overset{-1}{Cl^-} \rightleftharpoons \overset{\pm 0}{Cl_2} + 2\,e^-$$

3. Aufstellen der Teilgleichung für die Reduktion
– Angabe des Redoxpaars und Ermitteln der aufgenommenen Elektronen mithilfe der Oxidationszahlen

$$\overset{+7}{Mn}O_4^- + 5\,e^- \rightleftharpoons \overset{+2}{Mn^{2+}}$$

– Ausgleichen der Ladungen mithilfe der in saurer Lösung vorhandenen Wasserstoff-Ionen

$$\overset{+7}{Mn}O_4^- + 5\,e^- + 8\,H^+ \rightleftharpoons \overset{+2}{Mn^{2+}}$$

– Ausgleichen der Reaktion. Die im Permanganat-Ion gebundenen Oxid-Ionen reagieren mit Wasserstoff-Ionen zu Wassermolekülen.

$$\overset{+7}{Mn}O_4^- + 5\,e^- + 8\,H^+ \rightleftharpoons \overset{+2}{Mn^{2+}} + 4\,H_2O$$

4. Aufstellen der Gesamtgleichung
In den Teilgleichungen werden die kleinsten gemeinsamen Vielfachen der Anzahlen der abgegebenen bzw. aufgenommenen Elektronen bestimmt und die Teilgleichungen durch Multiplikation mit den entsprechenden Faktoren ausgeglichen. Durch Addition der Teilgleichungen wird die Gesamtgleichung erhalten:

Oxidation: $2\,Cl^- \rightleftharpoons Cl_2 + 2\,e^- \quad | \cdot 5$
Reduktion: $MnO_4^- + 5\,e^- + 8\,H^+ \rightleftharpoons Mn^{2+} + 4\,H_2O \quad | \cdot 2$

Redoxreaktion: $2\,MnO_4^- + 10\,Cl^- + 16\,H^+ \rightleftharpoons 2\,Mn^{2+} + 5\,Cl_2 + 8\,H_2O$

Tab. 1 Reaktionsprodukte einer Reduktion von Permanganat-Ionen MnO_4^- in Abhängigkeit vom pH-Wert

Ausgangsstoff	Reaktionsprodukt bei pH-Wert				
	stark basisch	schwach basisch bis neutral			sauer
$\overset{+7}{Mn}O_4^-$ (violett)	$\overset{+6}{Mn}O_4^{2-}$ (grün)	$\overset{+5}{Mn}O_4^{3-}$ (blau)	$\overset{+4}{Mn}O_2$ (braun)	$\overset{+3}{Mn^{3+}}$ (rot)	$\overset{+2}{Mn^{2+}}$ (rosa bis farblos)

EXPERIMENT 4

Reduktion von Permanganat bei verschiedenen pH-Werten
Eine sehr stark verdünnte Kaliumpermanganatlösung ($w \approx 0{,}2\,\%$) wird auf drei Reagenzgläser verteilt und
– im ersten Reagenzglas mit verdünnter Schwefelsäure ($w \approx 10\,\%$; GHS07) angesäuert,
– im dritten Reagenzglas mit konzentrierter Natronlauge ($w = 30\,\%$; GHS05) stark basisch gemacht.

Alle drei Lösungen werden tropfenweise mit Natriumsulfitlösung ($w = 5\,\%$) versetzt.
Zur Lösung im zweiten Reagenzglas gibt man nach der Reaktion einige Tropfen Phenolphthaleinlösung.

AUFGABEN

1 Bestimmen Sie die Oxidationszahlen aller Atome in folgenden Verbindungen:
a H_2SO_3, HClO, $HClO_3$, $NaClO_4$, K_2MnO_4
b Aluminiumsulfat, Calciumhydrid, Wasserstoffperoxid, Propantriol

2 Die folgenden chemischen Reaktionen finden in saurer Lösung statt. Stellen Sie jeweils die Reaktionsgleichungen für die korrespondierenden Redoxpaare und die Gesamtreaktion in Ionenschreibweise auf.
a Bei der Reaktion von Kaliumpermanganat mit Wasserstoffperoxid bildet sich Sauerstoff.
b Kaliumdichromatlösung reagiert mit Kaliumiodidlösung.

Bei Reaktionen in *basischer* Lösung gleichen Hydroxid-Ionen die Stoff- und Ladungsbilanzen aus. Ein Beispiel dafür ist die Reaktion von Permanganat-Ionen mit Mangan(II)-Ionen:

Oxidation: $3\,\overset{+2}{Mn}{}^{2+} + 12\,OH^- \rightleftharpoons 3\,\overset{+4}{Mn}O_2 + 6\,H_2O + 6\,e^-$

Reduktion: $2\,\overset{+7}{Mn}O_4^- + 4\,H_2O + 6\,e^- \rightleftharpoons 2\,\overset{+4}{Mn}O_2 + 8\,OH^-$

Redoxreaktion: $2\,MnO_4^- + 3\,Mn^{2+} + 4\,OH^- \rightleftharpoons 5\,MnO_2 + 2\,H_2O$

Synproportionierung – Disproportionierung Die Reaktion von Permanganat-Ionen mit Mangan(II)-Ionen stellt eine besondere Form einer Redoxreaktion dar, die **Synproportionierung (Komproportionierung)**. Darunter versteht man eine Redoxreaktion, bei der die Atome eines Elements durch gleichzeitige Oxidation aus einer niedrigeren und Reduktion aus einer höheren in eine mittlere Oxidationsstufe übergehen.
Durch Änderung des pH-Werts kann auch die Lage des chemischen Gleichgewichts (↑ S. 132) einer Redoxreaktion beeinflusst werden. So reagiert z. B. Chlor mit einer basischen Lösung wesentlich besser als mit reinem Wasser oder mit einer sauren Lösung, wobei Chlormoleküle mit Hydroxid-Ionen zu Chlorid-Ionen Cl^- und Hypochlorit-Ionen ClO^- reagieren:

Oxidation: $\overset{\pm0}{Cl_2} + 4\,OH^- \rightleftharpoons 2\,\overset{+1}{Cl}O^- + 2\,H_2O + 2\,e^- \quad | \cdot \frac{1}{2}$

Reduktion: $\overset{\pm0}{Cl_2} + 2\,e^- \rightleftharpoons 2\,\overset{-1}{Cl}{}^- \quad | \cdot \frac{1}{2}$

Redoxreaktion: $Cl_2 + 2\,OH^- \rightleftharpoons ClO^- + Cl^- + H_2O$

Verringert man nun durch Säurezusatz den pH-Wert, so verlagert sich das chemische Gleichgewicht durch die bei der Neutralisation stattfindende Konzentrationsverkleinerung der Hydroxid-Ionen auf die Seite des Chlors.
Die Reaktion von Chlor in wässriger Lösung stellt die Umkehrung der Synproportionierung dar. Eine Redoxreaktion, bei der die Atome eines Elements aus einer mittleren durch gleichzeitige Oxidation und Reduktion in eine höhere und eine niedrigere Oxidationsstufe übergehen, heißt **Disproportionierung**.

Wasserstoffperoxid als Redoxampholyt Einige Stoffe, in denen die Atome eines Elements eine mittlere Oxidationszahl besitzen, können in Abhängigkeit von ihrem Reaktionspartner bei einer Redoxreaktion entweder als Oxidationsmittel oder als Reduktionsmittel wirken. Diese Stoffe bezeichnet man als **Redoxampholyte** (Exp. 5). Ein solcher Redoxampholyt ist z. B. Wasserstoffperoxid. In saurer Lösung kann Wasserstoffperoxid oxidiert

$H_2\overset{-1}{O}_2 \rightleftharpoons \overset{\pm0}{O}_2 + 2\,H^+ + 2\,e^-$ oder auch reduziert werden:

$H_2\overset{-1}{O}_2 + 2\,H^+ + 2\,e^- \rightleftharpoons 2\,H_2\overset{-2}{O}$

EXPERIMENT 5

Redoxamphoterie
Zu 2 ml einer mit 10%iger Schwefelsäure (GHS07) angesäuerten 3%igen Wasserstoffperoxidlösung gibt man:
- einige Tropfen Kaliumpermanganatlösung ($w = 1\%$)
- einige Tropfen Kaliumiodidlösung ($w = 1\%$)

AUFGABEN

1 Formulieren Sie die Reaktionsgleichungen für die Oxidation bzw. die Reduktion von Wasserstoffperoxid in basischer Lösung.

2 Mit konzentrierter Salpetersäure reagieren bis auf Gold und Platin alle edlen Metalle. Dabei entsteht neben dem Metallnitrat das braune, giftige Gas Stickstoffdioxid. Stellen Sie zu dieser Aussage die Teilreaktionen für die korrespondierenden Redoxpaare und die Gesamtreaktionsgleichung (Ionen- und Summengleichung) für ein selbst gewähltes Beispiel auf.

3 Von einer wässrigen Lösung ist nicht genau bekannt, ob sie Nitrit- oder Nitrat-Ionen enthält. Beschreiben Sie ein Experiment zur eindeutigen Klärung dieses Problems und formulieren Sie die Reaktionsgleichung.

4 Beim Einleiten von Schwefelwasserstoff in eine Kaliumdichromatlösung entsteht eine gelb-grünliche Suspension, die auf die Bildung von elementarem Schwefel und Chrom(III)-Ionen hinweist. Formulieren Sie ausgehend von Teilgleichungen die Ionengleichung für diese chemische Reaktion.

5 Chlorreiniger enthalten Chlor in stark basischer Lösung. Begründen Sie den Sicherheitshinweis, dass man diesen Reiniger keinesfalls gleichzeitig mit einem Essigreiniger benutzen darf.

Quantitative Bestimmung eines Stoffs durch Redoxtitration Redoxreaktionen in wässriger Lösung können zur quantitativen Bestimmung der Stoffmenge eines in einer Analysenlösung enthaltenen Oxidations- oder Reduktionsmittels genutzt werden. Dabei wird eine Lösung mit einem Reduktionsmittel gegen eine Lösung mit einem Oxidationsmittel titriert (bzw. umgekehrt; ↑167 f.). Besonders günstig sind Redoxtitrationen, wenn der Äquivalenzpunkt der Reaktion anhand einer Farbveränderung erkannt werden kann. Ein Beispiel dafür ist die Bildung von nahezu farblosen Mangan(II)-Ionen bei der Reduktion von violetten Permanganat-Ionen in saurer Lösung (Exp. 6). Aus der Reaktionsgleichung ergibt sich das Stoffmengenverhältnis:

$MnO_4^- + 5\ Fe^{2+} + 8\ H_3O^+ \rightarrow 5\ Fe^{3+} + Mn^{2+} + 12\ H_2O$

$n(MnO_4^-) : n(Fe^{2+})_4^- = 1:5;$ $\quad 0{,}2\ mol\ MnO_4^- \mathrel{\hat{=}} 1\ mol\ Fe^{2+}$

$[c(MnO_4^-) \cdot V(MnO_4^-)] : [c(Fe^{2+}) \cdot V(Fe^{2+})] = 1:5;$ $\quad$ mit $c = \frac{n}{V}$

Bei der Maßanalyse werden die Konzentrationen der Lösungen so gewählt, dass die umgesetzten Volumina einander entsprechen. Daher wird die Konzentration der Kaliumpermanganat-Maßlösung auf $0{,}02\ mol \cdot l^{-1}\ KMnO_4$ eingestellt. Es gilt dann:

$1\ ml\ 0{,}02\ mol \cdot l^{-1}$ Permanganatlösung

$\mathrel{\hat{=}} 1\ ml\ 0{,}1\ mol \cdot l^{-1}$ Eisen(II)-salzlösung

$\mathrel{\hat{=}} 0{,}1\ mmol\ Fe^{2+} \mathrel{\hat{=}} 5{,}5847\ mg\ Fe^{2+}$

EXPERIMENT 6

Manganatometrische Bestimmung von Eisen(II)-Ionen

Die zu analysierende Eisen(II)-sulfatlösung wird mit 5 ml 25%iger Schwefelsäure (GHS05) versetzt und in einem 100-ml-Messkolben bis zur Eichmarke mit destilliertem Wasser aufgefüllt. Zur Titration werden mit der Pipette entsprechende Volumina entnommen. Dann wird mit Kaliumpermanganatlösung bekannter Konzentration titriert. Zweckmäßigerweise gibt man 1 bis 2 ml Phosphorsäure ($w = 5\,\%$) zu, um die gelbe Farbe der entstehenden Eisen(III)-Ionen durch Bildung farbloser Eisen(III)-Phosphatokomplexe zu unterdrücken (↑Komplexbildung, S. 253 ff.). Der Endpunkt der Titration ist erreicht, wenn die Lösung eine bleibende schwach rosaviolette Farbe zeigt.

AUFGABEN

1 20 ml einer wässrigen Schwefeldioxidlösung werden mit 0,1 molarer Iodlösung titriert. Bei der Titration werden 17,3 ml dieser Lösung verbraucht. Berechnen Sie die Masse an Schwefeldioxid, die zur Herstellung von einem Liter dieser Schwefeldioxidlösung benötigt wird.

2 Berechnen Sie das Volumen einer 35%igen Wasserstoffperoxidlösung ($\varrho = 1{,}15\ g \cdot cm^{-3}$), das pro Tag $1000\ m^3$ Abwasser zugegeben werden muss, damit Schwefelwasserstoff [$\beta(H_2S) = 7\ mg \cdot l^{-1}$] zu Schwefelsäure oxidiert wird.

1 Aufbau eines Schwarz-Weiß-Films

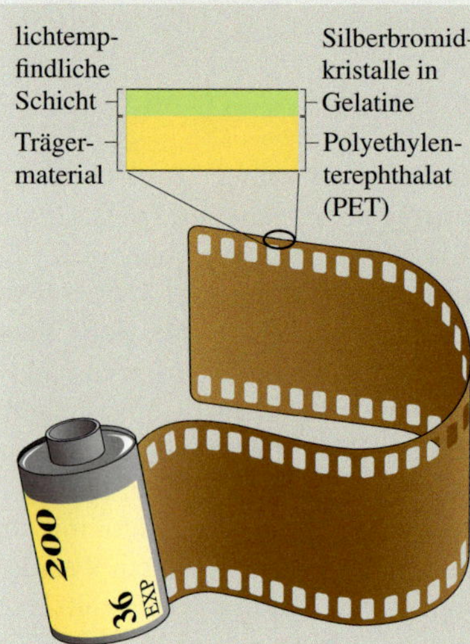

2 Vom belichteten Film zum fertigen Foto

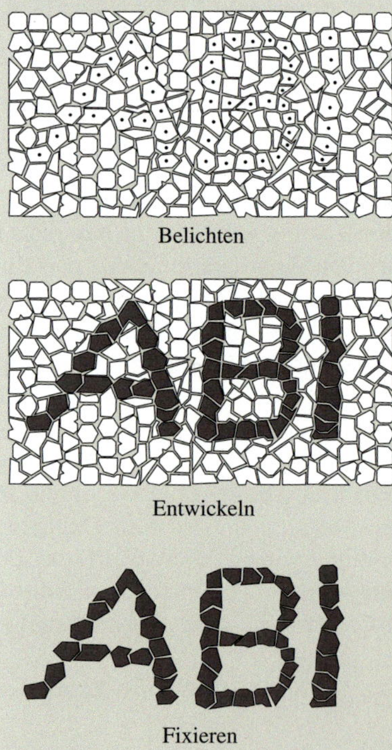

Historische Verfahren

Schwarz-Weiß-Fotografie

Bilder aus dem letzten Urlaub – wer mag sich diese heute noch in Schwarz-Weiß ansehen?! Die digitale Fotografie hat zwar die Schwarz-Weiß-Fotografie aus dem privaten Gebrauch weitestgehend verdrängt, aber viele professionelle Fotografen schätzen die künstlerische Wirkung dieses alten Verfahrens noch heute.

Das heute noch genutzte Verfahren zur Erzeugung analoger Schwarz-Weiß-Bilder geht auf den Berliner Arzt JOHANN H. SCHULZE zurück, der 1727 die Lichtempfindlichkeit der Silberhalogenide entdeckte – bei Lichteinstrahlung färben sie sich schwarz. Verbunden mit der Entdeckung weiterer wichtiger chemischer Reaktionen der Silberhalogenide konnte das mehrstufige Verfahren der Schwarz-Weiß-Fotografie entwickelt werden.

Belichten Bei Sonnenschein reicht eine Belichtung des Films von 1/250 Sekunde für ein Foto aus. Dabei entstehen in den von einem Lichtstrahl getroffenen Silberbromidkristallen winzige submikroskopisch kleine Silberkeime. Da man selbst in der Dunkelkammer kein Bild sehen kann, spricht man von einem *latenten* Bild. Die bei der Zersetzung des Silberbromids entstehenden Bromatome werden in der Gelatineschicht absorbiert.

Entwickeln Um ein sichtbares Bild zu erzeugen, müssen alle Silber-Ionen eines Silberbromidkristalls, der durch das Belichten einen Silberkeim besitzt, zu elementarem Silber reduziert werden.

$Ag^+ + e^- \longrightarrow Ag$

Als Reduktionsmittel können verschiedene organische Stoffe verwendet werden, z. B. 1,4-Dihydroxybenzol (Hydrochinon).

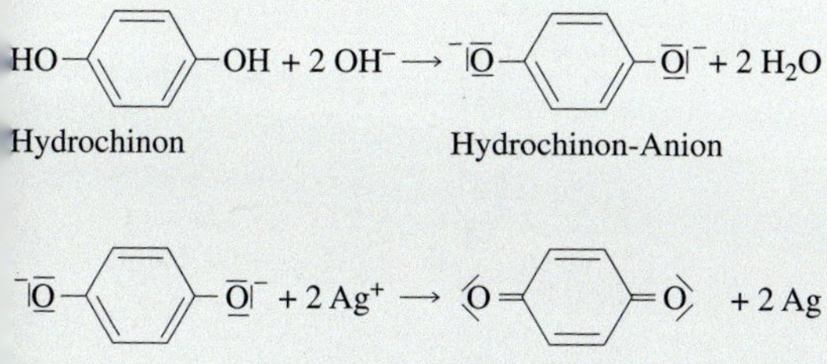

Fixieren Das entstandene Bild stellt das **Negativ** der Aufnahme dar, da alle belichteten Stellen durch das entstandene Silber dunkel erscheinen, die unbelichteten Stellen durch das noch vorhandene Silberbromid hell. Würde man mit diesem Film die Dunkelkammer verlassen, wäre der Film nach kurzer Zeit völlig schwarz, da das gesamte Silberbromid durch Lichteinwirkung reduziert würde. Um dies zu verhindern, muss das im Film verbliebene Silberbromid entfernt werden. Dazu verwendet man eine Fixiersalzlösung. Beim Fixieren bilden die Thiosulfat-Ionen sehr stabile Komplex-Ionen (↑Komplexverbindungen, S. 262).

$Ag^+ + 2\,S_2O_3^{2-} \rightleftharpoons [Ag(S_2O_3)_2]^{3-}$

Dadurch wird das im Film verbliebene Silberbromid vollständig aus dem Film herausgelöst. Nach gründlichem Spülen mit Wasser zum Entfernen sämtlicher Prozesschemikalien ist der Film entwickelt, fixiert und für die Erzeugung von Schwarz-Weiß-Fotos bereit.

Vom Negativ zum Positiv Strahlt durch das Negativ Licht auf ein sich darunter befindliches Fotopapier, gelangt durch die dunklen Stellen wenig, durch die hellen Stellen viel Licht. Das so behandelte Fotopapier wird nun den gleichen Prozessen unterzogen wie zuvor der Schwarz-Weiß-Film. Das Ergebnis ist das fertige Foto – das Positiv.

3 Negativ – Positiv

AUFGABEN

1 Begründen Sie die Notwendigkeit des Entwickelns beim fotografischen Prozess.

2 Begründen Sie den Hinweis eines Chemikalienversands, dass Silbernitratlösung vor Licht geschützt aufbewahrt werden muss.

3 Schlecht gewässerte ältere Schwarz-Weiß-Fotos werden oft gelblich. Formulieren Sie eine Hypothese für diese Erscheinung.

Herstellung von Metallen

Alle Nebengruppenelemente haben metallische Eigenschaften. Rohstoffe für die Herstellung dieser Metalle sind **Erze**. Sie enthalten außer Metallverbindungen wie Oxide, Sulfide oder Carbonate noch Begleitmineralien, **Gangart** genannt. Zur Herstellung der Metalle ist meist eine Anreicherung des Erzes durch ein als Flotation bezeichnetes Verfahren erforderlich (Abb. 1).
Sulfidische und carbonatische Erze werden durch **Abrösten**, Erhitzen unter Luftzufuhr, zunächst in die Oxide überführt. Oxide und oxidische Erze können durch Reduktionsmittel wie Kohlenstoff, Kohlenstoffmonooxid, Wasserstoff und unedle Metalle zum Metall reduziert werden (Tab. 1). Eine weitere Möglichkeit zur Herstellung von Metallen ist die **elektrolytische Abscheidung** aus Salzlösungen oder Salzschmelzen (↑ S. 239 ff.).

1 Anreicherung von Erz durch Flotation

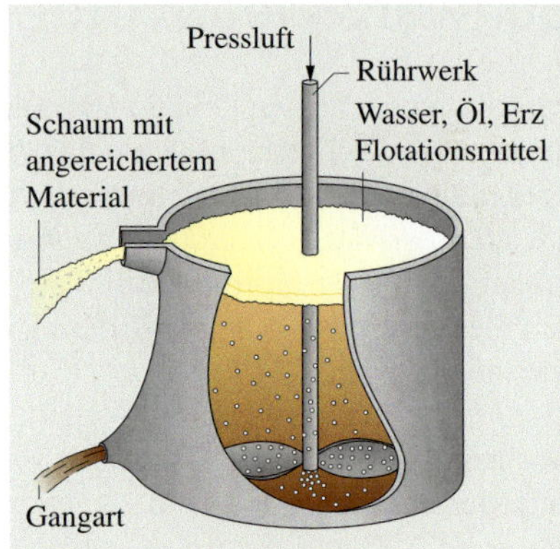

Technische Herstellung von Eisen Ausgangsstoffe zur Herstellung von Roheisen sind **Eisenerze**, Koks und Zuschlagstoffe. Wichtige Eisenerze sind Magneteisenstein Fe_3O_4, Roteisenstein Fe_2O_3, Brauneisenstein $Fe_2O_3 \cdot n\ H_2O$, Spateisenstein $FeCO_3$ und Eisenkies FeS_2.
Als Reaktionsapparat dient der **Hochofen**. Um eine Verschlackung mineralischer Begleitstoffe zu gewährleisten, werden die Eisenerze mit Zuschlagstoffen wie Kalk oder Sand gemischt und der Hochofen mit Schichten von Koks sowie einem Eisenerz-Zuschlag-Gemisch beschickt. Von unten wird in den Hochofen Luft eingeblasen. Beim Verbrennen des Kokses entsteht Kohlenstoffmonooxid, das die Eisenoxide zu Eisen reduziert (Abb. 3). Aus einem Teil des Kohlenstoffmonooxids bildet sich fein verteilter Kohlenstoff, der im Roheisen einen Massenanteil von bis zu 4 % erreichen kann.

2 Abstich eines Hochofens

3 Reaktionen im Hochofen

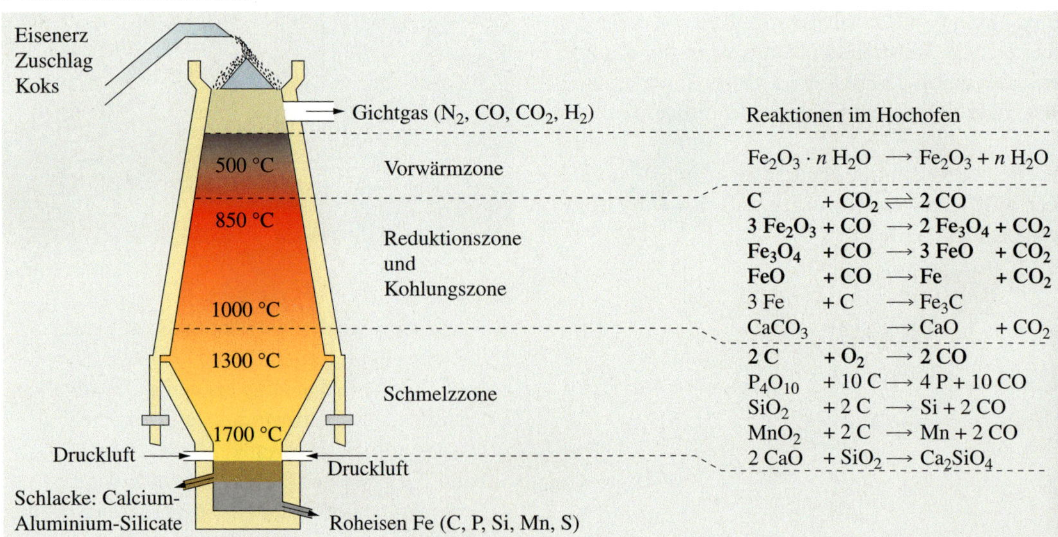

Durch den Kohlenstoffanteil wird das Roheisen hart, spröde und brüchig. Seine Schmelztemperatur beträgt etwa 1200 °C (reines Eisen 1540 °C). Es kann nur durch Gießen zu **Gusseisenprodukten** verarbeitet werden.
Stahl, schmiedbares Eisen, erhält man, wenn durch Verblasen mit Sauerstoff in Konvertern, dem **Windfrischen**, der Kohlenstoffanteil auf 0,4 bis 1,7 % gesenkt und andere Verunreinigungen, z. B. Silicium und Phosphor, durch Oxidation beseitigt werden (Abb. 4).

Herstellung von Kupfer Ein wichtiger Ausgangsstoff zur Herstellung von **Kupfer** ist **Kupferkies** $CuFeS_2$. Das angereicherte Erz wird zunächst abgeröstet. Dabei geht ein Teil des Erzes in verschiedene Eisenoxide über. Das ebenfalls entstehende Schwefeldioxid wird zu Schwefelsäure verarbeitet.

$$4\,CuFeS_2 + 5\,O_2 \rightarrow 2\,Cu_2S + 2\,FeS + 2\,FeO + 4\,SO_2$$
$$8\,CuFeS_2 + 11\,O_2 \rightarrow 4\,Cu_2S + 4\,FeS + 2\,Fe_2O_3 + 8\,SO_2$$

Das Röstprodukt wird zur Verschlackung der Eisenoxide mit Sand und Kohle verschmolzen. Verbleibender Kupferstein Cu_2S/FeS wird im Konverter verblasen.

$$Fe_2O_3 + C + SiO_2 \rightarrow Fe_2SiO_4 + CO$$
$$2\,FeS + 3\,O_2 \rightarrow 2\,FeO + 2\,SO_2$$
$$2\,FeO + SiO_2 \rightarrow Fe_2SiO_4$$

Nach Entfernen der Schlacke wird weiter mit Sauerstoff verblasen. Dabei geht Kupfer(I)-sulfid teilweise in Kupfer(I)-oxid über, das mit restlichem Kupfer(I)-sulfid zu Kupfer reagiert.

$$2\,Cu_2S + 3\,O_2 \rightarrow 2\,Cu_2O + 2\,SO_2$$
$$2\,Cu_2O + Cu_2S \rightarrow 6\,Cu + SO_2$$

Es entsteht Schwarzkupfer mit 98 % Kupferanteil. Zur Reinigung wird das Schwarz- oder **Rohkupfer** einer **elektrolytischen Raffination** unterzogen (↑Elektrolyse, S. 242).

4 Prinzip des Windfrischens.
Beim Windfrischen können bis zu 40 % Schrott eingesetzt werden.

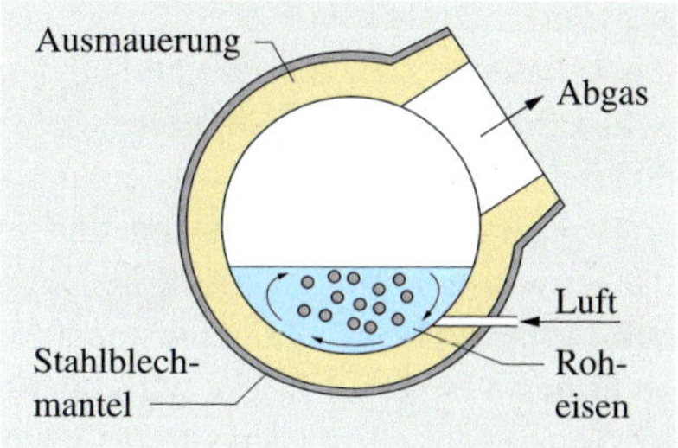

EXPERIMENT 1

Reduktion von Kupfer(II)-oxid
Kupfer(II)-oxid (GHS07 | 09) und fein pulverisierte, getrocknete Holzkohle werden im Massenverhältnis 14 : 1 gemischt und anschließend im Reagenzglas erhitzt.

AUFGABEN

1 Definieren Sie die Begriffe Erz, Gangart und Schlacke.
2 Beschreiben Sie anhand der Abb. 1 die Flotation als Verfahren zur Anreicherung von Erzen.
3 Berechnen Sie den Massenanteil an Eisen in Magneteisenstein Fe_3O_4, Roteisenstein Fe_2O_3 und Spateisenstein $FeCO_3$.
4 Begründen Sie, warum für die Verwendung von Kupfer in der Elektrotechnik das Metall einer elektrolytischen Raffination unterzogen werden muss.

Tab. 1 Metallherstellung durch Redoxreaktionen

Metall	Herstellung durch	Reaktionsgleichung
Nickel	Reduktion mit Wasserstoff	$NiO + H_2 \rightarrow Ni + H_2O$
Chrom	Reduktion mit unedlen Metallen (Mg, Al, Ca)	$Cr_2O_3 + 2\,Al \rightarrow 2\,Cr + Al_2O_3$
Silber	Zementation mit Zink	$2\,[Ag(CN)_2]^- + Zn \rightarrow 2\,Ag + [Zn(CN)_4]^{2-}$
Quecksilber	Röstreaktion	$HgS + O_2 \rightarrow Hg + SO_2$
Titan	thermische Zersetzung	$TiI_4 \rightarrow Ti + 2\,I_2$
Zink	Reduktion mit Koks (C)	$2\,ZnS + 3\,O_2 \rightarrow 2\,ZnO + 2\,SO_2$ $ZnO + C \rightarrow Zn + CO$

Umweltbelastung durch Schwermetalle Im Prinzip sind die meisten Schwermetallverbindungen toxisch (Tab. 1). Besonders hohe **Toxizität** weisen Cadmium, Quecksilber, Blei und Chrom auf. Verbindungen von Schwermetallen sind in vielen Produkten enthalten, z.B. als Bestandteil von Korrosionsschutz- und Schädlingsbekämpfungsmitteln sowie in Farbstoffen. Mit Industrie- und Haushaltsabfällen können Verbindungen von Schwermetallen in den Boden und in das Grund- und Oberflächenwasser kommen. Über die Nahrungskette gelangen sie in den menschlichen Organismus und beeinträchtigen hier wichtige Lebensvorgänge. Dabei wird ein Teil der Schwermetalle im Körper angereichert. Blei- und Cadmiumverbindungen gelangen zum großen Teil über die Atmosphäre in die Nahrungskette. Sie werden z.B. bei der Verbrennung von Materialien gebildet, die Farbpigmente dieser Metalle enthalten (Mehrfarbendrucke, farbige Kunststoffe).

Tab. 1 Toxizität einiger Schwermetalle und ihrer Verbindungen

Verbindungen des Metalls	Mögliche toxische Wirkung (Auswahl)
Cadmium	– krebserzeugend – erbgutverändernd – Beeinträchtigung der Fortpflanzungsfähigkeit – Schädigung von Wasserorganismen
Quecksilber	– Schädigung des Nervensystems – Schädigung des Immunsystems – Schädigung von Embryonen – Nierenschäden
Blei	– akute Vergiftung: Nierenversagen, Leberschäden – chronische Vergiftung: Schädigung des Nervensystems, Störungen der geistigen Entwicklung
Chrom(VI)	– Magen-Darm-Erkrankungen – Kontaktekzeme

AUFGABE

1 Informieren Sie sich mithilfe geeigneter Quellen (Umweltamt, Naturschutzverbände) über die derzeit bedeutendsten Quellen für Schwermetallbelastungen. Geben Sie Möglichkeiten zur Reduzierung der Emissionen an.

Metalle als Werkstoffe

Eisen und Stahl Aufgrund ihrer Eigenschaften werden Metalle als sehr vielseitige **Werkstoffe** verwendet. **Eisen** gehört zu den wichtigsten Gebrauchsmetallen. Es zeichnet sich durch große Festigkeit aus. Als Gusseisen (2 bis 4 % Kohlenstoff) dient es zur Herstellung maßgenauer Formstücke (Maschinenteile, Ofenplatten). Bei den schmiedbaren Eisenstählen unterscheidet man **Werkzeugstähle** (0,4 bis 1,7 % Kohlenstoff) und **Baustähle** (< 0,4 % Kohlenstoff). Aus Werkzeugstählen werden Werkzeuge, Federn, Seildrähte, Eisenbahnschienen usw. gefertigt; für Bleche, Nägel, Schweißdrähte, Rohre und Stahlträger kommt Baustahl zum Einsatz.

Durch Zugabe anderer Metalle können aus Stahl verschiedene **Stahllegierungen** hergestellt werden. Die Legierungszusätze können die Eigenschaften von Stahl gezielt verbessern. Zusätze von **Nickel** erhöhen die Zähigkeit und Reißfestigkeit. **Invarstahl** ist eine Eisen-Nickel-Legierung, die sich beim Erwärmen kaum ausdehnt und zur Herstellung von Präzisionsinstrumenten dient. Durch Chromanteile wird Stahl besonders hart. Chrom-Nickel-Stahl vereint Härte mit großer Zähigkeit und eignet sich zur Produktion von Eisenbahnrädern, Achsen, Panzerplatten u.a. **V2A-Stahl** ist ein Chrom-Nickel-Stahl, der eine beachtliche chemische Widerstandsfähigkeit aufweist und nicht rostet. Chemische Widerstandsfähigkeit und Säurebeständigkeit von Stahl kann auch durch **Siliciumanteile** erzielt werden.

Mangananteile verbessern die Verschleißfestigkeit des Stahls.

Wolframstähle behalten ihre Härte auch bei beginnender Rotglut und sind daher für die Herstellung von Zerspanungswerkzeugen (Bohrer u.Ä.) geeignet. **Cobalt-Wolfram-Stähle** haben besonders gute magnetische Eigenschaften und werden daher zur Herstellung permanenter Magnete verwendet.

Kupfer Kupfer ist ein rötlich glänzendes, weiches, dabei aber sehr zähes Metall. Es lässt sich gut walzen, ziehen und schneiden. Die gute elektrische Leitfähigkeit wird in der Elektrotechnik und Elektronik genutzt. Als sehr guter Wärmeleiter hat Kupfer große Bedeutung beim Bau von Heizkesseln, Heiz- und Destillieranlagen. Dächer von historischen Gebäuden sind vielfach mit Kupferblech belegt. Seinem Elektrodenpotenzial entsprechend ist Kupfer ein relativ edles Metall. Bei Einwirkung von Kohlenstoffdioxid und feuchter Luft bildet sich dennoch ein grüner Überzug von Kupferhydroxidcarbonat, **Patina**, der das Metall vor weiterer Korrosion schützt (↑ Korrosion, S. 230 ff.).

$$2\,Cu + O_2 + H_2O + CO_2 \rightarrow Cu_2(OH)_2CO_3$$

Kupfer wird häufig als Legierungsmetall verwendet. Legierungen von Kupfer mit Zinn heißen **Bronze**, mit Zink **Messing**. Sie werden vorzugsweise im Maschinenbau eingesetzt.

Zink Dieses grau-weiße, unedle Metall wird vor allem als Überzugsmetall verwendet. Stahlbleche können mit einem korrosionsschützenden Zinküberzug versehen werden (↑ S. 234 f.). Das **Verzinken** kann entweder durch Eintauchen in eine Zinkschmelze, das **Feuerverzinken**, oder durch Aufspritzen von Zink vorgenommen werden. In Rohrsystemen aus Stahl lässt sich das Verrosten vermeiden, wenn Zinkplatten als **Opferanode** geschaltet werden. Weiterhin wird Zink in Trockenbatterien und als Zinkstaub in der Farbstoffindustrie verwendet.

1 Patina auf der aus Bronze bestehenden Himmelsscheibe von Nebra (etwa 1600 v. Chr.)

AUFGABEN

1 Begründen Sie die korrosionsverhindernde Wirkung der Verchromung.

2 Informieren Sie sich über Eigenschaften und Verwendung der Nebengruppenmetalle Vanadium und Wolfram und erstellen Sie eine tabellarische Übersicht.

Tab. 2 Eigenschaften und Verwendung einiger Nebengruppenmetalle

Metall	Eigenschaften/Verwendung (Auswahl)	Exemplarische Verwendung
Scandium	– silberglänzendes, seltenes Leichtmetall – in Aluminium-Lithium-Legierungen für Bauteile von Kampfflugzeugen	
Titan	– silberfarbenes Leichtmetall – Verwendung in Eisenlegierungen – als Werkstoff für Rahmen von Sportfahrrädern und Schmuckgegenständen	
Cobalt	– bläulich schimmerndes Schwermetall – als Legierungsbestandteil für Bauteile und Implantate, die hohen mechanischen Belastungen ausgesetzt sind	
Cadmium	– silberweiß glänzendes, weiches, niedrig schmelzendes Schwermetall – stark toxisch (T+), deshalb zunehmend durch andere Metalle ersetzt – bis 2008 in Ni-Cd-Akkus	
Quecksilber	– silberweiß glänzendes, bei Raumtemperatur flüssiges Schwermetall – verdunstet leicht, bildet giftige Dämpfe – Nutzung in Thermometern und als Amalgam in Zahnfüllungen rückläufig – als Kathodenmaterial im Amalgamverfahren (Chlor-Alkali-Elektrolyse)	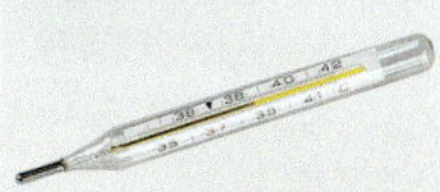
Chrom	– bläulichweiß glänzendes, hartes Schwermetall – als Legierungsbestandteil in Chromstählen – korrosionsbeständig – als Überzugsmetall (galvanische Verchromung)	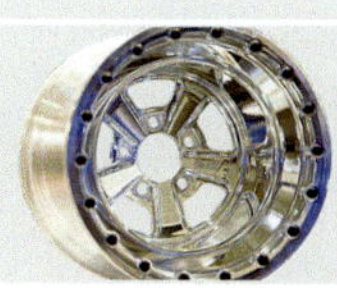

ZUSAMMENFASSUNG

Oxidation
Abgabe von Elektronen (Erhöhung der Oxidationszahl)

$$\overset{+2}{Fe^{2+}} \rightarrow \overset{+3}{Fe^{3+}} + e^-$$

$$2\,\overset{-1}{I^-} \rightarrow \overset{\pm 0}{I_2} + 2\,e^-$$

Reduktion
Aufnahme von Elektronen (Verringerung der Oxidationszahl)

$$\overset{\pm 0}{Cl_2} + 2\,e^- \rightarrow 2\,\overset{-1}{Cl^-}$$

$$\overset{+2}{Cu^{2+}} + 2\,e^- \rightarrow \overset{\pm 0}{Cu}$$

Oxidationsmittel
Teilchen, die Elektronen aufnehmen – Elektronenakzeptoren

Reduktionsmittel
Teilchen, die Elektronen abgeben – Elektronendonatoren

Korrespondierendes Redoxpaar
Kombination zwischen einem Oxidationsmittel und seinem korrespondierenden Reduktionsmittel

Korrespondierendes Redoxpaar 1: Zn/Zn^{2+}
Korrespondierendes Redoxpaar 2: H_3O^+/H_2

Reduktion

$$\overset{\pm 0}{Zn} + 2\,\overset{+1\,-2}{H_3O^+} \rightleftharpoons \overset{+2}{Zn^{2+}} + \overset{\pm 0}{H_2} + 2\,\overset{+1\,-2}{H_2O}$$

Oxidation

Redoxreaktionen
Reaktionen mit Elektronenübergang.
Der Ablauf einer Redoxreaktion wird häufig vom pH-Wert der wässrigen Lösung beeinflusst.

Redoxgleichung in Ionenschreibweise
Oxidation:
$$5\,Fe^{2+} \rightleftharpoons 5\,Fe^{3+} + 5\,e^-$$
Reduktion:
$$MnO_4^- + 8\,H^+ + 5\,e^- \rightleftharpoons Mn^{2+} + 4\,H_2O$$

Redoxreaktion:
$$MnO_4^- + 5\,Fe^{2+} + 8\,H^+ \rightleftharpoons 5\,Fe^{3+} + Mn^{2+} + 4\,H_2O$$

Synproportionierung (Komproportionierung)
Redoxreaktion, bei der die Teilchen eines Elements von einer niedrigen und einer hohen Oxidationszahl in eine mittlere übergehen

$$\overset{+4}{SO_2} + 2\,\overset{-2}{H_2S} \rightarrow 3\,\overset{\pm 0}{S} + 2\,H_2O$$

Disproportionierung
Redoxreaktion, bei der die Teilchen eines Elements von einer mittleren Oxidationszahl in eine höhere und eine niedrigere übergehen

$$2\,\overset{+2}{CO} \rightleftharpoons \overset{\pm 0}{C} + \overset{+4}{CO_2}$$

Redoxampholyt
Teilchen, das in Abhängigkeit von seinem Reaktionspartner sowohl als Oxidationsmittel als auch als Reduktionsmittel fungieren kann

Nebengruppenelemente – Metalle
Alle Nebengruppenelemente sind Metalle. Sie sind oft gut verformbar, haben aber andererseits eine hohe Festigkeit. Elektrischen Strom und Wärme leiten sie gut.
Metalle sind als Reinmetalle oder als Legierungen wichtige, vielseitig einsetzbare Werkstoffe.
Metalle werden technisch durch Reduktion von Oxiden hergestellt. Sulfidische und carbonatische Erze müssen durch Rösten erst in Oxide überführt werden. Reinstmetalle, z. B. Reinstkupfer, werden auf elektrolytischem Weg hergestellt.
Schwermetallverbindungen sind prinzipiell toxisch und dürfen nicht an die Umwelt (Abwasser, Boden, Atmosphäre) abgegeben werden. Besonders toxisch sind die Verbindungen von Quecksilber, Blei, Cadmium und Chrom.

KOMPLEX GEDACHT

1 Vor der Einführung digitaler Alkoholmessgeräte verwendete die Polizei bei Verkehrskontrollen sogenannte „Alcotest-Röhrchen“. Diese enthielten in Schwefelsäure getränktes Kaliumdichromat. Beim Hineinblasen in das Röhrchen erkannte man einen positiven Alkoholtest an der Grünfärbung der Substanz, was auf die Bildung von Chrom(III)-Ionen hinweist.
Formulieren Sie die Ionengleichung für die Reaktion.
Berechnen Sie die Masse an Kaliumdichromat, die bei der Oxidation von 100 mg Ethanol im Röhrchen umgesetzt wird.

1 Alcotest-Röhrchen

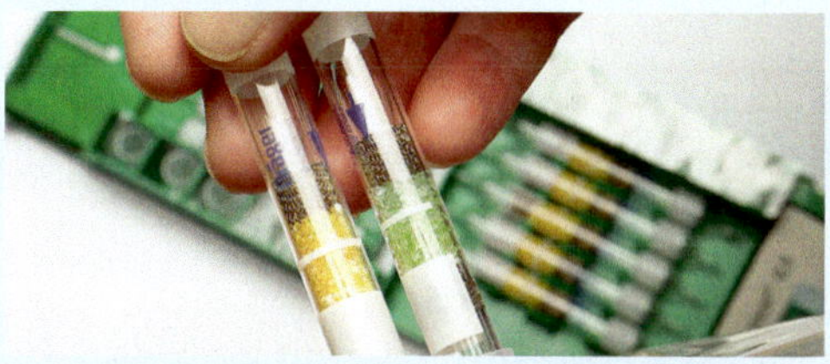

2 Der Prozess des Entwickelns von Schwarz-Weiß-Fotografien beruht auf einer Redoxreaktion. Die Silber-Ionen der lichtempfindlichen Schicht werden zu elementarem Silber umgewandelt. Als Entwickler verwendet man z. B. Hydrochinon, das dabei zu Chinon oxidiert wird.

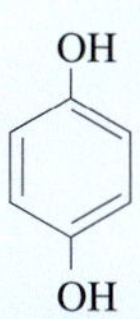

Hydrochinon

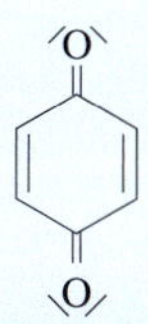

p-Benzochinon

Formulieren Sie ausgehend von Teilreaktionen die Reaktionsgleichung und erklären Sie an diesem Beispiel die Kennzeichen einer Redoxreaktion.

3 Durch Tollens-Reagenz können reduzierende Zucker mit der Silberspiegelprobe nachgewiesen werden. Wird z. B. eine Glucoselösung mit (ammoniakalischer) Silbernitratlösung versetzt und im Wasserbad erhitzt, entsteht an der Wand des Glasgefäßes ein Silberspiegel.
Die Oxidation erfolgt an der Aldehydgruppe des reduzierenden Zuckers.
Formulieren Sie ausgehend von Teilgleichungen die Reaktionsgleichung für diese Reaktion.
Welche Bedeutung hat bei dieser Reaktion die Zugabe von Ammoniaklösung?

3 Silberspiegelprobe

4 Juweliere können für die Überprüfung der Echtheit von Goldschmuck eine einfache Methode nutzen: Ein kleiner Abrieb des Schmuckstücks, auf einer Schiefertafel mit einem Tropfen konzentrierter Salpetersäure versetzt, verschwindet, wenn es sich nicht um Gold handelt. Konzentrierte Salpetersäure ist ein starkes Oxidationsmittel, das außer Gold und Platin alle Metalle auflösen kann.
Formulieren Sie für die Auflösung von Silber die chemische Gleichung für diesen Prozess. Beachten Sie, dass hierbei Stickstoffdioxid entsteht.

4 Gold- oder Modeschmuck?

5 Dithionite, die Salze der dithionigen Säure $H_2S_2O_4$, sind starke Reduktionsmittel und in vielen Entfärbern für Textilien enthalten. Beim Entfärben wird der Farbstoff durch chemische Reaktionen in seine reduzierte – und somit meist farblose – Form umgewandelt. Die Dithionite werden dabei zu Sulfiten oxidiert.
Formulieren Sie die chemische Gleichung für die Reaktion einer solchen Entfärberlösung mit angesäuerter Kaliumpermanganatlösung.

10 Elektrochemie

Elektrochemische Anwendungen spielen im Alltag eine große Rolle, und zwar nicht nur bei Batterien oder Akkus. Selbst die Stromversorgung eines Handys, das mit einem Alkohol (Methanol) betrieben wird, beruht auf Erkenntnissen der Elektrochemie. Ganze Industriezweige würden ohne diesen Teilbereich der Chemie gar nicht existieren: Es gab z. B. vor 200 Jahren noch überhaupt kein Gebrauchsmetall Aluminium und ohne Fortschritte der Elektrochemie wäre das auch heute noch so. Auch für zahlreiche Berufstätige, die in Labors arbeiten, sind elektrochemische Kenntnisse wichtig: Die Messung von pH-Werten etwa beruht meist gar nicht auf Säure-Base-Reaktionen, sondern gelingt mit einem elektrochemischen „Trick“.

Elektrolyte

In der Elektrochemie spielen Leitungsvorgänge, bei denen der Ladungstransport durch bewegliche Ionen erfolgt, eine große Rolle. Stoffe, die unter bestimmten Bedingungen in wässrigen Lösungen einen solchen Ladungstransport ermöglichen, heißen **Elektrolyte**.

Echte Elektrolyte

Struktur von Ionensubstanzen Als **echte Elektrolyte** werden solche Stoffe bezeichnet, die im festen Aggregatzustand aus Ionen aufgebaut sind. Der Zusammenhalt der Teilchen in Ionenkristallen beruht auf der Wirkung elektrostatischer Kräfte zwischen den entgegengesetzt geladenen Ionen. (↑ Kap. „Chemische Bindungen – Struktur und Eigenschaften von Stoffen“).

AUFGABEN

1 Beschreiben Sie den Aufbau eines Ionenkristalls. Erläutern Sie den Begriff Ionenbindung.
2 Erklären Sie die elektrische Leitfähigkeit von Salzschmelzen.
3 Erklären Sie, warum Wasser ein gutes Lösemittel für Ionensubstanzen ist.
4 Erläutern Sie den Auflösungsvorgang eines Salzes in Wasser ausgehend von Abb. 2.

Ein ideal aufgebauter salzartiger Stoff hat keine elektrische Leitfähigkeit, weil die in ihm enthaltenen Ladungsträger nicht beweglich sind. Aufgrund von Baufehlern im Kristall kann allerdings in geringem Umfang eine Bewegung von Ionen erfolgen. Reale Ionenkristalle haben daher eine geringe elektrische Leitfähigkeit. Diese auch durch gezielten Einbau von Fremd-Ionen im Kristall erreichbare Eigenschaft wird z. B. bei der Fertigung von Halbleitern oder zur Herstellung elektrochemischer Spannungsquellen kleinster Abmessungen genutzt.

Schmelzen von Ionensubstanzen Bei Wärmezufuhr werden die Schwingungen der einzelnen Ionen im Ionenkristall allmählich immer weiter vergrößert. So kommt es nach und nach zu einer Auflockerung und schließlich zu einer Zerstörung des Ionenkristalls. Diese Zerstörung, die als Schmelzvorgang zu beobachten ist, beginnt an Ecken, Kanten und Baufehlern der Kristalle. Dort sind nämlich die Kraftwirkungen zwischen den Teilchen infolge der geringeren Anzahl an benachbarten Ionen kleiner.
In der Schmelze, die je nach der Temperatur aus einzelnen Ionen, Ionenpaaren oder größeren Ionenverbänden besteht, liegen bewegliche Kationen und Anionen vor. Schmelzen von salzartigen Stoffen leiten daher den elektrischen Strom (Exp. 1; Abb. 1).

Lösen von Ionensubstanzen in Wasser Wasser ist ein gutes Lösemittel für viele echte Elektrolyte, weil Wassermoleküle Dipole sind und zudem recht klein sind. Das Lösen eines Ionenkristalls beginnt mit dem Anlagern von Wassermolekülen an die Oberfläche. Dabei richten sich die Dipolmoleküle entsprechend ihren Ladungsschwerpunkten und den elektrischen Feldern des Ionenkristalls aus (Abb. 2). Die nach außen gerichteten elektrischen Felder sind an den Ecken und Kanten des Ionenkristalls besonders stark. Daher erfolgt die Anlagerung der Dipolmoleküle vor allem an diesen Stellen. Wegen der geringen Größe dringen Wassermoleküle auch zwischen die Ionen in den Kristall ein. Durch die Einlagerung von Wassermolekülen wird die Anziehung der entgegengesetzt geladenen Ionen stark herabgesetzt.

Hydratation Jedes aus dem Ionenkristall herausgelöste Ion wird von Wassermolekülen umhüllt. Dieser Teilvorgang heißt **Hydratation**. Je nach Ladung und Größe des Ions wird eine bestimmte Zahl von Wassermolekülen an das Ion angelagert. Durch die Hydrathülle sind die Anziehungskräfte zwischen Kationen und Anionen stark abgeschwächt. Nach dem Lösen eines salzartigen Stoffes sind in der Lösung hydratisierte bewegliche Ionen als Voraussetzung für die elektrische Leitfähigkeit vorhanden.

$$NaCl(s) \xrightarrow{H_2O(l)} Na^+(aq) + Cl^-(aq)$$

EXPERIMENT 1 L

Leitfähigkeit von Salzen
In ein Porzellanschiffchen werden 5 g Zinkchlorid (GHS05 | 07 | 09) gegeben und nicht zu stark erhitzt. Im festen und im geschmolzenen Zustand wird der Stoff auf elektrische Leitfähigkeit geprüft (Abb. 1). Beobachten Sie die Veränderung der elektrischen Stromstärke während des Abkühlens der Schmelze.

1 Aufbau von Experiment 1

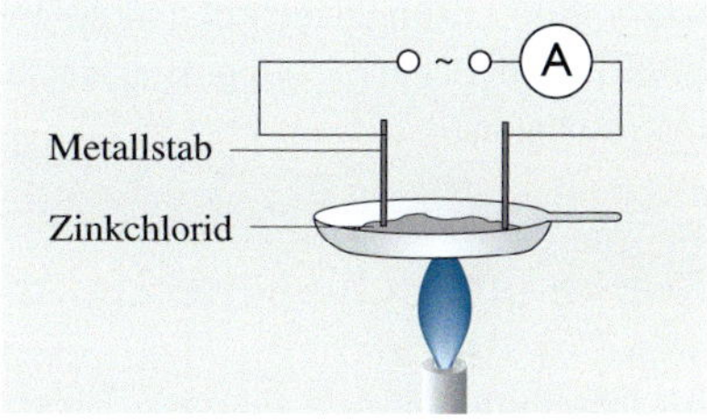

2 Lösen eines Salzkristalls in Wasser

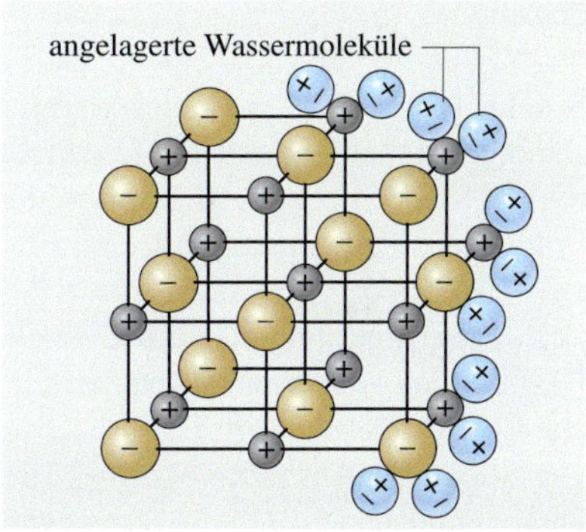

Potenzielle Elektrolyte

Stoffe, in deren Molekülen mindestens eine polare Elektronenpaarbindung vorhanden ist, können durch chemische Reaktionen mit Wasser hydratisierte Ionen bilden.

$HCl(g) + H_2O(l) \rightarrow H_3O^+(aq) + Cl^-(aq)$
$NH_3(g) + H_2O(l) \rightarrow NH_4^+(aq) + OH^-(aq)$

Molekülsubstanzen, bei denen erst durch chemische Reaktion mit Wasser Ionen entstehen, gehören zu den **potenziellen Elektrolyten**. Die chemische Reaktion eines potenziellen Elektrolyts mit Wasser verläuft meist exotherm.
Zu den potenziellen Elektrolyten zählen viele anorganische und organische Säuren, Ammoniak und einige organische Basen, wie Anilin. Lösungen echter und potenzieller Elektrolyte zeigen in der Teilchenanordnung und in den Eigenschaften keine Unterschiede.

EXPERIMENT 2
Leitfähigkeitsveränderung beim Lösen von Ionensubstanzen
In 20 ml destilliertes Wasser wird eine Spatelspitze Kaliumchlorid gegeben und die Leitfähigkeit während des Lösungsvorgangs gemessen.

Starke und schwache Elektrolyte

Im Lösemittel Wasser liegt ein Elektrolyt teilweise oder vollständig in Form beweglicher hydratisierter Kationen und Anionen vor. Die unter dem Einfluss des Lösemittels stattfindende Bildung hydratisierter Ionen wird **elektrolytische Dissoziation** genannt.

Starke Elektrolyte sind in wässriger Lösung praktisch vollständig in Ionen dissoziiert. Zu den starken Elektrolyten gehören die meisten echten Elektrolyte und viele potenzielle Elektrolyte, wie Chlorwasserstoff.

Schwache Elektrolyte sind potenzielle Elektrolyte, die bei der Reaktion mit Wasser nur teilweise in Ionen dissoziieren. Schwache Elektrolyte sind z. B. Essigsäure und Ammoniak.
Die Stärke der Dissoziation eines Elektrolyts kann durch den Dissoziationsgrad α (↑S. 167) angegeben werden.
Schwache Elektrolyte haben bei gleicher Konzentration eine geringere elektrische Leitfähigkeit als starke Elektrolyte, weil sie weniger hydratisierte bewegliche Ionen bilden als starke Elektrolyte.

Tab. 1 Dissoziationsgrad α in Wasser bei $c = 0{,}01\ mol \cdot l^{-1}$

Stoff	Dissoziationsgrad
HCl	1,00
NaCl	1,00
H_3PO_4	0,99
H_3CCOOH	0,04

Elektrolytische Leitfähigkeit

Neben Metallen leiten auch Lösungen und Schmelzen von Salzen, Säuren und Hydroxiden den elektrischen Strom. Während bei Metallen der Ladungstransport durch Elektronen erfolgt, wird in Elektrolyten die Leitfähigkeit durch Ionenwanderung hervorgerufen.

AUFGABEN

1 Erklären Sie, weshalb die Auflösung bei manchen Salzen endotherm, bei anderen exotherm verläuft.
2 Vergleichen Sie die Bildung einer Elektrolytlösung aus einem echten beziehungsweise einem potenziellen Elektrolyt.
3 Nennen Sie weitere Beispiele für die Bildung von Elektrolytlösungen aus Molekülsubstanzen. Stellen Sie dazu die Reaktionsgleichungen auf.

Modell der elektrischen Leitung in Elektrolytlösungen Wassermoleküle, Verbände von Wassermolekülen und hydratisierte Ionen bewegen sich in einer Elektrolytlösung regellos. Wirkt ein äußeres elektrisches Feld auf die Elektrolytlösung (Abb. 1), so wird aus der ungerichteten Bewegung der hydratisierten Ionen eine gerichtete. Im elektrischen Feld wandern die Ionen: die Kationen zur negativ geladenen Kathode, die Anionen zur positiv geladenen Anode.
Die Wanderung der Ionen im elektrischen Feld kann sichtbar gemacht werden, wenn die Ionen die Lösung farbig erscheinen lassen oder wenn sie in Verbindung mit Indikatoren eine Färbung der Lösung hervorrufen (Exp. 3).

Leitfähigkeit von Elektrolytlösungen Der elektrische Widerstand und die elektrische Leitfähigkeit hängen eng zusammen. Ist der elektrische Widerstand der Elektrolytlösung groß, so ist die elektrische Leitfähigkeit gering.
Ausgehend von niedrigen Konzentrationen nimmt die Leitfähigkeit im Allgemeinen mit steigender Konzentration zu, da die Zahl der Ionen größer wird. Man kann jedoch oft beobachten, dass die Leitfähigkeit bei einer bestimmten Konzentration ein Maximum erreicht und danach wieder sinkt. Die Ursache liegt in den steigenden Wechselwirkungen zwischen den Ionen, wodurch sich der elektrische Widerstand erhöht.
Während Metalle im festen Zustand umso besser leiten, je tiefer die Temperatur ist, wächst in der Regel bei den Elektrolyten die elektrische Leitfähigkeit mit steigender Temperatur. Eine Erklärung hierfür ist die Abnahme der Viskosität des Lösemittels, wodurch die Wanderung der Ionen erleichtert wird. So nimmt die Viskosität des Wassers im Bereich von 10 °C bis 20 °C pro Grad um etwa 2,3 % ab; entsprechend nimmt die Leitfähigkeit um etwa diesen Betrag zu.

Die Leitfähigkeit von Elektrolytlösungen und Elektrolytschmelzen kann genutzt werden:
- zum Ionentransport im elektrischen Feld
- zur Stofftrennung und Stoffgewinnung bei technischen Prozessen (↑ S. 239 ff.)
- als Grundlage verschiedener Analysemethoden (↑ S. 246), z. B. der Leitfähigkeitstitration (Konduktometrie).

Eine negative Folge der Leitfähigkeit von Elektrolyten ist die elektrochemische Korrosion (↑ S. 230 ff.).

EXPERIMENT 4

Bestimmung der Leitfähigkeit verschiedener Elektrolyte

In 20 ml dest. Wasser wird unter Rühren je eine Spatelspitze folgender Stoffe gegeben und die Leitfähigkeit gemessen: Calciumsulfat, Citronensäure (GHS07), Kaliumchlorid, Natriumhydroxid (GHS05), Natriumnitrat (GHS03).

1 Elektrolytlösung unter Einwirkung eines äußeren elektrischen Feldes

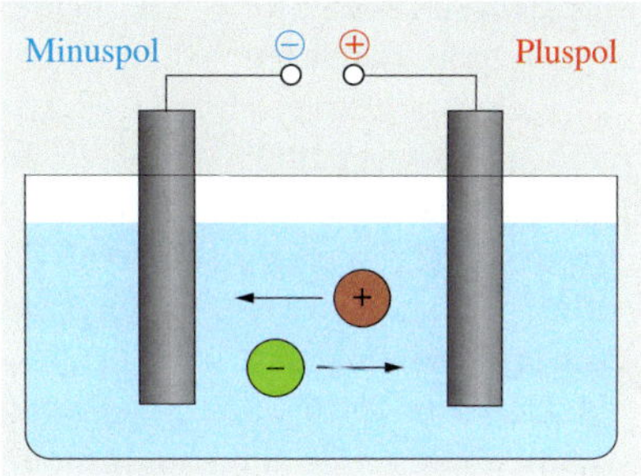

EXPERIMENT 3

Ionenwanderung im elektrischen Feld

Auf einen Objektträger werden parallel zueinander 2 Streifen Universalindikatorpapier gelegt und mit Natriumchloridlösung ($c = 0{,}1\ \text{mol} \cdot \text{l}^{-1}$) getränkt. Auf die Mitte des einen Streifens wird ein Kristall Oxalsäure (GHS07), auf den anderen ein Kristall Bariumhydroxid (GHS05 | 07) gelegt – jeweils Pfefferkorngröße.
Nachdem sich auf den Universalindikatorpapierstreifen um die Kristalle herum Farbflecke gebildet haben, wird an den Enden beider Streifen eine Gleichspannung von $U = 20$ V angelegt.

AUFGABEN

1 Erklären Sie die Unterschiede der Leitfähigkeit der im Experiment 4 untersuchten Stoffe.
2 Welche beweglichen Ionen bilden sich durch Auflösen der Kristalle beim Experiment 3? Erklären Sie die Beobachtungen.
3 Vergleichen Sie die metallische und die elektrolytische Leitfähigkeit.

ZUSAMMENFASSUNG

Elektrolyte sind Stoffe, die beim Auflösen in Wasser oder durch chemische Reaktion mit Wasser Elektrolytlösungen bilden. Elektrolytlösungen enthalten bewegliche hydratisierte Ionen. Sie leiten daher den elektrischen Strom. Die Bildung hydratisierter Ionen wird **elektrolytische Dissoziation** genannt. Teilweise finden dabei Reaktionen mit Protonenübergang statt. In diesen Fällen ist die Dissoziation zugleich eine Protolyse.
Echte Elektrolyte sind im festen Aggregatzustand aus Ionen aufgebaut (z. B. salzartige Stoffe). Beim Schmelzen und durch Lösen von echten Elektrolyten wird der Ionenkristall zerstört. Dabei entstehen bewegliche Ionen.
Potenzielle Elektrolyte sind Molekülsubstanzen, die erst durch chemische Reaktion mit Wasser hydratisierte Ionen bilden (z. B. Chlorwasserstoff, Ammoniak).
Starke Elektrolyte sind Stoffe, die in wässriger Lösung praktisch vollständig als Ionen vorliegen (z. B. salzartige Stoffe, Chlorwasserstoff).
Schwache Elektrolyte liegen in wässriger Lösung nur zum Teil als Ionen vor (z. B. Essigsäure, Ammoniak).
Durch die Einwirkung eines äußeren elektrischen Feldes wandern die Ionen in Richtung der Elektroden. Die Kationen wandern im elektrischen Feld zur Kathode, die Anionen zur Anode. Die Wechselwirkungen zwischen den hydratisierten Ionen und den Wassermolekülen und bei steigender Konzentration die interionischen Wechselwirkungen sind die Ursache für den elektrischen Widerstand von Elektrolytlösungen.

► Stoff-Teilchen-Konzept
► Struktur-Eigenschafts-Konzept

Elektrodenpotenzial

In der Elektrochemie werden unter anderem Vorgänge untersucht, die an der Grenzfläche zwischen einer Elektrolytlösung und einem Metall stattfinden. Kenntnisse über diese Vorgänge sind für die Herstellung von Stoffen auf elektrochemischem Weg, für den Bau elektrochemischer Spannungsquellen und zur Verhinderung der Korrosion von Bedeutung.

Elektrochemische Elektrode

Aufbau einer Metall/Metall-Ionen-Elektrode Die Kombination zwischen einem elektronenleitenden Stoff, z. B. einem Metall, und einer Elektrolytlösung nennt man **elektrochemische Elektrode** oder **Halbzelle** (Abb. 1). Eine Halbzelle besteht also aus einer metallischen Phase und einer Elektrolytlösungsphase. Zwischen beiden Phasen finden Ladungsträgerübergänge statt. Diese Vorgänge lassen sich für eine Kupfer/Kupfer(II)-Ionen-Elektrode durch folgende Gleichung zusammenfassen:

$$Cu(s) \underset{\text{Reduktion}}{\overset{\text{Oxidation}}{\rightleftharpoons}} Cu^{2+}(aq) + 2\,e^-$$

Als Symbol für eine Kupfer/Kupfer(II)-Ionen-Elektrode wird Cu/Cu^{2+} geschrieben; der Schrägstrich bedeutet die Phasengrenze, an der ein Ladungsträgerübergang stattfindet.

1 Kupfer/Kupfer(II)-Ionen-Elektrode

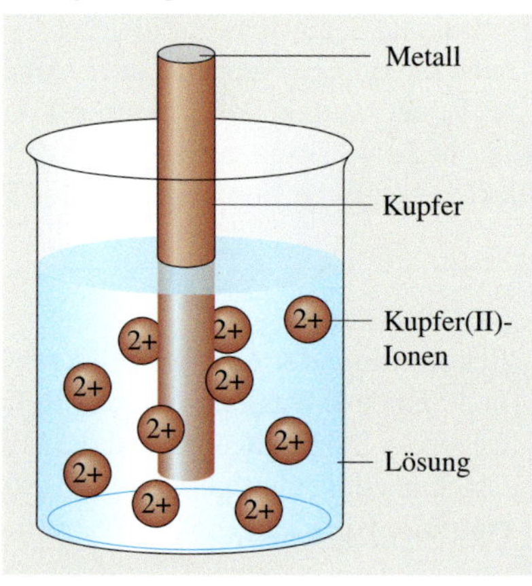

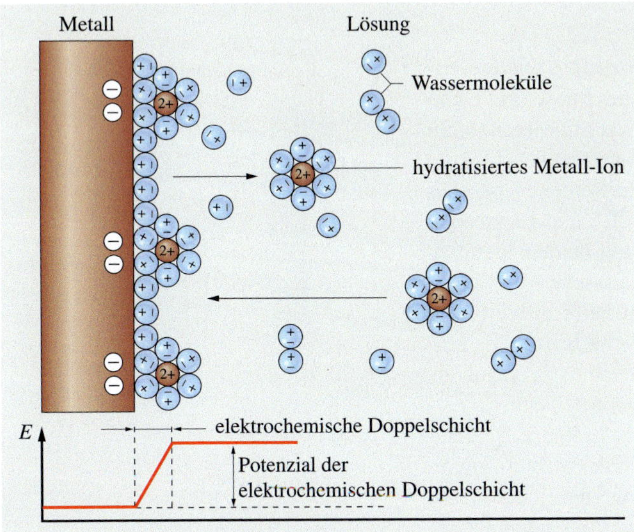

2 Elektrochemische Doppelschicht

Vorgänge an der Phasengrenzfläche Taucht ein Kupferstab in eine verdünnte Kupfersalzlösung, findet an der Oberfläche des Stabs eine chemische Reaktion statt, bei der Kupfer(II)-Ionen gebildet werden. Diese positiv geladenen Metall-Ionen werden hydratisiert, was zu einer Anreicherung positiver Ladungen in der ursprünglich elektrisch neutralen Salzlösung führt. Parallel entsteht im Kupferstab durch die frei gewordenen Elektronen ein negativer Ladungsüberschuss. Durch die Ladungstrennung zwischen Metall und Lösung bildet sich eine **elektrische Potenzialdifferenz** aus. Sie ist umso größer, je mehr hydratisierte Ionen sich an der Phasengrenzfläche gebildet haben.
Die Ausbildung einer elektrischen Potenzialdifferenz zwischen Metall und Lösung hat zur Folge, dass durch elektrostatische Anziehung ein Teil der gebildeten hydratisierten Kationen an der Oberfläche des Metalls festgehalten wird; es kommt an der Phasengrenze zwischen Metall und Lösung zur Ausbildung einer **elektrochemischen Doppelschicht** (Abb. 2). Dabei stellt sich ein elektrochemisches Gleichgewicht ein, in dem die Bildung hydratisierter Metall-Ionen (Hinreaktion) und die Bildung von Metallatomen (Rückreaktion) mit gleicher Geschwindigkeit erfolgt.

Vergleich der Metalle Bei einem unedlen Metall wie Zink ist die Tendenz zur Bildung von hydratisierten Ionen größer als bei einem edleren Metall wie Kupfer. Bis zum Erreichen des elektrochemischen Gleichgewichts bilden sich bei einer Zink/Zink-Ionen-Elektrode mehr hydratisierte Ionen als bei einer Kupfer/Kupfer(II)-Ionen-Elektrode. Dementsprechend besitzt das Zinkmetall eine größere negative Ladung als das Kupfer, sodass die elektrische Potenzialdifferenz zwischen der festen und der flüssigen Phase im elektrochemischen Gleichgewicht bei der Zink/Zink-Ionen-Elektrode größer ist.

AUFGABEN

1 Erläutern Sie die Bildung einer elektrischen Potenzialdifferenz bei einer Metall/Metall-Ionen-Elektrode.
2 Erklären Sie, warum sich beim Eintauchen eines Metalls in eine Elektrolytlösung eine elektrochemische Doppelschicht ausbildet.
3 Vergleichen Sie die Merkmale eines chemischen Gleichgewichts in einem homogenen System mit den Merkmalen eines elektrochemischen Gleichgewichts an einer Metall/Metall-Ionen-Elektrode.

Galvanische Zelle

Kombination von elektrochemischen Elektroden Die elektrische Potenzialdifferenz zwischen metallischer Phase und Elektrolytlösung ist nicht direkt messbar, weil zwar am Metall, nicht aber an der Elektrolytlösung ein Messkontakt angeschlossen werden kann. Ein *Vergleich* von Potenzialdifferenzen ist aber möglich, indem man z. B. zwei Metall/Metall-Ionen-Elektroden miteinander kombiniert und die zwischen den beiden Metallen auftretende elektrische Spannung misst. Eine solche Kombination aus zwei elektrochemischen Elektroden heißt **galvanische Zelle**, **galvanisches Element** oder **galvanische Kette**. Die einzelne elektrochemische Elektrode wird dementsprechend als Halbzelle, Halbelement oder Halbkette bezeichnet.
Beide Halbzellen sind über einen elektrischen Leiter (z. B. einen Metalldraht) miteinander verbunden. Die Elektrolytlösungen müssen ebenfalls miteinander verbunden werden, sodass ein Ladungsausgleich durch Ionenwanderung stattfinden kann. Dieser Ladungsaustausch kann durch ein **Diaphragma** oder einen elektrolytischen Stromschlüssel erfolgen.
Der Begriff galvanische Zelle dient bevorzugt zur Bezeichnung solcher Elektrodenkombinationen, die für die Lieferung oder Speicherung elektrischer Energie genutzt werden. Die elektrische Spannung zwischen den beiden Metallen einer galvanischen Zelle bezeichnet man als **Zellspannung** (U). Diese Zellspannung wird auch elektromotorische Kraft (EMK) genannt.

1 Prinzip einer galvanischen Zelle

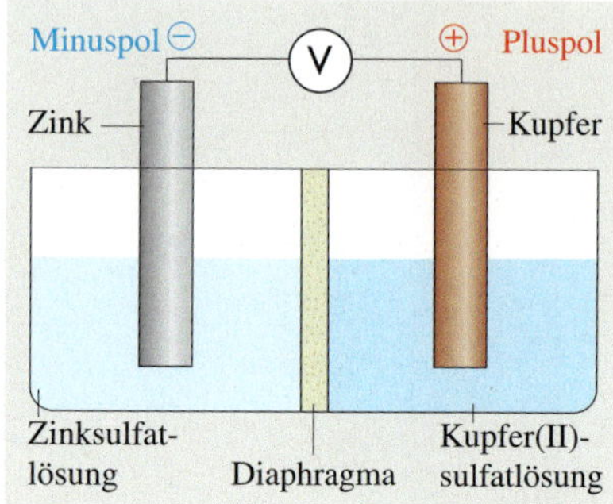

AUFGABE

1 Beschreiben Sie das Prinzip der Bestimmung von Standard-Elektrodenpotenzialen mithilfe der Standard-Wasserstoffelektrode.

Standard-Elektrodenpotenzial

Die elektrische Potenzialdifferenz einer elektrochemischen Elektrode gemessen als relative Elektrodenspannung gegen eine festgelegte Bezugselektrode heißt **Elektrodenpotenzial** (E) oder Redoxpotenzial.

Standard-Wasserstoffelektrode Nach internationaler Übereinkunft nimmt man als Bezugselektrode die **Standard-Wasserstoffelektrode**. Sie besteht aus einem platinierten Platinblech (Platinblech, dessen Oberfläche durch fein verteiltes Platin stark vergrößert wurde), das von Wasserstoff mit konstantem Druck (p = 101,3 kPa) bei ϑ = 25 °C umspült wird. Das fein verteilte Platin adsorbiert den Wasserstoff an der Elektrodenoberfläche, wodurch sich eine dichte Wasserstoffschicht bildet. Als Elektrolytlösung dient Salzsäure der Konzentration $c(HCl) = 1\ mol \cdot l^{-1}$ (Abb. 2). Dem Elektrodenpotenzial der Standard-Wasserstoffelektrode liegt folgende chemische Reaktion zugrunde:

$$H_2(g) + 2\ H_2O(l) \rightleftharpoons 2\ H_3O^+(aq) + 2\ e^-$$

Zu diesen Bedingungen wurde das **Standard-Elektrodenpotenzial** willkürlich mit $E^0(H_2/2\ H_3O^+) = 0{,}00\ V$ festgelegt.

2 Modell einer Standard-Wasserstoffelektrode

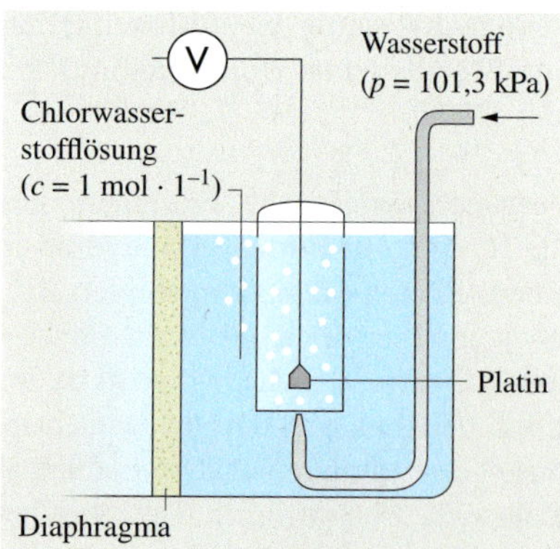

Geschichte

Galvanische Elemente

Der italienische Arzt und Naturforscher LUIGI GALVANI (1737 bis 1798) entdeckte, dass Froschschenkel kürzlich getöteter Tiere zucken, wenn Nerven und Muskeln von zwei unterschiedlichen, miteinander verbundenen Metalldrähten berührt werden (Abb. 1).
1791 veröffentlichte er dieses Phänomen und bezeichnete es als „tierische Elektrizität“. Er erkannte nicht, dass er selbst eine Spannung erzeugt hatte, auf die der Froschschenkel lediglich reagierte. Ohne es zu wissen, konstruierte er mit seinen verschiedenen Metalldrähten eine elektrische Spannungsquelle, die man heute als „galvanisches Element“ bezeichnet.

1 Historischer Versuch von GALVANI

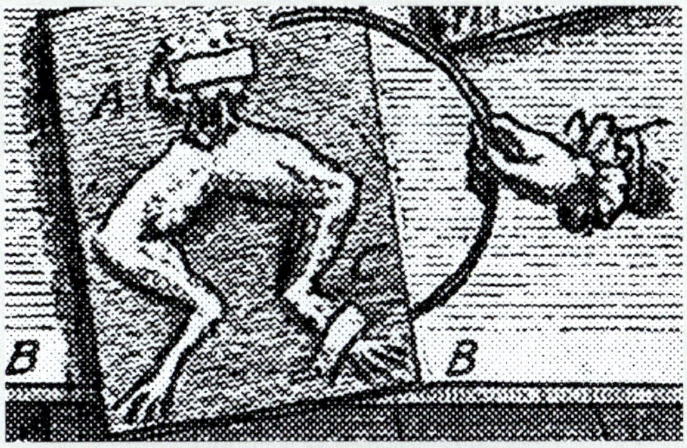

Eine Erklärung für GALVANIS Experimente fand wenig später der italienische Physiker ALESSANDRO VOLTA (1745 bis 1827). Er erkannte, dass die Froschschenkel nur den Elektrolyt darstellten. Indem er sie durch eine Salzlösung ersetzte, erhielt er durch Kombination verschiedener Metalle elektrochemische Spannungsquellen.
Praktisch brauchbar war aber erst die 1799 von ihm entwickelte und nach ihm benannte „Volta-sche Säule“ (Abb. 2). Sie bestand aus abwechselnd aufeinandergestapelten Zink- und Kupferplättchen. Je ein Paar wurde durch eine mit verdünnter Schwefelsäure getränkte Filzscheibe voneinander getrennt. In den ersten Jahrzehnten des 19. Jahrhunderts war die „Volta'sche Säule“ eine wichtige Spannungsquelle.
VOLTA zu Ehren wird die Spannung heute in der SI-Einheit „Volt“ angegeben.

2 Volta'sche Säule

JOHN FREDERIC DANIELL entwickelte 1835/36 ein einfaches und technisch gut nutzbares galvanisches Element. Hierbei wurde die Schwefelsäure durch Zink(II)-sulfatlösung („Zinkvitriol“-Lösung) ersetzt. Das Daniell-Element besteht demnach aus einer Zink/Zink-Ionen-Elektrode und einer Kupfer/Kupfer(II)-Ionen-Elektrode (Abb. 3). Sobald der Stromkreis über die metallischen Phasen geschlossen wird, finden folgende Reaktionen an den Elektroden statt:

Zinkelektrode:
$Zn(s) \rightarrow Zn^{2+}(aq) + 2\,e^-$ Oxidation
Kupferelektrode:
$Cu^{2+}(aq) + 2\,e^- \rightarrow Cu(s)$ Reduktion

Gesamtreaktion:
$Cu^{2+}(aq) + Zn(s) \rightarrow Zn^{2+}(aq) + Cu(s)$ Redoxreaktion

Die Zinkelektrode ist der Minuspol des galvanischen Elements und zugleich die Anode. Die Kupferelektrode ist der Pluspol und zugleich die Kathode. Das Diaphragma (1836 ein Tonzylinder) verhindert das Vermischen der Elektrolytlösungen, da sonst Kupfer(II)-Ionen an das Zink gelangen und dort unerwünschte Redoxreaktionen auslösen würden.

3 Funktionsweise des klassischen Daniell-Elements

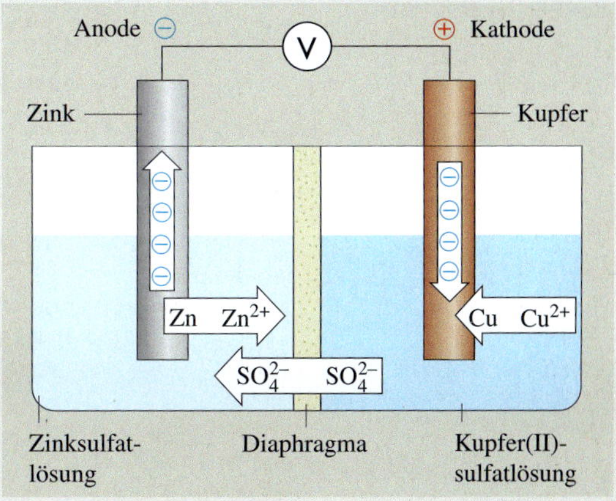

Elektrochemische Spannungsreihe Durch Ermitteln der elektrischen Spannung von galvanischen Zellen aus einer Halbzelle unter Standardbedingungen ($\vartheta = 25\,°C$, $p = 101{,}3$ kPa, Elektrolytkonzentration $c = 1\ mol \cdot l^{-1}$) und einer Standard-Wasserstoffelektrode ergeben sich direkt die Standard-Elektrodenpotenziale der Halbzellen (E^0). Die Standard-Elektrodenpotenziale der Halbzellen mit einer größeren elektrischen Potenzialdifferenz als die Bezugselektrode (Metall lädt sich negativer auf und wirkt als Elektronendonator) erhalten ein negatives Vorzeichen; mit kleinerer elektrischer Potenzialdifferenz (Metall lädt sich weniger negativ auf und wirkt als Elektronenakzeptor) ein positives. Das Standard-Elektrodenpotenzial beispielsweise für das Redoxpaar Cu/Cu^{2+} in der Kupfer/Kupfer(II)-Ionen-Elektrode beträgt $E^0(Cu/Cu^{2+}) = +0{,}35$ V.

$$\text{Redoxpaar } Cu/Cu^{2+}\text{: } Cu(s) \rightleftharpoons Cu^{2+}(aq) + 2\,e^-$$
$$\text{Reduktionsmittel} \rightleftharpoons \text{Oxidationsmittel} + 2\,e^-$$

Die Anordnung der Metall/Metall-Ionen-Elektroden in der Reihenfolge ihrer Standard-Elektrodenpotenziale ergibt die **elektrochemische Spannungsreihe** der Metalle (Abb. 1).

1 Elektrochemische Spannungsreihe der Metalle (und Wasserstoff)

Redoxpaar	Standardpotenzial E^0 in V
Li/Li^+	–3,04
K/K^+	–2,92
Ca/Ca^{2+}	–2,87
Na/Na^+	–2,71
Mg/Mg^{2+}	–2,36
Al/Al^{3+}	–1,66
Zn/Zn^{2+}	–0,76
Fe/Fe^{2+}	–0,41
Cd/Cd^{2+}	–0,40
Ni/Ni^{2+}	–0,23
Sn/Sn^{2+}	–0,14
Pb/Pb^{2+}	–0,13
$H_2/2\,H_3O^+$	**0,00**
Cu/Cu^{2+}	+0,35
Ag/Ag^+	+0,80
Hg/Hg^{2+}	+0,85
Pt/Pt^{2+}	+1,20
Au/Au^{3+}	+1,50

zunehmende Stärke als Elektronenakzeptor

Halbzellen ohne metallische Phase Besitzt eine Halbzelle keine metallische Phase (z. B. $2\,Cl^-/Cl_2$), so wird wie bei der Standard-Wasserstoffelektrode ein Elektronenleiter zur Ableitung oder Zuleitung der Elektronen verwendet. Vorteilhaft sind Elektronenleiter, die chemisch praktisch inert (lat. iners – untätig) sind. Dazu zählen Platin- oder auch Graphitelektroden. Elementares Chlor bildet auf der Oberfläche der porösen Graphitelektrode die Chlorelektrode. Misst man nun die Spannung einer Standard-Chlorelektrode gegenüber der Standard-Wasserstoffelektrode, so erhält man einen Wert von $E^0(2\,Cl^-/Cl_2) = +1{,}36$ V (vgl. Tabelle 1).

Neben den Standard-Elektrodenpotenzialen von Metallen und Nichtmetallen lassen sich auch solche von komplizierten Redoxsystemen bestimmen (Tab. 1). Ausgewählte Standard-Elektrodenpotenziale für Halbzellen ohne metallische Phase sind in Tabelle 1 aufgeführt.

2 Vorgänge an einer Chlorelektrode

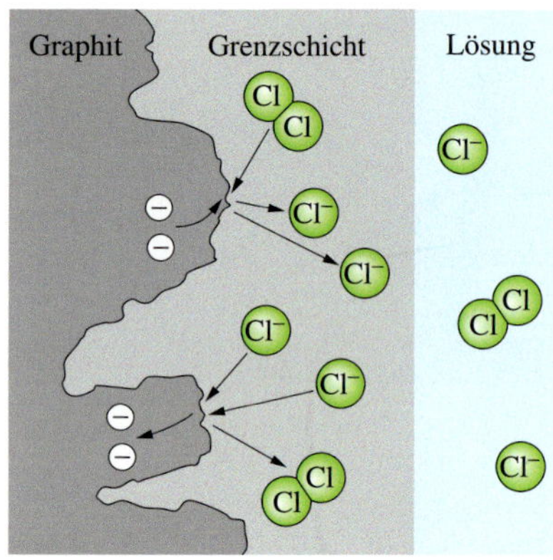

Tab. 1 Standard-Elektrodenpotenziale einiger Nichtmetalle und ausgewählter Redoxsysteme

Reduktionsmittel	⇌	Oxidationsmittel + $z \cdot e^-$	Standardpotenzial E^0 in V
$H_2(g) + 2\,H_2O(l)$	⇌	$2\,H_3O^+(aq) + 2\,e^-$	–0,41 (pH = 7)
$Cu^+(aq)$	⇌	$Cu^{2+}(aq) + e^-$	+0,17
$2\,I^-(aq)$	⇌	$I_2(s) + 2\,e^-$	+0,54
$Fe^{2+}(aq)$	⇌	$Fe^{3+}(aq) + e^-$	+0,77
$4\,OH^-(aq)$	⇌	$O_2(g) + 2\,H_2O(l) + 4\,e^-$	+0,82 (pH = 7)
$NO(g) + 6\,H_2O(l)$	⇌	$NO_3^-(aq) + 4\,H_3O^+(aq) + 3\,e^-$	+0,96 (pH = 0)
$6\,H_2O(l)$	⇌	$O_2(g) + 4\,H_3O^+(aq) + 4\,e^-$	+1,23 (pH = 0)
$2\,Cl^-(aq)$	⇌	$Cl_2(g) + 2\,e^-$	+1,36
$Mn^{2+}(aq) + 12\,H_2O(l)$	⇌	$MnO_4^-(aq) + 8\,H_3O^+(aq) + 5\,e^-$	+1,51

Zellspannung von galvanischen Zellen

Die Standard-Elektrodenpotenziale (kurz „Standardpotenziale“) können genutzt werden, um die Zellspannung zwischen zwei Elektroden zu berechnen (Abb. 3) und die Möglichkeit oder die Richtung des Ablaufs von Redoxreaktionen in wässriger Lösung vorherzusagen.

Berechnung von Standard-Zellspannungen (ΔE^0) Rechnerisch kann man die Standard-Zellspannung einer beliebigen galvanischen Zelle aus der Differenz der entsprechenden Standard-Elektrodenpotenziale bestimmen.

$$\boldsymbol{\Delta E^0 = E^0(\text{Kathode}) - E^0(\text{Anode})}$$

Die elektrochemische Elektrode, an der die **Reduktion** (Elektronenaufnahme) stattfindet, wird immer als **Kathode** bezeichnet. Bei galvanischen Elementen ist die Kathode der Pluspol bzw. die Halbzelle mit dem positiveren Standard-Elektrodenpotenzial. Die **Anode**, an der die **Oxidation** erfolgt, ist bei galvanischen Zellen dementsprechend der Minuspol.
Hieraus ergibt sich für die Berechnung der Standard-Zellspannung der galvanische Zelle $Zn/Zn^{2+}//Cu^{2+}/Cu$:

$$\Delta E^0 = E^0(Cu/Cu^{2+}) - E^0(Zn/Zn^{2+}) = +0{,}35\ V - (-0{,}76\ V) = 1{,}11\ V$$

Berechnung von Zellspannungen unter Nichtstandardbedingungen Für die Berechnung der Zellspannung von galvanischen Zellen gilt allgemein:

$$U = \Delta E = E(\text{Kathode}) - E(\text{Anode})$$

Der deutsche Chemiker und Physiker WALTHER NERNST (Nobelpreis für Chemie 1920) stellte 1889 für die Abhängigkeit des **Elektrodenpotenzials (*E*) einer Halbzelle** von der Temperatur und den Konzentrationen der Reaktionspartner folgende mathematische Beziehung auf:

$$\boldsymbol{E = E^0 + \frac{R \cdot T}{z \cdot F} \cdot \ln \frac{c(\text{Ox})}{c(\text{Red})}} \quad \textbf{(Nernst'sche Gleichung)}$$

Für die Berechnung des Elektrodenpotenzials des Redoxpaars (Fe^{2+}/Fe^{3+})

$$Fe^{2+}(aq) \rightleftharpoons Fe^{3+}(aq) + e^-$$
$$\text{Reduktionsmittel (Red)} \rightleftharpoons \text{Oxidationsmittel (Ox)} + z \cdot e^-$$

ergibt sich:

$$E(Fe^{2+}/Fe^{3+}) = E^0(Fe^{2+}/Fe^{3+}) + \frac{R \cdot T}{z \cdot F} \cdot \ln \frac{c(Fe^{3+})}{c(Fe^{2+})}$$

3 Ermittlung von Standard-Zellspannungen aus Standard-Elektrodenpotenzialen

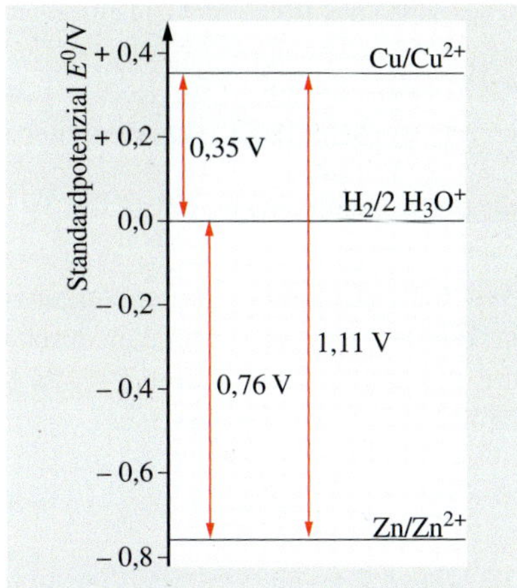

AUFGABEN

1 Berechnen Sie die Standard-Zellspannung für folgende galvanische Zellen:
a $Pb/Pb^{2+}//Cu^{2+}/Cu$
b $Zn/Zn^{2+}//Fe^{2+}/Fe$
c $Cu/Cu^{2+}//Ag^{+}/Ag$
2 Eine galvanische Zelle ist aus den Halbzellen Ni/Ni^{2+} und $2\ Cl^-/Cl_2$ aufgebaut.
a Ordnen Sie die Begriffe Anode, Elektronenakzeptor, Elektronendonator, Kathode, Minuspol, Oxidation, Pluspol und Reduktion zu.
b Formulieren Sie die Zellreaktionen und berechnen Sie die Standard-Zellspannung.

4 Erläuterungen zur Nernst'schen Gleichung

E	Elektrodenpotenzial der Halbzelle
E^0	Standard-Elektrodenpotenzial
R	allgemeine Gaskonstante
T	Temperatur in Kelvin
z	Anzahl der übertragenen Elektronen
F	Faraday-Konstante
c	Konzentration des Oxidationsmittels c(Ox) bzw. des Reduktionsmittels c(Red)

Wird jedoch eine Metall/Metall-Ionen-Elektrode (z. B. Cu/Cu^{2+}) betrachtet, vereinfacht sich die Nernst'sche Gleichung.

$$\text{Cu(s)} \rightleftharpoons \text{Cu}^{2+}\text{(aq)} + 2\,\text{e}^-$$
$$\text{Reduktionsmittel (Red)} \rightleftharpoons \text{Oxidationsmittel (Ox)} + z \cdot \text{e}^-$$

Für das reine Metall wird $c(\text{Red}) = 1$ definiert. Damit ergibt sich bei $c(\text{Cu}) = 1$ für das Elektrodenpotenzial:

$$E(\text{Cu/Cu}^{2+}) = E^0(\text{Cu/Cu}^{2+}) + \frac{R \cdot T}{z \cdot F} \cdot \ln c(\text{Cu}^{2+})$$

Finden die elektrochemischen Vorgänge unter Standardtemperaturbedingungen statt, erhält man durch Einsetzen der Konstanten und der Standardtemperatur $T = 298$ K sowie Umformung des natürlichen in den dekadischen Logarithmus $\ln x = 2{,}3 \cdot \lg x$

$$E(\text{Cu/Cu}^{2+}) = E^0(\text{Cu/Cu}^{2+}) + \frac{0{,}059\ \text{V}}{z} \cdot \lg c(\text{Cu}^{2+})$$

Die Nernst'sche Gleichung gilt exakt nur für den Fall stark verdünnter Lösungen. Dabei wird angenommen, dass zwischen den einzelnen in der Lösung vorhandenen Ionen keine Wechselwirkungen stattfinden.

Konzentrationselemente Kombiniert man zwei Halbzellen, bei denen nur die Konzentrationen der Elektrolytlösungen verschieden sind, zu einer galvanischen Zelle, so ist allein aufgrund dieses Konzentrationsunterschieds eine Zellspannung messbar (Abb. 1). Diese Anordnung wird als **Konzentrationselement** bezeichnet. Durch die leitende Verbindung der Halbzellen fließt ein Strom, der dazu führt, dass Ionen in der Halbzelle mit der höheren Konzentration reduziert werden (Kathode), während Ionen in der Halbzelle mit der niedrigeren Elektrolytkonzentration durch Oxidation gebildet werden (Anode). Dadurch gleichen sich die Konzentrationen an. Ist der Konzentrationsausgleich erfolgt, kommt die Redoxreaktion zum Stillstand, und die Spannung ist auf 0 V gesunken.

Die verschiedenen Elektrodenpotenziale der beiden Halbzellen eines Konzentrationselements lassen sich damit erklären, dass ein Metall in einer verdünnteren Lösung ein größeres Bestreben hat, Ionen zu bilden (Oxidation), wodurch es sich stärker negativ auflädt. Dies führt zu einem negativeren Elektrodenpotenzial.

Die Berechnung der Zellspannung eines Konzentrationselements ist unter Nutzung der Nernst'schen Gleichung möglich. Ausgehend von

$$U = E(\text{Kathode}) - E(\text{Anode})$$

ergibt sich nach Umstellung für $c_1 > c_2$ bei 25 °C:

$$U = \frac{0{,}059\ \text{V}}{z} \cdot \lg \frac{c_1}{c_2}$$

1 Aufbau eines Konzentrationselements

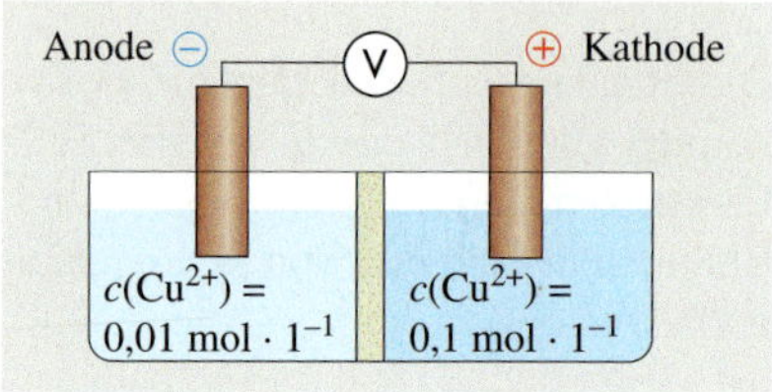

EXPERIMENT 1

Konzentrationsabhängigkeit des Elektrodenpotenzials

Kombinieren Sie folgende Ag/Ag^+-Halbzellen und messen Sie die Zellspannungen:

$Ag/AgNO_3$ ($c = 0{,}1\ \text{mol} \cdot \text{l}^{-1}$)
$Ag/AgNO_3$ ($c = 0{,}01\ \text{mol} \cdot \text{l}^{-1}$)
$Ag/AgNO_3$ ($c = 0{,}001\ \text{mol} \cdot \text{l}^{-1}$)

Führen Sie entsprechende Versuche auch mit Cu/Cu^{2+}-Halbzellen durch. Vergleichen Sie Ihre Ergebnisse mit den theoretischen Werten.

AUFGABEN

1 Berechnen Sie die Elektrodenpotenziale folgender Halbzellen bei 25 °C:
a Cu/Cu^{2+} ($c = 0{,}2\ \text{mol} \cdot \text{l}^{-1}$)
b Ag/Ag^+ ($c = 0{,}1\ \text{mol} \cdot \text{l}^{-1}$)
c Ag/Ag^+ ($c = 0{,}01\ \text{mol} \cdot \text{l}^{-1}$)

2 Berechnen Sie die Zellspannung einer galvanischen Zelle mit den Halbzellen Zn/Zn^{2+} ($c = 0{,}05\ \text{mol} \cdot \text{l}^{-1}$) und Cu/Cu^{2+} ($c = 1\ \text{mol} \cdot \text{l}^{-1}$) bei 25 °C.

3 Eine galvanische Zelle besteht aus den Halbzellen Sn/Sn^{2+} ($c = 0{,}1\ \text{mol} \cdot \text{l}^{-1}$) und Pb/Pb^{2+} ($c = 0{,}001\ \text{mol} \cdot \text{l}^{-1}$), eine zweite galvanische Zelle aus Sn/Sn^{2+} ($c = 0{,}001\ \text{mol} \cdot \text{l}^{-1}$) und Pb/Pb^{2+} ($c = 0{,}1\ \text{mol} \cdot \text{l}^{-1}$).
Diskutieren Sie die berechneten Zellspannungen.

4 An folgender galvanischer Zelle wurde eine Zellspannung von $U = 0{,}35$ V gemessen: Cu/Cu^{2+} ($c = 0{,}2\ \text{mol} \cdot \text{l}^{-1}$)//$Ag^+$($c$ = ?)/Ag.
Berechnen Sie die Konzentration der Silber-Ionen der Ag/Ag^+-Halbzelle.

Einfluss der Temperatur auf das Elektrodenpotenzial In Analogie zur Temperaturabhängigkeit chemischer Gleichgewichte werden auch elektrochemische Gleichgewichte durch die jeweilige Temperatur bestimmt. Werden zwei Kupfer/Kupfer(II)-Ionen-Elektroden gleicher Kupfer(II)-Ionen-Konzentrationen miteinander kombiniert und eine davon erwärmt, lässt sich feststellen, dass das Elektrodenpotenzial beim Erwärmen kleiner [bei $c(Cu^{2+}) < 1\ mol \cdot l^{-1}$] bzw. größer [bei $c(Cu^{2+}) > 1\ mol \cdot l^{-1}$] wird (Exp. 2). Der Einfluss der Temperatur wird in der Nernst'schen Gleichung durch $R \cdot T / (z \cdot F)$ berücksichtigt.

pH-Wert-Abhängigkeit des Elektrodenpotenzials Einige Elektrodenpotenziale sind auch von der Konzentration der Hydronium- bzw. Hydroxid-Ionen abhängig.

$$Mn^{2+} + 12\ H_2O \rightleftharpoons MnO_4^- + 8\ H_3O^+ + 5\ e^-$$

In diesem Redoxpaar wird das Gleichgewicht von der Konzentration der Mangan(II)-, der Permanganat- und der Hydronium-Ionen beeinflusst. Die Konzentration muss daher für alle gleichgewichtsbeeinflussenden Stoffe beachtet werden (↑S. 131).

$$E = E^0 + \frac{R \cdot T}{z \cdot F} \cdot \ln \frac{c(MnO_4^-) \cdot c^8(H_3O^+)}{c(Mn^{2+})}$$

Da in diesem Beispiel die Hydronium-Ionenkonzentration zur achten Potenz in die Nernst'sche Gleichung eingeht, ist das Elektrodenpotenzial stark von dieser Konzentration abhängig. Die pH-Wert-Abhängigkeit des Elektrodenpotenzials verschiedener Elektroden (z. B. der Wasserstoffelektrode) kann zur pH-Wert-Messung genutzt werden.

Richtung elektrochemischer Reaktionen

Mithilfe der elektrochemischen Spannungsreihe lässt sich der mögliche Ablauf von Redoxreaktionen in wässrigen Systemen vorhersagen. Je positiver das Standard-Elektrodenpotenzial eines Redoxpaars ist, desto stärker ist die Neigung des Metall-Ions zur Elektronenaufnahme und somit zur Oxidation anderer Substanzen. Es wirkt daher bei einer Reaktion mit den Teilchen eines Redoxpaares niedrigeren Elektrodenpotenzials als Elektronenakzeptor und wird entsprechend reduziert.

Elektrochemische Fällung von Metallen Taucht man ein Metall mit einem niedrigen Standard-Elektrodenpotenzial in eine Elektrolytlösung, die Metall-Ionen eines Metalls mit einem höheren Standard-Elektrodenpotenzial enthält, so findet eine Redoxreaktion statt. Aus dem Metall mit dem niedrigen Elektrodenpotenzial bilden sich Metall-Ionen, die in Lösung gehen (Oxidation). Die Metall-Ionen aus der Lösung werden als Metall abgeschieden (Reduktion).

EXPERIMENT 2

Temperaturabhängigkeit des Elektrodenpotenzials

Zwei gleiche Cu/Cu^{2+}-Halbzellen (GHS07 | 09) werden miteinander kombiniert. Nach Anschließen eines Spannungsmessgeräts wird eine Halbzelle erwärmt und die elektrische Spannung gemessen.

2 pH-Wert-Abhängigkeit der Elektrodenpotenziale von Wasserstoff und Sauerstoff

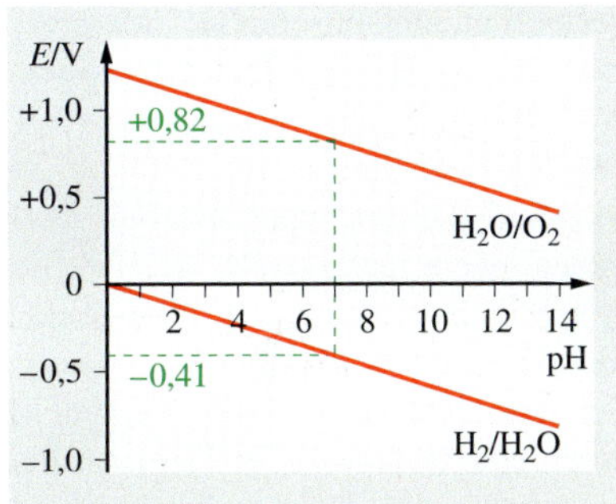

EXPERIMENT 3

Verlaufsrichtung elektrochemischer Reaktionen

Überprüfen Sie, ob beim Eintauchen der Metalle Magnesium, Zink, Eisen und Kupfer in Salzlösungen, die jeweils Magnesium-, Zink-, Eisen(II)-, Kupfer(II)- oder Silber-Ionen enthalten, elektrochemische Fällungen stattfinden.

AUFGABEN

1 Entscheiden Sie anhand der elektrochemischen Spannungsreihe, ob Kupfer durch Eisen aus einer Kupfer(II)-salzlösung gefällt werden kann. Entwickeln Sie für die vermutete Redoxreaktion die chemische Gleichung.

2 Erklären Sie, warum Kupfer nicht mit verdünnten Säuren reagiert.

$Zn(s)$	$\rightarrow Zn^{2+}(aq) + 2\,e^-$	Oxidation
$Cu^{2+}(aq) + 2\,e^-$	$\rightarrow Cu(s)$	Reduktion
$Zn(s) + Cu^{2+}$	$\rightarrow Zn^{2+}(aq) + Cu(s)$	Redoxreaktion

Im umgekehrten Fall wird keine Reaktion beobachtet (Exp. 3).

Die elektrochemische Fällung von Metallen heißt in der Technik **Zementation**. Sie wird technisch z. B. zur Gewinnung von Edelmetallen angewandt. So wird bei der Goldgewinnung durch „Cyanidlaugerei" (↑Kap. „Komplexverbindungen") das Gold durch Reduktion mit Zinkpulver gewonnen, was wegen der Giftigkeit von Cyanid-Ionen aber ein ernstes Umweltproblem darstellen kann. Die Zementation wird aber auch im Umweltschutz verwendet, um toxische Cu^{2+}-Ionen aus Abwässern zu entfernen bzw. gegen unbedenkliche Fe^{2+}-Ionen zu tauschen.

Reaktion von Säuren mit Metallen Metalle, die ein negativeres Standard-Elektrodenpotenzial als das Redoxsystem $H_2/2\,H_3O^+$ haben, nennt man unedle Metalle. Sie bilden in sauren Lösungen Metall-Ionen. Diese allgemeine Aussage trifft allerdings nicht zu, wenn ein unedles Metall (z. B. Aluminium) eine Schutzschicht aus dem betreffenden Metalloxid besitzt.
Auch edle Metalle (z. B. Kupfer, Silber) können durch Säuren oxidiert werden. Dazu muss es sich allerdings um eine „oxidierende" Säure (z. B. konzentrierte Salpetersäure) handeln, die ein positiveres Elektrodenpotenzial aufweist.

AUFGABEN

1 Berechnen Sie die Masse an Zinkpulver, die mindestens eingesetzt werden muss, um aus 50 Liter verbrauchtem Fixierbad mit einer Massenkonzentration an Silber-Ionen von $5\ g \cdot l^{-1}$ das Silber zu fällen. Entwickeln Sie für die Redoxreaktion die chemische Gleichung.

2 Die Herstellung von Leiterplatten erfolgt in vielen Fällen dadurch, dass man frei liegendes Kupfer mit Eisen(III)-Ionen reagieren lässt. Entwickeln Sie für diese Reaktion die chemische Gleichung. Erklären Sie mithilfe der Standard-Elektrodenpotenziale den freiwilligen Ablauf dieser chemischen Reaktion.

ZUSAMMENFASSUNG

Eine **Metall/Metall-Ionen-Elektrode** setzt sich aus einer metallischen Phase und einer Elektrolytlösungsphase zusammen. Chemische Reaktionen zwischen beiden Phasen führen zu einer elektrischen Potenzialdifferenz zwischen Metall und Elektrolytlösung. Dabei bildet sich an der Phasengrenze eine elektrochemische Doppelschicht aus.
Das **Standard-Elektrodenpotenzial** einer Metall/Metall-Ionen-Elektrode ist die elektrische Spannung zwischen der Standard-Wasserstoffelektrode und der standardisierten Metall/Metall-Ionen-Elektrode.
Die **elektrochemische Spannungsreihe der Metalle** stellt die Metall/Metall-Ionen-Elektroden (Redoxpaare) in der Reihenfolge der Standard-Elektrodenpotenziale dar.
Das **Elektrodenpotenzial** einer Metall/Metall-Ionen-Elektrode hängt von der Art des Metalls, von der Konzentration der hydratisierten Metall-Ionen in der Elektrolytlösung und von der Temperatur ab. Mithilfe der **Nernst'schen Gleichung** werden aus dem Standard-Elektrodenpotenzial die jeweiligen Elektrodenpotenziale berechnet.

$$\boldsymbol{E = E^0 + \frac{0{,}059\ V}{z} \cdot \lg \frac{c(Ox)}{c(Red)}}$$

Die Elektrodenpotenziale dienen dazu, Redoxreaktionen in wässriger Lösung zu deuten und vorauszusagen. Bei der Redoxreaktion zweier Redoxpaare wird das Redoxpaar mit dem niedrigeren (negativeren) Elektrodenpotenzial oxidiert und das mit dem höheren (positiveren) Elektrodenpotenzial reduziert.
Die **Zellspannung** einer galvanischen Zelle wird aus der Differenz der Elektrodenpotenziale berechnet.

$$\boldsymbol{U = \Delta E = E(\text{Kathode}) - E(\text{Anode})}$$

Mobile elektrochemische Spannungsquellen

In galvanischen Zellen (Elementen) wird chemische Energie von Stoffen in nutzbare elektrische Energie umgewandelt. Als elektrochemische Spannungsquellen (Stromquellen) sind sie vielseitig und unabhängig von anderen Energiequellen einsetzbar.
Bei vielen elektrochemischen Spannungsquellen ist nur die Umwandlung chemischer Energie in elektrische Energie technisch nutzbar. Diese galvanischen Zellen heißen **Primärzellen**. Sie sind nur so lange einsetzbar, bis die Ausgangsstoffe (Oxidations- und Reduktionsmittel) umgesetzt sind.
Einige galvanische Zellen können durch Zufuhr von elektrischer Energie wieder in den Ausgangszustand zurückverwandelt werden. Solche **Sekundärzellen** oder **Akkumulatoren** sind dann erneut als elektrochemische Spannungsquellen einsetzbar.

Primärzellen

Zink-Kohle-Zelle (Leclanché-Element) 1867 stellte der französische Ingenieur GEORGES LECLANCHÉ (1839 bis 1882) anlässlich der Weltausstellung in Paris erstmalig eine Zink-Kohle-Zelle vor. Es löste damals wegen seiner höheren Leistungsfähigkeit das Daniell-Element ab. Die Zink-Kohle-Zelle müsste eigentlich „Zink-Braunstein-Zelle" heißen. Stattdessen bezieht man sich in der Bezeichnung auf die Ableiter Zink für den Minuspol und Kohle für den Pluspol. Der Kohlestift ist von einem fein verteilten Gemisch aus Braunstein MnO_2 und Graphitpulver (zur Erhöhung der Leitfähigkeit) getränkt mit Elektrolyt umgeben. Als Elektrolytlösung dient eine Ammoniumchloridlösung, die durch Zusatz von Quellmitteln (z. B. Stärke) zu einer Paste verdickt ist. Daher stammt auch die Bezeichnung „Trockenelement". Zink bildet die Anode und dient gleichzeitig als Behälter. Zur Erhöhung der Auslaufsicherheit ist der Zinkbecher von einem Stahlmantel umgeben (Abb. 1).
Bei Stromfluss laufen vereinfacht folgende Reaktionen ab:

Anode: (Minuspol) $Zn(s) \rightarrow Zn^{2+}(aq) + 2\,e^-$

Kathode: (Pluspol) $2\,MnO_2(s) + 2\,H_3O^+(aq) + 2\,e^- \rightarrow Mn_2O_3(s) + 3\,H_2O(l)$

Mangan(III)-oxid

Die zur Reduktion des Braunsteins erforderlichen Protonen stammen aus den NH_4^+-Ionen des Elektrolyten. Das durch die Protonenabgabe gebildete NH_3 verbindet sich mit den Zn^{2+}-Ionen und bildet schwerlösliches Diamminzinkchlorid (Abb. 2).
Die Zellspannung einer frischen Zink-Kohle-Zelle beträgt $U \approx 1{,}5$ V. Sie ist unter den Primärzellen eine der am meisten angewandten elektrochemischen Spannungsquellen und wird in Form von Einzelzellen unter den Bezeichnungen „Mignonzelle R6", „Babyzelle R14" und „Monozelle R20" hergestellt.

1 Zink-Kohle-Zelle

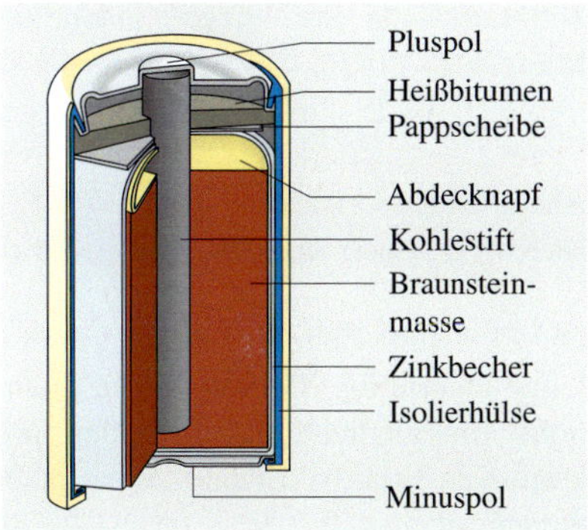

2 Reaktionen in der Zink-Kohle-Zelle

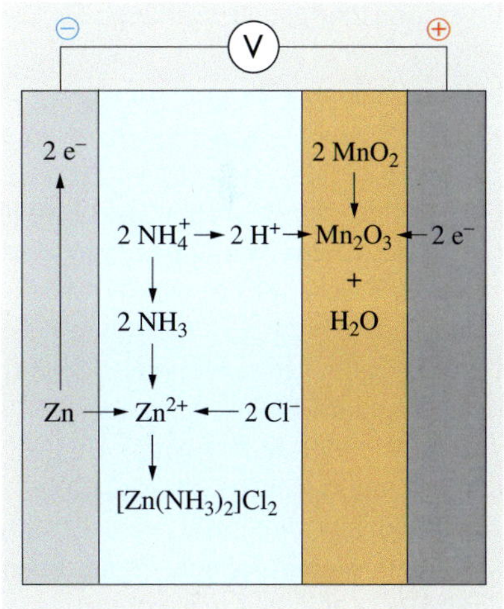

AUFGABEN

1. Nennen Sie Anwendungsbeispiele für elektrochemische Spannungsquellen.
2. Vergleichen Sie das Daniell-Element mit der Zink-Kohle-Zelle.

Alkali-Mangan-Zelle Diese Zelle (Abb. 1) ist eine Weiterentwicklung der Zink-Kohle-Zelle und seit etwa 1950 auf dem Markt. Durch die große Zinkoberfläche beim Zinkgel ist der Innenwiderstand niedriger als bei der Zink-Kohle-Zelle.
Weil die als Elektrolytlösung eingesetzte Kalilauge erst bei −60 °C erstarrt, können diese Zellen auch bei tiefen Temperaturen eingesetzt werden. Die Elektrodenreaktionen verlaufen, vereinfacht betrachtet, wie bei der Zink-Kohle-Zelle.
Die Alkali-Mangan-Zelle liefert bei einer Spannung von 1,5 V eine höhere Stromstärke und ist für Geräte mit hohem Strombedarf (z. B. Fotoapparate) und mit Dauernutzung besser geeignet. Im Handel ist sie als „Mignonzelle LR6“, „Babyzelle LR14“ und „Monozelle LR20“ erhältlich.

1 Alkali-Mangan-Zelle

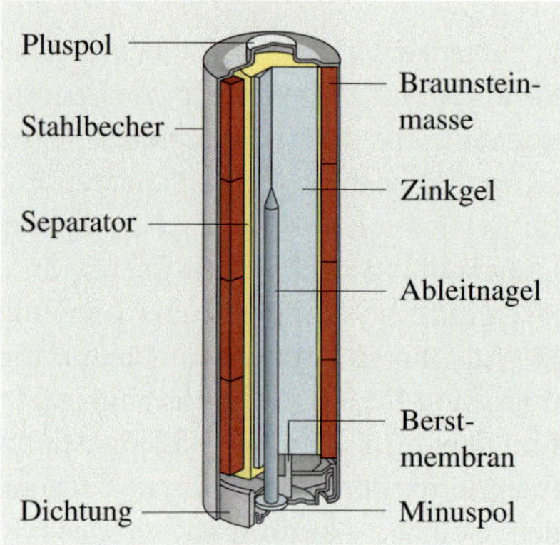

Zink-Luft-Zelle Bei dieser galvanischen Zelle dient nicht Mangan(IV)-oxid, sondern Luftsauerstoff als Oxidationsmittel (Abb. 2). Als Elektrolyt wird Kalilauge angewendet.

Anode (Minuspol): $2\,Zn(s) \rightarrow 2\,Zn^{2+}(aq) + 4\,e^-$
Kathode (Pluspol): $O_2(g) + 2\,H_2O(l) + 4\,e^- \rightarrow 4\,OH^-(aq)$

Die Zink-Luft-Zelle ist aufgrund ihrer geringen Selbstentladung lange lagerfähig. Sie liefert eine Spannung von 1,4 V, hat eine hohe Energiedichte (Wattstunden pro Kubikzentimeter) und kommt in Form von Knopfzellen, z. B. in Hörgeräten, zur Anwendung.

2 Zink-Luft-Zelle

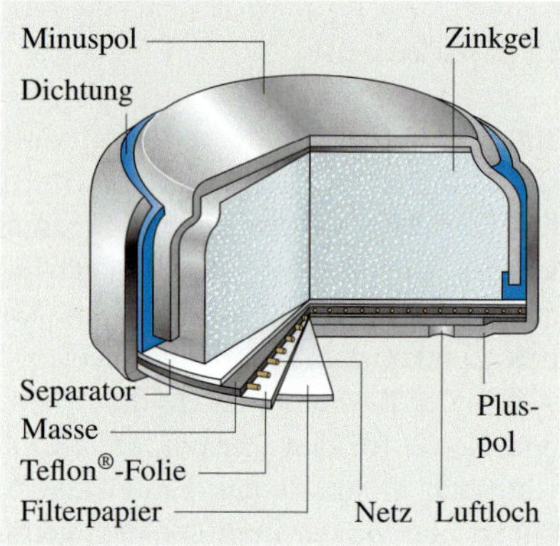

Zink-Silberoxid-Zelle Bei diesen Zellen dient Silberoxid als Oxidationsmittel und Kalilauge als Elektrolyt (Abb. 3).

Anode (Minuspol): $Zn(s) \rightarrow Zn^{2+}(aq) + 2\,e^-$
Kathode (Pluspol): $Ag_2O(s) + H_2O(l) + 2\,e^- \rightarrow 2\,Ag(s) + 2\,OH^-(aq)$

Der Vorteil dieser Zellen ist ihre hohe Spannungskonstanz (U = 1,55 V) bei Stromfluss. Sie werden vor allem als Knopfzellen in Taschenrechnern oder Armbanduhren genutzt.

3 Zink-Silberoxid-Zelle

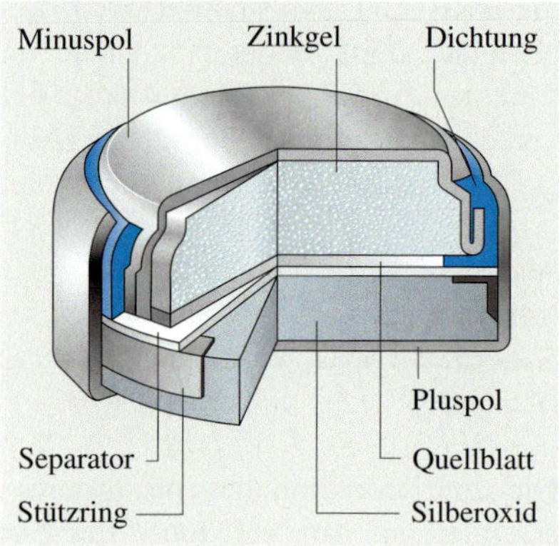

Lithium-Zelle Lithium eignet sich aufgrund seines hohen negativen Standard-Elektrodenpotenzials ($E^0 = -3{,}04$ V) besonders gut als Anode (Reduktionsmittel). Da Lithium heftig mit Wasser reagiert, müssen nichtwässrige Elektrolyte angewendet werden. Als Elektrolyt dient z. B. eine Lösung von Lithiumperchlorat $LiClO_4$ in einem polaren organischen Lösemittel. Als Kathodenmaterial können verschiedene Stoffe eingesetzt werden. Sehr häufig wird Braunstein MnO_2 verwendet.

Anode (Minuspol): $Li(s) \rightarrow Li^+ + e^-$
Kathode (Pluspol): $MnO_2(s) + e^- \rightarrow MnO_2^-$

Lithium-Zellen zeichnen sich durch besonders lange Lagerfähigkeit (bis 10 Jahre) und Spannungen von ca. 3 V aus. Sie sind

AUFGABE

1 Berechnen Sie die theoretische Zellspannung einer Zink-Silberoxid-Zelle aus den Standard-Elektrodenpotenzialen.

bis –40 °C arbeitsfähig. Hauptanwendungsgebiete sind Datenspeicher, Herzschrittmacher, Fotoapparate, Camcorder oder Armbanduhren. Eine Neuentwicklung ist die ultradünne (0,4 mm) Lithium-Flachzelle, auch Lithium-Papierzelle (Abb. 4) genannt. Sie wird z. B. in Smartcards verwendet (aktive Karten mit batteriebetriebenen Mikrochips und integriertem Display).

4 Lithium-Papierzelle

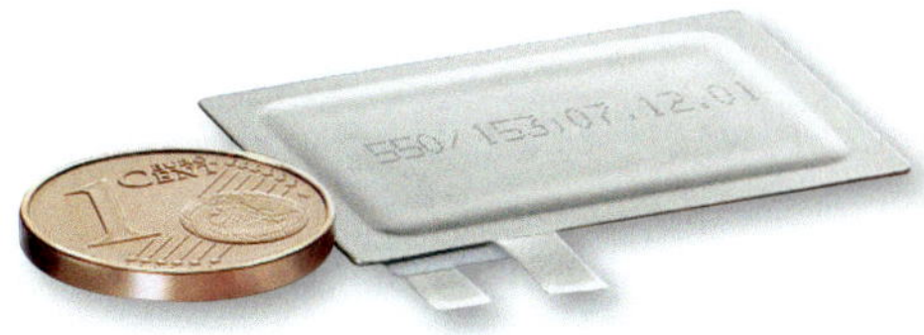

Brennstoffzellen Galvanische Zellen, bei denen Oxidations- und Reduktionsmittel kontinuierlich von außen zugeführt werden, nennt man **Brennstoffzellen**. Ein einfaches Beispiel ist die **Wasserstoff-Sauerstoff-Zelle** (Abb. 5). Hier wird die chemische Energie der Ausgangsstoffe nicht – wie bei der Knallgasreaktion – in thermische Energie, sondern in elektrische Energie umgewandelt. Die Oxidation des Wasserstoffs und die Reduktion des Sauerstoffs finden räumlich getrennt statt:

Anode (Minuspol): $2\ H_2 + 4\ OH^- \rightarrow 4\ H_2O + 4\ e^-$
Kathode (Pluspol): $O_2 + 2\ H_2O + 4\ e^- \rightarrow 4\ OH^-$

Gesamtreaktion: $2\ H_2 + O_2 \rightarrow 2\ H_2O$

Als Elektrolytlösung dient oft Kaliumhydroxidlösung. Die Zellspannung beträgt theoretisch 1,23 V, in der Praxis allerdings nur 0,6–0,9 V. Um technisch nutzbare Spannungen zu erreichen, müssen also mehrere Zellen in Reihe geschaltet werden.

5 Schematische Darstellung einer alkalischen Wasserstoff-Sauerstoff-Zelle

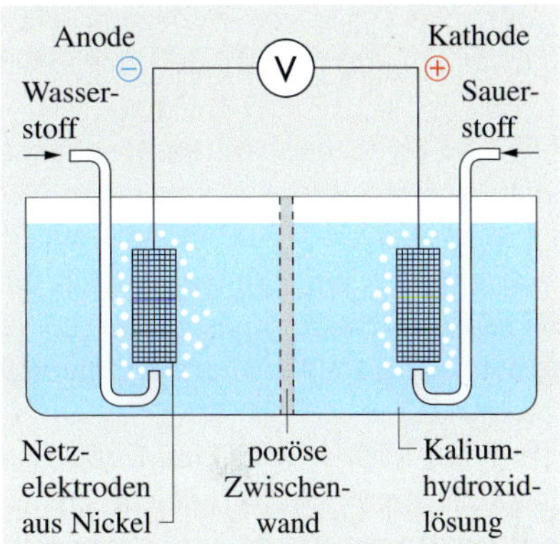

EXPERIMENT 1

Bildung einer Wasserstoff-Sauerstoff-Zelle

2 Kohle- oder Platinelektroden werden in einem U-Rohr befestigt. Als Elektrolytlösung dient Schwefelsäure ($c = 0{,}5\ mol \cdot l^{-1}$). An die Elektroden wird eine Gleichspannung angelegt, bis eine Gasentwicklung zu beobachten ist. Messen Sie nach dem Abschalten der Spannungsquelle die elektrische Spannung zwischen den Elektroden.

Als einziges Reaktionsprodukt entsteht bei einer Wasserstoff-Sauerstoff-Zelle nur das ökologisch unbedenkliche Wasser. Außerdem ist der Wirkungsgrad von Brennstoffzellen höher als z. B. der von herkömmlichen Wärmekraftwerken. Da auch der Brennstoff Wasserstoff prinzipiell in unbegrenzten Mengen verfügbar gemacht werden kann, stellen Brennstoffzellen aus ökologischer Sicht grundsätzlich eine sehr vielversprechende Alternative dar. Andererseits erfordert die praktische Anwendung von Brennstoffzellen einen erheblichen technischen Aufwand:
- Brennstoff und Sauerstoff müssen kontinuierlich zugeführt werden.
- Die Reaktionsprodukte müssen aus dem Elektrolyten entfernt werden.
- Bestimmte Temperaturbereiche müssen eingehalten werden.

Umwelt

Moderne Brennstoffzellen

Mit Brennstoffzellen sind große Hoffnungen verbunden, da sie das Kernstück einer zukünftigen Technik ohne Verbrennungsmotoren und Abgase sein könnten. In den letzten Jahren wurde daher verstärkt in Erforschung und Entwicklung von Brennstoffzellen investiert. Inzwischen existieren zahlreiche Typen von Brennstoffzellen für diverse Anwendungen, vom Betrieb eines Handys bis zum Kraftwerk mit 10 MW Leistung.

Die verschiedenen Zelltypen unterscheiden sich auch in ihrer Betriebstemperatur: Niedertemperaturzellen nutzen z. B. Kalilauge als Elektrolyt und arbeiten auch bei Raumtemperatur. Hochtemperaturzellen nutzen z. B. geschmolzene Salze als Elektrolyt und benötigen Betriebstemperaturen von bis zu 1000 °C.

Trotz der Vielfalt der „Fuel Cells" handelt es sich letztlich immer um das gleiche chemische Grundprinzip: An der Anode wird ein energiereiches Gas (Wasserstoff, Methanol, Methan oder Kohlegas) oxidiert, an der Kathode Sauerstoff reduziert. Dies gilt beispielsweise auch für die häufig genutzte PEMFC, die Polymer Elektrolyte Membrane Fuel Cell (Abb. 2):

Eine Polymerfolie, die protonenleitend ist, trennt zwei poröse Kohlenstoffmatten, die mit Platin bedampft und über einen äußeren Stromkreis verbunden sind. An der Anode wird Wasserstoff mithilfe des Platins in Elektronen und Protonen gespalten.

2 Schematische Darstellung einer PEMFC

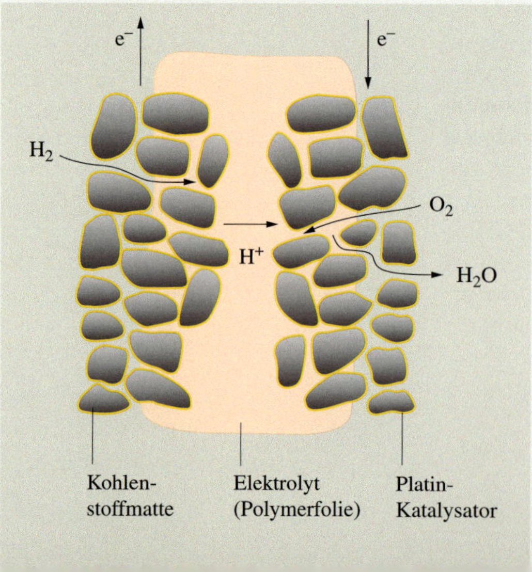

1 Tanken mit Wasserstoff

Während die Elektronen über den Stromkreis zur Kathode gelangen, diffundieren die Protonen durch die Membran zur Kathode. An der Kathode reagieren dann Sauerstoffmoleküle, Elektronen und Protonen zu Wasser.

Ein großes Problem der Brennstoffzellentechnologie liegt allerdings in der effektiven und sicheren Speicherung von Wasserstoff. Eine Möglichkeit stellen dabei Hochdruckzylinder dar, die allerdings verhältnismäßig groß sind. Ferner können Kryotanks genutzt werden, in denen Wasserstoff bei −253 °C flüssig gespeichert wird. In dieser Form kann Wasserstoff jedoch nicht lange gespeichert werden, da er sich langsam erwärmt und dann verflüchtigt.

Alternativ forscht man derzeit an der Verwendung von Metallhydriden, die aufgrund einer speziellen Legierung temperaturabhängig Wasserstoff aufnehmen und wieder abgeben können. Problematisch hierbei ist allerdings das hohe Gewicht dieser Aggregate (bis zu 450 kg).

Eine Lösung für das Speicherproblem könnten Kohlenstoff-Nanoröhren sein. Nachweislich können Kohlenstoff-Nanofasern mit Fischgrätenstruktur erstaunlich große Mengen Wasserstoff speichern und haben dann höhere Energiedichten als Benzin.

Das fundamentalste Problem der Brennstoffzellentechnologie ist jedoch die Gewinnung des Brennstoffs. Wasserstoff kommt in der Natur fast nur in gebundener Form vor, z. B. als Wasser, und kann nur unter Einsatz von Energie freigesetzt werden. Momentan wird diese Energie vorrangig aus fossilen Quellen gewonnen, weshalb Wasserstoff noch nicht als klimafreundliche Alternative bezeichnet werden kann. Das Ziel ist es also, Wasserstoff in Zukunft mithilfe von erneuerbaren Energiequellen (Wind, Sonne usw.) in großen Mengen durch Elektrolyse von Wasser zu gewinnen.

Die Kosten für aus Brennstoffzellen gewonnene Energie sind daher noch meist höher als beim herkömmlichen Weg. Eine Ursache dafür ist auch der relativ hohe Preis des Wasserstoffs. Brennstoffzellen werden daher bislang vor allem in Spezialanwendungen wie etwa in der Raumfahrt genutzt, wo z. B. eine hohe Leistung pro Masse entscheidend wichtig ist.

Sekundärzellen

Bleiakkumulator Der Bleiakkumulator wurde von dem deutschen Arzt J. SINSTEDEN (1854) und dem französischen Physiker G. PLANTÉ (1859) entwickelt und wird immer noch häufig in Kraftfahrzeugen als Starterbatterie verwendet. Im geladenen Zustand besteht die Oberfläche der einen Elektrode (Minuspol) aus metallischem Blei, die Oberfläche der anderen Elektrode (Pluspol) aus Blei(IV)-oxid. Als Elektrolytlösung dient 32%ige Schwefelsäure. Bei ungefähr dieser Konzentration hat die Schwefelsäure ihr Leitfähigkeitsmaximum. Die Blei(IV)-oxid-Platten sind von Glasfaserseparatoren umhüllt, die die Berührung mit den negativen Platten und damit einen Kurzschluss verhindern.
Beim **Entladen** eines Bleiakkumulators laufen folgende chemische Reaktionen ab:

Minuspol (Anode): $\overset{\pm 0}{Pb} + SO_4^{2-} \rightarrow \overset{+2}{Pb}SO_4 + 2\,e^-$

Pluspol (Kathode): $\overset{+4}{Pb}O_2 + 4\,H_3O^+ + SO_4^{2-} + 2\,e^- \rightarrow \overset{+2}{Pb}SO_4 + 6\,H_2O$

Die an beiden Elektroden gebildeten Blei(II)-Ionen reagieren mit Sulfat-Ionen zu schwerlöslichem Blei(IV)-sulfat, das sich an den Elektroden ablagert. Beim Entladen erfolgt im Bleiakkumulator ein insgesamt freiwillig verlaufender Redoxprozess, bei dem eine Umwandlung von chemischer Energie in elektrische Energie stattfindet. Die Elektrodenprozesse (ein Plattensatz) liefern eine Zellspannung von $U = 2$ V. In einer 12-Volt-„Autobatterie" werden 6 dieser Blöcke in Reihe geschaltet.
Beim **Laden** eines Bleiakkumulators verlaufen die chemischen Reaktionen unter Übertragung von elektrischer Energie in umgekehrter Richtung. Dabei ist der Minuspol die Kathode und der Pluspol die Anode.

Minuspol (Kathode): $\overset{+2}{Pb}SO_4 + 2\,e^- \rightarrow \overset{\pm 0}{Pb} + SO_4^{2-}$

Pluspol (Anode): $\overset{+2}{Pb}SO_4 + 6\,H_2O \rightarrow \overset{+4}{Pb}O_2 + 4\,H_3O^+ + SO_4^{2-} + 2\,e^-$

Beim Laden eines Bleiakkumulators wird durch Anlegen einer elektrischen Spannung der Ablauf der Rückreaktion erzwungen: Elektrische Energie wird in chemische Energie umgewandelt.

EXPERIMENT 2 L

Funktionsweise eines Bleiakkumulators

Zwei gereinigte Bleiplatten (GHS07 | 08)werden in ein mit Schwefelsäure (20 %, GHS05) gefülltes Becherglas gestellt. Dabei ist darauf zu achten, dass sich die Bleiplatten nicht berühren.
Mit einer Gleichspannung, die so gewählt wird, dass an den Bleiplatten gerade eine Gasentwicklung zu beobachten ist, wird ca. 5 min lang elektrolysiert.
Nach Beenden der Aufladung wird anstelle der Spannungsquelle ein Spannungsmessgerät oder ein geeigneter Elektromotor mit den Elektroden verbunden.

AUFGABEN

1 Erläutern Sie die Funktionsweise eines Bleiakkumulators.

2 Berechnen Sie bei einer konstanten Leistungsentnahme von 15 W die Entladedauer einer 12-V-Starterbatterie, die eine Ladung von 42 Ah besitzt.

3 Vergleichen Sie Primär- mit Sekundärzellen.

Die Reaktionen beim Laden und Entladen des Bleiakkumulators können durch folgende chemische Gleichung zusammengefasst werden:

$$PbO_2 + Pb + 4\,H_3O^+ + 2\,SO_4^{2-} \underset{\text{Laden}}{\overset{\text{Entladen}}{\rightleftharpoons}} 2\,PbSO_4 + 6\,H_2O$$

Nach der elektrochemischen Spannungsreihe müsste sich beim Laden an der Kathode zunächst Wasserstoff (Redoxpaar $H_2/2\,H_3O^+$) bilden. Diese Reaktion wird jedoch wegen der relativ hohen Überspannung (↑S. 237) des Wasserstoffs am Blei unterdrückt. Dieser Effekt wird noch durch Zusatz von Antimon verstärkt, wodurch heutige Bleiakkumulatoren praktisch wartungsfrei sind.

Nickel-Cadmium-Akkumulator Für Kleingeräte werden häufig NiCd-Akkus (Abb. 1) eingesetzt. Sie haben eine größere Nutzungsdauer, sind kleiner und pflegeleichter als der Bleiakkumulator. Die Spannung der Zelle beträgt $U = 1{,}35$ V. Als Elektrolytlösung wird Kalilauge verwendet.

Minuspol: $\overset{\pm 0}{Cd} + 2\,OH^- \rightarrow \overset{+2}{Cd}(OH)_2 + 2\,e^-$

Pluspol: $2\,\overset{+3}{Ni}O(OH) + 2\,H_2O + 2\,e^- \rightarrow 2\,\overset{+2}{Ni}(OH)_2 + 2\,OH^-$

Beim Nickel-Cadmium-Akkumulator tritt bei häufiger Überladung und mangelnder Entladung eine Verringerung der zur Verfügung stehenden Kapazität auf. Dies wird auch als „Memory-Effekt“ bezeichnet. Ursache des klassischen „Memory-Effekts“ sind Eigenschaftsveränderungen der negativen Cadmium-Elektrode. Er tritt also nur bei NiCd-Akkus auf und wird durch moderne Ladegeräte vermieden.

Nickel-Metallhydrid-Akkumulatoren Nickel-Metallhydrid-Akkumulatoren kommen für fast alle Anwendungen als Ersatz für das NiCd-System infrage. Die Hauptvorteile liegen darin, dass sie cadmiumfrei sind – Cadmium ist ein sehr toxisches Schwermetall – und pro Gewichtseinheit mehr Energie speichern können. Allerdings weisen sie niedrigere maximale Entladeströme und ein schlechteres Verhalten bei niedrigen Temperaturen auf.

NiCd-Akku und NiMH-Akku haben einen sehr ähnlichen Aufbau. Sie unterscheiden sich im Wesentlichen nur dadurch, dass der Minuspol anstelle des Cadmiums eine Metalllegierung enthält, die Wasserstoff absorbieren kann und somit ein Metallhydrid bildet. Die Zellspannung des NiMH-Akkumulators beträgt $U = 1{,}2$ V.

Minuspol: $MeH + OH^- \rightarrow Me + H_2O + e^-$

Pluspol: $NiO(OH) + H_2O + e^- \rightarrow Ni(OH)_2 + OH^-$

1 Nickel-Cadmium-Akkumulator

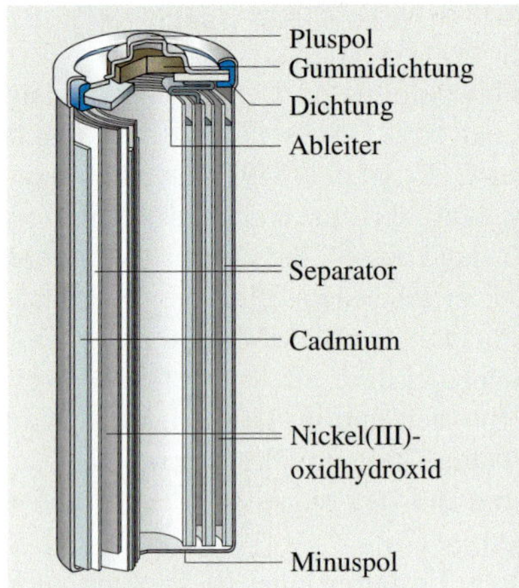

2 Vorgänge im NiMH-Akku

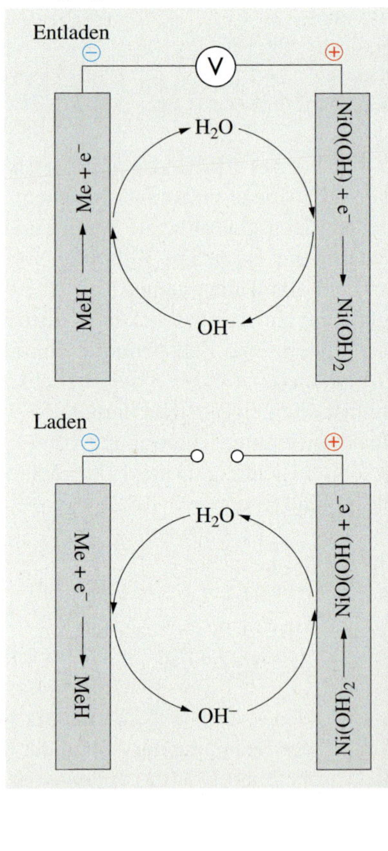

Lithium-Ionen-Akkumulator Der Lithium-Ionen-Akkumulator (Abb. 3) wird vor allem bei elektronischen Geräten mit hohem Energiebedarf genutzt, da er eine sehr hohe Energiedichte aufweist. Außerdem liefert er mit $U = 3{,}7\ \text{V}$ eine sehr hohe Zellspannung.
Der Minuspol besteht aus einer Lithium-Graphit-Verbindung, wobei die Lithiumatome zwischen den Graphitschichten eingelagert sind. Den Pluspol bilden Metalloxide, z. B. Cobalt(IV)-oxid, die „Hohlräume" besitzen, in die Lithium-Ionen reversibel eingelagert werden können. Dabei laufen vereinfacht folgende Reaktionen ab:

Minuspol: $\text{LiC} \underset{\text{Laden}}{\overset{\text{Entladen}}{\rightleftharpoons}} \text{Li}^+ + \text{C} + \text{e}^-$

Pluspol: $\text{Li}^+ + \text{CoO}_2 + \text{e}^- \underset{\text{Laden}}{\overset{\text{Entladen}}{\rightleftharpoons}} \text{LiCoO}_2$

Da elementares Lithium heftig mit Wasser reagiert, müssen Lithium-Ionen-Akkumulatoren völlig wasserfrei sein. Daher werden als Elektrolyte Mischungen aus organischen Verbindungen mit Lithiumsalzen eingesetzt.

3 Lithium-Ionen-Akkumulator

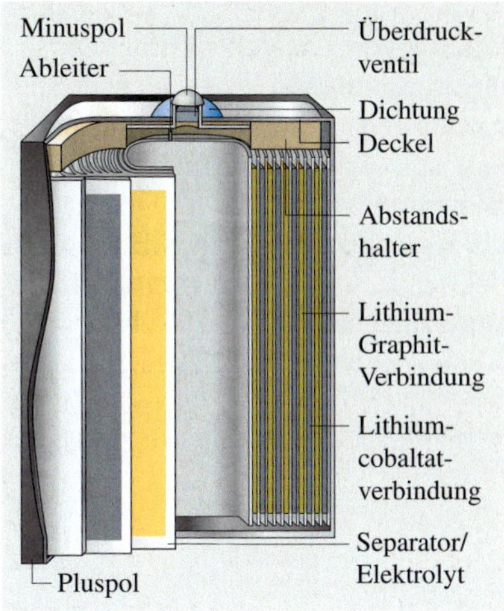

Lithium-Polymer-Akkumulator Diese Weiterentwicklung des Lithium-Ionen-Akkumulators (Abb. 4) enthält keinen flüssigen Elektrolyten, sondern einen Elektrolyten auf Polymerbasis, der als feste bis gelartige Folie vorliegt. Dadurch lassen sich beliebige Formen realisieren, um beispielsweise Hohlräume zu nutzen.

4 Lithium-Polymer-Akkumulator

ZUSAMMENFASSUNG

Galvanische Zellen (galvanische Elemente) sind ortsunabhängige elektrochemische Spannungsquellen (Stromquellen), die durch Kombination von zwei Halbzellen hergestellt werden.
Primärzellen (-elemente) sind als Spannungsquellen nur so lange einsetzbar, bis die für die Umwandlung chemischer Energie in elektrische Energie notwendigen Ausgangsstoffe umgesetzt sind. Die heute am häufigsten verwendeten Primärzellen sind Zink-Kohle-Zellen, Alkali-Mangan-Zellen, Zink-Luft-Zellen, Silberoxid-Zellen und Lithium-Zellen.
Brennstoffzellen sind galvanische Zellen, bei denen Brennstoff und Sauerstoff kontinuierlich zugeführt werden. Sie sind funktionsfähig, solange Ausgangsstoffe zugeführt und Reaktionsprodukte abgeführt werden. In Brennstoffzellen wird chemische Energie der Ausgangsstoffe in elektrische Energie umgewandelt. Die einfachste Brennstoffzelle ist die Wasserstoff-Sauerstoff-Zelle, die z. B. in der Raumfahrt eingesetzt wird.
Sekundärzellen (-elemente) oder Akkumulatoren sind galvanische Zellen (Elemente), die durch Zufuhr von elektrischer Energie wieder geladen werden können. Am häufigsten wird immer noch der Bleiakkumulator als Spannungsquelle eingesetzt. Nickel-Metallhydrid-Akkumulatoren und Lithium-Ionen-Akkumulatoren finden jedoch in vielen Bereichen immer mehr Anwendungsmöglichkeiten. Je nach Einsatzbedingungen erreicht man heute bei Akkumulatoren etwa 500 bis 3000 Ladezyklen.

▶ Energie-Konzept

Elektrochemische Korrosion

Bildung von Lokalelementen Durch chemische, insbesondere elektrochemische Reaktionen entstehen an Metallen jährlich große Schäden im Wert von mehreren Milliarden Euro. Im Verlauf solcher Reaktionen erfolgt eine Zerstörung metallischer Werkstoffe meist von der Oberfläche her. Dieser Prozess wird als **Korrosion** bezeichnet. Etwa ein Viertel der jährlichen Produktion an metallischen Werkstoffen wird durch Korrosion zerstört. Hauptursache für die **elektrochemische Korrosion** ist die Bildung galvanischer Zellen.

1 Drei Arten von galvanischen Zellen

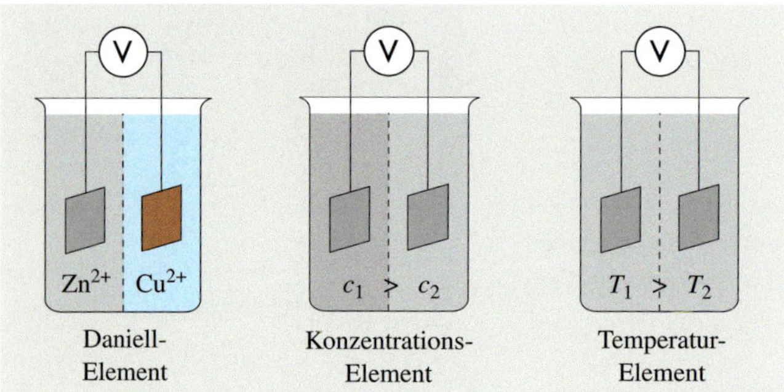

Die galvanischen Zellen, die die Korrosion hervorrufen, heißen **Lokalelemente**, weil sie einen eng begrenzten Raum einnehmen. Am häufigsten sind Lokalelemente mit unterschiedlichem Elektrodenmaterial; ihre Wirkungsweise entspricht der des Daniell-Elements. Bei einer schlechten Verarbeitung eines Metalls kann es zur Bildung von Einschlüssen (z. B. eingewalzte Fremdmetallpartikel) kommen, die ein anderes Elektrodenpotenzial besitzen. Ein Lokalelement entsteht z. B., wenn Zink und Kupfer bei Anwesenheit von Elektrolytlösung elektrisch kurzgeschlossen in einem Werkstück vorhanden sind. Aus dem Zink bilden sich Zink-Ionen, während die Kupferelektrode als Elektronenüberträger praktisch unverändert bleibt und sich Wasserstoff entwickelt (Exp. 1 und Exp. 2).

Außerdem kann an Schraub- und Nietverbindungen von Metallen Korrosion auftreten, wenn Wasser (Elektrolytlösung) in die Spalten eindringt. Es kommt zur Ausbildung eines Konzentrations-Elements: Außen wird die Elektrolytlösung belüftet und enthält mehr gelösten Sauerstoff als im Innern des Spalts, wo der Sauerstoff die Oxidation des Metalls bewirkt. Lokalelemente können auch entstehen, wenn beim gleichen Metall Stellen mit verschiedener Temperatur vorliegen (Temperatur-Element). Elektrochemische Korrosion kann nur eintreten, wenn auf der Metalloberfläche eine Elektrolytlösung vorhanden ist. Eine Elektrolytlösung kann sich auch durch Kondensation von Luftfeuchtigkeit mit anderen Bestandteilen der Luft, wie Kohlenstoffdioxid, Schwefeldioxid und Sauerstoff, bilden.

EXPERIMENT 1

Korrosion durch Lokalelementbildung

In verdünnte Salzsäure taucht man einen Stab aus reinem Zink. Das Zink wird dann in der Salzsäure mit einem Kupferstab berührt (Abb. 2). Erläutern Sie die entsprechenden Beobachtungen.

2 Zink-Kupfer-Lokalelement

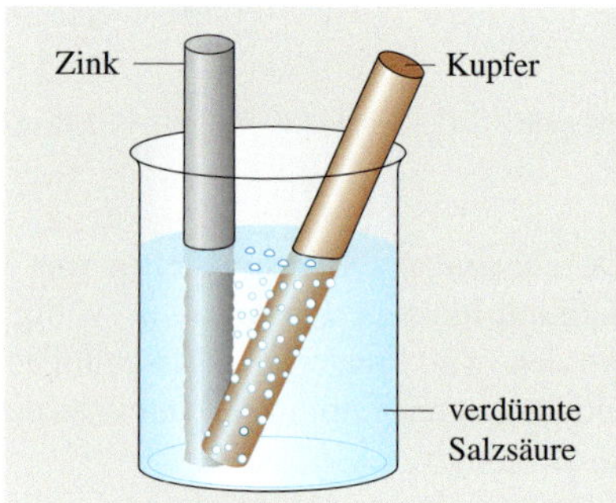

EXPERIMENT 2

Lokalelementbildung und Reaktionsgeschwindigkeit

In 2 Reagenzgläsern mit Seitenansatz (Abb. 3) wird Zink mit verdünnter Salzsäure zur Reaktion gebracht. Das Stoffgemisch in einem der Reagenzgläser ist mit einigen Kristallen Kupfer(II)-sulfat (GHS07|09) zu versetzen. Die Zeit bis zur Entwicklung von 20 ml Wasserstoff aus beiden Reagenzgläsern wird gemessen.

3 Aufbau von Experiment 2

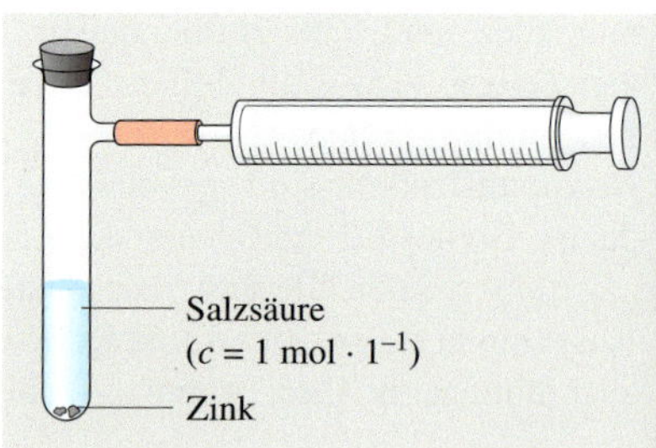

Sauerstoff-Korrosion In unserer Atmosphäre steht reichlich Sauerstoff als Oxidationsmittel zur Verfügung. In Elektrolytlösungen gelöster Sauerstoff kann zur Sauerstoff-Korrosion führen. Vor allem in neutralen oder alkalischen Elektrolytlösungen kann er unter Bildung von Hydroxid-Ionen als Elektronenakzeptor auftreten (Abb. 4).

Säure-Korrosion In sauren Lösungen können Hydronium-Ionen als Elektronenakzeptor wirken. Dabei wird Wasserstoff gebildet (Abb. 5). Daher nennt man diesen Korrosionstyp auch Wasserstoff- oder Säure-Korrosion.

Rosten von Eisenwerkstoffen Eisenwerkstoffe, wie unlegierter Stahl oder Gusseisen, unterliegen der Korrosion im ungeschützten Zustand relativ stark. Der kompliziert verlaufende Prozess der Korrosion an Eisenwerkstoffen heißt **Rosten**. Ursache für das Rosten sind Sauerstoff, Luftfeuchtigkeit und Kohlenstoffdioxid sowie die Bildung von Lokalelementen in Wasserinseln auf der Metalloberfläche. Schon nach wenigen Stunden ist am Rand von Wasserinseln auf Eisenoberflächen die beginnende Rostbildung zu beobachten.
Die Reaktion zwischen Eisen und gelöstem Sauerstoff führt zu einer Konzentrationserniedrigung des Sauerstoffs im Zentrum der Wasserinsel. Dadurch entsteht eine galvanische Zelle, weil das Konzentrationsgefälle durch Sauerstoffumsatz im Zentrum und Sauerstoffzufuhr an der Grenze zwischen Luft und Wasser aufrechterhalten wird. Das Metall im Zentrum der Wasserinsel wird zur Anode, am Rand zur Kathode (Abb. 6).

4 Sauerstoff-Korrosion an einem Lokalelement

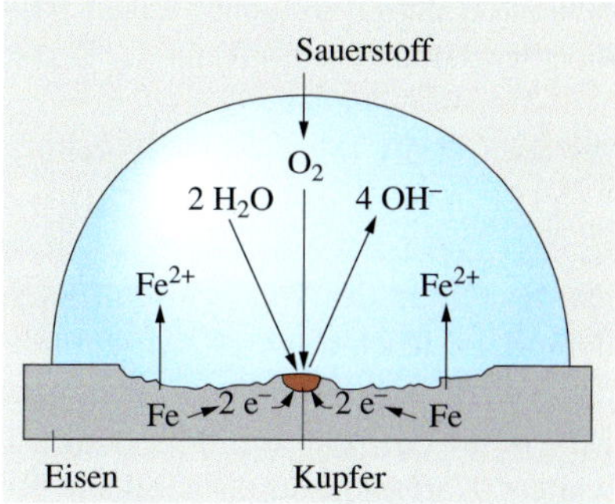

5 Säure-Korrosion an einem Lokalelement

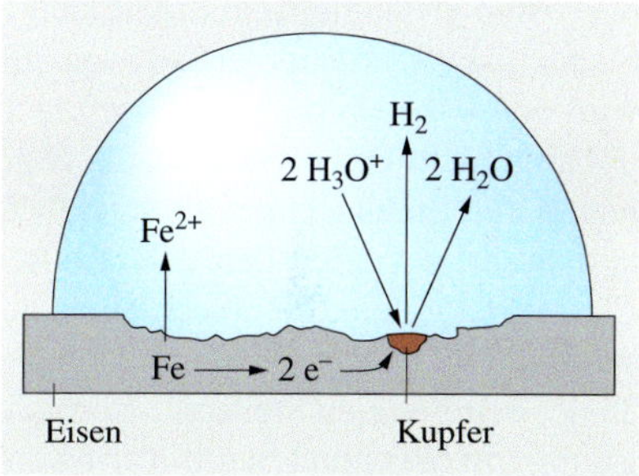

6 Korrosion am beschädigten Eisenwerkstück

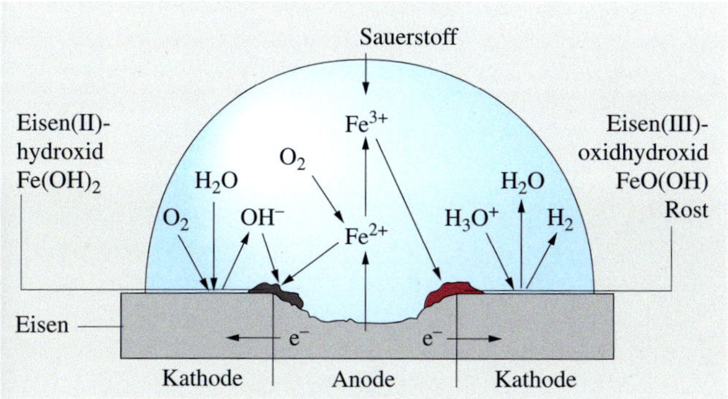

Sehr vereinfacht laufen folgende Reaktionen ab:

Anode:	$2\,Fe(s)$	$\rightarrow 2\,Fe^{2+}(aq) + 4\,e^-$	Oxidation
Kathode:	$O_2(g) + 2\,H_2O(l) + 4\,e^-$	$\rightarrow 4\,OH^-(aq)$	Reduktion

und bei Vorhandensein von Hydronium-Ionen teilweise auch

Kathode:	$2\,H_3O^+(aq) + 2\,e^-$	$\rightarrow H_2(g) + 2\,H_2O(l)$	Reduktion

AUFGABEN

1 Erläutern Sie das Wesen und die Ursachen der Korrosion von Metallen.
2 Erläutern Sie den Vorgang des Rostens bei Eisenwerkstoffen.

Eisen(II)-Ionen bilden mit Hydroxid-Ionen schwer lösliches Eisen(II)-hydroxid, das in einer Folgereaktion mit weiterem Sauerstoff zum rotbraunem Eisen(III)-oxidhydroxid (Rost) oxidiert wird und sich am Rand der Wasserinsel absetzt.

$Fe^{2+}(aq) + 2\ OH^-(aq) \rightarrow Fe(OH)_2(s)$
$4\ Fe(OH)_2(s) + O_2(g) \rightarrow 4\ FeO(OH)(s) + 2\ H_2O(l)$

Da die Größe der Wasserinseln durch Kondensieren und Verdampfen zeitlich wechselt, wird durch die Korrosion allmählich die gesamte Eisenoberfläche überzogen.
Rost ist ein poröser Stoff mit geringer Festigkeit. Daher wird die weitere Korrosion durch gebildete Rostschichten nicht behindert.

Korrosion an verzinntem Stahlblech Zinn hat ein relativ hohes Standard-Elektrodenpotenzial von $E^0(Sn/Sn^{2+}) = -0{,}14\ V$. Es wird von Lebensmitteln praktisch nicht angegriffen und beeinträchtigt nicht deren Geschmack. Zinn ist daher als Überzugsmetall für Stahlblechgefäße geeignet, in denen Lebensmittel aufbewahrt werden sollen, z. B. Konservendosen.
Zinn verleiht dem Stahlblech einen zuverlässigen **Korrosionsschutz**. Sobald aber die Zinnschicht beschädigt wird, kommt es an der betreffenden Stelle zur Korrosion. Bei saurer Elektrolytlösung tritt bevorzugt Säure-Korrosion auf. Da Eisen ein kleineres Standard-Elektrodenpotenzial als Zinn hat, bildet Eisen die Anode. An der beschädigten Zinnschicht laufen vereinfacht folgende chemische Reaktionen ab (Abb. 1):

1 Korrosion am verzinnten Eisenwerkstück

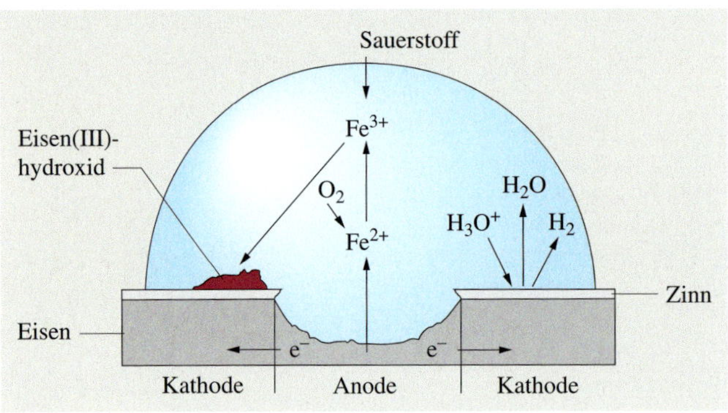

Anode: $Fe(s)$	$\rightarrow Fe^{2+}(aq) + 2\ e^-$	Oxidation
Folgereaktion:		
$4\ Fe^{2+}(aq) + 18\ H_2O(l) + O_2(g)$	$\rightarrow 4\ Fe(OH)_3(s) + 8\ H_3O^+(aq)$	
Kathode: $2\ H_3O^+(aq) + 2\ e^-$	$\rightarrow H_2(g) + 2\ H_2O(l)$	Reduktion

In ähnlicher Weise tritt Korrosion bei allen Metallen auf, die ein größeres Standardpotenzial haben als Eisen, z. B. bei Kupfer oder Nickel.

EXPERIMENT 3
Korrosion und Korrosionsschutz
Unter Erwärmen und ständigem Rühren stellt man aus ca. 2 g Agar-Agar (Gel-Bildner), 100 ml Wasser, einem Spatel Natriumchlorid, einer Spatelspitze Kaliumhexacyanoferrat(III) und einigen Tropfen Phenolphthaleinlösung eine klare „Agar-Agar-Mischung“ her. Die noch heiße Agar-Agar-Mischung wird in 4 Petrischalen gegossen. In je eine Petrischale werden folgende Gegenstände gegeben:
1. ein unbehandelter Eisennagel
2. ein Eisennagel, dessen vordere Hälfte in der Flamme oxidiert wurde
3. ein Eisennagel, der in der Mitte fest mit einem blanken Kupferdraht umwickelt ist
4. ein Eisennagel, der in der Mitte leitend mit einem blanken Zinkstreifen verbunden ist

Erklären Sie die Beobachtungen.
Hinweis: Fe^{2+}-Ionen bilden mit Hexacyanoferrat(III)-Ionen Turnbulls Blau.

AUFGABEN

1 Erläutern Sie die ständig fortschreitende Korrosion (Rosten) beim Eisen, während bei Zink und Aluminium außer einer oberflächlichen Oxidation keine weitere Korrosion zu beobachten ist.
2 Vergleichen Sie die Korrosionserscheinungen an verzinntem und verzinktem Stahlblech.

Korrosion an verzinktem Stahlblech Zink dient als Überzugsmetall vor allem bei Stahlteilen, bei denen ein Langzeitschutz gegen Luft und Wasser gewährleistet werden soll, wie bei Dachrinnen und Gittermasten. Unter Einwirkung von Sauerstoff und Wasser bildet sich auf der Zinkoberfläche eine dichte, gut schützende Oxidschicht. Bei Beschädigung der Zinkschicht schreitet die Korrosion nur langsam voran, weil bei der Ausbildung von Lokalelementen das Eisen hier die Kathode bildet (Abb. 2).

2 Korrosion am verzinkten Eisenwerkstück

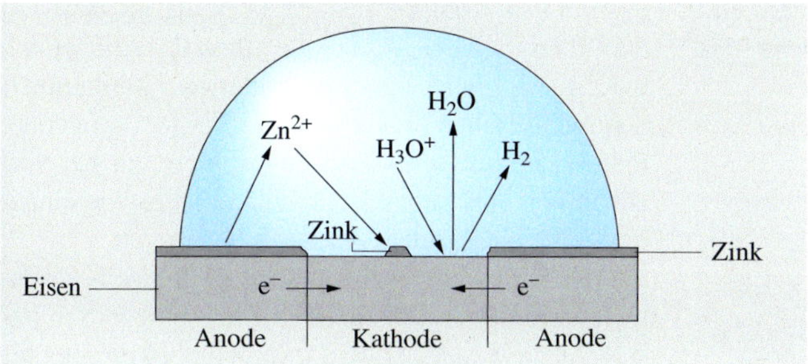

Das Zink wird zu Zink-Ionen oxidiert, am Eisen findet z. B. die Reduktion von Hydronium-Ionen zu Wasserstoff statt. Es kommt bei kleinen Oberflächenbeschädigungen daher nicht zum Rosten des Stahls. Unter günstigen Umständen können sogar Zink-Ionen an der Eisenoberfläche reduziert werden. Die Schadstelle „verheilt" wieder, allerdings nur mit einer sehr dünnen und porösen Zinkschicht. Vereinfacht laufen folgende Reaktionen ab:

Anode: $Zn(s) \rightarrow Zn^{2+}(aq) + 2\,e^-$ Oxidation

Kathode: $2\,H_3O^+(aq) + 2\,e^- \rightarrow H_2(g) + 2\,H_2O(l)$ Reduktion

und gegebenenfalls:

Kathode: $Zn^{2+}(aq) + 2\,e^- \rightarrow Zn(s)$ Reduktion

EXPERIMENT 4

Korrosionsschutz durch „Feuerverzinkung"

Ein Eisentiegel wird zu drei Vierteln mit Zinkgranalien gefüllt. Dann erhitzt man den Eisentiegel, bis das Zink geschmolzen ist. Ein mit Sandpapier sorgfältig gereinigter Eisennagel wird etwa 10 min in die Zinkschmelze getaucht. Den Eisentiegel erhitzt man dabei mit kleiner Flamme.

AUFGABEN

1 Nennen Sie Maßnahmen zur Verhinderung oder Verzögerung der Korrosion von Metallen.
2 Erklären Sie das Prinzip des elektrochemischen Korrosionsschutzes.
3 Erläutern Sie anhand von Beispielen die Bedeutung des Korrosionsschutzes.

ZUSAMMENFASSUNG

Korrosion ist die zerstörende Wirkung chemischer, insbesondere elektrochemischer Reaktionen eines Metalls mit Stoffen der Nachbarphasen. Hauptursache für die elektrochemische Korrosion ist die Bildung von **Lokalelementen**.
Das **Rosten** von Eisenwerkstoffen beruht vor allem auf der Einwirkung von Sauerstoff und der Ausbildung von Lokalelementen. Rost ist ein Gemenge von Oxiden, Hydroxiden und Oxidhydroxiden des Eisens. Ein Hauptbestandteil ist Eisen(III)-oxidhydroxid.
Der **Korrosionsschutz** (↑S. 234 f.) beginnt mit der Auswahl geeigneter Werkstoffe und bei der Konstruktion von Maschinen und Geräten. Wichtige **Methoden des Korrosionsschutzes** sind:
- Aufbringen von Anstrichen
- Phosphatieren (bei Eisenwerkstoffen)
- Emaillieren (bei Stahlblech)
- Aufbringen von Metallüberzügen durch Eintauchen in geschmolzenes Metall, durch Aufdampfen von Metall, durch Aufspritzen von flüssigem Metall, durch Aufwalzen von Metallblechen, durch Galvanisieren
- Eloxieren (bei Aluminium)
- Anwenden von Opferanoden als elektrochemischem Schutz

Technik

Korrosionsschutz

Um ein Werkstück vor Korrosion zu schützen, müssen die Korrosionsursachen vermieden werden. Neben der geeigneten Werkstoffauswahl, einer sachgemäßen Werkstoffverarbeitung und der Verwendung korrosionsbeständiger Legierungen kann man durch Aufbringen von Schutzschichten und auf elektrochemischem Weg die Oberfläche des Metalls schützen.

Tab. 1 Möglichkeiten des Korrosionsschutzes

Metallische Schutzschichten	– Galvanisieren – Feuerverzinken – Plattieren mit Metallen
Schutzschichten aus anorg. Verbindungen	– Eloxieren – Chromatieren – Phosphatieren – Emaillieren
Schutzschichten aus org. Überzügen	– Lackieren – Kunststoffüberzüge
Kathodischer Korrosionsschutz	– Opferanode – Fremdspannung

Beim **Galvanisieren** werden **metallische Schutzschichten** elektrochemisch abgeschieden. Dabei schaltet man in einer entsprechenden Metallsalzlösung das Werkstück als Kathode und das aufzubringende Metall als Anode. Damit die aufgetragene Metallschicht fest auf dem zu schützenden Metall haftet, ist eine völlig saubere, fett- und oxidfreie Metalloberfläche erforderlich.

1 Korrosionsschutz durch Glanzverchromung

Kupfer wird in der Regel als 1 bis 20 µm dicke Grundschicht („Unterkupferung“) aufgalvanisiert. Dies verbessert die Haftfähigkeit weiterer Schutzschichten und schließt das Untergrundmaterial dicht ab. Die galvanischen Bäder enthalten meist cyanidische Komplexsalze, z. B. $Na_3[Cu(CN)_4]$.
Nickel ergibt harte, glänzende Überzüge, die jedoch bald durch oberflächliche Oxidation („Anlaufen“) den metallischen Glanz verlieren. Daher verwendet man Nickel meist als Zwischenschicht vor der Verchromung. Als galvanische Nickelbäder verwendet man z. B. $NiCl_2$ oder $NiSO_4$.
Chrom wird wegen seines Glanzes und seiner relativ guten Beständigkeit häufig als äußere Schutzschicht verwendet (Abb. 1). Obwohl es ein negativeres Standardpotenzial als Eisen hat, bietet es mit seiner passivierenden Oxidschicht einen guten Korrosionsschutz. Die Oxidschicht kann jedoch durch Chlorid-Ionen (Streusalz) zerstört werden.

Bei der Glanzverchromung wird aus Kostengründen nur eine dünne Chromschicht von 0,5 bis 2 µm abgeschieden. Zur Verbesserung der mechanischen Eigenschaften von Maschinenteilen kann man aber durch Hartverchromen auch eine dickere Chromschicht (bis zu 0,4 mm) erzeugen. In beiden Fällen arbeitet man mit Anoden aus Bleilegierungen und einem Bad, das Chrom(VI)-oxid und Schwefelsäure enthält. Vereinfacht läuft an der Kathode, parallel zur Wasserstoffbildung, folgende Reaktion ab:

$$CrO_4^{2-} + 8\,H_3O^+ + 6\,e^- \rightarrow Cr + 12\,H_2O$$

Um giftigen Bleischlamm zu vermeiden, wird bei modernen Anlagen die Bleilegierung durch platiniertes Titan als Anodenmaterial ersetzt. Elektrolyte auf Basis des ungiftigen Chrom(III) werden derzeit erforscht.
Zink dient häufig als Korrosionsschutz für Eisen. Es ist durch eine zusammenhängende Oxidschicht trotz des relativ negativen Standardpotenzials recht korrosionsbeständig. Beim Zink bietet Galvanisieren den Vorteil, mit wesentlich dünneren Überzügen als bei der **Feuerverzinkung** im Schmelztauchverfahren auszukommen.

Bei manchen Metallen ist es sinnvoll, eine **Passivierungsschicht** (z. B. Oxidschicht) durch ein definiertes Verfahren technisch zu erzeugen. Ein solches Beispiel ist Aluminium, man spricht vom **Eloxal-Verfahren** (**el**ektrolytische **Ox**idation von **Al**uminium). Auf Aluminiumoberflächen bildet sich spontan eine 0,02 bis 0,1 µm dicke Oxidschicht, die das Metall im pH-Bereich von 4,5 bis 8,3 schon hinreichend vor weiterer Oxidation schützt. Eine dickere und wirksamere Schutzschicht erreicht man durch anodische Oxidation von Aluminium, mit Schwefelsäure oder Oxalsäure als Elektrolyt. Dabei entstehen harte und bis zu 0,2 mm dicke Schichten. Die Oxidbildung führt zu einer geringfügigen Volumenvergrößerung (Abb. 2). Eloxal-Schichten enthalten Poren, die mit Farbstoffen gefüllt werden können.

2 Vergleich von Galvanisieren und Eloxieren

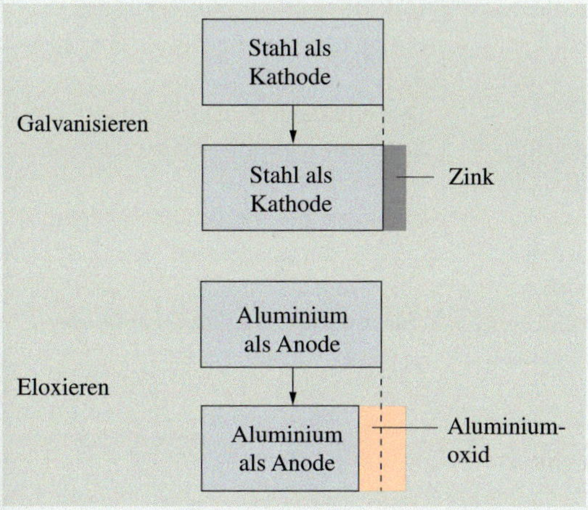

Als effektives und kostengünstiges Nachbehandlungsverfahren für galvanisch abgeschiedene Zinkschichten ist das **Chromatieren** bedeutsam. Die so erzeugten meist chromathaltigen Oxidschichten können die Korrosion des Zinks (Weißrost) deutlich hinauszögern und einen guten Haftgrund für Lackierungen liefern. Je nach Herstellungsverfahren enthalten die Schichten allerdings krebserregendes Chrom(VI). In den letzten Jahren wurden Passivierungen auf Chrom(III)-basis weiterentwickelt, die aber noch nicht die gleiche Korrosionsbeständigkeit erreichen. Diese Schichten zeigen z. B. keinen „Chromat-Selbstheilungseffekt", bei dem sich defekte Stellen durch herausgelöstes Chromat nachchromatieren.

Neben Oxiden können auch Phosphate Passivierungsschichten bilden. Vor allem Eisenwerkstoffe können durch **Phosphatierung** geschützt werden. Durch Eintauchen in eine Lösung, die Zinkphosphat und Phosphorsäure enthält, wird auf dem Metall eine fest haftende Eisenphosphatschicht erzeugt. Die Phosphatschicht bietet zwar keinen dauerhaften Korrosionsschutz, aber eine gute Haftgrundlage für Lackierungen.

Flächenmäßig haben **organische Überzüge** und Anstrichsysteme den größten Anteil am Korrosionsschutz. Jährlich werden weltweit etwa 30 Mio. Tonnen Anstrichstoffe produziert. Ihre enorme Einsatzbreite verdanken sie der einfachen Anwendungstechnik bei geringen Kosten. Die Entwicklung wasserverdünnbarer, lösemittelarmer Anstrichsysteme hat auch die Umweltverträglichkeit des Korrosionsschutzes erheblich gesteigert.

Ein wirksamer Korrosionsschutz ist besonders an Metallteilen notwendig, die sich im Wasser oder Boden befinden. Diese Teile werden zur Kathode eines galvanischen Elements gemacht, indem man sie mit einem unedleren Metall (der **„Opferanode"**) leitend verbindet (Abb. 3). Durch Prozesse an der Opferanode (z. B. $Mg \rightarrow Mg^{2+} + 2\,e^-$) wird das zu schützende Metall so aufgeladen, dass daran Ionenbildung und Korrosion weitgehend unterbleiben. Ein solcher **kathodischer Korrosionsschutz** wird bei Schiffen, unterirdischen Behältern und Rohrleitungen oder bei Stahlkonstruktionen im Meer eingesetzt.

3 Kathodischer Korrosionsschutz

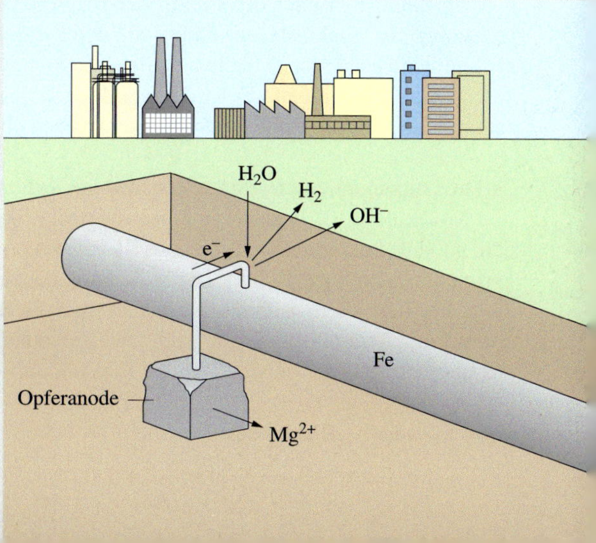

Elektrolyse

Die Wirkungen des elektrischen Stroms auf Elektrolytlösungen und Elektrolytschmelzen führen zu einem wichtigen Anwendungsgebiet der Elektrochemie. Die elektrochemischen Reaktionen bei Stromfluss durch galvanische Zellen werden zur Produktion von Stoffen (z. B. Natronlauge, Chlor, Aluminium und Zink), zur Feinreinigung von Metallen (z. B. Kupfer, Zink und Aluminium) sowie zur quantitativen Bestimmung von Bestandteilen in Elektrolyten genutzt.

Elektrolyse in wässriger Lösung

Begriff der Elektrolyse Wird an zwei elektrolytisch miteinander verbundene Elektroden eine elektrische Gleichspannung angelegt, die die Zellspannung der galvanischen Zelle überkompensiert, so erfolgt zwischen den Elektroden ein Ladungstransport durch die gerichtete Bewegung der vorhandenen hydratisierten Kationen und Anionen. An den Elektroden finden elektrochemische Reaktionen statt. Dabei wird elektrische Energie in chemische Energie umgewandelt. Es wird eine Redoxreaktion erzwungen, die an den Elektroden freiwillig nicht ablaufen würde. Der Gesamtvorgang wird als **Elektrolyse** bezeichnet.
Bei der Elektrolyse einer Zinkchloridlösung mit Graphitelektroden finden folgende elektrochemische Reaktionen statt (Exp. 1):

Anode (Pluspol):	$2\,Cl^-$	$\rightarrow$	$Cl_2 + 2\,e^-$	Oxidation
Kathode (Minuspol):	$Zn^{2+} + 2\,e^-$	$\rightarrow$	Zn	Reduktion
Gesamtreaktion:	$Zn^{2+} + 2\,Cl^-$	$\rightarrow$	$Zn + Cl_2$	Redoxreaktion

Die Elektrodenvorgänge laufen nur unter Zwang einer ausreichend großen Gleichspannung ab. Es handelt sich um eine erzwungene, endergonische Redoxreaktion.
Unterbricht man die Elektrolyse, so kann man für kurze Zeit eine Spannung zwischen den Elektroden messen. Durch die Abscheidung der Elektrolyseprodukte an den Graphitelektroden hat sich eine galvanische Zelle aus einer Zink/Zink-Ionen- und einer Chlorid-Ionen/Chlorelektrode gebildet. In dieser galvanischen Zelle läuft die Redoxreaktion exergonisch ab.

Zersetzungsspannung U_z Sind verschiedene Kationen, Anionen und Moleküle (z. B. Wasser) in einer Elektrolytlösung vorhanden, so läuft hauptsächlich diejenige Redoxreaktion ab, die die geringste Spannung erfordert. Die Spannung, bei der die Zersetzung des Elektrolyts beginnt, bezeichnet man als **Zersetzungsspannung**. Theoretisch ergibt sich die Zersetzungsspannung aus der Differenz der entsprechenden Elektrodenpotenziale.

$$U_z = E(\text{Anode}) - E(\text{Kathode})$$

EXPERIMENT 1
Elektrolyse einer Zinkchloridlösung
Abzug! In einem U-Rohr wird eine Zinkchloridlösung ($c = 1\ mol \cdot l^{-1}$; GHS07) mit Graphitelektroden einige Minuten bei $U = 2\text{–}3\ V$ elektrolysiert (Abb. 1).
Das entstandene Chlor (GHS06|09) kann mit Kaliumiodidpapier nachgewiesen werden.
Erläutern Sie die Beobachtungen.

1 Elektrolyse einer Zinkchloridlösung

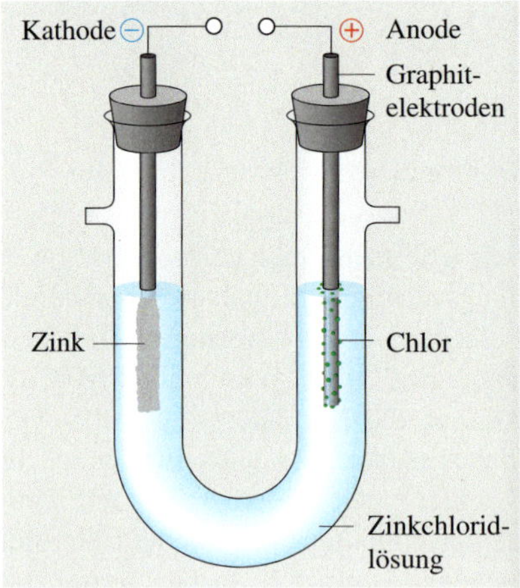

AUFGABEN

1 Erläutern Sie die Funktionsweise einer Elektrolysezelle.
2 Vergleichen Sie die Elektrolysezelle mit einer galvanischen Zelle.

Auch bei der Elektrolyse einer Zinkchloridlösung sind mehrere Reaktionen möglich. Zur Abschätzung der möglichen Elektrodenreaktionen können die Standard-Elektrodenpotenziale betrachtet werden:

Mögliche Oxidationen an der Anode (Chlorid-Ionen, Wasser)

$2\,Cl^-(aq) \rightarrow Cl_2(g) + 2\,e^-$ $E^0 = +1{,}36$ V

$4\,OH^-(aq) \rightarrow O_2(g) + 2\,H_2O(l) + 4\,e^-$ $E = +0{,}82$ V (pH = 7)

Mögliche Reduktionen an der Kathode (Zink-Ionen, Wasser)

$Zn^{2+}(aq) + 2\,e^- \rightarrow Zn(s)$ $E^0 = -0{,}76$ V

$2\,H_3O^+(aq) + 2\,e^- \rightarrow H_2(g) + 2\,H_2O(l)$ $E = -0{,}41$ V (pH = 7)

Die kleinste Elektrodenpotenzialdifferenz ergibt sich somit nach $U_z = E(\text{Anode}) - E(\text{Kathode})$ für die Bildung von Sauerstoff an der Anode und Wasserstoff an der Kathode.

$$U_z = (+0{,}82\text{ V}) - (-0{,}41\text{ V}) = +1{,}23\text{ V}$$

In der Praxis entstehen Sauerstoff und Wasserstoff jedoch erst bei deutlich höheren Spannungen. Diese Erscheinung ist bei vielen Stoffabscheidungen durch Elektrolyse zu beobachten; man nennt sie **Überspannung (*E**)**. Sie tritt bevorzugt bei Elektrodenreaktionen auf, bei denen Gase entwickelt werden. Die Überspannung hat ihre Ursache darin, dass manche Reaktionen an den Elektroden kinetisch gehemmt sind. Um diese Hemmung zu überwinden, muss mehr Energie aufgewendet werden. Beeinflusst wird die Überspannung von dem Elektrodenmaterial, der Oberflächenbeschaffenheit der Elektrode, der Stromdichte (Quotient aus Stromstärke und Elektrodenfläche) und natürlich dem abgeschiedenen Stoff (Tab. 1). Demnach errechnet sich die praktische Zersetzungsspannung aus der Differenz der um die Überspannung korrigierten Elektrodenpotenziale (Abb. 2).

$$\boldsymbol{U_z = [E(\text{Anode}) + E^*(\text{Anode})] - [E(\text{Kathode}) + E^*(\text{Kathode})]}$$

Die Elektrolyse einer Zinkchloridlösung (Exp. 1) hat unter Berücksichtigung der Überspannung der beteiligten Gase eine Zersetzungsspannung U_z von ca. 2,37 V, bei der es zur Chlorbildung an der Anode und Zinkabscheidung an der Kathode kommt.

AUFGABEN

1 Berechnen Sie die theoretische Zersetzungsspannung einer Kupfer(II)-chloridlösung.

2 Kaliumchloridlösung wird elektrolysiert. Notieren Sie die Reaktionen, die an Anode und Kathode prinzipiell möglich sind. Bestimmen Sie die Zersetzungsspannung für den Fall der Verwendung von Graphitelektroden bei einer Stromdichte von $10^{-3}\,A \cdot cm^{-2}$.

2 Potenzialdiagramm zur Elektrolyse einer Zinkchloridlösung (pH = 7) an Graphitelektroden (bei $0{,}1\,A \cdot cm^{-2}$)

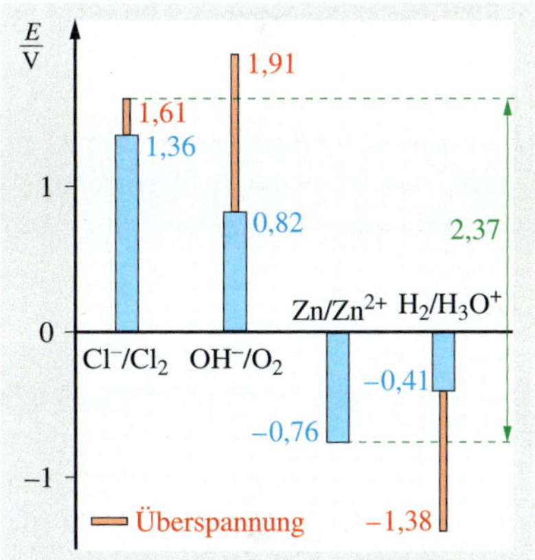

Tab. 1 Überspannung E^* in V für die Abscheidung einiger Gase

Elektrolyseprodukt	Elektrodenmaterial	Stromdichte in $A \cdot cm^{-2}$ 10^{-3}	10^{-2}	10^{-1}	10^{0}
Wasserstoff	Platin (platiniert)	−0,02	−0,04	−0,05	−0,07
	Platin (blank)	−0,12	−0,23	−0,35	−0,47
	Graphit	−0,60	−0,78	−0,97	−1,03
	Quecksilber	−0,94	−1,04	−1,15	−1,25
Sauerstoff	Platin (blank)	+0,72	+0,85	+1,28	+1,49
	Graphit	+0,53	+0,69	+1,09	+1,24
Chlor	Platin (blank)	+0,01	+0,03	+0,05	+0,24
	Graphit	+0,10	+0,16	+0,25	+0,50

Faraday'sche Gesetze

Für technische Elektrolysen sind neben der Zersetzungsspannung vor allem der Strombedarf und der Stoffumsatz von grundlegendem Interesse. Untersuchungen dazu führte der englische Physiker und Chemiker M. FARADAY durch (Abb. 1). 1833/34 stellte er die nach ihm benannten Faraday'schen Gesetze auf.

1 MICHAEL FARADAY (1791 bis 1867), der Sohn eines Londoner Schmieds, war ein erfolgreicher Naturforscher. Eine seiner bedeutendsten Entdeckungen ist die elektromagnetische Induktion. Von ihm wurden auch eine Reihe bis heute noch gültiger grundlegender Begriffe für die Elektrochemie eingeführt, wie Elektrolyse, Elektrolyt, Elektrode, Anode, Kathode, Anion und Kation.

EXPERIMENT 2

Elektrolyse von Wasser

Verdünnte Schwefelsäure ($c = 0{,}1\ \text{mol} \cdot l^{-1}$) wird mit Inertelektroden im Hofmann'schen Elektrolyseapparat elektrolysiert (Abb. 2). Bei konstanter Stromstärke werden die Volumina an Wasserstoff (GHS02) und Sauerstoff in bestimmten Zeitabständen gemessen. Stellen Sie die Messergebnisse grafisch dar und erläutern Sie diese unter Beachtung der an den Elektroden ablaufenden Reaktionen.

1. Faraday'sches Gesetz Das erste Faraday'sche Gesetz lautet:

Die bei der Elektrolyse einer Lösung oder Schmelze abgeschiedenen Stoffmengen n sind zu dem durch den Elektrolyt geflossenen Produkt aus Stromstärke I und Zeit t proportional. Das Produkt $I \cdot t$ bezeichnet man als elektrische Ladung Q.

$$n \sim Q = I \cdot t$$

2 Hofmann'scher Elektrolyseapparat

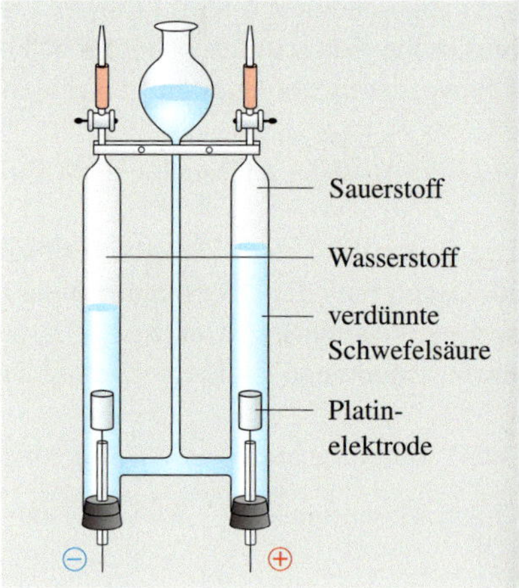

2. Faraday'sches Gesetz Bei gleicher Elektrolysedauer und gleicher Stromstärke stehen die an den Elektroden umgesetzten Stoffmengen in einem bestimmten Verhältnis zueinander. Die umgesetzte Stoffmenge hängt bei gleicher zur Verfügung stehender Ladung von der Anzahl der Elementarladungen z ab, die für einen Formelumsatz erforderlich sind.

$$Ag^+ + e^- \rightarrow Ag \qquad z = 1$$
$$Al^{3+} + 3\ e^- \rightarrow Al \qquad z = 3$$

Um beispielsweise die Stoffmenge von 1 mol Aluminium-Ionen zu entladen, ist die dreifache Ladung wie für die Entladung von 1 mol Silber-Ionen notwendig. Daraus ergibt sich das zweite Faraday'sche Gesetz:

Die von der gleichen Ladung Q an den Elektroden umgesetzten Stoffmengen n unterschiedlicher Stoffe verhalten sich umgekehrt proportional zu der jeweils erforderlichen Anzahl der Elementarladungen z.

$$\frac{n_1}{n_2} = \frac{z_2}{z_1}$$

Untersuchungen zeigen, dass eine Ladung von 96485 C nötig ist, um 1 mol einfach geladener Ionen abzuscheiden. Die stoffmengenbezogene Ladung $Q_m = 96485\ C \cdot mol^{-1}$ bezeichnet man als **Faraday-Konstante *F***.

$$Q_m = \frac{Q}{n};\ Q_m = z \cdot F;\ Q = n \cdot z \cdot F$$

Die Faraday-Konstante ergibt sich auch als Produkt aus der Elementarladung e und der Avogrado-Konstante N_A:

$$F = e \cdot N_A = 1{,}602 \cdot 10^{-19}\ C \cdot 6{,}022 \cdot 10^{23}\ mol^{-1} = 96485\ C \cdot mol^{-1}$$

Für die abgeschiedene Stoffmenge n ergibt sich nach den Faraday'schen-Gesetzen:

$$n = \frac{I \cdot t}{z \cdot F}$$

Technische Elektrolysen in wässriger Lösung

Chlor-Alkali-Elektrolyse Wird an eine Natriumchloridlösung eine Gleichspannung angelegt (Exp. 3), so könnten folgende Reaktionen stattfinden:

Mögliche Oxidationen an der Anode (Chlorid-Ionen, Wasser)

$2\ Cl^-(aq) \rightarrow Cl_2(g) + 2\ e^-$ $E^0 = +1{,}36\ V$

$6\ H_2O(l) \rightarrow O_2(g) + 4\ H_3O^+(aq) + 4\ e^-$ $E = +0{,}82\ V\ (pH = 7)$

Mögliche Reduktionen an der Kathode (Natrium-Ionen, Wasser)

$Na^+(aq) + e^- \rightarrow Na(s)$ $E^0 = -2{,}71\ V$

$2\ H_2O(l) + 2\ e^- \rightarrow H_2(g) + 2\ OH^-(aq)$ $E = -0{,}41\ V\ (pH = 7)$

Entsprechend den Elektrodenpotenzialen sollten bei der Elektrolyse Sauerstoff und Wasserstoff entstehen. Durch Einsatz von Kohleelektroden wird aufgrund der deutlich größeren Überspannung des Sauerstoffs (↑Tab. 1, S. 237) im Anodenraum aber gasförmiges Chlor gebildet. An der Kathode wird erwartungsgemäß Wasser reduziert. Dies führt zur Bildung von gasförmigem Wasserstoff und gleichzeitig zu einer Erhöhung der Konzentration an Hydroxid-Ionen in der verbleibenden Lösung.

Die großtechnisch durchgeführte Elektrolyse von Natriumchloridlösung heißt **Chlor-Alkali-Elektrolyse**. Ihre wirtschaftliche Bedeutung liegt in der Produktion der wichtigen Grundchemikalien Natriumhydroxidlösung (Natronlauge) und Chlor. Als ebenfalls nutzbares Nebenprodukt fällt Wasserstoff an.
Bei der Chlor-Alkali-Elektrolyse wird das Phänomen der verschiedenen Überspannungen von Gasen an bestimmten Elektrodenmaterialien ausgenutzt. Derzeit gibt es drei technische Varianten der Chlor-Alkali-Elektrolyse.

AUFGABEN

1 Berechnen Sie die elektrische Ladung, die für die Abscheidung einer Masse $m = 190{,}5$ mg Kupfer aus einer Kupfer(II)-Salzlösung erforderlich ist.

2 Die Abscheidung von Silber diente früher zur Definition der Einheit der Stromstärke. Berechnen Sie die Masse an Silber, die in der Zeit $t = 1$ s durch eine Stromstärke $I = 1$ A an der Kathode abgeschieden wird.

3 Ein metallischer Gegenstand von 100 cm^2 Oberfläche soll elektrolytisch mit einer 20 µm dicken Kupferschicht überzogen werden. Die elektrolytischen Bäder für die sogenannte Kupfergalvanisierung enthalten meist cyanidische Komplexsalze, z. B. $Na_3[Cu(CN)_4]$. Berechnen Sie die theoretisch erforderliche Stromstärke, wenn der Vorgang in 30 min abgeschlossen sein soll.

EXPERIMENT 3

Elektrolyse einer Natriumchloridlösung

Abzug! Natriumchloridlösung mit einem Zusatz einiger Tropfen Phenolphthaleinlösung wird mit Kohleelektroden elektrolysiert. Die Erscheinungen nach Umkehr der Stromrichtung sind zu beobachten und zu deuten. Nach Abschalten der Spannungsquelle wird die Spannung zwischen den Elektroden bestimmt. Das Experiment kann mithilfe eines mit Natriumchloridlösung und 1 Tropfen Phenolphthaleinlösung getränkten Filterpapierstreifens wiederholt werden.

Beim **Diaphragmaverfahren** werden Anoden- und Kathodenraum durch ein Diaphragma getrennt (Abb. 1). Als Elektrodenmaterialien werden für die Anode Titan, für die Kathode Stahl eingesetzt. Aufgrund von Überspannungen finden folgende Reaktionen statt:

Anode: $2\,Cl^-(aq) \rightarrow Cl_2(g) + 2\,e^-$
Kathode: $2\,H_2O(l) + 2\,e^- \rightarrow H_2(g) + 2\,OH^-(aq)$

Das eingesetzte Diaphragma, ein Geflecht aus Teflon® (früher aus Asbest) ist für Gasbläschen undurchlässig und verhindert dadurch die Bildung von Chlorknallgas. Gleichzeitig behindert es kaum die Wanderung der Natrium- und Chlorid-Ionen im elektrischen Feld und gewährleistet damit den elektrischen Kontakt der Halbzellen. Eine unerwünschte Diffusion von Hydroxid-Ionen zur Anode wird durch einen hydrostatischen Überdruck der Reinsole (310 g/l NaCl) im Anodenraum erschwert. Im Kathodenraum erhält man eine etwa 12%ige Natronlauge, die noch ca. 16 % Natriumchlorid enthält. Durch Eindampfen dieser Lösung, wodurch das schwerer lösliche Natriumchlorid ausfällt, erhält man eine 50%ige Natronlauge. Zusätzlich gewinnt man Wasserstoff und Chlor, das allerdings durch geringe Mengen von Sauerstoff verunreinigt ist.

Das **Membranverfahren** ist eine moderne Variante des Diaphragmaverfahrens. Die Lösungen in den Halbzellen werden hier durch eine Polymermembran abgetrennt, die nach dem Prinzip der Ionenaustauscher nur für Kationen durchlässig ist (Abb. 1). Für Gase sowie für Chlorid- bzw. Hydroxid-Ionen ist sie nahezu undurchlässig. Die produzierte etwa 35%ige Natriumhydroxidlösung ist daher kaum mit Chlorid-Ionen verunreinigt. Ein Nachteil dieses Verfahrens besteht derzeit noch darin, dass die NaCl-Sole sehr aufwendig gereinigt werden muss. Schon Spuren von mehrfach geladenen Kationen (z. B. Ca^{2+}) können die sehr teure Membran funktionsunfähig machen.

AUFGABEN

1 Berechnen Sie die benötigte Zeit für die Produktion von 1 t Natriumhydroxid, wenn mit einer Stromstärke von 30 kA gearbeitet wird.

2 Berechnen Sie:

a die elektrische Ladung, die theoretisch erforderlich ist, um eine Masse m = 150 t Natriumhydroxid zu produzieren

b die Volumina an Wasserstoff und Chlor im Normzustand, die dabei entstehen

Entwickeln Sie für alle Reaktionen die chemischen Gleichungen.

3 Erklären Sie, warum zwischen den Elektroden bei der Elektrolyse von Natriumchlorid mit Kohleelektroden nach Abschalten der Spannungsquelle eine Spannung nachgewiesen werden kann.

1 Schematischer Vergleich von Diaphragma- und Membranverfahren

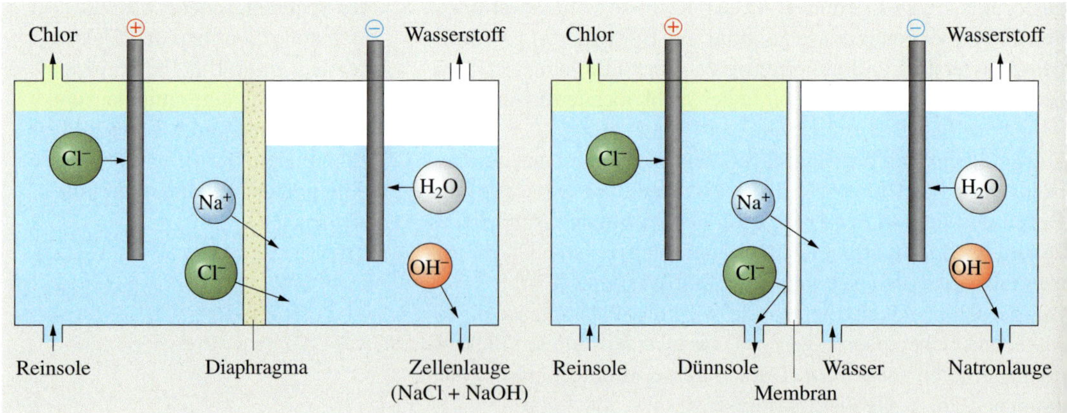

Auch beim **Amalgamverfahren** dienen Titanelektroden als Anoden. Die Kathode ist eine langsam am Boden der schwach geneigten Elektrolysezelle auf einer Eisenplatte fließende Quecksilberschicht von 3 bis 5 mm Dicke (Abb. 3):

Anode: $2\,Cl^-(aq) \rightarrow Cl_2(g) + 2\,e^-$
Kathode: $2\,Na^+(aq) + 2\,e^- \rightarrow 2\,Na(s)$

Die Abscheidung von Natrium erfolgt, weil die Bildung von Wasserstoff an der Quecksilberoberfläche durch eine hohe Überspannung stark gehemmt ist und das Elektrodenpotenzial von Natrium durch Natriumamalgambildung deutlich positiver wird.

$Na(s) + x\,Hg(l) \rightarrow NaHg_x(l)$

Das gebildete Natriumamalgam gelangt anschließend in eine Zersetzungszelle, in der es mit Wasser reagiert.

$2\,NaHg_x(l) + 2\,H_2O(l) \rightarrow 2\,Na^+(aq) + 2\,OH^-(aq) + H_2(g) + 2x\,Hg(l)$

Graphitstäbe in der Zersetzungszelle helfen dabei, die Reaktionshemmung der Wasserstoffabscheidung am Quecksilber zu überwinden. Endprodukte sind Wasserstoff, reines Chlor und hochreine, konzentrierte (50 %) Natronlauge. Um Umweltbelastungen durch Quecksilber weitgehend auszuschließen, ist allerdings eine sorgfältige Überwachung und Wartung der Anlage erforderlich.
Der große Bedarf an Natronlauge sowie der preiswerte Ausgangsstoff Natriumchlorid sind immer wieder Anreize, die Chlor-Alkali-Elektrolyse in wachsendem Ausmaß zu betreiben. Angesichts steigender Umweltbelastungen ist es aber notwendig, über ein vernünftiges Maß der Elektrolyse von Natriumchloridlösung nachzudenken und die gewonnenen Produkte umweltfreundlich einzusetzen.

2 Zellensaal einer Amalgamanlage

AUFGABE

1 Das Membranverfahren ist das derzeit energieeffizienteste und umweltfreundlichste Verfahren. Recherchieren Sie im Internet, warum in Europa dennoch weiterhin das Amalgamverfahren dominiert, das die Umwelt auch noch mit Quecksilberemissionen belastet.

3 Schematische Darstellung des Amalgamverfahrens

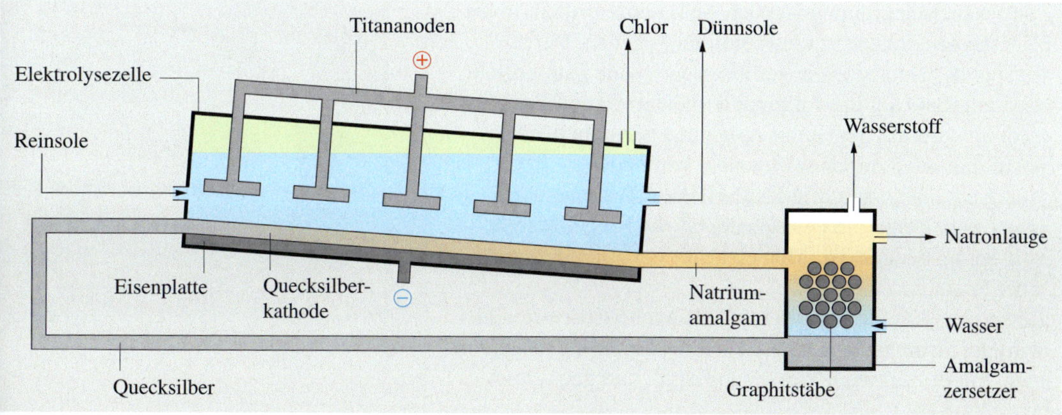

Elektrolytische Raffination von Kupfer Das auf pyrometallurgischem Weg (↑ S. 205) aus sulfidischen Kupfererzen hergestellte Rohkupfer enthält neben 98 % Kupfer vor allem Eisen, Zink, Nickel sowie kleine Anteile wertvoller Edelmetalle (z. B. Silber und Gold). Für die Verwendung von Kupfer als elektrischem Leiter ist aber eine Reinheit von über 99,9 % erforderlich, da sich sonst der elektrische Widerstand deutlich erhöht. Die Reinigung des Rohkupfers erfolgt durch **elektrolytische Raffination** (franz. raffiner – verfeinern), bei der Platten aus Rohkupfer als Anode verwendet werden. Bleche aus reinem Kupfer dienen als Kathode. Beide tauchen in einen Elektrolyten aus schwefelsaurer Kupfer(II)-sulfatlösung. Wird eine Gleichspannung angelegt, so könnten folgende Reaktionen stattfinden:

Anode:	$Cu \rightarrow Cu^{2+} + 2\,e^-$	$E^0 = +0{,}35$ V
Anode:	$6\,H_2O \rightarrow O_2 + 4\,H_3O^+ + 4\,e^-$	$E^0 = +1{,}23$ V (pH = 0)
Kathode:	$Cu^{2+} + 2\,e^- \rightarrow Cu$	$E^0 = +0{,}35$ V
Kathode:	$2\,H_3O^+ + 2\,e^- \rightarrow H_2 + 2\,H_2O$	$E^0 = 0{,}00$ V (pH = 0)

Entsprechend der geringsten Elektrodenpotenzialdifferenz sollte die Oxidation des Kupfers an der Anode und die Reduktion der Kupfer(II)-Ionen an der Kathode bei einer Zersetzungsspannung von $U_z = 0$ V erfolgen. In der Praxis ist jedoch eine Spannung von ca. 0,3 V erforderlich, um den elektrischen Widerstand der Elektrolytlösung zu überwinden. Zudem ist die Konzentration der Kupfer(II)-Ionen in der Umgebung der Anode höher als an der Kathode, sodass sich geringe Unterschiede in den Elektrodenpotenzialen ergeben.

Bei der Elektrolyse werden neben Kupfer alle Verunreinigungen aus unedleren Metallen in der Rohkupferelektrode oxidiert und gehen ebenfalls in Lösung. Andererseits nehmen sie an der Ka-

AUFGABE

1 Erläutern Sie die Reaktionen an den Elektroden bei der elektrolytischen Raffination von Kupfer.

EXPERIMENT 4

Elektrolyse einer Kupfer(II)-sulfatlösung an Kupferelektroden (Kupferbäumchen)

Die Versuchsanordnung ist nach Abb. 1 aufzubauen. In die Petrischale wird zuerst ein Rundfilter gegeben. Der am Pluspol des Netzgeräts angeschlossene runde Kupferdraht wird am Rand auf das Filterpapier gelegt. Der andere Kupferdraht wird mit der Spitze möglichst genau in der Mitte positioniert und mit dem Minuspol verbunden.
Nun gießt man vorsichtig Kupfer(II)-sulfatlösung ($c = 1\ mol \cdot l^{-1}$) in die Petrischale, bis die Ringelektrode vollständig bedeckt ist. Man elektrolysiert ca. 20 min bei einer Spannung von $U = 5$ V.
Bevor das „Kupferbäumchen" die Ringelektrode erreicht, wird der Strom abgeschaltet, das Filterpapier herausgenommen, mit destilliertem Wasser abgespült und getrocknet.

1 Bildung eines „Kupferbäumchens"

thode keine Elektronen auf, da sich Kupfer(II)-Ionen leichter reduzieren lassen. Nach ca. einem Monat hat sich die Anode zu 90 % aufgelöst und ist damit verbraucht.
Die edleren Verunreinigungen (Silber und Gold) fallen bei der Auflösung der Anode als unlöslicher Anodenschlamm herab. Der Anodenschlamm bildet ein wertvolles Nebenprodukt – neben dem eigentlichen Produkt, dem **Elektrolytkupfer** mit einem Kupferanteil von mindestens 99,98 %.

2 Schematische Darstellung der Kupferraffination

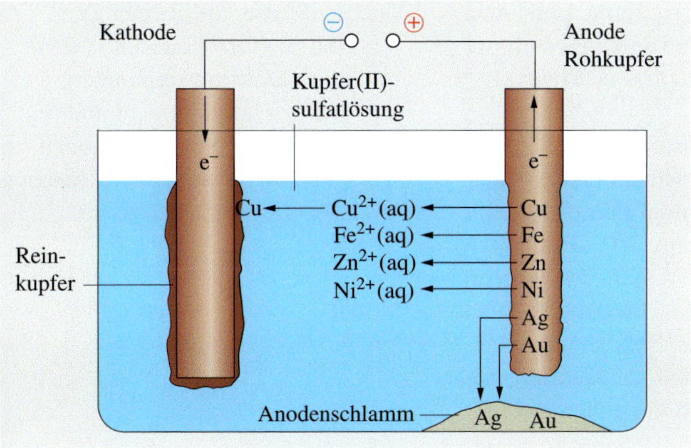

3 Frisches reines Elektrolytkupfer

Schmelzflusselektrolyse zur Aluminiumherstellung

Herstellung von Metallen Mit Ausnahme der Edelmetalle kommen Metalle nicht in technisch nutzbarem Umfang als elementare Stoffe vor. Vorwiegend sind die für die Technik bedeutsamen Metalle in natürlichen Lagerstätten in Form von Oxiden, Sulfiden und Carbonaten anzutreffen (Tab. 1).
Zur Herstellung dieser Metalle werden Redoxreaktionen angewandt (↑ Kap. „Redoxreaktionen“, S. 204). Der technische Prozess wird in Schacht-, Flamm- oder Hochöfen durchgeführt und heißt Verhüttung.

Tab. 1 Beispiele von Mineralien, die zur Metallgewinnung genutzt werden

Metall	Wichtiges Erzmineral	Hauptbestandteil
Al	Bauxit	$Al_2O_3 \cdot H_2O$
Pb	Galenit (Bleiglanz)	PbS
Fe	Hämatit	Fe_2O_3
	Magnetit	Fe_3O_4
	Pyrit	FeS_2
Cu	Chalkopyrit (Kupferkies)	$CuFeS_2$
	Chalkosin (Kupferglanz)	Cu_2S
Zn	Sphalerit (Zinkblende)	ZnS
Mg	Dolomit	$CaMg(CO_3)_2$
Ti	Ilmenit (Titaneisenerz)	$FeTiO_3$

Tab. 2 Geschätzte Rohstoffvorräte der Erde, die derzeit rentabel abbaubar wären

Rohstoff	Vorräte (in 10^3 t)	Weltförderung 2006 (in 10^3 t)
Eisen	70 000 000	1 530 000
Bauxit	25 000 000	185 600
Kupfer	600 000	15 000
Zink	140 000	10 600
Blei	200 000	3 540
Silber	288	20
Gold	55	2

AUFGABE

1 Berechnen Sie das theoretische Ende der Rohstoffressourcen bei gleichbleibender Weltförderungsmenge für die in Tab. 2 angegebenen Metalle und diskutieren Sie die Ergebnisse.

Eine Reihe von Metallen wird heute nicht oder nicht mehr ausschließlich durch Verhüttung, sondern durch Elektrolyse hergestellt. Die elektrolytische Herstellung gestattet es, mit wenigen Prozessstufen relativ reine Stoffe zu produzieren. Außerdem werden bei Anwendung der Elektrolyse die Rohstoffe besser ausgenutzt. Vielfach können dabei wertvolle Nebenprodukte gewonnen werden.
Die Elektrolyse in wässriger Lösung ist nur anwendbar, wenn das Standardpotenzial der Metalle nicht wesentlich kleiner ist als das des Wasserstoffs. Metalle mit sehr kleinem Standardpotenzial, wie Aluminium, Magnesium und Natrium, stellt man daher durch Elektrolyse geschmolzener Verbindungen dieser Metalle her. Dieses Verfahren heißt **Schmelzflusselektrolyse**.

Herstellung von Aluminium Der Ausgangsstoff für die Herstellung von Aluminium ist **Bauxit**, das nach seinem ersten Fundort Les Baux in Südfrankreich benannt wurde. Dieses Mineral enthält durchschnittlich 55 % Aluminiumoxid, 20 % Eisen(III)-oxid, 3 % Siliciumdioxid, 2 % Titan(IV)-oxid und 20 % Wasser. Große Lagerstätten befinden sich in Afrika, Südamerika und Australien. Da die Nebenbestandteile bei der Schmelzflusselektrolyse stören, ist es erforderlich, aus Bauxit zunächst reines Aluminiumoxid (Tonerde) herzustellen und die anderen Stoffe abzutrennen (Abb. 2).

Schmelzflusselektrolyse von Aluminiumoxid Aluminiumoxid hat eine Schmelztemperatur von 2045 °C. Reines Aluminiumoxid ist daher für die Schmelzflusselektrolyse nicht geeignet, da ein unvertretbar hoher ökonomischer Aufwand notwendig wäre, um diese Schmelztemperatur aufrechtzuerhalten. Außerdem würde bei dieser Temperatur das entstehende Aluminium einen erheblichen Dampfdruck haben. Bei einer so hohen Temperatur treten darüber hinaus hohe Abbranderscheinungen an den Elektroden auf. Um die Schmelztemperatur der Schmelze auf ca. 960 °C herabzusetzen, wird Kryolith (Natriumhexafluoroaluminat $Na_3[AlF_6]$) zugesetzt. Zusätzlich wird dadurch die elektrische Leitfähigkeit der Schmelze erhöht.

1 Schmelzflusselektrolysezelle zur Aluminiumgewinnung

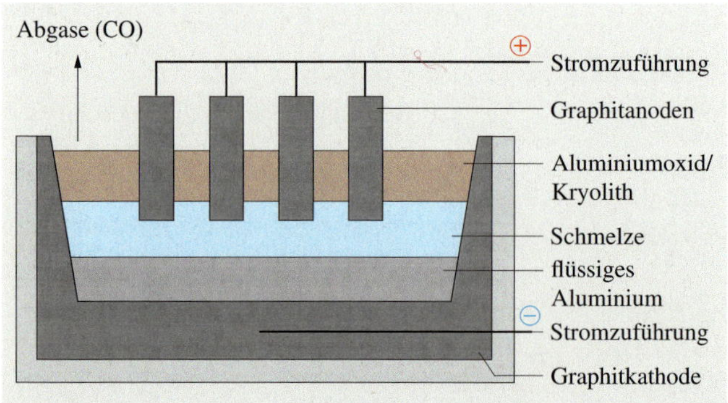

AUFGABEN

1 Erläutern Sie an Beispielen einige Prinzipien zur Gewinnung von Metallen.
2 Vergleichen Sie die Elektrolyse wässriger Lösungen mit der Schmelzflusselektrolyse.
3 Zur Herstellung von Elektrolytzink wird eine elektrische Leistung $P = 3000$ kW eingesetzt. Berechnen Sie die Masse des in einer Zeit $t = 24$ h produzierten Zinks, wenn mit einer Elektrolysespannung $U = 4{,}5$ V gearbeitet wird und für unvermeidbare Nebenreaktionen 10 % der aufgewandten elektrischen Ladung erforderlich sind.

2 Vom Bauxit zum Aluminium

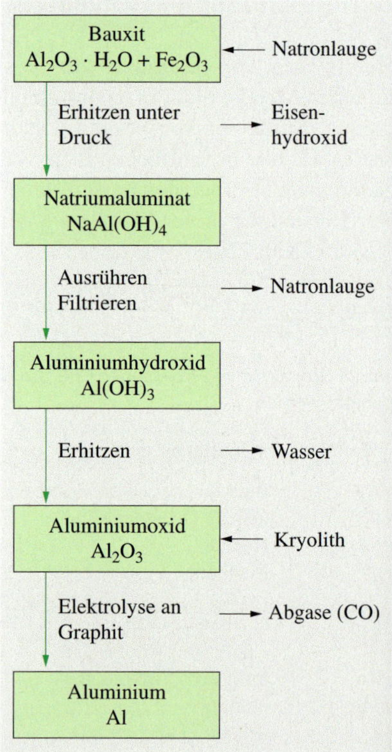

Die Schmelzflusselektrolyse findet in einer Elektrolysezelle (Abb. 1) statt, in der Graphitblöcke an der inneren Zellenwand als Kathode dienen. Von einem Elektrodenträger aus ragen von oben Graphitelektroden (Anode) in die Schmelze. Die elektrische Spannung beträgt $U = 5$ V und die Stromstärke $I = 150$ kA.
Das gebildete flüssige Aluminium hat eine größere Dichte als die Elektrolytschmelze. Es sammelt sich am Boden der Elektrolysewanne und wird periodisch abgesaugt. Das so hergestellte Aluminium hat eine Reinheit von 99,5 bis 99,9 %.
Die **Reaktionen an den Elektroden** sind sehr kompliziert. Vereinfacht dargestellt finden folgende Reaktionen statt:

Kathode (Minuspol):	$4\ Al^{3+} + 12\ e^- \rightarrow 4\ Al$	
Anode (Pluspol):	$6\ O^{2-} \rightarrow 3\ O_2 + 12\ e^-$	
	$3\ O_2 + 6\ C \rightarrow 6\ CO$	

An der Anode reagiert Sauerstoff bei den hohen Temperaturen unmittelbar mit der Graphitelektrode zu Kohlenstoffmonooxid. Dadurch werden die Graphitanoden verbraucht und müssen ständig ergänzt werden. Bei ca. 980 °C liegt aufgrund des Boudouard-Gleichgewichts ($CO_2 + C \rightleftharpoons 2\ CO$) kein CO_2, sondern fast ausschließlich CO vor. Das in den Abgasen enthaltene giftige Kohlenstoffmonooxid erfordert aufwendige Arbeitsschutzmaßnahmen. Die Verbrennung des CO-Anteils liefert aber auch einen Anteil zur Deckung des hohen Energiebedarfs.
Die zugeführte elektrische Ladung wird bei Elektrolysen bis auf wenige Ausnahmen nur zum Teil für die Bildung des gewünschten Stoffes wirksam. Ein Teil der aufgewandten elektrischen Ladung bewirkt unerwünschte, aber unvermeidbare Nebenreaktionen. Der Quotient aus der erhaltenen Stoffmenge n und der für den vollständigen Stoffumsatz berechneten Stoffmenge n' dieses Stoffes heißt **Ausbeute (η)**.

AUFGABEN

1 Erläutern Sie anhand chemischer Gleichungen die Reaktionen an den Elektroden und die Gesamtreaktion bei der Schmelzflusselektrolyse von Aluminiumoxid.
2 Berechnen Sie den Bedarf an Elektroenergie für die Produktion einer Masse $m = 1$ t Aluminium bei einer Elektrolysespannung $U = 5$ V und einer Stromausbeute $\eta = 85\,\%$.
3 Berechnen Sie die Tagesproduktion ($t = 24$ h) an Aluminium einer Elektrolysezelle, wenn mit einer Stromstärke von $I = 150$ kA gearbeitet wird und die Stromausbeute $\eta = 0{,}85$ beträgt.
4 Weltweit wird der Bedarf an Metallen immer mehr durch Recycling von Altmetallen gedeckt. Recherchieren und nennen Sie dafür mehrere Gründe.

ZUSAMMENFASSUNG

Die Elektrolyse ist eine Redoxreaktion, die durch Zufuhr von elektrischer Energie erfolgt. Durch das Anlegen einer elektrischen Spannung an zwei elektrolytisch miteinander verbundene Elektroden wird eine Redoxreaktion erzwungen, die an den Elektroden freiwillig nicht ablaufen würde. Räumlich getrennt finden dabei **Oxidationsreaktionen** an der **Anode** und **Reduktionsreaktionen** an der **Kathode** statt.
Aus den Elektrodenpotenzialen kann man abschätzen, welches der möglichen Teilchen an der Anode oxidiert bzw. an der Kathode reduziert wird. Reaktionshemmungen (**Überspannung**) können die Rangfolge verändern.

Die umgesetzte Stoffmenge elektrochemischer Reaktionen bei Elektrolysen ist gleich dem Quotienten aus der eingesetzten elektrischen Ladung $I \cdot t$ und dem Produkt aus **Faraday'scher Konstante F** und der Anzahl der je Elementarakt übertragenen Elektronen z.

$$n = \frac{m}{M} = \frac{I \cdot t}{F \cdot z}$$

Großtechnisch können Elektrolysen zur Gewinnung oder Raffination von Metallen sowie zum Korrosionsschutz eingesetzt werden.

► Energie-Konzept

Leitfähigkeitstitration und Potentiometrie

Elektrochemische Analysemethoden haben in den vergangenen Jahrzehnten ständig an Bedeutung gewonnen. Ursache dafür sind vor allem die Genauigkeit und Reproduzierbarkeit der Messergebnisse, der geringe Bedarf an Analysesubstanz, der gegenüber herkömmlichen Analyseverfahren niedrige Zeitaufwand und nicht zuletzt die Möglichkeit der Automatisierbarkeit. Zu den ältesten elektroanalytischen Messprinzipien zählen die Leitfähigkeitstitration (oder Konduktometrie) und die Potentiometrie. Während Leitfähigkeiten besonders für die Indikation von Äquivalenzpunkten bei der Titration von Bedeutung sind, dienen potentiometrische Messungen auch direkt zur Bestimmung von Konzentrationen.

Tab. 1 Relative Ionenbeweglichkeiten ($H_3O^+ = 1$)

Ion	Relative Ionenbeweglichkeit
H_3O^+	1,00
OH^-	0,57
Na^+	0,14
K^+	0,21
Ag^+	0,18
Cu^{2+}	0,15
Zn^{2+}	0,15
Cl^-	0,22
Br^-	0,22
NO_3^-	0,20
SO_4^{2-}	0,23
CrO_4^{2-}	0,24
CH_3COO^-	0,12
$C_2O_4^{2-}$	0,21

Leitfähigkeitstitration

Grundlagen Werden Säure-Base-Titrationen mit Farbindikatoren durchgeführt, ist das Erkennen des Äquivalenzpunkts häufig schwierig, z. B. bei farbigen Lösungen. Dadurch bedingte Titrationsfehler werden bei einer **Leitfähigkeitstitration** vermieden. Zur Bestimmung des Äquivalenzpunkts wird hier die Veränderung der Leitfähigkeit im Titrationsverlauf verfolgt.
Die Leitfähigkeit einer Elektrolytlösung ist abhängig von der Temperatur, der Konzentration und der Art der in der Elektrolytlösung enthaltenen Ionen. Mit einer Konzentrationserhöhung der Ionen steigt die Leitfähigkeit der Elektrolytlösung. Von der Art der Ionen und der Temperatur hängt die Beweglichkeit der Ionen in der Elektrolytlösung ab. Bei der Leitfähigkeitstitration muss deshalb bei konstanter Temperatur und möglichst bei konstantem Volumen der Analysenlösung gearbeitet werden.
Der **Leitwert *G*** kann als Maß für die Leitfähigkeit einer Lösung dienen. Er ist der Kehrwert des elektrischen Widerstands *R*.

$$G = 1/R, \quad [G] = S = \Omega^{-1}, \quad S = \text{Siemens}$$

Um eine Elektrolyse der Elektrolytlösung zu verhindern, muss eine Wechselspannung angelegt werden. Bei konstanter Spannung und Elektrodenanordnung kann statt der Leitfähigkeit auch die Stromstärke gemessen werden, da Leitfähigkeit und Stromstärke unter diesen Bedingungen direkt proportional sind.

Durchführung einer Leitfähigkeitstitration Zu Beginn der Säure-Base-Titration von Salzsäure mit Natronlauge (Exp. 1)

$$H_3O^+ + Cl^- + Na^+ + OH^- \rightarrow Na^+ + Cl^- + 2\,H_2O$$

tragen nur die Hydronium-Ionen und die Chlorid-Ionen zur Leitfähigkeit bei (Tab. 1). Im Verlauf der Titration sinkt die Konzentration der Hydronium-Ionen und die der Natrium-Ionen

AUFGABEN

1 Erläutern Sie die Schwierigkeiten, die durch die Verwendung von Farbindikatoren beim Erkennen des Äquivalenzpunkts einer Titration auftreten können.

2 Erläutern Sie, warum es genügt, am Messgerät anstelle der Leitfähigkeit die Stromstärke in Skalenteilen abzulesen.

steigt. Da die Hydronium-Ionen eine größere Ionenbeweglichkeit als die Natrium-Ionen besitzen, verringert sich die Leitfähigkeit der Lösung. Die große Ionenbeweglichkeit der Hydronium- bzw. Hydroxid-Ionen ist darauf zurückzuführen, dass in Wasser stets viele Moleküle über Wasserstoffbrückenbindungen zu größeren räumlichen Assoziaten verbunden sind. Durch Auf- und Abbau dieser Wasserstoffbrückenbindungen wird im angelegten elektrischen Feld ein schnellerer Ladungstransport ermöglicht, ohne dass für die Hydronium- bzw. Hydroxid-Ionen eine wirkliche Ionenwanderung, wie bei den übrigen Ionen, stattgefunden hat (Abb. 1).

1 Ladungstransport (H_3O^+) in Wasser unter Einfluss eines äußeren elektrischen Feldes

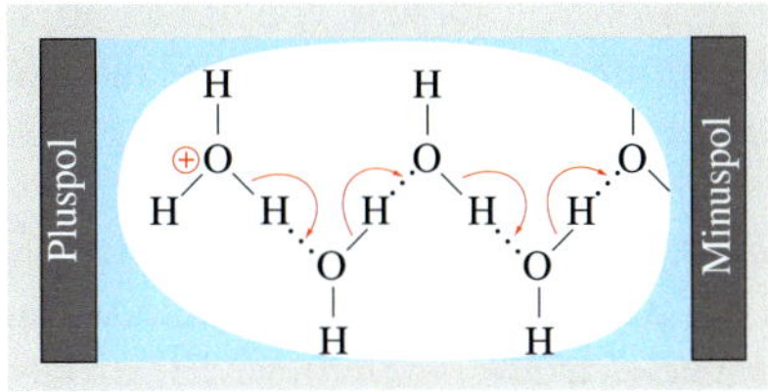

EXPERIMENT 1

Leitfähigkeitsitration

Der Versuch wird nach Abb. 2 aufgebaut.

a) 10 ml Salzsäure ($c \approx 0{,}1\ \text{mol} \cdot l^{-1}$)
b) 10 ml Schwefelsäure ($c \approx 0{,}05\ \text{mol} \cdot l^{-1}$)
c) 10 ml Essigsäure ($c \approx 0{,}1\ \text{mol} \cdot l^{-1}$)
d) 10 ml Oxalsäure ($c \approx 0{,}05\ \text{mol} \cdot l^{-1}$)

werden jeweils in einem 250-ml-Becherglas (hohe Form) mit destilliertem Wasser auf etwa 150 ml aufgefüllt und mit Natronlauge ($c = 0{,}1\ \text{mol} \cdot l^{-1}$) titriert. Dabei wird die Stromstärke tabellarisch erfasst.
Ermitteln Sie die Äquivalenzpunkte und die Konzentrationen der Analyseproben auf grafischem Weg.

2 Versuchsanordnung für die Leitfähigkeitstitration

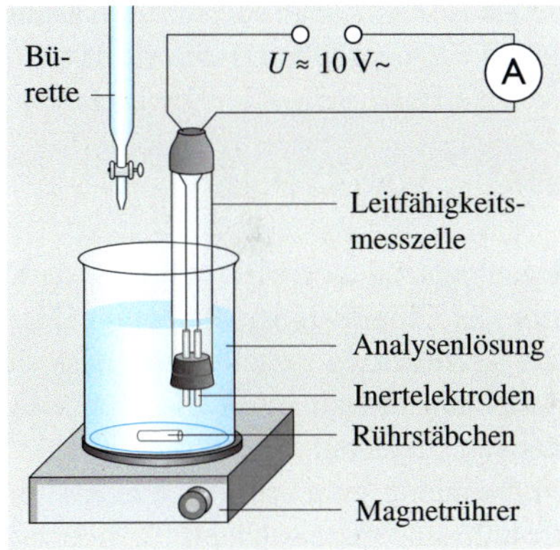

Wird der Äquivalenzpunkt erreicht und dann weiterhin Natronlauge zugegeben, steigen die Konzentrationen der Natrium- und Hydroxid-Ionen. Die Konzentration der Chlorid-Ionen bleibt konstant, die der Hydronium-Ionen ist ohnehin sehr niedrig. Die Leitfähigkeit der Lösung steigt durch den Überschuss an Hydroxid-Ionen. Der Äquivalenzpunkts wird grafisch bestimmt, er entspricht dem Schnittpunkt der beiden Geraden (Abb. 3).

3 Schematischer Kurvenverlauf der Leitfähigkeitstitration von Salzsäure mit Natriumhydroxidlösung

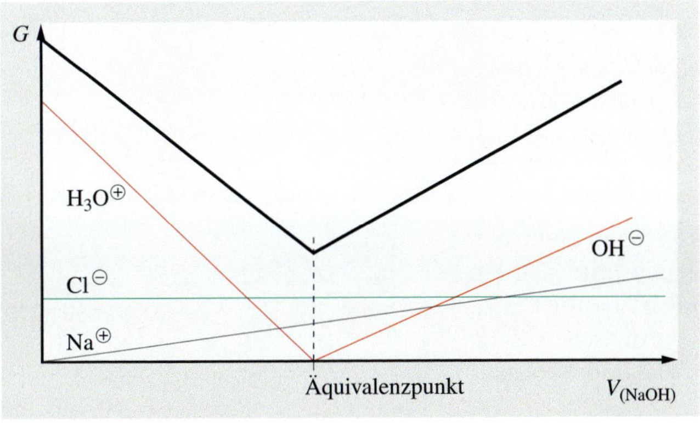

AUFGABEN

1 Werten Sie die bei den Titrationen erhaltenen Diagramme unter Nutzung der gegebenen relativen Ionenbeweglichkeiten aus.
2 Begründen Sie die Notwendigkeit der grafischen Auswertung einer Leitfähigkeitstitration. Welcher Unterschied besteht zu einer Säure-Base-Titration mit Farbindikatoren?
3 Zeichnen Sie den prinzipiellen Kurvenverlauf für die konduktometrische Fällungstitration einer Natriumchloridlösung mit Silbernitratlösung.

Potentiometrie

Prinzip der Potentiometrie Mithilfe der **Potentiometrie** können Konzentrationen von Ionen in Elektrolytlösungen direkt bestimmt werden. Hierbei wird die Konzentrationsabhängigkeit der Elektrodenpotenziale genutzt. Da nur die Zellspannung einer galvanischen Zelle gemessen werden kann, wird neben der Messelektrode aus metallischer Phase und Elektrolytlösung eine **Bezugselektrode** benötigt. Als eine solche, auch als **Referenzelektrode** bezeichnete Elektrode könnte die Wasserstoffelektrode (↑S. 216) verwendet werden. Deren Handhabung ist aber aufwendig und die Potenzialeinstellung erfolgt relativ langsam. Deshalb wurden Elektroden entwickelt, die diese Nachteile nicht besitzen. Eine früher im Labor häufig eingesetzte Bezugszelektrode ist die **Kalomelelektrode** (Abb. 1; Kalomel = Quecksilber(I)-chlorid Hg_2Cl_2). Die Halbzelle hat den Aufbau Hg/Hg_2Cl_2, Cl^-. Die Elektrodenreaktion lautet:

$$2\,Hg(l) + 2\,Cl^-(aq) \rightleftharpoons Hg_2Cl_2(s) + 2\,e^-$$

Das Potenzial dieser Elektrode ist damit nur von der Konzentration der Chlorid-Ionen abhängig. Da an eine Bezugszelektrode die Anforderung gestellt wird, dass sie ein konstantes Elektrodenpotenzial hat, muss die Konzentration der Chlorid-Ionen konstant gehalten werden. Das gelingt am einfachsten durch die Verwendung einer gesättigten Kaliumchloridlösung als Elektrolytlösung. Eine solche Elektrode, bei der die metallische Phase mit einem schwer löslichen Salz dieses Metalls in Kontakt steht, wird als **Elektrode 2. Art** bezeichnet.
Eine weitere Elektrode 2. Art ist die **Silber-Silberchlorid-Elektrode**: Ag/AgCl, Cl^- (Abb. 2). Sie wird heute wegen der Toxizität des Quecksilbers in der Kalomelelektrode als Bezugselektrode bevorzugt. Als Elektrolytlösung wird ebenfalls Kaliumchloridlösung verwendet. Die Elektrodenpotenziale dieser Elektroden betragen bei Verwendung von gesättigter Kaliumchloridlösung als Elektrolytlösung bei 25 °C:

Kalomelelektrode:	$E = +0{,}241$ V
Silber-Silberchlorid-Elektrode:	$E = +0{,}196$ V

Genaue potentiometrische Messungen werden mit Präzisionskompensatoren stromlos durchgeführt. Spannungsmessgeräte mit einem hohen Eingangswiderstand $R \geq 10$ MΩ gewährleisten eine fast stromlose Messung.

Potenzialmessung an einer Metall/Metall-Ionen-Elektrode Das Prinzip einer potentiometrischen Messung lässt sich am Beispiel der galvanischen Zelle (Abb. 3) Cu/Cu^{2+}(aq)//KCl(aq, gesättigt), Hg_2Cl_2/Hg zeigen. Mit dieser galvanischen Zelle kann die Konzentrationsabhängigkeit eines Elektrodenpotenzials untersucht werden (Exp. 2).

1 Kalomelelektrode

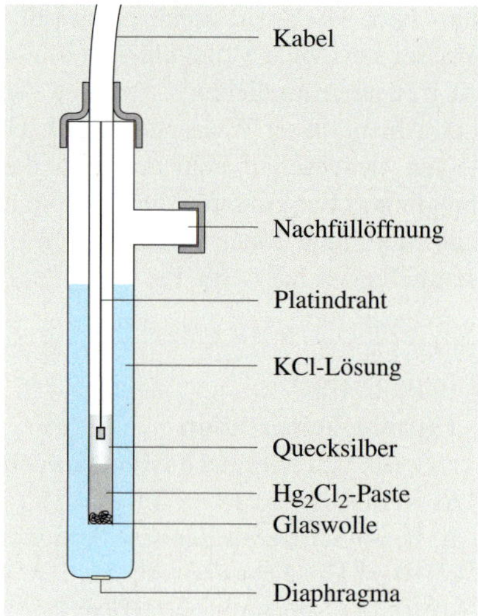

2 Silber-Silberchlorid-Elektrode

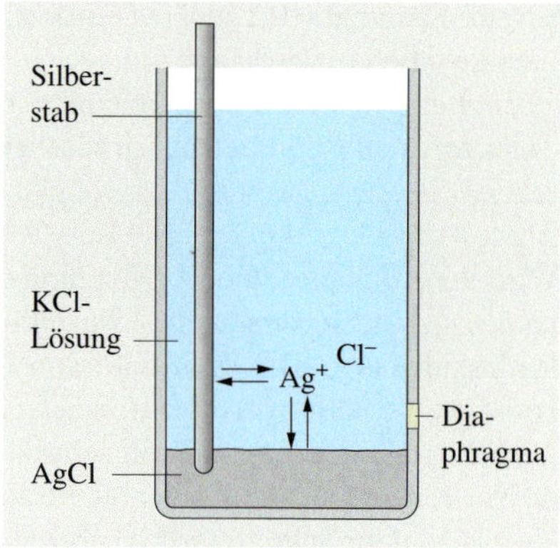

3 Aufbau von Experiment 2

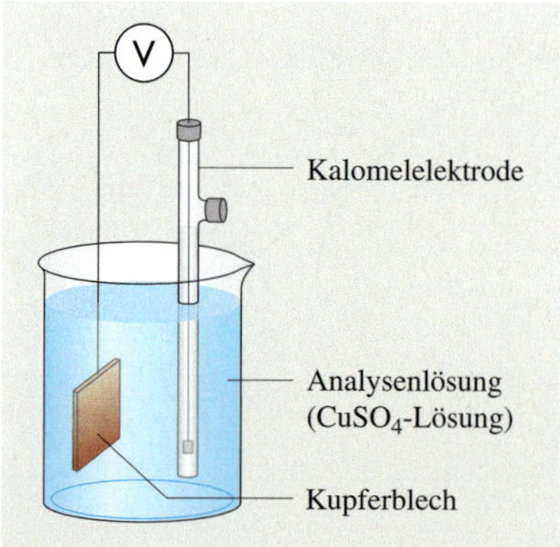

EXPERIMENT 2

Konzentrationsabhängigkeit des Elektrodenpotenzials

Bauen Sie eine galvanische Zelle nach Abb. 3 auf und messen Sie die Zellspannungen bei Kupfer(II)-Ionenkonzentrationen von $c = 0{,}5\ \text{mol} \cdot \text{l}^{-1}$, $c = 0{,}05\ \text{mol} \cdot \text{l}^{-1}$ und $c = 0{,}005\ \text{mol} \cdot \text{l}^{-1}$. Vergleichen Sie die gemessenen Zellspannungen mit denen, die sich mit der Nernst'schen Gleichung berechnen lassen ($E_{\text{Kalomel}} = +0{,}241\ \text{V}$).

Potentiometrische pH-Wert-Messung Zur potentiometrischen Messung von pH-Werten hat sich die Verwendung von Elektroden 2. Art als Messelektroden bewährt. Häufig wird eine **Glaselektrode** eingesetzt. Diese Elektrode ist universell einsetzbar, aber gegen mechanische Beanspruchung empfindlich.

Das für die pH-Wert-Messung entscheidende Funktionsteil ist der Kolben aus einer dünnen Glasmembran. Der Glaskolben ist mit einer Pufferlösung gefüllt, in die eine Silber-Silberchlorid-Elektrode als Ableitelektrode taucht. Die Bezugselektrode ist meist ebenfalls eine Silber-Silberchlorid-Elektrode. Die Gesamtanordnung aus Glaskolben mit Ableitelektrode und Bezugselektrode wird als **Glaselektrodenmesskette** bezeichnet. Die kompakte Anordnung mit Ableit- und Bezugselektrode in einem einzigen Bauteil nennt man **Einstabmesskette** (Abb. 4).

Zwischen den Oberflächen der Glasmembran des Glaskolbens und der inneren Pufferlösung sowie der äußeren Messlösung mit der unbekannten Hydronium-Ionenkonzentration stellt sich jeweils ein nur von der Hydronium-Ionenkonzentration abhängiges Elektrodenpotenzial ein. Bei konstantem pH-Wert der Innenlösung ist das Potenzial an der Oberfläche der Glasmembran zur Innenlösung konstant. Da auch die Elektrodenpotenziale der Ableit- und der Bezugselektrode konstant sind, ist die messbare Zellspannung der Messkette nur eine Funktion der unbekannten Hydronium-Ionenkonzentration.

4 Einstabmesskette

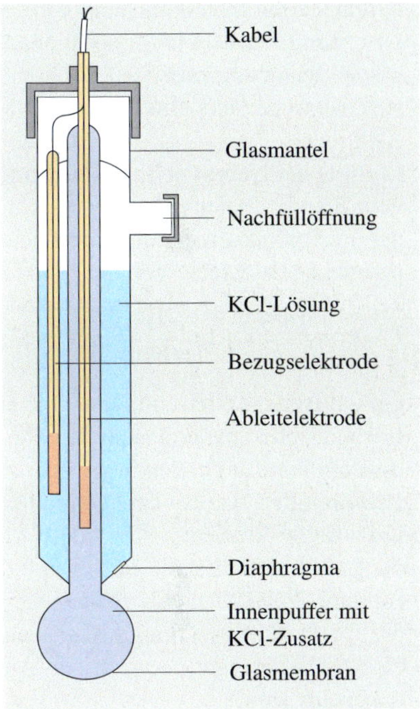

ZUSAMMENFASSUNG

Die **Leitfähigkeitstitration (Konduktometrie)** beruht auf der Abhängigkeit der Leitfähigkeit einer Elektrolytlösung von der Art der enthaltenen Ionen und von deren Konzentration. Als Maß für die Leitfähigkeit kann bei konduktometrischen Titrationen der Leitwert dienen. Die Bestimmung des Äquivalenzpunkts erfolgt durch grafische Auswertung der Leitwert-Volumen-Kurve.

Die **Potentiometrie** nutzt die Konzentrationsabhängigkeit von Elektrodenpotenzialen zur Konzentrationsbestimmung einer Analysenlösung. Dabei werden Spannungen an galvanischen Zellen, die aus Messelektrode und Referenzelektrode bestehen, gemessen.

Als **Bezugselektroden** sind Elektroden 2. Art (Kalomel- oder Silber-Silberchlorid-Elektrode) wegen ihres konstanten Potenzials geeignet.

Die **Messelektrode** wird durch die Ionenart bestimmt, deren Konzentration ermittelt werden soll.

Für die pH-Wert-Bestimmung wird meist eine **Glaselektrodenmesskette** verwendet.

ZUSAMMENFASSUNG

Metall/Metall-Ionen-Elektroden setzen sich aus einer metallischen Phase und einer Elektrolytlösungsphase zusammen. Chemische Reaktionen zwischen beiden Phasen führen zu einer elektrischen Potenzialdifferenz zwischen Metall und Lösung und zur Ausbildung einer elektrochemischen Doppelschicht.

Das **Elektrodenpotenzial** (oder Redoxpotenzial) einer solchen Elektrode hängt von der Art des Metalls, der Temperatur und der Konzentration der hydratisierten Metall-Ionen in der Lösung ab.

Das **Standard-Elektrodenpotenzial** ist die elektrische Spannung zwischen der Standard-Wasserstoffelektrode und einer Standard-Metall-Ionen-Elektrode.

Mithilfe der **Nernst'schen Gleichung** können aus dem Standardpotenzial und den Konzentrationen der Reaktionspartner die jeweiligen Elektrodenpotenziale berechnet werden:

$$E = E^0 + \frac{0{,}059\,\text{V}}{z} \cdot \lg \frac{c(\text{Ox})}{c(\text{Red})}$$

Galvanische Zellen sind ortsunabhängige elektrochemische Spannungsquellen, die durch Kombination von Elektroden hergestellt werden:

Primärzellen (z. B. das Daniell-Element, das Zink-Kohle-Element, die Alkali-Mangan-Zelle, die Zink-Luft-Zelle, die Silberoxid-Zelle oder die Lithium-Zelle) sind nur so lange einsetzbar, bis die für die Umwandlung chemischer Energie in elektrische Energie notwendigen Ausgangsstoffe umgesetzt sind.

Brennstoffzellen (z. B. die Wasserstoff-Sauerstoff-Zelle oder die Methanolbrennstoffzelle) sind galvanische Zellen, bei denen die Ausgangsstoffe kontinuierlich zu- und die Reaktionsprodukte abgeführt werden.

Sekundärzellen (z. B. der Bleiakkumulator, der Nickel-Metallhydrid-Akkumulator oder der Lithium-Ionen-Akkumulator) sind galvanische Zellen, die durch Zufuhr elektrischer Energie wieder geladen werden können.

Korrosion ist die zerstörende Wirkung chemischer, insbesondere elektrochemischer Reaktionen eines Metalls mit Stoffen der Nachbarphasen. Hauptursache für die elektrochemische Korrosion ist die Bildung von Lokalelementen.

Das Rosten von Eisenwerkstoffen beruht vor allem auf der Einwirkung von Sauerstoff und der Ausbildung von Lokalelementen. Es bildet sich Eisen(III)-oxidhydroxid mit unterschiedlichem Wasseranteil.

Elektrolysen sind Redoxreaktionen, die durch Zufuhr von elektrischer Energie erzwungen werden. Räumlich getrennt finden dabei Oxidationsreaktionen an der Anode und Reduktionsreaktionen an der Kathode statt.

Aus den Elektrodenpotenzialen kann man abschätzen, welches der möglichen Teilchen an der Anode oxidiert bzw. an der Kathode reduziert wird. Reaktionshemmungen können die Rangfolge verändern.

1 Vorgänge in einer galvanischen Zelle

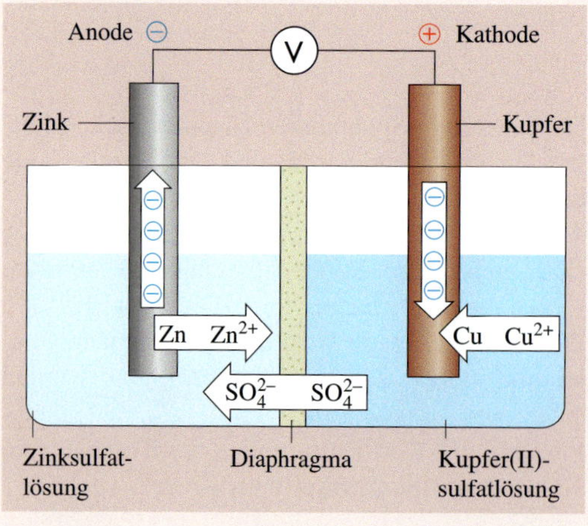

2 Vorgänge bei einer Elektrolyse

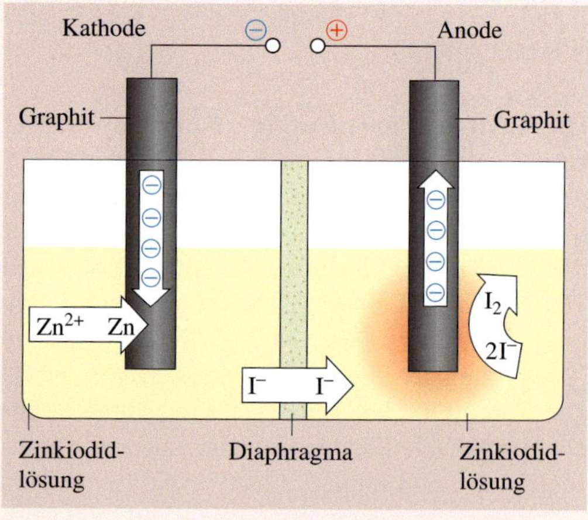

Das Donator-Akzeptor-Konzept im Vergleich

Das Wesen der Säure-Base-Reaktion ist der Protonenübergang, das Wesen der Redoxreaktion der Elektronenübergang.
Protonen und Elektronen sind elektrisch geladene Teilchen von außerordentlich geringer Größe. Daraus resultieren eine sehr hohe Ladungsdichte und die Eigenschaft dieser Elementarteilchen, in Lösungen nicht frei zu existieren. Geben also auf der einen Seite Moleküle oder Ionen Protonen oder Elektronen ab, müssen gleichzeitig Moleküle oder Ionen eines Reaktionspartners vorliegen, die die Protonen oder Elektronen aufnehmen können. Teilchen, die Protonen bzw. Elektronen abgeben, werden als Protonen- bzw. Elektronendonatoren bezeichnet. Die Teilchen, die in der chemischen Reaktion Protonen bzw. Elektronen aufnehmen, heißen Protonen- bzw. Elektronenakzeptoren. Bei einem Vergleich von Säure-Base-Reaktionen und Redoxreaktionen fallen viele Analogien (Tab. 1) auf, die zur Formulierung des Donator-Akzeptor-Konzepts führten. Mithilfe des Donator-Akzeptor-Konzepts lässt sich eine sehr große Anzahl chemischer Reaktionen vergleichend betrachten und verstehen.

Tab. 1 Analogien zwischen Säure-Base- und Redoxreaktion

Säure-Base-Reaktion	**Redoxreaktionen**
Protonenübergang	Elektronenübergang
Säure ist Protonendonator	Reduktionsmittel ist Elektronendonator
Base ist Protonenakzeptor	Oxidationsmittel ist Elektronenakzeptor
Korrespondierendes Säure-Base-Paar: $HA \rightleftharpoons H^+ + A^-$	Korrespondierendes Redoxpaar: $Red \rightleftharpoons Ox + z\,e^-$
Säure-Base-Reaktion: $HA + B \rightleftharpoons HB^+ + A^-$	Redoxreaktion: $z_2\,Red_1 + z_1\,Ox_2 \rightleftharpoons z_2\,Ox_1 + z_1\,Red_2$
Säureexponent pK_S	Standardpotenzial E^0
pK_S-Reihe	Elektrochemische Spannungsreihe
pH-Wert der Lösung	Elektrodenpotenzial der Lösung E
Konzentrationsabhängigkeit des pH-Werts	Konzentrationsabhängigkeit des Elektrodenpotenzials
$\mathbf{pH = pK_S + lg\frac{c(A^-)}{c(HA)}}$ **Henderson-Hasselbalch-Gleichung**	$\mathbf{E = E^0 + \frac{0{,}059\ V}{z} \cdot lg\frac{c(Ox)}{c(Red)}}$ **Nernst'sche Gleichung**
Nivellierung sehr starker Protolyte durch Wasser $HA + H_2O \rightarrow H_3O^+ + A^-$ $B + H_2O \rightarrow HB^+ + OH^-$	Begrenzung sehr starker Reduktions- und Oxidationsmittel durch Wasser $2\,Red + 2z\,H_2O \rightarrow 2\,Ox + 2z\,OH^- + z\,H_2$ $4\,Ox + 6z\,H_2O \rightarrow 4\,Red + 4z\,H_3O^+ + z\,O_2$

KOMPLEX GEDACHT

1 Über ein Metall A wurden mithilfe verschiedener Experimente folgende Informationen gesammelt:
Das Metall A wird aufgelöst, wenn es in eine Lösung getaucht wird, die Eisen(II)-Ionen enthält, während es mit einer Lösung, die Mangan(II)-Ionen enthält, keine Reaktion zeigt.
Bei Spannungsmessung zwischen den Halbzellen A/A^{z+} und Mg/Mg^{2+} wurde eine Spannung von $U = 1{,}6$ V gemessen, zwischen A/A^{z+} und Pb/Pb^{2+} eine Spannung von $U = 0{,}63$ V.
Benennen Sie das Metall A und begründen Sie Ihre Entscheidung.

2 Die elektrische Leitfähigkeit einer Lösung ist von der Konzentration und der Beweglichkeit der vorhandenen Ionen abhängig. In Tab. 1 sind einige relative Ionenbeweglichkeiten dargestellt:

Tab. 1 Relative Ionenbeweglichkeiten

Ion	H_3O^+	OH^-	SO_4^{2-}	Ba^{2+}	Na^+
Relative Ionenbeweglichkeit	1,00	0,57	0,23	0,18	0,14

1 Versuchsaufbau zu Aufgabe 2

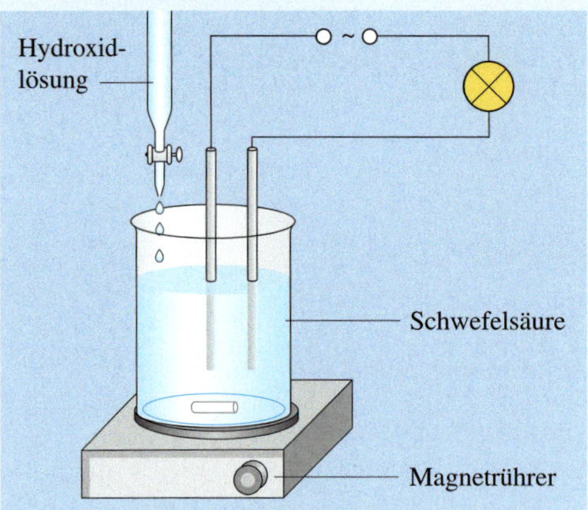

Eine Versuchsanordnung wird nach Abb. 1 aufgebaut. Die Glühlampe leuchtet zunächst hell.
Versuch 1: Bei der kontinuierlichen Zugabe von Natronlauge wird das anfangs helle Leuchten der Glühlampe zunächst schwächer und dann wieder stärker.
Versuch 2: Der Schwefelsäure wird kontinuierlich Bariumhydroxidlösung zugeführt. Das anfangs helle Leuchten der Glühlampe wird zunächst schwächer, dann geht die Lampe völlig aus, leuchtet allerdings später wieder auf.
Erklären Sie die jeweiligen Beobachtungen.

3 Zur Hebung der *Titanic* wurde vor einigen Jahren ein ungewöhnlicher Vorschlag unterbreitet. Mithilfe eines ferngesteuerten U-Boots wollte man Schwimmblasen innerhalb des Wracks anbringen. Diese sollten mit Wasserstoff gefüllt werden, den man durch Elektrolyse von Wasser auf dem Meeresboden produzieren wollte.
Die *Titanic* liegt in einer Tiefe von ca. 3700 m. Dort herrscht ein Druck von 370 bar bei ca. 2 °C. Schätzungen ergaben, dass man ungefähr $7 \cdot 10^8$ mol Wasserstoff benötigen würde, um dem Schiff genügend Auftrieb zu geben.
Stellen Sie die Elektrodenreaktionen für die Produktion von Wasserstoff auf und berechnen Sie die Standard-Zersetzungsspannung U_z^0. Berechnen Sie dann die übertragene elektrische Energie (elektrische Arbeit), die mindestens erforderlich ist, um die Hebung durchzuführen. Berechnen Sie die Kosten für die Erzeugung des benötigten Wasserstoffs, wenn man davon ausgeht, dass 1 kWh 0,20 € kostet, und diskutieren Sie den Vorschlag.

4 Gold und Kupfer werden aufgrund ihres positiven Standardpotenzials als „Edelmetalle" bezeichnet. Das „Königswasser" („aqua regia", das den „König der Metalle" löst), ein Gemisch von konzentrierter Salzsäure und konzentrierter Salpetersäure (im Volumenverhältnis 3 : 1), kann selbst Gold oxidieren. Die beiden Säuren reagieren miteinander unter Bildung von reaktionsfreudigen Chloratomen, Nitrosylchlorid NOCl und Wasser.

a Stellen Sie die Reaktionsgleichung für die im „Königswasser" stattfindende Reaktion zwischen den Säuren auf.

b Entscheiden Sie, ob Gold bzw. Kupfer unter dem Einfluss nur von konzentrierter Salzsäure oder nur durch konzentrierte Salpetersäure oxidiert werden können. Begründen Sie Ihre Entscheidung.

11 Komplexverbindungen

Neben den einfachen Salzen bilden Metalle auch komplizierte, zusammengesetzte Komplexverbindungen. In der Natur spielen solche Metallkomplexe eine entscheidende Rolle bei der Steuerung von Lebensprozessen. So sind Assimilation und Atmung von Reaktionen mit Metallkomplexen abhängig. Das für die Fotosynthese notwendige Chlorophyll sowie das für den Sauerstofftransport bei Wirbeltieren bedeutsame Hämoglobin sind derartige Komplexverbindungen.

Nicht nur in der Natur, sondern auch bei chemisch-technischen Reaktionen kommt Komplexverbindungen eine große Bedeutung zu. Sie sind bei der Metallgewinnung aus ihren Erzen, der Enthärtung von Wasser, dem Herstellen von Metallüberzügen durch Galvanisieren, bei der Erzeugung von Schwarz-Weiß-Fotografien oder katalytisch gesteuerten Reaktionen in entscheidendem Maße beteiligt.

Bildung, Aufbau und Benennung von Komplexverbindungen

Bildung von Komplexverbindungen Versetzt man eine Aluminiumsalzlösung mit Natronlauge, so fällt zwar zunächst schwer wasserlösliches Aluminiumhydroxid aus, aber entgegen dem Prinzip des kleinsten Zwangs wird bei weiterer Zugabe der Natronlauge die Bildung des Niederschlags nicht erhöht, sondern der Niederschlag löst sich wieder auf (Exp. 1; ↑S. 162).

$$Al(OH)_3(s) + NaOH(aq) \rightarrow Na[Al(OH)_4](aq)$$

Ähnlich verhält sich eine Kupfer(II)-salzlösung, in der sich nach Zugabe von Ammoniaklösung zunächst ein Niederschlag von Kupfer(II)-hydroxid bildet. Gibt man aber Ammoniaklösung im Überschuss dazu, entsteht unter Auflösung des Niederschlags eine tiefblaue Lösung (↑Exp. 2, S. 254).

$$CuSO_4(aq) + 4\ NH_3(aq) \rightarrow [Cu(NH_3)_4]SO_4(aq)$$

In beiden Beispielen wird das chemische Gleichgewicht der Metallhydroxidfällung durch die Bildung von Komplexverbindungen gestört.
Viele nach außen neutrale Metallverbindungen sind in der Lage, Moleküle oder Ionen anzulagern und **Verbindungen höherer Aggregation** zu bilden.

EXPERIMENT 1
Reaktion von Aluminium- mit Hydroxid-Ionen
Aluminiumsalzlösung ($w = 5\,\%$) wird tropfenweise mit konzentrierter Natriumhydroxidlösung (GHS05) versetzt. Es fällt ein Niederschlag aus. Danach wird konzentrierte Natriumhydroxidlösung im Überschuss zugegeben.

1 Fällung von Aluminiumhydroxid (links); Auflösung des Niederschlags (rechts)

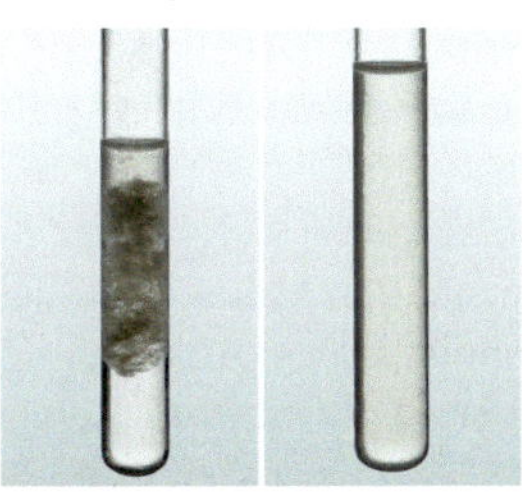

Es bilden sich Teilchen besonderer Struktur, die **Komplexteilchen**. Diese werden häufig auch kurz als **Komplexe** bezeichnet.
Verbindungen, an deren Aufbau Komplexteilchen beteiligt sind, heißen **Komplexverbindungen**. In den Formeln von Komplexverbindungen werden die charakteristischen Atomgruppen als Komplexteilchen in eckigen Klammern zusammengefasst.
In der Aluminiumsalzlösung (↑Exp. 1, S. 253) liegen **komplexe Anionen** vor.

$$Al^{3+} + 3\,OH^- \rightleftharpoons Al(OH)_3$$
$$Al(OH)_3 + OH^- \rightleftharpoons [Al(OH)_4]^-$$

In der Kupfer(II)-salzlösung (Exp. 2, Abb. 1) entstehen unter Beteiligung von Ammoniakmolekülen **komplexe Kationen**.

$$Cu^{2+} + 2\,OH^- \rightleftharpoons Cu(OH)_2$$
$$Cu^{2+} + 4\,NH_3 \rightleftharpoons [Cu(NH_3)_4]^{2+}$$

Die komplexen Ionen sind Bestandteil von Komplexverbindungen, die z. B. durch Eindampfen der Lösungen undissoziiert vorliegen können: $Na[Al(OH)_4]$, $[Cu(NH_3)_4]SO_4$.

Die Ladung eines Komplexes ergibt sich als Summe der Ladungen aller im Komplex enthaltenen Ionen und Moleküle. Gleichen sich die Ladungen gegenseitig aus, entstehen **Neutralkomplexe** wie z. B. $[PtCl_2(NH_3)_2]$ (Tab. 1).

Tab. 1 Komplexe Ionen und Neutralkomplexe

Komplexe Kationen	Komplexe Anionen	Neutralkomplexe
$[Fe(H_2O)_6]^{2+}$	$[Fe(CN)_6]^{4-}$	$[PtCl_2(NH_3)_2]$
$[Ag(NH_3)_2]^+$	$[Ag(S_2O_3)_2]^{3-}$	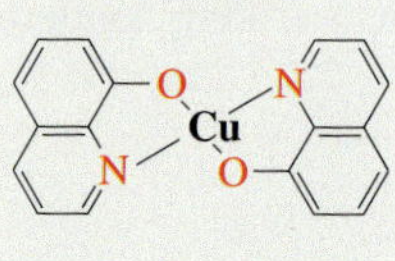
$[Al(H_2O)_6]^{3+}$	$[Al(OH)_4]^-$	

Aufbau der Komplexe Komplexverbindungen sind bereits seit dem 18. Jahrhundert bekannt, hierzu gehört z. B. das Berliner Blau $Fe_4[Fe(CN)_6]_3$ (↑S. 264). Lange Zeit fehlten aber exakte Vorstellungen über die Bindungsverhältnisse und Strukturen dieser Verbindungen. 1893 entwickelte der Schweizer Chemiker ALFRED WERNER, ausgehend von strukturellen Betrachtungen, eine umfassende, noch heute gültige Theorie vom Aufbau der Komplexe.
Er ging davon aus, dass sich bei der Komplexbildung stets eine bestimmte Anzahl von Molekülen oder Ionen, die **Liganden**, in definierter geometrischer Ausrichtung an ein **Zentralteilchen** (**Zentralion** oder **Zentralatom**) anlagern und ein Komplexteilchen bilden.

EXPERIMENT 2
Reaktion von Kupfer(II)-salzlösung mit Ammoniaklösung
Zu einer Lösung von 5 g $CuSO_4 \cdot 5\,H_2O$ (GHS07 | 09) in 6 ml Wasser wird so lange tropfenweise konzentrierte Ammoniaklösung (GHS05 | 09) zugegeben, bis sich der gebildete hellblaue Niederschlag gerade wieder auflöst. Zu der jetzt dunkelblauen Lösung gibt man unter ständigem Rühren 15 ml 96%iges Ethanol (GHS02).

1 a) Kupfer(II)-sulfatlösung
b) Niederschlag von Kupfer(II)-hydroxid
c) Tetramminkupfer(II)-sulfatlösung

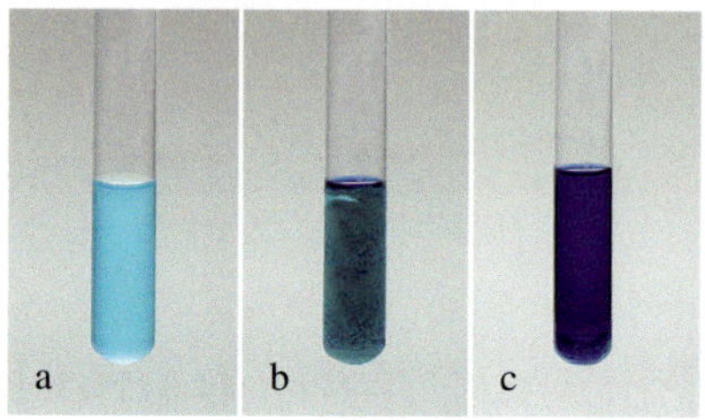

EXPERIMENT 3
Reaktion von Silbernitratlösung mit Salzsäure
Eine Silbernitratlösung (w = 1 %) wird tropfenweise erst mit wenig, dann mit einem Überschuss an konzentrierter Salzsäure (GHS05 | 07) versetzt.

Meist fungieren Metall-Kationen der Haupt- und Nebengruppenelemente als Zentralteilchen. Aber auch die Atome einiger Nebengruppenelemente können als Zentralteilchen auftreten. Die Liganden sind entweder Ionen (z. B. Halogenid-Ionen, Hydroxid-Ionen) oder Moleküle (z. B. Wasser- oder Ammoniakmoleküle), die über mindestens ein freies Elektronenpaar verfügen (↑ S. 264).
Die Bindung der Liganden an das Zentralteilchen erfolgt durch geeignete **Haftatome** (**Donatoratome**; Abb. 2). Dafür kommen hauptsächlich Atome von Nichtmetallen in Betracht. Häufig ist das Haftatom Bestandteil eines Moleküls (z. B. Ammoniakmolekül; Abb. 3) oder zusammengesetzten Ions (z. B. Thiocyanat-Ion, Cyanid-Ion).
Die Anzahl aller Haftatome in den Liganden, mit denen das Zentralteilchen verbunden ist, wird als **Koordinationszahl** bezeichnet. Die Koordinationszahl ist vom Größenverhältnis zwischen Zentralion (-atom) und Liganden, von der Elektronenkonfiguration des Zentralions (-atoms) sowie von den Anziehungs- und Abstoßungskräften zwischen den Liganden abhängig. Viele Zentralteilchen haben unterschiedliche Koordinationszahlen, am häufigsten sind 6 und 4. Im Komplex nehmen die Liganden eine symmetrische Anordnung um das Zentralteilchen ein (Tab. 2).

2 Eisenkomplex mit Fluorid-Ionen als Liganden

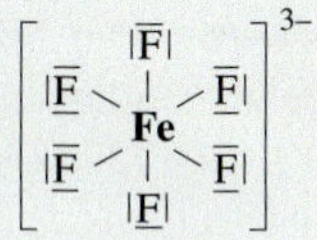

3 Kupferkomplex mit Ammoniakmolekülen als Liganden

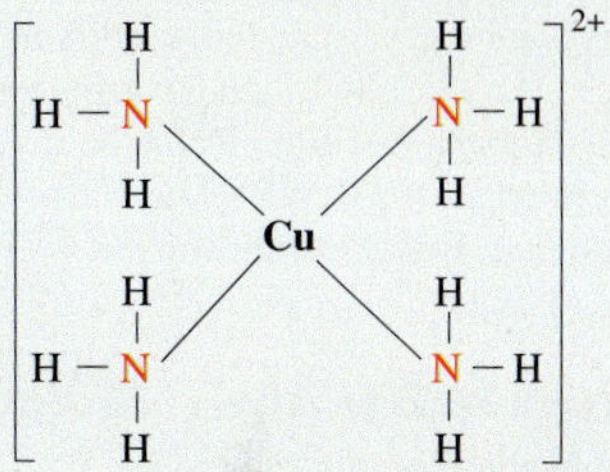

Tab. 2 Struktur von Komplexteilchen

Koordinationszahl	Anordnung der Liganden • Zentralteilchen ● Ligand		Beispiele
2		linear	$[Ag(NH_3)_2]^+$
4	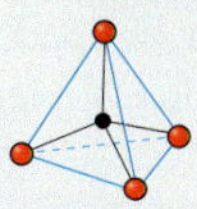	tetraedrisch	$[Al(OH)_4]^-$ $[CoCl_4]^{2-}$
	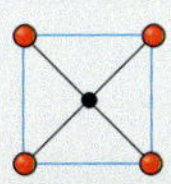	quadratisch-planar	$[Ni(CN)_4]^{2-}$ $[Pt(NH_3)_4]^{2+}$
5	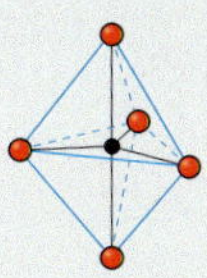	trigonal-bipyramidal	$[SnCl_5]^-$ $[Fe(CO)_5]$
	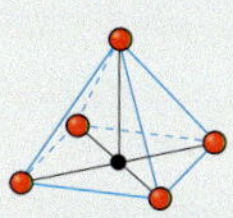	quadratisch-pyramidal	$[SbCl_5]^{2-}$
6	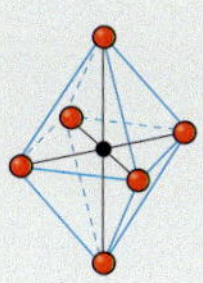	oktaedrisch	$[Fe(CN)_6]^{4-}$ $[Co(H_2O)_6]^{2+}$

AUFGABEN

1 Geben Sie die Formel der komplexen Ionen an, die beim Versetzen von Eisen(III)-salzlösung mit konzentrierter Salzsäure entstehen. Die Koordinationszahl des Eisen(III)-Ions beträgt dabei 4.
2 Ermitteln Sie die Ladung der aus Silber(I)-Ionen und Ammoniakmolekülen entstehenden komplexen Ionen.
3 Welche Ladung haben die komplexen Ionen, die aus Eisen(III)-Ionen, Thiocyanat-Ionen und Wassermolekülen im Verhältnis 1 : 1 : 5 entstehen?
4 Formulieren Sie die Reaktionsgleichungen für die Dissoziation der Komplexverbindungen $Na_3[FeF_6]$ und $[Zn(NH_3)_4]Cl_2$.
5 Geben Sie die Formel des komplexen Eisen(II)-Ions an, das als Liganden Wassermolekül(e) und Stickstoffmonooxidmolekül(e) enthält und dessen molare Masse 176 g · mol⁻¹ beträgt.

Namen von Komplexverbindungen In den Formeln der Komplexe steht das Zentralteilchen vor den Liganden. Es folgen anionische und neutrale Liganden. Die Formeln werden in eckige Klammern gesetzt. Der Name eines Komplexes setzt sich aus folgenden Bestandteilen zusammen:

1. Anzahl der Liganden

Die Anzahl der Liganden wird durch griechische Zahlwörter (di, tri, tetra, penta, hexa, octa) ausgedrückt. Bei Liganden mit komplizierten Namen verwendet man die multiplikativen Zahlworte bis, tris, tetrakis usw. vor dem in Klammern gesetzten Liganden.

2. Art der Liganden

Die Namen der Liganden werden in alphabetischer Reihenfolge genannt. Anionische Liganden erhalten die Endung -o am Namen des Ions (Tab. 1). Bei einer Reihe häufiger Liganden werden Kurzbezeichnungen verwendet. Die Namen neutraler Liganden bleiben unverändert. Einige Neutralliganden erhalten besondere Bezeichnungen (Tab. 1)

3. Name des Zentralatoms oder -ions

Bei Neutralkomplexen und bei komplexen Kationen entspricht der Name des Zentralatoms (-ions) dem Namen des jeweiligen Elements. Bei komplexen Anionen dient dazu der lateinische Wortstamm des Elements, der noch die Endung -at erhält.

4. Oxidationszahl des Zentralatoms oder -ions

Die Oxidationszahl wird durch eine in Klammern nachgestellte römische Ziffer bzw. arabische 0 angegeben.

Tab. 1 Namen von anionischen Liganden und Neutralliganden

Formel des Ions/Moleküls	Name des Ions/Moleküls	Name des Liganden in Komplexen
Anionische Liganden		
F^-	Fluorid	fluoro
Cl^-	Chlorid	chloro
Br^-	Bromid	bromo
OH^-	Hydroxid	hydroxo
O^{2-}	Oxid	oxo
S^{2-}	Sulfid	thio
CN^-	Cyanid	cyano
O_2^{2-}	Peroxid	peroxo
SCN^-	Thiocyanat (Rhodanid)	thiocyanato
$S_2O_3^{2-}$	Thiosulfat	thiosulfato
SO_4^{2-}	Sulfat	sulfato
Neutralliganden		
NH_3	Ammoniak	ammin
H_2O	Wasser	aqua
NO	Stickstoffmonooxid	nitrosyl
CO	Kohlenstoffmonooxid	carbonyl

AUFGABEN

1 Komplexverbindungen werden im Labor häufig verwendet.
Geben Sie die Formeln der folgenden Komplexverbindungen bzw. komplexen Ionen an:

a In verbrauchten Fixierbädern in der Schwarz-Weiß-Fotografie liegen Di(thiosulfato)-argentat(I)-Ionen vor.

b In einer wässrigen Aluminiumsalzlösung liegen u. a. Pentaaqua-hydroxo-aluminium(III)-Ionen vor.

c Zum Nachweis von Ammoniakspuren im Brauchwasser wird Kalium-tetraiodo-mercurat(II)-lösung verwendet.

d In „technischer Salzsäure“ liegt ein Anteil an Hexachloroeisen(III)-säure vor, die diese gelblich färbt.

2 Geben Sie die Namen der folgenden Komplexverbindungen bzw. komplexen Ionen an:

a $Cu_2[HgI_4]$; wird als optisches Thermometer verwendet, da es unterhalb von 71 °C rot, oberhalb dieser Temperatur braun ist.

b „Cisplatin“ $[PtCl_2(NH_3)_2]$; wird in der Medizin als Chemotherapeutikum zur Behandlung von z. B. Tumoren des Bindegewebes eingesetzt.

c Im Labor sind „rotes Blutlaugensalz“ $K_3[Fe(CN)_6]$ und „gelbes Blutlaugensalz“ $K_4[Fe(CN)_6]$ wichtige Reagenzien.

Die Namen salzartiger Komplexverbindungen setzen sich aus dem Namen der beteiligten komplexen Ionen und den zugehörigen Kationen oder Anionen zusammen, wobei wie bei den einfachen Salzen zuerst die Kationen, dann die Anionen genannt werden. Kationen und Anionen werden durch Bindestrich getrennt. Zur besseren Übersichtlichkeit können auch Bindestriche zwischen unterschiedlichen Bestandteilen von Komplexen gesetzt werden (Tab. 2).

Tab. 2 Benennung von Komplexverbindungen

Komplexverbindung mit komplexem Kation: $[Cu(NH_3)_4]SO_4$					
Komplexes Kation					Anion
Anzahl der Liganden	Name des Liganden	Name des Zentralions	Oxidationszahl des Zentralions		Name des Anions
Tetra	ammin	kupfer	(II)		sulfat
Tetraamminkupfer(II)-sulfat					
Komplexverbindung mit komplexem Anion: $Na[Al(OH)_4]$					
Kation	Komplexes Anion				
Name des Kations	Anzahl der Liganden	Name des Liganden	Kennzeichnung des Zentralions		Oxidationszahl des Zentralions
Natrium	tetra	hydroxo	aluminat		(III)
Natrium-tetrahydroxoaluminat(III)					
Neutralkomplex: $[CuCl_2(H_2O)_2]$					
Anzahl der Liganden	Name des Liganden	Anzahl der Liganden	Name des Liganden	Zentralion	Oxidationszahl des Zentralions
Di	aqua	di	chloro	kupfer	(II)
Diaquadichlorokupfer(II)					

ZUSAMMENFASSUNG

Komplexteilchen (Komplexe) sind aus **Zentralteilchen** (**Zentralionen** oder **-atome**) und **Liganden** aufgebaut. Es gibt komplexe Kationen, komplexe Anionen und Neutralkomplexe.
Die Bindung der Liganden an die Zentralteilchen erfolgt über Haftatome (Donatoratome). Die **Koordinationszahl** bezeichnet die Anzahl der gebundenen Haftatome.
Die Benennung von Komplexverbindungen erfolgt nach der Anzahl und Art der Liganden, der Art des Komplexteilchens und seines Zentralteilchens sowie seiner Oxidationszahl (Tab. 2).

▶ Stoff-Teilchen-Konzept

Chemische Bindung in Komplexen

Die chemische Bindung zwischen einem Zentralion bzw. Zentralatom und seinen Liganden lässt sich nach verschiedenen Modellen der Bindungstheorie beschreiben.

Elektrostatische Wechselwirkungen Jedes geladene Teilchen ist der Ausgangspunkt eines elektrischen Feldes, das sich nach allen Richtungen des Raumes erstreckt. Daher sind alle Ionen in der Lage, entgegengesetzt geladene Ionen oder Dipolmoleküle anzuziehen (↑Ionensubstanzen, S. 34; Dipole, S. 40, 48 f.). Meist finden an den Zentralionen mehr ionische Liganden Platz, als zum Ausgleich der Ladung eines Zentralions erforderlich sind. Ionische Liganden stoßen einander stärker ab als Neutralliganden. Daher haben Komplexe mit Neutralliganden meist höhere Koordinationszahlen als Komplexe mit ionischen Liganden (Tab. 1). Eisen(III)-Ionen und Aluminium-Ionen bilden mit Wassermolekülen Komplexe mit der Koordinationszahl 6 $[Fe(H_2O)_6]^{3+}$, $[Al(H_2O)_6]^{3+}$, während mit Chlorid- und Hydroxid-Ionen bevorzugt Komplexe mit der Koordinationszahl 4 $[ZnCl_4]^{2-}$, $[Al(OH)_4]^-$ entstehen.

Die Grenzen dieses Modells werden durch folgende Beispiele verdeutlicht:
- Elektrostatische Wechselwirkungen als Grundlage der Anziehungskraft zwischen Zentralteilchen und Liganden erklären nicht die große Stabilität der meisten Komplexverbindungen. In wässriger Lösung einer Komplexverbindung liegen die komplexen Ionen nahezu unverändert vor, ein Zerfall in Zentralion (-atom) und Liganden findet kaum statt.
- Das Modell beschreibt nicht die Anziehung zwischen einem Zentralatom und seinen Liganden.
- Die elektrostatische Wechselwirkung in einem Komplex erklärt zwar die symmetrische Anordnung der Liganden entsprechend dem Elektronenpaar-Abstoßungsmodell (↑S. 38 f.), nicht aber die Struktur von dieser Regel abweichender Komplexe.

Koordinative Bindung Diese Modellvorstellung beschreibt die chemische Bindung in Komplexteilchen durch die Ausbildung gemeinsamer Elektronenpaare zwischen Zentralion (-atom) und Ligand (Abb. 2, 3). Alle Liganden enthalten **freie Elektronenpaare** an den Haftatomen, mit denen sie am Zentralion (-atom) angreifen können, sodass Elektronenpaarbindungen entstehen. Die bindenden Elektronen stammen aber nur von einem Reaktionspartner.

1 Liganden mit freien Elektronenpaaren

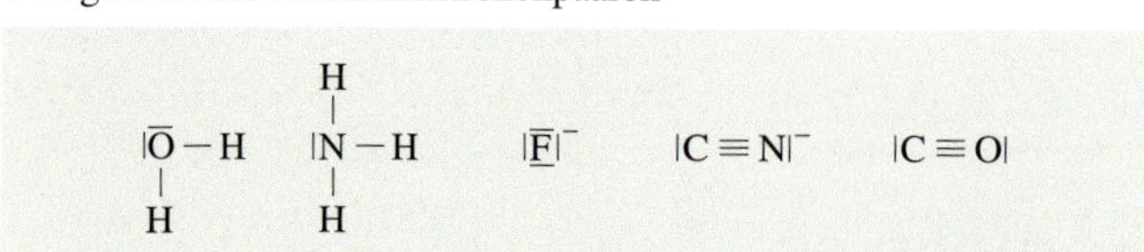

Diese Art der Elektronenpaarbindung (Atombindung) kann mit dem **Donator-Akzeptor-Konzept** (↑vorderer Buchdeckel) erklärt werden, bei dem die Liganden als Elektronenpaardonator

Tab. 1 Typische Koordinationszahlen einiger Liganden

Ligand	Typische Koordinationszahl	Beispiele
Cl^- Br^- I^-	4	$[FeCl_4]^{2-}$
OH^-	4	$[Al(OH)_4]^-$
H_2O	6	$[Co(H_2O)_6]^{3+}$
F^-	6	$[FeF_6]^{3-}$

2 Donator-Akzeptor-Prinzip der koordinativen Bindung

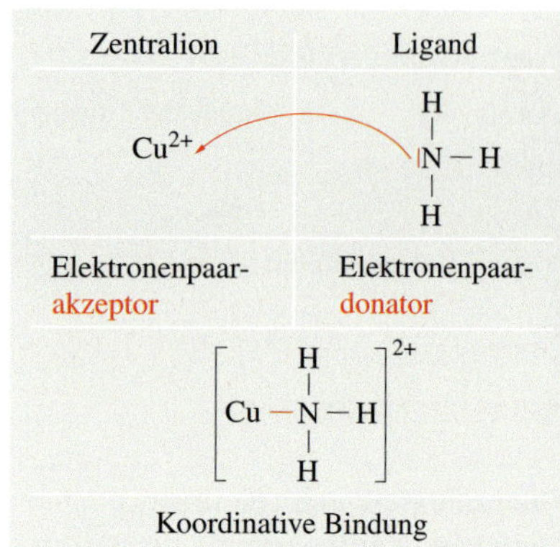

3 Koordinative Bindung im Tetrachlorocobaltat(II)

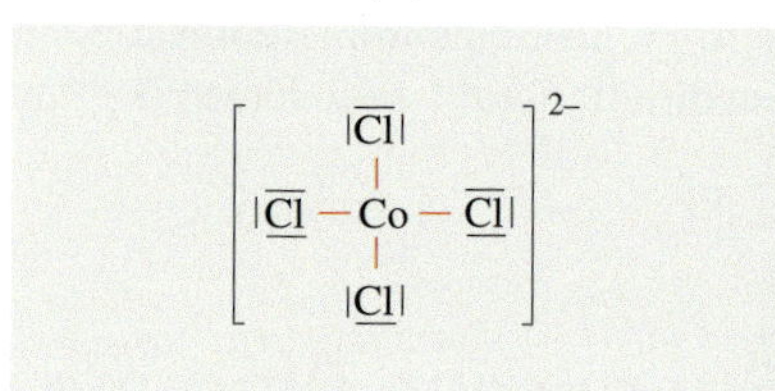

mit dem Zentralion (-atom) als Elektronenpaarakzeptor eine **koordinative Bindung** ausbilden (Abb. 2).
Nach den Vorstellungen über die koordinative Bindung ist die Ladung der Liganden für die Komplexbildung nur von untergeordneter Bedeutung. Entscheidend für die chemische Bindung ist lediglich die Möglichkeit der Liganden, Elektronenpaare an das Zentralion (-atom) abzugeben.
Zum Verständnis der koordinativen Bindung trug besonders das Werk *The Nature of the Chemical Bond* (1939) von LINUS PAULING bei (Abb. 4).
Die Elektronenkonfiguration des Zentralteilchens im Komplex ergibt sich als Summe der Elektronen des Zentralteilchens und der durch die Liganden für die koordinative Bindung zur Verfügung gestellten Elektronen. In vielen Fällen erreichen die Zentralionen (-atome) in den Komplexen dadurch **Edelgaskonfiguration** (Tab. 2; ↑S. 38).
Die Hexammin-Komplexe von Cobalt(II)- und Cobalt(III)-Ionen haben unterschiedliche Stabilität. Die Elektronenkonfiguration des Cobalt(III)-Ions im Komplex $[Co(NH_3)_6]^{3+}$ entspricht der Edelgaskonfiguration der Kryptonatome. Dieser Komplex ist der stabilere, sodass Cobalt(II)-Ionen in Gegenwart von Ammoniak in diese Verbindung übergehen können.

Tab. 2 Elektronenkonfiguration der Cobalt-Ionen in den Komplexen $[Co(NH_3)_6]^{2+}$ und $[Co(NH_3)_6]^{3+}$

Elektronenanzahl	Cobalt(II)-Ion	Cobalt(III)-Ion
Elektronenanzahl in den Cobalt-Ionen	25	24
Anzahl der in den Liganden verfügbaren Elektronen	12	12
Gesamtanzahl der Elektronen	37	36

Zentralionen (-atome) der Nebengruppenelemente erreichen Edelgaskonfiguration durch vollständig besetzte s- und p-Orbitale des höchsten Energieniveaus (2 + 6 Elektronen) sowie vollständig besetzte d-Orbitale des zweithöchsten Energieniveaus (10 Elektronen). Die Elektronenkonfiguration der Zentralionen (-atome) in solchen Komplexen entspricht der in den Atomen der Edelgase Krypton, Xenon bzw. Radon und wird deshalb auch als **18-Elektronen-Regel** bezeichnet.

Das Ziel, immer mehr Eigenschaften von Komplexverbindungen erklären zu können, wurde mit neuen Modellvorstellungen zur chemischen Bindung erreicht. So ist es möglich, mit der *Valenzbindungstheorie* die Struktur von Komplexen zu klären, die sich nicht entsprechend dem Elektronenpaar-Abstoßungsmodell verhalten. Dazu gehören z. B. die quadratisch-planaren und pyramidalen Komplexe. Die *Ligandenfeldtheorie* liefert dagegen eine Erklärung der Farbigkeit von Komplexverbindungen.

4 LINUS PAULING (1901 bis 1994), amerikanischer Chemiker, entwickelte Theorien der chemischen Bindung (Nobelpreis 1954), setzte sich engagiert für den Frieden der Welt und gegen Kernwaffen (Friedensnobelpreis 1963) ein.

AUFGABEN

1 Erläutern Sie den Nutzen einfacher Modellvorstellungen zur Beschreibung der Bindungsverhältnisse in Komplexen.
2 Welche Struktur ist als Folge der elektrostatischen Wechselwirkungen für den Komplex $[CoCl_4]^{2-}$ zu erwarten?
3 In vielen Zink-Komplexen hat Zink die Koordinationszahl 4. Begründen Sie die Stabilität solcher Komplexe aus der Elektronenkonfiguration der Zink-Ionen am Beispiel des Komplexes $[Zn(NH_3)_4]^{2+}$.
4 Welche Stabilitätsunterschiede sind aus der Elektronenkonfiguration der Molybdän-Ionen in den beiden Komplexen $[Mo(CN)_8]^{4-}$ und $[Mo(CN)_8]^{3-}$ zu erwarten?

ZUSAMMENFASSUNG

Die Stabilität und die Eigenschaften von Komplexverbindungen lassen sich mithilfe verschiedener Modellvorstellungen beschreiben.
Nach dem **elektrostatischen Modell** hängen Zusammensetzung und Struktur der Komplexteilchen von den Größenverhältnissen und den elektrostatischen Kräften zwischen den beteiligten Ionen und Dipolmolekülen ab. Bevorzugt sind Komplexteilchen mit gerader Koordinationszahl, bei denen die Liganden symmetrisch um die Zentralionen (Zentralatome) angeordnet sind.

▶ Struktur-Eigenschafts-Konzept

Nach dem **Modell der koordinativen Bindung** lässt sich die hohe Bindungsstärke zwischen dem Zentralion (Zentralatom) und seinen Liganden erklären. Eine koordinative Bindung ist eine Art der **Elektronenpaarbindung**, bei der das gemeinsame Elektronenpaar nur von einem der beiden Bindungspartner stammt.
In Komplexteilchen ist der Ligand der **Elektronenpaardonator**, das Zentralion (Zentralatom) ist der **Elektronenpaarakzeptor**.

▶ Donator-Akzeptor-Konzept

Reaktionen von Komplexverbindungen

Wassermoleküle als Liganden – Aquakomplexe In vielen Salzen sind in das Ionengitter Wassermoleküle eingeschlossen, es entstehen Salzhydrate. Die Wassermoleküle können dabei aufgrund ihres Dipolcharakters an den Kationen oder den Anionen fixiert sein. Die regelmäßige Anordnung von Wassermolekülen um ein Metall-Ion in einem Salz führt zur Bildung von **Aquakomplexen**.
Bildung und Zerfall der Komplexe sind oft von charakteristischen Veränderungen der Eigenschaften begleitet. So beruht der Nachweis von Wasser in Ethanol oder anderen organischen Lösemitteln mit wasserfreiem Kupfer(II)-sulfat auf der Bildung einer blauen Komplexverbindung.

$$\underset{\text{weiß}}{CuSO_4} + 5\,H_2O \rightarrow \underset{\text{blau}}{[Cu(H_2O)_4]SO_4 \cdot H_2O}$$

Auch wasserfreies Cobalt(II)-chlorid zeigt einen Farbumschlag bei der Reaktion mit Wasser.

$$\underset{\text{blau}}{CoCl_2} + 6\,H_2O \rightleftharpoons \underset{\text{rosa}}{[Co(H_2O)_6]Cl_2}$$

Diese Reaktion wird zur Feuchtigkeitsanzeige, z. B. im Exsikkator, genutzt.
Auch an andere Metall-Ionen werden leicht Wassermoleküle angelagert, sodass viele Metallsalze Kristallwasser enthalten.

In wässriger Lösung liegen komplexe Ionen wie $[Al(H_2O)_6]^{3+}$, $[Fe(H_2O)_6]^{3+}$, $[Cu(H_2O)_6]^{2+}$ oder $[Zn(H_2O)_6]^{2+}$ vor, in denen das Zentralion meist die Koordinationszahl 6 hat.

1 Verwendung des Feuchtigkeitsindikators Cobalt(II)-chlorid in einem Exsikkator

Ligandenaustausch und Stabilität von Komplexen Die in den Komplexen gebundenen Wassermoleküle lassen sich schrittweise durch andere Liganden verdrängen. Dies wird als **Ligandenaustausch** bezeichnet und geht häufig mit einer Farbänderung einher (Exp. 1). Für die Reaktion von Hex(a)aquakupfer(II)-Ionen mit Ammoniakmolekülen ergibt sich folgende ausführliche Reaktionsgleichung:

$$\underset{\text{hellblau}}{[Cu(H_2O)_6]^{2+}} + 4\ NH_3 \rightarrow \underset{\text{blauviolett}}{[Cu(NH_3)_4(H_2O)_2]^{2+}} + 4\ H_2O$$

In vereinfachter Schreibweise werden die an den Metall-Ionen koordinierten Wassermoleküle in der Reaktionsgleichung vernachlässigt.

$$Cu^{2+} + 4\ NH_3 \rightarrow [Cu(NH_3)_4]^{2+}$$

Eisen(III)-Ionen bilden mit Thiocyanat-Ionen SCN^- verschiedene Verbindungen von intensiv roter Farbe. Diese empfindliche Reaktion dient zum Nachweis von Eisen(III)-Ionen. Die Reaktion kann durch die Reaktionsgleichung

$$[Fe(H_2O)_6]^{3+} + 3\ SCN^- \rightarrow [Fe(SCN)_3(H_2O)_3] + 3\ H_2O$$

ausgedrückt werden (Exp. 2). Bei Anwesenheit von Fluorid-Ionen bleibt diese Farbreaktion aus, weil Fluorid-Ionen mit Eisen(III)-Ionen stabile Komplexe wie $[FeF_6]^{3-}$ bilden. Fluorid-Ionen können sogar aus entstandenem Eisen(III)-thiocyanat Thiocyanat-Ionen wieder verdrängen.

$$[Fe(SCN)_3(H_2O)_3] + 6\ F^- \rightarrow [FeF_6]^{3-} + 3\ SCN^- + 3\ H_2O$$

Die Eisen(III)-Ionen werden „maskiert“ – ein Nachweis dieser Ionen mit Thiocyanat-Ionen ist bei Anwesenheit von Fluorid-Ionen nicht mehr möglich (Exp. 2).
Bei vielen analytischen Trenn- und Nachweisreaktionen können störende Metall-Ionen durch die Bindung in Komplexen entfernt werden. Dies wird als **Maskierung** bezeichnet. Für die Maskierung von Eisen(II)- oder Eisen(III)-Ionen sind auch Cyanid-Ionen geeignet, weil sie mit diesen besonders stabile Hexacyanoferrat-Komplexe bilden (Exp. 2).
Komplexe weisen stets eine große, aber doch unterschiedliche **Stabilität** auf. Bei Bildung und Zerfall von Komplexen stellt sich ein chemisches Gleichgewicht ein, das mithilfe des Massenwirkungsgesetzes quantitativ beschrieben wird (↑ S. 131 f.).

$$Fe^{3+} + 6\ CN^- \rightleftharpoons [Fe(CN)_6]^{3-}$$

Die **Komplexstabilitätskonstante *K*** für diese Reaktion lautet:

$$K = \frac{c([Fe(CN)_6]^{3-})}{c(Fe^{3+}) \cdot c^6(CN^-)} = 10^{44}\ l^6 \cdot mol^{-6}$$

EXPERIMENT 1

Farbänderung durch Ligandenaustausch

Cobalt(II)-nitratlösung ($w = 4\,\%$; GHS08) wird mit konzentrierter Salzsäure (GHS05 | 07) versetzt.

EXPERIMENT 2

Maskierung von Ionen

a) Eisen(III)-chloridlösung ($w = 5\,\%$), Ammoniumthiocyanatlösung ($w = 5\,\%$) und Natriumfluorid (GHS06) werden in folgender Reihenfolge zur Reaktion gebracht:
- Eisen(III)-chloridlösung + Ammoniumthiocyanatlösung
- Eisen(III)-chloridlösung + Ammoniumthiocyanatlösung + 1 Spatelspitze Natriumfluorid
- Eisen(III)-chloridlösung + 1 Spatelspitze Natriumfluorid + Ammoniumthiocyanatlösung

b) Ammoniumthiocyanatlösung ($w = 5\,\%$) wird zu
- Eisen(III)-chloridlösung ($w = 5\,\%$)
- Kaliumhexacyanoferrat(III)-lösung ($w = 1\,\%$)

gegeben.

EXPERIMENT 3

Beeinflussung der Gleichgewichtslage

Zu Kupfer(II)-chloridlösung ($w = 1\,\%$) wird so lange konzentrierte Salzsäure (GHS05 | 07) getropft, bis die Farbe der Flüssigkeit nach Grün umschlägt. Dann wird mit destilliertem Wasser bis zur Blaufärbung der Lösung verdünnt. Die Farbumschläge werden durch Erhitzen der Lösung mit dem Brenner und nachfolgendem Abkühlen mit kaltem Wasser ausgelöst.

Die **Komplexzerfallskonstante K_D** für diese Reaktion lautet:

$$K_D = \frac{c(Fe^{3+}) \cdot c^6(CN^-)}{c([Fe(CN)_6]^{3-})} = 10^{-44}\ mol^6 \cdot l^{-6}$$

$$K_D = K^{-1}$$

Eisen(III)-Ionen bilden mit Cyanid-Ionen so stabile Komplexe, dass in einer wässrigen Lösung z. B. des roten Blutlaugensalzes [Kaliumhexacyanoferrat(III)] so gut wie keine freien Cyanid-Ionen vorliegen. Für die beschriebenen Reaktionen der Eisenverbindungen (↑Exp. 2, S. 261) ergibt sich folgende Stabilitätsfolge:

$K\ [Fe(H_2O)_6]^{3+} < K\ [Fe(SCN)_3(H_2O)_3] < K\ [FeF_6]^{3-}$ bzw.
$K_D\ [Fe(H_2O)_6]^{3+} > K_D\ [Fe(SCN)_3(H_2O)_3] > K_D\ [FeF_6]^{3-}$

Wie jede Gleichgewichtskonstante sind auch die Komplexstabilitätskonstante und die Komplexzerfallskonstante temperaturabhängig (↑Exp. 3, S. 261).

Löslichkeit Bei der Komplexbildung tritt häufig eine Veränderung der Löslichkeitsverhältnisse ein. So werden viele schwer lösliche Metallhydroxide nach erfolgter Ausfällung durch überschüssige Hydroxidlösung unter Bildung von Hydroxo-Komplexen wieder gelöst.

$Al^{3+} + 3\ OH^- \rightarrow Al(OH)_3 \downarrow$
$Al(OH)_3 + OH^- \rightarrow [Al(OH)_4]^-$

Silber-Ionen bilden mit Thiosulfat-Ionen eine stabile, gut wasserlösliche Komplexverbindung (Exp. 4). Auf diese Weise kann das in Wasser und in Säuren schwer lösliche Silberbromid leicht gelöst werden (↑Prinzip des Fixierens in der Fotografie, S. 203).

$AgBr + 2\ S_2O_3^{2-} \rightleftharpoons [Ag(S_2O_3)_2]^{3-} + Br^-$

Chelate – Chelateffekt Viele, meist organische Liganden enthalten mehrere Haftatome und greifen deshalb bei der Komplexbildung mehrfach am Zentralteilchen an (Abb. 1). Dabei entstehen ringförmige Verbindungen, **Chelatkomplexe**, kurz **Chelate** (griech. chele – Krebsschere), in denen der Ligand das Zentralteilchen zangenartig umschließt. Komplexverbindungen mit polycylischen Ringsystemen sind z. B. Chlorophyll und Hämoglobin (↑S. 264 f.). Die Anzahl der im Liganden vorhandenen Haftatome bezeichnet man als **Zähnigkeit**.
Kennzeichnend für Chelate ist das Auftreten von **mehrzähnigen Liganden**.
Chelate sind bei gleichem Zentralteilchen stabiler als Komplexe mit Einzelliganden gleicher Haftatome (**Chelateffekt**). Die größere Stabilität der Chelate wird durch einen **Entropieeffekt** bei

EXPERIMENT 4
Fixieren beim fotografischen Prozess
Aus 1%iger Silbernitratlösung wird mit 2 Tropfen Natriumbromidlösung (w = 1 %) Silberbromid ausgefällt. Das Gemisch wird mit Natriumthiosulfatlösung (w = 5 %) versetzt.

EXPERIMENT 5
Beeinflussung der Löslichkeit
Zu Kupfer(II)-sulfatlösung (w = 2 %) werden zunächst wenige Tropfen Ammoniumcarbonatlösung (w = 5 %) gegeben. Danach gibt man unter Schütteln Ammoniumcarbonatlösung im Überschuss dazu, bis sich der gebildete Niederschlag wieder löst.

AUFGABEN
1 Geben Sie den Namen und die Formel der Komplexverbindung an, die bei der Reaktion von Zinksulfat und Natriumcyanid entsteht.
2 Ermitteln Sie mithilfe des Löslichkeitsprodukts und der Komplexstabilitätskonstante, ob Silberiodid in Ammoniaklösung löslich ist:
$K_L(AgI) = 10^{-16}\ mol^2 \cdot l^{-2}$,
$K([Ag(NH_3)_2]^+) = 1{,}6 \cdot 10^7 \cdot l^2 \cdot mol^{-2}$

1 Kupfer-Komplex mit Ethylendiamin – ein Chelatkomplex

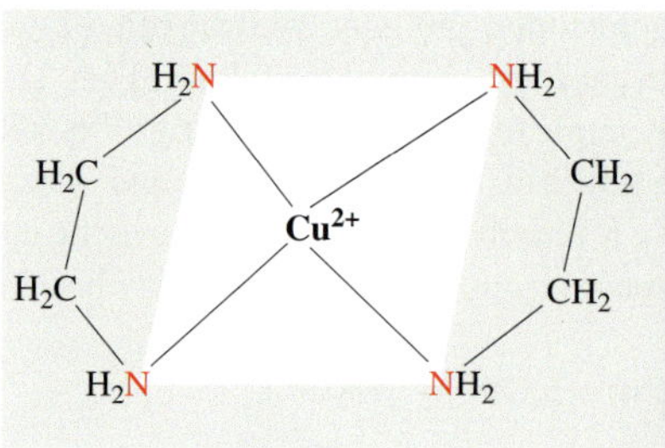

der Bildung der Chelate begünstigt: Hat ein mehrzähniger Ligand mit einem Haftatom am Zentralteilchen angegriffen, ist die Wahrscheinlichkeit groß, dass weitere Bindungen geknüpft werden. Weiterhin führt die Verdrängung von Wassermolekülen durch den Chelatbildner zur Vergrößerung der Teilchenanzahl und zur gleichzeitigen Abnahme des Ordnungszustands.

AUFGABEN

1 Welche komplexen Ionen liegen in wässrigen Lösungen von Silbernitrat und Eisen(III)-chlorid vor?

2 Benennen Sie alle Ionen, die in einer wässrigen Lösung der Komplexverbindung $Na_3[Ag(S_2O_3)_2]$ vorhanden sind.

3 Wodurch unterscheiden sich Pentaammin-bromo-cobalt(III)-sulfat und Pentaammin-sulfatocobalt(III)-bromid?

4 Formulieren Sie für die folgenden Reaktionen die Reaktionsgleichungen: Eine wässrige Cobalt(III)-chloridlösung wird mit Ammoniak versetzt. Die tiefblaue Lösung färbt sich nach Zugabe von festem Natriumchlorid unter Bildung eines Dichlorotetrammin-Komplexes orange.

5 Eine Lösung von Cobalt(II)-chlorid in 2-Propanol und etwas Wasser ist rosa gefärbt. Beim Erhitzen färbt sich die Lösung blau (Abb. 2). Begründen Sie diesen Unterschied.

2 Temperaturabhängigkeit der Gleichgewichtskonstante (zu Aufgabe 5)

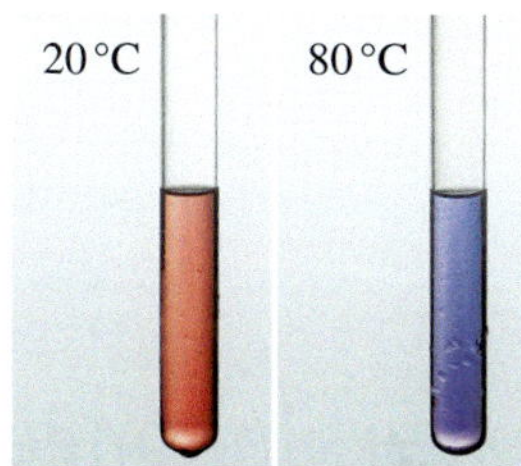

Bedeutung von Komplexverbindungen

Qualitative Nachweisreaktionen von Metall-Ionen durch Komplexverbindungen Farbreaktionen und Löslichkeitsänderungen, die mit der Komplexbildung verbunden sind, dienen häufig zum qualitativen und quantitativen Nachweis von Stoffen. So wird die Reaktion mit Ammoniak zum **Nachweis von Kupfer(II)-Ionen**, die Reaktion mit Thiocyanat-Ionen zum **Nachweis von Eisen(III)-Ionen** herangezogen. Mit **Cobalt(II)-Ionen** bilden Thiocyanat-Ionen eine blaue Verbindung, die auch in Gegenwart von Fluorid-Ionen stabil ist.

Beim **Nachweis von Glucose** mit Fehling-Lösung wird durch Bildung eines Kupfertartrat-Komplexes (Abb. 3) die Ausfällung von Kupfer(II)-hydroxid verhindert (Exp. 1).
Die Reduktion der Kupfer(II)-Ionen hebt diese Maskierung auf und führt zur Bildung des schwer löslichen gelbroten Kupfer(I)-oxids.

3 Ditartratocuprat(II)-Komplex

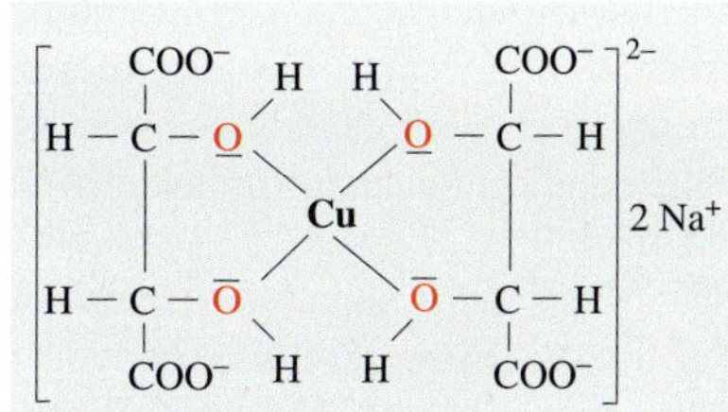

EXPERIMENT 1

Nachweis von Glucose mit Fehling-Lösung
Fehling-Lösung I (5%ige Kupfersulfatlösung) wird mit Fehling-Lösung II (GHS05; alkalische, 10%ige Kalium-Natriumtartratlösung) versetzt. Dann gibt man eine Spatelspitze Glucose zu und erwärmt.

4 Abbildung zu Experiment 1

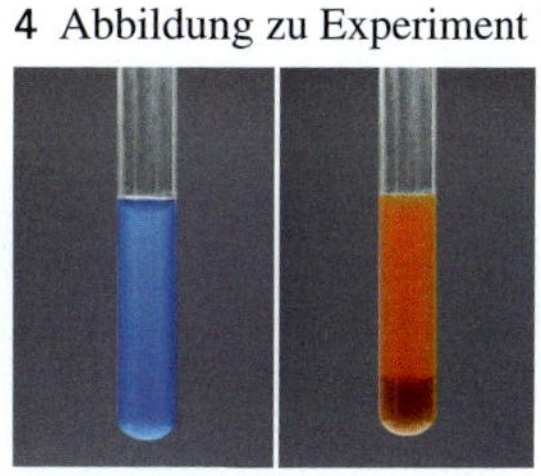

Metall-Ionen können auch durch Fällungsreaktionen unter Beteiligung von Komplexbildungen nachgewiesen werden. So bilden Hexacyanoferrat(II)-Ionen mit Eisen(III)-Ionen einen intensiv blauen, mit Kupfer(II)-Ionen einen braunen Niederschlag (Exp. 3, 4).

$4\ Fe^{3+} + 3\ [Fe(CN)_6]^{4-} \rightarrow Fe_4[Fe(CN)_6]_3 \downarrow$ Berliner Blau
$2\ Cu^{2+} + [Fe(CN)_6]^{4-} \rightarrow Cu_2[Fe(CN)_6] \downarrow$

Sehr oft erfolgt der Nachweis von Metall-Ionen durch Farb- oder Fällungsreaktionen mit organischen Verbindungen. Ein Beispiel dafür ist der **Nachweis von Nickel(II)-Ionen** mit Diacetyldioxim (Exp. 2).

EXPERIMENT 2

Nachweis von Nickel in Euromünzen

Ein Wattestäbchen wird mit einer Dimethylglyoximlösung gesättigt in 96 % Ethanol (GHS02) getränkt und anschließend getrocknet. Das getrocknete Stäbchen wird mit 3 Tropfen Ammoniaklösung (w = 10 %, GHS05) befeuchtet und wiederum kurz getrocknet. Mit dem Teststäbchen reibt man einige Sekunden kräftig über die Oberfläche einer Euromünze.

Physiologie

Komplexverbindungen ermöglichen zentrale Lebensprozesse

1 Rote Blutkörperchen

In der Natur haben viele Komplexverbindungen lebenserhaltende Funktionen.
Durch den roten Blutfarbstoff Hämoglobin erfolgen Transport und Speicherung von Sauerstoff bei den Wirbeltieren. Das Protein **Hämoglobin** besteht aus vier Polypeptidketten (Globinketten) und jeweils einem Eisen-Komplex, der Hämgruppe. Im Häm ist Porphyrin, ein polycyclisches, vierzähniges Ligandensystem, an ein Eisen(II)-Ion als Zentralion gebunden. Die fünfte Koordinationsstelle des Eisen(II)-Ions wird vom Globinrest besetzt, der über die Aminosäure Histidin koordinativ bindet. An der noch verfügbaren sechsten Koordinationsstelle kann ein Sauerstoffmolekül reversibel binden (Abb. 2).
Neben Sauerstoff können aber auch andere Liganden an das Eisen(II)-Ion gebunden werden. Die hohe Giftigkeit von Kohlenstoffmonooxid ergibt sich aus der Tatsache, dass Kohlenstoffmonooxidmoleküle an der sechsten Koordinationsstelle binden können und somit den Sauerstofftransport behindern oder gar unterbinden. Nur durch Beatmung mit reinem Sauerstoff kann das gebundene Kohlenstoffmonooxid wieder gegen Sauerstoff ausgetauscht werden. Auch im Myoglobin der Muskeln ist die Komplexverbindung Häm enthalten.

Einen ähnlichen Aufbau wie das Häm besitzt **Chlorophyll**, der Blattfarbstoff der grünen Pflanzen. Das Zentralion ist hier ein Magnesium-Ion. Das blaugrüne Chlorophyll a und das gelbgrüne Chlorophyll b sind die häufigsten grünen Pflanzenfarbstoffe (Abb. 3) und ermöglichen durch ihre Fähigkeit zur Lichtabsorption die Fotosynthese der grünen Pflanzen.

2 Struktur des Häms und des Hämoglobins

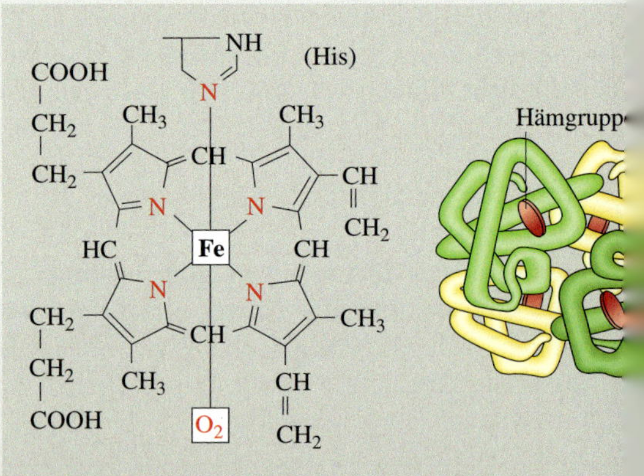

EXPERIMENT 3

Gelbes Blutlaugensalz als Nachweismittel

Einige Tropfen Kaliumhexacyanoferrat(II)-lösung ($w = 1\,\%$) werden zugegeben zu:

a) einer Eisen(III)-chloridlösung ($w = 5\,\%$)

b) einer Kupfer(II)-sulfatlösung ($w = 5\,\%$) .

EXPERIMENT 4

Rotes Blutlaugensalz als Nachweismittel

Eine frisch zubereitete Eisen(II)-sulfatlösung ($w = 5\,\%$) wird mit einigen Tropfen Kaliumhexacyanoferrat(III)-lösung ($w = 1\,\%$) versetzt.

Tab. 1 Fakten zur 1-Euro-Münze

Durchmesser	23,25 mm	
Stärke	2,33 mm	
Masse	7,50 g	
Farbe	**außen**	**innen**
	metallisch gelb	metallisch weiß
Zusammensetzung	Nickel-Messing	dreischichtig: – Kupfer-Nickel – Nickel – Kupfer-Nickel

3 In den Chloroplasten der Pflanzenzellen erfolgt die Fotosynthese (Aufnahme mit einem Transmissionselektronenmikroskop).

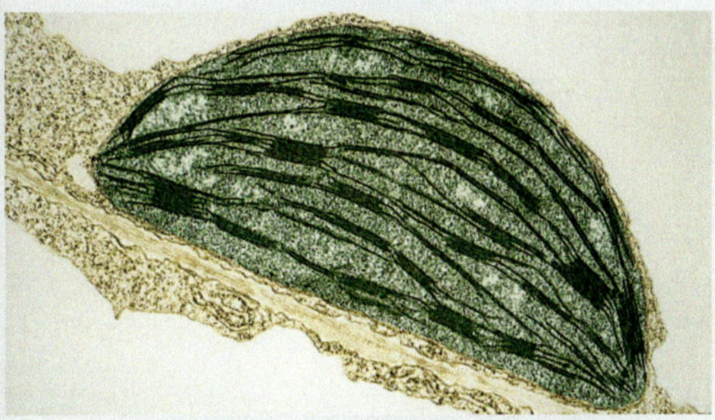

4 Struktur von Chlorophyll a und b

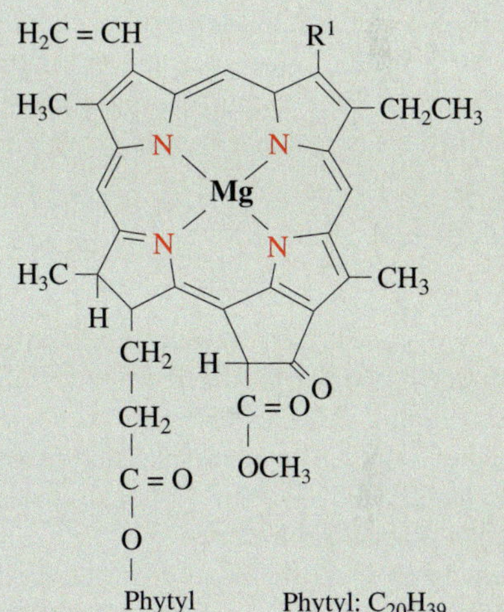

Phytyl: $C_{20}H_{39}$

R^1: { CH_3 im Chlorophyll a; CHO im Chlorophyll b }

Metallkomplexe werden auch in der Medizin eingesetzt. Besondere Bedeutung hat cis-Platin $[PtCl_2(NH_3)_2]$ zur Behandlung von Tumoren bei Krebserkrankungen erlangt. Durch Ligandenaustausch kann sich diese Verbindung an die Stickstoffatome von Nucleinbasen der Erbsubstanz anlagern und damit das Wachstum von Krebszellen hemmen, indem die Zellteilung von Tumorzellen behindert wird.

5 Struktur des Chemotherapeutikums cis-Platin und des therapeutisch unwirksamen trans-Platins

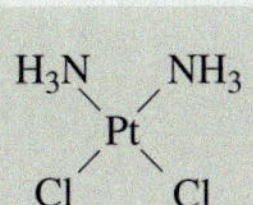

cis-Platin

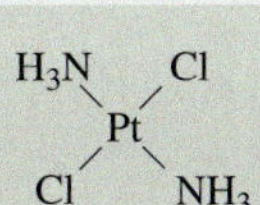

trans-Platin

AUFGABEN

1 Beschreiben Sie die Bindungsverhältnisse in den Komplexen Häm und Chlorophyll.

2 Die giftige Wirkung von Cyaniden beruht wie bei Kohlenstoffmonooxid auf der Fähigkeit der Cyanid-Ionen, als Liganden an biologisch wichtige Moleküle gebunden zu werden. Ihre Bindungskraft an Hämoglobin ist allerdings eher gering. Informieren Sie sich über die Wirkung von Cyaniden im menschlichen Organismus.

Wasserenthärtung Erdalkalimetall-Ionen im Wasser mindern die Wirkung waschaktiver Substanzen. So reagieren besonders Magnesium- und Calcium-Ionen mit den Säurerest-Ionen der Seifen zu schwer wasserlöslichen Kalkseifen.

$$Ca^{2+} + 2\ C_{17}H_{35}COO^- \rightarrow Ca(C_{17}H_{35}COO)_2 \downarrow$$

In Waschmitteln sind deshalb Enthärter enthalten, die Erdalkalimetall-Ionen binden, z. B. durch die Bildung von Komplexen mit den Erdalkalimetall-Ionen als Zentralionen.
In Feinwaschmitteln können beispielsweise Citrate (Salze der Citronensäure, Abb. 1) eingesetzt werden, die als dreizähnige Liganden zur Bildung stabiler Chelate führen. Die Bedeutung von Nitrilotriessigsäure (Abb. 2) als Komplexbildner bei der Wasserenthärtung ist aufgrund des Verdachts seiner krebserregenden Wirkung stark zurückgegangen.

Komplexometrische Bestimmung der Wasserhärte Komplexbildungsreaktionen können auch zur **quantitativen Bestimmung von Metall-Ionen** durch Titration dienen (**Komplexometrie**). Dafür sind Komplexe geeignet, die über eine hohe Stabilität verfügen und sich mit hoher Geschwindigkeit in möglichst wenigen Schritten bilden. Ligand und Komplex müssen wasserlöslich sein. Diese Voraussetzung erfüllt vor allem die **Ethylendiamintetraessigsäure H_4edta**.

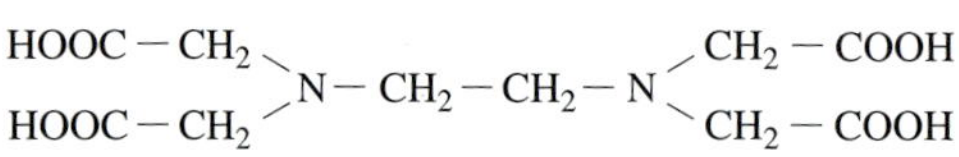

Verwendet wird meist das Natriumsalz Na_2H_2edta · 2 H_2O. H_4edta ist nach Abgabe der Protonen ein sechszähniger Ligand. Die Komplexbildung mit den zu bestimmenden Metall-Ionen erfolgt in einem Schritt. Die Komplexe sind wegen des Chelateffekts sehr stabil (Exp. 5). Zur Erkennung des Äquivalenzpunkts werden **Metallindikatoren** wie Eriochromschwarz T (symbolisiert durch NaH_2In) benötigt. Metallindikatoren sind komplexbildende Farbstoffe, deren Metallkomplexe eine andere Farbe haben als der freie Farbstoffligand.

EXPERIMENT 6
Bestimmung der Gesamthärte von Wasser
100 ml des zu untersuchenden Wassers werden mit 2 bis 3 Tropfen 1%iger Natriumsulfidlösung versetzt, um vorhandene Schwermetall-Ionen zu binden. Danach werden zwei Indikatorpuffertabletten zur komplexometrischen Härtebestimmung des Wassers und 1 ml Ammoniaklösung (w = 25 %; GHS05 | 09) hinzugefügt. Die Lösung färbt sich rosa. Es wird sofort mit Na_2H_2edta-Lösung (c = 0,02 mol · l^{-1}) bis zum Farbumschlag nach Blaugrün titriert.

EXPERIMENT 5
Reaktion von Calciumcarbonat mit Ethylendiamintetraessigsäure
Aus 5%iger Calciumchloridlösung wird mit Natriumcarbonatlösung (w = 5 %) Calciumcarbonat ausgefällt. Danach gibt man eine Spatelspitze des Natriumsalzes der Ethylendiamintetraessigsäure zu.

1 Strukturformel der Citronensäure

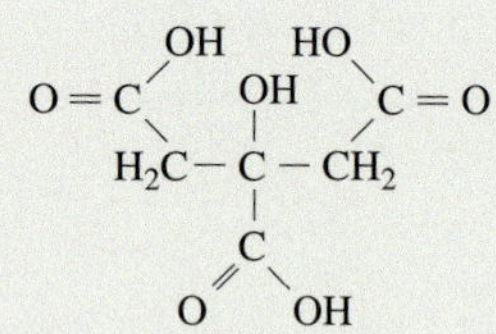

2 Strukturformel der Nitrilotriessigsäure

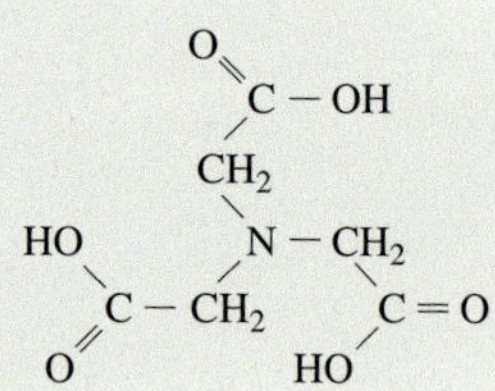

3 Metallkomplex mit edta^{4-}

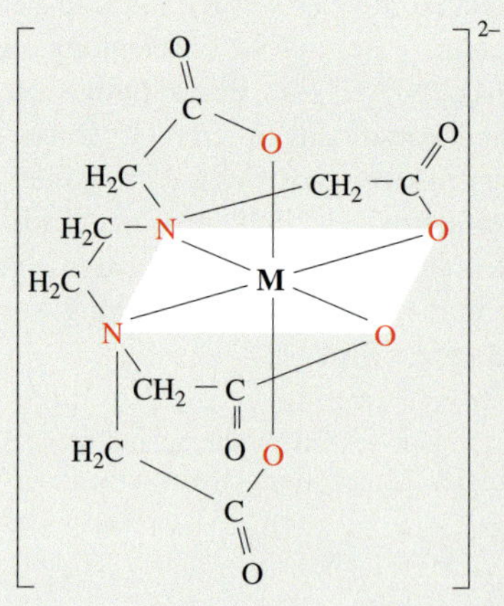

Bei der komplexometrischen Titration von zweiwertigen Metall-Ionen, z. B. von Magnesium-Ionen, liegt vor dem Äquivalenzpunkt der rot gefärbte Metallindikatorkomplex vor.

Indikatorreaktion:

$$\underset{\text{blaugrün}}{Mg^{2+} + HIn^{2-}} \rightleftharpoons \underset{\text{rot}}{[MgIn]^{-}} + H^{+}$$

Bei der Titration reagieren zusätzlich die noch freien Magnesium-Ionen mit H_2edta^{2-}. In der Nähe des Äquivalenzpunkts erfolgt der Ligandenaustausch an Magnesium-Ionen. Es bildet sich der Metallindikator als freier Farbstoffligand, der den Äquivalenzpunkt durch Blaugrünfärbung anzeigt.

Titration:

$$Mg^{2+} + H_2edta^{2-} \rightleftharpoons [Mg\,edta]^{2-} + 2\,H^{+}$$

$$\underset{\text{rot}}{[MgIn]^{-}} + H_2edta^{2-} \rightleftharpoons [Mg\,edta]^{2-} + \underset{\text{blaugrün}}{HIn^{2-}} + H^{+}$$

Auf komplexometrischem Wege ist es möglich, die **Gesamthärte**, d. h. die im Wasser enthaltene Stoffmenge an Calcium- und Magnesiumsalzen (umgerechnet auf Calciumoxid) zu bestimmen (Exp. 6).

Die Wasserhärte wird meist in deutschen Härtegraden °dH angegeben:

$$1\,°dH \mathrel{\hat{=}} \beta(CaO) = 10\ mg \cdot l^{-1}$$

$$c(Ca^{2+}) = 0{,}178\ mmol \cdot l^{-1}$$

Metallgewinnung Die Eigenschaft komplexbildender Stoffe, Metallverbindungen aufzulösen, wird in der Technik zum **Aufschluss von Erzen und Mineralien** genutzt. So ist der Aufschluss von Bauxit, einem Aluminiumerz, nach dem Bayer-Verfahren die Grundlage für die Aluminiumproduktion: Neben den gewünschten Aluminiummineralien enthält Bauxit viele weitere Metallverbindungen, besonders Eisenoxide. Durch Behandlung mit Natronlauge bei etwa 180 °C entsteht als wasserlösliche Aluminiumkomplexverbindung Natriumtetrahydroxoaluminat,

$$Al_2O_3 + 2\,Na^{+} + 2\,OH^{-} + 3\,H_2O \rightarrow 2\,Na^{+} + 2\,[Al(OH)_4]^{-}$$

während schwer lösliches Eisenhydroxid als Rotschlamm durch Filtration abgetrennt werden kann. Nach dem Abkühlen und Animpfen kristallisiert Aluminiumhydroxid aus.

$$Na^{+} + [Al(OH)_4]^{-} \xrightarrow{Al(OH)_3} Al(OH)_3 + Na^{+} + OH^{-}$$

Beim Erhitzen des Aluminiumhydroxids auf 1300 °C in Drehrohröfen entsteht durch Wasserabspaltung reines Aluminiumoxid, das für die elektrolytische Herstellung von Aluminium genutzt werden kann (↑ Schmelzflusselektrolyse, S. 243).

4 Abbau von Bauxit

5 Carl Josef Bayer (1847 bis 1904) entwickelte das nach ihm benannte Verfahren zur Herstellung von Aluminium.

AUFGABEN

1 Bei der Bestimmung des Nickelgehalts in einer Nickel(II)-chloridlösung mit Dimethylglyoxim (↑ S. 264) werden 200 mg der Komplexverbindung ausgefällt. Welche Masse Nickel enthielt die Probelösung?

2 Erklären Sie, warum bei tropfenweiser Zugabe von Salzsäure zu einer Silbernitratlösung sich zuerst ein Niederschlag bildet, der sich dann aber wieder auflöst.

3 Berechnen Sie den Anteil an Aluminiumoxid in einer Bauxit-Probe, wenn im Bayer-Verfahren aus zwei Tonnen Bauxit drei Tonnen Natriumtetrahydroxoaluminat entstehen.

Umwelt

Goldgewinnung durch Cyanidlaugerei

„Der gelbe Kern der Erde, das Gold, hat alle Macht" (FRIEDRICH VON LOGAU, 1654).

Bis heute steckt viel Wahrheit in diesem Zitat, gerade weil Gold eines der seltensten Elemente auf unserer Erde ist. Schon ein Vorkommen von einem Gramm pro Tonne Gestein gilt in den größten Goldminen der Welt in Australien und Südafrika als abbauwürdig. Auch wenn es überwiegend **gediegen** vorkommt, muss es chemisch angereichert und gereinigt werden.

Das am weitesten verbreitete Verfahren zur Anreicherung beruht auf der Nutzung komplexchemischer Reaktionen und dabei der Verwendung eines starken Giftes – dem Kaliumcyanid (Cyankali).

Verfahren Das fein gemahlene, in Wasser aufgeschlämmte goldhaltige Gestein wird mit einer etwa 0,2%igen Kaliumcyanidlösung versetzt. Nach dem Einblasen von Pressluft löst sich Gold langsam unter Bildung eines Dicyanoaurat(I)-Komplexes.

$$4\,Au + 2\,H_2O + O_2 + 8\,K^+ + 8\,CN^- \rightarrow 8\,K^+ + 4\,[Au(CN)_2]^- + 4\,OH^-$$

Nach dem Abtrennen der Verunreinigungen kann aus der klaren Lösung durch Zusatz von Zinkstaub im Überschuss elementares Gold ausgefällt werden.

$$Zn + 2\,[Au(CN)_2]^- \rightarrow 2\,Au\downarrow + [Zn(CN)_4]^{2-}$$

Die Gewinnung von Metallen durch Reduktion mithilfe unedlerer Metalle wird als **Zementation** bezeichnet. Das erhaltene Rohgold hat einen Reinheitsgrad von etwa 90 % und muss durch elektrochemische Prozesse weiter aufbereitet werden.

Risiken Die durch die Nutzung giftiger Cyanide möglichen Gefahren für die Umwelt zeigten sich am 30. Januar 2000 in der nordrumänischen Stadt **Baia Mare** bei einem der größten **Chemieunfälle** in Europa.

In einem Absetzbecken einer Goldaufbereitungsanlage brach ein Damm und über 300 000 m^3 cyanidhaltige Lauge ergoss sich in die Landschaft. Über kleinere Flüsse gelangte die Lösung schließlich in die Flüsse Theiß und Donau und vergiftete über 2000 km Flussstrecke in Rumänien, Ungarn, Serbien und Bulgarien.

Die Konzentration an Natriumcyanid betrug in den Flüssen zwischen 0,1 und 33 $mg \cdot l^{-1}$. Weil schon eine Konzentration von 0,01 $mg \cdot l^{-1}$ zu einem Fischsterben führen kann, tötete das Gift in den darauffolgenden Wochen die meisten Wasserlebewesen.

Dauerhafte Schädigungen z.B. auch des Grundwassers blieben wegen der leichten Oxidierbarkeit von Cyanid durch den Sauerstoff der Luft glücklicherweise aus.

1 Die ökologische Katastrophe von Baia Mare

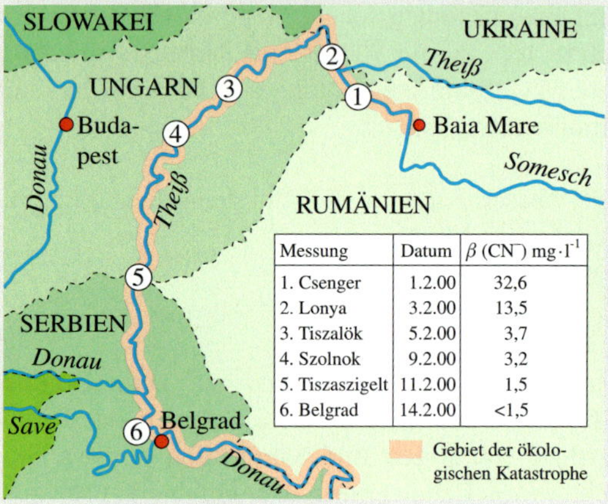

Messung	Datum	$\beta(CN^-)$ $mg \cdot l^{-1}$
1. Csenger	1.2.00	32,6
2. Lonya	3.2.00	13,5
3. Tiszalök	5.2.00	3,7
4. Szolnok	9.2.00	3,2
5. Tiszaszigelt	11.2.00	1,5
6. Belgrad	14.2.00	<1,5

AUFGABEN

1 Stellen Sie die Strukturformel des Dicyanoaurat(I)-Komplexes auf. Geben Sie die geometrische Struktur des Komplexes an.

2 Begründen Sie die Reaktionsart bei der Bildung des Dicyanoaurat(I)-Komplexes.

3 Nach der durch die Zugabe von Zink erfolgten Ausfällung von Gold wird das Gemisch mit Schwefelsäure versetzt. Begründen Sie diese Maßnahme und formulieren Sie für die ablaufende Reaktion eine Reaktionsgleichung.

4 Bei dem Unfall in Baia Mare versetzte man als Gegenmaßnahme das Wasser mit Natriumhypochlorit NaOCl. Es oxidiert Cyanide zu Stickstoff und Kohlenstoffdioxid. Entwickeln Sie unter Nutzung von Teilgleichungen die Reaktionsgleichung für diese Redoxreaktion.

ZUSAMMENFASSUNG

Bedeutung von Komplexverbindungen für analytische Chemie, Technik und Natur

Bedeutung von Komplexverbindungen	**Beispiel**		**Komplexverbindung**
In der qualitativen Analytik	Nachweis von Ionen	Eisen(II)-Ionen	$Fe_3[Fe(CN)_6]_2$
		Eisen(III)-Ionen	$Fe_4[Fe(CN)_6]_3$ (Berliner Blau) $[Fe(SCN)_3(H_2O)_3]$
		Kupfer(II)-Ionen	$Cu_2[Fe(CN)_6]$ $[Cu(NH_3)_4]^{2+}$
		Nickel(II)-Ionen	Bis(diacetyldioximato)-nickel(II)
	Maskierung von Ionen	Eisen(III)-Ionen	$[FeF_6]^{3-}$ $[Fe(CN)_6]^{3-}$
In der quantitativen Analytik	titrimetrische Bestimmung von Metall-Ionen	Wasserhärtebestimmung	$[Ca(edta)]^{2-}$
Zur Beeinflussung der Löslichkeit	Fixieren in der Schwarz-Weiß-Fotografie		$[Ag(S_2O_3)_2]^{3-}$
	Aufschluss von Bauxit		$[Al(OH)_4]^-$
	Cyanidlaugung zur Goldgewinnung		$[Au(CN)_2]^-$
Zur Regulation von Lebensprozessen	Transport von Sauerstoff		Häm (gebunden im Hämoglobin)
	Fotosynthese		Chlorophylle
	Redoxreaktionen in der Atmungskette		Cytochrome
	Tumortherapie bei Krebserkrankungen		cis-$[PtCl_2(NH_3)_2]$

KOMPLEX GEDACHT

1 Für die Ammin-Cobalt-Komplexe
(A) $CoCl_3 \cdot 6\ NH_3$
(B) $CoCl_3 \cdot 5\ NH_3$
(C) $CoCl_3 \cdot 4\ NH_3$
wurde eine elektrische Leitfähigkeit ermittelt, die der Leitfähigkeit von
$AlCl_3$
$BaCl_2$
$NaCl$
entsprechen. Bei der Dissoziation entsteht somit die gleiche Anzahl von Ionen.

a Geben Sie die Formeln der drei Cobalt-Komplexe an.

b 100 ml einer Lösung des Stoffes B werden mit Silbernitratlösung ($c = 0{,}2\ \text{mol} \cdot \text{l}^{-1}$) titriert. Bis zum Erreichen des konduktometrisch bestimmten Äquivalenzpunkts werden 32 ml Maßlösung verbraucht.
Berechnen Sie die Konzentration der Ionen in der Lösung sowie die Stoffmenge und Masse des in 100 ml der Lösung vorhandenen Stoffes B.

c Begründen Sie die Stabilität der komplexen Ionen.

2 Bei der Cyanotypie (Blaudruck) – einem alten fotografischen Verfahren – nutzt man die Bildung des Berliner Blaus zur Bilderzeugung. Dabei wird als lichtempfindliche Schicht Papier mit einem Gemisch aus Ammoniumeisen(III)-citrat und Kaliumhexacyanoferrat(III) getränkt. Nach der Trocknung erfolgt durch Auflegen eines Negativs oder einer Schablone an den durch Sonnenlicht beschienenen Stellen die Bildung des blauen Farbstoffs.

1 Blaudruck

a Formulieren Sie die chemischen Gleichungen für:
- die lichtempflindliche Reduktion der Eisen(III)-Ionen durch die Citrat-Ionen als Reduktionsmittel
- die Bildung des Berliner Blaus

b Wie kann das Bild nach seiner Fertigstellung fixiert werden?

2 Oxidationsprodukte der Citronensäure

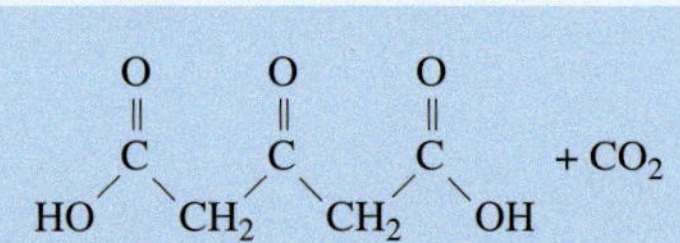

3 Die Stabilität des Chelatkomplexes Tri(ethylendiamin)-nickel(II)-Ion $[Ni(en)_3]^{2+}$ ist deutlich höher als die des komplexen Kations Hexaamminnickel(II)-Ion $[Ni(NH_3)_6]^{2+}$. In beiden Komplexen sind die Liganden über insgesamt sechs Stickstoffatome an das Nickel(II)-Ion gebunden, sodass der Stabilitätsunterschied nicht mit den Bindungsverhältnissen erklärt werden kann.

$[Ni(H_2O)_6]^{2+} + 6\ NH_3 \rightarrow [Ni(NH_3)_6]^{2+} + 6\ H_2O$

$[Ni(H_2O)_6]^{2+} + 3en \rightarrow [Ni(en)_3]^{2+} + 6\ H_2O$

Begründen Sie den Stabilitätsunterschied beider Komplexe, indem Sie auf den Chelateffekt eingehen.
Leiten Sie aus diesem Sachverhalt eine allgemeingültige Regel für die hohe Stabilität der Chelate ab.

4 Entsprechend der deutschen Mineral- und Tafelwasserverordnung muss Mineralwasser mit einem Gehalt an Eisen(II)-Ionen über $1\ \text{mg} \cdot \text{l}^{-1}$ als „eisenhaltig" gekennzeichnet werden.
Um den Gehalt an Eisen(II)-Ionen in einem so gekennzeichneten Mineralwasser zu bestimmen, werden 250 ml mit Na_2H_2edta-Lösung ($c = 0{,}01\ \text{mol} \cdot \text{l}^{-1}$) bis zum Äquivalenzpunkt titriert. Dabei werden 18 ml Maßlösung verbraucht.
Berechnen Sie, um welchen Faktor in diesem Mineralwasser der für die Kennzeichnung „eisenhaltig" notwendige Mindestgehalt überschritten ist.

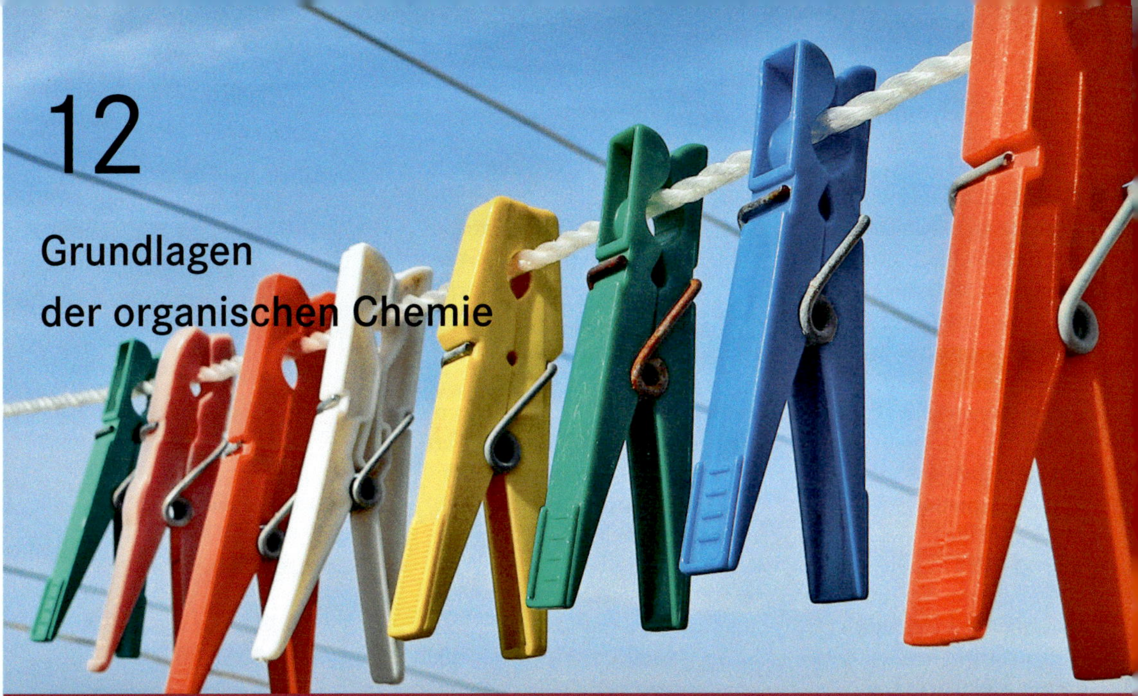

12 Grundlagen der organischen Chemie

Sie sind überall! Versteckt in Alltagsgegenständen, Nahrungsmitteln, Medikamenten und Kleidungsstücken, genauso in Erdöl, Erdgas und Kohle.

Sie bilden alles Lebendige, sie liefern uns Energie, sie sind der Schlüssel zum Zeitalter der Kunststoffe. Sie bestimmen unser Leben: Organische Verbindungen.

Entwicklung und Bedeutung der organischen Chemie

Historische Entwicklung Den Begriff „organische Chemie" verwendete 1806 erstmals der schwedische Chemiker Jöns Jakob Berzelius. Als **organische Stoffe** bezeichnete er jene chemischen Verbindungen, die in der Tier- und Pflanzenwelt zu finden waren. Stoffe aus der unbelebten Natur nannte er **anorganische Stoffe**.

Die Naturwissenschaftler dieser Zeit waren überzeugt, dass organische Stoffe nur von Lebewesen (Organismen) hergestellt werden könnten und dass zu ihrer Entstehung eine besondere Lebenskraft, die „vis vitalis", notwendig sei. 1828 widerlegte der Chemiker Friedrich Wöhler diese Theorie, als er durch Erhitzen des anorganischen Salzes Ammoniumcyanat die organische Verbindung Harnstoff synthetisierte (Exp. 1). In der Folgezeit gelang es, ausgehend von anorganischen Grundsubstanzen eine immer größere Anzahl an organischen Substanzen zu synthetisieren.

Einen weiteren Meilenstein setzte um 1860 Friedrich August Kekulé mit seinen Vorstellungen von der Vierwertigkeit des Kohlenstoffatoms, die zum Ausgangspunkt der organischen Strukturchemie wurden.

EXPERIMENT 1

Harnstoff-Synthese

1,5 g Kaliumcyanat (GHS07) und 1 g Ammoniumchlorid (GHS05) werden in 10 ml destilliertem Wasser gelöst. Die Lösung wird vorsichtig unter langsamem Rühren eingedampft. Die Masse darf nicht völlig trocken werden.

Heutige Bedeutung der organischen Chemie

Auch heute noch wird die Chemie in die **organische Chemie** als die Chemie des Kohlenstoffs und seiner Verbindungen und in die **anorganische Chemie** als die Chemie aller übrigen Elemente eingeteilt. Ausnahmen sind die zur anorganischen Chemie zählenden Oxide des Kohlenstoffs sowie Kohlensäure, Cyansäure, Blausäure und ihre entsprechenden Salze, sowie die Carbide und der Schwefelkohlenstoff.

Die organische Chemie beschäftigt sich mit Aufbau, Eigenschaften, Herstellung und Verwendung aller organischen Verbindungen, und zwar der **natürlichen**, aus Organismen isolierten Verbindungen ebenso wie der **künstlich (synthetisch)** hergestellten. Viele der im Labor gewonnenen organischen Verbindungen kommen in der Natur nicht vor.

Organische Verbindungen, wie Fette, Aminosäuren, Proteine, Kohlenhydrate und Nucleinsäuren, erfüllen zentrale biologische Funktionen in allen Lebewesen. Teilgebiete der Biochemie und der Molekularbiologie entstammen der organischen Chemie. Daraus ergibt sich auch eine besondere Bedeutung für die Biologie und für die Medizin, etwa bei der Entwicklung und Herstellung von Arzneimitteln, Diagnostika und Pflanzenschutzmitteln sowie für die Lebensmittelchemie.

Zudem sind organische Verbindungen von hoher technischer Bedeutung. Kohle, Erdgas und Erdöl, die Ausgangsstoffe für viele synthetische Produkte, sind organischen Ursprungs. Technisch wichtige Bereiche der organischen Chemie sind die Petrochemie, die Chemie der Lösemittel und Reinigungsmittel, der Kunststoffe und Kunstfasern, vieler Klebstoffe, Harze, Farbmittel, Pigmente und Lacke.

Vielfalt organischer Verbindungen

Von den über 18 Mio. bekannten chemischen Verbindungen werden mehr als 90 % der organischen Chemie zugeordnet. Die meisten dieser organischen Verbindungen enthalten neben den Elementen Kohlenstoff und Wasserstoff nur wenige andere Elemente. Mit Ausnahme der Edelgase lassen sich aber dennoch fast alle Elemente in organische Verbindungen einbauen. Am häufigsten finden sich die Elemente Sauerstoff, Schwefel, Phosphor und Stickstoff sowie die Halogene Fluor, Chlor, Brom und Iod. Darüber hinaus gibt es auch metallorganische Verbindungen.

Die unglaubliche Vielfalt und Vielzahl heute bekannter organischer Verbindungen ist auf die Eigenschaft der Kohlenstoffatome zurückzuführen, miteinander stabile Elektronenpaarbindungen (Atombindungen) einzugehen. Die Kohlenstoffatome können dadurch nahezu unbegrenzt untereinander und mit anderen Atomen Ketten oder Ringe bilden sowie Einfach- oder Mehrfachbindungen ausbilden. Die Ketten können verzweigt oder unverzweigt sein, wodurch sich unzählige Kombinationsmöglichkeiten ergeben. Zudem haben organische Stoffe verschiedenartige funktionelle Gruppen (↑S. 274), die verantwortlich für bestimmte Eigenschaften sind.

1 Fette, Proteine und Kohlenhydrate sind organische Verbindungen.

2 Organische Verbindungen sind Ausgangsstoffe für Arzneimittel.

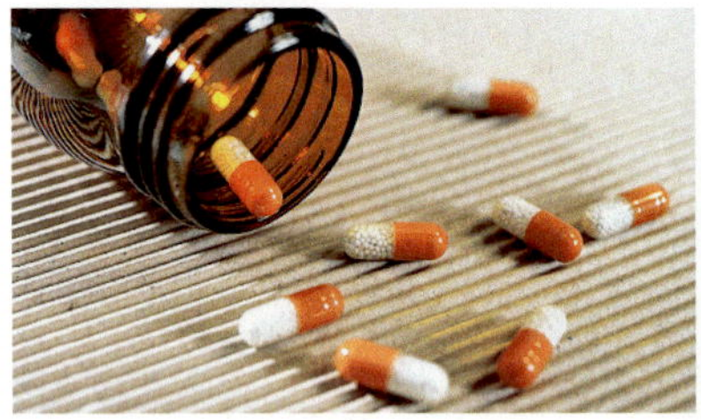

3 Beispiele für die Verknüpfung von Kohlenstoffatomen

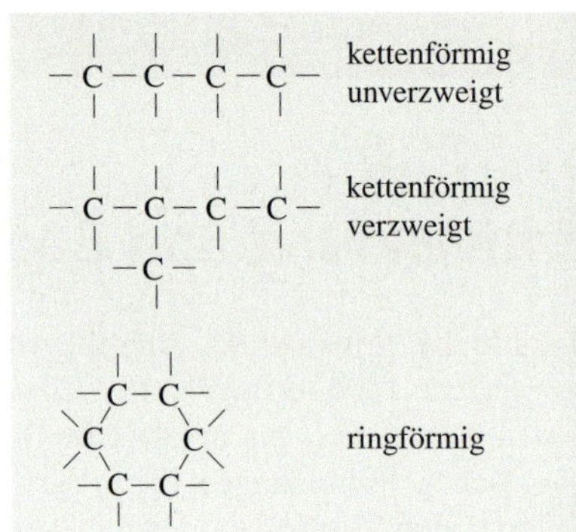

AUFGABEN

1. Formulieren Sie die Reaktionsgleichung für die Harnstoff-Synthese Wöhlers.
2. Einige Wissenschaftler halten die Unterteilung in organische und anorganische Chemie für historisch überholt. Nehmen Sie begründet Stellung zu dieser Einschätzung.
3. Begründen Sie, warum die Bildung von Kohlenstoff-Ionen erschwert ist.
4. Stellen Sie alle Möglichkeiten der Verknüpfung von sechs Kohlenstoffatomen zusammen.

Stoffklassen der organischen Chemie

Systematik organischer Verbindungen Je nach Art der Verknüpfung der Kohlenstoffatome werden verschiedene Gruppen von Kohlenstoffverbindungen unterschieden.
Organische Verbindungen, die nur aus den Elementen Kohlenstoff und Wasserstoff bestehen, werden als **Kohlenwasserstoffe** bezeichnet. Besondere Bindungsverhältnisse weisen die **aromatischen Verbindungen** auf. Um alle anderen Gruppen gegenüber den aromatischen Verbindungen abzugrenzen, verwendet man für diese Gruppen die Sammelbezeichnung **aliphatische Verbindungen**.
In vielen organischen Verbindungen sind Wasserstoffatome eines Kohlenwasserstoffmoleküls durch andere Atome oder Atomgruppen ersetzt. Diese **Substituenten** bestimmen weitgehend die Eigenschaften der jeweiligen Verbindung. Sie werden als **funktionelle Gruppen** bezeichnet. Alle Verbindungen mit der gleichen funktionellen Gruppe gehören zu einer Stoffklasse.
Verbinden sich viele kleine gleichartige Moleküle sogenannter **monomerer Stoffe** zu größeren Einheiten, so entstehen **polymere Stoffe**. Zu ihnen gehören viele Natur- und Kunststoffe.

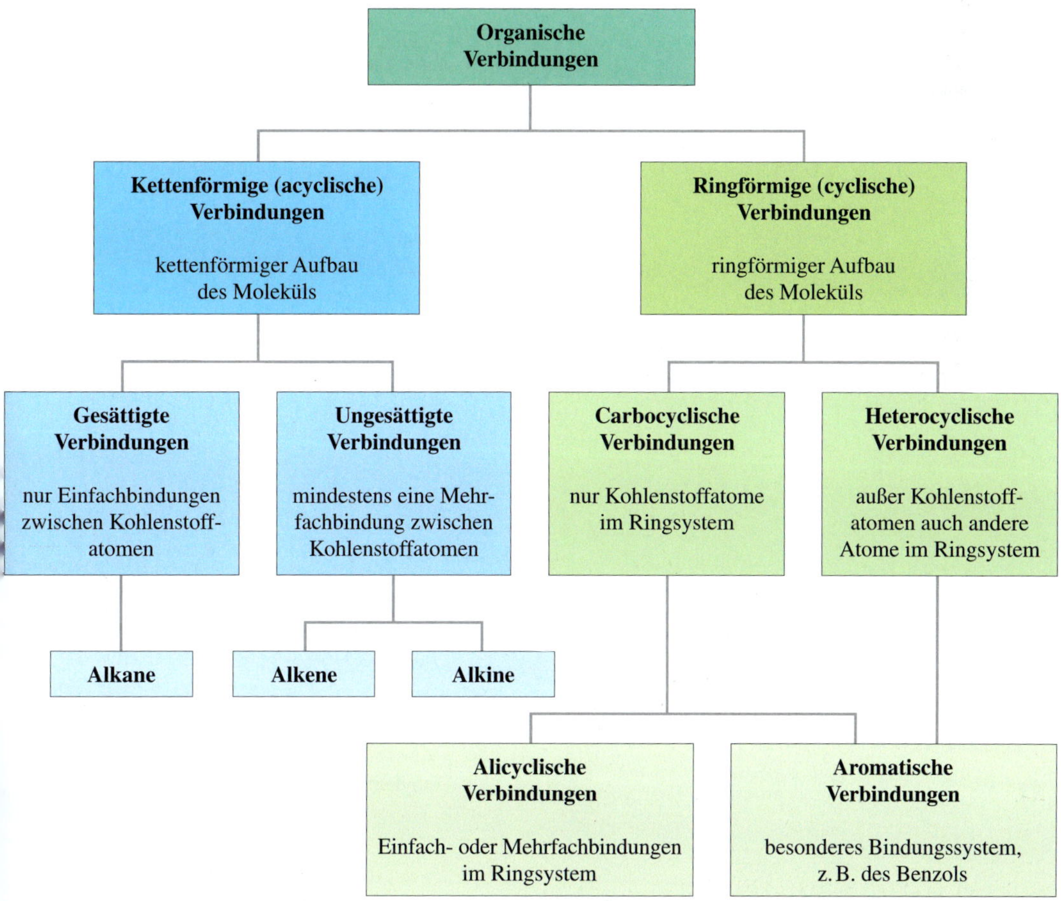

Tab. 1 Stoffklassen und funktionelle Gruppen organischer Verbindungen

Stoffklasse	Bindungen, funktionelle Gruppe		Beispiel	
	Name	**Strukturformel**	**IUPAC-Name**	**Strukturformel**
Alkane	Einfachbindung	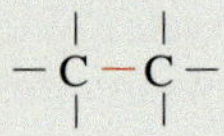	Ethan	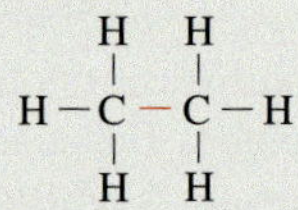
Alkene	Doppelbindung	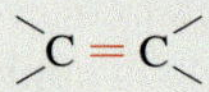	Ethen	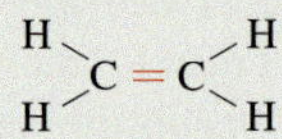
Alkine	Dreifachbindung	$-C{\equiv}C-$	Ethin	$H-C{\equiv}C-H$
Aromatische Kohlenwasserstoffe	Aromatischer Zustand		Benzol	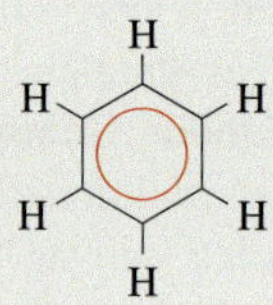
Alkohole	Hydroxygruppe	$-\overline{O}-H$	Ethanol	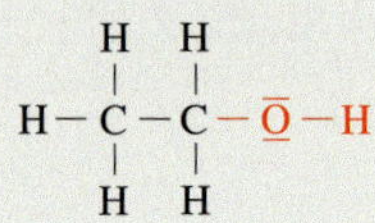
Ether	Alkoxygruppe	$-\overline{O}-$	Ethylmethylether	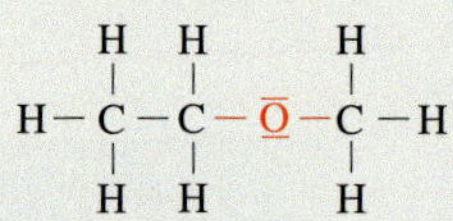
Alkanale	Aldehydgruppe	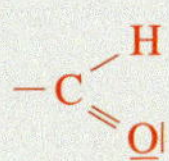	Ethanal	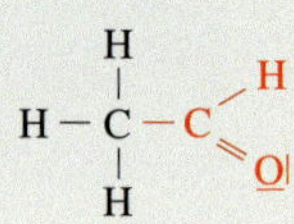
Alkanone	Ketogruppe		Propanon	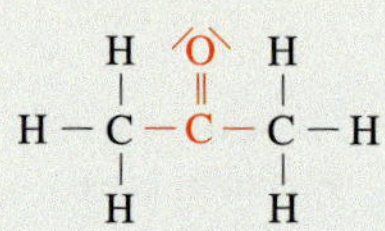
Alkansäuren	Carboxygruppe	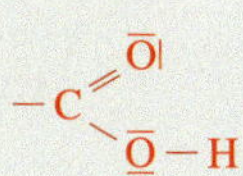	Ethansäure	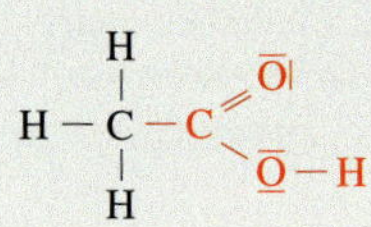
Ester	Estergruppe	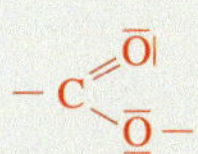	Ethansäuremethylester	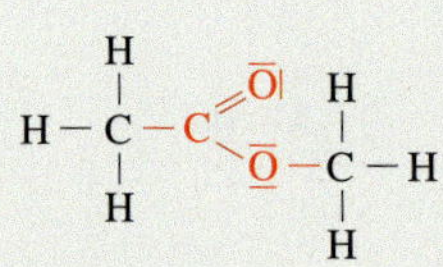
Amine	Aminogruppe	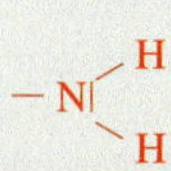	Ethylamin	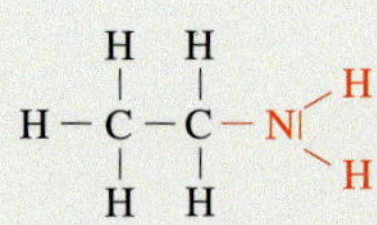

Nomenklatur und chemische Formeln Die systematische Benennung organischer Verbindungen folgt den international verbindlichen IUPAC-Regeln (**I**nternational **U**nion of **P**ure and **A**pplied **C**hemistry). Die Nomenklatur von organischen Verbindungen nach diesen Richtlinien ist oft kompliziert, daher werden im Alltagsgebrauch, aber auch in wissenschaftlichen Publikationen weiterhin traditionelle Namen, Trivialnamen oder Kurznamen verwendet. Die IUPAC-Regeln zur Benennung der jeweiligen Stoffklassen werden in diesem Buch in den entsprechenden Kapiteln behandelt.

Zur Deutung der Eigenschaften und des Reaktionsverhaltens der organischen Kohlenstoffverbindungen werden verschiedene Formelschreibweisen verwendet. Außerdem dienen unterschiedliche Modelle der räumlichen Darstellung der Moleküle.

Summenformel: Sie zeigt die quantitative Zusammensetzung der Verbindung an, gibt jedoch nicht die Struktur der Moleküle wieder.

C_4H_8 Buten

Um auch in Summenformeln Hinweise auf die Struktur zu geben, können funktionelle Gruppen herausgestellt werden.

C_4H_9OH Butanol

Strukturformel: Sie gibt alle Elektronenpaarbindungen zwischen den einzelnen Atomen an; ferner können bei der Elektronenformel (↑Lewis-Formel, S. 37) auch die freien Elektronenpaare gekennzeichnet werden.

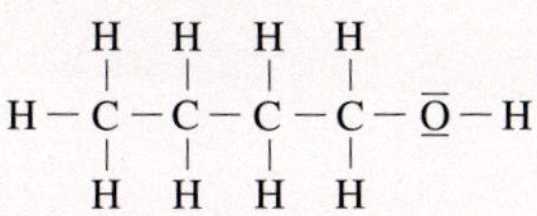
Butan-1-ol

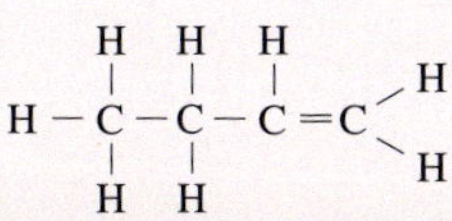
But-1-en

Vereinfachte Strukturformel (Halbstrukturformel): Sie stellt wichtige Elektronenpaarbindungen und funktionelle Gruppen dar.

$CH_3–CH_2–CH_2–CH_2–OH$ oder $CH_3–(CH_2)_3–OH$ Butan-1-ol

$CH_3–CH_2–CH=CH_2$ But-1-en

Skelettformel: Sie zeigt stark vereinfacht die räumliche Anordnung der Kohlenstoffatome und funktionellen Gruppen; dabei werden Wasserstoffatome, C–H-Bindungen und freie Elektronenpaare nicht gezeichnet.

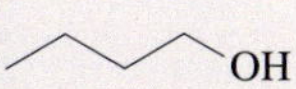
Butan-1-ol

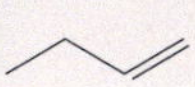
But-1-en

1 Modelle zur Veranschaulichung räumlicher Strukturen

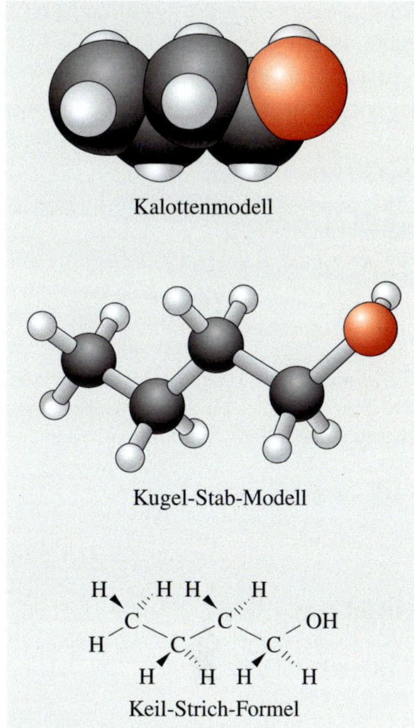

AUFGABEN

1 Erläutern Sie die Begriffe Summenformel, Skelettformel und Strukturformel am Beispiel des Pentans.

2 Begründen Sie am Beispiel der Summenformel $C_4H_{10}O$, warum eine solche Formel keine exakte Aussage darüber ermöglicht, um welche Substanz es sich handelt.

3 Überführen Sie die nachfolgenden Halbstrukturformeln in Skelettformeln:

a $CH_3–CH(OH)–CH_2–CH_3$

b $CH_2Br–CHBr_2$

c $CH_3–CO–CH_2–COO–CH_3$

4 Wandeln Sie die Skelettformeln in Halbstrukturformeln um:

a 

b 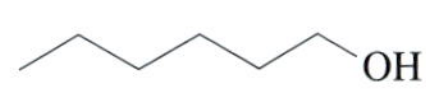

c 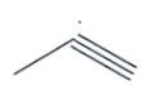

Reaktionstypen und reaktive Teilchen

Reaktionstypen in der organischen Chemie Chemische Reaktionen in der organischen Chemie können auf vier **Reaktionstypen** zurückgeführt werden, wenn man nur von Veränderungen der Moleküle der reagierenden Teilchen ausgeht.

Substitution (S): Ein Atom oder eine Atomgruppe im Molekül des Ausgangsstoffes wird durch ein anderes Atom oder eine andere Atomgruppe ersetzt.

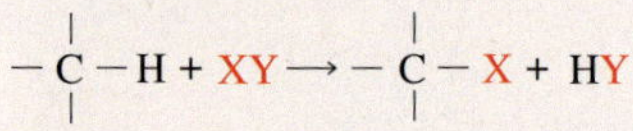

Eliminierung (E): Die Moleküle des Ausgangsstoffes werden jeweils in die Moleküle zweier Reaktionsprodukte aufgespalten, von denen eines Mehrfachbindungen bildet.

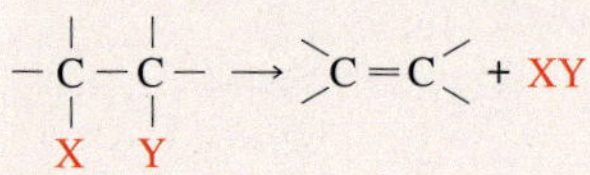

Addition (A): An die Moleküle eines ungesättigten Ausgangsstoffes werden Atome oder Atomgruppen angelagert. Häufig vereinigen sich zwei Moleküle zu einem. Die Addition ist die Umkehrreaktion zur Eliminierung.

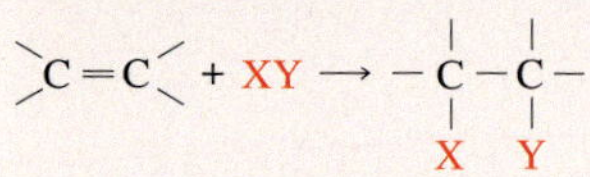

Umlagerung (U): Moleküle des Ausgangsstoffes werden in isomere Moleküle des Reaktionsprodukts umgewandelt, indem ein Atom oder eine Atomgruppe innerhalb des Moleküls wandert. In der Regel treten nach einer Umlagerung Folgereaktionen auf.

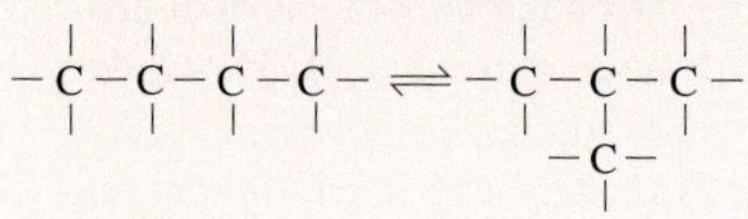

Spezielle Reaktionstypen

Halogenierung:
Substitution von –H durch –X
(X = Halogenatom)

Alkylierung:
Substitution von –H durch –R

Acetylierung:
Substitution von –H durch $–COCH_3$

Dehydratisierung:
Eliminierung von H_2O

Dehydrierung:
Eliminierung von H_2

Decarboxylierung:
Eliminierung von CO_2

Dehalogenierung:
Eliminierung von HX
(X = Halogenatom)

Neben diesen Bezeichnungen für die vier grundlegenden Reaktionstypen sind auch noch weitere Bezeichnungen üblich. Beispielsweise spricht man von einer **Kondensation**, wenn sich zwei Moleküle unter Abspaltung eines kleineren Moleküls vereinigen. Kondensationsreaktionen gehören zum Reaktionstyp der Substitutionen.

1 Bildung eines Esters als Beispiel für eine Kondensationsreaktion

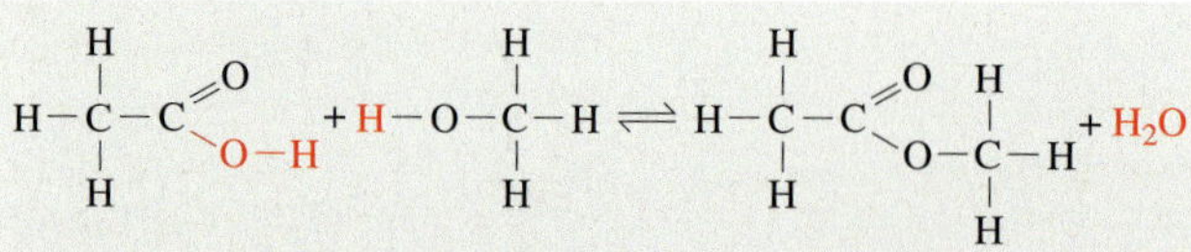

Reaktive Teilchen Während durch den Reaktionstyp nur die Unterschiede in den Molekülen der Ausgangsstoffe und der Reaktionsprodukte beschrieben werden, vermittelt der **Reaktionsmechanismus** detaillierte Vorstellungen über die Veränderung der Teilchen der Ausgangsstoffe im Verlauf einer chemischen Reaktion. Chemische Reaktionen laufen meist in mehreren **Teilschritten** ab, wobei Zwischenprodukte (Intermediate) durchlaufen werden. Man unterscheidet nach Art der reagierenden Teilchen **radikalische** und **ionische**, bei letzteren zwischen **elektrophilen** und **nucleophilen** Mechanismen.

Radikale sind chemische Teilchen mit einem oder mehreren ungepaarten, freien Elektronen. Neben elektrisch neutralen Atom- und Molekülradikalen gibt es auch Radikal-Kationen und Radikal-Anionen.

Elektrophile Reagenzien (Elektronen suchend; griech. philos – Freund) sind Ionen oder Moleküle mit Elektronenmangel, z. B. mit Elektronenlücken. Elektrophile werden auch als Elektronenakzeptoren oder Lewis-Säuren bezeichnet.

Nucleophile Reagenzien (Kern suchend; lat. nucleus – Kern) sind Ionen oder Moleküle mit Elektronenüberschuss, z. B. freien Elektronenpaaren, sowie Moleküle von Alkenen und Aromaten. Nucleophile werden auch als Elektronendonatoren oder Lewis-Basen bezeichnet.

Chemische Reaktionen werden nach dem angreifenden Reagenz (dem kleineren Reaktionspartner) klassifiziert, z. B.:

Elektrophile Addition

$R{-}CH{=}CH_2 + H^+ + Cl^- \rightarrow R{-}CHCl{-}CH_3$

Nucleophile Substitution

$R{-}CH_2{-}Cl + OH^- \rightarrow R{-}CH_2{-}OH + Cl^-$

Die Bindung zwischen einem Kohlenstoffatom und einem Atom X wird entweder heterolytisch oder homolytisch gespalten. Bei der **Heterolyse** übernimmt eines der beiden Atome das Bindungselektronenpaar; es entstehen Ionen. Bei der **Homolyse** wird das Bindungselektronenpaar aufgeteilt; es entstehen Radikale. Oft treten Radikale, Carbenium-Ionen (Carbokationen) und Carbanionen als reaktive Zwischenstufen auf.

2 Strukturen einiger wichtiger Zwischenstufen organischer Reaktionen

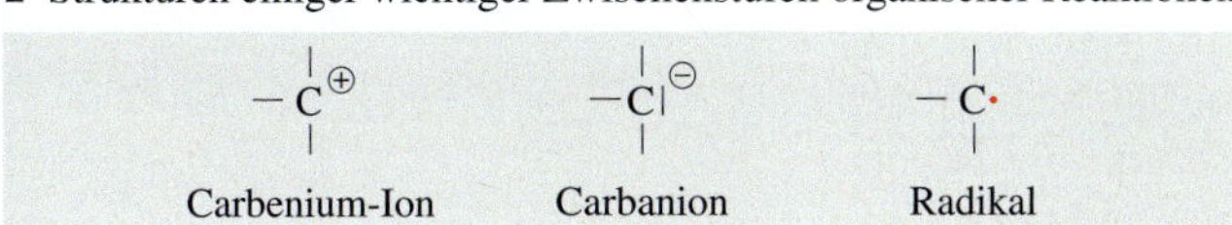

Arten der reagierenden Teilchen

Radikale:
Teilchen mit ungepaarten Elektronen

H· Wasserstoffradikal	Cl· Chlorradikal
$\cdot NO_2$ Stickstoffdioxidradikal	$\cdot CH_3$ Methylradikal

Elektrophile:
Teilchen mit Elektronenmangel

H^+ Proton	Br^+ Brom-Kation
$AlCl_3$ Aluminiumchloridmolekül	SO_3 Schwefeltrioxidmolekül

Nucleophile:
Teilchen mit Elektronenüberschuss

NH_3 Ammoniakmolekül	OH^- Hydroxid-Ion
$CH_2{=}CH_2$ Ethenmolekül	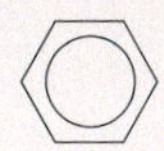 Benzolmolekül

3 Möglichkeiten der Bindungsspaltung

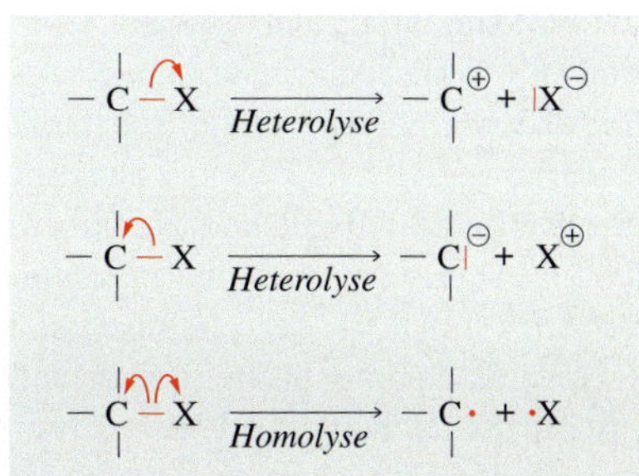

13 Analytische Chemie

Analytisch arbeitende Chemikerinnen und Chemiker müssen neben herkömmlichen „nasschemischen“ Verfahren vielfältige physikalische Methoden an komplizierten Apparaturen beherrschen, um Zusammensetzung und Struktur bislang *unbekannter* Stoffe zu entschlüsseln oder in Stoffgemischen *bekannte* Stoffe nachzuweisen. Dafür reichen oft geringste Spuren einer Substanz aus. Auf diese Weise werden z. B. Dopingsünder überführt oder Schadstoffe in Gewässern und Bodenproben identifiziert.

Bis zur vollständigen Aufklärung der Struktur bereits bekannter Stoffe vergingen früher oft viele Jahre. So forschten RICHARD WILLSTÄTTER und HANS FISCHER fast drei Jahrzehnte, bis sie 1940 endlich die Struktur des grünen Blattfarbstoffs Chlorophyll aufgeklärt hatten.
Heute kann die Struktur organischer Verbindungen durch eine Kombination moderner analytischer Methoden in kürzester Zeit ermittelt werden.

Aufgaben der analytischen Chemie

Suche nach unbekannten und bekannten Stoffen Chemische Verfahren zur Analyse organischer Stoffe wurden bereits vor 200 Jahren entwickelt. Anfangs beschränkte man sich auf die Ermittlung der im Stoff gebundenen Elemente. Später folgten dieser qualitativen Analyse die quantitative Analyse und schließlich die Aufklärung der Struktur von Stoffen. Mit der Einführung physikalischer Methoden gelang in zunehmendem Maß die Analyse immer kleinerer Substanzmengen.
Moderne analytische Labors bewältigen Aufgaben aus den unterschiedlichsten Bereichen. Strukturforschung findet vornehmlich an chemischen und pharmazeutischen Instituten der Universitäten sowie in der chemischen Industrie statt. Mit dem Nachweis bekannter Stoffe in Substanzproben beschäftigen sich z. B. landwirtschaftliche Untersuchungsanstalten, die Rechtsmedizin und Umweltorganisationen.

1 Die Substanz, die 1976 bei einem Chemieunfall die norditalienische Stadt Seveso und deren Umgebung über Jahrzehnte verseucht hatte, wurde als 2,3,7,8-Tetrachlordibenzo-p-dioxin identifiziert.

Tab. 1 Auswahl analytischer Anwendungen

Anwendung	Aufgabenfelder
Strukturaufklärung	Isolierung der unbekannten organischen Substanz in reiner Form; Ermittlung der in der Substanz gebundenen Elemente; Bestimmung der Summenformel; Zuordnung der Substanz zu einer Stoffklasse; Ermittlung der Molekülstruktur
Reinheitskontrolle in Lebensmitteln	Suche nach Rückständen von Pestiziden und Schwermetallen; Überprüfung von Grenzwerten
Umweltanalytik	Suche nach Schadstoffen in Böden, im Wasser und in der Luft; Frage nach Ausmaß der Kontamination
kriminaltechnische Untersuchungen	Autopsie von Todesopfern; Nachweis körperfremder Stoffe wie z. B. Drogen
Dopingkontrollen	Überprüfung von Sportlern

Isolierung des Reinstoffs Die Ermittlung von Formel und Struktur einer Substanz – ob mithilfe der klassisch-chemischen Analytik oder unter Nutzung physikalischer Methoden – führt nur dann zu brauchbaren Ergebnissen, wenn der zu untersuchende Stoff in reiner Form vorliegt. Substanzgemische müssen daher erst durch geeignete Trennverfahren aufgetrennt werden. Zu den klassischen Trennverfahren gehören Filtration, Sublimation, Destillation, Extraktion und Chromatografie.

Tab. 2 Trennverfahren für Stoffgemische

Verfahren	Prinzip des Verfahrens
Filtration (Exp. 1)	Abtrennen fester Niederschläge von der flüssigen Phase über Filterpapier oder andere Filtermaterialien. Die dabei isolierten Feststoffe werden durch wiederholtes Auflösen und Ausfällen so lange umkristallisiert, bis sich die beim Schmelzen des Stoffs gemessene Temperatur nicht mehr ändert.
Sublimation (Exp. 2)	Abtrennen einiger Substanzen, die ohne vorheriges Schmelzen verdampfen. Die verdampften Stoffe erstarren an kalten Oberflächen in kristalliner Form.
Destillation	Trennen von Flüssigkeitsgemischen, deren Komponenten unterschiedliche Siedetemperaturen haben
Extraktion	Verteilung eines Substanzgemischs zwischen zwei nicht mischbaren Phasen
Chromatografie (↑S. 291)	Auftrennen eines Substanzgemischs auf einer stationären Phase

2 Arbeitsschritte bei der Analyse eines unbekannten Stoffs

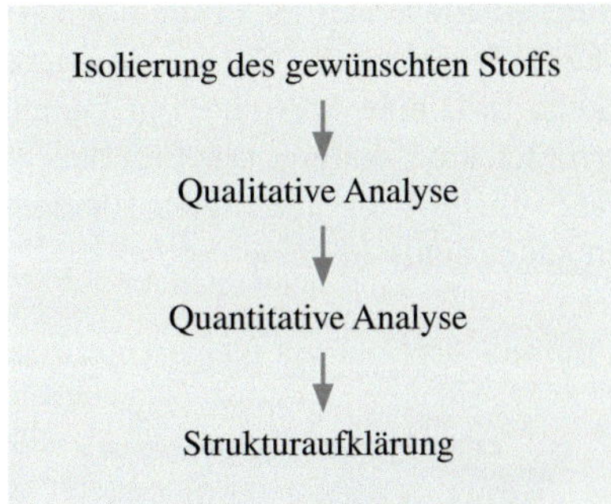

EXPERIMENT 1

Umkristallisieren von Naphthalin

Eine Spatelspitze Naphthalin (GHS08 | 07 | 09) wird in ca. 5 ml Ethanol (GHS02) gelöst. Anschließend wird die Lösung mit 5 ml Wasser versetzt und filtriert. Der Filterrückstand wird mit Wasser gewaschen und an der Luft getrocknet.

EXPERIMENT 2

Sublimation von Naphthalin

Auf ein Uhrglas wird eine Spatelspitze eines Gemischs aus Naphthalin (GHS08 | 07 | 09) und Kochsalz gegeben und das Ganze mit einem zweiten umgedrehten Uhrglas abgedeckt. Das untere Uhrglas wird vorsichtig erwärmt, das obere Uhrglas mit einem feuchten Rundfilter gekühlt.

3 Sublimation von Naphthalin

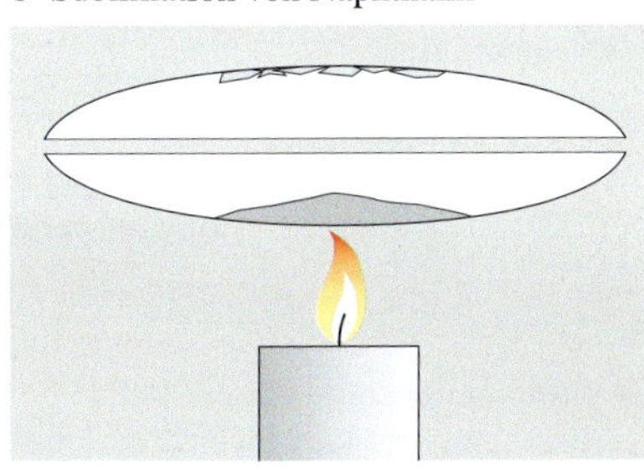

Qualitative und quantitative Analyse Nach der *qualitativen* Analyse eines unbekannten organischen Stoffs weiß man, aus welchen Elementen er besteht. JUSTUS VON LIEBIG (1803 bis 1873), Professor für Chemie in Gießen und München, entwickelte 1832 eine Apparatur zur Durchführung einer *quantitativen* Elementaranalyse. Das Ergebnis gibt an, in welchem Atomzahlverhältnis die beteiligten Elemente im untersuchten Stoff enthalten sind.

1 LIEBIGS Apparatur zur Elementaranalyse

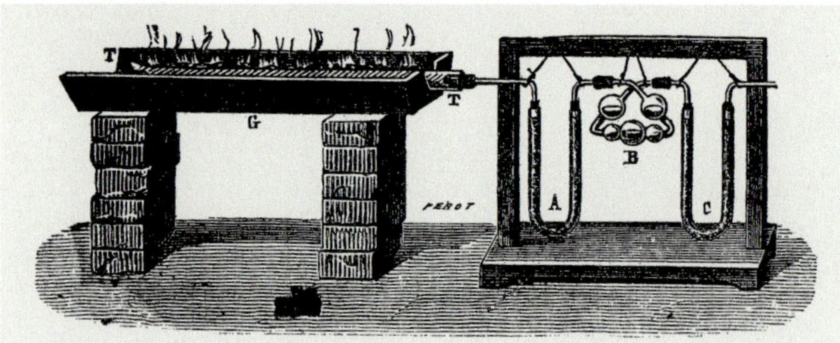

2 JUSTUS VON LIEBIG (hier ein Denkmal in München) konstruierte eine Reihe von Laborgeräten, z. B. den nach ihm benannten Liebigkühler. Er schuf die apparativen Voraussetzungen für die Durchführung der quantitativen Elementaranalyse.

Methoden der Strukturaufklärung Die Aufklärung der Struktur einer unbekannten Verbindung war bis vor etwa 30 Jahren sehr aufwendig. Sie erfolgte bis dahin weitgehend mit chemischen Methoden. Die Durchführung von Nachweisreaktionen erfordert fundiertes Wissen und experimentelles Geschick.
Zunächst werden anhand von charakteristischen Reaktionen **Art** und **Anzahl** der in den Molekülen vorhandenen **funktionellen Gruppen** bestimmt. Anschließend wird der Stoff durch gezielte chemische Reaktionen zu einfacheren und bekannten Strukturen abgebaut und dadurch identifiziert.
Heute wird die Struktur einer Reinsubstanz mithilfe instrumenteller physikalischer Methoden bestimmt. Diese Art der Strukturanalyse verzichtet auf chemische Reaktionen und führt schnell zu eindeutigen Ergebnissen. Ein großer Vorteil besteht darin, dass dafür nur geringe Stoffmengen benötigt werden.

AUFGABE

1 Bei analytischen Verfahren gibt es sowohl chemische als auch physikalische Methoden. Beschreiben Sie den prinzipiellen Unterschied zwischen beiden Verfahren.

ZUSAMMENFASSUNG

Verfahren	Aufgabe	Fragestellung
Stofftrennung	Reindarstellung des gesuchten Stoffs	Liegt ein Reinstoff oder ein Stoffgemisch vor?
Qualitative Analyse	Ermitteln der Elemente	Welche Elemente sind im Stoff gebunden?
Quantitative Analyse	Ermitteln der Formel	Wie viele verschiedene Elementatome liegen in einem Molekül des Stoffs vor?
Strukturaufklärung	Ermitteln der Struktur	Welche Bindungen liegen zwischen den Atomen vor und wie ist der Stoff aufgebaut?

► Stoff-Teilchen-Konzept

Qualitative Analyse organischer Stoffe – Ermitteln der Elemente

Bei der **qualitativen Analyse** eines organischen Stoffs wird dieser in der Regel durch geeignete Reaktionen in gasförmige oder in salzartige Stoffe umgewandelt, deren Identität mithilfe spezifischer Nachweisreaktionen festgestellt wird.
Das Element Kohlenstoff ist Bestandteil aller organischen Verbindungen. Weiterer Bestandteil ist fast immer das Element Wasserstoff, oft die Elemente Sauerstoff und Stickstoff, seltener Schwefel. Organische Halogenverbindungen sind im Wesentlichen Produkte der chemischen Industrie.

Nachweis von Kohlenstoff Bei vielen organischen Stoffen lässt sich das in ihnen enthaltene Element Kohlenstoff schon durch Erhitzen nachweisen. Die Stoffe zersetzen sich, die flüchtigen Produkte entweichen und zurück bleibt mehr oder weniger reiner Kohlenstoff, der an seiner schwarzen Farbe erkennbar ist (Exp. 1a).
Nach einem anderen Verfahren wird der organische Stoff mit Kupfer(II)-oxid erhitzt und der enthaltene Kohlenstoff zu Kohlenstoffdioxid oxidiert. Ein sich bildender weißer Niederschlag von Bariumcarbonat beim Einleiten des Gases in eine wässrige Lösung von Bariumhydroxid dient anschließend als Nachweis des Kohlenstoffdioxids (Exp. 1b).

Nachweis von Wasserstoff Bei der Oxidation organischer Stoffe wird der in ihnen gebundene Wasserstoff in Wasser umgewandelt. Bei geeigneter Geräteanordnung kondensiert das gasförmig entstandene Wasser und reagiert mit wasserfreiem weißem Kupfer(II)-sulfat zu einem blauen Hydrat (Exp. 2).

Für den Nachweis von Kohlenstoff und Wasserstoff können folgende Reaktionsgleichungen formuliert werden:

$$C_6H_{12}O_6 + 12\,CuO \rightarrow 6\,CO_2 + 6\,H_2O + 12\,Cu$$

$$CO_2 + Ba^{2+} + 2\,OH^- \rightarrow BaCO_3 + H_2O$$
$$5\,H_2O + CuSO_4 \rightarrow [Cu(H_2O)_4]SO_4 \cdot H_2O$$

Nachweis von Sauerstoff Der Nachweis von Sauerstoff in organischen Stoffen ist oft schwierig und aufwendig. Eine Ausnahme bilden Stoffe, die sich beim Erhitzen unter Luftabschluss zersetzen und dabei Wasser bilden. Auf die Weise ist nachgewiesen, dass der untersuchte Stoff Sauerstoff enthält.
Beim thermischen Zersetzen sauerstoffhaltiger Verbindungen in Gegenwart von Magnesium bildet sich weißes Magnesiumoxid (Exp. 3), z. B.:

$$CH_3CH_2OH + Mg \rightarrow C_2H_6 + MgO$$

EXPERIMENT 1
Nachweis von Kohlenstoff
a) In einem schwer schmelzbaren Reagenzglas wird jeweils etwas Zucker, Mehl und Holz erst vorsichtig, dann kräftiger erhitzt.
b) In einem Reagenzglas wird etwas Glucose mit Kupfer(II)-oxid (GHS07 | 09) überschichtet und erhitzt. Die entstehenden Gase werden in eine Bariumhydroxidlösung ($w \approx 1{,}8\,\%$) geleitet.

EXPERIMENT 2
Nachweis von Wasserstoff
Über eine Flamme von brennendem Ethanol (GHS02) wird ein kaltes, trockenes Becherglas mit der Öffnung nach unten gehalten. Das sich bildende Kondensat wird mit weißem Kupfer(II)-sulfat (GHS07 | 09) untersucht.

EXPERIMENT 3 L
Nachweis von Sauerstoff
Ein schwer schmelzbares Reagenzglas wird zu einem Drittel mit Sand befüllt, der mit Ethanol (GHS02) getränkt ist (↑Abb. 1, S. 282). Der Sand wird erwärmt, die entweichenden Dämpfe entzündet und durch weiteres leichtes Erwärmen am Brennen gehalten. Mit einem zweiten Brenner werden die Magnesiumspäne (GHS02) kräftig bis zum Glühen erhitzt und der Ethanoldampf wird über das Magnesium getrieben.

Nachweis von Stickstoff Aus manchen organischen Stoffen, in denen Stickstoff gebunden ist, entsteht beim Erhitzen mit konzentrierten Lösungen von Alkalimetallhydroxiden Ammoniak (Exp. 4). Er kann oft schon an seinem stechenden Geruch erkannt werden. Mit Wasser reagiert er zu einer Lösung, die alkalisch reagiert und durch eine Blaufärbung von Universalindikatorpapier nachgewiesen werden kann:

$NH_3 + H_2O \rightarrow NH_4^+ + OH^-$

Nachweis von Schwefel Beim Erhitzen mancher schwefelhaltiger organischer Stoffe entsteht Schwefelwasserstoff (Exp. 5). Dieser ist bereits an seinem charakteristischen Geruch erkennbar. Schwefelwasserstoff kann mit Metall-Ionen, die mit ihm schwer lösliche Niederschläge bilden, nachgewiesen werden. Bei der Reaktion mit Blei(II)-Ionen entsteht schwer lösliches schwarzes Blei(II)-sulfid:

$Pb^{2+} + S^{2-} \rightarrow PbS$

EXPERIMENT 5 L

Nachweis von Schwefel als Sulfid-Ion

Abzug! Hornspäne oder Schafwolle werden im Reagenzglas stark erhitzt und ein angefeuchtetes Blei(II)-acetatpapier (GHS08 | 09) in die entstehenden Dämpfe (GHS02 | 06 | 05 | 08 | 09) gehalten.

Bei anderen schwefelhaltigen organischen Stoffen entstehen durch starkes Erhitzen mit Kaliumnitrat Sulfat-Ionen. Deren Nachweis erfolgt durch Fällung mit Barium-Ionen als weißes Bariumsulfat (Exp. 6):

$Ba^{2+} + SO_4^{2-} \rightarrow BaSO_4$

EXPERIMENT 6 L

Nachweis von Schwefel als Sulfat-Ion

Abzug! Ein Gemisch aus Keratin (Haare, Horn, Vogelfedern) und Kaliumnitrat (GHS03) wird bis zur Bildung einer Schmelze erhitzt. Nach dem Abkühlen wird die Schmelze in destilliertem Wasser gelöst und filtriert. Das Filtrat wird nach Ansäuern mit verdünnter Salzsäure (w = 5 %) mit Bariumchloridlösung (w = 5 %, GHS07) versetzt.

Nachweis von Halogenen Den Hinweis für ein in einem organischen Stoff gebundenes Halogen liefert die Beilsteinprobe (Exp. 7). Bei der Beilsteinprobe wird der untersuchte organische Stoff ebenfalls zersetzt. Mit Kupfer bilden die halogenhaltigen

EXPERIMENT 4

Nachweis von Stickstoff

Etwas Harnstoff wird mit konzentrierter Natriumhydroxidlösung (GHS05) in einem Reagenzglas erhitzt. In die Öffnung des Reagenzglases wird ein feuchtes Universalindikatorpapier eingeführt.

1 Sauerstoffnachweis (Exp. 3)

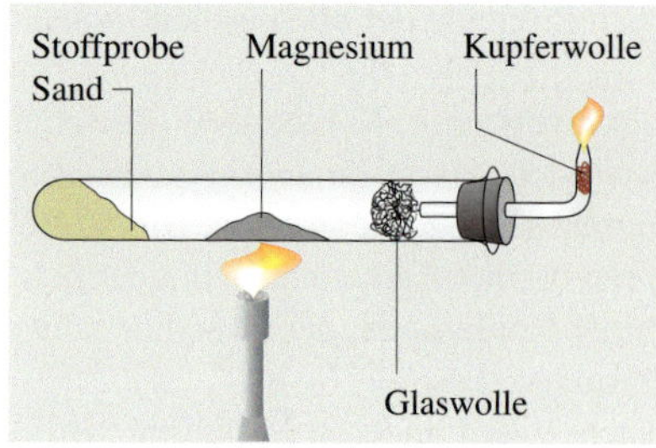

AUFGABEN

1 Stärke und Kupfer(II)-oxid sollen unter starkem Erhitzen zur Reaktion gebracht werden. Entwickeln Sie einen Versuchsaufbau zum gleichzeitigen Nachweis der Oxidationsprodukte von Kohlenstoff und Wasserstoff.

2 Recherchieren Sie, was „sympathetische Tinte“ ist und wofür sie verwendet wurde.

3 Formulieren Sie die Reaktionsgleichung für die vollständige Oxidation von Heptadecan mit Kupfer(II)-oxid.

4 Methanol reagiert mit Kupfer(II)-oxid vollständig zu Kohlenstoffdioxid und Wasser. Berechnen Sie das Volumen (Normzustand) von Kohlenstoffdioxid, das bei der Oxidation von 1 g Methanol entsteht.

5 Entwickeln Sie ein Experiment, mit dessen Hilfe nachgewiesen werden kann, dass die Beilsteinprobe auch bei anorganischen Halogenverbindungen positiv verläuft.

Produkte Kupfer(II)-halogenide, die in der Brennerflamme verdampfen und diese grün bis blaugrün färben.
Da auch anorganische Stoffe, die Halogene enthalten, Flammen grün färben können, ist die Beilsteinprobe kein spezifischer Nachweis für Halogene in organischen Stoffen. Dennoch hat sie als Vorprobe für halogenhaltige organische Stoffe auch heute noch praktische Bedeutung.

2 Beilsteinprobe

EXPERIMENT 7 L

Nachweis von Halogenen

Ein sauberer Kupferdraht wird in der nicht leuchtenden Brennerflamme zum Glühen gebracht, in noch heißem Zustand kurz in eine Porzellanschale mit etwas Trichlormethan (GHS08 | 07) getaucht und anschließend wieder in die Flamme gehalten. Der Versuch wird mit einem Stückchen PVC wiederholt, in das man kurz den glühenden Kupferdraht drückt.

ZUSAMMENFASSUNG

Tab. 1 Nachweis der in organischen Stoffen gebundenen Elemente

Element	Nachweis	Beobachtung	Nachgewiesenes Reaktionsprodukt
Kohlenstoff	Erhitzen des organischen Stoffs mit Kupfer(II)-oxid, Einleiten des entweichenden Gases in Bariumhydroxidlösung	weißer Niederschlag	Kohlenstoffdioxid
Wasserstoff	Erhitzen des organischen Stoffs mit Kupfer(II)-oxid, Prüfen des Kondensats mit weißem Kupfer(II)-sulfat	Farbänderung von Weiß nach Blau	Wasser
Sauerstoff	Erhitzen des organischen Stoffs unter Luftabschluss bei Anwesenheit von Magnesium	weißes Reaktionsprodukt	Magnesiumoxid
Stickstoff	Umsetzen des organischen Stoffs mit konzentrierter Natriumhydroxidlösung, Prüfen des entweichenden Gases mit feuchtem Universalindikatorpapier	Blaufärbung	Ammoniak
Schwefel	Möglichkeit 1: Erhitzen des organischen Stoffs, Prüfen des entstehenden Gases mit Blei(II)-acetatpapier	Schwarzfärbung	Sulfid-Ion
	Möglichkeit 2: Schmelzen des organischen Stoffs mit Kaliumnitrat, Versetzen der gelösten Schmelze mit Bariumchloridlösung	weißer Niederschlag	Sulfat-Ion
Halogene	Erhitzen des organischen Stoffs auf einem Kupferdraht	Grünfärbung der Brennerflamme	Kupfer(II)-halogenid

Quantitative Analyse organischer Stoffe – Ermitteln der Formel

Summenformel Nach der qualitativen Analyse eines organischen Stoffs ist bekannt, aus welchen Elementen er besteht. Es lässt sich dann z. B. eine vorläufige Formel wie $C_xH_yO_z$ aufstellen, bei der die Indizes noch zu bestimmen sind.
Die Summenformel für Ethanol lautet C_2H_6O. In jedem Ethanolmolekül sind also zwei Atome Kohlenstoff, sechs Atome Wasserstoff und ein Atom Sauerstoff miteinander verbunden. Die Summenformel sagt jedoch nicht aus, dass es sich bei Molekülen der Zusammensetzung C_2H_6O um Ethanol handeln muss, da Moleküle gleicher quantitativer Zusammensetzung unterschiedliche Strukturen haben können und in einem solchen Fall Moleküle unterschiedlicher Stoffe sind.

Elementaranalyse Der erste Schritt auf dem Weg zur Summenformel ist die Durchführung einer quantitativen Elementaranalyse nach LIEBIG:

1 Quantitative Elementaranalyse

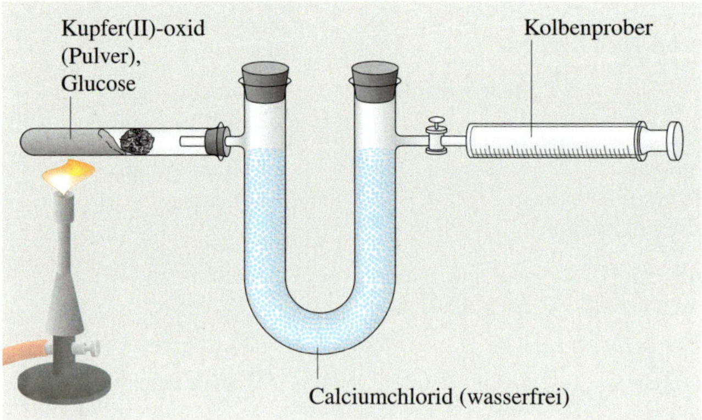

Eine genau ausgewogene Menge der unbekannten Substanz wird durch überschüssiges Kupfer(II)-oxid vollständig oxidiert. Das entstehende Wasser wird an wasserfreiem Calciumchlorid absorbiert und die Masse durch Differenzwägung bestimmt. Das entstehende Kohlenstoffdioxid wird in einem Kolbenprober aufgefangen und dessen Volumen gemessen.

Berechnen der Masse des Wasserstoffs Für die Bildung von Wasser gilt:

1 mol $C_xH_yO_z$ reagiert zu $y/2$ mol H_2O.

$$\frac{n(\mathrm{H})}{n(\mathrm{H_2O})} = \frac{2}{1} \qquad n(\mathrm{H}) = \frac{m(\mathrm{H})}{M(\mathrm{H})} \qquad n(\mathrm{H_2O}) = \frac{m(\mathrm{H_2O})}{M(\mathrm{H_2O})}$$

$$m(\mathrm{H}) = \frac{2 \cdot M(\mathrm{H}) \cdot m(\mathrm{H_2O})}{M(\mathrm{H_2O})}$$

Aufgabe: Berechnen Sie die Verhältnisformel eines Stoffs der allgemeinen Formel $C_xH_yO_z$, für den bei der quantitativen Analyse folgende Ergebnisse ermittelt wurden:

Masse Glucose:	$m(\mathrm{A}) = 0{,}105$ g
Masse H_2O:	$m(\mathrm{H_2O}) = 0{,}059$ g
Volumen CO_2:	$V(\mathrm{CO_2}) = 82$ ml
Temperatur:	$T = 294$ K
Luftdruck:	$p = 1010$ hPa

Lösung:
Masse des Wasserstoffs:

$$m(\mathrm{H}) = \frac{2 \cdot 1\ \mathrm{g \cdot mol^{-1}} \cdot 0{,}059\ \mathrm{g}}{18\ \mathrm{g \cdot mol^{-1}}}$$

$m(\mathrm{H}) = 0{,}0066$ g

Masse des Kohlenstoffs:

$$V_n(\mathrm{CO_2}) = \frac{1010\ \mathrm{hPa} \cdot 82\ \mathrm{ml} \cdot 273\ \mathrm{K}}{294\ \mathrm{K} \cdot 1013\ \mathrm{hPa}}$$

$V_n(\mathrm{CO_2}) = 76{,}0$ ml

Die Masse Kohlenstoff in 0,105 g analysierter Substanz ist folglich:

$$m(\mathrm{C}) = \frac{12\ \mathrm{g \cdot mol^{-1}} \cdot 76{,}0\ \mathrm{ml}}{22\,400\ \mathrm{ml \cdot mol^{-1}}}$$

$m(\mathrm{C}) = 0{,}0407$ g

Masse des Sauerstoffs:

$m(\mathrm{O}) = 0{,}105\ \mathrm{g} - (0{,}0407\ \mathrm{g} + 0{,}0066\ \mathrm{g})$
$m(\mathrm{O}) = 0{,}0577$ g

In 0,105 g Glucose sind 0,0407 g Kohlenstoff, 0,0066 g Wasserstoff und 0,0577 g Sauerstoff enthalten.

Verhältnisformel von Glucose:

$n(\mathrm{C}) : n(\mathrm{H}) : n(\mathrm{O})$

$$= \frac{0{,}0407\ \mathrm{g}}{12\ \mathrm{g \cdot mol^{-1}}} : \frac{0{,}0066\ \mathrm{g}}{1\ \mathrm{g \cdot mol^{-1}}} : \frac{0{,}0577\ \mathrm{g}}{16\ \mathrm{g \cdot mol^{-1}}}$$

$n(\mathrm{C}) : n(\mathrm{H}) : n(\mathrm{O})$
$= 0{,}0034$ mol : $0{,}0066$ mol : $0{,}0036$ mol
≈ 1 mol : 2 mol : 1 mol

Die Verhältnisformel der Glucose ist demnach CH_2O.

Berechnen der Masse des Kohlenstoffs Zunächst wird das mit dem Kolbenprober gemessene Volumen V von Kohlenstoffdioxid mithilfe der Zustandsgleichung idealer Gase auf das Normvolumen V_n umgerechnet:

$$\frac{p \cdot V}{T} = \frac{p_n \cdot V_n}{T_n}$$

$$V_n = \frac{p \cdot V \cdot T_n}{T \cdot p_n}$$

p_n: Normdruck (1013 hPa)
V_n: Normvolumen
T_n: Normtemperatur (273 K)
p: gemessener Druck
V: gemessenes Volumen
T: gemessene Temperatur

Im Jahr 1811 veröffentlichte der italienische Physiker und Chemiker AMEDEO AVOGADRO seine Hypothese, dass gleiche Volumina verschiedener idealer Gase bei gleicher Temperatur und gleichem Druck die gleiche Anzahl von Teilchen enthalten. Bei Normbedingungen nimmt $n = 1$ mol eines beliebigen (idealen) Gases ein Volumen von $V_{m,n} = 22{,}4$ Liter ein.

$$n = \frac{V_n}{V_{m,n}} = \frac{m}{M}$$

Für die Bildung von Kohlenstoffdioxid gilt: 1 mol $C_xH_yO_z$ reagiert zu x mol CO_2.

$$\frac{n(C)}{n(CO_2)} = 1/1$$

$$n(C) = \frac{m(C)}{M(C)} \qquad n(CO_2) = \frac{V_n(CO_2)}{V_{m,n}}$$

$$m(C) = \frac{M(C) \cdot V_n(CO_2)}{V_{m,n}}$$

Berechnen der Masse des Sauerstoffs Die enthaltene Masse Sauerstoff ist die Differenz aus der Masse der Analysensubstanz m(A) und der Summe der berechneten Massen von Kohlenstoff m(C) und Wasserstoff m(H).

$$m(O) = m(A) - [m(C) + m(H)]$$

Ermitteln der Verhältnisformel Für die Variablen x, y und z der allgemeinen Formel $C_xH_yO_z$ müssen aus den berechneten Massen m(C), m(H) und m(O) die entsprechenden Stoffmengen eingesetzt werden.

Diese werden mithilfe der Gleichung $n = \frac{m}{M}$ ermittelt.

$$n(C) : n(H) : n(O) = \frac{m(C)}{M(C)} : \frac{m(H)}{M(H)} : \frac{m(O)}{M(O)}$$

Durch Division der Zahlenwerte der berechneten Stoffmengen durch den kleinsten Zahlenwert ergibt sich das Zahlenverhältnis der Atome:

$$n(C) : n(H) : n(O)$$

2 AMEDEO AVOGADRO (1776–1856)

AUFGABEN

1 Ein organischer Stoff hat die allgemeine Formel $C_xH_yO_z$. Werden 0,52 g dieses Stoffs oxidiert, entstehen 0,76 g CO_2 und 0,31g H_2O. Bestimmen Sie die Massen von Kohlenstoff, Wasserstoff bzw. Sauerstoff, die in dem untersuchten Stoff enthalten sind.

2 Bei der quantitativen Analyse eines Stoffs wurden folgende Größen ermittelt:
$V(CO_2) = 29{,}75$ ml
$T = 293$ K
$p = 1020$ hPa
$n(C) : n(CO_2) = 1 : 1$
Berechnen Sie die Masse des Kohlenstoffs in der eingewogenen Masse des Stoffs.

3 Berechnen Sie die Verhältnisformel eines Stoffs der allgemeinen Formel $C_xH_yO_z$, für den bei der quantitativen Analyse folgende Ergebnisse ermittelt wurden:
$m(C) = 0{,}024$ g
$m(H) = 0{,}004$ g
$m(O) = 0{,}032$ g

Als Ergebnis der Elementaranalyse erhält man nur das Zahlenverhältnis der in einem Molekül gebundenen Atome. Diese **Verhältnisformel** gibt daher nicht an, wie viele Atome in einem Molekül des betreffenden Stoffs enthalten sind. Mithilfe der molaren Masse kann jedoch aus der Verhältnisformel eines Stoffs die **Summenformel** des Moleküls berechnet werden.

Tab. 1 Verhältnisformeln und Summenformeln einiger Verbindungen

Stoff	Verhältnisformel	Summenformel
Ethin	CH	C_2H_2
Benzol	CH	C_6H_6
Methanal	CH_2O	CH_2O
Ethansäure	CH_2O	$C_2H_4O_2$

Bestimmung der molaren Masse Beim Auflösen eines Feststoffs in einem Lösemittel sinkt dessen Gefriertemperatur. François Marie Raoult (1830–1901) entdeckte, dass diese **Gefriertemperaturerniedrigung** nicht von der Art des gelösten Stoffs, sondern nur von seiner Konzentration und von der Art des Lösemittels abhängig ist.

$$\Delta T_G = k_G \cdot b$$

ΔT_G: Gefriertemperaturerniedrigung
k_G: kryoskopische Konstante
b: Molalität der Lösung

Die **kryoskopische Konstante** k_G hat für jedes Lösemittel einen charakteristischen Wert und gibt an, um wie viel Grad die Gefriertemperatur sinkt, wenn $n(B) = 1$ mol Teilchen in $m(L) = 1$ kg Lösemittel gelöst sind.
Die Erniedrigung der Gefriertemperatur T_G kann zur Bestimmung der molaren Masse von solchen organischen Verbindungen genutzt werden, die sich nicht verdampfen lassen, ohne sich dabei zu zersetzen.

EXPERIMENT 2

Gefriertemperaturerniedrigung von Wasser

In 3 großen Reagenzgläsern werden aus 10 g, 20 g und 30 g Glucose 3 verschiedene Lösungen in 100 g dest. Wasser hergestellt. Die Lösungen werden nacheinander in eine Kältemischung gestellt (Abb. 2) und so lange gerührt, bis sich erste Eiskristalle bilden und die Temperatur über eine gewisse Zeit konstant bleibt. Die 3 gemessenen Gefriertemperaturerniedrigungen werden in einem Diagramm (Abb. 3) gegen die Masse der gelösten Glucose aufgetragen und es wird eine Ausgleichsgerade durch den Koordinatenursprung erstellt. Aus dem Graphen wird ein geeignetes Wertepaar von ΔT_G und $m(B)$ entnommen.

1 Molalität einer Lösung

$$b(B) = \frac{n(B)}{m(L)}$$

$n(B)$: Stoffmenge des Stoffs B
$m(L)$: Masse des Lösemittels
Einheit: $[b] = 1\ \text{mol} \cdot \text{kg}^{-1}$

Tab. 2 Kryoskopische Konstanten einiger Lösemittel

Lösemittel	$\frac{T_G}{°C}$	$\frac{k_G}{K \cdot kg \cdot mol^{-1}}$
Wasser	0	1,86
Cyclohexan	6,2	20,2
Ethansäure	17	3,9
Campher	179,5	40,4

EXPERIMENT 1

Herstellung einer Kältemischung

In einem Becherglas (1000 ml) wird eine Mischung aus drei Teilen zerstoßenem Eis und einem Teil Kochsalz hergestellt. Die Mischung wird gut umgerührt und ihre Temperatur gemessen.

Aufgabe: Ermitteln Sie die molare Masse von Glucose.

Gegeben:
$m(\text{Glucose}) = 20$ g
$m(H_2O) = 0{,}1$ kg
$\Delta T_G = 2$ K
$k_G = 1{,}86\ \text{K} \cdot \text{kg} \cdot \text{mol}^{-1}$

Lösung:

$$M(\text{Glucose}) = \frac{20\ \text{g} \cdot 1{,}86\ \text{K} \cdot \text{kg}}{2\ \text{K} \cdot 0{,}1\ \text{kg} \cdot \text{mol}}$$

$M(\text{Glucose}) = 186\ \text{g} \cdot \text{mol}^{-1}$
(Theoretischer Wert = $180\ \text{g} \cdot \text{mol}^{-1}$)

Zusammenhang zwischen Gefriertemperaturerniedrigung und molarer Masse:

$$\Delta T_G = k_G \cdot \frac{n(B)}{m(L)}$$

$$n(B) = \frac{m(B)}{M(B)}$$

$$\Delta T_G = k_G \cdot \frac{m(B)}{m(L) \cdot M(B)}$$

Umstellung nach $M(B)$ ergibt:

$$\boldsymbol{M(B) = k_G \cdot \frac{m(B)}{\Delta T_G \cdot m(L)}}$$

Bestimmung der molaren Masse gasförmiger Stoffe Bei gasförmigen Stoffen erfolgt die Bestimmung der molaren Masse über die experimentell ermittelte Dichte. Diese wird auf Normbedingungen umgerechnet (↑S. 285).

EXPERIMENT 3

Bestimmung der Dichte von Butan

Aus einer Butanflasche, die zuvor genau auszuwiegen ist, werden 100 ml Butan (GHS02) in einen Kolbenprober überführt. Anschließend wird die Druckflasche erneut gewogen. Zusätzlich werden Temperatur und Luftdruck gemessen. Aus den gemessenen Daten wird die Dichte des Gases bei Normbedingungen berechnet.

4 Bestimmung der Dichte von Butan (Exp. 3)

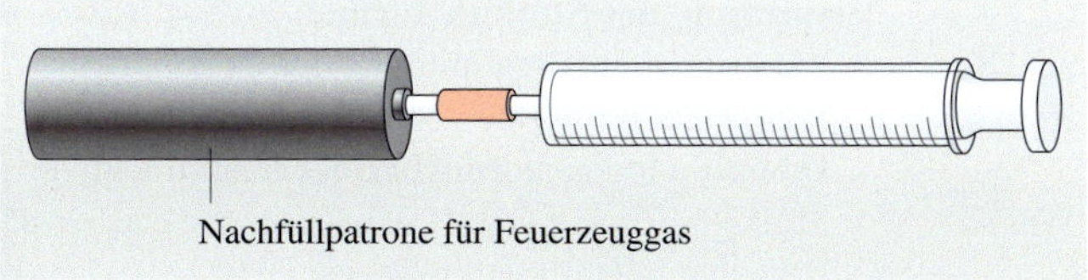

$$\varrho_n = \frac{m}{V_n}$$

ϱ_n: Dichte bei Normbedingungen
m: Masse des Gases bzw. Dampfs
V_n: Volumen bei Normbedingungen

Unter der vereinfachten Annahme eines idealen Gases gilt:

$$\varrho_n = \frac{M}{V_{m,n}}$$

M: molare Masse
$V_{m,n}$: molares Normvolumen = 22,4 $l \cdot mol^{-1}$

$$\boldsymbol{M = \frac{V_{m,n} \cdot m}{V_n}}$$

2 Bestimmung der Gefriertemperaturerniedrigung

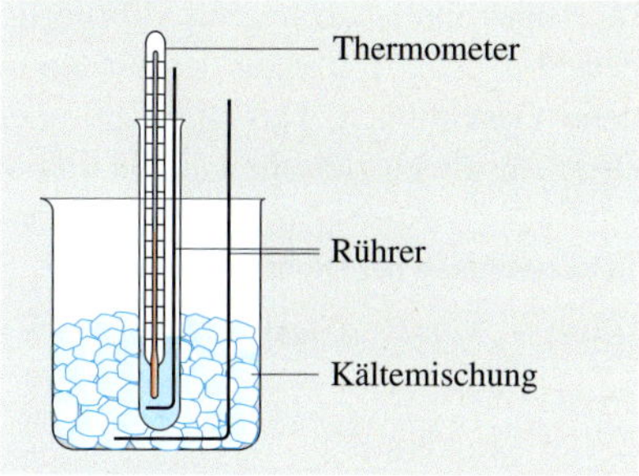

3 Ausgleichsgerade zu Experiment 2

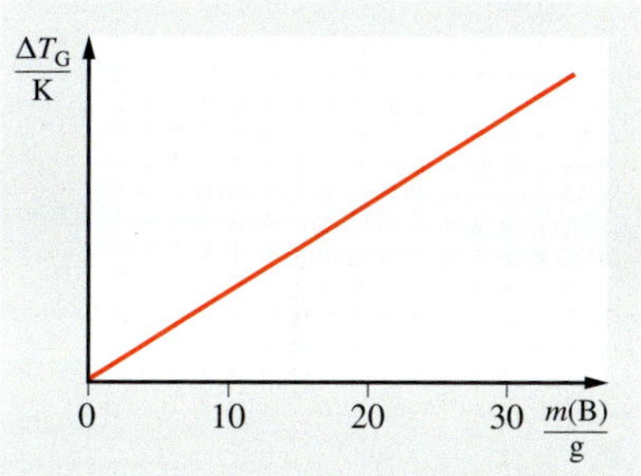

AUFGABEN

1 Bei der Oxidation von 20 ml eines gasförmigen Kohlenwasserstoffs entstehen 120 ml Kohlenstoffdioxid. Die Dichte des zu oxidierenden Stoffs beträgt $\varrho_n = 3{,}84\ g \cdot l^{-1}$. Geben Sie die Summenformel und den Namen der Verbindung an.

2 Berechnen Sie die molare Masse eines Stoffs aus folgenden Angaben: $m(A) = 0{,}023$ g, $V = 12{,}2$ ml, $T = 298$ K, $p = 1016$ hPa.

3 Werden 8 g Harnstoff in 100 g Wasser gelöst, sinkt die Gefriertemperatur der Lösung auf −2,5 °C. Berechnen Sie die molare Masse von Harnstoff.

Bestimmung der molaren Masse leichtflüchtiger Stoffe Im Falle von Stoffen, die bei Raumtemperatur leichtflüchtig sind, lässt man eine abgewogene Stoffportion des Stoffs in einer abgeschlossenen Apparatur verdunsten und bestimmt das entstandene Gasvolumen. Das angeschlossene Manometer dient als Druckausgleich zwischen außen und innen.

1 Bestimmung der Dichte eines leichtflüchtigen Stoffs

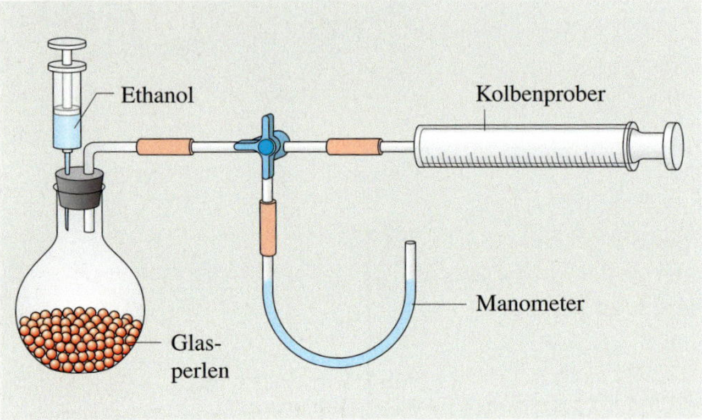

Ermittlung der Summenformel Aus der ermittelten molaren Masse des Stoffs und der bereits bestimmten Verhältnisformel lässt sich der stöchiometrische Faktor x berechnen:

$$\frac{\text{molare Masse der Summenformel}}{\text{molare Masse der Verhältnisformel}} = x$$

Aufgabe: Ermitteln Sie die Summenformel von Glucose. Die Verhältnisformel CH_2O und die molare Masse $M(CH_2O)_x = 186\ g \cdot mol^{-1}$ wurden bereits bestimmt.

Lösung:
$M(CH_2O) = 30\ g \cdot mol^{-1}$

$$\frac{M(CH_2O)_x}{M(CH_2O)} \approx 6$$

Die Summenformel lautet $C_6H_{12}O_6$.

AUFGABEN

1 Berechnen Sie die Summenformel eines leichtflüchtigen Stoffs mit der Zusammensetzung $C_xH_yO_z$.
Druck und Temperatur:
$T = 291\ K$, $p = 1020\ hPa$
Quantitative Elementaranalyse:
$m(A) = 0{,}166\ g$
$V(CO_2) = 128{,}5\ ml$
$m(H_2O) = 0{,}101\ g$
Messung des Dampfvolumens:
$m(E) = 0{,}119\ g$, $V = 44{,}3\ ml$

ZUSAMMENFASSUNG

Ermittlung der Verhältnisformel
1. Durchführen der quantitativen Analyse, Bestimmen des Volumens von Kohlenstoffdioxid und der Masse von Wasser
2. Berechnen der Masse von Kohlenstoff, Wasserstoff und Sauerstoff
3. Berechnen der Stoffmengenverhältnisse
4. Aufstellen der Verhältnisformel

Ermittlung der Summenformel
1. Experimentelle Bestimmung der Gefriertemperaturerniedrigung des gelösten Stoffs bzw. der Dampfdichte gasförmiger oder leichtflüchtiger Stoffe
2. Berechnen der molaren Masse
3. Berechnen der Summenformel

Ermitteln von Strukturmerkmalen organischer Moleküle

Der Zusammenhang zwischen bestimmten Eigenschaften organischer Stoffe und der Struktur ihrer Moleküle wird zur Ermittlung bzw. Identifikation dieser Strukturen genutzt. In den Molekülen vorkommende Strukturmerkmale sind Einfachbindungen und Mehrfachbindungen zwischen den Kohlenstoffatomen sowie verschiedene funktionelle Gruppen.

Vorproben Untersuchungen der Brennbarkeit und der Löslichkeit liefern erste wichtige Hinweise zur Klassifizierung einer organischen Verbindung.
Niedermolekulare Verbindungen, deren Moleküle einen hohen Wasserstoffanteil vorweisen, brennen mit bläulicher, schwach leuchtender Flamme. Hochmolekulare Verbindungen brennen dagegen mit leuchtender Flamme, aromatische Verbindungen rußen dabei stark (Abb. 2). Organische Verbindungen, deren Moleküle einen relativ geringen Kohlenstoffanteil besitzen, sind nicht brennbar (Exp. 1).
Die Löslichkeit in einem polaren Lösemittel wie Wasser oder in einem unpolaren Lösemittel wie Petroleumbenzin gibt erste Hinweise auf mögliche polare Gruppen (Exp. 2).

2 Brennendes Hexan (links) und brennendes Benzol (rechts)

EXPERIMENT 1
Brennbarkeit organischer Stoffe
Substanzproben der folgenden organischen Verbindungen werden (*im Abzug!*) in einem Verbrennungslöffel in die Brennerflamme gehalten: Oxalsäure (GHS07), Harnstoff, Heptan (GHS02 | 08 | 07 | 09), Eicosan, Methanol (GHS02 | 06 | 08) und Naphthalin (GHS08 | 07 | 09).

EXPERIMENT 2
Löslichkeit organischer Stoffe
Die in Experiment 1 ausgewählten organischen Verbindungen werden auf ihre Löslichkeit in Wasser und Petroleumbenzin (GHS08) überprüft.

Auffinden von Mehrfachbindungen Moleküle von ungesättigten organischen Stoffen enthalten Kohlenstoff-Kohlenstoff-Mehrfachbindungen. Moleküle dieser Stoffe können Brom addieren. Bei dieser Reaktion findet eine Entfärbung der ursprünglichen Bromlösung statt (Exp. 3).

EXPERIMENT 3
Reaktion von Hexen mit Brom
Ein Reagenzglas mit Hex-1-en (GHS02 | 08) wird mit Bromwasser (GHS06) versetzt, mit einem Stopfen verschlossen und kräftig umgeschüttelt.

Auffinden von Hydroxygruppen Moleküle von Alkoholen enthalten Hydroxygruppen. Durch die Reaktion mit Säuren entstehen Ester, die charakteristische Eigenschaften aufweisen (↑Exp. 6, S. 290).
Mit Borsäure reagieren Alkanole zu Estern, deren Dämpfe mit grüner Flamme brennen. Besonders intensiv ist diese Flammenfärbung beim Brennen des Borsäuretrimethylesters und sie ermöglicht somit die Identifizierung von Methanol. Auch Ethanol und die folgenden Alkanole bis Decanol bilden Borsäureester, die jedoch nur mit einem grünen Flammensaum brennen (Exp. 4).

EXPERIMENT 4 L
Bildung von Borsäureestern
Zu etwas Methanol (GHS02 | 06 | 08) und Ethanol (GHS02) werden jeweils einige Kristalle Borsäure (GHS08) und einige Tropfen konz. Schwefelsäure (GHS05) gegeben. Anschließend wird die Mischung zum Sieden erhitzt und die entweichenden Dämpfe werden entzündet.

AUFGABEN
1 Ein Stoff hat die Summenformel C_6H_{12}, die der allgemeinen Formel C_nH_{2n} der Alkene entspricht. Er addiert jedoch kein Brom. Überlegen Sie, welche Struktur dieser organische Stoff haben könnte.
2 Zur Summenformel C_2H_6O gibt es zwei mögliche Molekülstrukturen. Benennen Sie ein Experiment, mit dem man zwischen beiden entscheiden kann. Begründen Sie Ihren Vorschlag.

Auffinden von Aldehydgruppen Moleküle von Aldehyden enthalten Aldehydgruppen. Stoffe dieser Zugehörigkeit zeigen reduzierende Eigenschaften. Sie reagieren mit ammoniakalischer Silbernitratlösung unter Abscheidung von metallischem Silber (Exp. 5a). Diese Reaktion ist jedoch als Nachweisreaktion für Aldehyde nicht eindeutig. Die Fällung von metallischem Silber bedeutet nur, dass der betreffende organische Stoff gegenüber Silber-Ionen reduzierend wirkt. Diese Eigenschaft haben jedoch auch andere organische Stoffe.
Eindeutiger können Aldehydgruppen durch fuchsinschweflige Säure nachgewiesen werden (Exp. 5b), da die bei der Reaktion entstehende violette Färbung nicht auf der reduzierenden Wirkung der Aldehydgruppen beruht.

Auffinden von Carboxygruppen Moleküle von Carbonsäuren enthalten Carboxygruppen. In wässriger Lösung erfahren diese Säuren eine Protolyse, wobei Hydronium-Ionen und Säurerest-Ionen entstehen. Carbonsäuren zeigen daher ebenso wie anorganische Säuren saure Eigenschaften. Die Farbänderung von Indikatorlösungen und die Bildung von Wasserstoff beim Einwirken z. B. auf Magnesium sind daher kein eindeutiger Nachweis für Carbonsäuren. Als sicherer Nachweis dienen Reaktionen von niedrigmolekularen Alkansäuren mit niedrigmolekularen Alkanolen zu charakteristisch riechenden Fruchtestern (Exp. 6).

EXPERIMENT 6
Bildung eines Fruchtesters
Jeweils 2 ml Ethansäure (GHS02 | 05) und Pentan-1-ol (GHS02 | 07) werden in einem Reagenzglas vermischt und nach Zugabe von einigen Tropfen konz. Schwefelsäure (GHS05) in einem kochenden Wasserbad kurz erhitzt. Anschließend wird der Inhalt in eine Schale mit kaltem Wasser gegossen, umgerührt und der Geruch geprüft.

EXPERIMENT 5
Nachweis von Aldehyden
a) In einem sauberen und fettfreien Reagenzglas werden einige Milliliter ammoniakalische Silbernitratlösung ($w = 2\,\%$, GHS07) mit einigen Tropfen Methanallösung ($w = 20\,\%$, GHS06 | 08) vermischt. Das Ganze wird, ohne umzuschütteln, in einem Wasserbad von 60 bis 80 °C erhitzt.
b) Zu 2 ml Methanallösung ($w = 20\,\%$, GHS06 | 08) werden einige Tropfen fuchsinschweflige Säure (Schiffs Reagenz) gegeben.

AUFGABEN
1 Stellen Sie die Reaktionsgleichung für die Bildung des Esters auf, der aus Borsäure (H_3BO_3) und Methanol entsteht.
2 Notieren Sie die Reaktionsgleichung für die Addition von Brom an Ethen und benennen Sie das Produkt.
3 Formulieren Sie die Reaktionsgleichung für die Reaktion eines Aldehyds mit Silber-Ionen.
4 Formulieren Sie die Reaktionsgleichung für die Esterbildung aus Ethansäure und Pentan-1-ol.

ZUSAMMENFASSUNG

Strukturmerkmal	Nachweisreagenz	Nachweis durch
C–C-Mehrfachbindung	Bromwasser	Entfärbung durch Addition von Brom
Hydroxygruppen in Alkanolmolekülen mit bis zu 10 Kohlenstoffatomen	Borsäure	Borsäuretriester, die mit grün gefärbtem Flammensaum verbrennen (im Fall von Methanol mit durchgehend grüner Flamme)
Aldehydgruppe	fuchsinschweflige Säure	Violettfärbung der Lösung
	ammoniakalische Silbernitratlösung	Bildung eines Silberspiegels
Carboxygruppe	Alkanole	charakteristisch riechende Ester

► Struktur-Eigenschafts-Konzept

Physikalische Methoden der Strukturaufklärung

Chromatografische Trennverfahren

Spurensuche Wenn es um die Identifizierung kleiner und kleinster Mengen bekannter oder noch unbekannter Stoffe geht, scheitern herkömmliche „nasschemische" Verfahren. Das betrifft schon die Isolierung solcher Stoffe aus einem normalerweise vorliegenden Stoffgemisch.

Grundlagen Bei der Chromatografie wird das zu trennende Substanzgemisch in einer strömenden **mobilen Phase** an einer **stationären Phase** vorbeibewegt, die meist auf einem inerten Träger (z. B. aus Silicagel, Papier, Kieselgur) fixiert ist. Ist die Verteilung der zu trennenden Stoffe in der stationären und mobilen Phase unterschiedlich, wandern sie unterschiedlich schnell durch den Träger und werden auf diese Weise getrennt. Für jeden Stoff ist diese Wanderungsgeschwindigkeit charakteristisch – gleiche Versuchsbedingungen vorausgesetzt.

Säulenchromatografie Auf eine Säule, die als stationäre Phase mit Silicagel, Kieselgur oder Cellulosepulver gefüllt ist, wird das in einem geeigneten Lösemittel gelöste Stoffgemisch oben aufgegeben und als mobile Phase weiterhin Lösemittel nachgefüllt, bis eine Auftrennung der einzelnen Stoffe erreicht ist. Die Säulenchromatografie eignet sich zur Trennung größerer Mengen eines Stoffgemischs.

Papierchromatografie und Dünnschichtchromatografie Die Trennung der Stoffe erfolgt auf Papier als stationäre Phase bzw. auf dünnen Schichten Silicagel oder Aluminiumoxid, die auf Glasplatten oder Kunststofffolien aufgetragen sind.
Die Auswertung der Chromatogramme erfolgt durch die Bestimmung des **Retentionsfaktors** R_F (lat. retinere – zurückhalten):

$$R_F = \frac{\text{Entfernung Startpunkt – Substanz}}{\text{Entfernung Startpunkt – Lösemittelfront}}$$

Diese für viele Stoffe tabellierte Kenngröße wird zur Identifizierung der Verbindung herangezogen.

Gaschromatografie Bei der Gaschromatografie muss das zu trennende Stoffgemisch unzersetzt verdampfbar sein. Im gasförmigen Zustand wird es mithilfe eines Trägergases (Wasserstoff, Helium, Stickstoff) an der stationären Phase vorbeigeführt. Die stationäre Phase besteht aus einer hoch siedenden Flüssigkeit. Sie benetzt als dünner Film die Innenwand einer bis zu 100 m langen, dünnen Glaskapillare.
Die einzelnen Komponenten des zu trennenden Stoffgemischs werden von der stationären Phase unterschiedlich stark festgehalten. Je besser ein Stoff in der stationären Phase löslich ist,

1 Papierchromatografische Auftrennung eines Farbstoffgemischs (Runge-Bild)

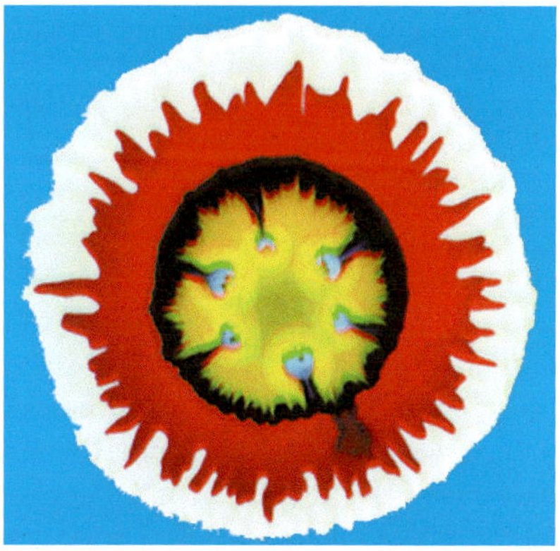

2 Säulenchromatografie

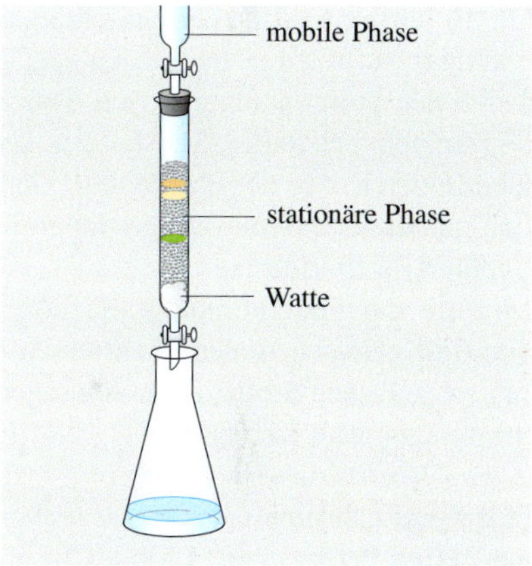

3 Versuchsaufbau zur Dünnschichtchromatografie

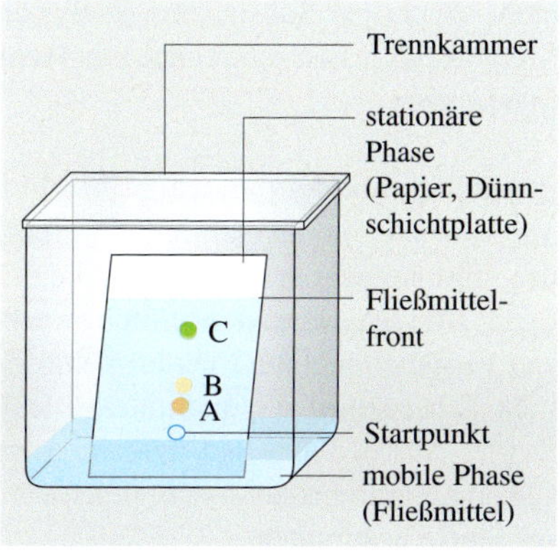

1 Schema eines Gaschromatografen

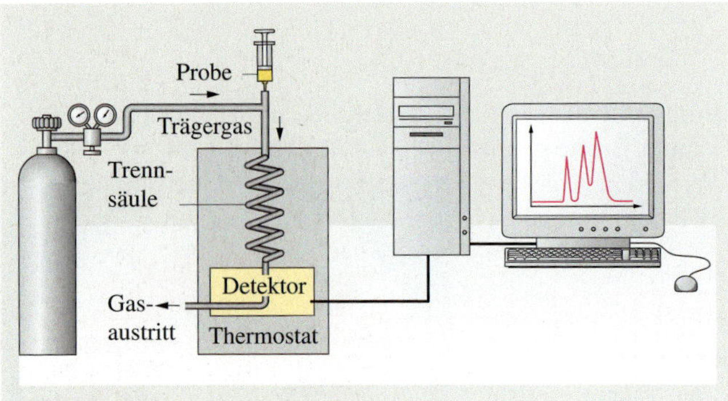

desto langsamer wird er vom nachströmenden Trägergas weitertransportiert. Die einzelnen Stoffe des Gemischs wandern daher unterschiedlich schnell durch die Trennsäule und erreichen nacheinander das Säulenende. Hier werden sie von einem Detektor erfasst und registriert. Die so getrennten Substanzen werden als Peaks (engl. peak – Bergspitze, Scheitelpunkt) im Chromatogramm sichtbar (Abb. 2).

Die **Retentionszeit** t_R, die zwischen der Einspritzung der Probe und dem Auftreten eines Substanzpeaks vergeht, ist für den betreffenden Stoff charakteristisch. Durch Vergleich mit Chromatogrammen bekannter Substanzen lässt sich daher ein Stoff identifizieren. Aus der Fläche unter den Peaks kann man zusätzlich quantitative Schlussfolgerungen über die Masse des abgetrennten Stoffs ziehen.

Mithilfe der Gaschromatografie können neben dem Trennen von Stoffgemischen, den qualitativen und quantitativen Analysen organischer Stoffe auch Aussagen über die Reinheit von Stoffen gemacht werden.

Flüssigkeitschromatografie Dieses Verfahren (abgekürzt HPLC: engl. **H**igh **P**erformance **L**iquid **C**hromatography) arbeitet nach dem gleichen Prinzip wie die Gaschromatografie. Die Verteilung des Stoffgemischs erfolgt jedoch im Unterschied zur Gaschromatografie zwischen zwei flüssigen Phasen, sodass auch nicht flüchtige Substanzen analysiert werden können. Die Methode lässt sich somit auch zur Trennung gelöster fester Stoffe einsetzen.

Kopplung von Chromatografie und Massenspektrometrie Von Stoffen, die in einem Gaschromatografen aufgetrennt worden sind, können bereits während der Messung auch die jeweiligen Massenspektren ermittelt werden (GC-MS-Kopplung). Ein Vergleich mit den Massenspektren bekannter Stoffe ermöglicht daher sofort die qualitative Identifizierung der gesuchten Stoffe. Aus den Flächen unter den entsprechenden Peaks des Chromatogramms lässt sich gleichzeitig die Konzentration dieser Stoffe bestimmen.

EXPERIMENT 1
Trennung von Farbstoffen
Auf Chromatografiepapier (20 cm · 20 cm) wird mit Bleistift 2 cm vom Rand eine Startlinie markiert. Auf dieser werden mit einer Pipette im Abstand von 2 cm verschiedene Tintenfarbstoffe aufgetragen. Das Papier wird mit der Startlinie nach unten in eine Entwicklungskammer gestellt, die 1,5 cm hoch mit einer Mischung aus Ethanol (GHS02) und Propan-2-ol (GHS02 | 07) im Volumenverhältnis 1:1 gefüllt ist. Nach Verschließen der Kammer wird gewartet, bis die mobile Phase bis etwa 2 cm vor dem Papierende aufgestiegen ist. Dieser Frontverlauf wird markiert und das Papier unter dem Abzug getrocknet.

EXPERIMENT 2
Trennung von Petroleumbenzin
Etwa 1 µl Petroleumbenzin (GHS08) wird in den Trägergasstrom eines Gaschromatografen gespritzt. Die erhaltenen Retentionszeiten werden mit denen reiner Kohlenwasserstoffe verglichen.

2 HPLC-Chromatogramm von Zitronensaft

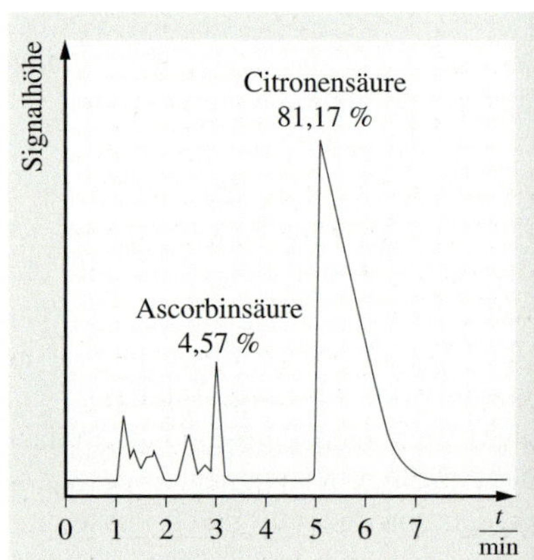

Massenspektrometrie

Massenspektrometer (Abb. 3) ermöglichen eine schnelle Bestimmung von Molekülmassen und wesentlichen Strukturelementen organischer Substanzen.

4 Schema eines Massenspektrometers (vereinfacht)

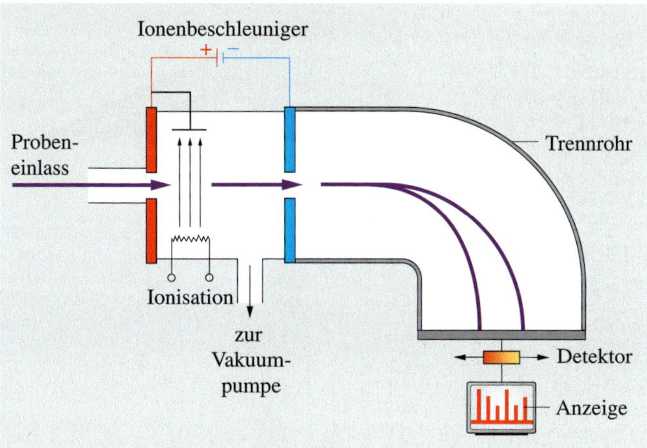

Grundlagen Die Substanzprobe wird unter vermindertem Druck verdampft und in der Ionisationskammer einer energiereichen Elektronenstrahlung ausgesetzt, die die Moleküle durch Stoß-Ionisation in **Molekül-Ionen** umwandelt:

$$M + e^- \rightarrow M^+ + 2\,e^-$$

Einige dieser Molekül-Ionen können entsprechend ihrer Bindungsverhältnisse im Molekül weiter zerfallen und für die zu untersuchende Substanz neben ungeladenen Radikalen und Spaltmolekülen charakteristische **Fragment-Ionen** bilden.
Alle gebildeten Ionen werden durch ein elektrisches Feld beschleunigt. Nach dem Eintritt in das Trennrohr werden die Ionen in einem dort angelegten magnetischen Feld aufgrund der Lorentz-Kraft auf Kreisbahnen gezwungen. Entsprechend ihrem Verhältniss von Masse zu Ladung m/q erfolgt die Ablenkung und somit die Trennung der einzelnen Ionen.
Nach erfolgter Trennung werden die Ionen mithilfe eines Detektors als unterschiedlich hohe Peaks aufgezeichnet. Der größte Peak, der **Basispeak**, wird auf einer relativen Häufigkeitsskala auf 100 % gesetzt.

Bestimmung von Molekülmasse und Struktur organischer Stoffe Das so entstandene **Massenspektrum** gibt Auskunft über Art und relative Häufigkeit der feststellbaren Molekül- und Fragment-Ionen. Die Massenspektrometrie ermöglicht damit die Ermittlung der Summenformeln von Molekül- und Fragment-Ionen. Zusätzlich können aus den aufgezeichneten Peaks

3 Modernes Massenspektrometer

Aufgabe: Werten Sie das Massenspektrum von Ethansäure aus.

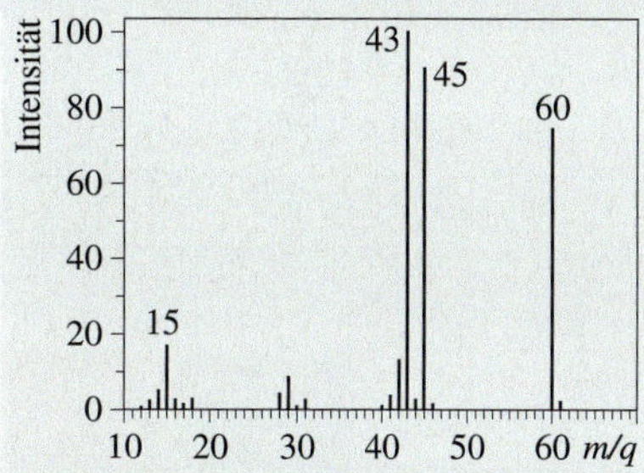

Lösung: Die chemische Elementaranalyse ergab die Verhältnisformel $(CH_2O)_x$. Daraus ergibt sich eine Molekülmasse von $m = x \cdot 30$ u.
Im Massenspektrum findet sich die höchste Masse bei $m/q = 60$. Die Summenformel von Essigsäure lautet also $(CH_2O)_2$ bzw. $C_2H_4O_2$.
Weiterhin fallen zwei charakteristische Fragment-Ionen auf: der Basispeak bei $m/q = 43$ und ein etwas schwächerer Peak bei $m/q = 45$. Ihr Auftreten ist typisch für Carbonsäuren. Die Massendifferenzen zum vollständigen Molekül-Ion betragen jeweils 15 u und 17 u. Dies entspricht der Abspaltung der Fragment-Gruppen CH_3 und OH, also dem Verlust einer Methyl- bzw. einer Hydroxygruppe.

Ergebnis:
CH_3COOH^+ (60 u)
CH_3CO^+ (43 u) + OH (17 u)
$COOH^+$ (45 u) + CH_3 (15 u)

der Fragment-Ionen (charakteristische Bruchstücke) und den charakteristischen Massedifferenzen zwischen Molekül-Ion und Fragment-Ionen oder Fragment-Ionen untereinander Informationen zur Struktur der untersuchten Substanz abgeleitet werden.

1 Blick in ein modernes Analytik-Labor

UV- und VIS-Spektroskopie

Mehrere Methoden der analytischen Chemie nutzen die Wechselwirkung zwischen elektromagnetischer Strahlung und Materie. Dabei werden organische Moleküle je nach Energie der Strahlung auf unterschiedliche Weise angeregt. Als Ergebnis erhält man Spektren, die Aussagen über charakteristische Strukturen des betreffenden Moleküls machen.
Das Spektrum der elektromagnetischen Strahlung reicht von der energiereichen γ- und Röntgenstrahlung bis zum Bereich der energiearmen Radiowellen.

2 Elektromagnetisches Spektrum

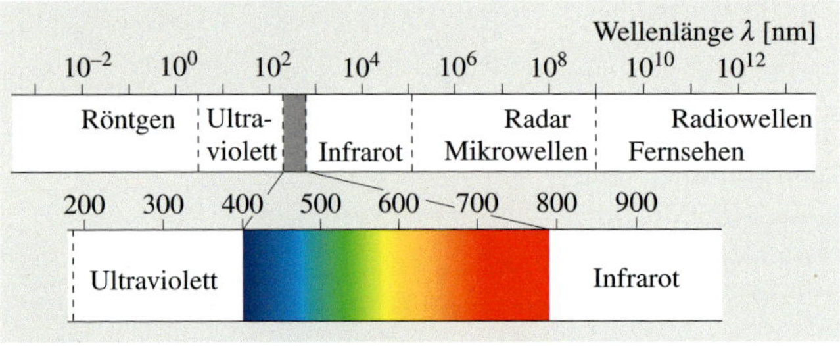

Tab. 1 Elektromagnetische Strahlung in der Strukturaufklärung

Strahlungsart	UV-Strahlung	Sichtbares Licht	IR-Strahlung	Radiowellen
Wellenlänge	1–400 nm	400–780 nm	780–10000 nm	1–100 m
Methode	UV-Spektroskopie	VIS-Spektroskopie	IR-Spektroskopie	NMR-Spektroskopie
Art der Anregung	Anregung von Elektronen		Anregung von Molekülrotationen und Molekülschwingungen	Kernspinanregung

Grundlagen der UV- und VIS-Spektroskopie Organische Moleküle absorbieren im ultravioletten Bereich (UV) und im sichtbaren Bereich (VIS) des elektromagnetischen Spektrums Strahlung bestimmter Wellenlängen. Dabei werden Elektronen in besetzten Molekülorbitalen angeregt und in energetisch höher liegende unbesetzte Molekülorbitale angehoben. Durch die gleichzeitige Anregung von Molekülschwingungen und Molekülrotationen erscheinen in den Spektren breite Absorptionsbanden.
Die Chromophore, die in den Molekülen farbiger Stoffe für deren Farbe verantwortlich sind (↑S. 498), beeinflussen sowohl Lage als auch Intensität der jeweiligen Absorptionsbanden.

Funktion eines Spektralfotometers Zur Untersuchung der Absorption dient ein Spektralfotometer (Abb. 3). Bei der Aufnahme eines Absorptionsspektrums fällt ein schmales Bündel aus weißem Licht auf einen verschiebbaren Farbfilter. Dadurch kann das gesamte Spektrum des Lichts kontinuierlich durchlaufen werden. Das den Filter verlassende nun farbige Licht durchquert eine Lösung der untersuchten Probe und wird von ihr je nach einfallender Wellenlänge unterschiedlich stark absorbiert. Die Intensität des restlichen Lichts wird durch einen Detektor (meist eine Fotozelle) in ein elektrisches Signal umgewandelt und in Abhängigkeit von der Wellenlänge registriert.

3 Aufbau eines Spektralfotometers

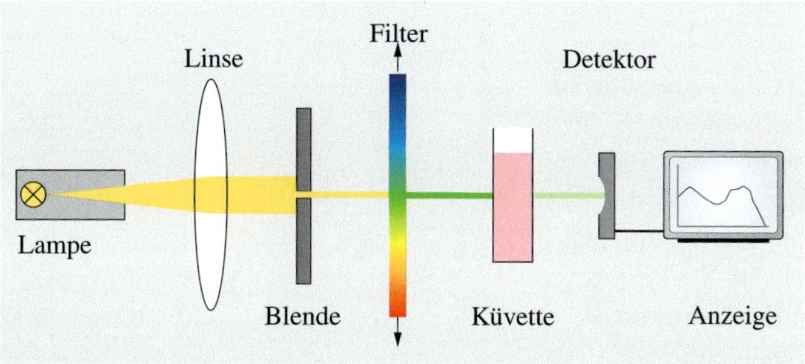

4 Der Farbstoff β-Carotin kommt nicht nur in Karotten, sondern in vielen weiteren Gemüse- und Obstsorten vor.

5 Absorptionsspektrum von β-Carotin

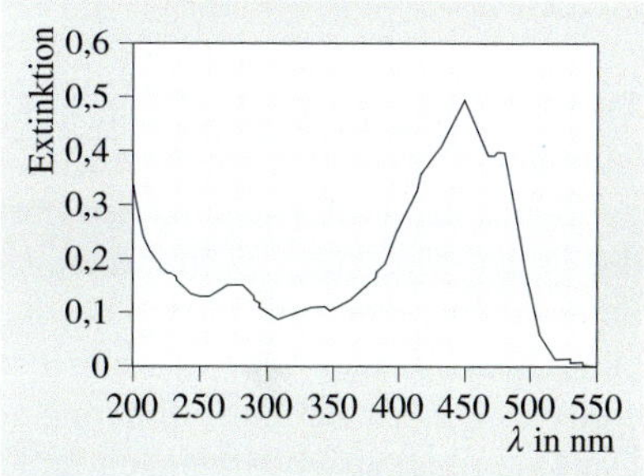

Bestimmung der Konzentration Die Stärke der Absorption von Licht durch farbige Lösungen hängt von der Konzentration der jeweiligen Lösung ab. Bei hinreichend verdünnten Lösungen besteht ein linearer Zusammenhang zwischen der Extinktion E und der Konzentration c der Probenlösung:

$$E = \lg I_0/I = \varepsilon_\lambda \cdot c \cdot d$$ **Lambert-Beer'sches Gesetz**

I_0: Intensität des eingestrahlten Lichts
I: Intensität des durchgelassenen Lichts
ε_λ: molarer Extinktionskoeffizient bei der Wellenlänge λ
d: durchstrahlte Schichtdicke der Küvette

Die Messung erfolgt mit der Wellenlänge λ, bei der im Spektrum die maximale Absorption auftritt. Auf diese Weise kann anhand einer zuvor erstellten Eichgeraden die unbekannte Konzentration des gesuchten Stoffs in einer Lösung bestimmt werden.

IR-Spektroskopie

Grundlagen Die IR-Spektroskopie beruht auf demselben Prinzip wie die UV-/VIS-Spektroskopie. Aufgrund der geringeren Energie der IR-Strahlung führt jedoch die Anregung der Moleküle im untersuchten Stoff lediglich zu Molekülschwingungen. Als weitere Besonderheit erlaubt die IR-Spektroskopie auch Analysen von festen und gasförmigen Substanzen.

EXPERIMENT 1

Bestimmung des Anteils von β-Carotin in Möhren

In ein Reagenzglas wird ca. 2 cm hoch eine abgewogene Menge geraspelter Möhren gegeben und bis auf ca. 7 cm Höhe mit n-Heptan (GHS02 | 08 | 07 | 09) überschichtet. Das Reagenzglas wird verschlossen und so lange geschüttelt, bis die Möhren farblos geworden sind. Ggf. wird mit weiterem n-Heptan extrahiert, alle Extrakte in einem 50-ml-Messkolben vereint und mit n-Heptan bis zur Marke aufgefüllt. Zur Ermittlung der Eichgeraden werden vier Konzentrationen zwischen 1 und 5 mg β-Carotin in jeweils 100 ml n-Heptan hergestellt und ihre Extinktionen bei $\lambda = 450$ nm gemessen. Anschließend wird die Extinktion des Möhrenextrakts gemessen und der Anteil an β-Carotin ermittelt.

Bei den Molekülschwingungen unterscheidet man zwischen Valenzschwingungen, bei denen sich die Bindungslängen zwischen Atomen verändern, und leichter anzuregenden Deformationsschwingungen, bei denen sich die Bindungswinkel verändern (Abb. 1).

1 Molekülschwingungen im IR-Bereich

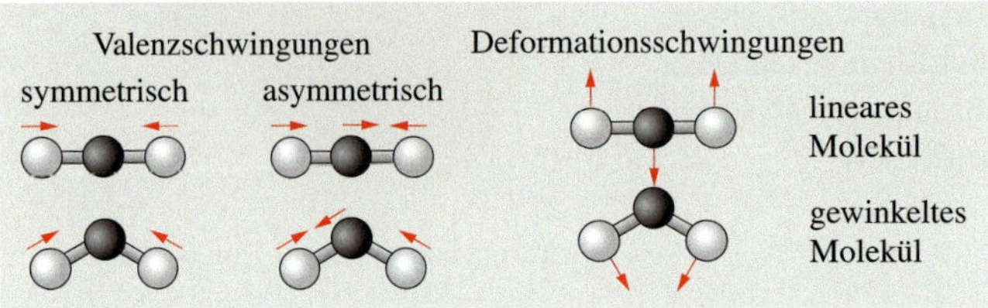

Valenzschwingungen lassen sich recht leicht und eindeutig bestimmten Strukturen im betrachteten Molekül zuordnen, denn der Betrag der jeweils absorbierten Energie wird von den Massen der in den Molekülen gebundenen Atome sowie von der Bindungsart zwischen den Atomen bestimmt und ist für Atomgruppen innerhalb eines Moleküls spezifisch. Die IR-Spektroskopie eignet sich daher für die Aufklärung von Molekülstrukturen.
Die Deformationsschwingungen und die dazugehörenden Absorptionsbanden liefern keine Information über die Molekülstruktur, ermöglichen jedoch im „fingerprint"-Bereich (↑unten) eine Identifikation bekannter Stoffe.

IR-Spektrum In IR-Spektren wird – im Unterschied zu UV- und sichtbaren Spektren – aus historischen Gründen die Durchlässigkeit in Abhängigkeit von der **Wellenzahl $\tilde{\nu}$** registriert, dem Kehrwert der Wellenlänge: $\tilde{\nu} = 1/\lambda$
Entsprechend den unterschiedlichen Schwingungsmöglichkeiten, die sich überlagern können, bilden sich auch im IR-Spektrum **Absorptionsbanden**. Aus der Lage einzelner Banden kann man Rückschlüsse auf das Vorhandensein bestimmter funktioneller Gruppen im Molekül ziehen (Tab. 1).
Bei Wellenzahlen unter 1500 cm^{-1} lassen sich die Banden keinen einzelnen Molekülgruppen mehr zuordnen. In diesem Bereich kommt es zu Schwingungsüberlagerungen im gesamten Molekül, die aber für jede Substanz charakteristisch sind. Dieser **„fingerprint"**-Bereich ermöglicht daher anhand eines Vergleichspektrums die eindeutige Identifizierung einer Substanz.

2 IR-Spektren von Ethanol, Ethansäure (Essigsäure) und Aceton. Bei Ethanol und Essigsäure liegt zwischen 3000 cm^{-1} und 3600 cm^{-1} eine breite Absorptionsbande. Sie gibt einen Hinweis auf die in beiden Molekülen vorhandene OH-Gruppe, die beim Acetonmolekül fehlt.

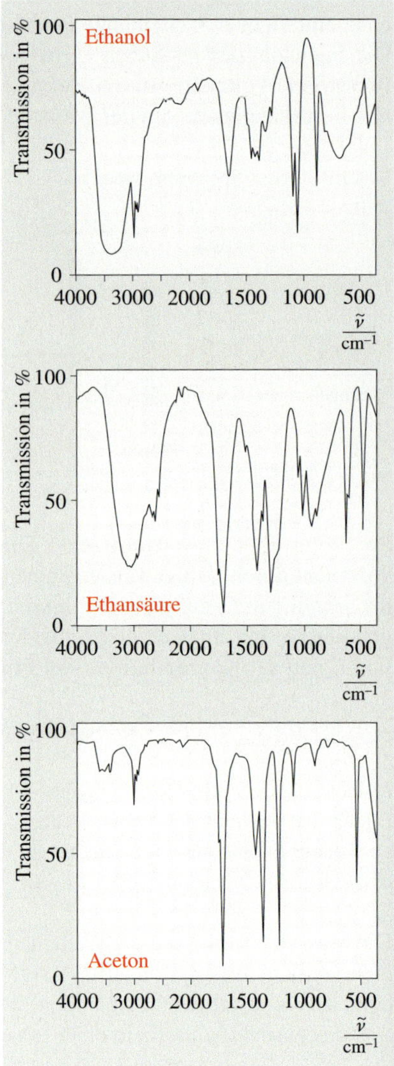

Tab. 1 Lage von Absorptionsbanden im IR-Spektrum

$\tilde{\nu}$ in cm^{-1}	Molekülgruppe
3700–2400	O–H, N–H, C–H Valenzschwingung (Einfachbindungen)
2400–1900	C≡C, C≡N Valenzschwingung (Dreifachbindung)
1900–1500	C=O, C=N, C=C, N=O Valenzschwingung; N–H Deformationsschwingung
<1500	„fingerprint"-Bereich; Kombinationsschwingungen

Medizin

Suche nach Drogen – die forensische Toxikologie

Die Forensik umfasst mehrere Arbeitsgebiete, die sich mit der Auswertung krimineller Handlungen befassen, z. B. die Aufklärung von Straftaten unter Alkohol- oder Medikamenteneinfluss, die Überprüfung von Sportlern auf Dopingmittel oder die Aufklärung versehentlicher und ungeklärter Vergiftungen.

Nachweis von Alkohol Ein moderner und gerichtsverwertbarer **Schnelltest** zur Überprüfung des Alkoholgehalts im Atem analysiert die Absorptionsbande der OH-Gruppe im IR-Spektrum des ausgeatmeten Ethanoldampfs. Je höher die Konzentration des Alkohols in der Atemluft, desto größer ist die Intensität der OH-Bande (Abb. 1).

1 Bestimmung von Alkohol in der Atemluft

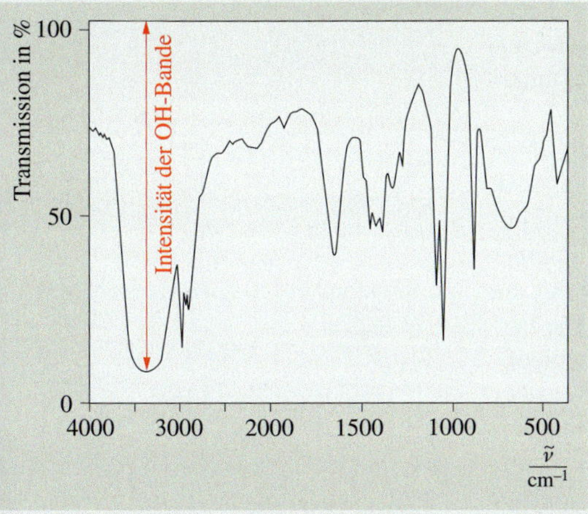

Auch **Speichelproben** ermöglichen einen quantitativen Nachweis von Alkohol. Dabei wird ein zugesetztes Enzym durch den Alkohol reduziert und bildet in einer weiteren Reaktion einen violetten Farbstoff, dessen Konzentration fotometrisch bestimmt wird.
Blutproben werden gaschromatografisch untersucht. Dabei wird die Blutprobe in einem geschlossenen Gefäß auf eine bestimmte Temperatur erwärmt und nur der Dampfraum (Headspace) über der Probe dem Gaschromatografen zugeführt und analysiert.

Nachweis psychoaktiver Drogen Zur Identifizierung psychoaktiver Substanzen eignet sich die Kopplung von HPLC (↑S. 292) mit einem Detektor, der während der chromatografischen Trennung des Stoffgemischs kontinuierlich ein UV-Spektrum aufzeichnet. Durch Vergleich mit einer UV-Spektrenbibliothek, in der die chromatografischen und spektralen Eigenschaften toxikologisch relevanter Substanzen gespeichert sind, gelingt der zweifelsfreie Stoffnachweis. Das Verfahren eignet sich, z. B. bei Techno-Partys, auch zum mobilen Einsatz. Bereits nach Minuten liegen Ergebnisse vor.

Nachweise in Haaren Drogen und Gifte werden in Haaren dauerhaft eingelagert und sind mit modernen analytischen Methoden nachweisbar. Haare von 7 cm Länge reichen aus, um einen Drogenkonsum nachzuweisen, der ein Jahr zurückliegt.

2 Vorbereitung einer Haarprobe

AUFGABEN

1 Grundlage der Atemluftanalyse ist die Einstellung eines temperaturabhängigen Gleichgewichts zwischen der Alkoholkonzentration im Blut und der Atemluft. Erläutern Sie.
2 Erläutern Sie den Vorteil der Headspace-Chromatografie gegenüber einer direkten Einspritzung der Blutprobe in den Chromatografen.
3 Zum Nachweis von Drogen, Umweltgiften oder Dopingsubstanzen werden häufig Immunassays eingesetzt. Grundlage dieses biochemischen Verfahrens ist eine Antikörper-Antigen-Reaktion. Recherchieren Sie im Internet und geben Sie einen Überblick über diese Methode.

NMR-Spektroskopie

Grundlagen Atomkerne mit einer ungeraden Nukleonen- oder Protonenzahl, z. B. ^{1}H (Protonen) oder das Kohlenstoffnuklid ^{13}C, verhalten sich wie kleine Stabmagnete. Sie besitzen einen sogenannten Kernspin, der ein kleines Magnetfeld erzeugt.
In einem starken homogenen Magnetfeld werden die Spins ausgerichtet, wobei nur zwei Richtungen möglich sind: parallel oder antiparallel zum äußeren Magnetfeld. Zwischen beiden Orientierungen besteht ein Energieunterschied ΔE, der zum angelegten Magnetfeld proportional ist. Wird nun eine Substanzprobe einer elektromagnetischen Strahlung ausgesetzt, deren Energie gleich ΔE ist, wird die Strahlung dieser Frequenz absorbiert, wobei die Ausrichtung des Spins sich umkehrt. Die Frequenzen der Absorption liegen im Bereich von Radiowellen ($f = 60–80$ MHz). Die Resonanz zwischen dem Kernspin und den Radiowellen wird als Peak im NMR-Spektrum (engl. **N**uclear **M**agnetic **R**esonance – kernmagnetische Resonanz) sichtbar. Für die Analyse organischer Verbindungen eignet sich besonders die NMR-Spektroskopie an Protonen (^{1}H-NMR).

Chemische Verschiebung Die Elektronenhülle um die Atomkerne schwächt das von außen angelegte Magnetfeld. Diese Abschirmung des Kernspins, z. B. von Protonen, ist je nach Umgebung der im Molekül gebundenen Wasserstoffatome unterschiedlich stark ausgeprägt.
Die Elektronendichte um die Protonen in einer Methylgruppe ist beispielsweise relativ hoch. Die Protonen sind demnach stark abgeschirmt. Die für die Umkehr des Spins erforderliche Energie ist daher ein wenig geringer als z. B. bei dem Proton in einer Hydroxygruppe, in der das elektronegative Sauerstoffatom die Elektronendichte um das Proton herabsetzt. Die chemische Verschiebung δ des ^{1}H-NMR-Signals aufgrund der unterschiedlichen Abschirmung der Protonen gibt daher Aufschluss über unterschiedliche Bindungspartner eines Wasserstoffatoms in einem Molekül.
Die Unterschiede zwischen den Absorptionsenergien sind jedoch so gering, dass die entsprechenden Frequenzen nur wenige Millionstel ihres jeweiligen Betrags voneinander abweichen. In den NMR-Spektren wird daher die chemische Verschiebung in einer relativen ppm-Skala (ppm: part per million) dargestellt. Als Nullpunkt wählt man den NMR-Peak einer Referenzsubstanz (TMS, Abb. 2), deren Protonen völlig gleichartig gebunden sind und daher nur ein Signal ergeben.

Ermittlung der Anzahl von Protonen Die Fläche unter einem ^{1}H-NMR-Peak ist der Anzahl der Protonen, die das Signal hervorrufen, direkt proportional. Durch grafisches Ausmessen oder durch Integrieren dieser Signale sind daher auch Aussagen über die jeweilige Anzahl der gebundenen Wasserstoffatome in einer Molekülgruppe möglich.

1 Schema eines NMR-Spektrometers

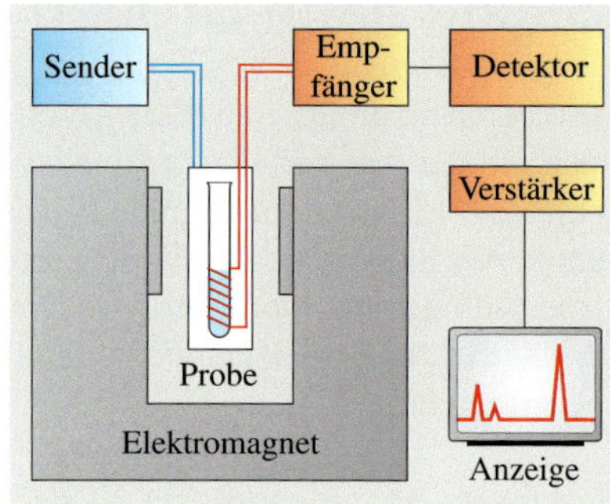

Tab. 1 Chemische Verschiebung bei verschiedenen Gruppen

Gruppen	δ in ppm
$H_3C–R$	0,9
$R_2C–CH_2–CR_2$	1,4
$H_3C–CO–R$	2,2
$H_3C–Ar$	2,3
$H_3C–O–R$	3,3
$R–CH_2–Cl$	3,6
R–OH	bis 5,1
R–COOH	bis 13

2 Struktur von Tetramethylsilan (TMS)

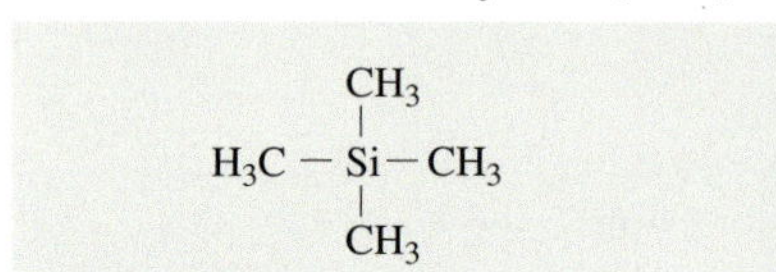

3 ^{1}H-NMR-Spektrum von Ethansäure. Im Ethansäuremolekül ist das Proton der Carboxygruppe weniger stark abgeschirmt als die Protonen der Methylgruppe. Daher benötigt die Spinumkehr eine höhere Energie.

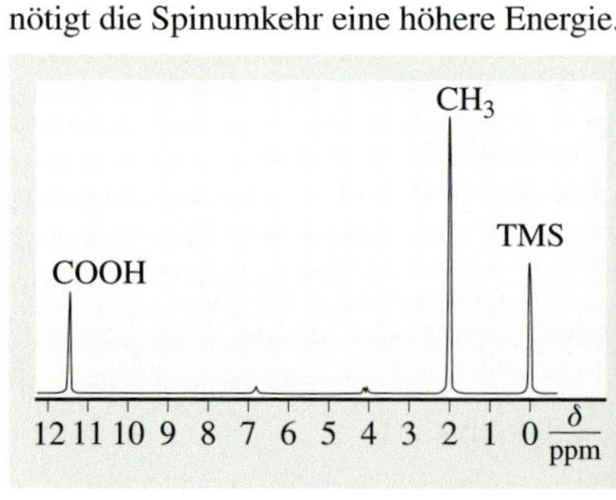

Spin-Spin-Kopplung Protonenspins von benachbarten Molekülgruppen können sich „sehen“ und beeinflussen einander. Diese Wechselwirkung gibt damit Informationen über die Umgebung des jeweiligen Protons. Ein einzeln gebundenes Wasserstoffatom (z. B. in einer C–H-Gruppe) spaltet den Peak des benachbarten Protons in einen Doppelpeak (Dublett). Zwei benachbarte Wasserstoffatome ($-CH_2-$) führen zu einer Aufspaltung des betreffenden Peaks in einen Dreifachpeak (Triplett) usw. Allgemein führt eine Gruppe mit n gebundenen Wasserstoffatomen zu einer Aufspaltung in $n + 1$ Linien.

Interpretation von Spektren – ein Beispiel

Zur Summenformel C_3H_8O gibt es drei isomere Strukturen, jeweils mit einer molaren Masse von 60 g · mol⁻¹:

$H_3C-CH_2-CH_2-OH$	Propan-1-ol
$H_3C-CH(OH)-CH_3$	Propan-2-ol
$H_3C-CH_2-O-CH_3$	Ethylmethylether

Von zweien dieser Stoffe – zunächst Stoff „X“ und Stoff „Y“ genannt – sind die IR-, MS- und ^{1}H-NMR-Spektren bekannt (Abb. 4 und 5). Anhand dieser Spektren können „X“ und „Y“ identifiziert werden:

- **IR-Spektren:** Beide Substanzen zeigen eine intensive und breite Bande bei ca. 3350 cm^{-1}. Diese lässt sich einer OH-Valenzschwingung zuordnen. Die beiden Stoffe sind demnach Alkohole und der Ether als mögliche Substanz scheidet aus.
- **Massenspektren:** Beiden Spektren können jeweils die Molekül-Ionen-Peaks M^+ mit den Molekülmassen 60 u entnommen werden. Der Basispeak für „X“ liegt bei 31 u und entspricht der Masse eines $CH_2{=}OH^+$-Ions. Der Peak bei 29 u könnte damit dem Restfragment, einem $CH_3{-}CH_2^+$-Ion, zugeordnet werden. Für „Y“ liegt der Basispeak bei 45 u, dem entspricht die Masse eines $CH_3{-}CH{=}OH^+$-Ions.
- **^{1}H-NMR-Spektren:** Neben jeweils einem Signal für die OH-Gruppe zwischen 3,5 und 4 ppm zeigt das Spektrum für „X“ (bedingt durch eine Spin-Spin-Kopplung) drei unterschiedliche Protonengruppen, das Spektrum für „Y“ jedoch nur zwei.
  Eine Identifizierung beider Verbindungen ist auch durch die Auswertung der Flächen unter den NMR-Signalen möglich, für „X“ ergäbe dies eine Protonenzahl von 1, 2, 2, 3, für „Y“ eine Protonenzahl von 1, 1, 6.
- **Ergebnis:** Beim Stoff „X“ handelt es sich um Propan-1-ol, beim Stoff „Y“ um Propan-2-ol.

4 Spektren von Stoff „X“

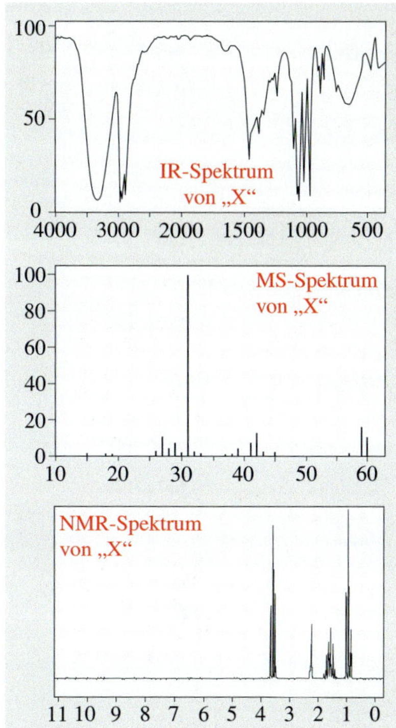

5 Spektren von Stoff „Y“

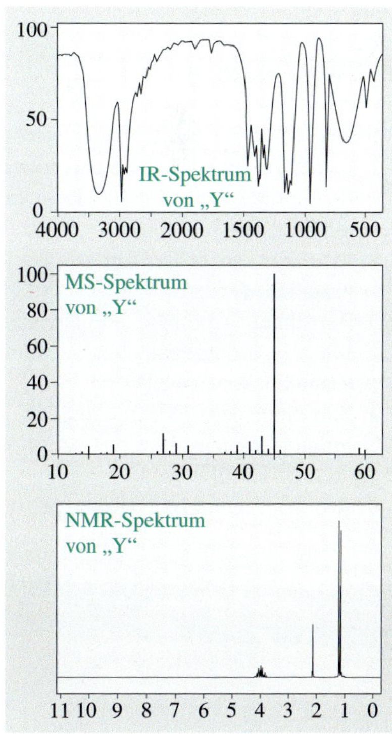

Tab. 1 Charakteristische Schwingungen und chemische Verschiebungen für wichtige organische Stoffe und funktionelle Gruppen

Stoffe	**IR-Spektrum, Valenzschwingung $\tilde{\nu}$ in cm^{-1}**	**Molekülgruppe**	**NMR-Spektrum, Chemische Verschiebung δ in ppm**	**Molekülgruppe Y–H**
Alkane, Cycloalkane	<3000	–C–H (mit Bindungen oben und unten am C)	0,6–1,7	–C–H (mit Bindungen oben und unten am C)
Halogenalkane			3,2–4,2	X–C–H (mit Bindungen oben und unten am C)
Alkene	>3000 1600–1700	=C–H >C=C<	4,5–6,0	>C=C(–H)<
Alkine	>3000 2100–2300	≡C–H –C≡C–	2–3	–C≡C–H
Alkohole	3200–3700	–O–H	1,2–5,1	–O–H
Aldehyde	1650–1780	>C=O	9,0–10,5	–CHO
Ether			3,2–4,2	–O–C–H (mit Bindungen oben und unten am C)
Ketone	1650–1750	>C=O		
Carbonsäuren	2500–3500 1700	–O–H >C=O	11–13	–COOH
Ester	1730–1750	>C=O	3,2–3,8	–O–C–H (mit Bindungen oben und unten am C)

ZUSAMMENFASSUNG

Interpretation von Massenspektren

1. Identifizieren des Molekül-Ionen-Peaks und Bestimmen der molaren Masse der untersuchten Substanz
2. Identifizieren charakteristischer Peaks von Fragment-Ionen
3. Berechnen von Massendifferenzen zwischen Molekül-Ionen-Peak und charakteristischen Fragment-Ionen-Peaks
4. Zuordnung der Differenzmassen zu einzelnen Fragment-Ionen

► Struktur-Eigenschafts-Konzept

Interpretation von IR-Spektren

1. Prüfen im Bereich von 4000 bis 1500 cm^{-1} auf charakteristische Banden
2. Schließen auf bestimmte Strukturen und Ausschließen anderer Strukturen
3. Interpretieren der Intensität von charakteristischen Banden
4. Identifizieren von Stoffen im „fingerprint"-Bereich durch Vergleich mit bekannten IR-Spektren

Interpretation von ^{1}H-NMR-Spektren

1. Identifizierung der Art der im Molekül gebundenen Protonen anhand der chemischen Verschiebung im NMR-Spektrum
2. Aufsuchen von Spin-Spin-Kopplungen zwischen benachbarten Protonen
3. Berechnen der jeweiligen Zahl der gebundenen Protonen anhand der Peakfläche

KOMPLEX GEDACHT

1 Das Kühlwasser im Auto darf im Winter nicht einfrieren. Berechnen Sie, welche Masse des Frostschutzmittels Glykol je Kilogramm Wasser zugesetzt werden muss, damit das Kühlwasser erst unter –20 °C gefriert.

2 Das Gemisch von 5 mg einer Verbindung, die aus 68,1 % Kohlenstoff, 7,5 % Wasserstoff, 11,9 % Sauerstoff und 12,5 % Stickstoff besteht, mit 50 mg Campher führt zu einer Schmelztemperaturerniedrigung von 6,0 K.

a Berechnen Sie die molare Masse und die Summenformel der Verbindung.

b Begründen Sie die Wahl von Campher zur Bestimmung von molaren Massen.

3 Beim Frittieren von Speisen kann das Fett leicht überhitzt werden. In den Verbrennungsprodukten lassen sich Spuren eines organischen Stoffs mit der molaren Masse von $M = 56\ g \cdot mol^{-1}$ nachweisen. Dieser reaktive Stoff findet sich auch in den Abgasen von mit Biodiesel betriebenen Motoren.
Die Verbindung entfärbt Bromwasser; fuchsinschweflige Säure färbt sich violett.
Geben Sie an, um welchen Stoff es sich handeln könnte. Begründen Sie Ihre Antwort.

4 Die für die NMR-Spektroskopie verwendeten Magneten müssen ein möglichst starkes Magnetfeld besitzen. Begründen Sie diese Bedingung.

5 Fullerene stellen eine dritte Modifikation des Kohlenstoffs dar. Der bekannteste Vertreter wird auch als „Fußballmolekül" bezeichnet.

1 Modell eines Fullerenmoleküls

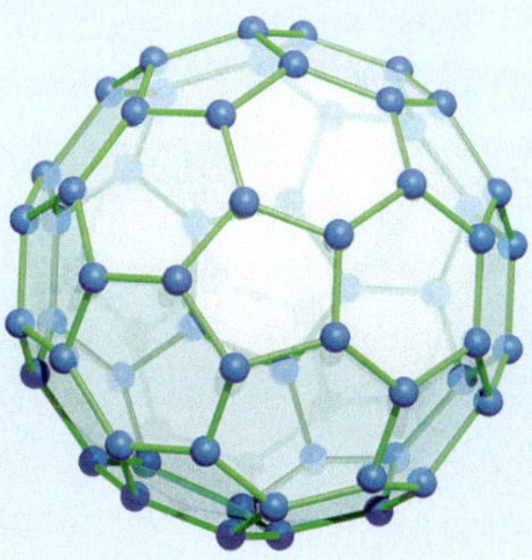

Die Bestätigung der Struktur gelang 1985 mithilfe der ^{13}C-NMR-Spektroskopie, bei der nur ein einziger Peak auftritt. Im Massenspektrum findet sich ein Signal bei 720 u.

a Recherchieren Sie, mit welcher Häufigkeit das Isotop ^{13}C natürlich vorkommt und warum es sich für die NMR-Spektroskopie eignet.

b Bestimmen Sie die Summenformel des dargestellten Fullerens und erklären Sie das ^{13}C-NMR-Spektrum anhand des vorgestellten Ergebnisses.

6 Der 1871 erstmals dargestellte organische Farbstoff Phenolphthalein wird unter anderem als pH-Indikator eingesetzt. Die Abbildungen zeigen das jeweilige UV-VIS-Spektrum von Phenolphthalein bei pH 6 und pH 12.

a Benennen Sie die Spektralbereiche, in denen Phenolphthalein die elektromagnetische Strahlung bei pH 6 und bei pH 12 absorbiert.

b Machen Sie eine begründete Aussage zur Farbigkeit von Phenolphthaleinlösungen bei pH 6 und pH 12.

c Begründen Sie den Einsatz dieses Farbstoffs für die Säure-Base-Titration.

2 UV-VIS-Spektren von Phenolphthalein

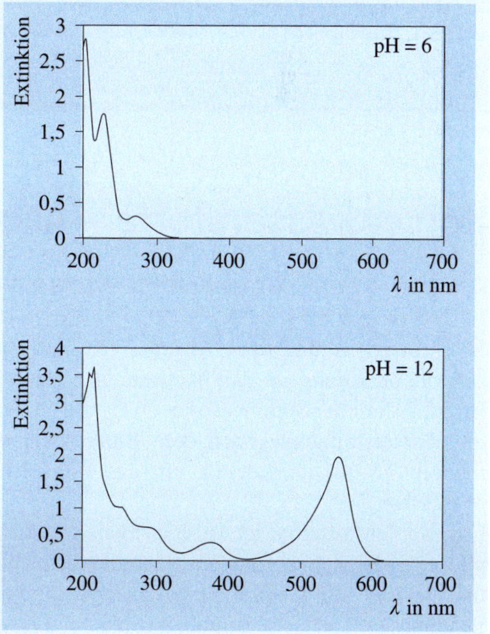

14 Stoffklassen und Reaktionsmechanismen in der organischen Chemie

Für viele ist die organische Chemie ein undurchschaubarer Dschungel aus Strukturformeln mit endlosen Ketten, ausgedehnten Verzweigungen, Ringen unterschiedlichster Form und Pfeilen, die in alle Richtungen zeigen. Wie soll man da nur durchsteigen?
Die Kunst liegt darin, mit geschärftem Blick bestimmte Strukturen zu erfassen, Moleküle Stoffklassen zuzuordnen und die gemeinsamen Eigenschaften innerhalb der Stoffklassen zu erkennen.

Bei chemischen Reaktionen betrachten wir jetzt nicht mehr wie bisher nur die Ausgangsstoffe und Reaktionsprodukte, sondern modellhaft die Veränderungen von Teilchen auf dem Weg vom Ausgangszustand bis zum Endprodukt. Und auch diesen Weg, den wir als Reaktionsmechanismus bezeichnen, kann man verstehen, wenn man versucht, das Gemeinsame in der Vielfalt zu entdecken.

Kohlenwasserstoffe – Alkane, Alkene, Alkine

Alkane – gesättigte Kohlenwasserstoffe

Struktur der einfachsten Alkane Die einfachste Kohlenwasserstoffverbindung ist das **Methan**, der Hauptbestandteil des Erdgases, mit der Summenformel CH_4. Im Methanmolekül sind die Wasserstoffatome nach dem Elektronenpaar-Abstoßungsmodell (↑S. 38) tetraedrisch um das Kohlenstoffatom herum angeordnet.
Das Kohlenstoffatom ist sp^3-hybridisiert (↑S. 42). Damit sind alle C–H-Bindungen im Methanmolekül völlig gleichwertig und besitzen die gleiche Bindungsenergie sowie die gleichen Bindungsabstände. Die Bindungswinkel betragen jeweils 109,5° (Abb. 1).

1 Kugel-Stab-Modell und Strukturformel des Methanmoleküls

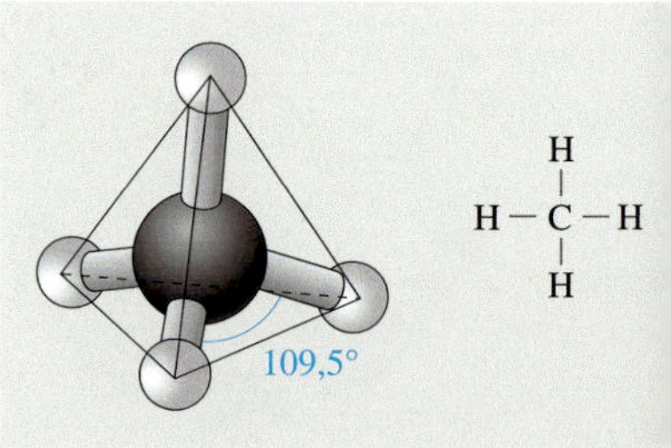

Ethan ist ebenso wie Methan ein Bestandteil des Erdgases. Eine quantitative Elementaranalyse (↑S. 284) dieser nur aus den Elementen Kohlenstoff und Wasserstoff aufgebauten Verbindung ergibt eine Molekülmasse von 30 u. Daraus lässt sich die Summenformel C_2H_6 ableiten. Auch beim Ethanmolekül liegt eine sp^3-Hybridisierung der beiden Kohlenstoffatome vor.
Im Kugel-Stab-Modell wird deutlich, dass die beiden CH_3-Gruppen um die C–C-Bindungsachse frei drehbar sind. Durch diese nur bei Einfachbindungen mögliche freie Drehbarkeit entstehen unterschiedliche räumliche Anordnungen der Atome in einem Molekül. Man bezeichnet sie als **Konformationen** und die Moleküle als **Konformere**. In der Chemie sind besonders die energiereichsten und die energieärmsten Konformationen von Interesse. Sie ergeben sich im Fall von Ethan je nach Stellung der Wasserstoffatome durch die unterschiedlichen Abstoßungskräfte der Molekülorbitale. Am energieärmsten und damit am stabilsten ist die gestaffelte Form, am energiereichsten die verdeckte. Mit der **Newman-Projektion**, bei der das vordere Kohlenstoffatom durch einen Punkt und das hintere durch einen Kreis dargestellt werden, lassen sich die Konformationen des Ethanmoleküls besonders gut veranschaulichen (Abb. 3).

2 Kugel-Stab-Modell und Strukturformel des Ethanmoleküls

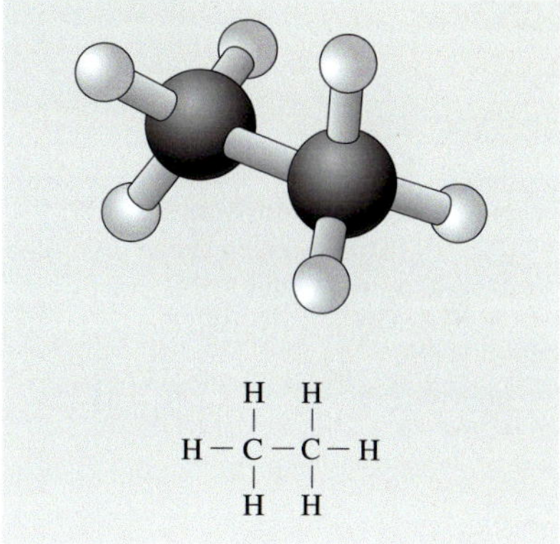

3 Energie des Ethanmoleküls in unterschiedlichen Konformationen (dargestellt in Newman-Projektion)

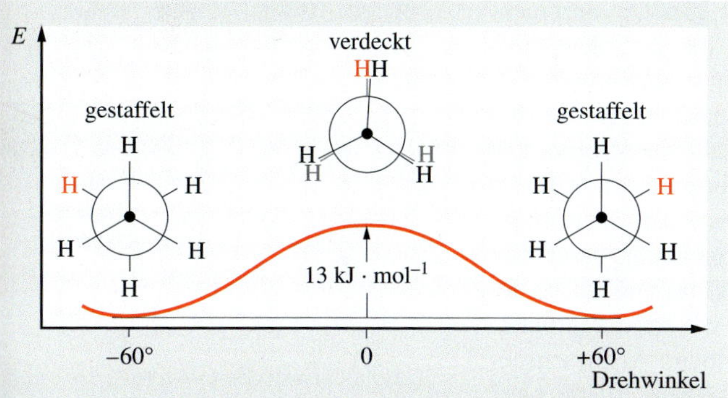

Homologe Reihe der Alkane Propan, das Alkan mit drei C-Atomen in einer Kette, unterscheidet sich vom Ethanmolekül formal gesehen durch das Einfügen einer CH_2-Gruppe zwischen den beiden CH_3-Gruppen. Dies lässt sich bei steigender Anzahl der C-Atome beliebig oft wiederholen. Solche Verbindungen, deren Glieder sich jeweils um eine CH_2-Gruppe voneinander unterscheiden, bilden eine **homologe Reihe**. Für jedes Alkan dieser homologen Reihe gilt daher die **allgemeine Summenformel C_nH_{2n+2}**. Da in Alkanen nur Einfachbindungen zwischen den Kohlenstoffatomen vorliegen, sind sie **gesättigte Verbindungen**. Viele Vertreter haben Trivialnamen. Bei Kohlenwasserstoffen mit fünf oder mehr C-Atomen wird der Name des Alkans aus dem lateinischen oder griechischen Zahlwort für die Anzahl der C-Atome und der Endsilbe **-an** gebildet (Tab. 1).

Tab. 1 Homologe Reihe der Alkane

Name und Summenformel		**Name und Summenformel**	
Methan	CH_4	Hexan	C_6H_{14}
Ethan	C_2H_6	Heptan	C_7H_{16}
Propan	C_3H_8	Octan	C_8H_{18}
Butan	C_4H_{10}	Nonan	C_9H_{20}
Pentan	C_5H_{12}	Decan	$C_{10}H_{22}$

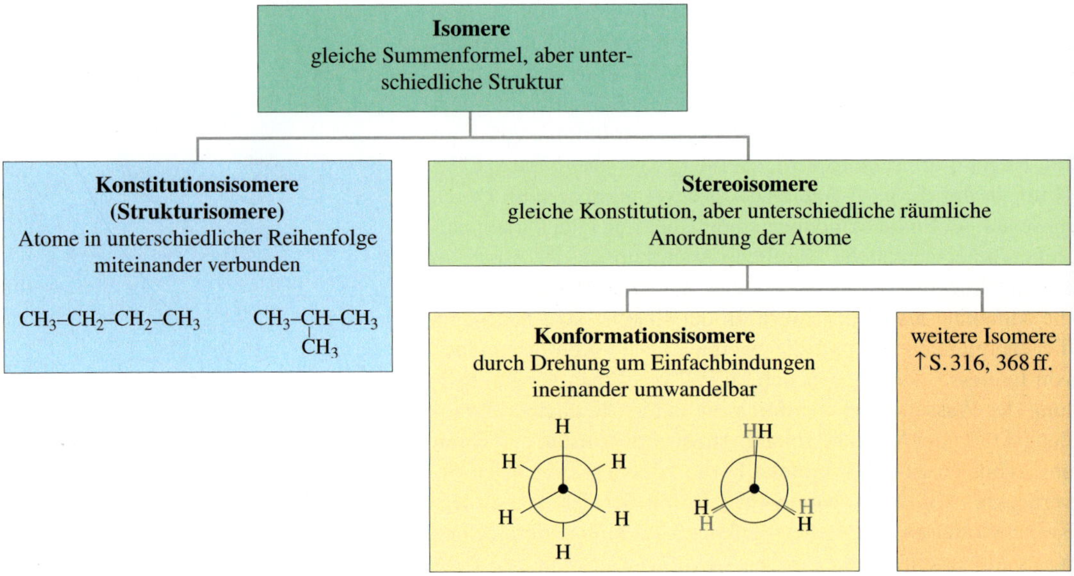

1 Überblick über Isomeriearten

Isomerie Die Summenformel C_4H_{10} für das Butan sagt nichts über die Struktur des Moleküls aus. Eine gaschromatografische Untersuchung von Butangas zeigt, dass Butangas ein Stoffgemisch aus zwei verschiedene Stoffen mit gleicher Summenformel, aber unterschiedlicher Struktur ist (Abb. 2). Solche Stoffe nennt man **Isomere** (griech. isos – gleich; meros – Teil).
Alkane mit unverzweigten Ketten werden als **n-Alkane** bezeichnet, Alkane mit verzweigten Ketten als **iso-Alkane**. Die Seitenketten werden als **Alkylgruppen** bezeichnet. n-Butan und Isobutan (2-Methylpropan) sind **Konstitutionsisomere** (Strukturisomere). Die **Konstitution** eines Moleküls beschreibt die Reihenfolge der Atome in diesem Molekül sowie die Art der Bindungen. In Konstitutionsisomeren sind die Atome in unterschiedlicher Reihenfolge miteinander verbunden. Mit wachsender Kettenlänge steigt die Zahl möglicher Isomere erheblich an. Auch beim Auftreten verschiedener Konformationen, wie bei denen des Ethans (↑S. 303), handelt es sich um eine Form von Isomerie, der **Konformationsisomerie**. Sie gehört zur **Stereoisomerie**. Stereoisomere sind Moleküle, bei denen die Atome bei gleicher Konstitution unterschiedlich räumlich angeordnet sind. Konformationsisomere können durch Drehung um Einfachbindungen ineinander umgewandelt werden.
Es gibt noch weitere Formen der Isomerie, die in der organischen Chemie eine wichtige Rolle spielen. Sie werden jeweils an den entsprechenden Stellen im Buch genauer vorgestellt.

Nomenklatur Die Vielfalt organischer Verbindungen macht eine international einheitliche, übersichtliche Namensgebung notwendig. Die Namensgebung erfolgt abgestimmt nach den IUPAC-Regeln (**I**nternational **U**nion of **P**ure and **A**pplied **C**hemistry).

2 Isomere des Butans

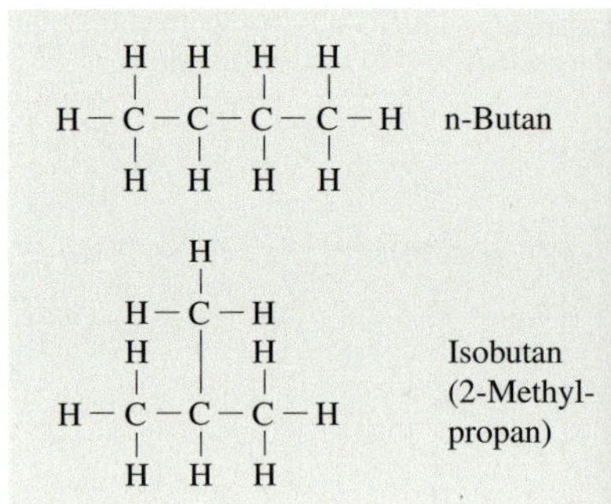

Klassifizierung des C-Atoms

Die C-Atome werden als primär, sekundär und tertiär klassifiziert, je nachdem, mit wie vielen C-Atomen sie verbunden sind.

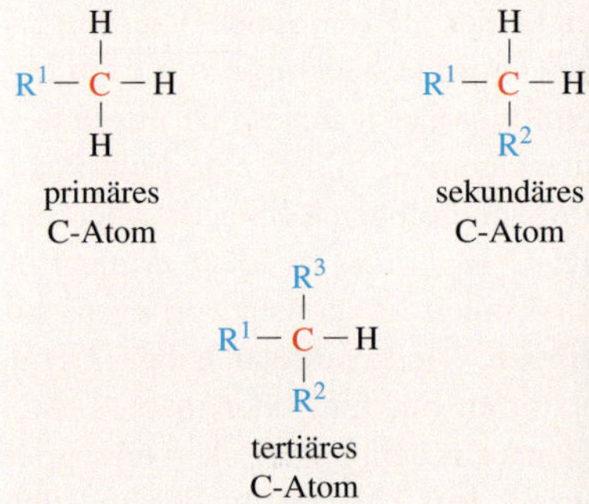

Regeln zur Benennung von Kohlenwasserstoffen

1. Die C-Atome der längsten Kette werden so nummeriert, dass diejenigen mit Substituenten die niedrigsten Nummern bekommen.
2. Die längste zusammenhängende Kohlenstoffkette im Molekül mit der größten Anzahl an Substituenten (Seitenketten) ergibt den Stammnamen der Verbindung: **-hexan**.
3. Die Seitenketten werden als Alkylgruppen benannt, ihre Namen erhalten die Endsilbe **-yl**. Sie werden vor den Stammnamen gesetzt: **-methyl**hexan.
4. Gleichartige Seitenketten werden nur einmal genannt. Ihre Anzahl wird durch griechische Zahlwörter (Di, Tri, Tetra, Penta usw.) gekennzeichnet und der Seitenkette vorangestellt: **Di**methylhexan.
5. Die Nummern der Kohlenstoffatome, die die Verzweigungen tragen, werden vorangestellt: **2,4-**Dimethylhexan.
6. Sind unterschiedliche Seitenketten vorhanden, werden sie in alphabetischer Reihenfolge genannt: 3-**E**thyl-4,5-di**m**ethylheptan.

2 Benennung verzweigter Isomere nach IUPAC

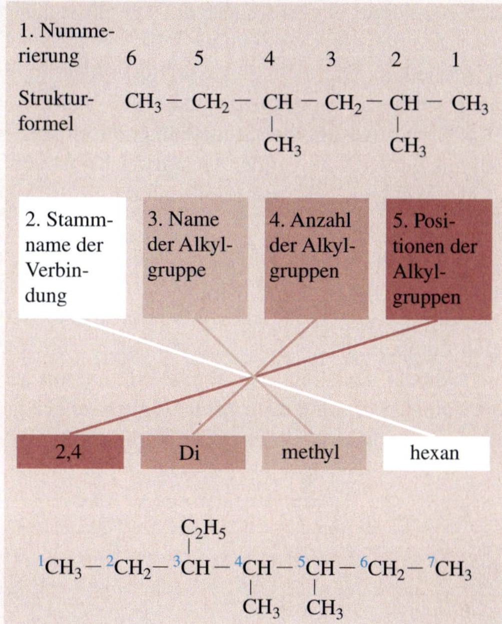

Cycloalkane Kohlenwasserstoffe mit ringförmigen Molekülen werden als **Cycloalkane** (lat. cyclus – Ring) bezeichnet. Sie bilden ebenfalls eine homologe Reihe mit der **allgemeinen Formel C_nH_{2n}**. Der einfachste Vertreter ist das Cyclopropan (C_3H_6). Aufgrund der Ringstruktur ist bei den Cycloalkanen die freie Drehbarkeit um die C–C-Bindungsachse im Vergleich zu den offenkettigen Alkanen eingeschränkt. Die noch mögliche Drehung erlaubt das Auftreten von Konformationsisomeren mit unterschiedlichem Energieinhalt.
Für das Cyclohexanmolekül sind die wichtigsten Konformationen die **Sessel-Konformation** und die **Wannen-Konformation**. In der energetisch günstigen, nahezu spannungsfreien Sessel-Konformation haben alle Wasserstoffatome den größtmöglichen Abstand voneinander, sie stehen gestaffelt. In der energetisch ungünstigeren Wannen-Konformation behindern sich die nach innen gerichteten Wasserstoffatome (Abb. 3).

3 Konformationsisomere des Cyclohexanmoleküls

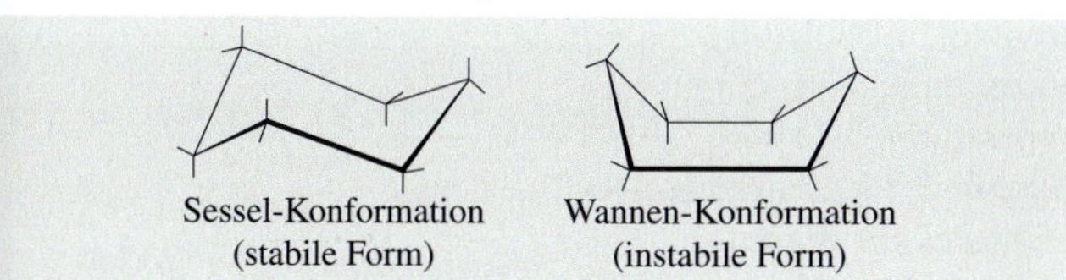

AUFGABEN

1 Zeichnen Sie je zwei charakteristische Newman-Projektionen von 1,2-Dichlorethan und von Propan. Erläutern Sie Ihre Darstellung.
2 Geben Sie die Strukturformeln aller Isomere des Hexans an.
3 Geben Sie die Strukturformeln folgender Alkane an:
a 3-Ethyl-4-methylhexan
b 4,5-Diethyl-2,3-dimethylnonan
c 2,2,3-Trimethyl-4-propylheptan
4 Benennen Sie folgendes Alkan nach den IUPAC-Regeln:

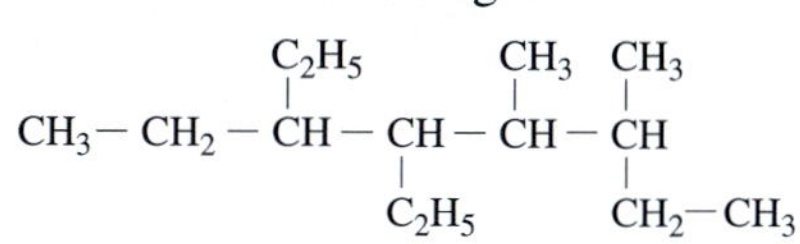

Stoffeigenschaften und Molekülstruktur der Alkane

Schmelz- und Siedetemperaturen Innerhalb der homologen Reihe der Alkane steigen die Siedetemperaturen mit wachsender Kettenlänge der Moleküle an. Das lässt auf zunehmende zwischenmolekulare Anziehungskräfte zwischen den Molekülen schließen. Die Kohlenwasserstoffmoleküle sind unpolar. Daher wirken zwischen ihnen fast nur Van-der-Waals-Kräfte (↑S. 48). Der Anstieg der Siedetemperaturen lässt sich dadurch erklären, dass mit steigender Anzahl der Kohlenstoffatome auch die Moleküloberfläche zunimmt und damit die Van-der-Waals-Kräfte zunehmen.

Die Schmelztemperaturen innerhalb der homologen Reihe verhalten sich ähnlich. Bei genauerer Betrachtung fällt jedoch auf, dass Alkane mit gerader Anzahl von Kohlenstoffatomen bei höheren Temperaturen schmelzen als Alkane mit ungerader Anzahl (Abb. 1). Das liegt daran, dass Alkane mit gerader Anzahl von Kohlenstoffatomen im Molekülgitter enger gepackt liegen und die zwischenmolekulare Anziehung größer ist.

1 Schmelz- und Siedetemperaturen einiger Alkane

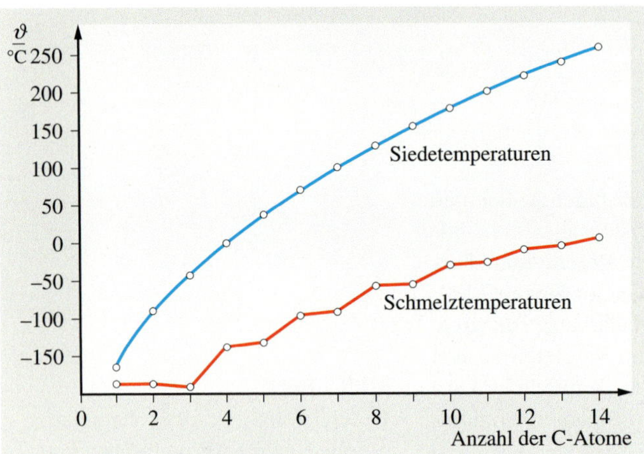

Bei den Isomeren eines Alkans ist zur Deutung der Siedetemperaturen ebenfalls die Größe der Moleküloberfläche entscheidend. n-Pentan mit seiner unverzweigten Kette siedet vergleichsweise hoch. Mit zunehmender Verzweigung und damit abnehmender Moleküloberfläche sind immer niedrigere Siedetemperaturen zu beobachten, weil die zwischenmolekulare Anziehung abnimmt (Tab. 1).

Für die Schmelztemperaturen gilt, dass stark verzweigte und damit sperrige Isomere eine regelmäßige Anordnung im Molekülgitter erschweren. Aus dem geringeren Zusammenhalt der Moleküle resultieren niedrigere Schmelztemperaturen. Die auffallend hohe Schmelztemperatur von 2,2-Dimethylpropan liegt in der annähernd kugelförmigen Gestalt der Moleküle begründet, die im festen Zustand dicht gepackt sind.

2 Strukturformeln der Isomere des Pentans

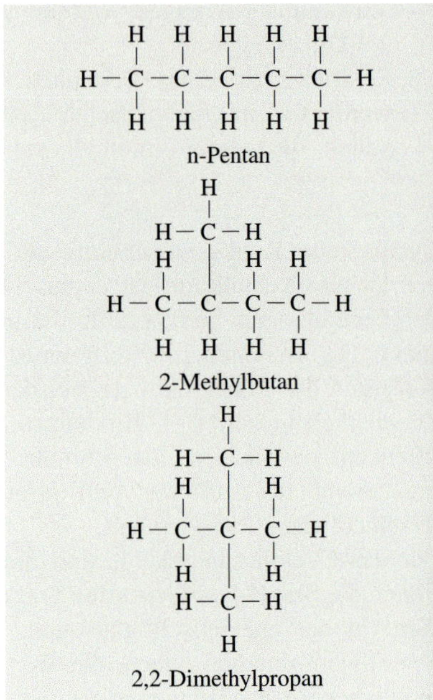

Tab. 1 Schmelz- und Siedetemperaturen der Isomere des Pentans

Isomer	ϑ_S in °C	ϑ_V in °C
n-Pentan	–129,7	36,2
2-Methylbutan	–159,9	27,9
2,2-Dimethylpropan	–16,6	9,5

Viskosität Mit steigender Kettenlänge nimmt auch das Maß der Zähflüssigkeit (Viskosität) innerhalb der homologen Reihe der Alkane zu (Exp. 1). Da die Alkanmoleküle beim Fließen aneinander vorbeigleiten, erschweren größere Van-der-Waals-Kräfte diesen Vorgang. Langkettige Alkane eignen sich aufgrund ihrer hohen Viskosität gut als Schmiermittel. Um eine optimale Schmierung von Maschinen unterschiedlicher Betriebstemperatur zu erreichen, enthält jedes spezielle Schmieröl ein anderes Mischungsverhältnis verschieden langkettiger Alkane.

Löslichkeit Alkane sind aufgrund ihrer unpolaren Moleküle in polaren Lösemitteln, wie z. B. Wasser, nahezu unlöslich. Sie sind hydrophob. Werden Alkane mit Wasser gemischt, bilden sich zwei Phasen. Die Wasserstoffbrückenbindungen zwischen den Wassermolekülen sind stärker als die Anziehungskräfte zwischen Alkanmolekülen und Wassermolekülen. Eine durch Schütteln entstandene Wasser-Alkan-Emulsion (Abb. 3) entmischt sich schnell wieder, weil die zwischenmolekularen Kräfte bei Entmischung wieder zunehmen. Aufgrund ihrer geringen Dichte bilden Alkane immer die obere Schicht (Abb. 4).
Untereinander sind die Alkane dagegen in jedem Mischungsverhältnis löslich. Auch langkettige, feste Alkane können so in Lösung gebracht werden. In einer Lösung verschiedener Alkane herrschen ähnliche Van-der-Waals-Kräfte wie zwischen den Molekülen eines reinen Alkans.
Alkane sind lipophil. Sie sind deshalb gute Lösemittel für Fette und Öle und für alle weiteren unpolaren Stoffe, z. B. Lacke.

Reaktivität Alkane sind sehr reaktionsträge. Sie reagieren deshalb vor allem mit sehr reaktionsfreudigen Stoffen, wie z. B. mit Sauerstoff in Verbrennungsreaktionen oder mit Halogenen in Substitutionsreaktionen. Wie lässt sich die Reaktionsträgheit erklären? Die C–H-Bindungen sind aufgrund der geringen Elektronegativitätsdifferenz zwischen Wasserstoff- und Kohlenstoffatomen nur sehr schwach polar. Angreifende Teilchen wie polare Moleküle oder Ionen werden nur schwach angezogen. Aufgrund ihrer Reaktionsträgheit nennt man Alkane auch **Paraffine** (lat. parum affinis – wenig zugeneigt). Verbrennungsreaktionen sind jedoch energetisch begünstigt. Alle Alkane sind daher gut brennbar. Bei der vollständigen Verbrennung entstehen in einer Redoxreaktion als Reaktionsprodukte Kohlenstoffdioxid und Wasser:

$$C_3H_8\,(g) + 5\,O_2\,(g) \rightarrow 3\,CO_2\,(g) + 4\,H_2O\,(l) \qquad \Delta_rH_m = -2222\ kJ \cdot mol^{-1}$$

Fehlt genügend Sauerstoff, verbrennen die Alkane unvollständig zu Kohlenstoffmonooxid, Wasser und Kohlenstoff (Ruß):

$$C_3H_8\,(g) + 3\,O_2\,(g) \rightarrow C\,(s) + 2\,CO\,(g) + 4\,H_2O\,(l) \qquad \Delta_rH_m = -1262\ kJ \cdot mol^{-1}$$

EXPERIMENT 1

Viskosität von Alkanen

In je eine Pipette (20 ml) werden bei Raumtemperatur genau 20 ml Pentan (GHS02 | 08 | 07 | 09), Octan (GHS02 | 08 | 07 | 09) und Decan (GHS02 | 08) eingefüllt. Danach werden die Auslaufzeiten mit einer Stoppuhr bestimmt.
Der Versuch wird mit den gleichen Alkanen wiederholt, die zuvor längere Zeit im Kühlschrank gelagert worden sind.

3 Hexan-Wasser-Emulsion

4 Hexan und Wasser bilden nach dem Entmischen zwei Phasen.

AUFGABEN

1 Ordnen Sie die folgenden Kohlenwasserstoffe nach steigender Siedetemperatur: Heptan, 2,3-Dimethylheptan, Methylhexan.
Begründen Sie die Reihenfolge.

2 Erläutern Sie, weshalb sich ein Hexan-Wasser-Gemisch schnell entmischt, ein Hexan-Octan-Gemisch hingegen überhaupt nicht.

ZUSAMMENFASSUNG

Alkane sind Kohlenwasserstoffe und bestehen nur aus den Elementen Kohlenstoff und Wasserstoff. Alle Bindungen zwischen den Kohlenstoffatomen sind Einfachbindungen. Alkane sind daher gesättigte Kohlenwasserstoffe. Kettenförmige Alkane haben die allgemeine Summenformel $\mathbf{C_nH_{2n+2}}$, cyclische Alkane die Summenformel $\mathbf{C_nH_{2n}}$. In der **homologen Reihe der Alkane** treten ab dem Butan **Konstitutionsisomere** auf. **Isomere** sind Stoffe mit gleicher Summenformel aber unterschiedlicher Struktur. Konstitutionsisomere unterscheiden sich in der Reihenfolge der in den Molekülen gebundenen Atome.

Konformationsisomere unterscheiden sich durch die Anordnung der Atomgruppen um eine C–C-Einfachbindung. Sie wandeln sich durch Drehung um die Einfachbindung ineinander um.
Alkane sind **unpolare Verbindungen**. Mit zunehmender Kettenlänge steigen die Schmelz- und die Siedetemperatur aufgrund der immer stärker werdenden **Van-der-Waals-Kräfte**. Abgesehen von ihrer leichten Brennbarkeit sind sie chemisch relativ **reaktionsträge**.

▶ Stoff-Teilchen-Konzept
▶ Struktur-Eigenschafts-Konzept

Alkane – radikalische Substitutionsreaktionen

Radikalische Substitution (S_R) Die reaktionsträgen Alkane gehen nur mit sehr energiereichen Teilchen, wie freien Halogenatomen (Radikale, ↑S. 277), eine chemische Reaktion ein. Freie Radikale **R·** entstehen durch symmetrische, **homolytische** (griech. homoios – gleichartig) Spaltung einer Atombindung in einem Molekül.

Cl–Cl → 2 Cl·
R–O–O–R → 2 R–O·

Die Energie zur Spaltung der Bindung kann **fotochemisch** (Exp. 1) oder **thermisch** aufgebracht werden. Radikalische Substitutionen verlaufen meist als **Kettenreaktionen**, in deren Verlauf immer wieder reaktionsfähige Radikale entstehen.

EXPERIMENT 1 L

Bromierung von Heptan
In einem Becherglas werden 20 ml Heptan (GHS02 | 08 | 07 | 09) mit 5 Tropfen Brom (GHS06 | 05 | 09) versetzt. Das Becherglas wird abgedeckt und auf einem Tageslichtprojektor bis zur Entfärbung, etwa 10 min, belichtet. Das entweichende Gas wird mit angefeuchtetem Indikatorpapier oder einem mit Ammoniaklösung (GHS07) befeuchteten Glasstab geprüft. Danach werden 20 ml Wasser zugegeben. Die sich bildenden Schichten werden mit einem Scheidetrichter getrennt (auf Entlüftung achten!). Die wässrige Lösung wird mit einem Tropfen Silbernitratlösung ($w = 3\,\%$) versetzt. Die zweite Lösung wird einer Beilstein-Probe unterzogen.

1 Reaktion von Heptan mit Brom vor und nach Belichtung (mit Indikatorpapier im rechten Standzylinder)

Der Reaktionsmechanismus der radikalischen Substitution lässt sich am Beispiel der Reaktion von Methan mit Chlor betrachten:

1. Start durch Radikalbildung
Zuerst werden Chlormoleküle unter der Einwirkung von UV-Licht in Chloratome (Chlorradikale) homolytisch gespalten.

2. Kettenfortpflanzung (Reaktionskette)
Die Chlorradikale greifen Methanmoleküle unter Abspaltung eines Wasserstoffatoms und Bildung von Chlorwasserstoff an. Das entstehende Methylradikal reagiert mit einem weiteren Chlormolekül zu Chlormethan und einem Chlorradikal, das erneut in die Reaktionskette eintritt.
Diese Reaktionsfolge kann sich bei der Chlorierung von Methan 10 000-mal wiederholen, ohne dass ein weiteres Chlormolekül gespalten werden muss.

3. Abbruch
Die Kettenfortpflanzung wird beendet durch Rekombination (Vereinigung) von Radikalen. Der Kettenabbruch kann aber auch durch Reaktion der Radikale mit **Inhibitoren** (lat. inhibere – hindern) erfolgen, also mit Stoffen, die leicht Radikale binden.

2 Mechanismus der radikalischen Substitution von Methan mit Chlor

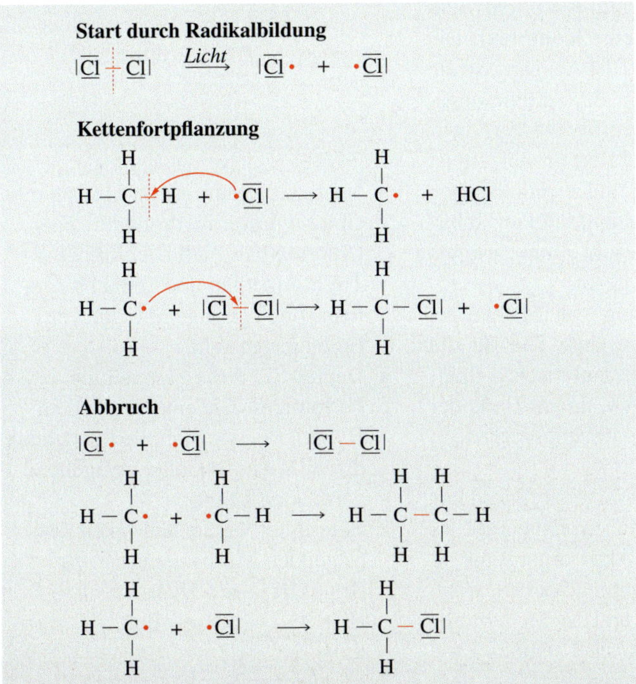

Technisch wichtige radikalische Substitutionen sind: Chlorierung von Methan und Ethan zur Herstellung von Lösemitteln und Sulfochlorierung von höhermolekularen Alkanen.

AUFGABEN

1 Formulieren Sie den Reaktionsmechanismus für die Bildung von 1-Brom-2-Chlorethan ausgehend von Chlorethan.

2 Gasförmiges 3-Ethylpentan wird mit gasförmigem Brom unter Lichteinfluss in einem Standzylinder zur Reaktion gebracht. Hält man ein angefeuchtetes Indikatorpapier in den Standzylinder, so färbt es sich rot. Weiterhin lassen sich vier Hauptreaktionsprodukte nachweisen, von denen drei zueinander isomer sind.

a Formulieren Sie den Reaktionsmechanismus, der zu einem der drei isomeren Hauptprodukte führt.

b Geben Sie die Namen der drei isomeren Produkte nach der IUPAC-Nomenklatur an.

c Deuten Sie die Rotfärbung des Indikatorpapiers.

3 Ermitteln Sie technisch wichtige Substitutionen und deren Bedeutung.

1 Energiediagramm der Reaktion von Methan mit Chlor

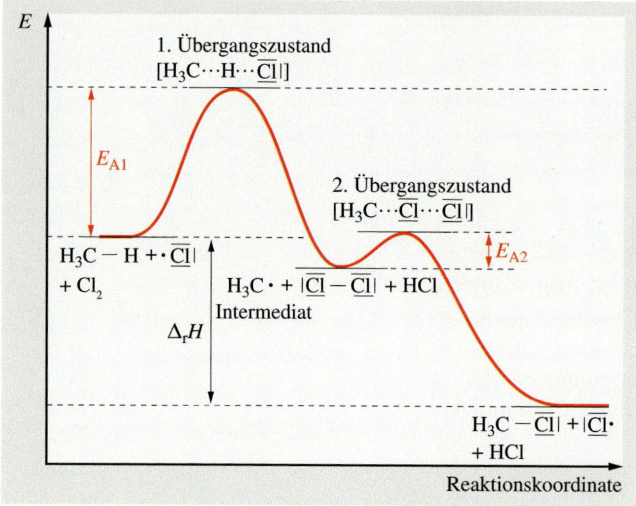

Energetischer Verlauf radikalischer Substitutionen Die während einer chemischen Reaktion auftretenden energetischen Veränderungen können in einem Energiediagramm dargestellt werden (Abb. 1). Darin kennzeichnet die Reaktionskoordinate den energetischen Verlauf einer chemischen Reaktion. Der höchste Punkt auf der Reaktionskoordinate entspricht dem **Übergangszustand** der Reaktion **(aktivierter Komplex)**. Die Differenz zwischen der chemischen Energie der Ausgangsstoffe und der des Übergangszustandes entspricht der Aktivierungsenergie E_A dieser Reaktion. Die Enthalpiedifferenz $\Delta_r H$ zwischen den Ausgangsstoffen und den Reaktionsprodukten ist entscheidend für den exothermen ($\Delta_r H < 0$) oder endothermen ($\Delta_r H > 0$) Reaktionsverlauf. Treten Zwischenprodukte (Intermediate) im Verlauf der Reaktion auf, so gibt man diese als Potenzialmulden auf der Reaktionskoordinate an.
Aus dem Energiediagramm der Chlorierung von Methan erkennt man, dass die Reaktion exotherm verläuft. Die für die Startreaktion aufzuwendende Energie zur homolytischen Spaltung des Chlormoleküls ist nicht einbezogen, da am Ende der Reaktion noch Chlorradikale in gleicher Anzahl vorhanden sind.
Zunächst tritt das Chlorradikal mit einem Wasserstoffatom des Methanmoleküls in Wechselwirkung. Zum Erreichen dieses Übergangszustands wird eine bestimmte Aktivierungsenergie E_{A1} aufgewandt, wodurch die C–H-Bindung gelockert wird. Dann werden das Chlorwasserstoffmolekül und das Methylradikal gebildet. Letzteres stellt ein vergleichsweise stabiles Zwischenprodukt dar. Für den zweiten Reaktionsschritt, bei dem das Methylradikal in Wechselwirkung mit einem neuen Chlormolekül tritt, ist die Aktivierungsenergie E_{A2} gering. Als Produkte liegen dann ein Chlormethanmolekül und ein neues Chlorradikal vor.

AUFGABEN

1 Nach der Reaktion von Methan mit Chlor wurden als Produkte neben Chlormethan auch Dichlormethan, Trichlormethan und Tetrachlormethan sowie geringe Mengen von Ethen festgestellt.

a Deuten Sie diese Feststellung.

b Formulieren Sie eine begründete Hypothese, wie man die Entstehung dieser Nebenprodukte weitgehend vermeiden könnte.

2 Beurteilen Sie die Gültigkeit des folgenden Mechanismus:

$Br\cdot + CH_4 \rightarrow CH_3Br + H\cdot$

$H\cdot + Br_2 \rightarrow HBr + Br\cdot$

usw.

3 Vergleichen Sie die Löslichkeiten der bei der Reaktion von Brom mit Pentan beteiligten Produkte und Edukte miteinander. Begründen Sie Ihre Entscheidungen.

Vergleicht man die Reaktionen von Methan mit verschiedenen Halogenen, beobachtet man eine abgestufte Reaktivität. Fluor reagiert mit Methan spontan, unkontrolliert und äußerst heftig. Mit Iod reagiert Methan hingegen nicht.
Zur Erklärung dieses Reaktionsverhaltens muss eine energetische Betrachtung herangezogen werden. Dabei sind die Bindungsenergien, also die Energien, die bei der Bindungsspaltung bzw. der Bindungsbildung benötigt oder abgegeben werden, von besonderer Bedeutung.
Ein erster Vergleich der Bindungsenthalpien in Fluormolekülen und Iodmolekülen liefert kein stichhaltiges Ergebnis, denn die Bindungsenergien sind fast gleich. Erst aus der Differenz aller Energien für die bei der Halogenierung stattfindenden Bindungsspaltungen und -bildungen lässt sich die Abstufung in der Reaktivität erklären. Für die exotherm verlaufende Fluorierung wird eine Energie von $-432\ kJ \cdot mol^{-1}$ frei. Für die endotherme Iodierung wird allerdings eine Energie von $+62\ kJ \cdot mol^{-1}$ benötigt. Das bedeutet, dass die Iodierung auch nach Aufbringen der Aktivierungsenergie nicht freiwillig abläuft.

Tab. 1 Mittlere molare Bindungsenthalpien der chemischen Bindungen $\Delta_B H_m$ zur energetischen Betrachtung der Halogenierung von Methan

Bindungsspaltung bzw. Bindungsbildung	**Fluorierung**	**Chlorierung**	**Bromierung**	**Iodierung**
	$\Delta_B H_m$ in $kJ \cdot mol^{-1}$ bei $T = 298\ K$			
Spaltung der X–X-Bindung im Halogen	+158	+242	+193	+152
Spaltung der C–H-Bindung im Methan	+416	+416	+416	+416
Bildung der H–X-Bindung	–570	–431	–366	–299
Bildung der C–X-Bindung	–436	–330	–240	–207
Gesamtbilanz	**–432**	**–103**	**+3**	**+62**

Halogenkohlenwasserstoffe – Eliminierungsreaktionen

Nomenklatur Halogenkohlenwasserstoffe sind Kohlenwasserstoffe, deren Moleküle außer Kohlenstoff- und Wasserstoffatomen auch ein oder mehrere Halogenatome enthalten.
Halogenalkane leiten sich von der Stoffklasse der Alkane ab. Es sind gesättigte Kohlenwasserstoffverbindungen, bei denen ein oder mehrere Wasserstoffatome durch Halogenatome ersetzt wurden. Sie werden durch radikalische Substitutionsreaktionen (↑S. 308 f.) aus Alkanen sowie durch elektrophile und radikalische Additionsreaktionen aus Alkenen (↑S. 316 ff.) hergestellt.
Nach den IUPAC-Regeln werden die Namen wie bei verzweigten Alkanen gebildet. Die Halogensubstituenten werden dabei wie Alkylgruppen behandelt. Befinden sich Alkylgruppen und Halogensubstituenten im Molekül, erhält das Halogenatom die niedrigere Positionsnummer. Bei verschiedenen Halogenatomen hat dasjenige mit der höchsten Ordnungszahl höchste Priorität.

2 Strukturformeln und Namen einiger Halogenalkane

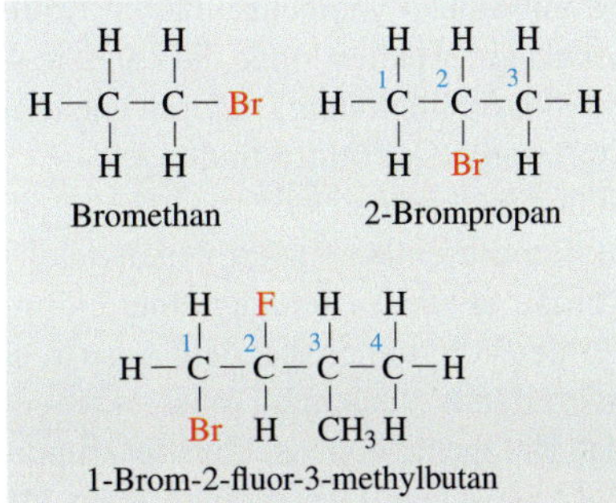

Die vom Methan abgeleiteten Halogenverbindungen werden auch als Mono-, Di-, Tri- und Tetrahalogenmethane bezeichnet, jedoch sind immer noch folgende Trivialnamen gebräuchlicher: Methylchlorid für Chlormethan, Methylenchlorid für Dichlormethan, Chloroform für Trichlormethan oder Tetrachlorkohlenstoff für Tetrachlormethan.
Zu den Halogenkohlenwasserstoffen gehören auch die Halogenalkene und die Halogenaromaten.

Eigenschaften Halogenkohlenwasserstoffe sind wie die Alkane lipophile Stoffe. Sie sind besonders gute organische Lösemittel für Fette, Wachse und Harze. Aufgrund dieser Eigenschaft lösen sie sich auch im menschlichen oder tierischen Fettgewebe und reichern sich dort an. Sie schädigen insbesondere das Nervensystem, die Leber und die Niere.
Durch die Polarität der Kohlenstoff-Halogen-Bindung C–X (Tab. 1) und die unterschiedliche Größe der Halogenatome im Vergleich zu Wasserstoffatomen unterscheiden sich die Halogenalkane in vielen Eigenschaften von den Alkanen.
Die Polarität der C–X-Bindung mit positiver Partialladung am Kohlenstoffatom bewirkt, dass sich Halogenalkanmoleküle bei chemischen Reaktionen als elektrophile Teilchen verhalten.
Als elektrophile Reagenzien sind Halogenalkane Ausgangsstoffe zur Herstellung von Alkenen (↑S. 316f.) und Alkanolen (↑S. 326f.).
Die Siedetemperaturen der Halogenalkane liegen immer höher als die ihrer unsubstituierten Alkane (Tab. 2), weil durch die Polarität der C–X-Bindung die Van-der-Waals-Kräfte durch Dipol-Dipol-Wechselwirkungen vergrößert werden.
Je mehr Wasserstoffatome durch Halogenatome im Molekül ersetzt wurden, desto höher ist die Siedetemperatur des Halogenalkans, aber auch seine Reaktionsträgheit. Daher nimmt die Brennbarkeit der Halogenalkane mit steigender Anzahl der Halogenatome in den Molekülen ab.

Eliminierung (E) Eine typische Reaktion der Halogenalkane mit zwei oder mehr Kohlenstoffatomen im Molekül ist die **Eliminierung**. Bei einer Eliminierung werden zwei Atome oder Atomgruppen von benachbarten Kohlenstoffatomen eines Moleküls abgespalten, ohne dass andere Atome oder Atomgruppen an ihre Stellte treten. Dadurch entstehen zwischen den Kohlenstoffatomen Mehrfachbindungen.
Halogenalkanmoleküle sind elektrophile Teilchen. Bei der Reaktion mit einem starken Nucleophil, z. B. dem Hydroxid-Ion, kommt es zur Ausbildung einer Doppelbindung zwischen zwei Kohlenstoffatomen und dem Austritt eines Halogenid-Ions. Das angreifende Nucleophil muss dabei ein stärkeres Nucleophil als das Halogenid-Ion als Abgangsgruppe sein. Das Reaktionsprodukt weist eine Doppelbindung im Molekül auf und gehört zur Stoffklasse der Alkene (↑S. 315ff.).
Starke basische Nucleophile sind z. B. NH_2^-, CH_3O^-, OH^-.

Tab. 1 Elektronegativitätswerte (EN) von Kohlenstoff, Fluor, Chlor, Brom und Iod

Element	EN
C	2,5
F	4,0
Cl	3,0
Br	2,8
I	2,5

Tab. 2 Siedetemperaturen ausgewählter Halogenalkane

Halogenalkan	Siedetemperatur ϑ_V in °C
Chlormethan	–24
Chlorethan	14
1-Chlorpropan	46
Brommethan	4
Iodmethan	43
Dichlormethan	41
Trichlormethan	61
Tetrachlormethan	77

AUFGABEN

1 Geben Sie die Namen für folgende Halogenkohlenwasserstoffe an:

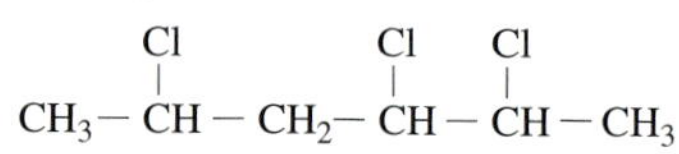

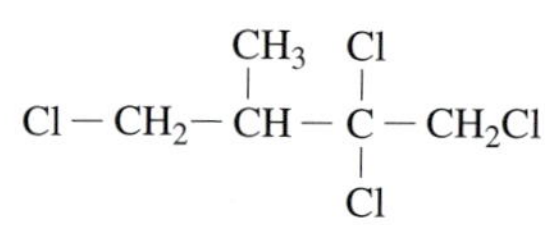

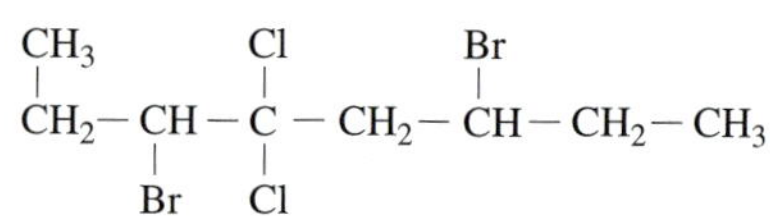

2 Entwickeln Sie die Strukturformeln aller Isomere der folgenden Halogenkohlenwasserstoffe und benennen Sie die jeweiligen Moleküle: C_2H_5Cl, C_3H_7Cl, C_4H_9Br

3 Vergleichen Sie die Siedetemperaturen der in der Tabelle aufgeführten Halogenalkane. Erklären Sie deren Verlauf.

1 Eliminierung an Bromethan mit dem Hydroxid-Ion als Nucleophil

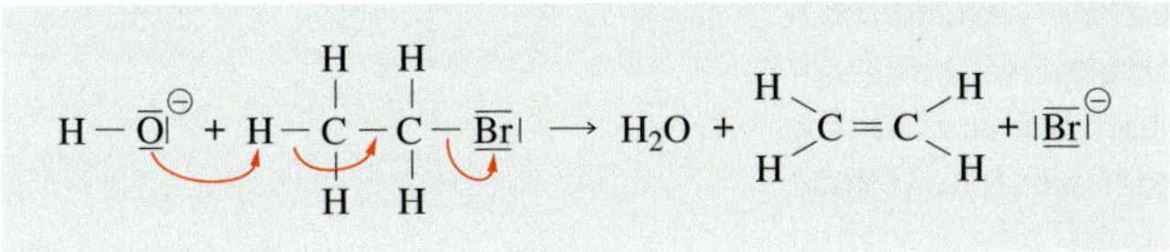

Eliminierungen an Halogenalkanen lassen sich auch in Anwesenheit von Metallen durchführen. Zink spaltet z. B. aus Dibromethan leicht die beiden Bromatome ab, wobei ebenfalls Ethen und Zinkbromid entstehen.

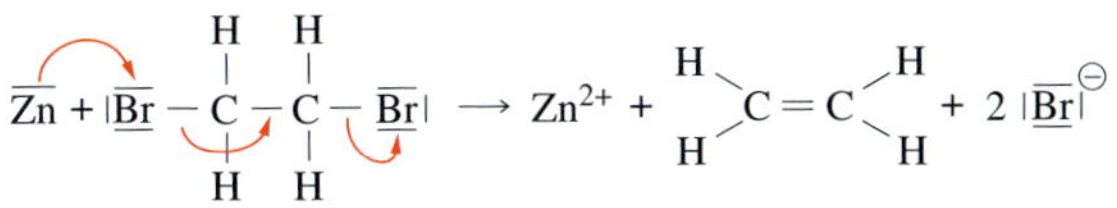

Enthält das Molekül des Ausgangsstoffs mehrere ablösbare Wasserstoffatome, so sind mehrere Reaktionsprodukte zu erwarten. Von den entstehenden Alkenen ist dasjenige mit der größeren Anzahl von Alkylgruppen an der Doppelbindung im Molekül das energetisch stabilere und wird daher bevorzugt gebildet.

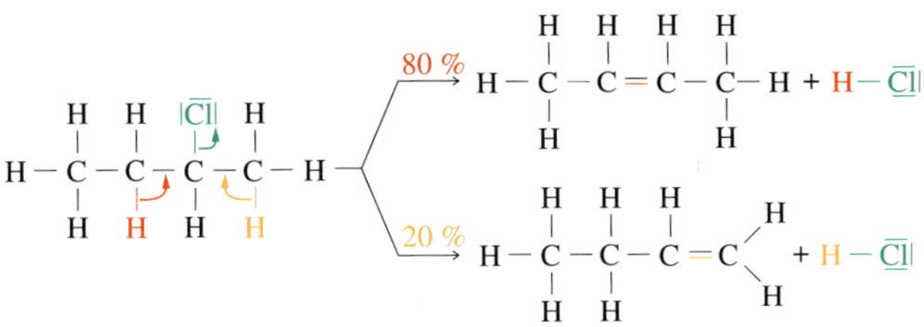

Technisch bedeutsame Eliminierungsreaktionen sind auch die **Dehydrierung** (Abspaltung eines Wasserstoffmoleküls) von Alkanen zu Alkenen und die säurekatalysierte **Dehydratisierung** (Abspaltung eines Wassermoleküls) von Alkoholen zu Alkenen (↑S. 328).

Bedeutsame Halogenalkane Halogenalkane finden im Alltag und in der Technik vielfältige Anwendungen. Viele von ihnen sind Derivate des Methans oder des Ethans. Die Vielseitigkeit der Verwendung hängt damit zusammen, dass sich durch die Variation des Halogens oder das Maß der Halogenierung die Eigenschaften eines Halogenkohlenwasserstoffs beliebig verändern lassen.

Halogenalkane eignen sich aufgrund ihrer physikalischen Eigenschaften besonders gut als Kältemittel in Kühlschränken, als Treibgase in Sprühdosen und als Lösemittel für wasserunlösliche Substanzen. Sie dienen in der Metallindustrie zum Entfetten von Metalloberflächen oder zum Entfernen hartnäckiger Flecken in chemischen Reinigungen.

Halogenalkane werden als Pestizide im Pflanzenschutz eingesetzt. In der chemischen Industrie sind sie Ausgangsstoffe zur Synthese diverser Produkte, z. B. Ether oder Alkoholate.

EXPERIMENT 1 L

Bildung von Buten aus 2-Iodbutan

560 mg Kaliumhydroxid (GHS05|07) werden in 10 ml Propan-1-ol (GHS02|05|07) gelöst. 5 ml dieser Kaliumpropanolatlösung ($c = 1\ \text{mol} \cdot \text{l}^{-1}$) sind im Kolben unter Rühren bei offenem Seitentubus des Kolbens auf 90 °C zu erwärmen. 0,6 ml 2-Iodbutan (GHS02) werden in die Lösung gegeben und der Seitentubus wird mit einem Stopfen verschlossen. Das entstehende Gas wird mit Bromwasser auf Mehrfachbindungen geprüft.

Erstellen sie mögliche Reaktionsgleichungen. Benennen Sie die Reaktionsprodukte und geben Sie das bevorzugt gebildete Reaktionsprodukt an.

2 Aufbau von Experiment 1

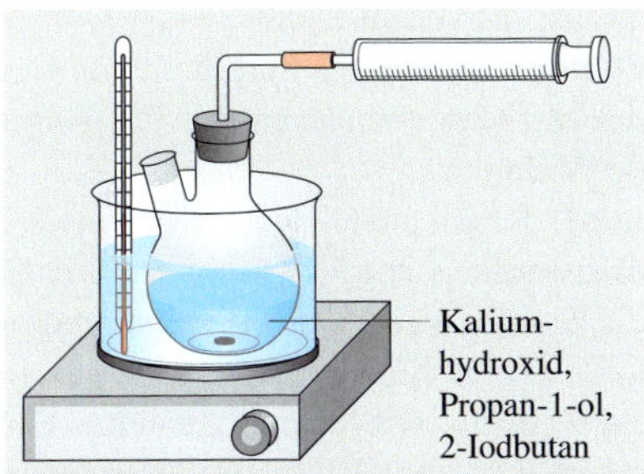

AUFGABEN

1 Formulieren Sie den Mechanismus für die Eliminierung von Chlorwasserstoff aus 2-Chlorpropan.

2 Die Umsetzung von 2-Brom-2-methylbutan mit Hydroxid-Ionen liefert ein isomeres Gemisch zweier Produkte.
Formulieren Sie die Reaktionsgleichung und benennen Sie die Reaktionsprodukte. Begründen Sie, welches Produkt anteilmäßig überwiegt.

Fluor-Brom-Kohlenwasserstoffe (Halone) waren lange Zeit als Löschmittel in Feuerlöschern enthalten. Seit 1994 ist die Produktion von Halonen wegen ihrer schädigenden Wirkung auf die Ozonschicht weltweit verboten. Dennoch dürfen sie für bestimmte Verwendungszwecke noch genutzt werden. Halone findet man noch immer in der Zivilluftfahrt als gewichtssparendes Löschmittel.

Tab. 1 Einige wichtige Halogenalkane und ihre Verwendung

Name	Formel	Hauptsächliche Verwendung
Chloroform	$CHCl_3$	Lösemittel, Narkosemittel
Trichlorfluormethan	CCl_3F	Treibgas, Kühlmittel
Halothan	$C_2HBrClF_3$	Inhalationsnarkotikum
Brommethan	CH_3Br	Schädlingsbekämpfungsmittel
Chlorethan	C_2H_5Cl	zur lokalen Betäubung (Vereisung)
Bromtrifluormethan	$CBrF_3$	Feuerlöschmittel (Halon 1301)
Triiodmethan	CHI_3	Antiseptikum, Desinfektionsmittel

Gefahren durch Halogenkohlenwasserstoffe Aufgrund der von ihnen ausgehenden Gefährdungen gilt in den meisten Industrieländern für **F**luor-**C**hlor-**K**ohlen**w**asserstoffe (FCKW) ein Einsatzverbot.
FCKW reichern sich in fetthaltigen Geweben von Pflanzen, Tieren und Menschen an und besitzen eine potenziell krebserregende Wirkung.
In der Stratosphäre bauen sie in etwa 20 bis 30 km Höhe unter dem Einfluss von UV-Licht die Ozonschicht ab. Dabei genügt die Spaltung eines Halogenalkanmoleküls in ein Halogenradikal, um eine Kettenreaktion auszulösen (Abb. 1).
Ersatzstoffe wie teilhalogenierte Halogenkohlenwasserstoffe (H-FCKW und H-FKW) wirken zwar wegen ihres geringeren Halogenanteils auf die Ozonschicht weniger schädigend, besitzen aber eine größere Wirksamkeit als Treibhausgase.

1 Ozonbildung und -zerstörung in der Stratosphäre

Natürlicher Aufbau und Abbau von Ozon

$$O_3 \xrightarrow[\lambda < 300\,nm]{h \cdot \nu} O_2 + O$$

$$O + O_2 \longrightarrow O_3$$

Bildung von Chlorradikalen aus FCKW

$$FCl_2C - Cl \xrightarrow{h \cdot \nu} FCl_2C\cdot + Cl\cdot$$

Katalytischer Ozonabbau

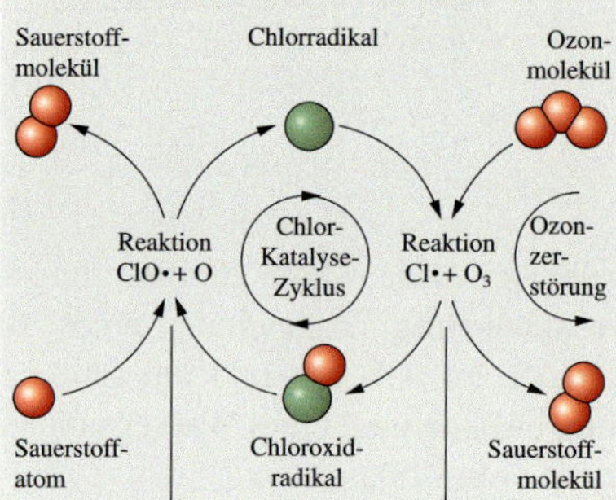

$$ClO\cdot + O \longrightarrow Cl\cdot + O_2$$
$$Cl\cdot + O_3 \longrightarrow ClO\cdot + O_2$$
$$\text{Gesamt: } O + O_3 \longrightarrow 2\,O_2$$

ZUSAMMENFASSUNG

Alkane gehen hauptsächlich **radikalische Substitutionsreaktionen** ein, bei denen ein Wasserstoffatom durch ein anderes Atom oder eine Atomgruppe ersetzt wird. Bei **Halogenalkanen** sind Wasserstoffatome eines Alkans durch Halogenatome substituiert. Es sind wie die Alkane **lipophile Stoffe** und daher gute **organische Lösemittel**.

Eine typische Reaktion der Halogenalkane ist die **Eliminierung**. Dabei entsteht zwischen zwei Kohlenstoffatomen eine **Doppelbindung**.

- Stoff-Teilchen-Konzept
- Struktur-Eigenschafts-Konzept
- Donator-Akzeptor-Konzept
- Energie-Konzept

Alkene – Additionsreaktionen

Die Bindung im Ethenmolekül Ethen ist der einfachste Vertreter der Alkene. Es ist bei Raumtemperatur ein farbloses, leicht süßlich riechendes Gas. Wie das Ethan ist das Ethen nur aus den Elementen Kohlenstoff und Wasserstoff aufgebaut. Es hat die Summenformel C_2H_4. Die beiden Kohlenstoffatome sind durch eine Doppelbindung miteinander verbunden. Die Bindungslänge der C=C-Doppelbindung (134 pm) ist gegenüber der Bindungslänge der C–C-Einfachbindung (154 pm) deutlich verkürzt. Die Kohlenstoffatome im Molekül sind sp^2-hybridisiert (↑S. 43). Das Molekül ist daher planar (eben) gebaut, die Bindungswinkel betragen etwa 120° (Abb. 2). Die Doppelbindung besteht aus einer σ-Bindung und einer π-Bindung (Abb. 3). Der Überlappungsgrad der Orbitale ist bei der π-Bindung geringer als bei der σ-Bindung, weshalb die π-Bindung weniger stabil und daher reaktionsfreudiger ist als die σ-Bindung.

Homologe Reihe der Alkene Die allgemeine Summenformel der Alkene lautet C_nH_{2n}. Da im Alkenmolekül zwei Wasserstoffatome weniger als im entsprechenden Alkanmolekül vorhanden sind, gehören die Alkene zu den **ungesättigten Kohlenwasserstoffen**.
Nach der IUPAC-Nomenklatur erhalten die Alkene den Namen des entsprechenden Alkans, wobei die Endung -an durch **-en** ersetzt wird (z. B. But**en**).
Bei der Benennung eines Alkens muss die Hauptkette die Doppelbindung enthalten. Sie wird von dem Ende durchnummeriert, das der Doppelbindung am nächsten liegt. Die Stellung der Doppelbindung wird angegeben, indem man von den an der Doppelbindung beteiligten C-Atomen die kleinere Nummer vor die Endung **-en** setzt (z. B. But-2-**en**). Verbindungen mit zwei Doppelbindungen werden als **Diene**, solche mit drei Doppelbindungen als **Triene** bezeichnet. Beim namensgebenden Alkan entfällt hier nur -n (z. B. Buta-1,3-dien). Ansonsten gelten die gleichen Regeln wie bei der Benennung der Alkane und der Halogenalkane (Abb. 4).

cis-trans-Isomerie Durch die Ausbildung der π-Bindung ist bei Alkenen die freie Drehbarkeit um die C=C-Bindungsachse nicht gegeben. Daher existieren zwei verschiedene Isomere des 1,2-Dichlorethens. Die beiden Substituenten können sich auf derselben Seite der Doppelbindung, also in cis-Stellung (lat. cis – diesseits), befinden. Im anderen Fall liegen sich die Substituenten gegenüber, was als trans-Stellung (lat. trans – jenseits) bezeichnet wird (Abb. 5). Man spricht von **cis-trans-Isomerie**. Bei der Benennung der Stoffe werden die beiden Isomere durch die Vorsilben cis- und trans- charakterisiert.
Bei der cis-trans-Isomerie werden die unterschiedlichen **Konfigurationen**, also die räumlichen Anordnungen der Atome und Atomgruppen, zur Betrachtung herangezogen (↑Abb. 1, S. 316).

2 Kugel-Stab-Modell des Ethenmoleküls

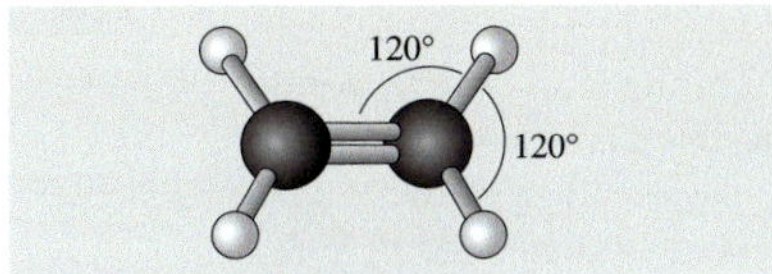

3 Strukturformel des Ethenmoleküls

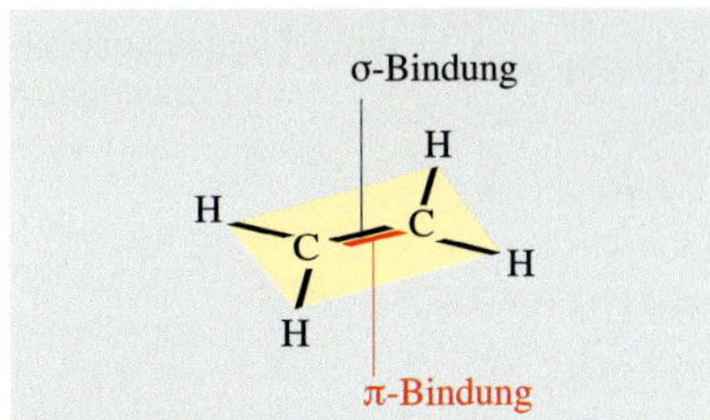

Tab. 2 Homologe Reihe der Alkene

Name und Summenformel		Name und Summenformel	
Ethen	C_2H_4	Hept-1-en	C_7H_{14}
Propen	C_3H_6	Oct-1-en	C_8H_{16}
But-1-en	C_4H_8	Non-1-en	C_9H_{18}
Pent-1-en	C_5H_{10}	Dec-1-en	$C_{10}H_{20}$
Hex-1-en	C_6H_{12}		

4 Benennung einiger Alkene

$$^{1}CH_3{-}^{2}CH{=}^{3}CH{-}^{4}CH_3$$
But-2-en

$$^{1}H_2C{=}^{2}CH{-}^{3}CH{=}^{4}CH_2$$
Buta-1,3-dien

$$^{1}CH_3{-}^{2}\underset{}{\overset{CH_3}{\overset{|}{C}}}{=}^{3}CH{-}^{4}\overset{Cl}{\overset{|}{CH}}{-}^{5}CH_3$$
4-Chlor-2-methylpent-2-en

5 Modelle der cis- und trans-Isomere des 1,2-Dichlorethens

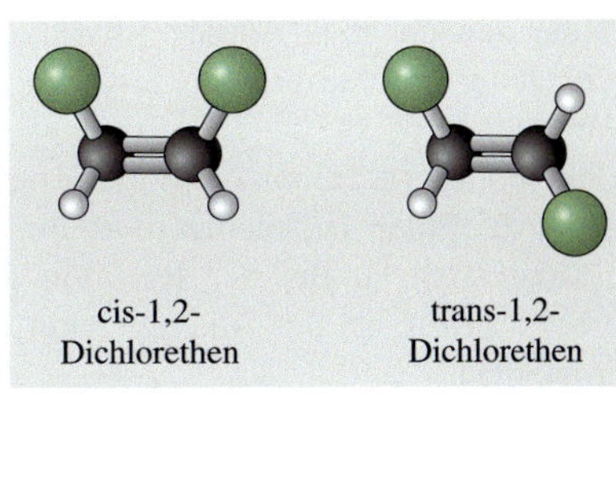

1 Übersicht über Isomeriearten

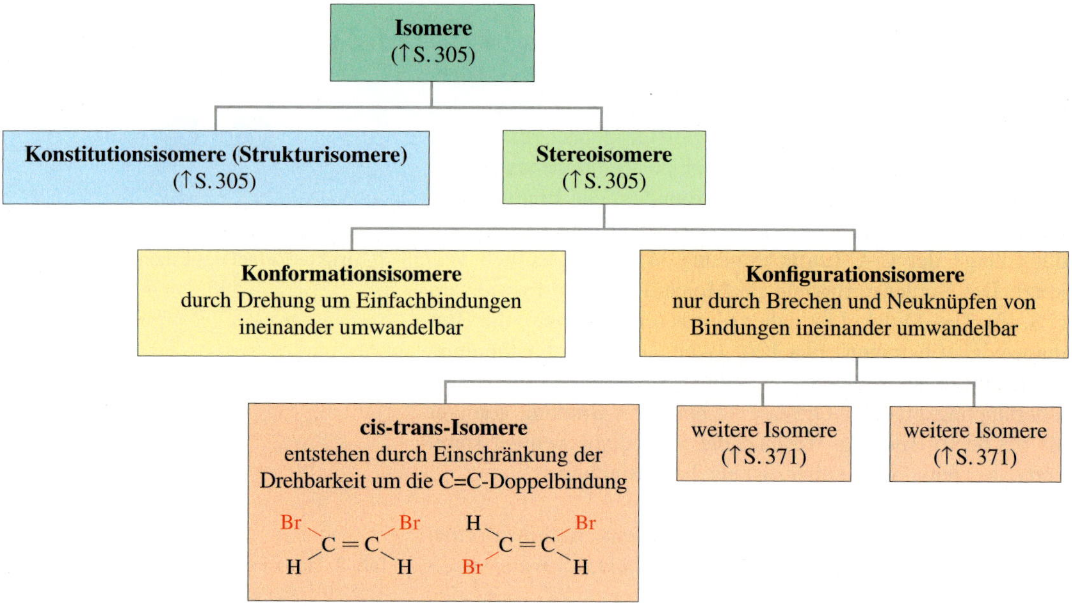

Um ein Molekül mit einer bestimmten Konfiguration in ein Molekül von anderer Konfiguration zu überführen, müssen Bindungen gespalten und neu geknüpft werden. Die cis-trans-Isomerie ist ein weiteres Beispiel für Stereoisomerie (↑S. 304). Cis- und trans-Isomere unterscheiden sich in ihren Eigenschaften. Das cis-Isomer ist aufgrund sterischer Effekte immer energiereicher und damit instabiler als das trans-Isomer. Im Fall von cis-1,2-Dichlorethen behindern sich z. B. die beiden Chloratome gegenseitig. Trans-Isomere von halogenierten Alkenen sind aufgrund des symmetrischen Baus unpolar, die entsprechenden cis-Isomere sind hingegen polar. Entsprechend liegt im cis-Isomer des 1,2-Dichlorethen die Siedetemperatur mit 60 °C höher als die des trans-Isomers mit 48 °C, da die zwischenmolekularen Anziehungskräfte stärker sind.

Darstellung von Alkenen Alkene können durch Dehydrierung aus Alkanen oder durch Eliminierungsreaktionen aus Halogenalkanen durch Zugabe eines starken Nucleophils gewonnen werden (↑S. 312 f.). Technisch wurden sie früher vor allem durch säurekatalysierte Dehydratisierung von Alkoholen in einer Eliminierungsreaktion hergestellt (↑S. 328).
Heute gewinnt man Alkene vornehmlich durch Cracken verschiedener Erdöldestillate (↑S. 434 f.).

Elektrophile Addition (A_E) an Alkenen Nach der Zugabe von Brom zu Ethen beobachtet man eine rasche Entfärbung der Lösung (Exp. 1). Bei der Reaktion findet eine Addition des Brommoleküls an das Alkenmolekül statt. Es entsteht 1,2-Dibromethan.

AUFGABEN

1 Benennen Sie folgende Moleküle:

a $CH_3-CH=CH-CH_3$

b

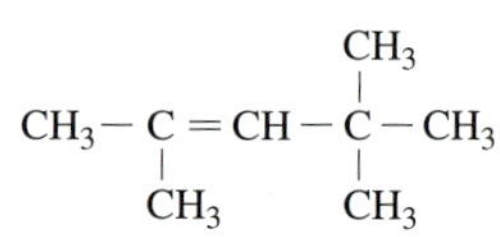

c

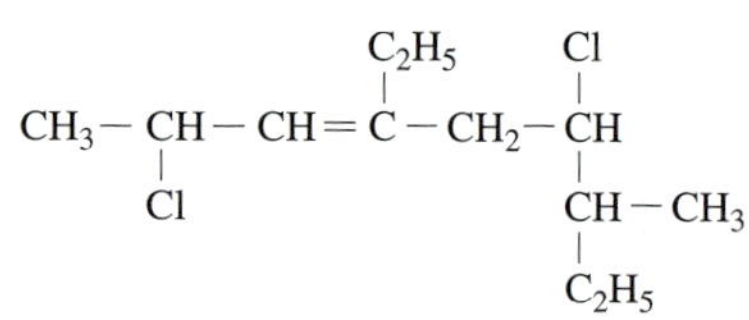

2 Entwickeln Sie je ein eigenes Beispiel für Konstitutions-, Konformations- und Konfigurationsisomerie. Erläutern Sie die jeweilige Isomerieform anhand dieser Beispiele.

3 Zeichnen Sie die Strukturformeln von trans-Pent-2-en und cis-Pent-2-en. Begründen Sie, welches der beiden Isomere die höhere Schmelztemperatur besitzt.

Im Gegensatz zur radikalischen Substitution von Halogenen mit Alkanen laufen Additionsreaktionen von Halogenen mit Alkenen bereits bei Raumtemperatur sogar im Dunkeln ab. Die Reaktionsfähigkeit der C=C-Doppelbindung beruht auf der hohen Elektronendichte zwischen den beiden C-Atomen. Die Doppelbindung wird daher bevorzugt von elektrophilen Teilchen angegriffen, die sich durch einen Elektronenmangel auszeichnen.

Die elektrophile Addition ist ein **Zweistufenmechanismus** (Abb. 2). Nähert sich ein Brommolekül der Doppelbindung, so werden die Elektronen des Brommoleküls durch die hohe Elektronendichte der Doppelbindung verschoben, das Brommolekül wird polarisiert, was durch die Kennzeichnung von Partialladungen δ+ und δ– beschrieben wird.

Im ersten Reaktionsschritt kommt es zu einer Wechselwirkung zwischen dem partiell positiven Teil des Brommoleküls mit den π-Elektronen der Doppelbindung. Es entsteht der sogenannte π-Komplex im ersten Übergangszustand.

Durch die Verschiebung der Elektronen der Bindung zwischen den beiden Bromatomen kommt es zu einer heterolytischen Spaltung des Brommoleküls und zum Austritt eines Bromid-Ions (Br^-). Das positiv geladene Brom-Ion (Br^+) bildet mit den beiden C-Atomen einen dreigliedrigen Ring, der nur σ-Bindungen enthält. Er wird als σ-Komplex bezeichnet und ist ein nachweisbares Zwischenprodukt (Intermediat) der Reaktion. Dieses positiv geladene Zwischenprodukt wird **Bromonium-Ion** genannt.

Im zweiten Reaktionsschritt findet über einen zweiten Übergangszustand der Angriff des negativ geladenen Bromid-Ions an eines der beiden C-Atome statt. Dieser Angriff erfolgt aus sterischen Gründen von der Rückseite her. Zwischen dem C-Atom und dem Bromatom entsteht eine Elektronenpaarbindung. Der Ring bricht auf und das andere C-Atom bleibt mit dem ersten Bromatom verbunden.

2 Mechanismus der elektrophilen Addition von Brom an Ethen

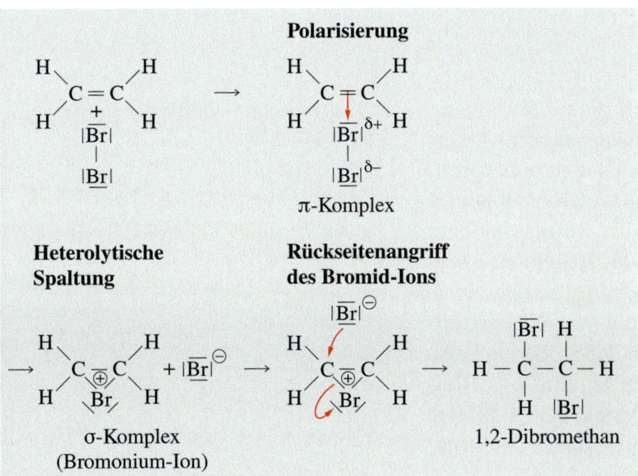

EXPERIMENT 1 L

Reaktion von Ethen mit Brom

Abzug! Man versetzt Ethen (GHS02|07) mit 3%igem Bromwasser (GHS06) in einem Reagenzglas und schüttelt dieses. Beschreiben und deuten Sie die Beobachtungen.

3 Energiediagramm der elektrophilen Addition von Brom an Ethen

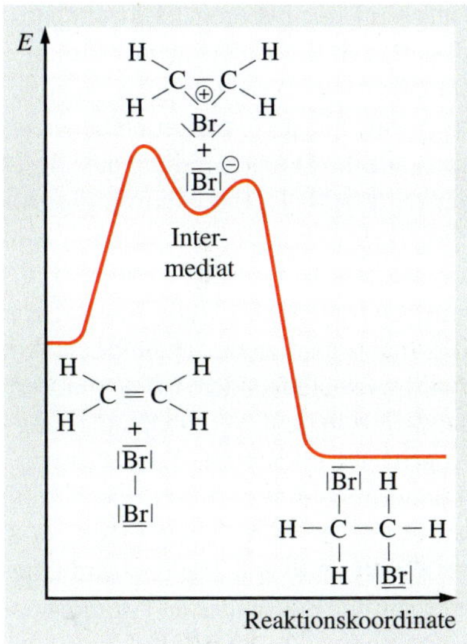

AUFGABEN

1 Erläutern Sie, weshalb bei der Reaktion von Ethen mit Bromwasser neben Dibromethan vorwiegend 2-Bromethanol entsteht.

2 Entwickeln Sie den Reaktionsmechanismus für die Bildung von Ethanol ausgehend von Ethen.

3 Erläutern Sie den Energieverlauf bei der Addition von Brom an Ethen (Abb. 3).

Tab. 1 Relative Additionsgeschwindigkeiten bei der Addition von Brom an substituierte Alkene

Stoff	Formel	Relative Reaktionsgeschwindigkeit
Ethen	$CH_2{=}CH_2$	1
Propen	$CH_3{-}CH{=}CH_2$	$9{,}6 \cdot 10^1$
2,3-Dimethylbut-2-en	$CH_3{-}C(CH_3){=}C(CH_3){-}CH_3$	$9{,}3 \cdot 10^5$
Bromethen	$CH_2{=}CHBr$	$3 \cdot 10^{-2}$

Elektronische Effekte Die Reaktionsgeschwindigkeit bei Additionen an C=C-Doppelbindungen wird durch Substituenten an den zweifach gebundenen Kohlenstoffatomen beeinflusst (Tab. 1). So reagiert z.B. Bromethen etwa 30-mal langsamer als Ethen. Aufgrund der höheren Elektronegativität des Bromatoms verringert sich die Elektronendichte an der C=C-Doppelbindung. Das Kohlenstoffatom hat eine positive Partialladung, das Bromatom eine negative. Dieser elektronenziehende Effekt wirkt sich auch auf die Doppelbindung aus, deren Elektronendichte geringer wird (Abb. 1). Ein elektrophiler Angriff ist somit erschwert. Umgekehrt verlaufen elektrophile Additionen erheblich schneller, wenn die zweifach gebundenen Kohlenstoffatome Alkylgruppen tragen. Die Addition von Brom an Propen verläuft etwa 100-mal schneller als die an Ethen. Alkylgruppen besitzen einen elektronenschiebenden Effekt und erhöhen somit die Elektronendichte an der C=C-Doppelbindung (Abb. 2). Der elektrophile Angriff ist erleichtert. Die Wirkung eines Atoms oder einer Atomgruppe auf die Elektronenverteilung im Rest eines Moleküls wird als **induktiver Effekt (I-Effekt)** bezeichnet. Beim **+I-Effekt** wird die Elektronendichte am benachbarten Atom oder an der benachbarten Atomgruppe erhöht, beim **–I-Effekt** erniedrigt.

1 –I-Effekt des Bromatoms

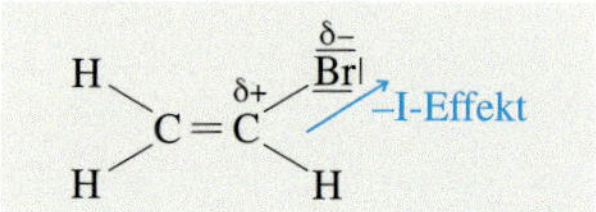

2 +I-Effekt der Alkylgruppe

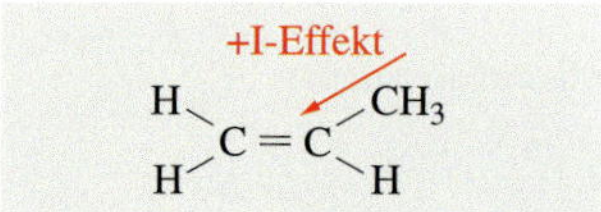

Addition von polaren Verbindungen Auch polare Verbindungen wie Halogenwasserstoffe können an Alkene addiert werden. Bei der Addition von Halogenwasserstoffen an unsymmetrische Alkene, z.B. Propen, stellt sich die Frage, an welches der beiden zweifach gebundenen Kohlenstoffatome das Bromatom bzw. das Wasserstoffatom gebunden wird. Nach der **Regel von Markownikow** wird das elektrophil angreifende Proton selektiv an das Kohlenstoffatom mit der höheren Anzahl von Wasserstoffatomen angelagert. Der Grund dafür liegt in der größeren Stabilität des zwischenzeitlich entstehenden Carbenium-Ions (Carbokation) (Abb. 3) des ersten Wegs, das aufgrund der +I-Effekte der zwei benachbarten Methylgruppen stabiler ist als die Struktur, die über den zweiten Weg gebildet würde (Abb. 4).

3 Energetische Stabilität des Carbenium-Ions (Carbokation)

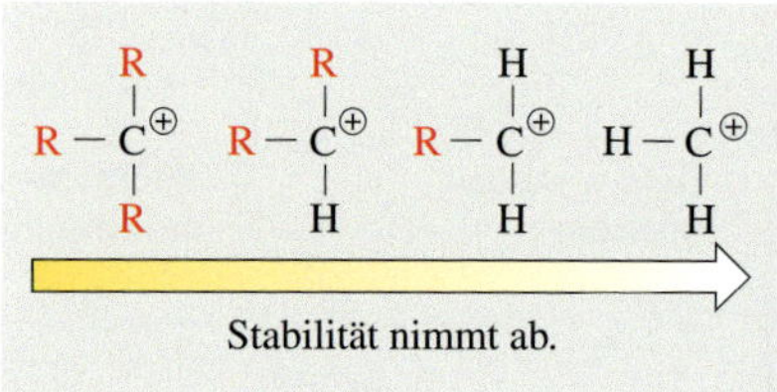

4 Elektrophile Addition von Chlorwasserstoff an Propen (Regel von MARKOWNIKOW)

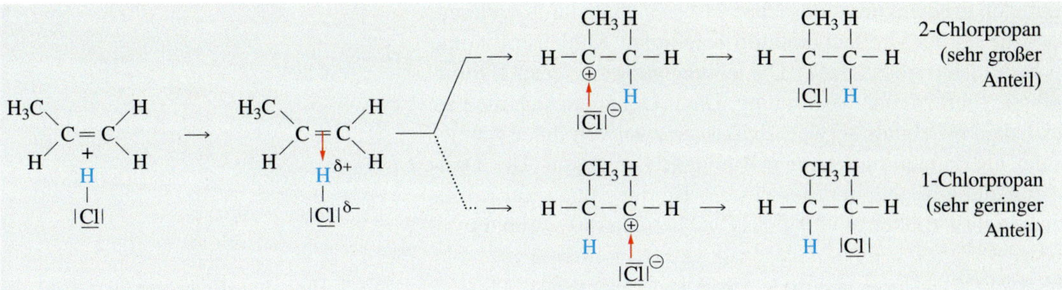

Radikalische Addition (A_R) Unter dem Angriff von Radikalen wird die π-Bindung in Alkenen homolytisch gespalten. Solche Radikale werden mithilfe von Initiatoren (z. B. Peroxide) gebildet. Auch radikalische Additionsreaktionen verlaufen als **Kettenreaktionen** mit den Stufen Start, Kettenfortpflanzung und Abbruch, z. B.:

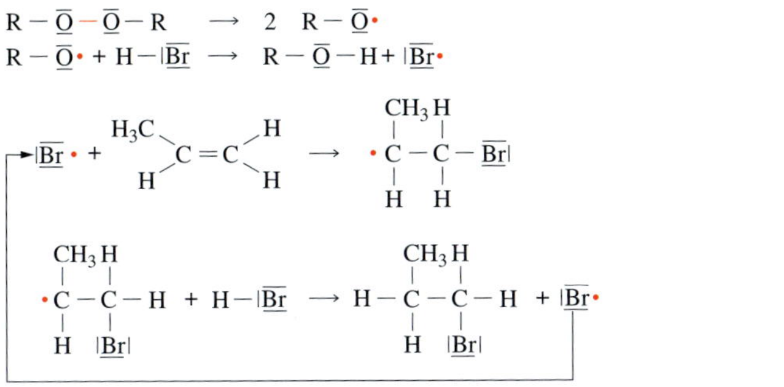

Da von den zwei denkbaren Kohlenstoffradikalen das angeführte die größere energetische Stabilität hat (Abb. 5), verläuft die radikalische Addition von Bromwasserstoff an unsymmetrischen Alkenen entgegengesetzt zur elektrophilen Addition und führt zum **Anti-MARKOWNIKOW-Produkt** (Abb. 6).

5 Energetische Stabilität von Radikalen

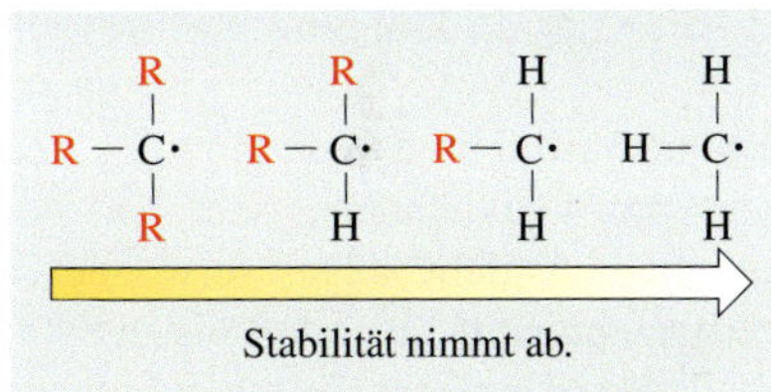

6 Produkte der elektrophilen Addition (links) und der radikalischen Addition (rechts) an unsymmetrischen Alkenen

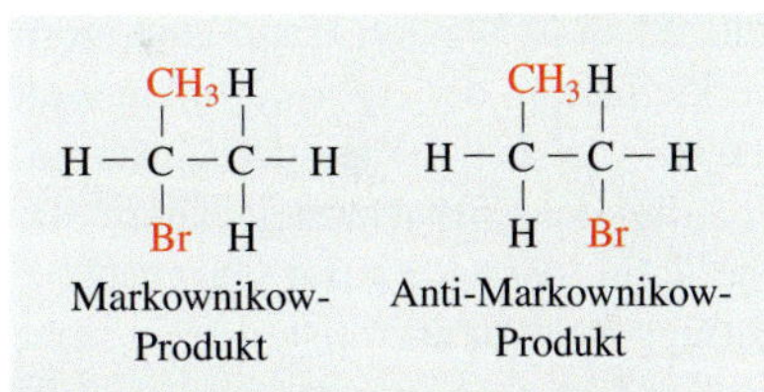

Alkine

Die Bindung im Alkinmolekül Alkine sind wie die Alkene ungesättigte Kohlenwasserstoffe. Der einfachste Vertreter der homologen Reihe der Alkine ist das Ethin mit der Summenformel C_2H_2 (Abb. 7). Die Alkine sind gekennzeichnet durch eine C≡C-Dreifachbindung im Molekül. Die allgemeine Summenformel der Alkine lautet C_nH_{2n-2}. Die Nomenklaturregeln entsprechen im Wesentlichen denen bei Alkenen. Die Alkine erhalten den Namen des entsprechenden Alkans, wobei die Endung -an durch **-in** ersetzt wird (z. B. But**in**). Befinden sich Doppel- und Dreifachbindungen in einem Molekül, erhält die Doppelbindung die niedrigere Positionsnummer.

7 Kugel-Stab-Modell des Ethinmoleküls

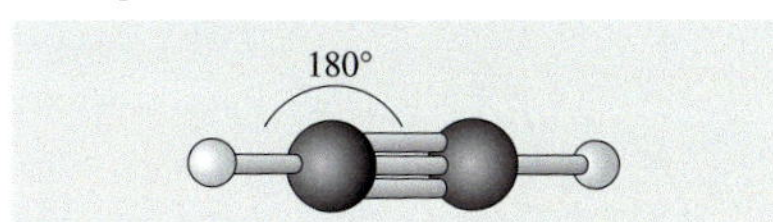

Verglichen mit der C=C-Doppelbindung ist die Bindungslänge der Dreifachbindung noch kürzer, die Bindungsenergie hingegen noch größer. Diese Tatsachen lassen sich dadurch erklären, dass die an der Dreifachbindung beteiligten Kohlenstoffatome sp-hybridisiert sind (↑S. 44). Die Überlappung zweier sp-Hybridorbitale führt zu einer σ-Bindung. Dadurch nähern sich die vier restlichen p-Orbitale so weit an, dass je zwei von ihnen miteinander überlappen und zwei π-Bindungen erzeugen. Die Dreifachbindung besteht also aus einer σ-Bindung und zwei π-Bindungen. Der Bindungswinkel H–C–C beträgt 180° (Abb. 1).

1 Strukturformel des Ethinmoleküls

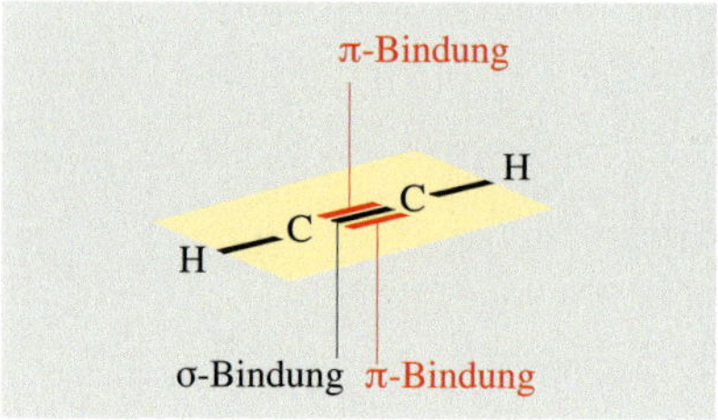

Tab. 1 C–C-Bindungen im Ethan-, Ethen- und Ethinmolekül

Merkmal der Bindung	$H_3C–CH_3$	$H_2C=CH_2$	HC≡CH
C–C-Bindungsenergie in kJ · mol^{-1}	384	614	839
C–C-Bindungslänge in pm	154	134	121
H–C–C-Bindungswinkel	109°	120°	180°

Tab. 2 Homologe Reihe der Alkine

Name	Summenformel
Ethin	C_2H_2
Propin	C_3H_4
But-1-in	C_4H_6
Pent-1-in	C_5H_8
Hex-1-in	C_6H_{10}
Hept-1-in	C_7H_{12}
Oct-1-in	C_8H_{14}
Non-1-in	C_9H_{16}
Dec-1-in	$C_{10}H_{18}$

Eigenschaften und Verwendung Technisch bedeutsam sind nur Ethin (Trivialname: Acetylen) und Propin. Beide werden vor allem als Schweißgas verwendet, da ihre Flammen bei der Verbrennung mit Sauerstoff bis zu 3000 °C heiß werden. Weiterhin ist Ethin in der chemischen Industrie Ausgangsstoff für eine Reihe wichtiger Synthesen, z.B. von Acrylsäure (Abb. 2). Gegenüber dem Ethen verliert es allmählich an Bedeutung.
Reines Ethin ist ein farbloses, narkotisch wirkendes Gas, das mit hellleuchtender Flamme brennt und im Gegensatz zu Ethen und Ethan in Wasser, wenn auch gering, löslich ist. Durch die Verkleinerung der Hybridorbitale werden die Valenzelektronen stärker von den Kernen der C-Atome angezogen, wodurch die Polarität der C–H-Bindung stärker wird. Das ist auch die Ursache dafür, dass Ethin im Gegensatz zu Ethan oder Ethen eine geringe Acidität aufweist, d.h. Protonen bilden kann.

2 Technische Produkte aus Ethin und Beispiele für deren Verwendung

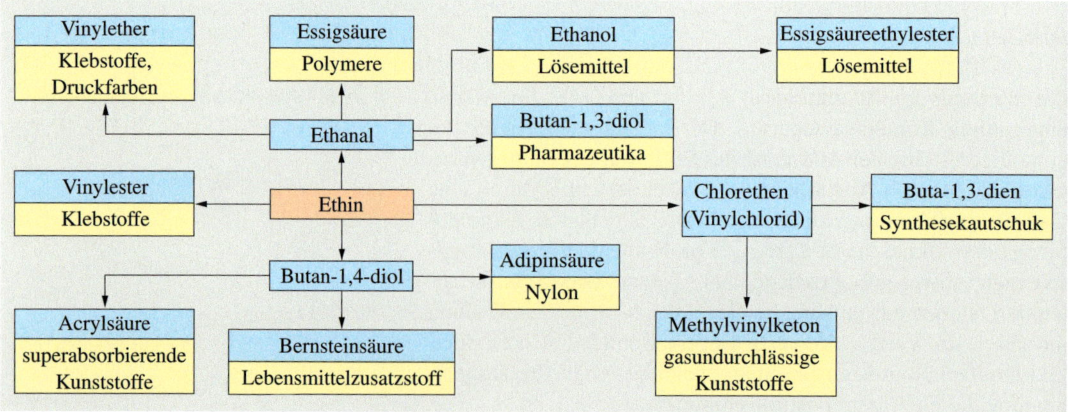

Ethin wird gewonnen durch:

Hydrolyse von Calciumcarbid (Exp. 1)
$CaC_2 + 2\,H_2O \rightarrow C_2H_2 + Ca(OH)_2$

Dehydrierung von Methan
$2\,CH_4 \rightarrow C_2H_2 + 3\,H_2$

EXPERIMENT 1 L

Herstellen von Ethin

Abzug! Man gibt in ein Reagenzglas mit seitlichem Ausgang einige Stücke Calciumcarbid (GHS02). Dann fügt man etwas Wasser hinzu und verschließt das Reagenzglas mit einem Stopfen.

a) An den seitlichen Ausgang wird ein gewinkeltes Gasableitungsrohr mit ausgezogener Spitze und Stahlwollesicherung angeschlossen. Nach Verdrängen der Luft wird das entstehende Gas (GHS02) gezündet. Deuten Sie die Beobachtungen.

b) Das entstehende Gas wird pneumatisch in einem Reagenzglas aufgefangen und mit 3%igem Bromwasser (GHS06) versetzt. Nach Verschließen mit einem Stopfen wird das Reagenzglas geschüttelt. Deuten Sie die Beobachtungen.

AUFGABEN

1 Erläutern Sie die Unterschiede der Bindungsenergien, der Bindungslängen und der Bindungswinkel in den Molekülen von Ethan, Ethen und Ethin.

2 Benennen Sie folgende Moleküle:

a
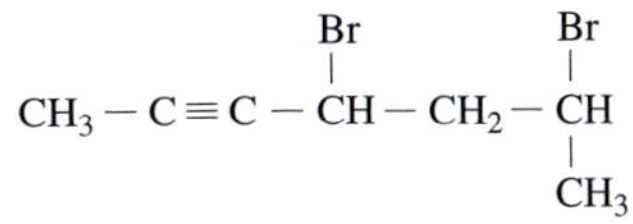

b $CH_3-C\equiv C-CH=CH-CH_3$

ZUSAMMENFASSUNG

Alkene und **Alkine** gehören zu den **ungesättigten** Kohlenwasserstoffen. Ein Alkenmolekül enthält eine **C=C-Doppelbindung**, ein Alkinmolekül eine **C≡C-Dreifachbindung**.
Die homologe Reihe der Alkene hat die allgemeine Summenformel C_nH_{2n}, die der Alkine die Summenformel C_nH_{2n-2}. Bei Alkenen kann eine Form der Stereoisomerie, die **cis-trans-Isomerie**, auftreten.
Ungesättigte Kohlenwasserstoffe sind im Gegensatz zu den gesättigten **reaktionsfreudig**. Die Entfärbung von Bromwasser dient als Nachweis für ungesättigte Kohlenwasserstoffe.
Charakteristisch für Alkene und Alkine sind **Additionsreaktionen**. Dabei treten jeweils zwei oder mehr Moleküle zu einem neuen Molekül zusammen. Aus der Doppelbindung in Alkenen entsteht bei der Addition eine Einfachbindung.
Bei der Addition einer polaren Verbindung an ein unsymmetrisches Alken können sich zwei verschiedene Stoffe bilden. Bei einer **elektrophilen Addition** bildet sich entsprechend der **Markownikow-Regel** hauptsächlich das **Markownikow-Produkt**, während bei einer **radikalischen Addition** hauptsächlich das **Anti-Markownikow-Produkt** entsteht.
Nach der Markownikow-Regel lagert sich das elektrophil angreifende Teilchen hauptsächlich an das Kohlenstoffatom an der Doppelbindung des unsymmetrischen Alkens mit der höheren Anzahl an Wasserstoffatomen an.

- ▶ Stoff-Teilchen-Konzept
- ▶ Struktur-Eigenschafts-Konzept
- ▶ Donator-Akzeptor-Konzept
- ▶ Energie-Konzept

Alkohole und Ether

Bei dem Wort Alkohol denkt jeder sofort an alkoholische Getränke und an die berauschende Wirkung des Ethanols. Doch Ethanol ist nur ein Mitglied einer Gruppe von organischen Substanzen, die als **Alkohole** bezeichnet werden und in unserem Umfeld zahlreich und vielfältig vorkommen, z. B. in Glasreinigern, Frostschutzmitteln, Medikamenten und Parfüms.
Nicht ganz so bekannt, aber mit den Alkoholen chemisch verwandt sind die **Ether**.

Alkohole

Struktur der Alkohole In der organischen Chemie betrachtet man **Alkohole** als Derivate der Kohlenwasserstoffe, in denen einzelne Wasserstoffatome durch die **Hydroxygruppe –OH** ersetzt wurden. Aliphatische, gesättigte Kohlenwasserstoffe mit nur einer Hydroxyruppe im Molekül nennt man **Alkanole**. Verbindungen mit mehreren Hydroxygruppen werden als mehrwertige Alkohole (Diole, Triole, Polyole) bezeichnet.

Nomenklatur Nach den IUPAC-Regeln werden die Namen von Verbindungen mit der Hydroxygruppe als funktionelle Gruppe im Molekül mit dem Stammnamen des Alkans bzw. des Kohlenwasserstoffs und der Endung **-ol** gebildet (z. B. Butan**ol**). Bei der Benennung gelten im Wesentlichen die gleichen Regeln wie zur Benennung von Alkanen. Die Nummerierung der C-Atome erfolgt so, dass die funktionelle Gruppe die kleinstmögliche Ziffer erhält. Weitere Substituenten werden alphabetisch sortiert dem Wortstamm vorangestellt.
Bei verschiedenen funktionellen Gruppen bzw. Bindungen im Molekül gelten bei der Nummerierung folgende Prioritäten:

$H_3C–OH > H_2C=CH_2 > HC≡CH > –CH_3$

1 Vereinfachte Strukturformeln und Benennung verschiedener Alkohole

–OH Hydroxygruppe

$^{2}CH_3–^{1}CH_2–OH$
Ethanol

OH
$^{4}CH_3–^{3}CH_2–^{2}CH–^{1}CH_3$
Butan-2-ol

CH$_3$
$^{5}CH_3–^{4}CH_2–^{3}CH_2–^{2}CH–^{1}CH_2–OH$
2-Methylpentan-1-ol

H$_3$C Cl
$^{6}CH_3–^{5}C–^{4}CH–^{3}CH_2–^{2}CH_2–^{1}CH_2–OH$
CH$_3$
4-Chlor-5,5-dimethylhexan-1-ol

Br OH
$^{4}CH_3–^{3}CH–^{2}CH–^{1}CH_2–OH$
3-Brombutan-1,2-diol

H$_3$C OH
$^{4}CH_2=^{3}C–^{2}C–^{1}CH_3$
CH$_3$
2,3-Dimethylbut-3-en-2-ol

AUFGABEN

1 Erläutern Sie die Begriffe aliphatische und gesättigte Verbindung.

2 Stellen Sie für folgende Verbindungen die vereinfachte Strukturformel auf:
a 2-Methylpropan-1-ol
b 4,4-Dimethylpentan-2-ol
c 6-Brom-4-ethylheptan-2-ol

3 Benennen Sie folgende Verbindungen:

a
OH
$CH_3–CH_2–CH–CH_2–CH_3$

b
CH$_3$
$CH_3–CH–C–CH_2–OH$
Cl CH$_3$

Man unterscheidet zwischen **einwertigen Alkoholen** mit nur einer Hydroxygruppe im Molekül und **zwei-**, **drei-** und **mehrwertigen Alkoholen** mit zwei, drei und mehr Hydroxygruppen im Molekül.
Wie bereits bekannt, ist es in der organischen Chemie gebräuchlich, Trivialnamen zu nutzen. Einige Alkohole werden auf die Art benannt, dass man dem Wort Alkohol den Namen des Alkylrests voranstellt (Tab. 1).

Tab. 1 Trivialnamen einiger Alkohole

IUPAC-Name	Trivialname
Methanol	Methylalkohol
Ethanol	Ethylalkohol
Propan-2-ol	Isopropylalkohol, Isopropanol
Butan-1-ol	Butylalkohol, n-Butanol
Butan-2-ol	sek-Butanol
2-Methylpropan-2-ol	tert-Butanol
Pentan-1-ol	Amylalkohol
Propan-1,2,3-triol	Glycerin, Glycerol

2 Isomere Alkohole

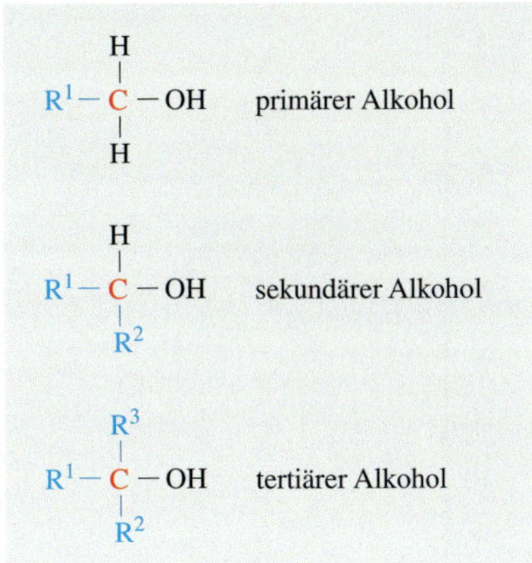

Isomerie Alkohole werden in **primäre**, **sekundäre** und **tertiäre Alkohole** eingeteilt. Das C-Atom, das die Hydroxygruppe trägt, kann mit einem, zwei oder drei Alkylresten verbunden sein (Abb. 2). Methanol wird formal den primären Alkoholen zugeordnet. Die Betrachtung dieser **Stellungsisomerie**, einer Form der Konstitutionsisomerie (↑S. 304), und die damit verbundene Aufteilung in primäre, sekundäre und tertiäre Alkohole sind keineswegs nur formal. Die isomeren Alkohole unterscheiden sich in ihren physikalischen Eigenschaften und ihrer Reaktivität.

AUFGABEN

1 Stellen Sie die vereinfachten Strukturformeln der Verbindungen aus Tab. 1 auf.
2 Erläutern Sie den Begriff Isomerie und geben Sie die Strukturformeln und Namen aller konstitutionsisomeren Alkohole mit der Summenformel C_4H_9OH an.

Stoffeigenschaften und Molekülstruktur der Alkohole

Strukturell kann man Alkohole auch als Derivate des Wassers betrachten, wobei ein Wasserstoffatom im Wassermolekül durch einen Alkylrest ersetzt wurde (Abb. 3). In beiden Verbindungen kommt es aufgrund der höheren Elektronegativität des Sauerstoffatoms zur unsymmetrischen Ladungsverteilung und damit zur Dipolbildung. Die polare Hydroxygruppe und der unpolare organische Rest bestimmen die Eigenschaften der Alkohole.

3 Molekülstruktur von Wasser und Methanol

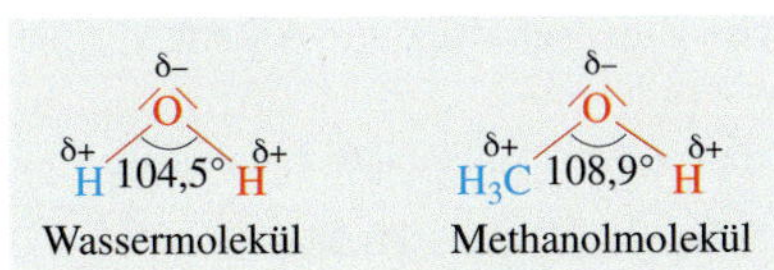

Siedetemperatur Die Siedetemperaturen von Alkoholen sind im Allgemeinen deutlich höher als die von Kohlenwasserstoffen mit ähnlicher Molekülmasse (↑Abb. 1, S. 324). Das ist auf die Ausbildung von Wasserstoffbrückenbindungen zwischen den Alkoholmolekülen zurückzuführen (↑S. 50). Beim Verdampfen des Alkohols muss zur Trennung dieser Wasserstoffbrückenbindungen zusätzliche Energie zugeführt werden.

1 Vergleich der Siedetemperaturen von Alkanen und Alkanolen

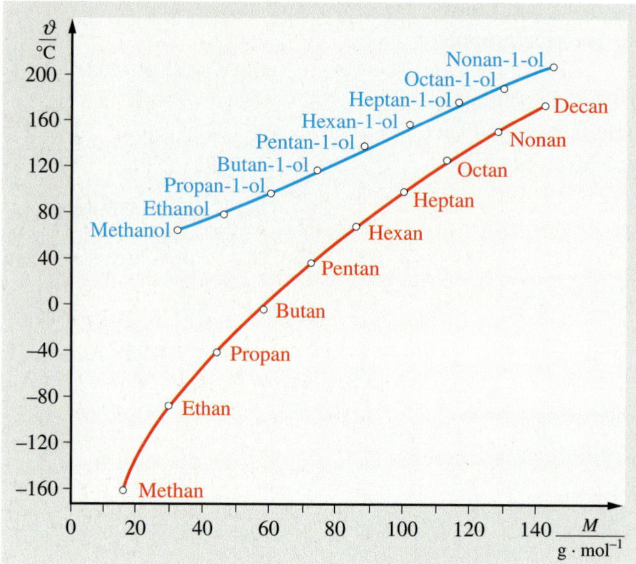

2 Wasserstoffbrückenbindungen zwischen Wasser- und Alkoholmolekülen

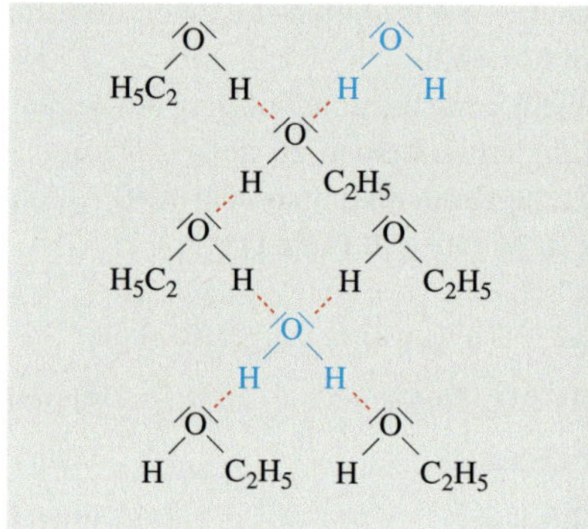

3 Polaritäten im Molekül von Butan-1-ol

$CH_3CH_2CH_2CH_2OH$

Butylgruppe (unpolar hydrophob, lipophil)	Hydroxygruppe (polar, hydrophil, lipophob)

Mit Zunahme der Kettenlänge des organischen Rests nimmt auch die Siedetemperatur zu. Dies ist, wie bei unpolaren Kohlenwasserstoffen, auf die größer werdenden Van-der-Waals-Kräfte (Dispersionskräfte) zurückzuführen.
Verzweigte Alkoholisomere haben eine etwas geringere Siedetemperatur als unverzweigte, da hier die Van-der-Waals-Kräfte aufgrund ihrer geringen Reichweite weniger wirksam sind.

Löslichkeit Die Polarität der Hydroxygruppe und die Fähigkeit der Alkohole, Wasserstoffbrückenbindungen auszubilden, erklärt die unbegrenzte Mischbarkeit niederer Alkohole mit Wasser. Die Alkoholmoleküle können die Wassermoleküle in dem Netzwerk aus Wasserstoffbrückenbindungen problemlos ersetzen (Abb. 2). Mit zunehmender Kettenlänge wird der unpolare, hydrophobe (wasserabstoßende) Anteil des Alkohols größer, wodurch die Löslichkeit in Wasser herabgesetzt wird (Tab. 1). Infolgedessen zeigen die höheren Alkohole ähnliche physikalische Eigenschaften wie Alkane vergleichbarer Kettenlänge.

AUFGABEN

1 Erläutern Sie anhand der Abb. 2 die Ausbildung von Wasserstoffbrückenbindungen.

2 Vergleichen Sie die Struktur von Glycerin und Pentanol. Leiten Sie daraus zwei unterschiedliche Eigenschaften ab und begründen Sie diese.

Tab. 1 Löslichkeit einiger Alkohole in Wasser und Benzin

Name	Formel	Löslichkeit in Wasser in g/100 ml bei 20 °C	Löslichkeit in Benzin
Methanol	CH_3OH	unbegrenzt löslich	gering
Ethanol	CH_3CH_2OH		
Propan-1-ol	$CH_3CH_2CH_2OH$		unbegrenzt löslich
Butan-1-ol	$CH_3CH_2CH_2CH_2OH$	7,9	
Pentan-1-ol	$CH_3CH_2CH_2CH_2CH_2OH$	2,7	
Hexan-1-ol	$CH_3CH_2CH_2CH_2CH_2CH_2OH$	0,6	

Darstellung der Alkohole

Die Darstellungsmöglichkeiten der Alkohole sind, wie die Stoffgruppe selbst, sehr vielfältig. Zu den in großen Mengen produzierten niederen Alkoholen gehören Methanol, Ethanol, Isopropanol (Propan-2-ol) und sek- bzw. tert-Butanol. Großtechnisch wird Methanol im Hochdruckverfahren (Methanolsynthese) aus Synthesegas hergestellt (↑S. 330). Durch die Umsetzung entsprechender Alkene mit Schwefelsäure und anschließender Hydrolyse mit verdünnter Schwefelsäure können die anderen niederen Alkohole großtechnisch hergestellt werden.

$$\underset{\text{Propen}}{CH_3CH{=}CH_2} + H_2SO_4 \rightarrow \underset{\text{Isopropylsulfat}}{CH_3\overset{O-SO_3H}{CH}CH_3} \xrightarrow[H_2SO_4)]{+H_2O \text{ (aus verd.}} \underset{\text{Isopropanol}}{CH_3\overset{OH}{CH}CH_3} + H_2SO_4$$

Neben dieser säurekatalysierten Addition von Wasser an Alkene können im Labor Alkohole auch durch Reduktion von Carbonylverbindungen und durch nucleophile Substitution aus Halogenalkanen hergestellt werden (Exp. 1).

EXPERIMENT 1 L

Darstellung eines Alkohols aus einem Halogenalkan (S_N1)

In einem Reagenzglas werden 3 ml Wasser mit wenigen Tropfen verdünnter Natronlauge ($w = 2\,\%$; GHS05) schwach alkalisch gemacht und mit Universalindikator versetzt. Nach der Zugabe von 1 ml 2-Chlor-2-methylpropan (tert-Butylchlorid; GHS02) wird leicht geschüttelt und der Farbumschlag abgewartet. Anschließend wird Silbernitratlösung ($w = 2\,\%$) zugegeben. Deuten Sie Ihre Beobachtungen.

Nucleophile Substitution (S_N) Bei der **nucleophilen Substitution** wird eine an ein sp^3-hybridisiertes Kohlenstoffatom gebundene Atomgruppe, die sogenannte **Abgangsgruppe** (–X), mit ihren Bindungselektronen durch ein nucleophiles Reagenz ($|Y^-$) ersetzt, **substituiert**. Voraussetzung für die S_N-Reaktion ist eine polare Bindung zwischen dem C-Atom und der Abgangsgruppe sowie ein Nucleophil (meist ein Anion) mit einem freien Elektronenpaar.

$$-\overset{\delta+}{\underset{|}{\overset{|}{C}}}-\overset{\delta-}{X} + |Y^- \longrightarrow -\underset{|}{\overset{|}{C}}-Y + |X^-$$

Da die Abgangsgruppe ebenfalls ein freies Elektronenpaar besitzt, ist die Reaktion im Prinzip reversibel. Die Hinreaktion kann jedoch durch den Einsatz bestimmter Reaktionsbedingungen erzwungen werden (Exp. 1, 2).

Die Anlagerung des Nucleophils und die Abspaltung der Abgangsgruppe kann entweder nacheinander (monomolekular – $\mathbf{S_N1}$) oder gleichzeitig (bimolekular – $\mathbf{S_N2}$) erfolgen.

EXPERIMENT 2 L

Darstellung eines Halogenalkans aus einem Alkohol (S_N1)

In einem Reagenzglas wird 1 ml 2-Methylpropan-2-ol (tert-Butanol; GHS02|05|07) mit 5 ml konzentrierter Salzsäure (GHS05|07) versetzt und gut geschüttelt. Deuten Sie Ihre Beobachtungen.

Monomolekulare nucleophile Substitution (S_N1) Nach dem S_N1-Mechanismus reagieren bevorzugt Verbindungen, die die Abgangsgruppe an einem tertiären C-Atom gebunden haben (z. B. 2-Chlor-2-methylpropan; Exp. 1). Die Abspaltung der Abgangsgruppe und die Anlagerung des Nucleophils erfolgen nacheinander in einem Zweistufenmechanismus.

Im ersten Reaktionsschritt bilden sich in einer langsamen Teilreaktion das Carbenium-Ion und das Chlorid-Ion als Intermediate. Im zweiten Schritt reagiert dann das Carbenium-Ion schnell mit Hydroxid-Ionen zum Substitutionsprodukt (2-Methylpropan-2-ol) (↑Abb. 1, S. 326).

AUFGABE

1 Stellen Sie die Reaktionsgleichungen für die Bildung von Ethanol und tert-Butanol durch säurekatalysierte Addition der entsprechenden Alkene auf.

1 Mechanismus einer S_N1-Reaktion

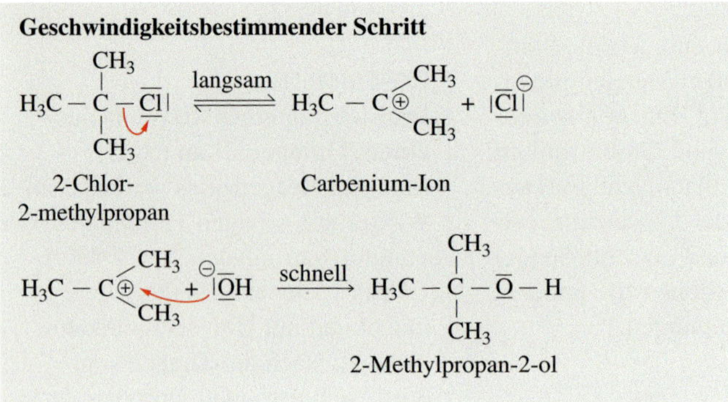

2 Energiediagramm einer S_N1-Reaktion

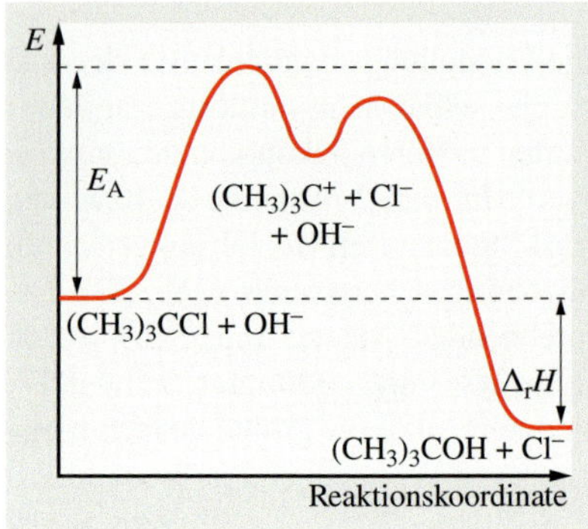

Die Carbenium-Ionen werden durch den **+I-Effekt** (↑S. 318) der Alkylgruppen im tertiären Molekül stabilisiert, wodurch die S_N1-Reaktion begünstigt wird (Abb. 3).

Die S_N1-Reaktion ist eine **monomolekulare Reaktion**, deren Reaktionsgeschwindigkeit nur von der Konzentration des Ausgangsstoffs, hier $(CH_3)_3C–Cl$, abhängt. Die Konzentration des Nucleophils, hier des Hydroxid-Ions, ist ohne Einfluss auf die Reaktionsgeschwindigkeit der gesamten Reaktion.

3 Einfluss der Struktur des Substrats auf den möglichen S_N-Mechanismus

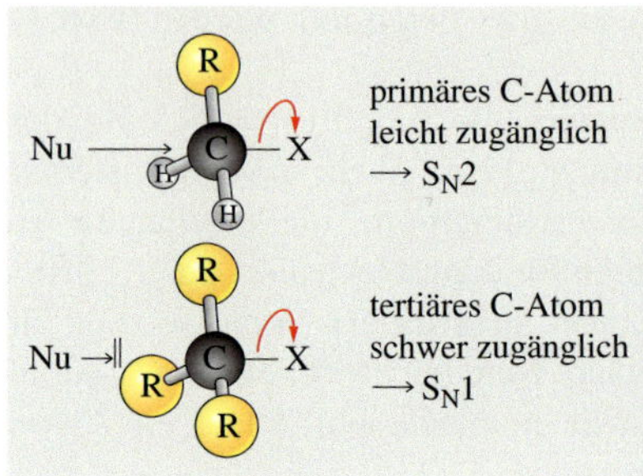

Bimolekulare nucleophile Substitution (S_N2) Nach dem S_N2-Mechanismus reagieren bevorzugt Verbindungen, die die Abgangsgruppe an einem primären C-Atom gebunden haben. Die Abspaltung der Abgangsgruppe und der Angriff des Nucleophils erfolgen nicht nacheinander, sondern gleichzeitig (Synchronreaktion).

4 Mechanismus einer S_N2-Reaktion

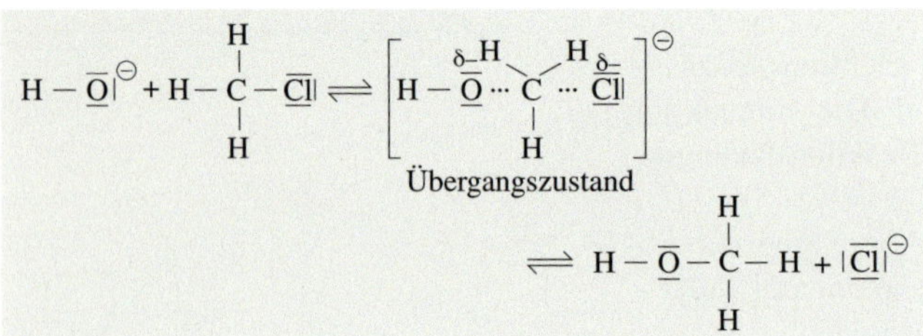

5 Energiediagramm einer S_N2-Reaktion

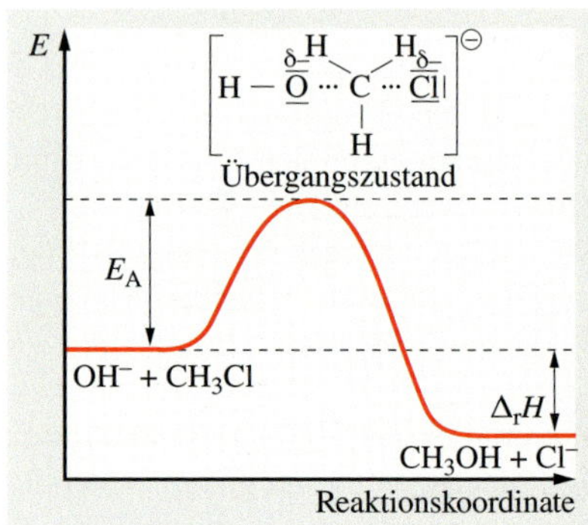

Im Übergangszustand einer S_N2-Reaktion sind Abgangsgruppe und Nucleophil locker an das Kohlenstoffatom gebunden, an dem die Substitution erfolgt (Abb. 4). Beide Reaktionspartner sind somit gleichermaßen am Übergangszustand beteiligt. Folglich üben auch die Konzentrationen beider Reaktionspartner (hier Chlormethanmolekül und Hydroxid-Ion) Einfluss auf die Reaktionsgeschwindigkeit aus. Die S_N2-Reaktion ist eine **bimolekulare Reaktion**.

Ob eine Substitution nach S_N1 oder S_N2 verläuft, hängt u. a. von der Molekülstruktur des Ausgangsstoffs (Abb. 3) und der Art des Lösemittels ab.

AUFGABE

1 Stellen Sie für die Reaktion von 1-Brompropan mit Kalilauge die Reaktionsgleichung auf.
Nennen und begründen Sie den bevorzugten S_N-Mechanismus.

Einfluss des Nucleophils auf S_N2-Reaktionen Eine S_N2-Reaktion läuft umso schneller ab, je leichter sich der Übergangszustand bildet. Er bildet sich umso leichter, je stärker nucleophil das angreifende Teilchen und je schwächer nucleophil die Abgangsgruppe ist. Ein starkes Nucleophil kann leicht ein Elektronenpaar für die neue Bindung zum angegriffenen C-Atom zur Verfügung stellen. Die **Nucleophilie** eines Teilchens ist abhängig von seiner Elektronendichte und von seiner Polarisierbarkeit. So ist z. B. die Elektronendichte am Sauerstoffatom des Hydroxid-Ions höher als die im Wassermolekül. Im Vergleich der Halogenid-Ionen lassen sich große Ionen wie das Iodid-Ion aufgrund der größeren Elektronenhülle leichter polarisieren als kleine Ionen wie das Fluorid-Ion (Abb. 6). In der angegebenen Reihe nimmt die Nucleophilie nach rechts ab (Abb. 7).

6 Polarisierbarkeit des Fluorid-Ions und des Iodid-Ions

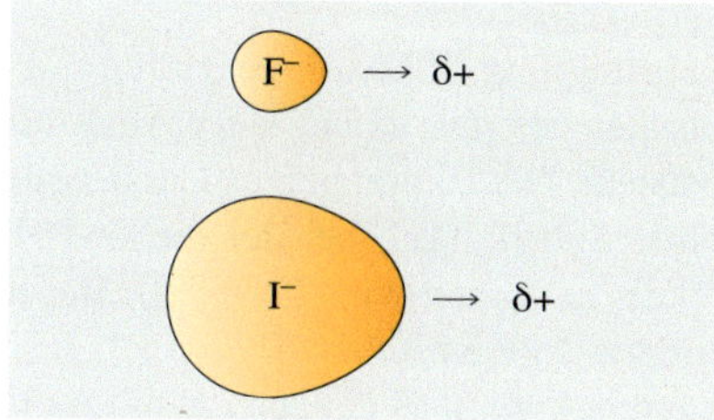

7 Stärke der Nucleophile

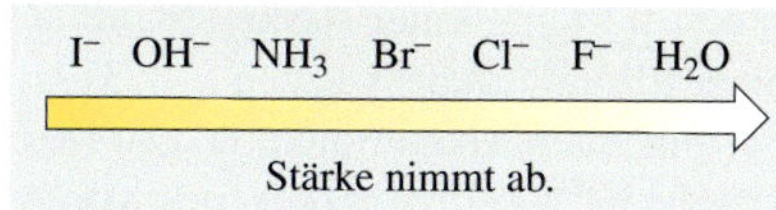

Reaktionen der Alkohole

Die Reaktionen der Alkohole beruhen auf der Reaktionsfähigkeit der funktionellen Gruppe. Es kann zu einer Spaltung der O–H-Bindung oder der C–O-Bindung kommen (Abb. 8).

8 Reaktionen der Alkohole

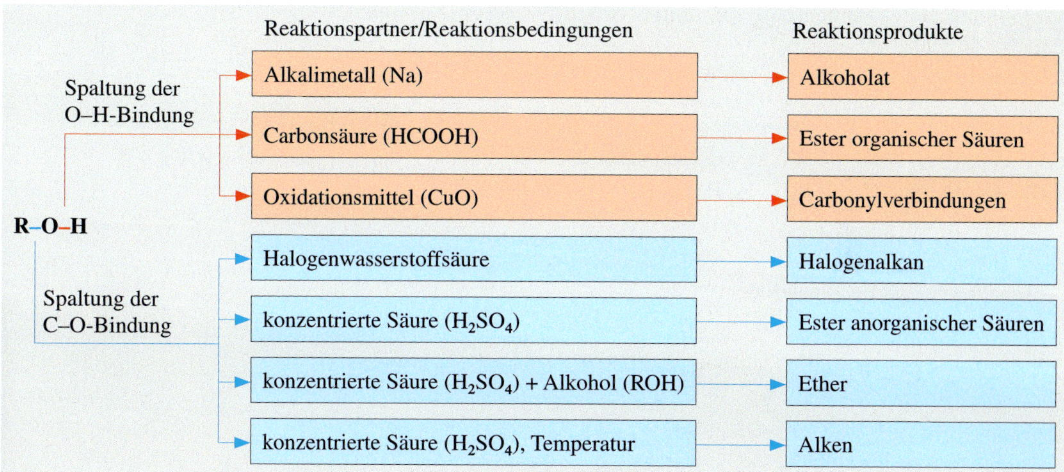

Bildung von Alkoholaten Das Wasserstoffatom der OH-Gruppe kann unter Bildung von Wasserstoff durch ein Metall (z. B. Natrium) ersetzt werden. Hierbei entstehen salzartige Verbindungen, die als **Alkoholate** bezeichnet werden (Exp. 1).

$$\underset{\text{Ethanol}}{2\ CH_3{-}CH_2{-}OH} + 2\ Na \rightarrow \underset{\text{Ethanolat-Ion}}{2\ CH_3{-}CH_2{-}O^-} + 2\ Na^+ + H_2$$

Die Reaktion mit Natrium verläuft exotherm, wobei die Wärmeentwicklung geringer als bei der Reaktion des Natriums mit Wasser ist.

EXPERIMENT 1 L

Reaktion von Ethanol mit Natrium

In einer auf dem OH-Projektor stehenden Petrischale wird Ethanol (GHS02) mit Universalindikator versetzt. Erklären Sie die Beobachtungen bei Zugabe eines kleinen Stücks Natrium (GHS02 | 05).

Alkoholate sind in Wasser nicht beständig. Als starke Brönsted-Basen nehmen Sie aus dem Wasser sofort ein Proton auf.

Esterbildung Alkohole reagieren mit anorganischen und organischen Säuren, wobei unter Abspaltung von Wasser ein Ester entsteht. Die Bildung eines **Carbonsäureesters** ist eine nucleophile Substitution, bei der die O–H-Bindung des Alkoholmoleküls gespalten wird (↑S. 349). Bei der Reaktion mit konzentrierten anorganischen Säuren zur Bildung Ester anorganischer Säuren, kommt es dagegen meist zur C–O-Bindungsspaltung.

Eliminierung von Wasser aus Alkoholen Unter der katalytischen Wirkung einer starken Säure spalten Alkoholmoleküle in einer Eliminierungsreaktion (↑S. 312 f.) Wassermoleküle ab. Dabei entstehen Alkenmoleküle. Der Mechanismus wird als **säurekatalysierte Dehydratisierung von Alkoholen** bezeichnet. Die Reaktion startet durch Übertragung eines Protons vom Säuremolekül auf die Hydroxygruppe des Alkoholmoleküls. Das so entstandene Alkyloxonium-Ion spaltet ein Wassermolekül ab (Dehydratisierung). Durch Deprotonierung wird das Proton zurückgewonnen. In der Reihenfolge primärer < sekundärer < tertiärer Alkohol nimmt die Leichtigkeit der Eliminierung zu. Das ist darauf zurückzuführen, dass auch die Stabilität der Carbenium-Ionen in dieser Reihenfolge zunimmt (↑S. 318).

1 Mechanismus der Eliminierung von Wasser aus Alkoholen

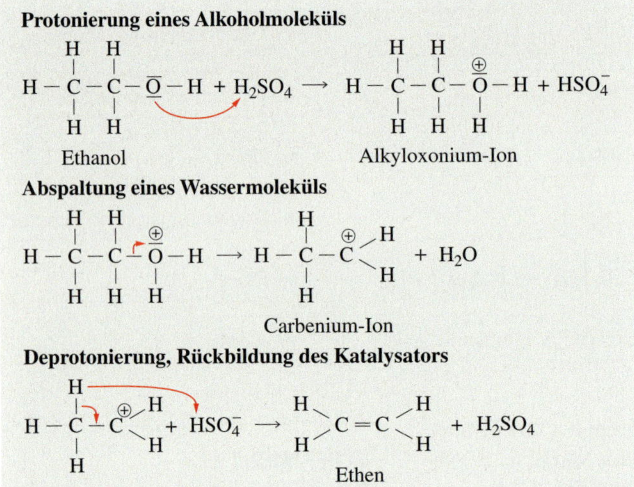

2 Bildung von Bromethan aus Ethanol

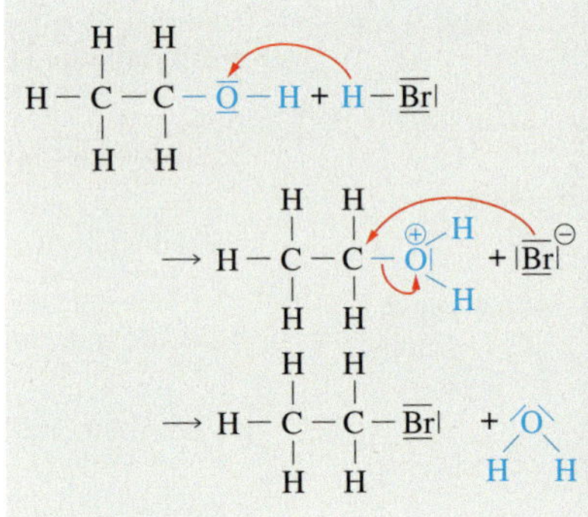

Umsetzung von Alkoholen zu Halogenalkanen Die Bildung von Halogenalkanen aus Alkoholen kann durch konzentrierte Halogenwasserstoffsäuren erfolgen. Die Protonen bewirken die Bildung des Alkyloxonium-Ions (Intermediat). Die so entstandene Abgangsgruppe (Wasser) lässt sich leichter durch Halogenid-Ionen ersetzen, als die Hydroxygruppe des Ausgangsstoffs (Abb. 2).

AUFGABE

1 Entwickeln Sie die Reaktionsgleichungen für die Umsetzung von Propan-1-ol mit Kalium und anschließender Wasserzugabe. Nennen und erläutern Sie die Reaktionsarten.

2 Entwickeln Sie die Reaktionsgleichung für die Reaktion von Natriumethanolat mit Wasser. Kennzeichnen Sie die Reaktionsart.

Oxidation von Alkoholen Alle Alkohole verbrennen beim Erhitzen an der Luft zu Kohlenstoffdioxid und Wasser. Diese Verbrennung ist wie alle Verbrennungen eine Redoxreaktion. Mithilfe von Oxidationszahlen kann man bei dieser **vollständigen Oxidation** eines Alkohols die Oxidation (Erhöhung der Oxidationszahl) und die Reduktion (Verringerung der Oxidationszahl) erkennen.

$$\overset{-3}{C}\overset{+1}{H_3}-\overset{-1}{C}\overset{+1}{H_2}-\overset{-2}{O}\overset{+1}{H} + 3\,\overset{\pm 0}{O_2} \longrightarrow 2\,\overset{+4}{C}\overset{-2}{O_2} + 3\,\overset{+1}{H_2}\overset{-2}{O} \text{ (Redoxreaktion)}$$

Oxidation Reduktion

Alkohole lassen sich auch durch geeignete Oxidationsmittel (z.B. CuO, $K_2Cr_2O_7$, $KMnO_4$) partiell an der Hydroxygruppe oxidieren. Hierbei treten jedoch wesentliche Unterschiede zwischen der Oxidation von primären, sekundären und tertiären Alkoholen auf. Die Oxidation eines **primären** Alkohols führt zur Bildung eines Aldehyds und schließlich zur Carbonsäure. **Sekundäre** Alkohole werden zu den entsprechenden Ketonen oxidiert. Die **tertiären** Alkohole lassen sich ohne Aufspaltung der Kohlenstoffkette nicht oxidieren (Abb. 3).

3 Oxidation von Alkoholen

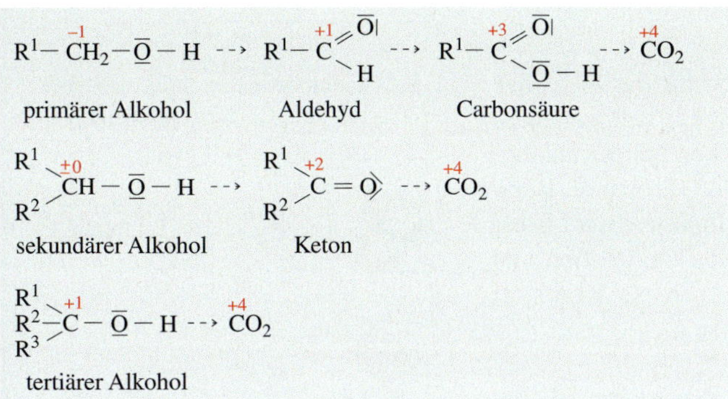

Wichtige Alkohole

Methanol Der einfachste Alkohol Methanol ist eine mit blassblauer Flamme brennende Flüssigkeit (↑Exp. 1, S. 330), die mit Wasser unbegrenzt mischbar ist. Methanol ist stark giftig, seine Einnahme verursacht eine Schädigung des Nervensystems. Schon geringe Mengen können zur dauerhaften Erblindung führen, da es im Körper zu Methanal HCHO (Formaldehyd) oxidiert wird. Formaldehyd behindert die Rückbildung von Rhodopsin, dem für den Sehvorgang benötigten lichtempfindlichen Pigment, indem es Opsin blockiert. Die tödliche Dosis für den Menschen liegt bei etwa 30 ml reinem Methanol.
Mit einer Weltjahresproduktion von etwa 10 Milliarden Tonnen ist Methanol das bedeutendste organische Zwischenprodukt. Der größte Teil wird zu Formaldehyd oxidiert.

Regeln zur Bestimmung von Oxidationszahlen in organischen Verbindungen

1. Die Oxidationszahl von Elementen beträgt immer ±0.
2. In Molekülen ist die Summe aller Oxidationszahlen ±0.
3. Wasserstoff erhält die Oxidationszahl +1.
4. Sauerstoff erhält die Oxidationszahl −2 (Ausnahme: in Peroxiden −1).
5. In C–C-Bindungen wird beiden Kohlenstoffatomen jeweils die Hälfte der Bindungselektronen zugeordnet.

4 Oxidationszahlen einiger organischer Verbindungen

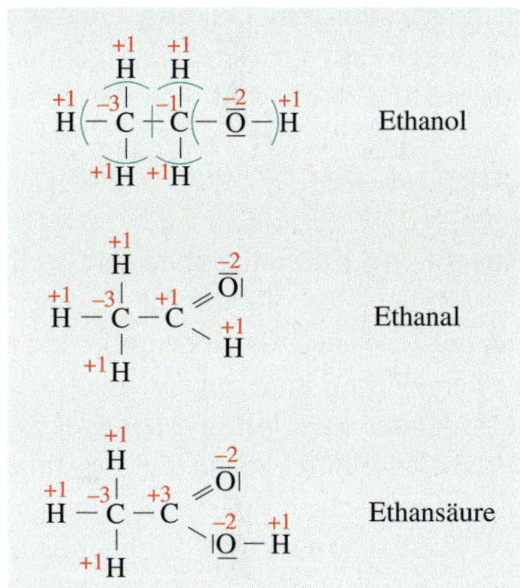

AUFGABEN

1 Ermitteln Sie die Oxidationszahlen der Atome folgender Verbindungen: CH_4, $CH_3CH_2CH_2CH_3$, CCl_4, CH_3OH, $HCHO$, $HCOOH$

2 Ermitteln Sie, welche der folgenden Reaktionen Redoxreaktionen sind und begründen Sie.

a $CH_2{=}CH_2 + H_2 \rightarrow CH_3{-}CH_3$

b $C_2H_5OH + HBr \rightarrow C_2H_5Br + H_2O$

c vollständige Oxidation (Verbrennung) von Propan-1-ol

d $CH_3COOH + H_2O \rightleftharpoons CH_3COO^- + H_3O^+$

3 Berechnen Sie das gebildete Volumen an Kohlenstoffdioxid bei der Verbrennung von 10 ml Ethanol (l).

Großtechnisch wird Methanol aus Synthesegas bei etwa 400 °C und 20 MPa am Cr_2O_3/ZnO-Katalysator synthetisiert.

$$2\,H_2(g) + CO(g) \rightleftharpoons CH_3OH(g) \qquad \Delta_r H_m = -90\ kJ \cdot mol^{-1}$$

Ethanol Ethanol ist eine farblose, charakteristisch riechende, brennbare Flüssigkeit (Exp. 1), die in kleineren Mengen anregend, in größeren jedoch narkotisch oder gar toxisch wirkt. Technisch gewinnt man Ethanol durch Hydratisierung von Ethen bei 300 °C und 7 MPa in Gegenwart von Phosphorsäure (elektrophile Addition, ↑S. 316 f.).

$$H_2C{=}CH_2 + H_2O \overset{H^+}{\rightleftharpoons} CH_3CH_2OH$$

Technischer Alkohol wird durch Zusatz von Butanon oder Pyridin ungenießbar gemacht (vergällt). Vergällter Alkohol ist im Handel als Brennspiritus erhältlich.
Ein wichtiges biochemisches Verfahren zur Ethanolherstellung ist die **alkoholische Gärung**. Hierbei wird Glucose oder Fruktose durch ein von Hefezellen gebildetes Enzym (Zymase) zu Ethanol und Kohlenstoffdioxid abgebaut.

$$C_6H_{12}O_6 \xrightarrow{\text{Hefe}} 2\,CH_3CH_2OH + 2\,CO_2$$

Ethanol wirkt desinfizierend und stellt auch für die Hefepilze ein Gift dar. Deshalb hört die Gärung bei einem Volumenanteil von ca. 18 % auf. Als Nebenprodukte entstehen bei der alkoholischen Gärung in geringen Mengen Fuselöle (Propanol, Butanol) und das stark giftige Methanol. In der Industrie wird Ethanol als Lösemittel sowie zur Herstellung von Duftstoffen und pharmazeutischen Präparaten verwendet. Auch als Kraftstoff bzw. Kraftstoffzusatz wird Ethanol eingesetzt.

Glykol Ethan-1,2-diol ist der einfachste mehrwertige Alkohol (Abb. 1). Aufgrund der zwei Hydroxygruppen im Molekül hat es eine hohe Siedetemperatur (198 °C) und eine erhöhte Viskosität (Exp. 2). Es wird als Frostschutzmittel für Motorkühlwasser und zur Verhinderung der Vereisung von Flugzeugtragflächen verwendet, da es in gleichen Teilen mit Wasser gemischt eine Gefriertemperatur von −40 °C hat. Glykol ist Ausgangsstoff für die Herstellung von Polyethylenterephthalat (PET) (↑S. 447).

Glycerin Der wichtigste dreiwertige Alkohol ist Glycerin (Glycerol, Propan-1,2,3-triol, Abb. 1), eine ölige Flüssigkeit (Exp. 2) mit einer hohen Siedetemperatur von 290 °C. Ursache hierfür ist die erhöhte Anzahl an Hydroxygruppen, die zahlreiche Wasserstoffbrückenbindungen zwischen den Glycerinmolekülen ausbilden. Aufgrund seiner hygroskopischen Wirkung kann Glycerin als Feuchthaltemittel in Salben, Zahnpasta bzw. Kosmetika genutzt werden. Ein Teil der Glycerinproduktion wird zu Nitroglycerin (Dynamit) weiterverarbeitet (↑S. 351).

EXPERIMENT 1 L

Unterscheiden des Methanols von anderen Alkoholen

In je einer Abdampfschale werden 5 ml Methanol (GHS02|06|08), Ethanol (GHS02) bzw. Propan-1-ol (GHS02|05|07) mit einer Spatelspitze Borsäure (GHS08) versetzt und entzündet.

EXPERIMENT 2

Viskositätsvergleich

In je ein Reagenzglas werden 3 ml Ethanol (GHS02), Glykol (GHS07) bzw. Glycerin gegeben. Vergleichen Sie die Viskosität durch vorsichtiges Schütteln und erklären Sie Ihre Beobachtungen.

1 Kalottenmodelle und Strukturformeln des Glykol- und Glycerinmoleküls

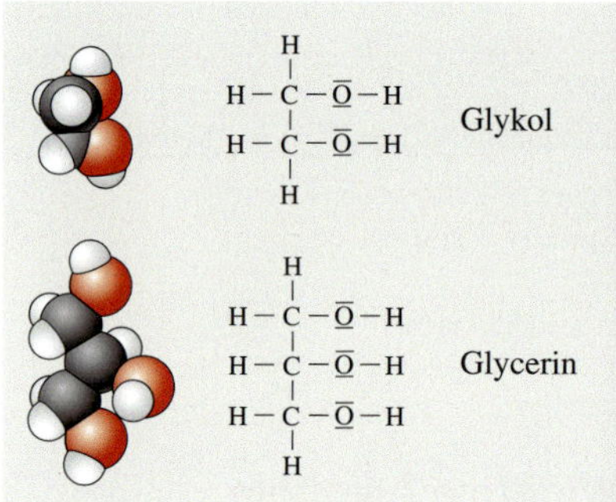

AUFGABEN

1 Begründen Sie die Reaktionsbedingungen der Methanolsynthese.
2 Informieren Sie sich über die lichtabhängige Veränderung des Rhodopsins.
3 Diskutieren Sie den Einsatz von Bioethanol als Treibstoffzusatz.
4 Erklären Sie die Unterschiede in den Siedetemperaturen von Ethan, Ethanol und Glykol.
5 Informieren Sie sich über Verwendungsmöglichkeiten von Glycerin.

Gesundheit

Droge Alkohol

Alkohol (Ethanol) ist nach Einschätzung der Weltgesundheitsorganisation (WHO) die Droge Nummer eins. Die gesundheitlichen Gefahren, die mit dem Genuss des Alkohols verbunden sind, werden in der Regel unterschätzt (Abb. 1).

1 Mögliche Folgen von chronischem Alkoholmissbrauch

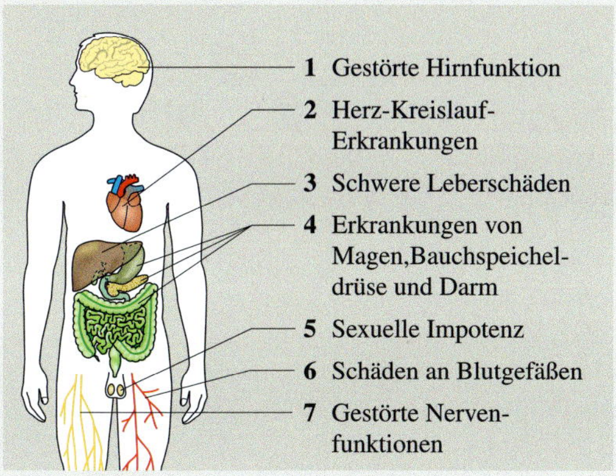

Ethanol gelangt sehr schnell über den Magen und den Dünndarm ins Blut (Abb. 2). Dadurch werden leicht Blutalkoholkonzentrationen erreicht, die die Abbaukapazität der Leber überfordern.

2 Blutalkoholkonzentration (BAK) nach Alkoholgenuss

$$BAK = \frac{m(\text{Alkohol})\ [g]}{F \cdot m(\text{Körper})\ [kg]}$$

Faktor F:
für Männer $F = 0{,}7$
für Frauen $F = 0{,}55$

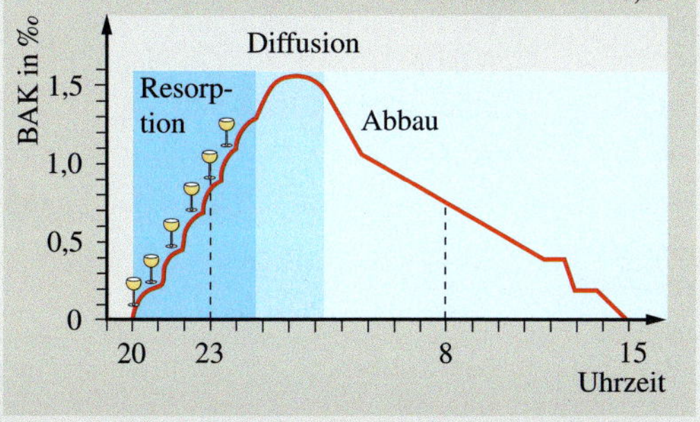

Ethanol wird nur zu einem sehr geringen Teil ausgeschieden, etwa 98 % des aufgenommenen Alkohols müssen von der Leber abgebaut werden.

Durch das Enzym Alkoholdehydrogenase wird Ethanol zunächst im Zellplasma von Leberzellen in Acetaldehyd umgewandelt. Der dabei gebildete Wasserstoff wird an das Coenzym NAD^+ gebunden. Im Mitochondrium erfolgt dann der Abbau des Acetaldehyds zu Acetat-Ionen – auch durch die Alkoholdehydrogenase katalysiert.

$$CH_3CH_2OH + NAD^+ \xrightarrow{\text{Enzym}} CH_3CHO + NADH{+}H^+$$

$$CH_3CHO + NAD^+ + H_2O \xrightarrow{\text{Enzym}} CH_3COO^- + H^+ + NADH{+}H^+$$

Eine hohe Konzentration von $NADH{+}H^+$ behindert andere Stoffwechselvorgänge im Körper (z. B. die Umwandlung von Lactat in Pyruvat sowie die Fettsäureoxidation). Eine hohe $NADH{+}H^+$-Konzentration signalisiert, dass es an der Zeit ist, Fettsäuren zu synthetisieren. Folglich häufen sich Triglycerine in der Leber an („Fettleber").
In einem weiteren Abbauprozess bilden sich in der Leber durch den Verbrauch von Sauerstoff freie Radikale, die das Lebergewebe schädigen.
Durch den weiteren Abbau der Acetat-Ionen des Alkohols entsteht Acetyl-CoA, wodurch unter anderem der natürliche Acetat-Abbau behindert wird und damit die Konzentration von Acetaldehyd in der Leber steigt. Acetaldehyd reagiert nun mit den Proteinen und behindert dadurch deren Funktion. Bei andauerndem hohem Alkoholkonsum verursacht das Acetaldehyd ernste Leberschäden, die zum Absterben von Leberzellen führen können (Leberzirrhose).

AUFGABEN

1 Im Straßenverkehrsgesetz (StVG) § 24 a Abs. 1 steht: „Ordnungswidrig handelt, wer im Straßenverkehr ein Kraftfahrzeug führt, obwohl er 0,25 mg/l oder mehr Alkohol in der Atemluft oder 0,5 Promille oder mehr Alkohol im Blut oder eine Alkoholmenge im Körper hat, die zu einer solchen Atem- oder Blutalkoholkonzentration führt."
Berechnen Sie das Volumen an Bier (Volumenanteil $\varphi = 5\,\%$), dessen Genuss bei einer Person Ihres Geschlechts und Ihrer Körpermasse zu einem Blutalkoholgehalt von 0,5 ‰ führt.

2 Erstellen Sie eine Übersicht über die Wirkungen des Alkohols auf den menschlichen Körper in Abhängigkeit von der Blutalkoholkonzentration.

Ether

Struktur der Ether Verbindungen, deren Moleküle aus zwei Alkylgruppen bestehen, die über ein Sauerstoffatom miteinander verbunden sind, werden als **Ether** bezeichnet. Formal können sie, wie die Alkohole, als Derivate des Wassers betrachtet werden. Hier sind aber beide Wasserstoffatome des Wassermoleküls durch organische Gruppen ersetzt (Abb. 1). Bei gleichen Alkylgruppen spricht man von einfachen (symmetrischen) Ethern (R–O–R), bei verschiedenen Gruppen von gemischten (unsymmetrischen) Ethern (R^1–O–R^2). Ether sind **Funktionsisomere** der Alkohole. Die Funktionsisomerie ist eine weitere Form der Konstitutionsisomerie (↑ S. 304).

1 Kugel-Stab-Modelle des Wassermoleküls, Methanolmoleküls und Diethylethermoleküls

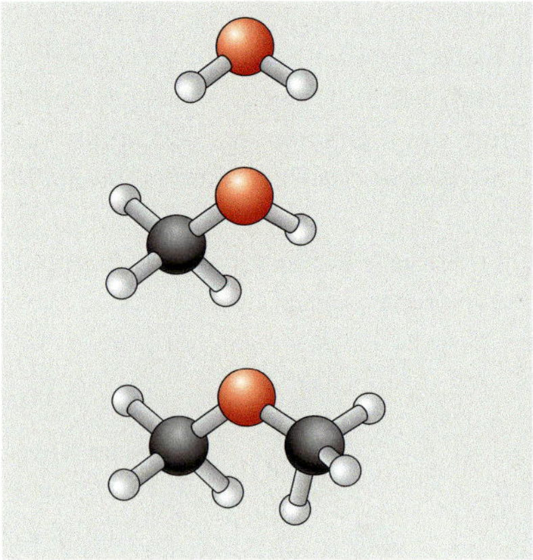

Nomenklatur Ether werden in der Regel benannt, indem man die beiden Alkylreste in alphabetischer Reihenfolge angibt und die Endung **-ether** anhängt. Für symmetrische Ether benutzt man die Vorsilbe **Di-**. Nach den IUPAC-Regeln werden die Ether als Alkoxyalkane benannt, wobei die größere Alkylgruppe den Wortstamm bildet (Tab. 1).

Tab. 1 Benennung von Ethern

Strukturformel	CH_3–$\overline{\underline{O}}$–CH_2CH_3	CH_3–$\overline{\underline{O}}$–CH_3	CH_3–$\overline{\underline{O}}$–$C(CH_3)_2$–CH_3
Übliche Benennung	Ethylmethylether	Dimethylether	tert-Butylmethylether
Benennung nach IUPAC	Methoxyethan	Methoxymethan	2-Methoxy-2-methylpropan

Eigenschaften der Ether Da Ethermoleküle kein partiell positiv geladenes Wasserstoffatom im Molekül besitzen, können sie untereinander keine Wasserstoffbrückenbindungen ausbilden. Deshalb haben sie eine deutlich niedrigere Siedetemperatur als die isomeren Alkohole. Der vorhandene Dipol ist infolge der +I-Effekte (↑ S. 318) beider Alkylgruppen sehr klein. Da nur Van-der-Waals-Kräfte als intermolekulare Kräfte wirken, gleicht die Siedetemperatur eines Ethers in etwa der des entsprechenden Kohlenwasserstoffs vergleichbarer molarer Masse (Tab. 2).

Tab. 2 Vergleich von Siedetemperatur und Löslichkeit in Wasser von Butan-1-ol, Diethylether und Pentan

Name	Formel	Molare Masse in $g \cdot mol^{-1}$	ϑ_V in °C	Löslichkeit in Wasser in g/100 ml bei 20 °C
Butanol	$CH_3CH_2CH_2CH_2OH$	74	117	9,0
Diethylether	$CH_3CH_2OCH_2CH_3$	74	34,5	6,9
Pentan	$CH_3CH_2CH_2CH_2CH_3$	72	36	0,03

EXPERIMENT 1

Ether als Lösemittel

Keine offenen Flammen! Diethyletherdämpfe sind leicht entzündbar! Prüfen und erläutern Sie das Löseverhalten von Wasser, Ethanol (GHS02), Glycerin und Pentan (GHS02 | 08 | 07 | 09) in Diethylether (GHS02 | 07).

AUFGABEN

1 Ether und Alkohole sind Funktionsisomere. Belegen Sie diese Aussage anhand der Summenformel C_2H_6O.

Ethermoleküle können mit Wassermolekülen aufgrund des freien Elektronenpaars am partiell negativ geladenen Sauerstoffatom Wasserstoffbrückenbindungen ausbilden. Ether und Alkohole zeigen ein vergleichbares Löslichkeitsverhalten. Da Ether reaktionsträge sind und sich viele organische Stoffe in ihnen lösen, eignen sie sich gut als Lösemittel (Exp. 1).
Der bedeutendste Ether ist **Diethylether**. Er ist eine leicht flüchtige und hochentzündliche Verbindung (Exp. 2). In der organischen Chemie ist er ein wichtiges Lösemittel. Als Kältemittel (Exp. 3) wurde Diethylether in den ersten Kühlschränken eingesetzt.

Darstellung der Ether Der wichtigste symmetrische Ether ist Diethylether. Er entsteht beim Erhitzen von Ethanol (im Überschuss) mit konzentrierter Schwefelsäure. Durch intermolekulare Abspaltung von Wassermolekülen zwischen zwei Ethanolmolekülen wird der Diethylether gebildet.
Diese säurekatalysierte Etherbildung ist eine nucleophile Substitution. Die Hydroxygruppe eines Ethanolmoleküls wird zunächst protoniert. Anschließend erfolgt der nucleophile Angriff durch ein nichtprotoniertes Ethanolmolekül.

$$CH_3CH_2\text{–}O\text{–}H + H\text{–}O\text{–}CH_2CH_3 \xrightarrow{H_2SO_4,\ 140\,°C} CH_3CH_2\text{–}O\text{–}CH_2CH_3 + H_2O$$

Da als Konkurrenzreaktion zu dieser Kondensationsreaktion die Eliminierung zu Ethen stattfinden kann, müssen die Reaktionsbedingungen genau eingehalten werden.
Symmetrische und unsymmetrische Ether können durch die **Williamson-Synthese** dargestellt werden. Hierbei werden Halogenalkane durch Alkoholat-Ionen nucleophil substituiert.

$$CH_3CH_2O^- + CH_3Br \rightleftharpoons CH_3CH_2OCH_3 + Br^-$$

Ethanolat-Ion; Brommethanmolekül; Ethylmethylethermolekül; Bromid-Ion

Weitere Ether In den letzten Jahren hat die Produktion von **ETBE** (tert-Butylethylether, auch **E**thyl-**t**ert-**b**utyl**e**ther genannt) (Abb. 3) an Bedeutung gewonnen. Der aus Gärungsethanol hergestellte Ether (Biokraftstoff) dient als Antiklopfmittel und zur Verbesserung der Oktanzahl im unverbleiten Benzin.
Epoxide (Oxirane) sind cyclische Ether mit einem dreigliedrigen Ring, der ein Sauerstoffatom enthält. Sie sind aufgrund dieser Ringstruktur sehr reaktiv. Oxiran (Abb. 4), in großen Mengen durch katalytische Oxidation von Ethen mit Luftsauerstoff gewonnen, dient der Produktion von Glykol. Andere Epoxide werden zur Herstellung von Epoxidharzen genutzt.

3 Strukturformel von ETBE

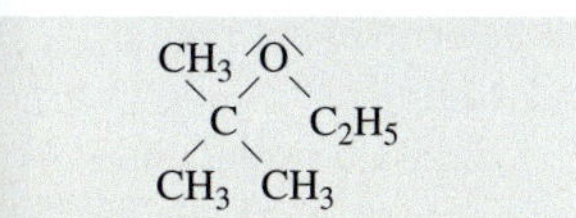

4 Strukturformel von Oxiran

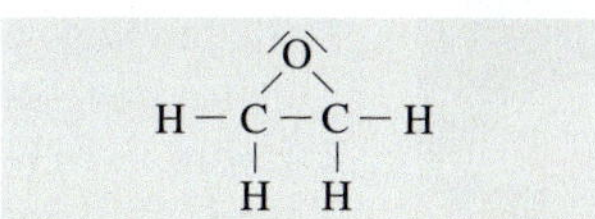

EXPERIMENT 2 L

Brennbare Diethyletherdämpfe

Schutzscheibe! Vorsicht, Diethyletherdämpfe sind leicht entzündbar!
Am oberen Ende einer schräg befestigten Metallrinne (ca. 1 m) wird ein mit Diethylether (GHS02 | 07) getränkter Wattebausch platziert. An das untere Ende stellt man ein brennendes Teelicht.

2 Aufbau zu Experiment 2

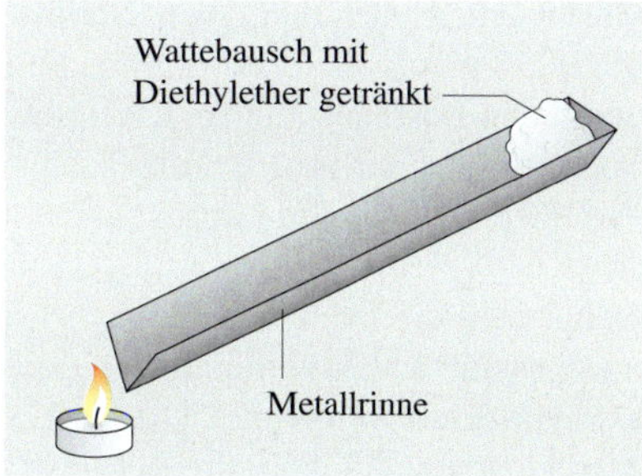

EXPERIMENT 3 L

Kühleffekt von Diethylether

Keine offenen Flammen! Diethyletherdämpfe sind leicht entzündbar!
Um das untere Ende eines Laborthermometers (–10 bis 100 °C) wird ein Wattebausch gebunden und mit Diethylether (GHS02 | 07) getränkt. Dann ist Luft gegen den Wattebausch zu blasen.
Erklären Sie diesen Kühleffekt.

AUFGABE

1 Die säurekatalysierte Etherbildung aus Alkoholen und die Eliminierung von Wasser aus Alkoholen sind Konkurrenzreaktionen. Formulieren Sie beide Reaktionsmechanismen am Beispiel von Ethanol.

Medizin

Narkosemittel

Früher wurden operative Eingriffe bei vollem Bewusstsein der Patienten durchgeführt – die dabei erduldeten Schmerzen müssen furchtbar gewesen sein.
Erstmals im 19. Jahrhundert konnte durch Verabreichung wirksamer Narkosemittel (griech. narkosis – in Schlaf versetzen) wie Distickstoffmonooxid („Lachgas"), Diethylether („Äther") und Trichlormethan („Chloroform") ein kontrollierter Zustand der Bewusstlosigkeit erzielt werden. Dabei gilt als Geburtsstunde der modernen Narkosemedizin der 16. 10. 1846, als die erste öffentliche Ethernarkose durch den Bostoner Zahnarzt WILLIAM T. G. MORTON erfolgte, um einen Tumor am Kiefer eines Patienten zu entfernen (Abb. 1).

Heute wird die medizinische Fachrichtung, die einen Zustand der Empfindungslosigkeit herbeiführt, als **Anästhesie** bezeichnet. Die dabei verabreichten Medikamente, die **Anästhetika**, lassen sich in allgemein und lokal wirksame Stoffe unterteilen.
Ein **Allgemeinanästhetikum** führt zu Schmerzunempfindlichkeit, Bewusstseinsverlust und Muskelentspannung. Gase und flüchtige Flüssigkeiten wie Diethylether werden durch Inhalation verabreicht, während andere allgemeine Anästhetika wie Barbiturate in die Vene injiziert werden.

1 Die erste erfolgreiche Narkose ging als „Ether Day" in die Medizingeschichte ein.

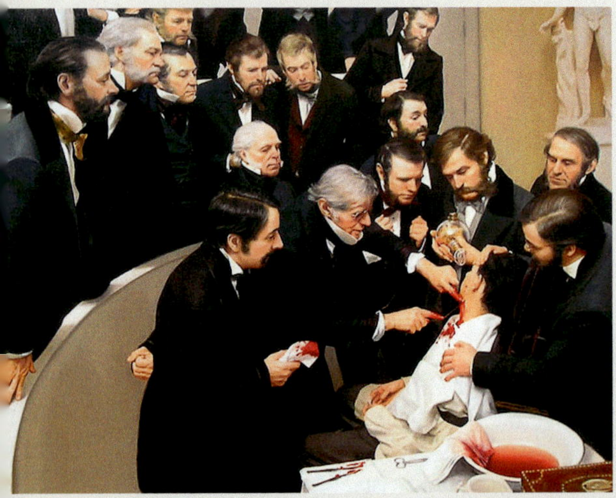

Ein Inhalationsanästhetikum muss sich in Blut und Gewebe lösen, sollte dabei inert (reaktionsträge) und nicht entflammbar sein, einen annehmbaren Geruch besitzen und möglichst wenige Nebenwirkungen haben. Diethylether ist zwar ein bekanntes Narkotikum, doch tritt die narkotisierende Wirkung nur langsam ein, es ist entflammbar und verursacht Übelkeit und Erbrechen. Wie Chloroform wird es heute kaum mehr eingesetzt.
Die größte Bedeutung unter den Inhalationsanästhetika haben gegenwärtig **Flurane** („Haloether"), deren Moleküle eine Ether-Gruppe enthalten und mehrere Halogenatome als Substituenten besitzen, z. B. Sevofluran $(CF_3)_2CH–O–CH_2F$ und Desfluran $CF_3–CHF–O–CHF_2$.
Während früher Narkosen nur mit einem einzigen Medikament durchgeführt wurden, werden heute Kombinationsnarkosen verwendet. Hierbei wird nicht nur ein Inhalationsanästhetikum eingesetzt, sondern zusätzlich ein starkes Schlaf- und Schmerzmittel verabreicht. Dadurch kommt es zu ausgeprägter Schmerzunempfindlichkeit und tiefem Schlaf. Weil so das Inhalationsanästhetikum in geringerer Dosis verabreicht werden kann, wird die Narkose verträglicher.

Durch die Injizierung von **Lokalanästhetika** in der Nähe von Nervenbahnen können bestimmte Bereiche des Körpers schmerzunempfindlich gemacht werden. Ein örtlich wirkendes Betäubungsmittel ist z. B. Procainhydrochlorid (Novocain®, Abb. 2). Es wirkt, indem es die Übertragung des Nervenimpulses durch den Neurotransmitter Acetylcholin an einer Synapse hemmt.

2 Strukturformel von Procainhydrochlorid

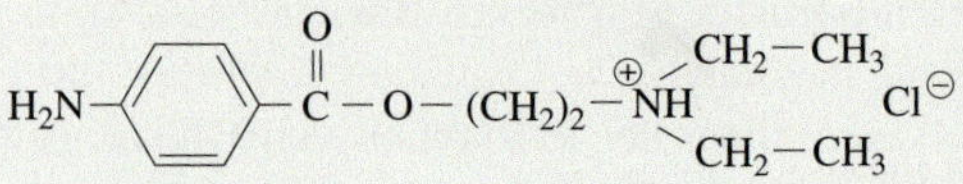

AUFGABEN

1 Erläutern Sie den Begriff Anästhesie.
2 Stellen Sie die Strukturformeln der im Text genannten Anästhetika auf.
3 Informieren Sie sich über Barbiturate und deren Wirkungen.

ZUSAMMENFASSUNG

Struktur, Einteilung und Eigenschaften der Alkohole
Die funktionelle Gruppe der Alkohole ist die **Hydroxygruppe –OH**. Aliphatische gesättigte Kohlenwasserstoffe mit nur einer Hydroxygruppe im Molekül heißen **Alkanole**. Die Benennung der Alkanole erfolgt, indem an den Stammnamen des Alkans die Endung **-ol** angefügt wird.

Die **Einteilung** der Alkohole erfolgt nach Anzahl und Stellung der Hydroxygruppe im Molekül. **Einwertige** Alkohole besitzen nur eine Hydroxygruppe im Molekül, zwei-, drei- und mehrwertige Alkohole besitzen zwei, drei und mehr Hydroxygruppen im Molekül. Nach der Stellung der Hydroxygruppe unterscheidet man **primäre**, **sekundäre** und **tertiäre** Alkohole.

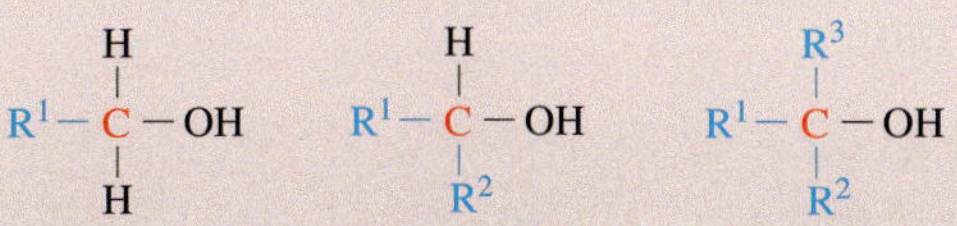

primärer Alkohol — sekundärer Alkohol — tertiärer Alkohol

Die **Siedetemperaturen** der Alkanole liegen höher als die vergleichbarer Alkane. Das ist auf die Ausbildung von **Wasserstoffbrückenbindungen** zwischen den Molekülen zurückzuführen. Kurzkettige Alkohole sind gut wasserlöslich, mit zunehmender Kettenlänge nimmt die Wasserlöslichkeit ab.
Bedeutende Alkohole sind **Methanol**, **Ethanol**, **Glykol** und **Glycerin**.

Darstellung der Alkohole
Alkohole können durch **säurekatalysierte Addition** von Wasser an Alkene, durch **Reduktion von Carbonylverbindungen** und durch **nucleophile Substitution** aus Halogenalkanen hergestellt werden.
Bei der **nucleophilen Substitution** (S_N) wird eine an ein sp^3-hybridisiertes Kohlenstoffatom gebundene Atomgruppe, die Abgangsgruppe, durch ein nucleophiles Reagenz ersetzt.

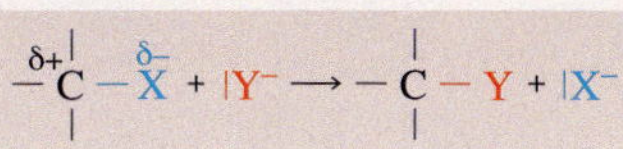

Bei einer **monomolekularen nucleophilen Substitution (S_N1)** erfolgen die Abspaltung der Abgangsgruppe und die Anlagerung des Nucleophils in einem Zweistufenmechanismus. Danach reagieren bevorzugt Verbindungen mit der Abgangsgruppe an einem tertiären Kohlenstoffatom.
Bei einer **bimolekularen nucleophilen Substitution (S_N2)** erfolgen die Abspaltung der Abgangsgruppe und die Anlagerung des Nucleophils gleichzeitig. Danach reagieren bevorzugt Verbindungen mit der Abgangsgruppe an einem primären Kohlenstoffatom.

Reaktionen der Alkohole
Alkohole können durch Reaktion mit Metallen wie Natrium unter Bildung von Wasserstoff zu **Alkoholaten** reagieren. Mit anorganischen und organischen Säuren reagieren Alkohole unter Abspaltung von Wasser zu **Estern**.
Bei der **säurekatalysierten Dehydratisierung** spalten Alkanole in einer **Eliminierungsreaktion** Wasser ab. Dabei entstehen Alkene.
Primäre Alkohole können zu Aldehyden und weiter zu Carbonsäuren oxidiert werden. **Sekundäre Alkohole** können zu Ketonen oxidiert werden, **tertiäre Alkohole** können ohne Aufspaltung der Kohlenstoffkette nicht oxidiert werden.

Ether
Ether sind Verbindungen, in deren Molekülen zwei Alkylgruppen über ein Sauerstoffatom miteinander verbunden sind (R^1–O–R^2).
Sie sind **Funktionsisomere** der Alkohole.
Ether können untereinander keine Wasserstoffbrückenbindungen ausbilden. Ihre **Siedetemperaturen** liegen daher unter denen der isomeren Alkohole. Kurzkettige Ether sind **gut wasserlöslich**, da ihre Moleküle aufgrund des freien Elektronenpaars am partiell negativ geladenen Sauerstoffatom mit Wassermolekülen Wasserstoffbrückenbindungen ausbilden können. Ether können durch **intermolekulare Abspaltung** von Wasser aus Alkoholen gebildet werden.

- ▶ Stoff-Teilchen-Konzept
- ▶ Struktur-Eigenschafts-Konzept
- ▶ Donator-Akzeptor-Konzept
- ▶ Energie-Konzept

Aldehyde und Ketone

Beim Anblick von Zimtstangen kommt uns sofort der charakteristische Duft von Zimt in den Sinn. Verantwortlich dafür ist das Zimtaldehyd aus der Stoffklasse der Aldehyde. Die **Aldehyde** bestimmen nicht nur die Duftnoten vieler Früchte, Nüsse und Blumen, sie verleihen als Duftstoff auch so manchem Parfüm seine besondere Note.

Die Bedeutung der Aldehyde und ihrer Verwandten, der **Ketone**, wird oft unterschätzt, aber unter ihnen befinden sich so bekannte Stoffe wie das männliche Sexualhormon Testosteron, das Hormon Cortison und der Traubenzucker.

1 Skelettformel von Zimtaldehyd

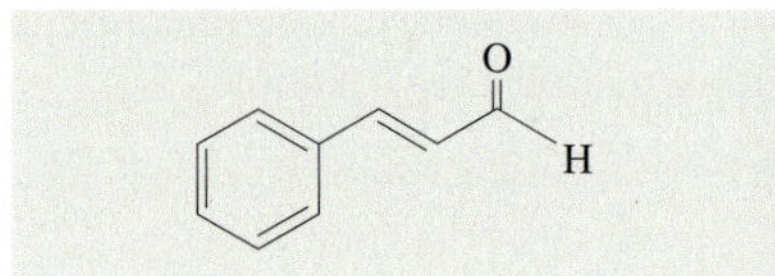

2 Kugel-Stab-Modell der Carbonylgruppe

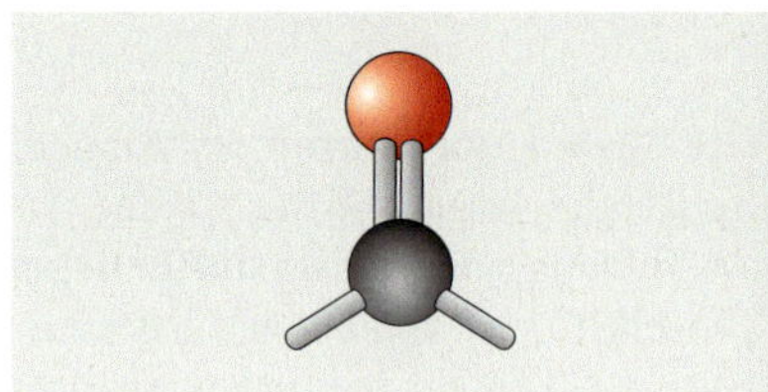

Aldehyde

Carbonylverbindungen Stoffe, in deren Molekülen ein Sauerstoffatom über eine Doppelbindung an ein Kohlenstoffatom gebunden ist, heißen **Carbonylverbindungen**. Die funktionelle Gruppe ist die **Carbonylgruppe** $\rangle C{=}O\rangle$ (Abb. 2). Aldehyde und Ketone gehören zu den Carbonylverbindungen.

In **Aldehyden** ist das Kohlenstoffatom der Carbonylgruppe (Carbonylkohlenstoffatom) mit mindestens einem Wasserstoffatom verbunden. Die verbleibende Bindungsstelle wird entweder durch einen organischen Rest oder, wie im Formaldehyd, durch ein weiteres Wasserstoffatom besetzt. Die für Aldehyde charakteristische Gruppe ist die **Aldehydgruppe**: 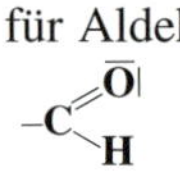

In **Ketonen** sind dagegen zwei organische Reste am Kohlenstoffatom der Carbonylgruppe gebunden (Abb. 3).

Nomenklatur Die Aldehyde sind je Molekül um zwei Atome Wasserstoff ärmer als die entsprechenden Alkohole, aus denen sie gebildet werden können. Daher rührt der Name Aldehyde für diese Stoffgruppe (**al**coholus **dehyd**rogenatus).

Aliphatische gesättigte Aldehyde mit nur einer Aldehydgruppe im Molekül nennt man **Alkanale**.

3 Strukturformeln der Carbonylgruppe und von Carbonylverbindungen

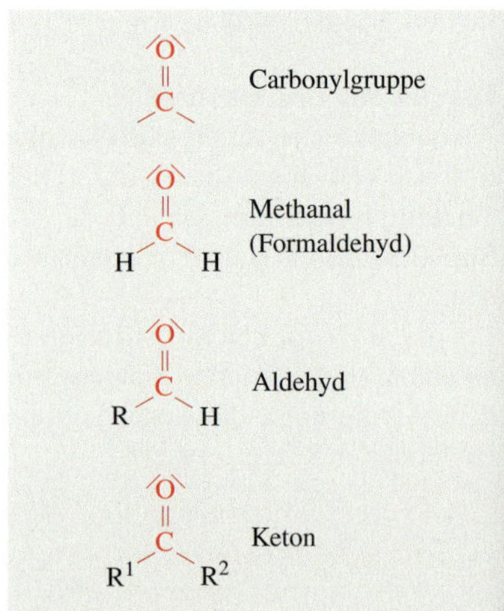

Nach den IUPAC-Regeln werden die Namen der Aldehyde vom entsprechenden Kohlenwasserstoff abgeleitet und die Endung **-al** hinzugefügt (z. B. Butan**al**). Die Aldehydgruppe bestimmt die Nummerierung der Kohlenstoffkette, indem ihr Kohlenstoffatom die Nummer eins erhält (Abb. 4). Viele Aldehyde werden jedoch mit Trivialnamen bezeichnet.

Stoffeigenschaften und Molekülstruktur der Aldehyde Im Aldehydmolekül liegen die drei an das Kohlenstoffatom gebundenen Atome in einer Ebene und weisen einen Bindungswinkel von etwa 120° auf. Da das Sauerstoffatom deutlich elektronegativer als das Kohlenstoffatom ist, besitzen die Aldehyde eine permanent polare Kohlenstoff-Sauerstoff-Doppelbindung (Abb. 5). Die Carbonylgruppe bestimmt im Wesentlichen die Eigenschaften der Aldehyde. Aufgrund ihrer Polarität bilden sich als intermolekulare Kräfte neben den Dispersionskräften auch Dipol-Dipol-Kräfte zwischen den Molekülen aus. Infolgedessen liegen die Siedetemperaturen niedermolekularer Alkanale deutlich über denen entsprechender Alkane. Verglichen mit Alkanolen sind aber die Siedetemperaturen der Alkanale niedriger. Ihre Moleküle weisen kein polar gebundenes Wasserstoffatom auf, sodass sie untereinander keine Wasserstoffbrückenbindungen ausbilden. Folglich benötigen sie weniger Energie als Alkohole vergleichbarer Molekülmasse, um die zwischenmolekularen Anziehungskräfte beim Sieden zu überwinden (Abb. 6).
Die gute Wasserlöslichkeit niederer Aldehyde ist auf die Polarität und die freien Elektronenpaare des Sauerstoffatoms in der Carbonylgruppe zurückzuführen. Diese können Wasserstoffbrückenbindungen mit Wassermolekülen ausbilden. Der hydrophile Charakter nimmt wie bei den Alkoholen mit zunehmender Größe des Alkylrests schnell ab.

4 Vereinfachte Strukturformel und Benennung verschiedener Aldehyde

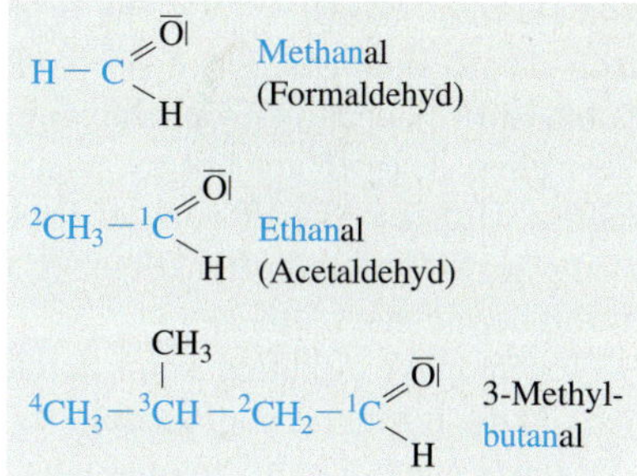

5 Struktur der Carbonylgruppe

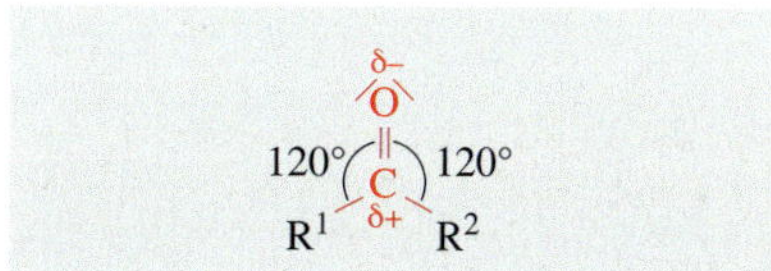

AUFGABEN

1 Benennen Sie folgende Verbindungen und geben Sie die Oxidationszahlen der Atome an:
$CH_3–CH_2–CHO$
$CH_2=CH–CHO$
$CH_3–CH_2–CH_2OH$
$CH_3–CHOH–CH_3$
$CH_3–O–CH_2–CH_3$

2 Begründen Sie, warum Aldehyde und Ketone zu einer Stoffklasse zusammengefasst werden.

6 Siedetemperaturen von Alkanen, Alkanolen und Alkanalen in Abhängigkeit von der molaren Masse

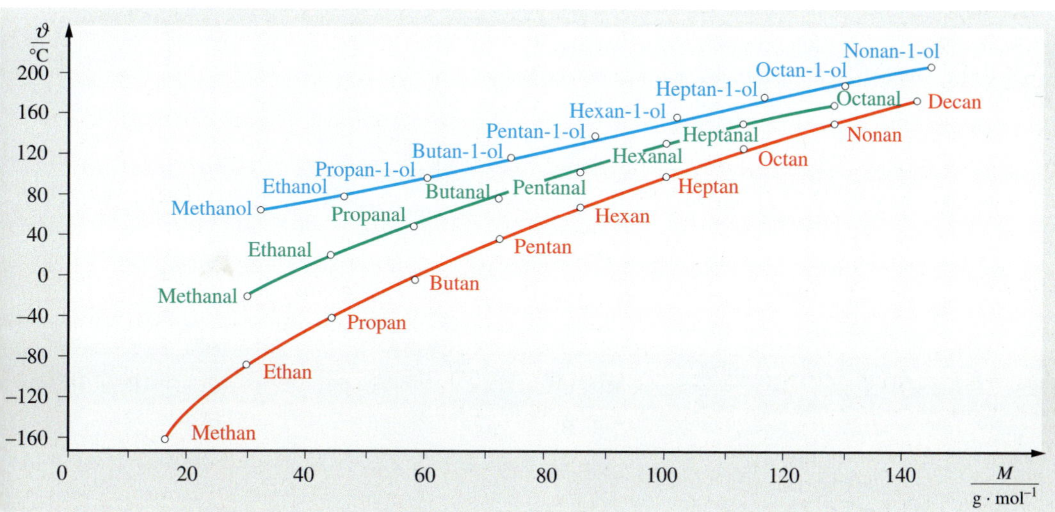

Reaktionen der Aldehyde

Nucleophile Addition (A_N) Die Carbonylgruppe beeinflusst auch die Reaktionsfähigkeit der Aldehyde. Die Polarität der Kohlenstoff-Sauerstoff-Doppelbindung ermöglicht einen **nucleophilen Angriff** am positiv polarisierten Kohlenstoffatom. Häufig wird der Angriff von der Protonierung des Sauerstoffatoms begleitet. Dieser Reaktionstyp wird als **nucleophile Addition** bezeichnet (Abb. 2).
Die nucleophile Addition kann durch Säuren katalysiert werden, da die positive Polarisierung des Kohlenstoffatoms in der Carbonylgruppe durch Protonierung des Sauerstoffatoms verstärkt wird.

1 Reaktive Zentren der Aldehydgruppe

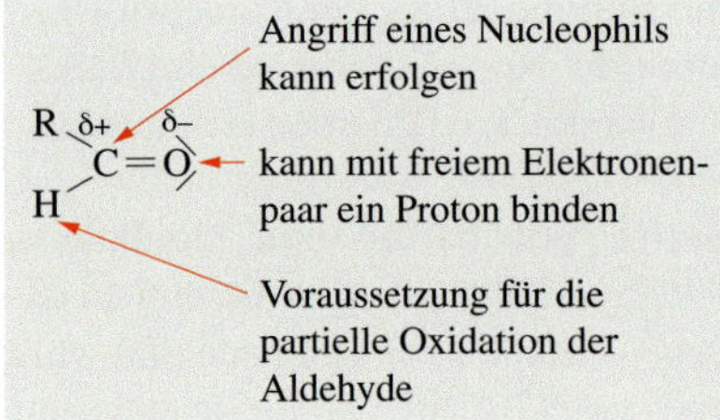

2 Mechanismus der nucleophilen Addition an der Carbonylgruppe

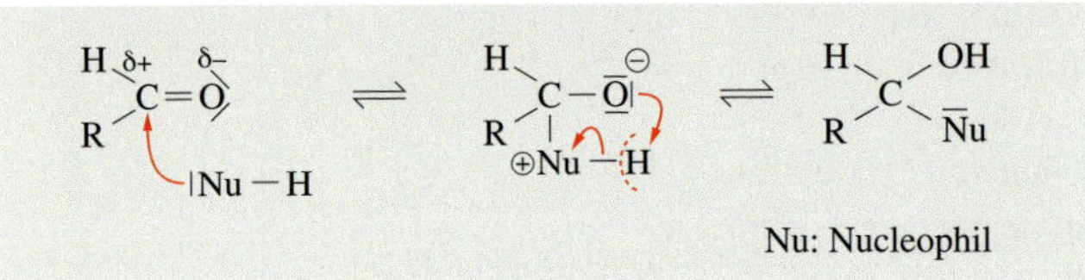

Eine wichtige nucleophile Addition ist die Reaktion von Aldehyden mit Alkoholen. Das Produkt ist ein **Halbacetal**. Da Alkohole schwache Nucleophile sind, ist meist ein saurer Katalysator notwendig, um die Reaktion mit einer vernünftigen Reaktionsgeschwindigkeit ablaufen zu lassen.
In Gegenwart eines Alkoholüberschusses reagieren Halbacetale im sauren Medium in der Regel sofort weiter zu **Acetalen**. Durch die Protonierung der Hydroxygruppe am Halbacetal wird die nucleophile Substitution gestartet (Abb. 3).
Monosaccharide wie Glucose bilden durch diese Reaktion ringförmige Strukturen aus, da die Kettenform der Glucose sowohl über Hydroxy- als auch Aldehydgruppen verfügt (↑S. 374).

AUFGABEN

1 Erläutern Sie die Abb. 1.
2 Erstellen Sie den Reaktionsmechanismus für die Reaktion von Ethanal mit Ethanol in einer nicht säurekatalysierten Reaktion.
3 Erstellen Sie den Reaktionsmechanismus für die Reaktion von Ethanal mit Wasser.

3 Säurekatalysierte nucleophile Addition eines Alkohols an ein Aldehyd unter Bildung von Halbacetalen und Acetalen

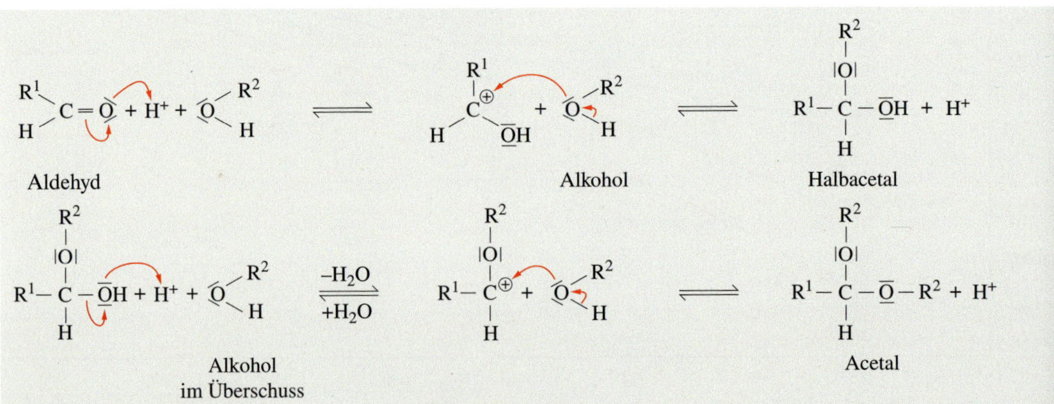

Oxidation von Aldehyden Aldehyde können durch Oxidation primärer Alkohole gebildet (↑S. 329) und selbst durch viele Oxidationsmittel leicht zu den entsprechenden Carbonsäuren weiter oxidiert werden (Abb. 4).
Diese **partielle Oxidation** der Aldehydgruppe wird durch das direkt an der Carbonylgruppe gebundene Wasserstoffatom ermöglicht (Abb. 1).

4 Bildung und Reaktion der Aldehyde durch partielle Oxidation

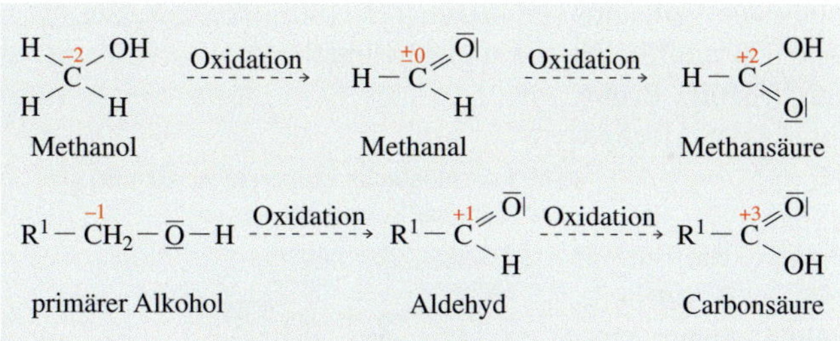

Nachweis von Aldehyden Auf der Oxidierbarkeit der Aldehydgruppe beruhen die **Nachweisreaktionen** nach BERNHARD C.G. TOLLENS (1841 bis 1918) und HERMANN VON FEHLING (1812 bis 1885).
Bei der **Fehling-Probe** (Exp. 1) wird das Aldehyd durch Kupfer(II)-Ionen in alkalischer Lösung oxidiert. Das **Fehling-Reagenz** besteht aus zwei Lösungen, die erst unmittelbar vor dem Nachweis zu gleichen Teilen miteinander vermischt werden. Fehling-Lösung I ist eine Kupfer(II)-sulfatlösung. Fehling-Lösung II besteht aus Kalium-Natriumtartrat (Salz der Weinsäure) und verdünnter Natronlauge.
Das Tartrat hat die Aufgabe, die Bildung des schwer löslichen Kupfer(II)-hydroxids zu verhindern. Das erfolgt durch die Bildung eines löslichen Chelatkomplexes, der auch im basischen Milieu beständig ist.
Die Reduktion der Kupfer(II)-Ionen durch die Aldehydgruppe führt zur Bildung eines schwer löslichen gelbroten Kupfer(I)-oxids (Abb. 5). Da der Nachweis im basischen Milieu stattfindet, entsteht aus dem Aldehyd nicht die Carbonsäure, sondern das Carbonsäure-Anion.

$$\text{Ox.: } R-\overset{+1}{C}(=\overline{O}|)-H + 3\,OH^- \longrightarrow R-\overset{+3}{C}(=\overline{O}|)-\overline{O}|^{\ominus} + 2\,H_2O + 2\,e^-$$

$$\text{Red.: } 2\,\overset{+2}{Cu}{}^{2+} + 2\,OH^- + 2\,e^- \longrightarrow \overset{+1}{Cu_2}O + H_2O$$

$$R-CHO + 2\,Cu^{2+} + 5\,OH^- \longrightarrow R-COO^- + 3\,H_2O + Cu_2O$$

Die **Silberspiegelprobe** (Exp. 2) erfolgt nach dem gleichen Prinzip. Sie wird mit **Tollens-Reagenz**, einer ammoniakalischen Silbernitratlösung, durchgeführt. Durch Zusatz von Ammoniaklösung zu einer Silbernitratlösung bildet sich ein farbloses komplexes Diamminsilber(I)-Ion $[Ag(NH_3)_2]^+$, das in

EXPERIMENT 1
Fehling-Probe
Je 1 ml Fehling-Lösung I und Fehling-Lösung II (GHS05) werden in ein Reagenzglas gegeben. Zu dieser tiefblauen Lösung gibt man einige Tropfen Acetaldehyd (GHS02 | 08 | 07) oder 1 ml 10%ige Glucoselösung und erwärmt im Wasserbad.

5 Fehling-Probe

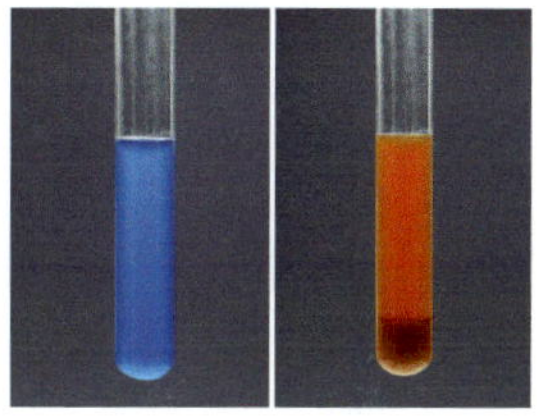

EXPERIMENT 2
Silberspiegelprobe
In ein sauberes Reagenzglas werden zu 3 ml ammoniakalischer Silbernitratlösung (GHS07) 1 ml Acetaldehyd (GHS02 | 08 | 07) oder 1 ml 10%ige Glucoselösung gegeben. Die Lösung wird im Wasserbad erwärmt.

6 Silberspiegel auf Uhrglas

Gegenwart eines Aldehyds und bei mäßigem Erwärmen zu metallischem Silber reduziert wird. Dieses elementare Silber bildet an der Gefäßwand einen Silberspiegel.

$$\overset{+1}{\text{R–C}}\text{HO} + 2\,[\overset{+1}{\text{A}}\text{g}(\text{NH}_3)_2]^+ + 3\,\text{OH}^-$$

$$\rightarrow \text{R–}\overset{+3}{\text{C}}\text{OO}^- + 2\,\overset{\pm 0}{\text{Ag}}\downarrow + 4\,\text{NH}_3\uparrow + 2\,\text{H}_2\text{O}$$

Neben der reduzierenden Wirkung zeigt die Aldehydgruppe auch Farbreaktionen. Eine Lösung des organischen Farbstoffs Fuchsin in schwefliger Säure wird bei Zugabe von Stoffen mit einer Aldehydgruppe im Molekül rotviolett (**Schiffs-Probe**, Exp. 3). Diese Farbreaktion wird zum Nachweis der Aldehydgruppe verwendet.

Bedeutung von Aldehyden Kaum eine andere Stoffgruppe wird in der Öffentlichkeit so negativ gesehen wie die Aldehyde. Das liegt vor allem am **Methanal** (Formaldehyd), einem Aldehyd mit nur einem Kohlenstoffatom im Molekül. Methanal ist giftig und möglicherweise krebserregend. Richtig eingesetzt ist es aber auch ein unentbehrlicher Stoff zur Herstellung von Kunststoffen, Lacken, Klebern, Baustoffen, Textilien und Kosmetika. Methanallösung (Formalin) dient zur Desinfektion und zur Konservierung biologischer Präparate (Abb. 1).
In der Raumluft darf der Formaldehydanteil 0,1 ppm nicht überschreiten. Vor allem bestimmte Baumaterialien wie Spanplatten, aber auch Möbel und Zigarettenrauch sind Quellen für Formaldehyd in der Luft.
Viele pflanzliche und synthetisch hergestellte Aldehyde sind wichtige Duft- und Aromastoffe (Abb. 2). Sie werden insbesondere in der Lebensmittelindustrie und zur Parfümherstellung eingesetzt. Zu Ihnen gehöhren die Aromen von Marzipan, Vanillin und Zimt sowie die Duftstoffe von Rosen und Zitronen.

Ketone

Nomenklatur Die für Ketone charakteristische funktionelle Gruppe ist die Carbonylgruppe >C=O. In Ketonen ist sie mit zwei organischen Resten verbunden (R^1–CO–R^2) und wird **Ketogruppe** genannt. Aliphatische gesättigte Ketone mit einer Ketogruppe im Molekül nennt man **Alkanone**.
Nach den IUPAC-Regeln werden die Namen der Ketone von den entsprechenden Namen der Kohlenwasserstoffe abgeleitet und die Endung **-on** angehängt (z. B. Butan**on**). Die Nummerierung der Kohlenwasserstoffkette erfolgt so, dass das Carbonylkohlenstoffatom eine möglichst kleine Ziffer erhält (Abb. 3).
Neben Trivialnamen (z. B. Aceton) wird häufig noch eine dem Ether ähnliche Namensgebung (↑S. 332) angewendet. Hierbei werden die an der Carbonylgruppe gebundenen organischen Reste benannt und die Endung **-keton** hinzugefügt (Abb. 3).

EXPERIMENT 3 L

Nachweis von Aldehyden mit fuchsinschwefliger Säure
Jeweils etwa 5 ml fuchsinschweflige Säure (Schiffs Reagenz) in zwei Reagenzgläsern werden mit etwa drei Tropfen 35%iger Formaldehydlösung (GHS06 | 08 | 05) bzw. Ethanal (GHS02 | 08 | 07) versetzt und geschüttelt.

1 Biologische Präparate werden in Methanallösung konserviert.

2 Hex-2-enal kommt als Aromastoff in Lavendelöl vor.

3 Vereinfachte Strukturformeln und Benennung von Ketonen

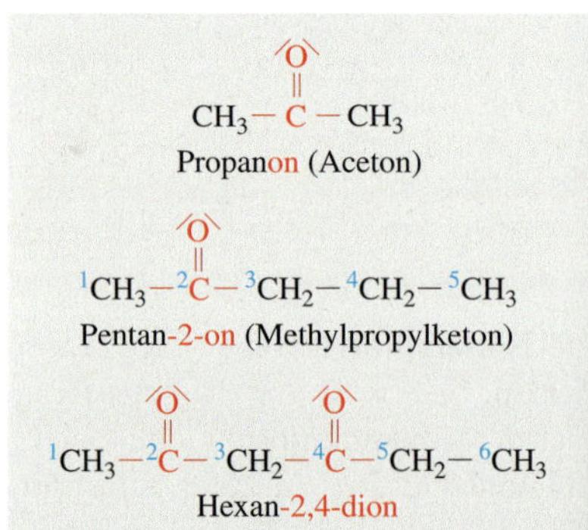

Eigenschaften der Ketone Die physikalischen Eigenschaften der Ketone entsprechen aufgrund der gemeinsamen Carbonylgruppe im Wesentlichen denen der Aldehyde.
Im Gegensatz zu Aldehyden besitzen Ketone keine reduzierende Wirkung. Die Ursache hierfür liegt im Fehlen eines Wasserstoffatoms am Carbonylkohlenstoffatom, wodurch die Carbonylgruppe in der Regel nicht partiell oxidiert werden kann (Abb. 4). Ketone reagieren daher nicht mit Fehling-Lösung und sind auch gegenüber dem Tollens-Reagenz beständig.
Die Schiffs-Probe, die nicht auf der Oxidierbarkeit beruht, kann ebenfalls nicht zum Nachweis der Ketone genutzt werden. Alle drei Nachweisreaktionen dienen demnach zur Unterscheidung von Aldehyden und Ketonen.
Ketone verhalten sich gegenüber Nucleophilen (nucleophile Addition) weniger reaktiv als Aldehyde. Ursache ist der +I-Effekt von zwei Alkylgruppen (↑S. 318), der die positive Polarisierung des Carbonylkohlenstoffatoms verringert (Abb. 5).

Aceton (Propanon, Dimethylketon) ist das einfachste und zugleich bedeutendste Keton. Es ist eine farblose, charakteristisch riechende, leicht entzündliche Flüssigkeit mit einer Siedetemperatur von 56 °C. Aceton ist nicht nur mit Wasser unbegrenzt mischbar, sondern auch ein ausgezeichnetes Lösemittel für viele organische Stoffe (Harze, Lacke u. a.). Es dient als Ausgangsstoff für viele Synthesen, z. B. Plexiglas- und Epoxidharzherstellung.

4 Bildung eines Ketons durch partielle Oxidation eines sekundären Alkohols und Oxidation des Ketons zu Kohlenstoffdioxid

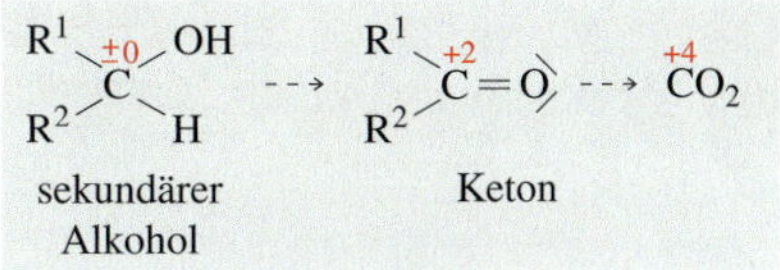

5 Einfluss des +I-Effekts auf die Reaktivität des Carbonylkohlenstoffatoms gegenüber Nucleophilen

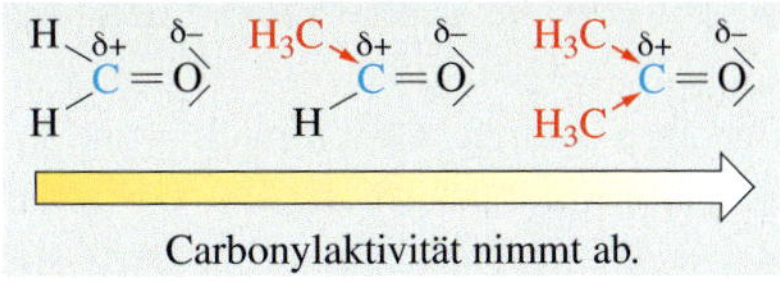

AUFGABE

1 Erklären Sie den indirekten Nachweis der primären Alkohole durch die Fehling-Probe.

ZUSAMMENFASSUNG

Aldehyde und **Ketone** gehören zu den **Carbonylverbindungen**, deren funktionelle Gruppe die **Carbonylgruppe** >C=O ist.
Die Kohlenstoff-Sauerstoff-Doppelbindung ist permanent polar.
In **Aldehyden** ist das Carbonylkohlenstoffatom mit mindestens einem Wasserstoffatom verbunden, die funktionelle Gruppe ist die **Aldehydgruppe –CHO**.
Alkanale sind aliphatische gesättigte Kohlenwasserstoffe mit nur einer Aldehydgruppe im Molekül.
Zwischen den Molekülen der Aldehyde wirken **Dispersionskräfte** und **Dipol-Dipol-Kräfte**, aber keine Wasserstoffbrückenbindungen. Deshalb liegen die Siedetemperaturen der Alkanale über denen vergleichbarer Alkane, aber unter denen der Alkanole. Kurzkettige Aldehyde sind gut **wasserlöslich**.
Aldehyde können durch **Oxidation primärer Alkohole** gebildet und selbst zu Carbonsäuren **oxidiert** werden. Auf der Oxidierbarkeit beruhen die Nachweise durch die **Fehling-Probe** und die **Silberspiegelprobe**.
Die Polarität der Kohlenstoff-Sauerstoffbindung ermöglicht einen **nucleophilen Angriff** am positiv polarisierten Kohlenstoffatom. Bei der **säurekatalysierten nucleophilen Addition** eines Alkohols an einen Aldehyd werden **Halbacetale** und schließlich Acetale gebildet.
Der bedeutendste Aldehyd ist das **Methanal (Formaldehyd)**.
In **Ketonen** ist das Carbonylkohlenstoffatom mit zwei organischen Resten verbunden (R^1–CO–R^2). Die funktionelle Gruppe ist die Carbonylgruppe. Sie wird als **Ketogruppe** bezeichnet. Ketone besitzen keine **reduzierende Wirkung**.

- ▶ Stoff-Teilchen-Konzept
- ▶ Struktur-Eigenschafts-Konzept
- ▶ Donator-Akzeptor-Konzept

Carbonsäuren und Ester

1 Strukturformel der Äpfelsäure

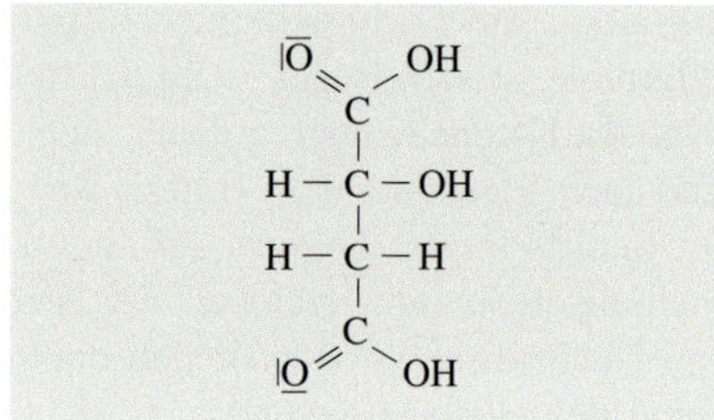

2 Kugel-Stab-Modell und Strukturformel der Carboxygruppe

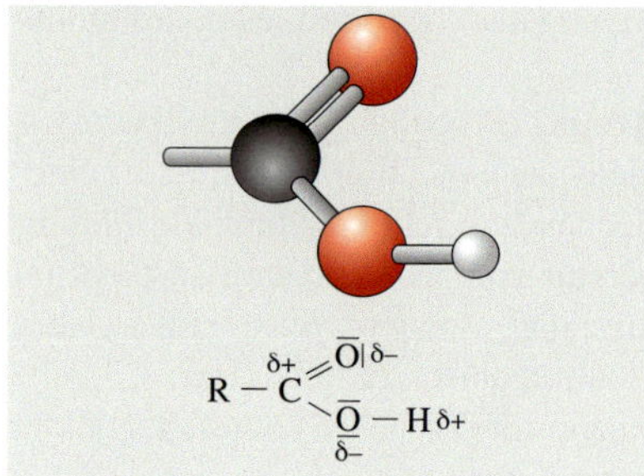

3 Vereinfachte Strukturformeln und Benennung verschiedener Carbonsäuren

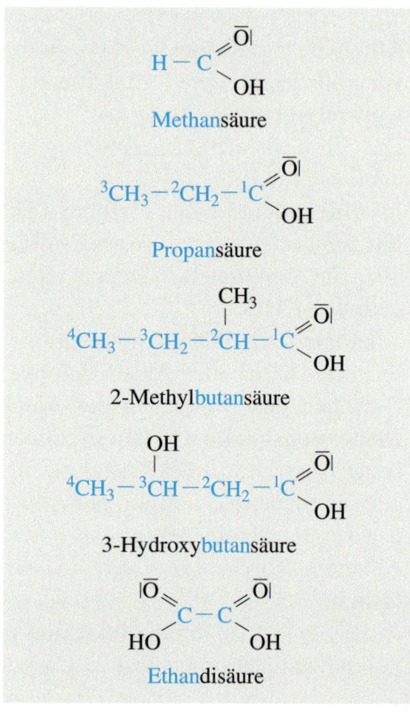

Für den sauren Geschmack von Äpfeln ist die Äpfelsäure (Abb. 1) verantwortlich. Ihr Gehalt nimmt mit zunehmender Reife der Frucht ab, parallel dazu steigt der Zuckergehalt an. Dieser Effekt ist für die Fortpflanzung des Apfelbaums von entscheidender Bedeutung: Der anfangs hohe Gehalt an Äpfelsäure verhindert, dass Tiere die noch unreifen Früchte fressen und die noch nicht ausgereiften Samen verteilen. Unzählige weitere **Carbonsäuren** sind an derartigen „Feinabstimmungen" in den Lebewesen beteiligt. Carbonsäuren, aber auch die **Ester**, die aus ihnen gebildet werden, sind wahre Wundermittel der Natur.

Carbonsäuren

Struktur der Carbonsäuren Organische Verbindungen, die mindestens eine **Carboxygruppe (–COOH)** als funktionelle Gruppe im Molekül besitzen, werden **Carbonsäuren** genannt. Die Bezeichnung der Carboxygruppe leitet sich von den Bestandteilen dieser Gruppe ab, der *Carb*onyl- und der Hydr*oxy*gruppe (Abb. 2). Die Wechselwirkungen dieser Gruppen führen zu charakteristischen Eigenschaften der Carbonsäuren.

Nomenklatur Aliphatische gesättigte Carbonsäuren mit nur einer Carboxygruppe im Molekül werden **Alkansäuren** genannt. Allgemein werden Carbonsäuren mit nur einer Carboxygruppe im Molekül als **Monocarbonsäuren** bezeichnet.
Carbonsäuren können durch geeignete Oxidationsmittel, z. B. Kaliumpermanganat $KMnO_4$ oder Kaliumdichromat $K_2Cr_2O_7$, aus primären Alkanolen bzw. Alkanalen gebildet werden (↑S. 329).
Nach den IUPAC-Regeln werden die Namen der Carbonsäuren vom entsprechenden Kohlenwasserstoff abgeleitet und die Endung **-säure** angehängt (z. B. Butan**säure**). Das Kohlenstoffatom der Carboxygruppe wird in den Wortstamm mit einbezogen und erhält bei der Nummerierung die Nummer eins (Abb. 3). Für viele Carbonsäuren verwendet man meist Trivialnamen. Diese leiten sich von ihrer natürlichen Herkunft ab (Tab. 1).

Tab. 1 Einige Monocarbonsäuren und ihre Salze

Anzahl der C-Atome	Vereinfachte Strukturformel	IUPAC-Name	Trivialname	Name der Salze
1	$HCOOH$	Methansäure	Ameisensäure	Formiat
2	CH_3COOH	Ethansäure	Essigsäure	Acetat
3	CH_3CH_2COOH	Propansäure	Propionsäure	Propionat
4	$CH_3(CH_2)_2COOH$	Butansäure	Buttersäure	Butyrat
5	$CH_3(CH_2)_3COOH$	Pentansäure	Valeriansäure	Valerat
6	$CH_3(CH_2)_4COOH$	Hexansäure	Capronsäure	Capronat
18	$CH_3(CH_2)_{16}COOH$	Octadecansäure	Stearinsäure	Stearat

Stoffeigenschaften und Molekülstruktur der Carbonsäuren

Die Eigenschaften der Carbonsäuren werden im Wesentlichen durch die polare Carboxygruppe und den unpolaren Alkylrest bestimmt. Durch Ausbildung von Wasserstoffbrückenbindungen zwischen zwei Carbonsäuremolekülen bilden sich relativ stabile **Doppelmoleküle (Dimere)**, die ihrerseits die Eigenschaften beeinflussen. Einige wichtige Eigenschaften, die aus der Molekülstruktur resultieren, sind für Vertreter der Carbonsäuren in Tab. 2 zusammengestellt.

4 Doppelmolekül einer Carbonsäure

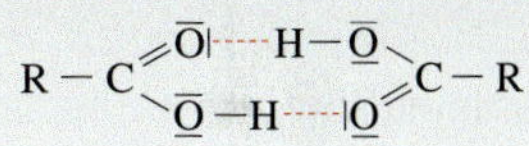

Tab. 2 Siedetemperatur, Wasserlöslichkeit und pK_S-Wert einiger Carbonsäuren

Name	ϑ_V in °C	Löslichkeit in g/100 ml Wasser bei 20 °C	pK_S-Wert
Methansäure	100,5	vollständig mischbar	3,75
Ethansäure	118		4,75
Propansäure	141		4,86
Butansäure	164		4,82
Pentansäure	187	3,7	4,81
Hexansäure	205	1,0	4,85
Octansäure	239	0,06	4,85

Siedetemperatur Die Siedetemperaturen der Carbonsäuren steigen mit zunehmender Kettenlänge (Tab. 2). Sie liegen jedoch höher als die vergleichbarer Alkohole. Die relativ hohen Siedetemperaturen sind auf die Polarität und die Fähigkeit zur Ausbildung von Wasserstoffbrückenbindungen zwischen den Molekülen zurückzuführen. Einen wesentlichen Einfluss auf die Siedetemperatur haben die Doppelmoleküle, die die Van-der-Waals-Kräfte (Dispersionskräfte) vergrößern. Die Doppelmoleküle sind so stabil, dass sie sich erst in der überhitzten Gasphase oder in polaren Lösemitteln (z. B. Wasser) trennen.

AUFGABEN

1 Entscheiden Sie, welche der folgenden Verbindungen die höhere Siedetemperatur besitzt. Begründen Sie Ihre Entscheidung.

a $CH_3–CH_2–COOH$ oder $CH_3–CH_2–CH_2OH$

b Pentansäure oder 2,2-Dimethylpropansäure

2 Erläutern Sie die Zusammenhänge zwischen der Struktur der Moleküle und den Eigenschaften der Stoffe an selbst gewählten Beispielen der homologen Reihe der Alkansäuren.

Löslichkeit Die ersten vier Glieder der homologen Reihe der Alkansäuren sind aufgrund der Ausbildung von Wasserstoffbrückenbindungen mit dem polaren Lösemittel Wasser in jedem Verhältnis mischbar. Die Wasserlöslichkeit nimmt mit zunehmender Kettenlänge des unpolaren organischen Rests ab (Exp. 1, ↑Tab. 2, S. 343).
In unpolaren Lösemitteln ist die Löslichkeit der niederen Alkansäuren durch die Bildung von Doppelmolekülen erhöht, wobei langkettige Alkansäuren erwartungsgemäß gut löslich sind.

Acidität In Wasser dissoziieren Carbonsäuren in geringem Maß in **Carboxylat-Ionen** und **Hydronium-Ionen**. Bei dieser **Protolyse** wird das Proton der Carboxygruppe auf das Wassermolekül (Protonenakzeptor) übertragen. Dabei stellt sich folgendes Säure-Base-Gleichgewicht ein:

Protonenübergang

$$\text{R–COOH} + H_2O \rightleftharpoons \text{R–COO}^- + H_3O^+$$

Carboxylat-Ion

Carbonsäuren sind meist mittelstarke bis schwache Säuren, da das Gleichgewicht weitgehend auf der Seite der Ausgangsstoffe liegt. Beispielsweise protolysieren in einer Essigsäurelösung mit der Stoffmengenkonzentration $c = 0{,}1\ \text{mol} \cdot \text{l}^{-1}$ nur etwa 1,3 % der Essigsäuremoleküle.
Im Vergleich zu Alkoholen sind Carbonsäuren jedoch viel stärker sauer, obwohl das Proton in beiden Fällen aus einer Hydroxygruppe abgespalten wird. Während die Hydroxygruppe in Alkoholen nur bei Anwesenheit sehr starker Basen ihr Proton abgibt, erfolgt das bei Carbonsäuren bereits gegenüber Wasser.
Eine Ursache für die größere Acidität ist die Stabilität des Carboxylat-Ions. Die negative Ladung ist keinem Sauerstoffatom fest zugeordnet, sondern über die gesamte Carboxygruppe verteilt. Die Ladung ist **delokalisiert** (Abb. 1). Für das Carboxylat-Ion lassen sich mesomere Grenzformeln aufstellen. Eine solche Verteilung der Ladung ist energetisch günstiger als eine lokalisierte Ladung. Man spricht von einer **Mesomeriestabilisierung** des Carboxylat-Ions.
Eine weitere Ursache für die höhere Acidität ist die stärkere positive Polarisierung des Kohlenstoffatoms durch das Carbonylsauerstoffatom, das einen elektronenziehenden Effekt (**–I-Effekt**, ↑S. 328) auf die funktionelle Gruppe ausübt. Diese Erhöhung der partiell positiven Ladung führt zur stärkeren Polarisierung der O–H-Bindung und erleichtert somit die Abspaltung des Protons aus der Hydroxygruppe (Abb. 2).
Innerhalb der homologen Reihe nimmt die Acidität mit zunehmender Länge des Alkylrests ab (Tab. 1). Das ist auf den elektronenschiebenden Effekt (+I-Effekt, ↑S. 328) des Alkylrests zurückzuführen. Die Acidität nimmt dagegen zu, wenn das Carbonsäuremolekül Substituenten mit –I-Effekten (z. B. Chlor) besitzt (Abb. 3, Tab. 1).

EXPERIMENT 1
Löslichkeitsvergleich
In je 5 Reagenzgläser werden als Lösemittel 4 ml Wasser bzw. 4 ml Petroleumbenzin (GHS08) gegeben. Die Carbonsäuren Ameisensäure (GHS05), Essigsäure (GHS02 | 05), Valeriansäure (GHS05), Capronsäure (GHS05) und Stearinsäure werden zu beiden Lösemittel tropfenweise bzw. in kleinen Portionen gegeben. Nach jeder Zugabe wird vorsichtig geschüttelt und der Punkt festgestellt, bei dem gerade noch eine vollständige Auflösung auftritt.

1 Mesomere Grenzformeln des Carboxylat-Ions

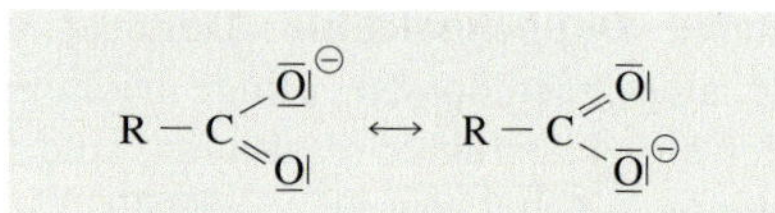

2 Polaritäten im Alkohol- und Carbonsäuremolekül

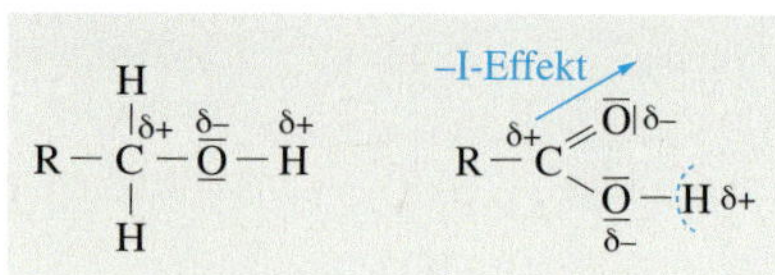

3 I-Effekte verschiedener Reste bzw. Substituenten

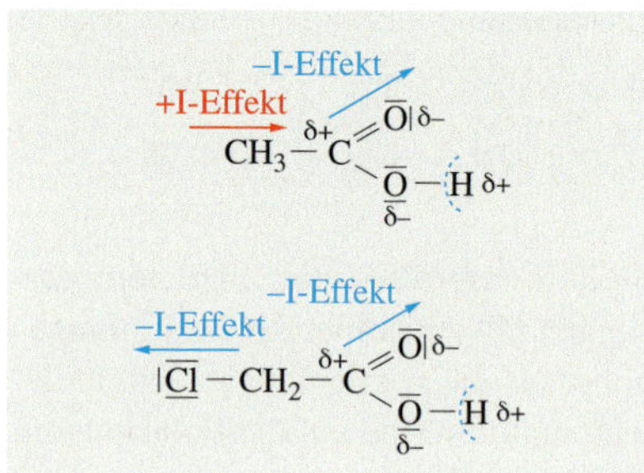

Tab. 1 Säurestärke verschiedener Carbonsäuren

Säure	Formel	pK_S	Säurestärke
Methansäure	H–COOH	3,75	abnehmend
Ethansäure	CH_3–COOH	4,75	
Propansäure	CH_3–CH_2–COOH	4,86	
Monochlorethansäure	CH_2Cl–COOH	2,86	zunehmend
Dichlorethansäure	$CHCl_2$–COOH	1,3	
Trichlorethansäure	CCl_3–COOH	0,7	

Mit zunehmender Entfernung von der Carboxygruppe nimmt der Einfluss des induktiven Effekts ab.

Salze der Carbonsäuren Die Salze der Carbonsäuren lassen sich entsprechend ihrer Acidität durch Reaktion mit unedlen Metallen (z. B. Na, Mg, Zn) oder mit starken Basen (z. B. OH^-) bilden.

$$2\ CH_3\text{–}COOH + 2\ Na \rightarrow 2\ CH_3\text{–}COO^- + 2\ Na^+ + H_2$$
$$CH_3\text{–}COOH + NaOH \rightarrow CH_3\text{–}COO^- + Na^+ + H_2O$$

Bei der Benennung nach IUPAC werden zuerst die Namen der Kationen genannt. Die Bezeichnung des Carboxylat-Ions erfolgt durch das Anhängen der Endung **-oat** an den entsprechenden Alkannamen (z. B. Natriummethan**oat**). Vielfach werden jedoch die Trivialnamen verwendet (↑Tab. 1, S. 343).
In wässrigen Lösungen reagieren die Alkalisalze der Carbonsäuren basisch, da die geringe Acidität der Säure dazu führt, dass das Carboxylat-Ion schon in Gegenwart von Wasser leicht wieder Protonen aufnimmt.

$$CH_3\text{–}COO^- + H_2O \rightleftharpoons CH_3\text{–}COOH + OH^-$$

Eine Lösung, die eine schwache Säure (Essigsäuremoleküle) und die dazu korrespondierende Base (Acetat-Ionen) in etwa gleicher Konzentration enthält, bezeichnet man als **Säure-Base-Puffer** oder **Puffersystem**.

$$CH_3\text{–}COOH + H_2O \rightleftharpoons CH_3\text{–}COO^- + H_3O^+$$

Puffersysteme haben die Fähigkeit, zugegebene H_3O^+- bzw. OH^--Ionen durch Gleichgewichtsreaktionen „abzufedern" oder „abzufangen". Bei Zugabe einer begrenzten Menge einer Säure oder Base bleibt der pH-Wert annähernd konstant bzw. ändert sich nur geringfügig.

a) $H_3O^+ + CH_3\text{–}COO^- \rightleftharpoons CH_3\text{–}COOH + H_2O$
b) $OH^- + CH_3\text{–}COOH \rightleftharpoons CH_3\text{–}COO^- + H_2O$

EXPERIMENT 2

Leitfähigkeit und pH-Wert einiger Säuren

Die elektrische Leitfähigkeit (Abb. 4) und der pH-Wert (mit pH-Meter oder Spezialindikatorpapier) von Ameisensäure, Essigsäure, Valeriansäure und Salzsäure (je $c = 0{,}1\ mol \cdot l^{-1}$) werden bestimmt und miteinander verglichen.

4 Experimentaufbau für die Bestimmung der elektrischen Leitfähigkeit von Lösungen (Exp. 2)

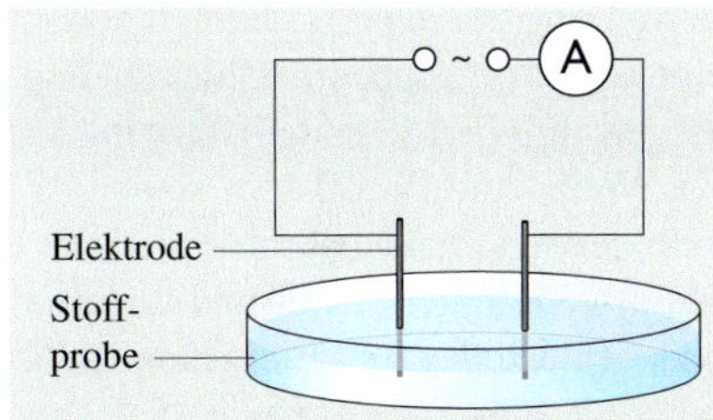

AUFGABEN

1 Erklären Sie die unterschiedlichen Säurestärken der Carbonsäuren aus Tabelle 1.
2 Berechnen Sie den pH-Wert von Salzsäure ($c_0 = 0{,}1\ mol \cdot l^{-1}$) und Essigsäure ($c_0 = 0{,}1\ mol \cdot l^{-1}$). Begründen Sie die unterschiedlichen pH-Werte (Exp. 2).
3 Benennen Sie folgende Salze der Carbonsäuren:
a $NH_4(CH_3\text{–}CH_2\text{–}COO)$
b $Ca(CH_3\text{–}COO)_2$
4 Formulieren Sie die Reaktionsgleichungen für die Reaktionen von Propansäure mit Magnesium bzw. mit Magnesiumhydroxid. Geben Sie die Reaktionsarten an und erläutern Sie diese.

Einige Carbonsäuren

1 Indikatorpapier in einem Ameisenhaufen

Ameisensäure Die einfachste Carbonsäure, die Methansäure, ist eine farblose Flüssigkeit, die in jedem Verhältnis mit Wasser mischbar ist und stark sauer reagiert. Diese Eigenschaft und ihren stechenden Geruch machen sich Ameisen zunutze, in deren Drüsen sie als Abwehrmittel gebildet wird. Die Säure wurde erstmals durch Destillation von Ameisen von dem britischen Naturforscher JOHN RAY im Jahre 1671 gewonnen, der ihr den Namen Ameisensäure gab. Heute wird sie technisch durch die Reaktion von Kohlenstoffmonooxid mit Natriumhydroxid bei ca. 130 °C und einem Druck von ca. 700 kPa hergestellt.

$$CO + NaOH \xrightarrow{130\,°C,\ 700\,kPa} HCOO^- Na^+ \xrightarrow{verd.\ H_2SO_4} HCOOH$$

Der Methansäure kommt aufgrund ihrer Struktur eine besondere Stellung zu, denn sie enthält sowohl eine Aldehyd- als auch eine Carboxygruppe im Molekül (Exp. 1).
Wegen ihrer bakteriziden Wirkung wird sie zum Desinfizieren von Wein- und Bierfässern sowie als Putzmittel in WC-Reinigern verwendet. Calciumformiat, das Calciumsalz der Methansäure, wird in der Textil- und Lederindustrie zum Imprägnieren und Beizen oder zum Entkalken von Leder genutzt.

EXPERIMENT 1
Vergleich der reduzierenden Wirkung von Ameisensäure und Essigsäure

a) In zwei Reagenzgläser werden zu je 3 ml ammoniakalische Silbernitratlösung (GHS05) 1 ml Ameisensäure (GHS05) bzw. 1 ml Ethansäure (GHS02|05) gegeben und im Wasserbad erwärmt.
b) In zwei Reagenzgläser werden zu je 3 ml Ameisensäure (GHS05) bzw. Essigsäure (GHS02|05) je 3 ml einer mit verdünnter Schwefelsäure (w = 10 %; GHS07) angesäuerten Kaliumpermanganatlösung (w = 5 %) gegeben und im Wasserbad erwärmt.

Essigsäure Ethansäure ist eine stechend riechende Flüssigkeit, die bei 16,6 °C zu eisähnlichen Kristallen erstarrt und deshalb Eisessig genannt wird. Eine Möglichkeit zur großtechnischen Herstellung ist die katalytische Carbonylierung von Methanol.

$$CH_3OH + CO \xrightarrow{Katalysator} CH_3COOH$$

Speiseessig wird aus Ethanol durch enzymatische Oxidation mithilfe von Essigsäurebakterien in Anwesenheit von Luftsauerstoff gewonnen. Der durch Essigsäuregärung hergestellte Essig kommt in Form verschiedener Speiseessigsorten (5 bis 8 % Vol.) oder als Essigessenz (25 % Vol.) in den Handel (Abb. 2).

2 Einige Essigsorten

Fettsäuren Fette und Öle sind Ester (↑S. 349 f.) des Glycerins (Propan-1,2,3-triol) mit unverzweigten, gesättigten oder ungesättigten Carbonsäuren, den **Fettsäuren**. **Palmitinsäure** (Hexadecansäure) und **Stearinsäure** (Octadecansäure) bilden zusammen mit der **Ölsäure** (cis-Octadec-9-ensäure) den Hauptbestandteil der tierischen und pflanzlichen Fette (↑S. 390 ff.).

Ungesättigte Monocarbonsäuren Die einfachste ungesättigte Carbonsäure ist die Acrylsäure (Propensäure). Sie ist eine farblose, stechend riechende Flüssigkeit, die leicht zu Polyacrylsäure polymerisiert. Ein durch Zusätze vernetztes Copolymer aus Acrylsäure und Natriumacrylat wird als Superabsorber z. B. in Babywindeln verwendet, die das 1000-Fache ihrer Eigenmasse an Flüssigkeit aufnehmen können (↑S. 466).

AUFGABE

1 Formulieren Sie die Reaktionsgleichungen der Reaktionen von Ameisensäure mit ammoniakalischer Silbernitratlösung und mit angesäuerter Kaliumpermanganatlösung.

Auch die **Ölsäure** (↑S. 391) gehört zu den ungesättigten Monocarbonsäuren. Einen hohen Gehalt an mehrfach ungesättigten Monocarbonsäuren (z. B. Linolsäure und Linolensäure) weisen Leinöl, Nussöl sowie Fischöle auf.
Einige ungesättigte Säuren z. B. Linolsäure können im Organismus von Säugetieren nicht synthetisiert und müssen deshalb mit der Nahrung aufgenommen werden. Sie werden als **essenzielle Fettsäuren** bezeichnet.

Oxalsäure Die **Oxalsäure** (Ethandisäure) besitzt zwei Carboxygruppen im Molekül (Abb. 3). Sie ist die einfachste **Dicarbonsäure**. Aufgrund der starken intermolekularen Wechselwirkungen der Carboxygruppen sind alle Dicarbonsäuren bei Raumtemperatur fest und gehen bei Normdruck unter Zersetzung in den gasförmigen Zustand über.
Die Acidität der zweiprotonigen Dicarbonsäuren ist aufgrund des –I-Effekts der zweiten Carboxygruppe größer als bei vergleichbaren Monocarbonsäuren. Mit Zunahme der Kettenlänge und der damit verbundenen größeren Entfernung der Carboxygruppen zueinander nehmen jedoch die elektronenziehende Wirkung und damit die erhöhte Säurestärke rasch ab.
Die Oxalsäure bzw. ihre Salze, die Oxalate, sind in der Natur weit verbreitet. Das Kaliumhydrogenoxalat KOOC–COOH kommt vor allem im Sauerklee *Oxalis acetosella*, Sauerampfer und Rhabarber vor. Im Harn befinden sich geringe Mengen schwer lösliches Calciumoxalat, die zur Bildung von Blasen- und Nierensteinen führen können. Größere Mengen von Oxalsäure wirken durch Störung des Calciumstoffwechsels giftig.
Weitere in der Natur vorkommende Dicarbonsäuren sind die **Malonsäure**, z. B. im Saft der Zuckerrübe (Abb. 4), und die Bernsteinsäure (Abb. 5). **Bernsteinsäure** kommt im Bernstein und in zahlreichen Pflanzen wie Rhabarber und unreifen Weintrauben vor. Physiologisch tritt sie als Zwischenprodukt im Citronensäurezyklus auf.

Ungesättigte Dicarbonsäuren Die einfachste ungesättigte Dicarbonsäure ist die **But-2-endisäure**. Aufgrund der C=C-Doppelbindung im Molekül gibt es zwei cis-trans-Isomere. Die cis-But-2-endisäure wird als **Maleinsäure** und die trans-But-2-endisäure als **Fumarsäure** bezeichnet (Abb. 6).
Während Maleinsäure in der Natur bisher nicht gefunden wurde, tritt die stabilere Fumarsäure als Zwischenprodukt im Citronensäurezyklus und im Erdrauch *Fumaris officinalis* auf.

6 cis-trans-Isomerie der But-2-endisäure

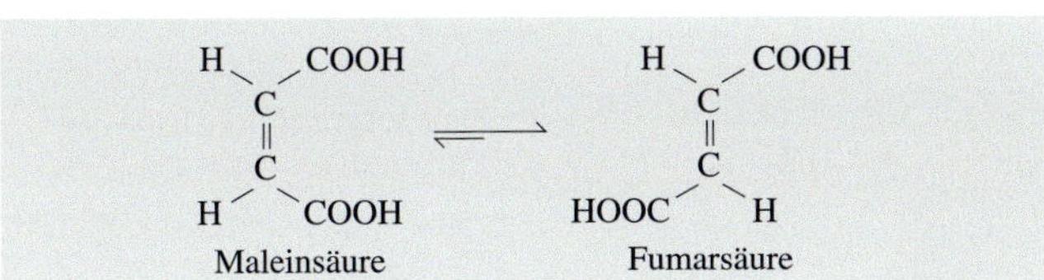

3 Oxalsäure (Ethandisäure) verleiht dem Sauerampfer den sauren Geschmack.

4 Malonsäure (Propandisäure) kommt im Saft der Zuckerrübe vor.

5 Bernsteinsäure (Butandisäure) kann durch Destillation von Bernstein gewonnen werden.

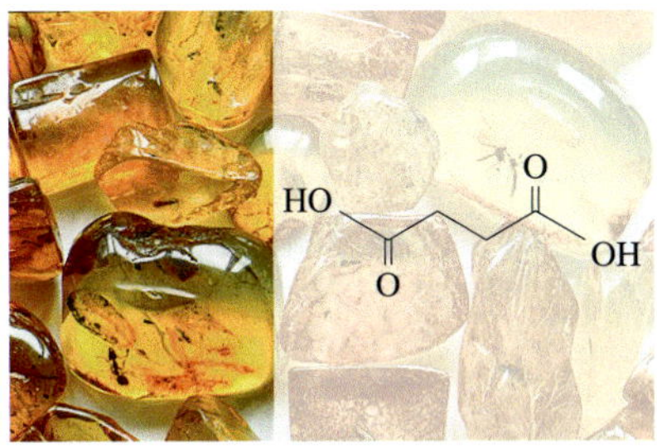

AUFGABEN

1 Stellen Sie die vereinfachten Strukturformeln auf:
a Ölsäure (Octadec-9-ensäure)
b Linolsäure (Octadeca-9,12-diensäure)
c Linolensäure (Octadeca-9,12,15-triensäure)

2 In 20 ml Wasser wird 1 g Oxalsäure gelöst. Berechnen Sie den pH-Wert der Oxalsäurelösung (1. Protolysestufe, $pK_{S1} = 1{,}25$) und das zur Neutralisation benötigte Volumen an Natronlauge ($c = 1\ mol \cdot l^{-1}$).

Aromatische Carbonsäuren Organische Säuren, in denen eine oder mehrere Carboxygruppen mit einem aromatischen System z. B. Benzol (↑S. 100 f.) verbunden sind, werden als **aromatische Carbonsäuren** bezeichnet (Abb. 1).
Der einfachste Vertreter dieser Stoffklasse ist die **Benzoesäure**. Sie ist eine feste (ϑ_S = 122 °C), sublimierbare und in Wasser wenig lösliche Verbindung. Die Herstellung kann durch Oxidation von Toluol (↑S. 107) mit Kaliumpermanganat oder Luftsauerstoff in Gegenwart eines Katalysators erfolgen.

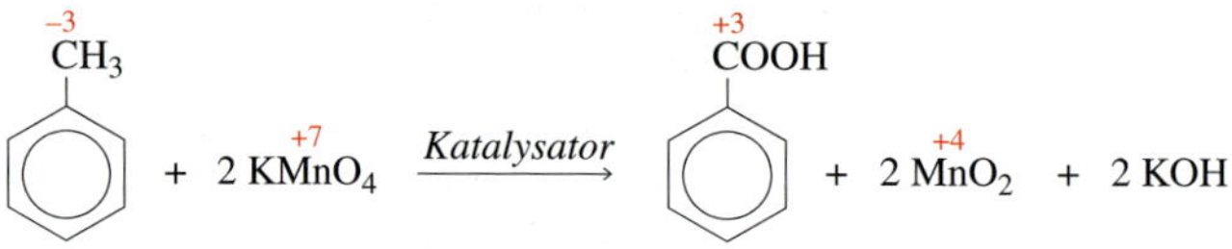

Benzoesäure und ihre Natriumsalze werden als Konservierungsstoff für Lebensmittel eingesetzt.
Die **Salicylsäure** verdankt ihren Namen ihrem Vorkommen in der Weide *Salix*. Ihr Essigsäureester, die Acetylsalicylsäure, ist als Wirkstoff in Aspirin® enthalten.
Die aromatische Dicarbonsäure Terephthalsäure wird für die Herstellung von Polyestern, z. B. PET, verwendet (↑S. 195).

Substituierte Carbonsäuren Werden in der Alkylgruppe der Carbonsäuremoleküle ein oder mehrere Wasserstoffatome durch andere Substituenten (z. B. –X Halogenatom; –OH; $-NH_2$) ersetzt, so erhält man die **Substitutionsprodukte der Carbonsäuren**. Die Kennzeichnung der Substitutionsstelle erfolgt entweder durch Bezifferung oder durch griechische Buchstaben (Abb. 2).

1 Aromatische Carbonsäuren

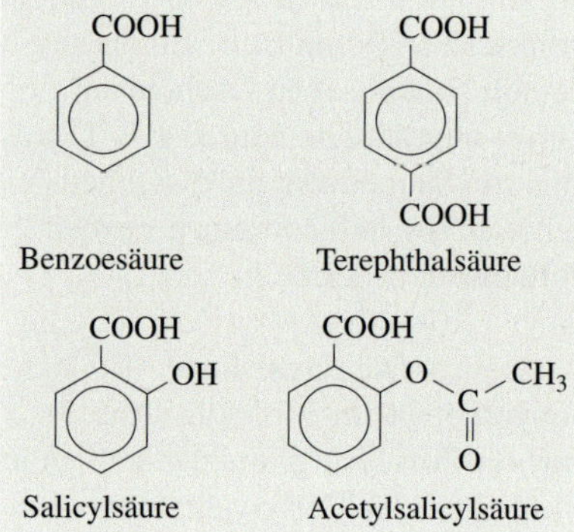

2 Kennzeichnung der Substitutionsstellen

4	3	2	1
$-CH_2-$	CH_2-	CH_2-	$COOH$
γ	β	α	

AUFGABE

1 Stellen Sie die Reaktionsgleichung für die Oxidation von Toluol mit Sauerstoff zu Benzoesäure auf.

Tab. 1 Einige substituierte Carbonsäuren

Substituierte Carbonsäuren	Beispiele	Vereinfachte Strukturformel	Bedeutung/Vorkommen
Halogencarbonsäuren	Fluorethansäure	$F-CH_2-COOH$	erhöht die Acidität der Carboxygruppe aufgrund des –I-Effekts der Halogenatome
Hydroxycarbonsäuren	Milchsäure (2-Hydroxypropansäure)	$CH_3-CH(OH)-COOH$	in Sauerkraut; Zwischenprodukt im Stoffwechsel
	Weinsäure (2,3-Dihydroxybutan-1,4-disäure)	$HOOC-CH(OH)-CH(OH)-COOH$	hauptsächlich als Salz der Weinsäure in Trauben, Ananas, Löwenzahn, Zuckerrüben
	Citronensäure (2-Hydroxypropan-1,2,3-tricarbonsäure)	$HOOC-CH_2-C(OH)(COOH)-CH_2-COOH$	in Zitrusfrüchten, Zwischenprodukt im Stoffwechsel
Aminocarbonsäuren	Alanin (α-Aminopropansäure)	$CH_3-CH(NH_2)-COOH$	als Aminosäuren (Grundbausteine der Proteine)

Ester

Esterbildung (Veresterung) und Esterspaltung (Verseifung)

Alkohole reagieren mit Carbonsäuren unter Abspaltung von Wasser zu Carbonsäureestern. Dieser Vorgang der Kondensation wird **Esterbildung** oder **Veresterung** genannt. Bei der Rückreaktion, der **Esterspaltung**, findet eine Hydrolyse statt. Zwischen Hin- und Rückreaktion stellt sich ein chemisches Gleichgewicht ein (Abb. 3).

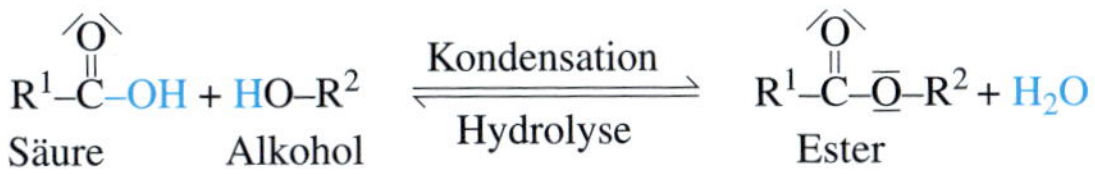

Durch die Zugabe von konzentrierter Schwefelsäure als Katalysator wird die Geschwindigkeit der Einstellung des chemischen Gleichgewichts deutlich erhöht. Die ablaufende nucleophile Substitution wird auch als **säurekatalysierte Veresterung** bezeichnet.

Durch die Anlagerung eines Protons an ein freies Elektronenpaar des Sauerstoffatoms der Carboxygruppe entsteht ein mesomeriestabilisiertes Carbenium-Ion. An dieses lagert sich das partiell negativ geladene (nucleophile) Sauerstoffatom der Hydroxygruppe des Alkoholmoleküls an. Das dadurch entstandene instabile Zwischenprodukt wird durch Abspaltung eines Wassermoleküls und eines Protons stabilisiert.

EXPERIMENT 1

Veresterung

In zwei Reagenzgläsern mit aufgesetzten Glasrohren als Luftkühler mischt man folgende Stoffe:

a) je 2 ml Ethanol (GHS02) und Ethansäure (GHS02 | 05)

b) je 2 ml Pentanol (GHS02 | 07) und Ethansäure (GHS02 | 05).

Zu jedem Gemisch gibt man einige Tropfen konzentrierte Schwefelsäure (GHS05) und erwärmt etwa 3 min vorsichtig.

Anschließend gießt man das Gemisch in verdünnte Natronlauge.

3 Massenwirkungsgesetz des Estergleichgewichts

$$K_c = \frac{c(\text{Ester}) \cdot c(\text{Wasser})}{c(\text{Säure}) \cdot c(\text{Alkohol})}$$

4 Mechanismus der säurekatalysierten Veresterung

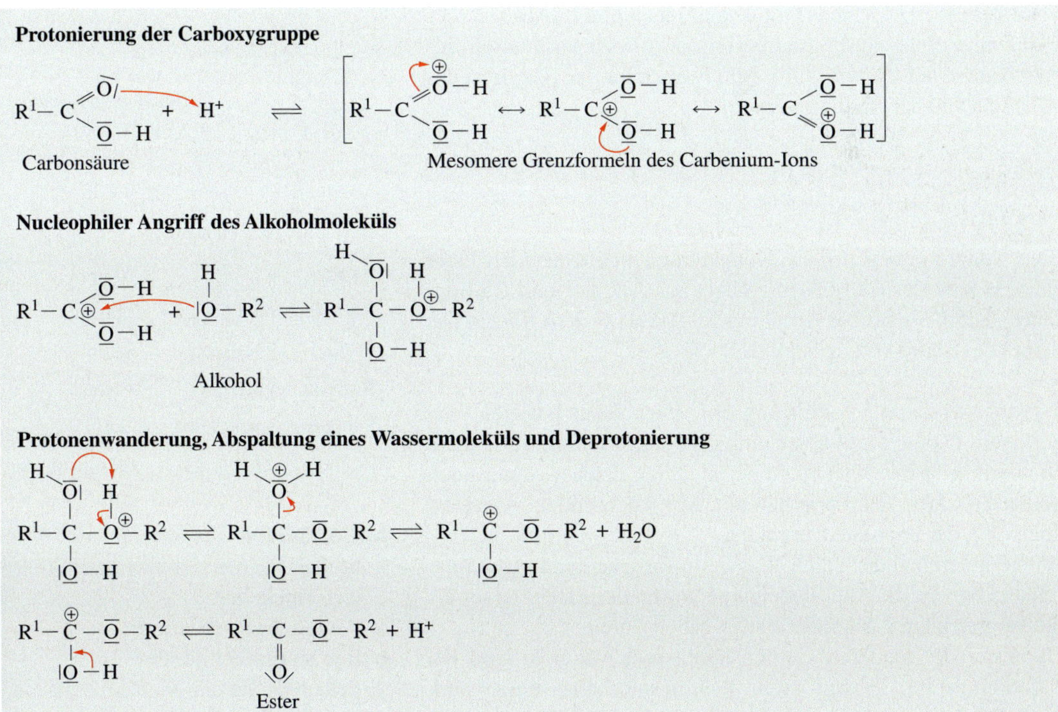

Um die Ausbeute des gebildeten Esters zu erhöhen, muss die Lage des chemischen Gleichgewichts auf die Seite der Produkte verschoben werden. Dies erfolgt in der Technik häufig durch die Verwendung eines Überschusses Alkohol oder durch Entfernung des bei der Reaktion gebildeten Wassers.
Die Esterspaltung (Hydrolyse) mit Wasser kann sowohl im sauren als auch im alkalischen Medium durchgeführt werden. In sauren Lösungen stellt sich ein Gleichgewicht ein, das entsprechend beeinflusst werden kann. In alkalischen Lösungen, z. B. Natriumhydroxidlösung, erfolgt dagegen ein vollständiger Umsatz des Esters (Abb. 1).

1 Esterspaltung (Verseifung) in alkalischer Lösung

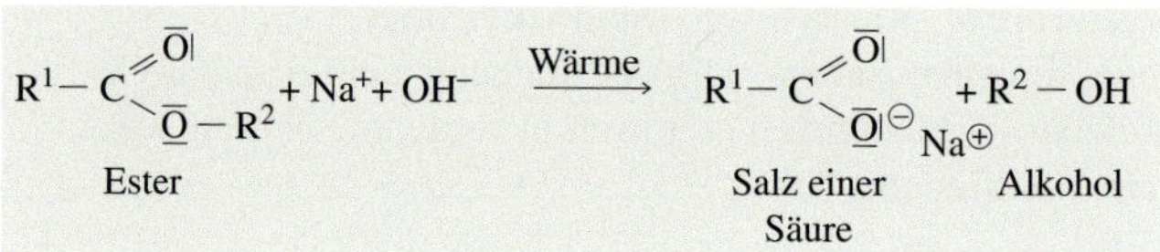

Diese Reaktion wird als **Verseifung** bezeichnet, da man auf diese Weise aus Fetten auch Seifen (Natrium- oder Kaliumsalze von Fettsäuren) herstellen kann (Exp. 2).

Struktur und Nomenklatur der Carbonsäureester Die funktionelle Gruppe der **Carbonsäureester** (verkürzt: **Ester**) ist die **Estergruppe –COO**R. Carbonsäureester werden den **Carbonsäurederivaten** zugeordnet. Das sind Verbindungen, die durch Veränderung der Carboxygruppe gebildet werden (Abb. 2).
Der Name eines Carbonsäureesters setzt sich zusammen aus dem Namen der Carbonsäure, dem Namen für den Alkylrest des Alkohols und der Endung **-ester**.

Beispiel: $CH_3–COO–CH_2–CH_3$
Ethansäureethylester

Eine weitere gebräuchliche Nomenklatur betrachtet den Ester als Alkylsalz der Carbonsäure (Salz aus Alkohol und Carbonsäure). Hierbei wird der Alkylrest des Alkohols dem Namen des Salzes der Säure vorangestellt (Ethylacetat).

Eigenschaften und Bedeutung der Ester Ester besitzen eine geringere Dichte als Wasser und sind darin nur wenig löslich. Die geringe Wasserlöslichkeit der niederen Ester wird nur noch durch die Carbonylgruppe bewirkt. Mit wachsendem Alkylrest überwiegt der unpolare Charakter.
Da sie untereinander keine Wasserstoffbrückenbindungen ausbilden können, sind die Siedetemperaturen der Ester kleiner als die vergleichbarer Alkohole bzw. Carbonsäuren.
Die Ester der niederen Carbonsäuren und Alkohole sind bei Raumtemperatur flüssig, leicht flüchtig und haben einen stark süßlichen, z. T. fruchtigen Geruch, daher der Name **Fruchtester**

EXPERIMENT 2
Verseifung eines Ethansäureethylesters
2 ml Ethansäureethylester (GHS02|07) werden unter Zusatz von 10 ml Natronlauge (w = 20 %, GHS05) im Rundkolben unter Rückflusskühlung auf Siedetemperatur erhitzt.
Zu Beginn und nach 5 min wird das Stoffgemisch auf Geruch geprüft.
Formulieren Sie die Reaktionsgleichung unter Verwendung von Strukturformeln.

2 Formeln einiger Carbonsäurederivate

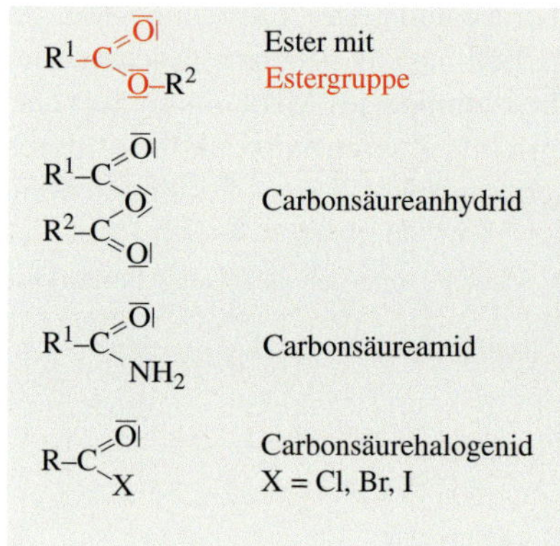

Tab. 1 Einige Fruchtester

Ester	Aroma
Ethansäurepentylester	Banane
Propansäurebutylester	Rum
Butansäureethylester	Ananas
Pentansäurepentylester	Apfel
Benzoesäureethylester	Pfefferminze

AUFGABEN
1 Stellen Sie die vereinfachten Strukturformeln auf.
a Pentansäurepentylester
b Benzoesäureethylester
2 Erläutern Sie den Mechanismus der säurekatalysierten Veresterung.

(Tab. 1). Sie werden in der Lebensmittelindustrie als künstliche Aromastoffe verwendet. Einige Ester sind wichtige Lösemittel für Lacke und Klebstoffe. **Wachse**, wie Bienenwachs, sind Ester langkettiger Carbonsäuren und langkettiger primärer Alkohole. Bei **Fetten** ist der mehrwertige Alkohol Glycerin verestert. Ester können auch durch Reaktion der Alkohole mit anorganischen, sauerstoffhaltigen Säuren wie Salpetersäure (HNO_3), Schwefelsäure (H_2SO_4) oder Phosphorsäure (H_3PO_4) gebildet werden. **Nitroglycerin** (Trisalpetersäurepropan-1,2,3-triolester; Abb. 3), ein Triester der Salpetersäure, ist eine ölige, geruchlose und hochexplosive Flüssigkeit. Im Sprengstoff Dynamit wird es durch Kieselgur, einem porösen Feststoff, aufgesaugt und kann dadurch kontrolliert zur Explosion gebracht werden.

Schwefelsäureester höherer Alkohole (**Fettalkoholsulfate**) werden zur Herstellung von Tensiden (↑S. 222 f.) eingesetzt. Auch die „Energiewährung" der Zelle **ATP** (Adenosintriphosphat, ↑S. 173) enthält eine Estergruppe.

3 Nitroglycerin ist Bestandteil des Sprengstoffs Dynamit.

ZUSAMMENFASSUNG

Carbonsäuren

Die funktionelle Gruppe der Carbonsäure ist die **Carboxygruppe –COOH**.

Aliphatische gesättigte Carbonsäuren mit nur einer Carboxygruppe im Molekül heißen **Alkansäuren**. Carbonsäuren mit nur einer Carboxygruppe im Molekül sind **Monocarbonsäuren**, solche mit zwei Carboxygruppen sind **Dicarbonsäuren**.

Die Carboxygruppe bestimmt durch ihren stark **polaren Charakter** die Eigenschaften der Carbonsäuren. Carbonsäuremoleküle bilden untereinander **Wasserstoffbrückenbindungen** aus. Dadurch bilden sich stabile **Doppelmoleküle**. Die **Siedetemperaturen** der Carbonsäuren liegen höher als die vergleichbarer Alkohole. Kurzkettige Carbonsäuren sind mit Wasser in jedem Verhältnis mischbar.

In Wasser protolysieren Carbonsäuren in **Carboxylat-Ionen** und **Hydronium-Ionen**. Carbonsäuren sind meist mittelstarke bis schwache Säuren. Ihre **Acidität** ist größer als die vergleichbarer Alkohole. Das ist auf die **Mesomeriestabilisierung** des **Carboxylat-Ions** sowie auf die stärkere **Polarisierung des Kohlenstoffatoms** durch das Carbonylsauerstoffatom zurückzuführen, das einen **–I-Effekt** auf die funktionelle Gruppe ausübt.

Die **Salze der Carbonsäuren** entstehen bei der Reaktion mit unedlen Metallen oder starken Basen. Mittelstarke und schwache Carbonsäuren und die dazu korrespondierende Base, also das Carboxylat-Ion, können als **Säure-Base-Puffer** wirken.

Carbonsäuren sind in der Natur weit verbreitet, spielen aber auch eine bedeutende Rolle in der Lebensmittelindustrie und in der chemischen Industrie. **Ameisensäure**, **Essigsäure** und **Benzoesäure** als aromatische Carbonsäuren sind die wichtigsten Vertreter.

Ester

Die funktionelle Gruppe der Ester ist die **Estergruppe –COOR**.

Ester werden durch Reaktion von Alkoholen mit Carbonsäuren unter Abspaltung von Wasser gebildet. Zwischen **Esterbildung (Veresterung)** und **Esterspaltung (Verseifung)** besteht ein **chemisches Gleichgewicht**.

Die säurekatalysierte Veresterung ist eine **bimolekulare nucleophile Substitution (S_N2)**.

- ▶ Stoff-Teilchen-Konzept
- ▶ Struktur-Eigenschafts-Konzept
- ▶ Donator-Akzeptor-Konzept
- ▶ Konzept des chemischen Gleichgewichts

Aromatische Verbindungen

Im 19. Jahrhundert wurden in größeren europäischen Städten wie London und Berlin die Straßen mit Gaslicht beleuchtet. Das für die Gaslaternen benötigte Leuchtgas bestand vor allem aus Kohlenstoffmonooxid, Wasserstoff und Methan und wurde durch das Entgasen von Steinkohle gewonnen. Dabei entstand als Nebenprodukt eine farblose, aromatisch riechende Flüssigkeit, die JUSTUS VON LIEBIG Benzol nannte.

Benzol

Benzol – ein besonderer Kohlenwasserstoff MICHAEL FARADAY hat die Flüssigkeit, die sich in den geleerten Leuchtgasflaschen sammelte, genauer untersucht und entdeckte dabei 1825 das **Benzol (Benzen)**. Benzol ist die einfachste Verbindung aus der Gruppe der aromatischen Verbindungen. Es ist eine farblose, stark lichtbrechende Flüssigkeit mit einer Dichte von $0{,}88\ g \cdot cm^{-3}$ (bei 25 °C), die bei 80 °C siedet und bei 5,5 °C kristallisiert. Wie alle Kohlenwasserstoffe mischt sich Benzol nicht mit Wasser, mit Alkohol und Ether jedoch unbegrenzt und mit anderen organischen Lösemitteln meist sehr gut. Dies weist darauf hin, dass die Benzolmoleküle unpolar sind. Benzol ist leicht entzündlich und brennt mit stark rußender Flamme, was auf einen hohen Anteil an Kohlenstoffatomen im Benzolmolekül hindeutet (Abb. 1).

1 Unvollständige Verbrennung des Benzols an der Luft

Mit Benzol muss äußerst vorsichtig umgegangen werden, denn es ist giftig und krebserzeugend (kanzerogen). Es wird leicht über die Haut und die Atmungsorgane aufgenommen. Benzoldämpfe verursachen Schwindelgefühl, Übelkeit und Atemlähmung. Benzol schädigt die Leber, die Nieren und das Knochenmark.

Benzol ist einer der wichtigsten Grundstoffe der chemischen Industrie und dient heute hauptsächlich zur Herstellung von Zwischenprodukten wie Styrol, Cumol, Anilin und Phenol.

Struktur des Benzolmoleküls Für das Benzolmolekül mit der Summenformel C_6H_6 wurde 1872 von AUGUST KEKULÉ eine Struktur mit drei konjugierten Kohlenstoff-Kohlenstoff-Doppelbindungen –C=C– in einem Ring von 6 Kohlenstoffatomen entwickelt, was einer ungesättigten Verbindung entspricht. Benzol geht aber vor allem Substitutions- und kaum Additionsreaktionen ein, im Benzolmolekül müssen daher besondere Bindungsverhältnisse vorliegen. Nach den Vorstellungen von KEKULÉ hätte das Benzolmolekül aufgrund der unterschiedlichen Bindungslängen zwischen den Kohlenstoffatomen bei Einfachbindungen und Doppelbindungen die Form eines unregelmäßigen Sechsecks. Spätere modernere Strukturuntersuchungen ergaben aber, dass die 6 Kohlenstoffatome im Benzolmolekül ein regelmäßiges, planares Sechseck bilden. Alle Bindungswinkel betragen einheitlich 120° und die Bindungen zwischen den Kohlenstoffatomen haben dieselbe Bindungslänge (Abb. 2). Sie liegt mit 139 pm zwischen der einer Einfachbindung (154 pm) und der einer Doppelbindung (134 pm).

Nach der Molekülorbitaltheorie (↑S. 41 ff.) sind die Kohlenstoffatome des Benzolmoleküls sp^2-hybridisiert, der Kohlenstoffring ist planar gebaut. Zwei der drei sp^2-Hybridorbitale eines Kohlenstoffatoms überlappen mit den sp^2-Hybridorbitalen der benachbarten Kohlenstoffatome und bilden jeweils eine sp^2-sp^2-σ-Bindung aus. Das dritte sp^2-Hybridorbital bildet mit dem s-Atomorbital eines Wasserstoffatoms eine sp^2-s-σ-Bindung aus. Die sechs p_z-Atomorbitale der Kohlenstoffatome, die nicht an der Hybridisierung beteiligt sind, stehen senkrecht zum σ-Bindungsgerüst und können optimal überlappen (Abb. 3). Daraus resultieren π-Molekülorbitale, die sich über das gesamte Ringsystem erstrecken. Die 6 π-Elektronen sind **delokalisiert**, sie sind völlig gleichartig über die 6 Kohlenstoff-Kohlenstoff-Bindungen verteilt und bilden ein **mesomeres System** (griech. mesos – zwischen, meros – Teil), das **π-Elektronensextett**.

Mesomerie im Benzolmolekül Für die Darstellung des mesomeren Bindungssystems im Benzolmolekül werden mesomere Grenzformeln verwendet (↑S. 38). Das π-Elektronensextett des Benzolmoleküls wird außerdem als Kreis dargestellt (Abb. 4). Die vollständige Delokalisierung der π-Elektronen stabilisiert das Elektronensystem energetisch. Die Energie wird als **Mesomerieenergie** des Benzols bezeichnet. Rechnerisch kann diese Energie aus der Differenz der molaren Reaktionsenthalpien $\Delta_r H_m$ bei der Hydrierung von Benzol und dem nur hypothetisch existierenden Cyclohexatrien ermittelt werden (↑Tab. 1, S. 354). Die Energiedifferenz bringt die erhöhte Stabilität des aromatischen Benzolmoleküls im Vergleich zum Cyclohexatrienmolekül mit drei lokalisierten Doppelbindungen zum Ausdruck (Abb. 5). Bei chemischen Reaktionen aromatischer Verbindungen muss diese Mesomerieenergie aufgebracht werden, wenn der aromatische Zustand vorübergehend oder endgültig aufgehoben werden soll.

2 Molekülmodell des Benzols, Bindungswinkel und Bindungslängen

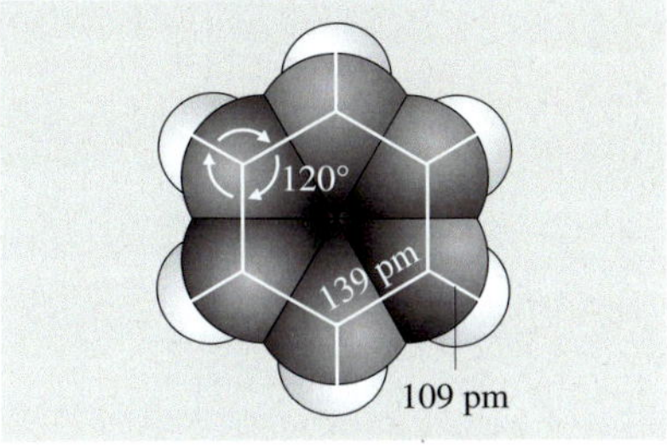

3 Vollständige Delokalisierung des π-Elektronensextetts im Benzolmolekül

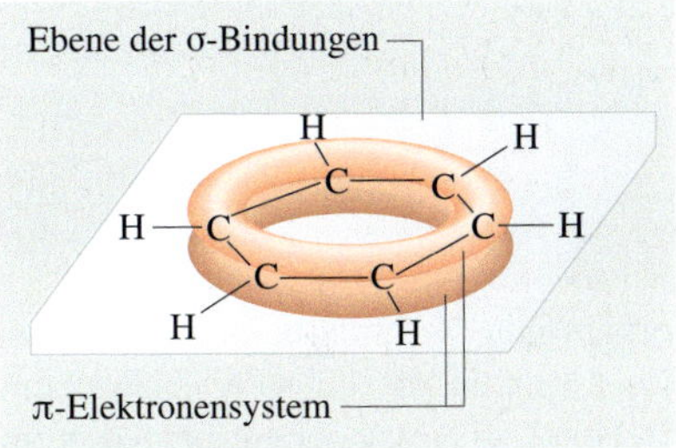

4 Mesomere Grenzformeln des Benzolmoleküls

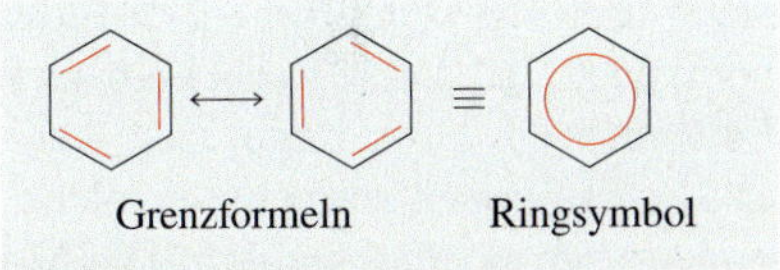

5 Mesomerieenergie

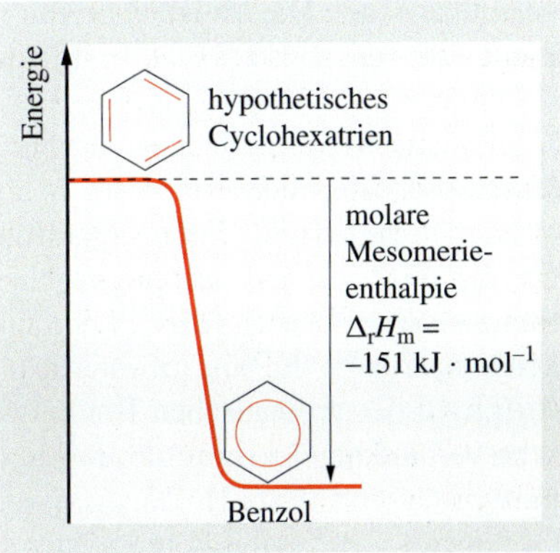

Tab. 1 Ermitteln der Mesomerieenergie von Benzol

Reaktion	**molare Reaktionsenthalpie $\Delta_R H_m$**
Hydrierung von Cyclohexen 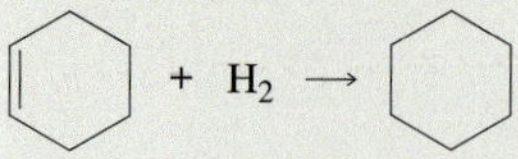	$-120\ kJ \cdot mol^{-1}$ (experimenteller Wert)
Hydrierung von Cyclohexatrien 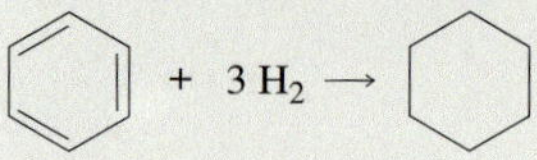	$3 \cdot (-120\ kJ \cdot mol^{-1})$ $= -360\ kJ \cdot mol^{-1}$ (hypothetischer Wert)
Hydrierung von Benzol 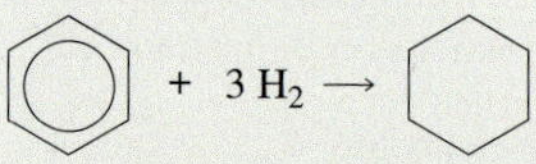	$-209\ kJ \cdot mol^{-1}$ (experimenteller Wert)
Mesomerieenergie des Benzols	$[-360 - (-209)]\ kJ \cdot mol^{-1}$ $= -151\ kJ \cdot mol^{-1}$

Hückel-Regel – aromatischer Zustand Es gibt auch cyclische organische Verbindungen mit konjugierten Doppelbindungen im Molekül, die keine aromatischen Verbindungen sind. Ein Beispiel ist Cyclooctatetraen, das im Unterschied zu Benzol typische Reaktionen der Alkene (↑ S. 316 ff.) zeigt. Die Moleküle von Cyclooctatetraen sind nicht eben gebaut, sie liegen in einer Wannenform vor (Abb. 1).
Die Frage, warum Benzol (drei konjugierte Doppelbindungen im Ring) aromatisch ist und Cyclooctatetraen (vier konjugierte Doppelbindungen im Ring) nicht, hat 1931 der Marburger Physiker ERICH HÜCKEL beantwortet. Er fand heraus, dass eine cyclische und konjugierte Verbindung dann aromatisch ist, wenn im Ringsystem $(4n + 2)$ π-Elektronen ($n = 0, 1, 2, 3, \ldots$) vorhanden sind. Diese Regel wird als **Hückel-Regel** bezeichnet. Entsprechend dieser Regel sind Ringsysteme mit 2, 6, 10, 14 usw. π-Elektronen aromatisch, solche mit 4, 8, 12 usw. π-Elektronen aber nicht aromatisch. Die Moleküle aromatischer Verbindungen sind planar.
Danach ist der aromatische Zustand einer Verbindung wie folgt gekennzeichnet: Die Molekülstruktur muss cyclisch, planar und konjugiert sein sowie $(4n + 2)$ π-Elektronen aufweisen.

Eigenschaften aromatischer Verbindungen Aromatische Kohlenwasserstoffe bilden unpolare Moleküle. Sie sind daher in Wasser nicht, in unpolaren organischen Lösemitteln dagegen gut löslich. Viele aromatische Verbindungen haben einen charakteristischen Geruch (Exp. 1). Sie sind oft stark giftig und wirken kanzerogen. Ihr Einsatz unterliegt strengen Vorschriften.
Aufgrund des aromatischen Bindungszustands gehen aromatische Verbindungen kaum Additionsreaktionen ein, die für Alkene typisch sind (Exp. 2). Dagegen verlaufen Substitutionen in Gegenwart von Katalysatoren relativ leicht.

1 Wannenkonformation eines Cyclooctatetraenmoleküls

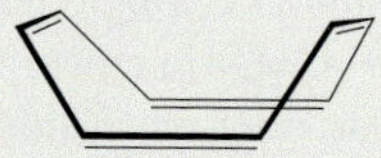

EXPERIMENT 1

Geruch aromatischer Verbindungen

Der Geruch von Vanillin und von Anisol ist zu prüfen.

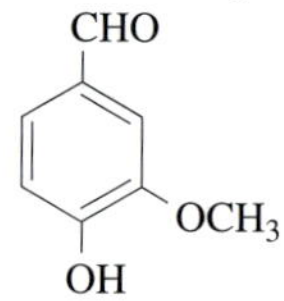

Vanillin

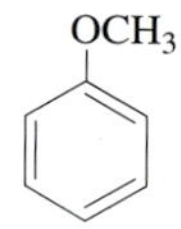

Anisol

EXPERIMENT 2

Reaktion cyclischer Verbindungen mit Bromwasser

In je einem Reagenzglas werden zu 2 ml Cyclohexen (GHS02 | 08 | 07 | 09) und 2 ml Toluol (GHS02 | 08 | 07) je 2 Tropfen Bromwasser ($w = 0{,}1\,\%$; GHS06) gegeben. Erklären Sie die Beobachtungen.

AUFGABEN

1 Informieren Sie sich über die Herstellung von Benzol. Erläutern Sie die wichtigsten Verfahren.
2 Erläutern Sie den aromatischen Zustand.
3 Beurteilen Sie die in der Tab. 1 ausgewiesenen Reaktionsenthalpien.
4 Ordnen Sie nachfolgende Verbindungen unter Überprüfung der Hückel-Regel in aromatische und olefinische Verbindungen.

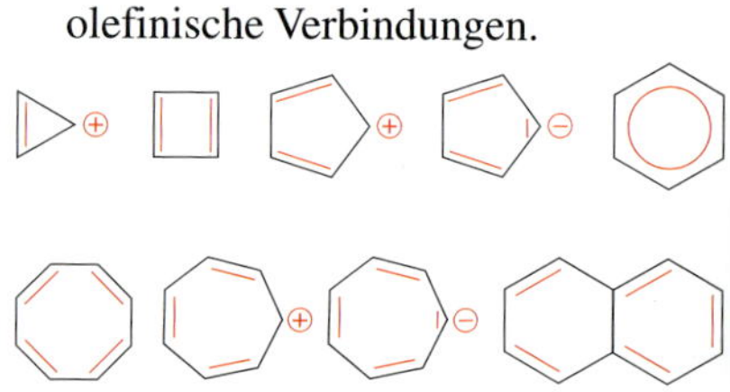

Elektrophile Substitution an Aromaten

Benzol besitzt aufgrund seines π-Elektronensextetts im Molekül nucleophile Eigenschaften und reagiert daher mit elektrophilen Reagenzien. Dabei wird ein durch heterolytische Spaltung entstandenes **elektrophiles Reagens E^+** gegen ein Wasserstoff-Ion unter vorübergehender Aufhebung des aromatischen Bindungszustands des Moleküls ausgetauscht (substituiert).

Mechanismus der elektrophilen Substitution (S_E) Werden zu Benzol einige Tropfen Brom gegeben, so findet keine Reaktion statt. Wird zu dem Benzol-Brom-Gemisch ein Katalysator gegeben, setzt eine exotherme Reaktion ein. Es bilden sich Brombenzol und Bromwasserstoff. Eine Substitution findet statt.
Im ersten Schritt dieser elektrophilen Substitution (S_E) bildet sich durch eine noch nicht gerichtete Wechselwirkung des leicht polarisierbaren Brommoleküls mit dem π-Elektronensextett des Benzolmoleküls ein sogenannter **π-Komplex**. Die Elektronendichte im Elektronensextett reicht jedoch nicht aus, um die Brommoleküle zu spalten. Erst durch die Wirkung eines Katalysators, z. B. Aluminiumbromid, kommt es zur heterolytischen Spaltung des Brommoleküls in ein positiv und ein negativ elektrisch geladenes Ion. Das Bromid-Ion wird vom Katalysator gebunden, während sich das Brom-Kation an ein Kohlenstoffatom des Benzolmoleküls anlagert. Es bildet sich ein **Carbenium-Ion**, ein **σ-Komplex**, in dem das elektrophile Reagens Br^+ an ein bestimmtes Kohlenstoffatom des Benzolmoleküls gebunden ist. Die positive elektrische Ladung ist über das verbleibende konjugierte Bindungssystem (fünf C-Atome) delokalisiert. Der σ-Komplex wird dadurch stabilisiert. Das am gleichen Kohlenstoffatom gebundene Wasserstoffatom wird im letzten Schritt der S_E-Reaktion als Proton abgespalten und von dem im Reaktionsgemisch befindlichen Tetrabromoaluminat-Ion aufgenommen, wodurch im Brombenzol der stabile aromatische Zustand wiederhergestellt wird. Es entsteht Bromwasserstoff und der Katalysator (Aluminiumbromid) wird zurückgebildet (Abb. 3).

2 Bildung elektrophiler Reagenzien für S_E-Reaktionen an Aromaten

Bromierung:
$Br_2 + AlBr_3 \rightarrow \mathbf{Br^+} + [AlBr_4]^-$
Brom-Kation

Nitrierung:
$HNO_3 + H_2SO_4 \rightarrow H_2NO_3^+ + HSO_4^-$
$H_2NO_3^+ \rightarrow \mathbf{NO_2^+} + H_2O$
Nitryl-Kation

Alkylierung:
$CH_2{=}CH_2 + H^+ \rightarrow \mathbf{CH_3{-}CH_2^+}$
Carbenium-Ion

AUFGABEN

1. Schildern Sie die zu erwartenden Beobachtungen, wenn Brom und Benzol eine Additionsreaktion eingehen würden.
2. Entwickeln Sie für den Mechanismus der elektrophilen Substitution an Aromaten allgemeine Reaktionsgleichungen.
3. Geben Sie für den σ-Komplex alle mesomeren Grenzformeln an.
4. Vergleichen Sie die Reaktionsmechanismen bei der Reaktion von Chlor mit Benzol und mit Cyclohexen.

3 Mechanismus der elektrophilen Substitution (S_E) am Beispiel der Bromierung von Benzol

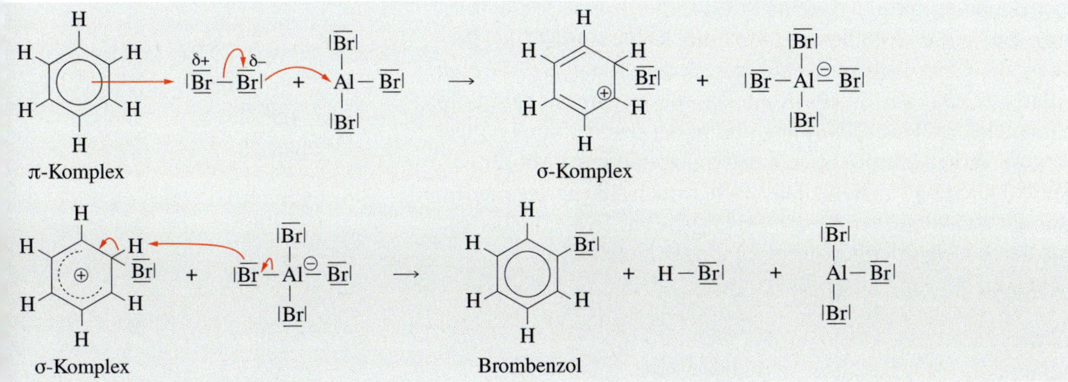

Für den σ-Komplex, das Carbenium-Ion, gibt es noch eine weitere Möglichkeit der Stabilisierung, indem es wie bei der elektrophilen Addition bei Alkenen (↑ S. 316 ff.) reagiert. Hierfür ist jedoch eine höhere Aktivierungsenergie als für die Abspaltung des Protons erforderlich, da die positive elektrische Ladung nicht an einem Kohlenstoffatom lokalisiert ist. Der nucleophile Angriff z. B. des Bromid-Ions ist so erschwert. Auch würde bei der Addition keine aromatische Verbindung entstehen. Bei der Abspaltung des Protons vom σ-Komplex bildet sich wieder das aromatische System. Die dabei frei werdende Energie begünstigt die Substitution gegenüber der Addition deutlich (Abb. 1).
Zu den wichtigsten elektrophilen Substitutionen gehören neben der Bromierung die **Nitrierung** und die **Sulfonierung** von Benzol und die **Alkylierung**.
Bei der **Nitrierung** reagiert Benzol mit Nitriersäure (Gemisch aus konzentrierter Schwefelsäure und konzentrierter Salpetersäure) zu Nitrobenzol.

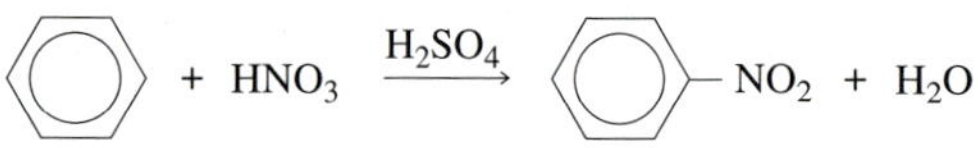

Nitrobenzol

Bei der **Sulfonierung** von Benzol zu Benzolsulfonsäure wirken Schwefeltrioxidmoleküle, die in rauchender Schwefelsäure enthalten sind, als elektrophiles Reagenz. Durch Protolyse mit Schwefelsäuremolekülen reagieren sie zu HSO_3^+-Ionen, die mit ihrem stark positivierten Schwefelatom das Benzolmolekül elektrophil angreifen. Die Sulfonierung ist im Gegensatz zu Nitrierung und Halogenierung eine Gleichgewichtsreaktion.

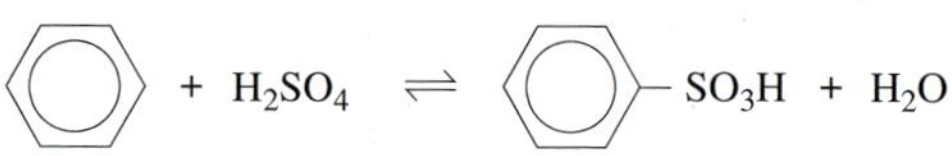

Benzolsulfonsäure

Charles Friedel (1832 bis 1899) und James Crafts (1839 bis 1917), die Entdecker der nach ihnen benannten **Friedel-Crafts-Alkylierung**, erkannten die katalytische Wirkung des Aluminiumchlorids bei der Umsetzung von Aromaten mit Alkylhalogeniden zu entsprechenden Alkylaromaten. So entsteht mit Aluminiumchlorid als Katalysator z. B. aus Benzol und Chlormethan durch eine elektrophile Substitution Toluol (Methylbenzol). Bei dieser Alkylierung wird die Kohlenstoff-Chlor-Bindung im Chlormethanmolekül durch den Katalysator weiter polarisiert. Das positivierte Kohlenstoffatom tritt mit dem Benzolmolekül in Wechselwirkung und bildet den π-Komplex. Der weitere Verlauf entspricht dem der Halogenierung (Abb. 2).
Zur Alkylierung von Benzol lassen sich auch Alkene verwenden. Bei der Reaktion von Benzol mit Ethen entsteht Ethylbenzol, das durch Dehydrierung zu Styrol umgewandelt wird.

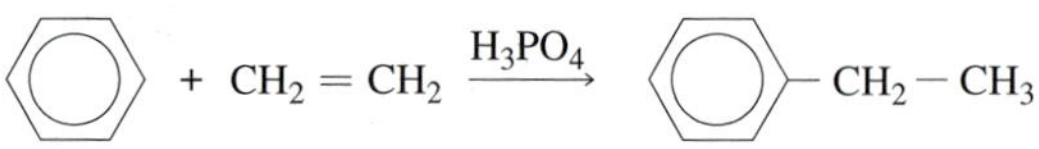

Ethylbenzol

1 Energiediagramm der elektrophilen Substitution anhand der Bromierung von Benzol. Die gestrichelte Kurve zeigt den Verlauf einer elektrophilen Addition.

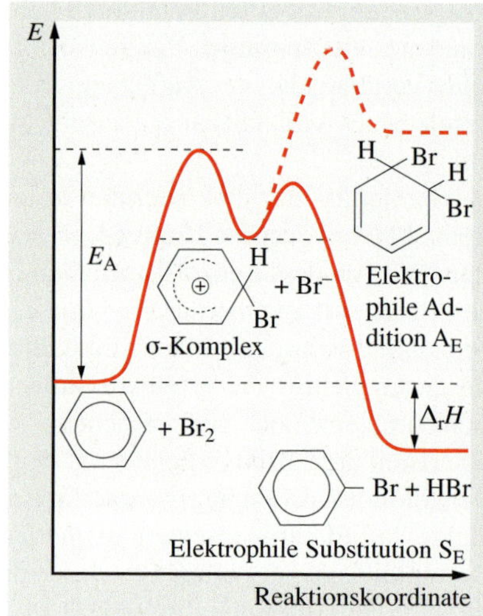

2 Mechanismus der Friedel-Crafts-Reaktion am Beispiel der Synthese von Toluol

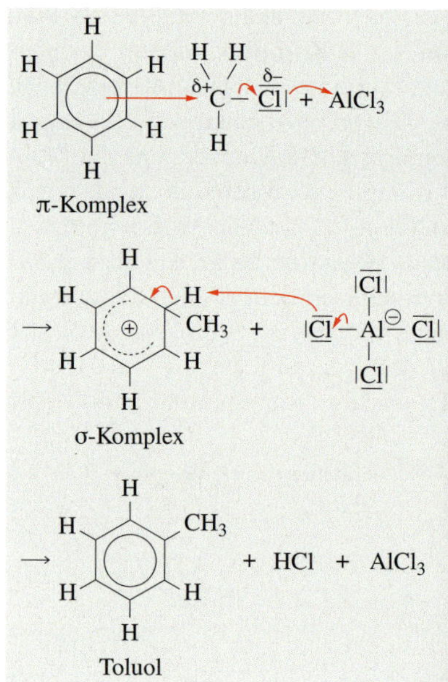

Phenol – Alkohol oder Säure?

Phenol Hydroxyderivate des Benzols werden als Phenole bezeichnet. In den Phenolmolekülen sind ein oder mehrere Wasserstoffatome der Benzolmoleküle durch Hydroxygruppen ersetzt. Die einfachste Verbindung dieser Stoffklasse ist das **Phenol** (Monohydroxybenzol) selbst. Phenol kristallisiert in farblosen Nadeln, die sich an der Luft durch Oxidation rötlich färben. Es ist giftig, wirkt ätzend und besitzt einen eigenartigen Geruch. In Wasser ist es nur begrenzt, in Ethanol und Diethylether sehr gut löslich. Wässrige Phenollösungen wurden früher als „Karbolwasser" zur Desinfektion verwendet. Bei Zugabe von Eisen(III)-Ionen zu einer wässrigen Phenollösung tritt eine rotviolette Färbung ein. Diese Farbreaktion wird als Nachweis von Phenol genutzt. Phenol ist sehr reaktionsfähig (↑Elektrophile Zweitsubstitution, S. 360 f.). Es dient als Grundchemikalie zur Herstellung von Kunststoffen (↑S. 448, 458), Farbstoffen (↑S. 502 ff.), Arzneimitteln, Insektiziden und Gerbstoffen.

Acidität Phenol unterscheidet sich trotz gleicher funktioneller Gruppe im Molekül in seinen Eigenschaften von den Alkanolen. Phenol ist leichter oxidierbar und reagiert als schwache Brönsted-Säure (Exp. 1). Die saure Reaktion der Phenolmoleküle basiert auf der Wechselwirkung der Hydroxygruppe mit dem π-Elektronensystem des aromatischen Ringes. Dadurch wird die Bindung in der Hydroxygruppe stärker polarisiert und das Proton kann leicht abgegeben werden (Abb. 3). Die Elektronendichte im Benzolring wird erhöht. Man spricht von einem positiven Mesomerie-Effekt (+M-Effekt) der Hydroxygruppe.
Eine weitere Ursache für die Acidität der Phenolmoleküle beruht auf der Stabilität der korrespondierenden Base, dem **Phenolat-Ion**. Im Phenolat-Ion ist die negative Ladung über das aromatische System delokalisiert (Abb. 4). In Ethanolat-Ionen ist dagegen die negative Ladung auf das Sauerstoffatom konzentriert. Es ist damit eine stärkere Base als das Phenolat-Ion.
In wässriger Lösung sind Phenole aber deutlich geringer sauer als Carbonsäuren (z. B. Benzoesäure). Die Hydroxygruppe bewirkt auch eine deutliche Erhöhung der Reaktivität des aromatischen Systems gegenüber elektrophilen Reagenzien (Exp. 2).

Mesomerie-Effekte Der mesomere Effekt (M-Effekt) beschreibt die Wirkung von Substituenten mit freien Elektronenpaaren auf die Elektronenverteilung im Rest eines Moleküls als Folge mesomerer Wechselwirkungen. Der **+M-Effekt** erhöht die Elektronendichte im organischen Rest wie die Hydroxygruppe im Phenol. Der **–M-Effekt** verringert dagegen die Elektronendichte im organischen Rest wie die Nitrogruppe ($–NO_2$) im Nitrobenzol.
Für die Stärke des M-Effekts verschiedener Substituenten gilt:
+M-Effekt: $–NH_2 > –OH > –Cl > –Br > –I$
–M-Effekt: $–NO_2 > –COOH > –CHO$

EXPERIMENT 1 L
Säure oder Base
Eine wässrige Lösung von Phenol (*w* = 1 %; GHS07) und eine wässrige Lösung von Anilin (*w* = 1 %; GHS06 | 08 | 09) werden mit Universalindikatorpapier geprüft.

EXPERIMENT 2
Reaktion von Phenol mit Brom
In einem Reagenzglas werden 2 ml Phenollösung (*w* = 1 %; GHS07) tropfenweise mit Bromwasser (*w* = 0,1 %; GHS06) versetzt. Vergleichen Sie die Beobachtungen mit denen von Exp. 2, S. 354.

3 Grenzformeln und Protolyse des Phenolmoleküls

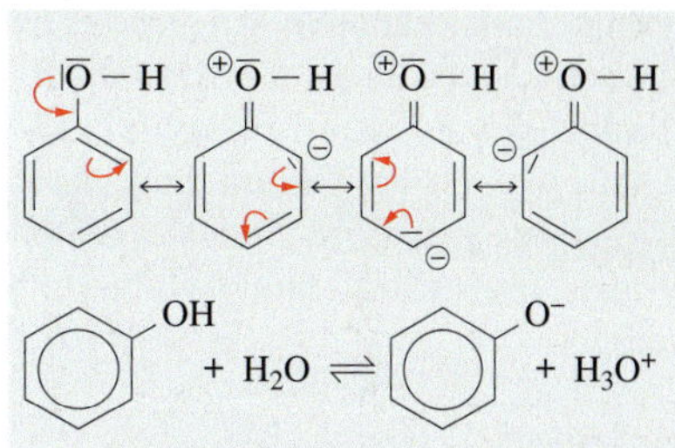

4 Mesomeriestabilisierung des Phenolat-Ions

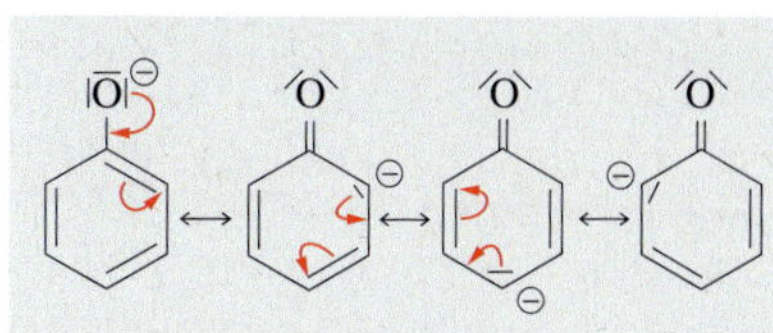

AUFGABEN
1 Formulieren Sie für die Nitrierung von Benzol den Reaktionsmechanismus.
2 Entwickeln Sie einen Vorschlag zur Herstellung aromatischer Ketone.

Technik

LCD – täglich im Blick

LCDs – **L**iquid **C**rystal **D**isplays (Flüssigkristallanzeigen) – sind für uns allgegenwärtig. Ob in Anzeigeelementen von Radios, Uhren, Messinstrumenten, Taschenrechnern und Handys oder in flachen Monitoren von Computern und Fernsehern – für alle bilden **Flüssigkristalle** die Grundlage der Anzeigen.

Flüssigkristalle – „organisierte Flüssigkeiten" Flüssigkristalle sind Verbindungen, die zwischen dem festen und dem flüssigen Aggregatzustand eine besondere Phase zeigen. In einer solchen Mesophase sind diese Stoffe flüssig, die Teilchen der Stoffe weisen aber typische Ordnungsmerkmale von Kristallen auf. Die Moleküle flüssigkristalliner Verbindungen haben einen ähnlichen strukturellen Aufbau: Sie besitzen alle ein oder mehrere steife Segmente, die stäbchenförmig oder scheibenartig sind. Polare Gruppen an diesen Molekülteilen bewirken eine ungleichmäßige Ladungsverteilung und damit den Dipolcharakter der Moleküle. Dies bedingt eine parallele Anordnung der lang gestreckten Moleküle in der Mesophase.
Darüber hinaus zeigen Flüssigkristalle eine Eigenschaft, die von der Orientierung der Moleküle abhängig ist: Die Ebene linear polarisierten Lichts wird je nach Einstrahlungswinkel unterschiedlich gedreht.

1 Aufbau eines TFT-Farbbildschirms

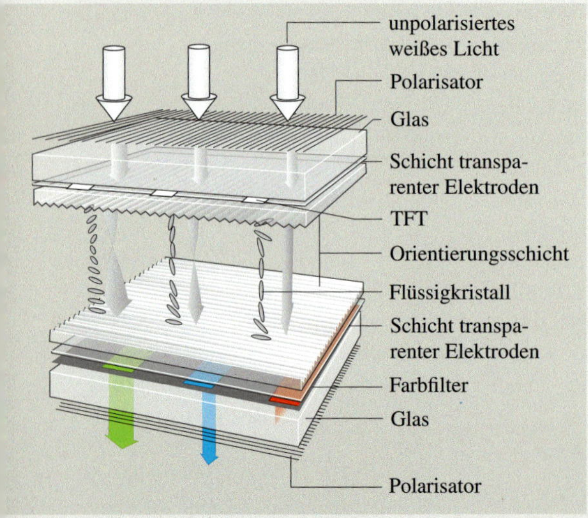

Die Mesophase einer flüssigkristallinen Verbindung muss für eine Verwendung in LCDs bei Raumtemperatur liegen. Die erste Verbindung, die dieses Kriterium erfüllte, war das 4-**M**ethoxy**b**enzyliden-4'-**b**utyl**a**nilin (**MBBA**; Abb. 2). In modernen LCDs finden Gemische superfluorierter Materialien (SFM) Anwendung (Abb. 2).

2 Strukturformeln von Flüssigkristallmolekülen

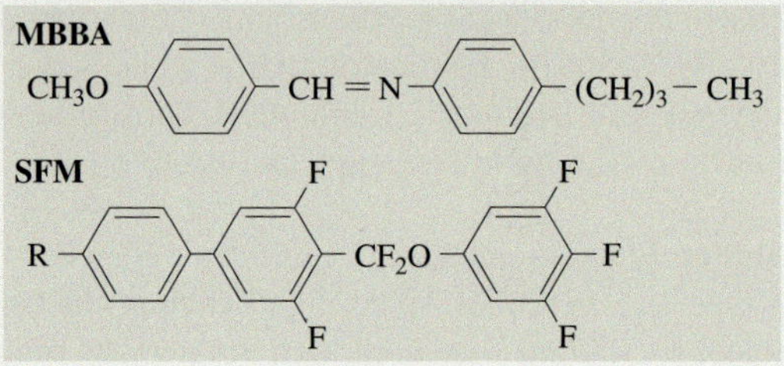

Vom LCD zum TFT-Bildschirm Eine einzelne Flüssigkristallzelle ist wie ein „Sandwich" aufgebaut. Jede der beiden begrenzenden Glasplatten ist außen mit einer Polarisationsfolie beklebt und innen mit feinen Rillen versehen. Zwischen den Glasplatten befindet sich eine 4 bis 8 nm dünne Flüssigkristallschicht, deren Moleküle sich im spannungslosen Zustand entsprechend den Rillen in den Glasplatten ausrichten. Die Moleküle lassen das einfallende polarisierte Licht hindurch, die Zelle erscheint hell. Durch Anlegen einer elektrischen Spannung verändern die Flüssigkristallmoleküle durch das elektrische Feld ihre Anordnung. Die Ebene des polarisierten Lichts wird anders gedreht, die Zelle erscheint dunkel.
Bei modernen TFT-Bildschirmen (**T**hin **F**ilm **T**ransistor) erfolgt die Steuerung jeder der drei Farben eines einzelnen Bildpunkts mithilfe eines eigenen Dünnfilmtransistors (Abb. 1).

AUFGABEN

1 MBBA ist unter anderem wegen seiner Hydrolyseempfindlichkeit für die Verwendung in LCDs wenig geeignet. Formulieren Sie die Gleichung für die Hydrolyse von MBBA.

2 Erläutern Sie die Funktionsweise von LCDs. Stellen Sie Vor- und Nachteile der LCDs heraus.

Nitroverbindungen und Amine

Aromatische Nitroverbindungen Die wichtigste **aromatische Nitroverbindung** ist das Nitrobenzol, bei der eine Nitrogruppe an ein Kohlenstoffatom des Benzolrings gebunden ist.
Aromatische Nitroverbindungen sind Zwischenprodukte für die Synthese von Sprengstoffen, z. B. 2,4,6-Trinitrotoluol (TNT), Farbstoffen, pharmakologisch aktiven Wirkstoffen und Pflanzenschutzmitteln sowie Pestiziden. Von besonderer Bedeutung ist ihre Reduzierbarkeit zu aromatischen Aminen, z. B.:

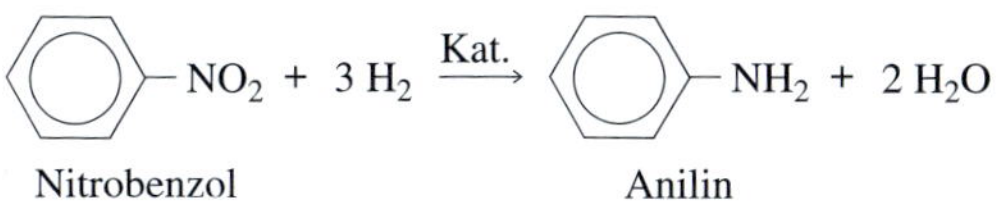

1 Strukturformeln aromatischer Nitroverbindungen

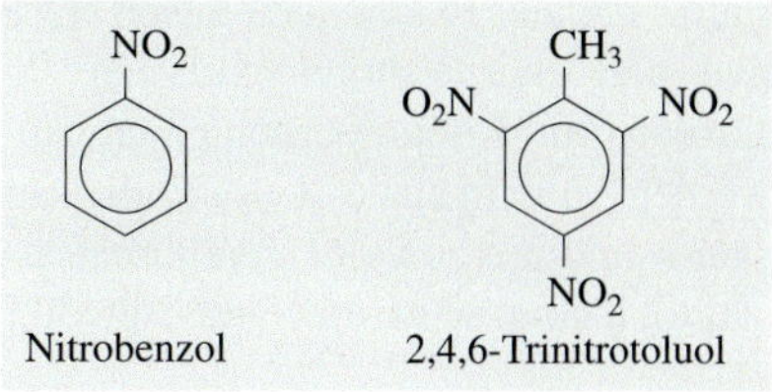

Aromatische Amine Das wichtigste **aromatische Amin** ist **Anilin** (Aminobenzol), eine farblose, ölige Flüssigkeit mit einem unangenehmen Geruch. Anilin wird an der Luft durch chemische Reaktionen sehr schnell braun. Es ist ein starkes Blut- und Nervengift, das durch Einatmen der Dämpfe und durch Hautresorption aufgenommen werden kann. In Wasser ist es nur gering löslich. Die Lösung ist alkalisch (↑Exp. 1, S. 357). Anilin wirkt aufgrund des freien Elektronenpaars der Aminogruppe als Brönsted-Base (Abb. 2). Die Lösung ist jedoch nur sehr schwach alkalisch. Das Säure-Base-Gleichgewicht liegt auf der Seite des Anilins und des Wassers. Wie die Hydroxygruppe weist auch die Aminogruppe einen +M-Effekt auf, sodass die Elektronendichte am Stickstoffatom verringert ist. Das ist darauf zurückzuführen, dass das freie Elektronenpaar des Stickstoffatoms in das π-Elektronensystem des aromatischen Rings einbezogen wird. Die Protonenaufnahme durch das freie Elektronenpaar der Aminogruppe ist somit deutlich erschwert. Mit starken Säuren reagiert Anilin zu wasserlöslichen Salzen.
Anilin ist Ausgangsstoff für viele Azofarbstoffe (↑S. 502 f.), wird aber auch zur Herstellung von Arzneimitteln verwendet.

2 Protolyse von Anilin

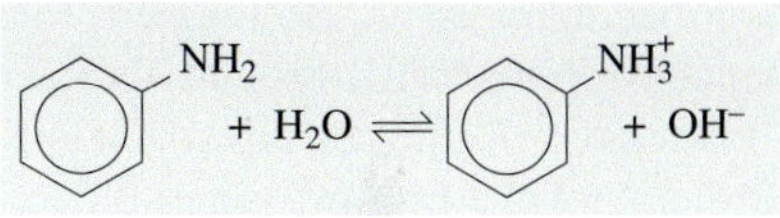

3 Einige Alkylbenzole

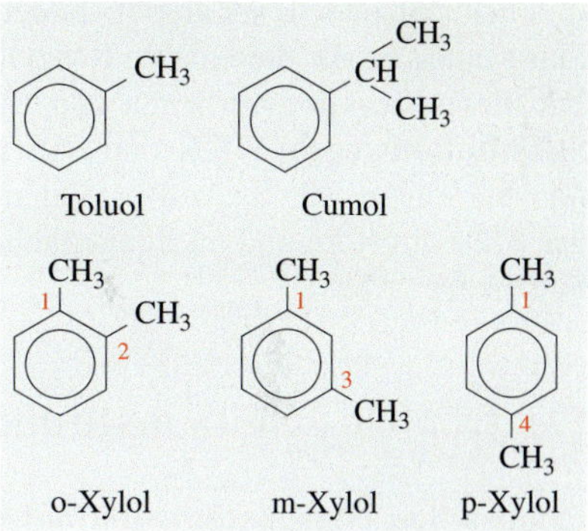

Alkylderivate des Benzols

Alkylbenzole Viele Alkylbenzole wurden u. a. aus Steinkohlenteer isoliert. In ihnen sind Alkylreste an Kohlenstoffatome des Benzolrings gebunden (Abb. 3). Das Methylbenzol wird als **Toluol**, die Dimethylbenzole werden als **Xylole** bezeichnet. Auch für andere wichtige Alkylbenzole sind Trivialnamen in Gebrauch, z. B. **Cumol** (Isopropylbenzol).
Bei den Dimethylbenzolen sind drei Isomere möglich. Zur Benennung der Isomere werden die Kohlenstoffatome des Benzolrings mit den Ziffern 1 bis 6 gekennzeichnet. Nach der Stellung der Substituenten unterscheidet man 1,2-Xylol (ortho-Xylol, o-Xylol), 1,3-Xylol (meta-Xylol, m-Xylol) und 1,4-Xylol (para-Xylol, p-Xylol) (Abb. 3).

AUFGABEN

1. Begründen Sie, warum Anilin eine schwächere Base als Methylamin oder Ammoniak ist.
2. Formulieren Sie mögliche Grenzformeln für das Anilinmolekül.

In ihren Eigenschaften ähneln die Alkylbenzole denen des Benzols, sie sind aber weniger toxisch. Die Methylgruppen der Alkylbenzole lassen sich durch starke Oxidationsmittel zur Carboxygruppe oxidieren. So lässt sich Toluol mit Braunstein in saurer Lösung zu einem Gemisch aus Benzylalkohol, Benzaldehyd und Benzoesäure oxidieren. Xylole können in saurer Lösung mit Kaliumpermanganat zu Dicarbonsäuren oxidiert werden, so wird aus o-Xylol Phthalsäure (Benzol-1,2-dicarbonsäure) und aus p-Xylol Terephthalsäure (Benzol-1,4-dicarbonsäure). Cumol wird zur Synthese von Phenol verwendet.

Substitutionsreaktionen an Alkylbenzolen Bei Alkylbenzolen können zum einen aufgrund ihres aromatischen Rings elektrophile Substitutionen am Benzolring (auch „Kern“ genannt) stattfinden, andererseits sind an der Seitenkette, wie bei Alkanen, radikalische Substitutionen (↑S. 308 ff.) möglich. Welche Substitutionsreaktion abläuft, hängt von den gewählten Reaktionsbedingungen ab. So reagiert Toluol mit Brom bei Anwesenheit von Eisen(III)-bromid als Katalysator und bei niedriger Temperatur (Kälte) zu einem Gemisch aus para- und ortho-Bromtoluol und Bromwasserstoff durch Substitution am aromatischen Kern. Erfolgt die Reaktion ohne Katalysator bei erhöhter Temperatur (Siedehitze) unter intensiver Lichtbestrahlung (Sonnenlicht oder UV-Lampe), bildet sich als Ergebnis einer Substitution an der Seitenkette Benzylbromid.
Für dieses Reaktionsverhalten von Alkylbenzolen wurden die **Substitutionsregeln KKK** und **SSS** formuliert: Die Substitution bei einem Alkylbenzol erfolgt mit einem **K**atalysator in der **K**älte am **K**ern und im **S**onnenlicht in der **S**iedehitze an der **S**eitenkette (Abb. 1).

1 Kern- und Seitenkettensubstitution von Toluol

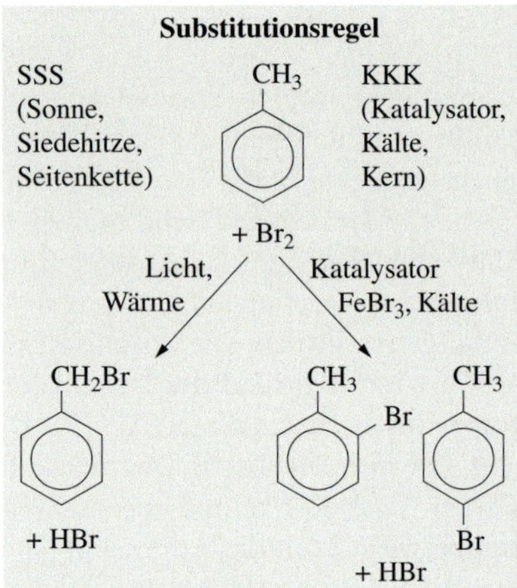

Elektrophile Zweitsubstitution an Aromaten

Einfluss des Erstsubstituenten auf die Reaktionsgeschwindigkeit Aus Benzolderivaten wie Phenol, Anilin und Nitrobenzol können durch Substitution weitere Verbindungen gewonnen werden. Dabei beeinflussen die Eigenschaften des Erstsubstituenten die Reaktionsgeschwindigkeit der **Zweitsubstitution**. Diese ist von der Elektronendichte des aromatischen π-Elektronensystems abhängig. Erstsubstituenten, die die Elektronendichte des π-Elektronensystems erhöhen, erleichtern den elektrophilen Angriff des Reagenzes und beschleunigen damit die Zweitsubstitution. Dies trifft auf Substituenten mit einem starken +I- und/oder +M-Effekt zu (↑S. 357). Substituenten mit einem –I- und/oder –M-Effekt verringern die Reaktionsgeschwindigkeit (Abb. 2, 3). Beide Effekte können sich gegenseitig verstärken aber auch vollständig oder teilweise kompensieren.
So verringern z. B. Halogenatome mit ihrem –I-Effekt die Elektronendichte im aromatischen Kern und erschweren dadurch den elektrophilen Angriff des Reagenzes.

2 Stärke des induktiven Effekts (I-Effekts) von Substituenten

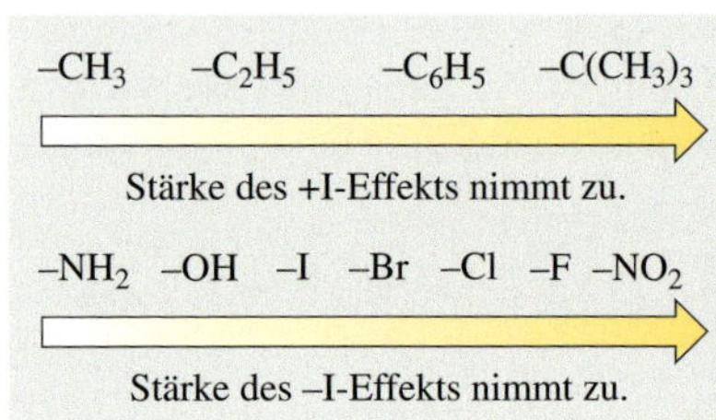

3 Stärke des Mesomerie-Effekts (M-Effekts) von Substituenten

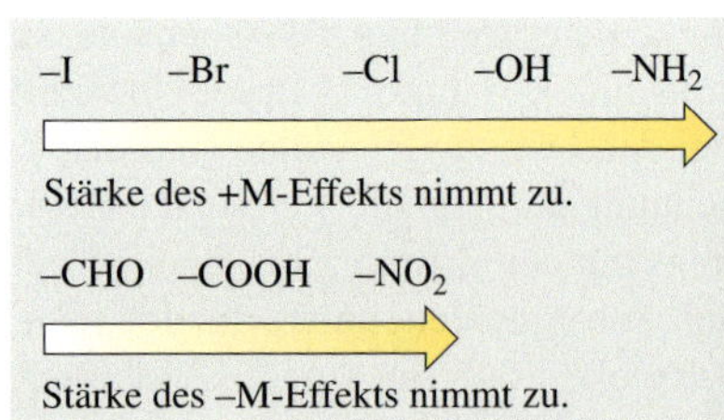

Steuernde Wirkung des Erstsubstituenten Als Reaktionsprodukte einer Zweitsubstitution sind o-, m- und p-Isomere des Benzolderivats denkbar. Die Untersuchung von Reaktionsprodukten zeigt aber, dass der Erstsubstituent neben der Reaktionsgeschwindigkeit auch den Ort der Zweitsubstitution beeinflusst. So dirigieren Erstsubstituenten mit +M-Effekt wie die Hydroxygruppe bei der Bromierung von Phenol den Zweitsubstituenten vorzugsweise in ortho- und para-Stellung. Dagegen kommt es bei Substituenten mit –M-Effekt wie der Nitrogruppe bei der Nitrierung von Nitrobenzol vorzugsweise zur Bildung von Produkten in meta-Stellung (Tab. 1). Eine Begründung für das Verhalten ergibt die Betrachtung der Stabilität der σ-Komplexe.
Erstsubstituenten mit +M-Effekt können bei der Substitution in ortho- und para-Stellung die positive Ladung des Zweitsubstituenten übernehmen. Diese σ-Komplexe sind stabiler, weil die π-Elektronen über einen größeren Bereich delokalisiert sind. Für die Substitution in meta-Stellung ist diese Möglichkeit der Delokalisierung der Ladung nicht gegeben. Da sich die stabileren σ-Komplexe leichter bilden, bilden sich auch ortho- und para-Isomere bevorzugt, während meta-Isomere kaum oder gar nicht entstehen (Abb. 4).
Ein Erstsubstituent mit –M-Effekt dirigiert den Zweitsubstituenten vorzugsweise in meta-Stellung. Auch hier sind die Stabilitäten der σ-Komplexe unterschiedlich. Der Vergleich der Grenzformeln für die σ-Komplexe zeigt, dass es für den Zweitsubstituenten in ortho- oder para-Stellung Grenzformeln gibt, bei der positive Ladungen direkt benachbart sind. Eine derartige Häufung gleicher Ladung ist jedoch energetisch ungünstig. Der σ-Komplex der Substitution in meta-Stellung ist daher stabiler, sodass die Bildung des meta-Isomers begünstigt ist (↑Abb. 1, S. 362).

Tab. 1 Einfluss des Erstsubstituenten auf den Ort der Zweitsubstitution

Erst-substituent	Effekte	Stellung des Zweit-substituenten
–OH $-NH_2$	+M > –I	o- / p-
$-CH_3$	+I	o- / p-
–Cl –Br	–I, +M	o- / p-
$-NO_2$ –COOH	–I, –M	m-

AUFGABE

1 Sie erhalten den Auftrag, ausgehend von Benzol 2-Nitrotoluol (o-Nitrotoluol) und 3-Nitrotoluol (m-Nitrotoluol) herzustellen. Beschreiben Sie, wie Sie diese Stoffe synthetisieren würden. Formulieren Sie die Reaktionsgleichungen.

4 Mesomere Grenzformeln der σ-Komplexe bei der Bromierung von Phenol

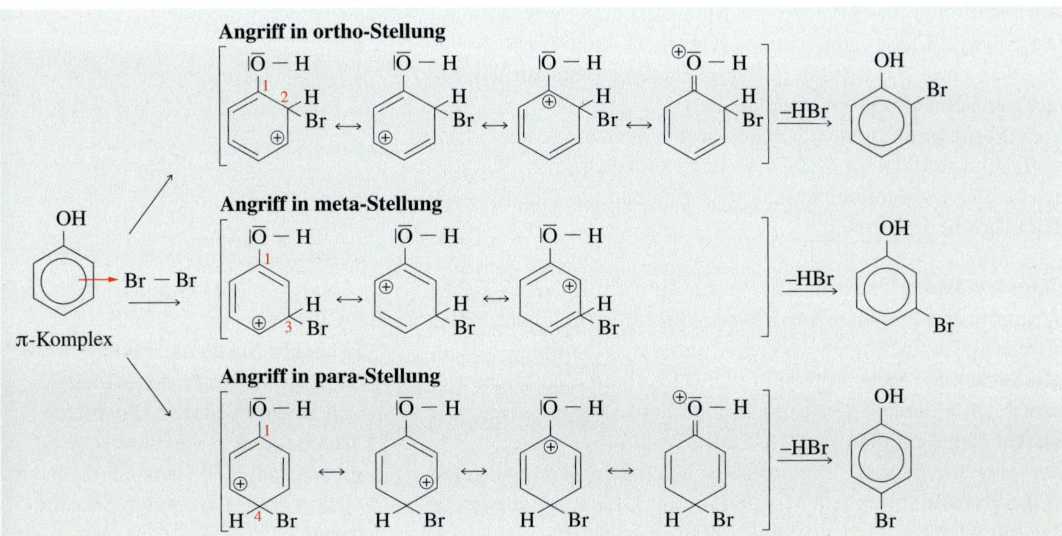

1 Mesomere Grenzformeln der σ-Komplexe bei der Nitrierung von Nitrobenzol

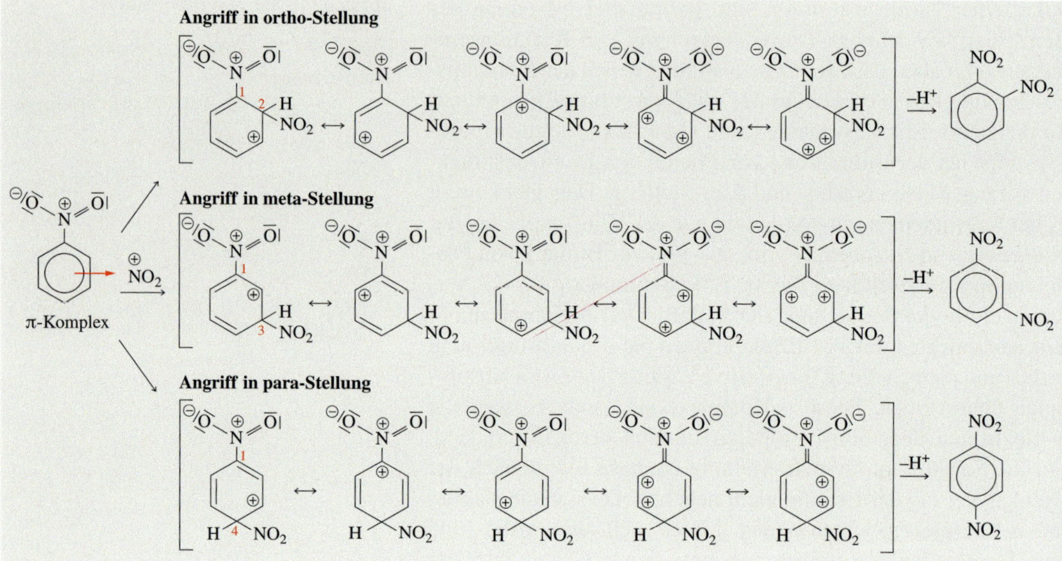

Polycyclische und heterocyclische aromatische Verbindungen

Polycyclische aromatische Kohlenwasserstoffe Polycyclische aromatische Kohlenwasserstoffe, auch **PAK** genannt, enthalten in ihren Molekülen mehrere Benzolringe mit gemeinsamen Kohlenstoffatomen und einem gemeinsamen π-Elektronensystem (Abb. 2).

Einfachste Vertreter sind **Naphthalin** (zwei Ringe im Molekül, 10 π-Elektronen) und **Anthracen** (drei Ringe im Molekül, 14 π-Elektronen). Sie kommen im Steinkohlenteer vor. Ihre Derivate finden insbesondere als Zwischenprodukte bei der Synthese von Farbstoffen, Insektiziden und Medikamenten Verwendung.

Die polycyclischen aromatischen Kohlenwasserstoffe sind wasserunlösliche Feststoffe, deren Schmelztemperatur mit der Anzahl der Benzolringe im Molekül steigt.

Viele Vertreter der polycyclischen aromatischen Kohlenwasserstoffe sind stark karzinogen, z. B. das **Benzo[a]pyren**. Sie können bei der Verbrennung von Kraftstoffen und von Heizöl sowie beim Rauchen entstehen.

2 Strukturformeln einiger polycyclischer aromatischer Kohlenwasserstoffe

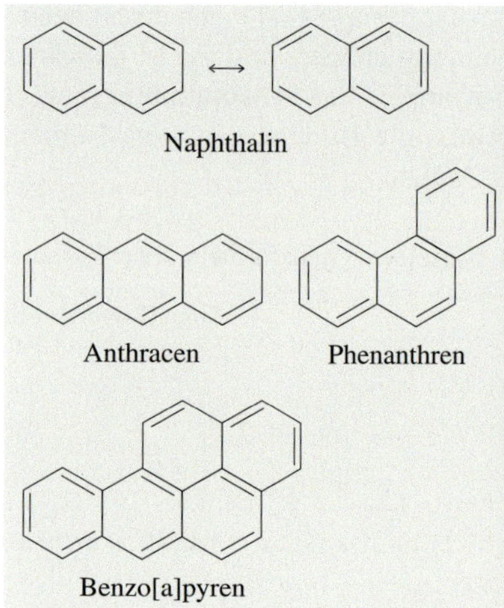

Heterocyclische aromatische Verbindungen Heterocyclische Verbindungen enthalten im Ringsystem ihrer Moleküle neben Kohlenstoffatomen auch andere Atome (Heteroatome), vor allem Stickstoff-, Sauerstoff- und Schwefelatome. Zahlreiche Heterocyclen zählen zu den aromatischen Verbindungen, da sie die Hückel-Regel erfüllen.

Ein einfacher Vertreter der aromatischen **6-Ring-Heterocyclen** ist das **Pyridin**. In seinem Molekül ist eine CH-Gruppierung des Benzolmoleküls durch ein Stickstoffatom ersetzt.

AUFGABEN

1. Erläutern Sie die charakteristischen Strukturmerkmale der Moleküle von Heterocyclen an Beispielen.
2. Welche Reaktivitätsunterschiede gibt es zwischen Benzol und Heterocyclen bei elektrophilen Substitutionen?

3 Strukturformeln einiger heterocyclischer Verbindungen

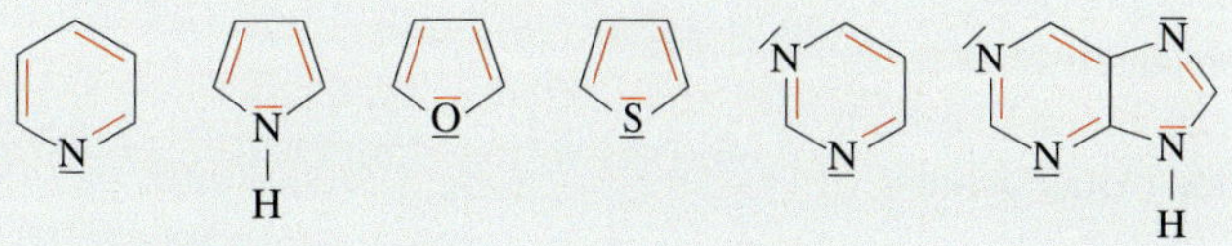

Zu den aromatischen **5-Ring-Heterocyclen** gehören **Pyrrol**, **Furan** und **Thiophen** (Abb. 3). Bei diesen Verbindungen ist eine –CH=CH-Gruppierung des Benzolmoleküls durch eine NH-Gruppe, ein Sauerstoff- oder ein Schwefelatom ersetzt, von denen jeweils ein freies Elektronenpaar in das aromatische π-Elektronensextett einbezogen wird (Abb. 4).
In der Natur sind viele dieser Verbindungen weit verbreitet und von entscheidender Bedeutung für den Ablauf physiologischer Prozesse wie der rote Blutfarbstoff Häm (↑ S. 412). Dazu gehören auch die Derivate von Pyrimidin und Purin (Abb. 3), die als Bausteine in den Nucleinsäuren vorkommen (↑ S. 418 ff.).

4 Ausbildung des aromatischen π-Elektronensextetts in Molekülen der heterocyclischen Verbindungen Pyrrol und Pyridin

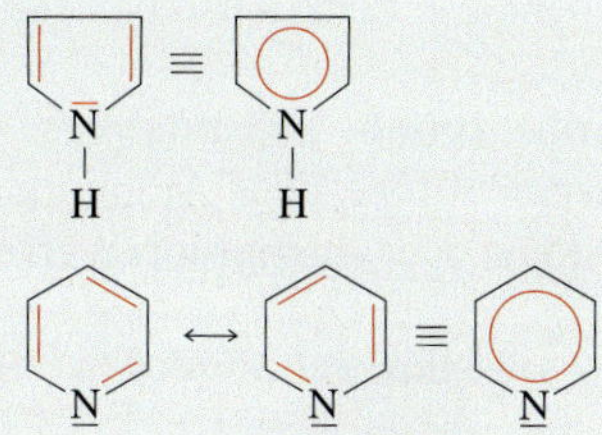

AUFGABE

1 Wie kommt es zu π-Elektronenüberschuss und π-Elektronenmangel bei Molekülen von Heterocyclen?

ZUSAMMENFASSUNG

Aromatischer Bindungszustand
Im Benzolmolekül sind formal drei konjugierte Kohlenstoff-Kohlenstoff-Doppelbindungen ringförmig angeordnet. Der Ring ist planar. Die auf der Ringebene senkrecht stehenden p_z-Atomorbitale überlappen optimal. Die in diesen Orbitalen angeordneten sechs **π-Elektronen** sind vollständig delokalisiert und stabilisieren so durch die Mesomerieenergie das Elektronensystem. Es liegt ein **aromatischer Bindungszustand** vor.
Auch andere **aromatische Kohlenwasserstoffe** sind durch den aromatischen Bindungszustand gekennzeichnet. Es sind ringförmige, ebene Moleküle, deren $(4n + 2)$ π-Elektronen vollständig delokalisiert sind ($n = 0, 1, 2, 3, \ldots$). Diese Stoffe haben eine hohe Stabilität und gehen elektrophile Substitutionen am aromatischen Ring ein. Viele Aromaten sind toxisch und karzinogen.
Bei **heterocyclischen Verbindungen** sind in den Molekülen ein oder mehrere CH-Gruppen durch Heteroatome (hauptsächlich Sauerstoff-, Stickstoff-, Schwefelatome) ersetzt. Viele Heterocyclen sind für die Aufrechterhaltung von Lebensvorgängen wichtig.

► Stoff-Teilchen-Konzept
► Struktur-Eigenschafts-Konzept

Elektrophile Substitution S_E
Charakteristisch für aromatische Verbindungen sind **elektrophile Substitutionen**. Im Verlauf der Reaktion kommt es durch Wechselwirkung zwischen dem π-Elektronensystem des Aromaten und dem elektrophilen Reagenz zur Bildung eines π-Komplexes, der zu einem Carbenium-Ion, dem **σ-Komplex**, weiterreagiert. Unter Wiederherstellung des aromatischen Bindungszustands entsteht das Substitutionsprodukt.
Wichtige Substitutionsprodukte des Benzols sind Alkylbenzole, Styrol, Phenol, Anilin, Halogenbenzole und Nitrobenzole.
Bei **Zweitsubstitutionen** beeinflusst der Erstsubstituent die Reaktionsgeschwindigkeit und den Ort der Zweitsubstitution.

Kern- und Seitenkettensubstitution
Bei Alkylbenzolen erfolgen Substitutionen in Abhängigkeit von den Reaktionsbedingungen: Katalysator und Kälte führen zur Substitution am aromatischen Ring (Kern), Sonnenlicht und Siedehitze führen zur Substitution an der Seitenkette (Substitutionsregeln **KKK** und **SSS**).

► Donator-Akzeptor-Konzept
► Energie-Konzept

Reaktionsmechanismen in der organischen Chemie

In der organischen Chemie laufen die meisten chemischen Reaktionen nach einigen wenigen Reaktionstypen ab. Einen Überblick über diese Reaktionstypen geben die folgenden Übersichten.

Substitution: Substitutionen sind chemische Reaktionen, bei denen Atome oder Atomgruppen in Molekülen durch andere Atome oder Atomgruppen ersetzt werden.

Nucleophile Substitution S_N	Substitution, die durch den Angriff eines Nucleophils auf ein elektrophiles Zentrum einer Verbindung eingeleitet wird.
Beispiel	Darstellen von Alkoholen aus Halogenalkanen $R{-}Cl + OH^- \rightarrow R{-}OH + Cl^-$
Mechanismus nucleophiler Substitutionen	
Monomolekularer Reaktionsmechanismus S_N1-Reaktion (Stufenmechanismus) Der S_N1-Mechanismus wird durch Substituenten mit +I-Effekt am Kohlenstoffatom begünstigt.	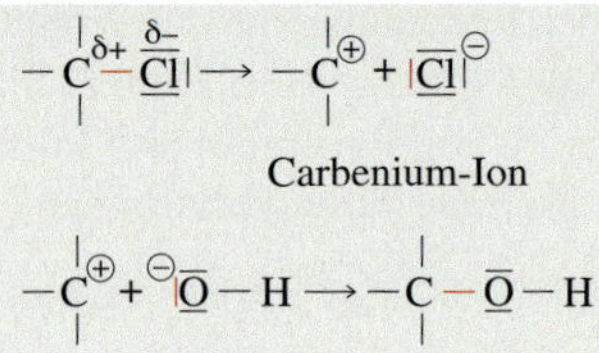
Bimolekularer Reaktionsmechanismus S_N2-Reaktion (Synchronmechanismus)	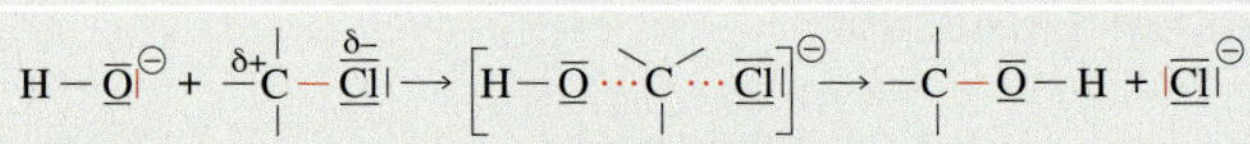 Übergangszustand
Elektrophile Substitution S_E	Substitution, die durch den Angriff eines Elektrophils auf ein nucleophiles Zentrum einer Verbindung eingeleitet wird.
Beispiel	Darstellen von substituierten Benzolen 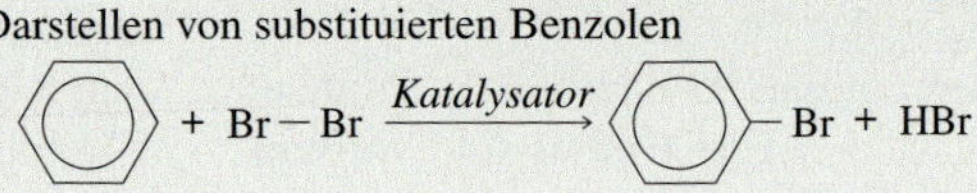
Mechanismus elektrophiler Substitutionen	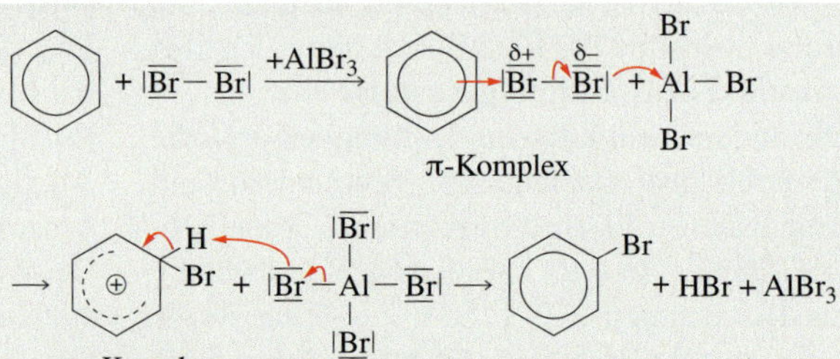 σ-Komplex
Radikalische Substitution S_R	Substitution, die als Kettenreaktion über Radikale verläuft. Die Radikale werden immer wieder neu gebildet.
Beispiel	Bromierung von Alkanen $R{-}H + Br{-}Br \rightarrow R{-}Br + HBr$
Mechanismus radikalischer Substitutionen	**Kettenstart durch Radikalbildung** $Br{-}Br \xrightarrow{Licht} Br\cdot + \cdot Br$ **Kettenfortpflanzung** $H_3C{-}H + \cdot Br \rightarrow H_3C\cdot + H{-}Br$ $H_3C\cdot + Br{-}Br \rightarrow H_3C{-}Br + \cdot Br$ **Kettenabbruch** $Br\cdot + \cdot Br \rightarrow Br{-}Br$ $H_3C\cdot + \cdot Br \rightarrow H_3C{-}Br$ $H_3C\cdot + \cdot CH_3 \rightarrow H_3C{-}CH_3$

Addition: Additionen sind chemische Reaktionen, bei denen jeweils zwei oder mehr Moleküle zu einem neuen Molekül zusammentreten.

Nucleophile Addition A_N	Addition, die durch den Angriff eines Nucleophils auf ein elektrophiles Zentrum einer Verbindung eingeleitet wird.
Beispiel	Bildung von Halbacetalen
Mechanismus nucleophiler Additionen	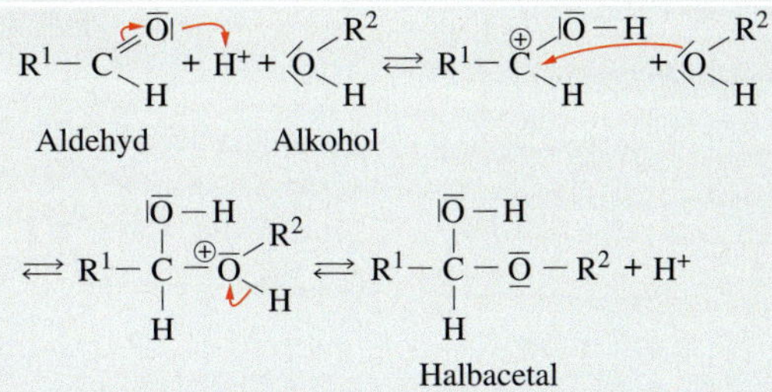
Elektrophile Addition A_E	Addition, die durch den Angriff eines Elektrophils auf ein nucleophiles Zentrum einer Verbindung eingeleitet wird.
Beispiel	Darstellen von Halogenalkanen $R_2C{=}CR_2 + Br{-}Br \rightarrow R_2BrC{-}CR_2Br$
Mechanismus elektrophiler Additionen	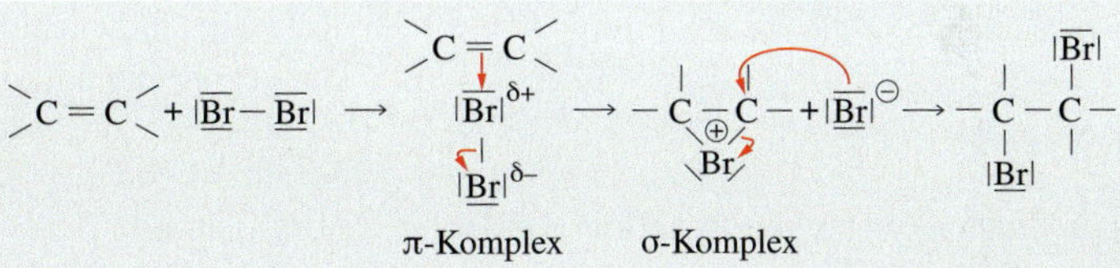
Radikalische Addition A_R	Addition, die als Kettenreaktion über Radikale verläuft. Die Radikale werden immer wieder neu gebildet.
Beispiel	Bromierung von Alkenen $H_2C{=}CH_2 + Br{-}Br \rightarrow H_2BrC{-}CH_2Br$
Mechanismus radikalischer Additionen	**Kettenstart durch Radikalbildung** $Br{-}Br \xrightarrow{Licht} Br\cdot + \cdot Br$ **Kettenfortpflanzung** $H_2C{=}CH_2 + \cdot Br \rightarrow \cdot CH_2{-}CH_2{-}Br$ $Br{-}Br + \cdot CH_2{-}CH_2{-}Br$ $\rightarrow Br\cdot + Br{-}CH_2{-}CH_2{-}Br$ **Kettenabbruch** $Br\cdot + \cdot Br \rightarrow Br{-}Br$ $Br\cdot + \cdot CH_2{-}CH_2{-}Br$ $\rightarrow Br{-}CH_2{-}CH_2{-}Br$ $Br{-}CH_2{-}CH_2\cdot + \cdot CH_2{-}CH_2{-}Br$ $\rightarrow Br{-}CH_2{-}CH_2{-}CH_2{-}CH_2{-}Br$

Eliminierung: Eliminierungen sind chemische Reaktionen, bei denen aus einem Molekül des Ausgangsstoffs zwei Atome oder Atomgruppen ohne Ersatz abgespalten werden.

Beispiel	Darstellen von Alkenen aus Halogenalkanen $H_3C{-}CH_2Br + OH^- \rightarrow H_2C{=}CH_2 + Br^- + H_2O$
Mechanismus von Eliminierungen	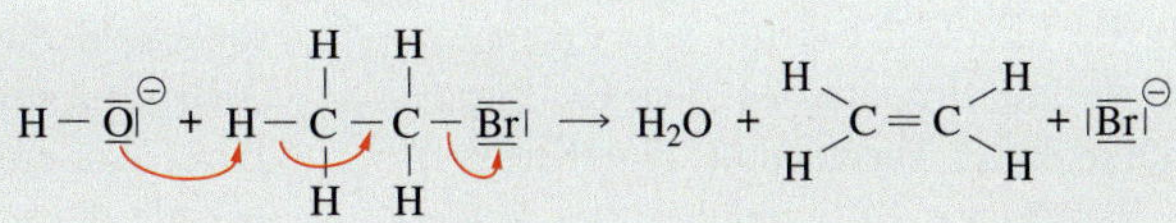

KOMPLEX GEDACHT

1 Die gasförmigen Alkene Ethen und Propen haben sich in den letzten Jahren zu sehr wichtigen Ausgangsstoffen der chemischen Industrie entwickelt. So werden aus Ethen eine große Anzahl weiterer Stoffe hergestellt (Abb. 1).

1 Ethen als Ausgangsstoff

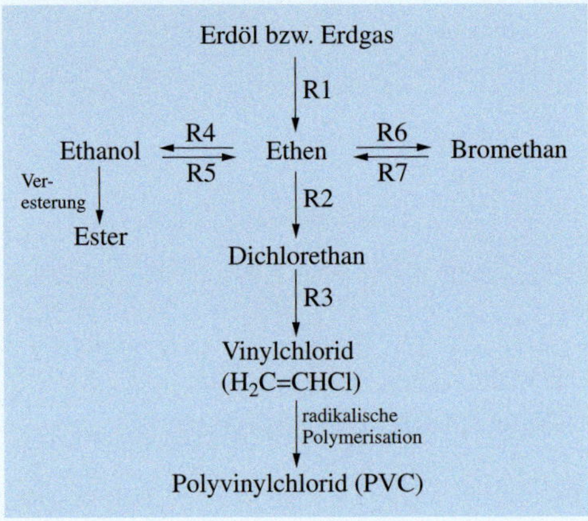

a Benennen Sie den jeweiligen Reaktionstyp der Reaktionen R1 bis R7. Geben Sie dabei alle möglichen Reaktionstypen an.

b Formulieren Sie jeweils den Mechanismus für die Reaktionen R3, R4, R6 und R7 unter Verwendung von Strukturformeln.

c Erläutern Sie, welche Reaktionsbedingungen beim Ethen eine Substitution, eine Addition oder eine Eliminierung begünstigen. Erörtern Sie, nach welchem Reaktionstyp Ethen bevorzugt reagiert.

d Die Reaktion von Vinylchlorid zu dem Kunststoff Polyvinylchlorid (PVC, $\text{-}[CH_2\text{–}CHCl]_n\text{-}$), ist eine radikalische Polymerisation, die einer radikalischen Substitution in vielen Schritten ähnelt. Dabei reagiert zunächst ein Radikal R· mit einem Vinylchlorid-Molekül (Kettenstart). Entwickeln Sie den Reaktionsmechanismus für die radikalische Polymerisation (Kettenstart, Kettenwachstum und einen möglichen Kettenabbruch) zur Synthese von PVC.

e Erläutern Sie für die Reaktion von Propen zu Propan-1-ol und Propan-2-ol den Reaktionsmechanismus unter Verwendung von Strukturformeln. Begründen Sie, welches der beiden Produkte bevorzugt gebildet wird.

2 Die Addition von Brom an Chlorethen erfolgt etwa 25-mal langsamer als die von Brom an Ethen. 1,2-Dichlorethen reagiert sehr langsam mit Brom und Tetrachlorethen praktisch überhaupt nicht mehr mit Brom.
Erklären Sie diesen Sachverhalt.

3 Der ungesättigte Charakter der Alkine zeigt sich ähnlich wie der der Alkene dadurch, dass Alkine wie die Alkene in elektrophilen Additionsreaktionen reagieren.

a Formulieren Sie den Reaktionsmechanismus der elektrophilen Addition von Brom an Propin unter Verwendung von Strukturformeln. Gehen Sie davon aus, dass Brom im Überschuss hinzugegeben worden ist. Benennen Sie sämtliche Produkte. Erläutern Sie dabei das Auftreten isomerer Moleküle.

b Relevant sind auch die Additionen von Verbindungen zweier unterschiedlicher Halogene miteinander an ungesättigte Kohlenwasserstoffe. Erläutern Sie die Addition von Bromchlorid (BrCl) an But-1-in.
Stellen Sie eine begründete Hypothese auf, welches der beiden möglichen Reaktionsprodukte mengenmäßig überwiegt.

c Technisch bedeutsam ist auch die Addition von Halogenwasserstoffen an Alkine in Gegenwart eines die Reaktion beschleunigenden Katalysators wie Eisen(III)-chlorid $FeCl_3$ oder Aluminiumchlorid $AlCl_3$ zu den entsprechenden Alkenen und Alkanen. Der Katalysator wird benötigt, da die Kohlenstoff-Kohlenstoff-Dreifachbindung weniger nucleophil als die Kohlenstoff-Kohlenstoff-Doppelbindung ist.
Erklären Sie die Katalysatorwirkung.

4 Bei einem Experiment wird in einem Reagenzglas ein Stoffgemisch aus 3-Ethylpentan und Brom mit UV-Licht bestrahlt. Nach kurzer Zeit ist eine Entfärbung zu beobachten. Hält man dann ein angefeuchtetes Stück Universalindikatorpapier in das Reagenzglas, so färbt sich dieses rot. Als Hauptreaktionsprodukt lässt sich 3-Brom-3-ethylpentan identifizieren. Formulieren Sie eine begründete Hypothese, weshalb gerade dieses Reaktionsprodukt mengenmäßig vorherrscht.

5 Die Moleküle vier organischer, farbloser, flüssiger Stoffe A, B, C und D besitzen die identische Summenformel C_4H_8O. Von diesen Stoffen sind die folgenden Reaktionen bekannt.
Die Substanzen A und B reagieren jeweils mit Fehling-Lösung unter Bildung eines rötlichen Niederschlags.
Die Substanzen C und D reagieren mit elementarem Natrium unter Wasserstoffentwicklung.
Bromwasser wird durch die Substanzen C und D entfärbt.

a Entscheiden Sie anhand der Reaktionen, um welche chemischen Verbindungen es sich handeln könnte. Geben Sie Namen und Strukturformeln für Ihre vermuteten Stoffe an.

b Formulieren Sie die Reaktionsgleichungen für die beschriebenen Reaktionen der Stoffe.

c Geben Sie Namen und Strukturformeln vier weiterer Isomere mit der Summenformel C_4H_8O an.

6 Methanol kann technisch aus Synthesegas, einem Gemisch aus Kohlenstoffmonooxid und Wasserstoff, unter Einsatz entsprechender Katalysatoren hergestellt werden.

a Stellen Sie für die genannte Reaktion die Reaktionsgleichung auf und erläutern Sie an diesem Beispiel die Reaktionsart Redoxreaktion.

b Die Methanolsynthese ist eine Reaktion, bei der sich ein chemisches Gleichgewicht einstellt. Diskutieren Sie mithilfe der Daten in Tab. 1 und des Massenwirkungsgesetzes die Bedingungen für die Methanolsynthese.

Tab. 1 Bedingungen bei der Methanolsynthese

Katalysator	**ZnO/Cr_2O_3-Katalysator**	**$CuO/ZnO/Al_2O_3$-Katalysator**
T in K	675	525
p in MPa	20	5 bis 10
$\Delta_r H_m^0$ in $kJ \cdot mol^{-1}$	−90	−90
$\Delta_r S_m^0$ in $J \cdot K^{-1} \cdot mol^{-1}$	−220	−220

c Aus Methanol kann Methanal großtechnisch durch Dehydrierung an Silberkontakten bei einer Temperatur von 600 °C hergestellt werden. Formulieren Sie die Reaktionsgleichung und zeigen Sie rechnerisch, dass diese Reaktion bei der genannten Temperatur freiwillig abläuft.

7 Substituierte Phenole mit mehreren Hydroxygruppen heißen Polyphenole. Verbindungen mit zwei Hydroxygruppen werden Diphenole genannt (Abb. 2).

2 Strukturformeln von Diphenolen

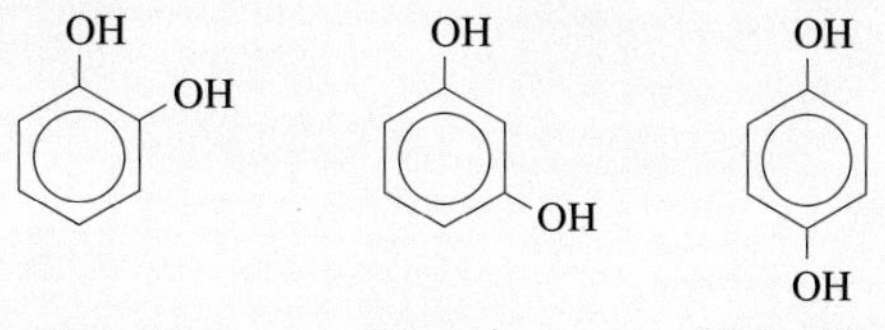

a Geben Sie die systematischen Namen der drei isomeren Diphenole an.

b Brenzkatechin und Hydrochinon färben sich an der Luft braunrot. Sie lassen sich leicht zu 1,2-Benzochinon und 1,4-Benzochinon oxidieren. Entwickeln Sie für beide Reaktionen die Reaktionsgleichungen. Charakterisieren Sie die Stoffgruppe der Chinone.

c Begründen Sie, warum Resorcin an der Luft keine Veränderungen zeigt.

8 Sonnenstrahlen sind nicht harmlos. Wer in die Sonne geht, setzt seine Haut ultravioletter Strahlung aus. Die Haut ist aber nicht schutzlos dem UV-Licht ausgeliefert. Als körpereigener Schutz wirkt das Hautpigment Melanin. Darüber hinaus gibt es viele Sonnenschutzmittel, die Stoffe mit chemischem und physikalischem UV-Schutz enthalten.

a Recherchieren Sie, was in der Hornschicht der Haut passiert, wenn diese als UV-Absorber wirkt. Beschreiben Sie den Vorgang.

b Entwickeln Sie eine Übersicht über die Synthese von Melanin in der Oberhaut aus der Aminosäure Tyrosin (↑S. 402). Geben Sie die Strukturformeln der beteiligten Verbindungen an.

c Informieren Sie sich über moderne Sonnenschutzmittel. Erläutern Sie, was unter dem Lichtschutzfaktor zu verstehen ist. Geben Sie an, welche Verbindungen als Lichtschutzsubstanzen in Sonnenschutzmitteln enthalten sind und welche Wirkung sie auslösen.

15 Kohlenhydrate

Eine große Gruppe von biologisch wichtigen Stoffen sind die Kohlenhydrate. Zu ihnen gehören u.a. verschiedene Zuckerarten, Stärke und Cellulose. Kennzeichnend für die Moleküle dieser Stoffgruppe ist, dass sie mehrere Hydroxygruppen und freie oder gebundene Aldehyd- oder Ketogruppen aufweisen. Die unterschiedlichen Eigenschaften der Kohlenhydrate werden auch durch ihre Molekülgröße bestimmt, die von den kleinen Molekülen der Einfachzucker bis zur makromolekularen Stärke reicht.
Kohlenhydrate haben eine große Bedeutung bei der Speicherung chemischer Energie in der lebenden Zelle. Sie bilden die Gerüststoffe der pflanzlichen Zellwände und sind neben Fetten und Eiweißen wichtige Nahrungsmittel.

Spiegelbildisomerie und optische Aktivität

Spiegelbildisomerie – Chiralität Der einfachste Vertreter der Zucker ist **Glycerinaldehyd** (2,3-Dihydroxypropanal). Als funktionelle Gruppen weist das Glycerinaldehydmolekül eine Aldehydgruppe und zwei Hydroxygruppen als Substituenten auf (Abb. 1).
Am Kohlenstoffatom 2 besitzt dieser Zucker ein sogenanntes **asymmetrisches Kohlenstoffatom (C*)**. Die unterschiedliche räumliche Anordnung der Substituenten an diesem Kohlenstoffatom, ihre Konfiguration, führt zu zwei räumlich verschiedenen Molekülen des Glycerinaldehyds, die sich wie **Bild** und **Spiegelbild** verhalten. Die diesen Molekülen entsprechenden isomeren Stoffe werden als **Enantiomere** oder **Spiegelbildisomere** bezeichnet. Enantiomere sind nicht deckungsgleich – so, wie rechte und linke Hand nicht zur Deckung gebracht werden können (Abb. 2). Man spricht daher auch von **chiralen Molekülen** (griech. cheir – Hand).
Moleküle mit einem C* sind chiral. An diesem **chiralen Zentrum** sind stets **vier unterschiedliche Substituenten** gebunden: Beim Glycerinaldehydmolekül sind es eine CHO-Gruppe, eine OH-Gruppe, eine CH_2OH-Gruppe und ein H-Atom.

1 Strukturformel des Glycerinaldehyds – der einfachste Zucker

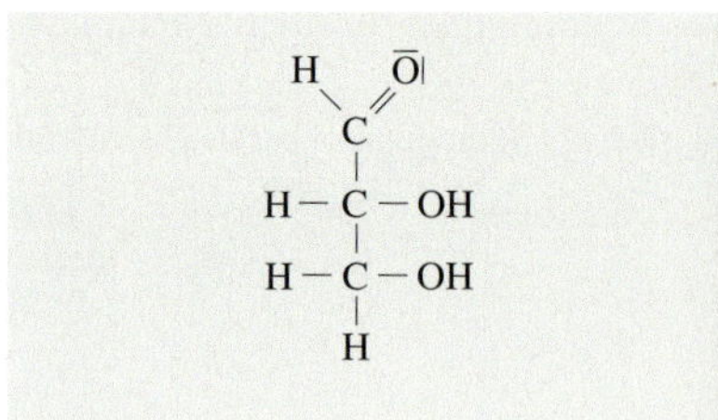

AUFGABE

1 Bauen Sie mit dem Molekülbaukasten das Enantiomerenpaar des Glycerinaldehyds. Machen Sie sich anhand der Molekülmodelle die räumliche Anordnung der Substituenten am C* klar.

2 Die Enantiomere (Spiegelbildisomere) des Glycerinaldehyds

Kugelstabmodell | **Keil-Strich-Formel** räumliche Darstellung | **In der Natur**

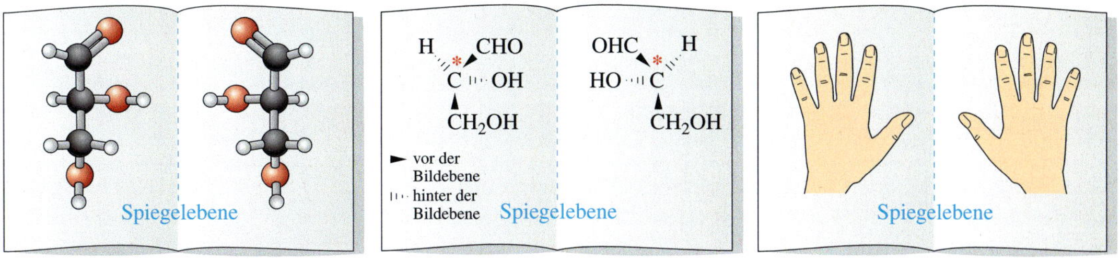

Enantiomere haben den gleichen Namen und werden durch die vorgesetzten Buchstaben D und L unterschieden.
D- und **L-Glycerinaldehyd** bilden ein Enantiomerenpaar.
Zur eindeutigen Darstellung der enantiomeren Moleküle in einer Ebene wird das Molekül in der sogenannten **Fischer-Projektion** abgebildet. Sie kann wie folgt entwickelt werden:

Schrittfolge zur Erstellung der Fischer-Projektionsformeln	**L-Projektionsformeln**	**D-Projektionsformeln**
Schritt 1 Das Molekül wird so ausgerichtet, dass das Kohlenstoffatom mit der größten Oxidationszahl oben steht (hier: die Aldehydgruppe) und die CH_2OH-Gruppe nach unten gerichtet ist.	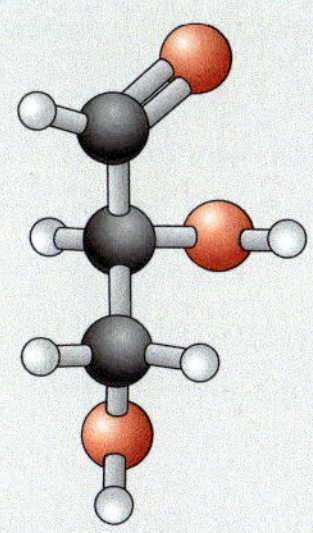	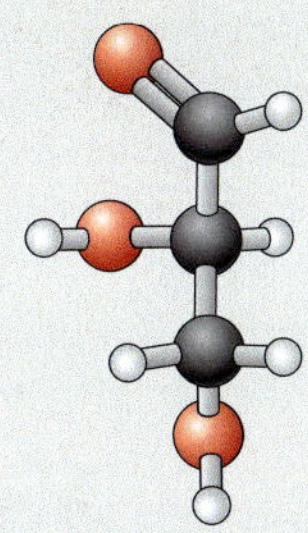
Schritt 2 Das chirale Kohlenstoffatom wird so ausgerichtet, dass die davon ausgehenden C–C-Bindungen nach hinten gerichtet sind. Die waagerechten Substituenten (–H und –OH) zeigen auf den Betrachter.	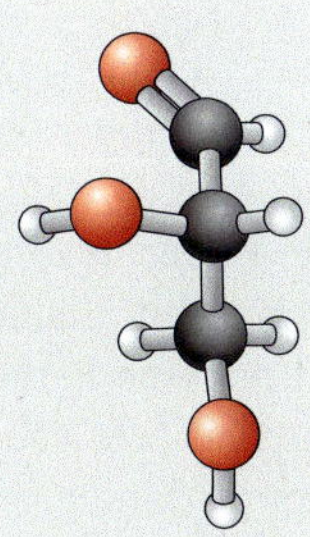	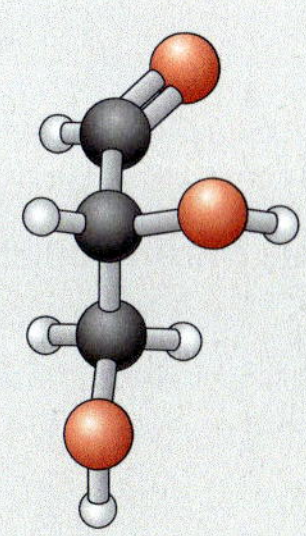
Schritt 3 Das so orientierte Molekül wird in die Papierebene projiziert: Bindungen, die nach hinten weisen, werden als senkrechte Linien gezeichnet, Bindungen, die nach vorne weisen, als waagerechte Linien. Nun können die Enantiomere eindeutig benannt werden. Befindet sich die OH-Gruppe des chiralen Kohlenstoffatoms in der Projektionsformel auf der linken Seite, erhält der Name ein L vorangestellt (lat. laevus – links). Steht die OH-Gruppe rechts, wird analog ein D vorangestellt (lat. dexter – rechts).	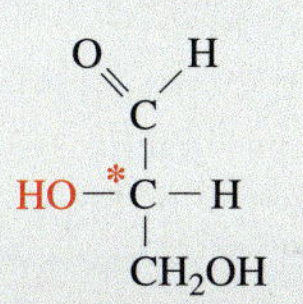 L-Glycerinaldehyd	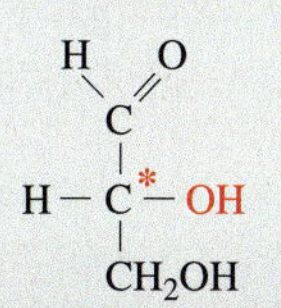 D-Glycerinaldehyd

1 Durch einen Polarisationsfilter werden Lichtwellen einer Schwingungsebene erzeugt.

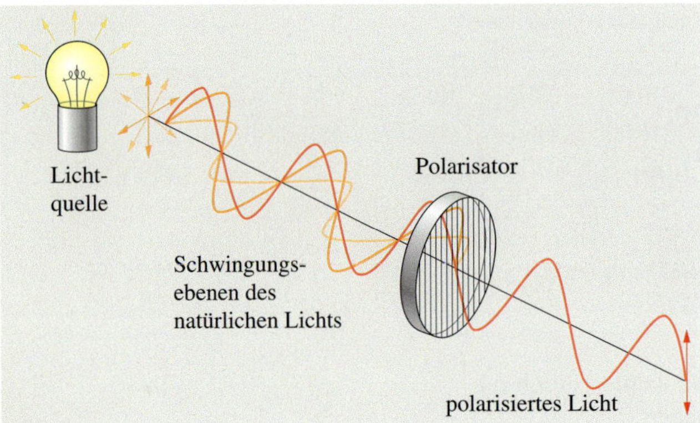

2 Optisch aktiver Zucker, mit Polarisationsfilter fotografiert

Polarisiertes Licht Natürliches Licht weist Lichtwellen auf, die in allen Ebenen senkrecht zur Ausbreitungsrichtung des Lichtstrahls schwingen. Ein Polarisationsfilter lässt nur Lichtstrahlen hindurch, die zu einer Schwingungsebene gehören. Die Lichtwellen des **linear polarisierten Lichts** breiten sich in der durch den Filter vorgegebenen Schwingungsebene weiter aus. Alle in anderen Ebenen schwingenden Lichtwellen werden vom Filter absorbiert.

Das menschliche Auge kann polarisiertes von unpolarisiertem Licht nicht unterscheiden. Deshalb wird im **Polarimeter** ein zweiter Polarisationsfilter, der Analysator, in den Strahlengang eingebracht. Bei gleicher Ausrichtung beider Polarisationsfilter treten die Strahlen ungehindert durch. Das Blickfeld ist hell. Wird der Analysator jedoch gedreht, werden die Lichtstrahlen dort absorbiert und das Blickfeld wird dunkel.

Optische Aktivität Im Polarimeter kann in der Messzelle der Einfluss eines Stoffs auf die Schwingungsrichtung von polarisiertem Licht untersucht werden (Abb. 3).

Chirale Verbindungen drehen die Ebene des linear polarisierten Lichts. Sie sind **optisch aktiv**. Von einem Enantiomerenpaar wie D- und L-Glycerinaldehyd dreht der eine Partner die Ebene des linear polarisierten Lichts nach rechts, der andere entsprechend nach links. Im Namen der chiralen Verbindungen wird der Drehsinn mit rechts (+) und links (–) angegeben, z. B. **D(+)-Glycerinaldehyd oder L(–)-Glycerinaldehyd**.

Die optische Aktivität eines Stoffs wird im Polarimeter als spezifische Drehung ermittelt. Die **spezifische Drehung α_{sp}** ist eine Stoffkonstante von optisch aktiven Substanzen. Sie ist als Quotient aus dem Drehwinkel α sowie dem Produkt aus der Massenkonzentration β und der Länge der Messzelle l definiert (Tab. 1). Zwischen dem Drehsinn der Polarisationsebene und dem Bau der enantiomeren Moleküle besteht kein Zusammenhang. Deshalb kann aus der D- und L-Konfiguration nicht auf den Drehsinn geschlossen werden.

Tab. 1 Spezifische Drehung einiger optisch aktiver Stoffe

Stoff	$\alpha_{sp} = \frac{\alpha}{\beta \cdot l}$ in $ml \cdot g^{-1} \cdot dm^{-1}$
D(+)-Glucose	+52,7
D(–)-Fructose	–92,4
D(+)-Galactose	+80,2
D(–)-Milchsäure	–3,8
Saccharose	+66,5

AUFGABEN

1 Stellen Sie strukturelle Gemeinsamkeiten und Unterschiede im Bau von Enantiomeren und Diastereomeren dar.

2 Diskutieren Sie, ob sich meso-Weinsäure im Polarimeter als optisch aktive Substanz darstellen wird.

3 Begründen Sie, warum D(–)-Fructose nicht rechtsdrehend ist, obwohl der Vorsatz im Namen D für „rechts“ steht.

4 Berechnen Sie die Massenkonzentration β einer Fructoselösung, deren Drehwinkel im Polarimeter mit $\alpha = -10°$ bestimmt wird. Die Messzelle ist 10 cm lang.

5 Zeichnen Sie die Enantiomere der Milchsäure (2-Hydroxypropansäure) in Fischer-Projektion.

3 Messung des Drehwinkels α eines optisch aktiven Stoffs mit einem Polarimeter

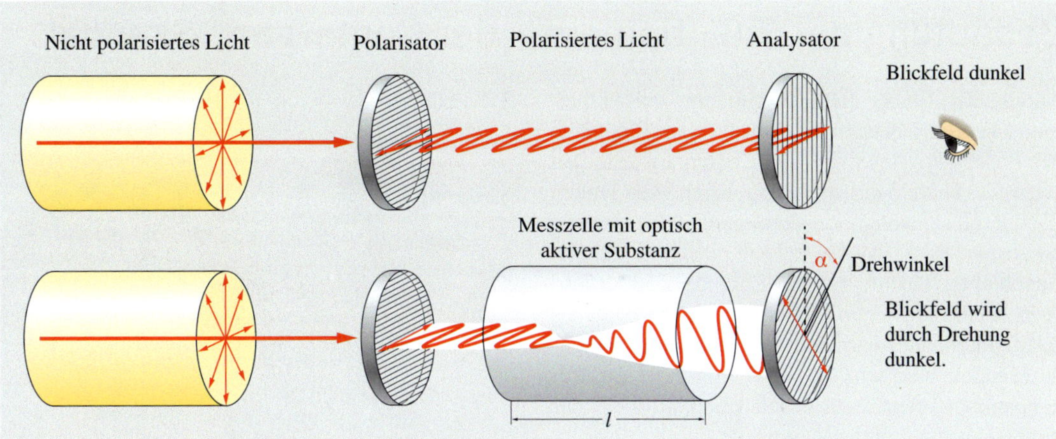

Enantiomere drehen die Ebene des polarisierten Lichts zwar in entgegengesetzte Richtungen, aber um den gleichen Betrag. So ist ein 1:1-Gemisch beider Enantiomere optisch inaktiv. Ein solches Gemisch wird **Racemat** genannt und durch das Zeichen (±) gekennzeichnet.

Stereoisomerie Die Verbindung Weinsäure hat zwei chirale Zentren, weil an jedem C* vier unterschiedliche Bindungspartner gebunden sind (Abb. 4). (+)-Weinsäure und (−)-Weinsäure verhalten sich wie Bild und Spiegelbild, sie sind Enantiomere. Die beiden unteren Moleküle können jedoch durch Drehung in Deckung gebracht werden und sind daher identisch. Moleküle, die eine Spiegelebene im Molekül aufweisen, heißen **meso-Verbindungen**. Alle Isomere, (+)-Weinsäure, (−)-Weinsäure und meso-Weinsäure, besitzen jeweils die gleiche Summenformel und die gleiche Abfolge von Atomen im Molekül. Sie sind **Stereoisomere**. Sie unterscheiden sich nur in der räumlichen Anordnung der einzelnen Atome. Die meso-Weinsäure als nicht spiegelbildliches Isomer bezeichnet man als **Diastereomer**.

4 Isomere der Weinsäure

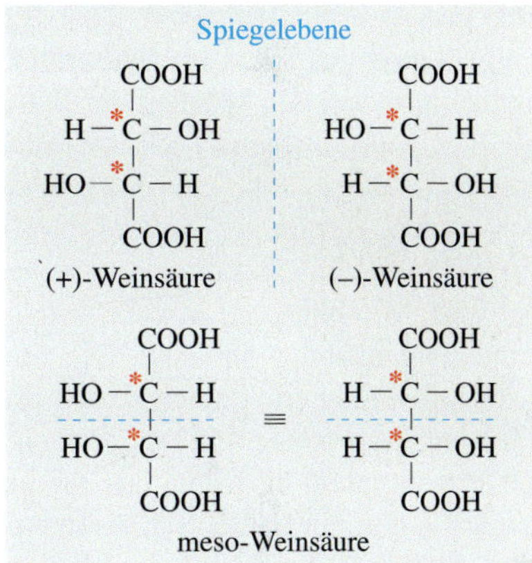

5 Überblick über Isomeriearten

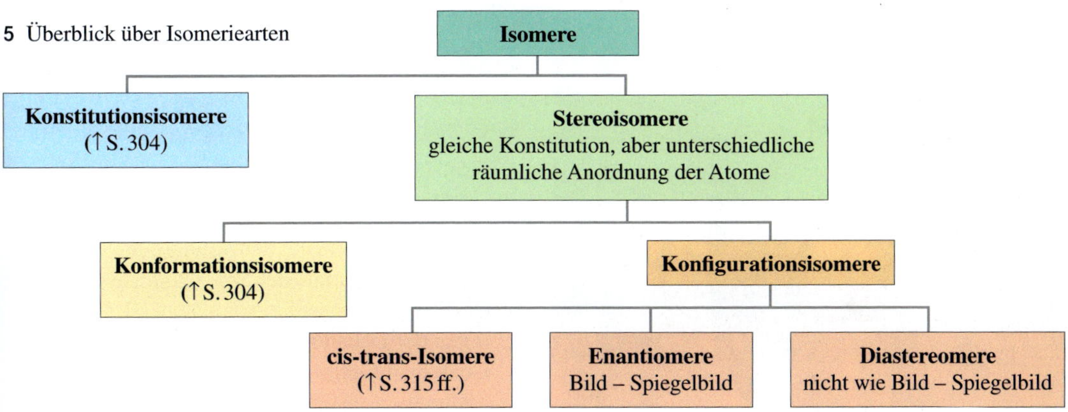

Medizin

Bedeutung der Enantiomere – der Contergan®-Skandal

Anfang der 1960er Jahre erschütterte ein Arzneimittelskandal Deutschland. Infolge der Einnahme des Beruhigungsmedikaments Contergan®, das den Wirkstoff Thalidomid enthielt, gebaren viele Frauen Kinder mit schweren Schädigungen.

Geschichte Thalidomid war Ende der 1950er Jahre in der Bundesrepublik Deutschland in mehr als 20 Medikamenten enthalten. Thalidomid enthaltende Medikamente wurden als Schlaf- und Beruhigungsmittel sowie auch gegen Übelkeit, unter der viele Schwangere litten, verordnet.
Die Folgen der Thalidomid-Einnahme wurden unabhängig voneinander in Deutschland, Großbritannien und Australien entdeckt. Thalidomid stört die Entwicklung des Fötus im Mutterleib. Frauen, die gerade in den ersten Wochen der Schwangerschaft Medikamente mit dem Wirkstoff Thalidomid einnahmen, liefen Gefahr, ein missgebildetes Baby zu bekommen. Typische Thalidomid-Missbildungen sind verkümmerte Extremitäten, wobei die genaue Art der Missbildung vom Zeitpunkt der Medikamenteneinnahme abhängt. Die Herstellerfirma Grünenthal reagierte jedoch zunächst nicht auf die Warnungen. Erst nach umfangreichen Berichten in der Presse nahm die Firma das Medikament Contergan® aus dem Handel. Schätzungen gehen davon aus, dass in Deutschland ca. 4000, weltweit fast 10 000 behinderte Kinder zur Welt kamen. Von diesen ist die Hälfte inzwischen bereits verstorben.

1 Bettina Eistel – erfolgreiche Dressurreiterin (Paralympics 2004), Moderatorin und Autorin

2 Enantiomere des Wirkstoffs Thalidomid

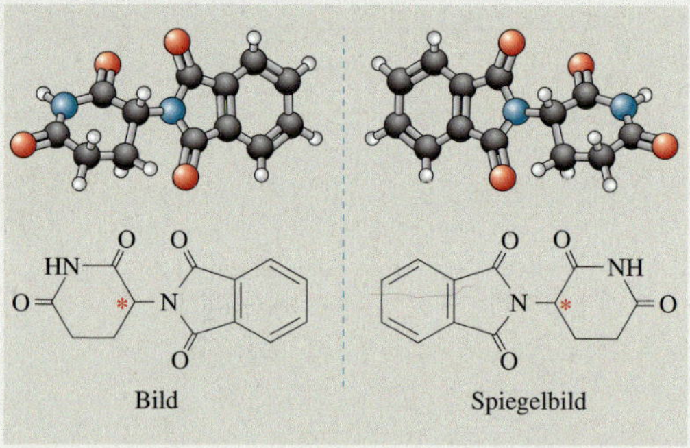

Stereochemie Bei Thalidomid handelt es sich um eine chirale Verbindung. Es kommt also in zwei Enantiomeren (Spiegelbildisomeren) vor. In den Medikamenten wurde die Verbindung als 1:1-Mischung der beiden Enantiomere, als Racemat, eingesetzt. Es verursachte schwere Fehlbildungen des Fötus, indem das Enzym, das in der Wachstumsphase an der Knorpelbildung beteiligt ist, gehemmt wurde.
Lange wurde angenommen, dass nur ein Enantiomer zu den Fehlbildungen führt. Jedoch zeigte sich, dass auch bei Verabreichen nur eines der beiden Enantiomere diese im Organismus racemisieren, sodass sich innerhalb weniger Stunden ein Verhältnis der beiden Enantiomere von ca. 1:1,7 einstellt.
In neueren medizinischen Untersuchungen wurde deutlich, dass sich Thalidomid neben der schlaffördernden Wirkung auch hemmend auf Entzündungen und Tumorwachstum auswirkt. Seit 1998 ist es daher in den USA zur Behandlung von Lepraerkrankung zugelassen. Auch in Deutschland wird der Wirkstoff seit 2009 wieder zur Behandlung einer Krebserkrankung, des multiplen Myeloms, eingesetzt.

AUFGABEN

1 Erläutern Sie anhand der Struktur des Thalidomids die Merkmale der Spiegelbildisomerie.

2 Recherchieren Sie die Argumente aller Beteiligten der Debatte um die Entschädigung der Contergan-Opfer. Nehmen Sie kritisch Stellung.

Monosaccharide

Einteilung Die Kohlenhydrate werden je nach Anzahl der in ihren Molekülen enthaltenen Zuckerbausteine in Monosaccharide, Disaccharide usw. und Polysaccharide eingeteilt.
Die **Monosaccharide**, oft auch als Zucker bezeichnet, sind die einfachsten Vertreter der Kohlenhydrate. Sie gehören zu den **Aldosen**, wenn neben den Hydroxygruppen eine Aldehydgruppe im Molekül vorhanden ist. Wenn dagegen eine Ketogruppe vorhanden ist, zählen sie zu den **Ketosen**.
Abhängig von der Anzahl der Kohlenstoffatome wird zwischen Triosen (3 C-Atome im Molekül), Tetrosen (4 C-Atome), Pentosen (5 C-Atome) und Hexosen (6 C-Atome) usw. unterschieden. Aldopentosen und -hexosen sowie Ketohexosen kommen in der Natur am häufigsten vor.
Bei den Aldosen können, ausgehend von D- bzw. L-Glycerinaldehyd, durch Einschub weiterer CHOH-Gruppen zwischen den Kohlenstoffatomen 1 und 2 längerkettige Aldosen synthetisiert werden. Man erhält so zwei Reihen von Aldosen. Alle auf D-Glycerinaldehyd zurückführbaren Verbindungen werden als **D-Aldosen** bezeichnet. Entsprechende Festlegungen gelten für **L-Aldosen**.
Da die „eingeschobenen" CHOH-Gruppen unterschiedliche Konfiguration haben können, gibt es noch 7 weitere Aldohexosen. Die Zuordnung zur D- oder L-Reihe bei Monosacchariden mit mehreren chiralen Kohlenstoffatomen erfolgt immer aufgrund der Konfiguration an dem chiralen Kohlenstoffatom, das am weitesten von der Aldehyd- bzw. Ketogruppe entfernt ist.

Überblick Kohlenhydrate

Monosaccharide
- bestehen aus nur einem Zuckerbaustein
- Bsp.: D-Glucose, D-Fructose

Disaccharide
- bestehen aus zwei Zuckerbausteinen
- Bsp.: Saccharose (ein D-Glucose- und ein D-Fructosebaustein)

Polysaccharide
- enthalten Hunderte bis Tausende Zuckerbausteine → Makromoleküle
- Bsp.: Amylose (Stärkebestandteil, 500–1000 D-Glucosebausteine)

AUFGABEN

1 Die Anzahl der isomeren Aldosen (Z) lässt sich nach der Formel $Z = 2n$ (n = Anzahl der asymmetrischen C-Atome) berechnen. Ermitteln Sie die Anzahl möglicher Triosen, Tetrosen, Pentosen, Hexosen.

2 Erklären Sie, weshalb ein Gemisch aus D- und L-Glucose im Verhältnis 1:1 optisch inaktiv ist.

1 Bau einiger Monosaccharide

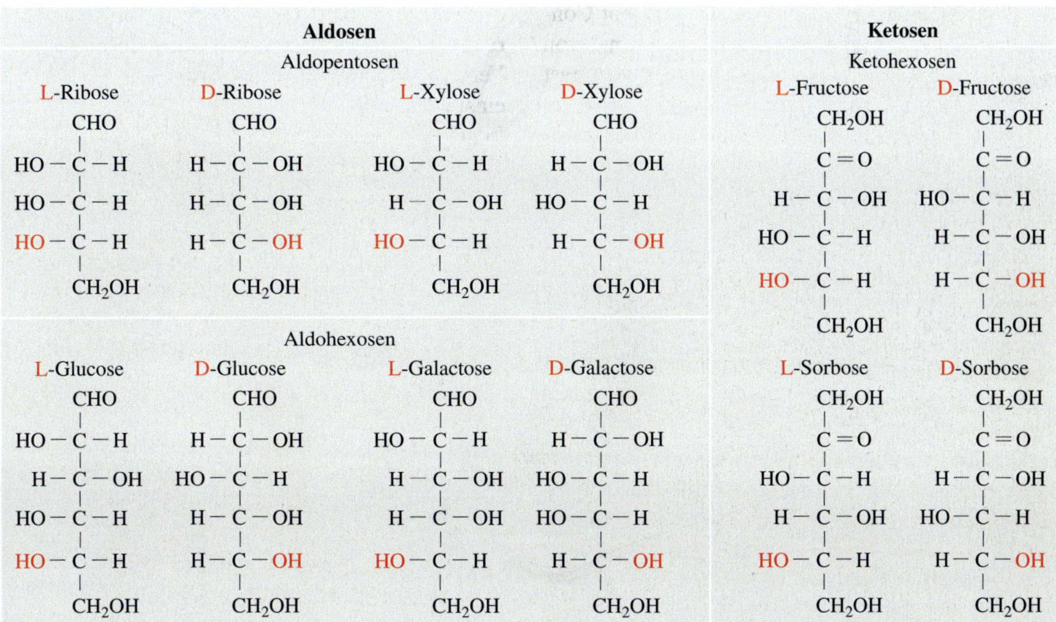

Glucose

Struktur und Eigenschaften Glucose besitzt die Summenformel $C_6H_{12}O_6$. Es handelt sich um eine Verbindung aus sechs Kohlenstoffatomen, die eine Aldehydgruppe und fünf Hydroxygruppen enthält (Abb. 1, 2). Sie ist deshalb eine D-Aldohexose. In der Natur kommen nur die D-Enantiomere der Monosaccharide vor.

Die Fischer-Projektion ist *eine* Möglichkeit zur Darstellung der Molekülstruktur der Glucose. Ihre Struktur ist durch diese Kettenform allein aber nicht vollständig zu beschreiben. Das Ausbleiben einer Reaktion beim Prüfen mit Schiffs Reagenz (Exp. 1), einer typischen Nachweisreaktion für Aldehydgruppen, und die zeitliche Änderung der Drehung (Exp. 2) lassen auf eine weitere Struktur schließen.

Tatsächlich liegen die Glucosemoleküle in wässriger Lösung überwiegend in **Ringform** vor. Durch intramolekulare nucleophile Addition einer Hydroxygruppe an eine Aldehydgruppe kommt es zur Bildung eines **Halbacetals** (Abb. 2). Glucose bildet dabei bevorzugt cyclische sechsgliedrige Ringe. 6-Ringzucker heißen **Pyranosen**.

Das C-1-Atom der Aldehydgruppe des kettenförmigen Glucosemoleküls wird durch die Ringbildung zu einem weiteren asymmetrischen Kohlenstoffatom, das als **anomeres Kohlenstoffatom** bezeichnet wird. Die Hydroxygruppe an diesem C-Atom ist besonders reaktiv. Deshalb können Glucosemoleküle an diesem C-Atom mit weiteren Zuckermolekülen reagieren (↑ S. 380).

EXPERIMENT 1

Nachweis der Aldehydgruppe

Zu jeweils einer 1%igen Lösung von Glucose und Propanal (GHS02|07) werden einige Tropfen Schiffs Reagenz gegeben.

1 Molekülmodell der D-Glucose in der Ringform

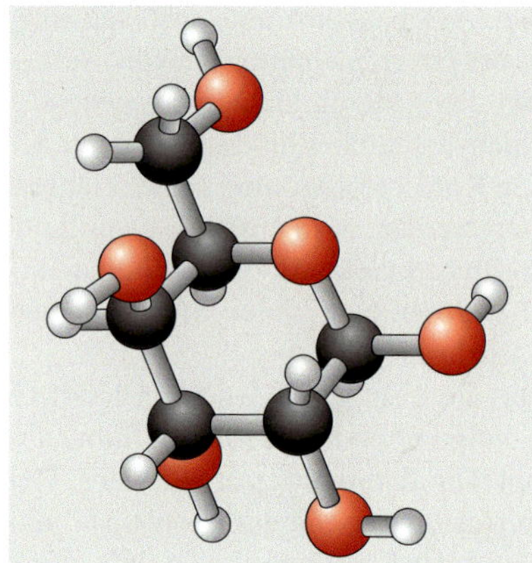

2 Bildung der Ringform von α- und β-D-Glucose aus der Kettenform

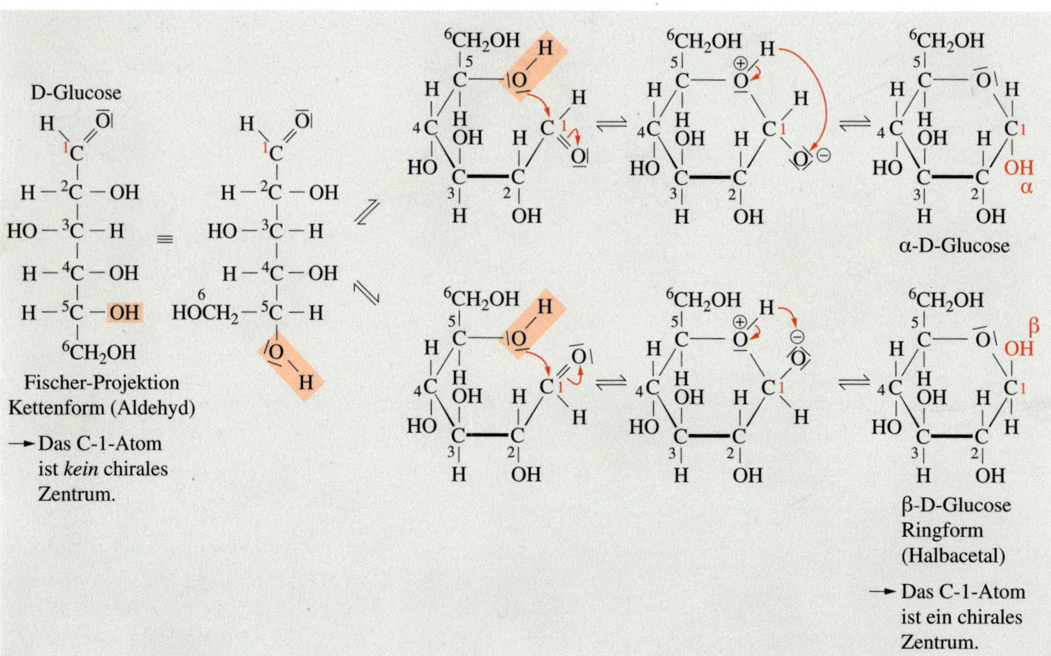

Wegen des durch den Ringschluss entstandenen anomeren Kohlenstoffatoms bilden sich zwei Stereoisomere, die als **α-D-Glucose** und **β-D-Glucose** bezeichnet werden. α- und β-D-Glucose zeigen eine unterschiedliche optische Aktivität.

Die gebräuchlichste Darstellungsform der Pyranosen ist die **Haworth-Projektion** (Abb. 3). Der eingeebnete Ring wird perspektivisch gesehen, wobei der untere Teil des Rings dem Betrachter zugewandt ist. Die vom Ring ausgehenden Bindungen werden senkrecht nach oben und unten gezeichnet. Dabei stehen Substituenten, die in der Fischer-Projektion nach rechts weisen, in der Haworth-Projektion unten, die nach links weisen, oben. Beim α-D-Glucosemolekül liegt die OH-Gruppe des C-1-Atoms deshalb unten, entsprechend beim β-D-Glucosemolekül oben (Abb. 5).

Mit den **Konformationsformeln** werden die sesselförmigen Molekülstrukturen am besten wiedergegeben (Abb. 4).

3 Haworth-Projektionen der Stereoisomerie des D-Glucosemoleküls

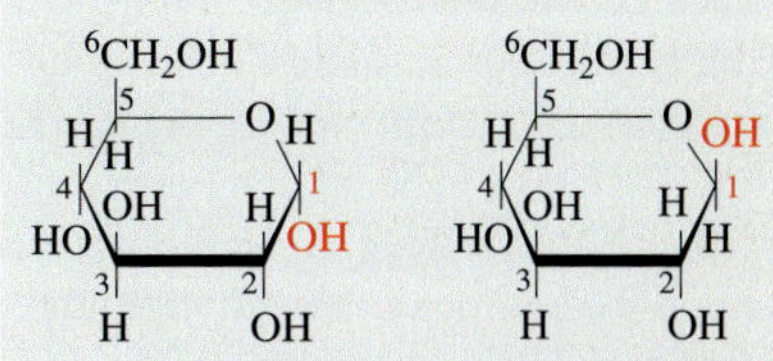

4 Konformationen des D-Glucosemoleküls

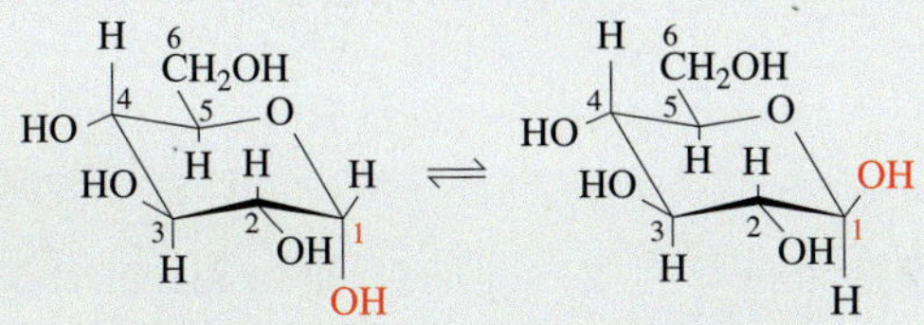

Die Änderung des Drehwinkels, die **Mutarotation**, einer wässrigen Lösung von Traubenzucker entsteht durch die Umwandlung von β-D-Glucose über die Kettenform in α-D-Glucose (Exp. 2). Dabei bildet sich ein chemisches Gleichgewicht aus. Im Gleichgewicht ist der Anteil der Kettenform vernachlässigbar gering.

5 Mutarotation: Umwandlung des D-Glucosemoleküls

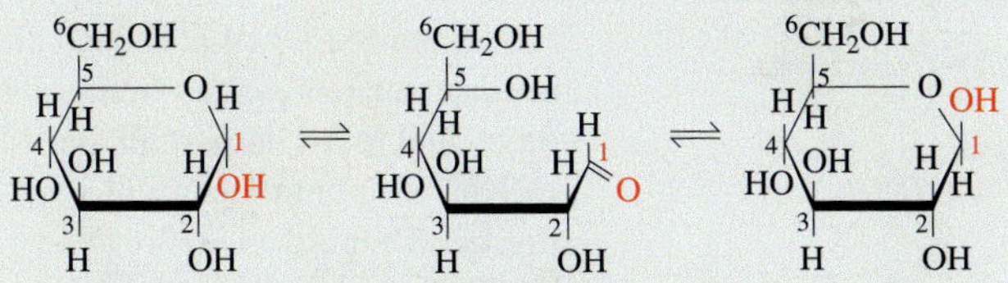

Als Polyhydroxyverbindung ist Glucose in Wasser löslich. Die Löslichkeit nimmt mit steigendem hydrophobem Charakter des Lösemittels ab (Exp. 3).

Aufgrund der Aldehydruppe –CHO wirkt Glucose reduzierend (↑ S. 339 f.). Die Aldehydgruppe wird mit Fehling-Lösung oder Tollens-Reagenz nachgewiesen (Exp. 4).

EXPERIMENT 2

Optische Aktivität von Glucose

Eine frisch bereitete 10%ige Lösung von α-D-Glucose-Monohydrat wird in die Messzelle eines Polarimeters gefüllt und innerhalb von einer Stunde alle 5 min der Drehwinkel bestimmt.

Nach 24 h wird der Endwert ermittelt.

EXPERIMENT 3

Löslichkeit

Etwa 0,5 g Glucose werden zu 5 ml Wasser, Ethanol (GHS02) oder Petroleumbenzin (GHS08) gegeben und auf etwa 50 °C erwärmt. Ermitteln Sie die Löslichkeit.

EXPERIMENT 4

Nachweis reduzierender Zucker

10%ige Lösungen von Glucose bzw. Fructose werden mit Tollens-Reagenz versetzt. Die Probe wird im Wasserbad erwärmt. Zu Fehling-Lösung (GHS05) werden einige Tropfen der Zuckerlösungen gegeben und im Wasserbad erwärmt.

Vorkommen und Verwendung Glucose, umgangssprachlich auch als **Traubenzucker** bezeichnet, kommt in zahlreichen Früchten wie Weintrauben und im Honig vor. Im menschlichen Blut beträgt der normale Zuckerspiegel 0,08 bis 0,1 % Glucose, wodurch die Energieversorgung des Körpers gewährleistet wird (↑S. 378 f.). In gebundener Form ist Glucose Bestandteil zahlreicher Naturstoffe, z. B. Cellulose (↑S. 385).
Durch Reduktion der Aldehydgruppe erhält man **Sorbit**, durch Oxidation **Gluconsäure**.

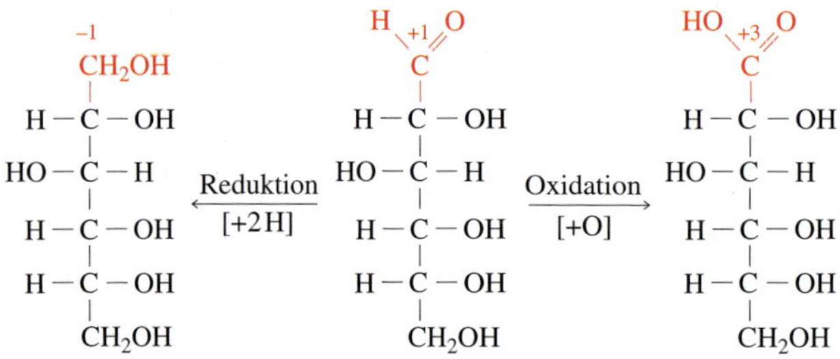

D-Sorbit D-Glucose D-Gluconsäure

Diese Oxidation macht man sich im Glucoseoxidasetest (Exp. 5) zunutze. Das Enzym Glucoseoxidase katalysiert die Oxidation von β-D-Glucose zu Gluconsäure und reduziert gleichzeitig Wasser zu Wasserstoffperoxid. Das gebildete Wasserstoffperoxid oxidiert einen Farbstoff, der hierdurch seine Farbe von Gelb zu Blau ändert.
Glucose bildet den Ausgangsstoff für verschiedene Gärungsreaktionen. Sowohl die **alkoholische Gärung** mit Hefezellen als auch die **Milchsäuregärung** mit verschiedenen Milchsäurebakterien führen über ein gemeinsames Zwischenprodukt, die **Brenztraubensäure**. Die alkoholische Gärung zur Herstellung von Bier und Wein war schon im Altertum bekannt (↑S. 330).
Durch Hydrierung von D-Glucose ($\vartheta = 150$ bis 200 °C; $p = 15$ bis 30 MPa) entsteht D-Sorbit. Sorbit wird als Süßungsmittel in der Nahrungsmittelindustrie verwendet und dient als Ausgangsstoff für die Herstellung von **Vitamin C** (L-Ascorbinsäure, ↑S. 427).

Fructose

Struktur und Eigenschaften Ketohexosen wie die **Fructose** haben in der Kettenform der Moleküle eine Ketogruppe >C=O am Kohlenstoffatom 2. In wässrigen Lösungen steht die Kettenform der D-Fructose im Gleichgewicht mit cyclischen Formen (Abb. 3). Neben **Pyranosen** (6-Ringzuckern) bilden sich **Furanosen** (5-Ringzucker). Die Furanosen der Fructose haben einen Anteil von ca. 30 % am Gleichgewichtsgemisch.
D-Fructose wird auch Lävulose genannt, weil sie linksdrehend ist (lat. laevus – links). Eine Farbreaktion für den Fructosenachweis ist die Seliwanoff-Reaktion (Exp. 6).

1 Glucose kommt z. B. in Früchten vor.

EXPERIMENT 5
Glucoseoxidasetest
Jeweils ein Streifen des gelben Glucotest-Papiers wird in 10%ige Lösungen von Glucose bzw. Fructose getaucht.

2 Strukturformel der Brenztraubensäure

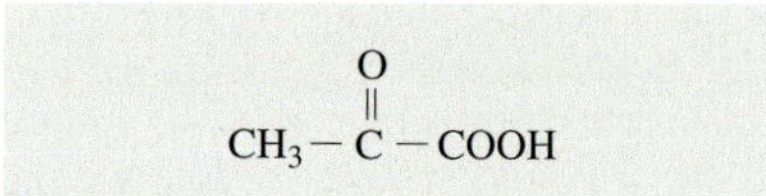

AUFGABEN

1 Entnehmen Sie Tab. 1 (↑S. 370) die spezifische Drehung des Gemischs von α- und β-D-Glucose im Gleichgewicht. Ermitteln Sie aus den spezifischen Drehungen von α-D(+)-Glucose (+112,2°) und von β-D(+)-Glucose (+18,7°) sowie aus den spezifischen Drehungen des Gemischs dieser Stoffe im Gleichgewicht den Massenanteil beider cyclischer Formen im chemischen Gleichgewicht.
2 Nennen Sie die Struktur der D-Glucose, die bei der Berechnung in Aufgabe 1 vernachlässigt wird.

3 Ketten- und Ringform der D-Fructose stehen im Gleichgewicht.

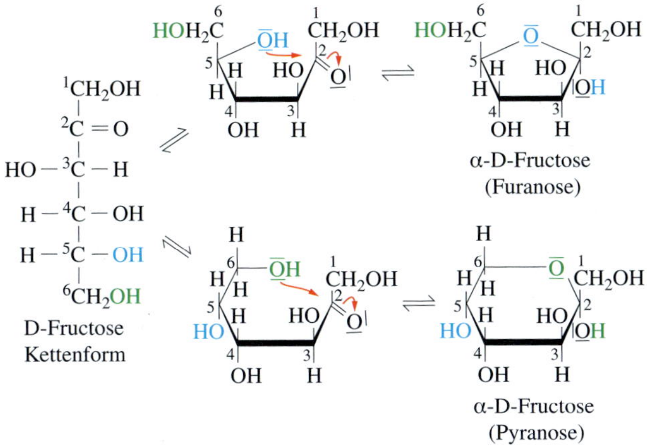

4 Fructose kommt z. B. im Honig vor.

Fructose mit einer Ketogruppe im Molekül gehört wie die Glucose zu den reduzierenden Zuckern. Mit Fehling-Lösung und Tollens-Reagenz kann der Nachweis geführt werden (↑S. 375, Exp. 4). Dieses für Verbindungen mit einer Ketogruppe im Molekül überraschende Ergebnis wird durch eine der Ketogruppe benachbarte Hydroxygruppe hervorgerufen. So ist die Hydroxygruppe am C-1-Atom der Kettenform besonders reaktionsfähig. Unter Einwirkung von Hydroxid-Ionen erfolgt die intramolekulare Umlagerung eines H-Atoms über ein Zwischenprodukt (Enol) zur Bildung der Aldehydgruppe. Durch diese **Isomerisierung der Fructose** entsteht Glucose.

Wenn ein Atom oder eine Atomgruppe in einem Molekül sehr rasch die Stellung wechseln kann, nennt man diese Erscheinung **Tautomerie**. Die Reaktion von D-Fructose zur D-Glucose wird daher als **Keto-Enol-Tautomerie** bezeichnet. Sie ist eine Gleichgewichtsreaktion (Abb. 5).

EXPERIMENT 6

Seliwanoff-Reaktion

1 ml einer 10%igen Fructoselösung wird mit konzentrierter Salzsäure (w = 37 %; GHS05 | 07) und einigen Resorcinkristallen (GHS07 | 09) erwärmt. Beobachten Sie die Farbänderung.

Vorkommen und Verwendung Fructose (Fruchtzucker) kommt in Früchten wie Äpfeln und Pflaumen sowie im Honig vor. In Saccharose und Inulin, einem Polysaccharid, ist Fructose als Zuckerbaustein enthalten. D-Fructose kann technisch durch Isomerisierung von D-Glucose hergestellt werden. Sie wird in großem Umfang als Süßungsmittel auch für Diabetiker eingesetzt. Fructose hat eine größere Süßkraft als Glucose.

5 Keto-Enol-Tautomerie

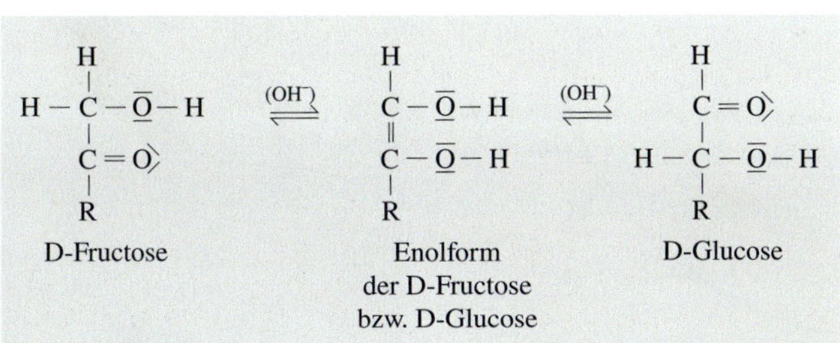

AUFGABEN

1. Geben Sie die Fischer-Projektionsformel für D- und L-Fructose an. Nennen Sie strukturelle Gemeinsamkeiten und Unterschiede der beiden Arten von Fructose.
2. Bei Fructose ist eine negative Fehling-Probe zu erwarten, dennoch fällt sie positiv aus. Erklären Sie.
3. Mit Tollens-Reagenz kann man Aldehyde und Ketone unterscheiden. Begründen Sie, warum dieses Reagens bei Aldosen und Ketosen versagt.
4. Stellen Sie die Gleichgewichtsreaktion dar, die von der D-Fructose (Kettenform) zur β-D-Fructose (Pyranose- und Furanoseform) führt.

Physiologie

Bedeutung der Glucose im Stoffwechsel

Glucose hat im Stoffwechsel von Organismen eine große Bedeutung. Sie ist nicht nur der wichtigste Baustein bei der Synthese pflanzlicher Biomasse, sondern liefert auch die Energie für die Aufrechterhaltung aller Lebensvorgänge. So steht das Monosaccharid Glucose im Zentrum zweier biochemischer Prozesse: Assimilation und Dissimilation.

Von den Produzenten werden durch **Assimilation** energiereiche Kohlenhydrate primär in Form von Glucose aufgebaut. Bei der **Fotosynthese** der grünen Pflanzen, der wichtigsten Form der Assimilation, reagieren Kohlenstoffdioxid und Wasser zu Glucose und Sauerstoff.

$$6\,CO_2 + 6\,H_2O \rightarrow C_6H_{12}O_6 + 6\,O_2$$
$$\Delta_r H_m = 2806\ \text{kJ} \cdot \text{mol}^{-1}$$

Aus der Glucose bzw. aus Zwischenverbindungen des Calvin-Zyklus (Abb. 1) synthetisiert die Pflanze alle weiteren von ihr benötigten organischen Verbindungen wie Fettsäuren und Aminosäuren.

Damit gelingt der Pflanze ein kleines Wunderwerk, das schon viele Chemiker im Reagenzglas nachzuvollziehen versuchten.

Die Assimilation verläuft in zwei Teilprozessen: der lichtabhängigen und der lichtunabhängigen Reaktion. Bei der **lichtabhängigen Reaktion** wird Wasser durch Sonnenlicht in den Chloroplasten in Sauerstoff und Protonen gespalten. Hierbei werden die energiereichen Verbindungen ATP und NADPH (**N**icotinamid**a**denin**d**inucleinsäure**p**hosphat, „H" steht für die reduzierte Form) gebildet (↑S. 425).
Diese energiereichen Stoffe werden für die **lichtunabhängige Reaktion** benötigt. Mit ihrer Hilfe wird Kohlenstoffdioxid im **Calvin-Zyklus** zu Glycerinaldehydphosphat reduziert. Zwei Moleküle Glycerinaldehydphosphat reagieren in einer Folgereaktion zu einem Molekül Glucose.
Zur Synthese von einem Mol Glucose muss die Pflanze insgesamt 18 Mol ATP und 12 Mol NADPH bereitstellen. Die Energie dafür gewinnt sie aus dem Sonnenlicht.

1 Calvin-Zyklus. Die Glucosesynthese findet in den Chloroplasten der Pflanzenzellen statt.

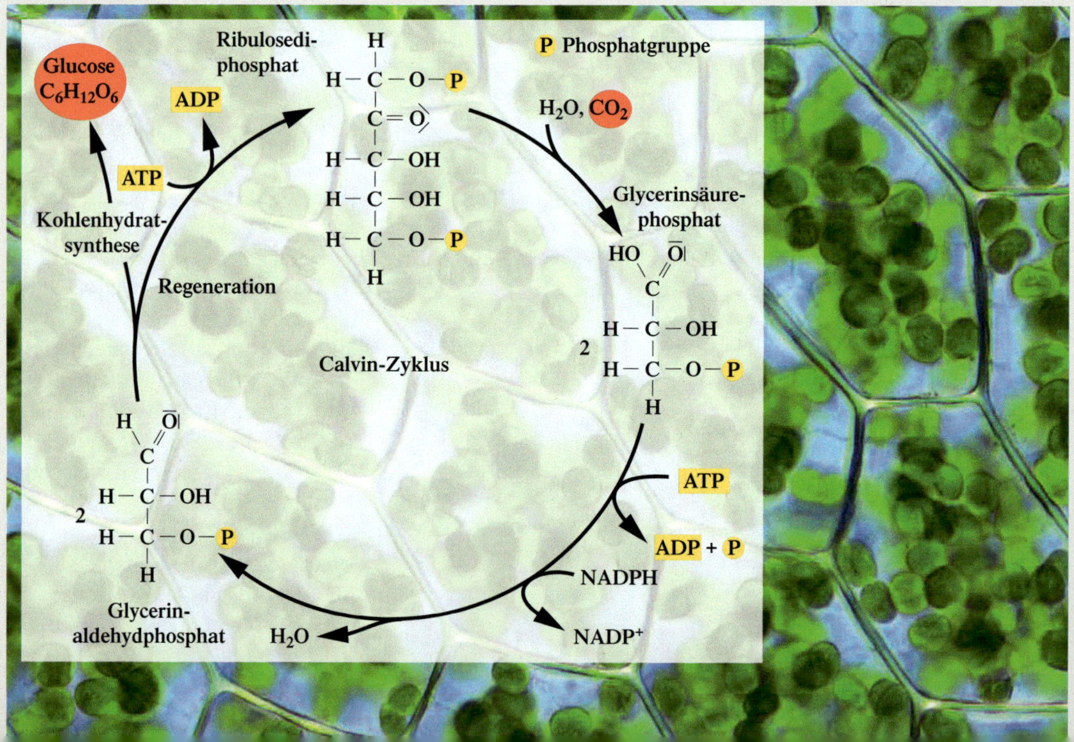

Bei der **Dissimilation** bauen Lebewesen energiereiche organische Stoffe ab, um die zum Überleben notwendige Energie zu gewinnen. Die häufigste Form der Dissimilation ist die **Atmung**. Dabei wird Glucose durch Luftsauerstoff zu Kohlenstoffdioxid und Wasser oxidiert.

$$C_6H_{12}O_6 + 6\,O_2 \rightarrow 6\,CO_2 + 6\,H_2O$$
$$\Delta_r H_m = -2806\ \text{kJ} \cdot \text{mol}^{-1}$$

Pro Mol Glucose wird eine Energie von 2806 kJ frei. Die Zellen wandeln sie in chemische Energie um und speichern sie in der Verbindung ATP, ihrem Energieüberträger.

Die Atmung findet in den Mitochondrien, den „Kraftwerken" der Zellen, statt und besteht aus mehreren Teilprozessen. In der **Glykolyse** wird Glucose zunächst zu Pyruvat, dem Säurerest-Ion der Brenztraubensäure, abgebaut (Tab. 1).

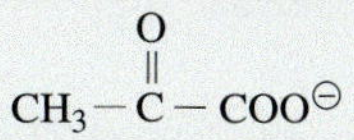

Im nächsten Schritt, der **Decarboxylierung**, reagieren Pyruvat-Ionen unter Abspaltung von Kohlenstoffdioxid zu Essigsäure CH_3–COOH.

Durch Bindung an das Coenzym A wird sie für die Folgereaktionen aktiviert (Acetyl-CoA). Die aktivierte Essigsäure wird im **Citratzyklus** vollständig zu Kohlenstoffdioxid oxidiert. Hierbei entstehen die energiereichen Verbindungen NADH und $FADH_2$ (**F**lavin**a**denin**d**inucleinsäure). In der enzymkatalysierten Reaktion ist es ihre Aufgabe, Elektronen und Protonen zwischen den Reaktionspartnern zu übertragen. So reduzieren NADH und $FADH_2$ im letzten Reaktionsschritt, der **Endoxidation**, Sauerstoff in Gegenwart von Protonen zu Wasser.
Viele Zwischenprodukte der Atmung sind Ausgangsstoffe für die Synthese anderer vom Körper benötigter Stoffe.

AUFGABEN

1 Aus jedem Mol ATP kann die Zelle eine Energie von etwa 31 kJ gewinnen. Berechnen Sie den Wirkungsgrad der Atmung.

2 Skizzieren Sie die zentrale Rolle der Glucose bei Assimilation und Dissimilation.

3 Bei der Gärung findet eine Dissimilation ohne Sauerstoff statt. Daher wird das bei der Glykolyse gebildete Pyruvat auf einem anderen Weg abgebaut. Recherchieren Sie den Verlauf der alkoholischen Gärung.

Tab. 1 Teilprozesse der Atmung

Prozess	Reaktion	Elektronen-/ Protonenüberträger	ATP-Ausbeute
Glykolyse	$\underset{\text{Glucose}}{C_6H_{12}O_6} \rightarrow 2\,\underset{\text{Pyruvat}}{C_3H_3O_3^-} + 6\,H^+ + 4\,e^-$	2 (NAD^+/NADH)	2 mol
Decarboxylierung	$2\,C_3H_3O_3^- + 2\,H_2O \rightarrow 2\,\underset{\text{Essigsäure}}{C_2H_4O_2} + 2\,CO_2 + 2\,H^+ + 4\,e^-$	2 (NAD^+/NADH)	0 mol
	$C_2H_4O_2 + \text{CoA-SH} \rightleftharpoons \underset{\text{Acetyl-CoA}}{C_2H_3OS\text{-CoA}} + H_2O$		
Citratzyklus	$2\,C_2H_4O_2 + 4\,H_2O \rightarrow 4\,CO_2 + 16\,H^+ + 16\,e^-$	6 (NAD^+/NADH) 2 (FAD/$FADH_2$)	2 mol
Endoxidation	$6\,O_2 + 24\,H^+ + 24\,e^- \rightarrow 12\,H_2O$	10 (NADH/NAD^+) 2 ($FADH_2$/FAD)	30 mol 4 mol
Atmung gesamt	$C_6H_{12}O_6 + 6\,O_2 \rightarrow 6\,CO_2 + 6\,H_2O$		38 mol

Disaccharide

Bildung von Disacchariden Die Moleküle der Disaccharide bestehen aus zwei Monosaccharidbausteinen, die über eine Sauerstoffbrücke miteinander verbunden sind. Diese Brücke entsteht durch Reaktion je einer Hydroxygruppe zweier Monosaccharidmoleküle unter Abspaltung eines Wassermoleküls (Kondensation).

An der Bildung der Disaccharidmoleküle ist immer eine besonders reaktionsfähige OH-Gruppe beteiligt. Dies ist im Fall der Glucose die Hydroxygruppe am C-1-Atom, bei Fructose die am C-2-Atom, die durch Ringbildung aus der Kettenform entstandene OH-Gruppe (↑ S. 374). Da die entstehenden Kondensationsprodukte **Glykoside** heißen, spricht man von **glykosidischer OH-Gruppe**.

Werden zwei glykosidische OH-Gruppen zweier Glucosemoleküle kondensiert, liegt eine 1,1-Verknüpfung vor. Von einer 1,4-Verknüpfung spricht man, wenn die glykosidische OH-Gruppe am C-1-Atom mit einer OH-Gruppe am C-4-Atom eines zweiten Monosaccharidmoleküls kondensiert ist.
Ist an der Verknüpfung die glykosidische OH-Gruppe eines α-Glucosemoleküls beteiligt, so liegt eine α-1,4-Verknüpfung vor. Im Fall von β-Glucosemolekülen liegt eine β-1,4-Verknüpfung vor.

EXPERIMENT 1
Hydrolyse von Maltose
Ein Gemisch von 5 ml 1%iger Maltoselösung und 2 ml verdünnter Salzsäure ($w = 10\,\%$; GHS07) wird im Reagenzglas etwa 15 min im siedenden Wasser erhitzt. Nach Neutralisation der Lösung mit Natronlauge ($w = 10\,\%$; GHS05) wird Glucose mit einem Glucotest-Papier nachgewiesen.
Das Experiment wird mit Saccharose anstelle von Maltose wiederholt. Das neutralisierte Hydrolysat wird geteilt und mit Fehling-Lösung (GHS05) auf reduzierende Zucker, mit dem Glucotest-Streifen auf Glucose und mit der Seliwanoff-Reaktion (↑ Exp. 6, S. 377) auf Fructose untersucht.

Maltose – Malzzucker Die Moleküle der Maltose sind aus zwei D-Glucosebausteinen aufgebaut, die α-1,4-glykosidisch verknüpft sind.

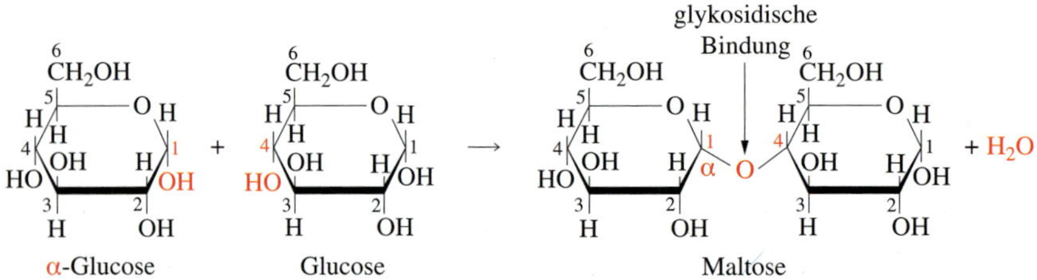

Maltose kommt in Wurzeln und Knollen verschiedener Pflanzen vor und ist Bestandteil des Malzes, das man aus Gerstenkeimen erhält. Bei diesem Vorgang wird die in den Körnern enthaltene Stärke durch Enzyme gespalten. Die Maltose dient als Nahrung für die keimende Pflanze.
Durch verdünnte Säuren wird Maltose zu D-Glucose hydrolysiert (Exp. 1). Aufgrund einer freien glykosidischen OH-Gruppe in den Molekülen wirkt Maltose **reduzierend** (Exp. 2).
Maltose wird als Nähr- und Süßmittel verwendet. Die aus Stärkeprodukten erhaltene Maltose dient als Ausgangsstoff für die Herstellung alkoholischer Getränke, z. B. für Bier.

EXPERIMENT 2
Fehling-Probe
2 bis 4 ml Fehling-Lösung (GHS05) werden mit einigen Tropfen Maltoselösung versetzt und im Wasserbad erwärmt. Das Experiment wird mit Saccharose anstelle von Maltose wiederholt.

1 Maltose bildet sich in keimendem Getreide.

2 Saccharose kann aus Zuckerrohr gewonnen werden.

Lactose – Milchzucker Die Moleküle von Lactose bestehen aus einem D-Glucose- und einem D-Galactosebaustein, die β-1,4-glykosidisch verknüpft sind. Im Lactosemolekül liegt die Galactose als Acetal und die Glucose als Halbacetal vor.
Lactose kommt in Milch und Milchprodukten vor. Während Babys normalerweise in der Lage sind, Lactose durch das Enzym Lactase in D-Glucose und D-Galactose zu spalten, fehlt etwa 15 % der Erwachsenen in Deutschland dieses Enzym. Sie leiden an einer Lactoseintoleranz mit Symptomen wie starken Blähungen, krampfartigen Bauchschmerzen und Durchfall. Ursache dafür ist, dass die nicht abgebaute Lactose im Darm durch Bakterien zu Milchsäure vergoren wird.
Lactose wird zur Herstellung von diätetischen Produkten und in der Pharmaindustrie verwendet.

Saccharose – Rohrzucker Saccharosemoleküle sind aus einem D-Glucose- und einem D-Fructosebaustein aufgebaut. An der Sauerstoffbrücke sind beide glykosidischen OH-Gruppen beteiligt. Es liegt eine α-1,2-glykosidische Bindung vor.
Saccharose kommt in zahlreichen Pflanzen vor, in besonders hoher Konzentration im Zuckerrohrmark (25 %) und in Zuckerrüben (17 bis 20 %). Sie wird daher hauptsächlich aus Zuckerrohr und Zuckerrüben gewonnen.
Weil im Saccharosemolekül keine glykosidischen OH-Gruppen mehr vorhanden sind, bleibt die Reaktion mit Fehling-Lösung und Tollens-Reagenz aus (Exp. 1).
Durch saure Hydrolyse oder enzymatische Hydrolyse (Enzym: Invertase) von Saccharose entsteht ein Gemisch von D-Glucose und D-Fructose (Exp. 2). Dieses bezeichnet man als **Invertzucker**, weil eine Umkehrung (Inversion) des Drehsinns stattfindet. Natürlicher Invertzucker ist im Bienenhonig enthalten.
Saccharose, unser Haushaltszucker, und Invertzucker werden als Süßungs- und Konservierungsmittel verwendet. Weniger süß als Saccharose sind D-Glucose und D-Sorbit, viel süßer ist dagegen D-Fructose. Süßer als die Zucker sind die sogenannten Süßstoffe, z. B. Saccharin-Natrium.

AUFGABEN

1 Nennen Sie die Verküpfungsart, die vorliegt, wenn die glykosidischen OH-Gruppen eines D-Glucose- und D-Fructosemoleküls kondensiert sind.
2 Entwickeln Sie die Reaktionsgleichung für die Hydrolyse von Maltose.
3 Begründen Sie, warum Maltose reduzierend wirkt.
4 Entwickeln Sie die Reaktionsgleichung für die Hydrolyse von Saccharose.
5 Erklären Sie das Ausbleiben der Reduktionswirkung sowie der Mutarotation bei Saccharose.
6 Bestätigen Sie mit den Angaben von Tab. 1 (↑ S. 370) den Drehsinn von Invertzucker.
7 Ordnen Sie Saccharose, Glucose, Fructose und Sorbit nach steigender Süßkraft.

3 Strukturformel der Lactose

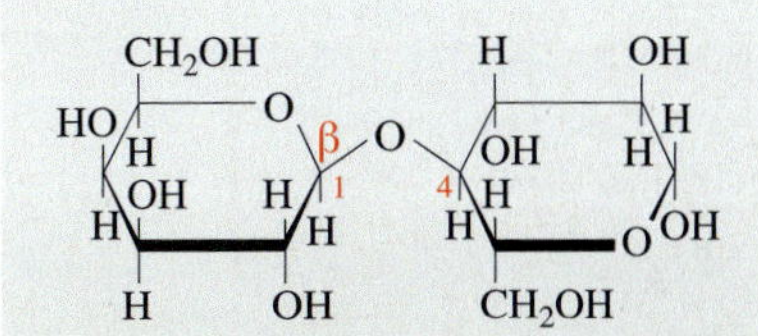

4 Strukturformel der Saccharose

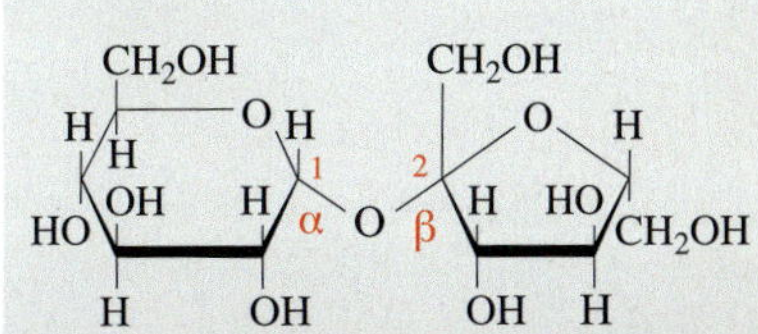

Technik

Industrielle Herstellung von Saccharose

In Europa wird Saccharose meist aus Zuckerrüben gewonnen, die einen Gehalt von ca. 17 % Saccharose haben. Die Herstellung erfolgt in mehreren Schritten.

Zunächst wird der Zucker aus den Rüben extrahiert. Dazu werden die gewaschenen Rüben klein geschnitten und vorgewärmt. Dann wird der Zucker mit 70 °C heißem Wasser aus den Zellen gelöst. Am Ende dieses Prozesses liegt ein zuckerhaltiger brauner **Rohsaft** vor. Die entzuckerten Rübenschnitzel werden als Viehfutter verwendet.

Durch die enthaltenen Verunreinigungen ist der Rohsaft ein guter Nährboden für Mikroorganismen. Daher muss er gereinigt werden. Durch Zugabe von Kalkmilch, einer wässrigen Suspension von Calciumhydroxid, entstehen schwer lösliche Calciumsalze der Fruchtsäuren. Zugleich werden auch Pektine und Proteine sowie Phosphat-, Sulfat- und Magnesium-Ionen ausgefällt. Anschließend wird Kohlenstoffdioxid in die Suspension eingeleitet. Der entstehende Kalk absorbiert Farbstoffe, sodass nach der Filtration ein farbloser **Dünnsaft** mit einem Saccharosegehalt von etwa 15 % vorliegt.

Durch Destillation wird der Zuckergehalt auf etwa 70 % erhöht. Der nun vorliegende **Dicksaft** wird unter Vakuum weiter entwässert, während gleichzeitig durch Impfen mit Saccharosekristallen die Kristallisation angeregt wird. Die leicht bräunlichen Zuckerkristalle werden durch Zentrifugation abgetrennt.

Durch **Raffination**, einem Wechselspiel aus Lösen und Kristallisieren, wird schließlich der weiße Raffinadezucker erhalten. Der braune, honigartige Rückstand, die Melasse, ist ein nährstoffreiches Viehfutter.

AUFGABEN

1 Formulieren Sie die Reaktionsgleichungen für die Fällung von Phosphat-, Sulfat- und Magnesium-Ionen.

2 Erstellen Sie eine tabellarische Übersicht, in der Sie die wichtigsten Verfahrensschritte der Saccharosegewinnung kurz beschreiben.

3 Erklären Sie, warum der Dicksaft unter Vakuum destilliert wird.

1 Industrielle Saccharosegewinnung

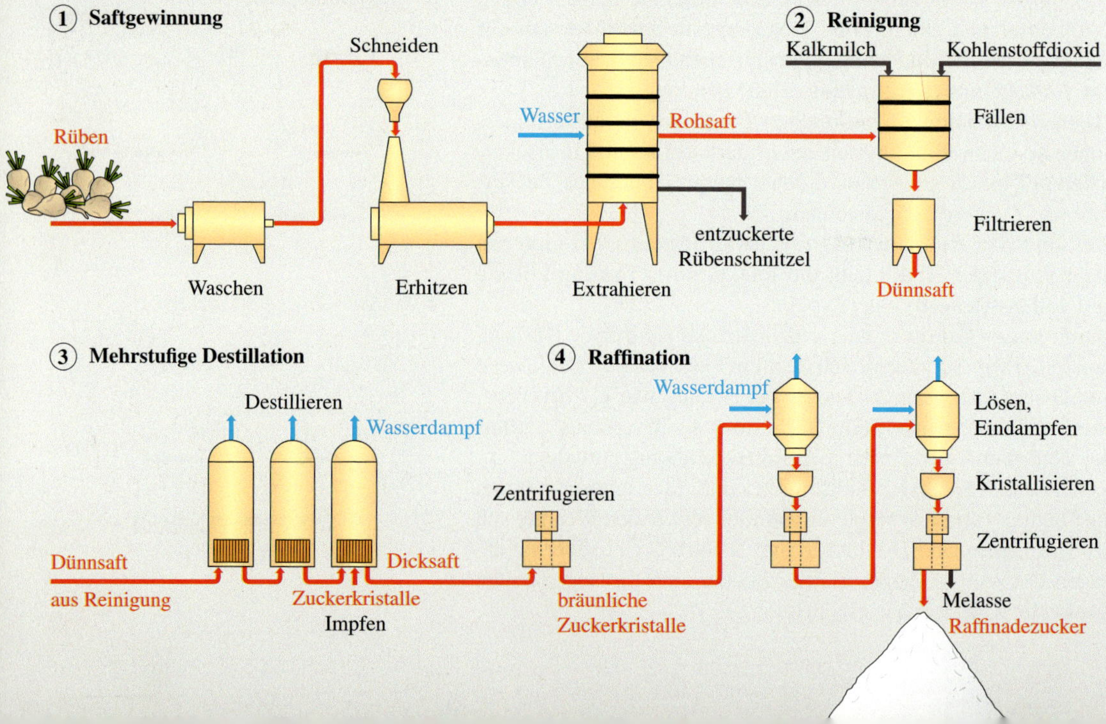

Polysaccharide

Polymere Stoffe In der Natur sind Stoffe, die aus „Riesenmolekülen“ aufgebaut sind, allgegenwärtig. Beispiele dafür sind Polysaccharide wie Stärke, Eiweiße (↑S. 408 ff.) und die Erbsubstanz DNA (↑S. 418 ff.), die in großen Mengen vom pflanzlichen und auch vom tierischen Organismus produziert werden.
Solche Riesenmoleküle werden als **Makromoleküle** oder **Polymere** (griech. poly – viel, meros – Teil) bezeichnet. Sie bestehen aus einer großen Anzahl von sich wiederholenden Grundeinheiten, die **Monomere** (griech. monos – einzig) genannt werden. Ihre Anzahl ist so hoch, dass sich die Eigenschaften polymerer Stoffe durch Hinzufügen oder Abspalten einzelner Monomere kaum ändern.
Synthetisch hergestellte polymere Stoffe werden als **Kunststoffe** bezeichnet (↑S. 444 ff.).

Tab. 1 Massenanteil *w* von Stärke in pflanzlichen Speicherorganen und Massenanteil der Amylose in der Stärke

Pflanzen	*w*(Stärke) in %	*w*(Amylose) in Stärke in %
Reis	70–75	19
Mais	60–70	26
Weizen	53–70	19
Maniok	20–30	17
Kartoffel	12–20	22

Stärke

Struktur Die Monomere der Makromoleküle der Stärke sind D-Glucosebausteine. Durch Kondensation reagieren viele D-Glucosemoleküle zur polymeren Stärke.
Stärke ist ein Gemisch der Polysaccharide Amylose (wasserlöslich, Anteil ca. 20 %) und Amylopektin (wasserunlöslich, Anteil ca. 80 %). Die genaue Zusammensetzung ist je nach Herkunft der Stärke verschieden (Tab. 1).
Amylose besteht aus unverzweigten, linearen Makromolekülen, bei denen 500 bis 1000 D-Glucosebausteine α-1,4-verknüpft sind (Abb. 2).
Amylopektin ist aus verzweigten Makromolekülen aufgebaut (Abb. 2). Im Abstand von 20 bis 25 D-Glucosebausteinen befinden sich jeweils Verzweigungen. Verzweigungspunkt ist die Hydroxygruppe am C-6-Atom. Hier bildet sich eine α-1,6-Verknüpfung aus. Bis zu 10 000 Glucosebausteine sind in den Makromolekülen enthalten.

1 Mais enthält einen hohen Anteil an Stärke.

2 Struktur eines Amylosemoleküls und eines Amylopektinmoleküls (Ausschnitt)

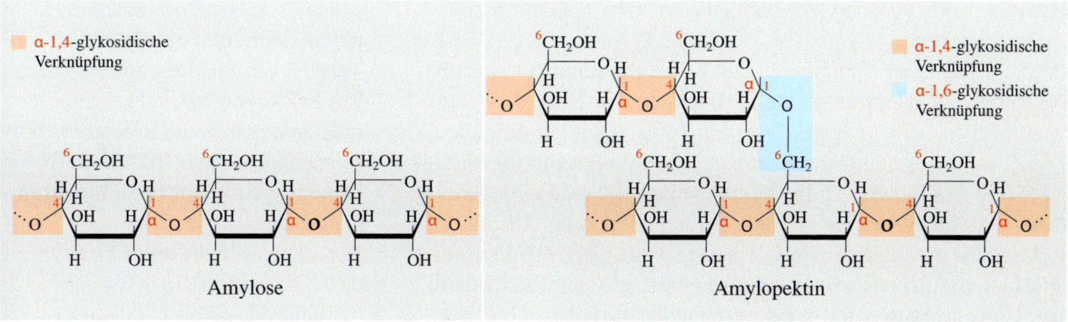

1 Helixstruktur von Amylose, Einschlussverbindung mit Iod

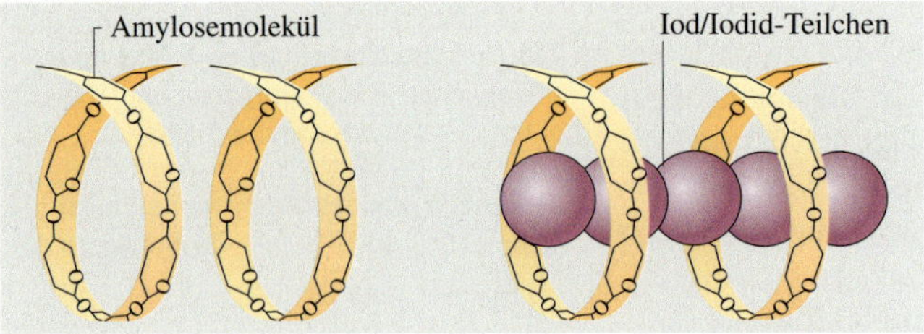

Die Makromoleküle der Amylose bilden eine spiralige Raumstruktur, die als **Helix** bezeichnet wird. Jede Windung besteht aus ca. 6 Glucosebausteinen. Die Helix wird durch Wasserstoffbrückenbindungen benachbarter Hydroxygruppen stabilisiert.

Vorkommen Stärke ist als Reservestoff in vielen Pflanzen enthalten. In Form von Stärkekörnern kommt sie in besonders hohen Anteilen in Mais, Reis, Weizen und Kartoffeln vor (↑Tab. 1, S. 383). In der Kartoffel liegen die Stärkekörner frei in den Zellen. Bei den Getreidearten ist die Stärke im Endosperm von einer Eiweißhülle umgeben.

Eigenschaften und Verwendung Als polymerer Stoff hat Stärke eine geringe chemische Reaktivität. Erst durch „Freilegen" der funktionellen Gruppen, durch Quellen bzw. Lösen in entsprechenden Lösemitteln, sind Ester- und Etherbildung an den Hydroxygruppen der Kohlenstoffatome 2, 3 und 6 möglich.
Eine Nachweisreaktion für Stärke ist die **Iod-Stärke-Reaktion** (Exp. 1). Iod/Iodid-Teilchen bilden durch Einlagerung in die Helix des Amylosemoleküls Einschlussverbindungen, für die eine Blaufärbung charakteristisch ist (Abb. 1). Amylopektin gibt mit Iodlösung eine rotviolette Färbung.
Der unterschiedliche Amyloseanteil (↑Tab. 1, S. 383) und der Korndurchmesser bestimmen eine für jede Stärkeart charakteristische Quell- oder Gelierungstemperatur. Oberhalb dieser Temperatur beginnen die Stärkekörner irreversibel zu quellen, es bildet sich der sogenannte Stärkekleister. Beim Abkühlen entsteht Stärkepudding, ein festes Gel (Exp. 1).
Die saure oder enzymatische Hydrolyse der Stärke verläuft stufenweise über **Dextrine** und Maltose zu D-Glucose (Exp. 2). Dextrine sind cyclische Moleküle, die aus 6 bis 12 Glucosebausteinen bestehen.
Stärke bildet den Hauptanteil an Kohlenhydraten in unserer Nahrung. Sie ist in allen Mehlprodukten wie Brot und Teigwaren, aber auch in Kartoffeln und Mais reichlich enthalten. Die Zusammensetzung der Stärke ist für ihre Verwendung wichtig. So ist Maisstärke für Tiefkühlkost ungeeignet, da ihre Amylose verstärkt in die Helixstruktur übergehen kann. Durch die Rekristallisation der Amylose werden solche Gerichte dann unansehnlich. Auch dass Brot altbacken wird, geht auf die Bildung von Helixstrukturen der Amylosemoleküle zurück.

EXPERIMENT 1
Iod-Stärke-Reaktion
Stärkekleister herstellen: Zu 1 g Stärke wird so viel Wasser gegeben, bis ein dicker Brei entsteht. Diesen gießt man in 100 ml nahezu siedendes Wasser.
1 ml Stärkekleister wird mit Wasser auf 100 ml verdünnt und mit einigen Tropfen Iod-Kaliumiodidlösung versetzt. Nun wird abwechselnd erhitzt und wieder abgekühlt.

EXPERIMENT 2 L
Saure Hydrolyse von Stärke
50 ml Stärkekleister (Exp. 1) werden mit 1 ml konzentrierter Salzsäure ($w = 37\,\%$; GHS05|07) zum Sieden erhitzt. Wenn die Farbreaktion mit Iod-Kaliumiodidlösung ausbleibt, wird mit Fehling-Lösung (GHS05) auf reduzierende Zucker geprüft und mit Glucosetest-Papier auf D-Glucose geprüft.

AUFGABEN
1 Bestimmen Sie aus den angegebenen durchschnittlichen Glucosebausteinen von Amylose und Amylopektin deren molare Masse. Vergleichen Sie diese miteinander.
2 Bei Stärke tragen die Makromoleküle an einem Ende freie glykosidische OH-Gruppen. Trotzdem findet keine Reaktion mit Fehling-Lösung statt. Erklären Sie.
3 Berechnen Sie die aus 1 kg Stärke durch hydrolytische Spaltung erhältliche Masse an D-Glucose.

Glykogen Glykogen ist das Reserve-Polysaccharid der Tiere. Es wird in Muskel- und Leberzellen als kurzfristiger Energiespeicher synthetisiert. Glykogen ist wie Amylopektin aufgebaut, die Verzweigungspunkte liegen jeweils zwischen dem 8. bis 16. Glucosebaustein. Bei Energiebedarf wird Glykogen im Organismus zur Energiegewinnung abgebaut. Dazu wird Glykogen zunächst in D-Glucose gespalten. Diese wird dann zu Kohlenstoffdioxid und Wasser abgebaut (↑ S. 379).

Cellulose

Struktur Cellulose besteht wie Amylose aus linearen Makromolekülen. In diesen gibt es zwischen den D-Glucosebausteinen eine β-1,4-Verknüpfung.
Die Anzahl der D-Glucosebausteine liegt zwischen 1000 und 10 000. Die **β-glykosidische Verknüpfung** der Cellulose ermöglicht eine gestreckte Gestalt der Makromoleküle. Zwischen den vorzugsweise parallel ausgerichteten Cellulosemolekülen bilden sich Wasserstoffbrückenbindungen aus. Diese Struktur gewährleistet die Funktion der Cellulose als Gerüstsubstanz.

2 Struktur eines Cellulosemoleküls (Ausschnitt)

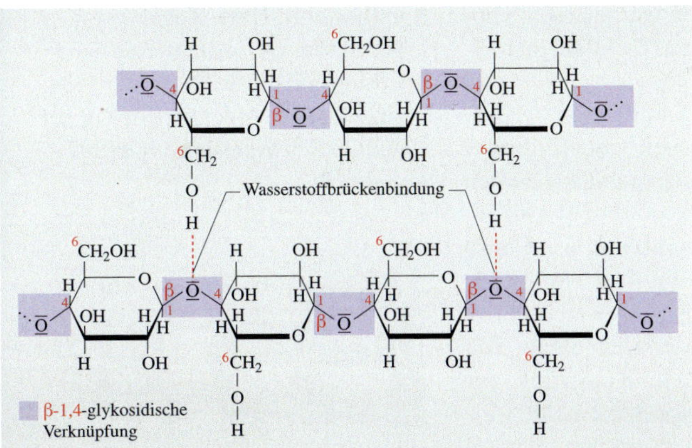

Vorkommen Etwa $3 \cdot 10^{11}$ Tonnen Kohlenstoffverbindungen werden je Jahr in pflanzlichen (95 %) und tierischen (5 %) Organismen produziert. Davon entfallen allein 40 % auf das Polysaccharid Cellulose.
In reiner Form kommt Cellulose als Baumwolle (Samenhaare einer subtropischen Pflanze) vor. Die Cellulosefasern Flachs, Hanf und Ramie werden aus Stängeln bzw. Blättern geeigneter Pflanzen erhalten. Im Holz sind neben Lignin (25 %) und Hemicellulosen (35 %) bis zu 40 % Cellulose enthalten. Die Cellulosestränge sind im Holz, vergleichbar den Stahleinlagen in Betonkonstruktionen, in Lignin, einem kompliziert aufgebauten makromolekularen Naturstoff, eingebettet. Sie gewährleisten so die Stabilität und Festigkeit des Holzes als Gerüstsubstanz.

EXPERIMENT 3
Saure Hydrolyse von Cellulose
Abzug! 0,3 g Baumwolle oder Filterpapierschnipsel werden mit 5 ml konzentrierter Schwefelsäure (w = 96 %; GHS05) verrieben, nach 5 min mit 25 ml Wasser versetzt und 3 min unter Rückfluss zum Sieden erhitzt. Nach Neutralisation mit konzentrierter Natronlauge (GHS05) werden reduzierende Zucker mit Fehling-Lösung (GHS05) und Glucose mit Glucosetest-Papier nachgewiesen.

3 Aus den Samenhaaren der Baumwollpflanze wird Cellulose gewonnen.

AUFGABEN

1 Das Maximum der Bildung von Helixstrukturen der Amylose liegt bei 0 bis 5 °C. Sowohl bei höheren als auch bei niedrigeren Temperaturen ist die Bildungsgeschwindigkeit weit geringer. Begründen Sie, welcher Aufbewahrungsort für Brot optimal ist: Tiefkühlschrank, Kühlschrank oder Brotfach bei Raumtemperatur.
2 Nennen Sie das Monosaccharid, das entsteht, wenn Stärke und Cellulose vollständig hydrolysiert werden.

EXPERIMENT 4 L

Schießbaumwolle

Ein Demonstrationsreagenzglas mit 12 ml konzentrierter Salpetersäure ($w = 66\,\%$; GHS03 | 05) wird in ein Becherglas mit kaltem Wasser getaucht. Unter Rühren werden nach und nach 18 ml konzentrierte Schwefelsäure ($w = 96\,\%$; GHS05) zugegeben. In die entstandene Nitriersäure (GHS03 | 05) wird bei etwa 20 °C 1 g reine Verbandwatte eingetaucht.
Nach 3 min wird die „Watte" (jetzt nitrierte Cellulose; GHS01) in Wasser überführt, mehrmals darin gewaschen und an der Luft getrocknet. Mit einer Tiegelzange wird die nitrierte Watte (GHS01) in die Flamme gehalten. Danach verbrennt man zum Vergleich normale Verbandwatte.
Achtung! Die nitrierte Watte ist vollständig zu verbrauchen. Sie darf keinesfalls aufbewahrt werden.

EXPERIMENT 5 L

Herstellung von Viskosefasern

Abzug! 2 g Verbandwatte werden mit 20 ml 20%iger Natronlauge (GHS05) versetzt und 12 Stunden stehen gelassen. Danach wird die Watte durch Auspressen (Gummihandschuhe!) von der Natronlauge befreit und in 5 ml Kohlenstoffdisulfid (GHS02 | 08 | 07) für 12 Stunden unter dem Abzug aufbewahrt. (Gefäß verschließen! Keine offenen Flammen! Kohlenstoffdisulfid ist leicht flüchtig und leicht entzündlich.)
Überschüssiges Kohlenstoffdisulfid wird abgegossen und der Rest unter dem Abzug verdunstet. Die „Watte" wird mit 25 ml 10%iger Natronlauge (GHS05) versetzt und das verschlossene Gefäß 2 bis 4 Tage im Laborgefrierschrank aufbewahrt. Nach Zugabe von 50 ml Wasser entsteht eine zähe Lösung: Viskose. Diese wird mit einer Spritze (oder Pipette) in verdünnte Schwefelsäure (GHS07) gedrückt.

Eigenschaften Aufgrund der hohen molaren Masse und der hoch geordneten Struktur ist Cellulose in Wasser unlöslich. Auch das Quellungsvermögen, die Aufnahme von Lösemitteln in zwischenmolekulare Bereiche, ist relativ gering.
Durch bestimmte Enzyme oder durch Säuren werden die glykosidischen Bindungen der Cellulose gespalten. Es bildet sich D-Glucose (↑Exp. 3, S. 385).

Celluloseester Durch chemische Reaktionen der Hydroxygruppen der Cellulose können Celluloseester gebildet werden (Tab. 1). Diese sind gut quellbar und löslich.
Besonders die mehrfach nitrierten **Cellulosenitrate**, wie Cellulosetrinitrat, verbrennen explosionsartig (Exp. 4). Cellulosetrinitrat ist auch als Schießbaumwolle bekannt.
Die geringer nitrierten Cellulosen dienen der Herstellung von Nitrolacken und **Celluloid**. Celluloid ist ein Kunststoff, der neben Cellulosedinitrat Campher als Weichmacher enthält. Celluloid ist gut zu verarbeiten, aber sehr leicht entflammbar. Es wird heute für die Herstellung von z. B. Brillengestellen, Kämmen und Tischtennisbällen verwendet.
Bei der Herstellung von Cellulose aus Holz muss durch Aufschlussverfahren die Cellulose von Lignin und Hemicellulosen getrennt werden. Die nach dem Aufschluss vorliegenden **Cellulosefasern** sind 1 bis 3 mm lang. Diese Cellulose wird als Zellstoff bezeichnet und ist Grundstoff für die Papierherstellung.
Für die textile Verarbeitung sind die Fasern im Zellstoff zu kurz, deshalb wird der Zellstoff in Regeneratzellstoff überführt. Durch Reaktion von Zellstoff mit Natronlauge und Kohlenstoffdisulfid erhält man das Cellulosexanthogenat **Viskose**. Dieses wird durch Spinndüsen in ein Fällbad aus Schwefelsäure und Natriumsulfat gepresst. Im Spinnbad entsteht wieder ein Cellulosefaden (Exp. 5). Diese Fäden werden als Viskosefasern oder Rayoncellulose bezeichnet.

1 Herstellung von Viskosefasern

Tab. 1 Übersicht Celluloseester

Ester	Strukturformel (Ausschnitt)	Verwendung
Cellulosenitrate	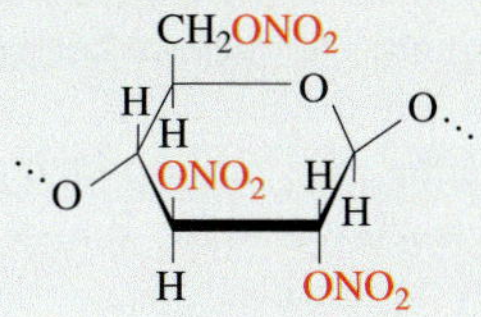	mehrfach nitriert: – Cellulosetrinitrat (Schießbaumwolle) für Sprengstoffe und Pyrotechnik geringer nitriert: – Nitrolacke – Celluloid, z. B. für Tischtennisbälle – Klebstoffe 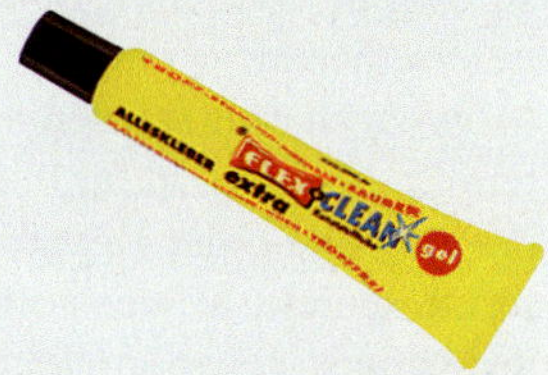
Cellulose-xanthogenate	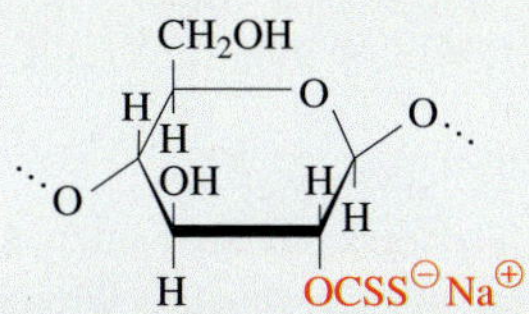	– Viskose, z. B. für Faserstoffe, Textilien und Tampons – Cellophan für Folien 
Celluloseacetate	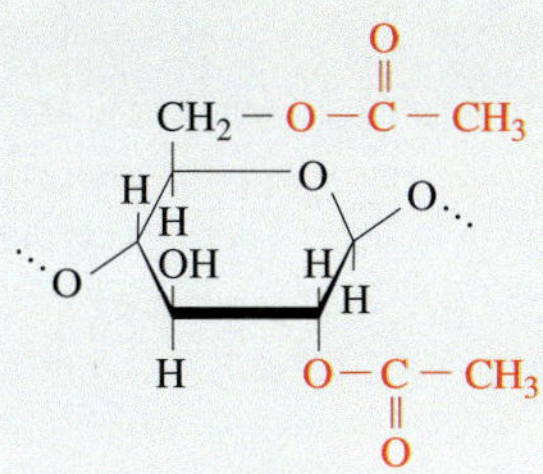	– Acetatseide, z. B. für wetterbeständige und knitterfeste Faserstoffe – Zigarettenfilter – als Kunststoff (Thermoplast), z. B. für Filmmaterial, Brillengestelle, Schraubendrehergriffe 

Wie Baumwolle ist auch Viskose quellfähig und damit in der Lage, Feuchtigkeit aufzunehmen. Cellulosefasern eignen sich daher gut für die Herstellung von Unterwäsche. Bei hohen Außentemperaturen hat auch Oberbekleidung aus Viskosefasern gute Trageeigenschaften.

EXPERIMENT 6 L

Herstellung von Celluloseacetat-Folie

Abzug! Man löst Celluloseacetat in Dichlormethan (GHS08) und filtriert. Das Filtrat lässt man längere Zeit unter dem Abzug auf einem Uhrglas stehen. Es bildet sich ein Film von Celluloseacetat.

Der Celluloseacetat-Film wird mit der Tiegelzange in eine Brennerflamme gehalten und die Flamme mit der von nitrierter Cellulose verglichen.

AUFGABEN

1 Cellulosediacetat wird durch partielle Hydrolyse von Cellulosetriacetat hergestellt. Entwickeln Sie dafür eine Reaktionsgleichung.

2 „Chardonnet-Seide", eine aus Cellulosenitrat vor etwa 100 Jahren produzierte Kunstseide, wird heute nicht mehr hergestellt.

a Geben Sie dafür eine Begründung.

b Stellen Sie einen Zusammenhang zwischen den Eigenschaften und der Molekülstruktur von Cellulosenitrat her.

ZUSAMMENFASSUNG

Monosaccharide können in **Aldosen** und **Ketosen** eingeteilt werden. Nach der Anzahl der Kohlenstoffatome werden, z.B. **Pentosen** und **Hexosen** unterschieden.
Monosaccharide werden in **D-** und **L-Zucker** unterteilt. Maßgebend für die Zuordnung ist das von der Aldehyd- oder Ketogruppe am weitesten entfernte chirale Kohlenstoffatom. Die Kettenform der Monosaccharidmoleküle steht im Gleichgewicht mit cyclischen Strukturen. Diese entstehen durch intramolekulare Reaktion der Aldedyd- oder Ketogruppe mit einer OH-Gruppe. Bei den cyclischen Strukturen werden zwei Isomere unterschieden, die man bei Glucosemolekülen je nach Stellung der OH-Gruppe am C-1-Atom als **α- oder β-Glucose**, bei Fructosemolekülen am C-2-Atom als **α- oder β-Fructose** bezeichnet.
D-Glucose und D-Fructose bestehen aus chiralen Molekülen. Sie drehen die Ebene des linear polarisierten Lichts. Sie sind **optisch aktiv**.
Monosaccharide sind die Bausteine der Di-, Tri- ... und Polysaccharide.
Polysaccharide sind polymere Stoffe, deren Makromoleküle durch Kondensation vieler Monosaccharidbausteine (z.B. D-Glucose) gebildet werden. Sie weisen molare Massen von bis zu mehreren Millionen $g \cdot mol^{-1}$ auf.

- ▶ Stoff-Teilchen-Konzept
- ▶ Struktur-Eigenschafts-Konzept
- ▶ Konzept des chemischen Gleichgewichts

Einige wichtige Kohlenhydrate

Kohlenhydrate	Strukturformel	Vorkommen	Verwendung
Monosaccharide			
D-Glucose (Traubenzucker)	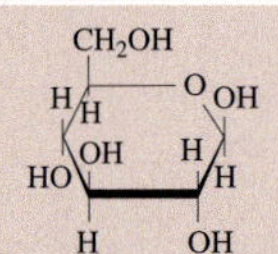	in Früchten, z.B. Weintrauben, im Honig	Süßungsmittel, Herstellung von Sorbit, Vitamin C und Ethanol
D-Fructose (Fruchtzucker)	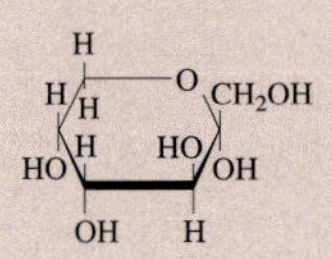	mit D-Glucose in zahlreichen Früchten, im Honig	Süßungsmittel für Diabetiker
Disaccharide			
Maltose (Malzzucker)	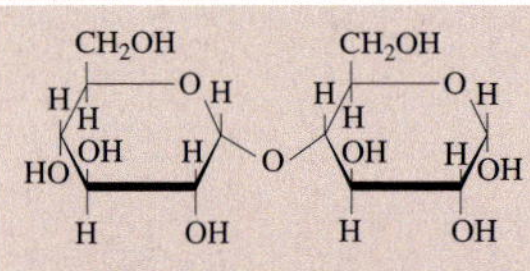	in Blättern, Gersten- und Kartoffelkeimen	zur Herstellung von D-Glucose
Saccharose (Rohrzucker)	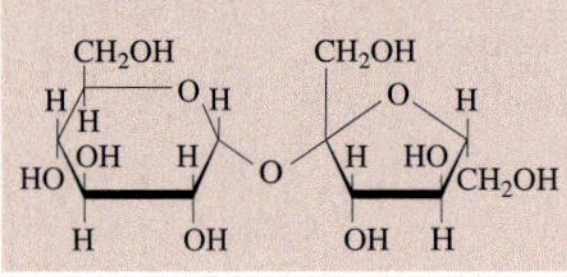	in vielen Pflanzen, insbesondere im Zuckerrohr und in Zuckerrüben	Nährstoff, Süßungsmittel
Polysaccharide			
Stärke: Amylose (↑Abb.) Amylopektin	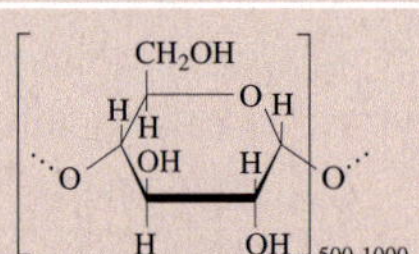	Reservekohlenhydrat der Pflanzen, in Wurzeln und Früchten	Nahrungsmittel, Ausgangsstoff für D-Glucose-Herstellung
Cellulose	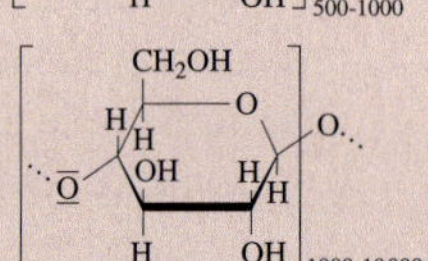	im Gewebe höherer Pflanzen, Baumwolle, Holz	zur Herstellung von Faserstoffen und Celluloid

KOMPLEX GEDACHT

1 Bei der Herstellung von Fruchtweinen entstehen neben dem gewünschten Ethanol auch geringe Mengen des giftigen Methanols. Ursache hierfür ist der Abbau von in den Zellwänden von Früchten vorkommenden Pektinen durch Hefen. Pektine sind eine Gruppe von Polysacchariden, deren Gemeinsamkeit darin besteht, dass sie das Monomer α-D-Galacturonsäure als Hauptbestandteil besitzen.

1 α-D-Galacturonsäure

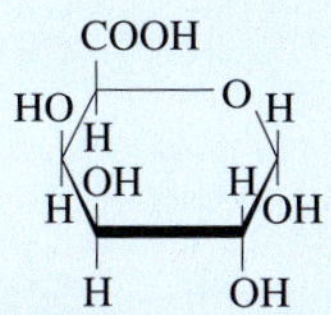

Diese α-D-Galacturonsäure-Monomere sind meistens α-1,4-glycosidisch verknüpft. Weiterhin sind die COOH-Gruppen der Polygalacturonsäure häufig mit Methanol verestert.
Zeichnen Sie einen Ausschnitt eines Pektinmoleküls in Haworth-Projektion.

2 Lässt man gelbe Kaliumiodatlösung mit Glucose reagieren, so entfärbt sich das Reaktionsgemisch nach einiger Zeit. Durch die zugegebene Glucose wird Iodat zu Iodid reduziert.
Gibt man zu der Kaliumiodatlösung jedoch Fructose, so dauert die Entfärbung deutlich länger. Erklären Sie die unterschiedliche Reaktionsdauer.

3 Bei der Herstellung von Süßigkeiten, wie Bonbons, Pralinen oder auch Gummibären, ist meistens Invertzucker als Zutat unverzichtbar. Invertzucker schmeckt fruchtiger und milder, er kristallisiert nicht so schnell wie Saccharose.

2 Süßigkeiten mit Invertzucker

Eine Möglichkeit, Invertzucker herzustellen, besteht darin, zu einer 70 bis 80 °C heißen wässrigen Saccharoselösung etwas Säure (z. B. Weinsäure) zu geben und weiter zu erhitzen. Es findet eine säurekatalysierte Spaltung der Saccharosemoleküle statt. Nach Neutralisation z. B. mit Natriumhydrogencarbonat ist der Invertzucker fertig.
Entwickeln Sie den Mechanismus der Spaltung des Saccharosemoleküls.

4 In der Lebensmittelindustrie wird vor allem in Fertigprodukten modifizierte Stärke anstelle normaler Stärke eingesetzt.
Um den erhöhten technischen Anforderungen gerecht zu werden, werden durch spezielle chemische Reaktionen gezielt Eigenschaften der Stärke verändert. So wird beispielsweise durch unvollständige Oxidation von Stärke mit Natriumhypochloridlösung oxidierte Stärke (E 1404) hergestellt und als Lebensmittelzusatzstoff eingesetzt. Auch mehrfache Modifikationen von Stärke sind möglich, wie bei acetylierter oxidierter Stärke (E 1451).
Ziele der Modifikationen sind vor allem eine verbesserte Beständigkeit gegen Säuren sowie gegen Hitze und Kälte. Der menschliche Organismus verdaut die modifizierte Stärke wie unbehandelte Stärke.

Modifizierte Stärke	**EU-Nummer für Lebensmittelzusatzstoffe**
gebleichte Stärke	E 1403
oxidierte Stärke	E 1404
Monostärkephosphat	E 1410
Distärkephosphat	E 1412
acetylierte Stärke	E 1420
acetylierte oxidierte Stärke	E 1451

Zur Herstellung von acetylierter Stärke wird Stärke unter milden alkalischen Bedingungen mit Essigsäureanhydrid verestert.
Entwickeln Sie die Reaktionsgleichung für die Acetylierung eines D-Glucose-Monomers.

16

Fette

Fette gehören neben Eiweißen und Kohlenhydraten zu den Grundnährstoffen der Menschen und sind für die Ernährung unverzichtbar. Verschiedene Lebensmittel bestehen fast ausschließlich aus festen Fetten oder flüssigen Ölen, wie Butter, Margarine oder Oliven- und Sonnenblumenöl. Aber auch Lebensmittel wie Milch, Käse oder Quark enthalten Fett. Mit diesen Nahrungsmitteln kann der Fettbedarf der menschlichen Ernährung gedeckt werden. Weiterhin sind die Fette nötig, um lebensnotwendige Stoffe wie essenzielle Fettsäuren und wasserunlösliche Vitamine aufzunehmen.

Fette sind außerdem eine wichtige Rohstoffquelle für die Herstellung verschiedener Produkte wie Biodiesel und Tenside. Sie können aus nachwachsenden Rohstoffen wie Raps, Sonnenblumen und Palmfrüchten gewonnen werden.

Vorkommen, Struktur und Eigenschaften von Fetten

Vorkommen Die natürlichen **Fette** kommen als Tier- und Pflanzenfette vor. Schweineschmalz, Rindertalg und Butter sind **tierische Fette**.

Pflanzenfette können im Fruchtfleisch enthalten sein (Olivenöl, Palmöl) oder in den Samen der Pflanzen (Kokos- und Palmkernfett, Kakaobutter, Erdnuss-, Raps-, Soja- und Sonnenblumenöl).

Unter dem Sammelbegriff **Lipide** werden sehr unterschiedliche Stoffe zusammengefasst, die alle in Wasser unlöslich, dagegen in organischen Lösemitteln wie Heptan gut löslich sind. Zu ihnen gehören neben den Fetten auch Wachse, Phospholipide wie das Lecithin (↑S. 395), Hormone (↑S. 428) und Farbstoffe (↑S. 488 ff.).

AUFGABEN

1 Nennen Sie die Atomgruppierung, die in der Skelettformel der gesättigten Fettsäuren durch die Eckpunkte der Zickzackkette symbolisiert wird.

2 Prüfen Sie, ob Fettmoleküle chiral sind.

Tab. 1 Wichtige Fettsäuren

Name der Fettsäure * = ungesättigt	Anzahl der Kohlenstoffatome im Molekül	Skelettformel	Schmelztemperatur in °C	Vorkommen
Laurinsäure	12		44	Kokosfett
Palmitinsäure	16	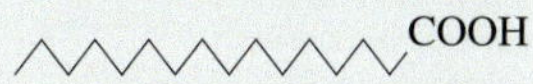	62	Palmöl
Stearinsäure	18	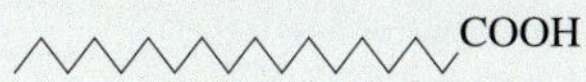	69	Rindertalg
* Ölsäure	18	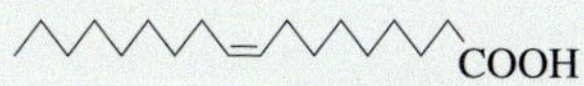	16	Olivenöl, Schweineschmalz
* Linolsäure	18	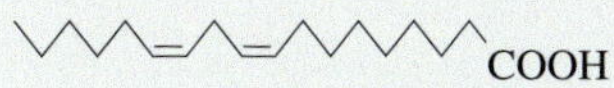	−5	Sojaöl, Lebertran
* Linolensäure	18	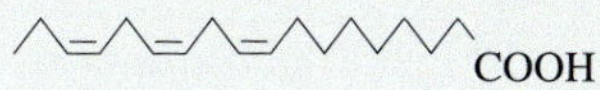	−11	Leinöl, Rapsöl

Struktur von Fettmolekülen Fette sind Gemische von Tricarbonsäureestern (Abb. 1) des dreiwertigen Alkohols Glycerin (Propan-1,2,3-triol). Man nennt sie daher auch **Triacylglycerine** (Acylrest: R–CO–) oder **Triglyceride**. Sie enthalten meist langkettige und geradzahlige Carbonsäuren, die als **Fettsäuren** bezeichnet werden (Tab. 1).
Die ungesättigten Fettsäuren haben niedrigere Schmelztemperaturen als die gesättigten. Die Moleküle der ungesättigten Fettsäuren, z. B. Ölsäure, haben eine gewinkelte Gestalt (Tab. 2). Dadurch können sie kein dicht gepacktes Kristallgitter und damit auch nur geringe zwischenmolekulare Wechselwirkungen ausbilden. Die Gitter brechen schon bei niedrigen Schmelztemperaturen auseinander.
Zwischen dem Sättigungsgrad der gebundenen Fettsäuren und der Konsistenz der Fette gibt es enge Beziehungen. So bestehen die festen Fette aus verschiedenen Triacylglycerinen, die einen hohen Anteil an gesättigten Fettsäuren gebunden haben. Bei den Ölen sind mehr ungesättigte Fettsäuren im Triacylmolekül enthalten (↑Exp. 1, Tab. 1, S. 392).
Die Stellung der Kohlenstoffatome an der C=C-Doppelbindung der Fettsäuren ist bei den Fetten meistens die cis-Anordnung.

1 Allgemeine Strukturformel eines Fettmoleküls (Tricarbonsäureester)

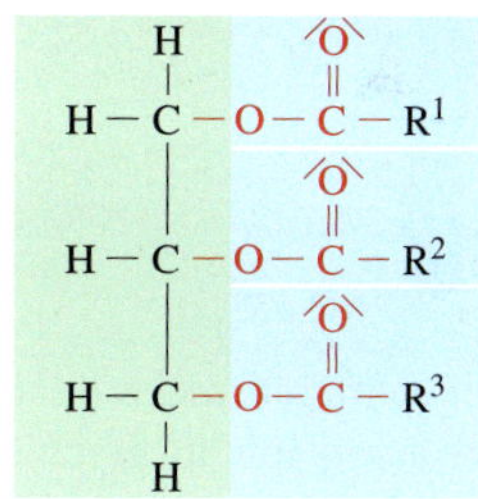

Tab. 2 Molekülmodell – Strukturformel – Skelettformel

Modell und Formeln	Stearinsäure	Ölsäure
Kalottenmodell	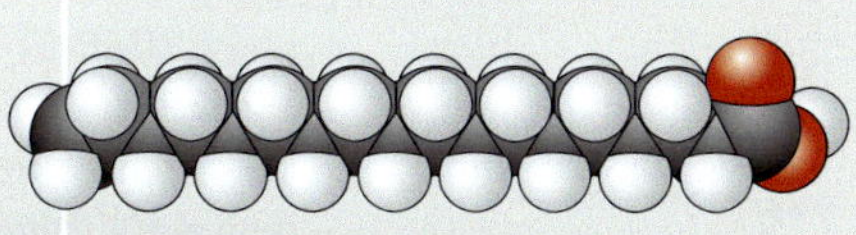	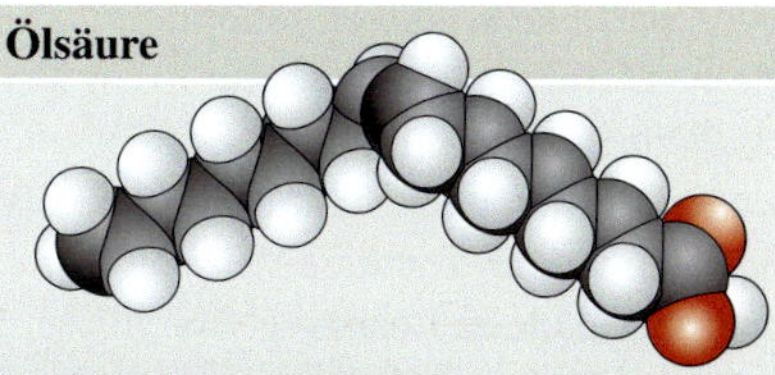
Verkürzte Strukturformel	$CH_3–(CH_2)_{16}–COOH$	$CH_3–(CH_2)_7–CH=CH–(CH_2)_7–COOH$
Skelettformel	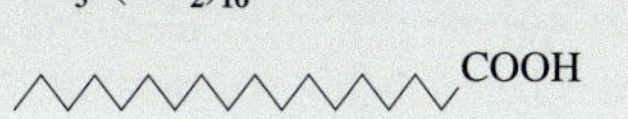	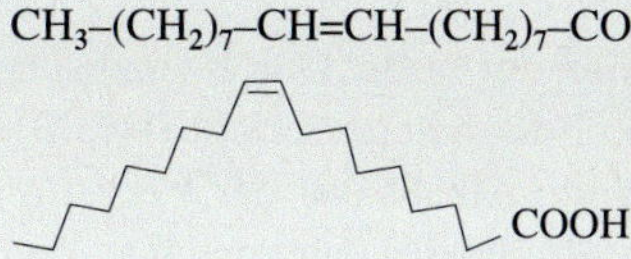

1 Fettmolekül mit gleichen gebundenen Fettsäure-Resten

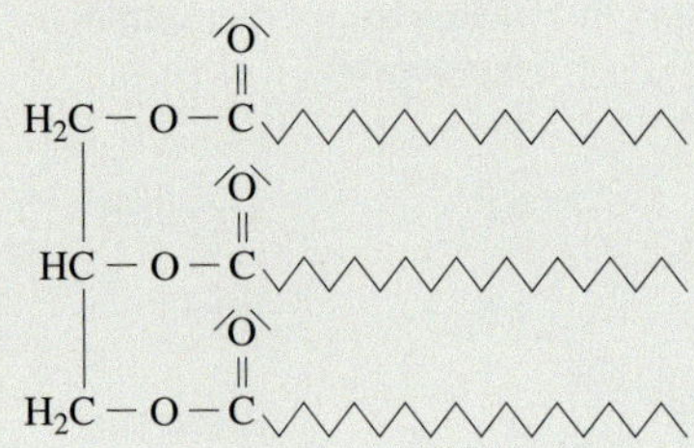

2 Fettmolekül mit verschiedenen gebundenen Fettsäure-Resten

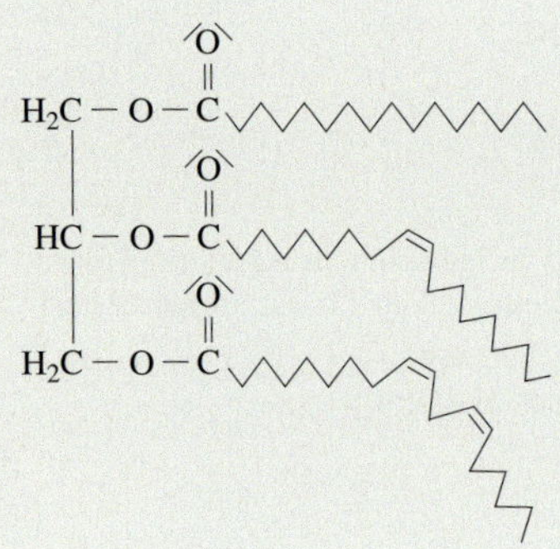

In den Fettmolekülen sind meist verschiedene gesättigte oder ungesättigte Fettsäuren mit unterschiedlicher Anzahl Kohlenstoffatome im Molekül gebunden (Abb. 2).

Eigenschaften und Zusammensetzung der Fette Reine Fette und Öle sind geruch- und geschmacklos. Sie haben eine geringe Flüchtigkeit und bilden auf Papier einen Fettfleck. Die **fetten Öle** müssen von den etherischen Ölen, den in Pflanzen enthaltenen Geruchsstoffen, und von Mineralölen (durch Destillation aus Erdöl oder Kohle gewonnene Öle) unterschieden werden. Diese in der Struktur grundsätzlich verschiedenen Stoffe hinterlassen auf dem Papier keine Fettflecke.
Weil natürliche Fette stets Gemische verschiedener Triacylglycerine sind, haben sie keine exakte Schmelztemperatur, sondern einen Schmelzbereich.
Fette und Öle sind weitgehend unpolare Substanzen und daher nicht in Wasser löslich. Fette lösen sich in Lösemitteln wie Diethylether, Dichlormethan, Benzol und verschiedenen Kohlenwasserstoffen wie Heptan (Exp. 2). Als Hauptbestandteil des Schmutzes auf Textilien müssen Fette beim Waschen deshalb durch Tenside in Lösung gebracht werden (↑S. 476 ff.).

Reaktionen der Fette Durch alkalische Hydrolyse werden Fette in ihre Bestandteile zerlegt (Exp. 3). Dabei entstehen neben Glycerin die Alkalisalze der Fettsäuren, die **Seifen** (↑S. 472). Diese Reaktion wird daher auch als **Verseifung** bezeichnet.

Tab. 1 Zusammensetzung von Fetten in %

Fett	GF	EUGF	MUGF
Butter	60	36	4
Schweineschmalz	59	39	2
Maisöl	15	32	53
Sojaöl	16	24	60
weiche Margarine	23	22	55

GF – gesättigte Fettsäuren
EUGF – einfach ungesättigte Fettsäuren
MUGF – mehrfach ungesättigte Fettsäuren

3 Festes Kokosfett (links) und flüssiges Sonnenblumenöl (rechts)

Schmelzbereich 20 bis 30 °C

Schmelzbereich −16 bis −18 °C

EXPERIMENT 1 L

Nachweis von Doppelbindungen
Abzug! In je einem Reagenzglas werden 2 g Kokosfett und 2 g Leinöl in 5 ml Dichlormethan (GHS08) gelöst. Dazu tropft man eine 5%ige Lösung von Brom (GHS06|05|09) in Dichlormethan (GHS08) und zählt jeweils die Tropfen, die bis zur bleibenden Gelbfärbung benötigt werden.

EXPERIMENT 2 L

Löslichkeit
Zu je 1 ml eines Speiseöls gibt man 4 ml folgender Lösemittel: Wasser, Ethanol (GHS02), Dichlormethan (GHS08), Petroleumbenzin (GHS08) und Heptan (GHS02|08|07|09).

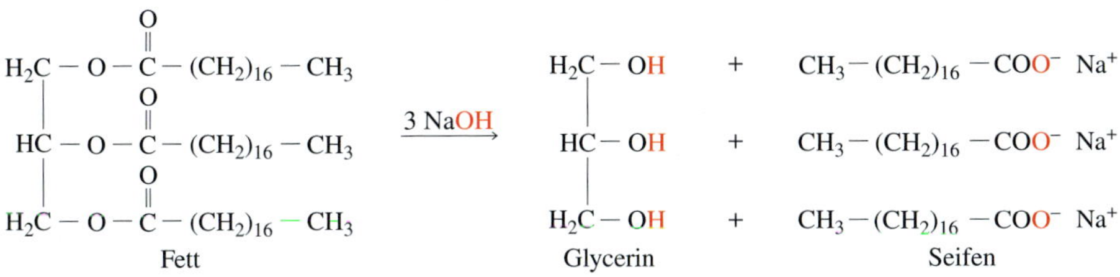

In der Technik wird die Fettspaltung mit heißem Wasserdampf katalytisch durchgeführt.

In Fetten können bei Anwesenheit von Sauerstoff und unter Lichteinwirkung Oxidationsreaktionen ablaufen. Dabei werden besonders die Doppelbindungen in den Molekülen gespalten. So entstehen über verschiedene Folgereaktionen Carbonsäuren mit geringerer Kohlenstoffanzahl, z. B. Butansäure (Buttersäure), sowie Aldehyde, Ketone und Peroxide, die unangenehm riechen. Das Fett wird **ranzig** und ist ungenießbar.

Öle, die wie Leinöl einen hohen Anteil ungesättigter Fettsäuren aufweisen, können in Gegenwart von Sauerstoff verharzen. Es kommt zu einer Vernetzung in den Fettmolekülen, die als **Trocknung** bezeichnet wird. Die trocknenden Öle bilden einen widerstandsfähigen, glasklaren Polymerfilm (z. B. Leinölfirnis als Anstrichmittel).

Beim Erhitzen über 200 °C entsteht aus Fetten das giftige, stechend riechende Gas Acrolein, ein ungesättigter Aldehyd. Die Bildung des Acroleins dient als Nachweis des Glycerins in Fetten (Exp. 4). Acrolein entsteht durch Dehydratisierung des Glycerins.

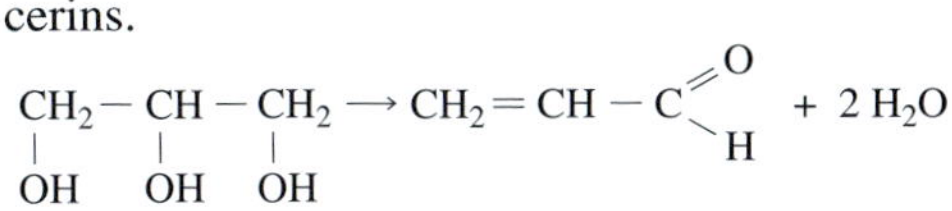

Fettuntersuchungen Die gewonnenen Fette sind vielfach verunreinigt. Deshalb ist die Kenntnis über den Anteil an Begleitstoffen wichtig. So erlaubt zum Beispiel die Bestimmung der bei einem Fett durch Oxidation entstandenen Carbonsäuren eine Aussage über den Frischezustand des Fetts. Die Bestimmung und Angabe der Qualität eines Fetts erfolgt durch die Bestimmung von **Kennzahlen der Fette**.

Die **Verseifungszahl (VZ)** ist ein Maß für die in Fetten gebundenen Fettsäuren (↑Exp. 5, S. 394). Sie gibt die Masse an Kaliumhydroxid in mg an, die zur Verseifung von 1 g Fett erforderlich ist. Die Verseifungszahl ist abhängig von der molaren Masse der Fettmoleküle. So gibt die Verseifungszahl nicht nur der Reinheitsgrad der Fette an, sondern ermöglicht auch die Charakterisierung der Kettenlänge der in den Fetten enthaltenen Fettsäuremoleküle. Je höher die Verseifungszahl ist, desto höher ist der Anteil kurzkettiger Fettsäuren.

Die Bestimmungsmethode für die Verseifungszahl erfasst auch die ungebundenen Fettsäuren, die als Verunreinigung im Fett enthalten sind.

EXPERIMENT 3

Hydrolyse

Schutzbrille, Gummihandschuhe! 2 ml Speiseöl werden mit 5 ml konzentrierter Natronlauge (w = 30 %; GHS05) etwa 5 min im Reagenzglas erhitzt. Das Produkt wird nach Abkühlung gewaschen und anschließend durch Rühren mit einem Glasstab im Wasser zum Teil gelöst. Ein Teil der Lösung wird geschüttelt, der andere Teil mit Calciumchloridlösung versetzt und geschüttelt.

EXPERIMENT 4 L

Acroleinprobe

Abzug! 2 g Fett werden mit 3 g Kaliumhydrogensulfat (GHS05 | 07) im Reagenzglas erhitzt. Die Dämpfe (GHS06 | 05 | 09) werden in Vorlagen mit Schiffs Reagenz bzw. ammoniakalischer Silbernitratlösung (w = 5 %; GHS07) geleitet. Das Experiment wird mit Glycerin anstelle des Fetts wiederholt.

AUFGABE

1 Stellen Sie eine begründete Vermutung an über die Schmelztemperaturen der beiden in Abb. 1 und 2 dargestellten Fette.

EXPERIMENT 5

Bestimmung der Verseifungszahl (VZ)

Etwa 2 g einer Fettprobe werden mit 25 ml ethanolischer Kaliumhydroxidlösung [$c(\text{KOH}) = 0{,}5\ \text{mol} \cdot \text{l}^{-1}$ in Ethanol; GHS02 | 05] unter Rückfluss 1 Stunde erhitzt. Nach vollständiger Verseifung des Fetts versetzt man mit Phenolphthaleinlösung und titriert mit Salzsäure ($c = 0{,}5\ \text{mol} \cdot \text{l}^{-1}$).

Berechnung der Verseifungszahl:

$$\text{VZ} = \frac{1000 \cdot V(\text{HCl}) \cdot c(\text{HCl}) \cdot M(\text{KOH})}{m_\text{E}}$$

$V(\text{HCl})$ = Differenz des Verbrauchs an Salzsäure in ml aus Haupt- und Blindversuch (ohne Fetteinwaage)

$c(\text{HCl})$ = Konzentration der Salzsäure in $\text{mol} \cdot \text{l}^{-1}$

m_E = Fetteinwaage in g

Die **Iodzahl (IZ)** ist ein Maß für den ungesättigten Charakter der gebundenen Fettsäuren in Fetten. Je höher die Iodzahl, desto mehr Doppelbindungen sind in den Fettsäuremolekülen enthalten. Die Iodzahl bezeichnet die Masse an Iod in g, die von 100 g Fett gebunden wird. Da Iod nicht an den ungesättigten Fettsäuren addiert wird, wird experimentell Brom eingesetzt (↑ S. 316), die Kennzahl wird aber auf Iod bezogen (Exp. 6).

EXPERIMENT 6 L

Bestimmung der Iodzahl (IZ)

Abzug! 0,2 bis 0,3 g Olivenöl werden in einen Erlenmeyerkolben eingewogen, in 10 ml Chloroform (GHS08 | 07) gelöst und mit 25 ml methanolischer Bromlösung, 5,2 ml Brom (GHS06 | 05 | 09) in 1000 ml an Natriumbromid gesättigtem wasserfreiem Methanol (GHS02 | 06 | 08), versetzt. Der Kolben wird verschlossen und 30 min in Dunkelheit stehen gelassen. Nach Zugabe von 15 ml 10%iger Kaliumiodidlösung wird das ausgeschiedene Iod mit Natriumthiosulfat-Maßlösung $c(\text{Na}_2\text{S}_2\text{O}_3) = 0{,}1\ \text{mol} \cdot \text{l}^{-1}$ bis zur Gelbfärbung und nach Zusatz von Stärkelösung (Violettfärbung) bis zur Farblosigkeit titriert.

Berechnung der Iodzahl:

$$\text{IZ} = \frac{50 \cdot V(\text{Na}_2\text{S}_2\text{O}_3) \cdot c(\text{Na}_2\text{S}_2\text{O}_3) \cdot M(\text{I}_2)}{m_\text{E}}$$

$V(\text{Na}_2\text{S}_2\text{O}_3)$ = Differenz des Verbrauchs an Natriumthiosulfatlösung in ml aus Haupt- und Blindversuch (ohne Fetteinwaage)

$c(\text{Na}_2\text{S}_2\text{O}_3)$ = Konzentration der Natriumthiosulfatlösung in $\text{mol} \cdot \text{l}^{-1}$

m_E = Fetteinwaage in g

1 Strukturformel und Kalottenmodell des Phospholipids Lecithin

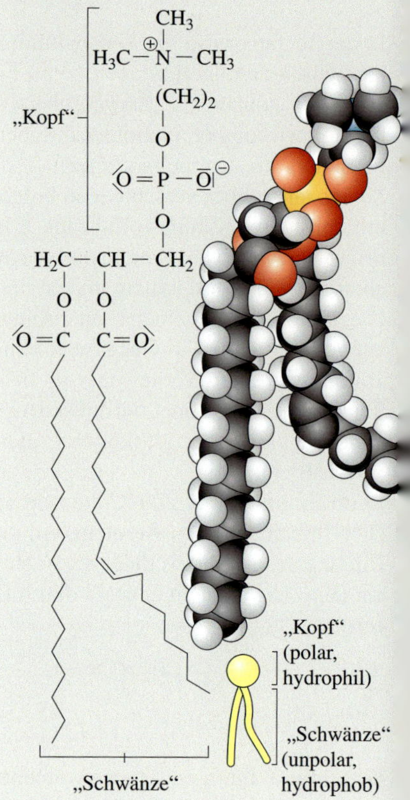

2 Strukturformel und Kalottenmodell von Cholesterin

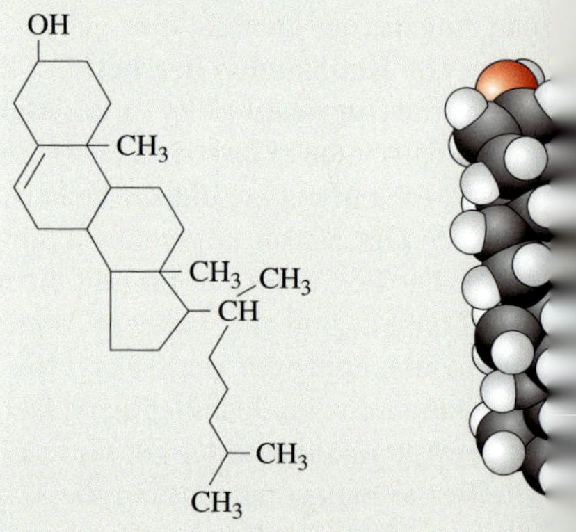

Physiologie

Lipide in biologischen Systemen

Tierische und pflanzliche Zellen werden durch Biomembranen strukturiert (Abb. 4). Die Grundsubstanz dieser Membranen bilden **Phospholipide**, z. B. das **Lecithin**. In ihren Molekülen sind zwei Fettsäuremoleküle mit einem Glycerinmolekül verestert. Die dritte Hydroxygruppe des Glycerinmoleküls ist mit einem Phosphorsäurerest verestert und trägt eine negative Ladung. Daran gebunden ist ein weiteres Molekül, z. B. die quartäre Ammoniumverbindung Cholin, die positiv geladen ist (Abb. 1). Phospholipide sind also Zwitterionen.
In Wasser bilden Phospholipide eine Doppelschicht, bei der sich die polaren, hydrophilen Kopfgruppen der Lipidmoleküle dem Wasser zugewandt anordnen, während sich die unpolaren, hydrophoben Fettsäurereste aneinanderlagern.
In der Lipiddoppelschicht befinden sich Membranproteine, die durch hydrophobe Wechselwirkungen an die Lipidmoleküle gebunden sind. Neben den Phospholipiden kommen in der Lipiddoppelschicht der Zellmembran auch **Glykolipide** vor. In diesen Lipiden stellen Zuckermoleküle den polaren Anteil im Molekül (Abb. 1).

Weitere Lipide, die in tierischen und pflanzlichen Organismen vorkommen, sind **Steroide**. Zu ihnen zählen einige wasserunlösliche Vitamine, die Geschlechtshormone und der wohl bekannteste Vertreter, das **Cholesterin** (Cholesterol). Aufgrund des unpolaren Charakters werden auch Steroide zu den Lipiden gezählt, obwohl sie eine völlig andere chemische Struktur besitzen. Cholesterin ist ein Bestandteil von Biomembranen in tierischen Zellen. Es erhöht deren Stabilität. Weiterhin ist es ein Ausgangsstoff für die Biosynthese von Gallensäuren und den Steroidhormonen, wie Östrogen und Testosteron. Im Blut wird Cholesterin aufgrund seiner Wasserunlöslichkeit an Proteine gebunden transportiert.

3 Kalottenmodell des β-Carotins

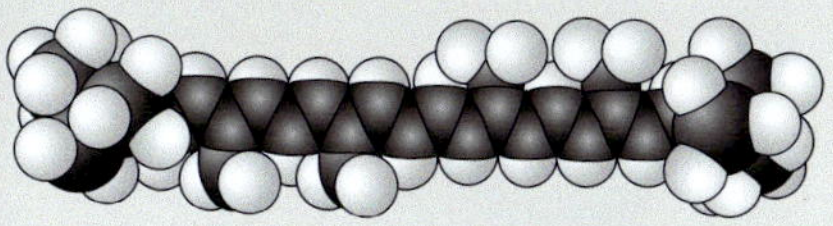

4 Modellvorstellung der Biomembran (Flüssig-Mosaik-Modell)

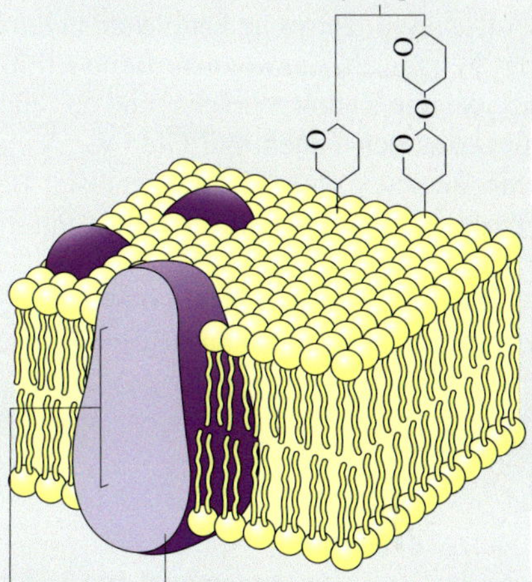

Eine weitere biologisch wichtige Gruppe von Lipiden bilden die **Carotinoide**. Diese werden ausschließlich in Pflanzen hergestellt und sind gelbe bis orange Farbstoffe (↑ S. 499). Bekanntester Vertreter ist das in Karotten enthaltene β-Carotin. Dieses wird im menschlichen Organismus in Vitamin A umgewandelt und ist für das Sehen von entscheidender Bedeutung.

AUFGABEN

1 Informieren Sie sich über den Feinbau der Zellmembran und geben Sie die Funktion der Glykolipide an.

2 Recherchieren Sie,
- woher das im Körper befindliche Cholesterin stammt,
- wofür die Bezeichnungen LDL und HDL stehen sowie
- über die Folgen von zu hohem Cholesteringehalt im Blut.

3 Erklären Sie, warum carotinhaltige Lebensmittel wie Karotten immer mit etwas Fett gegessen werden sollten.

Gewinnung und Verwendung von Fetten

Gewinnung Fette und Öle bilden sich in der Natur enzymatisch durch Biosynthese aus Molekülen der Essigsäure. Da jedes Essigsäuremolekül zwei Kohlenstoffatome enthält, haben einfache natürliche Fettsäuremoleküle geradzahlige Kohlenstoffketten. Fette werden aus pflanzlichen und tierischen Rohstoffen gewonnen (Tab. 1). Die pflanzlichen Öle erhält man im einfachsten Fall durch Auspressen. Tierische Fette werden durch Wärmebehandlung des Fettgewebes gewonnen. Beim Erhitzen von Fettgewebe zerreißen die Zellmembranen, und das eingeschlossene Fett wird frei. Aus den Fetten und Ölen werden anschließend unerwünschte Begleitstoffe wie Pflanzenreste, Phospholipide, Eiweiße, Fettsäuren, Wachse und Farbstoffe entfernt.

Tab. 1 Anteil einiger Pflanzenöle an der Weltproduktion (2009)

Pflanzenöl	Anteil in %
Palmöl	38
Sojabohnenöl	27
Rapsöl	16
Sonnenblumenöl	9
Erdnussöl	3
Kokosöl	2

Fetthärtung Öle können durch Hydrierung in feste Fette umgewandelt werden. Dabei wird an ungesättigte Fettsäuren Wasserstoff addiert.

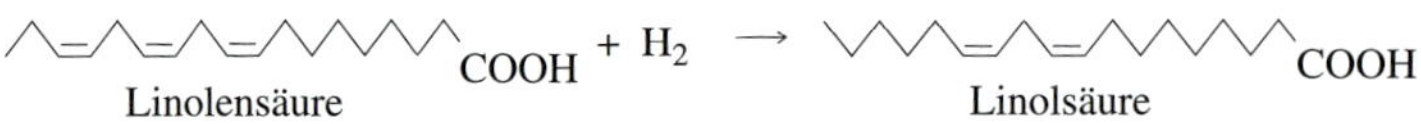

Diese chemische Reaktion bezeichnet man als Fetthärtung. Durch die Hydrierung der Fette wird deren Oxidierbarkeit verringert. Nur ein Teil der ungesättigten Fettsäuren wird hydriert, z. B. bei Sojaöl die Linolensäure und nicht die Linolsäure. Hydrierte Fette gehören neben Pflanzenölen und Pflanzenfetten sowie tierischen Fetten zu den Ausgangsstoffen für die Herstellung von **Margarine** (Tab. 2). Um die gewünschte Streichfähigkeit zu erhalten, werden auch umgeesterte Fette eingesetzt.

Tab. 2 Inhaltsstoffe von Margarine

Stoffe	Funktion
Fett, Öl	Nährmittel
Öle mit ungesättigten Fettsäuren	gesunde Ernährung
Vitamine, meist A, D, E	gesunde Ernährung
Lecithin	Emulgator, verhindert Spritzen beim Ausbraten
entrahmte Milch	Bräunung beim Backen und Braten
Wasser	Emulsion
Sorbinsäure und -salze	Konservierung, Geschmack

Fette als Grundnährstoffe Von etwa 100 Mio. Tonnen an Fetten, die jedes Jahr weltweit produziert werden, dienen 80 % der menschlichen Ernährung.
Zu einer gesunden Ernährung gehört ein optimaler Anteil von Fetten mit mehrfach ungesättigten Fettsäuren. Da diese in tierischen Fetten weniger häufig vorkommen, wird ein entsprechender Verzehr von pflanzlichen Fetten empfohlen. Insgesamt soll der tägliche Fettverzehr des Menschen je nach Alter, Geschlecht und Leistungsanforderungen bei gesunder Ernährung 60 bis 70 g nicht überschreiten.
Die meisten Fettsäuren können vom menschlichen Organismus aus anderen Stoffen selbst synthetisiert werden. Diese Fettsäuren werden als **nicht essenzielle Fettsäuren** bezeichnet. **Essenzielle Fettsäuren** müssen dem Organismus mit den Nahrungsfetten zugeführt werden, da der Körper sie nicht selbst synthetisieren kann. Die essenzielle Linolsäure, die besonders in Pflanzenfetten enthalten ist, kann im menschlichen Organismus in Arachidonsäure umgewandelt werden. Aus Arachidonsäure wird das Gewebehormon Prostaglandin synthetisiert. Linolsäuremangel führt folglich zu Stoffwechselerkrankungen.

1 Feste Margarine wird durch Hydrierung von Fetten und Ölen hergestellt.

Ernährung

Functional Food

In der Sprache der Werbeindustrie bezeichnet „Functional Food“ Lebensmittel, die nicht nur die natürlichen Inhaltsstoffe aufweisen, sondern mit weiteren Stoffen angereichert bzw. vollkommen synthetisch hergestellt werden. Solche Stoffe wirken sich angeblich positiv auf die Gesundheit aus. Die ersten auf dem Markt erhältlichen Lebensmittel dieser Art waren „probiotische“ Joghurts. Diese enthalten lebende Milchsäurebakterien, die unverdaut in den Dickdarm gelangen und dort die Darmflora positiv beeinflussen sollen.

Brot und Backwaren werden teilweise mit **Omega-Fettsäuren** angereichert. Diese aus einer veralteten Nomenklatur stammende Bezeichnung wird auf essenzielle, mehrfach ungesättigte Fettsäuren wie Linolensäure und Linolsäure angewendet. Ein hoher Anteil solcher Fettsäuren ist für den Fettstoffwechsel wichtig, weil sie Herz-Kreislauf- und Krebs-Erkrankungen vorbeugen. Die Anreicherung von Lebensmitteln mit Omega-Fettsäuren ist eigentlich unnötig. Viele pflanzliche Öle, wie Walnuss-, Raps- und Sojaöl, enthalten von Natur aus Omega-3-Fettsäuren. Reich an Omega-6-Fettsäuren sind Sonnenblumen- und Maiskeimöl. Die pflanzlichen Öle enthalten zudem Vitamin E, das die mehrfach ungesättigten Fettsäuren vor Oxidation schützt.

Fettersatzstoffe wie Inulin® und Carrageen® werden vor allem bei kalorienreduzierten Light-Produkten eingesetzt. Die Fettaustauschstoffe werden aus Kohlenhydraten oder Proteinen hergestellt. Im Vergleich zu Fetten sind sie energieärmer, schmecken aber aufgrund ihrer physikalischen Eigenschaften ähnlich wie echte Fette. Oftmals wird die geringere Energiedichte durch häufigere oder größere Mahlzeiten mehr als ausgeglichen.

1 Echte Sahne – Sahne-ähnliches Produkt

Einige Lebensmittel, wie z. B. Margarine, werden mit **pflanzlichen Sterinen** angereichert. Diese Substanzen senken nachweislich den Cholesterinspiegel, wenn sie regelmäßig gegessen werden. Die mit Sterinen angereicherten Lebensmittel sollten nur in den angegebenen Mengen und nicht von bestimmten Personengruppen wie Kindern verzehrt werden, da durch Sterine die Aufnahme der Vitamine A, E und K reduziert wird.

Sogenannter **Analogkäse** wird aus Pflanzenfett, Eiweißpulver und weiteren Zusatzstoffen hergestellt. Er hat also mit dem echten, aus Milch hergestellten Käse nichts zu tun. Analogkäse muss nicht wie richtiger Käse über Monate reifen und kann somit wesentlich schneller und billiger hergestellt werden – der einzige für die Wirtschaft wichtige Zusatznutzen. Analogkäse hat einen viel geringeren Nährwert als echter Käse und keine positive Wirkung auf den menschlichen Organismus, ist aber gesundheitlich unbedenklich.

2 Sieht wie Käse aus, ist aber ein Imitat; Jahresproduktion in Deutschland: rund 100 000 Tonnen.

AUFGABEN

1 Die Bezeichnung Omega gibt die Stellung der ersten Doppelbindung im Fettsäuremolekül an, wobei die Zählung bei dem am weitesten von der Carboxygruppe entfernten endständigen C-Atom, dem Omega-C-Atom, beginnt.
Geben Sie an, welche Fettsäuren zu den Omega-3-, Omega-6- und Omega-9-Fettsäuren gehören.

2 „Wer gesund ist und sich mit einer Mischkost aus frischen Lebensmitteln ernährt, benötigt keine Functional-Food-Produkte.“ Nehmen Sie zu dieser Aussage Stellung.

Fette als Rohstoffe Bei der katalytischen Fettspaltung mit Wasserdampf (250 °C, 5 MPa) werden die im Fett gebundenen Fettsäuren und Glycerin gebildet. Die Verseifung eines Fetts zur Herstellung von Seifen hat heute nur noch geringe Bedeutung, da sich die meisten natürlichen Fette nicht zur Herstellung guter Seife eignen. Glycerin wird z. B. als Salbengrundlage und zum Feuchthalten von Druckerfarbe verwendet.
Durch Hydrierung von Fettsäuren in Form ihrer Ester mit einwertigen Alkoholen werden **Fettalkohole** hergestellt:

$$\underset{\text{Fettsäureester}}{CH_3{-}(CH_2)_{14}{-}COO{-}R} + 2\,H_2 \rightarrow \underset{\text{Fettalkohol}}{CH_3{-}(CH_2)_{14}{-}CH_2OH} + R{-}OH$$

Die Weltjahresproduktion beträgt etwa 1,5 Mio. Tonnen. Ausgangsstoffe sind mit zunehmendem Anteil nachwachsende Rohstoffe wie Palmöl.
Aus Fettalkoholen werden zahlreiche Produkte hergestellt. Durch Veresterung mit Schwefelsäure und anschließende Neutralisation mit Natronlauge bilden sich ionische Tenside. Durch Umsetzung von Fettalkoholen mit Spaltprodukten der Stärke werden nichtionische Tenside hergestellt (↑ S. 480). Durch Veresterung von Fettsäuren mit Methanol werden Fettsäuremethylester hergestellt, die als **Biodiesel** Verwendung finden (↑ S. 436 f.). Stearin, ein Gemisch von Stearin- und Palmitinsäure, wird als Kerzenrohstoff verwendet.

AUFGABEN

1 Erklären Sie, warum ein hydriertes Fett nicht so schnell ranzig wird.
2 Entwickeln Sie die Reaktionsgleichung für die Bildung eines Fettalkoholsulfats, ausgehend von dem aus Stearinsäure zugänglichen Alkohol.
3 Erläutern Sie die Bezeichnungen Wachs- und Stearinkerze.
4 Formulieren Sie die Reaktionsgleichungen für die Veresterung der in Rapsöl enthaltenen Fettsäuren Ölsäure, Linolsäure und Linolensäure mit Methanol.

ZUSAMMENFASSUNG

Fette zählen zu der Gruppe der **Lipide**. Sie sind wasserunlöslich.
Fette bestehen aus **Tricarbonsäureestern** des dreiwertigen Alkohols Glycerin mit meist verschiedenen gesättigten und ungesättigten Fettsäuren.
Feste Fette enthalten einen hohen Anteil gesättigter und Öle einen hohen Anteil ungesättigter Fettsäuren.
Die in den Fettsäuremolekülen enthaltenen Doppelbindungen begünstigen eine Oxidation der Fette an der Luft (Ranzigwerden).

Fette gehören zu den Grundnährstoffen der Menschen. Für eine gesunde Ernährung ist der Verzehr von Fetten erforderlich, die gesättigte, einfach ungesättigte und mehrfach ungesättigte Fettsäuren in einem von Ernährungswissenschaftlern empfohlenen Verhältnis enthalten.
Fette haben eine große Bedeutung als Rohstoffe, da sie zu den nachwachsenden Rohstoffen gehören.

► Struktur-Eigenschafts-Konzept

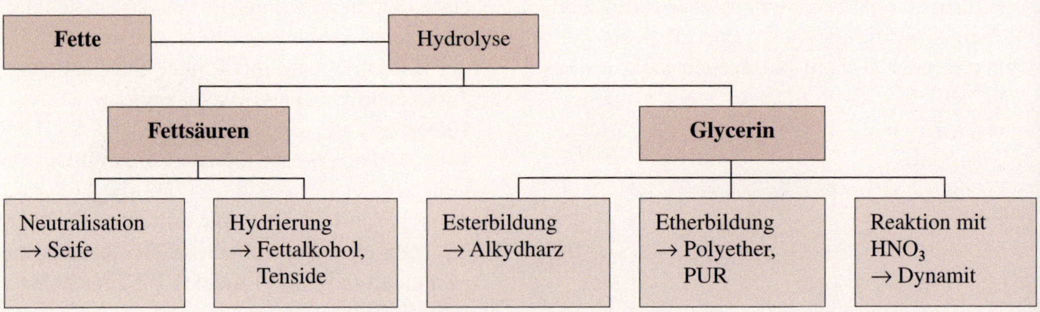

KOMPLEX GEDACHT

1 In Tab. 1 sind die Verseifungszahlen einiger Fette und Öle aufgeführt.

Tab. 1 Verseifungszahl einiger Fette und Öle

Fett/Öl	Verseifungszahl
Kokosfett	256
Butter	225
Leinöl	193
Sojaöl	191
Olivenöl	190

Charakterisieren Sie anhand der Werte die Struktur der Fette hinsichtlich der in ihnen gebundenen Fettsäuren.

2 Geben Sie alle möglichen Isomere eines Triacylglycerinmoleküls an, das jeweils einen Stearinsäure-, Palmitinsäure- und Ölsäure-Rest gebunden hat.

3 Die drei angegebenen Fette haben jeweils drei verschiedene Fettsäuren gebunden.

Fett	Fettsäure-Rest
A	– Buttersäure (Butansäure) – Palmitinsäure – Linolsäure
B	– Laurinsäure – Ölsäure – Linolsäure
C	– Palmitinsäure – Stearinsäure – Linolsäure

Aus der unterschiedlichen Struktur der Fette resultieren unterschiedliche Kennzahlen.

a Ordnen Sie die Fette nach unterschiedlichen Schmelzbereichen.

b Vergleichen Sie die Fette in Bezug auf ihre Verseifungszahl und Iodzahl. Begründen Sie Ihre Angaben.

4 Erläutern Sie an einem selbst gewählten Beispiel und unter Verwendung von Strukturformeln die Hydrierung eines natürlichen Fetts, das ungesättigte Fettsäuren gebunden hat.

5 Unter Umweltaspekten ist die Herstellung von Tensiden und Biodiesel aus nachwachsenden Rohstoffen wie Palmöl umstritten. Durch die starke Nachfrage an Palmöl ist die Anbaufläche stark ausgeweitet worden. Dabei wurde ein Großteil der Palmölplantagen dort angelegt, wo vorher tropische Regenwälder standen. In Malaysia machen Palmölplantagen mittlerweile mehr als zwei Drittel der gesamten landwirtschaftlichen Nutzfläche aus.

Tab. 2 Fläche der Palmölplantagen in Malaysia und Indonesien (in ha)

	Malaysia	Indonesien
1986	1 599 000	144 000
1997	2 893 000	2 515 800
2005	4 051 000	6 059 000
Expansion bis 2020	4 915 000	19 840 000

Meinung 1: „Das ist seit Menschengedenken das Land unserer Vorfahren, aber jetzt droht uns, dass wir es für immer verlieren. Wir nutzen den Regenwald traditionell und haben ihn so bis heute erhalten. Unsere traditionellen Rechte werden von den Palmölkonzernen mit Füßen getreten, unser Lebensunterhalt und die Natur abgefackelt. […] Deswegen steigen die Nahrungsmittelpreise in Indonesien enorm, und die Menschen können sich nicht einmal mehr Bratöl leisten."

Meinung 2: „Palmöl ist eine fantastische Ressource. Die Energieerträge pro Hektar sind mehr als fünfmal so hoch wie die eines Rapsfelds. Und wir sind sehr bemüht, die Schäden für die Umwelt so klein wie möglich zu halten, schließlich hat die Palmölindustrie in Malaysia die vom Runden Tisch für Nachhaltiges Palmöl (RSPO) vorgeschlagenen nachhaltigen Praktiken übernommen."

Erläutern Sie die Palmölproblematik unter wirtschaftlichen und ökologischen Aspekten. Nehmen Sie kritisch zu den verschiedenen Meinungen Stellung.

17 Aminosäuren und Proteine

Der Chemiker EMIL FISCHER sagte über die Bedeutung der Proteine (Eiweiße) in einem 1911 in Berlin gehaltenen Experimentalvortrag: „Durch solche Dinge wie Eiweißstoffe, Kohlenhydrate, Fette steht nun die organische Chemie in engster Fühlung mit den biologischen Wissenschaften; denn der ganze Stoffwechsel im lebenden Organismus ist eine Aufeinanderfolge chemischer Verwandlungen, die sich an diesen Stoffen vollziehen. Infolgedessen ist die Chemie berufen, mitzuarbeiten an der Lösung der großen Rätsel des Lebens, Ernährung, Wachstum, Befruchtung, Vererbung, Altern, und den mannigfaltigen krankhaften Störungen des normalen Zustandes". Proteine sind als Bausteine des Lebens wesentlicher Bestandteil der Zellen aller Lebewesen. Aus ihnen werden Muskeln, Haut, Sehnen und auch der hauchdünne Faden eines Spinnennetzes gebildet.

Struktur und Eigenschaften von Aminosäuren

Aminosäuren sind die Bausteine der Proteine (Eiweiße). Am Aufbau der Proteine der Organismen sind etwa 20 Aminosäuren beteiligt, die deshalb proteinogene Aminosäuren genannt werden. Darüber hinaus sind weit mehr als 100 weitere Aminosäuren bekannt.

Die meisten der 20 für den Aufbau der Proteine benötigten Aminosäuren können durch den menschlichen Stoffwechsel selbst gebildet werden. Acht Aminosäuren können jedoch nicht synthetisiert werden. Diese **essenziellen Aminosäuren** muss der Mensch deshalb mit der Nahrung aufnehmen (↑Abb. 1, S. 402). Durch verdünnte Säurelösung oder durch Einwirkung von Enzymen werden Proteine hydrolytisch bis zu Aminosäuren abgebaut.

AUFGABE

1 Neben den 20 beim Menschen vorkommenden Aminosäuren sind zwei weitere proteinogene Aminosäuren entdeckt worden. Recherchieren Sie deren Namen, Strukturformel und Vorkommen.

Struktur Die Moleküle der Aminosäuren zeigen eine charakteristische Struktur: An einem zentralen Kohlenstoffatom sind zwei funktionelle Gruppen, die **Aminogruppe –NH_2** und die **Carboxygruppe –COOH**, sowie ein Wasserstoffatom gebunden (Abb. 1). Der vierte an diesem Kohlenstoffatom gebundene Substituent ist ein **verschieden gestalteter organischer Rest –R**, die **Seitenkette**. Alle Aminosäuren unterscheiden sich nur in diesem Rest. Die einfachste Aminosäure ist Glycin (2-Aminoethansäure). Bei Glycinmolekülen besteht der Rest nur aus einem Wasserstoffatom. Bei allen anderen Aminosäuren können die Reste auch mehrere Kohlenstoff-, Sauerstoff-, Schwefel- oder Wasserstoffatome aufweisen (↑Abb. 1, S. 402).

Bei den in Proteinen vorkommenden Aminosäuren befindet sich die Aminogruppe am 2. Kohlenstoffatom, dem α-Kohlenstoffatom. Daher werden diese Aminosäuren als **2-Aminosäuren** oder **α-Aminosäuren** bezeichnet.

Die Aminosäuremoleküle haben am α-Kohlenstoffatom (mit Ausnahme von Glycin) ein asymmetrisches Kohlenstoffatom C*. Sie sind aufgrund dieses Strukturmerkmals **chiral** (↑S. 368). Es existieren daher von diesen Aminosäuren zwei unterschiedliche Enantiomere, die sich wie Bild und Spiegelbild verhalten (Abb. 2).

Wie bei den Kohlenhydraten werden diese meist in der **Fischer-Projektionsformel** dargestellt (↑S. 369). Dafür wird zunächst die räumliche Stellung der Substituenten am C* z. B. durch die **Keil-Strich-Formel** angegeben. Bindungen, die nach vorn aus der Bildebene herausragen, werden durch einen Keilstrich ►, solche, die nach hinten gerichtet sind, durch einen unterbrochenen Keilstrich ııı· symbolisiert. Die Moleküle werden so orientiert, dass das C-Atom mit der höchsten Oxidationszahl, also die Carboxygruppe, nach oben hinten weist. Die Seitenkette wird nach unten hinten und die beiden anderen Substituenten nach vorn ausgerichtet. Die Projektion der Keil-Strich-Formel in die Papierebene ergibt die Fischer-Projektionsformel. Ausschlaggebend für die Benennung ist die Stellung der Aminogruppe: Bei den L-Aminosäuren befindet sich die Aminogruppe in der Projektionsformel links, bei den D-Aminosäuren rechts (Abb. 2). Natürliche Aminosäuren liegen fast ausschließlich in der L-Form vor.

1 Allgemeine Struktur von Aminosäuremolekülen

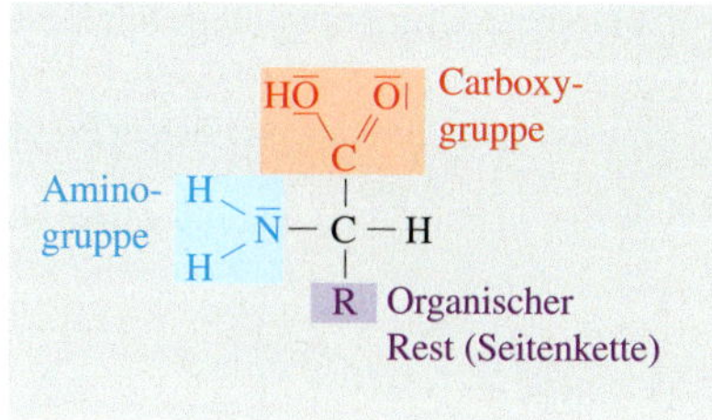

EXPERIMENT 1

pH-Werte von Aminosäurelösungen

Je eine Spatelspitze von Alanin, Arginin, Asparaginsäure, Glycin und Lysin wird in jeweils 3 ml Wasser gelöst und mit einigen Tropfen Universalindikatorlösung vermischt.

AUFGABEN

1 Ordnen Sie die in Abb. 1 (↑S. 402) angegebenen Aminosäuren den Monoaminomonocarbonsäuren, Monoaminodicarbonsäuren, Diaminomonocarbonsäuren zu.

2 Geben Sie an, wie man das 1:1-Gemisch eines Enantiomerenpaars bezeichnet.

2 Alanin, eine chirale Aminosäure

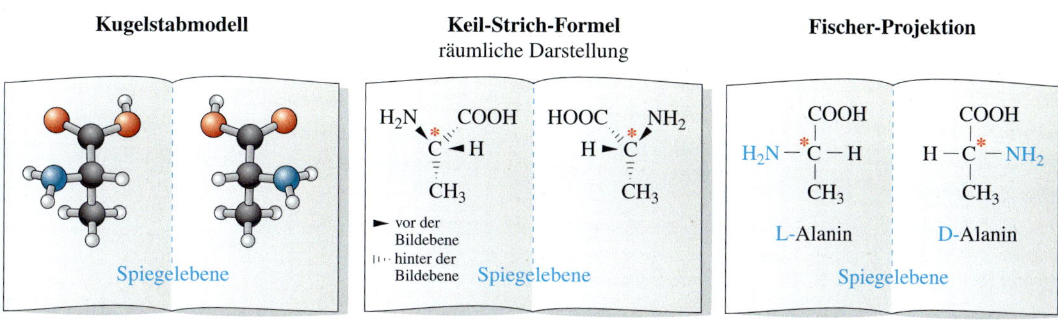

Die Struktur der Seitenkette bestimmt die spezifischen Eigenschaften der verschiedenen Aminosäuren, die sich deshalb in verschiedene Gruppen einteilen lassen (↑Exp. 1, S. 401).

1 Einteilung der 20 in menschlichen Proteinen vorkommenden Aminosäuren

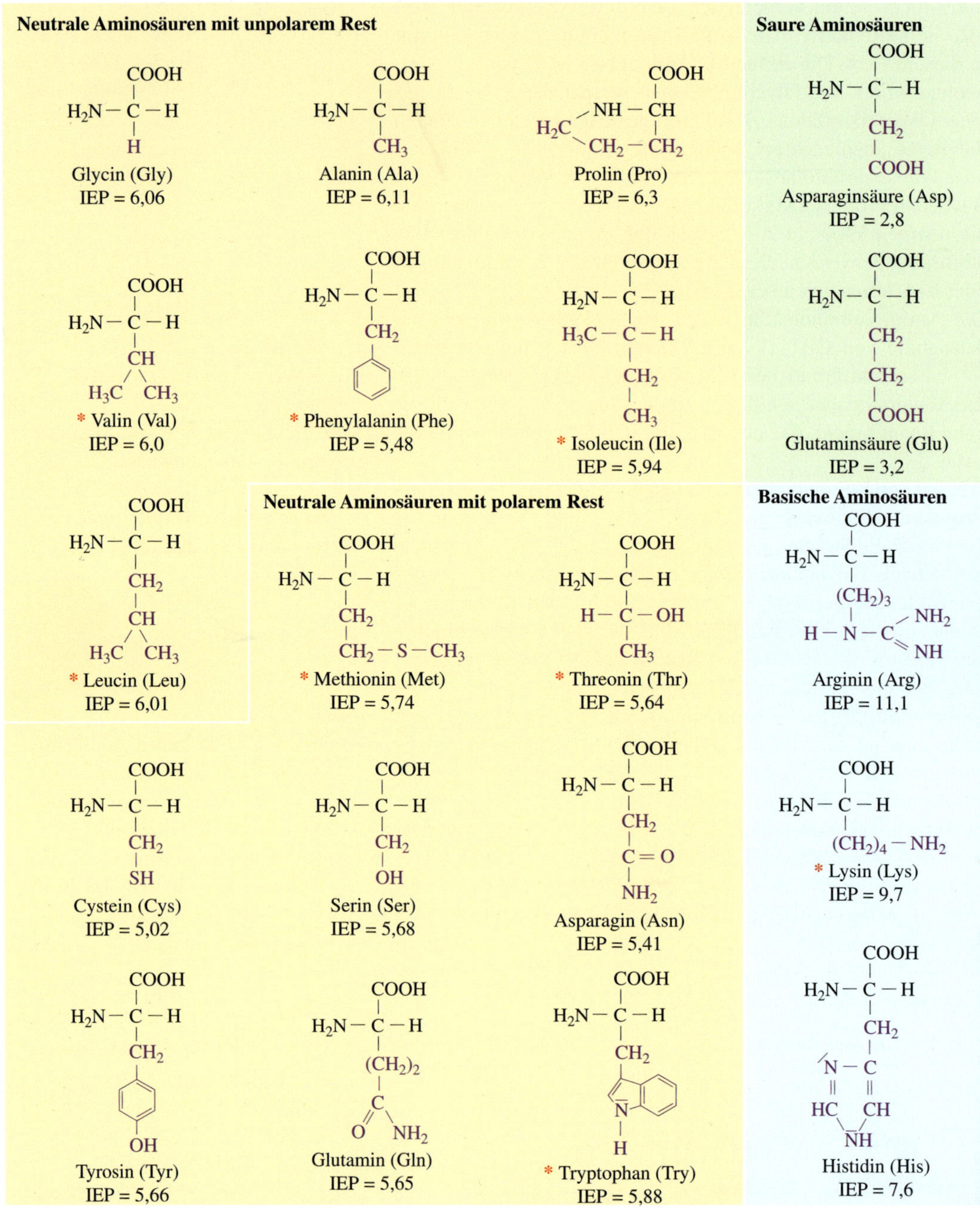

* essenzielle Aminosäure; in Violett: organischer Rest (Seitenkette); IEP = Isoelektrischer Punkt
unpolarer Rest: nur C- und H-Atome
polarer Rest: neben C- und H-Atomen weitere Heteroatome (S, O, N)

Eigenschaften Aminosäuren sind kristalline Verbindungen. Sie sind gut in Wasser löslich und haben relativ hohe Schmelz- bzw. Zersetzungstemperaturen (175 bis 300 °C).
Die weiteren chemischen und physikalischen Eigenschaften der Aminosäuren werden vor allem durch die Aminogruppen und die Carboxygruppen in den Molekülen bestimmt. Dabei dient die Aminogruppe aufgrund ihres freien Elektronenpaars am Stickstoffatom als Protonenakzeptor und somit als Base. Dahingegen wirkt die Carboxygruppe als Protonendonator und fungiert somit als Säure. Dies liegt vor allem daran, dass im Carboxylat-Ion die negative Ladung durch mesomere Grenzstrukturen delokalisiert ist und somit ein energetisch stabiler Zustand vorliegt. Die Aminogruppe als Protonenakzeptor und die Carboxygruppe als Protonendonator führen zur Bildung von **Zwitterionen** in Aminosäuremolekülen.

$$H_2N–CHR–COOH \rightleftharpoons H_3N^+–CHR–COO^-$$

In wässriger Lösung bilden Aminosäuren Säure-Base-Gleichgewichte aus.

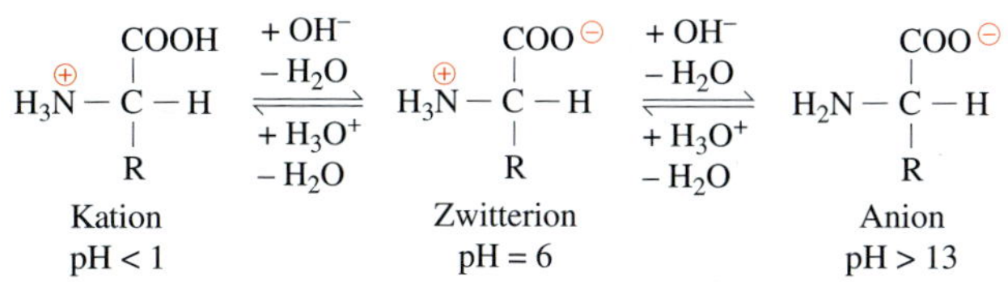

Zwitterionen liegen überwiegend bei einem pH-Wert von etwa 6 vor, dem **isoelektrischen Punkt** einer Aminosäure (Exp. 2). Eine Mischung von Zwitterionen mit Kationen im Verhältnis 1:1 wirkt als Puffer im sauren, eine Mischung von Zwitterionen mit Anionen als Puffer im basischen Bereich.
Diese Pufferwirkung lässt sich auch aus der Titrationskurve einer salzsauren Glycinlösung mit Natronlauge erkennen (Abb. 2; Exp. 3). In saurer Lösung liegen zu Beginn der Titration hauptsächlich Glycin-Kationen vor. Mit Zugabe der Lauge entstehen durch Reaktion mit OH^--Ionen vermehrt Zwitterionen. Die Konzentration an Zwitterionen ist bei einem pH-Wert von 6,06 am größten. Bei weiterer Zugabe von OH^--Ionen nimmt

2 Titration einer salzsauren Glycinlösung mit Natronlauge

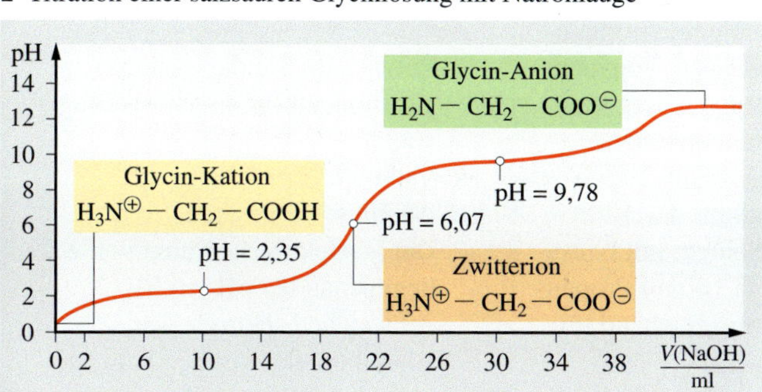

EXPERIMENT 2
Löslichkeit von Tyrosin
Eine Spatelspitze Tyrosin in 5 ml Wasser suspendieren und tropfenweise Natronlauge ($c = 2\ mol \cdot l^{-1}$; GHS05) hinzufügen, bis eine klare Lösung entsteht. Dann Salzsäure ($c = 2\ mol \cdot l^{-1}$) tropfenweise dazugeben, bis eine Trübung entsteht. Anschließend weiter Säure in die Lösung geben.

EXPERIMENT 3
Titration von Glycin
10 ml einer wässrigen Glycinlösung ($c = 0{,}1\ mol \cdot l^{-1}$) werden mit soviel Salzsäure ($c = 0{,}1\ mol \cdot l^{-1}$) versetzt, bis sich der pH-Wert 1,5 einstellt. Anschließend wird mit Natronlauge ($c = 0{,}1\ mol \cdot l^{-1}$; GHS07) titriert und bei Zugabe von jeweils 0,5 ml Natronlauge der pH-Wert notiert.

AUFGABEN
1 Warum ist die Bezeichnung L-Glycin sinnlos?
2 Erklären Sie die hohe Schmelztemperatur der Aminosäuren auf molekularer Ebene.
3 Kennzeichnen Sie im Zwitterion des Alanins die nach BRÖNSTED sauer und basisch reagierenden Gruppen.
4 Begründen Sie anhand der Strukturformeln der Aminosäuren in Abb. 1 deren Einteilung in neutrale, saure und basische Aminosäuren.
5 Geben Sie in Abb. 2 an, in welchen Konzentrationsverhältnissen die Teilchenarten bei pH = 2,35, pH = 6,07 und pH = 9,78 vorliegen. Kennzeichnen Sie die Bereiche der Titrationskurve, bei denen die größte Pufferwirkung auftritt.

1 Trennung eines Aminosäuregemischs durch Elektrophorese (pH_{iso} = Isoelektrischer Punkt der Aminosäure)

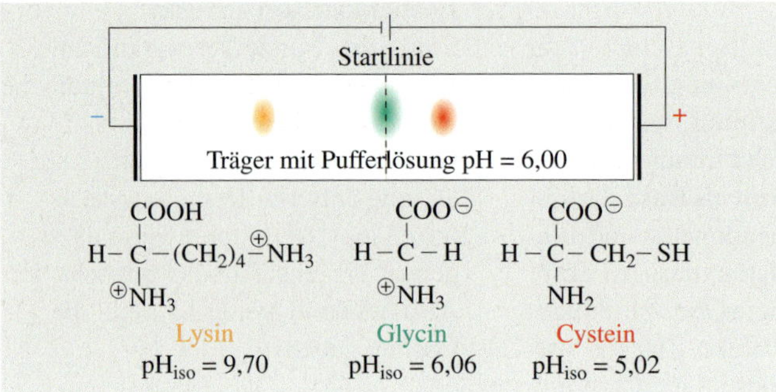

die Konzentration an Zwitterionen wieder ab und es werden überwiegend Glycin-Anionen gebildet, die ab einer bestimmten Konzentration als Puffer wirken können.

Aminosäuren sind **amphotere Verbindungen** (griech. amphoteroi – beide), da sie sowohl mit Säuren als auch mit Basen Salze bilden. Aminosäuremoleküle werden deshalb als **Ampholyte** bezeichnet.

Im elektrischen Feld findet bei einem pH-Wert entsprechend dem isoelektrischen Punkt keine Wanderung der Aminosäure-Zwitterionen zu den Elektroden statt. Ist der pH-Wert größer oder kleiner, erfolgt eine Wanderung der Aminosäure-Ionen im elektrischen Feld (Abb. 1, 2). Dieses Verfahren zur Trennung von Aminosäuregemischen wird **Elektrophorese** genannt.

Auch durch chromatografische Methoden, z. B. **Dünnschichtchromatografie**, können Aminosäuregemische getrennt und die Aminosäuren identifiziert werden (↑ S. 291). Die Positionen der Aminosäuren werden auf der Dünnschichtplatte durch die Farbstoffbildung mit Ninhydrin sichtbar gemacht, da sich dadurch die Aminosäuren nachweisen lassen. Die Identifizierung der Aminosäuren erfolgt durch Vergleich mit Standardsubstanzen (Exp. 4).

2 Elektrophoreseapparatur

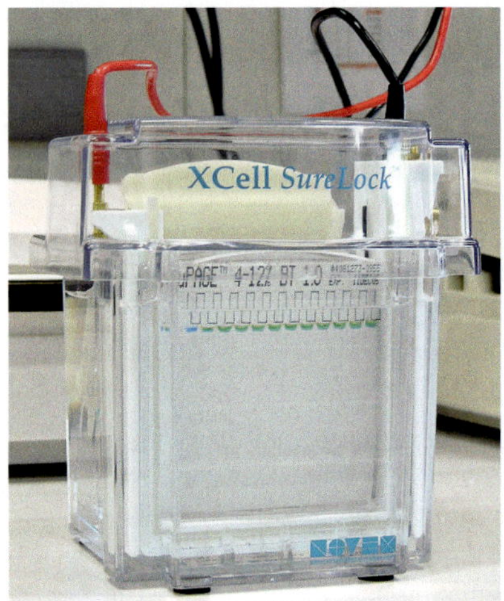

EXPERIMENT 4

Trennung von Aminosäuren durch Dünnschichtchromatografie

Je 1 µl einer Lösung von 5 mg Alanin, Valin und Leucin in jeweils 10 ml Wasser wird auf einer Dünnschichtchromatografieplatte (Kieselgel 60; 5 × 5 cm) aufgetragen. Von dem aus gleichen Anteilen aller Aminosäurelösungen hergestellten Gemisch wird ebenfalls 1 µl auf die Platte gebracht.
Laufmittel: Butan-1-ol (GHS02 | 05 | 07), Eisessig (GHS02 | 05) und Wasser im Volumenverhältnis 4:1:1.
Zum Nachweis der Aminosäure wird die Schicht mit Ninhydrinreagenz, 0,2 g Ninhydrin (GHS07) in 100 ml Propan-2-ol (GHS02 | 07), besprüht (*Abzug!*) und anschließend im Trockenschrank getrocknet.

AUFGABEN

1 Entwickeln Sie die Reaktionsgleichungen für die Umsetzung von:
a Valin mit Natronlauge
b Alanin mit Salzsäure

2 Der isoelektrische Punkt von Alanin liegt genau bei pH = 6,01.
An welche Elektrode wandert Alanin im elektrischen Feld bei pH = 3; 6,01 bzw. 9?

Medizin

Phenylketonurie

Die essenzielle Aminosäure Phenylalanin wird im menschlichen Körper durch das Enzym Phenylalaninhydroxylase in die Aminosäure Tyrosin umgewandelt. Bei der Phenylketonurie (PKU), einer der häufigsten genetisch bedingten Stoffwechselstörungen, fehlt dieses Enzym bzw. es ist inaktiv, sodass es zu einer erhöhten Phenylalaninkonzentration bei gleichzeitigem Tyrosinmangel im menschlichen Körper kommt. Dabei wird das Phenylalanin zu Phenylpyruvat, Phenylacetat oder Phenyllactat umgebaut, die die Gehirnentwicklung beeinträchtigen und zu schweren geistigen Behinderungen führen können.

Die Erkrankung kann durch die erhöhte Phenylalaninkonzentration bereits bei den Routineuntersuchungen an Neugeborenen erkannt werden, wobei etwa eines von 10 000 Neugeborenen betroffen ist. Kinder mit diesem Gendefekt müssen eine phenylalaninarme und tyrosinreiche Ernährung erhalten, damit sie sich körperlich und geistig normal entwickeln können.

Phenylalanin kommt auch im Süßstoff Aspartam vor. Es ist ein synthetisch hergestelltes Dipeptid, das mit Methanol verestert ist. Um die gleiche Geschmacksintensität wie bei der Verwendung von Saccharose zu erhalten, genügt eine wesentlich kleinere Menge Aspartam. Die Verwendung von Aspartam in Lebensmitteln muss deklariert werden, damit die an Phenylketonurie Erkrankten diese meiden können.

1 Aspartylphenylalaninmethylester (Aspartam)

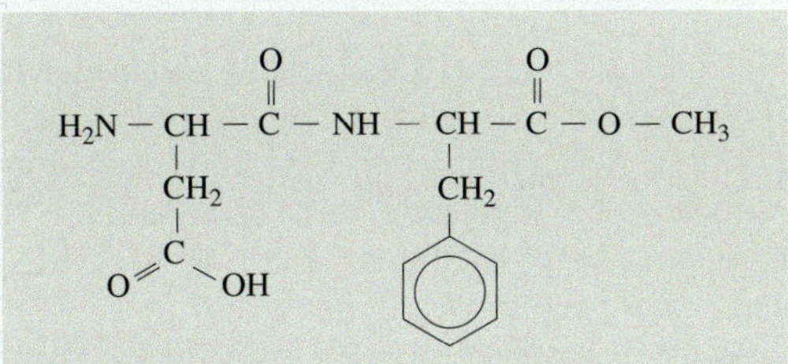

2 Light-Produkte enthalten häufig die Phenylalaninquelle Aspartam.

ZUSAMMENFASSUNG

α-Aminosäuren (2-Aminosäuren) besitzen als Bausteine der Eiweiße große Bedeutung. Sie enthalten in ihren Molekülen zwei verschiedene funktionelle Gruppen, **Aminogruppen** und **Carboxygruppen**, die neben einem Wasserstoffatom am zentralen Kohlenstoffatom gebunden sind.

Die Moleküle der Aminosäuren unterscheiden sich in der Struktur des variablen organischen **Rests –R** (Seitenkette).

In wässriger Lösung bilden Aminosäuremoleküle in einer pH-abhängigen Gleichgewichtsreaktion **Zwitterionen** aus.

$$H_2N\text{–}CHR\text{–}COOH \rightleftharpoons H_3N^+\text{–}CHR\text{–}COO^-$$

Die maximale Konzentration an Zwitterionen wird bei einem für die Aminosäure charakteristischen pH-Wert, dem **isoelektrischen Punkt**, erreicht.

Aminosäuren sind **Ampholyte** und bilden sowohl mit Säuren als auch mit Basen Salze.

Aufgrund der polaren Struktur ihrer Moleküle haben Aminosäuren relativ hohe Schmelztemperaturen.

Aminosäuren mit einem asymmetrischen Kohlenstoffatom C* im Molekül sind **chiral**. Die Enantiomere (Spiegelbildisomere) werden als D- und L-Aminosäuren bezeichnet. Fast alle natürlich vorkommenden Aminosäuren gehören der L-Reihe an.

- ▶ Donator-Akzeptor-Konzept
- ▶ Struktur-Eigenschafts-Konzept
- ▶ Konzept des chemischen Gleichgewichts

Biochemie

Strukturanalyse von Biomolekülen

Die Struktur komplexer Biomoleküle kann mithilfe der Röntgenstrukturanalyse aufgeklärt werden. Diese klassische Methode zur Untersuchung von Mineralien wird seit den 1930er Jahren auch für die Analyse von Molekülstrukturen eingesetzt. In dieser Zeit erkannten Wissenschaftler, dass auch Proteine regelmäßige Kristalle bilden. Der Durchbruch gelang jedoch erst J.C. KENDREW und M.F. PERUTZ. Dank zunehmend leistungsstärkerer Computertechnik entschlüsselten sie 1960 die Strukturen der beiden konjugierten Proteine Myoglobin und Hämoglobin (Nobelpreis 1962).

Kristallstrukturanalyse Röntgenstrahlen werden gebeugt, wenn sie auf einen Kristall treffen. Dabei tritt die einfallende Strahlung mit den Elektronen der Gitteratome in Wechselwirkung. Es entsteht ein charakteristisches Beugungsmuster, das wichtige Informationen über den Aufbau des Kristalls enthält (Abb. 1).

1 Röntgenbeugung eines Proteinkristalls

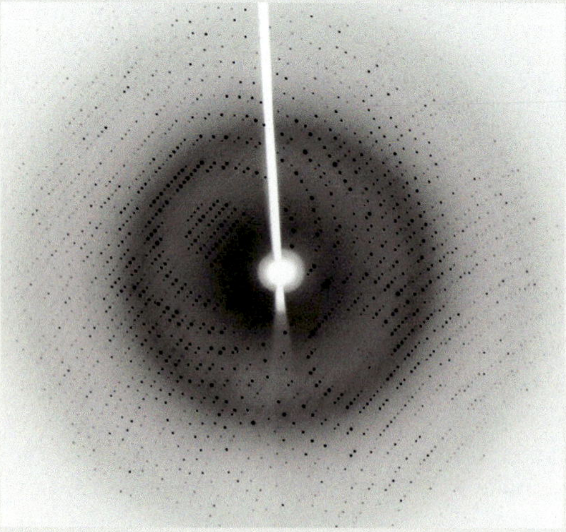

Durch mathematische Verfahren lässt sich daraus die Verteilung der Elektronen im Molekül errechnen. Ein 3-D-Modell des Proteins wird mit der Elektronenverteilung verglichen und schrittweise daran angepasst, bis sich ein räumliches Bild des Makromoleküls ergibt (Abb. 2). Bereiche mit Helix- und Faltblattstrukturen sind hierin deutlich zu erkennen.

2 Vergleich der Elektronenverteilung (blaues Netz) mit einem 3-D-Modell des Proteins

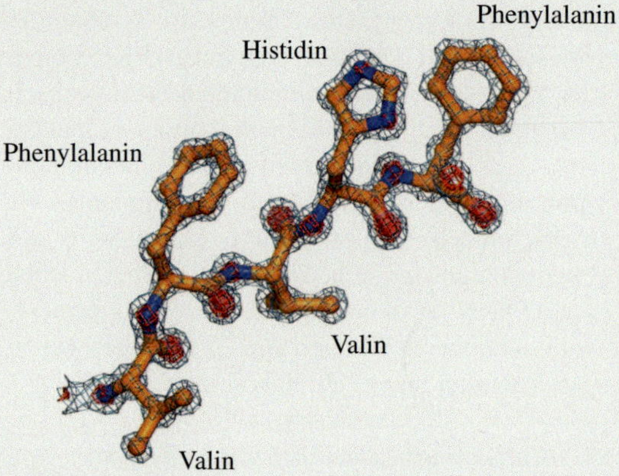

Proteine und andere Biomoleküle kommen üblicherweise nicht kristallin in den Zellen von Lebewesen vor. Bereits deren Extraktion und chromatografische Reinigung stellt Biochemiker vor Probleme. Die größte Herausforderung liegt jedoch darin, aus wenigen Milligramm hochreiner Substanz wohlgeordnete Kristalle zu züchten (Abb. 3).

3 Proteinkristalle

Neben der Röntgenstrukturanalyse setzen Wissenschaftler auch die Kernresonanz-Spektroskopie zur Strukturaufklärung ein. Diese Methode ist bisher auf kleinere Makromoleküle mit einer Molekülmasse von bis zu 40 000 u beschränkt. Vorteil ist jedoch, dass die Biomoleküle in ihrer natürlichen wässrigen Umgebung untersucht werden können.

Forschungsbegleitende Analytik Aids wurde erst 1981 als eigenständige Krankheit erkannt, die von HI-Viren (Humanes Immundefizienz-Virus) ausgelöst wird. Wissenschaftler befürchten, dass sich die Immunschwächekrankheit wie eine Pandemie ausbreiten könnte. So liegt der Anteil HIV-Infizierter in einigen afrikanischen Ländern etwa bei 20 %. Die Suche nach Medikamenten läuft auf Hochtouren. Dennoch bleibt die Krankheit unheilbar. Inzwischen gibt es jedoch Wirkstoffe, die die Vermehrung der Viren im Körper eindämmen. Zu ihnen gehören die sogenannten Protease-Inhibitoren, die nur dank der Kristallstrukturanalyse entwickelt werden konnten.

Die HIV-Protease ist ein Enzym, das bei der Vermehrung von HI-Viren eine zentrale Rolle spielt. Dringt ein HI-Virus in seine Wirtszelle ein, so erzwingt es dort die Umsetzung der viralen Erbinformation in eine einzige lange Polypeptidkette. Die HIV-Protease hat dann die Aufgabe, dieses Protein in kleinere Polypeptidketten zu zerlegen. Erst dadurch erhalten sie ihre volle Funktionsfähigkeit: Sie bilden verschiedene Hüllproteine und Enzyme, die für den Aufbau neuer HI-Viren erforderlich sind.
Im Jahr 1989 konnte die Struktur der HIV-Protease mittels Röntgenstrukturanalyse bestimmt werden. Das Protein bildet eine funktionelle Einheit aus zwei Polypeptidketten, die im Bändermodell in Grün und Blau gekennzeichnet sind. Gemeinsam formen sie das aktive Zentrum, das für die katalytische Wirksamkeit des Enzyms entscheidend ist (Abb. 4).

Design eines Inhibitors Die Suche der Pharmakologen gilt seither solchen Molekülen, die sich passgenau in die HIV-Protease einlagern und dort einen Enzym-Substrat-Komplex bilden. Durch Blockade des aktiven Zentrums hemmen sie die Aktivität des viralen Enzyms. Die Folge: Das HI-Virus kann sich nicht mehr vermehren. Seine zerstörerische Ausbreitung im menschlichen Körper ist deutlich verlangsamt. Der erste solche Protease-Inhibitor war der Wirkstoff Saquinavir®. Er ist seit 1995 im Handel erhältlich. Hand in Hand mit Analytikern konnten seitdem weitere, besser verträgliche Medikamente entwickelt werden.

AUFGABEN

1 Stellen Sie die Wirkung des Aidsmedikaments Saquinavir® dar. Erläutern Sie an diesem Beispiel, welche Bedeutung die Röntgenstrukturanalyse in der biochemischen Forschung hat.
2 Informieren Sie sich über Nobelpreise, die auf dem Gebiet der Röntgenstrukturanalyse vergeben wurden. Stellen Sie ausgewählte Wissenschaftler mit ihren Arbeiten vor.
3 Informieren Sie sich über den Einsatz der Kernresonanz-Spektroskopie bei der Strukturaufklärung von Makromolekülen. Zeigen Sie Möglichkeiten und Grenzen dieses Verfahrens gegenüber der Röntgenstrukturanalyse auf.

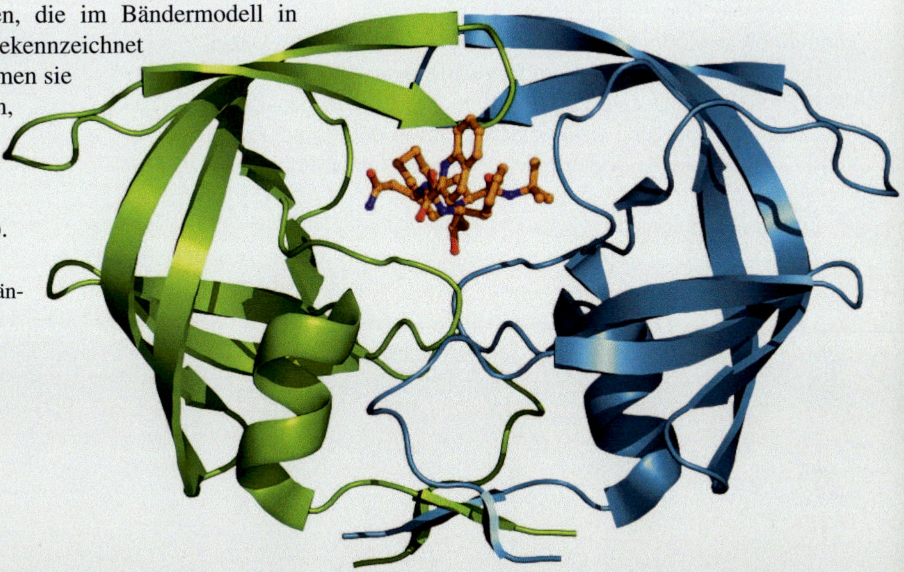

4 Die HIV-Protease (Bändermodell) bildet einen Komplex mit dem Inhibitor.

Struktur von Polypeptiden und Proteinen

Polypeptide und Proteine Durch Kondensation von L-Aminosäuren entstehen Peptide, die je nach Anzahl der in den Molekülen enthaltenen Aminosäurebausteine als Di-, Tri-, Oligo- bis Polypeptide bezeichnet werden.

Die unterschiedlichen Aminosäurebausteine sind durch eine Kohlenstoff-Stickstoff-Bindung miteinander verknüpft. Das Strukturmerkmal der Polypeptidmoleküle ist die Atomgruppe **–CO–NH–**, die als **Peptidgruppe** oder auch als Peptidbindung bezeichnet wird (↑Polyamide, S. 447).

Bei dieser Reaktion wird aus zwei Aminosäuren durch eine Kondensationsreaktion ein **Dipeptid** gebildet, das mit einer weiteren Aminosäure zu einem Tripeptid reagieren kann (Abb. 3). Jedoch liegt das Gleichgewicht dieser Kondensationsreaktion auf der Seite der Ausgangsstoffe, sodass im Labor bzw. im Organismus die Peptidbindung über reaktionsfähigere Derivate der Aminosäuren hergestellt werden muss. Dies geschieht z. B. durch Aktivierung der Carboxygruppe (Säurechloridbildung, R–COCl) oder biochemisch durch Bindung an die transfer-RNA (↑S. 421). Die schrittweise Verknüpfung der Aminosäurebausteine führt über die **Oligopeptide** (bis 10 Aminosäuren), die **Polypeptide** (10 bis 100 Aminosäuren) bis zu den makromolekularen **Proteinen** (über 100 Aminosäuren).

Die Benennung der Peptide und Proteine erfolgt so, dass der Aminosäurebaustein mit der freien Aminogruppe an der Peptidkette (N-terminales Ende) die Endung **-yl** erhält, so wie auch alle weiteren Aminosäurebausteine, deren Carboxygruppen an der Bildung der Peptidbindungen beteiligt sind. Der Aminosäurebaustein mit der freien Carboxygruppe (C-terminales Ende) bildet den Schluss des Peptidnamens (Abb. 3).

Die Elektronenverteilung in der Peptidgruppe kann durch Grenzformeln wiedergegeben werden, die den partiellen Doppelbindungscharakter zwischen Kohlenstoff- und Stickstoffatom zeigen. Daraus folgt, dass die Sauerstoff-, Wasserstoff- und Kohlenstoffatome eben angeordnet sind (Abb. 2). Dabei verliert das Stickstoffatom sein freies Elektronenpaar und wird zum Protonendonator, das Sauerstoffatom zum Protonenakzeptor. Diese Veränderung am Stickstoffatom in der Peptidgruppe wirkt sich auf die Ausbildung zwischenmolekularer Kräfte aus.

1 Primärstruktur des Insulins. Kurzbezeichnungen der Aminosäuren ↑Abb. 1, S. 402

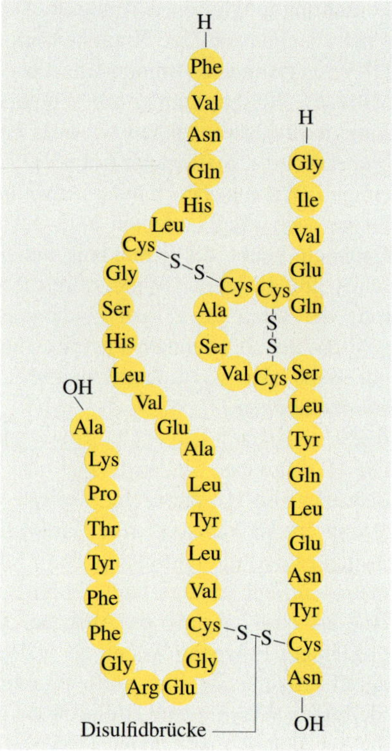

2 Mesomere Grenzformeln der Peptidgruppe

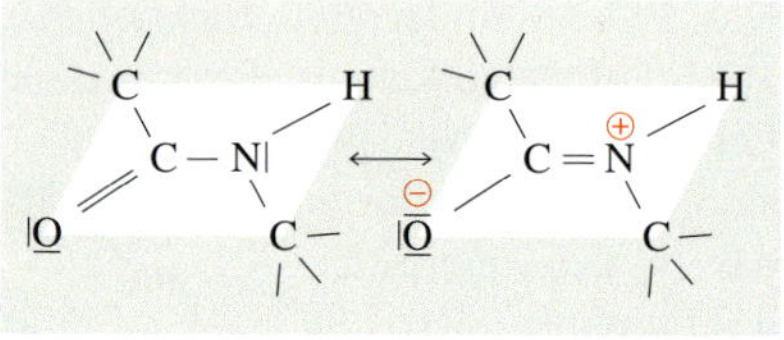

3 Bildung eines Dipeptids

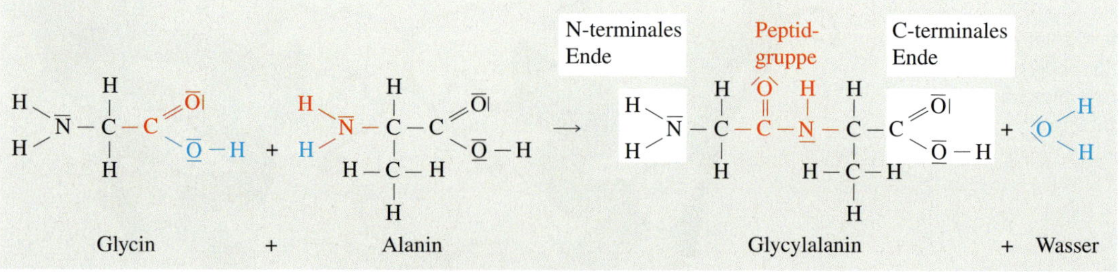

Bei Polypeptiden, die aus 20 verschiedenen und insgesamt aus 100 L-Aminosäurebausteinen bestehen, sind 20^{100} verschiedene Strukturen möglich, wenn die Reihenfolge der einzelnen Aminosäurebausteine nicht festgelegt ist. Selbst bei einem Dipeptid aus zwei Aminosäurebausteinen sind vier Strukturen der Dipeptidmoleküle möglich.

Primärstruktur Reihenfolge und Anzahl der L-Aminosäurebausteine in den Molekülen von Polypeptiden und Proteinen werden als Primärstruktur bezeichnet. Aus der Primärstruktur des Hormons **Insulin** (Abb. 1) geht hervor, dass Molekülbausteine von 17 verschiedenen L-Aminosäuren am Aufbau der beiden Polypeptide beteiligt sind. Die Primärstruktur wird unter Verwendung der Kurzbezeichnungen der Aminosäurebausteine (↑Abb. 1, S. 402) angegeben, z. B. Gly-Ala-Cys-Phe.

Sekundärstruktur Die Moleküle von Polypeptiden und Proteinen haben dreidimensionale Strukturen. Zwei mögliche räumliche Anordnungen sind Helix- und Faltblattstruktur, die die Sekundärstruktur eines Proteins darstellen.
Bei der häufig vorkommenden **α-Helixstruktur** sind die L-Aminosäurebausteine spiralig angeordnet, sodass die Molekülgestalt einer Schraube vergleichbar ist. Die Seitenketten sind nach außen gerichtet. Bei der α-Helix entfallen 3,6 Molekülbausteine der Aminosäuren auf eine Windung der rechtsgängigen Wendel (Abb. 4). Sie wird durch **intramolekulare Wasserstoffbrückenbindungen** zwischen CO- und NH-Gruppen verschiedener Peptidgruppen stabilisiert. Proteine mit Helixstrukturen in den Makromolekülen sind z. B. am Aufbau der tierischen Haare wie Schafwolle beteiligt.
Die **β-Faltblattstruktur** entsteht durch Zusammenlagerung von gestreckten Polypeptidketten (Abb. 5). Sie wird durch **intermolekulare Wasserstoffbrückenbindungen** zwischen den Peptidgruppen benachbarter Polypeptidketten stabilisiert. Solche Faltblattstrukturen sind innerhalb bestimmter Abschnitte eines Makromoleküls oder zwischen verschiedenen Makro-

4 Die α-Helixstruktur

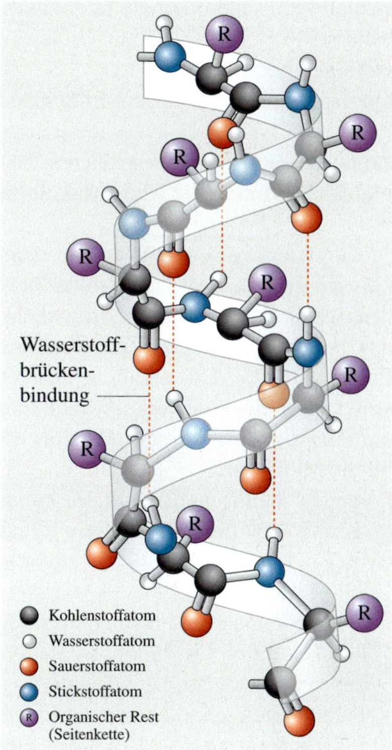

AUFGABEN

1 Benennen und zeichnen Sie alle möglichen Strukturformeln der Dipeptide, die sich aus den Aminosäurebausteinen L-Threonin und L-Valin bilden lassen.
2 Geben Sie die Anzahl der möglichen Tripeptide an, die aus Glycin und L-Alanin gebildet werden können.

5 Die β-Faltblattstruktur

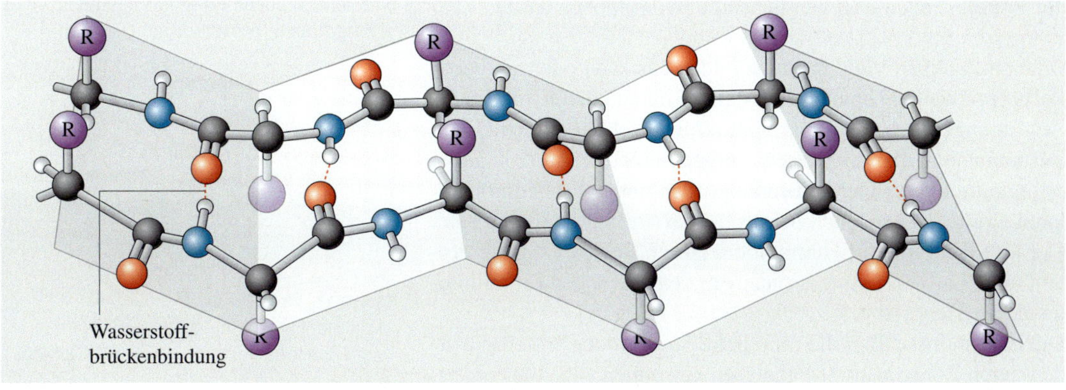

molekülen möglich. Die Seitenketten der Moleküle befinden sich abwechselnd oberhalb und unterhalb des gefalteten Blatts. Naturseide besteht z. B. aus Proteinen, deren Makromoleküle Faltblattstruktur haben.
Die Faltblattstruktur ist bei Proteinen mit Seitenketten kleinen Raumbedarfs im Molekül, wie Methylgruppen und Wasserstoffatomen, begünstigt. Bei größeren Seitenketten in den Makromolekülen kommt die Helixstruktur häufiger vor.

Tertiärstruktur Der vollständige räumliche Aufbau des Moleküls wird durch die Tertiärstruktur beschrieben (Abb. 1): In Abhängigkeit von den Resten, die sich an den Aminosäurebausteinen befinden, kommt es zu Wechselwirkungen innerhalb der Polypeptidkette. Diese führen unabhängig von der Sekundärstruktur zu einer weiteren Verwindung des Proteins, wodurch die Funktionsfähigkeit des Proteins erst erreicht und seine Stabilität erhöht wird.
Folgende chemische Bindungsarten und innermolekulare Kräfte können an der Bildung der Tertiärstruktur beteiligt sein (Abb. 2):

- Elektronenpaarbindungen (Atombindungen), die als Disulfidbrücken durch Oxidation der in Cysteinseitenketten vorhandenen Schwefelatome entstehen
- Ionenbindungen, die durch elektrostatische Anziehungskräfte zwischen der COO^--Gruppe eines sauren und der NH_3^+-Gruppe eines basischen Aminosäurebausteins entstehen
- Wasserstoffbrückenbindungen, die sich zwischen polaren Seitenketten von Aminosäurebausteinen bilden
- Van-der-Waals-Kräfte, die zwischen unpolaren Seitenketten von Aminosäuren wirken

Durch die Anordnung der Seitenketten hat die Tertiärstruktur auch einen Einfluss auf die physikalischen Eigenschaften des Proteins, z. B. die Löslichkeit in Wasser. Weil sich viele hydrophile Reste auf der Oberfläche des Proteins befinden, können Wasserstoffbrückenbindungen mit Wassermolekülen ausgebildet werden, die die Löslichkeit in Wasser begründen. Ins Innere des Proteins ragen dagegen meist die hydrophoben Reste.

Quartärstruktur Viele Proteine bilden aus zwei oder mehreren Polypeptidkketten eine funktionelle Einheit, deren räumliche Anordnung durch die Quartärstruktur beschrieben wird. Der Zusammenhalt der einzelnen Polypeptidketten untereinander erfolgt durch die gleichen Bindungsarten und zwischenmolekularen Kräfte, wie sie auch bei der Tertiärstruktur zu finden sind. Der rote Blutfarbstoff Hämoglobin ist ein Beispiel für ein Protein mit Quartärstruktur, das aus vier verschiedenen Proteinmolekülen besteht (Abb. 3).
Die Erkenntnisse über die räumliche Struktur der Proteine wurden durch Röntgenstrukturanalysen gewonnen (↑S. 406).

1 Tertiärstruktur eines RNA-bindenden Proteins. Blau: α-Helices, Rot: β-Faltblätter, Grün: Übergänge zwischen den Sekundärstrukturen

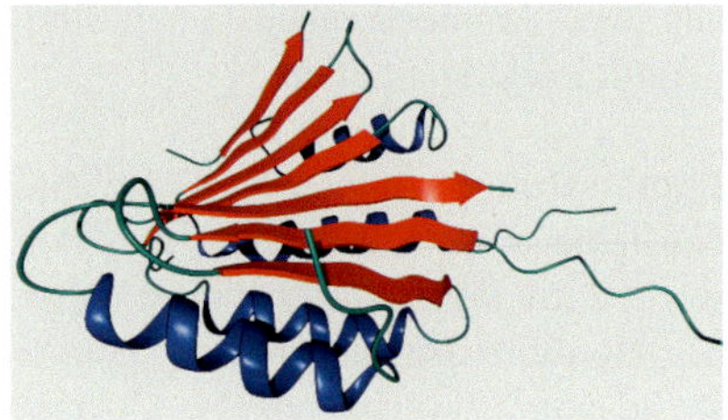

2 Bindungsarten, die einen Einfluss auf die Tertiärstruktur haben

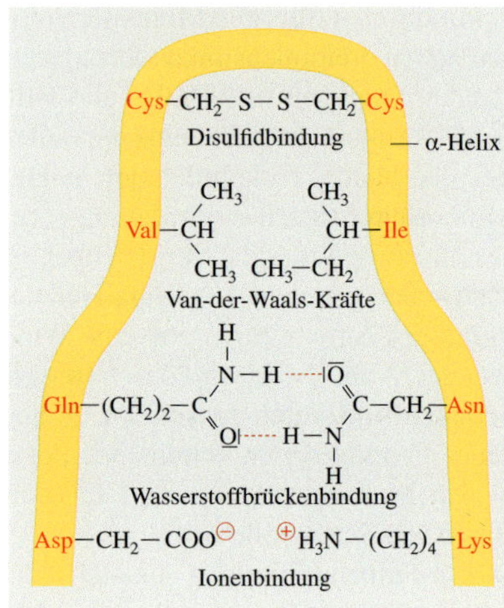

3 Quartärstruktur des Hämoglobins: vier verschiedene Proteinmoleküle mit vier Hämgruppen (prosthetische Gruppen)

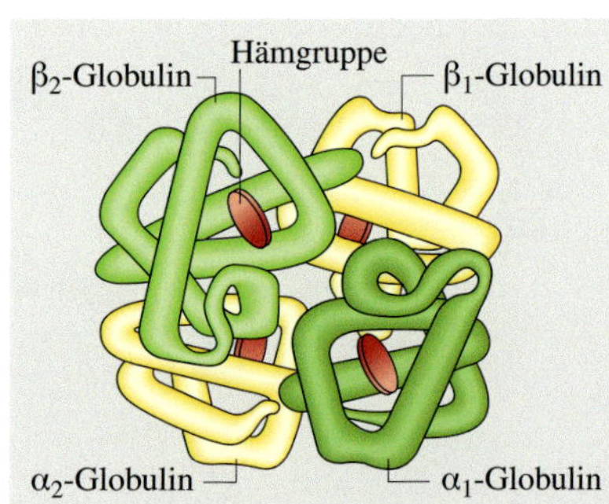

Fibrilläre Proteine Faserartige, längliche Proteinmoleküle dienen in den Zellen und Geweben als Stütz- und Verbindungsstrukturen. Sie werden deshalb auch als **Struktur-** oder **Skleroproteine** bezeichnet. Zu ihnen gehören die **Keratine** der Haare (Wolle), Federn und Nägel, das **Fibroin** der Naturseidefasern, die **Kollagene** der Haut und der Knochen sowie die **Elastine** des Bindegewebes.
Durch die zahlreichen Wasserstoffbrückenbindungen sind solche Proteine sehr fest. Proteine mit Helix-Struktur zeichnen sich durch relativ hohe reversible Dehnbarkeit aus. Fibrilläre Proteine sind deshalb auch elastisch. Helix-Struktur haben das Wollkeratin, die Muskelproteine Myosin und Fibrin sowie Kollagen. Kollagen ist mit einem Anteil von etwa 25 % das weitaus häufigste Protein bei Wirbeltieren. Es befindet sich vorwiegend im Bindegewebe und davon abgeleiteten Körperstrukturen: Zähne, Knochen, Knorpel, Haut und Sehnen sind von Kollagenfasern durchdrungen, die außerhalb der Zellen liegen. Das Kollagenmolekül ist aus drei langen Polypeptidketten zusammengesetzt. Jede besteht aus etwa 1000 Aminosäuren, die zu einer Dreifach-Helix verdrillt sind. Mehrere Dreifach-Helices liegen in den Kollagen-Fibrillen versetzt nebeneinander, was dem Kollagen seine große Festigkeit gibt.

Globuläre Proteine Sie haben kugelförmige Gestalt, sind kolloidal löslich (↑ S. 412) und können leicht vom Syntheseort zum Funktionsort transportiert werden. Sie bilden **Enzyme**, **Hormone** und **Transportproteine** und werden deshalb zu den **Funktionsproteinen** gezählt. Beispiele sind u. a. Insulin, Ribonuklease, Hämoglobin, Myoglobin, Antikörper, Albumin im Eiklar und Fibrinogen.

Konjugierte Proteine Viele biologisch bedeutsame Verbindungen wie Enzyme sind Proteine, deren Moleküle neben dem Proteinanteil einen weiteren Molekülanteil aufweisen. Solche konjugierten Proteine werden auch **Proteide** genannt. Ihr Nichtaminosäure-Molekülanteil wird prosthetische Gruppe genannt. Die Proteide werden nach Art der prosthetischen Gruppe in den Molekülen eingeteilt. Phosphoproteide enthalten z. B. Phosphorsäure als prosthetische Gruppe (Tab. 1).

Tab. 1 Einteilung der konjugierten Proteine (Proteide)

Proteide	Prosthetische Gruppe	Beispiele
Glykoproteide	Kohlenhydrate	γ-Globulin, Interferon
Nucleoproteide	Nucleinsäuren	Viren
Chromoproteide	Farbstoff	Hämoglobin
Lipoproteide	Lipide	Cholesterinester-Proteinkomplex im Blut
Phosphoproteide	Phosphorsäure	Casein

4 Einteilung der Proteine nach ihrer Struktur

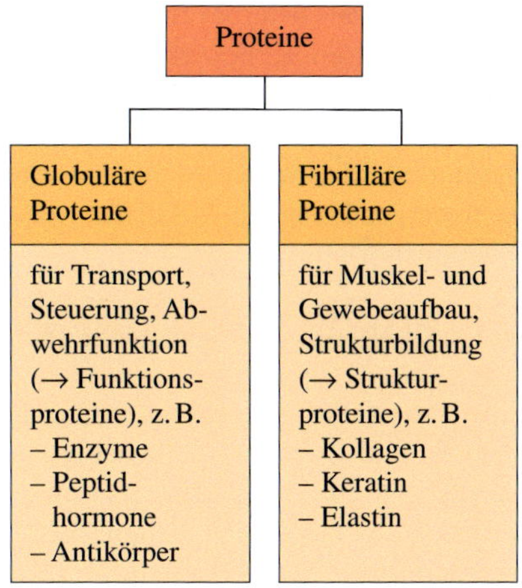

AUFGABEN

1 Bei der Hydrolyse von 100 g eines Proteins entstehen 0,89 g L-Alanin. Welche molare Masse hat das Protein mindestens?

2 Aminosäuren mit voluminösen Seitenketten im Molekül begünstigen die Helixbildung, solche mit kleinen Seitenketten die Faltblattstrukturbildung. Erläutern Sie, warum in der Naturseide Glycin und Alanin gehäuft auftreten.

3 Grenzen Sie unter Angabe der jeweils wirkenden Bindungen die einzelnen Strukturen der Proteine in einer tabellarischen Übersicht voneinander ab.

Hämoglobin ist ein Proteid mit einer prosthetischen Farbstoffgruppe im Molekül, dem **Häm**. Häm ist eine Metallkomplexverbindung aus heterocyclischen Ringsystemen und Fe^{2+}-Ionen als Zentralatom. Es bewirkt die charakteristische rote Farbe des Bluts.
Zahlreiche Proteine und Proteide wirken als Enzyme (Biokatalysatoren), die verschiedenartige chemische Reaktionen beschleunigen können (↑S. 422 ff.).

Eigenschaften der Proteine

Löslichkeit Proteine mit unterschiedlicher Primär-, Sekundär-, Tertiär- und Quartärstruktur haben auch unterschiedliche chemische und physikalische Eigenschaften. Einen bestimmenden Einfluss auf die Eigenschaften üben die an jedem 3. Kohlenstoffatom der Polypeptidkette vorhandenen Seitenketten aus, die hydrophilen oder hydrophoben Charakter aufweisen können. Auch die Länge der Seitenketten in den Molekülen beeinflusst die Eigenschaften. Dagegen haben die Aminogruppe am Kettenanfang eines Proteinmoleküls und die Carboxygruppe am Ende bei der Größe des Protein-Makromoleküls keinen wesentlichen Einfluss auf die Eigenschaften des Stoffs.
Die Proteine bilden in Wasser **kolloidale Lösungen**, sogenannte **Sole**. Die Makromoleküle in Größenordnungen von 10^{-5} bis 10^{-7} cm gehören bereits zu den kolloidalen Partikeln, an denen ein Lichtstrahl, der durch die Lösung fällt, gestreut wird. Dies wird als **Tyndall-Effekt** bezeichnet (Exp. 1; Abb. 1).

> EXPERIMENT 1
> **Tyndall-Effekt**
> Mit dem gebündelten Strahl einer Lampe (z. B. Taschenlampe oder Laserpointer) werden Wasser bzw. eine Eiklarlösung in einem Becherglas von der Seite beleuchtet. Der Strahlengang wird verglichen.

1 Tyndall-Effekt

1 Aufbau eines Haars

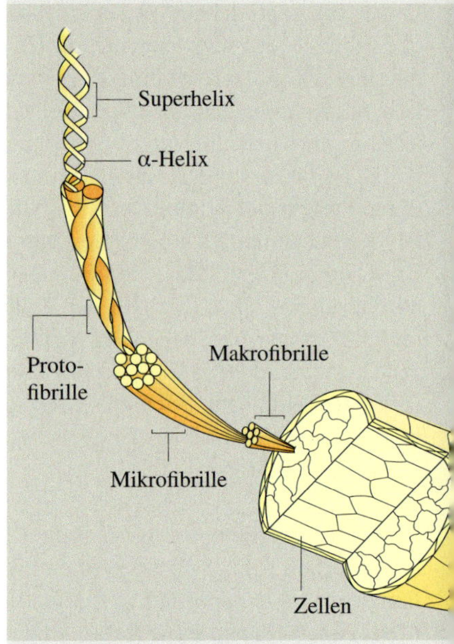

2 Seidenbast der Seidenraupe

3 Eine *Schwarze Witwe* beim Spinnen ihres Netzes

Biochemie

Tierische Proteinkomplexe – Haare, Seide und Spinnenfäden

Haare, Seide und Spinnenfäden bestehen aus Proteinkomplexen, bei denen mehrere Polypeptidketten eine funktionelle Einheit bilden. Dadurch entstehen faserartige Proteine mit ganz unterschiedlichen Eigenschaften.

Haare regulieren den Wärmehaushalt von Säugetieren und schützen sie vor Sonnenlicht. Die dehnbaren Faserproteine bestehen aus α-Keratin und verfügen über einen komplexen Aufbau (Abb. 1). So sind mehrere Keratin-Helices zu einer Protofibrille verdrillt. Aus elf Protofibrillen entsteht eine Mikrofibrille. Ein Bündel davon ergibt eine Makrofibrille, von denen sich wiederum mehrere in einer Haarzelle befinden.
Durch zahlreiche Disulfidbrücken zwischen den Cysteinbausteinen des Keratins besitzt das Haar eine stabile Struktur: Proteinlösende Enzyme zersetzen es nicht. Auch in Wasser ist es unlöslich, was es vor äußeren Einflüssen schützt.

Bei Dauerwellen wird die Haarstruktur durch chemische Reaktionen gezielt beeinflusst. Zunächst wird ein Teil der Disulfidbrücken durch ein Reduktionsmittel (z. B. Thioglykolat-Ionen) gespalten. Die Cysteinbausteine verfügen dann über je eine Thiolgruppe.

$$\text{Cys–S–S–Cys} + 2\,H^+ + 2\,e^- \rightarrow 2\,\text{Cys–SH}$$

Das Haar wird in Form gelegt und durch ein Oxidationsmittel (z. B. Wasserstoffperoxid) dauerhaft fixiert. Dabei werden Disulfidbrücken an anderer Stelle gebildet.

$$2\,\text{Cys–SH} \rightarrow \text{Cys–S–S–Cys} + 2\,e^- + 2\,H^+$$

Die neue Frisur bleibt bestehen, bis sie durch nachwachsendes Haar verdrängt wird.

Seide wird seit über 5000 Jahren aus den Kokons der Seidenraupe *Bombyx mori* gewonnen (Abb. 2). Sie besteht zu 70–80 % aus dem Faserprotein Fibroin und zu 20–30 % aus Sericin (Seidenbast). Der Seidenbast umgibt die Faser als stützende Hülle. Das Faserprotein hat eine starre β-Faltblattstruktur. Es besteht aus zwei identischen, jedoch in entgegengesetzter Richtung orientierten Polypeptidketten, die über Wasserstoffbrückenbindungen verknüpft sind (↑ S. 409). Es entsteht ein Proteinkomplex, der für die Eigenschaften der Naturseide verantwortlich ist: Sie ist weich und glänzend, weniger dehnbar als Wolle, aber extrem reißfest. So kann ein Faden bis zu vier Kilometer lang werden.

Spinnenfäden bestehen aus Proteinen, die in der Spinnendrüse der Spinnen verschiedenartig zusammengesetzt werden, weil an die Fäden des Spinnennetzes unterschiedliche Ansprüche gestellt werden. Das Netz soll sehr stabil, aber dennoch extrem flexibel sein, um dem Aufprall einer fliegenden Beute zu widerstehen. Daher gibt es Fäden, deren Zugfestigkeit viermal höher als die von Stahl ist. Andere Fäden können auf das Dreifache ihrer normalen Länge gedehnt werden.
Gemeinsam ist allen Spinnenfäden, dass sie einen hohen Gehalt an Glycin und Alanin aufweisen. Die Unterschiede liegen in der Sekundärstruktur. Dabei treten neben der starren β-Faltblattstruktur auch flexible α-Helices und aus β-Schleifen bestehende Spiralen auf.
In der Wissenschaft arbeitet man heute daran, Spinnenfäden zu synthetisieren, um sie z. B. in der Medizin zum Nähen von Wunden oder durchtrennten Nervensträngen zu nutzen. Von großem Vorteil ist, dass die Fasern vom Immunsystem nicht abgestoßen werden.

AUFGABEN

1 Die Formung des Haars gelingt auch, indem das feuchte Haar unter Spannung, z. B. auf einem Lockenwickler, getrocknet wird. Wird das Haar erneut nass, so geht die Formung verloren. Erläutern Sie, welche Änderungen dabei auf molekularer Ebene ablaufen.
2 Die Aminosäuresequenz der Seide ist (Gly-Ser-Gly-Ala-Gly-Ala)$_n$. Zeichnen Sie mit Skelettformeln einen Ausschnitt des Seidenmoleküls.

Tab. 1 Albumine und Globuline

Proteinart	Vorkommen	Vertreter
Albumine	Ei	Ovalbumin
	Blut	Serumalbumine
	Milch	Lactalbumin
	Weizen	Leucosin
Globuline	Weizen	Edestin
	Soja	Glycinin
	Blut	Fibrinogen
	Muskel	Actin, Myosin

Nach der Löslichkeit unterteilt man globuläre Proteine in **Globuline**, die bei Zusatz des gleichen Volumens gesättigter Ammoniumsulfatlösung ausflocken, und in **Albumine**, die unter diesen Bedingungen gelöst bleiben (Tab. 1).
Die bei den globulären Proteinen nach außen gerichteten polaren Gruppen in den Molekülen können Wasser binden (20 bis 30 g je 100 g Protein). Das Sol kann zu einem **Gel** werden. Durch Hydrolyse von fibrillärem Kollagen gewinnt man so die globuläre **Gelatine** für die Speisenzubereitung.

Denaturierung Werden Proteinlösungen mit Salzen versetzt, so wird den Proteinmolekülen die Hydrathülle entzogen. Es fällt ein Niederschlag aus (Exp. 2). Dieser löst sich durch Verdünnen wieder auf, sofern keine Schwermetallsalze zugegeben wurden. Der Vorgang des Aussalzens wird zur Konservierung von Fleisch, z. B. beim Pökeln, genutzt.
Durch Zugabe von organischen Lösemitteln, von Säuren, Schwermetallsalzen oder grenzflächenaktiven Verbindungen (Tenside, ↑S. 474 ff.) sowie durch Erhitzen oder Bestrahlen werden die Quartär-, Tertiär- und Sekundärstrukturen der Proteine zerstört (Exp. 3). Dadurch ändern sich die Eigenschaften der Proteine, vor allem verlieren sie ihre biologische Wirkung. Solche Vorgänge werden als **Denaturierung** bezeichnet. Eier werden z. B. durch Kochen, Milch wird durch Gerinnen denaturiert. Die Löslichkeit der Proteine nimmt durch diese Vorgänge ab. Kommt es hierbei zur Ausflockung bzw. zu einem festen Zustand wie z. B. beim Kochen von Hühnereiern, spricht man von **Koagulation**. Der Abbau der Proteine durch Hydrolyse in Anwesenheit von Enzymen oder Säuren gelingt mit denaturierten Proteinen leichter als mit nicht denaturierten.
Durch Zerstörung der Tertiär- und Sekundärstruktur liegen die Proteine als gestreckte Polypeptidketten vor, in denen alle Peptidgruppen angreifbar sind und aufgespalten werden können. In bestimmten Fällen kann die Denaturierung von Proteinen in Abhängigkeit von gewählten Denaturierungsmitteln und Denaturierungsverfahren rückgängig gemacht werden. Vorgänge dieser Art heißen **Renaturierung** (Abb. 1).

EXPERIMENT 2
Aussalzen mit Ammoniumsulfat
3 ml einer Eiweißlösung, die aus Eiklar und einer 1%igen Natriumchloridlösung im Verhältnis 1:5 hergestellt wird, werden mit Ammoniumsulfat gesättigt. Nach Ausfällen des Niederschlags wird mit 50 ml Wasser verdünnt.

EXPERIMENT 3
Denaturierung
Je 2 ml einer Eiweißlösung (Eiklar) werden mit
a) 5 ml Ethanol (GHS02),
b) 3 ml Salzsäure ($c = 2\ \text{mol} \cdot \text{l}^{-1}$),
c) 1 ml verdünnte Kupfersulfatlösung versetzt,
d) bis zum Sieden erhitzt.

1 Denaturierung und Renaturierung eines globulären Proteins

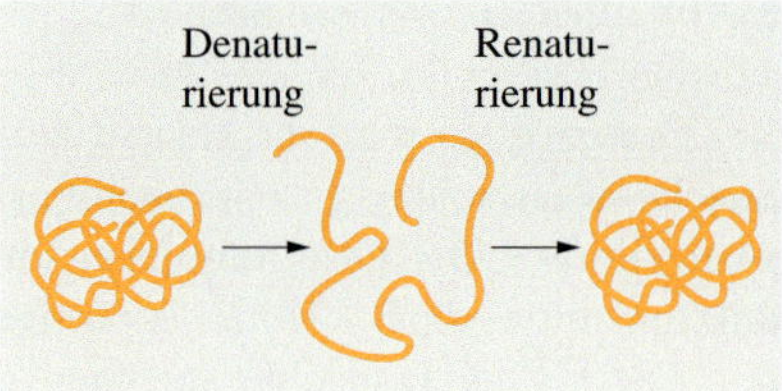

AUFGABEN
1 Geben Sie an, durch welche physikalischen und chemischen Einwirkungen lösliche Proteine denaturiert werden.
2 Erklären Sie die Änderung der Eigenschaften der Proteine bei der Denaturierung im Zusammenhang mit der Änderung ihrer Molekülstruktur.
3 Nennen Sie die Aminosäuren, die bei positivem Verlauf der Xanthoproteinreaktion am Aufbau des Proteins beteiligt sein könnten.
4 Diskutieren Sie, ob auch Proteine am isoelektrischen Punkt ihre geringste Löslichkeit aufweisen.

EXPERIMENT 4

Isoelektrischer Punkt von Casein

Nach den in der Tabelle angegebenen Mischungsverhältnissen werden sechs Reagenzgläser mit einer Essigsäure-Casein-Lösung angesetzt und anschließend die Stärke der Ausflockung notiert.

Reagenzglas	1	2	3	4	5	6
Zugabe Essigsäure in ml						
$c = 0{,}01\ mol \cdot l^{-1}$	2,5	5,0	–	–	–	–
$c = 0{,}1\ mol \cdot l^{-1}$	–	–	1,0	2,0	4,0	8,0
+ H_2O dest. in ml	6,5	4,0	8,0	7,0	5,0	1,0
+ Caseinlösung in ml	1,0	1,0	1,0	1,0	1,0	1,0
pH-Wert des Ansatzes	5,3	5,0	4,7	4,4	4,1	3,8

Amphotere Eigenschaften Die Moleküle der Proteine liegen wie die der Aminosäuren als Zwitterionen vor. Proteinmoleküle sind deshalb amphoter und wirken als Puffersysteme (Exp. 4). So können im Organismus notwendige konstante pH-Werte durch Pufferung eingehalten werden.

Nachweis Proteine lassen sich durch die Biuret- und die Xanthoproteinreaktion nachweisen. Der bei der **Biuretreaktion** in stark basischer Lösung entstehende Kupferkomplex mit Segmenten der Proteine hat eine violettrote Farbe (Exp. 5).
Bei der **Xanthoproteinreaktion** (griech. xanthos – gelb) werden Seitenketten der Moleküle mit aromatischen Ringen durch Salpetersäure nitriert. Die nitrierten Proteine sind gelb (Exp. 6).

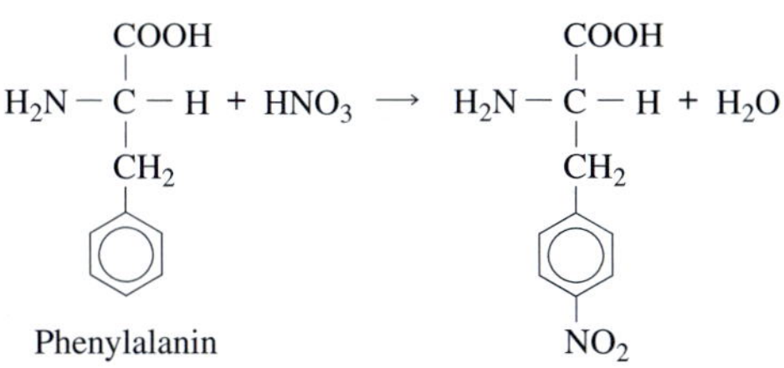

Proteine als Grundbausteine des Lebens Leben ist ohne Auf- und Abbau von Proteinen im Organismus nicht möglich. Im Unterschied zu anderen Nährstoffen wie Kohlenhydraten und Fetten, die hauptsächlich als Energiequellen dienen, werden Proteine zum Aufbau körpereigener Eiweiße wie Enzyme und Hormone benötigt. Dieser Aufbau der Proteine beginnt mit der Verknüpfung der Aminosäuren während der **Proteinbiosynthese** (↑S. 420 ff.). Die mit der Nahrung aufgenommenen Proteine werden im Organismus durch Enzyme, die Hydrolasen, in Aminosäuren zerlegt (Exp. 7). Aminosäuren, die nicht für weitere Biosynthesen benötigt werden, baut der Organismus ab.

EXPERIMENT 5

Biuretreaktion

3 ml Eiweißlösung (Eiklar) werden mit verdünnter Natronlauge ($c = 2\ mol \cdot l^{-1}$; GHS05) versetzt. Danach gibt man einige Tropfen Kupfersulfatlösung ($c = 0{,}1\ mol \cdot l^{-1}$) zu.

EXPERIMENT 6

Xanthoproteinreaktion

Ein Gemisch aus Eiweißlösung (Eiklar) und verdünnter Salpetersäure ($w = 25\,\%$; GHS05) wird erwärmt.

2 Biuretreaktion (links) und Xanthoproteinreaktion (rechts)

EXPERIMENT 7

Enzymatische Hydrolyse eines Proteins

Etwa eine Spatelspitze rohes kristallisiertes Albumin (aus Rinderblut) wird im Reagenzglas mit etwa 5 ml Pankreatin-Puffergemisch versetzt und eine Stunde lang auf 37 °C erwärmt. Das Hydrolysat wird dünnschichtchromatografisch getrennt und einige der Aminosäuren identifiziert (↑Exp. 4, S. 404).
Pankreatin-Pufferlösung:
Lösen von 1 g Pankreatin in 100 ml einer wässrigen Lösung, die 1,4 g Natriumdihydrogenphosphat und 3,6 g Natriumhydrogenphosphat-12-Wasser enthält.

Proteine – Ernährung Der Tagesbedarf an Proteinen beträgt für einen Jugendlichen etwa 0,9 g pro Kilogramm Körpergewicht. Der Nahrungswert eines Proteins hängt wesentlich vom Anteil essenzieller Aminosäuren ab. Nahrungsproteine müssen verdaulich sein, d. h., der hydrolytische Abbau muss möglichst vollständig erfolgen, damit die Aminosäuren auch resorbiert werden können. Die meisten pflanzlichen Nahrungsmittel enthalten weniger Proteine als tierische. Das bedeutet, dass man bei einer rein pflanzlichen Ernährung ein Vielfaches konsumieren muss, um die benötigte Menge an essenziellen Aminosäuren aufzunehmen. Einige pflanzliche Nahrungsmittel sind jedoch reich an pflanzlichen Proteinen und können bei bevorzugtem Verzehr auch eine ausgewogene vegetarische Ernährung gewährleisten.
Proteinmangel in der Nahrung führt zu schweren Erkrankungen, wie z. B. Wachstumsstörungen, Muskelschwäche, Anämie und Verdauungsstörungen. Proteinmangel kommt in Deutschland kaum vor, weil wir mit der Mischkost pro Tag durchschnittlich 100 g Proteine aufnehmen.

AUFGABEN

1 Nennen Sie Beispiele für essenzielle Aminosäuren (↑Abb. 1, S. 402).
2 Erklären Sie die Beobachtung, dass bei unvorschriftsmäßigem Umgang mit Salpetersäure an den Händen Gelbfärbungen entstehen.
3 Begründen Sie, warum einseitige Ernährung gesundheitsschädlich ist.
4 Was würden Sie für eine Schlankheitsdiät empfehlen: Hungerkur oder reduzierte Kost?
Begründen Sie.

ZUSAMMENFASSUNG

Gemeinsames Strukturmerkmal von Peptiden und Proteinen ist die Verknüpfung von Aminosäurebausteinen durch **Peptidgruppen**:

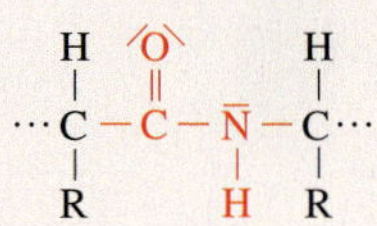

Die Eigenschaften von Proteinen, insbesondere deren biologische Aktivität, werden durch die Strukturen bestimmt:
Die **Primärstruktur** beschreibt die Reihenfolge der Aminosäurebausteine (Aminosäuresequenz) in den Molekülen des Polypeptids.
Die räumliche Anordnung der Aminosäurebausteine in der Polypeptidkette bezeichnet man als **Sekundärstruktur**. Die wichtigsten Arten sind Faltblatt- und Helixstruktur. Diese Strukturen bewirken z. B. den Unterschied zwischen der hochfesten und wenig dehnbaren Naturseide (β-Faltblatt) und der tierischen Wolle mit hoher Elastizität und großer Dehnbarkeit (α-Helix).
Faltet sich ein Polypeptid bestimmter Sekundärstruktur im Raum, so spricht man von **Tertiärstruktur**, die durch verschiedene Bindungsarten und innermolekulare Wechselwirkungen (Elektronenpaar- und Ionenbindungen, Wasserstoffbrückenbindungen und Van-der-Waals-Kräfte) zusammengehalten wird. Dabei kann z. B. eine Helix zu einem Knäuel gekrümmt sein (**globuläre Proteine**) oder die Helices sind miteinander verdrillt (**fibrilläre Proteine**).

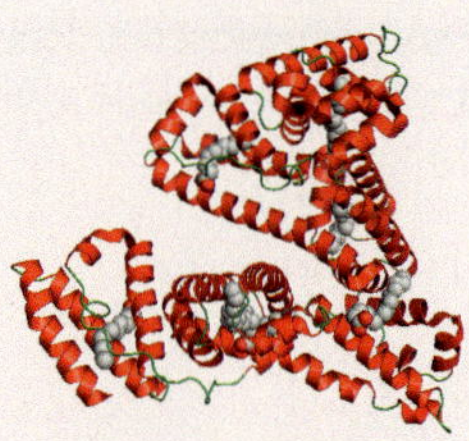

Albumin, ein globuläres Protein

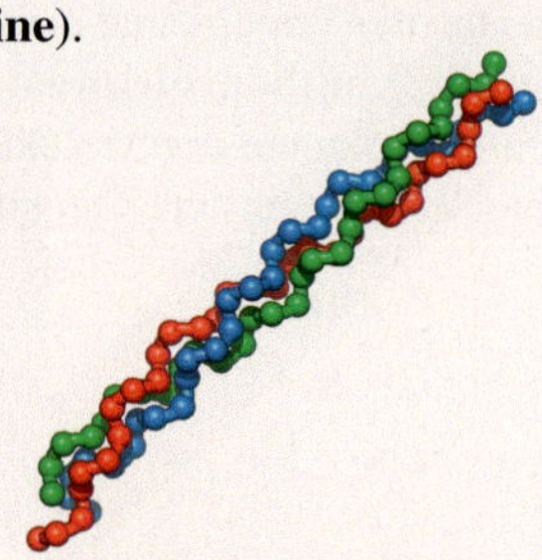

Kollagen, ein fibrilläres Protein

Proteine mit mehreren Polypeptidketten werden durch die **Quartärstruktur** beschrieben.
Bei konjugierten Proteinen **(Proteiden)** ist ein Proteinmolekül mit einem Nichtaminosäure-Molekülanteil verknüpft (**prosthetische Gruppe**).
Proteine sind ein Grundbaustein des Lebens und damit ein wesentlicher Nährstoff. In lebenden Organismen werden sie bei der Proteinbiosynthese gebildet.

► Struktur-Eigenschafts-Konzept

KOMPLEX GEDACHT

1 Der Süßstoff Aspartam ist ein synthetisches Dipeptid, das mit Methanol verestert ist.

1 Strukturformel von Aspartam

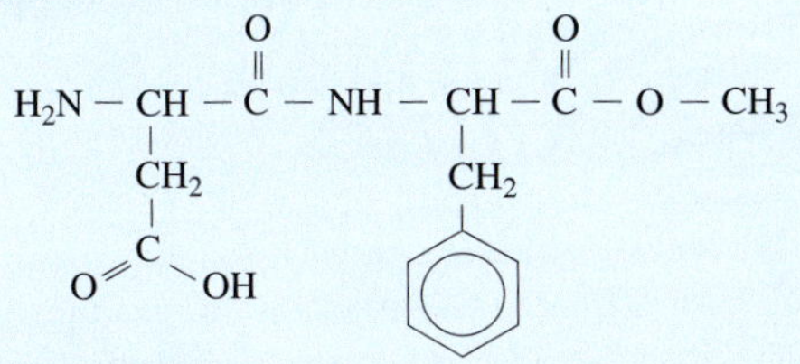

a Geben Sie an, welche Stoffe bei der vollständigen Hydrolyse von Aspartam im Magen entstehen. Formulieren Sie die Reaktionsgleichung.

b Zeichnen Sie die Strukturformeln aller möglichen Dipeptide, die aus einem Gemisch der beiden in Aspartam vorhandenen Aminosäuren hervorgehen können. Benennen Sie die Moleküle.

2 Beim Experimentieren mit mehreren Aminosäuren ist die Beschriftung von Asparaginsäure und Serin verloren gegangen. Von beiden wässrigen Lösungen (A und B) ist der isoelektrische Punkt bestimmt worden. Dieser beträgt für Lösung A: $pH_{iso} = 5{,}7$ und für Lösung B: $pH_{iso} = 2{,}8$.
Ordnen Sie die unbekannten Lösungen A und B den entsprechenden Aminosäuren zu und begründen Sie Ihre Entscheidung.

3 Zur Trennung eines Proteingemischs wird dieses auf eine gelartige Platte aufgetragen, auf der sich die Proteine frei bewegen können. Dazu taucht die Platte an ihren Enden in Kammern ein, die mit Lösungen unterschiedlicher pH-Werte gefüllt sind, sodass entlang der Platte ein pH-Gradient entsteht. Für die Bewegung der Proteine werden die Enden der Platte als Anode und Kathode geschaltet. Aufgrund der Tatsache, dass die Löslichkeit der Proteine stark vom pH-Wert abhängt, weil sie an ihrem isoelektrischen Punkt auskristallisieren, lassen sich somit die Proteine auftrennen.
Entwickeln Sie einen experimentellen Aufbau zur Trennung von Kuhmilchproteinen im elektrischen Feld. Begründen Sie Ihre Ausführungen.

4 Zur Aufnahme einer Titrationskurve ist folgender Versuch durchgeführt worden:
200 ml Glycinhydrochloridlösung (eine äquimolare Mischung von Salzsäure und Glycin mit $c = 0{,}2\ mol \cdot l^{-1}$) werden vorgelegt und anschließend mit Natronlauge ($c = 4\ mol \cdot l^{-1}$) titriert.

a Diskutieren Sie die Titrationskurve in Abb. 2, indem Sie markante Punkte des Kurvenverlaufs erläutern.

b Während der Titration bilden sich acht unterschiedliche Teilchenarten (Moleküle und Ionen). Für fünf dieser Teilchenarten ist die Veränderung der Stoffmenge in Abhängigkeit von dem zugegebenen Volumen der Lauge in Abb. 3 dargestellt.
Ordnen Sie jeder der fünf Kurven eine Teilchenart zu.
Erläutern Sie den Verlauf der entsprechenden Kurven für Wassermoleküle sowie Chlorid- und Natrium-Ionen, die im Diagramm nicht berücksichtigt wurden.

2 Titration von Glycinhydrochlorid

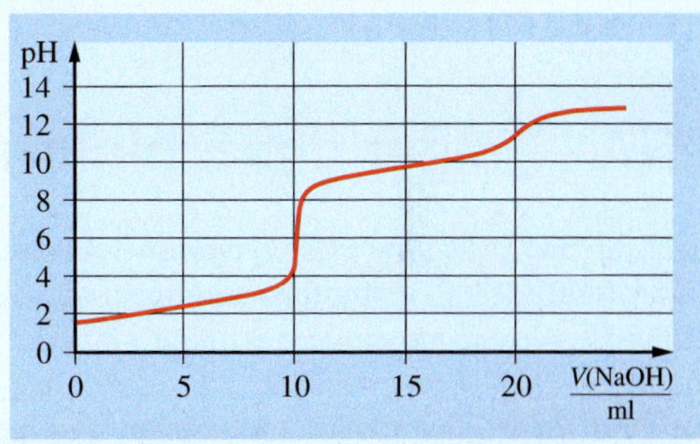

3 Stoffmengen einiger Teilchenarten

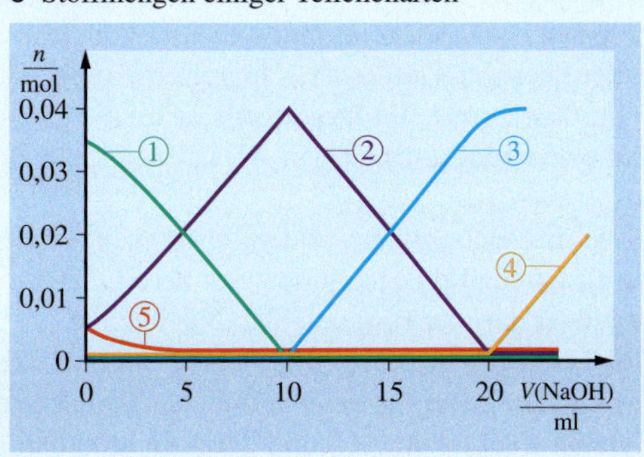

18

Weitere biologisch bedeutsame Verbindungen

Das Überleben der Tiere und Menschen hängt von ihrer Fähigkeit ab, auf Umweltsituationen angemessen zu reagieren. Dabei spielen viele organische Verbindungen eine entscheidende Rolle: Hormone wie Adrenalin oder Neurotransmitter wie Acetylcholin übertragen im Organismus die Information über ein Umweltereignis schnell und zielgerecht. Enzyme sichern die Grundfunktionen fast aller Stoffwechselvorgänge. Energie übertragende Moleküle wie das Adenosintriphosphat (ATP) ermöglichen den Tieren, in Sekundenbruchteilen die Flucht zu ergreifen. Und schließlich besitzt jeder Organismus für die Bildung dieser wichtigen Verbindungen eine einzigartige Matrize – die DNA, Träger der Erbinformation.

DNA – Träger der Erbinformation

Struktur der DNA Die **Desoxyribonucleinsäure**, kurz **DNA**, ist der Stoff, der die Erbinformation fast aller Lebewesen verschlüsselt. Welche molekulare Struktur muss die DNA besitzen, um diese Funktion zu erfüllen?

Die DNA ist ein lineares Makromolekül und liegt im Zellkern vor. Durch hydrolytische Spaltung der DNA (Abb. 1) können auf experimentellem Weg die **drei charakteristischen Baugruppen** der DNA bestimmt werden (Abb. 2):

- der Phosphorsäurerest (**„Phosphatgruppe“**)
- der Zuckerrest, die **Desoxyribose** (eine Pentose)
- die vier stickstoffhaltigen, heterocyclischen **Basen**

Diese drei Baugruppen bilden zusammen jeweils eine Einheit, die als **Nucleotid** bezeichnet wird. Verbindungen aus Zuckerrest und einer der vier Basen heißen **Nucleoside**.

Die Basen gehören zwei Stoffklassen an (Abb. 2):

Pyrimidine – die aus einem einfachen Ring bestehenden Basen **Cytosin** (Abkürzung: **C**) und **Thymin** (Abkürzung: **T**)

Purine – die aus einem Doppelring bestehenden Basen **Guanin** (Abkürzung: **G**) und **Adenin** (Abkürzung: **A**)

1 Durch hydrolytische Spaltung der DNA werden die charakteristischen Baugruppen der DNA erhalten.

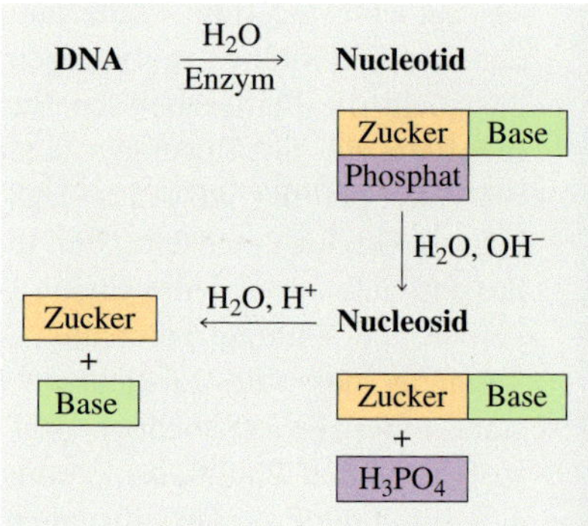

2 Zusammensetzung der DNA und molekulare Anordnung der Nucleotide

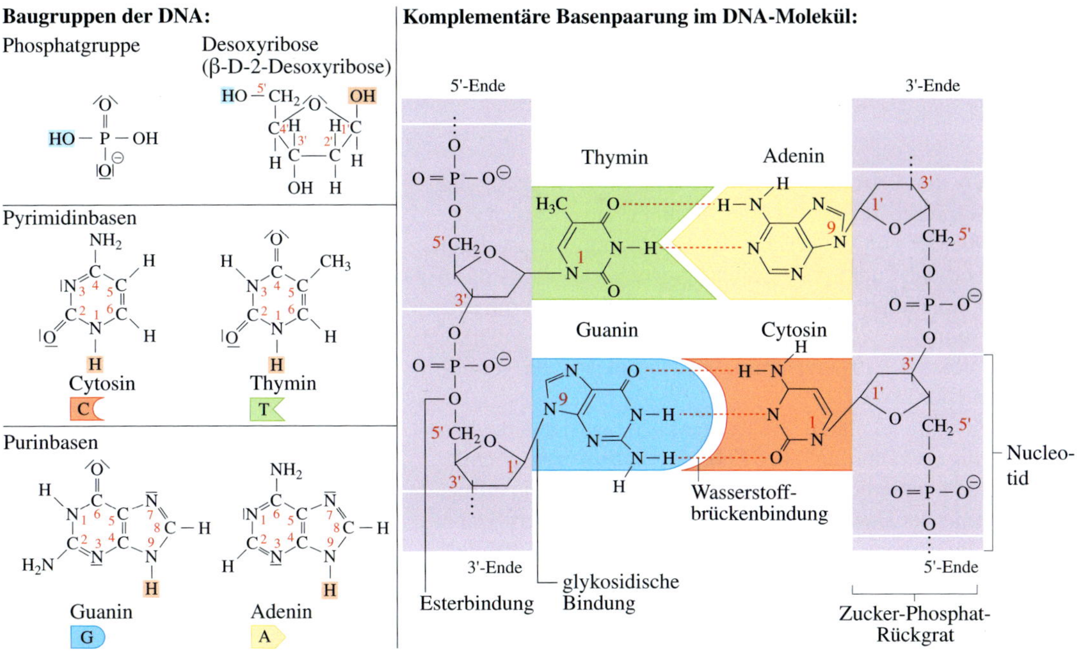

Die Strukturaufklärung des DNA-Moleküls und somit die Kenntnis über die genaue Anordnung der Baugruppen gelang 1953 durch JAMES WATSON und FRANCIS CRICK. Sie stellt den Beginn in der Ära der modernen Genetik dar.

Danach ist die DNA ein **Polynucleotid**, in dem viele Millionen Nucleotide aneinander gereiht sind. In der Polynucleotidkette sind die Zuckerreste über Phosphatgruppen miteinander verbunden. So entsteht eine Zucker-Phosphat-Kette als „Rückgrat" des Moleküls. Außerdem ist an die Zuckerreste jeweils eine der vier Basen gebunden (Abb. 2).

Um die Polarität der Polynucleotidkette zu beschreiben, werden die Kohlenstoffatome des Zuckerrests von 1' bis 5' durchnummeriert: Das Kohlenstoffatom 5' ist über die Phosphatgruppe mit dem Kohlenstoffatom 3' des nächsten Zuckerrests über eine Esterbindung verbunden. Am Kohlenstoffatom 1' ist der Zuckerrest mit einer der Basen über eine C–N-glykosidische Bindung verbunden. Diese Struktur des Polynucleotids wird auch als **Primärstruktur** der DNA bezeichnet.

Die **Sekundärstruktur** beschreibt die DNA als ein aus zwei Polynucleotidketten bestehendes Molekül. Dabei sind die Polynucleotidketten zueinander komplementär über die Länge des Moleküls schraubig umeinander gewunden. Es entsteht eine **Doppelhelix** (Abb. 3). Über Wasserstoffbrückenbindungen sind die Basenpaare Adenin–Thymin und Guanin–Cytosin miteinander verknüpft. Die Polynucleotidketten verlaufen gegenläufig: ein Molekül in 3'→5', das andere in 5'→3'-Richtung. Beide Moleküle verhalten sich zueinander wie Positiv und Negativ.

3 DNA-Doppelhelix

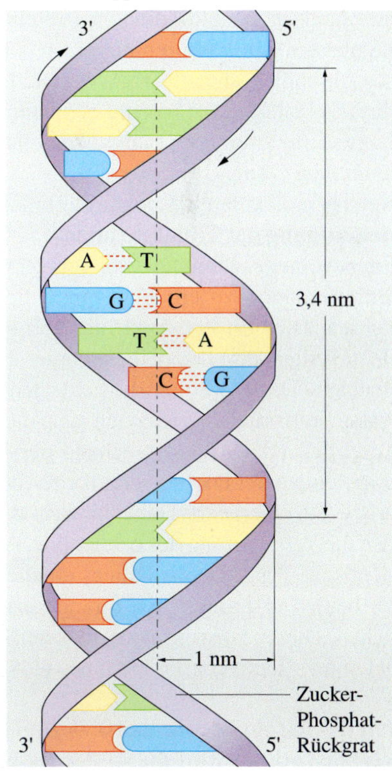

RNA Neben der DNA gibt es eine weitere Art von Nucleinsäuren, die **Ribonucleinsäure RNA**. RNA-Moleküle haben anstelle des Zuckers Desoxyribose einen anderen Zuckerrest gebunden, die Ribose. Anstelle der Pyrimidinbase Thymin kommt Uracil vor (Abb. 1). In der RNA liegt außerdem nur eine Polynucleotidkette vor.

Funktionen der DNA Lebewesen besitzen die Fähigkeit, sich selbst zu reproduzieren, also Nachkommen zu erzeugen. Die DNA ist hierbei von entscheidender Bedeutung. Sie ist durch zwei wesentliche Funktionen gekennzeichnet:

- In ihrer molekularen Struktur verschlüsselt die DNA die Erbinformation.
- Ihre molekulare Struktur ermöglicht die identische Vervielfältigung der DNA.

Durch welche molekularen Strukturmerkmale wird nun die Verschlüsselung („Codierung") der **Erbinformation** ermöglicht?

Die Information für die Synthese von Proteinen ist in der Abfolge der Basen, in der **Basensequenz**, der DNA gespeichert. Dabei codieren immer drei aufeinander folgende Basen (Basen-Triplett) eine Aminosäure. Ein solches Basen-Triplett stellt den **genetischen Code** für eine Aminosäure dar. So steht z. B. das Basen-Triplett Guanin–Cytosin–Adenin für die Aminosäure Alanin.

Die vier verschiedenen in der DNA gebundenen Basen ermöglichen $4^3 = 64$ verschiedene Basen-Tripletts. Da aber nur etwa 20 verschiedene Aminosäuren in Proteinen vorkommen, werden die meisten Aminosäuren mehrfach codiert.

Die Abschnitte auf der DNA, die die Information zur Synthese eines vollständigen Proteins beinhalten und damit erblich bedingte Strukturen oder Funktionen eines Organismus festlegen, nennt man **Gene**.

Welche molekularen Strukturmerkmale ermöglichen die **Vervielfältigung** der Erbinformation?

Um bei einer Zellteilung zwei Tochterzellen mit der identischen Erbinformation zu erhalten, muss die DNA exakt verdoppelt werden. Dies erfolgt durch die Trennung der beiden Polynucleotidketten der Doppelhelix unter Einwirkung des Enzyms Helicase. Dabei werden die zwischen den Basen befindlichen Wasserstoffbrückenbindungen gespalten.

Anschließend wird entsprechend der Basensequenz eine neue komplementäre Polynucleotidkette, der sogenannte „Tochterstrang", synthetisiert. Dabei bewirkt das Enzym DNA-Polymerase die Verknüpfung der Nucleotide. Als Ergebnis werden zwei identische DNA-Doppelhelices erhalten, die jeweils aus einem der beiden ursprünglichen Stränge und dem Tochterstrang bestehen. Dieser Vorgang wird als semikonservative **Replikation** (lat. semi – halb; conservare – bewahren) bezeichnet (Abb. 2).

Von der Basensequenz der DNA zum Polypeptid Bei der **Proteinbiosynthese** wird die in der Basensequenz der DNA verschlüsselte Information in eine Aminosäuresequenz übersetzt.

1 Baugruppen der RNA

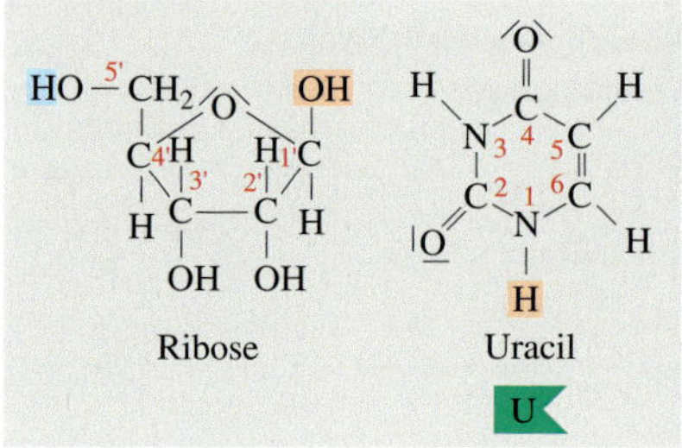

2 Prinzip der DNA-Replikation

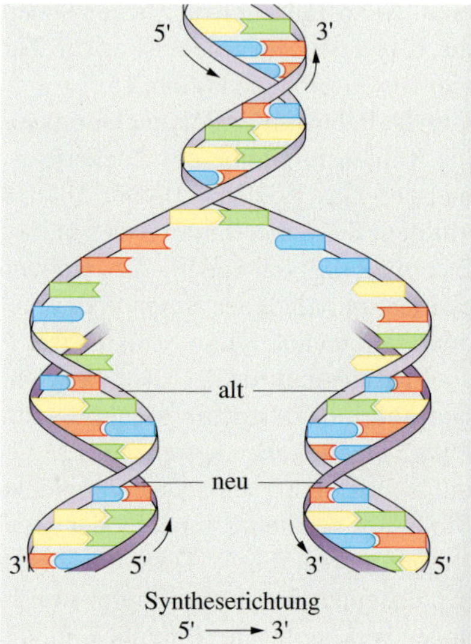

3 Prinzip der Transkription. Die Basensequenz der DNA wird in die messenger-RNA umgeschrieben.

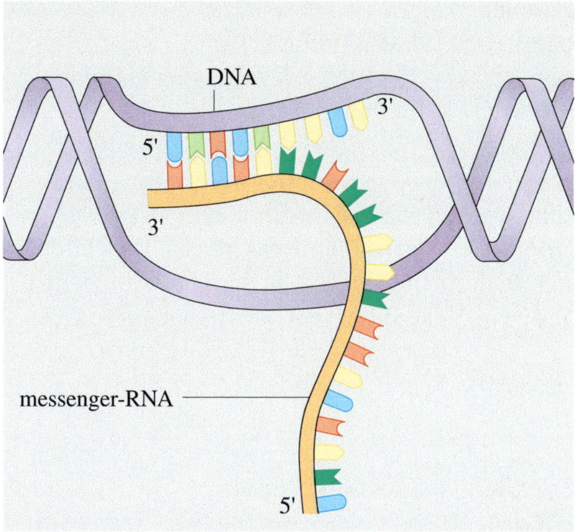

4 Prinzip der Translation, Bildung der Peptidbindung zwischen Serin und Cystein

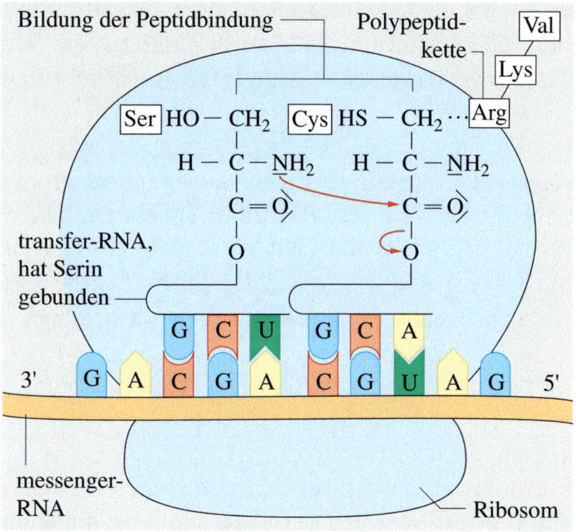

Zunächst wird die Basensequenz eines Gens der DNA in die Basensequenz eines der DNA ähnlichen Moleküls, der messenger-RNA, umgeschrieben. Dieser Vorgang heißt **Transkription** (Abb. 3). Das messenger-RNA-Molekül transportiert die Information aus dem Zellkern heraus zu den Ribosomen im Zellplasma, wo die Synthese der Polypeptide erfolgt.
Die Übersetzung **(Translation)** der Basensequenz der messenger-RNA in die Aminosäuresequenz des Proteins erfolgt wiederum unter Mitwirkung von RNA-Molekülen. Die benötigten Aminosäuren werden durch transfer-RNA zum Ribosom transportiert. Für diesen Vorgang wird ein spezifisch zum transfer-RNA-Molekül passendes Aminosäuremolekül kurzzeitig über eine Esterbindung gebunden. Im Ribosom erfolgt schließlich mithilfe des Enzyms Peptidyltransferase die Verknüpfung der Aminosäuren durch Peptidbindungen in der durch das Gen festgelegten Reihenfolge – ein Polypeptid wird gebildet (Abb. 4).

Vom Polypeptid zum Protein Die durch die Proteinbiosynthese erzeugten Polypeptide erfüllen in den Zellen von Organismen ganz unterschiedliche Funktionen. Häufig müssen sie dazu von der linearen Kettenstruktur in eine andere räumliche Struktur verändert werden, um ihre Funktionsfähigkeit zu erhalten.
Dies kann z. B. mithilfe eines Enzyms erfolgen, das Phosphatgruppen über Elektronenpaarbindungen an Aminosäuren des Polypeptids bindet. Diese als **Phosphorylierung** bezeichnete Modifikation des Polypeptids aktiviert dieses, sodass es als Protein seine Funktion, z. B. als Enzym, aufnehmen kann. Die Änderung der Konformation erfolgt, weil jede Phosphatgruppe eine negative Ladung aufweist und Wechselwirkungen mit den polaren Aminosäureresten auftreten. Das phosphorylierte Protein besitzt dann eine andere räumliche Struktur als das ursprüngliche Polypeptid.

AUFGABEN

1 Geben Sie die Struktur der Peptidbindung und der Esterbindung an.
2 Benennen Sie die Stoffklasse des durch Phosphorylierung eines Polypeptids entstandenen Reaktionsprodukts.
3 Nach der sogenannten Chargaff-Regel ist das quantitative Verhältnis der vier in der DNA gebundenen Basen immer G = C und A = T. Begründen Sie diese Regel mit Ihren Kenntnissen über den Bau der DNA.
4 Informieren Sie sich, was unter der Glykosylierung eines Proteins verstanden wird. Finden Sie Beispiele für glykosylierte Proteine und ihr Vorkommen in biochemischen Reaktionen.

Enzyme – Katalysatoren biochemischer Reaktionen

In allen Lebewesen finden ständig biochemische Reaktionen statt. Diese Stoffumwandlungen laufen oft mit unmessbar kleiner Geschwindigkeit ab. Sind an der Reaktion **Enzyme** beteiligt, so bewirken sie eine Erhöhung der Reaktionsgeschwindigkeit. Dabei kommt es zu einer Absenkung der Aktivierungsenergie, sodass die Reaktionen schon bei Körpertemperatur ablaufen (Abb. 2). Enzyme sind Reaktionsteilnehmer, die den Reaktionsverlauf verändern und nach der Reaktion unverändert vorliegen. Sie wirken also katalytisch auf biochemische Reaktionen und werden deshalb als **Biokatalysatoren** bezeichnet (Exp. 1).

Aufbau von Enzymen Alle Enzymproteine sind globuläre Proteine. Sie sind meist gut in Wasser, also auch in Körperflüssigkeiten, löslich.
Enzyme werden in zwei Gruppen eingeteilt: einfache Enzyme, die nur aus Proteinen bestehen, und zusammengesetzte Enzyme, die **Holoenzyme**. Sie besitzen neben einem Proteinanteil, dem **Apoenzym**, auch einen Nichtproteinanteil.
Je nach Art der chemischen Bindung unterscheidet man bei den Nichtproteinanteilen:
- **Coenzyme:** kleine organische Moleküle, die über zwischenmolekulare Wechselwirkungen locker an das Apoenzym gebunden sind. Im Gegensatz zu Katalysatoren gehen sie nicht unverändert aus der Reaktion hervor, sondern müssen zurückgebildet werden. Sie werden daher auch treffender als Cosubstrat bezeichnet.
- **Prosthetische Gruppen:** kleine organische Moleküle, die über Elektronenpaarbindung fest an das Apoenzym gebunden sind
- **Cofaktoren:** Metall-Ionen, die über elektrostatische Wechselwirkungen fest mit dem Apoenzym verbunden sind. Durch ihre elektrische Ladung stabilisieren sie das Enzymprotein.

Die charakteristische Form der Enzyme hängt von den Wechselwirkungen zwischen den verschiedenen Seitengruppen der Polypeptidketten ab (↑S. 410). Dadurch entstehen räumliche Strukturen, die für die katalytische Reaktion von entscheidender Bedeutung sind. Der Teil des Enzyms, an den das **Substrat** (der Ausgangsstoff) bindet und an dem die chemische Reaktion abläuft, heißt **aktives Zentrum** (Abb. 1).

EXPERIMENT 1
Nachweis des Enzyms Katalase in Pflanzen
Geriebener Meerrettich und geriebene Kartoffel werden mit 10 ml Wasser verrührt, auf ein Tuch gegeben und ausgepresst. Die Hälfte des Presssafts wird bis zum Sieden erhitzt. Je 5 ml Wasserstoffperoxidlösung (w = 10 %; GHS05 | 07) werden in vier Reagenzgläser gegeben. Die vier Ansätze werden mit 1 ml der rohen bzw. gekochten Presssäfte versetzt.
Mit einem glimmenden Span wird in jedem Reagenzglas auf die Bildung von Sauerstoff geprüft.

1 Substratspezifität des Enzym-Substrat-Komplexes

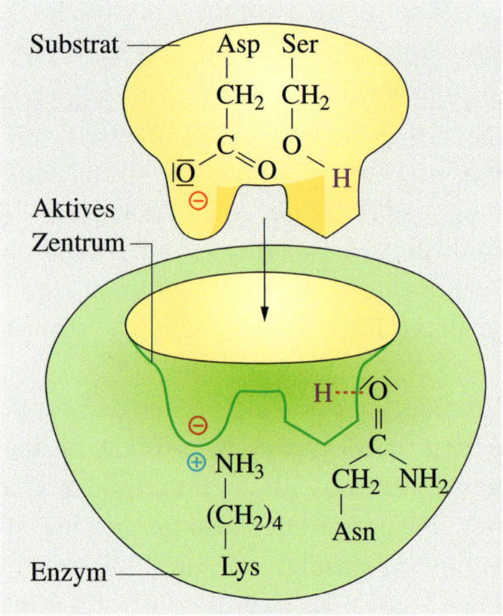

Tab. 1 Wirkgruppen zusammengesetzter Enzyme

	Coenzyme	Prosthetische Gruppen	Cofaktoren
Beispiele	ATP (↑S. 425) Coenzym A	Häm Retinal	Zn^{2+} Cu^{2+}
Funktionen (Auswahl)	übertragen Phosphatgruppen, Acetylgruppen	übertragen Elektronen, Wasserstoff-Ionen	stabilisieren das Apoenzym, übertragen Elektronen

2 Energiediagramm chemischer Reaktionen mit und ohne Enzym

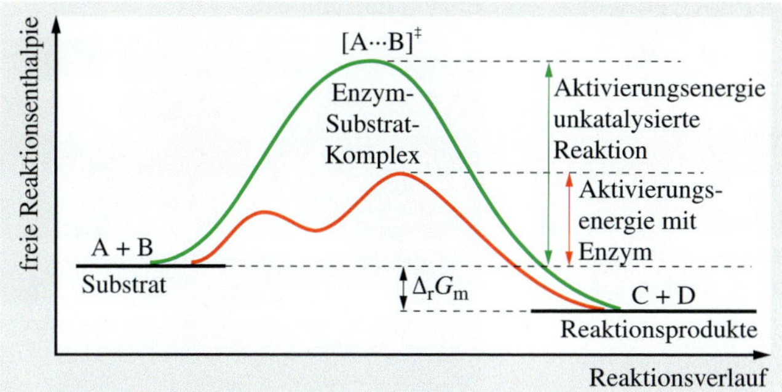

Ablauf einer Enzymreaktion Die hohe Spezifität, mit der Enzyme chemische Reaktionen katalysieren, ist eine wichtige Voraussetzung für den konstanten Ablauf der Lebensvorgänge.
Die exakte räumliche Passform zwischen Enzym und Substrat wird als **Substratspezifität** bezeichnet. Das aktive Zentrum kann entsprechend dem von EMIL FISCHER 1894 formulierten **Schlüssel-Schloss-Prinzip** in Abwesenheit des gebundenen Substrats bereits vorgeformt vorliegen (Abb. 3).
Eine Weiterentwicklung dieses starren Modells ist das dynamische **Induced-fit-Modell**. Danach bewirkt die Form des Substrats bei der Bildung des Enzym-Substrat-Komplexes eine Konformationsänderung im Enzym (Abb. 3).
Jedes Enzym katalysiert wegen seines charakteristischen aktiven Zentrums nur ganz spezifische Reaktionen. Dies wird als **Wirkungsspezifität** eines Enzyms bezeichnet. Der Umbau der chemischen Bindungen während einer Reaktion erfolgt über den Übergangszustand, der eine bestimmte Aktivierungsenergie benötigt. Wird eine Reaktion durch ein Enzym katalysiert, so verläuft die Reaktion über einen anderen Weg, der deutlich weniger Aktivierungsenergie als die unkatalysierte Reaktion erfordert (Abb. 2). Das gelingt z. B. dadurch, dass die im Enzym vorhandenen elektrischen Ladungen zu Wechselwirkungen mit den Bindungen des Substrats führen (Abb. 1). Deshalb ist der katalysierte, energieärmere Verlauf besonders von den Ladungen der Aminosäurereste im aktiven Zentrum oder der Coenzyme bzw. der Cofaktoren abhängig.

Einflüsse auf die Enzymwirkung Die Funktionsfähigkeit der Enzyme ist von der Temperatur abhängig. Bei zu hohen Temperaturen (im Menschen > 42 °C) denaturieren die Proteine der Enzyme häufig irreversibel, indem durch die Bewegung der Moleküle Wasserstoffbrückenbindungen gelöst und die Tertiär- und Quartärstruktur zerstört werden. Die Aktivität der Enzyme ist außerdem an bestimmte pH-Werte gebunden. Außerhalb des pH-Wert-Optimums werden sie inaktiviert. Diese Eigenschaft ist z. B. beim eiweißspaltenden Enzym Pepsin von Bedeutung. Außerhalb des Magens, bei weniger sauren pH-Werten, ist es inaktiv, sodass Gewebe vor Selbstverdauung geschützt sind.

3 Modellvorstellungen zur Bildung des Enzym-Substrat-Komplexes

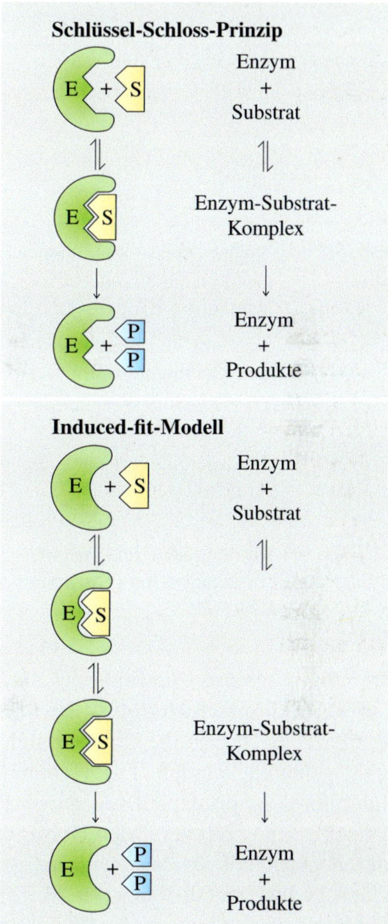

AUFGABEN

1 Erläutern Sie, worauf die Löslichkeit der Proteine, z. B. vieler Enzyme, in Wasser beruht.

2 Werten Sie Experiment 1 aus. Verwenden Sie für die Formulierung des Ergebnisses Fachbegriffe. Geben Sie die Funktion des Enzyms Katalase an.

Einteilung von Enzymen Enzyme können aufgrund ihrer Wirkungsspezifität in Gruppen eingeteilt werden (Tab. 1).

Tab. 1 Einteilung von Enzymen nach ihrer Wirkungsspezifität

Enzymgruppe	Katalysierte Reaktion	Beispiele
Oxidoreduktase	Redoxreaktionen	**Luciferase:** bewirkt Biolumineszenz durch die Oxidation von Luciferin
Transferase	Übertragung von Molekülresten, z. B. Methyl-, Amino- und Phosphatgruppen	**DNA-Polymerase:** Kettenverlängerung der DNA (↑S. 420); **Peptidyltransferase:** Bildung von Peptidbindungen bei der Translation (↑S. 421)
Hydrolase	Spaltung von Elektronenpaarbindungen unter Aufnahme von H_2O	**Peptidasen, Proteasen:** hydrolytische Spaltung von Peptidbindungen
Lyase	Spaltung von Elektronenpaarbindungen nach einem nichthydrolytischen Mechanismus	**Pyruvatdecarboxylase:** Abspaltung von CO_2 bei der alkoholischen Gärung
Isomerase	Umlagerung von isomeren Molekülen	**Retinal-Isomerase:** Rückbildung des Sehfarbstoffs nach Belichtung
Ligase	Bildung neuer chemischer Bindungen unter Spaltung von ATP	**Endonuclease:** Reparatur molekularer Schäden an der DNA

Hemmung einer Enzymreaktion Stoffe, die eine Verringerung der Reaktionsgeschwindigkeit bewirken, werden als **Inhibitoren** bezeichnet. Enzyme können durch Inhibitoren in ihrer Aktivität gehemmt werden. Die Hemmung einer Reaktion durch Inhibitoren ist prinzipiell reversibel. Einige Inhibitoren führen jedoch zu einer **irreversiblen Hemmung**. Hier wird das Enzym durch einen am aktiven Zentrum gebundenen Inhibitor blockiert. Schwermetall-Ionen wie Pb^{2+}, Hg^{2+}, Cd^{2+} und As^{3+} sind Beispiele für Inhibitoren, die Enzyme irreversibel hemmen. Die Schwermetall-Ionen werden über Elektronenpaarbindungen an die SH- oder OH-Gruppe des aktiven Zentrums gebunden. Dadurch wird die Struktur des Enzyms so verändert, dass keine Substratbindung mehr erfolgen kann.

$$\text{Protein–SH} + Pb^{2+} + \text{HS–Protein} \rightarrow \text{Protein–S–Pb–S–Protein} + 2\,H^+$$

Andere Beispiele für Inhibitoren sind Alkylphosphate, wie das in Insektiziden eingesetzte Parathion (E 605). Sie binden an das Enzym Acetylcholinesterase, das an der Weiterleitung von Nervenimpulsen beteiligt ist. Die Hemmung des Enzyms führt durch Lähmung der Atem- und Herzmuskulatur zum Tod.

1 Biolumineszenz von Quallen durch das Enzym Luciferase

EXPERIMENT 2

Untersuchung des Einflusses von Schwermetall-Ionen auf keimende Kressesamen

In drei 100-ml-Messzylindern werden jeweils wässrige Bleiacetat-, Kupfer(II)-sulfat- und Silbernitratlösungen ($c = 0{,}001\ \text{mol} \cdot l^{-1}$) angesetzt. In vier Petrschalen werden auf je vier mit 10 ml Wasser getränkte Rundfilter gleich viele Kressesamen gelegt. Sie keimen innerhalb von 1 bis 2 Tagen. Nach 2 Tagen werden die angekeimten Samen mit je 10 ml einer der Salzlösungen übergossen. Die vierte Schale wird mit 10 ml Wasser gegossen (Kontrollansatz).
Nach 2 weiteren Tagen erfolgt die Auswertung.
Hinweis: Die Samen benötigen zum Keimen Luftsauerstoff und dürfen nicht unter Wasser liegen.

ATP – Energieübertragung in der Zelle

In den Zellen von Lebewesen finden ständig Stoffwechselvorgänge statt. Die dafür benötigte Energie wird durch ein Molekül zur Verfügung gestellt, das universell als Energieüberträger in den Zellen aller Lebewesen vorkommt: **Adenosintriphosphat**, abgekürzt **ATP**.

Struktur ATP ist ein Nucleotid, das aus dem Zucker Ribose, der heterocyclischen Base Adenin und drei negativ geladenen Phosphatgruppen besteht.

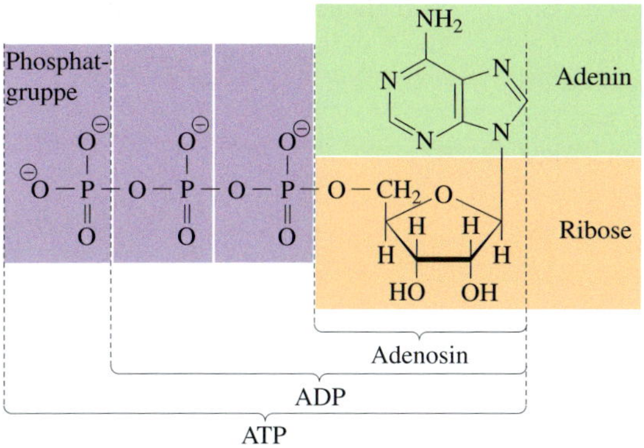

In der Anordnung der drei Phosphatgruppen liegt die Eigenschaft von ATP begründet, als Überträger von Energie wirken zu können. Da gleichnamige Ladungen sich abstoßen, kann die jeweils endständige Phosphatgruppe unter Zufuhr von Wasser abgespalten und Energie freigesetzt werden. Bei der Hydrolyse entstehen das energieärmere Adenosindiphosphat ADP und Dihydrogenphosphat. Die Reaktion liefert pro Mol umgesetztes ATP eine Energie von etwa 31 kJ.

$$ATP^{4-} + H_2O \rightleftharpoons ADP^{3-} + H_2PO_4^- \qquad \Delta_r H_m = -31\ kJ \cdot mol^{-1}$$

Funktion In den meisten Fällen wird die von ATP abgespaltene Phosphatgruppe nicht als freies Dihydrogenphosphat-Ion in die Zellflüssigkeit entlassen, sondern auf andere Akzeptormoleküle (z. B. Zucker-, Aminosäure- oder Nucleotidmoleküle) übertragen (Phosphorylierung). Durch die Phosphorylierung wird die Energie des Akzeptormoleküls erhöht, womit weitere exergonische, von Enzymen katalysierte Reaktionen ermöglicht werden. Im Körper wird ATP bei der mehrstufigen Oxidation von Glucose zu Kohlenstoffdioxid in verschiedenen Stoffwechselprozessen gebildet. Dies geschieht in verschiedenen Bereichen der Zelle. Soll z. B. mechanische Arbeit in Muskelzellen verrichtet werden, so wird die benötigte Energie durch ATP übertragen. Es bindet in Muskelzellen an bestimmte Proteine, die Myosinmoleküle, wird dort hydrolysiert und bewirkt durch die Energiefreisetzung eine Konformationsänderung im Myosinmolekül. Die Muskelzelle kontrahiert, Bewegung wird möglich (Abb. 3).

2 Bei erhöhter Muskelaktivität muss in Sekundenbruchteilen Energie bereitgestellt werden.

3 Energietransport in der Zelle am Beispiel einer Muskelfaserzelle

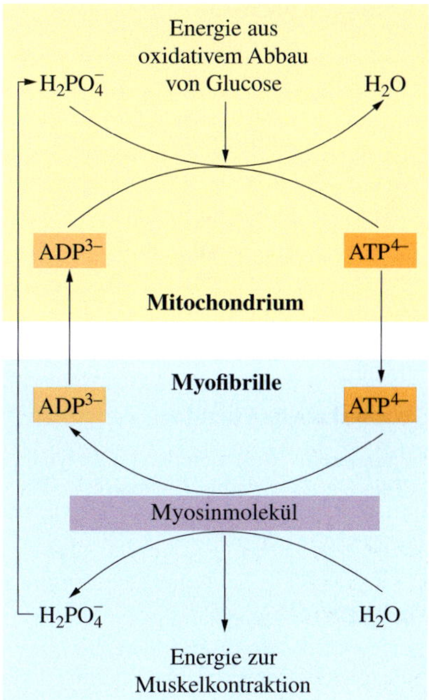

AUFGABE

1 Vergleichen Sie den Bau der RNA-Nucleotide mit dem Bau des ATP.

Vitamine

Bedeutung Mit dem Begriff Vitamine wird eine Gruppe chemisch sehr unterschiedlicher Stoffe bezeichnet, deren Gemeinsamkeit darin besteht, dass sie vom menschlichen und tierischen Organismus für Wachstum und Erhalt benötigt werden (lat. vita – Leben). Weil Vitamine aber vom Organismus nicht (oder in nicht ausreichendem Maß) gebildet werden, müssen sie (oder ihre Vorstufen) durch die Nahrung zugeführt werden.

Die Entdeckung der Vitamine geht auf die Untersuchung der Krankheitsursachen von Beriberi und Skorbut zurück – Krankheiten, die noch im 20. Jahrhundert verbreitet waren. Erste Erkenntnisse wurden am Vitamin B_1 (Thiamin) gewonnen, das bei Mangel die Beriberi-Krankheit hervorruft. Fehlen Vitamine im Organismus oder sind sie nur unzureichend vorhanden, kann es zu Mangelerscheinungen (Hypovitaminosen) kommen. Aber auch ein Überangebot (Hypervitaminosen) vor allem an fettlöslichen Vitaminen kann zu Erkrankungen führen. Die folgende Tabelle zeigt einige Beispiele hierfür (Tab. 1).

AUFGABEN

1 Einige Vitamine werden in Form von Vorstufen (Provitamine) aufgenommen.
Ermitteln Sie aus der Fachliteratur die Vorstufen von Vitamin A, Vitamin D_2 und D_3.

2 Informieren Sie sich über den täglichen Bedarf an den in der Tabelle aufgeführten Vitaminen und über die Nahrungsmittel, in denen sie vorrangig vorkommen.

Tab. 1 Einteilung der Vitamine

Vitamine	Typische biologische Funktion	Folgen bei		Vorkommen (exemplarisch)
		Mangelversorgung	Überangebot	
Fettlösliche Vitamine				
Vitamin A (Retinol)	Bildung von Epithelzellen und Skelettwachstum, Bildung des Sehfarbstoffs Rhodopsin	Nachtblindheit, Verhornung der Epithelien, Immunschwäche	Schlaflosigkeit, Schwindel, Knochen-, Gelenk- und Kopfschmerzen	
Vitamin-D-Gruppe	Calcium- und Phosphatstoffwechsel, Knochenaufbau	Rachitis, Hauttuberkulose	Ablagerung von Calciumphosphat in Nieren, Lunge und Herzmuskel	
Vitamin K_1 (Phyllochinon)	Beteiligt an der Blutgerinnung	Störung der Blutgerinnung, Spontanblutungen	Anämien bei Frühgeborenen	
Wasserlösliche Vitamine				
Vitamin B_1 (Thiamin)	Bestandteile von Enzymen, beteiligt an Neurotransmitterbildung (Acetylcholin)	Erschöpfung, Lethargie, Störungen von Herz, Kreislauf, Nerven, Muskulatur („Beriberi“)	Kollaps bei Injektion	
Vitamin C (Ascorbinsäure)	„Radikalfänger“, beteiligt am Eisenstoffwechsel, antioxidative Wirkung	Spontanblutungen, Erschöpfung, Fieber, Infektanfälligkeit, Bindegewebsstörung („Skorbut“)	Durchfall, Harnsteine	
Folsäure	Übertragung von Molekülresten (Methylgruppen) im Aminosäure- und DNA-Stoffwechsel	Verschiedene Arten von Anämien, Mundfäule, Missbildungen bei Föten	unbekannt	

Vitamin C Die chemische Bezeichnung des Vitamins C lautet **Ascorbinsäure**. Es ist ein farb- und geruchloser, kristalliner, gut wasserlöslicher Feststoff mit saurem Geschmack. Ascorbinsäure kommt in verschiedenen stereoisomeren Formen vor. Biologisch aktiv ist jedoch nur die L(+)-Ascorbinsäure.
Das Ascorbinsäuremolekül enthält einen fünfgliedrigen ungesättigten Lactonring, in dem die an der Doppelbindung beteiligten C-Atome durch zwei Hydroxygruppen substituiert sind. Diese Hydroxygruppen bedingen ihr starkes Reduktionsvermögen. Durch Abgabe von zwei Protonen und zwei Elektronen kann sie in einer reversiblen Reaktion zu Dehydroascorbinsäure oxidiert werden.

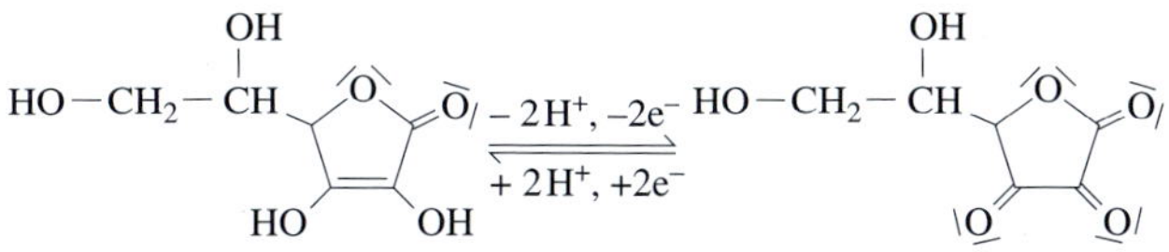

Ascorbinsäure Dehydroascorbinsäure

Deshalb wird Ascorbinsäure auch verwendet, um Lebensmittel vor unerwünschter Oxidation, z. B. Braunwerden von Äpfeln oder Bananen, zu schützen.
Obwohl Ascorbinsäure keine saure funktionelle Gruppe wie die Carboxygruppe –COOH aufweist, ist sie beträchtlich sauer. Mit einem pK_S-Wert von 4,17 ist sie sogar stärker sauer als Essigsäure ($pK_S = 4{,}75$). Durch Abgabe eines Protons der am Ring gebundenen OH-Gruppen kann die saure Eigenschaft der Ascorbinsäure erklärt werden.
Die biologische Bedeutung der Ascorbinsäure ist eng mit ihren chemischen Eigenschaften verknüpft. Durch ihre antioxidative Wirkung schützt sie andere wichtige Stoffwechselzwischenprodukte und das Erbgut vor Oxidation und Reaktion mit freien Radikalen. Außerdem ist Ascorbinsäure als Coenzym bei der Bildung von Kollagen beteiligt (↑S. 411).
Ascorbinsäure ist z. B. in frischem Gemüse und in Zitrusfrüchten reichlich enthalten. Eine ascorbinsäurearme Ernährung verursacht Skorbut, eine Krankheit, die Blutgefäße schwächt, Blutungen und Zahnausfall verursacht, Wunden nicht heilen lässt und schließlich zum Tod führt.

Folsäure Der Name der Folsäure leitet sich von lat. folium – Blatt ab, denn grünblättrige Gemüse sind besonders reich an Folsäure. Folsäuremangel gehört zu den häufigsten Vitaminmangel-Erscheinungen in Deutschland.
Zusammen mit Vitamin B_{12} ist Folsäure an der Bildung der roten Blutkörperchen im Knochenmark beteiligt. Sie ist von großer Bedeutung für den Stoffwechsel und unverzichtbar für alle Entwicklungs- und Wachstumsprozesse, weshalb der Bedarf an Folsäure bei Kindern, Schwangeren und Stillenden besonders hoch ist. Beim Fötus ist Folsäure für die Entwicklung des zentralen Nervensystems von großer Bedeutung, ein Folsäuremangel führt zu Schädigungen des Rückenmarks.

EXPERIMENT 1

pH-Wert-Bestimmung einer Ascorbinsäurelösung

Stellen Sie 50 ml einer Ascorbinsäurelösung mit $c = 0{,}1\ mol \cdot l^{-1}$ her und bestimmen Sie den pH-Wert. Vergleichen Sie den experimentellen mit dem in der Literatur angegebenen pH-Wert.

EXPERIMENT 2

Nachweis von Ascorbinsäure durch Reduktion mit Silbernitratlösung

Zu einer Ascorbinsäurelösung wird tropfenweise ammoniakalische Silbernitratlösung (Tollens-Reagenz; GHS07) gegeben und geschüttelt. Der Versuch wird mit frisch gepresstem Zitronensaft wiederholt.

AUFGABEN

1 Der Bedarf an Vitamin C kann nicht nur durch natürliche Vorkommen gedeckt werden. Recherchieren Sie, wie Ascorbinsäure technisch hergestellt wird, und stellen Sie die Synthese in Form von Reaktionsgleichungen dar.
2 Im Lactonring des Ascorbinsäuremoleküls liegt die Endiolgruppe vor, die gleichermaßen die saure und reduzierende Wirkung der Ascorbinsäure erklärt. Zeigen Sie die Mesomeriestabilisierung des Ascorbat-Ions, das durch Deprotonierung der Hydroxygruppe am C–3-Atom entsteht.
3 Auch mit Fehling-Lösung gelingt die Oxidation von Ascorbinsäure. Stellen Sie die Reaktionsgleichung für diese Reaktion auf.

Hormone

Bedeutung Hormone sind Botenstoffe im Körper, die von hormonbildenden Zellen bestimmter Organe erzeugt und direkt ins Blut abgegeben werden. Über das Blutgefäßsystem gelangen sie zu ihrem Zielorgan. Nur die Zellen der Zielorgane besitzen spezifische Rezeptoren für das jeweilige Hormon, sodass es ausschließlich an Bestimmungsorten seine Funktion entfalten kann. Entsprechend ihrer chemischen Struktur werden drei Hauptgruppen von Hormonen unterschieden:

Steroidhormone: Sexualhormone (Androgene, Östrogene, Gestagene) und Nebennierenrindenhormone (Corticoide). Sie sind lipophil und können so durch die Zellmembran zu den Rezeptoren in die Zielzellen gelangen.

Peptidhormone: Hormone der Bauchspeicheldrüse (Insulin, Glucagon) und der Hirnanhangdrüse (Oxytocin, Vasopressin). Sie sind lipophob und können deshalb die Lipidschicht der Zellmembran nicht passieren. Die Rezeptoren der Zielorgane liegen außen an der Zellmembran.

Aminosäuredervitate: Hormone des Nebennierenmarks (Adrenalin, Noradrenalin), Thyroxin (Schilddrüsenhormon). Sie sind lipophob (mit Ausnahme des Thyroxins) und binden auch über äußere Rezeptoren an der Zellmembran.

1 Die Metamorphose des Frosches wird vom Schilddrüsenhormon Thyroxin ausgelöst. Ohne Thyroxin würde sich die Kaulquappe nicht zum Frosch entwickeln.

Adrenalin Adrenalin ist ein sogenanntes Stresshormon und schafft als solches die Voraussetzungen für die rasche Bereitstellung von Energiereserven, die in gefährlichen Situationen wie Kampf oder Flucht das Überleben sichern sollen.

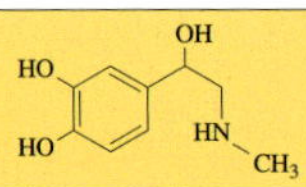

Folgen der Freisetzung von Adrenalin im Körper

Herz-Kreislauf-System
- Anstieg des zentralen Blutvolumens
- erhöhte Herzfrequenz
- beschleunigte Erregungsleitung

Glatte Muskulatur
- Erschlaffung der glatten Muskulatur → Darmmuskulatur wird ruhig gestellt
- Erweiterung der Bronchien

Mobilisierung von Energiereserven
- Steigerung des Fettabbaus
- Freisetzung von Glucose
- Hemmung der Insulinproduktion → Erhöhung des Blutzuckerspiegels

Verwendung synthetischer Hormone Synthetisch hergestellte Steroidhormone, die z. B. dem körpereigenen Gelbkörperhormon Progesteron nachempfunden sind, werden in Kombination mit Östrogenen zur **Empfängnisverhütung** eingesetzt. Progesteron sorgt im Körper normalerweise dafür, dass eine Schwangerschaft erhalten bleibt. Die zugeführten Hormonpräparate täuschen der Hirnanhangsdrüse eine Schwangerschaft vor. Die Hirnanhangsdrüse reagiert darauf, indem die Produktion des Hormons, das normalerweise einen Eisprung auslöst, gesenkt wird. Der Eisprung findet nicht statt.

AUFGABEN

1 Zeigen Sie, dass Thyroxin ein Aminosäurederivat ist.

2 Entwickeln Sie ein allgemeines Schema, das die Wirkung des Hormons Adrenalin an seiner Zielzelle darstellt. Nutzen Sie auch Ihre Kenntnis zum Energiestoffwechsel der Zelle (Hydrolyse von ATP).

Physiologie

NO – ein Neurotransmitter mit vielen Gesichtern

Neurotransmitter sind wie Hormone **chemische Botenstoffe** im Körper. Sie übertragen die Information von einer Nervenzelle auf die andere. Wissenschaftler vermuten, dass allein das menschliche Gehirn eine Billion Nervenzellen enthält, die über Synapsen verknüpft sind. Über dieses neuronale Netzwerk können Signale mit einer Geschwindigkeit von bis zu 120 $m \cdot s^{-1}$ transportiert werden, z.B. von den Sinnesorganen zum Gehirn und von dort zur Muskulatur.

1 Nervenzellen und Neurotransmitter

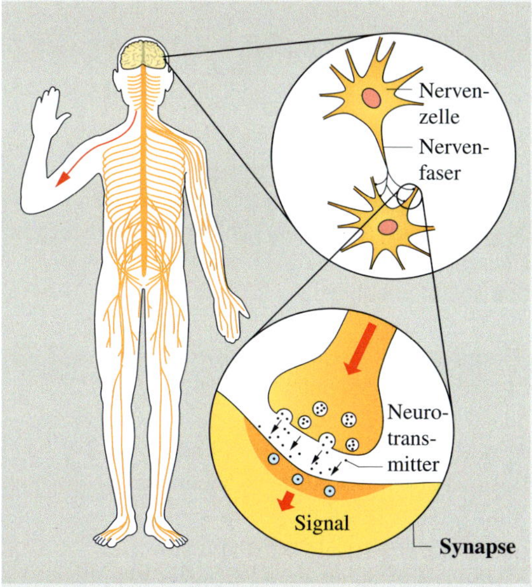

Biochemiker zählen heute etwa 100 Stoffe zu den Neurotransmittern. Viele davon gehören zur Stoffgruppe der Aminosäuren und Peptide wie Glutamat oder die Endorphine. Daneben spielt das Gas **Stickstoffmonooxid (NO)** in praktisch allen Organsystemen des Körpers eine wichtige und zunächst völlig unerwartete Rolle. Als Radikal ist Stickstoffmonooxid besonders reaktionsfreudig und wirkt in größeren Mengen hochgiftig.

2 Stickstoffmonooxid – ein winziges, instabiles Molekül

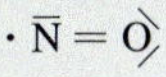

Deshalb sorgte die Entdeckung von Stickstoffmonooxid als Neurotransmitter im Herz-Kreislauf-System für großes Aufsehen. Im Jahr 1998 erhielten die Amerikaner ROBERT F. FURCHGOTT, LOUIS J. IGNARRO und FERID MURAD für ihre wegweisenden Erkenntnisse den Nobelpreis für Medizin.

Das Enzym **Stickstoffmonooxidsynthase (NOS)** katalysiert die Bildung von Stickstoffmonooxid aus der Aminosäure Arginin. Das reaktive Gas wird im Körper nur auf Anforderung gebildet. Es wirkt unverzüglich und nur sehr kurzzeitig (ca. 10 Sekunden). Durch Reaktion mit Sauerstoff und Wasser zu Nitriten und Nitraten werden die freien Radikale anschließend so schnell wie möglich unschädlich gemacht.

Die Wirkungsweise als Neurotransmitter ist hochkomplex. So überträgt Stickstoffmonooxid nicht selbst die Erregung, sondern aktiviert ein Enzym. Dieses katalysiert die Herstellung eines sekundären Botenstoffs, der für die Weiterleitung von Signalen von der Zellmembran ins Zellinnere verantwortlich ist.

Untersuchungen deuten darauf hin, dass der Botenstoff Stickstoffmonooxid eine wichtige Rolle für Gedächtnis und Lernen spielt. Darüber hinaus übermittelt er das Signal zur Erschlaffung der glatten Muskulatur in den Blutgefäßen, was zu einer Gefäßerweiterung führt. Diese Wirkung machen sich unterschiedliche Arzneimittel wie z. B. Viagra® zunutze. Selbst Fresszellen und weiße Blutkörperchen bilden das reaktive Gas, um Krankheitserreger und Tumorzellen abzutöten.

AUFGABEN

1 Beschreiben Sie die Vorgänge an einer chemischen Synapse. Welche Aufgabe erfüllen sekundäre Botenstoffe?

2 Erläutern Sie, warum Stickstoffmonooxid als „ein Neurotransmitter mit vielen Gesichtern" bezeichnet wird.

3 Formulieren Sie die Reaktionsgleichungen für die Reaktionen im Körper, die das freie Radikal unschädlich machen.

ZUSAMMENFASSUNG

Die Moleküle der **Nucleinsäuren**, z. B. DNA, sind die stoffliche Grundlage des Lebens.
Die **DNA** (Desoxyribonucleinsäure)
- besteht aus linearen Makromolekülen
- in der Reihenfolge ihrer Monomere, der Nucleotide, ist die Erbinformation der Lebewesen verschlüsselt
- durch die Struktur der Doppelhelix wird die Vervielfältigung der Erbinformation während der Replikation und die Synthese von Proteinen durch Transkription und Translation ermöglicht

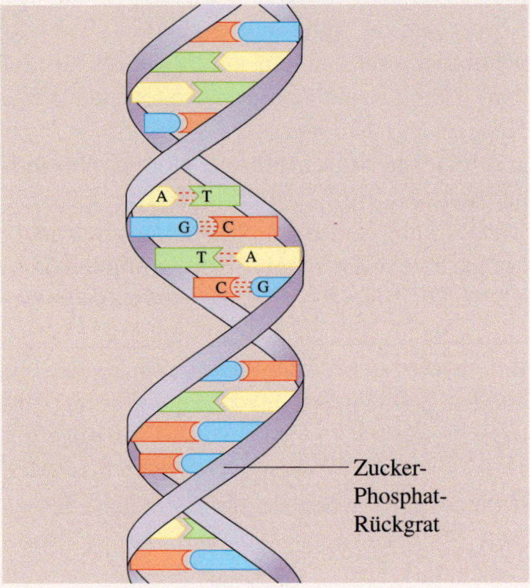

Enzyme sind als Biokatalysatoren wirksame Proteine. Sie nehmen als Reaktionspartner an der Reaktion teil und bewirken
- einen veränderten Verlauf der katalysierten Reaktion über Zwischenstufen mit niedrigerer Aktivierungsenergie,
- eine Erhöhung der Reaktionsgeschwindigkeit.

Zum Verständnis der Ausbildung des Enzym-Substrat-Komplexes dienen zwei Modellvorstellungen:
Nach dem **Schlüssel-Schloss-Prinzip** bindet das Substrat an ein bereits vorgeformtes aktives Zentrum des Enzyms.
Nach dem **Induced-fit-Modell** wird erst durch die Bindung des Substrats eine Konformationsänderung des aktiven Zentrums des Enzyms bewirkt.

ATP (Adenosintriphosphat) ist der wichtigste Energieträger im Stoffwechsel der Lebewesen.

Bei der Hydrolyse von ATP wird eine Phosphatgruppe abgespalten und dadurch Energie freigesetzt.

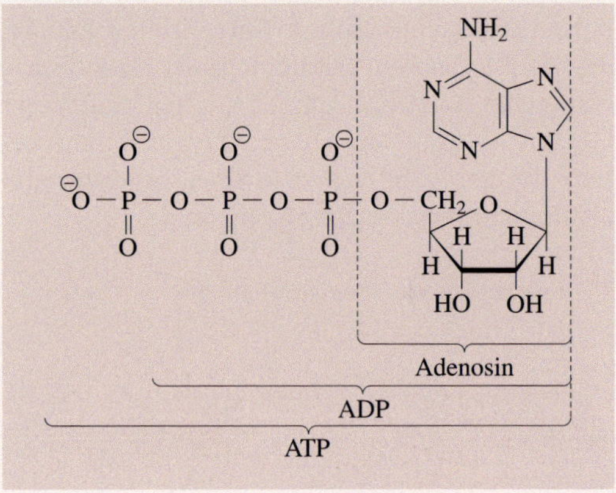

Die Übertragung der Phosphatgruppe auf andere Moleküle, die Phosphorylierung, erhöht deren Energie, sodass Reaktionen unter Abgabe von Arbeit ablaufen können.

Vitamine sind organische Verbindungen, die in der Nahrung vorhanden sein müssen, da sie von den Organismen nicht oder nicht in ausreichendem Maße hergestellt werden können.
Beispiele für wasserlösliche Vitamine:
Vitamin C, Vitamin B_1, Folsäure
Beispiele für fettlösliche Vitamine:
Vitamin A, Vitamine der D-Gruppe, Vitamin K_1

Hormone sind organische Verbindungen, die als Botenstoffe im Körper wirken. Sie werden in spezialisierten Zellen produziert und von diesen direkt in die Blutbahn abgegeben. Auf dem Blutweg gelangen die Hormone an die Zielorgane und üben dort ihre spezifische Wirkung aus.

▶ Stoff-Teilchen-Konzept
▶ Struktur-Eigenschafts-Konzept
▶ Energie-Konzept

KOMPLEX GEDACHT

1 Vergleichen Sie die biologischen Makromoleküle der Polysaccharide, Polypeptide und Nucleinsäuren hinsichtlich ihrer Eignung als Träger der Erbinformation.

2 Durch UV-Strahlen kann die molekulare Struktur der DNA verändert werden. Häufig erfolgt die Änderung an den in Nucleotiden gebundenen Thymin-Basen. Es kommt zu einer sogenannten Dimerisierung des Thymins, wobei durch Addition zweier Thymin-Basen benachbarter Nucleotide diese zu einem Doppelmolekül verbunden werden.
Fertigen Sie eine Zeichnung an, die auf molekularer Ebene diesen Sachverhalt darstellt.
Welche Auswirkung wird diese molekulare Änderung auf die gesamte Raumstruktur der DNA-Doppelhelix haben?
Welche Folgen ergeben sich für Funktion der DNA?
Begründen Sie Ihre Vermutung

3 Die in Abb. 1 dargestellten Reaktionen werden durch verschiedene Enzyme katalysiert.
Ordnen Sie den Reaktionen die jeweils passende Enzymgruppe zu, die aufgrund ihrer Wirkungsspezifität die Reaktion katalysiert.
Begründen Sie Ihre Zuordnungen.

4 ATP ermöglicht Arbeit. Diese Aussage trifft z. B. für Stoffwechselvorgänge zu, bei denen Moleküle oder Ionen durch die Zellmembranen aktiv transportiert werden müssen. Ein solcher aktiver Transport ist in seinem ersten Schritt in Abb. 2 skizziert.

2 ATP ermöglicht den aktiven Transport von Molekülen oder Ionen durch Zellmembranen.

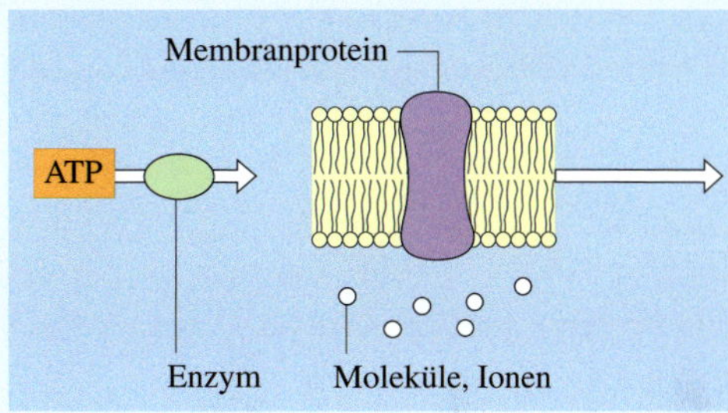

Vervollständigen Sie das Schema, sodass der gesamte Vorgang deutlich wird. (*Hinweis:* Nach Beendigung des aktiven Transports befinden sich die Moleküle auf der anderen Seite der Membran.)
Beschreiben Sie den Vorgang des aktiven Transports unter Beteiligung von ATP. Nutzen Sie hierfür auch den Fachbegriff „Phosphorylierung“.

1 Enzymatisch katalysierte Reaktionen

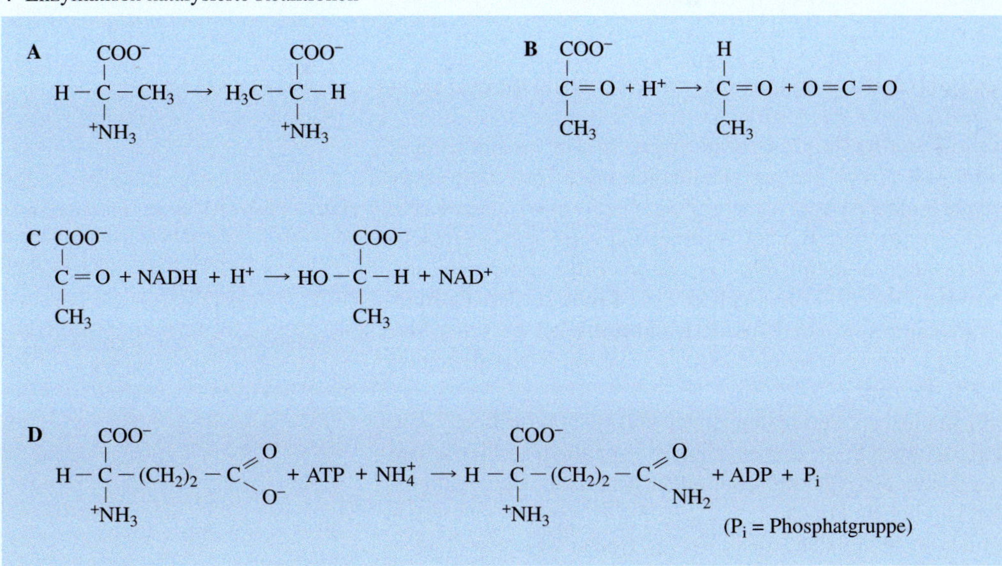

19

Fossile und nachwachsende Rohstoffe

Die ersten Erdölfelder sind bereits leer. Fossile Brennstoffe (Kohle, Erdöl, Erdgas) werden seit Beginn der Industrialisierung in immer größerem Umfang genutzt. Während die Reserven abnehmen, reichert sich Kohlenstoffdioxid in der Atmosphäre an, sodass nun erhebliche Klimaänderungen drohen.
Die fossilen Energieträger dienen aber nicht nur als Brennstoff. Etwa 6 % des Erdöls gehen in die chemische Industrie. Erdöl ist dort Rohstoff für zahllose Produkte, z. B. für die Stoffe, die in den folgenden Kapiteln dieses Buchs beschrieben werden.
Eine vielversprechende Alternative für fossile Rohstoffe können nachwachsende Rohstoffe sein. Aus Raps etwa, der jedes Jahr nachwächst, wird Biodiesel gewonnen. Auch Maisstärke bietet soviele Verarbeitungsmöglichkeiten, dass sich daraus eine alternative chemische Industrie gründen ließe.

Fossile Rohstoffe – Verarbeitung und Nutzung

Fossile Brennstoffe als Energieträger In den fossilen Brennstoffen, wie Erdöl, Erdgas, Steinkohle oder Torf, sind große Mengen Sonnenenergie früherer Zeiten in Form von chemischer Energie gespeichert. Bei der Verbrennung wird diese chemische Energie direkt in thermische Energie oder in Lichtenergie umgewandelt (Tab. 1). Daher gehört z. B. Erdöl zu den **Primärenergieträgern**. Werden fossile Brennstoffe zur besseren Verwendung weiterverarbeitet, erhält man **Sekundärenergieträger**, wie z. B. Benzin.
Erdöl und Erdgas sind in den letzten 200 bis 300 Millionen Jahre in langsamen Prozessen entstanden – vor allem aus tierischem und pflanzlichem Plankton und unter anaeroben Bedingungen, Hitze und hohem Druck.
Aus den so gebildeten, meist tief im Boden liegenden Lagerstätten wird das Erdöl durch Bohrungen gefördert. Aufgrund

Tab. 1 Gleiche Massen verschiedener Brennstoffe setzen bei ihrer Verbrennung unterschiedliche Energien frei, sie besitzen spezifische Heizwerte.

Brennstoff	Heizwert $MJ \cdot kg^{-1}$
Erdgas	30
Steinkohle	29
Heizöl	43
Benzin	42
Methan	50

des hohen Lagerstättendrucks und des begleitenden Erdgases schießt das Erdöl zunächst von selbst zur Erdoberfläche auf. Bei nachlassendem Lagerstättendruck werden Förderpumpen eingesetzt. Nach dem Abscheiden von Gas, Sand und Wasser erhält man aus dem Erdöl das **Rohöl**, das über Pipelines oder Tanker zu den Erdölraffinerien transportiert wird.
Erdgas wird oft über Pipelines direkt in das Erdgasverbundnetz eingespeist und gelangt so zu den Verbrauchern.

Erdölraffination Das Stoffgemisch Rohöl ist mit etwa 17 000 Bestandteilen sehr komplex. Es wird in Erdölraffinerien in einer fraktionierten Destillation in seine Bestandteile aufgetrennt.
Nach dem Erhitzen des Rohöls auf etwa 400 °C steigen die Rohöldämpfe in einem Destillationsturm von unten nach oben, wobei die Temperaturen nach oben hin abnehmen. Der Turm ist durch Glockenböden stockwerkartig unterteilt. Auf diesen Böden kondensieren die einzelnen Bestandteile des Rohöldampfs entsprechend ihrer Siedetemperaturen (Fraktionen). Durch Rückflussröhren wird das Stoffgemisch mehrfach destilliert, um einen höheren Reinheitsgrad der Fraktionen zu erhalten (Abb. 1).
Die erhaltenen Fraktionen sind allerdings ebenfalls noch Stoffgemische (Abb. 2). Bei dieser **Destillation unter normalem Atmosphärendruck** gewinnt man Benzine, Petroleum und Gasöl (Dieselkraftstoff). Oben werden die Gase abgefangen, am Boden des Destillationsturms sammelt sich der Rückstand.
Der Rückstand wird anschließend bei verringertem Druck in einer **Vakuumdestillation** noch einmal destilliert, um eine Trennung zu erzielen, ohne dass es zu einem Zerfall der enthaltenen Kohlenwasserstoffe kommt. So erhält man ebenfalls Dieselkraftstoffe sowie Heizöl und weitere Schweröle. Den Rückstand der Vakuumdestillation bildet das Bitumen (Teer).

1 Vorgänge auf den Glockenböden

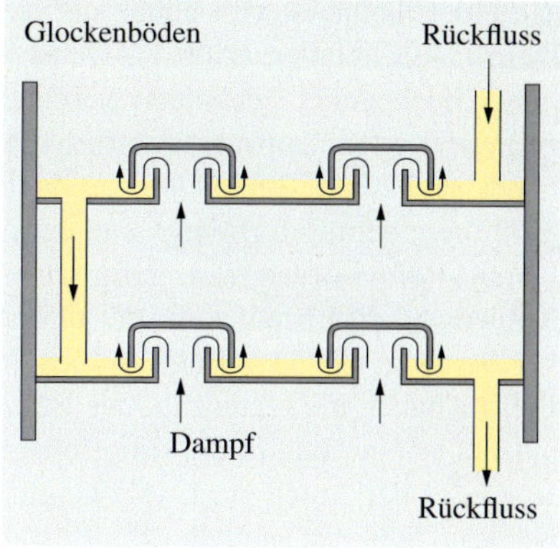

AUFGABEN

1 Erläutern Sie, was man unter einem Brennstoff versteht.
2 Beschreiben Sie die Vorgänge auf einem Glockenboden. Verdeutlichen Sie dabei, weshalb durch die Rückflussröhren ein höherer Reinheitsgrad der Fraktionen erzielt wird.
3 Begründen Sie, warum man bei Fraktionen nicht von Siedetemperaturen, sondern von Siedebereichen spricht.

2 Schema der fraktionierten Destillation von Erdöl

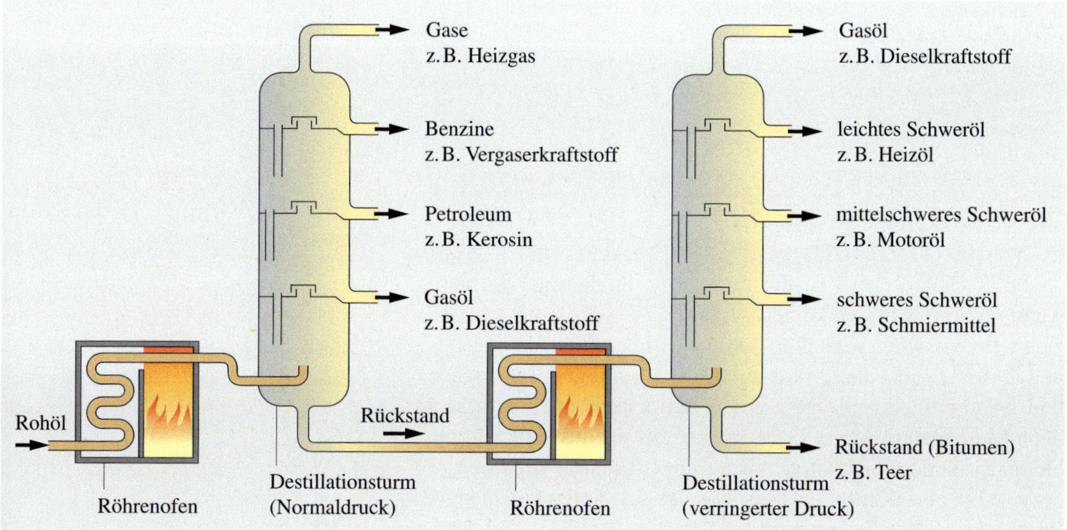

Benzinveredlung Der Bedarf der Wirtschaft an Benzinen und Mitteldestillaten ist viel höher, als diese bei der fraktionierten Destillation anfallen (Abb. 1). Daher müssen diejenigen Fraktionen noch weiter verarbeitet werden, die aus langkettigen, unverzweigten Kohlenwasserstoffmolekülen bestehen und somit höher sieden (↑ S. 306). Dies geschieht in zwei verschiedenen Verfahren: dem Reformieren und dem Cracken.

Durch **Reformieren** (lat. reformare – umgestalten) werden Kohlenwasserstoffmoleküle mit unverzweigten Ketten zu stärker verzweigten oder ringförmigen Molekülen umgewandelt. Ziel ist dabei, die Oktanzahl des Benzins zu erhöhen. Die Oktanzahl ist ein Maß für die Klopffestigkeit eines Ottokraftstoffs. Je größer der Anteil stark verzweigter Moleküle im Kraftstoff ist, desto höher ist auch die Klopffestigkeit. Die Oktanzahl kann Werte zwischen 0 (stark klopfend) und 100 (äußerst klopffest) annehmen. Rohbenzin besitzt nur Oktanzahlen zwischen 40 und 70 und ist sehr klopfanfällig. Für Ottokraftstoffe benötigt man Benzine mit Oktanzahlen, die größer als 91 sind. Dazu werden die unverzweigten Kohlenwasserstoffmoleküle bei Temperaturen um 500 °C und hohem Druck über Platin- oder Rheniumkatalysatoren geleitet. Es kommt dabei zur:

- Umlagerung der n-Alkane in iso-Alkane (**Isomerisierung**)
- Abspaltung von Wasserstoff aus Cycloalkanen unter Bildung von Aromaten (**Dehydrierung**)
- Umlagerung von Alkanen in Aromaten unter Abspaltung von Wasserstoff (**Dehydrocyclisierung**)

Bei Isomerisierungen kommt es zu Umlagerungsreaktionen. Dies sind Reaktionen, in denen das C–C-Gerüst des Kohlenwasserstoffs umstrukturiert wird. Im entscheidenden Schritt einer solchen Reaktion lagert sich z. B. ein sekundäres Carbenium-Ion in ein tertiäres Carbenium-Ion um. So wird beispielsweise Pentan zu 2-Methylbutan isomerisiert (Abb. 2).

2 Beispiel für den entscheidenden Schritt einer Isomerisierung

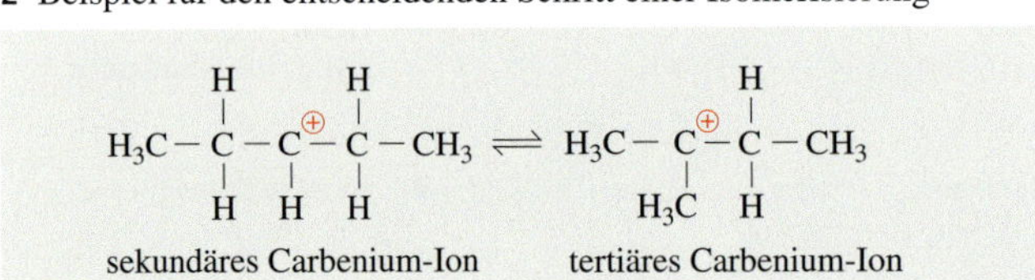

Cracken von Erdöldestillaten Ziel des Crackens (engl. to crack – spalten, aufbrechen) ist die Zerlegung langkettiger Kohlenwasserstoffmoleküle in kürzere (Exp. 1).

Beim **thermischen Cracken** führen Temperaturen bis 800 °C und hoher Druck dazu, dass die C–C-Bindungen aufbrechen und Alkylradikale entstehen. Diese Radikale können verschiedene Kettenreaktionen in Gang setzen. Als Produkt entsteht ein Gemisch niedermolekularer Alkane und Alkene. Abbildung 3 etwa zeigt eine Kettenreaktion, bei der fortlaufend Pentan in Propan und Ethen zerlegt wird.

1 Durchschnittliches Ergebnis der Erdölraffination (a) und Bedarf in der Wirtschaft (b)

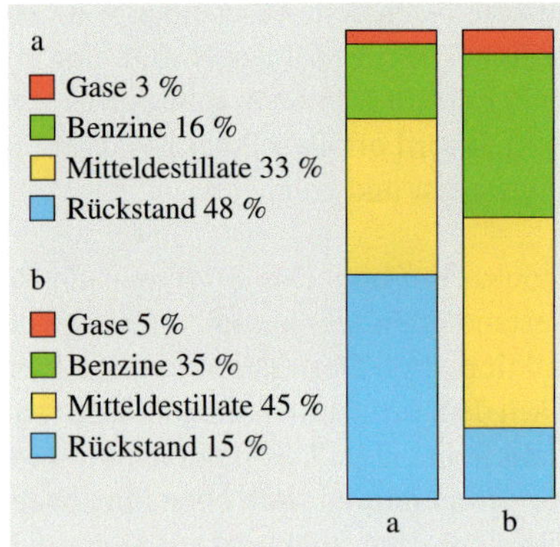

3 Beispiel für eine Kettenreaktion beim thermischen Cracken

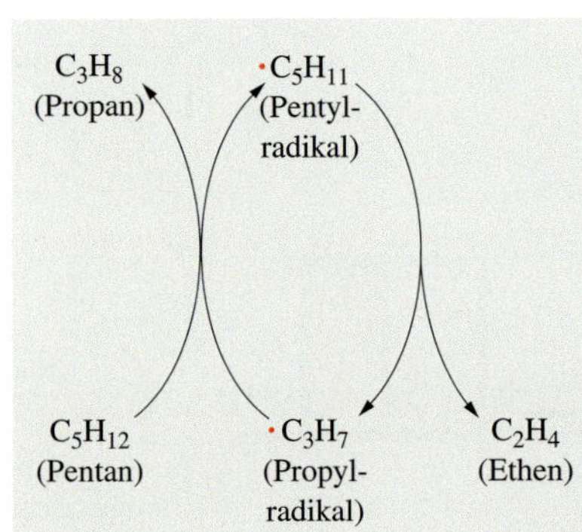

Beim **katalytischen Cracken** gelingt das Cracken energiesparender mithilfe eines Katalysators bereits bei 500 °C und einem wesentlich geringeren Druck. Hierbei werden die Dämpfe des Schweröls in einen Reaktor mit umherwirbelnden Katalysatorperlen eingeleitet. Der Katalysator überzieht sich allmählich mit Ruß und verliert seine Aktivität. In einem Regenerator wird er durch Verbrennung des Rußes gereinigt (Abb. 4).

4 Schema des katalytischen Crackens

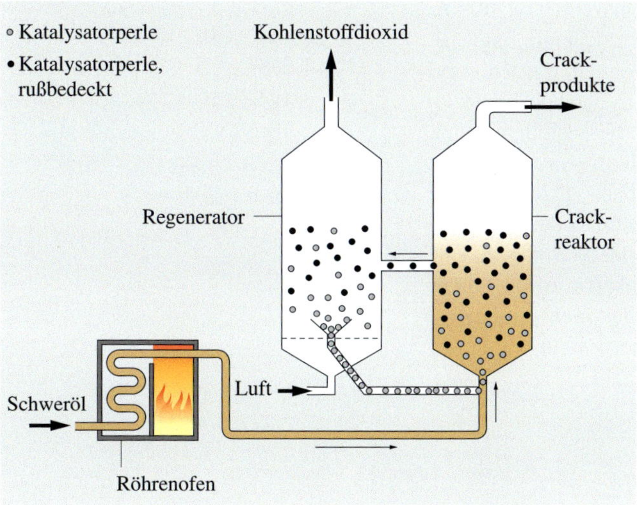

6 Mögliche Kettenreaktion beim katalytischen Cracken: Immer wieder werden Nonanmoleküle C_9H_{20} in Pentanmoleküle C_5H_{12} und Butenmoleküle C_4H_8 zerlegt.

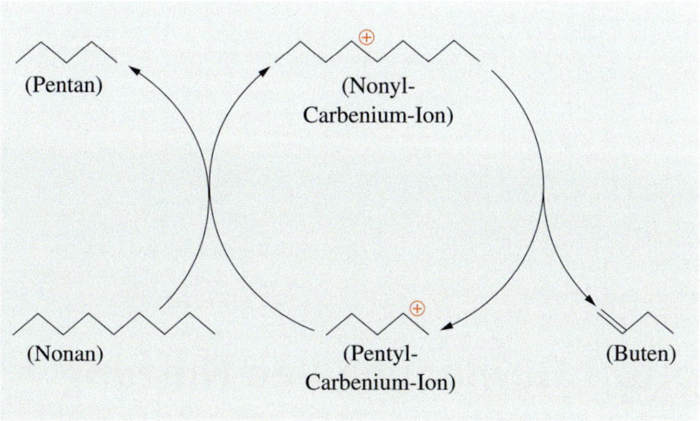

Man erhält bei diesem Verfahren einen hohen Anteil kurzkettiger und verzweigter Kohlenwasserstoffe. Als Nebenprodukte bilden sich jedoch viele ungesättigte Kohlenwasserstoffe. Um dies zu vermeiden, wird beim **Hydrocracken** im Anschluss an den Crackprozess Wasserstoff unter hohem Druck an die ungesättigten Kohlenwasserstoffmoleküle addiert (↑S. 316 f.). Auf diese Weise werden z. B. Alkene in Alkane umgewandelt.

EXPERIMENT 1 L

Cracken von Paraffinöl

In ein Reagenzglas gibt man 5 ml Paraffinöl und in den oberen Teil einen Stahlwollebausch (Abb. 5). Zuerst wird die Stahlwolle stark mit einem Gasbrenner erhitzt, dann das Paraffinöl mit einem zweiten Brenner. Die gasförmigen Produkte werden durch eine Kühlfalle geleitet und danach pneumatisch aufgefangen. Alle Produkte (GHS02 | 08 | 07 | 09) werden mit 3%igem Bromwasser (GHS06) und auf Brennbarkeit geprüft.

5 Aufbau von Experiment 1

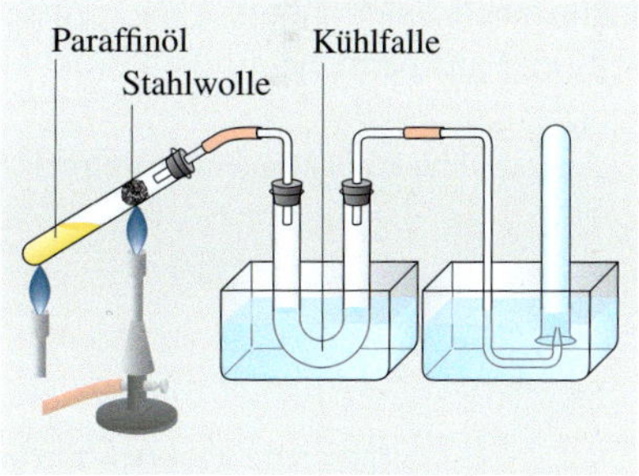

AUFGABEN

1 Werten Sie Exp. 1 unter Angabe der Beobachtungen, Deutungen und Reaktionsgleichungen aus.
2 Geben Sie die Strukturformeln möglicher Reaktionsprodukte an, die beim Reformieren aus n-Decan entstehen könnten.
3 Formulieren Sie je eine Reaktionsgleichung für eine mögliche Dehydrierung und Dehydrocyclisierung bei einem Reforming-Prozess.
4 Vergleichen Sie die Prozesse „Cracken" und „Reformieren" hinsichtlich der Reaktionsprodukte.
5 Entwickeln Sie die Strukturformeln möglicher Produkte, die beim Cracken von Dodecan $C_{12}H_{26}$ entstehen können, und benennen Sie die Produkte.

Produkte der Petrochemie In der Nähe vieler Raffinerien befinden sich auch weiter verarbeitende Betriebe der **Petrochemie**. Dort werden aus den Erdölprodukten Rohstoffe für die chemische Industrie gewonnen.
Hierbei steht der energetische Aspekt weniger im Fokus, sondern eher die Molekülstruktur der Kohlenwasserstoffe, die maßgeblich die Art der Folgereaktionen zu den Zwischen- und Endprodukten beeinflusst.
Als Ausgangsfraktionen für die Petrochemie dienen neben Erdgas vor allem Benzine mit einem Siedebereich von 40 bis 170 °C. Wichtige Zwischenprodukte der Petrochemie, die z. B. durch Cracken der Benzinfraktionen gewonnen werden, sind Ethen, Propen und Buten sowie einfache Aromaten (Abb. 1).
Zu den Endprodukten, die auf Erdölbasis hergestellt werden, gehören vor allem Kunststoffe (Abb. 2). Textilien aus Perlon, Nylon, Polyester oder Goretexfasern sind ebenso Erdölprodukte wie Folien, CDs, Verpackungen, Schaumstoff oder PET-Flaschen. Aber auch Waschmittel, Farbstoffe oder pharmazeutische Produkte werden aus Erdöl gewonnen. In unserem Alltag gibt es kaum noch einen Gebrauchsgegenstand, der nicht zumindest teilweise aus petrochemischen Produkten hergestellt wurde.

1 Reaktionsprodukte beim katalytischen Cracken von Hexadecan

$C_{16}H_{34}$
Hexadecan

Cracken ↓

$H_2C{=}CH_2$
Ethen

$+\ H_3C{-}CH_2{-}CH_2{-}CH_3$
Butan

$+\ H_2C{=}CH{-}CH_3$
Propen

$+\ H_2C{=}CH{-}(CH_2)_4{-}CH_3$
Hept-1-en

2 Ausgewählte Produktlinien der Petrochemie

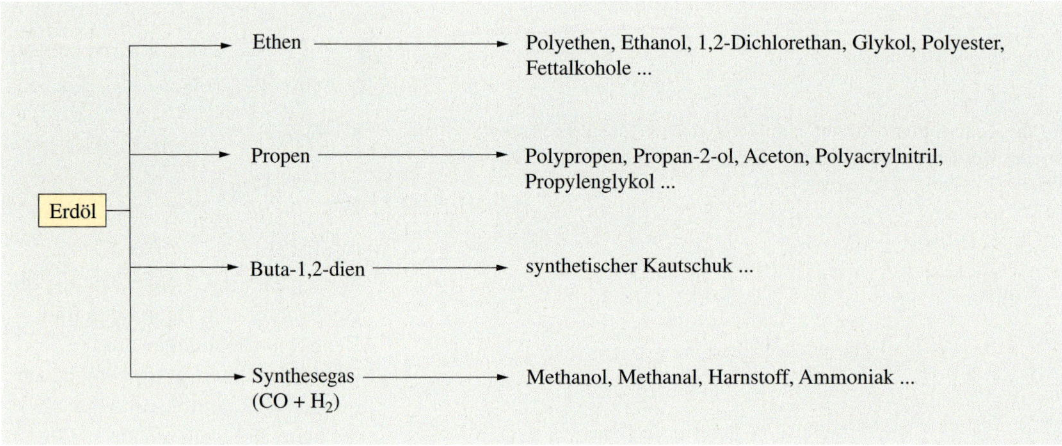

Nachwachsende Rohstoffe – Gewinnung und Nutzung

Vielfalt alternativer Rohstoffe Als **nachwachsende Rohstoffe** bezeichnet man organische Stoffe pflanzlichen oder tierischen Ursprungs, die ganz oder in Teilen als Energieträger oder als Rohstoffe für die Industrie genutzt werden. Im Vergleich zu den fossilen Rohstoffen erneuern sie sich meist in überschaubaren Zeiträumen. Außerdem ermöglichen sie im Prinzip einen geschlossenen Kohlenstoffdioxidkreislauf. Gründe für ihren zunehmenden Einsatz sind vor allem Umweltprobleme (z. B.

Treibhauseffekt oder steigende Abfallmengen) sowie knapper werdende fossile Rohstoffe.
Nachwachsende Rohstoffe bilden mittlerweile auch die Grundlage für eine Vielzahl unterschiedlicher Produktlinien in der Industrie. Daher werden Pflanzen, die nachwachsende Rohstoffe für die Industrie liefern, als **Industriepflanzen** bezeichnet. Dienen die Pflanzen vorwiegend der Energiegewinnung, spricht man von **Energiepflanzen** (Tab. 2).

Tab. 1 Nutzung von Energiepflanzen

1. Extraktion von Pflanzenöl
2. Vergärung zu Alkohol
3. Direkte Verbrennung

Tab. 2 Industrie- und Energiepflanzen

Industriepflanzen	Rohstoffe	Produkte
Raps, Senf, Lein, Rübsen, Sonnenblume, Mohn	Pflanzenöl	Kosmetika, Schmierstoffe, Motoröle, Hydrauliköle, Lösemittel, Waschmittel, Pharmazeutika, Farben, Lacke
Weizen, Kartoffeln, Mais, Markerbsen	Stärke	Leime (z. B. Tapetenkleister), Papier, Pappe, Verpackungen, Textilien, Folien, Waschmittel
Zuckerrübe, Zuckerhirse, Zichorie, Topinambur	Zucker	Arzneien, Pappe, Papier, Waschmittel, Klebstoffe, Folien
Arznei- und Gewürzpflanzen	Extrakte	Pharmazeutika, ätherische Öle, Kosmetika
Flachs, Schilf, Hanf, Baumwolle	Fasern	Textilien, Papier, Seile, Dämmstoffe, Garn, Zellstoff, Formpressteile, Tapeten, Bremsbeläge
Waid, Saflor, Krapp, Färberwau	Farbstoffe	Farbmittel (Farbstoffe und Pigmente), Lacke
Bäume, Sträucher	Holz, Cellulose	Papier, Fasern, Zigarettenfilter, Zellstoff, Bauholz, Möbel, weitere Holzprodukte
Energiepflanzen	**Rohstoffe**	**Produkte**
Zuckerrüben, Kartoffel, Mais, Getreide	Zucker, Stärke	Bioethanol (Kraftstoff), Additive
Raps	Rapsöl	Biodiesel, Rapsöl (Brennstoff)
Holz, Gräser, Stroh, Getreidepflanzen	Stückholz, Hackschnitzel	Wärme, Dampf, Strom

Biodiesel Pflanzenöle (z. B. Rapsöl) sind überwiegend Gemische aus verschiedenen Triglyceriden. Das bedeutet, dass an ein Glycerinmolekül drei Fettsäuremoleküle gebunden sind (↑S. 391). Aufgrund der zwischenmolekularen Wechselwirkungen haben diese bei Raumtemperatur eine viel höhere Viskosität, höhere Siedetemperaturen und höhere Flammpunkte als normaler Diesel. Daher muss Rapsöl chemisch durch **Umesterung** verändert werden, um den Treibstoff Biodiesel zu gewinnen, der für Dieselmotoren geeignet ist (↑Exp. 1, S. 438). Zunächst wird Rapsöl mit Methanol und Natriumhydroxid als Katalysator auf etwa 70 °C erwärmt. Dabei bilden sich Methanolat-Ionen.

$$CH_3OH + OH^- \rightleftharpoons CH_3O^- + H_2O$$

Die Methanolat-Ionen sind nucleophil und greifen die Carbonyl-Kohlenstoffatome in den Esterbindungen an (↑Abb. 1, S. 438).

AUFGABEN

1 Diskutieren Sie, ob man bei Nutzung von Biotreibstoffen von einem geschlossenen Kohlenstoffkreislauf sprechen kann. Stellen Sie die Abläufe schematisch dar.

2 Recherchieren Sie Vor- und Nachteile von Biodiesel gegenüber „fossilem“ Diesel.

1 Die entscheidenden Reaktionsschritte bei einer (basenkatalysierten) Umesterung

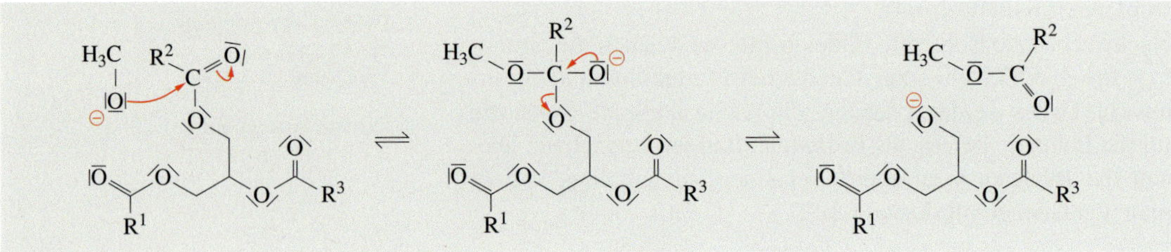

Die Reaktionsschritte, die in Abbildung 1 gezeigt werden, finden an allen drei Estergruppen statt. Das Triglycerid Rapsöl wird auf diese Weise in Glycerin und drei Fettsäuremethylestermoleküle gespalten. Die Fettsäuremethylester bilden den Biodiesel. Biodiesel hat z. B. den Vorteil, schwefelfrei zu sein, sodass sich bei seiner Verbrennung kein Schwefeldioxid bildet.

Bioethanol Ethanol ist ein leichtflüchtiger Alkohol, der mit Luft explosive Gasgemische bildet. Daher eignet er sich zur Verbrennung in Ottomotoren. Wie herkömmliches Benzin verbrennt Ethanol vollständig zu Wasser und Kohlenstoffdioxid.
Ethanol ist das Hauptprodukt bei der Vergärung von in Pflanzen enthaltenen Zuckern. Bei stärkehaltigen Pflanzen, wie z. B. Getreide, muss die Stärke durch Enzyme zuvor noch in Zucker umgewandelt werden. In den USA werden vor allem Mais, in Brasilien Zuckerrohr und in Deutschland Zuckerrüben als Rohstoff eingesetzt.
Bioethanol wird in Deutschland als Reinkraftstoff nicht angeboten. Er ist nur als Direktbeimischung bis zu 5 % oder als Ethyl-tert-butylether, das u. a. aus Ethanol hergestellt wird, bis zu 15 % im Ottokraftstoff enthalten. Seit 2005 gibt es auch einige Tankstellen, die Kraftstoffe mit 50 % oder sogar 85 % Ethanolanteil verkaufen. Nur speziell entwickelte Fahrzeuge (Flexible Fuel Vehicles, FFV) können auch mit diesen Mischungen fahren. Ein Sensor erfasst dabei das Mischungsverhältnis und gibt die Daten an das Motormanagement weiter. So wird der Motor auf eine optimale Verbrennung eingestellt.
Die Verwendung von Bioethanol erfordert korrosionsbeständige Ventile aus besonders gehärtetem und temperaturbeständigem Material. Ethanol reagiert mit bzw. löst Gummi und Kunststoffe und darf daher nicht in unveränderten Fahrzeugen verwendet werden.
Ethanol hat pro Liter einen um etwa 35 % geringeren Gehalt an chemischer Energie als gewöhnlicher Ottokraftstoff. Daher muss man eine entsprechend größere Menge tanken.
Gegenüber ethanolfreien Kraftstoffen weist Bioethanol eine Verminderung der Emissionen von Kohlenwasserstoffen, Kohlenstoffmonooxid und aromatischen Verbindungen, wie z. B. Benzol, auf. Aufgrund des erhöhten Aldehydanteils in den Abgasen sind ethanolhaltige Kraftstoffe aber dennoch gesundheitlich problematisch.

EXPERIMENT 1 L

Herstellung von Biodiesel

0,3 g Natriumhydroxid (GHS05) werden in 100 ml Methanol (GHS02|06|08) gelöst. 10 ml davon werden mit 5 ml Rapsöl versetzt und in ein großes Reagenzglas mit Rührfisch gefüllt. Dieses wird mit einem durchbohrten Stopfen mit Steigrohr verschlossen. Man erhitzt 5 Minuten lang in einem Wasserbad bei etwa 75 °C auf einem Magnetrührer unter Rückfluss, bis die Emulsion klar wird. Ohne Abkühlen gießt man den Inhalt des Reagenzglases in ein weiteres mit Wasser gefülltes und wartet bis zur Phasentrennung.

AUFGABEN

1 Erstellen Sie ein ausführliches Fließdiagramm zur Herstellung von Bioethanol und erläutern Sie es.
2 Erläutern Sie anhand der Stoffeigenschaften, weshalb sich Ethanol gut als Ottokraftstoff eignet.
3 Informieren Sie sich über die Mengen an Ethanol bzw. an Biomasse, die die verschiedenen Energiepflanzen liefern, und fertigen Sie eine tabellarische Übersicht dazu an.
4 Recherchieren Sie Daten zur Energiebilanz von Bioethanol und stellen Sie diese grafisch dar.

Vergleich von Treibstoffen

Treibstoffe im energetischen Vergleich Ein Treibstoff ist ein Stoff, dessen Energie durch direkte Verbrennung zum Antrieb eines Fahrzeugs genutzt wird. Für die Beurteilung eines Treibstoffs ist daher entscheidend, wie weit man mit einer bestimmten Menge des Treibstoffs (z. B. einer Tankfüllung) fahren kann. Hierzu wird der Heizwert oder der Brennwert herangezogen (Tab. 1). **Heizwerte** werden für Treibstoffe angegeben, bei denen das Reaktionsprodukt Wasser nach der Verbrennung gasförmig vorliegt. **Brennwerte** werden angegeben, wenn das Wasser in flüssiger Form anfällt.

Tab. 1 Heizwerte von Treibstoffen

Treibstoff	Aggregatzustand	Dichte $kg \cdot m^{-3}$	Heizwert $kWh \cdot kg^{-1}$	Heizwert pro Volumeneinheit
Wasserstoff	gasförmig	0,09	37,0	3,3 kWh/m^3
Erdgas	gasförmig	0,81	13,0	10,5 kWh/m^3
Autogas (LPG)	flüssig	540	12,8	6,9 kWh/l
Superbenzin	flüssig	740	12,0	8,9 kWh/l
Methanol	flüssig	787	6,1	4,8 kWh/l
Ethanol	flüssig	789	7,4	5,9 kWh/l
Diesel	flüssig	833	11,8	9,8 kWh/l
Pflanzenöl	flüssig	920	10,0	9,2 kWh/l

Kontroversen um Treibstoffe Für die Bewertung von Treibstoffen ist u. a. der Anteil an Kohlenstoffdioxid in den Abgasen relevant. Wasserstoff ist in dieser Hinsicht ideal, denn er reagiert bei der Verbrennung vollständig zu Wasser. Kohlenstoff (Kohle) ist dagegen extrem nachteilig, da bei der Verbrennung nur Kohlenstoffdioxid entsteht. Die verschiedenen Kohlenwasserstoffe liegen mehr oder weniger dazwischen.

Biotreibstoffe haben den Vorteil, dass bei ihrer Verbrennung gerade so viel Kohlenstoffdioxid entsteht, wie die Pflanze bei der Fotosynthese fixiert hat. Betrachtet man aber die gesamte Umweltbilanz, so zeigen sich doch erhebliche Probleme:

- Anbau, Herstellung oder Transport von Biotreibstoffen erfordern Energie – und diese stammt bislang meist aus fossilen Quellen.
- Nutzt man z. B. nicht nur die Rapskörner, sondern die gesamte Biomasse auf dem Feld, verbessert sich zwar die Energiebilanz. Die Böden verarmen aber, wenn man im Herbst keine Biomasse auf dem Feld verrotten lässt.
- Die heimische Landwirtschaft kann unseren Energiebedarf nicht komplett decken. Dazu müsste Biomasse importiert werden, z. B. Palmöl aus Indonesien. Palmölplantagen liefern aber nur bei Düngung die gewünschten Erträge. Dadurch wird z. B. Distickstoffoxid freigesetzt, das ein viel stärkeres Treibhausgas ist als Kohlenstoffdioxid.

2 Was ist der beste Treibstoff?

3 Kaum eine Pflanze produziert so effektiv Biomasse wie die Ölpalme.

AUFGABEN

1. Stellen Sie für die Verbrennung von Wasserstoff, Erdgas, Ethanol, Benzin und Diesel Reaktionsgleichungen auf und vergleichen Sie diese.
2. Erläutern Sie, weshalb man Erdgas als umweltfreundlichen Ersatz für Erdöl ansehen kann.
3. Recherchieren Sie den Zusammenhang zwischen Verbrennungsenthalpie und Heizwert.
4. Beurteilen Sie, welcher Treibstoff gemäß der Daten von Tab. 1 der beste wäre.
5. Informieren Sie sich über die Kontroversen um Palmölplantagen. Stellen Sie auch die vielfältigen Beziehungen zwischen diesen Plantagen und dem Klimawandel dar.

Umwelt

Ölsand

Verfahren Ölsandvorkommen gibt es vor allem in Kanada und Venezuela. Sie machen etwa zwei Drittel der weltweiten Erdölressourcen aus. Die Ölsande der Athabasca-Region in Kanada liefern derzeit knapp 1 % der Welterdölförderung.
Ölsand besteht aus unterschiedlichen Kohlenwasserstoffen, Sand, Ton und Wasser. Der Kohlenwasserstoffanteil beträgt in der Regel bis zu 18 %. Die Zusammensetzung der Kohlenwasserstoffe ist sehr verschieden und reicht von festem Bitumen bis zu flüssigem Rohöl.
Ölsande werden vornehmlich oberflächennah im Tagebau ausgebeutet. Liegen die Lagerstätten unter der Erde, wird zunächst unter Druck Dampf eingeleitet, um die Kohlenwasserstoffe zu erwärmen und damit zu verflüssigen, bevor sie durch Bohrungen gefördert werden können.
Der abgebaute Ölsand wird in Extraktionsanlagen mit speziellen Trennmitteln versetzt, wodurch der Sand nach unten sinkt. Die Kohlenwasserstoffe sammeln sich an der Oberfläche an. Langkettige Kohlenwasserstoffe werden mit Katalysatoren versetzt. Durch Zuleitung von Wasserstoff und durch Temperaturerhöhung wird das Wasserstoff-Kohlenstoff-Verhältnis erhöht, bevor Schwefel und andere Bestandteile entfernt werden. Das entstandene synthetische Rohöl kann in Raffinerien weiterverarbeitet werden.

Umwelt Der Heißwasserverbrauch bei diesen Förderverfahren ist immens. Der anfallende schlammige Rückstand aus krebserregenden Kohlenwasserstoffen, Arsen, Quecksilber und weiteren Schwermetallen kann nicht in Flüsse geleitet werden, sondern muss in riesigen Auffangbecken gespeichert werden. Täglich kommen allein in der Athabasca-Region etwa 300 Millionen Liter Schlamm hinzu. Neueste Forschungen versuchen, die benötigten Wassermengen drastisch zu reduzieren, indem das unterirdische Bitumen durch ein hochfrequentes elektromagnetisches Feld aufgewärmt wird, bevor die verflüssigten Kohlenwasserstoffe aufgesaugt werden können.

AUFGABEN

1 Recherchieren und definieren Sie die Begriffe „Reserven" und „Ressourcen". Erläutern Sie, weshalb die Ölsandindustrie seit etwa 2003 einen Aufschwung erlebt.

2 Informieren Sie sich im Internet über Kontroversen um die Ölsandindustrie und formulieren Sie eine eigene Meinung.

3 Schauen Sie sich auf Satellitenbildern von google maps das Abbaugebiet (etwa 30 km nördlich von Fort McMurray, Alberta, Kanada) an und notieren Sie die Länge und Breite der Abwasserseen in km.

1 Satellitenbild eines Teils des Abbaugebiets in der Athabasca-Region

Belastungen der Atmosphäre

Natürlicher und anthropogener Treibhauseffekt Die Erde gibt ständig Wärmestrahlung an das Weltall ab. Wasserdampf, Kohlenstoffdioxid und andere Spurengase besitzen die Eigenschaft, diese Abstrahlung zu vermindern. Die Auswirkung dieser Gase, ohne die es auf der Erde um etwa 33 K kälter wäre, bezeichnet man als **natürlichen Treibhauseffekt**.

1 Schematische Darstellung des Treibhauseffekts

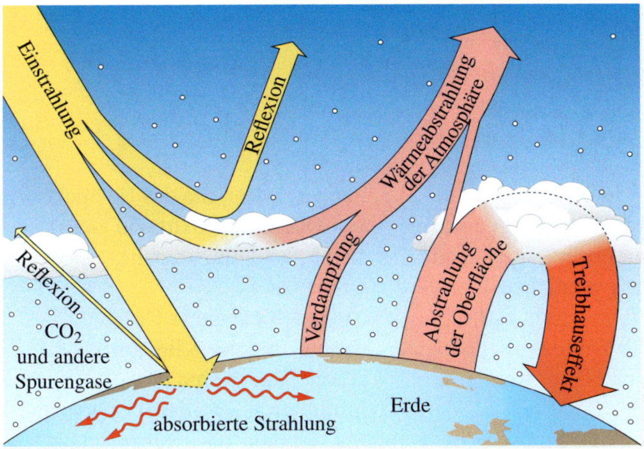

Durch Eingriffe des Menschen (z.B. massiver Einsatz von Brennstoffen, Brandrodung von Wäldern, Nutzung treibhausrelevanter Spurengase) haben die Konzentrationen mehrerer Treibhausgase jedoch zugenommen. Dadurch haben sich die Temperaturen bislang schätzungsweise um weitere 0,7 K erhöht, was man als **anthropogenen Treibhauseffekt** bezeichnet.

Tab. 3 Menge und Wirksamkeit einiger Treibhausgase

Treibhausgas	Konzentration im Jahr 2009 in ppm	Anteil am anthropogenen Treibhauseffekt	Relative Wirksamkeit pro Molekül
CO_2	386	50–60 %	1
CH_4	1,79	18–20 %	25
N_2O	0,323	5–6 %	300
FCKW	0,001	5–9 %	10000

Da die Treibhausgase Infrarotlicht (Wärmestrahlung) aufnehmen, kann man durch Infrarotspektroskopie (↑S. 295) die genauen Absorptionsbereiche einzelner Treibhausgase bestimmen. Dabei fällt auf, dass das IR-Spektrum von Wasserdampf einige Bereiche aufweist, in denen kein IR-Licht absorbiert wird, das IR-Licht also passieren kann. Die Treibhausgase absorbieren nun genau in den Bereichen, die der Wasserdampf offen lässt.

Tab. 1 Anteil verschiedener Gase am natürlichen Treibhauseffekt in Kelvin

Wasserdampf (H_2O)	20,6
Kohlenstoffdioxid (CO_2)	7,2
bodennahes Ozon (O_3)	2,4
Distickstoffoxid (N_2O)	1,4
Methan (CH_4)	0,8
übrige Spurengase	0,8
Summe	**33,0**

Tab. 2 Freisetzung von Kohlenstoffdioxid

Treibstoff, Verbrauch von 1 Liter	Masse an entstehendem CO_2 in kg
Autogas	1,8–2,0
Benzin	2,3
Diesel	2,7

AUFGABEN

1 Erläutern Sie das Modell für die Strahlungsbilanz der Erde.
2 Beschreiben Sie, welche Auswirkungen ein zunehmender Treibhauseffekt haben könnte.
3 Beurteilen Sie, ob die von Düsenflugzeugen in der unteren Stratosphäre erzeugten Kondensstreifen Auswirkungen auf den Treibhauseffekt haben.
4 Recherchieren Sie, wie lange die verschiedenen Treibhausgase in der Atmosphäre verweilen.
5 Nennen Sie Möglichkeiten, wie Sie persönlich zur Minimierung des anthropogenen Treibhauseffekts beitragen könnten.

1 IR-Spektrum von Wasserdampf und von Kohlenstoffdioxid

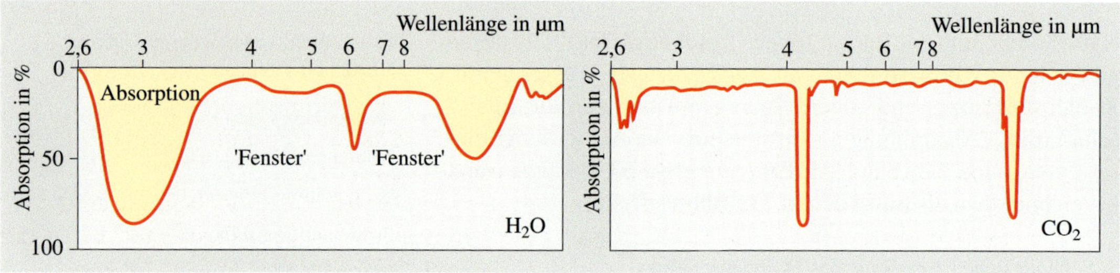

So lässt sich auch die Effektivität der Treibhausgase erklären, selbst bei vergleichsweise niedrigen Konzentrationen in der Atmosphäre. Die Strahlungsabsorption durch Kohlenstoffdioxid ist bereits nahezu vollständig. Eine Konzentrationserhöhung bewirkt nur in den Randbereichen eine noch stärkere Absorption des IR-Lichts. Die Absorption von IR-Licht durch die übrigen Treibhausgase ist jedoch konzentrationsbedingt noch nicht vollständig. Durch die Zunahme ihrer Konzentration kann sich der Treibhauseffekt daher noch erheblich verstärken.
Genaue Klimaprognosen sind dennoch kaum möglich, z. B.:

- Durch den Treibhauseffekt dürfte sich die Wolken-, Schnee- oder Eisbedeckung des Planeten ändern. Dies wiederum wirkt sich auf die Strahlungsbilanz aus.
- Aerosole (z. B. Rußpartikel) können ebenfalls Strahlung reflektieren oder aufnehmen. Ihre Konzentration hängt z. B. vom Einbau von Filteranlagen oder von der Anzahl von Sandstürmen ab und lässt sich schlecht vorhersagen.

AUFGABEN

1 Recherchieren Sie das IR-Spektrum von Distickstoffoxid und analysieren Sie die Klimawirksamkeit dieses Gases.
2 Nennen Sie weitere Gründe, weshalb präzise Klimaprognosen problematisch sind.
3 Informieren Sie sich über geplante Maßnahmen zur unterirdischen Speicherung von Kohlenstoffdioxid und diskutieren Sie deren Eignung für den Klimaschutz.

ZUSAMMENFASSUNG

Die im Erdöl oder Erdgas vorkommenden Kohlenwasserstoffe sind wertvolle Rohstoffe für die chemische Industrie zur Herstellung von **petrochemischen Grundstoffen** und vielen hochwertigen Endprodukten. Ein Großteil wird jedoch als **Brennstoff** zur Energiefreisetzung oder als **Kraftstoff** zur Fortbewegung verbrannt.
Erdöl kann nicht direkt genutzt werden, sondern muss in **Raffinerien** aufbereitet werden. Dies erfolgt durch **fraktionierte Destillation** mit anschließender **Vakuumdestillation**. Da so noch nicht die gewünschte Menge kurzkettiger oder stark verzweigter Moleküle erhalten wird, werden die Kohlenwasserstoffe noch dem **Crack-** und dem **Reforming-Prozess** unterzogen.
Wegen der Verknappung der **fossilen Energieträger** und der bei ihrer Verbrennung entstehenden Masse an Kohlenstoffdioxid werden verstärkt **nachwachsende Rohstoffe** genutzt. Spezielle Energiepflanzen dienen zur Herstellung von **Biotreibstoffen**. Deren Eignung wird jedoch aufgrund einiger Probleme bei Herstellung und Nutzung weiterhin kontrovers diskutiert.
Der **anthropogene Treibhauseffekt** wird durch vermehrte Freisetzung von Treibhausgasen und verstärkte Absorption von Wärmestrahlung in der Atmosphäre hervorgerufen. Man forscht zwar z. B. an Projekten zur Speicherung von Kohlenstoffdioxid unter der Erde, eine langfristige Minderung des Treibhauseffekts erfordert aber vor allem eine Reduktion der Freisetzung klimarelevanter Gase.

▶ Energie-Konzept
▶ Struktur-Eigenschafts-Konzept

KOMPLEX GEDACHT

1 Um die bei der fraktionierten Destillation anfallenden Fraktionen weiterzuverarbeiten, unterwirft man sie zwei verschiedenen Verfahren: dem Reformieren und dem Cracken. In den großen Raffinerien werden zurzeit drei Crackverfahren zur Erhöhung des Benzin- und Heizölanteils durchgeführt: das thermische und das katalytische Cracken sowie das Hydrocracken.

a Erläutern Sie das Grundprinzip, das allen drei Crackverfahren gemeinsam ist.

b Erläutern Sie unter Angabe von geeigneten Reaktionsgleichungen und Strukturformeln, wie aus einer Fraktion, die überwiegend n-Hexadecan $C_{16}H_{34}$ enthält, das besonders klopffeste Isooctan (2,2,4-Trimethylpentan) gewonnen werden kann.

2 Im Sommer kann es zu Problemen kommen, wenn bei hohen Temperaturen zu viel Benzin im Kraftstoffsystem eines Autos verdampft und es zur Blasenbildung kommt. Dadurch kann die Kraftstoffzufuhr unterbrochen werden. Im Winter kann das Starten eines Autos problematisch werden, da das Benzin aufgrund zu niedriger Temperaturen nur schwer verdampft. Mineralölgesellschaften verändern deshalb ihre Benzinmischungen mehrmals im Jahr. Das folgende Gaschromatogramm wurde bei der Analyse von Winterbenzin erhalten. Der Peak bei $t = 1$ min resultiert aus dem Lösemittel.
Erläutern Sie, wie sich Sommer- von Winterbenzin unterscheiden müsste und welche Unterschiede Sie bei einem Gaschromatogramm von Sommerbenzin erwarten würden.

1 Gaschromatogramm von Winterbenzin

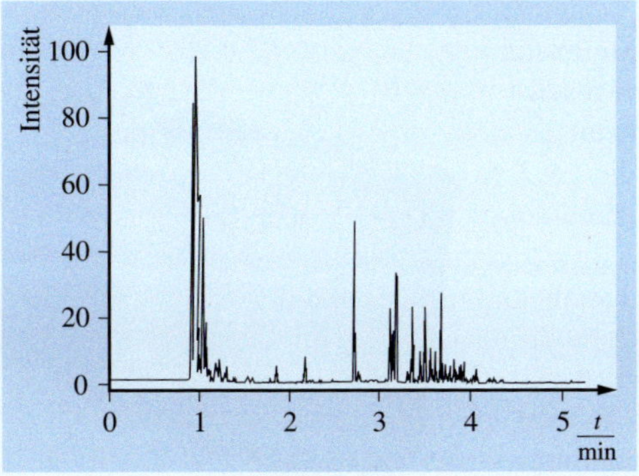

3 Bioethanol gilt als Kraftstoff mit großem Zukunftspotenzial.

a Beschreiben Sie, inwiefern die Verbrennungsprodukte fossiler Kraftstoffe eine die Umwelt schädigende Wirkung haben.

b Nehmen Sie begründet Stellung zu der Aussage, es handle sich bei Bioethanol um einen CO_2-neutralen Kraftstoff.

4 Zur Ermittlung des Kohlenstoffdioxidausstoßes gibt es im Internet mittlerweile verschiedene „CO_2-Rechner". Das im Jahr 2012 in Kraft tretende EU-Emissionsgesetz schreibt eine Flottenemission von maximal 120 g CO_2 pro km vor.

a Berechnen Sie ohne Nutzung eines CO_2-Rechners die CO_2-Emission eines mit Normalbenzin betriebenen Fahrzeugs mit einer durchschnittlichen Fahrleistung von 32 000 Kilometern pro Jahr, das einen Kraftstoffverbrauch von 5,7 Litern pro 100 Kilometer aufweist.

b Beurteilen Sie die Genauigkeit einer mithilfe eines CO_2-Rechners durchgeführten CO_2-Emissionsberechnung.

c Formulieren Sie begründete Hypothesen zur Erklärung der Tatsache, dass durch das Betanken eines Kfz mit „Hochleistungskraftstoff", wie z. B. Ultimate Diesel, der CO_2-Ausstoß reduziert werden kann.

2 Ein CO_2-Rechner im Internet

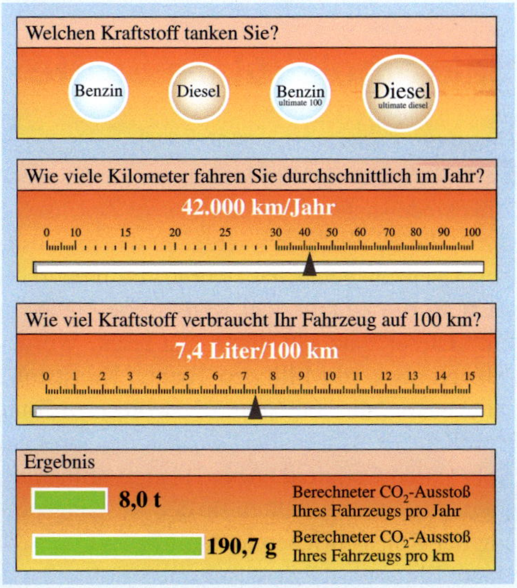

20

Kunststoffe

Kunststoffe sind begehrte Konstruktionswerkstoffe: geringe Dichte, hohe Festigkeit und dennoch ausreichende Elastizität. Eine technische Spitzenleistung unserer Zeit, der Airbus, verdankt Kunststoffen eine bis zu 25 % geringere Masse. Die starren Leitwerke beispielsweise sind aus kohlenstofffaserverstärkten Kunststoffen gefertigt. Für die Fahrwerksklappen werden Phenoplaste verwendet, die mit Glasfasern und Kunststofffasern verstärkt sind.

Kunststoffe wurden eigentlich als Ersatz für Naturstoffe entwickelt, im „Kunststoffzeitalter" bedeuten sie aber längst viel mehr: Sie werden zum Bau von Fahrzeugen und Gebäuden, in Elektrotechnik und Elektronik, Medizin oder Haushalt und in vielen weiteren Gebieten eingesetzt.

Makromolekulare Stoffe

Vielfalt der Kunststoffe 1963 erhielt der Italiener Guilio Natta den Nobelpreis für Entdeckungen zu Kunststoffen. In seiner Dankesrede sagte er: „Wenn unsere Zeit nach Stoffen benannt würde, die sie charakterisieren, so wie man es mit der Steinzeit oder Eisenzeit getan hat, würde die moderne Industriegesellschaft als das Zeitalter der Kunststoffe in die Geschichte eingehen." Dieser Satz gilt heute erst recht. Wurden im Jahr 1963 weltweit etwa 10 Millionen Tonnen Kunststoffe produziert, so waren es im Jahr 2009 über 250 Millionen Tonnen.

Bereits im 19. Jahrhundert wurden die Kunststoffe Vulkanfiber (Abb. 1) und Celluloid (Abb. 2) hergestellt. Als chemisch modifizierte Naturstoffe stellten sie den Ausgangspunkt zur Entwicklung der Kunststoffchemie dar. Mit PVC (↑S. 456) und Bakelit (einem Phenoplast ↑S. 458) kamen zu Beginn des 20. Jahrhunderts die ersten vollsynthetischen Kunststoffe auf den Markt.

1 Alter Koffer aus Vulkanfiber

Auch heute verzichten wir nicht auf diese „Oldies“ unter den Kunststoffen, die Forschung hat sich aber auf neue Gebiete verlagert:
- Funktionale Polymere (↑S. 466) verstecken sich in zahlreichen Alltagsprodukten und sorgen z. B. in Haargels für das gewünschte Styling.
- Atmungsaktive Kleidung aus sogenannten Mikrofasern hält z. B. Snowboardfahrer warm und trocken. Dies gewährleisten hauchdünne Chemiefasern (↑S. 464), die Wasserdampf vom Körper zwar nach außen dringen lassen, aber das Eindringen flüssigen Wassers verhindern.
- Immer neue Varianten von Copolymeren (↑S. 446) führen zu verbesserten Eigenschaften von Kunststoffen in allen Anwendungsbereichen.
- Elektrisch leitende Kunststoffe (↑S. 468) sind die Voraussetzung für die Produktion moderner Flachbildschirme, z. B. liefern polymere Flüssigkristalle die Grundlage aller modernen Displays (LCD-Bildschirme, ↑S. 358).
- Die gezielte Forschung nach Kunststoffen mit ganz spezifischen Eigenschaften führte zur Entwicklung neuer Ausgangsstoffe, wie es in den letzten Jahrzehnten eindrucksvoll die Gruppe der Polyurethane (↑S. 460) verdeutlicht.
- Durch Kombination von Kunststoffen mit weiteren Materialien entwickelte man sogenannte Verbundwerkstoffe (↑S. 465): Materialien, die an Steifigkeit und Festigkeit herkömmlichen Werkstoffen, z. B. Metallen, deutlich überlegen sind. Fahrradrahmen aus Carbon – einem kohlefaserverstärkten Kunststoff – sind stabiler und leichter als Aluminiumrahmen.

Die Forschung an „maßgeschneiderten Kunststoffen“ ist noch längst nicht zu Ende – und die höheren Kosten solcher Produkte sinken in dem Maße, wie sich der Kunststoff im Alltag bewährt und in immer mehr Produkten Anwendung findet.

Aufbau makromolekularer Stoffe Die Moleküle eines **makromolekularen Stoffs** bzw. eines **Polymers** werden oft Kettenmoleküle genannt, weil sie durch vielfache kettenförmige Verknüpfung von Atomgruppen gekennzeichnet sind. Diese Atomgruppen stammen aus den Ausgangsstoffen, den **Monomeren**. Es gibt Polymermoleküle, die aus mehreren Millionen Monomermolekülen entstanden sind. Mit der Anzahl der Monomereinheiten, dem **Polymerisationsgrad**, kann man also die Größe des Makromoleküls angeben.

Von einem Makromolekül wird gesprochen, wenn ein Abspalten oder Hinzufügen einzelner Monomereinheiten keinen wesentlichen Einfluss mehr auf die Stoffeigenschaften hat. Zur Benennung synthetischer Polymere wird in vielen Fällen der Name des Monomers mit der Vorsilbe *„poly“* versehen. Aus Ethen wird also Polyethen (Polyethylen). In der Praxis sind wegen der oft langen Namen internationale Kurzzeichen in Gebrauch, wie PE für Polyethen.

2 Tischtennisbälle aus Celluloid

3 Snowboards bestehen (abgesehen von einem Holzkern) aus Kunststoffen: Polyurethanschaum, Polyesterharz und Verbundwerkstoffe.

4 Bis in die 1950er Jahre wurde Celluloid massenhaft in der Filmindustrie eingesetzt. Danach wurde es wegen der großen Brandgefahr durch Polyethylenterephthalat (PET) ersetzt.

Das Makromolekül kann aus einer einzigen oder aus mehreren Arten von Monomereinheiten bestehen. Man spricht im ersten Fall von **Homopolymeren**, z. B. Polyethen. **Copolymere** liegen vor, wenn die Makromoleküle aus verschiedenen Monomereinheiten aufgebaut werden.
Nach ihrem Vorkommen bzw. Fehlen in der Natur unterscheidet man natürliche (Abb. 1) und synthetische Polymere.

1 Die Raupen des Seidenspinners produzieren ein natürliches Polymer – einen Proteinfaden, der als Naturseide genutzt wird.

Herstellung von Makromolekülen

Bei der Herstellung von makromolekularen Stoffen kommt es auf verschiedenen Wegen zur chemischen Reaktion der Monomere miteinander. Nach dem Reaktionstyp unterscheidet man Polykondensation, Polymerisation und Polyaddition.

Herstellung von Makromolekülen durch Polykondensation

Polykondensation So wie in der Natur Monomere durch Polykondensation zu Polymeren verknüpft werden (↑ S. 383; S. 408), können auch synthetische Makromoleküle nach diesem Reaktionstyp hergestellt werden. Bei einer Kondensation als einer Form von Substitutionsreaktionen reagieren zwei Ausgangsstoffe an ihren funktionellen Gruppen miteinander, wobei ein einfach gebauter Stoff (z. B. Wasser, Ammoniak, Chlorwasserstoff) als Nebenprodukt entsteht.
Als Ausgangsstoffe für **Polykondensate** eignen sich Verbindungen mit mehreren funktionellen Gruppen oder anderen reaktionsfähigen Zentren im Molekül, die unter Abspaltung niedermolekularer Kondensationsprodukte miteinander reagieren. Grundsätzlich können entweder zwei unterschiedliche Ausgangsstoffe zum Polykondensat umgesetzt werden oder ein einziger Ausgangsstoff, dessen Moleküle zwei unterschiedliche funktionelle Gruppen besitzen (Abb. 2).
Die Polykondensation ist eine **Stufenwachstumsreaktion**. Die Makromoleküle entstehen nicht schlagartig, sondern stufenweise über stabile, aber weiterhin reaktionsfähige Zwischenprodukte.

AUFGABEN

1 Erläutern Sie den Unterschied zwischen einem Makromolekül und der Monomereinheit.

2 Warum dürfen in der Formel eines Polymers, z. B. $\text{+}CH_2\text{–}CH_2\text{+}_n$ für Polyethen, die Endgruppen weggelassen werden?

2 Schema des Beginns einer Polykondensation

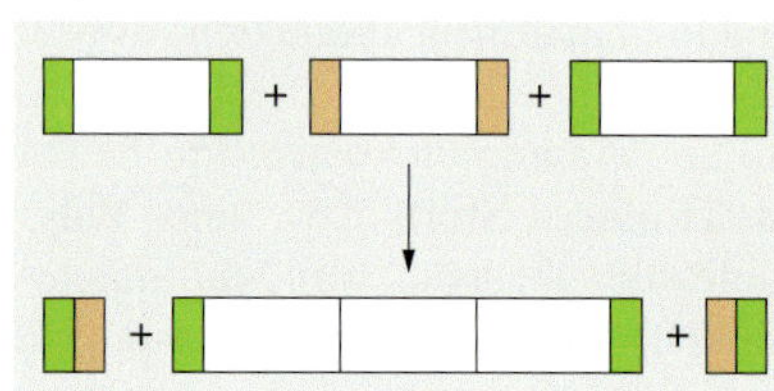

Polyester Durch die chemische Reaktion von Monomeren mit mehreren Hydroxy- und Carboxygruppen entstehen die Polyester. Diese Stufenwachstumsreaktion findet nach dem auch bei der Esterbildung anzutreffenden Mechanismus der nucleophilen Substitution statt:

$$H-O-R-O-H + H-O-\overset{\overset{\large O}{\|}}{C}-R'-\overset{\overset{\large O}{\|}}{C}-O-H$$

$$\longrightarrow H-O-R-O-\overset{\overset{\large O}{\|}}{C}-R'-\overset{\overset{\large O}{\|}}{C}-O-H + H_2O$$

Die in der Anfangsphase entstandenen Ester können mit weiteren Monomermolekülen, aber auch untereinander reagieren. Die eigentlichen Makromoleküle entstehen durch Kondensation schon relativ hochmolekularer Vorkondensate.

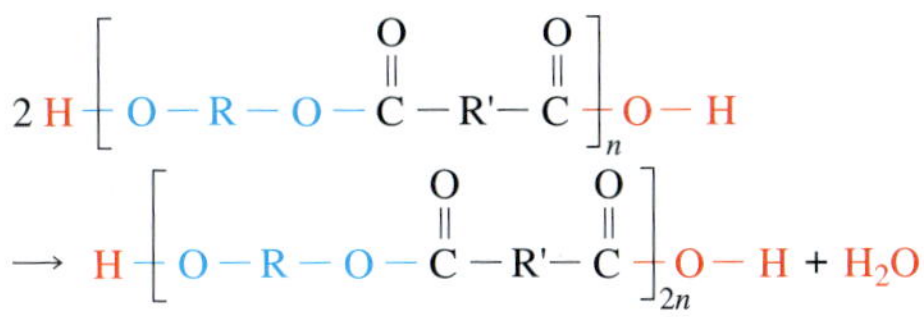

Aus Ethan-1,2-diol (Glykol) und Benzol-1,4-dicarbonsäure (Terephthalsäure) kann der weitverbreitete Kunststoff **Polyethylenterephthalat (PET)** hergestellt werden, der z. B. zu Getränkeflaschen und zu Textilfasern verarbeitet wird.

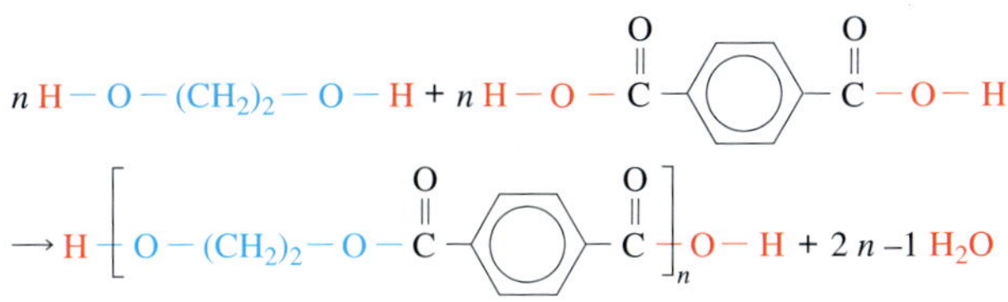

Als eine Gruppe der Polyester haben **Polycarbonate** seit ihrer erstmaligen Synthese 1953 z. B. durch die Massenproduktion von CDs und DVDs große Bedeutung erlangt. Für die Herstellung dieser Polyester wird ein Diol mit einem Derivat der Kohlensäure zur Reaktion gebracht. Als Ausgangsstoffe eignen sich z. B. 2,2-Bis-(4-Hydroxyphenyl)-propan (Bisphenol A) und Kohlensäuredichlorid (Phosgen).

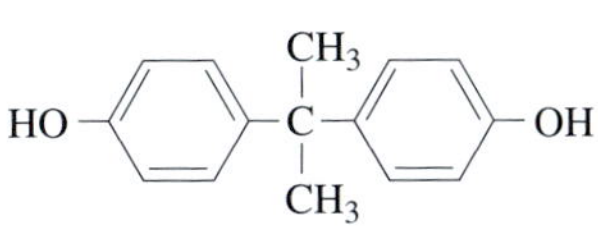

Bisphenol A

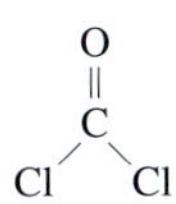

Phosgen

Polyamide So wie in der Natur Aminosäuren zu Proteinen verknüpft werden, können auch andere Monomere mit mehreren Amino- (–NH_2) und Carboxygruppen (–COOH) im Molekül unter Wasserabspaltung zu makromolekularen Amiden reagieren. Diese Polyamide weisen als funktionelle Gruppe die **Amidgruppe** (–NH–CO–) auf. Die gleiche funktionelle Gruppe kommt bei den Polypeptiden vor und wird dort als Peptidgruppe bezeichnet (↑S. 408). So können z. B. Hexan-1,6-diamin und Hexandisäure zu einem Polyamid umgesetzt werden:

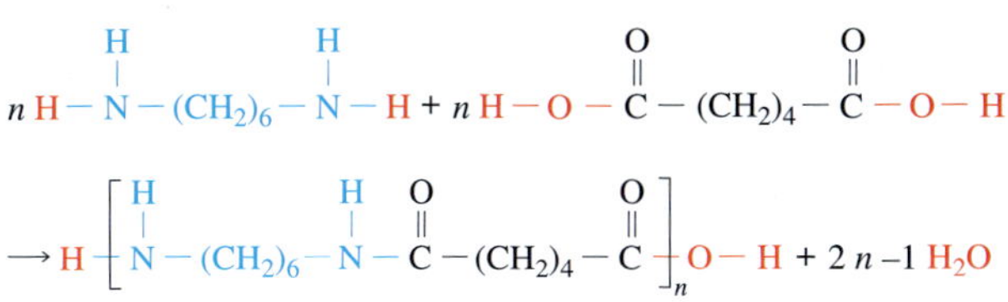

EXPERIMENT 1 L

Nylonfaden

Abzug, Handschuhe! Ein Gemisch aus 2,2 g Hexan-1,6-diamin (GHS05 | 07), 4 g Natriumcarbonat (GHS07) und einigen Tropfen Phenolphthaleinlösung in 50 ml Wasser wird vorsichtig mit einem Gemisch aus 1,5 g Sebacinsäuredichlorid (GHS05 | 07) in 50 ml Heptan (GHS02 | 08 | 07 | 09) überschichtet. Die sich an der Grenzfläche der beiden Flüssigkeiten bildende Kunststoffhaut wird vorsichtig mit einer Pinzette herausgezogen und um einen Glasstab gewickelt. Durch Drehen des Glasstabs wird an der Grenzfläche zwischen den flüssigen Phasen eine immer größere Menge des Kunststoffs erzeugt.

AUFGABEN

1 Geben Sie die Anzahl der Monomere an, aus denen ein PET-Makromolekül mit einer Masse von ca. 100 000 u besteht.

2 Formulieren Sie eine chemische Gleichung für die Bildung eines Polyesters aus den Monomeren Bisphenol A und Phosgen.

3 Bei dem in Experiment 1 hergestellten Kunststoff handelt es sich um Polyamid 6.10. Nennen Sie den systematischen Namen der Carbonsäure und entwickeln Sie eine chemische Gleichung für diese Reaktion.

Dieses von dem Amerikaner WALLACE CAROTHERS 1935 erstmals hergestellte Polyamid 6.6 wurde einige Jahre später unter dem Namen Nylon® weltberühmt. Die Zahlen zur Bezeichnung eines Polyamids geben die Anzahl der Kohlenstoffatome der eingesetzten Monomere an – zuerst steht das Diamin, dann die Dicarbonsäure.

Weitere Polykondensate Die zu den ältesten Kunststoffen gehörenden Phenoplaste und Aminoplaste werden ebenfalls durch Polykondensationsreaktionen hergestellt (Exp. 2–5, Tab. 1).

Tab. 1 Einige Polykondensate

Name	Moleküle der Ausgangsstoffe	Polymermolekül (Ausschnitt)
Phenoplaste	Phenol 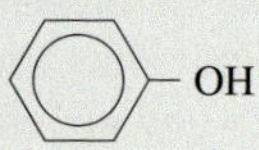 Methanal HCHO	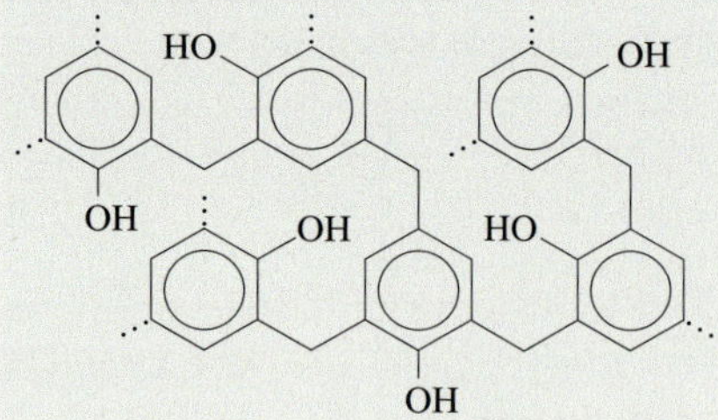
Aminoplaste	Harnstoff $H_2N\text{–}CO\text{–}NH_2$ Methanal HCHO	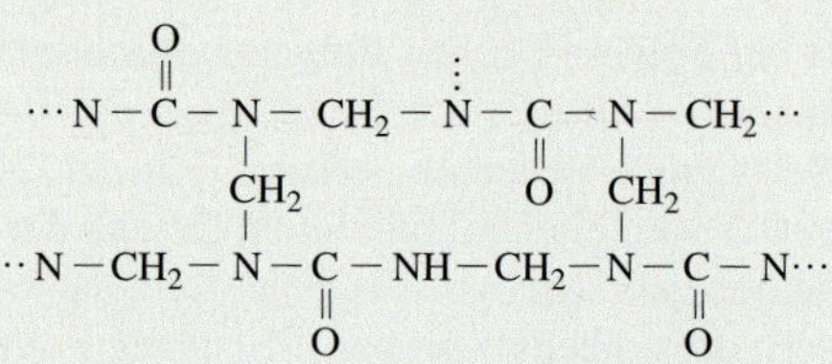

EXPERIMENT 2
Duroplastischer Polyester
In ein Reagenzglas werden 3,5 g Butandisäure (GHS07) und 1 ml wasserfreies Glycerin gefüllt. Das Gemisch wird im Abzug vorsichtig erhitzt und ca. 3 min am Sieden gehalten. Dabei hält man das Reagenzglas fast waagerecht.

EXPERIMENT 3 L
Phenoplast-Herstellung
Abzug! 2 g 1,3-Dihydroxybenzol (GHS07 | 09), 2,5 ml 40%ige Methanallösung (GHS06 | 08 | 05) und 5,5 ml 99%ige Ethansäure (Eisessig, GHS02 | 05) werden in einem kleinen Becherglas gemischt. Zu dieser Lösung gießt man sehr langsam unter ständigem Rühren 5 ml konzentrierte Salzsäure (GHS05 | 07).

EXPERIMENT 4 L
Aminoplast-Herstellung
Abzug! 2 g Harnstoff werden mit 3 ml 40%iger Methanallösung (GHS06 | 08 | 05) vermischt und bis zum vollständigen Lösen des Harnstoffs erhitzt. Die teils heftige Reaktion wird durch Zugeben einiger Tropfen konzentrierter Salzsäure (GHS05 | 07) ausgelöst.

EXPERIMENT 5
Herstellung von Polymilchsäure
In einem Reagenzglas wird etwas Milchsäure (GHS05) mit einigen Kristallen Zinn(II)-chlorid (GHS07) versetzt. Ein Gärröhrchen mit Aktivkohle wird aufgesetzt. Unter ständigem Schütteln wird etwa 10 min vorsichtig erhitzt. Wenn sich die Farbe der Lösung ändert, gießt man die Lösung in ein Plastikschälchen.

Herstellung von Makromolekülen durch Polymerisation

Polymerisation Die Polymerisation ist eine Sonderform der Additionsreaktion. Durch Polymerisation (Abb. 1) können geeignete Monomere in Polymere überführt werden, die man als **Polymerisate** bezeichnet. Strukturelle Voraussetzungen für die Polymerisation der Monomere sind reaktive Mehrfachbindungen, z. B. Doppelbindungen, in den Monomermolekülen und Reaktionspartner mit einem **aktiven Zentrum**. Geeignete Reaktionspartner sind Radikale (ungepaartes Elektron), Carbenium-Ionen (Elektronenmangel) und Carbanionen (Elektronenüberschuss). Je nach Art des aktiven Zentrums der Reaktionspartner unterscheidet man **radikalische, elektrophile und nucleophile Polymerisation**. Die Polymerisation ist eine **Kettenreaktion** (↑ S. 308 f.). Die Makromoleküle wachsen durch rasch aufeinanderfolgende Additionen von Monomermolekülen an das aktive Zentrum des Reaktionspartners. Der Reaktionsmechanismus der Polymerisation wird von der Elektronenverteilung in den Doppelbindungen zwischen den Kohlenstoffatomen der Monomermoleküle wesentlich mitbestimmt.

Radikalische Polymerisation Bei der radikalischen Polymerisation werden in einer Startphase durch **Initiatoren** Radikale gebildet (Abb. 2). Initiatoren sind Verbindungen, deren Moleküle leicht in Radikale zerfallen. Geeignete Radikalbildner sind u. a. Peroxide (Exp. 1) und Azoisobutyronitril.

2 Bildung von Startradikalen

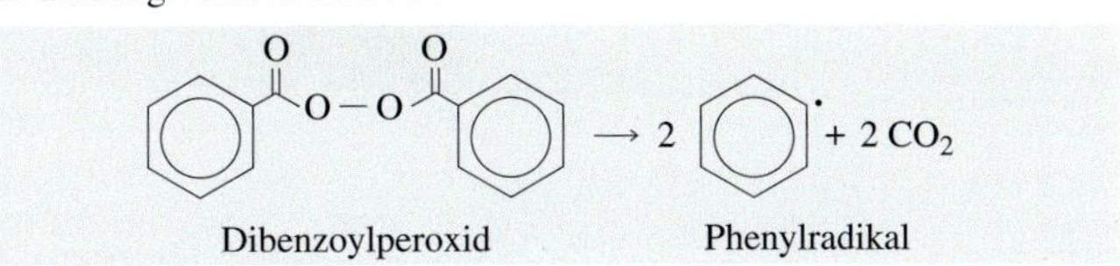

Die Kettenreaktion verläuft in den bekannten Stufen:

3 Radikalischen Polymerisation, am Beispiel des Beginns der Bildung von Polyethen

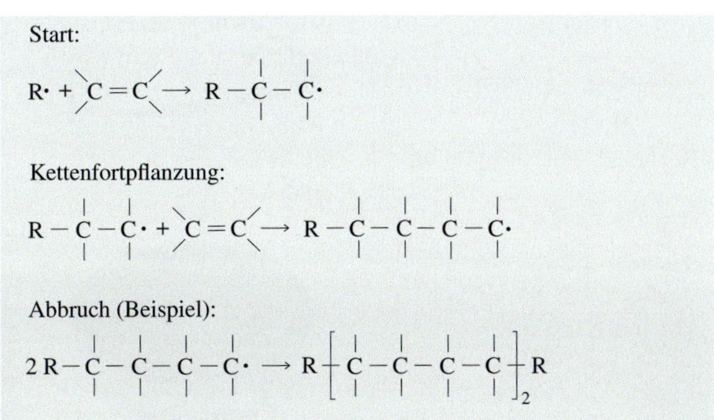

1 Schema einer Polymerisation

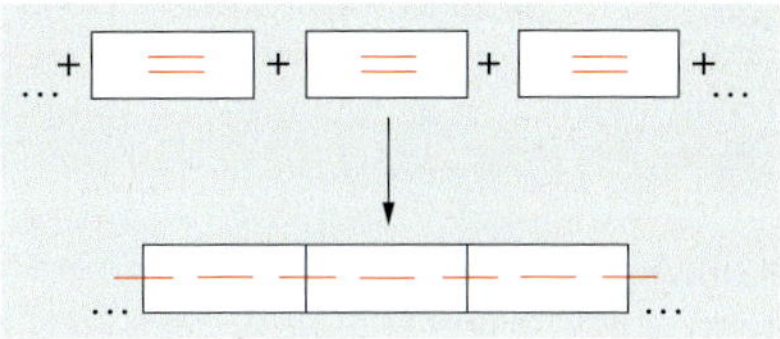

EXPERIMENT 1

Radikalische Polymerisation von Methylmethacrylat

5 ml Methylmethacrylat (Methacrylsäuremethylester, GHS02 | 07) werden im Reagenzglas mit einer Spatelspitze Dibenzoylperoxid (GHS01 | 02 | 07) versetzt und im Wasserbad für ca. 10 min bei 80–90 °C bis zur einsetzenden Reaktion gehalten.

EXPERIMENT 2

Elektrophile Polymerisation von Styrol

Abzug! 10 ml Styrol (GHS02 | 07) werden im Reagenzglas mit 5 Tropfen konzentrierter Schwefelsäure (w = 96 %; GHS05) versetzt und im Wasserbad auf 70 °C erwärmt.

4 Je nach Reaktionsbedingungen kann unterschiedlich hartes PVC hergestellt werden, z. B. für Steckdosen, Stecker und Kabel.

Tab. 1 Vielfalt der Polymerisate

Name	Name des Monomers	Polymermolekül	Beispiel
Polyethen (Polyethylen) PE	Ethen	$-[CH_2-CH_2]_n-$	
Polypropen (Polypropylen) PP	Propen	$-[CH_2-CH(CH_3)]_n-$	
Polystyrol PS (z. B. Styropor®)	Phenylethen (Styrol)	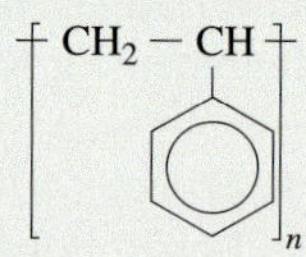	
Polyvinylchlorid PVC	Chlorethen (Vinylchlorid)	$-[CH_2-CH(Cl)]_n-$	
Polyacrylnitril PAN	2-Propennitril (Acrylnitril)	$-[CH_2-CH(CN)]_n-$	
Polymethyl-methacrylat PMMA (z. B. Plexiglas®)	Methacrylsäure-methylester	$-[CH_2-C(CH_3)(H_3COOC)]_n-$	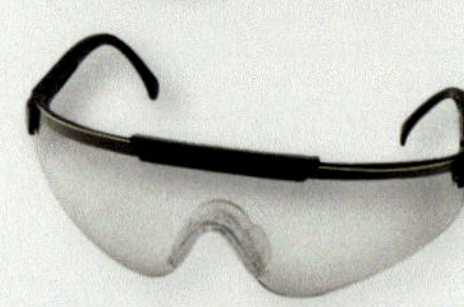
Polytetrafluorethen PTFE (z. B. Teflon®)	Tetrafluorethen	$-[CF_2-CF_2]_n-$	

Styrol gehört zu den Monomeren, die sowohl radikalisch als auch elektrophil und nucleophil polymerisiert werden können. Als Initiatoren für **elektrophile Polymerisationen** dienen bestimmte Säuren, wie Schwefelsäure (↑Exp. 2, S. 449).

$$H^{\oplus} + CH_2{=}\underset{\displaystyle R}{\underset{|}{CH}} \longrightarrow CH_3-\underset{\displaystyle R}{\underset{|}{\overset{\oplus}{C}H}}$$

Carbenium-Ion

Durch starke Basen oder durch Elektronen abgebende Metalle, wie Natrium, werden **nucleophile Polymerisationen** initiiert.

$$Na + CH_2{=}\underset{\displaystyle R}{\underset{|}{CH}} \longrightarrow \left[\cdot CH_2-\underset{\displaystyle R}{\underset{|}{\overset{\ominus}{C}H}}\right] Na^+$$

Carbanion

Die negative Ladung des Polystyrol-Carbanions ist teilweise delokalisiert. Dies führt zu einer relativ großen Stabilität dieser Anionen, die nur noch vergleichsweise langsam weiterreagieren. Sie sind aber in der Lage, mit anderen Monomeren die Polymerisation fortzusetzen. Dabei entstehen **Block-Copolymere**, deren Makromoleküle aus längeren Abschnitten gleicher Monomereinheiten bestehen (Abb. 1).

Weitere Polymerisate Eine Vielzahl organischer Stoffe mit einer C=C-Doppelbindung im Molekül ist zur Polymerisation geeignet (Tab. 1).
Eine Besonderheit stellt die Polymerisation des Buta-1,3-diens dar. Unter Aufgabe der Mesomeriestabilisierung durch die im Molekül vorhandenen konjugierten Doppelbindungen entsteht eine neue Doppelbindung, an der Vernetzungsreaktionen stattfinden können (↑S. 459).

$$n\ CH_2{=}CH{-}CH{=}CH_2 \rightarrow \left[CH_2{-}CH{=}CH{-}CH_2 \right]_n$$

1 Struktur eines Block-Copolymers

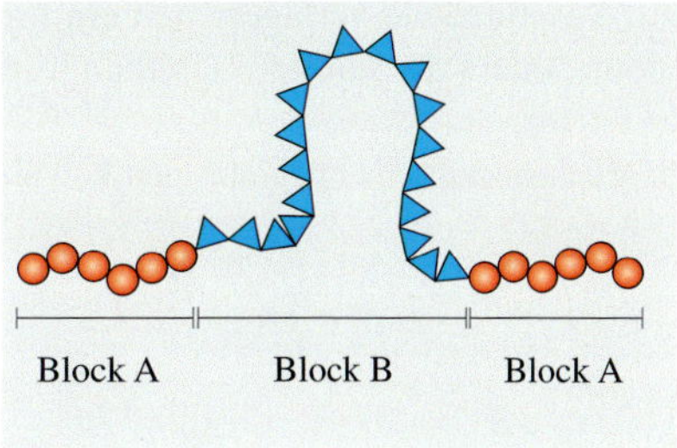

AUFGABEN

1 Bestimmen Sie die Elementarzusammensetzung von Styrol und vergleichen Sie diese mit der Zusammensetzung der Monomereinheit im Polystyrol. Bestätigen Sie mit diesem Vergleich ein wichtiges Merkmal der Polymerisation.
2 Ermitteln Sie die Anzahl der Außenelektronen am aktiven Zentrum in den Radikalen bzw. Kationen bei der Polystyrolbildung. Erklären Sie damit die Reaktivität dieser Teilchen.
3 Entwickeln Sie Reaktionsgleichungen für weitere mögliche Kettenabbrüche bei der radikalischen Polymerisation von Ethen.
4 Entwickeln Sie eine chemische Gleichung für die Herstellung von Polymethylmethacrylat aus dem entsprechenden Monomer.

Herstellung von Makromolekülen durch Polyaddition

Polyaddition Ausgangsstoffe für Polyadditionen zur Herstellung von **Polyaddukten** sind zwei unterschiedliche polyfunktionelle Monomere, deren Moleküle einerseits meist polare Mehrfachbindungen besitzen und andererseits über reaktionsfähige Wasserstoffatome verfügen.

Urethane und Polyurethane Reagiert ein Alkohol mit einem Isocyanat, so kommt es in einer nucleophilen Addition zur Bildung eines Urethans, das als funktionelle Gruppe die **Urethangruppe** (–O–CO–NH–) enthält. Dabei lagert sich in einem ersten Schritt das partiell negativ geladene Sauerstoffatom der

Hydroxygruppe an das Kohlenstoffatom der Isocyanatgruppe an. Anschließend verlagert sich ein Proton zu einem Stickstoffatom, sodass die stabilere Urethangruppe entsteht.

1 Mechanismus einer beginnenden Polyurethanbildung

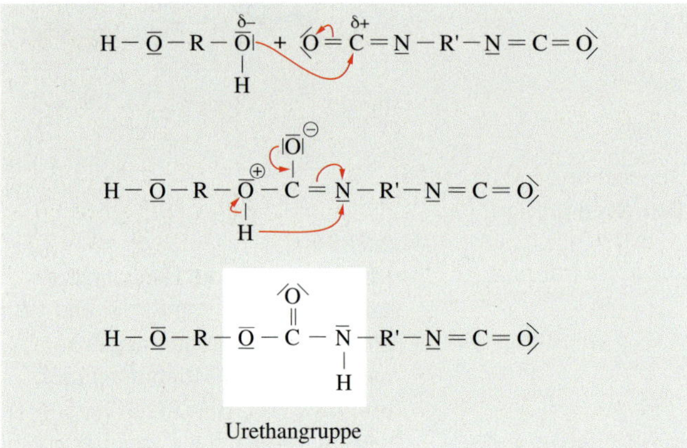

2 Schema des Beginns einer Polyaddition

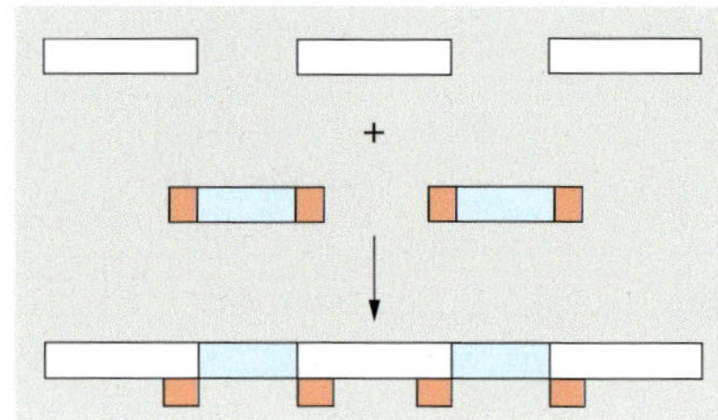

3 Monomere der Polyurethanbildung

Mehrwertige Alkohole
HO–R–OH

Diisocyanate
O=C=N–R'–N=C=O

Verwendet man zweiwertige Alkohole und Diisocyanate (Abb. 3), entsteht ein lineares Makromolekül. Setzt man dagegen noch mehrwertige Alkohole und Polyisocyanate ein, so entstehen Polyurethane, die zusätzliche Vernetzungen aufweisen.
Die Polyaddition ist eine Stufenwachstumsreaktion. Alle während der Reaktion entstandenen Addukte unterschiedlicher Molekülgröße können untereinander reagieren. Die Zwischenprodukte besitzen die gleichen funktionellen Endgruppen und die gleiche Reaktivität wie die Ausgangsstoffe.
Die Polyurethane sind mit Abstand die größte Gruppe unter den Polyaddukten. Die Vielfalt der Ausgangsstoffe ermöglicht die Herstellung thermoplastischer, duroplastischer und elastischer Kunststoffe (↑ S. 460).
Durch den Zusatz einer genau definierten Menge Wasser während der Makromolekülbildung ist die Herstellung von **Polyurethanschaumstoffen** möglich (Abb. 4). Wasser reagiert nämlich mit Isocyanatgruppen unter Freisetzung von gasförmigem Kohlenstoffdioxid:

$$R{-}N{=}C{=}O + H_2O \rightarrow R{-}NH_2 + CO_2$$

Das frei werdende Kohlenstoffdioxid wirkt als Treibgas. Neben diesem chemischen Treibverfahren zur Herstellung von Schaumstoffen verwendet man auch niedrig siedende Flüssigkeiten, z. B. Fluorchlorkohlenwasserstoffe (FCKW), deren Gas das Polyurethan aufschäumt (physikalisches Treibverfahren). Die Substitution dieser Treibgase ist heute Gegenstand umfangreicher Forschungsarbeiten, da sie die Ozonschicht in der Stratosphäre der Erdatmosphäre abbauen.
Neben den Polyurethanen können auch einige Epoxidharze und Polyharnstoffe durch Polyaddition hergestellt werden.

AUFGABEN

1 Geben Sie die Strukturformel des Urethans an, das aus den Ausgangsstoffen Ethanol und Methylisocyanat gebildet wird.

2 Geben Sie für die Polyurethane, die aus folgenden Ausgangsstoffen entstehen, Strukturformelausschnitte an:

a Butan-1,4-diol und Ethan-1,2-diisocyanat

b Propan-1,2,3-triol (Glycerin) und Hexan-1,6-diisocyanat

3 Warum müssen Polyisocyanate vor Luftfeuchtigkeit geschützt werden?

4 Polyurethan kann als Schaumstoff hergestellt und dann z. B. für Sohlen von Sportschuhen genutzt werden.

AUFGABEN

1 Vergleichen Sie Polyaddition und Polykondensation hinsichtlich der Reaktionsart, der Verknüpfungsschritte und der Anzahl der Reaktionsprodukte.

2 Vergleichen Sie Polyaddition und Polymerisation hinsichtlich der Reaktionsart und der chemischen Zusammensetzung von Polymer und Monomereinheit.

ZUSAMMENFASSUNG

Polykondensation, Polymerisation und Polyaddition sind Bildungsreaktionen für **Polymere**. Die Polymerisation ist eine **Kettenreaktion**. Polykondensation und Polyaddition sind **Stufenwachstumsreaktionen**, die sich durch die Reaktionsart des Verknüpfungsschritts unterscheiden.

▶ Struktur-Eigenschafts-Konzept

Reaktion	Polykondensation	Polymerisation	Polyaddition
Reaktionsart	Kondensation	Addition	Addition
Strukturmerkmale in den Monomermolekülen	zwei oder mehrere funktionelle Gruppen	reaktionsfähige Mehrfachbindungen	Mehrfachbindungen und reaktionsfähige Wasserstoffatome
Reaktionspartner bei der Wachstumsreaktion	Kondensate	Reaktionspartner mit aktivem Zentrum und Monomermolekül	Addukte
Prozentuale Zusammensetzung des Polymermoleküls gegenüber den Monomereinheiten	verschieden	identisch	identisch
Formgebung während der Makromolekülbildung	möglich	bedingt möglich	sehr gut möglich
Beispiel für Polymere	Phenoplaste PF	Polyethen PE	Polyurethane PUR
Definition	ist eine Form der Substitution, bei der sich niedermolekulare Ausgangsstoffe mit mindestens zwei funktionellen Gruppen unter Abspaltung eines niedermolekularen Stoffs zu einem makromolekularen Reaktionsprodukt vereinigen	ist eine Form der Addition, bei der sich niedermolekulare Ausgangsstoffe unter Aufspaltung von Mehrfachbindungen zu einem makromolekularen Reaktionsprodukt vereinigen	ist eine Form der Addition, bei der aus unterschiedlichen niedermolekularen Ausgangsstoffen (mit unterschiedlichen funktionellen Gruppen) durch molekulare Umlagerung makromolekulare Reaktionsprodukte gebildet werden

Struktur, Eigenschaften und Verwendung von Kunststoffen

Struktur und Eigenschaften von makromolekularen Stoffen

Makromoleküle in makromolekularen Stoffen Nach der Art der Verknüpfung von Monomeren zu Polymereinheiten werden Makromoleküle in **unverzweigte, verzweigte und vernetzte Moleküle** eingeteilt (Abb. 1). Vernetzte Makromoleküle bilden ein dreidimensionales Netzwerk aus. Man unterscheidet je nach der Dichte der Vernetzungsstellen zwischen engmaschig und weitmaschig vernetzten Makromolekülen. Bei vernetzten Makromolekülen ist die Anwendung des Molekülbegriffs problematisch, da ein entsprechendes Polymer mitunter aus einem einzigen „Molekül" besteht.
Nach der räumlichen Anordnung der Polymerketten werden die Polymere in **amorphe, teilkristalline und kristalline Polymere** unterteilt. In vielen Polymeren sind die Makromoleküle ungeordnet, der Stoff besitzt eine amorphe Struktur. Die Ausbildung kristalliner Strukturen bei Makromolekülen setzt einen linearen und auch sterisch einheitlichen Aufbau voraus sowie die Fähigkeit zur Ausbildung intra- und intermolekularer Wechselwirkungskräfte. Meist bilden sich nur teilkristalline Bereiche aus, da mit einsetzender Kristallbildung die Viskosität des Polymers stark ansteigt und die so verminderte Beweglichkeit der Makromoleküle die weitere Anordnung in einem regelmäßigen Muster verhindert (Abb. 2).
Viele Wissenschaftler haben an der Erforschung der makromolekularen Stoffe mitgewirkt. Zu den herausragenden Pionieren auf diesem Gebiet zählt HERMANN STAUDINGER (Abb. 3), der als Erster den grundlegenden Aufbau von Kunststoffen aus Makromolekülen aufklärte.

Eigenschaften Aus der Art der Verknüpfung der Monomere ergeben sich die Eigenschaften der Kunststoffe und ihre Einteilung in **Thermoplaste, Duroplaste und Elastomere**.

- Wegen der nur schwachen zwischenmolekularen Wechselwirkungen zwischen den unverzweigten Molekülketten sind Thermoplaste mechanisch bei ausreichender Erwärmung relativ leicht verformbar.
- Zahlreiche Verknüpfungen zwischen den Polymerketten führen bei den Duroplasten dazu, dass sie bei mechanischer Belastung keine Formveränderung aufweisen. Bei Temperaturerhöhung kommt es ohne Verformung zur Zersetzung des Kunststoffs.
- Elastomere gehen durch die in ihrer Molekülstruktur vorliegenden weitmaschigen Verknüpfungen nach mechanischer Beanspruchung wieder in ihre Ausgangsform zurück. Thermische Beanspruchung führt kurz vor Erreichen der Zersetzungstemperatur zu zunehmender Viskosität, bevor sie durch die Zersetzung spröde werden.

1 Unverzweigte (a), verzweigte (b) und vernetzte (c) Strukturen von Makromolekülen

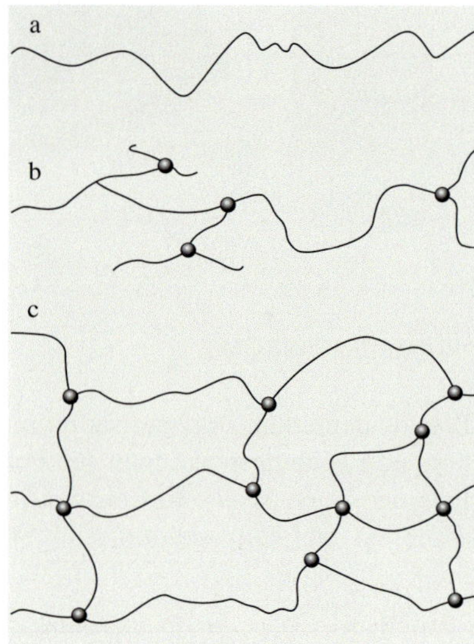

2 Kristalline und amorphe Bereiche in einem teilkristallinen Festkörper

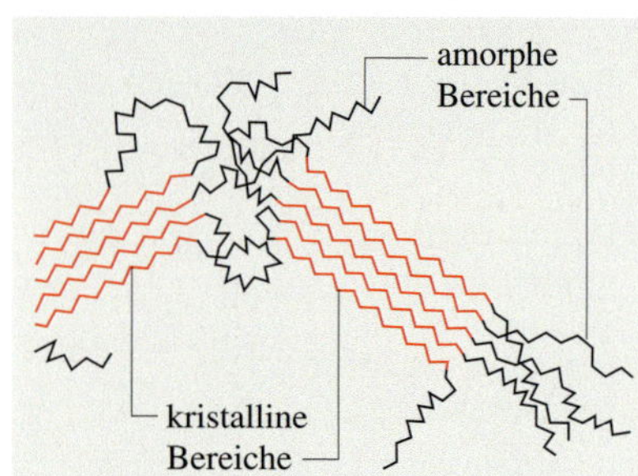

3 H. STAUDINGER (1881 bis 1965), Nobelpreis für Chemie 1953

Tab. 1 Zwischenmolekulare Kräfte zwischen Makromolekülen

Zwischenmolekulare Wechselwirkung	**Van-der-Waals-Kräfte**	**Dipol-Dipol-Wechselwirkungen**	**Wasserstoffbrückenbindungen**
Beispiel	Polyethen	Polyvinylchlorid	Polyamid
Strukturformelausschnitt	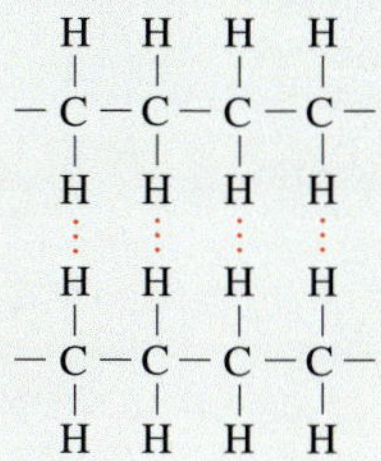	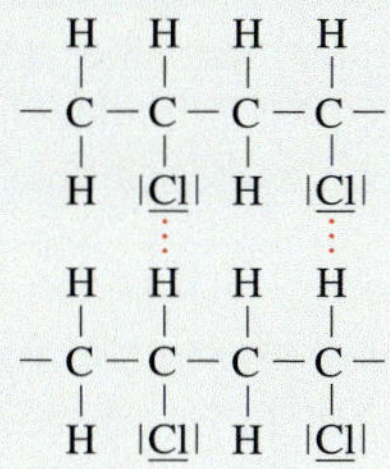	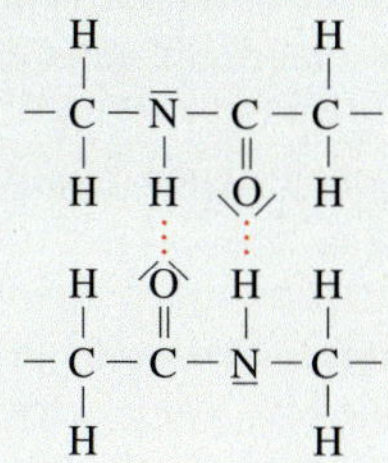

Entscheidend für die Eigenschaften von Polymeren ist außerdem die Anordnung der Polymerketten. Amorphe Polymere liegen im festen Zustand als **glasartige Stoffe** vor. Sie zeichnen sich durch Schlagzähigkeit, Dimensionsstabilität und Transparenz aus. Die amorphen, teilkristallinen und kristallinen Polymere unterscheiden sich besonders in ihrem Verhalten bei Temperaturerhöhung:

- Amorphe Polymere aus unverzweigten bzw. schwach verzweigten Makromolekülen sind durch die **Glastemperatur ϑ_g** gekennzeichnet. Unterhalb dieser Temperatur ist das Polymer steif und glasartig. Beim Erwärmen setzen mit Erreichen dieser Temperatur Bewegungen der gleichsam „eingefrorenen“ Makromolekülsegmente ein. Der Kunststoff wird elastisch, danach plastisch, bis er in eine hochviskose Schmelze übergeht.
- Beim Erwärmen eines teilkristallinen Polymers beobachtet man eine **Erweichungstemperatur ϑ_w**, die sich über einen Temperaturbereich von 10 K erstrecken kann. Polymere mit einem hohen Anteil kristalliner Bereiche erweichen bei höheren Temperaturen als amorphe Polymere.
- Nur vollständig kristalline Polymere gehen bei einer exakten **Schmelztemperatur ϑ_s** in die hochviskose Schmelze über.

Die Eigenschaften von Polymeren hängen also nicht nur von ihrer molekularen Struktur ab, sondern auch von der **übermolekularen Struktur**, der Anordnung der Polymerketten.

AUFGABEN

1 Erläutern Sie, warum amorphe Polymere eher als kristalline durch geeignete Lösemittel gequollen werden.

2 Vergleichen Sie die zwischenmolekularen Wechselwirkungen bei synthetischen Polymeren mit den in Baumwoll- und Wollfasern vorliegenden Wechselwirkungen.

3 Warum wird ein Baumwollhemd mit einem Dampfbügeleisen gebügelt?

Tab.2 Weitere Eigenschaften von makromolekularen Stoffen

Amorphe Polymere	**Teilkristalline Polymere**	**Kristalline Polymere**
Zunahme der Erweichungstemperatur, mechanischen Stabilität und Dichte →		
Abnahme der Quellbarkeit und Lichtdurchlässigkeit →		
z. B. PVC (↑ S. 456)	z. B. PP (↑ S. 457)	z. B. HDPE (↑ S. 456)

Thermoplaste

Thermoplaste gehen beim Erwärmen in den plastischen Zustand über. Sie lassen sich in diesem Zustand verformen und behalten beim Abkühlen die gegebene Form. Thermoplaste sind amorphe und teilkristalline Festkörper, deren Gebrauchstemperatur unterhalb der Glastemperatur liegt. Sie sind aus unverzweigten oder wenig verzweigten Makromolekülen aufgebaut, zwischen denen relativ schwache zwischenmolekulare Kräfte wirken.

Polyethen Polyethen (Polyethylen, PE) gehört zu den am häufigsten verwendeten Thermoplasten. Es besteht aus Makromolekülen ohne Seitenketten und kristallisiert dadurch sehr leicht. Die Makromoleküle liegen in einer ebenen Zickzackkette, wodurch für die Ausbildung zwischenmolekularer Kräfte ein optimaler Abstand entsteht. **Hochkristallines Polyethen** trägt das Kurzzeichen **HDPE** (engl. high density – hohe Dichte). Durch die hohe Packungsdichte der Makromoleküle entsteht die hohe Dichte von $\varrho = 0{,}95\ \mathrm{g \cdot cm^{-3}}$. Neben diesem harten, schlagfesten, mindestens zu 70 % aus kristallinen Bereichen bestehenden Polyethen wird auch das mehr amorphe **LDPE** (engl. low density – niedrige Dichte) eingesetzt. Diese weiche und lederartige Form des Polyethens hat eine Dichte von $\varrho = 0{,}92\ \mathrm{g \cdot cm^{-3}}$ und besteht nur zu ca. 45 % aus kristallinen Bereichen. Die Flexibilität, Quellbarkeit und Transparenz sind bei LDPE größer als bei HDPE.
Polyethen, sowohl als HDPE wie auch als LDPE, hat günstige Werkstoffeigenschaften. Hervorragende chemische Beständigkeit gegenüber Säuren, Laugen und verschiedenen Lösemitteln sowie physiologische Unbedenklichkeit zeichnen diesen Thermoplast aus. Aus Polyethen werden u. a. Druckrohre, Folien und Behälter hergestellt.
Die technische Polymerisation von Ethen zu LDPE wird bei einem Druck von 150 bis 300 MPa und einer Temperatur von 150 bis 320 °C durchgeführt. Ethen und der Initiator Sauerstoff durchströmen einen bis zu 100 m langen Rohrreaktor (Abb. 1), der von einem Heiz- bzw. Kühlmantel umgeben ist. Zunächst wird das Gas bis zur Kettenstarttemperatur aufgeheizt, danach muss für Abführung der Reaktionswärme gesorgt werden. In einem Abscheider wird das Polyethen vom Monomer getrennt.

Polyvinylchlorid Polyvinylchlorid (PVC) gehört zu den halogenhaltigen Polymeren (Exp. 1). Es ist zu 90 % amorph, spröde und wird als **Hart-PVC** verwendet. Die Anwesenheit von Halogen bedingt die schwere Entflammbarkeit. Gegenüber unpolaren Lösemitteln, wie Benzin und Mineralölen, sowie gegenüber konzentrierten Säuren und Laugen ist PVC beständig. Chlorkohlenwasserstoffe und aromatische Kohlenwasserstoffe quellen oder lösen den Kunststoff. PVC ist physiologisch indifferent und hat gute elektrische Isoliereigenschaften. Durch Zusatz von Weichmachern erhält man **Weich-PVC** (↑ S. 463).

1 Rohrreaktor zur Gewinnung von Hochdruckpolyethen

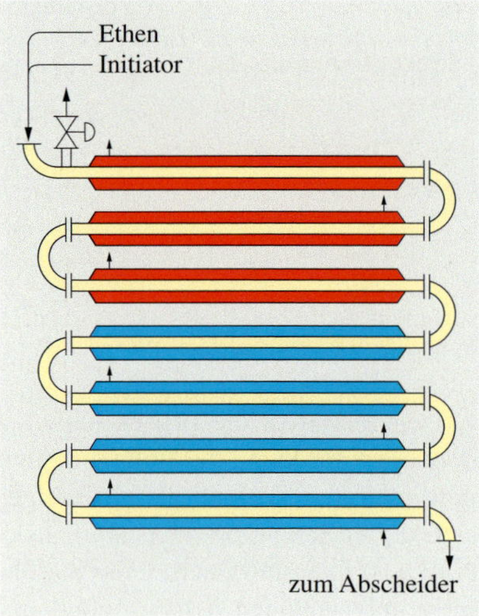

AUFGABEN

1. Erläutern Sie den Zusammenhang zwischen der Struktur und den Eigenschaften bei HDPE und LDPE.
2. Geben Sie einen charakteristischen Strukturformelausschnitt des Acrylnitril-Butadien-Styrol-Mischpolymerisats an.
3. Beim Erhitzen von Stearinkerzen und Polyethen verhalten sich beide Stoffe ähnlich. Begründen Sie diese Tatsache.
4. Polystyrol verbrennt mit rußender Flamme. Wodurch wird das Rußen verursacht?
5. Welches chlorhaltige Zersetzungsprodukt lässt sich in den Rauchschwaden von brennendem PVC mit Universalindikatorpapier nachweisen? Formulieren Sie für den Nachweis eine chemische Gleichung.
6. Der Einsatz von PVC ist sehr umstritten. Recherchieren Sie Vor- und Nachteile dieses Kunststoffs und stellen Sie Ihre Ergebnisse als Poster dar.

Erdöl, Kochsalz und Wasser sind die Rohstoffe für die technische Herstellung von PVC. Das durch Cracken von Erdölfraktionen gewonnene Ethen und das durch Elektrolyse von Kochsalzlösung gewonnene Chlor werden in der „VCM-Synthese" zum Monomer des PVC, dem Chlorethen (Vinylchlorid), umgesetzt. Häufigste Form der PVC-Synthese ist die Suspensionspolymerisation, bei der das in Wasser dispergierte Monomer nach Zugabe von Peroxiden als Initiatoren in einer radikalischen Reaktion polymerisiert. Die kleinen Polymerkügelchen können abgetrennt und weiterverarbeitet werden (↑S. 463).

EXPERIMENT 1
Beilstein-Probe
Abzug! Ein ausgeglühter Kupferdraht wird in die Kunststoffprobe gehalten. Die anhaftende Probe wird erhitzt. Beim Verbrennen des Kunststoffs (GHS02 | 06 | 08 | 07) beobachtet man die Färbung der Flamme.

Tab. 1 Weitere Thermoplaste

Thermoplast	Eigenschaften	Verwendung	
Polypropen (Polypropylen) PP	teilkristallines Polymer, größere Härte und Festigkeit als PE, gute Beständigkeit gegenüber organischen Lösemitteln, Säuren und Laugen, brennt wie PE mit „tropfender" Flamme	Innenausstattung von Pkws, Schutzhelme, Mehrwegverpackungen, Rohrleitungen, Flugzeugmodellbau, in Australien für Geldscheine	
Polystyrol PS	amorphes bis teilkristallines Polymer, hart, aber schlagempfindlich, löslich in unpolaren Lösemitteln, brennt mit stark rußender Flamme	Isolationsmaterial in der Elektrotechnik, Verpackungen, geschäumt als Styropor® oder Styrodur® als Verpackungs- und Wärmedämmmaterial	
Polyamid PA	meist teilkristalline Polymere, hohe Festigkeit und Härte, gute Beständigkeit gegenüber vielen organischen Lösemitteln, Zersetzung durch Säuren und Basen	Spritzgussartikel im Apparatebau, oft Verarbeitung zu Chemiefasern, z. B. Nylon®	
Polyethylenterephthalat PET	teilkristallines Polymer, hohe Bruchfestigkeit und Formbeständigkeit auch bei über 80 °C, undurchlässig für Gase	Getränkeflaschen, Filmmaterial, Video- und Audiobänder, als Chemiefaser („Polyester") für knitterfreie, reißfeste und formbeständige Kleidung, besonders im Sportbereich	
Acrylnitril-Butadien-Styrol-Mischpolymerisat ABS	amorphes Mischpolymer, hohe Oberflächenhärte und Schlagfestigkeit	Gehäuse von Küchenmaschinen und Elektrogeräten, Teile in der Autoindustrie, Getränkekisten, Teile für Musikinstrumente, Spielzeug	

Duroplaste

Duroplaste (Duromere) lassen sich nicht durch Erwärmen plastisch verformen. Sie zersetzen sich erst bei hoher Temperatur. Die Makromoleküle sind engmaschig vernetzt.

Phenoplaste Phenoplaste (PF) gehören zu den ältesten Duroplasten, die man kennt. Das makromolekulare Netzwerk besteht aus Phenolmolekülresten, die durch CH_2-Gruppen (Methylengruppen) verbunden und hauptsächlich auch über solche Brücken vernetzt sind. Die Gebrauchseigenschaften von Phenoplasten können durch Zusätze wie Gesteins- oder Glasmehl, Textilgewebe oder Papierbahnen wesentlich verbessert werden. So entstehen **Phenoplastpressstoffe** und **Phenoplastschichtpressstoffe**. Elektrogeräte, Hartfaserplatten und Schaumstoffe werden aus diesen Phenoplasten gefertigt.
Phenoplaste wurden zunächst unter der Bezeichnung **Bakelit** bekannt. Das geht auf die Arbeiten von L. H. BAEKELAND (1863 bis 1944, belgischer Chemiker, Professor in Gent) zurück, der bereits 1908 ein industrielles Verfahren zur Herstellung von Phenoplasten aus Phenol und Formaldehyd entwickelte (Struktur ↑S. 448).

Weitere Duroplaste Während Pheno- und Aminoplaste stets duroplastische Eigenschaften tragen, hängt die Bildung anderer Kunststoffe mit duroplastischen Eigenschaften von der Struktur der Ausgangsstoffe ab. So können duroplastische Polyester und duroplastische Polyamide entstehen, wenn die Ausgangsstoffe über mindestens drei funktionelle Gruppen verfügen. Auch wenn die Monomere oder die entstehenden Makromoleküle noch über zusätzliche Doppelbindungen verfügen, kann durch deren Aufspaltung eine Vernetzung erfolgen.

Tab. 1 Aminoplaste und vernetzte Polyesterharze

Aminoplaste	Eigenschaften: harte und meist bruchfeste, nicht brennbare Kunststoffe; beständig gegenüber vielen organischen Stoffen, aber unbeständig gegenüber Laugen und starken Säuren; Verwendung: Einsatz als Klebstoff in der Holzverarbeitung, für Automobilteile und Haushaltsgeräte
Vernetzte Polyesterharze	Eigenschaften: harte, glasklare bis trübe Kunststoffe; Verwendung: Nutzung für hitzebeständige Teile von Elektro- und Haushaltsgeräten, Apparategehäuse (Kameras, Computer), Windräder

EXPERIMENT 2
Brennprobe
Abzug! Die Kunststoffprobe wird mit einer Tiegelzange in die kleine Flamme des Brenners gehalten. Außerhalb der Flamme wird das Brennverhalten beobachtet. Vorsicht beim Abtropfen brennender Teile!

EXPERIMENT 3
Identifizierung verschiedener Kunststoffe
Abzug! Mit PE, PP, PS, PVC und PA werden folgende Experimente durchgeführt:
a) Beilstein-Probe (↑Exp. 1, S. 457, identifiziertes PVC nicht weiterverwenden)
b) Brennprobe (↑Exp. 2)
c) Ritzprobe mit dem Fingernagel (Unterscheidung PE und PP)
d) Die Stoffprobe wird im Reagenzglas erhitzt und die entweichenden Dämpfe (GHS02|06|08|05|07) werden mit feuchtem Indikatorpapier geprüft.

1 Die Rotorblätter von Windkraftanlagen bestehen aus glasfaserverstärktem Polyesterharz (Fiberglas).

Elastomere

Polymere mit elastischen Eigenschaften werden **Elastomere** genannt. Die Gebrauchstemperatur der Elastomere liegt oberhalb ihrer Glastemperatur. Sie bestehen aus weitmaschig vernetzten Makromolekülen. Die elastische Verformung von Elastomeren bezeichnet man als **Entropie-Elastizität**:
Im ungedehnten Zustand nehmen die Makromoleküle bevorzugt eine Knäuelgestalt (Zustand hoher Entropie) ein. Durch Krafteinwirkung werden die Makromoleküle gestreckt (Abnahme der Entropie). Die Makromoleküle verlassen allerdings beim Dehnen nicht völlig ihre Position, weil sie vernetzt sind (Abb. 2). Da ein Zustand höherer Entropie begünstigt ist, nimmt das Elastomer nach Beenden der Krafteinwirkung wieder den Ausgangszustand ein.

Natürlicher und synthetischer Kautschuk Manche Pflanzen sind in der Lage, in ihrem Stoffwechsel 2-Methylbuta-1,3-dien (Isopren) zu synthetisieren und dieses auch zu polymerisieren. Diesen Rohstoff kann man durch Einritzen der Rinde von Gummibäumen als Latex, einer Emulsion mit Wasser, gewinnen.
Als Ausgangsstoff zur Gummiherstellung wird heute nicht nur dieser begrenzt elastische (viskoelastische) Naturkautschuk, sondern vor allem synthetischer Kautschuk verwendet. Vom insgesamt produzierten synthetischen Kautschuk entfallen 80 % auf ein Copolymer aus **Styrol** und **Buta-1,3-dien**, Kurzzeichen **SBR** (engl. styrene butadiene rubber). Ein kleinerer Teil des synthetischen Kautschuks besteht nur aus dem Polymer Polybutadien.

Herstellen von Gummi durch Vulkanisation Durch Aufspaltung der Doppelbindungen in den Kautschukmolekülen kommt es zu einer Vernetzung der einzelnen Ketten. Durch Zusatz von Schwefel entstehen auf diese Weise Schwefelbrücken (Abb. 3). Bei diesem als **Vulkanisation** bezeichneten Verfahren kann durch die Menge des zugesetzten Schwefels die Elastizität des Gummis beeinflusst werden, sodass Weich- und Hartgummiarten erzeugt werden können.

3 Struktur eines vulkanisierten SBR-Kautschuks (Ausschnitt)

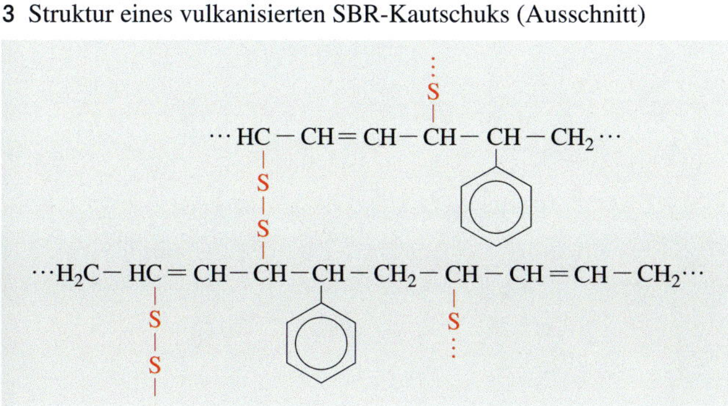

2 Elastomer ohne (links) und mit Zugbelastung (rechts)

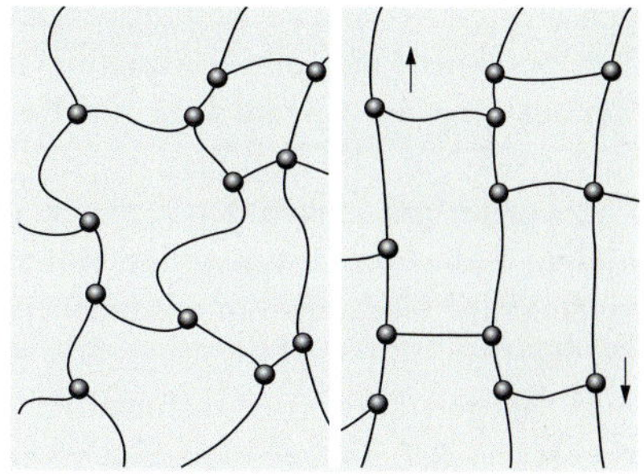

Tab. 2 Zusatzstoffe bei der Vulkanisation

Stoff	Funktion
Vulkanisationsverzögerer und -beschleuniger	Verbesserung der mechanischen Eigenschaften
Pigmente	Farbgebung
Weichmacher	Verringerung der Härte
Antioxidanzien	Schutz vor Sauerstoff und Ozon
Puder (auf der Oberfläche)	Verhinderung des Verklebens

AUFGABEN

1 Geben Sie einen charakteristischen Strukturformelausschnitt für die folgenden Duroplaste an:
a ein Aminoplast, hergestellt aus Harnstoff und Methanal
b ein Polyester, hergestellt aus Propan-1,2,3-triol (Glycerin) und Butandisäure
2 Erläutern Sie die Vorgänge bei der elastischen Verformung von Elastomeren. Welche Bewegung der Makromoleküle führt zur gestreckten Molekülstruktur?

Polyurethane – die Alleskönner

Polyurethane als Thermoplaste, Duroplaste und Elastomere

Keine andere Gruppe synthetischer Polymere weist in ihren Eigenschaften eine solche Vielfalt auf wie die **Polyurethane (PUR)**. Ihre Struktur kann durch Variation der Ausgangsstoffe, z. B. Veränderung der Anzahl funktioneller Gruppen in den Monomermolekülen, so beeinflusst werden, dass sich unverzweigte, verzweigte und mehr oder weniger vernetzte Makromoleküle bilden. Lässt man zweiwertige (bifunktionelle) Alkohole und zweiwertige Isocyanate miteinander reagieren, entstehen lineare Polyurethane mit thermoplastischen Eigenschaften. Verwendet man dagegen dreiwertige (trifunktionelle) Alkohole und dreiwertige Isocyanate, bilden sich stark verknüpfte Polyurethane bzw. Duroplasten (Tab. 1).

Tab. 1 Vielfältigkeit von Polyurethanen

Polyolfunktionalität	Polyisocyanatfunktionalität	Verwendung des Polyurethans
bifunktionell	bifunktionell	als Thermoplaste
tri- und mehrfunktionell	bifunktionell	als Elastomere, Gießharze, Schaumstoffe, Lacke, Klebstoffe
bifunktionell	tri- und mehrfunktionell	für Beschichtungs- und Klebstoffsysteme
tri- und mehrfunktionell	tri- und mehrfunktionell	als Bindemittel in Lösemittellacken

1 Fußball aus Polyurethan

2 Armaturenbrett aus Polyurethan

ZUSAMMENFASSUNG

Die zwischen Makromolekülen bestimmter chemischer Zusammensetzung wirkenden zwischenmolekularen Kräfte sind bestimmend für die **übermolekulare Struktur** eines Polymers, den Anteil an **kristallinen** und **amorphen** Bereichen. Die übermolekulare Struktur bewirkt insbesondere die physikalischen Eigenschaften des Polymers. Dabei ist nicht nur die Struktur der Makromoleküle von Bedeutung, sondern auch ihre Größe und chemische Zusammensetzung sowie Art und Anteil von Zusatzstoffen im Polymer. Nach ihren thermischen und mechanischen Eigenschaften werden feste Polymere in **Thermoplaste, Duroplaste und Elastomere** eingeteilt.

Thermoplaste

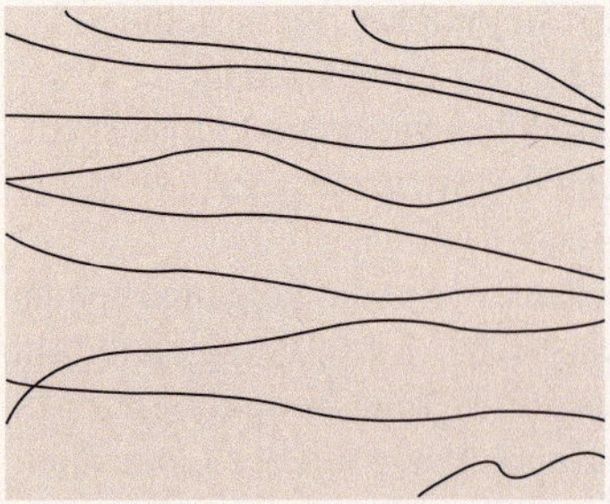

Duroplaste

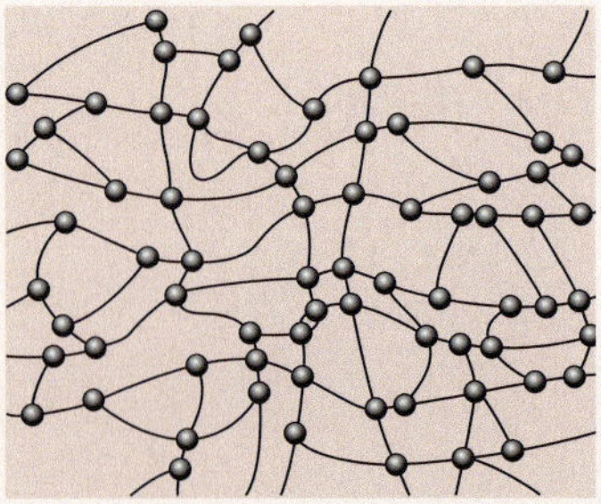

Elastomere

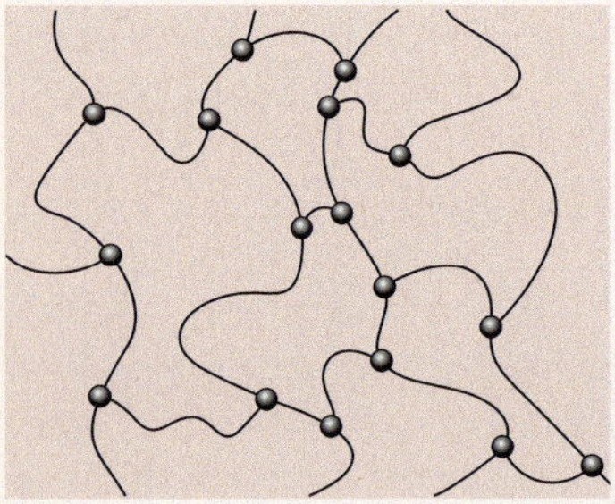

Technik

Klebstoffe

Klebstoffe in der Raumfahrt Viele Raketenteile werden geklebt: aus Kosten- und Gewichtsgründen, aber auch wegen der Sicherheit. Im All prallen ständig Staubteilchen auf den Hitzeschild der Rakete und können zu gefährlichen Rissen führen. Forscher der Universität Illinois entwickelten deshalb ein neues, selbst heilendes Material: Es ist mit Hunderten von Mikrokapseln gefüllt, die einen flüssigen Reaktionsklebstoff enthalten. Wenn die Kapseln zerbrechen, tritt das Monomer Dicyclopentadien mit einem Katalysator in Kontakt und polymerisiert binnen weniger Stunden. So entsteht ein vernetzter Kunststoff, der eine Schutzschicht ähnlich einem Wundschorf bildet.

Warum Kunststoffe? Kleben beruht auf der Haftung des Klebstoffs auf der Oberfläche (**Adhäsion**) und dem inneren Zusammenhalt des Klebstoffs selbst (**Kohäsion**). Je größer die Berührungsfläche zwischen zwei Molekülen ist, desto stärker sind auch die zwischenmolekularen Kräfte. Deshalb bilden gerade Makromoleküle starke kohäsive und adhäsive Wechselwirkungen aus (Abb. 2).

Tab. 1 Beispiele für physikalisch und chemisch aushärtende Klebstoffe

Bezeichnung (Beispiel)	Art des Aushärtens	Verwendung
Schmelzklebstoffe (Klebesticks für Klebepistolen)	Erstarren der Schmelze	Verpackungen, Textilien und Schuhe
Lösemittelklebstoffe (Alleskleber)	Verdunsten der Lösemittel	Hausgebrauch, Druckartikel
Dispersionsklebstoffe (Holzleim)	Verdunsten von Wasser	Möbel, Verpackungen
Polycyanacrylatklebstoffe (Sekundenkleber)	Polymerisation	Kleinteile, Gläser, Sprühverbände
Polyurethanklebstoffe (Zwei-Komponenten-Kleber)	Polyaddition	Autokarosserien

1 Polymerisation von Dicyclopentadien

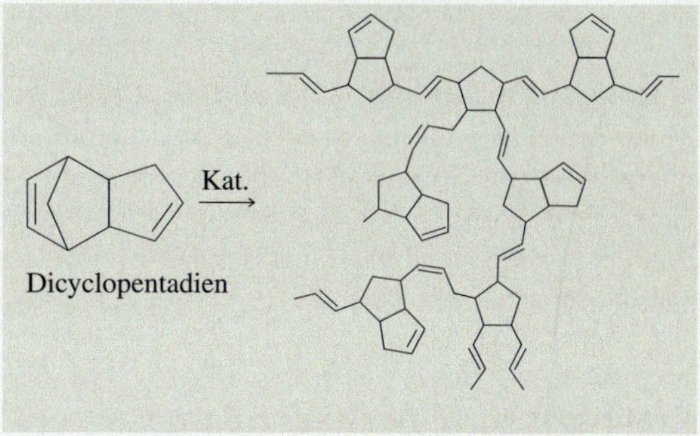

2 Kleben: Adhäsion (rot) und Kohäsion (blau)

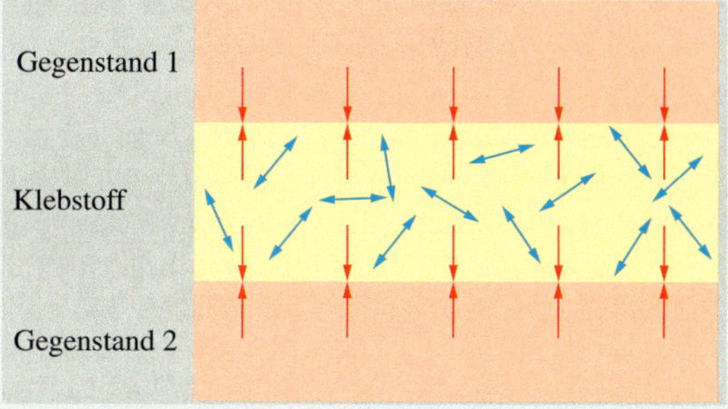

Technik des Klebens Damit ein Klebstoff auf einer Oberfläche haftet, muss er sie möglichst vollständig benetzen. Deshalb werden Klebstoffe meist flüssig appliziert. Ein fester Haftverbund entsteht erst, wenn der Klebstoff aushärtet. **Physikalisch aushärtende Klebstoffe** enthalten bereits makromolekulare Stoffe. Sie werden als Lösungen, Dispersionen oder Schmelzen aufgebracht und härten aus, sobald der Klebstoff trocknet bzw. abkühlt. Bei **chemisch aushärtenden Klebstoffen**, sogenannten Reaktionsklebstoffen, wird das Polymer erst bei der Verarbeitung synthetisiert.
Dank der Vielfalt an Klebetechniken kann inzwischen für praktisch jedes Material der optimale Klebstoff entwickelt werden (Tab. 1).

AUFGABE

1 Vergleichen Sie physikalisch und chemisch aushärtende Klebstoffe an Beispielen.

Vom Polymer zum gebrauchsfertigen Kunststoff

Maßgeschneiderte Polymere Eine genaue Kenntnis der Struktur-Eigenschafts-Beziehungen eines Polymers ist erforderlich, um gezielt einen Kunststoff für spezielle Einsatzgebiete herzustellen. Das ist im vollen Maße auch heute noch nicht möglich. Dennoch sind in vielerlei Hinsicht die Erfolge bereits verblüffend. Molekulare, eigenschaftsbestimmende Größen, wie Makromolekülstruktur und Molekülgröße, die Beweglichkeit der Makromoleküle, die chemische Zusammensetzung sowie die übermolekulare Struktur des Polymers können gesteuert werden: über die Ausgangsstoffe, die Art der Reaktionsführung und Weiterverarbeitung sowie über Zusätze wie Weichmacher oder Treibmittel (Tab. 1).

Tab. 1 Zusatzstoffe in Kunststoffen am Beispiel PVC

Zusatzstoff	Durchschnittlicher Anteil
Weichmacher	30 %
Füllstoffe	30 %
Hilfsstoffe	5 %
Farbstoffe	2 %
Hitzestabilisatoren	2 %
Gleitmittel	0,5 %

Beeinflussung der Eigenschaften von Kunststoffen durch Zusatzstoffe

Schaumstoffe Struktur und Eigenschaften von Schaumstoffen werden u. a. maßgeblich durch die Art des Treibmittels bestimmt. 80 % aller weltweit hergestellten Polyurethane sind Schaumstoffe. **Hartschaumstoffe** aus PUR bestehen aus eng vernetzten Makromolekülen und gehören zu den duromeren Werkstoffen. Sie werden aus kurzkettigen Polyolen und Polyisocyanaten hergestellt, die zusätzliche Verknüpfungsmöglichkeiten aufweisen. Als Treibmittel für die Schaumbildung dient häufig eine niedrigsiedende organische Flüssigkeit. Da das Treibgas in den geschlossenen Zellen verbleibt, erhält das Material aufgrund der geringen Wärmeleitfähigkeit des Treibgases hervorragende Wärmeisolationseigenschaften. Dies ermöglicht eine Verwendung von **Polyurethan-Hartschaum** beim Bau von Kühlräumen und Rohrisolierungen.

Polyurethan-Weichschaumstoffe sind wenig vernetzt. Die Schaumbildung erfolgt durch Kohlenstoffdioxid, das durch zugesetztes Wasser aus dem Polyisocyanat abgespalten wird (↑ S. 452). Zum Ende der chemischen Reaktion steigt durch zunehmende Vernetzung der Moleküle der Gasdruck in den Poren des Schaumstoffs so an, dass diese platzen und das Kohlenstoffdioxid entweicht. In Abhängigkeit von der Struktur der Ausgangsstoffe lassen sich Polyurethan-Weichschaumstoffe mit unterschiedlicher Dichte, Elastizität und verschiedenen Weichheitsgraden herstellen. Die offenporige Struktur verleiht den Weichschaumstoffen auch schallschluckende Eigenschaften. Weichschaumstoffe werden in der Schallisolationstechnik eingesetzt.

Einige PUR-Schäume können das bis zu 100-Fache ihrer Eigenmasse an Flüssigkeit aufzunehmen. Sie werden z. B. erfolgreich zur Bekämpfung von Ölhavarien auf See oder bei Verschmutzungen im Grundwasser eingesetzt. Ein besonderer Vorteil ist, dass der Kunststoff erst am Einsatzort durch Reaktion der Ausgangsstoffe erzeugt wird.

1 Einfluss von Weichmachern auf die Ausbildung kristalliner Bereiche

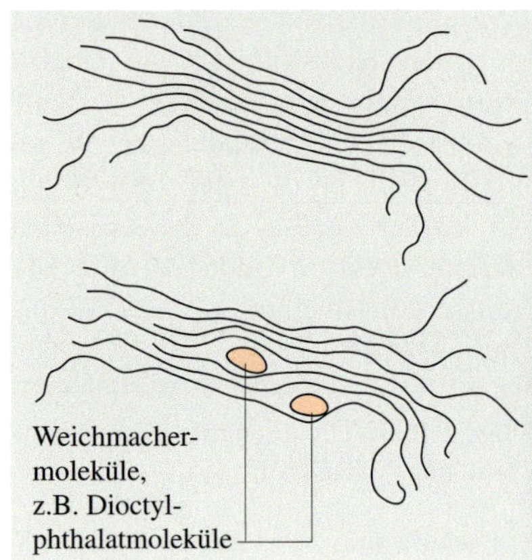

2 Wärmedämmung verschiedener Dämmstoffe im Vergleich

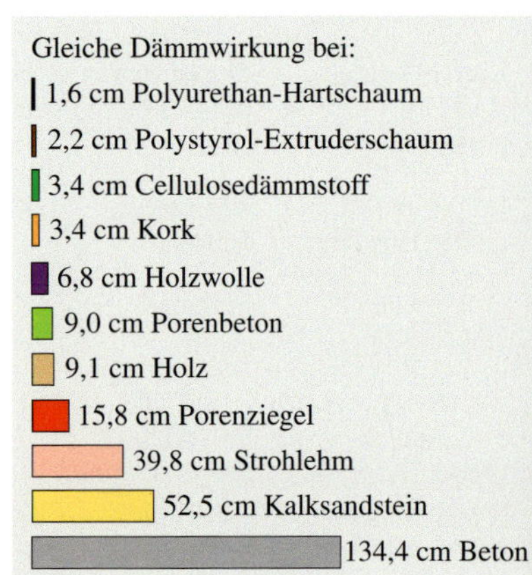

Weichmacher in Kunststoffen Durch den Zusatz von **Weichmachern** bei der Herstellung von Polyvinylchlorid erhält man Weich-PVC. Die Moleküle des Weichmachers verringern die zwischenmolekularen Kräfte in den Makromolekülen (Abb. 1), setzen dadurch die Erweichungstemperatur herab und machen den Kunststoff weich und schmiegsam.
Ein viel verwendeter Weichmacher ist Dioctylphthalat. Durch die aufgelockerte Anordnung der Makromoleküle wird die chemische Beständigkeit im Weich-PVC herabgesetzt. Durch Lösemittel kann der Weichmacher herausgelöst werden (Exp. 1).
Die gesundheitlichen Risiken beim Einsatz von Weichmachern führen seit einigen Jahren zu neuen Regelungen für deren Einsatz. So hat die Europäische Union den Einsatz bestimmter Weichmacher in Kinderspielzeug verboten.

3 Baby mit Spielzeug im Mund

EXPERIMENT 1
Herauslösen des Weichmachers
Abzug! Ein Stück Weich-PVC wird im Reagenzglas mit Methanol (GHS02|06|08) übergossen, erwärmt und anschließend getrocknet.

Verarbeitung von Kunststoffen

Duroplaste und Elastomere Durch die fehlende bzw. eingeschränkte thermische Verformbarkeit müssen diese Kunststoffe in der Form hergestellt werden, die sie letztlich haben sollen.

Thermoplaste Das in Pulver- oder Granulatform hergestellte Polymer kann durch verschiedene technische Verfahren unter Aufschmelzen zum fertigen Produkt verarbeitet werden. Wichtige Verfahren sind das Extrudieren und das Kalandrieren.
Beim **Extrudieren** (Abb. 4) wird das Polymer zusammen mit allen Zusatzstoffen in den Extruder gefüllt. Unter Erwärmung und erhöhtem Druck wird das Gemisch durch eine Schneckenwelle vorwärtsbewegt und dabei verflüssigt. Das nun homogene Gemisch fließt durch eine Öffnung in ein formgebendes Werkzeug (lat. extrudere – herausziehen).

4 Extruder

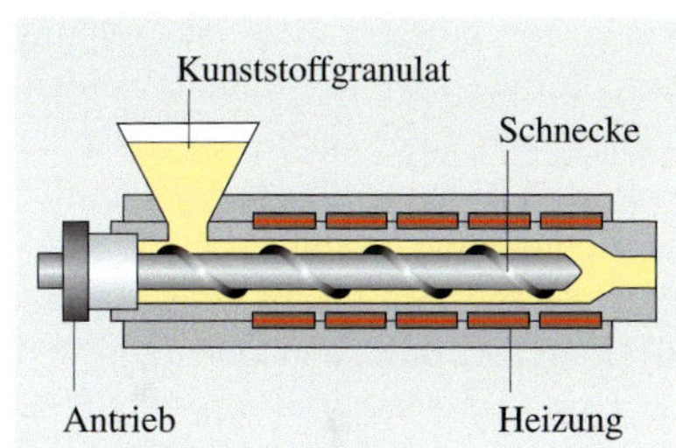

Tab. 2 Einige Verfahren der Verarbeitung thermoplastischer Kunststoffe

Strangpressen	Spritzgießen	Blasformen	Folienblasen
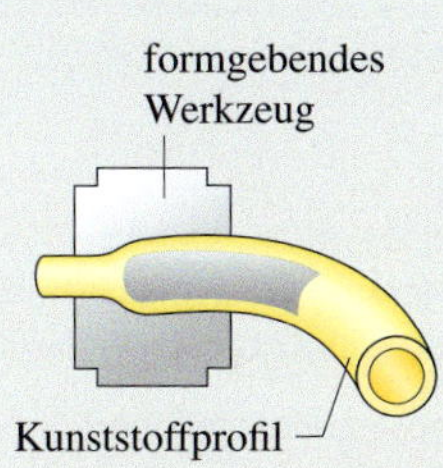	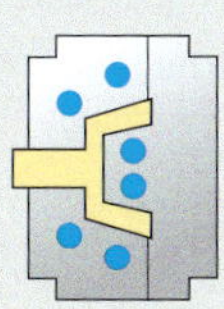	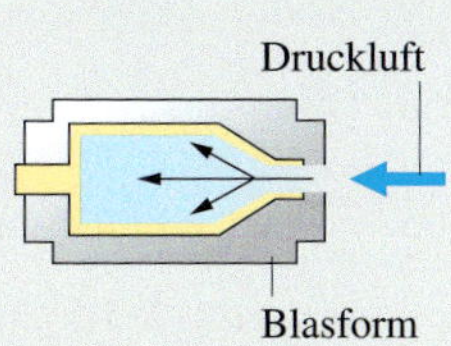	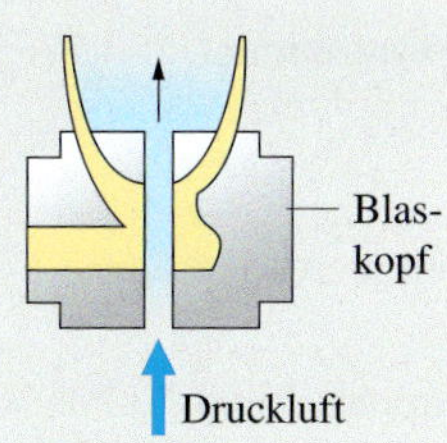
Die durch eine Düse austretende Kunststoffmasse wird zu einem Strang oder Rohr gepresst.	An den Extruder wird als Werkzeug eine Hohlform angeschlossen, aus der nach dem Öffnen das fertige Kunststoffteil fällt.	Druckluft wird in ein formgebendes Werkzeug eingeblasen und die Kunststoffmasse kleidet die Innenwandung des Werkstücks in der vorgegebenen Form aus.	Zur Herstellung von Folien gelangt die Kunststoffmasse mit Druckluft in den Blaskopf und erstarrt als wachsender Schlauch, der über Walzen aufgewickelt wird.

Beim **Kalandrieren** wird das Gemisch aus Polymer und Zusatzstoffen zwischen beheizten Walzen entlanggeführt, wodurch es schmilzt und durch den Druck der Walzen in Form gebracht wird (Abb. 1). Auf diese Weise lassen sich vor allem Folien und Beschichtungen herstellen.

Chemiefasern Chemiefasern sind Polymere mit sehr hoher Kristallinität. Prinzipiell lassen sich alle Thermoplaste zu Fasern verarbeiten. Nicht jedes Polymer hat als Faser dann aber auch optimale Eigenschaften. So spielt die erste Chemiefaser, damals aus PVC hergestellt, heute keine Rolle mehr.
Zu den Chemiefasern zählt man nicht nur die rein synthetisch hergestellten Polymere. Es gibt auch Fasern, die durch chemische Bearbeitung oder Modifizierung natürlicher Materialien entstanden sind. So bestehen **Viskose**-Fasern ebenso wie Baumwolle aus Cellulose, werden aber durch ein spezielles Verfahren aus dem Zellstoff verschiedener Holzarten gewonnen. Fasern aus **Celluloseacetat** entstehen durch Veresterung der Hydroxygruppen der Cellulose mit Essigsäure (↑ S. 386 f.).
Zur Herstellung einer Faser wird das gelöste oder verflüssigte Polymer durch sehr feine Öffnungen einer Spinndüse gepresst (Abb. 2). Nach dem Austritt erstarren die feinen Fäden, werden zu Filamentgarnen zusammengefasst und anschließend verstreckt, um eine parallele Ausrichtung der Moleküle zu erreichen. Für die Textilherstellung werden dann Tausende von Filamentgarnen zu Kabeln vereinigt und auf die Länge von Woll- und Baumwollfasern geschnitten.
Durch moderne Spinnverfahren können **Mikrofasern** hergestellt werden. Sie haben eine Masse von weniger als 1 g pro 10 000 m (< 1 dtex) und sind damit feiner als Seide. Ähnlich einer Goretex®-Membran aus PTFE sind Kleidungsstücke aus Mikrofasern in der Lage, das Eindringen von Wasser durch die Kleidung auf die Haut zu verhindern, den beim Schwitzen entstehenden Wasserdampf jedoch nach außen zu transportieren.

1 Kalandrieren

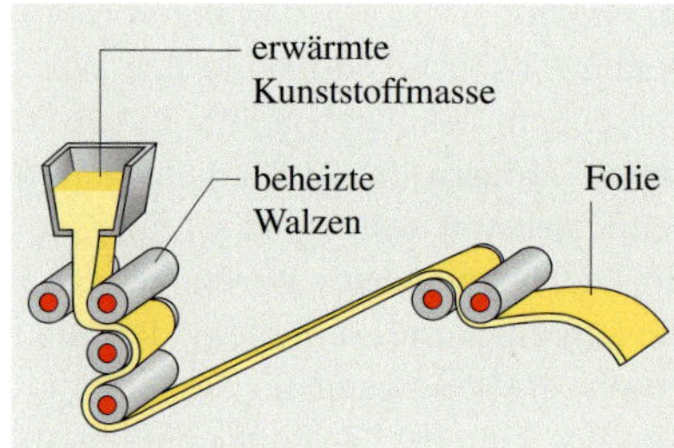

2 Schmelzspinnverfahren

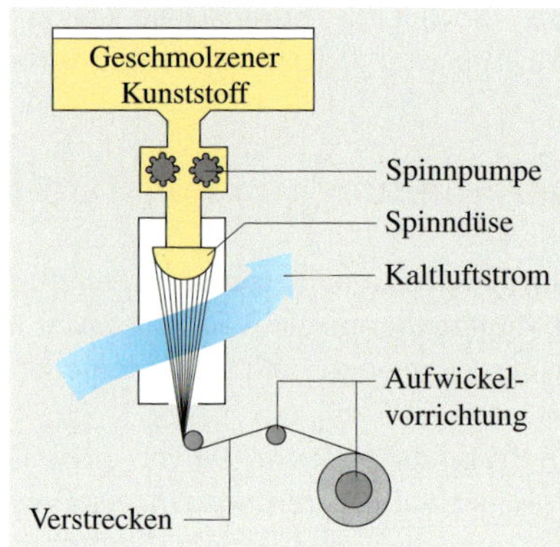

AUFGABE

1 Aramide sind aromatische Polyamide. Beispielsweise werden Kevlar®-Fasern aus 1,4-Dicarboxybenzol und 1,4-Diaminobenzol hergestellt. Begründen Sie die enorme Festigkeit dieser Fasern.

Tab. 1 Wichtige Chemiefasern

Bezeichnung	Chemische Struktur	Verwendung (Beispiele)
Viskose	reine Cellulosefaser	Textilien und nichttextiler Bereich (Putztücher, Schwämme)
Celluloseacetat	mit Essigsäure veresterte Cellulosefaser	bedeutendste Form der Kunstseide (Regenschirme, Hemden, Mantelinnenfutter, Damenunterwäsche)
Nylon®, Perlon®	Polyamidfasern (PA)	Oberbekleidung, Strumpfhosen, Unterwäsche, Badebekleidung, Seile, Fallschirme
Trevira®	Polyesterfaser (PES)	Anzüge, Kostüme, Kleider, Bettwäsche, Gardinen, Segel, Fleece-Produkte
„Polyacryl“, Dralon®, Orlon®	Polyacrylnitrilfasern (PAN)	in Mischgeweben für Pullover, Decken und Pelzimitate
Elastan	Block-Copolymer aus einem Polyurethan (PUR) und einem Polyester (PES)	für elastische Bekleidung, wie Sport- und Badebekleidung, Unterwäsche, Strümpfe

Verbundwerkstoffe Zur Verbesserung der Eigenschaften von Gebrauchsgegenständen können verschiedene Materialien kombiniert werden, wobei synthetische Polymere eine entscheidende Rolle spielen. Größte Gruppe unter den Verbundwerkstoffen sind dabei die **Faserverbundstoffe**.
Der Einsatz faserverstärkter Kunststoffe erhöht Festigkeit und Elastizität des Materials. Neben organischen Natur- und organischen Kunstfasern kommen auch anorganische Fasern wie Glas- und Keramikfasern zum Einsatz. Eine Zwischenstellung nehmen die Kohlenstofffasern (Carbonfasern) ein, da sie zwar aus einem organischen Polymer erzeugt, nach der Pyrolyse jedoch eine graphitähnliche Struktur besitzen.
Die in der Matrix eingebetteten Fasern haben eine höhere Steifigkeit und leiten die auf das Material wirkenden Kräfte ab. So wird die Aramidfaser Kevlar® nicht nur in sogenannten schusssicheren Westen genutzt, sondern im Verbund mit Epoxidharzen auch beispielsweise zur Herstellung von Sturzhelmen, verschiedenen Sportgeräten (z. B. Surfbrettern) oder auch als Panzerungen für Fahrzeuge.
Eine weitere Gruppe, die **Schichtverbundstoffe**, werden auch als Laminate und ihre Herstellung als Laminieren bezeichnet. Im einfachsten Fall werden Druckerzeugnisse durch eine Kunststoffschicht geschützt, wie z. B. der Personalausweis. Mit der Herstellung von Fußbodenplatten ergibt sich die Möglichkeit eines preiswerten Parkett-Imitats.

Funktionale Polymere Manche Polymere kommen als formlose Wirkstoffe zur Anwendung, deren Anwesenheit meist nicht auf den ersten Blick ersichtlich ist, deren Effekte aber für ein Produkt von entscheidender Bedeutung sind. Etwa 40 neutrale, anionische und kationische Polymere stellen die Grundlage für die Synthese der häufigsten funktionalen Polymere dar. Diese sind als Homo- oder Copolymere in Wasch-, Hygiene- und Reinigungsmitteln, in Pharmaka, Klebstoffen (↑S. 461) oder Baumaterialien zu finden. Auch bei der Papier- und Textilherstellung sind sie von Bedeutung (↑Tab. 1, S. 466).

EXPERIMENT 3
Tablettenüberzüge
Vier Petrischalen werden mit folgenden Lösungen befüllt:
I und II: Salzsäure ($c = 0{,}1\ \text{mol} \cdot \text{l}^{-1}$)
III: Leitungswasser
IV: Natriumhydroxidlösung ($c = 0{,}01\ \text{mol} \cdot \text{l}^{-1}$)
Zeitgleich gibt man in die Petrischale I eine „normale" Tablette mit dem Wirkstoff Acetylsalicylsäure (z. B. Aspirin®) und in die Petrischalen II, III und IV je eine Tablette mit dem gleichen Wirkstoff, aber mit einem Kunststoffüberzug (z. B. Aspirin® protect). Man beobachtet den zeitlichen Verlauf des Auflösens.

3 Ohne glasfaser- bzw. kohlenstofffaserverstärkte Kunststoffe wären die heutigen Bestleistungen von über 6 Metern Sprunghöhe nicht möglich.

EXPERIMENT 2
Wirkung eines Superabsorbers
Ein Becherglas wird mit 300 ml destilliertem Wasser, ein zweites mit 300 ml Leitungswasser, ein drittes mit 300 ml Kochsalzlösung ($w = 2\,\%$) befüllt. In jedes Becherglas werden je 2,5 g des Superabsorbers eingerührt und das Quellverhalten beobachtet.

AUFGABEN
1 Begründen Sie, weshalb sich das Ethylacrylat-Methacrylsäure-Copolymer auf einer Tablette im basischen Milieu des Darms recht schnell auflöst (Exp. 3; ↑S. 467).
2 Geben Sie die Namen und Formeln der Monomere an, aus denen das Superabsorbermolekül aufgebaut ist (↑S. 466).
3 Soil-Release-Polymere werden in Waschmitteln verwendet und lagern sich beim Waschen auf der Faseroberfläche an. Beim nachfolgenden Tragen erschweren sie die Anheftung von Schmutz. Ein solches Polymer kann aus Glykol und 1,4-Dicarboxybenzol hergestellt werden. Formulieren Sie eine chemische Gleichung für diese Polymerbildung und ordnen Sie die Reaktion einem Polyreaktionstyp zu.

Tab. 1 Beispiele für funktionale Polymere

Farbübertragunginhibitoren in Waschmitteln
z. B. Vinylpyrrolidon-Vinylimidazol-Copolymere

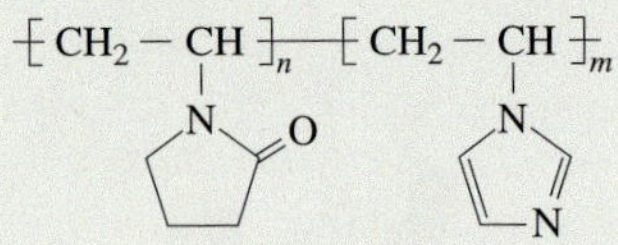

1 Ohne Farbübertragungsinhibitor gewaschenes, vorher weißes T-Shirt. Farbübertragungsinhibitoren bilden beim Waschen Komplexe mit abgelösten Farbstoffmolekülen und verhindern so eine Verfärbung der anderen Kleidungsstücke.

Inkrustationsinhibitoren
z. B. Acrylsäure-Maleinsäure-Copolymere

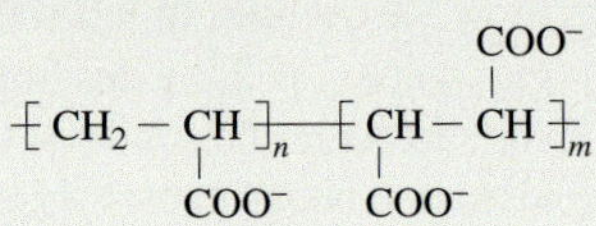

2 Inkrustationsinhibitoren verhindern die Bildung von Kristallen aus Calcium- und Magnesiumcarbonat. Sie schützen so die Waschmaschine vor Verkalkung und die Wäsche vor Vergrauung.

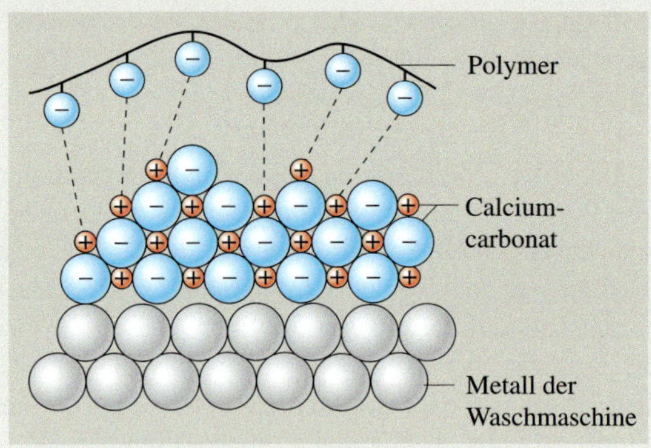

Superabsorber, z. B. in Windeln
z. B. Natriumacrylat-Acrylsäure-Copolymere

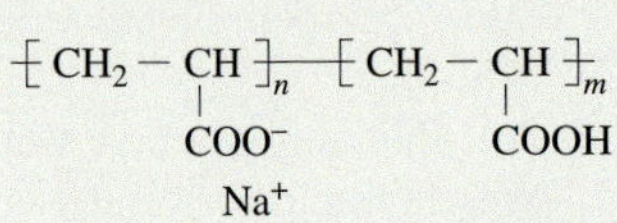

3 Superabsorber können das bis zu 1000-Fache ihrer Eigenmasse an Flüssigkeit aufnehmen. Die Flüssigkeitsaufnahme erfolgt durch osmotischen Druck, bis dieser durch die Kräfte der gedehnten Polymerfasern kompensiert wird.

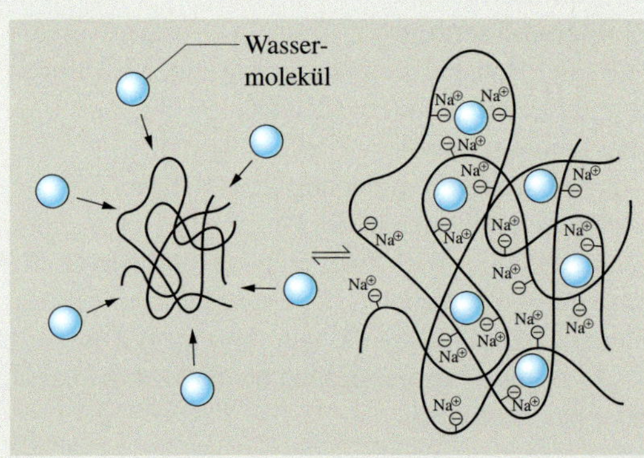

Überzüge auf Tabletten
z. B. Ethylacrylat-Methacrylsäure-Copolymere

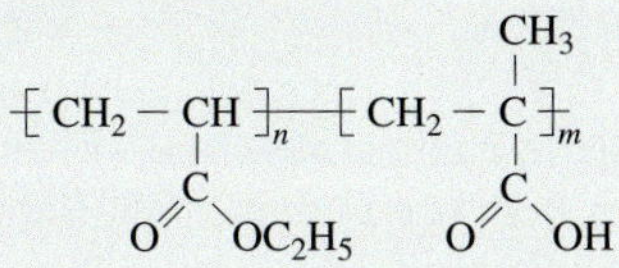

4 Magensaftresistente Tabletten verhindern ein Auflösen von Tabletten im sauren Milieu des Magens.

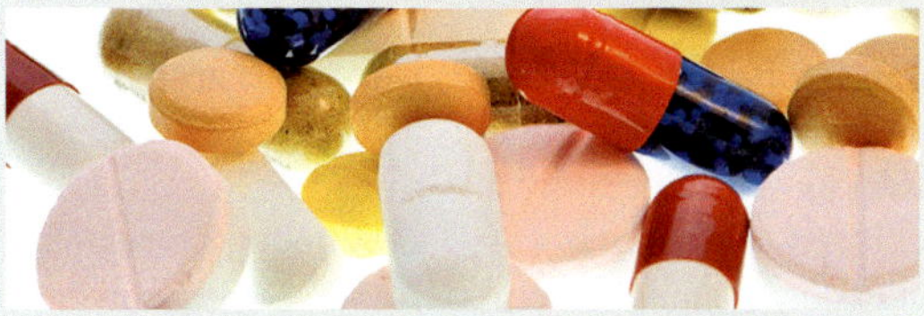

Filmbildner in Haarsprays und Haargelen
z. B. Vinylpyrrolidon-Vinylacetat-Copolymere

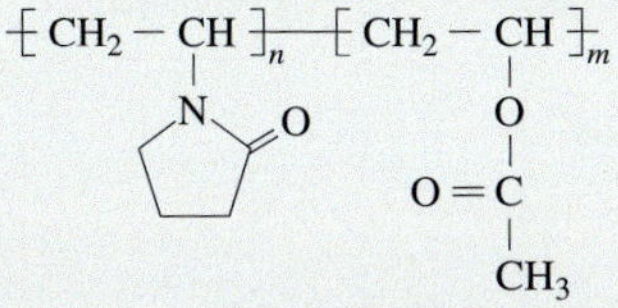

5 Haarsprays und Haargele benetzen die Kontaktstellen zwischen den Haaren. Nach Verdunstung des Lösemittels entsteht ein dünner Polymerfilm.

Flockungsmittel bei der Abwasserreinigung
z. B. kationisch modifizierte Polyacrylamide

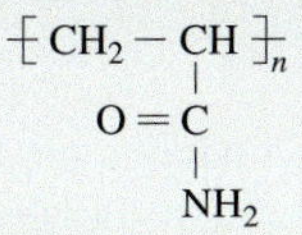

6 Flockungsmittel ermöglichen im Klärwerk eine bessere Abtrennung der Schmutzteilchen vom Wasser. Durch Brückenbildung kommt es zu einer Koagulation der Schmutzteilchen.

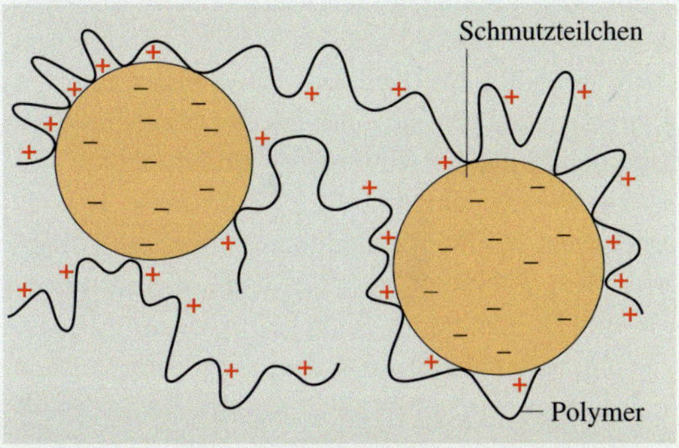

Betonflussmittel
z. B. Polycarboxylatether

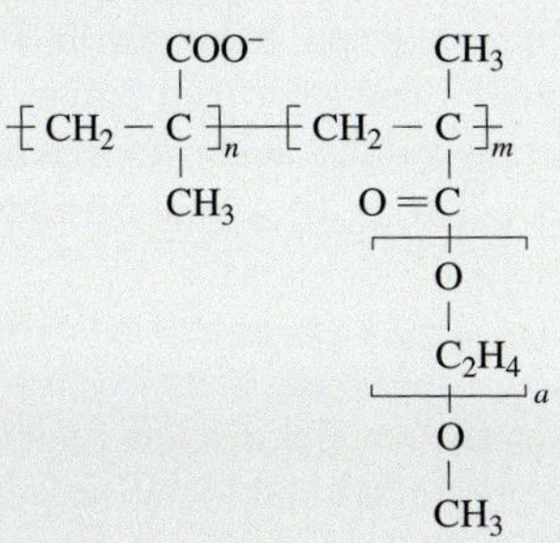

7 Betonflussmittel sorgen für eine Verflüssigung von Beton, ohne dass allzu viel Wasser zugesetzt werden muss. Sie vermindern die Reibung zwischen den Betonbestandteilen und lassen diese wie durch ein Schmiermittel aneinander vorbei gleiten.

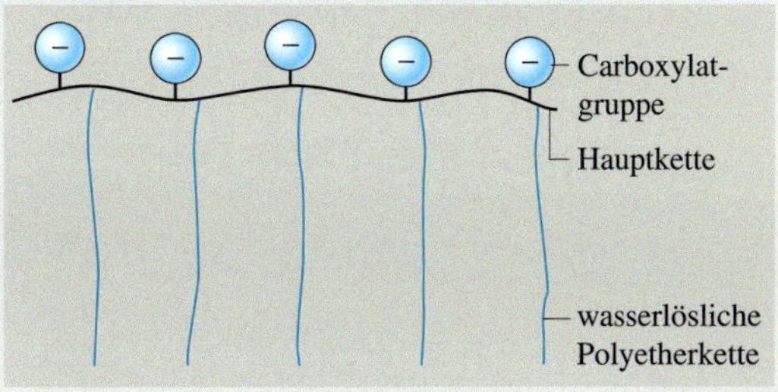

Forschung

Elektrisch leitfähige Kunststoffe

Kunststoffe als Isolatoren Bei Kunststoffen vertrauen wir im Alltag auf eine elektrische Isolationswirkung. Fast überall, wo wir uns vor Stromschlag schützen, treffen wir auf Bauteile aus Kunststoff. Steckdosen sind nur ein Beispiel. Bereits in den 1970er Jahren gelang jedoch die Entwicklung eines elektrisch leitfähigen Kunststoffs auf Basis von Polyethin. Die Anwendungen dieser neuen Materialklasse sind vielfältig und reichen von organischen Transistoren für Mikroprozessoren bis hin zu Leuchtdioden, sogenannten OLEDs, und zu Farbdisplays von Handys. Die Kunststoffe sind leichter und billiger als metallische Werkstoffe und zudem biegbar. Ein aufrollbarer Fernseher für unterwegs ist jetzt vorstellbar.

Elektrisch leitfähige Kunststoffe Der elektrische Stromfluss beruht auf der gerichteten Bewegung von Ladungsträgern. Dabei kann es sich um Elektronen handeln, die sich in einem Metall frei bewegen. Die Ladungsträger können aber genauso delokalisierte Elektronen in einem organischen Makromolekül sein. Beim Anlegen einer äußeren Spannung wandern sie entlang der Molekülkette. Elektrisch leitfähige Kunststoffe sind demnach wie Metalle Elektronenleiter. Ihre strukturelle Besonderheit liegt in einem ausgedehnten System konjugierter Doppelbindungen. Hier wechseln sich Einfach- und Doppelbindungen regelmäßig ab (Abb. 1). In solchen Systemen sind die π-Elektronen über einen großen Molekülbereich verteilt und deshalb frei beweglich.

1 Wichtige leitfähige Polymere

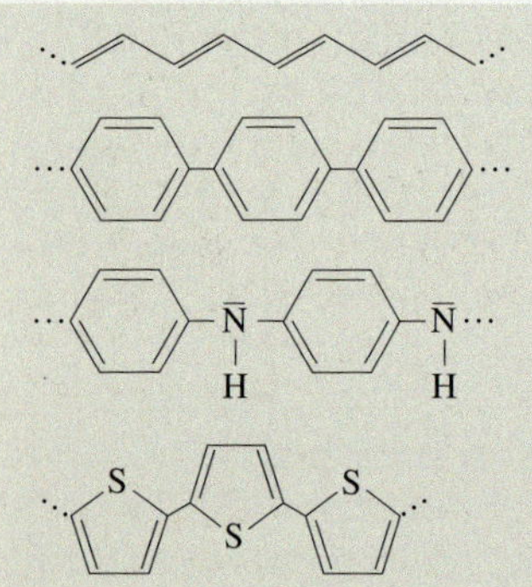

Gute Leitfähigkeiten erreichen jedoch nur sogenannte dotierte Kunststoffe (Abb. 2). Durch Oxidation oder Reduktion erhalten sie Bereiche mit Elektronenmangel bzw. Elektronenüberschuss.

2 Elektrische Leitfähigkeiten in $S \cdot cm^{-1}$

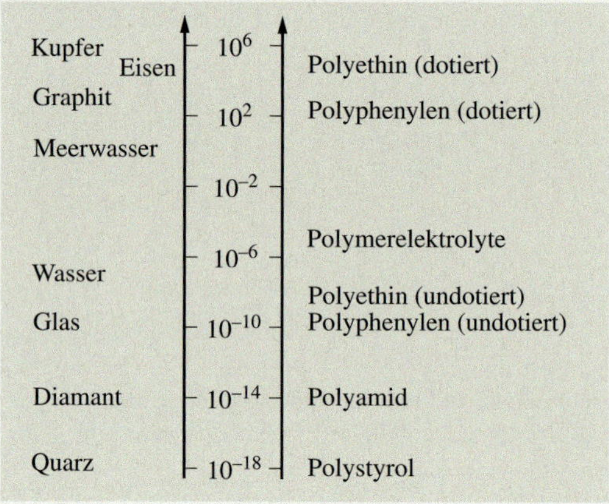

Polymerelektrolyte finden in modernen Akkumulatoren wie dem Lithium-Polymer-Akkumulator Verwendung. Dabei handelt es sich um Lösungen von Salzen in Polymeren. Die freien Ladungsträger sind Kationen und Anionen. Das Makromolekül dient lediglich als Lösemittel. Unter seinem Einfluss dissoziieren die Salze in Ionen, die durch die Ausbildung von Komplexen mit den funktionellen Gruppen des Polymers stabilisiert werden. Die Ionen können entlang einer Molekülkette wandern bzw. zwischen benachbarten Molekülketten wechseln. Polymerelektrolyte sind demnach Ionenleiter und erreichen elektrische Leitfähigkeiten, die mit denen wässriger Salzlösungen vergleichbar sind. Die gelartigen Polymerelektrolyte eignen sich jedoch auch für Anwendungen mit Alkalimetallen (z.B. Lithium) und können nicht auslaufen.

AUFGABEN

1 Vergleichen Sie die elektrischen Leitfähigkeiten von Kunststoffen und Metallen (Abb. 2).

2 Erläutern Sie die Vorteile von Polymerelektrolyten in Akkumulatoren gegenüber wässrigen Elektrolytlösungen.

Recycling von Kunststoffen

Probleme der Kunststoffabfallbeseitigung Pro Jahr fallen in Deutschland etwa 5 Millionen Tonnen **Kunststoffabfälle** an. Auf natürlichem Weg sind sie kaum abbaubar: Sie sind gegenüber Sauerstoff, Licht, Wasser und Mikroorganismen weitgehend beständig. Es ist zwar versucht worden, durch Einbau hydrolysierbarer oder Licht absorbierender Gruppen den Abbau der Polymere zu kleineren Bruchstücken zu ermöglichen. Dies ist aber nicht bei allen Polymeren möglich.
Immerhin ist die Herstellung biologisch abbaubarer Polyester wie Polyhydroxyfettsäuren bereits gelungen. Sie werden biotechnologisch aus kohlenstoffhaltigen Stoffen, wie Glucose, Saccharose und Propionsäure, hergestellt und unter dem Handelsnamen „Biopol" vertrieben.

Deponierung Etwa 18 % der Kunststoffabfälle werden auf **Deponien** abgeladen. Dies kann auf den ersten Blick die kostengünstigste Methode sein. Zur Grundwasserverschmutzung tragen die Polymere selbst nicht bei, wohl aber eventuell die in ihnen enthaltenen Zusatzstoffe. Die Entsorgung der Kunststoffe auf der Deponie ist jedoch insgesamt unvernünftig, da dabei der stoffliche und energetische Wert dieser Stoffe verloren geht.

Werkstoffliches Recycling Die Verwertung eines verbrauchten Kunststoffs durch Rückführung in den Produktionsprozess wäre die beste Art der **Kunststoffabfallverwertung**. Das gelingt bisher nur bei etwa 12 % der Kunststoffabfälle, am besten bei Produktionsabfällen der Kunststoffindustrie sowie bei sortenreinen kompakten Teilen.
Beim wiederholten Einsatz der Kunststoffe kommt es durch Gebrauch und Verarbeitungsprozesse zu stofflichen Veränderungen in den Polymeren, z. B. zu Kettenspaltungen. Die damit einhergehende Qualitätsminderung führt bei wiederholtem Recycling zu Produkten mit immer eingeschränkterer Verwendung. Man spricht von einer **Nutzungskaskade** (Abb. 2).
Die meist gemischt vorliegenden Kunststoffabfälle müssen vor der **direkten Wiederverwertung** sortiert werden. Dafür werden sie zunächst zerkleinert, gereinigt und getrocknet. Eine Trennung erfolgt dann über die unterschiedliche Dichte oder elektrostatisch. Bei größeren Kunststoffteilen wird von Hand sortiert. Die dafür auf Kunststoffbehältern angegebenen Symbole (Abb. 3), Zahlen oder maschinenlesbaren Strichcodes ermöglichen eine einfache Zuordnung.
Nicht immer ist eine Kunststofftrennung möglich oder ökonomisch sinnvoll. Durch Materialrecycling von gemischten Kunststoffen erhält man Kunststoffe, die mechanisch weniger belastbar sind. Produkte aus diesen rückgewonnenen Kunststoffen müssen dickwandiger hergestellt werden und sind dadurch relativ schwer. Aus ihnen werden z. B. Blumenkästen, Parkbänke oder Lärmschutzwände gefertigt.

1 Kunststoffabfall

2 Beispiel einer Nutzungskaskade

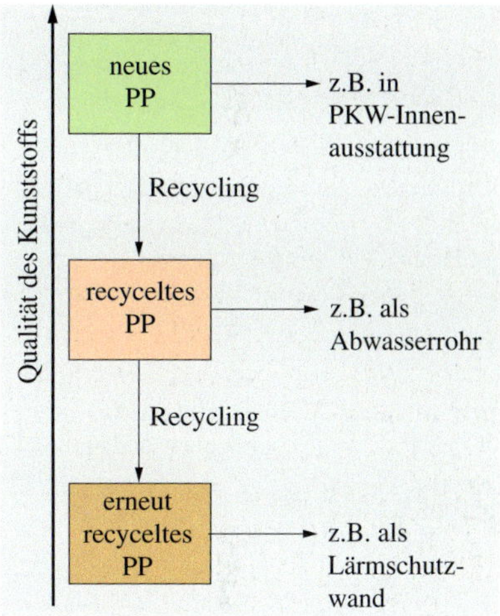

3 Codierung für recycelbaren Kunststoff (Beispiel: HDPE)

Rohstoffliches Recycling Bei stark verschmutzten Kunststoffabfällen, bei zu hohen Aufwendungen für die Trennung oder bei Polymeren, die am Ende der Nutzungskaskade stehen, bietet sich eine **rohstoffliche Wiederverwertung** durch Verfahren des chemischen Recyclings an. Man versteht darunter den Abbau der makromolekularen zu niedermolekularen Stoffen, die wieder als Rohstoffe (Ausgangsstoffe) verwendet werden. So kann man beispielsweise aus recycelten PE-Folien (und etwas Wasserstoff) durchaus Benzin herstellen (Tab. 1).
Ein spezielles Verfahren zur Verwertung von Polyurethanabfällen ist die **Glykolyse**, bei der die Polyurethane mit Glykolen umgeestert werden. Bei der anschließenden Hydrolyse erhält man Amine und Alkohole.

1 Auch manche industrielle Öfen werden mit Kunststoffabfällen beheizt.

Tab. 1 Einige Verfahren des rohstofflichen Recyclings von Kunststoffen

	Pyrolyse	Hydrierung	Vergasung	Hydrolyse
Verfahren	Verschwelung der Kunststoffe bei ca. 700 °C unter Sauerstoffausschluss	Reaktion mit Wasserstoff bei ca. 470 °C und ca. 200 bar	Oxidation von Kunststoffabfällen unter Sauerstoffmangel bei ca. 1500 °C und ca. 150 bar	saure Hydrolyse (mit Phosphorsäure) von Polyestern, Polyamiden und Polyurethanen
Produkte	aromatenreiche Öle, Schwelgase, z. B. niedermolekulare ungesättigte Kohlenwasserstoffe	Einsatz von Polymeren, die nur Kohlenstoff und Wasserstoff enthalten, ergibt überwiegend flüssige Kohlenwasserstoffe	überwiegend Synthesegas (Gemisch aus Kohlenstoffmonooxid und Wasserstoff)	Monomere der Polyester bzw. Polyamide; aus Polyurethanen Amine, Polyamine und Polyalkohole
Verwendung	Rohstoffe in petrochemischen Anlagen	nach Raffination z. B. als Dieselkraftstoff oder Benzin	Herstellung zahlreicher Grundchemikalien, wie Methanol, Ammoniak, Kohlenwasserstoffe	als Ausgangsstoffe für erneute Polymersynthesen

EXPERIMENT 1

Modellexperiment zur Pyrolyse
Im Destillierkolben einer Destillationsapparatur werden Polystyrol-Stücke kräftig erhitzt, sodass der Kunststoff zersetzt wird. Die Pyrolyseprodukte (GHS02 | 06 | 08 | 07) werden durch den Kühler (Wasserkühlung) geleitet und das Kondensat aufgefangen. Die Produkte werden
a) mit Bromwasser (GHS06) untersucht und
b) auf Brennbarkeit geprüft.

Energetische Verwertung Etwa 12 % der in Deutschland jährlich anfallenden Kunststoffabfälle werden verbrannt. Kraftwerke, Industriefeueranlagen und Müllheizkraftwerke nutzen die dabei frei werdende Energie (Abb. 1). Da Müll wohl auch in Zukunft immer weiter anfallen wird, kann man ihn sogar als modernen erneuerbaren Energieträger ansehen.

AUFGABEN

1 Warum können PE-Folien auf Mülldeponien zum Fernhalten von Schadstoffen aus dem Grundwasser eingesetzt werden?
2 Entwickeln Sie je eine Reaktionsgleichung für die Hydrolyse von PET und PA 6.6.
3 Durch eine alkalische Rauchgaswäsche mit Calciumhydroxid kann u. a. Chlorwasserstoff aus Abgasen entfernt werden. Entwickeln Sie dafür eine Reaktionsgleichung.

KOMPLEX GEDACHT

1 Wichtige Ausgangsstoffe zur Herstellung von Kunststoffen sind:
(A) cis-Butendisäure (Maleinsäure)
(B) Hexan-1,6-diamin (Hexamethylendiamin)
(C) Butan-1,4-diol
(D) Phenylethen (Styrol)
(E) Propan-1,2,3-triol (Glycerin)
(F) Phenylen-1,4-diisocyanat

a Je zwei der Stoffe (A) bis (F) sollen zur Herstellung von Kunststoffen verwendet werden. Formulieren Sie die Reaktionsgleichungen für die Bildung eines thermoplastischen
I: Polyesters,
II: Polyamids,
III: Polyurethans.

b Zwei der Stoffe (A) bis (F) sollen zur Herstellung eines duroplastischen Kunststoffs verwendet werden. Geben Sie eine Möglichkeit an und zeichnen Sie einen Strukturformelausschnitt.

2 Schmelzklebstoffe werden im Modell- und Möbelbau sowie für Verpackungen verwendet. Bei leichter Temperaturerhöhung schmelzen sie und härten nach dem Auftragen aus. Dazu eignet sich z. B. ein Copolymer aus den Monomeren Ethen und Essigsäurevinylester (Vinylacetat, s. Formel).

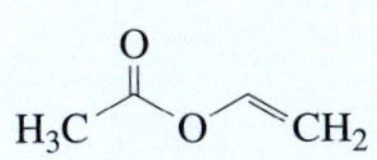

Geben Sie einen Strukturformelausschnitt für das daraus entstehende Polymer an und begründen Sie die niedrige Erweichungstemperatur dieses Kunststoffs.

3 Gegeben sind die folgenden Ausschnitte aus den Formeln dreier Kunststoffe:
A: $–CO–NH–(CH_2)_6–NH–CO–O–(CH_2)_4–O–$
B: $–CH_2–CHCl–$
C: $–CO–(CH_2)_4–CO–O–(CH_2)_2–O–$

a Benennen Sie die Kunststoffe A, B und C.

b Welche Polyreaktionen führen zu den Kunststoffen A, B und C?

c Geben Sie für die Kunststoffe die Strukturformeln und Namen des bzw. der Monomeren an, aus denen sie aufgebaut sind.

d Die Pyrolyse von Kunststoffen ist eine endotherme Reaktion. Begründen Sie den freiwilligen Verlauf dieser Reaktion beim Recyclingprozess.

4 Neopren® ist der Handelsname für den vielseitig einsetzbaren 2-Chlorbuta-1,3-dien-Kautschuk (Chloropren-Kautschuk).

a Als Dispersionsklebstoff wird es z. B. zum Kleben von Schuhen eingesetzt, da es eine hohe Elastizität und Kohäsionsfestigkeit besitzt. Begründen Sie anhand der Struktur diese Eigenschaften.

b In Abhängigkeit von der Polymerisationstemperatur kommen in den Polymeren neben den 1,4-Struktureinheiten zu ca. 1 % auch 1,2- und 3,4-Struktureinheiten vor. Geben Sie einen Strukturformelausschnitt des Polymers an, in dem alle drei Monomereinheiten enthalten sind.

c Geschäumtes Neopren® wird z. B. für Tauch- und Surfanzüge oder Flaschenkühler verwendet. Begründen Sie die Eignung dieses Kunststoffs für diese Anwendungen.

1 Schmelzklebstoff

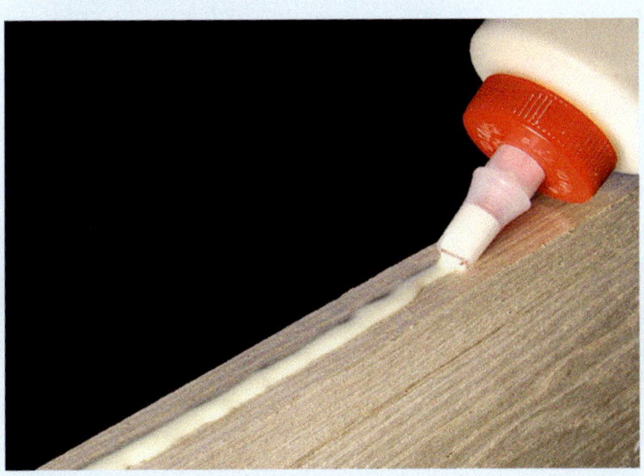

2 Surfer im Neopren®-Anzug

21 Tenside

Massage, Waschen und Plaudern in orientalischen Baderäumen sind ein Jahrhunderte alter Genuss. Die als Hamam bezeichnete Badekultur hat nicht nur die Körperreinigung zum Ziel. Sie ist ein wahres Fest der Sinne: Wärme, Feuchtigkeit, Seifenschaum, Düfte und Berührungen ergänzen sich für unser Wohlbefinden.

Im Alltag wäscht man sich und vor allem die Wäsche aber kaum noch mit Seife. Tenside und viele weitere Inhaltsstoffe übernehmen diese Aufgabe.

Seife – das älteste Waschmittel

Entdeckung der Seifen Bereits vor mehr als 4500 Jahren entdeckten die Sumerer durch Zufall, dass beim Kochen von pflanzlichen und tierischen Fetten mit Holzasche eine weißgraue geschmeidige Substanz entstand, mit der sich Körper, Haare und Kleidungsstücke gut reinigen ließen. So wurde die erste Seife hergestellt. Gallier und Germanen stellten Seife aus Ziegentalg und weiß gebrannter Asche her. Sie verwendeten sie hauptsächlich zum Bleichen und Formen ihrer Haare, kannten aber auch ihre Reinigungswirkung.

GALENUS (griechisch-römischer Arzt, 129 bis 199) schrieb der Seife (lat. – sapo; engl. – soap; franz. – savon) Heilwirkung zu. Daneben stellte er fest: „Sie macht die Haut weich und löst den Schmutz von Körpern und Kleidern.“ Im 8. Jahrhundert gelangte die Kunst der Seifenherstellung durch die Mauren nach Spanien. Dort und im benachbarten Südfrankreich entwickelten sich erste europäische Zentren der Seifensiederei. Im 14. und 15. Jahrhundert wurde Seife immer mehr alltägliches Ge-

1 Seife aus Marseille wird aus Olivenöl hergestellt und gilt als regionales Kulturgut.

brauchsgut. Sie wurde weiter aus Fetten und Soda oder Pottasche hergestellt. Die industrielle Seifenherstellung begann erst im 18. und 19. Jahrhundert nach Entdeckung der Sodaherstellung durch LEBLANC (französischer Arzt, 1742 bis 1806) und des Verfahrens nach SOLVAY (belgischer Industrieller, 1838 bis 1922).

Eigenschaften von Seifen Waschseifen sind Alkalimetallsalze mittlerer und höherer Carbonsäuren:

$R–COO^-Me^+$ (Me = Metall, R = Rest mit $C_{11} \dots C_{19}$).

Seifen sind wasserlöslich und dissoziieren zu Seifen-Anionen und Alkalimetall-Ionen.

$$R–COO^-Me^+(s) \rightleftharpoons R–COO^-(aq) + Me^+(aq)$$

Seifen-Anionen besitzen grenzflächenaktive Eigenschaften. Solche Teilchen setzen die Oberflächenspannung von Flüssigkeiten, z. B. von Wasser (Exp. 1), bzw. die Grenzflächenspannung zwischen zwei unterschiedlichen Phasen, z. B. zwischen Schmutz und Wasser herab. Dadurch können Textilien, Schmutz oder die menschliche Haut benetzt werden. Diese und weitere Eigenschaften sind die Grundlage für die Verwendung und Eignung der Seifen zum Waschen und Reinigen.
Allerdings reagieren Seifenlösungen stark alkalisch (Exp. 2).

$$R–COO^-(aq) + H_2O(l) \rightleftharpoons R–COOH(s) + OH^-(aq)$$
$$K_S(R–COOH) << K_B(OH^-)$$

Das führt zum Verfilzen von Wolle oder zum Zerknittern von Seide. Seifen-Anionen schädigen auch den Säureschutzmantel der Haut. Die Haut wird gereizt, rötet sich, wird brüchig und trocknet aus.
Seifenlösung bildet ferner in hartem Wasser Kalkseifen (Exp. 3).

$$2\,R–COO^-(aq) + Ca^{2+}(aq) \rightleftharpoons (R–COO)_2Ca(s)$$

Kalkseifen mindern deutlich die Waschwirkung und setzen sich als Rückstände auf dem Waschgut ab, die Wäsche vergraut.
In Gegenwart von Säuren, z. B. beim Waschen stark verschwitzter Textilien, trübt sich das Wasser und die Schaumbildung ist sehr schlecht. Die Ursache liegt in der Bildung von schwer löslichen Fettsäuren durch Protolyse der Seifen-Anionen mit den Hydronium-Ionen der Säurelösung (Exp. 3).

$$R–COO^-(aq) + H_3O^+(aq) \rightleftharpoons R–COOH(s) + H_2O(aq)$$

Die alkalische Reaktion der Seifen in Wasser, die Bildung von Kalkseifen in hartem Wasser und die Protolyse in saurer Lösung zu schwer löslichen Fettsäuren sind Nachteile der Seife beim Wäschewaschen und bei der Körperreinigung.

EXPERIMENT 1
Wirkung von Seife auf die Oberflächenspannung von Wasser
In ein Gefäß wird Wasser gegeben und auf dessen Oberfläche eine Büroklammer bzw. eine Rasierklinge gelegt. Anschließend wird etwas Seifenlösung in das Wasser getropft.

EXPERIMENT 2
pH-Wert von Seifen- und anderen Tensidlösungen
Verschiedene Seifen-, Waschmittel- und Handgeschirrspülmittellösungen werden mit Indikatoren auf ihren pH-Wert geprüft.

EXPERIMENT 3
Wirkung von Säuren und Kalkwasser auf Seifen- und andere Tensidlösungen
Zu verschiedenen Proben von Seifen-, Waschmittel- oder Geschirrspülmittellösung werden jeweils 10 Tropfen 10%ige Salzsäure (GHS07) bzw. 10 Tropfen gesättigtes Kalkwasser gegeben und geschüttelt.

AUFGABEN
1 Informieren Sie sich über Eigenschaften von Seifenlösungen, die für eine Verwendung zum Waschen erforderlich sind. Geben Sie zum Waschen nachteilige Eigenschaften an und begründen Sie.
2 Beschreiben Sie einfache experimentelle Möglichkeiten zum Nachweis von Eigenschaften der Seifenlösungen, die eine Verwendung als Waschmittel für bestimmte Textilien nahezu ausschließen. Entwickeln Sie dafür entsprechende Reaktionsgleichungen.

Herstellung von Seife Seifen als Natrium- oder Kaliumsalze mittlerer und höherer Fettsäuren werden durch Kochen von Fetten in alkalischen Lösungen (Seifensieden) hergestellt. Fette sind Gemische verschiedener Ester des Glycerins mit unterschiedlichen Fettsäuren (↑S. 391). Beim Kochen werden die Fette gespalten, es entstehen Glycerin und die entsprechenden Fettsäuren. Daher kommt der Name Verseifung, wenn ein Ester in seine Ausgangsstoffe gespalten wird.
Die Fettsäure-Ionen reagieren beim Seifensieden in alkalischer Lösung mit den Alkalimetall-Ionen zu den Alkalimetallsalzen der Fettsäuren, den Seifen. Die Natriumsalze bilden Kernseifen, die Kaliumsalze Schmierseifen.

$$R–COO^-(aq) + Na^+(aq) \rightleftharpoons R–COONa(s) \text{ (Kernseife)}$$
$$R–COO^-(aq) + K^+(aq) \rightleftharpoons R–COOK(s) \text{ (Schmierseife)}$$

Entwicklung von Waschmitteln Die nachteiligen Eigenschaften der Seife beim Waschen und die Entwicklung der chemischen Industrie führten zur Ablösung der Seife als Waschmittel. Die Entwicklung moderner Waschmittel begann in Deutschland bereits 1876 mit der Einführung von Henkels „Universal-Waschmittel", einer Mischung aus Natriumcarbonat und Natriumsilicat. 1907 kam PERSIL als erstes Vollwaschmittel auf den Markt, bestehend aus Seifenflocken, Natrium**per**borat, Natrium**sil**icat und Natriumcarbonat. Zunehmend wurde Seife durch andere **grenzflächen-** und **waschaktive Substanzen**, die **Tenside** (lat. tendere – spannen, halten) ersetzt. Diese zeichnen sich neben neutraler Reaktion, Wirksamkeit in sauren Lösungen und relativer Härtebeständigkeit auch durch ein hohes Waschvermögen aus (Exp. 3, 4).
Heutige Waschmittel enthalten verschiedene Tenside als waschaktive Substanzen sowie eine Fülle weiterer Stoffe. Durch unterschiedliche Zusammensetzungen und unterschiedliche Mischungsverhältnisse der Inhaltsstoffe gibt es heute Waschmittel für jede „Waschaufgabe". Man unterscheidet u. a. Vollwaschmittel und Spezialwaschmittel (z. B. Colorwaschmittel, Feinwaschmittel, Wollwaschmittel oder Gardinenwaschmittel). Waschmittel sind als Pulverwaschmittel, in flüssiger, gelartiger oder pastöser Form erhältlich. Als Verbraucher kann man aber auch aus einem Baukasten verschiedener Inhaltsstoffe sein spezielles Waschmittel zusammenstellen.

EXPERIMENT 4
Herstellung einer Schmierseife
Vorsicht: Spritzgefahr!
10 g Speisefett (z. B. einfache Margarine oder Bratfett) werden mit 20 ml 30%igem Ethanol (GHS02) und 20 Plätzchen Kaliumhydroxid (GHS05 | 07) zusammengegeben und etwa 15 min. lang vorsichtig unter Rühren im siedenden Wasserbad erhitzt.
Hinweis: Ergibt ein Tropfen der Reaktionsmischung in destilliertem Wasser keine Trübung, kann die Verseifung als beendet angesehen werden.

AUFGABEN
1 Entwickeln Sie Reaktionsgleichungen zur Herstellung verschiedener Seifen und benennen Sie Ausgangsstoffe und Reaktionsprodukte.
2 Benennen Sie Unterschiede in Zusammensetzung und Eigenschaften zwischen Kern- und Schmierseife.
3 Informieren Sie sich über die Struktur von Wolle und von Seide und erklären Sie, warum Textilien aus diesen Materialien nicht mit Seife gewaschen werden sollten.

Grenzflächenaktive Stoffe – Tenside

Eigenschaften von Tensiden Die Moleküle der Tenside haben ein gemeinsames Bauprinzip. Sie enthalten einen unpolaren hydrophoben Teil (griech. hydor – Wasser; phobos – Scheu) und einen polaren, hydrophilen (griech. philos – Freund) Teil (Abb. 1). Dadurch verhalten sich Tenside **amphiphil**, das heißt,

1 Modell eines Tensidteilchens

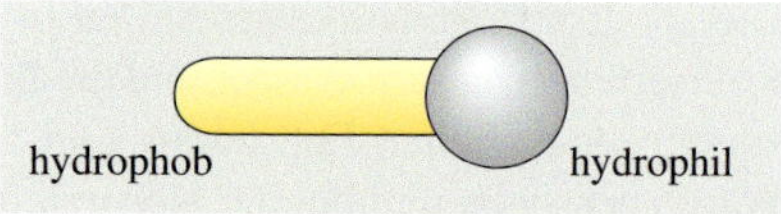

sie sind sowohl in polaren als auch in unpolaren Lösemitteln gut löslich.
Durch diese Struktur der Moleküle sind Tenside grenzflächenaktiv. Unter **Grenzflächenaktivität** ist das Bestreben eines Stoffs zu verstehen, sich bevorzugt an Grenzflächen zweier nicht mischbarer Phasen (gasförmig – flüssig, flüssig – flüssig, flüssig – fest) so anzulagern, dass molekulare Anziehungskräfte mit der entsprechenden Phase erhöht, Abstoßungskräfte dagegen vermindert werden. Für Wasch- und Reinigungsvorgänge sind folgende Grenzflächen von besonderer Bedeutung: Luft/Wasser, Wasser/Textil, Öl/Wasser (Abb. 2).
In wässriger Tensidlösung schwimmen die Tensidmoleküle nicht regellos umher. Sie orientieren sich so, dass der hydrophobe Teil aus der Lösung herausgedrängt wird, der hydrophile Teil im Wasser zurückbleibt. Es bildet sich an der Wasseroberfläche eine **monomolekulare Tensidschicht** aus. Für die Wassermoleküle bedeutet das eine Schwächung ihres Zusammenhalts. Dadurch wird die Oberflächenspannung des Wassers um bis zu 75 % oder z. B. die Grenzflächenspannung zwischen Öl und Wasser herabgesetzt (Exp. 1).
Nach Ausbildung einer monomolekularen Tensidschicht an der Grenzfläche Lösung/Luft dringen Tensidmoleküle auch in das Innere der Lösung vor. In der Lösung lagern sie sich zu unterschiedlich geformten Teilchenverbänden von 50 bis 1000 Molekülen, den **Micellen** (lat. mica – Körnchen), zusammen (Abb. 3). Da die Micellen größere Teilchenassoziationen sind, verhalten sich Tensidlösungen wie kolloidale Lösungen (Teilchengröße von 10^{-4} bis 10^{-7} cm). Diese Teilchen rufen den sogenannten Tyndall-Effekt hervor (Exp. 2). Durch die Ausbildung eines Gleichgewichts in der Tensidlösung findet ein ständiger Wechsel von Form und Anordnung der Tensidmoleküle und Micellen statt (Abb. 4).

4 Chemisches Gleichgewicht der Micellenbildung von Tensid-Anionen in Wasser

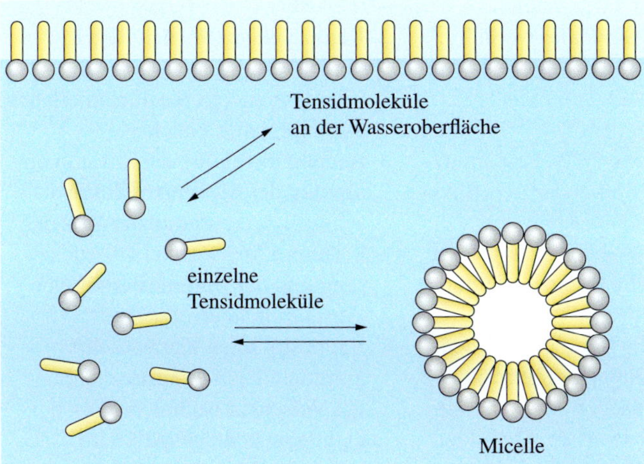

2 Grenzflächenbesetzungen durch Tenside

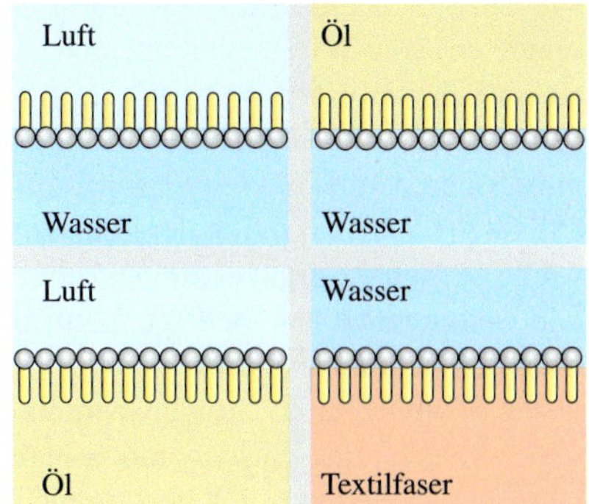

3 Stäbchen- und Kugelmicellen

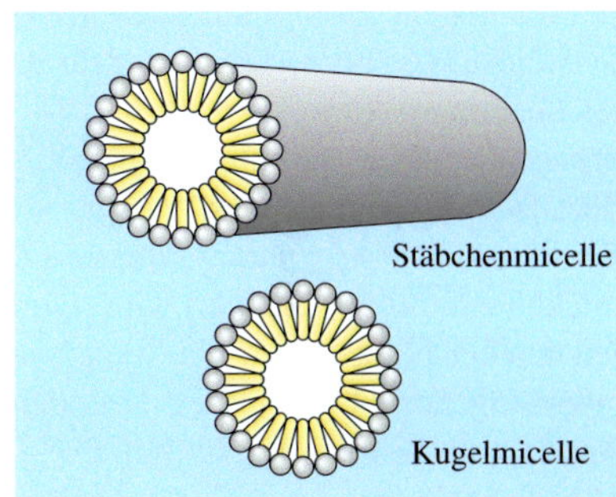

EXPERIMENT 1
Grenzflächenspannung
Eine mit angefärbtem Speiseöl gefüllte kleine enghalsige Flasche ($V = 50$ ml) wird in ein mit Wasser gefülltes 250-ml-Becherglas gestellt. Die Flaschenöffnung sollte 3–4 cm unter der Wasseroberfläche sein. Anschließend werden einige Tropfen Waschmittel- oder Geschirrspülmittellösung in das Wasser gegeben.

EXPERIMENT 2
Tyndall-Effekt
Durch Tensidlösungen (Seife, Waschmittel, Geschirrspülmittel) und Kochsalzlösung wird im abgedunkeltem Raum ein Lichtstrahl geleitet.

Tensidlösungen sind zur **Schaumbildung** befähigt (Exp. 3). Es entstehen Schaumblasen, die durch Lamellen (Tensiddoppelschichten) vom Wasser getrennt sind (Abb. 1). Größe und Stabilität der Schaumblasen sind von verschiedenen Faktoren abhängig und können je nach gefordertem Schaumverhalten des Waschmittels durch verschiedene Zusatzstoffe beeinflusst werden.

Die Grenzflächenaktivität der Tenside ist für das beim Waschen wichtige **Benetzungsvermögen** ausschlaggebend. Sind Faser- und Schmutzteilchen benetzt, können feste und flüssige Teilchen des Schmutzes zerkleinert und fein verteilt werden. Wird fester Schmutz, z. B. Straßenschmutz in der Lösung fein verteilt, entsteht eine Suspension. Liegt dagegen die Verteilung einer Flüssigkeit wie Öl und damit auch öliger oder fettiger Schmutz in einer anderen Flüssigkeit, z. B. der Tensidlösung vor, entsteht eine Emulsion. **Suspendiervermögen** und **Emulgiervermögen**, zusammen auch als **Dispergiervermögen** von Tensidlösungen bezeichnet, sind für das Waschen von sehr großer Bedeutung (Exp. 4).

Dieses Verhalten wird möglich, weil die Tensidmoleküle die Oberflächenspannung des Wassers so stark herabsetzen, dass die Grenzflächenspannung Wasser/Öl bzw. Wasser/Schmutzteilchen erheblich verringert wird. Die abgelösten Teilchen werden von Tensidteilchen umhüllt und verlieren aufgrund der nach außen ragenden hydrophilen Gruppen der Tensidteilchen ihre Wasser abstoßenden Eigenschaften.

EXPERIMENT 4

Suspendier- und Emulgiervermögen von Tensidlösungen

Ruß oder Braunstein (GHS07) werden in je einen Faltenfilter gegeben. In einen Filter wird destilliertes Wasser, in den anderen Tensidlösung gegossen.

Zwei Schüttelzylinder werden mit Wasser gefüllt und gefärbtes Olivenöl zugegeben, bis eine etwa 0,5 cm dicke Ölschicht auf dem Wasser schwimmt. Anschließend werden die Zylinder geschüttelt. Nach etwa 3 min wird in einen Zylinder Tensidlösung gegeben und beide Zylinder werden erneut geschüttelt.

Wäscheverschmutzung und Waschvorgang

Wäscheschmutz ist sehr verschiedenartig und kann toter oder lebender Art (Bakterien, Pilze, andere Keime) sein.

Das Entfernen des Schmutzes durch den Waschvorgang lässt sich am Beispiel des Waschens der Lieblingsjeans erläutern (Abb. 2):

Benetzen: Einspülen des Waschmittels in die Waschmaschinentrommel und Herstellen der Waschmittellösung. Die Tensidmoleküle lagern sich bevorzugt an den Grenzflächen Wasser/Luft, Wasser/Öl (Schmutz) und Wasser/Faser der Jeans an. Sie bilden um beide eine monomolekulare Tensidschicht aus (Exp. 5).

EXPERIMENT 3

Schaumerzeugung durch Tensidlösungen

a) Tensidlösungen werden in Bechergläser gegeben und kräftig umgerührt.
b) In Tensidlösungen wird mit einem Strohhalm Luft eingeblasen.

1 Modell einer Schaumblasenbildung

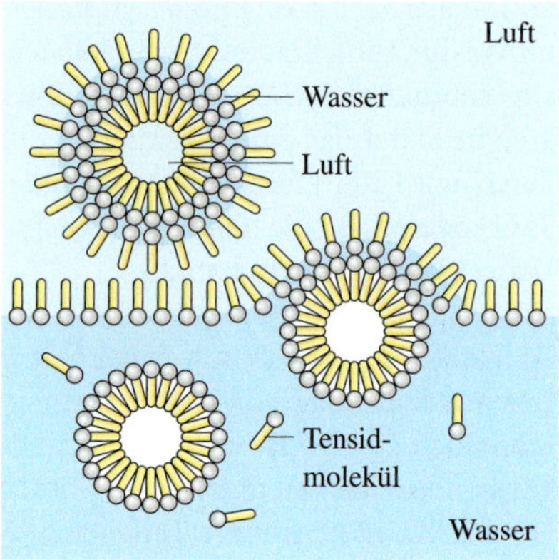

AUFGABEN

1 Kennzeichnen Sie den Begriff Tensid.
2 Charakterisieren Sie Tensidteilchen als amphiphile Teilchen.
3 Recherchieren Sie die Zusammensetzung des Schmutzes durchschnittlich verschmutzter Wäsche.
4 Erläutern Sie, was bei Überdosierung und bei Unterdosierung von Waschmitteln erfolgt.
5 Bei bestimmten Kurzwaschprogrammen kann es auftreten, dass das Waschgut nach dem Waschen nicht genügend gespült wird. Erläutern Sie mögliche Folgen.

Umnetzen: Durch die Anordnung der Tensidmoleküle bildet sich eine gleichsinnig geladene hydrophile Schicht an der Grenze zwischen Faser und Schmutzteilchen. Dadurch stoßen sich die Baumwollfasern der Jeans und die Schmutzteilchen elektrostatisch ab, die Schmutzhaftung wird verringert. Der fetthaltige Schmutz wird langsam von der Faser gelöst und immer vollständiger von Tensidmolekülen umschlossen.

Ablösen: Durch mechanische Bewegung der Jeans durch Drehen der Trommel schreitet der Prozess der Umnetzung so weit fort, dass eine vollständige Ablösung des Schmutzes von der Faser eintritt (Exp. 6).

Dispergieren: Die Tensidmoleküle umhüllen die abgelösten Schmutzteilchen vollständig, zerkleinern sie und bewirken durch gleiche Aufladung (bei ionischen Tensiden) oder Hydrathüllenbildung (bei nichtionischen Tensiden), dass sich die Schmutzteilchen und die Faser gegeneinander bzw. die Schmutzteilchen untereinander abstoßen. Wenn genügend Tenside in der Waschflotte sind, bleibt die entstandene **Dispersion** (lat. dispergere – zerstreuen) längere Zeit stabil, der Schmutz wird in der Waschlauge getragen, kann sich nicht zu größeren Schmutzaggregaten zusammenlagern und wieder auf der Jeans ablagern. Bei Unterdosierung erfolgt allerdings ein Wiederaufziehen der Schmutzteilchen auf die Faser.

Entfernen der Schmutzteilchen: Die Waschmaschine zieht Wasser und spült. Durch Zugabe von Spülwasser und Abpumpen werden nicht verbrauchte Waschmittelinhaltsstoffe und die Schmutzteilchen mit dem Spülwasser entfernt und zur Kläranlage geleitet. Hier beginnt schon der Abbau einiger Inhaltsstoffe. Auf diese Weise führen Verschmutzung und Waschen der Jeans z. B. auch zur Freisetzung von Kohlenstoffdioxid.

EXPERIMENT 5

Benetzen von Oberflächen mit Wasser und mit Tensidlösungen

Jeweils zwei Tropfen verschiedener Tensidlösungen werden mit einer Pipette auf ein Textilstück und eine leicht gefettete Glasplatte getropft. Als Vergleich werden zwei Tropfen Wasser auf die gleichen Proben gegeben.

EXPERIMENT 6

Schmutzablösen

Wollgarn wird mit Ruß verschmutzt und in Bechergläsern vorsichtig mit einem Glasstab in Wasser bewegt. Anschließend gibt man Tensidlösung zu und rührt vorsichtig um.

2 Modelldarstellung der Phasen des Waschprozesses

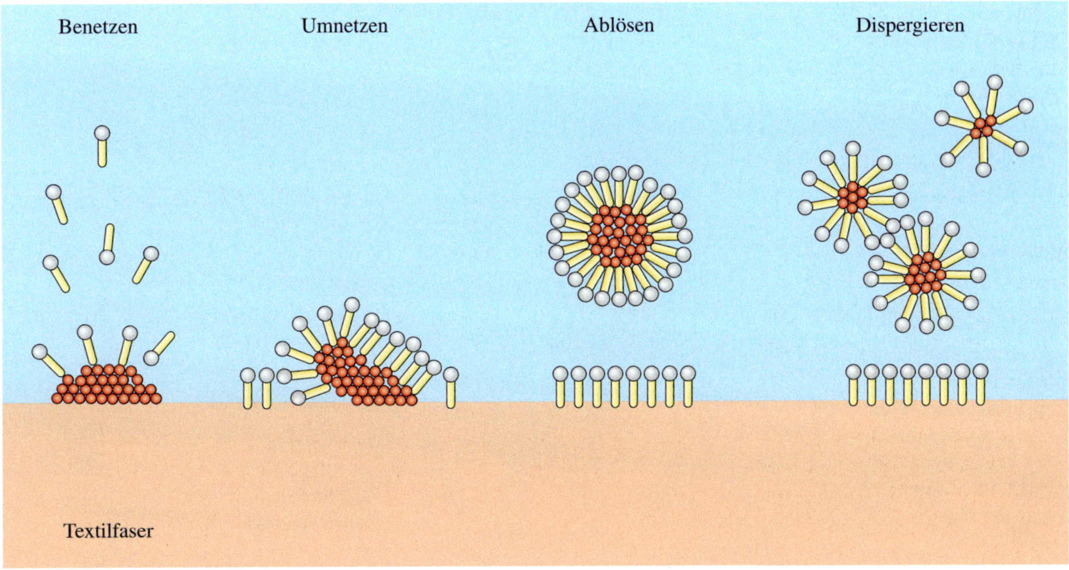

Alltag

Kosmetik

In der Kosmetik sind Emulsionen von herausragender Bedeutung. Emulsionen sind heterogene Stoffgemische, die in der Kosmetik meist aus den folgenden zwei Bestandteilen bestehen: erstens aus einer wässriger Lösung und zweitens aus Öl oder Fett.

Die Herstellung von Emulsionen geht auf den Einsatz der amphiphilen Tenside zurück, die hier als Emulgatoren wirken. Es werden unterschieden (Abb. 1):

- „Öl-in-Wasser-Emulsionen", kurz O/W-Emulsionen, bei denen das Öl in kleinsten Tröpfchen im Wasser verteilt ist, und
- „Wasser-in-Öl-Emulsionen", kurz W/O-Emulsionen, bei denen feinste Wassertröpfchen in Öl verteilt sind.

Die Entstehung der unterschiedlichen Emulsionsarten ist vor allem von den verwendeten Emulgatoren abhängig. Als Emulgatoren dienen im wesentlichen Tenside mit ihrer amphiphilen Molekülstruktur. Bei den O/W-Emulsionen hindern sie die im Wasser fein verteilten Öltröpfchen daran, zu einer Ölschicht zusammenzufließen. Bei den W/O-Emulsionen halten die Emulgatoren die in Öl verteilten Wassertröpfchen in der Schwebe.

1 Modelldarstellung der Bildung von O/W- und W/O-Emulsionen

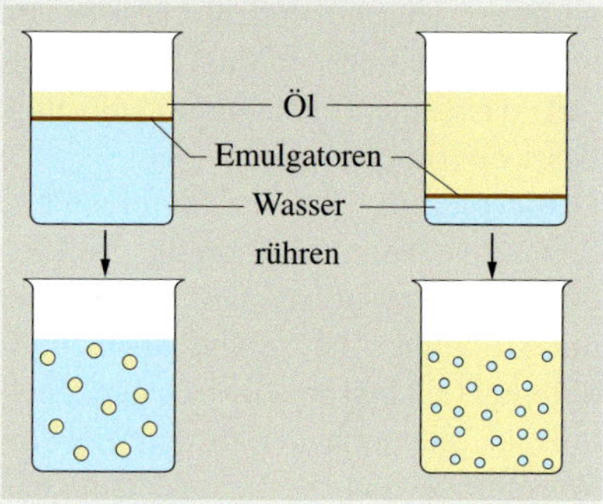

AUFGABE

1 Ermitteln Sie, welche Moleküle bzw. Ionen als Emulgatoren in Pflege- und Feuchtigkeitscremes eingesetzt werden.

O/W-Emulsionen
Dünnflüssige bis zähflüssige O/W-Emulsionen werden als Milch oder milchige Lotion bezeichnet, feste werden meist als Hautcremes verwendet (Abb. 3). Sie ziehen schnell in die Haut ein und lassen sich mit Wasser abwaschen.

2 Modelldarstellung einer O/W-Emulsion

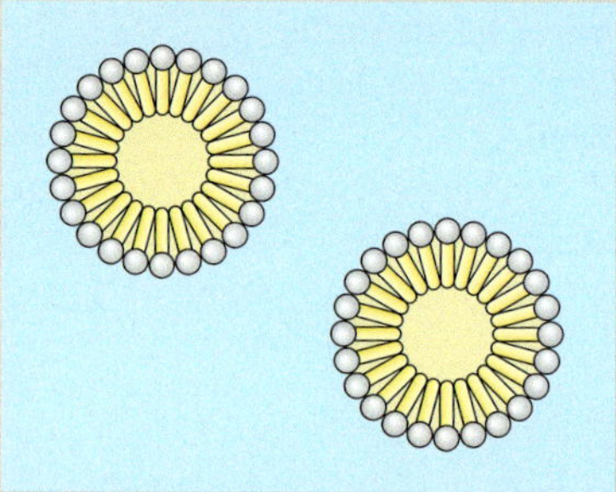

3 Milch ist eine O/W-Emulsion

W/O-Emulsionen
Diese Emulsionen fühlen sich fettiger an als O/W-Emulsionen. Sie werden als Cremes oder Lotionen für trockene Haut eingesetzt (Abb. 5). Auf der Haut bilden sie einen Film, lassen Wasser abperlen und begünstigen die Feuchtigkeitsanreicherung der Haut.

4 Modelldarstellung einer W/O-Emulsion

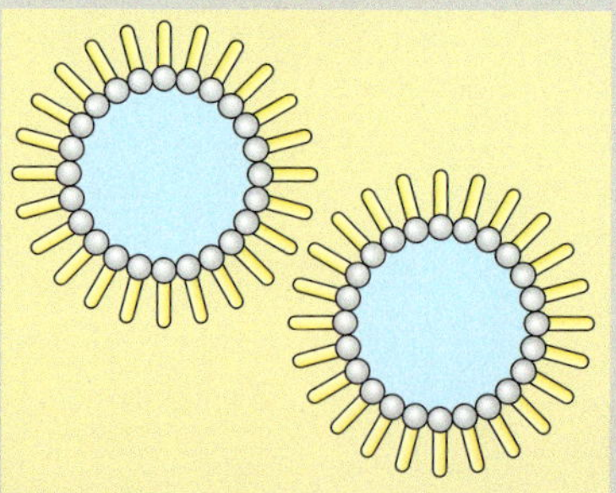

5 Butter ist eine W/O-Emulsion

Technik

Tenside – Alleskönner nicht nur beim Waschen

Im Jahr 2008 wurden in Deutschland ca. 10,5 Millionen Tonnen Tenside eingesetzt, knapp die Hälfte davon als waschaktive Substanzen in Wasch- und Reinigungsmitteln. Weitere ca. 7 % wurden in Kosmetik und Pharmazie genutzt, z. B. zum Verteilen von Farbstoffen im Make-up oder als Badezusatz.
Für Tenside gibt es aber noch eine Fülle anderer Anwendungsmöglichkeiten. Sie werden daher praktisch in allen Bereichen der Volkswirtschaft eingesetzt:

1 Lecithin erleichtert das Backen, verhindert das Kleben des Teigs, ermöglicht eine knusprige Kruste und verzögert das Altbackenwerden von Brot- und Backwaren.

2 Ethylhexanolpolyglykolether emulgiert Kühlwasser und Schmieröl. Es hält das Werkstück bei der Bearbeitung kühl und ermöglicht durch den Schmiereffekt eine hohe Bearbeitungsgeschwindigkeit.

3 Dinatriumdodecyl-3-sulfosuccinat ist ein wichtiges Tensid zur Herstellung von Babyshampoos, Schaumbädern und hautmilden, flüssigen Reinigern.

Textilindustrie: Vorbehandeln der Textilien; Egalisieren von Färbungen und Drucken; Glättmittel zur Faserpräparation; Antistatika und Klebemittel; Nachbehandlung gefärbter Textilien
Bergbau und Erdölförderung: Flotationsmittel bei der Erzförderung; Binden von Staub in der Kohleförderung; Emulgator für Wasser-Öl-Emulsionen zur Erdölförderung
Farben, Lacke, Kunststoffe: Dispergiermittel für Farbpigmente und Ruß; Verbesserung der elektrischen Leitfähigkeit von Pulverlacken sowie der Streichqualität und Erhöhung der Lackiergeschwindigkeit; Formtrennmittel bei der Kunststoffverarbeitung
Nahrungsmittelindustrie: Emulgieren bei der Margarine-, Speiseeis- und Mayonnaiseherstellung; Sichern einer hohen Sauberkeit und Desinfektion bei der Lebensmittelherstellung
Metallverarbeitung: Reinigen von Metalloberflächen; Emulsionsmittel für Walzen; Kühlmittel zum Bohren und Schneiden; Netzmittel beim Gießen; Bestandteil von Beizen, Korrosionsschutzmitteln und Oxidationsinhibitoren
Papier- und Lederindustrie: Dispergieren harziger Bestandteile des Zell- oder Holzstoffs; Erhöhung der Weichheit und Saugfähigkeit; Entfernung der Druckfarbe beim Recycling; Reinigung und Entfettung von Leder
Pflanzenschutzmittel: Absenkung der Oberflächenspannung des Spritzwassers; gleichmäßigere Verteilung der Spritzflüssigkeit auf der Pflanze; Erhöhung der Haftfähigkeit des Spritzbelages; verbessertes Eindringen in die Wachsausscheidungen verschiedener Schädlinge
Baugewerbe: Verflüssiger für Fließbeton; Mörtelzusatz für Plastifizierung; Dichtungs- und Stabilisierungsmittelzusatz; Herstellung von Gipsplatten und Anstrichdispersionen; Bitumenzusatz beim Straßenbau

AUFGABE

1 Recherchieren Sie, wozu Tenside in der Löschmittelindustrie gebraucht werden.
2 Anionen der Gallensäuren spielen im Stoffwechsel eine Rolle. Informieren Sie sich über ihre Bedeutung.

Tensidarten Der hydrophobe Teil von Tensidmolekülen besteht meist aus linearen, verzweigten oder cyclischen Kohlenwasserstoffbausteinen mit 6–22 Kohlenstoffatomen im Molekül. Da die Eigenschaften von Tensiden vor allem durch die hydrophile Gruppe bestimmt werden, teilt man sie nach der Ladung dieser Gruppe in wässriger Lösung ein (Tab. 1).

Tab. 1 Einteilung der Tenside

Tensidklasse	Modell	Beispiel	Verwendung in
Anionische Tenside	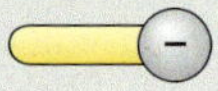	$CH_3-(CH_2)_{10}-CH_2-O-SO_3^-Na^+$ Natriumlaurylsulfat	Waschmittel, Feinwaschmittel, Shampoos, Schaumbäder
Kationische Tenside	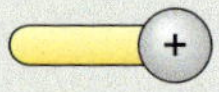	$CH_3-(CH_2)_{14}-CH_2-\overset{CH_3}{\underset{CH_3}{N^{\oplus}}}-CH_3Cl^-$ Cetyltrimethylammoniumchlorid	Wäscheweichspüler
Amphotere Tenside	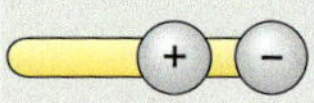	$CH_3-(CH_2)_{11}-CH_2-\overset{CH_3}{\underset{CH_3}{N^{\oplus}}}-CH_2COO^{\ominus}$ Tridecyldimethylbetain	Handgeschirrspülmittel
Nichtionische Tenside	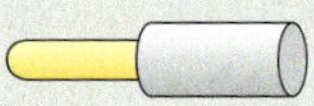	$CH_3-(CH_2)_{11}-O-(C_2H_4-O)_4-H$ Polyoxyethylen(4)laurylether	Flüssigwaschmittel, Geschirrspülmittel, Schaumbäder, Shampoos, Reinigungsmittel

Für Universal- und Colorwaschmittel besonders wichtig sind anionische und nichtionische Tenside. **Anionische Tenside** dissoziieren in wässriger Lösung. Sind anionische Tenside vorhanden, färbt sich die obere organische Phase beim Nachweis blau (Exp. 7). Die Anionen bewirken die oberflächenaktiven Eigenschaften. Aniontenside zeichnen sich durch sehr gute Wasserlöslichkeit und Grenzflächenaktivität, Kältestabilität sowie niedrige Preise aus. Zu den anionischen Tensiden gehören synthetische Tenside, wie die Alkylsulfate und Alkylsulfonate, sowie einige Biotenside wie die Fettalkoholethersulfate.

Tab. 2 Einige Stoffgruppen anionischer Tenside

sekundäre Alkylsulfonate (SAS)	Lineare Alkylbenzolsulfonate (LAS)	Fettalkoholethersulfate (FAES)
$R^1R^2CH-SO_3^-Na^+$	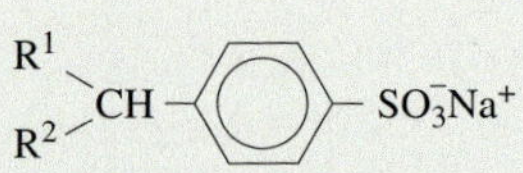	$R-O-(C_2H_4-O)_n-SO_3^-Na^+$
$R^1 + R^2$ = Rest von C_{11}–C_{17}	R^1 = Rest von C_8–C_{10} R^2 = Rest von C_5–C_6	R = Rest von C_{12}–C_{16} $n = 2, 3$

EXPERIMENT 7 L

Nachweisen von anionischen und kationischen Tensiden
Jeweils 1 ml Farbstofflösung (50 mg Methylorange, 50 ml Azur A und 5 ml 10%ige Schwefelsäure [GHS07]) werden im Maßkolben mit dest. Wasser auf 100 ml aufgefüllt und mit 1 ml Essigsäureethylester (GHS02|07) unterschichtet. Dazu werden 1–3 Tropfen Waschmittel- bzw. Weichspülerlösung gegeben, die vorher mit 10%iger Schwefelsäure so lange versetzt wurden, bis sie deutlich sauer reagierten. Die Lösungen werden zum Mischen längere Zeit vorsichtig geschwenkt.

Nichtionische Tenside dissoziieren nicht in wässriger Lösung. Ihre Moleküle haben polare Gruppen, die in der Regel Polyglykolsubstituenten sind. Hydrophilie und Hydrophobie werden durch Variation der Anzahl der Glykolbausteine $–CH_2–CH_2–O–$ stark beeinflusst, Öl- und Wasserlöslichkeit dagegen vom Größenverhältnis zwischen hydrophobem und hydrophilem Teil der Moleküle. Bei steigender Temperatur nimmt die Wasserlöslichkeit ab. Durch große Aktivität schon bei niedrigen Temperaturen, geringe Wasserhärteempfindlichkeit, Verträglichkeit mit kationischen Tensiden, gutes Schmutzlösevermögen und günstige Schaumaktivität haben nichtionische Tenside eine große Bedeutung nicht nur für Waschmittel.

Amphotere Tenside enthalten in den Molekülen eine positive und eine negative Ladung. Sie sind relativ unempfindlich gegen Wasserhärte, zeichnen sich durch gutes Dispergiervermögen, Haut- und Schleimhautverträglichkeit und antimikrobielle Eigenschaften aus. Aus Kostengründen werden diese Tenside häufiger in kosmetischen Präparaten, z. B. in Duschgels und Haarwaschmitteln, als in Waschmitteln verwendet.

Kationische Tenside dissoziieren in wässriger Lösung. Bei diesen Tensiden bewirken die Kationen die grenzflächenaktiven Eigenschaften. Da sie sich an negativ geladene Oberflächen anlagern können, besitzen sie keine Bedeutung für Haushaltswaschmittel. Sie sind wichtigster Bestandteil von Wäscheweichspülern und können durch ihre mikrobizide Wirkung in Hygiene- und Konservierungsmitteln verwendet werden.

AUFGABEN

1 Erklären Sie das unterschiedliche Verhalten von Wasser bzw. Tensidlösung auf der Haut, einer leicht eingeölten Glasplatte oder einem Textilstück.
2 Erläutern Sie, was unter synthetischen Tensiden und unter Biotensiden zu verstehen ist.
3 Begründen Sie, warum Tenside die Oberflächenspannung des Wassers herabsetzen können.
4 Teilen Sie Tenside nach unterschiedlichen Kriterien in Gruppen ein und geben Sie für jede Gruppe ein Beispiel mit Formel an.
5 Nennen Sie Unterschiede und Gemeinsamkeiten im Aufbau der verschiedenen Tensidarten. Zeichnen Sie für jede Tensidklasse ein mögliches Modell.
6 Ermitteln Sie zu Hause, in welchen Haushaltschemikalien Tenside enthalten sind.
7 Informieren Sie sich über Anwendungen von nichtionischen Tensiden in der Lebensmittelindustrie und fertigen Sie dazu eine Übersicht an.
8 Kationische Tenside eignen sich nicht zum Waschen und Reinigen, sind aber wichtiger Bestandteil von Weichspülern. Begründen Sie.
9 Erkunden Sie im Internet, was unter antimikrobieller und mikrobizider Wirkung zu verstehen ist.

Tab. 3 Einige Stoffgruppen nichtionischer Tenside

Polyalkylenglykolether	Fettsäuremonoglyceride	Alkylpolyglucoside (APG)
$R-O-(C_2H_4-O)_n-H$	$R-COO-CH_2$ – $CHOH$ – CH_2OH	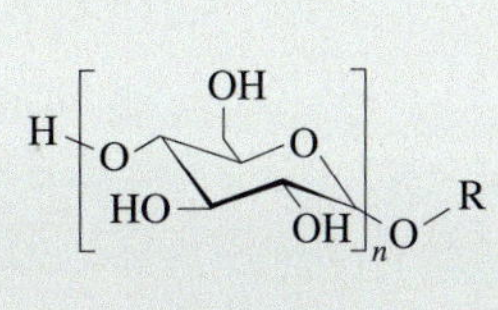
R = Rest von C_{10}–C_{18} $n = 3$–15	R = Rest von C_{15}–C_{17}	R = Rest von C_{12}–C_{18} $n = 1$–3

Herstellung von Tensiden Der jährliche Tensideinsatz in Deutschland für unterschiedlichste Aufgabengebiete liegt bei etwa 10 Millionen Tonnen bzw. leicht darüber. Nach den eingesetzten Ausgangsstoffen lassen sich Tenside im Wesentlichen in drei Gruppen unterteilen:

- Tenside, die ausschließlich aus petrochemischen Grundstoffen erzeugt werden, z. B. lineare Alkylbenzolsulfonate.
- Tenside, die ausschließlich aus natürlichen Grundstoffen wie Fetten, fetten Ölen und Zuckern erzeugt werden, z. B. Alkylpolyglucoside. Die Herstellung von Tensiden auf dieser Basis hat in den letzten Jahren an Bedeutung gewonnen.
- Tenside, die sowohl aus petrochemischen, als auch aus natürlichen Grundstoffen erzeugt werden, z. B. Alkylsulfate (Exp. 8, siehe auch Kasten rechts) oder Polyalkylenglykolether.

Die natürlich vorkommenden Biotenside sind auf sehr spezielle Einsatzzwecke beschränkt. Sie werden hauptsächlich über biotechnologische Verfahren gewonnen bzw. hergestellt.

EXPERIMENT 8

Herstellen eines Aniontensids

Vorsicht, Schutzbrille tragen!

0,5 g Cetylalkohol werden im Reagenzglas in einem Wasserbad geschmolzen. Dazu werden zwei bis drei Tropfen angewärmte konzentrierte Schwefelsäure (GHS05) gegeben, geschüttelt und das Gemisch etwa 5–10 min auf dem Wasserbad bei 70 °C erwärmt. Nach Zugabe von 1 Tropfen Phenolphthalein wird so lange tropfenweise 5%ige Natronlauge (GHS05) zugegeben, bis eine leichte, bleibende Rotfärbung auftritt. Das abgekühlte Reaktionsprodukt wird mit destilliertem Wasser verdünnt.

Umwelt

Von Rüben und Nüssen zum Tensid

Vor einigen Jahren begann für eine Gruppe von Tensiden ein Siegeszug in deutsche Waschmittel und Kosmetika, die sogenannten Zuckertenside oder Alkylpolyglucoside (APG). Aufgrund ihres breiten Anwendungsspektrums werden sie auch für verschiedene industrielle Zwecke genutzt. APG sind sehr gut biologisch abbaubar, besitzen ein geringes Wassergefährdungspotenzial, eine gute Hautverträglichkeit und ein starkes Schaumvermögen. Das Schema auf der rechten Seite zeigt den üblichen Herstellungsweg der APG.

AUFGABE

1 Erläutern Sie, was langfristig gesehen wohl der wichtigste Vorteil der APG sein dürfte.

Zuckerrüben
(z. B. aus Deutschland)

Kokosnüsse
(z. B. aus den Philippinen)

Synthesemöglichkeiten eines anionischen Tensids am Beispiel eines Alkylsulfats

Prinzip:

Pflanze → Fett → Fettalkohol → Alkylsulfat

Erdöl/Erdgas → Paraffine/Olefine → Fettalkohol → Alkylsulfat

Reaktionsgleichungen für die Herstellung im Labor (Exp. 8):

Schritt 1: Synthese eines Alkylhydrogensulfats (Veresterung von Cetylalkohol mit Schwefelsäure)

$$H_3C\text{–}(CH_2)_{14}\text{–}CH_2\text{–}OH\,(s) + H_2SO_4\,(aq) \rightarrow H_3C\text{–}(CH_2)_{14}\text{–}CH_2\text{–}OSO_3H\,(s) + H_2O\,(l)$$

Cetylalkohol — Cetylhydrogensulfat (Schwefelsäurehexadecylester)

Schritt 2: Neutralisation durch Reaktion mit Natronlauge

$$H_3C\text{–}(CH_2)_{14}\text{–}CH_2\text{–}OSO_3H\,(s) + NaOH\,(aq) \rightarrow H_3C\text{–}(CH_2)_{14}\text{–}CH_2\text{–}OSO_3^-Na^+\,(aq) + H_2O\,(l)$$

Natriumcetylsulfat (Natriumhexadecylsulfat)

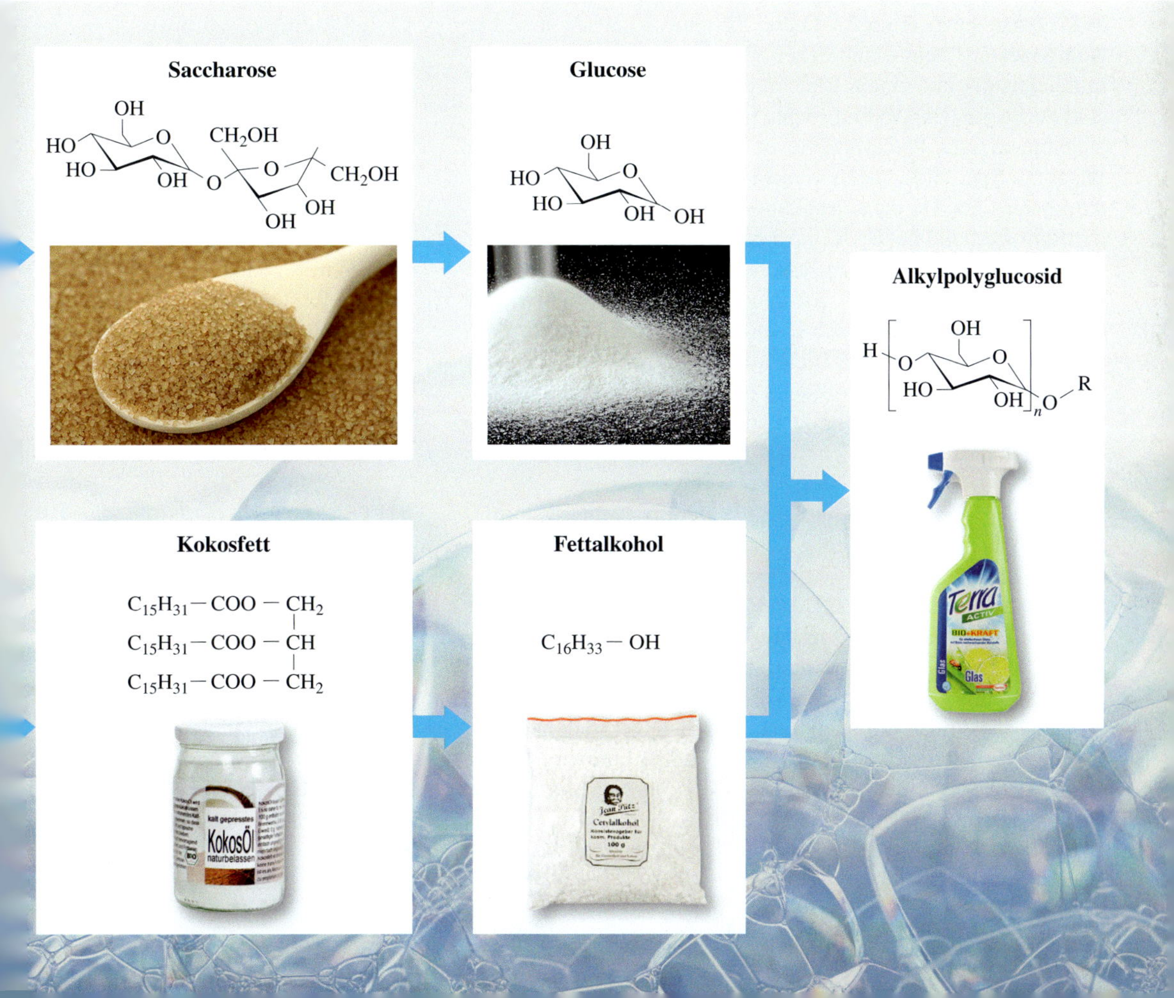

Waschmittel

Waschmittelinhaltsstoffe In Waschmitteln sind teilweise über 50 verschiedene Inhaltsstoffe enthalten. Die erste Gruppe sind die **waschaktiven Substanzen**, normalerweise anionische und nichtionische Tenside.

Eine weitere Gruppe bilden die **Gerüststoffe** oder Enthärter. Obwohl moderne Tenside gegen Wasserhärte weniger empfindlich sind als Seifen-Anionen, würden die Calcium- und Magnesium-Ionen trotzdem den Waschprozess stören. Bei hohen Temperaturen fällt Calciumcarbonat aus und würde sich an den Heizstäben der Waschmaschine ablagern und das Waschgut vergrauen. Als Enthärter sind überwiegend Zeolithe enthalten. Diese wirken als Ionenaustauscher, indem sie Calcium- und Magnesium-Ionen binden und Natrium-Ionen frei setzen (Exp. 1). Da Zeolithe nicht wasserlöslich sind, können sie nicht in Flüssigwaschmitteln eingesetzt werden. Dort sind Seifen als Enthärter enthalten. Sie bilden beim Enthärten Kalkseifen. Diese müssen dann mit dem Spülwasser entfernt werden.

Bleichsysteme entfärben organische Problemflecke und töten Mikroorganismen (Exp. 2). Diese Systeme bestehen aus drei Komponenten: dem eigentlichen Bleichmittel, einem Bleichmittelaktivator und einem Bleichmittelstabilisator. Bleichmittel sind Perborate (Exp. 3) und wegen geringerer Umweltbelastung zunehmend auch Percarbonate. Beim Waschen entwickeln sie Wasserstoffperoxid, das zu verschiedenen bleichaktiven Substanzen reagiert. Da diese Reaktionen eigentlich erst bei 60 °C wirksam sind und bei 95 °C die höchste Bleichwirkung hätten, werden Aktivatoren zugesetzt. Diese sichern den Beginn der Bleichwirkung schon bei 30 °C und ein Bleichoptimum bei 60 °C. Im Wasser vorhandene Eisen- und Mangan-Ionen wirken aber für die Zersetzung der Bleichmittel katalysierend. Deshalb werden Bleichmittelstabilisatoren zugesetzt, die diese Prozesse verhindern. Flüssige Waschmittel sowie Color- und Wollwaschmittel enthalten keine Bleichmittel.

Enzyme helfen Verschmutzungen durch Nahrungsmittel, Schweiß, Hautfette, Blut oder Kosmetika zu beseitigen. Enzyme sind Eiweiße, die als Biokatalysatoren bestimmte chemische Stoffe umwandeln (↑ S. 422). Wie alle Eiweiße sind Enzyme temperaturempfindlich und in ihrer Wirkung vom pH-Wert abhängig. Die Enzyme in Waschmitteln bauen generell hochmolekulare nichtlösliche organische Verbindungen durch Hydrolyse zu niedermolekularen löslichen organischen Verbindungen ab. Ihre Wirkung beim Waschen ist im Temperaturbereich von 40 °C bis 60 °C optimal. Jedes Enzym kann nur eine bestimmte chemische Bindung in einem Molekül spalten. Die Spaltprodukte werden anschließend durch die Tenside von der Faser abgelöst.

EXPERIMENT 1

Nachweis der Wirkung von Waschmittelzeolith

a) In ein Becherglas werden 50 ml destilliertes Wasser, 4 ml Eisen(III)-chloridlösung ($w = 5\,\%$), 4 ml 8%ige Salzsäure und einige Tropfen Ammoniumthiocyanatlösung ($w = 1\,\%$) gegeben. Anschließend werden 1–2 g Zeolith A (reines Zeolith A oder aus Waschmittel isoliertes) zugegeben.
b) Hartes Wasser wird in einem Becherglas mit 1,5 g Zeolith A versetzt, in einem anderen nicht. In beide Bechergläser werden je 2 ml Seifenlösung gegeben und geschüttelt.

EXPERIMENT 2

Nachweis der Bleichwirkung von Waschmitteln

Verschiedene Textilstücke werden mit Farbstoff (Rote Bete, Tinte, Farbindikatoren) eingefärbt. Nach dem Trocknen werden sie in mehrere Teile zerschnitten. Die Stücke werden in verschiedene, auf 80 °C erhitzte Waschmittellösungen gegeben, mit einem Glasstab mehrmals untergetaucht und anschließend mit den nicht behandelten Textilstücken verglichen.

EXPERIMENT 3 L

Nachweis von Perboraten in Waschmitteln

Vorsicht beim Erhitzen, Schutzbrille!

Eine Spatelspitze Waschmittel wird im Reagenzglas mit 2 ml Methanol (GHS02|06|08) und 1 ml konzentrierter Schwefelsäure (GHS05) vorsichtig erhitzt. Die entweichenden Dämpfe werden mit dem Brenner entzündet.

Proteasen spalten Proteine und entfernen dadurch Blut-, Milch-, Kakao- und andere Eiweißflecken, z. B. aus Soßen (Exp. 4). Da Wolle und Seide aus Proteinfasern bestehen, enthalten Waschmittel für diese Textilien keine Proteasen. Nudeln und Reis, Bratensoße und Pudding hinterlassen Stärkeflecken. *Amylasen* beseitigen diese Flecken, indem sie Stärke zu einem Zweifachzucker, der Maltose, abbauen. *Lipasen* entfernen natürliche Fette und Öle schon bei niedrigen Temperaturen. Da sie im Fettmolekül die chemische Bindung zwischen dem Glycerinmolekülrest und den Fettsäuremolekülresten spalten, löst sich der Fettfleck von der Textilfaser. *Cellulasen* machen baumwollhaltige Textilien, die beim Tragen rau und flusig werden, wieder glatt und geschmeidig. Dadurch erscheinen diese Textilien weniger stumpf, die Farben leuchten wieder. Außerdem unterstützen Cellulasen die Entfernung von teilchenförmigem Schmutz und verhindern somit das Vergrauen der Textilien. Waschmittelenzyme werden gentechnologisch hergestellt, was von einigen Menschen kritisch gesehen wird.

Optische Aufheller erhöhen den Weißheitsgrad der Wäsche. Die als Weißtöner in Waschmitteln eingesetzten optischen Aufheller ziehen beim Waschen auf die Faser auf. Sie wandeln das im Tageslicht vorhandene nicht sichtbare UV-Licht in sichtbares blaues Licht um. Dieses zusätzliche blaue Licht ergibt mit dem natürlichen leichten Gelbstich der Wäsche einen strahlenden Weißeffekt (Exp. 5). Für Buntwäsche sind optische Aufheller ungünstig. Die Farben können verblassen, aus Schwarz wird dann z. B. Anthrazit.

Inhibitoren hemmen störende Reaktionen beim Waschen. *Schauminhibitoren* sollen sichern, dass trotz unterschiedlichen Temperaturen und unterschiedlichen Waschprogrammen eine richtige Schaumbildung erfolgt. *Vergrauungsinhibitoren* verhindern das Wiederabsetzen von abgelösten Schmutzteilchen auf der frisch gewaschenen Faser. Da jede Faserart einen anderen Vergrauungsinhibitor benötigt, aber nicht getrennt gewaschen wird, enthalten Waschmittel Gemische verschiedener Vergrauungsinhibitoren. Beispielsweise enthalten Waschmittel Gemische von Vergrauungsinhibitoren für Baumwolle und für Kunstfasern. *Farbübertragungsinhibitoren* verhindern, dass beim Waschen abgelöste Farbstoffe auf andere Textilien übertragen werden. Besonders Colorwaschmittel enthalten Farbübertragungsinhibitoren. *Korrosionsinhibitoren,* z. B. Mg- und Na-Silicate, sollen einer möglichen Korrosion von Metallteilen in der Waschmaschine vorbeugen.

Hilfsstoffe sind Duftstoffe, Farbstoffe, Lösemittel und Konservierungsstoffe. Diese sollen z. B. unangenehme Waschgerüche überdecken und das Waschmittel attraktiver aussehen lassen. Duftstoffe müssen wegen möglicher allergener Wirkungen exakt deklariert werden.

EXPERIMENT 4

Nachweis der Wirkung von Proteasen in Waschmitteln

a) Weiße Textilstücke werden mit festem Eidotter eingerieben und anschließend in Bechergläser mit verschiedenen Waschmittellösungen (enzymhaltig und nicht enzymhaltig) sowie in destilliertes Wasser gegeben. Nach einer Stunde werden die verschiedenen Proben betrachtet.
b) In Reagenzgläser werden jeweils 3 ml Waschmittellösungen (enzymhaltig und nicht enzymhaltig), in ein weiteres Glas 3 ml dest. Wasser gegeben. Allen Lösungen werden je 1,5 ml Hühnereiweiß zugesetzt. Nach 25 Minuten wird die Konsistenz des Eiweißes verglichen.

EXPERIMENT 5

Prüfung von Waschmitteln auf optische Aufheller

a) Verschiedene Waschmittelproben werden mit UV-Licht angestrahlt.
b) Lösungen verschiedener Waschmittel werden auf Filterpapier und auf weiße Textilien (die Textilien dürfen aber selbst nicht schon mit einem Aufheller behandelt worden sein) getropft und trocknen gelassen. Die Proben werden wiederum mit UV-Licht angestrahlt.

1 Aufheller lassen Wäsche strahlend weiß erscheinen.

Waschmittel und Schutz der Umwelt In Deutschland werden jährlich über 1,3 Millionen Tonnen an Waschmitteln und Weichspülern sowie 0,3 Millionen Tonnen an Reinigungsmitteln verbraucht. Zum Waschen und Trocknen der Wäsche werden außerdem etwa 380 Milliarden Liter Wasser und 10 Milliarden Kilowattstunden an elektrischer Energie benötigt.
Aus diesen Zahlen lässt sich unschwer ableiten, dass die in den Waschmitteln enthaltenen Tenside und die anderen Inhaltsstoffe meist nicht vollständig verbraucht, also chemisch unverändert mit der Waschlauge ins Abwasser gelangen und damit ein großes Umweltgefährdungspotenzial besitzen.
Gelangen sie über häusliche oder industrielle Abwässer in Kläranlagen, ist dieses Problem lösbar. Sind Kläranlagen aber nicht vorhanden oder wird ihre Leistungsfähigkeit überschritten, können Waschmittelreste auch in natürliche Gewässer wie Flüsse oder Seen gelangen.
Zum Schutz der Gewässer müssen daher geeignete Maßnahmen zur Verringerung der Umweltbelastung getroffen werden. Das geschieht u.a. durch den Erlass von Gesetzen. Das aktuelle „Gesetz über die Umweltverträglichkeit von Wasch- und Reinigungsmitteln (WRMG)“ ist seit 2007 in Kraft. Dieses Gesetz gilt für das Inverkehrbringen von Wasch- und Reinigungsmitteln. Es gilt ergänzend zu der Verordnung (EG) Nr. 648/2004 des Europäischen Parlaments und des Rates vom 31. März 2004 über Detergenzien (ABl. EU Nr. L 104 S. 1).

1 Umweltgesetze sichern beim Einsatz von Waschmitteln, dass klare Bäche und Seen unsere Landschaft zieren.

ZUSAMMENFASSUNG

Tenside sind die waschaktiven Substanzen aller Waschmittel. Tensidmoleküle sind lang gestreckte, unsymmetrische, teilweise polare Moleküle mit hydrophobem und hydrophilem Molekülbaustein. Durch Herabsetzen der Grenzflächenspannung ermöglichen sie das Mischen nicht mischbarer Flüssigkeiten, das Emulgieren flüssiger Verunreinigungen und das Dispergieren fester Schmutzteilchen. Man unterscheidet zwischen anionischen, kationischen, nichtionischen und amphoteren Tensiden.
Tenside haben ein sehr großes Anwendungsspektrum und werden in fast allen Industriezweigen eingesetzt.

2 Natriumlaurylsulfat, ein Beispiel für anionische Tenside

$$CH_3-(CH_2)_{10}-CH_2-O-SO_3^-Na^+$$

► Struktur-Eigenschafts-Konzept

Der **Waschvorgang** ist der Prozess des optimalen Zusammenwirkens verschiedener Faktoren (Waschmittel, Textilien, Wasser, Wäscheschmutz, Waschgeräte) mit dem Ziel der Erhaltung des Gebrauchswerts der Wäsche durch Entfernen von Schmutz und Wiederherstellen eines einwandfreien hygienischen Zustands. Der Waschvorgang verläuft in folgenden Phasen:
- Benetzen von Faser und Schmutz
- Umnetzen von Schmutzteilchen und Verringern der Schmutzhaftung
- Ablösen des Schmutzes von der Faser
- Dispergieren der Schmutzteilchen in der Waschlauge
- Entfernen der Schmutzteilchen mit dem Spülwasser

Waschmittelinhaltsstoffe sind neben anionischen und nichtionischen Tensiden vor allem Enthärter, Bleichmittel, Enzyme und optische Aufheller sowie verschiedene Inhibitoren und Hilfsstoffe.

KOMPLEX GEDACHT

1 Aufgaben des Waschprozesses sind die Schmutzbeseitigung und die Wiederherstellung eines hygienischen Zustands des Waschguts.

a Informieren Sie sich über Schmutzarten, die auf der Wäsche sein können, und geben Sie diese in einer Tabelle an.

b Erläutern Sie, auf welche Art und Weise die Schmutzteilchen auf dem Textilgut haften.

2 Bei mit Hartwachs polierten Autos oder bei imprägnierten Kleidungsstücken perlt Feuchtigkeit, z. B. Regen, in feinen Tropfen ab. Gleiches Verhalten zeigt Wasser, wenn es auf verschmutzte Wäsche oder die Haut tropft.
Erklären Sie, warum sich Wasser so verhält und warum diese Eigenschaft für das Waschen von Wäsche sehr störend ist.

3 Abperlendes Wasser

3 Mit Seifenlösung kann ermittelt werden, ob Wasser eine große Wasserhärte aufweist. Mit einer Tensidlösung, z. B. einem Geschirrspülmittel, ist diese Untersuchung nicht möglich.
Begründen Sie diese Aussage und formulieren Sie eine Reaktionsgleichung zum Nachweis der Wasserhärte mit Seifenlösung.

4 Natriumdodecylsulfat lässt sich in zwei Schritten herstellen.
Schritt 1: Dodecan-1-ol $C_{12}H_{25}OH$ reagiert mit Schwefelsäure.
Schritt 2: Der Ester reagiert mit Natriumhydroxidlösung.

a Formulieren Sie die Reaktionsgleichungen.

b Ordnen Sie die Reaktionen der beiden Schritte einer Reaktionsart zu und begründen Sie die Zuordnung.

5 Einige Insekten, z. B. der Wasserläufer, bewegen sich auf der Wasseroberfläche von Gewässern. Können sie das auch, wenn in dieses Gewässer Waschmittelreste gelangen?
Begründen Sie, warum es für diese Insekten gefährlich sein könnte, wenn Waschmittellösungen in das Gewässer gelangen würde.

6 Tetradecanol und Schwefelsäure reagieren im Verhältnis 1:1 zu einem Ester. Dieser reagiert in wässriger Lösung stark sauer. Das Natriumsalz des Esters $CH_3\text{–}(CH_2)_{13}\text{–}O\text{–}SO_3^-Na^+$ kann als waschaktive Substanz z. B. in Spülmitteln enthalten sein.

a Untersuchen Sie drei strukturabhängige Eigenschaften des oben genannten Tensids als Bestandteil des Spülmittels.

b Ordnen Sie dieses Tensid einer Gruppe von Tensiden zu und begründen Sie.

7 Ihnen sind drei verschiedene Tenside gegeben:

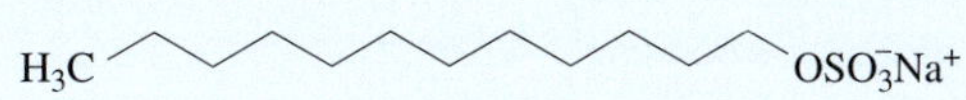

$$CH_3-(CH_2)_{11}-O-(C_2H_4-O)_6-H$$

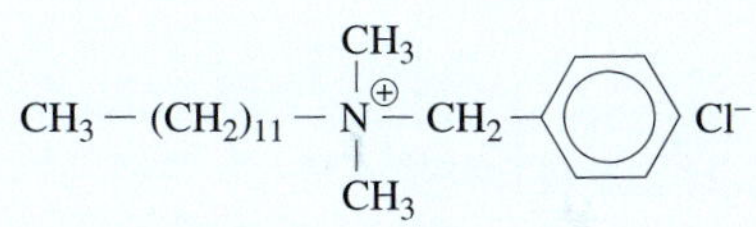

Ordnen Sie diese Tenside begründet den bekannten Tensidklassen zu und geben Sie verschiedene Verwendungsmöglichkeiten an.

8 Seifen sind Salze, die in wässriger Lösung in Anionen und Kationen zerfallen. Die Seifen-Anionen gehören zu den anionischen Tensiden. Kochsalz ist ebenfalls ein Salz und zerfällt in wässriger Lösung in Anionen und Kationen.

a Beschreiben Sie eine Möglichkeit experimentell zu unterscheiden, ob eine Seifenlösung oder eine Kochsalzlösung vorliegt, und begründen Sie die Eignung dieses Experiments.

b Erläutern Sie die ablaufenden Vorgänge beim Lösen von Seife und von Kochsalz in Wasser unter Nutzung von Reaktionsgleichungen und fertigen Sie dafür jeweils eine modellhafte Zeichnung mit Beschriftung an.

Farben bewegen unser Gemüt. Sie lösen Vorstellungen, Gedanken und Gefühle aus. Das Hundertwasserhaus weckt Neugier, aber auch die Lust, darin zu wohnen. Farbempfindungen im Zusammenhang mit einem Erlebnis, im Gehirn gespeichert, erleichtern die Abrufbarkeit der Erinnerung an das Ereignis. Farben dienen in Natur und Gesellschaft zur Kennzeichnung und als Orientierungshilfen. Bei Produkten motivieren sie den Käufer. Die technische Umwelt wird durch Farben angenehmer gestaltet. Farben sind in der Mode Ausdruck von Lebensqualität.

Farbstoffe einst und heute

Natürliche Farbstoffe Das Farbenspiel der Natur bezauberte schon unsere Vorfahren. Farbe diente als Körperschmuck. Körperbemalung, wie sie heute noch bei einigen Naturvölkern Brauch ist, sollte das Ansehen stärken, Macht zum Ausdruck bringen oder verschiedene Stimmungen symbolisieren, wie Trauer, Freude, Kampfbereitschaft.
Als erste Farbmittel dienten den Menschen **Erdfarben**, wie sie bereits zwischen 40 000 und 10 000 v. Chr. für die Höhlenmalereien von Altamira in Nordspanien oder in der Dordogne in Frankreich benutzt wurden (Tab. 1).
Da Erdfarben nicht zur Einfärbung von Textilien geeignet waren, gilt als sicher, dass Pflanzensäfte als erste **Textilfarbmittel** dienten. Gefärbte Textilfaserreste sind in verschiedenen Grabstätten gefunden worden. Schon am Ausgang der Steinzeit waren die Farbtöne Gelb, Rot, Braun und Schwarz mit **Naturfarbstoffen** herstellbar. Aus China (um 2000 v. Chr.) ist die Verwendung von blauem Indigo aus dem Indigostrauch, rotem Kermes aus einer Schildlausart und von Chinesischgrün aus Gelbholz bzw. Farnarten bekannt.

Tab. 1 Natürliche Pigmente

Name (Farbe)	Zusammensetzung
Bergblau (blau)	alkalisches Kupfercarbonat
Berggrün (grün)	alkalisches Kupfercarbonat
Manganschwarz (schwarz)	Mangan(IV)-oxid
Lapislazuli (ultramarin)	schwefelhaltiges Natriumaluminiumsilicat
Kaolin (weiß)	wasserhaltiges Aluminiumsilikat
Ocker (gelb)	eisenoxidhaltiges Aluminiumsilicat
Zinnober (rot)	Quecksilber(II)-sulfid

Die Ägypter stellten etwa um die gleiche Zeit aus der Wurzel der Färberröte roten Krapp und aus der Färberdistel gelben Saflor her (Exp. 1, 2).
Teuerster Farbstoff der Antike war Purpur, gewonnen aus Schleimsekreten der Purpurschnecke (Abb. 1). Etwa 100000 Schnecken waren zum Färben einer römischen Toga notwendig. Dieser Farbstoff wurde nur für das Färben der Gewänder von Herrschern verwendet.
Im klassischen Altertum wurden weitere Farbstoffe hergestellt, z. B. Gelb aus Safran (Tab. 2).
In der Zeit der Völkerwanderungen gingen viele Kenntnisse über Farbengewinnung und Färbeverfahren auf abendländischem Gebiet verloren. Nur in Byzanz und im Orient erfolgte eine Weiterführung der Tradition, sodass diese Kenntnisse später von dort wieder auf europäischen Boden gelangen konnten. Besonders Venedig, Genua und Florenz entwickelten sich zu Färbereizentren. Am Ende des Mittelalters waren etwa 30 Farbstoffe bekannt. Damit stand die ganze Breite des Farbenspektrums zur Verfügung.
Mit der Entwicklung der Textilindustrie und den wachsenden Ansprüchen der Menschen an farbige Kleidung nahm die Nachfrage an Farbstoffen rasch zu. Mit natürlichen Farbstoffen konnte der Bedarf nicht mehr gedeckt werden.

EXPERIMENT 1

Farbstoffauszug aus Pflanzen

In einer Reibschale werden 10 g grüne Blätter mit feinem Sand zerrieben (z. B. Spinat- oder Brennnesselblätter). Anschließend wird das Gemenge in einen kleinen Standkolben gefüllt, 50 ml Ethanol (GHS02) zugegeben und das Gefäß fest verschlossen. Das Gemenge wird im Dunkeln stehengelassen, ab und zu geschüttelt und nach etwa 15 min filtriert. *Vorsicht! Abzug!* Zum Filtrat werden etwa 10 ml Petroleumbenzin (GHS08) gegeben. Vorsichtig schütteln, absetzen lassen. Die Benzinphase, die vorwiegend gelöstes Chlorophyll enthält, wird mit einem Scheidetrichter abgetrennt.

EXPERIMENT 2

Trennen von Pflanzenfarbstoffen

Drei Brennnessel- oder Spinatblätter oder Rotkohl-, Rotbuchen-, Kornblumenblätter werden mit etwas feinem Sand und 5 ml Trichlormethan (GHS08 | 07) gründlich zerrieben und danach filtriert. Der Rohfarbstoff wird mehrfach auf die Startlinie von Chromatografiepapier getropft (Tropfen muss klein, aber farbkräftig sein). Das Chromatografiepapier wird senkrecht aufgehängt und etwa 1 cm in das Lösemittel, z. B. Propanon (GHS02 | 07), eingetaucht.

Tab. 2 Naturfarbstoffe

Name (Farbe)	Ausgangsstoff
Krapp (rot)	Wurzeln der Färberröte
Karmesin (rot)	getrocknete Ilex-Schildlaus-Weibchen
Orseille (rot)	verschiedene Flechtenarten
Wau (gelb)	Färberwau
Safran (gelb)	getrocknete Blütennarben einer Krokusart
Purpur (violett)	Drüsen verschiedener Purpurschnecken
Waid (blau)	Blätter des Färberwaids
Indigo (blau)	Blätter des Indigostrauches

1 Etwa 10000 Purpurschnecken mussten getötet werden, um ein Gramm des wertvollen Farbstoffs zu erhalten. Kardinäle und Könige trugen Purpur. Deshalb heißt es heute noch Kardinalspurpur.

AUFGABEN

1 Recherchieren Sie im Internet zu weiteren natürlichen Pigmenten und Farbstoffen.
2 Geben Sie für die in Tabelle 1 genannten und für die recherchierten Pigmente die Formeln an.
3 Begründen Sie, warum heute mit vielen natürlichen Pigmenten nicht mehr gearbeitet werden darf.

Synthetische Farbstoffe Die ersten **synthetischen Farbstoffe** wurden im 19. Jahrhundert zufällig entdeckt. So isolierte FRIEDLIEB RUNGE 1834 aus Steinkohlenteer Anilin, aus dem durch Oxidation Anilinschwarz gewonnen wurde. Ebenfalls zufällig fand SIR WILLIAM HENRY PERKIN 1856 bei der Oxidation von verunreinigtem Anilin einen purpurvioletten Farbstoff, den er Mauvein nannte. Dieser Farbstoff war der erste technisch genutzte synthetische Farbstoff (Abb. 2).
In den folgenden Jahren begann die systematische Erforschung von Synthesemöglichkeiten für neue Farbstoffe. Heute werden weltweit jährlich über 400 000 t Farbstoffe allein für das Färben von Textilien benötigt.
Alle farbgebenden Stoffe werden als **Farbmittel** bezeichnet. Farbmittel lassen sich in lösliche organische Farbmittel, die **Farbstoffe**, und unlösliche anorganische oder organische Farbmittel, die **Pigmente**, unterteilen (Abb. 1). Im Allgemeinen werden Farbstoffe in Lösemitteln und Pigmente in Bindemitteln verwendet. Nach Art der Bindemittel lassen sich u. a. Lackfarben und Dispersionsfarben unterscheiden.
Heute kennt man etwa 7000 verschiedene Farbstoffe, aber nur etwa 100 Pigmente.

1 Farbgebende Stoffe

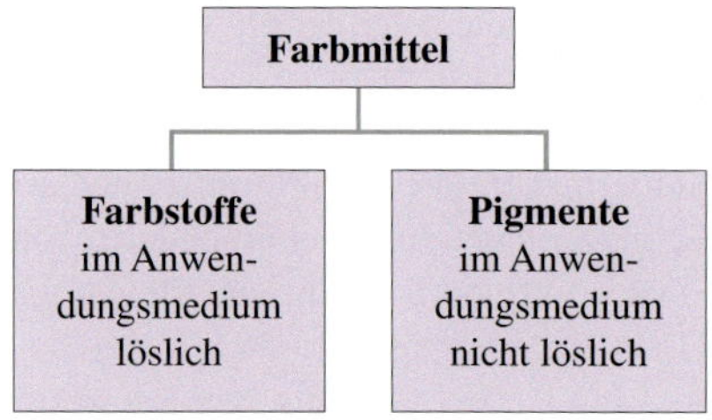

2 Mit original Perkin-Mauvein eingefärbtes Kleid aus dem Jahr 1862

Pigmente – Lackfarben – Dispersionsfarben

Pigmente Man unterscheidet **anorganische** und **organische Pigmente**, die natürlich vorkommen (Tab. 1) oder synthetisch hergestellt werden. Anorganische Pigmente werden in Weißpigmente und Buntpigmente unterteilt.
Weißpigmente können Farben aufhellen. Die ersten Weißpigmente waren Gips und Kreide. Seit 550 v. Chr. wurde das Weißpigment Bleiweiß, ein alkalisches Bleicarbonat, verwendet. Weißpigmenthaltige Lacke oder Kunststoffprodukte erscheinen deshalb weiß, weil sie das auftreffende Licht fast vollständig streuen und dadurch sichtbares Licht nicht absorbieren (↑ S. 498). Heute wird fast ausschließlich Titan(IV)-oxid (Abb. 3) als Weißpigment verwendet. Wegen der nahezu vollständigen Lichtstreuung hat dieses Titanoxid ein hohes Deckvermögen (Abb. 4).

3 Aus schwarzem Titaneisenerz wird Titan(IV)-oxid technisch gewonnen.

4 Wichtiges Weißpigment – Titan(IV)-oxid

AUFGABEN

1 Erläutern Sie die Bedeutung von Farben im Pflanzen- und Tierreich.
2 Diskutieren Sie die Bedeutung von Farbmitteln im Alltag der Menschen und geben Sie dafür Beispiele an.
3 Kennzeichnen Sie die Begriffe Farbe, Farbmittel, Farbstoff und Pigment.
4 Nennen Sie Gruppen von Pigmenten und deren Verwendung.

Buntpigmente absorbieren einen Teil des auftreffenden weißen Lichts, der reflektierte Teil ergibt den Farbeffekt. Die organischen Pigmente unterscheiden sich von den meisten anorganischen Buntpigmenten durch die Klarheit ihres Farbtons und eine höhere Farbstärke. Pigmente werden als **Pulverpigmente** für Druckverfahren, zum Einfärben von Baustoffen, Kunststoffen, Email und Keramik, zum Herstellen von Lack- und Dispersionsfarben oder in vordispergierter Form hergestellt.
Reine Pigmente haften nicht auf Unterlagen. Sie werden daher in Bindemittel eingearbeitet. Aus den Pigmenten entstehen auf diese Weise Anstrichstoffe wie Lackfarben (Exp. 1) und Dispersionsfarben sowie Druckfarben oder eingefärbte Werkstoffe, z. B. farbige Kunststoffe, Gummi, Schaumstoffe und Baustoffe (Tab. 1).

Tab. 1 Pigmente und ihre Verwendung

Pigmente	Farbwirkung	Zur Farbgebung für
Anorganische Pigmente		
Titan(IV)-oxid	weiß	Lacke, Kunststoffe, Papier, Baustoffe, Email, Keramik
Eisenoxide	gelb, rot, braun, schwarz	Baustoffe, Lacke, Kunststoffe, Papier
Chrom(III)-oxid	grün	Baustoffe, Lacke, Kunststoffe, Keramik, Email
Cadmiumverbindungen	rot, orange, gelb	Kunststoffe, Lacke, Keramik, Email
Chromate	gelb, rot	Lacke
Farbruße	schwarz	Gummi, Deckfarben, Fahrzeuglacke
Organische Pigmente		
Azoverbindungen	gelb, orange, rot	Druckfarben, Malerfarben, einfache Industrielacke
Phthalocyanine	blau, grün	Druckfarben
Polycyclische Verbindungen	rot, gelb, violett	Autolacke (auch Metallic-Lacke), Kunststoffe
Triphenylmethanderivate	grün, blau, violett	Druckfarben

Lackfarben Anstrichstoffe, in denen Pigmente in bestimmten Bindemitteln vorliegen, werden als **Lackfarben** bezeichnet (Exp. 1). Der größte Teil einer Lackschicht besteht aus filmbildendem Material. Das sind organische Polymere mit Netzstruktur. Sie sichern die Deformierbarkeit, Elastizität und Feuchteresistenz des Anstrichs. Die zweite Komponente der Lackschicht sind Pigmente, die der Farbgebung und dem Korrosionsschutz dienen. Zusatzstoffe bewirken Stabilität, Haltbarkeit und Schutz vor schädigenden Einflüssen, wie UV-Strahlung. Diese Additive werden in Lösemitteln gelöst.

EXPERIMENT 1
Herstellen eines Spirituslacks
16 g Schellack, 4 ml Rizinusöl und 80 ml Ethanol (GHS02) werden bis zur vollständigen Lösung des Schellacks gerührt. Anschließend werden 10 g fein zerriebenes Kolophonium (GHS07) darin gelöst. Den trüben Lack 2 bis 3 Tage stehen lassen und danach dekantieren. Bodensatz verwerfen.

EXPERIMENT 2
Herstellen einer Kalkemulsion für Außenanstriche
80 g Kalk in 40 ml Wasser einrühren und 500 g Quark unterrühren. Eine Stunde stehen lassen und mit 15 ml Leinöl gut vermischen. Für verschiedene Farbtöne können Pigmente (Erdpigmente) zugesetzt werden. Dafür ist der Leinölanteil auf etwa 30 ml zu erhöhen.

5 Farbpigmente

AUFGABEN
1 Geben Sie eine Möglichkeit zur Herstellung einer weißen Innenwandfarbe an. Welche Bestandteile sind erforderlich?
2 Vergleichen Sie Farben zur Wohnungsrenovierung (↑Tab. 1, S. 492) in ihrer qualitativen und quantitativen Zusammensetzung. Geben Sie Gründe für die unterschiedlichen Zusammensetzungen an.
3 Nennen Sie Unterschiede zwischen Lack- und Dispersionsfarben.

Die Lösemittel bewirken gleichzeitig die erforderliche Verarbeitungskonsistenz der Lackfarben.
Aus ökologischen und arbeitshygienischen Gründen werden heute zunehmend lösemittelarme oder -freie Lacke, z. B. festkörperreiche Lacke, Beschichtungspulver und Wasserlacke für Anstrichstoffe verwendet (Abb. 1; Tab. 1).

1 Zusammensetzung von Lackfarben

Konventionelle Lacke	Wasserlacke	Beschichtungspulver
50 % Lösemittel für Additive	50 bis 80 % Wasser	kein Lösemittel
50 % Filmbildner und Pigmente	20 bis 50 % Lackfestkörper	100 % Festkörper

Tab. 1 Farben für die Wohnungsrenovierung

Farbe	Massenanteil der Stoffe in %	
Leimfarbe	60 35–38 2–5	Kreide Wasser Leim
Wandfarbe	40–50 40 5–10 0–2 0,5–2	Pigmente/ Füllstoffe Wasser Bindemittel Lösemittel Hilfsstoffe
Fassadenfarbe	30–40 40 10–15 1–2 0,5–2	Pigmente/ Füllstoffe Wasser Bindemittel Lösemittel Hilfsstoffe
Lackfarbe	40 10 50	Filmbildner Pigmente/ Füllstoffe Lösemittel

Dispersionsfarben **Dispersionsfarben** sind Dispersionen von Farbmitteln und Bindemitteln in Wasser, wie fein verteilte Kunstharze (Bindemittel) und Pigmente (Farbmittel) (↑Exp. 2, S. 491). Außerdem enthalten sie Füllstoffe wie Kreide, Spate, Talkum, Glimmer, Kaoline, Quarzmehle und verschiedene Additive wie Weichmacher, Benetzungsmittel, Verdickungsmittel und Konservierungsmittel.

ZUSAMMENFASSUNG

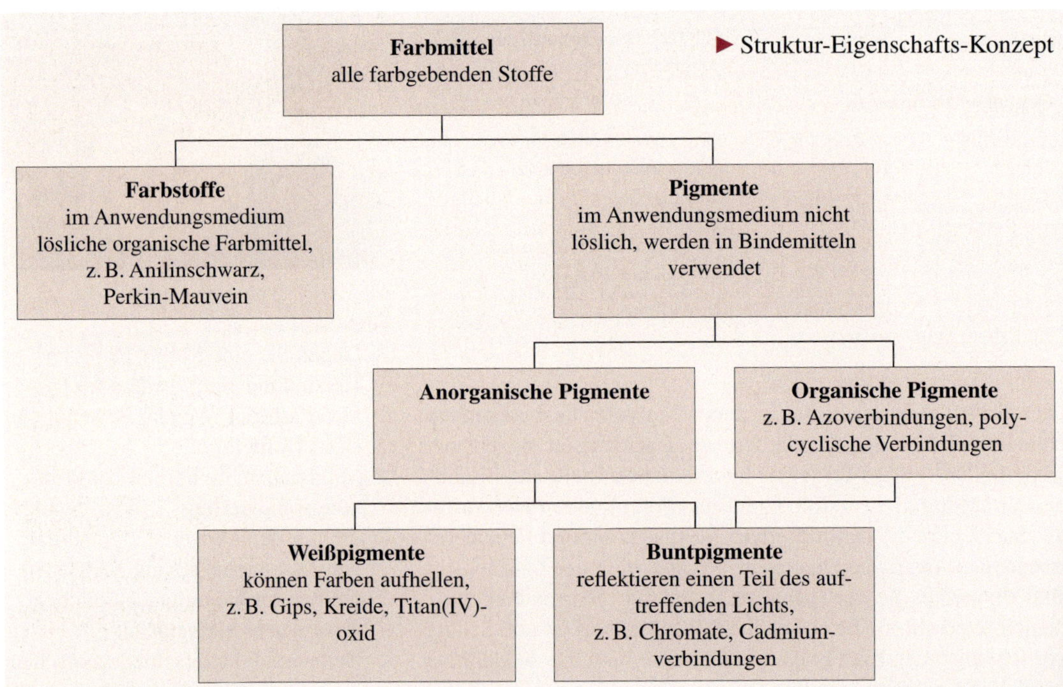

Licht und Farbe

Sichtbares Licht – Spektralfarben Farbempfinden ist etwas Subjektives. Die optische Information erhält das Auge in Form elektromagnetischer Wellen bestimmter Frequenzen. Der für den Menschen wahrnehmbare Frequenzbereich des Lichts liegt etwa zwischen 400 nm und 780 nm (Abb. 2; Tab. 2). Die Energie der elektromagnetischen Strahlung steigt von den Radiowellen zu den Röntgenstrahlen an.

2 Elektromagnetisches Spektrum

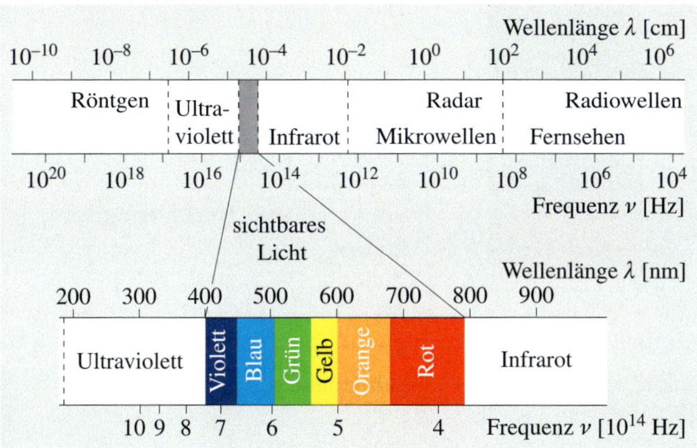

Sichtbares weißes Licht kann durch Lichtbrechung im Prisma in seine farbigen Bestandteile (Spektralfarben) zerlegt werden (Abb. 3). So erhält man beim Durchgang weißen Lichts durch ein Prisma ein Farbband. Dieses Farbband wird als **kontinuierliches Spektrum** bezeichnet (Abb. 4; Exp. 1). Alle Farben des Spektrums ergeben zusammen den Farbeindruck weiß. Neben dem kontinuierlichen Spektrum gibt es noch andere Spektren. Bei der Zerlegung des von angeregten atomaren Gasen unter geringem Druck emittierten Lichts, wie in der Quecksilberdampflampe, entsteht z. B. ein **Absorptionsspektrum**, in diesem Fall ein **Linienspektrum** (Abb. 4; Exp. 2). Sind die Linien sehr gehäuft und dicht angeordnet, erscheinen sie als Banden. Das erhaltene Spektrum wird als **Bandenspektrum** bezeichnet.

EXPERIMENT 2
Linienspektren

a) Gebündeltes Licht einer Quecksilberdampflampe wird durch ein gleichseitiges Prisma auf eine Projektionswand geleitet.
b) Proben von Alkali- oder Erdalkalimetallchloriden werden mit Magnesiastäbchen in der entleuchteten Brennerflamme erhitzt. Die Brennerflamme wird mit einem Spektroskop betrachtet.

Tab. 2 Zusammenhang von Wellenlänge, Energie und Farbe

Farbe	λ in nm	E in $kJ \cdot mol^{-1}$
violett	400–440	298–271
blau	440–480	271–248
grün	500–560	238–213
gelb	580–595	206–200
rot	605–700	197–170

EXPERIMENT 1
Aufspaltung von weißem Licht am Prisma

Mit einer Projektionslampe und einer Spaltblende wird ein Bündel weißen Lichts durch ein Prisma geleitet. Hinter dem Prisma wird eine Projektionsfläche angeordnet.

3 Aufspaltung von weißem Licht an einem Prisma

4 Kontinierliches Spektrum und Linienspektrum einiger Gase

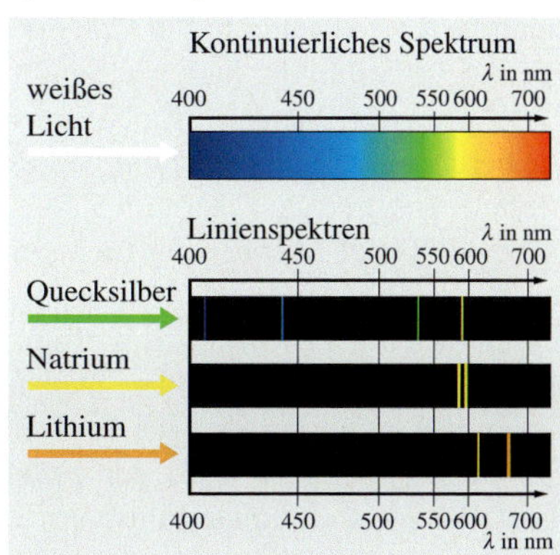

Fällt Sonnenlicht oder weißes Licht auf einen Gegenstand, werden Anteile des weißen Lichts absorbiert. Die nicht absorbierten Farben ergeben für die Wahrnehmung dann kein Weiß, sondern eine Mischfarbe. Diese Mischfarbe verhält sich komplementär zur absorbierten Farbe (Abb. 1). Beide Farben ergeben zusammen wieder Weiß (Exp. 3).

1 Spektralfarben und Komplementärfarben

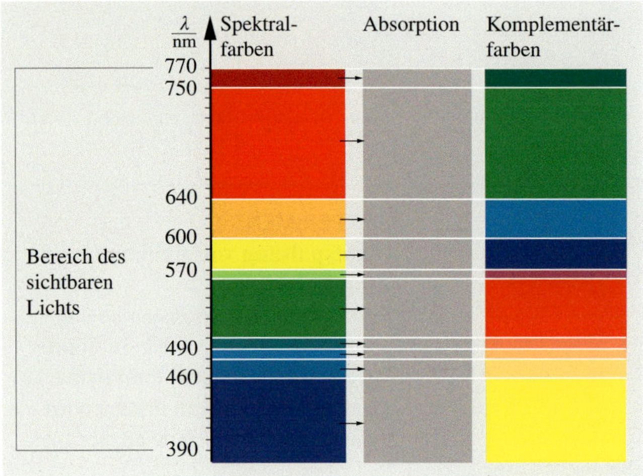

EXPERIMENT 3

Spektral- und Komplementärfarben

Zwischen Lichtstrahl und Prisma (Exp. 1) werden verschiedene Farbfilter oder Küvetten mit Farblösungen gehalten.

Entstehung von Farbeindrücken Im menschlichen Auge werden die ankommenden Lichtstrahlen von der Linse gebündelt und auf der Netzhaut abgebildet. Dort befinden sich etwa 120 Mio. Stäbchen, die das Sehen bei schwachem Lichteinfall ermöglichen, und etwa 6,5 Mio. Zapfen für das Sehen bei Tage und für das Farbsehen. Unterschiedliche Sehpigmente dieser Zapfen (Rhodopsine) bilden „Farbreizzentren" für die Farbempfindung Blau, Gelbgrün und Rot. Die Intensität der Farbempfindung ist vom Grad der Anregung dieser drei Zentren abhängig. Gleichzeitige starke Reizintensität vermittelt die Empfindung Grau bis Weiß, gleichzeitige geringe Reizintensität die Empfindung Schwarz.

Additive Farbmischung Für die Entstehung von Farbeindrücken ist weiterhin die Farbmischung bedeutsam. Wird farbiges Licht gemischt, handelt es sich um **additive Farbmischung**. Sie beruht auf den drei Grundfarben **R**ot, **G**rün und **B**lau (RGB-Modell) entsprechend den drei Zapfentypen der menschlichen Netzhaut. Durch Mischen des Lichts entstehen hellere Farbtöne: aus Rot mit Grün entsteht Gelb, aus Grün und Blau entsteht Cyan, und Blau gemischt mit Rot ergibt Magenta (Exp. 4). Kommen alle drei Farben in voller Intensität und gleichen Anteilen zusammen, ergänzen sie sich zu Weiß (Abb. 2). Nach diesem Prinzip funktionieren z. B. der Farbfernseher und die Farbdarstellung am Computerbildschirm. Bei der additiven Farbmischung entsteht der Farbeindruck erst im Sehapparat.

EXPERIMENT 4

Additives Farbmischen

Mit Diaprojektoren wird rotes, grünes und blaues Licht so an eine weiße Wand gestrahlt, dass die Farben teilweise überlappen.

EXPERIMENT 5

Subtraktives Farbmischen

a) Mit den Farben eines Deckfarbenkastens werden jeweils zwei subtraktive Grundfarben zusammengemischt.
Anschließend werden alle drei Grundfarben gemischt.
b) Aus farbiger Schulkreide werden Farbpulver hergestellt. Jeweils zwei der Pulver werden zu gleichen Anteilen innig gemischt: Rot – Blau, Gelb – Blau, Rot – Gelb, Rot – Grün, Gelb – Violett, Orange – Blau.

2 Additive Farbmischung

3 Subtraktive Farbmischung

4 Farbenkreis mit den sechs Hauptfarben der additiven Farbmischung. Beim Mischen zweier gegenüberliegender Farben entsteht Weiß. Beim Mischen zweier Grundfarben entsteht eine Mischfarbe, die zwischen den zwei Grundfarben liegt.

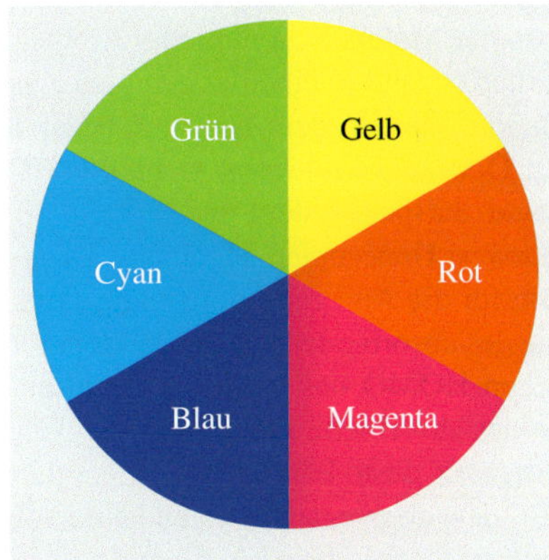

Subtraktive Farbmischung Beim Mischen von Farbsubstanzen (z. B. beim Drucken) handelt es sich um **subtraktive Farbmischung**. Farbsubstanzen absorbieren bestimmte Wellenlängen des weißen Lichts, während sie andere Wellenlängen reflektieren. Bei subtraktiver Farbmischung entsteht die Mischfarbe nicht im Sehapparat, sondern bereits in den betrachteten Materialien. Farbfotos, Farblacke, eingefärbte Kunststoffe sind dafür Beispiele. Die den Stoffen zugegebenen Farbmittel absorbieren bestimmte Teile des kontinuierlichen Lichtspektrums, sodass ins Auge nur noch ein Teilspektrum gelangt. In der subtraktiven Farbmischung bilden **C**yan, **M**agenta und Gelb (**Y**ellow) die Grundfarben (CMY-Modell). Aus einer Mischung von Cyan und Magenta entsteht Blau. Magenta mit Gelb ergibt Rot und Gelb mit Cyan ergibt Grün. Mischt man Cyan, Magenta und Gelb in voller Intensität und in gleichen Anteilen, erhält man Schwarz, d. h., es wird kein Licht mehr reflektiert (Abb. 3; Exp. 5).

AUFGABEN

1 Vergleichen Sie additive und subtraktive Farbmischung und erläutern Sie deren Grundlagen.
2 Stellen Sie den Zusammenhang zwischen Spektral- und Komplementärfarbe dar.

ZUSAMMENFASSUNG

Sichtbares Licht
Der für den Menschen wahrnehmbare Frequenzbereich des sichtbaren Lichts aus dem elektromagnetischen Spektrum liegt zwischen 400 nm und 700 nm. Je kurzwelliger das Licht, desto energiereicher ist es, und je langwelliger das Licht, desto energieärmer ist es.

Komplementärfarbe
Fällt weißes Licht auf einen Gegenstand, werden Anteile des weißen Lichts absorbiert. Die nicht absorbierten Farben ergeben für die Wahrnehmung die Komplementärfarbe des absorbierten Lichts.

Additive Farbmischung
Mischen von farbigem Licht.
Grundfarben sind **R**ot, **G**rün und **B**lau.
R + G = Gelb; R + B = Magenta; G + B = Cyan;
R + G + B = Weiß

Subtraktive Farbmischung
Mischen von Farbsubstanzen (Körperfarben). Diese absorbieren bestimmte Wellenlängen des weißen Lichts, während sie andere Wellenlängen reflektieren. Bei der subtraktiven Farbmischung bewirkt jede dazukommende Farbe die Absorption weiterer Wellenlängen.
Grundfarben sind **C**yan, **M**agenta und **Y**ellow.
C + M = Blau; C + Y = Grün; M + Y = Rot;
C + M + Y = Schwarz

▶ Struktur-Eigenschafts-Konzept

Farbigkeit und Molekülstruktur

Anregung von Elektronen Wird Materie mit Licht bestrahlt, so werden bestimmte Wellenlängen aus dem Spektrum des Lichts absorbiert und das restliche, nicht absorbierte Licht reflektiert.
Bei der **Lichtabsorption** werden die Elektronen der Teilchen, also der Moleküle, Ionen oder Atome, angeregt. Sie gehen vom Grundzustand in einen angeregten Zustand über. Der Grundzustand entspricht dem höchsten besetzten Energieniveau (**H**ighest **O**ccupied **M**olecular **O**rbital = HOMO), der angeregte Zustand entspricht dem niedrigsten unbesetzten Energieniveau (**L**owest **U**noccupied **M**olecular **O**rbital = LUMO).
Die für die Anregung notwendige Energie entspricht der Energie des absorbierten Lichts. Je kleiner die Energiedifferenz zwischen HOMO und LUMO, desto langwelliger (energieärmer) ist das absorbierte Licht und umgekehrt, je größer die Energiedifferenz, desto kurzwelliger (energiereicher) ist es.
Aus dem angeregten Zustand kehren die Elektronen unter Abgabe der aufgenommenen Energie wieder in den Grundzustand zurück. Die Energie kann z. B. in Form von thermischer Energie oder in Form von Licht wieder abgegeben werden.

Lichtemission durch Fluoreszenz und Phosphoreszenz **Lichtemission** liegt vor, wenn Stoffe elektromagnetische Wellen aussenden, die im sichtbaren Frequenzbereich für den Menschen liegen (lat. emittere – aussenden, ausgeben). Alle Flammen- und Leuchterscheinungen und das Licht glühender Körper entstehen durch Emission von Strahlung im sichtbaren Bereich.
Bei Bestrahlung mit UV-Licht emittieren z. B. Fluorescein- und Chlorophylllösungen Licht. Auch Lösungen von Pflanzensäften, z. B. von Rosskastanie, Esche, Tollkirsche oder Fingerhut, zeigen diese Eigenschaft (Exp. 1, 2). Die Lichtaussendung hört aber sofort auf, wenn die Strahlenquelle abgeschaltet wird. Diese Art der Lichtemission wird als **Fluoreszenz** bezeichnet.
Bei der Fluoreszenz wird Strahlung, z. B. UV-Licht, absorbiert. Die Lichtaussendung erfolgt durch den Übergang der Elektronen vom angeregten Zustand in den Grundzustand unter Beibehaltung ihres Elektronenspins. Fluoreszenzstrahlung ist meist energieärmer und damit langwelliger als die Anregungsstrahlung.

1 Mit UV-Licht angestrahlte Fluoresceinlösung

2 Mit UV-Licht angestrahlte Rosskastanienlösung

EXPERIMENT 1

Fluoreszenz von Pflanzensäften, Chlorophyll und Waschpulver

a) Zweige von Rosskastanien (Aesculus hippocastanum) und Esche (Fraxinus excelsior) werden abgeschnitten und mit der Schnittfläche in je ein mit Wasser gefülltes Becherglas gestellt. Die wässrigen Lösungen werden bei normalem Licht und in einem abgedunkelten Raum bei UV-Licht-Bestrahlung betrachtet.
b) Rohchlorophylllösung wird im verdunkelten Raum mit einer UV-Lampe bestrahlt.
c) Verschiedene feste Waschpulver werden im verdunkelten Raum mit einer UV-Lampe bestrahlt. Waschpulverlösungen werden auf Filterpapier oder Stoffproben gegeben und nach dem Trocknen mit UV-Licht bestrahlt.

EXPERIMENT 2 L

Fluoreszenz von Fluorescin

Zunächst wird Fluorescin hergestellt. Dazu werden 0,5 g Phthalsäureanhydrid (GHS08 | 05 | 07), 1 g Resorcin (GHS07 | 09) und 2 g wasserfreies Zinkchlorid (GHS05 | 07 | 09) vorsichtig bis zum Entstehen einer blutroten Schmelze erhitzt. Nach dem Abkühlen gibt man 3 ml 10%ige Natronlauge (GHS05) zu und schüttelt kräftig. Die erhaltene Fluoresceinlösung wird aus 50 cm Höhe in ein großes Becherglas gegossen, in dem sich Wasser und einige Tropfen 25%ige Ammoniaklösung (GHS05 | 09) befinden.

3 Wechselwirkungen zwischen Licht und Teilchen bei Lichtabsorption und Lichtemission

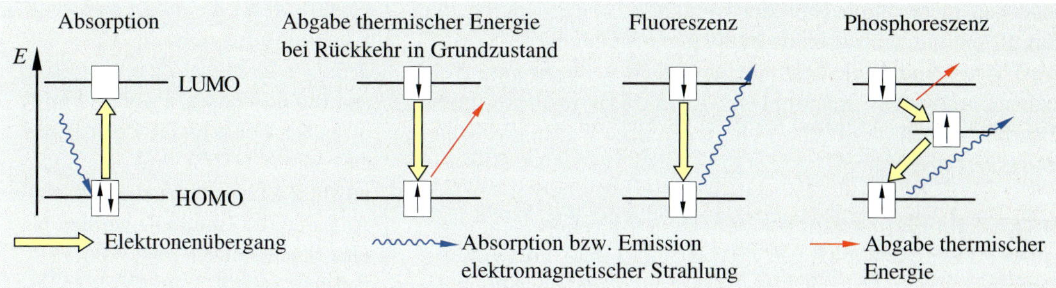

Die Fluoreszenz wird für viele praktische Zwecke genutzt, so z. B. bei Signalfarben für Fahrbahnmarkierungen, Verkehrsschildern und Sicherheitsbekleidung, aber auch für optische Aufheller, die auf Textilien aufgetragen werden oder in Waschmitteln enthalten sind.

Wird ein Stoff oder eine Lösung mit ultraviolettem Licht bestrahlt und leuchtet auch nach Ausschalten der Strahlenquelle eine gewisse Zeit weiter, so nennt man diese „langsame Fluoreszenz" **Phosphoreszenz** (Exp. 3). Die Lichtaussendung erfolgt hier durch den Übergang der Elektronen aus dem angeregten Zustand in den Grundzustand über einen metastabilen Zustand unter Umkehr des Elektronenspins.

Solche Effekte treten bei geglühtem, mit Schwermetallspuren versetztem Calciumsulfid, bei Strontium-, Barium-, Zink- oder Cadmiumsulfid auf. Ähnlich ist auch die Flammenfärbung bestimmter Alkali- oder Erdalkalimetallsalze zu erklären.

Fluoreszenz und Phosphoreszenz sind Erscheinungsformen der **Lumineszenz**. Fluoreszenz tritt bereits etwa 10^{-8} s nach Absorption der Erregerstrahlung auf, bei der Phosphoreszenz dauert es etwa 10^{-3} bis 10 s. Die Dauer der Emission ist unterschiedlich. Bei beiden Lumineszenzformen finden keine stofflichen Veränderungen statt.

Lichtemission durch Chemolumineszenz Eine weitere Form der Emission von Licht ist die **Chemolumineszenz**. Sie tritt während freiwillig verlaufender chemischer Reaktionen auf. Die Reaktionsprodukte liegen kurzzeitig in einem angeregten energiereichen Zustand vor, der durch Lichtausstrahlung rasch in einen energieärmeren Grundzustand übergeht (Abb. 3, ↑Exp. 4, S. 498). Anwendung findet sie z. B. bei Notbeleuchtungen oder auch in Knicklichtern (Abb. 4).

Erzeugen Lebewesen durch chemische Reaktionen Lichtenergie, bezeichnet man diese Chemolumineszenz als **Biolumineszenz**. Die dazu ablaufenden Reaktionen sind enzymatisch gesteuerte Redoxreaktionen. Das beteiligte Enzym heißt Luciferase, der umzusetzende Stoff ist Luciferin. Biolumineszenz dient in der Natur z. B. als Warn- oder Drohsignal, zur Kommunikation unter Artgenossen und zur Anlockung von Beute oder Sexualpartnern (Abb. 5).

EXPERIMENT 3 L

Phosphoreszenz

10 g Borsäure (GHS08) und 0,025 g Fluorescein (Natriumsalz) werden im Mörser zerrieben und anschließend im Porzellantiegel vorsichtig bis zur glasigen Schmelze erhitzt. Die erstarrte Schmelze wird 1 min mit einer UV-Lampe bestrahlt.

4 Chemolumineszenz in Knicklichtern

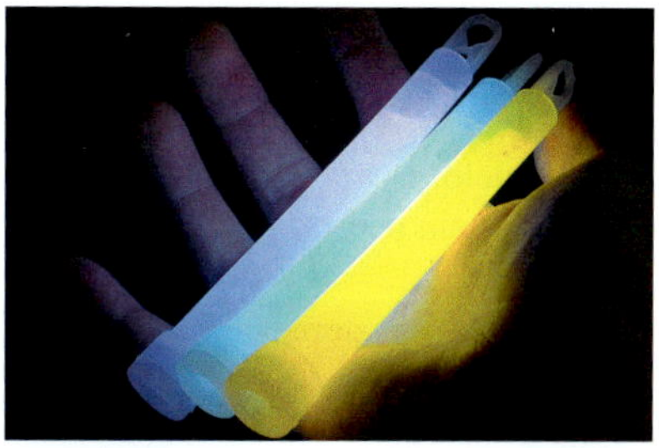

5 Biolumineszenz in Quallen

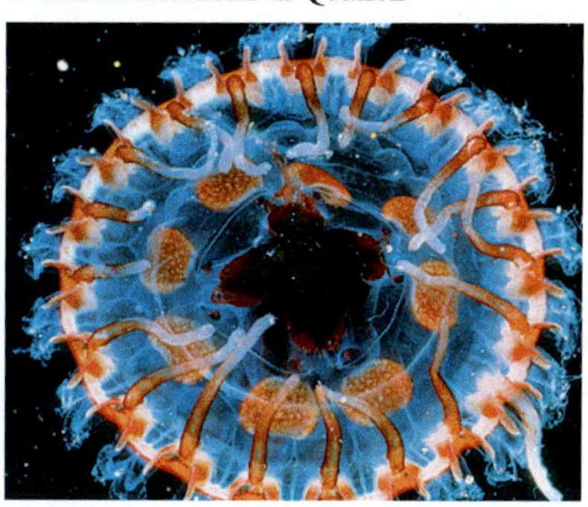

Lichtabsorption und Farbe Die Körperfarben unserer Umwelt entstehen nicht durch Emissionsvorgänge, sondern durch die vom Körper nicht absorbierte, reflektierte Strahlung.
Wird Materie mit Licht bestrahlt, absorbiert sie bestimmte Wellenlängen aus dem Spektrum des Lichts. Das restliche, nicht absorbierte Licht ergibt die wahrgenommene Farbe, die Komplementärfarbe (Abb. 1).

Struktur von Farbstoffmolekülen Die Absorption sichtbaren Lichts im Energiebereich von 170 bis 300 $kJ \cdot mol^{-1}$ bewirkt die Farbigkeit von Stoffen. Zu dieser Absorption sind nur Moleküle von Stoffen in der Lage, bei denen die Energieniveaus der Elektronen den entsprechenden Energieabstand haben. In solchen Molekülen sind meist mehr oder weniger ausgedehnte Systeme konjugierter Doppelbindungen vorhanden.
Stoffe, deren Moleküle nur eine einfache Doppelbindung oder voneinander isolierte Doppelbindungen haben, erscheinen dem menschlichen Auge farblos. Die Energie zur Anregung ihrer Elektronen ist sehr hoch und kann nur von kurzwelliger, energiereicher Strahlung (z. B. UV-Licht) bewirkt werden.
Besitzen Moleküle dagegen Systeme konjugierter Doppelbindungen, ist die Energie zur Anregung der Elektronen geringer und oft schon mit sichtbarem Licht erreichbar. Bei konjugierten Doppelbindungen liegt eine Verteilung der π-Elektronen über einen größeren Molekülbereich vor. Man spricht von einer Delokalisierung der π-Elektronen. Alle farbgebenden π-Elektronensysteme werden als **Chromophore** (griech. chroma – Farbe; phoros – Träger) bezeichnet.
Die einfachsten Moleküle mit konjugierten Doppelbindungen gehören zu den Polyenen. Polyene sind ungesättigte Kohlenwasserstoffe mit zwei oder mehreren C=C-Doppelbindungen im Molekül. Da in den Polyenen mit konjugierten Doppelbindungen delokalisierte Elektronen vorliegen, können mesomere Grenzformeln beschrieben werden (Abb. 2).

2 Mesomere Grenzformeln eines Polyens

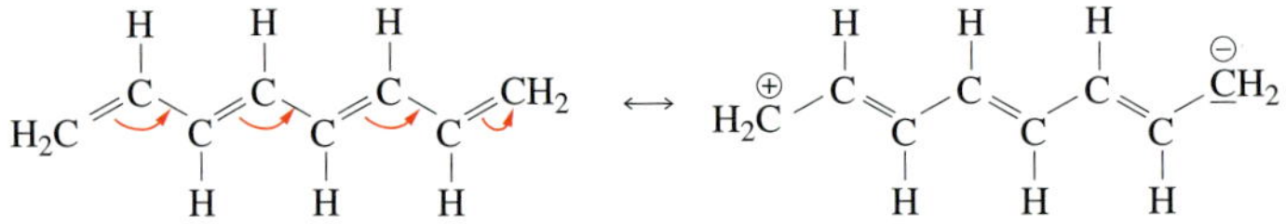

Vertiefung der Farbigkeit Die niederen Polyene mit einer Anzahl von 8 Doppelbindungen erscheinen farblos. Erst ab 9 Doppelbindungen tritt Farbigkeit auf (Tab. 1). Die Energieniveaus haben sich so weit angenähert, dass die Energie des sichtbaren Lichts ausreicht, um die Elektronen vom HOMO ins LUMO anzuheben. Mit steigender Anzahl von Doppelbindungen im konjugierten System nimmt die erforderliche Energie zur Anregung der Elektronen weiter ab. Das Absorptionsmaximum wird in den langwelligeren Bereich verschoben, wodurch ein farbvertiefender Effekt eintritt.

EXPERIMENT 4
Chemolumineszenz
Schutzhandschuhe! Zu einer Lösung aus 100 ml Wasser, 2 g Natriumhydrogencarbonat und 0,5 g Natriumcarbonat (GHS07) wird eine Spatelspitze Luminol gegeben. Nach Auflösen des Luminols werden je eine Spatelspitze Ammoniumcarbonat (GHS07) und Kupfer(II)-sulfat (GHS07 | 09) zugegeben und durch Schütteln gelöst. Nach Abdunkeln wird der Lösung vorsichtig 1 ml 30%ige Wasserstoffperoxidlösung (GHS05 | 07) zugegeben.

1 Blaue und grüne Anteile des weißen Lichts wurden absorbiert. Die nicht absorbierten Wellenanteile bilden als Mischfarbe die Komplementärfarbe „Rot“.

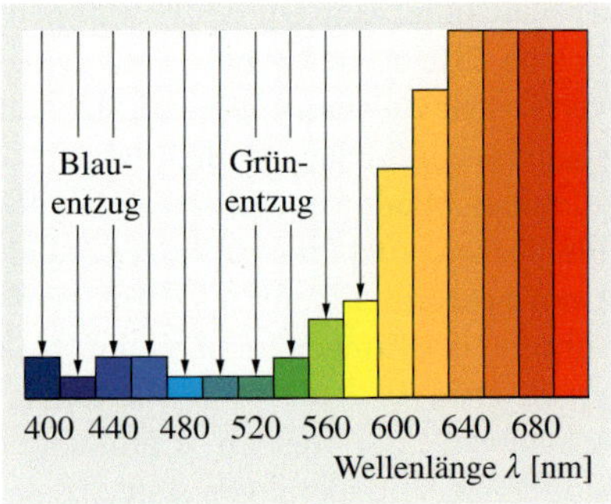

AUFGABEN
1 Erläutern und vergleichen Sie Möglichkeiten des Zustandekommens von Farbigkeit.
2 Vergleichen Sie Fluoreszenz, Phosphoreszenz, Chemolumineszenz und Biolumineszenz und ermitteln Sie im Internet dafür praktische Anwendungsbeispiele.

Tab. 1 Farbigkeit bei Polyenen

$CH_3(-CH{=}CH)_n-CH_3$		
n	**Wellenlänge des absorbierten Lichts**	**Komplementärfarbe**
6	352 nm (UV)	(farblos)
9	412 nm	gelb
11	452 nm	orange
19	530 nm	purpur

Tab. 2 Farbigkeit bei Cyaninen

$(CH_3)_2N(-CH{=}CH)_n-CH{=}N^{\oplus}(CH_3)_2$		
n	**Wellenlänge des absorbierten Lichts**	**Komplementärfarbe**
2	313 nm	(farblos)
3	416 nm	gelbgrün
4	519 nm	rot
5	625 nm	blaugrün

Farbvertiefung durch funktionelle Gruppen Nicht nur die Länge des Chromophors ist ausschlaggebend für die Farbtiefe. Das lässt sich am Vergleich der Moleküle von Cyaninen mit denen von Polyenen erkennen (Tab. 1, 2). Cyanine mit kurzen Chromophoren sind intensiv gefärbte Verbindungen. Sie unterscheiden sich von Polyenen durch das Vorhandensein zweier funktioneller Gruppen. Diese Atomgruppen vergrößern das π-Elektronensystem. Das führt zu einer Senkung der Anregungsenergie. Das Absorptionsmaximum verschiebt sich in den langwelligeren Bereich und es tritt ein farbvertiefender Effekt ein.

3 Mesomere Grenzformeln eines Cyanins

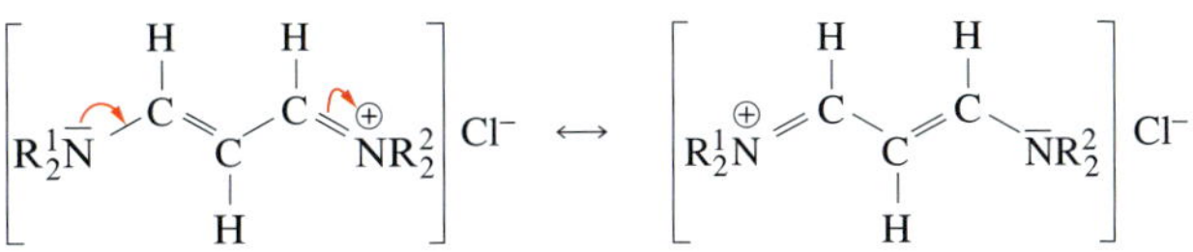

Der Effekt der Farbvertiefung durch Atome oder funktionelle Gruppen wird als **Bathochromie** (griech. bathos – Tiefe; chroma – Farbe) bezeichnet. Wirken Atome oder Atomgruppen als Elektronendonatoren (**+M-Effekt**), werden sie **Auxochrome** (griech. auxanein – zunehmen) genannt. Elektronenakzeptoren (**–M-Effekt**) nennt man **Antiauxochrome** (Tab. 3).
Farbstoffe mit konjugierten π-Elektronensystemen in den Molekülen kommen häufig in der Natur vor. Dazu gehören β-Carotin in Möhren, Lycopin in Tomaten, Carotinoide in bunten Blättern, Astaxanthin in Flamingofedern oder in Hummerschalen.

Tab. 3 Beispiele für bathochrome Gruppen

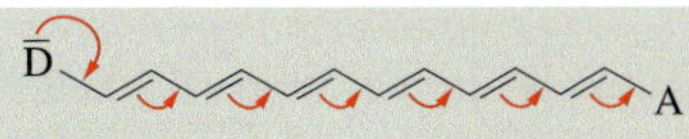

Auxochrome Gruppen (+M-Effekt)	**Antiauxochrome Gruppen (–M-Effekt)**

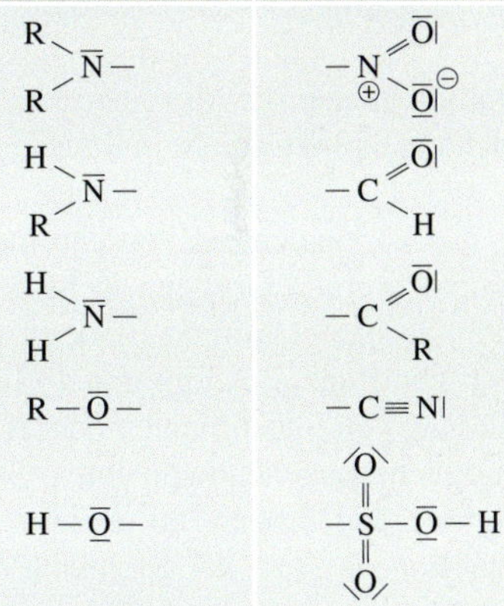

D: Elektronendonator
A: Elektronenakzeptor

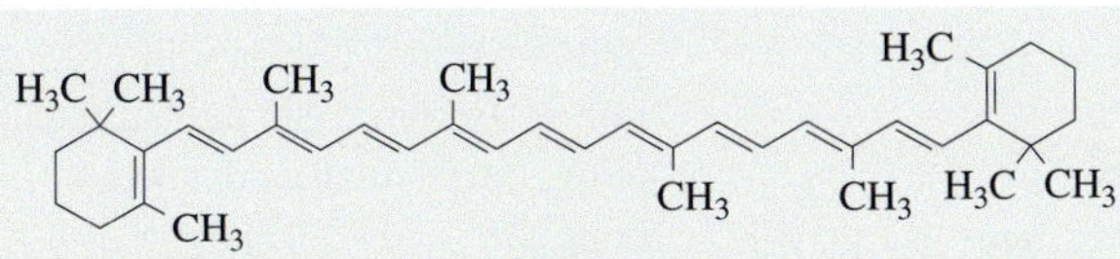

β-Carotin (Farbstoff der Möhren)

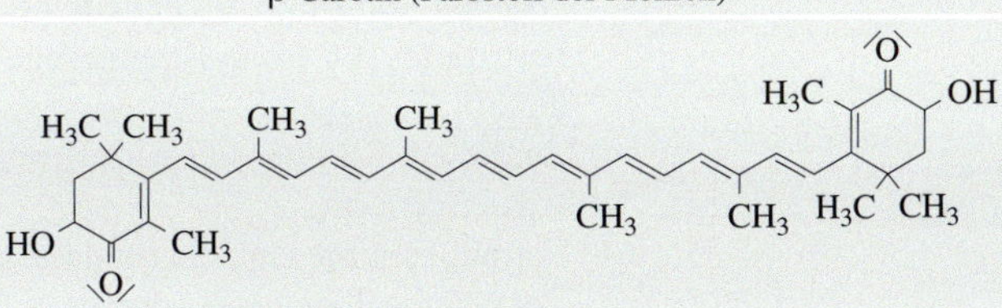

Astaxanthin (Farbstoff der Flamingofedern)

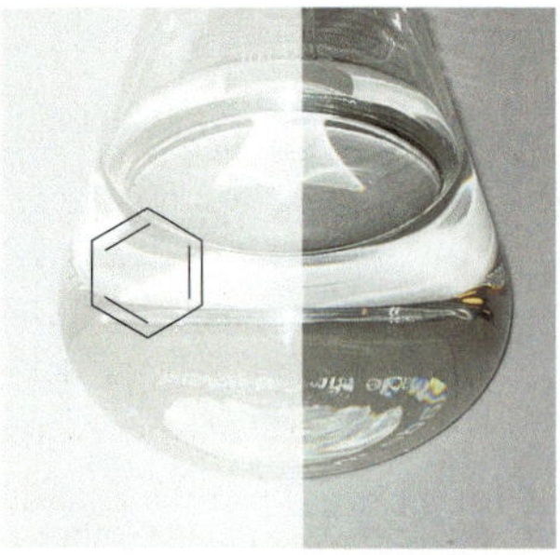

1 Benzol

2 Anilin

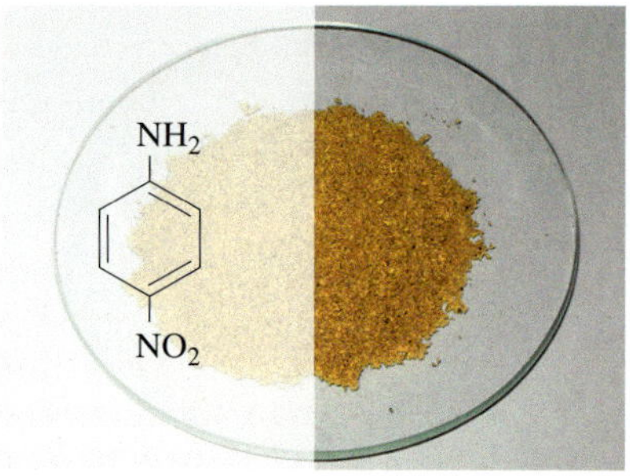

3 4-Nitroanilin

Abschätzen der Farbtiefe Für kettenförmige Farbstoffmoleküle gibt es Regeln, nach denen sich die Farbtiefe anhand der Molekülstruktur abschätzen lässt:

1. Je ausgedehnter das Mesomeriesystem ist, desto langwelliger (energieärmer) ist das absorbierte Licht.
2. Ein Chromophor absorbiert umso langwelligeres Licht, je vollkommener die Mesomerie ausgeprägt ist, d. h. je weniger sich die Grenzformeln in ihrem Energiegehalt unterscheiden.

Wie das Vorhandensein von chromophoren, auxochromen und antiauxochromen Gruppen in Molekülen und ihr Zusammenwirken zu bathochromen Effekten führen kann, zeigt ein Vergleich von Benzol, Anilin und 4-Nitroanilin (Abb. 1–4). Durch Änderung von Substituenten oder ihrer Stellung im Molekül ist es möglich, ausgehend von einem Stammfarbstoff verschiedene Farbtonveränderungen zu erzielen. Alle Veränderungen am π-Elektronensystem der Moleküle des Farbstoffes, z. B. durch Salzbildung oder Protonenübertragung, beeinflussen die Farbe. Auf einer Protonenübertragung zwischen Farbstoff und Lösung beruht u. a. die Wirkung von Säure-Base-Indikatoren (z. B. Phenolphthalein, Methylorange).

4 Senkung der molaren Anregungsenergie von π-Elektronensystemen durch auxochrome und antiauxochrome Gruppen

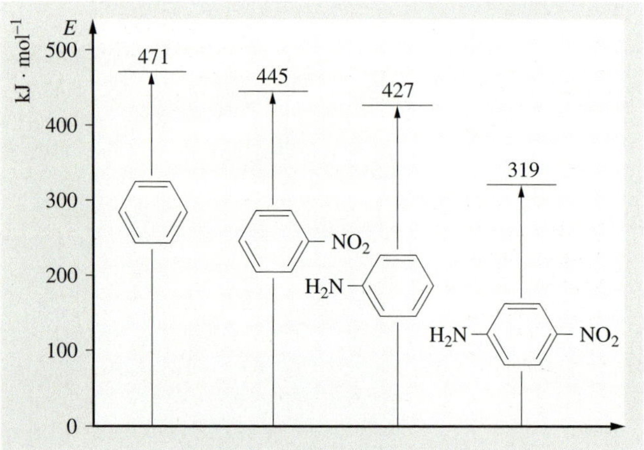

AUFGABEN

1 Erklären Sie, warum nicht alle Stoffe mit Doppelbindungen in ihren Molekülen farbig erscheinen.

2 Erläutern Sie den Begriff Chromophor am Beispiel der Cyaninfarbstoffe.

3 Nennen Sie Beispiele für auxochrome und antiauxochrome Gruppen und erläutern Sie, welche Bedeutung diese für die Farbigkeit von organischen Farbmitteln besitzen.

4 Erläutern Sie die Wirkung auxochromer und antiauxochromer Gruppen auf ein π-Elektronensystem.

5 Benzol ist farblos, Anilin leicht gelblich und 4-Nitroanilin orangefarben. Erklären Sie diese Erscheinung unter Nutzung der Abbildung 4.

6 Karottensaft wird in ein Becherglas gegeben. Aufgrund des enthaltenen Farbstoffes β-Carotin ist er orange gefärbt (↑ Formel, S. 499).
Zu diesem Karottensaft wird Bromwasser getropft.
Formulieren Sie eine begründete Voraussage über zu erwartende Ergebnisse.

ZUSAMMENFASSUNG

Anregung von Elektronen

Elektronen gelangen durch Aufnahme von Strahlungsenergie vom Grundzustand in den angeregten Zustand.

Der Grundzustand entspricht dem höchsten besetzten Energieniveau (**H**ighest **O**ccupied **Mo**lecular **O**rbital = HOMO), der angeregte Zustand entspricht dem niedrigsten unbesetzten Energieniveau (**L**owest **U**noccupied **M**olecular **O**rbital = LUMO).

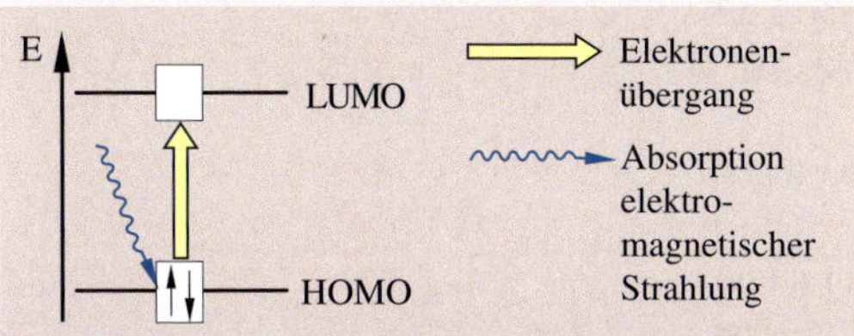

Entstehen von Farbigkeit

Wechselwirkungen zwischen Licht und Teilchen (Moleküle, Atomgruppen, Ionen). Ergebnis dieser Wechselwirkungen sind Lichtabsorptions- und Lichtemissionsvorgänge.

Der für den Menschen wahrnehmbare Frequenzbereich elektromagnetischen Spektrums liegt zwischen 400 nm und 780 nm.

Lichtabsorption

Anregung der Elektronen der Moleküle von einem Grundzustand (HOMO) in einen angeregten Zustand (LUMO). Die dafür notwendige Energie entspricht der Energie des absorbierten Lichts. Die wahrgenommene Farbe ist das Resultat der Mischung der nicht vom Stoff absorbierten – also der reflektierten – Anteile des weißen Lichts.

Lichtemission

Anregung der Elektronen der Moleküle von einem Grundzustand in einen angeregten Zustand und Rückkehr der Elektronen in den Grundzustand unter Abgabe von Licht. Die wahrgenommene Farbe ist das Resultat des Aussendens elektromagnetischer Strahlen in den Wellenlängenbereichen des sichtbaren Lichts.

- ► Stoff-Teilchen-Konzept
- ► Struktur-Eigenschafts-Konzept
- ► Donator-Akzeptor-Konzept
- ► Energie-Konzept

Modell eines Farbstoffmoleküls

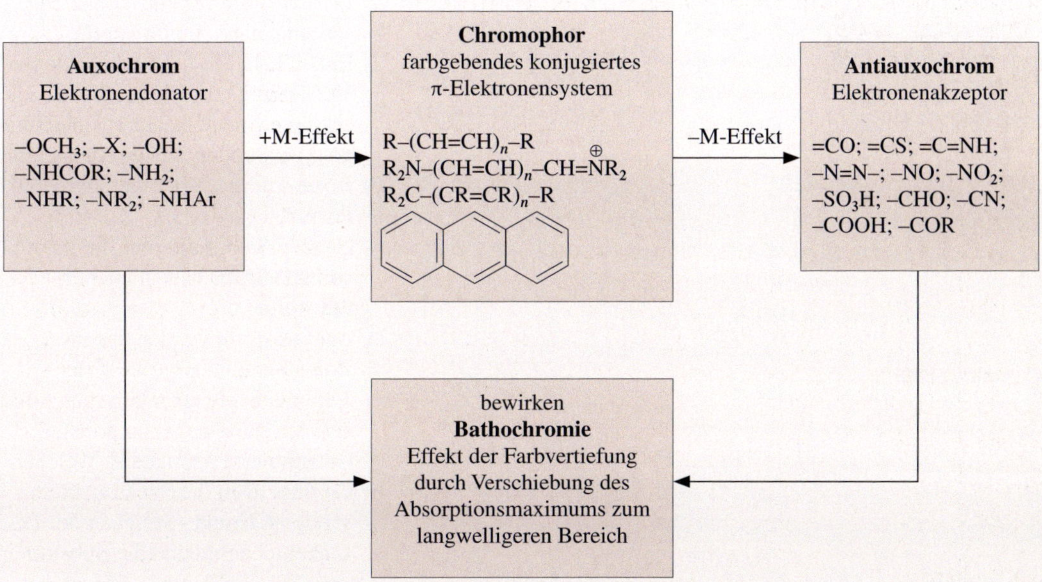

Farbstoffgruppen

Farbstoffe kann man nach dem Verwendungszweck, nach Farbtönen und Farbnuancen, nach Verarbeitungseigenschaften oder nach chemischen Strukturmerkmalen einteilen.

Azofarbstoffe Die größte Gruppe synthetischer organischer Farbstoffe bilden die **Azofarbstoffe**. Sie kommen nicht in der Natur vor, können aber relativ einfach synthetisch hergestellt werden. Merkmal der über 2000 bekannten Azofarbstoffe ist die Azogruppe –N̄=N̄– im Farbstoffmolekül (Abb. 1). Sie kann zwischen verschiedenen aromatischen Molekülstrukturen angeordnet sein, z. B. Benzol- oder Naphthalinstrukturen, und erweitert so dort vorhandene π-Elektronensysteme. Der einfachste Azofarbstoff ist Azobenzol (Abb. 2).

Ausgangsstoff für die Herstellung von Azofarbstoffen ist meist **Anilin** $C_6H_5–NH_2$. Bei der Synthese eines Azofarbstoffs (Abb. 4) wird in einem einleitenden Schritt aus Natriumnitrit $NaNO_2$ und Salzsäure HCl zunächst salpetrige Säure HNO_2 gebildet. Die anschießende Bildung des Azofarbstoffs erfolgt dann in zwei Schritten. Im ersten Schritt, der **Diazotierung**, wird aus einem primären aromatischen Amin, z. B. Anilin, das Diazonium-Ion (Abb. 3) hergestellt. Diazonium-Ionen zersetzen sich unter Abspaltung von Stickstoff (Diazospaltung). Deshalb erfolgt die Diazotierung bei Temperaturen unterhalb 5 °C.

4 Reaktionsmechanismus der Synthese eines Azofarbstoffs

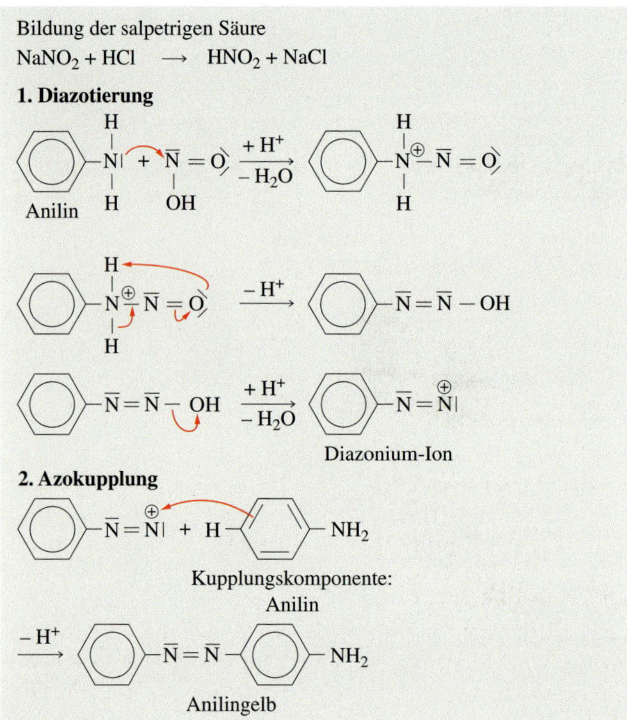

1 Strukturformel von Azobenzol, dem einfachsten Azofarbstoff

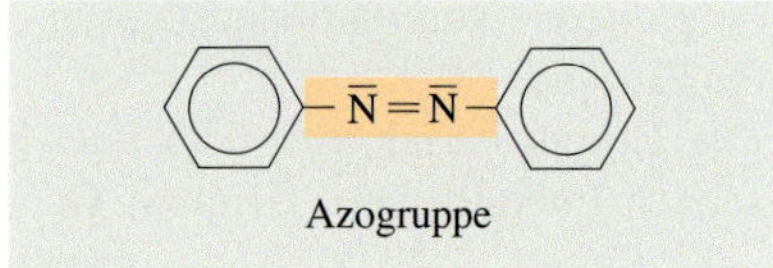

2 Mesomere Grenzformeln des Azobenzolmoleküls

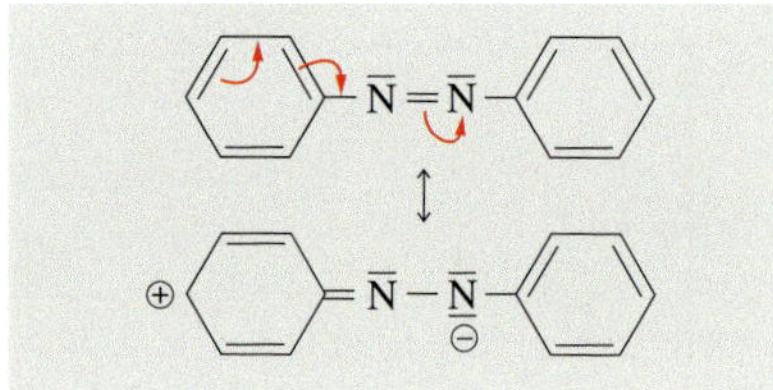

3 Mesomere Grenzformeln des Diazonium-Ions

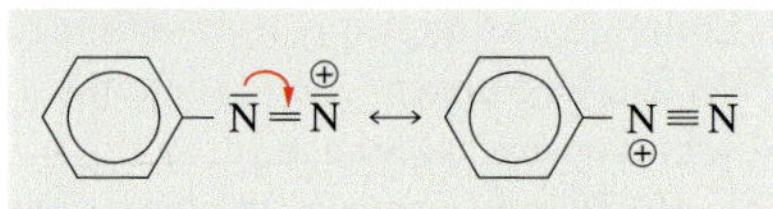

AUFGABEN

1. Beschreiben Sie die Struktur des Moleküls eines Azofarbstoffs.
2. Erläutern Sie die Phasen der Herstellung eines Azofarbstoffs.
3. Entwickeln Sie für die Schritte der Herstellung eines Azofarbstoffs die entsprechenden Reaktionsgleichungen. Verwenden Sie als Ausgangsstoffe Anilin, salpetrige Säure und Phenol.
4. Nennen Sie Gründe für die Existenz von über 2000 verschiedenen Azofarbstoffen.
5. Azofarbstoffe werden aus zwei Komponenten hergestellt, der Diazokomponente (aromatisches Amin) und der Kupplungskomponente (substituierte Aromaten). Welchen Einfluss üben die Substituenten $–NO_2$, –CN und $–SO_3H$ an der Diazokomponente und die Substituenten $–NH_2$, $–NR_2$ und –OH an der Kupplungskomponente aus?

Im sofort anschließenden zweiten Schritt, der eigentlichen **Azokupplung**, reagiert das Diazonium-Ion durch elektrophile Substitution mit Kupplungskomponenten, die als Elektronendonatoren wirken. Solche Kupplungskomponenten können z. B. Aromaten mit Atomgruppen wie –OH, $–NR_2$, –NHR, $–NH_2$ sein (Exp. 1).
Die Variationsvielfalt der an die Azogruppe kuppelbaren Moleküle erklärt die große Anzahl an Azofarbstoffen. Azofarbstoffe sind sehr vielseitig verwendbar, z. B. zum Färben von Textilien, Leder- und Papierprodukten oder als Lebensmittelfarbstoffe.
Die bei unterschiedlichen pH-Werten auftretenden Farbänderungen ermöglichen außerdem die Verwendung vieler Azofarbstoffe als Indikatoren, wie Kongorot und Methylorange (Abb. 5).

EXPERIMENT 1 L

Herstellen von Methylorange

Abzug! 5 g Sulfanilsäure (GHS07) werden in 12,5 ml 8%ige Natronlauge (GHS05) gegeben und mit einer Natriumnitritlösung [2 g Natriumnitrit (GHS03 | 06 | 09) in 25 ml Wasser] versetzt. Diese Lösung gibt man vorsichtig in 12,5 ml eisgekühlte 7%ige Salzsäure. *Die Temperatur darf nicht über 5 °C ansteigen!*
Die entstandene Diazoniumsalzlösung wird in salzsaures N,N-Dimethylanilin [3 g N,N-Dimethylanilin (GHS06 | 08 | 09) in 25 ml 4%iger Salzsäure] eingebracht. Durch tropfenweise Zugabe von 8%iger Natronlauge (GHS05) wird die entstandene Lösung alkalisch. Die dabei entstehenden orangebraunen Kristalle werden über eine Nutsche abfiltriert und getrocknet.

5 Methylorange in Pulverform

Bei der Herstellung von Methylorange im Experiment (Exp. 1) laufen folgende Reaktionen ab:

1. Diazotierung von Sulfanilsäure

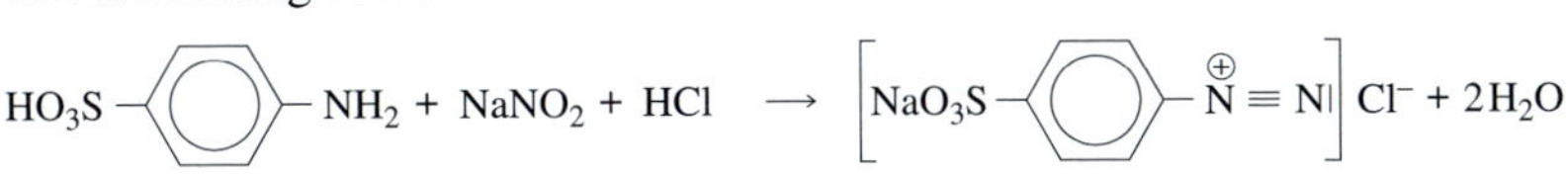

Sulfanilsäure Diazoniumsalz

2. Kupplung von N,N-Dimethylanilin an das Diazonium-Ion

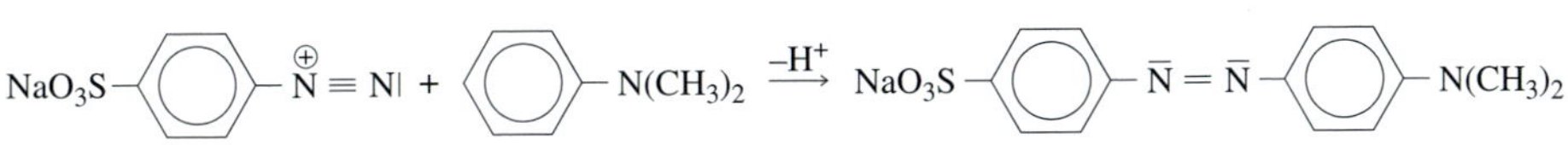

Azofarbstoff (Methylorange)

Der Azofarbstoff Methylorange als Indikator Farbstoffe eignen sich als Säure-Base-Indikatoren, wenn ihre Farbe vom pH-Wert abhängig ist. Durch Abgabe oder Aufnahme von Protonen ändert sich die Struktur des Moleküls bzw. Ions so, dass es in einem anderen Wellenlängenbereich absorbiert.

AUFGABE

1 Erläutern Sie anhand des Absorptionsverhaltens von Methylorange (↑ S. 504, Abb. 2) das Entstehen der Farbigkeit bei pH = 2 und pH = 10.

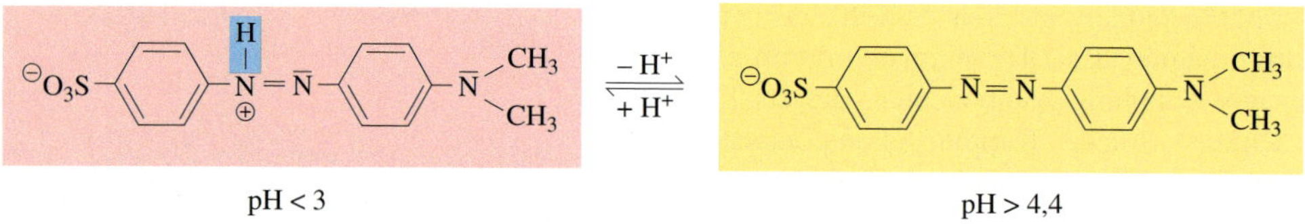

1 Methylorange bei unterschiedlichen pH-Werten

Der Indikator Methylorange ist im stark sauren Bereich rot gefärbt. Hier liegt ein Stickstoffatom der Azogruppe in seiner protonierten Form vor. Im neutralen bzw. alkalischen Bereich ist der Indikator gelb (Abb. 1). Die Azogruppe ist deprotoniert.
Die Ursachen der pH-Wert-abhängigen Farbigkeit von Methylorange liegen im unterschiedlichen Absorptionsverhalten der protonierten und deprotonierten Form des Methylorange begründet (Abb. 2). Bei der protonierten Form (rot) liegt das Absorptionsmaximum im langwelligen Bereich. Die erforderliche Energie zur Anregung der Elektronen ist gering. Das Absorptionsmaximum der deprotonierten Form (gelb) liegt dagegen im kurzwelligen Bereich. Die erforderliche Energie zur Anregung der Elektronen ist demnach größer.
Da die Anzahl konjugierter Doppelbindungen in beiden Formen gleich ist, muss das unterschiedliche Absorptionsverhalten im unterschiedlichen Energiegehalt der mesomeren Grenzformeln begründet sein (Abb. 3). In der protonierten Form ist die Akzeptorfunktion der Azopruppe aufgrund ihrer positiven Ladung gestärkt, sodass die Delokalisierung der Elektronen im Molekül erleichtert ist. Ihre Anregungsenergie ist gering. In der deprotonierten Form ist dagegen die Delokalisierung der Elektronen nicht so stark ausgeprägt, da die Akzeptorfunktion der nichtprotonierten Azogruppe geringer ist. Die Anregungsenergie der Elektronen ist größer.

2 Absorption von Methylorange bei pH = 2 und pH = 10

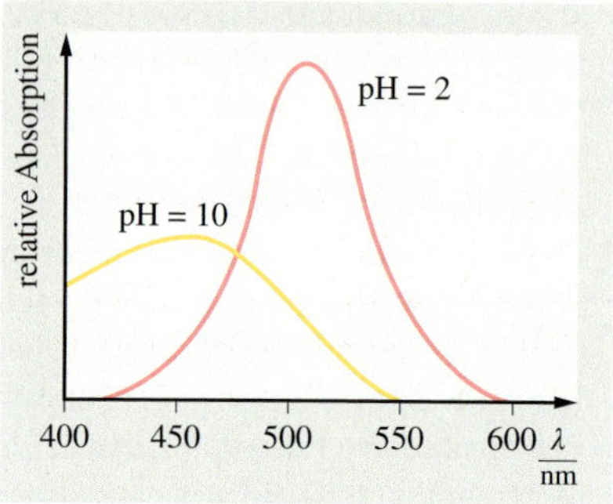

3 Mesomere Grenzformeln der protonierten Form (rot) und der deprotonierten Form (gelb) von Methylorange

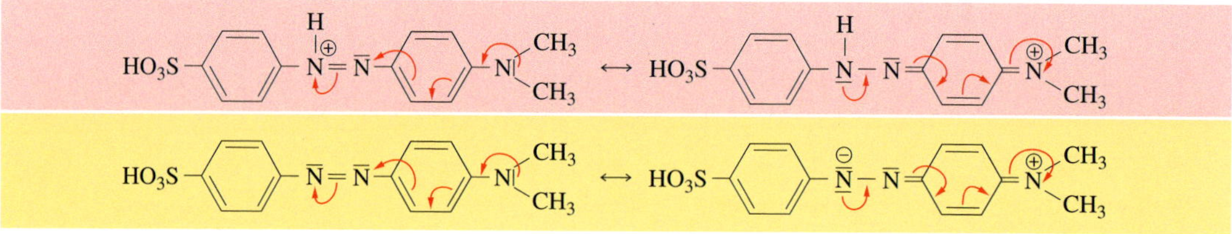

Triphenylmethanfarbstoffe Gemeinsames Merkmal dieser auch als Triarylmethanfarbstoffe bezeichneten Stoffklasse ist die chromophore Struktur des Triphenylmethanmoleküls (Abb. 4). Daran befinden sich in p-Stellung mindestens zwei Amino- oder Hydroxygruppen als Auxochrome. Zu den Triphenylmethanfarbstoffen gehören so bekannte Farbstoffe wie Malachitgrün, Fuchsin, Methylviolett, Aurin, Phenolphthalein, Fluorescein, Eosin und Erythrosin. Ihr Einsatz ist vielseitig, z. B. als Lebensmittelfarben, Farben für kosmetische Produkte, für die Papier- und Textilindustrie, Druckfarben sowie bekannte Indikatoren.

4 Strukturformel von Triphenylmethan

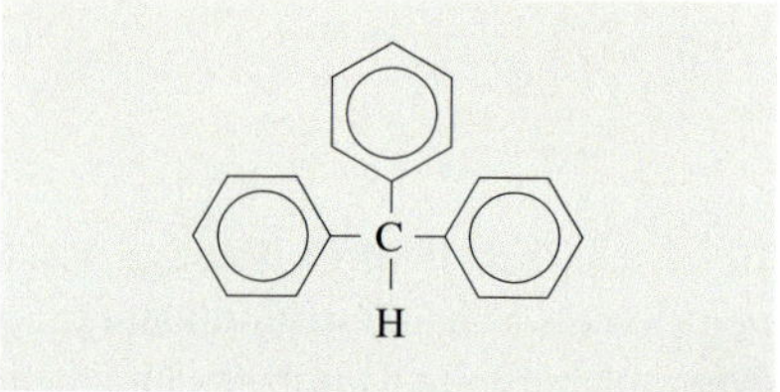

Mit **Malachitgrün** färbt man z. B. Wolle und Seide tiefgrün.
Fuchsin färbt verschiedene Fasern leuchtend rot. Die Farben sind wenig lichtecht. Fuchsin dient in fuchsinschwefliger Säure (Schiffs Reagens) als Nachweisreagenz für Aldehydgruppen (↑ S. 340). Eine durch Schwefeldioxid entfärbte Fuchsinlösung bildet mit Aldehyden eine rotviolette Färbung.
Methylviolett färbt Textilien intensiv violett. Wegen der geringen Waschechtheit wird es aber mehr zur Herstellung von Kopierfarben verwendet. In der Medizin wird es zur Ermittlung von Krankheitskeimen durch Anfärben von Körperflüssigkeiten, z. B. von Gehirnflüssigkeit, eingesetzt (Abb. 5).
Aurin und **Phenolphthalein** werden als Säure-Base-Farbindikatoren verwendet (Exp. 2, 3).
Fluorescein setzt man zum Kennzeichnen bestimmter Materialien, z. B. für fluoreszierende Warntafeln ein sowie zum Feststellen von Gewässerverunreinigungen ein (Abb. 6).
Eosin und **Erythrosin** besitzen große Leuchtkraft. Sie färben Textilien leuchtend rot, werden aber wegen geringer Lichtechtheit vor allem für Kosmetika, Tinten und Druckfarben verwendet.

EXPERIMENT 2 L

Herstellen von Phenolphthalein

Vorsicht, Abzug! 0,5 g Phthalsäureanhydrid (GHS08 | 05 | 07) werden mit 0,5 g Phenol (GHS06 | 08 | 05), 2 Tropfen konzentrierter Schwefelsäure (GHS05) und 1 g wasserfreiem Zinkchlorid (GHS05 | 07 | 09) vorsichtig etwa 5 min erhitzt. Nachdem die orange bis braune Schmelze abgekühlt ist, werden 2 bis 3 ml Methanol (GHS02 | 06 | 08) unter Schütteln zugegeben. 0,5 ml der entstandenen Lösung werden mit 3 ml Wasser versetzt. Anschließend prüft man die pH-Abhängigkeit der Farbe durch Zugabe weniger Tropfen 10%iger Natronlauge (GHS05) und anschließend weniger Tropfen 10%iger Schwefelsäure (GHS07).

Bei der Reaktion von Phthalsäureanhydrid mit Phenol entsteht eine farblose Verbindung, das Phenolphthalein.

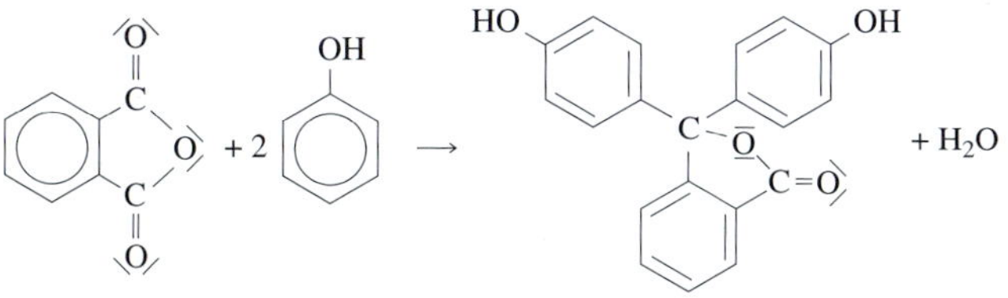

Phthalsäureanhydrid Phenol Phenolphthalein (farblos)

Durch Zugabe von Hydroxidlösungen entsteht die tiefrote Form des Phenolphthaleins. Da dieser Vorgang bei Säurezugabe umkehrbar ist, kann Phenolphthalein gut als Säure-Base-Indikator verwendet werden (Umschlagbereich zwischen pH 8,2 und 10).

5 Mit Methylviolett angefärbte Kryptokokken in Gehirnflüssigkeit (400fach vergrößert)

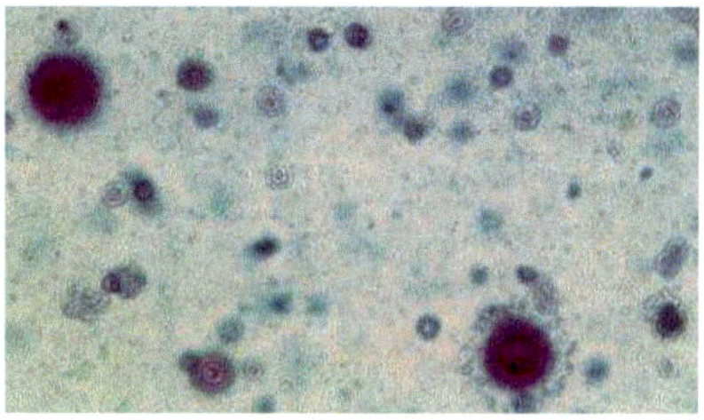

6 Mit dem löslichen Natriumsalz des Fluoresceins, dem Uranin, sichtbar gemachte Gewässerverunreinigung

EXPERIMENT 3

Farben von Indikatoren

Zu je 5 ml Wasser werden jeweils 3 Tropfen verschiedener Indikatorlösungen zugesetzt. Zu den Proben dieser Lösungen wird je ein Tropfen Natronlauge (c = 0,1 mol · l^{-1}) und zu weiteren Proben je ein Tropfen Salzsäure (c = 0,1 mol · l^{-1}) gegeben. Die Färbungen der Lösungen werden in einer tabellarischen Übersicht zusammengestellt. Die unterschiedlichen Färbungen sind mithilfe der Formeln der jeweils vorliegenden Farbstoffteilchen zu erklären.

AUFGABEN

1 Beschreiben Sie die Struktur des Moleküls eines Triphenylmethanfarbstoffs.
2 Nennen Sie wichtige Triphenylmethanfarbstoffe und geben Sie deren Verwendungsmöglichkeiten an.

1 Strukturformeln von Phenolphthalein bei verschiedenen pH-Werten

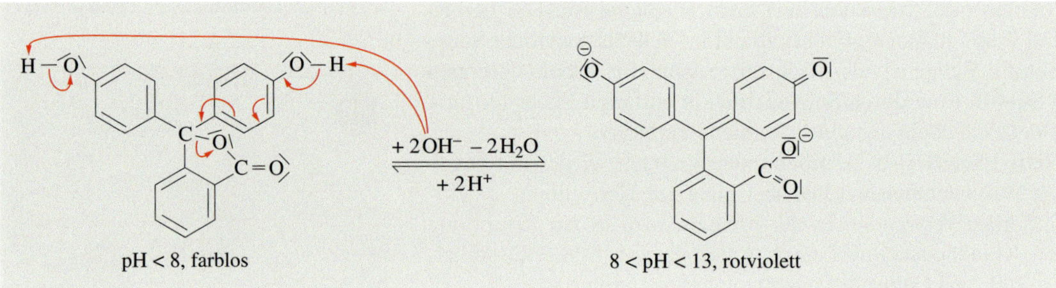

Bei einem pH-Wert unter 8,2 absorbiert das Molekül Strahlung im UV-Bereich. Es erscheint farblos. In dieser Form ist das π-Elektronensystem des Moleküls durch einen Lactonring gestört. Bei Zugabe von Hydroxid-Ionen gibt das Molekül die Protonen seiner Hydroxygruppen ab. Der Lactonring öffnet sich und es entsteht ein ausgedehntes π-Elektronensystem. Der Farbstoff erscheint rotviolett (Abb. 1, 2).

Carbonylfarbstoffe Diese Farbstoffgruppe zeichnet sich dadurch aus, dass im Farbstoffmolekül mindestens zwei Carbonylgruppen vorhanden sind. Zu den Carbonylfarbstoffen gehören **Anthrachinon-** und **Indigofarbstoffe** sowie höher kondensierte Chinone und Heterocyclen, wie Indanthren (Abb. 4), das die chromophore Grundstruktur der **Indanthrenfarbstoffe** bildet. Die Carbonylfarbstoffe zeichnen sich vor allem durch hohe Lichtechtheit und Temperaturbeständigkeit aus. Zu dieser Farbstoffgruppe gehören die wichtigsten Blaufarbmittel, also Indigo, sowie auch Purpur und Henna (Abb. 3).

4 Strukturformeln von Carbonylfarbstoffen. Carbonylgruppen sind hervorgehoben.

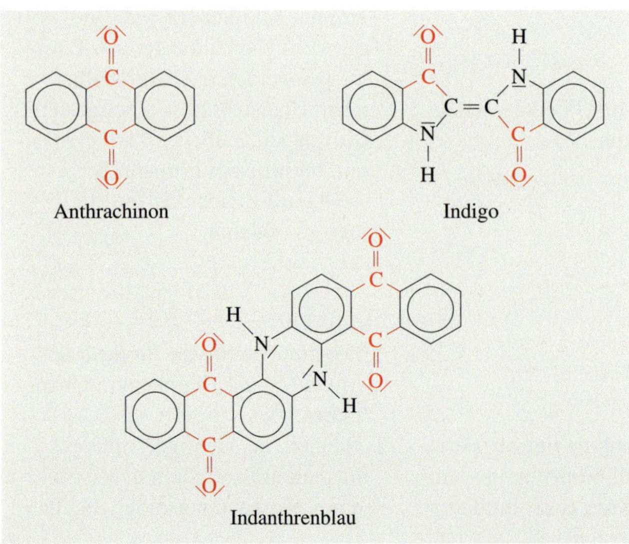

2 Der Indikator Phenolphthalein in saurer Lösung (links) und in alkalischer Lösung (rechts)

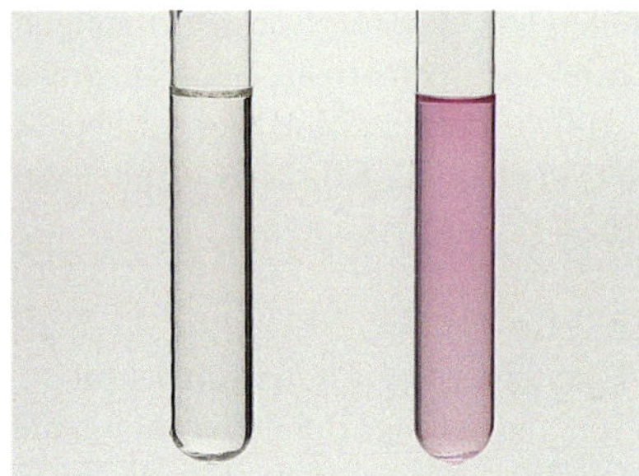

3 Mit Henna tätowierte Hände, Strukturformel des aus Henna gewonnenen Farbstoffs 2-Hydroxy-1,4-naphtochinon

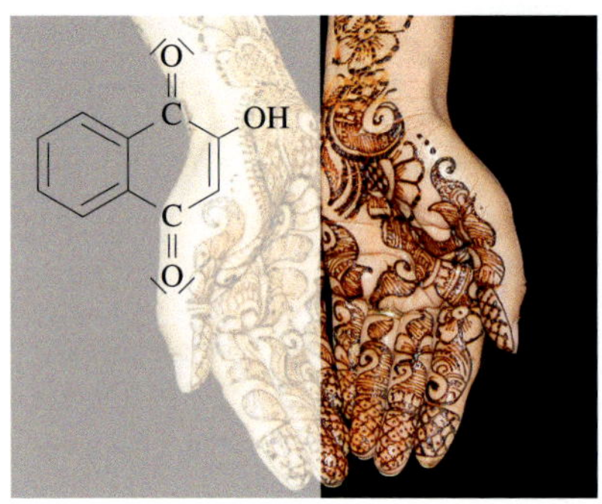

Weitere Farbstoffgruppen Neben anderen Farbstoffgruppen sind Phthalocyanine und Metallkomplexfarbstoffe von Bedeutung. **Phthalocyanine** besitzen eine Molekülstruktur, die der von Blutfarbstoff- oder Chlorophyllmolekülen ähnlich ist. Diese Farbstoffe können durch Substitution und durch Austausch des Zentral-Ions in den Molekülen verschiedenfarbige Stoffe bilden. **Metallkomplexfarbstoffe** sind die wichtigsten Farbstoffe zum Färben von Wolle.

AUFGABE

1 Erläutern Sie, warum Phenolphthalein als Säure-Base-Indikator verwendet werden kann.

ZUSAMMENFASSUNG

Farbstoffe und deren Verwendung

Farbstoffgruppe	Vertreter/Strukturmerkmal	Verwendung
Azofarbstoffe	Methylorange, Kongorot 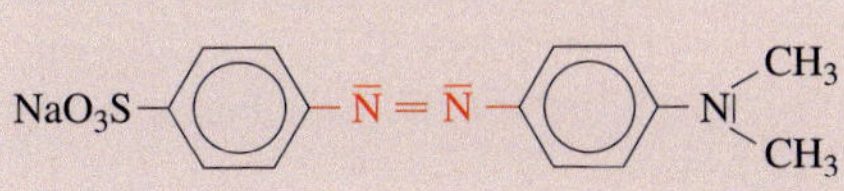 Methylorange Azogruppe	zum Färben von Textilien, Leder- und Papierprodukten, als Lebensmittelfarbstoffe, als Indikatoren
Triphenylmethanfarbstoffe	Phenolphthalein, Malachitgrün, Fuchsin, Fluorescein, Methylviolett 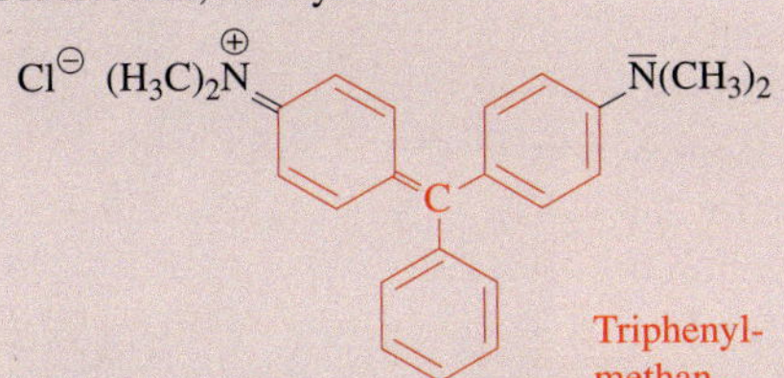 Malachitgrün Triphenyl-methan-Baustein	als Lebensmittelfarben, Farben für kosmetische Produkte, für die Papier- und Textilindustrie, als Tinten und Druckfarben, als Indikatoren
Carbonylfarbstoffe z. B. Anthrachinonfarbstoffe, Indigofarbstoffe, Indanthrenfarbstoffe	Alizarin, Indigo, Indanthrenblau 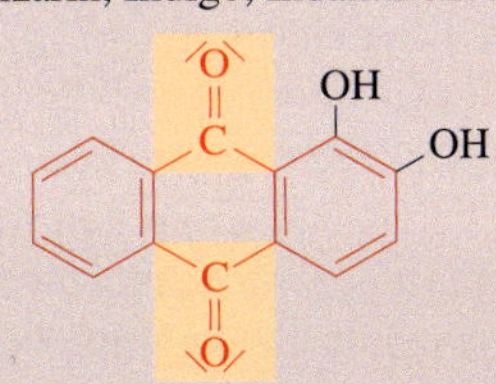 Alizarin Anthrachinon-Baustein mit Carbonylgruppen	als bedeutende Blaufarbmittel, als Henna zum Haarefärben, als Purpur zum Färben von Textilien

Farbstoffe als Indikatoren

Farbstoffe eignen sich als Säure-Base-Indikatoren, wenn ihre Farbe vom pH-Wert abhängig ist. Durch Abgabe oder Aufnahme von Protonen ändert sich die Struktur des Moleküls bzw. Ions so, dass es in einem anderen Wellenlängenbereich absorbiert. Ein guter Indikator weist einen scharfen Umschlagpunkt zwischen beiden Formen auf, er wandelt sich bei Änderung des pH-Werts schnell um und ist im jeweils interessierenden pH-Bereich stabil. Indikatorfarbstoffe gehören nicht einer bestimmten Farbstoffgruppe an.

Beispiele: Kongorot, Methylorange, Phenolphthalein

▶ **Struktur-Eigenschafts-Konzept**

Forschung

Indigo – so blau wie der Himmel

1 Tuareg mit indigogefärbtem Turban

Das Blau des Indigos zieht uns magisch an. Welche Faszination musste Indigo, das seit Jahrtausenden bekannt ist, erst auf unsere Vorfahren ausgeübt haben? Zeugnisse der Indigoverwendung wurden bereits in altägyptischen Grabkammern gefunden.
In warmen Ländern wurde Indigo aus den Blättern von Indigopflanzen gewonnen, in unseren Breiten aus dem europäischen Färberwaid. Doch weder die Indigopflanze noch die Waidpflanze enthält in ihren Wurzeln, Blättern oder Blüten einen blauen Farbstoff. In ihr findet sich lediglich die gelbe Zuckerverbindung Indican (in der Indigopflanze) bzw. Isatan (im Färberwaid), Vorstufen des Pigments Indigo (Abb. 2). Erst in aufwendigen Verarbeitungsprozessen wird das begehrte Farbmittel gewonnen.

2 Links: Indigopflanze (*Indigofera tinctoria*); rechts: Färberwaid (*Isatis tinctoria*)

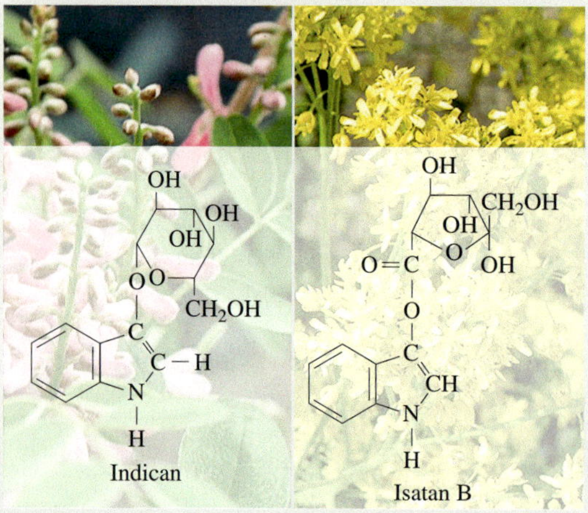

Aus den Kulturen sind unterschiedliche Techniken der Blaufärbung überliefert. In den ursprünglichen Verfahren vergoren die Indigobauern dicke Bündel des Pflanzenmaterials unter Zusatz von Urin. Dieser Prozess fand in großen Kübeln statt. Die erhaltene gelb-grüne Flüssigkeit nannte man Küpe nach dem lateinischen Wort für Bottich *cupa*. In diese Küpe wurde das zu färbende Material eingebracht und getränkt. Herausgenommen und aufgehängt, erlebten die Menschen unter dem Einfluss von Luft und Sonne ein wahres Wunder: Die Textilien waren wundervoll blau gefärbt und selbst die Tropensonne konnte diese Farbe nicht ausbleichen.

3 Herstellung von Indigo in der Küpe

Die blau gefärbten Stoffe wurden bald zur begehrten Handelsware. Um aber auch unabhängig von den Anbauorten der Pflanzen färben zu können, entwickelte man Verfahren, das Pigment Indigo zu isolieren und in großen Mengen herzustellen. Die Vergärung wurde nun in riesigen, terrassenförmig angelegten Becken durchgeführt. Damit genügend Luftsauerstoff in die Flüssigkeit gelangen konnte, wurde sie mit Ruten gepeitscht. Durch den Luftsauerstoff wurde die farblose Vorstufe des Indigos, die wir heute Indoxyl nennen, zum blauen, unlöslichen Indigo oxidiert (Abb. 5). Jetzt konnte das Pigment abfiltriert, gepresst und getrocknet werden. 100 kg Blätter ergaben etwa 1,5 bis 2 kg Indigo.

4 Mit Indigo gefärbte Wollstränge, an der Luft oxidiert

5 Reaktionen zur Gewinnung natürlichen Indigos

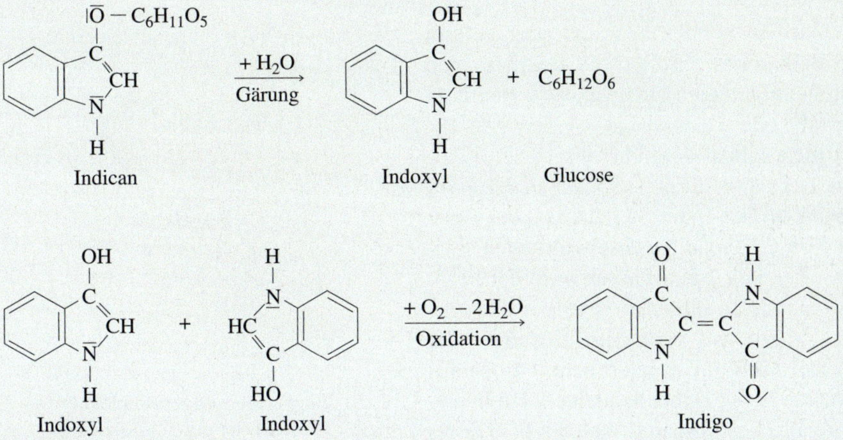

Da Indigo nicht wasserlöslich ist, ist eine direkte Färbung der Faser damit nicht möglich. Durch Behandlung in einer alkalischen Lösung muss das blaue Indigo erst zu einer löslichen, gelblich weißen Form, der Leukoform (Indigoweiß), reduziert werden (Abb. 6).
Als Reduktionsmittel verwendete man früher Zucker oder Arsensulfid, alkalisch wurde die Lösung durch die Zugabe von fauligem Urin. Heute dient eine alkalische Lösung aus Natriumdithionit ($Na_2S_2O_4$) als Reduktionsmittel (Abb. 6).
Die zu färbenden Stoffe wurden in die Küpe mit gelöstem Indigoweiß getaucht und anschließend an der Luft getrocknet. Durch die mit Luftsauerstoff ablaufende Oxidation änderte sich die Farbe von Zitronengelb bis zu verschiedenen Blautönen, je nach Verweildauer und Konzentration der Küpenlösung.

6 Redoxsystem Indigo – Indigoweiß

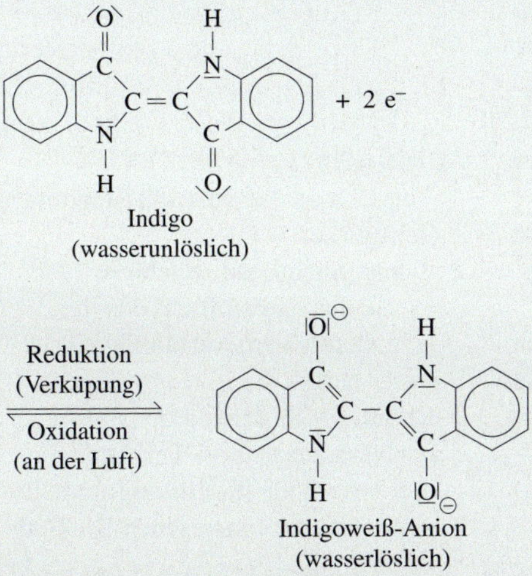

Im 19. Jahrhundert gelang es in über 30-jähriger Entwicklungsarbeit, die Struktur des Indigomoleküls und die technischen Voraussetzungen für seine synthetische Herstellung zu klären. 1897 konnte erstmals synthetischer Indigo produziert werden.
Heute hat Indigo nur noch eine Bedeutung zum Färben von Jeansbekleidung (Blue Denim). Die Indigoproduktion beträgt weltweit jährlich etwa 50 000 t. Davon werden weniger als 1 % aus Pflanzen gewonnen. Die Anwendungsgebiete sind:

- 97 % Blue Denim
- < 1 % Wachsdruck
- < 1 % Wollfärbung
- < 1 % andere Anwendungen, z. B. Färben von Lebensmitteln, Pharmazeutika und Kosmetika

AUFGABEN

1 Geben Sie in einem Fließschema die Arbeitsschritte vom Ernten der Indigopflanze über die Gewinnung des Indigopigments bis zum gefärbten Kleidungsstück an. Geben Sie jeweils die Namen der beteiligten Stoffe und deren Farbe an.

2 Der erste synthetische blaue Küpenfarbstoff war Indanthrenblau RS. Vergleichen Sie die Struktur dieses Farbmittels mit der von Indigo. Erklären Sie die Absorption im ähnlichen Wellenlängenbereich anhand der Struktur der Moleküle.

3 Erläutern Sie folgende Begriffe: Verküpung, Leukoform, Direktfarbstoff.

4 Begründen Sie, dass Indigo eigentlich nicht zu den Farbstoffen gehört und leiten Sie ab, warum zum „Färben“ mit Indigo dessen Verküpung erforderlich ist.

Färben von Textilien

Färben – Bedrucken Textilien können bedruckt oder gefärbt werden (Abb. 1). Beim **Bedrucken** wird auf die Textilien „von einer Seite“ ein Farbstoff aufgetragen (Druckpaste). Bedruckt werden können nur Gewebe oder Gewirke.

Beim **Färben** von Textilien sollen möglichst waschechte Färbungen erreicht werden. Der Farbstoff muss so fest an der Faser haften, dass er nicht schon bei der ersten Wäsche von der Faser gespült wird. Das wird durch große Wechselwirkungen zwischen Farbstoff und Faser erzielt. Beim Färben wird der Farbstoff „von allen Seiten“ an das zu färbende Textilgut herangebracht. Das geschieht meist in wässriger Lösung oder Suspension, der Flotte. Der Farbstoff wandert beim Färben aus der Flotte in die zu färbende Faser. Dabei handelt es sich in erster Linie um einen physikalischen Vorgang. Viele Farbstoffe reagieren aber auch chemisch mit der Textilfaser.

Nicht alle Farbstoffe sind für alle Fasertypen geeignet sind. So ist es für die Färbungen sehr bedeutsam, ob Textilgut aus natürlichen Fasern, wie Wolle, Seide und Baumwolle, oder aus synthetischen Fasern, wie Polyamid und Acryl, besteht.

Die funktionellen Gruppen tierischer Fasern, wie Wolle und Seide, bilden ionisierte Amino- bzw. Carboxygruppen. Pflanzliche Fasern, wie Baumwolle, sind dagegen aus Polysacchariden aufgebaut, deren funktionelle Gruppen ungeladene Hydroxygruppen sind. Ionisierte Teilchen von Fasern reagieren leicht mit sauren oder basischen Farbstoffen unter Ausbildung einer salzartigen Verbindung. Pflanzliche Fasern ohne ionisierte Molekülkomponenten müssen zur Ausbildung fester Beziehungen zu den Farbstoffmolekülen meist vorbehandelt werden.

Das Färbeergebnis ist auch von den Eigenschaften der Farbstoffe abhängig. Deshalb gibt es eine Vielzahl von Färbeverfahren, die auf das Zusammenwirken von Faserstruktur und Molekülstruktur der Farbstoffe abgestimmt sind.

Verankerungsprinzipien Farbstoff – Faser Um feste Wechselbeziehungen zwischen Faser und Farbstoff zu erreichen, müssen die Farbstoffe fest an der Faser verankert werden. Allgemein können folgende Verankerungen auftreten. Bei der **Einlagerung** haften die Farbstoffe durch Absorption. Gibt es Wechselwirkungen zwischen ionischen Gruppen der Fasern und der Farbstoffe, erfolgt die Verankerung durch **Ionenbindung**.

Durch die Vorbehandlung der Fasern mit Metallsalzen kommt es durch **koordinative Bindungen** zur Verankerung der Farbstoffe an den Metall-Ionen, die an der Faser gebunden sind.

Der Farbstoff kann auch durch Diffusion in die Fasern gelangen und durch **Wasserstoffbrückenbindungen** (Abb. 2) oder im Fall von unpolaren Anteilen der Faser durch **Van-der-Waals-Kräfte** verankert sein. Als weitere Möglichkeit besteht die Ausbildung von **Elektronenpaarbindungen** (Atombindungen) zwischen Farbstoff und Faser.

1 Farbiger Druck auf gefärbtem Shirt

2 Bindung eines Kongorotmoleküls an eine Cellulosefaser durch Wasserstoffbrückenbindungen

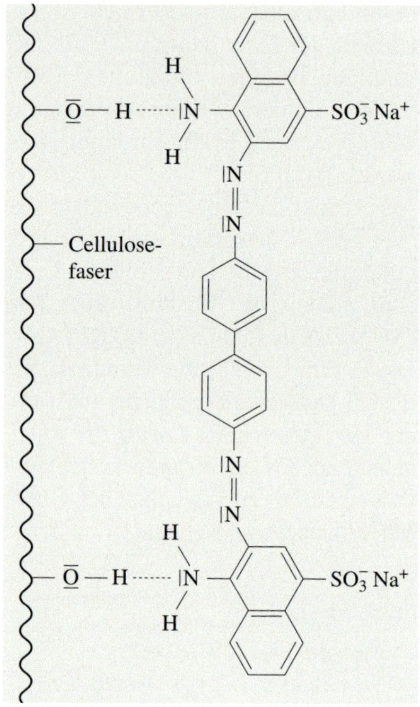

AUFGABEN

1 Vergleichen Sie Textilfärbung und Textildruck.

2 Geben Sie an, auf welche Art und Weise der Farbstoff bei den verschiedenen Färbeverfahren auf der Faser haftet.

3 Erläutern Sie anhand der Beispiele der Verankerung der Farbstoffe an den Fasern die jeweils zugrunde liegende Art der chemischen Bindung.

Färbeverfahren Beim **Direktfärben** zieht der Farbstoff direkt aus der Flotte auf die Faser. Lagern sich die Farbstoffmoleküle in Hohlräume zwischen den Fasern und werden sie dort durch Van-der-Waals-Kräfte oder Wasserstoffbrücken gebunden, nennt man dieses Verfahren **substantive Direktfärbung** (Exp. 1). Besitzen die Farbstoffe positiv geladene Atomgruppen wie Kristallviolett, können diese mit negativ geladenen Atomgruppen der Faser Ionenbindungen eingehen (Exp. 1). Entsprechendes gilt auch für Farbstoffe mit negativ geladenen Atomgruppen, wie Methylorange, und Fasern mit positiv geladenen Atomgruppen. Anionische Farbstoffe werden als saure, kationische als basische Farbstoffe bezeichnet. Durch **ionische Direktfärbung** lassen sich vor allem Textilien aus Proteinfasern wie Seide oder Wolle färben. Bei Cellulosefasern, wie Leinen oder Baumwolle, ist diese Art der Direktfärbung erfolglos.
Beim **Entwicklungsfärben** entsteht der Farbstoff erst durch unterschiedliche chemische Reaktionen auf der Faser (Exp. 2). Dazu gehören die sehr waschechten Färbungen von Baumwolle, die durch **Zweikomponentenfärbung** mit Azofarbstoffen erzielt werden. Das Färbgut wird mit der farblosen Kupplungskomponente grundiert und anschließend in eine Lösung eines Diazoniumsalzes gegeben. Die Kupplungsreaktion läuft direkt auf der Faser ab, der Farbstoff haftet durch Adsorption (Exp. 2). Viele Carbonylfarbstoffe sind schwer wasserlöslich. Indigo (↑S. 508 f.) kann deshalb nicht in seiner blauen Form zum Färben von Baumwolle verwendet werden. Die reduzierte farblose Form des Farbstoffes, als Küpe bezeichnet, ist dagegen wasserlöslich. Das Farbgut wird mit der Küpenlösung getränkt und dann an der Luft getrocknet. Der unlösliche blaue Farbstoff entsteht durch Reaktion mit dem Sauerstoff der Luft direkt auf der Faser. Dieses Entwicklungsfärben wird als **Küpenfärben** bezeichnet (↑S. 512, Exp. 4). Indigofärbungen sind nicht waschecht und reibeecht. Sehr waschechte Färbungen erhält man durch andere Carbonylfarbstoffe wie Indanthrenfarben.

EXPERIMENT 1
Substantives Direktfärben mit Methylviolett
100 ml Wasser werden im Becherglas auf 50 °C erwärmt und darin etwa 15 g Natriumchlorid und 5 ml Methylviolettlösung ($w = 10\,\%$) gelöst. Je ein ungefärbtes und gut gereinigtes Textilstück aus Baumwolle und aus Wolle werden in die Färbeflotte gegeben und bei Siedetemperatur 20 bis 30 min gefärbt. Das Textilmaterial wird mehrmals mit einem Glasstab gewendet und untergetaucht. Die Textilstücke sind anschließend gut zu spülen und zu trocknen.

EXPERIMENT 2
Entwicklungsfärben mit Naphthol
In einem Becherglas wird eine Spatelspitze Naphthol (GHS07|09) in 10 ml Ethanol (GHS02) gelöst und anschließend 40 ml destilliertes Wasser und 10 ml Natronlauge ($c = 2\ mol \cdot l^{-1}$) zugefügt.
In einem zweiten Becherglas wird eine Spatelspitze Sulfanilsäure (GHS07) in 10 ml Natronlauge ($c = 2\ mol \cdot l^{-1}$; GHS05) gelöst. Dazu werden 20 ml Wasser gegeben, in dem eine Spatelspitze Natriumnitrit (GHS03|06|09) gelöst wurde. In die auf unter 5 °C abgekühlte Lösung werden unter Beibehaltung der Temperatur langsam 20 ml Salzsäure ($c = 2\ mol \cdot l^{-1}$) zugegeben.
Saubere, nicht gefärbte Textilproben aus Wolle, Baumwolle und Polyester sind nun gleichzeitig zunächst in das erste Becherglas und danach in das zweite Becherglas zu geben und anschließend unter fließendem Wasser zu waschen.

EXPERIMENT 3
Beizenfärben mit Alizarin
30 ml einer 3%igen Kaliumaluminiumsulfat-Lösung werden als Beizlösung in ein 100-ml-Becherglas gegeben. In ein weiteres Becherglas werden je eine Spatelspitze Alizarin und Natriumacetat in 30 ml Wasser gegeben. Das Beizbad wird bis zum leichten Sieden erhitzt, dann ein etwa 25 cm² großer Baumwollfilz für 10 min eingebracht und mehrfach mit einem Glasstab umgerührt. Nun wird die Stoffprobe herausgenommen, mit Wasser kurz abgespült und anschließend in die Alizarinsuspension eingebracht. Nach dreiminütigem Kochen wird die Baumwollprobe aus dem Bad genommen, mit Wasser ausgewaschen, zwischen Filterpapier trocken gepresst und an der Luft getrocknet.

Zum Entwicklungsfärben gehört auch das **Beizenfärben** (↑S. 511 , Exp. 3). Dabei werden die Textilien vorbehandelt, gebeizt, z. B. mit Metallsalzen. Dabei komplexieren Metall-Ionen, z. B. Aluminium-Ionen, auf der Faser. Die gebeizte Faser wird in die Flotte eingebracht und an der Faseroberfläche bildet sich ein Farblack zwischen Farbstoff und Metallkomplex. Auf diese Weise lassen sich Wolle und Seide färben.
Besitzen die Farbstoffmoleküle noch sogenannte Ankergruppen, können diese mit einer Hydroxygruppe der Cellulosefaser oder einer Aminogruppe bei Proteinfasern eine Elektronenpaarbindung eingehen. Reaktivfarbstoffe stellen heute die größte Farbstoffgruppe zum Färben von Cellulose dar. **Reaktivfärben** ergibt nassechte Färbungen mit einer sehr guten Farbbrillanz. Wolle/Polyamid können ebenfalls mit Reaktivfarbstoffen in tiefen Nuancen gefärbt werden.
Für Acetatseide und Polyester eignet sich das **Dispersionsfärben** mit Azo- oder Carbonylfarbstoffen. Die schwer löslichen Farbstoffe liegen als Dispersion in Wasser vor, die Farbstoffteilchen werden von der Faser adsorbiert, sie diffundieren in die Fasern. Dadurch erhält man sehr farbechte und dauerhafte Färbungen.

Farbechtheit von Textilien Gefärbte Textilien müssen farbecht sein. Diese Eigenschaft soll verhindern, dass gefärbte Textilien beim Waschen verblassen, verfärben oder abfärben. Sie dürfen nicht von Umwelteinflüssen geschädigt werden und keine allergenen oder toxischen Wirkungen besitzen.
Zu den Echtheiten gehören unter anderem Waschechtheit, Wasser- und Meerwasserechtheit, Speichel- und Schweißechtheit, Reibechtheit, Lichtechtheit und Wetterechtheit.
In speziellen Prüfverfahren werden Hautverträglichkeit und Nichtaufnahme von Farbstoffen durch die Haut geprüft.

Textilfarbstoffe und Umwelt Bei der industriellen Herstellung von Farbstoffen und deren Anwendung für Textilfärbung und Textildruck müssen farbige Abwässer entsorgt werden. Diese Abwässer enthalten Rückstände des verwendeten Farbstoffs, die teilweise nur über verschiedene Zwischenstufen abgebaut oder entfernt werden können.
Werden farbige Abwässer direkt in Gewässer geleitet, beeinflussen sie den Lichteinfall und damit den Sauerstoff- und Wärmeaustausch des Gewässers mit seiner Umgebung.
Weiterhin kann der pH-Wert der Gewässer verändert werden. Das kann zur Destabilisierung des Gewässergleichgewichts führen. Deshalb sind von der Farben erzeugenden und Farben anwendenden Industrie bestimmte gesetzliche Auflagen bei der Abwasserbelastung zu beachten. So wird gefordert, farbige Abwässer nur in Kläranlagen und niemals in natürliche Gewässer einzuleiten.
Nicht abbaubare Farbstoffe sind durch Aktivkohlefilter oder durch Ausfällen zu entfernen.

EXPERIMENT 4
Küpenfärben mit Flavanthren oder Indigo
250 ml Wasser und 20 ml 12%ige Natronlauge (GHS05) werden in einem Becherglas auf 70 °C erwärmt. In einem Reagenzglas werden 0,5 g Flavanthren oder Indigo mit 5 ml Ethanol (GHS02) aufgeschlämmt und in das Becherglas gegeben. In dieses Farbbad werden 3 g Natriumdithionit (GHS02 | 07) unter ständigem Umrühren der Lösung bei Temperaturen zwischen 60 °C und 70 °C eingegeben. Nun wird das gereinigte Textilgut (4 bis 5 g Baumwolle oder Polyester) eingebracht und das Farbbad kurz zum Sieden erhitzt. Unter mehrfachem Wenden des Farbguts verbleibt es für 15 min in der Lösung. Anschließend wird es gespült und an der Luft getrocknet.
Das getrocknete Textilgut wird nun in einem siedenden Bad aus 250 ml Wasser mit 0,2 g Feinwaschmittel und 2 g Natriumcarbonat (GHS07) nachbehandelt, dann gespült und wieder getrocknet.

AUFGABEN
1 Informieren Sie sich über Strukturmerkmale von Proteinfasern, Cellulosefasern und verschiedenen Synthesefasern. Leiten Sie aus diesen Merkmalen ab, welche Färbemethode für diese Faserarten geeignet oder weniger geeignet ist.
2 Erläutern Sie, was unter Farbechtheit von Textilien zu verstehen ist.
3 Nennen Sie mögliche ökologische Probleme, die beim Färben von Textilien auftreten können, und erläutern Sie Möglichkeiten, diese zu lösen.
4 Erläutern Sie die verschiedenen Verfahren der Färbung von Textilien.

Tab. 1 Übersicht über Färbeverfahren

Färbeverfahren	Beispiel eines geeigneten Farbstoffs	Bindungen zur Faser	Textilfaser
Entwicklungsfärben	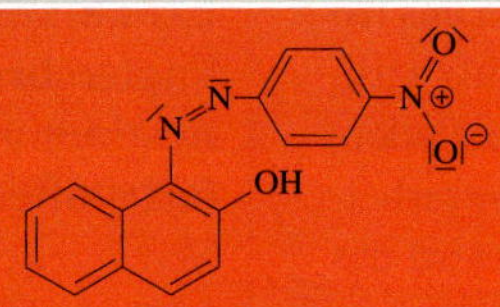 **Pararot**	Adsorption des Farbstoffs auf der Faser. Der Farbstoff entsteht durch chemische Reaktion auf der Faser, z. B. durch Azokupplungsreaktion von 4-Nitroanilin mit β-Naphthol.	Baumwolle, Wolle, Seide
Direktfärben	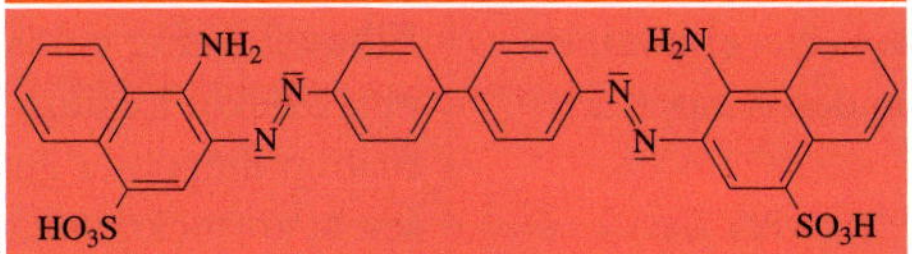 **Kongorot**	Bindung zur Faser durch Dipolkräfte, Van-der-Waals-Kräfte bzw. Wasserstoffbrückenbindungen	Baumwolle
Reaktivfärben	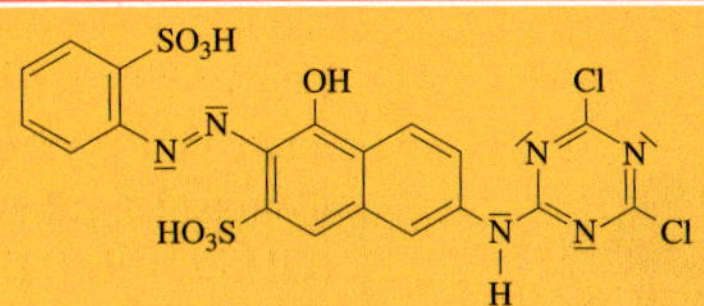 **Procionbrilliantorange GS**	Elektronenpaarbindungen zwischen der Ankergruppe, die Faser und Farbstoffmolekül miteinander verbindet	Baumwolle, Wolle, Seide, Polyamid
Küpenfärben	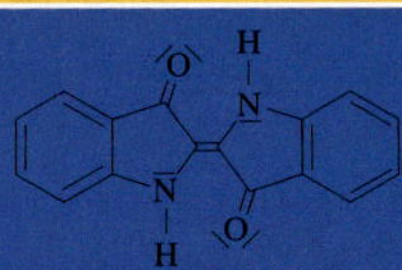 **Indigo**	Leukoform diffundiert in Faserhohlräume. Dort erfolgt durch Luftsauerstoff die Reoxidation zu Indigo, das in den Faserhohlräumen eingeschlossen ist.	Baumwolle
Beizenfärben	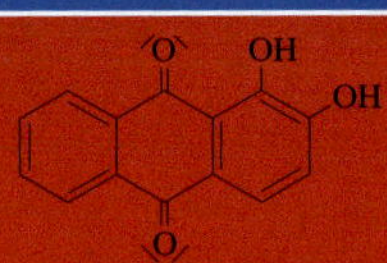 **Alizarin**	Färbegut wird von Metallsalzlösung durchdrungen und dann mit Farbstofflösung versetzt. Auf der Faser bildet sich ein unlöslicher Farblack.	Wolle, Seide, Baumwolle
Saure Farbstoffe (anionische Farbstoffe)	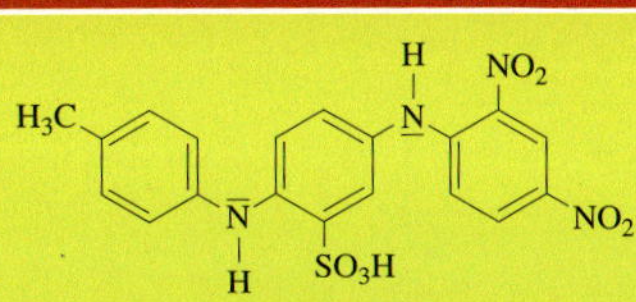 **Amidogelb**	Durch Protonenabgabe entstandene negativ geladene Ionen (Anionen, z. B. $–SO_3^-$) gehen Ionenbindungen mit Kationen der Faser ein.	Polyamide, Wolle, Seide
Basische Farbstoffe (kationische Farbstoffe)	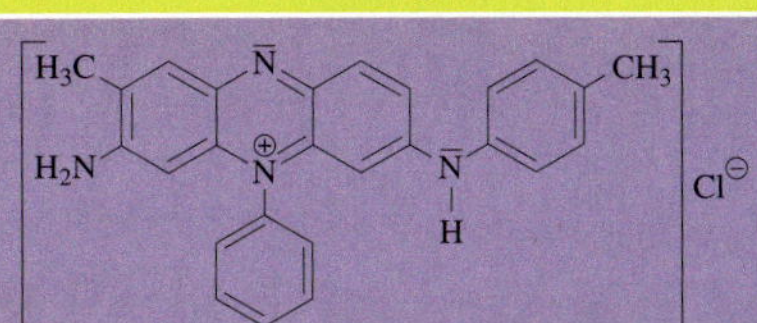 **Mauvein**	Durch Protonenaufnahme entstandene Kationen (z. B. $–NH_3^+$) gehen Ionenbindung mit Anionen der Faser ein.	Polyacryl- und anionisch modifizierte Polyesterfasern
Dispersionsfärben	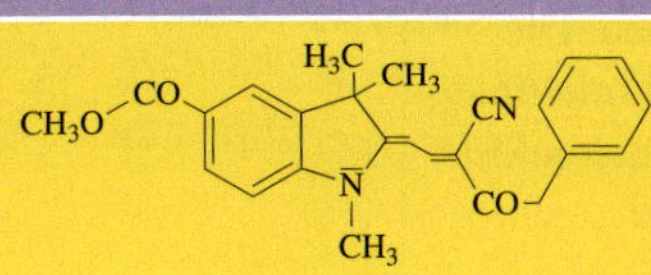 **Brillantgelb**	Dispergierte Farbmittel dringen in das Faserinnere und werden bei üblicher Nutztemperatur im Molekülgitter der Faser festgehalten.	Polyacrylnitril, Polyester, Polyamid

Lebensmittelfarbstoffe

Verwendung Lebensmittel werden durch Farbstoffzusatz in ihrem Aussehen verändert (Abb. 1, 2). Die Färbung kann aus ästhetischen, psychologischen (werbewirksamen – verkaufswirksamen) und technologischen Gründen erfolgen. Marmeladen, konserviertes Obst und Gemüse besitzen durch den Verarbeitungsprozess oft sehr blasse Farben. Durch Farbzusatz wird das Produkt ansprechender. Die relativ unansehnlichen Eigenfarben von Speiseeis oder bestimmten Fleischprodukten können durch Lebensmittelfarben verbessert werden, ebenso die eintönigen Färbungen vieler Zuckerprodukte oder Limonaden (Exp. 1, 2).

1 Gefärbte Limonaden

2 Gefärbter deutscher Kaviar

Rund 80 % der Lebensmittelfarbstoffe dienen der Färbung von Softdrinks und Süßigkeiten. Mineralwasser, Milch, Wein, Fruchtsäfte, Trockenfrüchte oder Kartoffelerzeugnisse dürfen grundsätzlich nicht gefärbt werden. Zum Färben von Lebensmitteln sind natürliche Farbstoffe zugelassen, die aus natürlichen Objekten isoliert oder naturidentisch hergestellt werden, z. B. Carotinoide, Anthocyane, Chlorophylle, Betanine. Weiterhin zugelassen sind synthetische Farbstoffe, z. B. Azofarbstoffe, Indigofarbstoffe, Triphenylmethanfarbstoffe, Chinolinfarbstoffe sowie natürliche und naturidentische Pigmente, z. B. Calciumcarbonat, Titan(IV)-oxid und Litholrubin.

EXPERIMENT 2

Isolieren von Lebensmittelfarbstoffen (Wollfadenmethode)

Zu 20 g Lakritze sind 7 ml Wasser, 7 ml Ethanol ($w = 96\,\%$, unvergällt; GHS02) und eine Spatelspitze Weinsäure (GHS07) zu geben. Die Lösung ist gut umzurühren. In die Lösung werden mehrere saubere und fettfreie Wollfäden gehängt und für etwa 15 min auf 90 °C erhitzt. Die Fäden sind zu entnehmen, mit Wasser abzuspülen und in ein Becherglas mit 25 ml Ethanol ($w = 96\,\%$, unvergällt; GHS02) und 5 ml gesättigter Hirschhornsalzlösung zu geben. Die Lösung mit den darin hängenden Fäden ist etwa 5 min unter ständigem Rühren auf etwa 90 °C zu erhitzen. Der abgelöste Farbstoff kann zum Färben von Lebensmitteln oder zu chromatografischen Untersuchungen genutzt werden.

EXPERIMENT 1 L

Papierchromatografische Bestimmung von Lebensmittelfarbstoffen

Verschiedene Fruchtbonbons oder gefärbte Hüllen dragierter Süßwaren werden in etwa 30%iger Ethanollösung gelöst. Die etwas eingedickte Lösung wird auf Chromatografiepapier getropft. (Tropfen leicht antrocknen lassen und wiederholt zutropfen. Tropfen muss klein, aber farbkräftig sein.) Als Laufmittel eignet sich ein Gemisch aus 10 ml 2,5%iger Natriumcitratlösung, 1,5 ml Methanol (GHS02 | 06 | 08) und 2,5 ml 25%iger Ammoniaklösung (GHS05 | 09). Zum Vergleich können Chromatogramme bekannter Lebensmittelfarbstoffe herangezogen werden.

Verordnung für den Einsatz von Farbstoffen Bei den in Lebensmitteln enthaltenen Farben muss immer die Zusammensetzung angegeben werden. Sie müssen auf Reinheit und Unschädlichkeit über längere Zeiträume geprüft sein.
Von der Europäischen Union wurden für alle Lebensmittelzusatzstoffe EU-Nummern festgelegt (Tab. 1, 2). Seit 2010 ist zusätzlich eine besondere Kennzeichnung von Produkten vorgesehen, die ganz bestimmte Farbstoffe enthalten. So müssen Lebensmittel mit folgenden Farbstoffen neben der EU-Nummer vorsorglich den Aufdruck „kann Aktivität und Aufmerksamkeit bei Kindern beeinträchtigen" tragen: E 102 Tartrazin, E 104 Chinolingelb, E 110 Gelborange S, E 122 Azorubin, E 124 Cochenillerot A und E 129 Allurarot AC.
Diese Zusatzstoffe sind vor allem in Erfrischungsgetränken, Süßwaren, Speiseeis und feinen Backwaren enthalten (Abb. 3).

Tab. 1 Auswahl einiger Lebensmittelfarbstoffe nach EU-Norm

EU-Nr.	Farbstoff (n) natürlich, (s) synthetisch	Farbe
E 100	Kurkumin (n)	gelb
E 102	Tartrazin (s)	gelb
E 104	Chinolingelb (s)	gelb
E 110	Gelborange S (s)	orange
E 120	Carmin, Cochenille-Extrakte (n)	rot
E 122	Azorubin (s)	rot
E 124	Conchenillerot A (s)	rot
E 129	Allurarot AC (s)	rot
E 132	Indigotin (s)	blau
E 140	Chlorophylle (n)	grün
E 142	Brillantsäuregrün BS, Grün S (s)	grün
E 150 a	Zuckercouleur, einfach (n)	braun
E 151	Brillantschwarz BN (s)	schwarz

Für färbende Lebensmittel sind weder Zulassung noch Deklarationspflicht vorgesehen. Solche Lebensmittel sind z. B. Rote Bete (Abb. 4), Paprika und Fruchtauszüge.

4 Mit dem Saft der Roten Bete können Puddings, Eis, Süßwaren und weitere Lebensmittel gefärbt werden.

3 Vanillepuddingpulver wird mit Chinolingelb und Gelborange S gefärbt.

Tab. 2 Natürliche Pigmente zur Lebensmittelfärbung

EU-Nr.	Pigment	Farbe
E 153	Pflanzenkohle	schwarz
E 170	Calciumcarbonat	weiß
E 171	Titan(IV)-oxid	weiß
E 173	Aluminium	silbern
E 174	Silber	silbern
E 175	Gold	golden

AUFGABEN

1 Beschaffen Sie sich über die Verbraucherzentrale oder im Internet eine Liste der zugelassenen Lebensmittelfarbstoffe.
a Ermitteln Sie für je eine Farbe einen Farbstoff und geben Sie dessen Formel an.
b Ordnen Sie diesen Farbstoff jeweils einer Farbstoffklasse zu und begründen Sie die Zuordnung.
2 Erläutern Sie das Prinzip der im Experiment 1 angewandten Papierchromatografie.
3 Zur Färbung von vielen Zuckersüßwaren werden saure Lebensmittelfarbstoffe verwendet. Erklären Sie, weshalb für deren Isolierung die sogenannte Wollfadenmethode geeignet ist (Exp. 2).

Technik

Färberpflanzen – Pflanzenfarben

Das Färben mit Pflanzenfarben ist eine alte Kulturtechnik, die sich in der heutigen Zeit zunehmenden Interesses erfreut. Fast alle Pflanzen der heimischen Flora eignen sich zum Färben. Walnuss, Zwiebel und Sonnenblume sind nur einige Beispiele (Abb. 1). Darüber hinaus lässt sich auch mit vielen Pilzen und Flechten ein gutes Färbeergebnis erreichen.
Verwendet werden alle Pflanzenteile: von den Wurzeln über die Rinden bis hin zu den Blüten und grünen Blättern. Sie können frisch geerntet oder getrocknet zu Färbeflotten verarbeitet werden und schenken Textilien kräftige Gelb-, Grün- und Brauntöne (Tab. 1). Ein leuchtendes Rot ergibt die Färbung mit getrockneter Krappwurzel. Der Krapp gehört zusammen mit Färberwaid (↑S. 508) und Wau zu den traditionellen Färberpflanzen Mitteleuropas, die seit Jahrhunderten kultiviert werden.

Tab. 1 Pflanzenfarben

Farbe	Verwendete Pflanzenteile
Gelb	Blätter des Waus, Blüten von Sonnenblume, Schafgarbe und Goldrute
Orange	Blüten der Studentenblume, Blätter des Schöllkrauts
Rot	Krappwurzel, Färberdistel, Walnussrinde
Braun	grüne Fruchtkapseln von Walnüssen, Kastanienblätter, Kirschbaumrinde
Grün	Zwiebelschalen, Brennnesselblätter, Ginsterblätter
Blau	Blätter des Färberwaids

Schwarze Färbungen erhält man erst durch Überfärben von Indigo mit Walnussschale oder Erlenrinde.

1 Wolle und Seide können mit Zwiebelschalen und Sonnenblumenblättern gefärbt werden.

Die meisten Pflanzenfarbstoffe können nicht direkt auf die Faser aufziehen wie z. B. beim Färben mit Walnussschalen, sondern sind Beizen- oder Küpenfarbstoffe. Beim Färben von Wolle und Seide wird die Faser zunächst vorgebeizt und erst dann in die Färbeflotte eingelegt. Als Beizmittel wird meist Kaliumaluminiumsulfat (Alaun) verwendet. Durch Bildung von Metallkomplexen verbindet es Faser und Farbstoff dauerhaft. Gleichzeitig nimmt das Salz Einfluss auf den Farbton.

AUFGABEN

1 Für rote Färbungen verwendeten schon die Ägypter Krappwurzeln. Informieren Sie sich über den Farbstoff Alizarin und ordnen Sie ihn begründet einer Farbstoffgruppe zu.

2 Begründen Sie, weshalb die meisten Pflanzenfarbstoffe nicht direkt auf die Faser aufziehen können.

3 Erläutern Sie an einem Beispiel die Technik des Beizenfärbens.

KOMPLEX GEDACHT

1 Erklären Sie, warum sich schwarze Kleidungsstücke stärker erwärmen als farbige oder weiße.

2 Die Farbe einer Jeans und die Blüte einer Glockenblume erscheinen uns blau.
Gibt man einen frisch abgebrochenen Kastanienzweig in Wasser und bestrahlt die Lösung mit UV-Licht, erscheint sie ebenfalls blau. Betrachtet man eine Seifenblase oder eine DVD im Licht, weist sie teilweise bestimmte blaue Farbeffekte auf.
Erläutern Sie, worauf diese gleichen Farbphänomene so unterschiedlicher Objekte zurückzuführen sind.

3 Der Lebensmittelfarbstoff mit folgender Strukturformel muss seit 2010 gesondert gekennzeichnet werden.

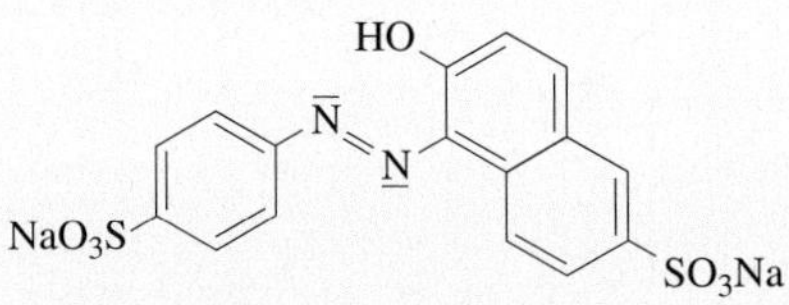

Dieser Stoff weist ein Absorptionsmaximum von $\lambda_{max.} = 482$ nm auf.

a Ordnen Sie diesen Farbstoff begründet einer Farbstoffklasse zu.
b Erläutern Sie anhand der Strukturmerkmale des Moleküls das Auftreten der Farbigkeit der Verbindung.
c Geben Sie die Farbe an, mit der ein Lebensmittel von diesem Farbstoff gefärbt wird. Nutzen Sie dazu die Abb. 1 auf Seite 494.
d Begründen Sie, warum Lebensmittel gefärbt werden.

4 Kongorot (Strukturformel: ↑S. 513) ist eine Verbindung, die in Lösung bei unterschiedlichen pH-Werten unterschiedliche Farben aufweist.
Das rotbraune Pulver löst sich gut in Wasser und in Alkohol, ist aber in Petrolether unlöslich. Die Lösung des Dinatriumsalzes des Kongorots schlägt bei pH 3,0 bis 5,2 von Blauviolett nach Rotorange um. Es eignet sich daher als Indikator für Säure-Base-Reaktionen in der qualitativen und quantitativen Chemie.

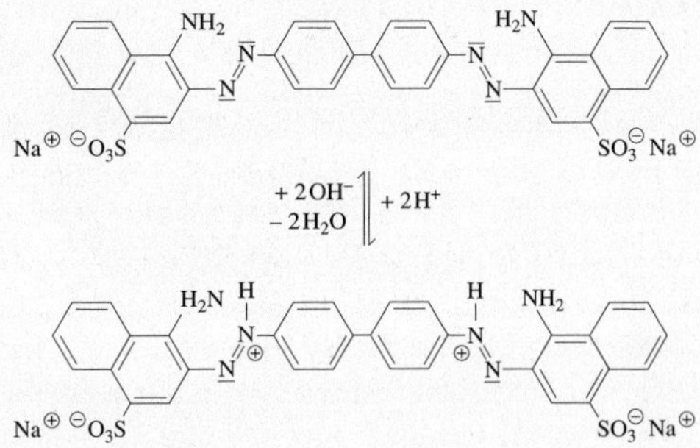

Kongorot wurde früher zum Färben von Baumwolle eingesetzt und war der erste substantive Direktfarbstoff. Es hat sich aber als Textilfarbstoff nicht durchgesetzt.

a Ordnen Sie diesen Farbstoff begründet einer Farbstoffklasse zu und geben Sie zwei weitere Vertreter dieser Farbstoffklasse an. Erklären Sie die Farbigkeit anhand der Strukturmerkmale des Moleküls.
b Erklären Sie die unterschiedliche Löslichkeit von Kongorot.
c Begründen Sie die Verwendung der wässrigen Lösung des Dinatriumsalzes als Säure-Base-Indikator.
d Erläutern Sie Gründe dafür, dass sich Kongorot nicht als Textilfarbstoff durchsetzen konnte. Diskutieren Sie in diesem Zusammenhang dessen Farbechtheit.

5 Purpur ist ein Küpenfarbstoff von außergewöhnlicher Lichtechtheit.

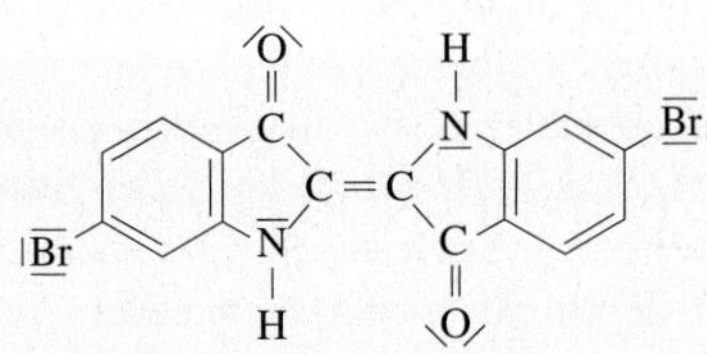

a Vergleichen Sie die Molekülstruktur des Purpurs mit der von Indigo und ordnen Sie beide einer Farbstoffklasse zu.
b Erläutern Sie am Beispiel der Purpurfärbung das Prinzip der Küpenfärbung.
c Treffen Sie eine Aussage über die Wasch- und Reibechtheit der Färbung.

23 Arzneimittel

Die Menschen suchten schon immer nach Wundermitteln, die Schmerzen lindern, Krankheiten heilen, ein längeres Leben oder gar Unsterblichkeit schenken. Die Lebenserwartung ist in den vergangenen Jahrzehnten unter anderem dank der Arzneimittel stark gestiegen und steigt weiter an. Mit der Nachfrage wächst nicht nur die finanzielle Förderung, auch die technischen Möglichkeiten zur Arzneimittelentwicklung werden immer besser. Insofern können Wissenschaftler Medikamente zur Behandlung neu auftretender oder bislang nicht heilbarer Krankheiten versprechen. Chemiker, Mikrobiologen, Pharmakologen und Ärzte arbeiten Hand in Hand, um einem Wirkstoff den Weg zu einem neuen Arzneimittel zu bereiten. Chemische Kenntnisse spielen hier eine zentrale Rolle.

Einordnung der Arzneimittel

Arzneimittel Allgemein handelt es sich bei Arzneimitteln um Wirkstoffe oder aus verschiedenen Wirk- und Hilfsstoffen zusammengesetzte Präparate, die für die Heilung und Verhütung von Krankheiten sowie für die Linderung von Beschwerden bestimmt sind. Demnach umfasst der Arzneimittelbegriff Stoffe, die die Funktionen des Körpers wie etwa den Stoffwechsel oder das Immunsystem, aber auch die Psyche beeinflussen. Arzneimittel beheben Fehlfunktionen oder ersetzen Funktionen, die der Körper aufgrund seines derzeitigen Zustands nicht aus eigener Kraft erbringen kann. Ferner fallen unter den Arzneimittelbegriff auch Stoffe, die der medizinischen Diagnose dienen. Die Einordnung verschiedener Arzneimitteltypen erfolgt nach ihrem Einsatzgebiet und der Wirkung (Tab. 1).

Die Nutzung von Arzneimitteln hat eine lange Tradition. Schon in der Antike bereiteten die Menschen pflanzliche Präparate für die Behandlung von Krankheiten. Erst im 19. Jahrhundert begann jedoch die Entwicklung von Arzneimitteln auf naturwissenschaftlicher Grundlage mit Identifizierung der Struktur und Wirkungsweise vieler natürlicher Arzneistoffe.

Tab. 1 Wichtige Arzneimitteltypen

Bezeichnung	Wirkung
Analgetika	lindern Schmerzen
Anästhetika	lähmen Teile des zentralen Nervensystems
Antibiotika	hemmen Bakterienwachstum
Antimykotika	verhindern Pilzerkrankungen
Antihistaminika	lindern Allergien, Entzündungen
Antipyretika	senken Fieber
Chemotherapeutika	schädigen gezielt Zellen
Hypnotika	fördern Schlaf
Psychopharmaka	beeinflussen die Psyche

Aspirin®

Ein Medikament mit Geschichte Bereits HIPPOKRATES (460 bis 375 v. Chr.) setzte den Saft der Weidenrinde als Schmerzmittel ein. Kräuterfrauen nutzten diese pflanzliche Medizin bis ins Mittelalter zur Linderung von Schmerzen aller Art. Doch erst im Jahr 1835 konnte Salicylsäure in reiner Form extrahiert und ihre Strukturformel entschlüsselt werden. Die damaligen Arzneimittel führten zu erheblichen Magenbeschwerden, verdarben schnell und schmeckten widerlich.

Deshalb synthetisierte der Chemiker FELIX HOFFMANN 1897 die **Acetylsalicylsäure (ASS)**. Dieses Derivat der Salicylsäure zeichnet sich vor allem durch seine bessere Haltbarkeit und Verträglichkeit aus. Bereits drei Jahre später kam es als Aspirin® auf den Markt, mit einem Namen der sich von der Spire, einem salicylsäurehaltigen Rosengewächs, ableitet.

Bei der ASS-Synthese wird Salicylsäure mit Essigsäure (aus Essigsäureanhydrid) verestert (Exp. 1). Als Katalysator wird konzentrierte Schwefelsäure eingesetzt.

EXPERIMENT 1

Synthese von Acetylsalicylsäure

Abzug! 10 g Salicylsäure, 20 ml Essigsäureanhydrid (GHS02 | 05 | 07) und 5 Tropfen konzentrierte Schwefelsäure (GHS05) werden in einem Erlenmeyerkolben bis zur Auflösung geschüttelt. Die Lösung wird 15 min auf 60–80 °C erhitzt. Den heißen Kolben stellt man in Eiswasser und filtriert die abgeschiedenen Kristalle (GHS07) mit einer Nutsche ab. Der Filterrückstand wird mit Eiswasser gewaschen.

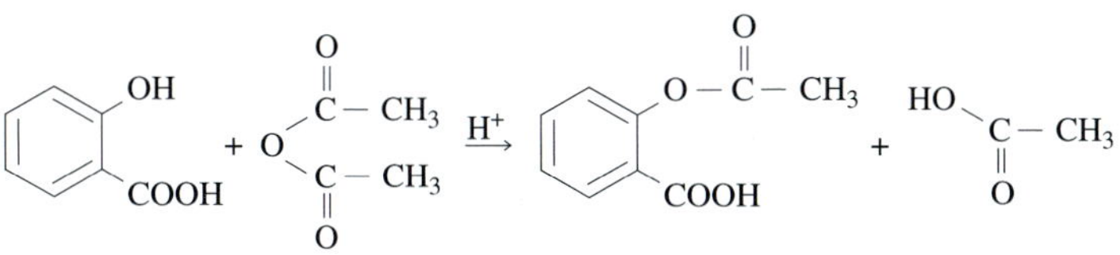

Salicylsäure + Essigsäureanhydrid → Acetylsalicylsäure + Essigsäure

Der technisch-maschinelle Fortschritt ermöglichte eine massenhafte Produktion des Arzneimittels in konstanter Qualität und gewünschter Dosierung.

Erst in den 1970er Jahren deckte der Brite SIR JOHN VANE den Wirkmechanismus von Acetylsalicylsäure auf, wofür er 1982 mit dem Nobelpreis für Medizin ausgezeichnet wurde.

Mit etwa 3500 wissenschaftlichen Veröffentlichungen pro Jahr stellt ASS weiterhin einen Dauerbrenner in der medizinischen Forschung dar. So verstehen die Pharmakologen mittlerweile auch viele Nebenwirkungen. Obwohl diese zum Teil erheblich sind, ist ASS eines der weltweit am häufigsten konsumierten Arzneimittel.

Der Wirkstoff senkt das Fieber und lindert Kopfschmerzen, Zahnschmerzen und rheumatische Beschwerden. Darüber hinaus wird ASS zur Blutverdünnung bei herzinfarktgefährdeten Patienten eingesetzt. Eine regelmäßige Einnahme soll neusten Studien zufolge das Darmkrebsrisiko senken. Deshalb verwundert es nicht, dass allein in deutschen Apotheken mehr als 80 Medikamente auf ASS-Basis erhältlich sind.

Der Wirkstoff kann in diesen Präparaten mit Eisen(III)-chloridlösung nachgewiesen werden (Exp. 2). Färbt sich die Lösung einer Tablette nach dem Aufkochen violett, so gilt dies als Hinweis auf ASS.

1 Historische Aspirin®-Flasche

EXPERIMENT 2

Nachweis von Acetylsalicylsäure mit Eisen(III)-chloridlösung

In zwei Reagenzgläsern löst man 1 Spatelspitze Acetylsalicylsäure (GHS07) bzw. eine kleine Probe einer Schmerztablette in Wasser. Nach dem Erhitzen werden die Proben mit 5 ml Eisen(III)-chloridlösung (w = 1 %) versetzt.

Allgemeine Wirkungsweise von Medikamenten Arzneimittel zeigen in der Regel eine spezifische Wirkung nach dem **Schlüssel-Schloss-Prinzip**. Bei den zellulären Kontaktstellen handelt es sich oft um Proteine, die Körperzellen aufsitzen oder in die Zelloberfläche eingebettet sind. Die Wirkstoffe fungieren hierbei als Schlüssel, die größeren Proteine als Schlösser. Durch die Bindung an diese körpereigenen Strukturen beeinflussen Arzneimittel die Aktivität von Enzymen, von Ionenkanälen in Zellmembranen, Rezeptoren an Synapsen oder von Transportproteinen wie dem Hämoglobin (Tab. 1).
Eine erfolgreiche Bindung hat die Aktivierung oder Hemmung eines einzigen Stoffumwandlungsprozesses oder einer ganzen Reaktionskette zur Folge. Viele dieser Kettenreaktionen setzen außen an Zellmembranen an und führen zu Veränderungen im Zellinneren.
Bei der großen Vielfalt an Proteinen im menschlichen Körper verwundert es nicht, dass unterschiedliche Proteine eine ähnliche räumliche Struktur haben. So kommt es dazu, dass Wirkstoffe nicht nur mit den gewünschten Zielstrukturen, sondern auch mit anderen Proteinen wechselwirken und dabei unerwünschte Wirkungen hervorrufen. Diese Nebenwirkungen schränken den Nutzen eines Arzneimittels ein.

Wirkungsweise von Acetylsalicylsäure (ASS) Einer Entzündung liegt eine Reaktionskette zugrunde, die mit Zellwandschädigungen und/oder dem Eindringen körperfremder Stoffe ins Gewebe beginnt. Darauf reagieren die Zellen mit der Synthese chemischer Signalstoffe (Prostaglandine), die die Schmerzzellen stimulieren und sogenannte Fresszellen anlocken. Eine Rötung wird durch die Weitung des Gewebes hervorgerufen.
Acetylsalicylsäure unterbricht die Entzündungsreaktion, indem es die Synthese von Prostaglandinen hemmt. Angriffspunkt ist ein Enzym, das die Synthese steuert. ASS verändert die Struktur des aktiven Zentrums, sodass das Substrat nicht mehr daran binden kann (Abb. 1). Da es im Körper zwei Varianten des Enzyms gibt, kommt es zu Nebenwirkungen. So stört ASS den Aufbau der Magenschleimhaut und die Blutgerinnungsreaktion. Schwer zu stillende Blutungen können als Nebenwirkung auftreten.

Tab. 1 Wirkorte und Wirkungsweise von Arzneimitteln

Wirkorte	Wirkungsweise
Enzyme	Aktivierung, Hemmung
Ionenkanäle in Zellmembranen	Öffnung, Blockade
Rezeptoren an Synapsen	Stimulation, Blockade
Transportproteine	Aktivierung, Hemmung

AUFGABEN

1 Die Geschichte von Aspirin ist beispielhaft für viele Arzneimittel. Stellen Sie die Etappen seiner Erfolgsgeschichte auf einem Zeitstrahl dar.
2 F. HOFFMANN experimentierte mit verschiedenen Derivaten der Salicylsäure. Vermuten Sie, um welche Verbindungen es sich handelte.
3 Erläutern Sie die Wirkungsweise von ASS.

1 Hemmung der Enzymaktivität durch ASS.

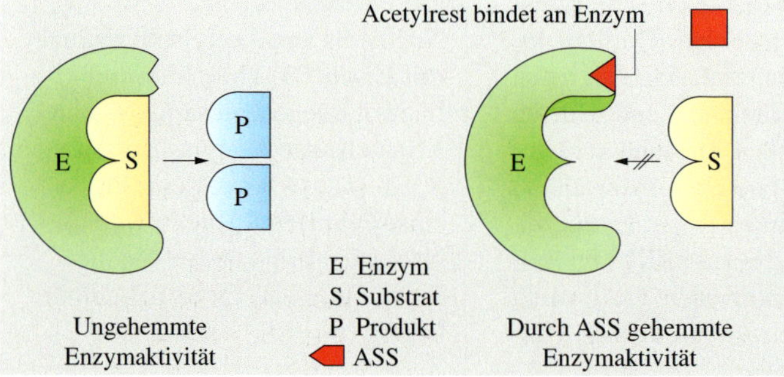

Bei der Hemmung wird der Acetylrest von ASS auf einen Aminosäurerest (Serin 530) in der Nähe des aktiven Zentrums durch Umesterung übertragen. Dadurch kann das Substrat des Enzyms, die Arachidonsäure, das aktive Zentrum nicht mehr erreichen und das Enzym wird irreversibel inaktiviert.

Pharmakokinetik

Blutspiegel Die Wirkung eines Medikaments steht mit der Konzentration des Wirkstoffs im Blut **(Blutspiegel)** in enger Beziehung. Der Blutspiegel hängt in erster Linie von der Dosis des Medikaments ab. Daneben wird er durch physikalische und biochemische Vorgänge im Körper beeinflusst. Die Abkürzung LADME fasst diese Vorgänge zusammen.

Tab. 2 Beeinflussung des Blutspiegels – LADME

Fachbegriff	Vorgang im Körper
Liberation	Freisetzung des Arzneimittels aus seiner Arzneiform, z. B. aus einer Tablette
Absorption	Aufnahme ins Blut über den Magen-Darm-Trakt, die Lunge oder die Haut
Distribution	Verteilung im Körper durch den Blutkreislauf
Metabolisierung	biochemische Umwandlung und Abbau
Exkretion	Ausscheidung aus dem Organismus über Urin, Stuhlgang, Sekrete wie Schweiß oder die Atemluft

2 Dosis-Wirkungs-Kurve

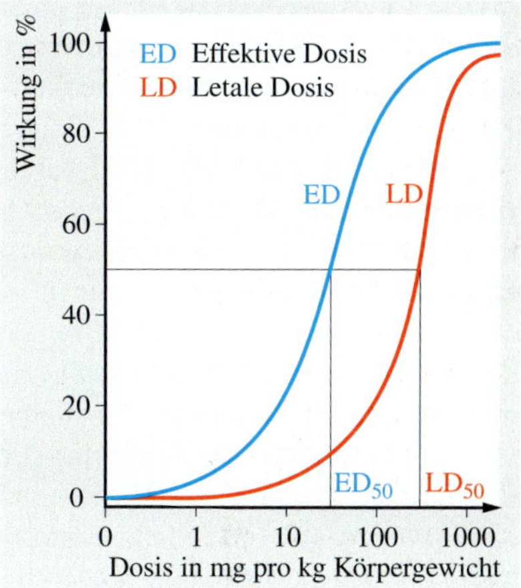

Die Pharmakokinetik untersucht all die Prozesse, denen ein Wirkstoff im Körper unterliegt. Sie fußt auf den Arbeiten des Kinderarztes FRIEDRICH HARMUT DOST. Er erkannte im Jahr 1953, dass Kinder eine andere Stoffwechselrate als Erwachsene haben und dass dies bei der Dosierung eines Medikaments zu berücksichtigen ist.

Dosis-Wirkungs-Kurve Von Arzneimitteln ist bekannt, dass sie bei der **effektiven Dosis (ED)** eine optimale Wirkung zeigen. Mit steigender Dosis nehmen die Nebenwirkungen jedoch zu. Eine Überdosierung endet häufig tödlich.
Wissenschaftler untersuchen deshalb in Studien mit Versuchstieren und später auch mit Menschen die Beziehung zwischen der Dosis und Wirkung eines Medikaments. Ihre Ergebnisse halten sie in Form der **Dosis-Wirkungs-Kurve** grafisch fest (Abb. 2). Besonders interessiert sie dabei der ED_{50}. Bei diesem Wert zeigt das Medikament bei 50 % aller Probanden den gewünschten Effekt. Daneben wird die **letale Dosis (LD**; lat. letalis – tödlich) durch Tierversuche ermittelt. In Analogie zum ED_{50} ist der LD_{50} der Wert, bei dem 50 % der Versuchstiere verenden (Tab. 3).
Aus den Werten von ED_{50} und LD_{50} lässt sich die therapeutische Breite eines Medikaments berechnen. Sie kennzeichnet den Bereich zwischen Wirkungslosigkeit und Toxizität und legt damit fest, in welchen Dosen ein Medikament verabreicht werden darf. Wegen der Gefahr von Nebenwirkungen wählt ein Arzt meist zunächst niedrig dosierte Präparate. Hohe Dosierungen eines Schmerzmittels setzt er z. B. nur dann ein, wenn eine schwere Krankheit von starken Schmerzen begleitet ist.

Tab. 3 LD_{50}-Werte natürlicher Gifte im Vergleich zu ASS

Gift (Herkunft)	LD_{50}
Botulinustoxin (Clostridien)	0,3 ng/kg
Tetanustoxin (Clostridien)	0,1 ng/kg
Tetrodotoxin (Kugelfisch)	0,01 mg/kg
Nicotin (Tabakpflanze)	3 mg/kg
Aflatoxin B_1 (Schimmelpilze)	7 mg/kg
Acetylsalicylsäure (ASS)	1100 mg/kg
Ethanol (alk. Gärung)	1400 mg/kg

AUFGABEN

1 Berechnen Sie den Blutspiegel in mol/l eines Erwachsenen mit 5,5 l Blut nach Einnahme einer ASS-Tablette mit 200 mg Wirkstoff.

2 Erklären Sie, warum die Dosis eines Wirkstoffs gesenkt werden muss, wenn die Niere eines Patienten nicht voll funktionsfähig ist.

Im Kampf gegen Krankheitserreger

Behandlung von Infektionskrankheiten Erreger wie Bakterien, Pilze und Viren rufen eine Vielzahl von Infektionskrankheiten hervor. Neben Schnupfen, Grippe und Fußpilz gehören auch schwere Erkrankungen wie Lungen- und Hirnhautentzündung, Vogelgrippe oder Aids dazu. Für einen gezielten Angriff gegen diese Krankheitserreger suchen Wissenschaftler nach Strukturen, die nur bei den Erregern vorkommen. Gesunde menschliche Zellstrukturen sollen dabei möglichst unbeschadet bleiben. Arzneimittel für die Behandlung bakterieller Infekte heißen **Antibiotika** (griech. anti bios – gegen Leben). Pilzerkrankungen können mithilfe von **Antimykotika** (griech. mykes – Pilze) bekämpft werden. Allein der Angriff gegen Viren gestaltet sich schwieriger, weil sie keine Lebewesen sind. Mittlerweile sind aber die Vermehrungszyklen vieler Viren erforscht, sodass auch hier gezielte Angriffe mit sogenannten **Virostatika** (lat. virus – Gift; griech. stasis – Stillstand) möglich sind.

1 Hemmung des Bakterienwachstums durch ein Antibiotikum in einer Zellkultur

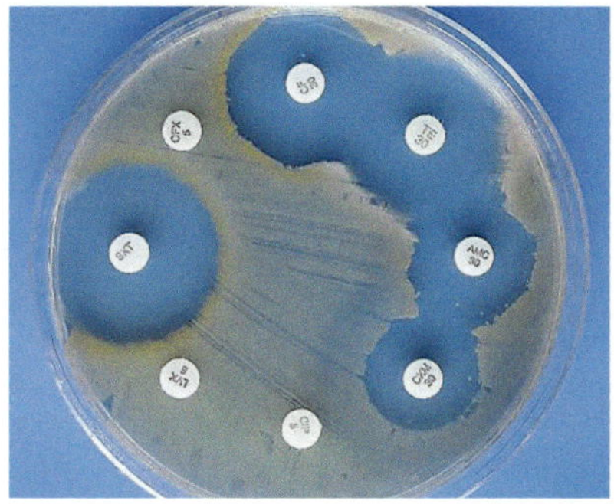

Antibiotika gegen bakterielle Infektionen Die Zellen von Bakterien und Menschen unterscheiden sich in vielen Merkmalen:
- Bakterienzellen weisen keinen Zellkern auf.
- Die bakterielle Zellmembran hat einen anderen Aufbau und zusätzlich eine Zellwand.
- Bakterien können die lebenswichtige Folsäure nicht über die Zellmembran aufnehmen, sondern müssen sie mithilfe von Enzymen selbst herstellen.
- Bakterien verwenden andere Enzyme zur Vervielfältigung und zum Ablesen ihrer DNA.
- Sie stellen ihre Proteine mit andersartigen Ribosomen her.

Diese Unterschiede nutzen Wissenschaftler bei der Entwicklung von Antibiotika gezielt aus. Das erste Antibiotikum, das Benzylpenicillin, wurde jedoch eher zufällig entdeckt (Abb. 2). Es handelt sich um den natürlichen Abwehrstoff, mit dem sich der mikroskopisch kleine Schimmelpilz *Penicillium notatum* gegen seine bakteriellen Konkurrenten durchsetzt. Der schottische Bakteriologe ALEXANDER FLEMING arbeitete 1928 mit Staphylokokken, die er auf Nährböden züchtete. Unbeabsichtigt gelangte besagter Schimmelpilz auf einen Nährboden und vermehrte sich dort. Gleichzeitig hemmte er das Wachstum der Staphylokokken und tötete umliegende Bakterien sogar ab. Erst Jahre später fand man heraus, dass Benzylpenicillin ein Enzym hemmt und dadurch den Aufbau der Bakterienzellwände stört. Zugleich greift es menschliche Zellstrukturen nicht an. In den folgenden Jahrzehnten rettete das Medikament unter dem Namen Penicillin viele Menschenleben. Seine Entdeckung markiert deshalb einen Wendepunkt im Kampf gegen bakterielle Erreger. Etwa gleichzeitig wurden die Sulfonamide entwickelt. Weitere Antibiotika wie Chloramphenicol und Trimethoprim folgten (Abb. 3).

2 Strukturformel von Benzylpenicillin, dem ältesten medizinisch eingesetzten Antibiotikum

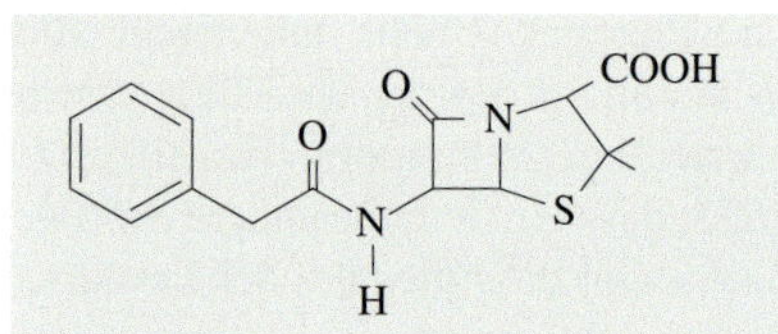

3 Aufbau einer Bakterienzelle und Wirkungsweise von Antibiotika

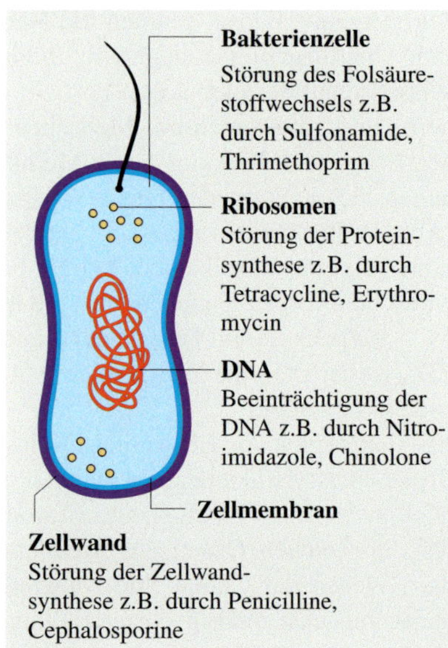

Im Kampf gegen Pilze Wie auch menschliche Zellen haben Pilze einen eukaryotischen Zellaufbau. Sie enthalten also einen umschlossenen Zellkern, Zellorganellen und ein Cytoskelett, das die Zelle stabilisiert. Im Gegensatz zu menschlichen Zellen besitzen Pilze jedoch eine spezielle Zellwand. Verschiedene Antimykotika wie Clotrimazol greifen diese gezielt an. Unterschiede in der DNA-Synthese sowie im Aufbau der Zellmembranen stellen weitere Angriffspunkte für Medikamente dar. So stört Nystatin den Aufbau der Zellmembranen. Das Arzneimittel wird zur Behandlung lokaler Pilzinfektionen der Haut, der Schleimhäute und des Magen-Darm-Traktes eingesetzt. Durch Bindung des Wirkstoffs an die Zellwand entstehen Poren, durch die wichtige Ionen aus dem Zellinneren austreten können. Zelltod ist die Folge. Da Nystatin jedoch auch menschliche Zellen schädigt, ist die Anwendung von unerwünschten Nebenwirkungen begleitet.

Im Kampf gegen Viren Viren sind keine Lebewesen, da sie weder Stoffwechselprozesse betreiben noch sich selbstständig vermehren. Zur Vermehrung befallen sie Wirtszellen und nutzen deren Stoffwechselprozesse gezielt aus. So besitzen Viren eine Hüllmembran, die der Zellmembran einer befallenen Wirtszelle entstammt (Abb. 6). In diese Hüllmembran lagern sie virenspezifische Proteine ein, mit deren Hilfe sie Wirtszellen befallen und wieder verlassen. Diese Proteine bieten geeignete Angriffspunkte für Virostatika. So greifen Medikamente, die gegen die sogenannte Vogel- und Schweinegrippe bekannt wurden, das Virus hier an (Abb. 5).
Ferner besitzen Viren unter der Hüllmembran eine Proteinhülle, in die das Erbgut (DNA oder RNA) sowie einige virenspezifische Enzyme eingelagert sind. Die Enzyme steuern das Einbringen des Erbguts in den Zellkern des Wirts sowie die Kombination viralen Erbguts mithilfe der Wirts-DNA. Solche vireneigenen Enzyme wie etwa das Enzym Reverse Transkriptase des Aidsvirus können durch Medikamente gezielt in ihrer Aktivität gehemmt werden.

6 Querschnitt durch ein Virus

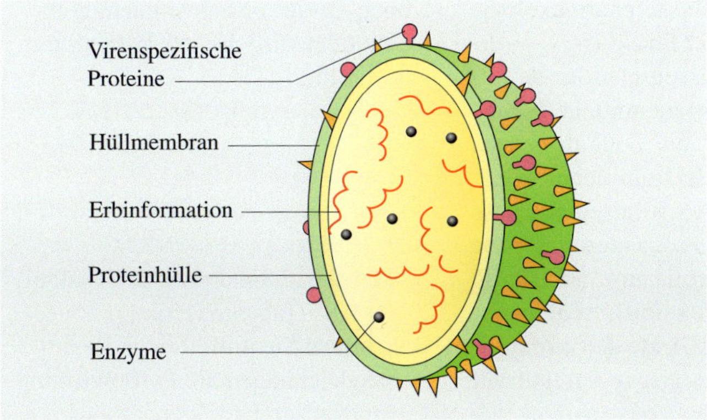

4 Dermatophyten – Erreger von Pilzerkrankungen der Haut

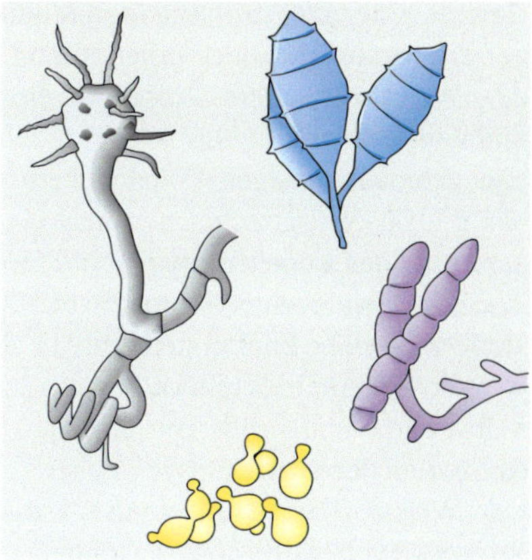

5 Antivirales Medikament

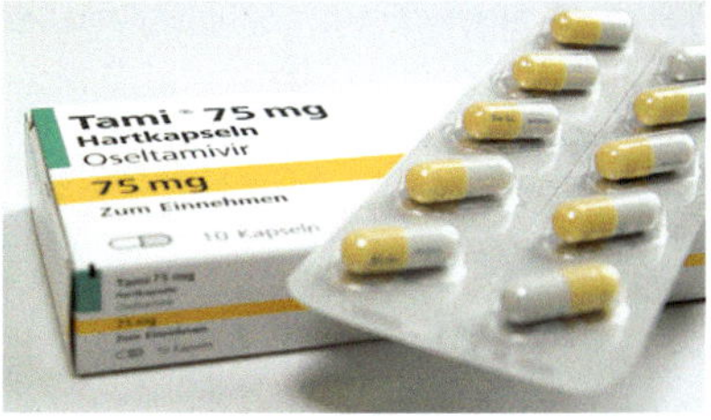

AUFGABEN

1 Erläutern Sie am Beispiel eines Medikaments ihrer Wahl, welcher Taktik der Kampf gegen Infektionskrankheiten folgt.
2 Zeigen Sie Gemeinsamkeiten von Penicillin und ASS auf.

Herstellung und Prüfung von Arzneimitteln

Galenik – der Weg zum fertigen Medikament Mit einem Blick auf die Packungsbeilage erkennt man, dass Arzneimittel neben dem Wirkstoff weitere Stoffe enthalten. Mit diesen Hilfsstoffen und der Verarbeitung des Arzneimittels zu einem dosierfähigen und gebrauchsfertigen Präparat befasst sich die **Galenik**. Benannt nach dem griechischen Arzt GALEN (129 bis 200) ist sie die Lehre der Arzneiformen.

Wie das Beispiel einer Schmerztablette zeigt, übernehmen Hilfsstoffe zahlreiche Funktionen (Tab. 1). Sie erleichtern die Einnahme des Arzneimittels und verbessern auch dessen Verträglichkeit. Selbst Farbe und Größe von Tabletten werden bewusst gestaltet, da Studien deren große psychologische Wirkung zeigen.

Der Wirkstoffgehalt einer ASS-Tablette sowie die puffernde Wirkung von Hilfsstoffen können experimentell untersucht werden (Exp. 1, 2).

Tab. 1 Inhaltsstoffe einer Schmerztablette

Inhaltsstoff	Funktion
Wirkstoff ASS	lindert Schmerzen
Füllstoffe	erleichtern Einnahme und Dosierung kleiner Wirkstoffmengen
Überzugsmittel, z. B. aus magensaftresistenten Polymeren	steuern die Wirkstofffreisetzung und regulieren die Freisetzungsdauer
Puffer	regulieren den pH-Wert, hier zum Schutz der Magenschleimhaut
Emulgator, Weichmacher	erleichtern die Verarbeitung des Stoffgemischs
Bindemittel	ermöglichen die Formgebung

Pharmakologische Prüfung Bevor ein Arzneimittel auf den Markt kommt, muss es zugelassen werden. In einer umfangreichen Dokumentation hat das Pharmaunternehmen dafür die Wirksamkeit, Unbedenklichkeit und Qualität des Medikaments zu belegen. Die Studie umfasst eine detaillierte pharmakologische Prüfung in vorklinischer und klinischer Phase.

In der vorklinischen Phase untersuchen Wissenschaftler im Labor Wirkung und Nebenwirkungen des Arzneimittels. Neben Tierversuchen werden In-vitro-Versuche mit Zellkulturen in Reagenzgläsern durchgeführt. Erst dann darf ein neuer Wirkstoff am Menschen getestet werden. In der klinischen Phase wenden zunächst gesunde, später kranke Probanden das neue Medikament unter strenger ärztlicher Kontrolle an. Gleichzeitig bekommt eine Kontrollgruppe Placebos, wirkstofffreie Präparate gleichen Aussehens. Dadurch können die Ärzte den willentlichen Einfluss des Probanden und psychologische Effekte auf den Körper ausschließen.

EXPERIMENT 1

Bestimmen des Acetylsalicylsäuregehalts einer Tablette

200 mg einer zerkleinerten ASS-Tablette werden in 60 ml eines Wasser-Ethanol-Gemischs (1:1; GHS02) gelöst. Nach Zufügen eines Tropfens Phenolphthaleinlösung wird der Ansatz mit Natronlauge ($c = 1\ \mathrm{mol \cdot l^{-1}}$; GHS05) titriert.

EXPERIMENT 2

Untersuchen der Pufferwirkung von Hilfsstoffen

Vier Reagenzgläser werden mit je 10 ml verdünnter Salzsäure gefüllt. Durch Zugabe von Universalindikatorlösung wird der pH-Wert ermittelt. Eine Spatelspitze Natriumhydrogencarbonat sowie eines Gemischs aus Calciumcarbonat und Magnesiumcarbonat und einer zerriebenen ASS-Tablette werden in je ein Reagenzglas gegeben. (Das vierte Reagenzglas bleibt ohne Zusatz.) Nach vorsichtigem Schütteln wird der pH-Wert erneut bestimmt.

AUFGABEN

1 Berechnen Sie den ASS-Gehalt einer ASS-Tablette (Exp. 1).

2 Erklären Sie mithilfe von Reaktionsgleichungen die Pufferwirkung von Natriumhydrogencarbonat.

Medizin

Medikamentensucht

Erschreckende Statistiken Laut Experten sind in Deutschland 1,4 bis 1,9 Millionen Menschen medikamentensüchtig (Werte von 2007). Man geht davon aus, dass weitere 1,7 Millionen im Laufe ihres Lebens eine Medikamentensucht entwickeln werden. Somit sind etwa 5 % aller Bundebürger süchtig oder weisen ein hohes Suchtpotenzial auf. Besonders betroffen sind Frauen und ältere Menschen ab dem 40. Lebensjahr. Diese Angaben basieren auf Statistiken über den Konsum rezeptpflichtiger Arzneimittel. Daneben gibt es eine Dunkelziffer an Personen, die nach rezeptfreien Arzneimitteln süchtig sind.

Faktoren der Arzneimittelsucht Ursachen für eine Arzneimittelabhängigkeit liegen zunächst beim Arzneimittel selbst. So geht von Beruhigungs-, Schlaf- und Schmerzmitteln sowie von Psychopharmaka ein besonders hohes Suchtpotenzial aus. Diese Gefahr wird von der Werbung verharmlost. Auch sind Ärzte oft unzureichend informiert, sodass es ihnen schwerfällt, aus ca. 10 000 verschreibungspflichtigen Arzneimitteln geeignete Medikamente auszuwählen.
Zuletzt spielen soziale und psychische Faktoren bei den Patienten eine wichtige Rolle. Hierzu gehören Stress, persönliche Krisen, eine generelle Neigung zu Suchtmitteln (wie auch Zigaretten oder Alkohol), chronische Erkrankungen oder eine zu leichtsinnige Einstellung gegenüber Arzneimitteln. Letztere wird auch durch das Umfeld geprägt, da es heutzutage „normal" ist, bei Schmerzen sofort zur Tablette zu greifen. Auch anhaltender beruflicher Stress birgt die Gefahr, sich mit Arzneimitteln aufzuputschen.

Der Teufelskreis am Beispiel von Acetylsalicylsäure Besonders gefährdet für einen Missbrauch von Analgetika sind Menschen, die ASS-Präparate gegen Migräne oder Spannungskopfschmerzen einnehmen. Wenden sie diese Arzneimittel über fünf Jahre an 15 Tagen pro Monat an, entwickeln sie mit hoher Wahrscheinlichkeit einen Dauerkopfschmerz. Darunter leiden schon heute 1 bis 2 % aller Deutschen. Er markiert häufig den Anfang einer Arzneimittelsucht.

1 Ursachen eines Medikamentenmissbrauchs

Folgende Kriterien sind alarmierende Anzeichen für eine beginnende Arzneimittelsucht:
- zwanghafter Wunsch nach Einnahme des Arzneimittels
- Kontrollverlust bezüglich Häufigkeit und Dosierung des Arzneimittels
- Einsetzen von Entzugserscheinungen
- Gewöhnungseffekt (immer höhere Dosen werden für den erwünschten Effekt benötigt)
- sinkendes Engagement im Beruf, Vernachlässigung sozialer Kontakte
- anhaltender Konsum trotz steigender Nebenwirkungen

Dem Teufelskreis zu entkommen bedarf häufig ärztlicher Unterstützung. In einer Therapie lernen Betroffene unter anderem, Situationen im Alltag aufzudecken, die zur Einnahme des Medikaments führen, und diese künftig zu meiden.

AUFGABEN

1 Erarbeiten Sie eine Präsentation, mit der Sie Jugendliche über die Risiken einer Medikamentensucht informieren.
2 Diskutieren Sie vor dem Hintergrund der Medikamentensucht den rezeptfreien Verkauf von Arzneimitteln. Betrachten Sie dafür auch, wie der Verkauf von Schmerzmitteln z. B. in den USA gehandhabt wird.

ZUSAMMENFASSUNG

Arzneimittel sind Wirkstoffe oder Wirkstoffzubereitungen, die für die Heilung und Verhütung von Krankheiten sowie für die Linderung von Beschwerden bestimmt sind. Darüber hinaus werden auch Präparate für die medizinische Diagnose unter dem Arzneimittelbegriff erfasst.
Viele Wirkstoffe sind seit Jahrtausenden bekannt. Erst im 19. und 20. Jahrhundert konnte jedoch ihre Struktur und Wirkungsweise identifiziert werden. Die meisten Arzneimittel zeigen eine spezifische Wirkung nach dem **Schlüssel-Schloss-Prinzip**. Auf zellulärer Ebene binden sie meist an Proteine und beeinflussen dadurch die Aktivität von Rezeptoren, Enzymen, Ionenkanälen oder Transportproteinen.
Die Acetylsalicylsäure, Wirkstoff im Aspirin, bindet z. B. an ein Enzym und unterbricht dadurch die Entzündungsreaktion.
Bei der Bekämpfung von Infektionskrankheiten greifen Arzneimittel wie Antibiotika gezielt Strukturen an, die nur bei den Erregern (Bakterien, Pilze, Viren), nicht jedoch in menschlichen Zellen zu finden sind.

Bei Arzneimitteln treten neben den erwünschten Wirkungen häufig Nebenwirkungen auf. Es handelt sich dabei um schädliche Reaktionen des Arzneimittels auf den Körper.

Die Wirkung eines Arzneimittels steht mit der Konzentration des Wirkstoffs im Blut (Blutspiegel) in enger Beziehung. Der Blutspiegel hängt in erster Linie von der Dosis des Arzneimittels ab (Dosis-Wirkungs-Beziehung). Daneben spielen physikalische und biochemische Vorgänge im Körper eine wichtige Rolle. So beeinflusst etwa die Geschwindigkeit, mit der sich ein Wirkstoff über den Blutkreislauf verteilt, dessen Konzentration am Wirkort.
Die therapeutische Breite eines Arzneimittels legt den Bereich zwischen Wirkungslosigkeit und Toxizität fest. Sie bestimmt, in welchen Grenzen ein Arzneimittel dosiert werden darf.

Bei einem übermäßigen Konsum von Arzneimitteln kann es zu einer Medikamentensucht kommen. Ursachen hierfür liegen zum einen beim Arzneimittel selbst. So geht von Beruhigungs-, Schlaf- und Schmerzmitteln sowie Psychopharmaka ein hohes Suchtpotenzial aus. Zum anderen spielen psychische und soziale Faktoren bei den Patienten eine wichtige Rolle. Darüber hinaus wird der Konsum von Arzneimitteln bisher nur unzureichend gesteuert.

Meilensteine der Arzneimittelentwicklung

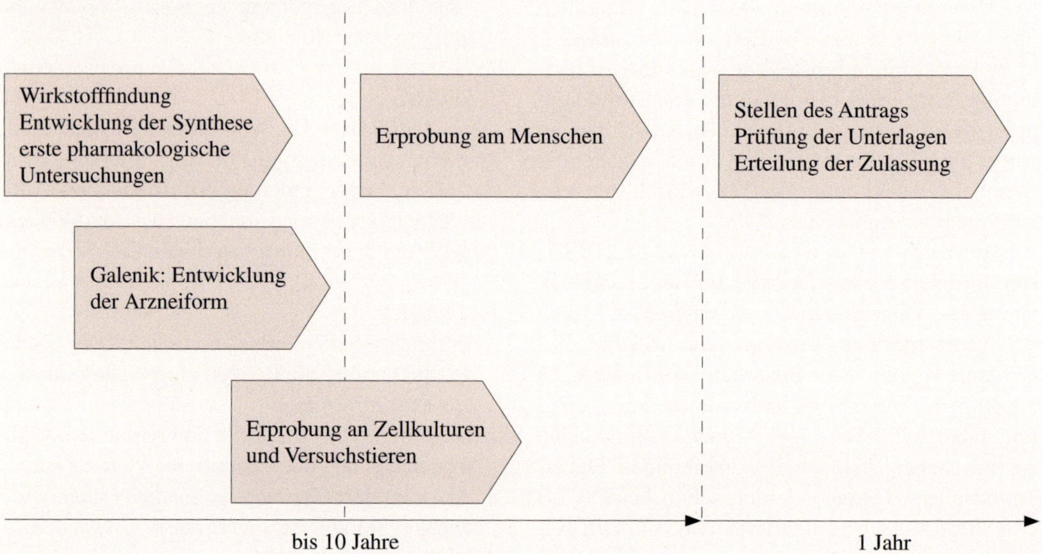

KOMPLEX GEDACHT

1 F. HOFFMANN entwickelte 1897 die Synthese von Acetylsalicylsäure (ASS) aus Salicylsäure und Essigsäure (aus Essigsäureanhydrid).

a Definieren Sie die Begriffe Veresterung und Kondensationsreaktion.

b Erklären Sie die Verwendung von Essigsäureanhydrid und Schwefelsäure bezüglich der Optimierung der Synthese.

2 Nach der Aufnahme in die Blutbahn wird ein Teil der Acetylsalicylsäuremoleküle wieder in die Ausgangsstoffe gespalten.
Erklären Sie diese Beobachtung unter Verwendung einer Reaktionsgleichung.

3 Vor einer Operation sollte ein Patient möglichst zwei Wochen lang kein Schmerzmittel auf ASS-Basis einnehmen.
Begründen Sie diesen ärztlichen Rat.

4 Bei einem Menschen, der ausreichend viel Wasser trinkt, sinkt der Blutspiegel von ASS schneller als bei Benzylpenicillin (Abb. 1).

a Erklären Sie anhand der Strukturformeln beider Wirkstoffe, warum ersterer schneller aus dem Körper ausgeschieden wird.

b Erläutern Sie, welche Vorgänge im Körper den Blutspiegel eines Medikaments maßgeblich beeinflussen.

1 Benzylpenicillin

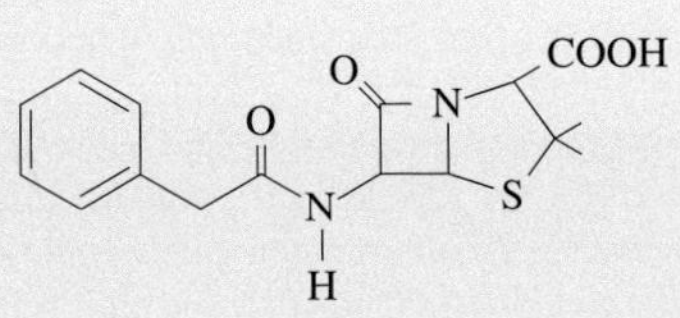

5 PARACELSUS (1493 bis 1541) postulierte: „Alle Ding' sind Gift und nichts ohn' Gift; allein die Dosis macht, das ein Ding kein Gift ist."
Werten Sie diese Aussage. Beziehen Sie die Dosis-Wirkungs-Kurve in Ihre Betrachtungen ein.

6 Anfang des letzten Jahrhunderts beobachtete ein französischer Militärarzt, dass arabische Stallburschen die Sättel in dunklen und feuchten Räumen aufbewahrten, um die Bildung von Schimmelpilzen zu fördern. Auf die Frage nach dem Grund antworteten sie, dass Wunden vom Scheuern der Sättel so schneller heilten.
Erklären Sie das Vorgehen der Stallburschen auf Grundlage heutiger medizinischer Kenntnisse.

7 Grippeviren verändern nahezu jährlich ihre Proteinhülle.
Leiten Sie Folgen für die Pharmaindustrie ab. Stützen Sie Ihre Schlussfolgerungen dabei auf das Schlüssel-Schloss-Prinzip.

8 Laut Packungsbeilage enthält eine Schmerztablette folgende Inhaltsstoffe:

Tab. 1 Inhaltsstoffe einer Schmerztablette

Inhaltsstoff	Bezeichnung
Acetylsalicylsäure	Wirkstoff
Cellulosepulver	Füllstoff
Eudragit®	Überzugsmittel
Natriumdodecylsulfat	Emulgator
Maisstärke	Bindemittel
Magnesiumcarbonat	Puffer
Triethylcitrat	Weichmacher

Beschreiben Sie die Funktion von Hilfsstoffen an zwei Beispielen Ihrer Wahl.

9 In den 1960er Jahren erregte der Contergan-Skandal großes Aufsehen. Durch die Nebenwirkungen des Schlafmittels Contergan wurden allein in Deutschland 4000 behinderte Kinder geboren. Sie zeigen charakteristische Fehlbildungen an Gliedmaßen und Organen.

a Erläutern Sie, wie es zu Nebenwirkungen von Medikamenten kommen kann.

b Beschreiben Sie, wie der Gesetzgeber Bürger vor gefährlichen Arzneimitteln schützt.

Glossar wichtiger Fachbegriffe

A

Absorption: Eindringen von Stoffen oder >elektromagnetischer Strahlung in einen anderen Stoff.

Addition: Chemische Reaktion, bei der jeweils zwei oder mehr Moleküle zu einem neuen Molekül zusammentreten. Voraussetzung sind Mehrfachbindungen in den Molekülen von mindestens einem Ausgangsstoff.

Akkumulator: >Sekundärzelle

Aktivierungsenergie: Die zu einer chemischen Reaktion mindestens erforderliche kinetische Energie der Teilchen (Definition nach ARRHENIUS); wird auch als molekulare Aktivierungsenergie bezeichnet.

Aldehyde: Organische Verbindungen, die in ihren Molekülen die Aldehydgruppe –CHO aufweisen.

Alkane: Gesättigte, kettenförmige >Kohlenwasserstoffe. Ihre Moleküle enthalten nur Einfachbindungen zwischen den Kohlenstoffatomen.
Allgemeine Formel: C_nH_{2n+2}

Alkansäuren: >Carbonsäuren

Alkene: Ungesättigte, kettenförmige >Kohlenwasserstoffe. Ihre Moleküle enthalten mindestens eine Doppelbindung zwischen zwei Kohlenstoffatomen.
Allgemeine Formel: C_nH_{2n}

Alkine: Ungesättigte, kettenförmige >Kohlenwasserstoffe. Ihre Moleküle enthalten mindestens eine Dreifachbindung zwischen zwei Kohlenstoffatomen.
Allgemeine Formel: C_nH_{2n-2}

Alkohole: Organische Verbindungen, die mindestens eine Hydroxygruppe –OH in ihren Molekülen aufweisen.

Amidbindung: >Peptidbindung

Aminosäuren: Organische Verbindungen, die mindestens eine Carboxygruppe –COOH und eine Aminogruppe $-NH_2$ in ihren Molekülen aufweisen.

Aromatische Systeme: Gehören zu einer besonderen Gruppe der >mesomeren Systeme und sind durch ein cyclisch-vollkonjugiertes System mit $(4n + 2)$ π-Elektronen gekennzeichnet (Hückel-Regel). Aromatische Systeme zeichnen sich durch eine große energetische Stabilität aus.

Arrhenius-Base: Stoff, der in wässriger Lösung oder in Schmelzen frei bewegliche, positiv geladene >Ionen und negativ geladene >Hydroxid-Ionen bildet.
Base $\rightarrow$ Metall-Ionen + OH^-

Arrhenius-Säure: Stoff, der in wässriger Lösung positiv geladene Wasserstoff-Ionen (>Protonen) abspaltet.
Säure $\rightarrow$ Säurerest-Ionen + H^+

Arrhenius-Gleichung: Bestimmt den quantitativen Zusammenhang zwischen Temperatur und Reaktionsgeschwindigkeit durch die Temperaturabhängigkeit der Geschwindigkeitskonstante:

$$k = A \cdot e^{-\frac{E_A}{R \cdot T}}$$

Asymmetrisches Kohlenstoffatom C*: Kohlenstoffatom, an dem vier verschiedene Substituenten gebunden sind. Moleküle, die mindestens ein asymmetrisches Kohlenstoffatom aufweisen, sind chiral (>Chiralität).

Atombindung: >Elektronenpaarbindung

Atomorbital: Räumlicher Bereich um den Atomkern, in dem die Aufenthaltswahrscheinlichkeit eines >Elektrons mit einer bestimmten Energie 90 % beträgt.

Autokatalyse: >Katalyse

Autoprotolyse des Wassers: Chemische Reaktion, bei der durch Übergang von >Protonen zwischen Wassermolekülen >Hydronium-Ionen und >Hydroxid-Ionen gebildet werden. Es stellt sich ein >chemisches Gleichgewicht ein, das als Autoprotolysegleichgewicht des Wassers bezeichnet wird.
$H_2O + H_2O \rightleftharpoons H_3O^+ + OH^-$

Azeotropes Gemisch: Mischung von zwei Flüssigkeiten, die sich durch >Destillation nicht weiter trennen lassen. Beispiel: 95 % Ethanol + 4,6 % Wasser.

Azofarbstoffe: Größte Klasse aller synthetischen organischen >Farbstoffe. Als >Chromophor wirkt die Azogruppe –N=N– in Verbindung mit >aromatischen Systemen. Die Herstellung erfolgt durch Diazotierung primärer aromatischer Amine und Kupplung mit bestimmten aromatischen Systemen.

B

Base: >Arrhenius-Base, >Brönsted-Base, >Lewis-Base

Basekonstante K_B: Gleichgewichtskonstante für die Reaktion einer >Base mit Wasser (>chemisches Gleichgewicht, >Massenwirkungsgesetz). Der pK_B-Wert ist der negative dekadische Logarithmus der Basekonstante.

Batterie: >Primärzelle

Bildungsenthalpie: Die für die Bildung eines Mols einer Verbindung aus den Elementen erforderliche molare >Reaktionsenthalpie heißt molare Bildungsenthalpie $\Delta_f H_m$.

Bindigkeit: Anzahl der >Elektronenpaarbindungen, die von einem Atom in einer Verbindung ausgehen. Atome der Elemente der 2. Periode sind maximal vierbindig, solche höherer Perioden sind auch höherbindig.

Brönsted-Base: Teilchen, die >Protonen aufnehmen können (Protonenakzeptoren). Die Säure-Base-Theorie von J. N. BRÖNSTED kann auf Vorgänge in wässrigen und nichtwässrigen Lösungen angewendet werden. Zu jeder Base existiert eine Säure, die ein Proton mehr besitzt (und umgekehrt).
Base + $H^+ \rightleftharpoons$ Säure

Brönsted-Säure: Teilchen, die >Protonen abgeben können (Protonendonatoren). Die Säure-Base-Theorie von J. N. BRÖNSTED kann auf Vorgänge in wässrigen und nichtwässrigen Lösungen angewendet werden. Zu jeder Säure existiert eine Base, die ein Proton weniger besitzt (und umgekehrt).
Säure $\rightleftharpoons$ Base + H^+

C

Carbanion: In organischen Reaktionen auftretende kurzlebige ionische Zwischenstufe mit einer negativen elektrischen Ladung am Kohlenstoffatom.

Carbenium-Ion (Carbokation): In organischen Reaktionen auftretende kurzlebige ionische Zwischenstufe mit einer positiven elektrischen Ladung am Kohlenstoffatom.

Carbonsäuren (Alkansäuren): Organische Verbindungen, die mindestens eine Carboxygruppe –COOH in ihren Molekülen aufweisen.

Carbonylverbindungen: Organische Verbindungen, die eine Carbonylgruppe >C=O in ihren Molekülen aufweisen. Zu den Carbonylverbindungen werden die >Aldehyde und die >Ketone gezählt.

Chelate: >Komplexverbindungen aus Metall-Ionen und mehrzähnigen Liganden (jeder Ligand besitzt mindestens zwei Koordinationsstellen am zentralen Ion).

Chemisches Gleichgewicht: Stabiler und zeitunabhängiger Zustand eines Reaktionssystems. Es bleibt bei konstanten Bedingungen (Temperatur, Druck) beliebig lange bestehen (stabiles dynamisches Gleichgewicht).
Voraussetzung für die Ausbildung eines chemischen Gleichgewichts ist die Umkehrbarkeit der chemischen Reaktion, deren Hin- und Rückreaktion in einem abgeschlossenen oder geschlossenen >System ungehemmt ablaufen können.

Chiralität: Eigenschaft von Molekülen, die wie Bild und Spiegelbild strukturell unterschiedlich sind. Voraussetzung für die Chiralität von Molekülen ist die Existenz von mindestens einem >asymmetrischen Kohlenstoffatom im Molekül.

Chromatografie: Verfahren zur Trennung eines Stoffgemischs, das auf der unterschiedlichen Verteilung zwischen einer mobilen Phase (Gas, Flüssigkeit) und einer stationären Phase (Papier, beschichtete Platte oder an Säule adsorbiertes Lösemittel) beruht.

Chromophor: Atomgruppe, die die Lichtabsorption eines Moleküls beeinflusst. Chromophore weisen häufig konjugierte und >aromatische π-Elektronensysteme auf.

cis-trans-Isomerie: Art der >Stereoisomerie, bei der die räumliche Anordnung der Substituenten an der C=C-Doppelbindung im Molekül entweder auf einer Seite (cis-Stellung) oder auf verschiedenen Seiten (trans-Stellung) liegen kann.

Copolymere: >Makromoleküle, die aus zwei oder mehreren verschiedenartigen >Monomeren aufgebaut sind.

Cracken: Zerlegen von längeren Kohlenwasserstoffmolekülen in kürzere Kohlenwasserstoffmoleküle.
Erfolgt es mithilfe von >Katalysatoren (z. B. Zeolithe, Alumosilicate), spricht man von katalytischem Cracken; als Reaktionsprodukte entstehen Benzine, Dieselkraftstoff, Spaltgase.
Erfolgt es unter großer Wärmezufuhr (etwa bei 900 °C), spricht man von thermischem Cracken; als Reaktionsprodukte entstehen >Alkene und aromatenreiches Benzin.

Cycloalkane: Gesättigte, ringförmige >Kohlenwasserstoffe. Ihre Moleküle enthalten nur Einfachbindungen zwischen den Kohlenstoffatomen.
Allgemeine Formel: C_nH_{2n}

D

Dehydratisierung: >Eliminierung von Wasser.

Dehydrierung: >Eliminierung von Wasserstoff.

Delokalisierte Elektronenpaarbindung: >Konjugierte Bindungssysteme, in denen sich die π-Elektronen nicht bestimmten Bindungen zuordnen lassen, sondern über einen größeren Molekülbereich verteilt sind. Die Elektronenverteilung kann nur mithilfe mehrerer Grenzformeln beschrieben werden (>mesomeres System).

Denaturierung: In der Regel nicht umkehrbare Veränderung der Raumstruktur von >Proteinen (Eiweißen) durch Erhitzen, pH-Veränderung oder Schwermetall-Ionen. Die natürliche Funktion der Proteine (z. B. Enzyme) geht dadurch verloren.

Destillation: Verfahren zur Trennung eines flüssigen Stoffgemischs durch Verdampfen und anschließendes Kondensieren.

Disproportionierung: >Redoxreaktion, bei der die Atome einer Verbindung von einer mittleren Oxidationsstufe gleichzeitig in eine höhere und eine niedrigere Oxidationsstufe übergehen.

Dissoziation: Spaltung von Molekülen in Atome, Atomgruppen oder >Ionen; Bildung von >Ionen beim Lösen von Säuren, Basen oder Salzen in Wasser.

Duroplaste: Synthetisch hergestellte Werkstoffe, die aus engmaschig vernetzten >Makromolekülen bestehen. Die Formgebung bei Duroplasten erfolgt gleichzeitig mit der Vernetzung. Sie lassen sich nicht schmelzen, sondern zersetzen sich bei hohen Temperaturen.

E

Edelgaskonfiguration: Elektronenkonfiguration der Edelgasatome (2 bzw. 8 Elektronen in der äußeren Elektronenschale).
Der Begriff Oktettregel (Erreichen von 8 Elektronen auf der äußeren Schale) kann streng nur für die Atome der 2. Periode angewendet werden. Die Edelgaskonfiguration ist ein stabiler, energiearmer Zustand, der häufig bei der Bildung von Verbindungen erreicht wird.

Eiweiße: >Proteine

Elastomere: Natürlich vorkommende oder synthetisch hergestellte Werkstoffe, die aus weitmaschig vernetzten >Makromolekülen bestehen. Elastomere besitzen elastische, gummiähnliche Eigenschaften.

Elektrochemische Doppelschicht: Ladungsdoppelschicht an der Phasengrenze zwischen Metall und Elektrolytlösung als Folge der Ausbildung einer elektrischen Potenzialdifferenz zwischen beiden >Phasen.

Elektrodenpotenzial *E*: Elektrische Potenzialdifferenz zwischen der metallischen >Phase und der Lösungsphase einer Halbzelle. Das relative Elektrodenpotenzial wird gegen eine Bezugselektrode (z. B. Standard-Wasserstoffelektrode) gemessen.

Elektrolyse: Abscheidung von Stoffen aus Lösungen oder Schmelzen mithilfe von Gleichstrom. Die >Redoxreaktion wird erzwungen. Anionen geben am Pluspol (Anode) Elektronen ab, Kationen nehmen am Minuspol (Kathode) Elektronen auf.

Elektromagnetische Strahlung: Gerichtete, räumliche und zeitliche Ausbreitung von Energie in Form von Wellen. In Abhängigkeit von der Wellenlänge λ der elektromagnetischen Strahlung wird zwischen verschiedenen Arten der Strahlung unterschieden.
Beispiele:
Röntgenstrahlen: λ = 0,1 pm bis 10 nm
Ultraviolette Strahlung: λ = 5 nm bis 400 nm
Sichtbares Licht: λ = 400 nm bis 780 nm
Infrarote Strahlung: λ = 780 nm bis 0,3 mm

Elektron: Elektrisch negativ geladenes Teilchen mit sehr geringer Masse in der Atomhülle des Atoms.

Elektronegativität: Eigenschaft eines Atoms, gemeinsame Elektronenpaare einer > Elektronenpaarbindung anzuziehen. Der Elektronegativitätswert ist ein Vergleichswert für die Anziehungskräfte von Atomen unterschiedlicher Elemente auf gemeinsame Elektronenpaare. Es gibt unterschiedliche Elektronegativitätsskalen (z. B. nach PAULING, MULLIKEN, ALLRED-ROCHOW).

Elektronenaffinität: Energie, die bei der Aufnahme von Elektronen abgegeben wird.

Elektronenkonfiguration: Bezeichnung für die Elektronenverteilung auf die > Orbitale eines Atoms.

Elektronenpaarbindung (Atombindung, kovalente Bindung): Art der chemischen Bindung, die durch gemeinsame Elektronenpaare zwischen den Atomen eines Moleküls gekennzeichnet ist. Sie kann sowohl zwischen gleichartigen als auch zwischen verschiedenartigen Atomen von (meist) Nichtmetallen auftreten. Die Elektronenpaarbindung entsteht durch Kombination (Überlappung) von > Atomorbitalen unter Bildung von > Molekülorbitalen.

Elektrophile Teilchen: Moleküle oder > Ionen, die sich durch Elektronenmangel auszeichnen und die sich an Orte hoher Elektronendichte anlagern.
Beispiele: H^+ (Proton), $AlCl_3$ (Molekül mit Elektronenlücke), $H_2C{=}O$ (positiv polarisiertes Kohlenstoffatom)

Elektrophorese: Verfahren zur Trennung von ionisch aufgebauten Stoffen, bei dem die > Ionen im elektrischen Feld wandern. Das Verfahren wird zur Trennung von > Aminosäuren, > Proteinen und Nucleinsäuren angewendet.

Eliminierung: Reaktionstyp, bei der zwei Atome oder Atomgruppen aus je einem Molekül des Ausgangsstoffs abgespalten werden. Dabei bildet sich in den Molekülen des Reaktionsprodukts eine Doppelbindung.

Emission: Abgabe von > elektromagnetischer Strahlung oder Schadstoffen (Luftverunreinigungen wie Kohlenstoffdioxid) in die Luft.

Emulgatoren: Stoffe, die aus > Tensidmolekülen bestehen. Tensidmoleküle besitzen einen > hydrophilen und einen > hydrophoben Molekülteil und vermitteln so die innige Mischung von heterogenen Gemischen polarer und unpolarer Flüssigkeiten.

Enantiomere: > Stereoisomere, die sich wie Bild und Spiegelbild verhalten. Sie sind chiral (> Chiralität).
Beispiel: D-Alanin, L-Alanin

Endotherme Reaktion: Chemische Reaktion, die unter Aufnahme von Wärme verläuft. Die chemische Energie der Ausgangsstoffe ist kleiner als die chemische Energie der Reaktionsprodukte.

Enthalpie *H*: Summe aus der inneren Energie U und dem Produkt aus Druck p und Volumen V eines stofflichen Systems.
$H = U + p \cdot V$
Die Enthalpie ist eine Zustandsgröße. Bestimmbar sind nur Enthalpieänderungen ΔH, bei chemischen Reaktionen die > Reaktionsenthalpie $\Delta_r H$.

Entropie *S*: Thermodynamische Zustandsgröße, die als ein Maß für die Wahrscheinlichkeit eines bestimmten Zustands eines stofflichen Systems verstanden werden kann. Die Entropie eines stofflichen Systems vergrößert sich, wenn sich Energie und Materie, d. h. Teilchen, möglichst gleichmäßig – also ungeordnet – verteilen. Die Entropie aller Stoffe am absoluten Nullpunkt ($T = 0$, entspricht $\vartheta = -273{,}15\,°C$) kann null gesetzt werden. Die Änderung der Entropie ΔS eines stofflichen Systems gestattet Aussagen über die Richtung bzw. über die Wahrscheinlichkeit einer Zustandsänderung.

Enzyme: Gehören bis auf wenige Ausnahmen zur Gruppe der > Proteine. Sie sind Biokatalysatoren, die Stoffumwandlungen in Organismen ermöglichen oder beschleunigen, indem sie die > Aktivierungsenergie der entsprechenden Prozesse herabsetzen.

Ester: Reaktionsprodukte von > Alkoholen mit organischen oder anorganischen Säuren. Ester enthalten in ihren Molekülen die Estergruppe –COO–.

Ether: Organische Verbindungen, in deren Molekülen zwei organische Reste an das gleiche Sauerstoffatom gebunden sind.
Allgemeine Formel: $R^1–O–R^2$

Exotherme Reaktion: Chemische Reaktion, die unter Abgabe von Wärme verläuft. Die chemische Energie der Ausgangsstoffe ist größer als die chemische Energie der Reaktionsprodukte.

F

Farbige Stoffe: Verbindungen, die > elektromagnetische Strahlung aus dem sichtbaren Bereich des Spektrums (400 bis 780 nm) absorbieren und so dem Betrachter farbig erscheinen, wobei die komplementäre Farbe des absorbierten Lichts wahrgenommen wird. Farbige Stoffe werden in Farbmittel, Farbstoffe und Pigmente unterschieden.
Farbmittel: Übergeordneter Begriff, der die Gesamtheit aller farbgebenden Stoffe umfasst, die Materialien zu färben vermögen.
Farbstoffe: Lösliche natürliche oder synthetische organische Farbmittel.
Pigmente: Unlösliche anorganische und organische Farbmittel.

Fette: Ester des dreiwertigen > Alkohols Glycerin (Propan-1,2,3-triol) mit gesättigten oder ungesättigten höheren > Carbonsäuren (Fettsäuren).

Fettsäuren: > Carbonsäuren mit einer geraden Anzahl von 4 bis 26 Kohlenstoffatomen im Molekül. Es gibt gesättigte und ungesättigte Fettsäuren.

Fischer-Projektion: Ermöglicht die Darstellung von Molekülen mit > asymmetrischen Kohlenstoffatomen C* in der Ebene. Aus der Fischer-Projektion können die D- und L-Formen von > Enantiomeren (Spiegelbild-Isomeren) abgeleitet werden.
Die Kohlenstoffatome der Hauptkette werden senkrecht orientiert, die höchste oxidierte > funktionelle Gruppe zeigt nach oben. Die anderen Atome oder Atomgruppen werden mit waagerechten Bindungen links und rechts angeordnet. Die senkrecht angeordneten Kohlenstoffatome liegen hinter der Papierebene (Projektionsebene), waagerecht angeordnete davor.

Fotometer: Gerät zur Messung der Intensität von sichtbarem Licht nach Durchstrahlen einer Probe. Nach dem > Lambert-Beer'schen Gesetz ist die dabei gemessene Extinktion der Konzentration der Stoffprobe proportional.

Fraktionierte Destillation: Verfahren zur Trennung von Stoffgemischen, bei dem keine Reinstoffe gewonnen werden, sondern Fraktionen. Diese sind wiederum Stoffgemische mit einem bestimmten Siedetemperaturbereich.

Freie Enthalpie *G*: Thermodynamische Zustandsgröße, die als Differenz aus der Enthalpie H und dem Produkt aus Temperatur T und Entropie S eines stofflichen Systems definiert ist.
$G = H - T \cdot S$
Bestimmbar sind nur Änderungen der freien Enthalpie ΔG eines stofflichen Systems, bei chemischen Reaktionen die freie Reaktionsenthalpie $\Delta_r G$.

Funktionelle Gruppe: Bestimmt die chemischen Eigenschaften, also das Reaktionsverhalten eines Moleküls. Beispiele: > Hydroxygruppe –OH; Carboxygruppe –COOH

Funktionsisomere: > Konstitutionsisomere mit unterschiedlichen funktionellen Gruppen und damit vollkommen unterschiedlichen Eigenschaften.

G

Geschwindigkeitsgleichung (Zeitgesetz): Beschreibt die Abhängigkeit der > Reaktionsgeschwindigkeit v von den (momentanen) Konzentrationen der Reaktionspartner. Die Exponenten der Konzentrationen im Zeitgesetz einer chemischen Reaktion a, b usw. werden als > Reaktionsordnung der chemischen Reaktion in Bezug auf den Ausgangsstoff A, B usw. bezeichnet.

$$v = -\frac{\mathrm{d}c(\mathrm{A})}{\mathrm{d}t} = k \cdot c^a(\mathrm{A}) \cdot c^b(\mathrm{B})$$

k – Geschwindigkeitskonstante

Gleichgewicht, chemisches: > Chemisches Gleichgewicht

Glykosidische Bindung: Charakteristische Bindung der Di- und Polysaccharide. Sie entsteht durch Reaktion zweier glykosidischer > Hydroxygruppen von Monosaccharidmolekülen unter Austritt eines Wassermoleküls (> Kondensation). Die reaktionsfähige glykosidische > Hydroxygruppe befindet sich am > asymmetrischen Kohlenstoffatom C* des Monosaccharidmoleküls, das durch die Bildung der Ringform entstanden ist.

H

Halogenalkane: Derivate der > Alkane, wobei mindestens ein Wasserstoffatom durch ein Halogenatom ersetzt ist.

Henderson-Hasselbalch-Gleichung: Größengleichung zur Berechnung des pH-Werts von > Pufferlösungen.

$$\mathrm{pH} = \mathrm{p}K_\mathrm{S} + \lg \frac{c(\mathrm{A}^-)}{c(\mathrm{HA})}$$

Heterogenes System: Stoffliches System, das aus mehreren > Phasen besteht und bei dem die Phasen durch Grenzflächen getrennt sind.

Heterolyse: Asymmetrische Spaltung eines Moleküls unter Bildung von > Ionen. Beide Elektronen des Bindungselektronenpaars verbleiben im gebildeten Anion.

Homogenes System: Stoffliches System, das nur aus einer > Phase besteht.

Homolyse: Symmetrische Spaltung eines Moleküls unter Bildung von > Radikalen. Jeweils ein Elektron des bindenden Elektronenpaars verbleibt bei einem Radikal.

Hückel-Regel: > Aromatische Systeme

Hydratation: Vorgang beim Lösen eines Salzes oder salzartigen Stoffes in Wasser, wobei die polaren Wassermoleküle zwischen die Kationen und Anionen des Ionenkristalls treten und die > Ionenbindung lösen. Zwischen den Ionen und den Dipolmolekülen des Wassers wirken > zwischenmolekulare Kräfte. Es entstehen frei bewegliche > Ionen, die von einer Hülle von Wassermolekülen (Hydrathülle) umgeben sind.

Hydrierung: > Addition von Wasserstoffmolekülen an Kohlenstoff-Kohlenstoff-Mehrfachbindungen.

Hydrolyse: > Protolyse

Hydronium-Ion (Oxonium-Ion): Das in verdünnten wässrigen Lösungen hydratisierte Proton $H^+(aq)$ ist das Hydronium-Ion H_3O^+. Das Hydronium-Ion ist eine Brönsted-Säure.

Hydrophile Stoffe: „Wasserliebende" Stoffe (griech. hydro – Wasser, philein – lieben).

Hydrophobe Stoffe: „Wasserabstoßende" Stoffe (griech. hydro – Wasser, phobos – Angst).

Hydroxid-Ion: Hydroxid-Ionen OH^- bilden sich z. B. bei der Reaktion von Hydroxiden mit Wasser. Das Hydroxid-Ion ist eine > Brönsted-Base.

Hydroxygruppe: Name der –OH-Gruppe; > funktionelle Gruppe der Alkohole.

I

Immission: Einwirkung von Schadstoffen aus der Luft, dem Wasser oder dem Boden auf Lebewesen.

Indikator (Säure-Base-Indikator): Organischer >Farbstoff, der in wässrigen Lösungen >protolysiert und dessen Säure jeweils eine andere Farbe besitzt als die korrespondierende Base.
Indikatorsäure: HIn
Indikatorbase: In^-
$HIn + H_2O \rightleftharpoons H_3O^+ + In^-$

Induktiver Effekt (I-Effekt): Wirkung eines Atoms oder einer Atomgruppe auf die Elektronenverteilung im organischen Rest eines Moleküls als Folge von Unterschieden der >Elektronegativitätswerte.
+I-Effekt: erhöht die Elektronendichte im organischen Rest.
–I-Effekt: verringert die Elektronendichte im organischen Rest.

Infrarotspektroskopie (IR-Spektroskopie): Methode zur Strukturaufklärung und Identifizierung von Verbindungen. Sie untersucht die Absorption von >elektromagnetischer Strahlung aus dem infraroten Spektralbereich, wobei die Moleküle der Stoffprobe zu Schwingungen angeregt werden. Im Infrarotspektrum (IR-Spektrum) wird der Transmissionsgrad oder die Durchlässigkeit in % gegen die Wellenzahl aufgetragen. Die Wellenzahl ist die reziproke Wellenlänge ($1/\lambda$) und hat die Einheit Schwingung je cm.
Infrarotspektren erstrecken sich meist über den Wellenzahlbereich 400 bis 4000 cm^{-1}.
Bei Wellenzahlen, bei denen die Infrarotstrahlung Moleküle zu Schwingungen anregt, wird die Transmission (die Durchlässigkeit) verringert.

Ion: Positiv oder negativ elektrisch geladenes Teilchen. Ionen entstehen aus Atomen durch Aufnahme oder Abgabe von >Elektronen der äußeren Elektronenschale (des höchsten Energieniveaus).
Nach ihrer Ladung werden Anionen (negativ geladen) und Kationen (positiv geladen) unterschieden.
Neben einfachen Ionen (z. B. Natrium-Ionen Na^+) gibt es auch zusammengesetzte Ionen (z. B. Hydroxid-Ionen OH^-).

Ionenaustauscher: Stoffe, die in der Lage sind, >Ionen durch andere Ionen auszutauschen. Dadurch können störende Ionen entfernt werden. Ionenaustauscher finden Anwendung z. B. bei der Herstellung von entmineralisiertem Wasser.

Ionenbindung: Art der chemischen Bindung, die durch Anziehungskräfte entgegengesetzt elektrisch geladener >Ionen und Abstoßungskräfte gleichartig elektrisch geladener Ionen bewirkt wird. Die Kräfte wirken in alle Richtungen des Raums. Die Ionenbindung liegt in Kristallen mit Ionengitter sowie in der Schmelze solcher Verbindungen vor.

Ionisierungsenergie: Energie, die zur Abspaltung eines oder mehrerer >Elektronen aus einem Atom, >Ion oder Molekül aufgewendet werden muss.

Isoelektrischer Punkt: Bei der Auftrennung von >Aminosäuren durch ein elektrisches Feld ist die Wanderung der Aminosäuremoleküle vom >pH-Wert abhängig. Der pH-Wert, bei dem die Summe der positiven und negativen elektrischen Ladungen der Aminosäuremoleküle gleich ist, wird isoelektrischer Punkt einer Aminosäure genannt.

Isomere: Moleküle mit gleicher Summenformel, aber unterschiedlicher Struktur. Es werden >Konstitutionsisomere von >Stereoisomeren unterschieden.

Isotop: Atomsorte eines chemischen Elements mit einer bestimmten Neutronenanzahl. Isotope sind >Nuklide mit gleicher Protonenanzahl (Ordnungszahl) aber unterschiedlicher Neutronenanzahl. Alle Isotope eines Elements verhalten sich chemisch gleich.

K

Katalysator: Stoff, der die Geschwindigkeit einer chemischen Reaktion (>Reaktionsgeschwindigkeit) erhöht. Katalysatoren sind an der chemischen Reaktion beteiligte Reaktionspartner, die nach der Reaktion in unveränderter Form wieder vorliegen. Sie verändern den Reaktionsverlauf einer chemischen Reaktion.
Die >Aktivierungsenergien der Teilschritte einer mit Katalysator verlaufenden Reaktion sind geringer als die Aktivierungsenergie der unkatalysierten Reaktion.

Katalyse: Chemische Reaktion, die unter Einwirkung eines >Katalysators verläuft. Dabei verläuft die Reaktion mit höherer >Reaktionsgeschwindigkeit als ohne Katalysator. Bei der Autokatalyse wirkt eines der im Reaktionsverlauf gebildeten Reaktionsprodukte als Katalysator auf diese Reaktion.

Ketone: Organische Verbindungen, die die Carbonylgruppe >C=O in ihren Molekülen aufweisen.

Kohlenhydrate: Naturstoffe mit der allgemeinen Summenformel $C_n(H_2O)_m$, die eine Carbonylgruppe >C=O und mehrere >Hydroxygruppen im Molekül haben. Zu den Kohlenhydraten gehören Mono- und Disaccharide („Zucker") sowie Polysaccharide (z. B. Stärke, Cellulose), die zu den makromolekularen Stoffen zählen.

Kohlenwasserstoffe: Organische Verbindungen, die nur aus den Elementen Kohlenstoff und Wasserstoff bestehen.

Konjugierte Doppelbindungen: Liegen vor, wenn in einem Kohlenwasserstoffmolekül zwei Doppelbindungen durch eine Einfachbindung voneinander getrennt sind.

Komplexbildungsgleichgewichte: Lösungsgleichgewichte, die sich bei der Reaktion von (hydratisierten) Metall-Ionen mit Komplexbildnern (Liganden) einstellen. Bei der Reaktion mit einzähnigen Liganden erfolgt eine stufenweise Verdrängung von Wassermolekülen. Die Lage des Gleichgewichts und damit die Stabilität der Komplexe wird durch die Stabilitätskonstante beschrieben. Mit mehrzähnigen Liganden werden unter Ausbildung von Ringstrukturen (>Chelate) besonders stabile Komplexe in einem Reaktionsschritt erhalten.

Komplexe Ionen und Moleküle: >Komplexverbindungen

Komplexteilchen: >Komplexverbindungen

Komplexverbindungen: Verbindungen höherer Aggregation, in denen bestimmte Gruppierungen als Einheit betrachtet werden können. Dabei entstehen Komplexteilchen (komplexe Ionen oder Moleküle), die durch Anlagerung von Molekülen oder Ionen an andere Atome oder Ionen entstanden sind. Man unterscheidet zwischen Zentralteilchen (Zentralionen oder Zentralatome) und Liganden: Bei Zentralteilchen handelt es sich um Ionen oder Atome in Komplexverbindungen, an die eine bestimmte Anzahl von Molekülen oder Ionen angelagert ist. Unter Liganden versteht man Moleküle oder Ionen, die an ein Zentralteilchen einer Komplexverbindung angelagert sind.
Komplexes Kation: $[Cu(NH_3)_4]^{2+}$
Zentralion: Cu^{2+}; Liganden: 4 NH_3

Komproportionierung: > Synproportionierung

Kondensation: Reaktion zwischen Molekülen, bei der kleinere Moleküle (z. B. H_2O, NH_3) abgespalten werden.

Konformation: Gibt die exakte räumliche Anordnung der Atome in einem Molekül oder Ion an.

Konformationsisomere: Entstehen durch Rotation von Atomgruppen um Einfachbindungen. Sie sind energetisch verschieden. Es sind > Stereoisomere.
Beispiel: α-Glucose und β-Glucose

Konstitution: Gibt die Reihenfolge der im Molekül oder Ion gebundenen Atome sowie die Art der chemischen Bindungen an. Die Konstitution berücksichtigt nicht die räumliche Anordnung der im Molekül oder Ion gebundenen Atome.

Konstitutionsisomere (Strukturisomere): Moleküle oder Ionen, deren Atome in unterschiedlicher Reihenfolge miteinander verbunden sind. Sie weisen gleiche > Summenformeln, jedoch unterschiedliche > Strukturformeln auf.
Beispiel: Butan C_4H_{10}, 2-Methylpropan C_4H_{10}

Koordinationszahl: Gibt die Anzahl der direkten Nachbarn eines Atoms oder > Ions in einem Gitter (Ionen- oder Metallgitter) oder einer Komplexverbindung an. Sie hängt von den Größenverhältnissen der Teilchen und den zwischen ihnen wirkenden Anziehungs- und Abstoßungskräften ab.

Koordinative Bindung: Sonderfall der > Elektronenpaarbindung, bei der alle Bindungselektronen von einem Bindungspartner stammen. Sie ist charakteristisch für die Bindungsverhältnisse der Liganden an das Zentralatom (oder Zentralion) in > Komplexverbindungen.

Kovalente Bindung: > Elektronenpaarbindung

L

Lambert-Beer'sches Gesetz: Die Extinktion E ist von der Konzentration des absorbierenden Stoffs abhängig. Durchstrahlt sichtbares Licht eine farbige Lösung, so wird es durch die in ihr enthaltenen Moleküle oder Ionen absorbiert.

$$E = \lg \frac{I_0}{I} = \varepsilon \cdot c \cdot d$$

Legierung: Homogenes Gemisch verschiedener Metalle.

Lewis-Base: Elektronenpaar-Donator.
Lewis-Basen sind nucleophile Teilchen, d. h. Teilchen mit mindestens einem freien Elektronenpaar, z. B. Wasser H_2O

Lewis-Säure: Elektronenpaar-Akzeptor.
Lewis-Säuren sind elektrophile Teilchen, d. h. Teilchen mit einer Elektronenlücke in ihrer äußeren Elektronenschale, z. B. Aluminiumchlorid $AlCl_3$.

Liganden: > Komplexverbindungen

Ligandenaustauschreaktion: Austausch von Liganden einer > Komplexverbindung durch andere Liganden; diese Reaktionen zeigen häufig Farbänderungen.

Löslichkeitsprodukt K_L: Gleichgewichtskonstante für das Löslichkeitsgleichgewicht von schwerlöslichen Salzen, Produkt der Konzentrationen der > Ionen eines gelösten Stoffes in der gesättigten Lösung.
Für das allgemeine Löslichkeitsgleichgewicht
$A_mB_n(s) \rightleftharpoons m\, A^{a+}(aq) + n\, B^{b-}(aq)$
gilt:
$K_L(A_mB_n) = c^m(A^{a+}) \cdot c^n(B^{b-})$

M

Makromolekül: Moleküle, die viele (bis zu mehreren Tausend) gleiche oder unterschiedliche Molekülgruppen enthalten. Die molare Masse von Makromolekülen ist größer als 10 000 $g \cdot mol^{-1}$.

Maskierung: Entfernen von störenden Metall-Ionen durch Bildung von > Komplexverbindungen bei analytischen Trenn- und Nachweisverfahren.

Massenanteil w: Anteil eines Stoffes an der Gesamtmasse einer Mischphase; wird durch den Quotienten aus der Masse m(B) des Stoffes B und der Gesamtmasse m(Gem) der Mischphase beschrieben.

$$w(\mathrm{B}) = \frac{m(\mathrm{B})}{m(\mathrm{Gem})}$$

Einheiten: 1, %, ‰, ppm

Massenkonzentration β: Quotient aus der Masse m(B) des gelösten Stoffes B und dem Volumen V(Ls) der Lösung (Gesamtvolumen nach dem Mischen/Lösen).

$$\beta(\mathrm{B}) = \frac{m(\mathrm{B})}{V(\mathrm{Ls})}$$

Einheit: $g \cdot l^{-1}$

Massenspektrometrie: Analytisches Verfahren, bei dem ionisierte Teilchen beschleunigt und in einem Magnetfeld je nach Masse und Ladung unterschiedlich abgelenkt werden.

Massenwirkungsgesetz: Im > chemischen Gleichgewicht ist der Quotient aus dem Produkt der > Stoffmengenkonzentrationen (Partialdrücke) der Reaktionsprodukte und dem Produkt der > Stoffmengenkonzentrationen (Partialdrücke) der Ausgangsstoffe bei einer bestimmten Temperatur eine Konstante (Guldberg und Waage, 1867).
Für die allgemeine chemische Reaktion
$A + B \rightleftharpoons C + D$
gilt:

$$K_c = \frac{c(\text{C}) \cdot c(\text{D})}{c(\text{A}) \cdot c(\text{B})}$$

K_c – Gleichgewichtskonstante

Mesomerer Effekt (M-Effekt): Wirkung einer >funktionellen Gruppe auf die Elektronenverteilung im organischen Rest eines Moleküls als Folge mesomerer Wechselwirkungen (>mesomeres System).
+M-Effekt: Erhöht die Elektronendichte im organischen Rest. Beispiel: Die Aminogruppe $-NH_2$ übt im Anillinmolekül einen +M-Effekt auf den organischen Rest aus.
–M-Effekt: Verringert die Elektronendichte im organischen Rest. Beispiel: Die Aldehydgruppe –CHO im Benzaldehydmolekül übt auf den organischen Rest einen -M-Effekt aus.

Mesomeres System: System delokalisierter π-Elektronen, dessen Struktur sich nicht durch herkömmliche Strukturformeln wiedergeben lässt. Stattdessen werden Grenzstrukturen angegeben, die den wahren Bindungszustand eingrenzen, jedoch nicht die Realität abbilden. Mesomere Systeme sind energieärmer und damit stabiler als die entsprechenden Grenzstrukturen.
Beispiele: Benzol, Carboxylat-Ion

Metallbindung: Chemische Bindung in Metallen, die durch elektrostatische Kräfte zwischen den positiv geladenen Metall-Ionen und frei beweglichen >Elektronen bewirkt wird; diese stammen aus den äußersten Schalen der Metallatome (Elektronengasmodell der Metallbindung).

Mol: Einheit der Stoffmenge. Das Mol ist die Stoffmenge eines Systems, das aus gleich vielen Teilchen oder Formeleinheiten eines Stoffes besteht, wie Atome in 12 g des Kohlenstoffnuklids $^{12}_{6}C$ enthalten sind.
Die Art der Teilchen muss bei der Verwendung der Einheit angegeben werden.
Die Avogadro-Konstante N_A gibt an, wie viele Einzelteilchen in einem Mol eines Stoffes enthalten sind:
$N_A = 6{,}02214 \cdot 10^{23}\ \text{mol}^{-1}$

Molare Masse *M*: Quotient aus der Masse *m* und der Stoffmenge *n* einer Stoffportion.

$$M = \frac{m}{n}$$

Einheit: $\text{g} \cdot \text{mol}^{-1}$

Molares Volumen V_m: Quotient aus dem Volumen *V* und der Stoffmenge *n* einer Stoffportion.

$$V_m = \frac{V}{n}$$

Einheit: $\text{l} \cdot \text{mol}^{-1}$

Molekülformel: >Summenformel eines Moleküls.

Molekülorbital: Bei der Kombination zweier >Atomorbitale entstehen zwei energetisch unterschiedliche Molekülorbitale: ein energieärmeres bindendes Molekülorbital und ein energiereicheres antibindendes Molekülorbital. Näherungsweise kann das Molekülorbital als Aufenthaltsbereich zweier Elektronen in einem Molekül beschrieben werden.
Die Kombination von Atomorbitalen führt zur Ausbildung von >Elektronenpaarbindungen.

Molekülschwingungen: Prozesse auf molekularer Ebene, bei denen sich die Bindungslängen (Streckschwingungen) oder Bindungswinkel (Deformationsschwingungen) ändern.
Eine optische Schwingungsanregung erfolgt nur, wenn sich bei dem Schwingungsvorgang die Symmetrie der Ladungsverteilung ändert, sodass ein schwingender Dipol entsteht.
Synonyme Begriffe: Streckschwingungen = Valenzschwingungen; Deformationsschwingungen = Beugeschwingungen

Monomere: Niedermolekulare Baueinheiten der >Polymere. Die Monomere besitzen reaktive >funktionelle Gruppen, die eine Reaktion zu >Makromolekülen ermöglichen.

Mutarotation: Änderung des Drehwinkels linear polarisierten Lichts durch eine Lösung einer >optisch aktiven Substanz, deren optische Isomere dem >chemischen Gleichgewicht zustreben.
Mutatrotation kann beim Lösen bestimmter Zucker auftreten.

N

Nernst'sche Gleichung: Ermöglicht die Berechnung von >Elektrodenpotenzialen *E* aus den Konzentrationen der an den Elektrodenreaktionen beteiligten Stoffe.
Für die allgemeine Elektrodenreaktion
$\text{Red} \rightleftharpoons \text{Ox} + z\,e^-$
gilt:

$$E = E^0 + \frac{R \cdot T}{z \cdot F} \cdot \ln \frac{c(\text{Ox})}{c(\text{Red})}$$

Bei $T = 298$ K und $z = 1$ gilt:

$$E = E^0 + 0{,}059\ \text{V} \cdot \lg \frac{c(\text{Ox})}{c(\text{Red})}$$

Neutralisation: Reaktion von >Hydronium-Ionen mit >Hydroxid-Ionen zu Wassermolekülen.
$OH^- + H_3O^+ \rightleftharpoons 2\,H_2O$

Neutron: Elektrisch neutrales Masseteilchen im Atomkern. Die Anzahl der Neutronen kann für Atomkerne gleicher Elemente unterschiedlich sein (>Isotope).

Normbedingungen: Normtemperatur $T = 273{,}15$ K (entspricht 0 °C)
Normdruck $p = 101{,}325$ kPa

Nucleophile: Teilchen, die einen Elektronenüberschuss besitzen und an einem positiven Ladungszentrum angreifen können. Dazu gehören Anionen sowie Moleküle mit freien Elektronenpaaren oder großer Elektronendichte.
Beispiele:
OH^- (Anion), NH_3 (Molekül mit freiem Elektronenpaar), $CH_2{=}CH_2$ (Moleküle mit unpolarem π-Elektronensystem)

Nuklid: Atomart eines chemischen Elements mit einer bestimmten Protonen- und Neutronenanzahl.

O

Oktettregel: > Edelgaskonfiguration

Optische Aktivität: Eigenschaft von chiralen Verbindungen (> Chiralität), die Ebene linear polarisierten Lichts zu drehen. Die beiden > Enantiomere drehen die Ebene um den gleichen Betrag, aber in entgegengesetzter Richtung. Kennzeichnung der Rechtsdrehung durch (+), der Linksdrehung durch (–) vor dem Namen, z. B. D-(+)-Glucose.

Orbital: Beschreibt den Raum um den Atomkern, in dem die Aufenthaltswahrscheinlichkeit eines > Elektrons mit einer bestimmten Energie sehr hoch ist.

Ordnungszahl: Zahl, die die Reihenfolge der Elemente im Periodensystem kennzeichnet. Dabei gilt: Ordnungszahl ≙ Kernladungszahl = Protonenanzahl = Elektronenanzahl

Ostwald'sches Verdünnungsgesetz: Der > Protolysegrad einer schwachen > Säure oder > Base nimmt mit zunehmender Verdünnung der wässrigen Lösung zu.

Oxidation: Teilreaktion einer > Redoxreaktion, bei der Atome oder > Ionen > Elektronen an andere Atome oder Ionen abgeben. Die > Oxidationszahl der Atome oder Ionen wird durch die Elektronenabgabe größer.

Oxidationsmittel: Chemische Verbindungen, deren Teilchen die > Elektronen von anderen Teilchen aufnehmen können (Elektronenakzeptoren).

Oxidationszahl: Fiktive Ladung eines Atoms in einer Verbindung. Zur Ermittlung der Oxidationszahl werden die bindenden > Elektronen dem jeweils elektronegativeren Atom zugeordnet.

P

Partialdruck p_i: Druck eines Gases i in einer Gasmischung, der von diesem Gas ausgeübt wird. Demnach ist der Partialdruck p_i der Druck, der in dem System herrschen würde, wenn das Gas i bei der gleichen Temperatur allein im Volumen vorläge. Die Summe aller Partialdrücke ist der Gesamtdruck p.

Peptidbindung: Charakteristischer Bindungstyp der > Proteine (Polypeptide). Eine Peptidbindung –CO–NH– entsteht durch die chemische Reaktion einer Aminogruppe $-NH_2$ mit einer Carboxygruppe –COOH unter Austritt eines Wassermoleküls (> Kondensation). Bei Kunststoffen wird die baugleiche Bindung Amidbindung genannt.

Phase: In sich homogener Bereich eines Stoffs, der räumlich eine konstante Beschaffenheit aufweist und von anderen Bereichen durch Grenzflächen getrennt ist. Phasen können nach Aggregatzuständen eingeteilt werden: feste, flüssige und gasförmige Phasen. Sie werden nach ihrer Zusammensetzung in reine Phasen (nur aus einem Stoff bestehend) und Mischphasen (aus mehreren Stoffen zusammengesetzt) unterschieden.

pH-Wert: Negativer dekadischer Logarithmus des Zahlenwerts der Konzentration der > Hydronium-Ionen in wässriger Lösung.

$$pH = -\lg \frac{c(H_3O^+)}{mol \cdot l^{-1}}$$

Pi-Bindung (π-Bindung): Art der > Elektronenpaarbindung, bei der die Aufenthaltswahrscheinlichkeit der Bindungselektronen symmetrisch zu einer Ebene der Verbindungslinie zwischen zwei Atomkernen am größten ist. Sie entsteht durch die Überlappung zweier gleich orientierter, senkrecht zur Kernverbindungslinie stehender p-Orbitale (> Orbital).
C–C-Mehrfachbindungen enthalten π-Bindungen.

Pigmente: > Farbige Stoffe

Polare Elektronenpaarbindung (polare Atombindung): > Elektronenpaarbindung, bei der gemeinsame Elektronenpaare von miteinander verbundenen Atomen unterschiedlicher > Elektronegativität verschieden stark angezogen werden.

Polyaddition: > Addition zwischen vielen Molekülen niedermolekularer Verbindungen mit mindestens zwei > funktionellen Gruppen (davon muss eine funktionelle Gruppe eine Mehrfachbindung enthalten). Durch Polyadditionen werden > Makromoleküle gebildet.

Polykondensation: > Substitution, bei der es durch Reaktion der > funktionellen Gruppen vieler > Monomere zur Abspaltung von kleinen Molekülen (häufig Wassermolekülen) kommt. Durch Polykondensation werden > Makromoleküle gebildet.

Polymere: Stoffe, die aus > Makromolekülen aufgebaut sind.

Polymerisation: > Addition, bei der jeweils viele gleiche Moleküle mit Mehrfachbindung unter Bildung eines > Makromoleküls reagieren.

Potentiometrie: Bestimmungsmethode für den Äquivalenzpunkt einer Reaktion, bei der die Konzentrationsabhängigkeit der Elektrodenpotentiale ausgenutzt wird (> Nernst'sche Gleichung).

Primärzelle (Batterie): Elektrochemische Energiequelle, die nach dem Prinzip einer galvanischen Zelle funktioniert. Die Zellreaktion ist nicht umkehrbar, nach der Entladung ist die Wiederverwendung nicht möglich.

Prinzip des kleinsten Zwangs: Wird auf ein stoffliches System, das sich im > chemischen Gleichgewicht befindet, ein Zwang ausgeübt, dann weicht dieses System dem Zwang aus, sodass die Wirkungen des Zwangs verringert werden (LE CHATELIER, BRAUN, 1884). Der Zwang kann durch Temperatur und/oder Druckänderung herbeigeführt werden.

Proteine (Eiweiße): Makromolekulare Naturstoffe, deren kleinste Baueinheit > Aminosäuremoleküle sind. Die Aminosäuremoleküle sind über > Peptidbindungen zu Polypeptidketten verknüpft, die in vier Strukturebenen unterschieden werden können:
Primärstruktur: Reihenfolge der Aminosäuremoleküle in der Polypeptidkette
Sekundärstruktur: Räumliche Anordnung der Polypeptidkette (α-Helix, β-Faltblatt)
Tertiärstruktur: Übergeordneten Raumstruktur des Proteins durch Wechselwirkungen innerhalb der Polypeptidkette (unabhängig von der Sekundärstruktur)

Quartärstruktur: Räumliche Anordnung eines Proteins, das aus mehreren Untereinheiten besteht

Protolyse: Allgemein eine > Säure-Base-Reaktion, wobei die Protonenabgabe und die Protonenaufnahme miteinander gekoppelt sind. Unter der Protolyse (Hydrolyse) von > Ionen in wässriger Lösung wird die Reaktion von Anionen bzw. Kationen mit Wassermolekülen verstanden.
$CH_3COO^- + H_2O \rightleftharpoons CH_3COOH + OH^-$
$NH_4^+ + H_2O \rightleftharpoons NH_3 + H_3O^+$

Protolysegrad α: Beschreibt den Anteil einer Säure oder Base, der nach der Reaktion der Säure oder Base mit Wasser protolysiert vorliegt.

Proton: Elektrisch positiv geladenes Masseteilchen im Atomkern. Die Protonenanzahl (Kernladungszahl) ist für alle Atome eines Elements charakteristisch und legt die Stellung des Elements im Periodensystem fest.

Puffergleichung: > Henderson-Hasselbalch-Gleichung

Pufferlösung: Lösung, deren > pH-Wert sich bei Zusatz beliebiger Säuren oder Basen nur wenig verändert.

Pyrolyse: Thermische Spaltung von niedrig siedenden Erdölfraktionen (Cracken) oder von Kunststoffen.

Q

Quantenzahlen: Vier charakteristische Größen zur Beschreibung des Zustands eines > Elektrons in einem Atom.

R

Racemat: Optisch inaktives Gemisch der links- und rechtsdrehenden > Enantiomere gleicher Konzentration.

Radikal: Atome oder Moleküle mit mindestens einem ungepaarten > Elektron. Radikale sind sehr reaktionsfähige Teilchen.

Radioaktivität: Spontan auftretende Umwandlung von Atomkernen radioaktiver Nuklide unter Aussendung radioaktiver Strahlung
(α-, β- oder γ-Strahlung).

Reaktionsenthalpie $\Delta_r H$: Änderung der Enthalpie H eines stofflichen Systems bei einer chemischen Reaktion. Bei isobarer Prozessführung (Index p; p = konst.) ist die Reaktionsenthalpie gleich der Reaktionswärme Q_p

Reaktionsgeschwindigkeit v: Pro Zeiteinheit umgesetzte Stoffmenge von Ausgangsstoffen. Sie ist von den Konzentrationen (Partialdrücken) der reagierenden Stoffe, der Temperatur, der Art der Reaktion und vom > Reaktionsmechanismus abhängig.
Die durchschnittliche Reaktionsgeschwindigkeit wird durch den negativen Quotienten der Änderung der Stoffmengenkonzentration (des > Partialdrucks) eines Ausgangsstoffs und dem zugehörigen Zeitintervall beschrieben. Die momentane Reaktionsgeschwindigkeit bezieht sich auf einen Zeitpunkt einer chemischen Reaktion und ist als Differentialquotient definiert.

Reaktionsmechanismus: Modellhafte Vorstellung zum Verlauf einer chemischen Reaktion in verschiedenen Teilschritten.
Nach der Art der reagierenden Teilchen können radikalisch verlaufende Reaktionen (an der Reaktion sind > Radikale beteiligt) und ionisch verlaufende Reaktionen (im Verlauf der Reaktion bilden sich > Ionen) unterschieden werden.

Reaktionsordnung: Summe der Exponenten der Konzentrationen im > Zeitgesetz einer chemischen Reaktion. Die Gesamtordnung n der Reaktion ergibt sich aus der Summe der Einzelordnungen als
$n = a + b + c + \ldots$
Die Reaktionsordnung gibt an, in welcher Potenz die Konzentrationen der Ausgangsstoffe der > Reaktionsgeschwindigkeit proportional sind.

Reaktionstyp: In der Chemie werden verschiedene Reaktionstypen unterschieden: > Additionen, > Substitutionen, > Eliminierungen, > Säure-Base-Reaktionen, > Redoxreaktionen.
Die Einordnung chemischer Reaktionen zu diesen Reaktionen erfolgt nach der Art der Veränderung der reagierenden Teilchen.

Reaktionswärme Q: Die von einem stofflichen System bei einer chemischen Reaktion aufgenommene oder abgegebene Wärme.

Redoxreaktion: Chemische Reaktion, bei der eine > Oxidation und eine > Reduktion miteinander gekoppelt sind.

Reduktion: Teilreaktion der > Redoxreaktion, bei der Atome oder Ionen Elektronen von anderen Atomen oder Ionen aufnehmen. Die > Oxidationszahl der Atome oder Ionen wird durch die Elektronenaufnahme kleiner.

Reduktionsmittel: Chemische Verbindungen, deren Teilchen > Elektronen an andere Teilchen abgeben können (Elektronendonatoren). Das Reduktionsmittel wird bei der > Redoxreaktion oxidiert.

Reflexion: Bezeichnet allgemein das Zurückwerfen > elektromagnetischer Strahlung beim Auftreffen auf ein Hindernis. Der Reflexionswinkel ist dabei gleich dem Einfallswinkel.

RGT-Regel (Reaktionsgeschwindigkeits-Temperatur-Regel): Besagt, dass sich die > Reaktionsgeschwindigkeit bei Temperaturerhöhung um 10 K verdoppelt bis vervierfacht.

S

Säure: > Arrhenius-Säure, > Brönsted-Säure, > Lewis-Säure

Säure-Base-Reaktion: (Nach BRÖNSTED) chemische Reaktion, bei der Protonenabgabe und Protonenaufnahme miteinander gekoppelt sind (> Protolyse).

Säurekonstante K_S: Gleichgewichtskonstante für die Reaktion einer Säure mit Wasser (> chemisches Gleichgewicht, > Massenwirkungsgesetz).
Der pK_S-Wert ist der negative dekadische Logarithmus der Säurekonstante. Die Säurekonstante ist ein Maß für die Stärke einer Säure.

Seifen: Natrium- und Kaliumsalze der > Carbonsäuren mittlerer Kettenlänge (> Fettsäuren).

Sekundärzelle (Akkumulator): Elektrochemische Energiequelle, die nach dem Prinzip einer galvanischen Zelle funktioniert. Die Zellreaktion ist umkehrbar, Entlade- und Ladevorgänge können wiederholt werden.

Sigma-Bindung (σ-Bindung): Art der >Elektronenpaarbindung, bei der die Aufenthaltswahrscheinlichkeit der Bindungselektronen rotationssymmetrisch um die Verbindungslinie zwischen zwei Atomkernen am größten ist. Sie entsteht z. B. durch die Überlappung von zwei s-Orbitalen (>Orbital).

Silicone (Polysiloxane): Siliciumorganische Verbindungen, die aus Makromolekülen bestehen.

Spannungsreihe, elektrochemische: Tabellarische Anordnung der >Elektrodenpotenziale von Redoxpaaren im Standardzustand.

Spiegelbildisomerie: Art der >Stereoisomerie. Sie tritt bei chiralen Molekülen auf (>Chiralität). Beide >Konfigurationen verhalten sich wie Bild und Spiegelbild. Sie werden als >Enantiomere bezeichnet.
Beispiel: D-Alanin und L-Alanin

Standardbedingungen: Temperatur $T = 298$ K (entspricht 25 °C); Druck $p = 101{,}325$ kPa; Stoffmengenkonzentration $c = 1\ \mathrm{mol \cdot l^{-1}}$.
Größen, die sich auf Stoffe im Standardzustand beziehen, werden mit dem oberen Index 0 gekennzeichnet, z. B. Standard-Elektrodenpotenzial E^0.

Stellungsisomere: >Konstitutionsisomere, bei denen die >funktionellen Gruppen in den >isomeren Molekülen an verschiedenen Stellen gebunden sind.

Stereoisomerie: Liegt vor, wenn in den Molekülen einer chemischen Verbindung die Atome bei gleicher >Konstitution unterschiedlich räumlich angeordnet sind. Die Moleküle weisen gleiche >Summenformeln, jedoch unterschiedliche >Strukturformeln auf.
Arten der Stereoisomerie:
>Cis-trans-Isomerie: bei Molekülen mit Doppelbindung
>Spiegelbildisomerie: bei chiralen Molekülen
>Konformationsisomerie: Stellung von Molekülteilen bezogen auf eine Einfachbindung

Stöchiometrie: Lehre von der mengenmäßigen Zusammensetzung chemischer Verbindungen sowie deren Stoffmengen, Volumen-, Massen- und Ladungsverhältnissen bei chemischen Reaktionen.

Stoffmengenanteil *x*: Quotient aus der Stoffmenge $n(\mathrm{B})$ des Stoffs B und der Gesamtstoffmenge $n(\mathrm{Gem})$ der Mischphase.

$$x(\mathrm{B}) = \frac{n(\mathrm{B})}{n(\mathrm{Gem})}$$

Einheiten: 1, %, ‰, ppm

Stoffmengenkonzentration *c*: Quotient aus der Stoffmenge $n(\mathrm{B})$ des gelösten Stoffs B und dem Volumen $V(\mathrm{Ls})$ der Lösung (Gesamtvolumen nach dem Mischen/Lösen).

$$c(\mathrm{B}) = \frac{n(\mathrm{B})}{V(\mathrm{Ls})}$$

Einheiten: $\mathrm{mol \cdot m^{-3}}$, $\mathrm{mol \cdot l^{-1}}$

Stoßtheorie: Begründet die Temperatur- und Konzentrationsabhängigkeit der >Reaktionsgeschwindigkeit aus der ungeordneten Bewegung der Teilchen und der zwischen ihnen stattfindenden Stoßwechselwirkung.
Die Gesamtzahl der Zusammenstöße der Teilchen steigt mit der Temperatur (Teilchen bewegen sich schneller) und der Konzentration (Teilchendichte steigt).
Dabei führen nur Zusammenstöße zwischen Teilchen mit einer bestimmten Mindestenergie zu einer chemischen Reaktion.

Strukturformel: Gibt Auskunft über die Zusammensetzung von Verbindungen aus den Elementen sowie über die Anzahl und Anordnung der Elektronenpaare zwischen den Atomen eines Moleküls. In Halbstrukturformeln werden bestimmte Atomgruppen eines Moleküls zusammengefasst und wichtige Elektronenpaarbindungen dargestellt.

Sublimation: Direkter Übergang von dem festen in den gasförmigen Aggregatzustand.

Substitution: Chemische Reaktion, bei der Atome oder Atomgruppen in Molekülen durch andere Atome oder Atomgruppen ersetzt werden. Die Substitution kann nach mehreren >Reaktionsmechanismen verlaufen: radikalische Substitution, elektrophile Substitution, nucleophile Substitution

Summenformel: Formel, die die Zusammensetzung einer chemischen Verbindung mit der Anzahl der Atome, die am Aufbau eines Moleküls oder Ions beteiligt sind, angibt.

Suspension: Heterogenes Gemisch, bei dem ein Feststoff in einer Flüssigkeit aufgeschlämmt wird.

Synproportionierung (Komproportionierung): Redoxreaktion, bei der die Atome eines Elements von einer niedrigen und einer hohen Oxidationszahl in eine mittlere übergehen.

Systeme: Nach der Art der Abgrenzung zwischen dem betrachteten System und seiner Umgebung werden verschiedene Arten stofflicher Systeme unterschieden:
Abgeschlossenes (isoliertes) System: Es finden kein Stoffübergang und kein Energieübergang über die Systemgrenzen statt.
Geschlossenes System: Es findet kein Stoffübergang über die Systemgrenzen statt. Ein Energieübergang über die Systemgrenzen findet jedoch statt.
Offenes System: Stoff- und Energieübergang über die Systemgrenzen finden statt.

T

Tenside: Stoffe mit einem polaren (hydrophilen) und einem unpolaren (lipophilen) Molekülteil. An >Phasengrenzen wie Wasser/Fett oder Wasser/Luft ordnen sie sich zu monomolekularen Schichten an (grenzflächenaktive Stoffe).

Thermoplaste: Synthetisch hergestellte Werkstoffe, die aus unverzweigten oder leicht verzweigten >Makromolekülen bestehen. Thermoplaste lassen sich durch Erwärmen schmelzen und dadurch beliebig oft plastisch umformen.

Titration: Maßanalytisches Verfahren zur Konzentrationsbestimmung. Zu einer Analysenlösung (enthält den Titranden mit unbekannter Konzentration) wird so lange die Maßlösung (enthält den Titrator mit bekannter Konzentration) gegeben, bis die vollständige Reaktion (Äquivalenzpunkt) erreicht ist.

Triphenylmethanfarbstoffe: Klasse organischer > Farbstoffe. Die Moleküle weisen ein Triphenylmethan-Gerüst (drei Benzolringe, die an ein Kohlenstoffatom gebunden sind) auf, das eine chinoide Struktur als > Chromophor enthält.

U

Überspannung: Die zur Durchführung einer > Elektrolyse benötigte höhere Spannung als nach den Elektrodenpotenzialen der beteiligten Stoffe zu erwarten ist.

Umlagerung: Veränderung der > Konstitution eines Ausgangsstoffs während einer Reaktion bei Erhalt der Summenformel.

V

Valenzelektronen: Elektronen, die auf unvollständig besetzten Energieniveaus angeordnet sind. Sie bewirken bei chemischen Reaktionen vor allem die Veränderungen der Bindungsverhältnisse.

Van-der-Waals-Kräfte: Dipolwechselwirkungen, die u. a. bewirken, dass sich Gase bei tiefen Temperaturen und/oder hohem Druck verflüssigen und verfestigen. Zu unterscheiden sind:

- Wechselwirkungen zwischen Molekülen mit permanenten Dipolen (Dipol-Dipol-Kräfte)
- Wechselwirkungen zwischen unpolaren Molekülen oder Atomen über induzierte Dipole (Dispersionskräfte).

Van-der-Waals-Kräfte werden allgemein den > zwischenmolekularen Wechselwirkungen zugeordnet.

Veresterung: Chemische Reaktion von > Alkoholen mit organischen oder anorganischen Säuren zu > Estern.

Verhältnisformel: Formel, die das Zahlenverhältnis der Atome, Atomgruppen oder > Ionen in einer chemischen Verbindung angibt, ohne eine Aussage über die Anzahl der Atome in einem Molekül oder Ion zu machen. Für salzartige Stoffe ist sie gleich der kleinsten Formeleinheit (Baueinheit).
Verhältnisformel für Natriumchlorid: NaCl
Verhältnisformel für Benzol: CH

Verseifung: Die > Hydrolyse von > Estern unter dem Einfluss von alkalischen oder sauren Lösungen.

Volumenanteil φ: Quotient aus dem Volumen $V(\mathrm{B})$ des Stoffs B und der Summe der Volumen V_j aller Einzelkomponenten der Mischphase vor dem Mischungsvorgang.

$$\varphi(\mathrm{B}) = \frac{V(\mathrm{B})}{\Sigma V_\mathrm{j}}$$

Einheiten: 1, %, ‰, ppm

W

Wasserhärte: Gibt den Anteil der in einer Wasserprobe enthaltenen Calcium- und Magnesiumsalze (Chloride, Sulfate, Hydrogencarbonate; Gesamthärte) an.
Angaben heute in mmol/l Erdalkalimetall-Ionen; früher Angabe in Deutschen Härtegraden:
1 °d entspricht
$\beta(\mathrm{CaO}) = 10\ \mathrm{mg \cdot l^{-1}}$
bzw. entspricht
$c(\mathrm{Ca^{2+}}) = 0{,}178\ \mathrm{mmol \cdot l^{-1}}$

Wasserstoffbrückenbindung: Elektrostatische Wechselwirkung, bei der elektrisch positiv polarisierte Wasserstoffatome, die an Atome von Elementen hoher > Elektronegativität (z. B. Fluor, Sauerstoff, Stickstoff) gebunden sind, Brücken zu anderen stark elektrisch negativ geladenen Atomen von Nachbarmolekülen oder innerhalb desselben Moleküls ausbilden. Wasserstoffbrückenbindungen werden allgemein den > zwischenmolekularen Wechselwirkungen zugeordnet.

Z

Zeitgesetz: > Geschwindigkeitsgleichung

Zwischenmolekulare Wechselwirkungen: Schwache Wechselwirkungskräfte zwischen Molekülen und Edelgasatomen, die die Ausbildung von Molekülgittern, den Zusammenhalt der Moleküle in Flüssigkeiten und die Eigenschaften realer Gase bewirken. Zu den zwischenmolekularen Wechselwirkungen werden die > Wasserstoffbrückenbindungen und die > Van-der-Waals-Kräfte gezählt.

Zwitterion: Molekül, das räumlich getrennte positive und negative elektrische Ladungen besitzt. > Aminosäuren (2-Aminosäuren) liegen als Zwitterionen vor.

Hinweise zur Arbeit mit Gefahrstoffen

Einstufung von Gefahrstoffen nach der GHS-Verordnung

Mit dem neuen GHS (*Globally Harmonised System of Classification and Labelling of Chemicals*) werden die Kriterien für die Einstufung der Gefahrstoffe neu festgelegt und mit international einheitlichen Piktogrammen versehen. Neu ist auch die Verwendung der Signalworte „Gefahr“ und „Achtung“ für das Ausmaß der Gefahr: „Gefahr“ bei hoher Gefährdung oder „Achtung“ bei geringerer Gefährdung.

Gefahren-piktogramm und -Code	Mit dem Gefahrenpiktogramm gekennzeichnete Stoffe und Gemische	Signalwort	Kennzeichnung nach bisheriger Gefahrstoffverordnung	
			Gefahrensymbol	Gefahrenhinweise
GHS01	explosive und sehr gefährliche selbstzersetzliche Stoffe und Gemische sowie sehr gefährliche organische Peroxide	Gefahr oder Achtung	E	R2, R3
GHS02	entzündbare, selbsterhitzungsfähige und gefährliche selbstzersetzliche Stoffe und Gemische, pyrophore Stoffe sowie Stoffe und Gemische, die bei Berührung mit Wasser entzündbare Gase entwickeln	Gefahr oder Achtung	F+ oder F	R12, R11 oder R10; R17; R15
GHS02	gefährliche organische Peroxide	Gefahr oder Achtung	O	R7
GHS03	Stoffe und Gemische mit oxidierender Wirkung	Gefahr oder Achtung	O	R8, R9
GHS04	Gase unter Druck	Achtung	–	
GHS05	Stoffe und Gemische, die korrosiv auf Metalle wirken	Achtung	–	
GHS05	Stoffe und Gemische, die schwere Verätzungen der Haut und/oder schwere Augenschäden verursachen	Gefahr	C oder Xi	R34, R35, R41
GHS06	lebensgefährliche und giftige Stoffe und Gemische	Gefahr	T+ oder T	R26, R27, R28 oder R23, R24, R25
GHS07	gesundheitsschädliche Stoffe und Gemische	Achtung	Xn	R20, R21, R22
GHS07	Stoffe und Gemische, die Haut- und/oder Augenreizungen verursachen und/oder allergische Hautreaktionen, Reizungen der Atemwege und/oder Schläfrigkeit und Benommenheit verursachen können	Achtung	Xi	R36, R37, R38; R43; R67
GHS08	Stoffe und Gemische, die bei Verschlucken und Eindringen in die Atemwege tödlich sein können und/oder eine Gefahr für die Gesundheit darstellen. Diese Stoffe und Gemische schädigen bestimmte Organe und/oder können Krebs erzeugen, die Fruchtbarkeit beeinträchtigen, das Kind im Mutterleib schädigen und/oder genetische Defekte und/oder beim Einatmen Allergien, asthmaartige Symptome oder Atembeschwerden verursachen.	Gefahr oder Achtung	T+, T oder Xn	R45, R49, R40; R60, R62; R61, R63; R46; R39/…; R68/…; R48/…; R42; R33; R65
GHS09	Stoffe und Gemische, die sehr giftig oder giftig für Wasserorganismen sind	Achtung oder –	N	R50, R50/53 R51/53

Gefahrenhinweise, Gefahrenmerkmale und Kennzeichnungselemente

1 Gefahrenhinweise

Gefahrenhinweise für physikalische Gefahren

H200 Instabil, explosiv

H201 Explosiv, Gefahr der Massenexplosion.

H202 Explosiv; große Gefahr durch Splitter, Spreng- und Wurfstücke.

H203 Explosiv; Gefahr durch Feuer, Luftdruck oder Splitter, Spreng- und Wurfstücke.

H204 Gefahr durch Feuer oder Splitter, Spreng- und Wurfstücke.

H205 Gefahr der Massenexplosion bei Feuer.

H220 Extrem entzündbares Gas.

H221 Entzündbares Gas.

H222 Extrem entzündbares Aerosol.

H223 Entzündbares Aerosol.

H224 Flüssigkeit und Dampf extrem entzündbar.

H225 Flüssigkeit und Dampf leicht entzündbar.

H226 Flüssigkeit und Dampf entzündbar.

H228 Entzündbarer Feststoff.

H240 Erwärmung kann Explosion verursachen.

H241 Erwärmung kann Brand oder Explosion verursachen.

H242 Erwärmung kann Brand verursachen.

H250 Entzündet sich in Berührung mit Luft von selbst.

H251 Selbsterhitzungsfähig; kann in Brand geraten.

H252 In großen Mengen selbsterhitzungsfähig; kann in Brand geraten.

H260 In Berührung mit Wasser entstehen entzündbare Gase, die sich spontan entzünden können.

H261 In Berührung mit Wasser entstehen entzündbare Gase.

H270 Kann Brand verursachen oder verstärken; Oxidationsmittel.

H271 Kann Brand oder Explosion verursachen; starkes Oxidationsmittel.

H272 Kann Brand verstärken; Oxidationsmittel.

H280 Enthält Gas unter Druck; kann bei Erwärmung explodieren.

H281 Enthält tiefkaltes Gas; kann Kälteverbrennungen oder -verletzungen verursachen.

H290 Kann gegenüber Metallen korrosiv sein.

Gefahrenhinweise für Gesundheitsgefahren

H300 Lebensgefahr bei Verschlucken.

H301 Giftig bei Verschlucken.

H302 Gesundheitsschädlich bei Verschlucken.

H304 Kann bei Verschlucken und Eindringen in die Atemwege tödlich sein.

H310 Lebensgefahr bei Hautkontakt.

H311 Giftig bei Hautkontakt.

H312 Gesundheitsschädlich bei Hautkontakt.

H314 Verursacht schwere Verätzungen der Haut und schwere Augenschäden.

H315 Verursacht Hautreizungen.

H317 Kann allergische Hautreaktionen verursachen.

H318 Verursacht schwere Augenschäden.

H319 Verursacht schwere Augenreizung.

H330 Lebensgefahr bei Einatmen.

H331 Giftig bei Einatmen.

H332 Gesundheitsschädlich bei Einatmen.

H334 Kann bei Einatmen Allergie, asthmaartige Symptome oder Atembeschwerden verursachen.

H335 Kann die Atemwege reizen.

H336 Kann Schläfrigkeit und Benommenheit verursachen.

H340 Kann genetische Defekte verursachen <Expositionsweg angeben, sofern schlüssig belegt ist, dass diese Gefahr bei keinem anderen Expositionsweg besteht>.

H341 Kann vermutlich genetische Defekte verursachen <Expositionsweg angeben, sofern schlüssig belegt ist, dass diese Gefahr bei keinem anderen Expositionsweg besteht>.

H350 Kann Krebs erzeugen <Expositionsweg angeben, sofern schlüssig belegt ist, dass diese Gefahr bei keinem anderen Expositionsweg besteht>.

H350i Kann beim Einatmen Krebs erzeugen.

H351 Kann vermutlich Krebs erzeugen <Expositionsweg angeben, sofern schlüssig belegt ist, dass diese Gefahr bei keinem anderen Expositionsweg besteht>.

H360 Kann die Fruchtbarkeit beeinträchtigen oder das Kind im Mutterleib schädigen <konkrete Wirkung angeben, sofern bekannt> <Expositionsweg angeben, sofern schlüssig belegt ist, dass die Gefahr bei keinem anderen Expositionsweg besteht>.

H360F Kann die Fruchtbarkeit beeinträchtigen.

H360D Kann das Kind im Mutterleib schädigen.

H360FD Kann die Fruchtbarkeit beeinträchtigen. Kann das Kind im Mutterleib schädigen.

H360Fd Kann die Fruchtbarkeit beeinträchtigen. Kann vermutlich das Kind im Mutterleib schädigen.

H360Df Kann das Kind im Mutterleib schädigen. Kann vermutlich die fruchtbarkeit beeinträchtigen.

H361 Kann vermutlich die Fruchtbarkeit beeinträchtigen oder das Kind im Mutterleib schädigen <konkrete Wirkung angeben, sofern bekannt> <Expositionsweg angeben, sofern schlüssig belegt ist, dass die Gefahr bei keinem anderen Expositionsweg besteht>.

H361f Kann vermutlich die Fruchtbarkeit beeinträchtigen.

H361d Kann vermutlich das Kind im Mutterleib schädigen.

H361fd Kann vermutlich die Fruchtbarkeit beeinträchtigen. Kann vermutlich das Kind im Mutterleib schädigen.

H362 Kann Säuglinge über die Muttermilch schädigen.

H370 Schädigt die Organe <oder alle betroffenen Organe nennen, sofern bekannt> <Expositionsweg angeben, sofern schlüssig belegt ist, dass diese Gefahr bei keinem anderen Expositionsweg besteht>.

H371 Kann die Organe schädigen <oder alle betroffenen Organe nennen, sofern bekannt> <Expositionsweg angeben, sofern schlüssig belegt ist, dass diese Gefahr bei keinem anderen Expositionsweg besteht>.

H372 Schädigt die Organe <alle betroffenen Organe nennen> bei längerer oder wiederholter Exposition <Expositionsweg angeben, wenn schlüssig belegt ist, dass diese Gefahr bei keinem anderen Expositionsweg besteht>.

H373 Kann die Organe schädigen <alle betroffenen Organe nennen, sofern bekannt> bei längerer oder wiederholter Exposition <Expositionsweg angeben, wenn schlüssig belegt ist, dass diese Gefahr bei keinem anderen Expositionsweg besteht>.

Gefahrenhinweise für Umweltgefahren

H400 Sehr giftig für Wasserorganismen.

H410 Sehr giftig für Wasserorganismen mit langfristiger Wirkung.

H411 Giftig für Wasserorganismen, mit langfristiger Wirkung.

H412 Schädlich für Wasserorganismen, mit langfristiger Wirkung.

H413 Kann für Wasserorganismen schädlich sein, mit langfristiger Wirkung.

2 Ergänzende Gefahrenmerkmale

Physikalische Eigenschaften

EUH001 In trockenem Zustand explosionsgefährlich.

EUH006 Mit und ohne Luft explosionsfähig.

EUH014 Reagiert heftig mit Wasser.

EUH018 Kann bei Verwendung explosionsfähige/entzündbare Dampf/Luft-Gemische bilden.

EUH019 Kann explosionsfähige Peroxide bilden.

EUH044 Explosionsgefahr bei Erhitzen unter Einschluss.

Gesundheitsgefährliche Eigenschaften

EUH029 Entwickelt bei Berührung mit Wasser giftige Gase.

EUH031 Entwickelt bei Berührung mit Säure giftige Gase.

EUH032 Entwickelt bei Berührung mit Säure sehr giftige Gase.

EUH066 Wiederholter Kontakt kann zu spröder oder rissiger Haut führen.

EUH070 Giftig bei Berührung mit den Augen.

EUH071 Wirkt ätzend auf die Atemwege.

Umweltgefährliche Eigenschaften

EUH059 Die Ozonschicht schädigend.

3 Ergänzende Kennzeichnungselemente/Informationen über bestimmte Stoffe und Gemische

EUH201 Enthält Blei. Nicht für den Anstrich von Gegenständen verwenden, die von Kindern gekaut oder gelutscht werden könnten.
EUH201A Achtung! Enthält Blei.
EUH202 Cyanacrylat. Gefahr. Klebt innerhalb von Sekunden Haut und Augenlider zusammen. Darf nicht in die Hände von Kindern gelangen.
EUH203 Enthält Chrom (VI). Kann allergische Reaktionen hervorrufen.
EUH204 Enthält Isocyanate. Kann allergische Reaktionen hervorrufen.
EUH205 Enthält epoxidhaltige Verbindungen. Kann allergische Reaktionen hervorrufen.
EUH206 Achtung! Nicht zusammen mit anderen Produkten verwenden, da gefährliche Gase (Chlor) freigesetzt werden können.
EUH207 Achtung! Enthält Cadmium. Bei der Verwendung entstehen gefährliche Dämpfe. Hinweise des Herstellers beachten. Sicherheitsanweisungen einhalten.
EUH208 Enthält <Name des sensibilisierenden Stoffes>. Kann allergische Reaktionen hervorrufen.
EUH209 Kann bei Verwendung leicht entzündbar werden.
EUH209A Kann bei Verwendung entzündbar werden.
EUH210 Sicherheitsdatenblatt auf Anfrage erhältlich.
EUH401 Zur Vermeidung von Risiken für Mensch und Umwelt die Gebrauchsanleitung einhalten.

Sicherheitshinweise

Sicherheitshinweise – Allgemeines
P101 Ist ärztlicher Rat erforderlich, Verpackung oder Kennzeichnungsetikett bereithalten.
P102 Darf nicht in die Hände von Kindern gelangen.
P103 Vor Gebrauch Kennzeichnungsetikett lesen.

Sicherheitshinweise – Prävention
P201 Vor Gebrauch besondere Anweisungen einholen.
P202 Vor Gebrauch alle Sicherheitshinweise lesen und verstehen.
P210 Von Hitze/Funken/offener Flamme/heißen Oberflächen fernhalten. Nicht rauchen.
P211 Nicht gegen offene Flamme oder andere Zündquelle sprühen.
P220 Von Kleidung/…/brennbaren Materialien fernhalten/entfernt aufbewahren.
P221 Mischen mit brennbaren Stoffen/… unbedingt verhindern.
P222 Kontakt mit Luft nicht zulassen.
P223 Kontakt mit Wasser wegen heftiger Reaktion und möglichem Aufflammen unbedingt verhindern.
P230 Feucht halten mit …
P231 Unter inertem Gas handhaben.
P232 Vor Feuchtigkeit schützen.
P233 Behälter dicht verschlossen halten.
P234 Nur im Originalbehälter aufbewahren.
P235 Kühl halten.
P240 Behälter und zu befüllende Anlage erden.
P241 Explosionsgeschützte elektrische Betriebsmittel/Lüftungsanlagen/Beleuchtung/… verwenden.
P242 Nur funkenfreies Werkzeug verwenden.
P243 Maßnahmen gegen elektrostatische Aufladungen treffen.
P244 Druckminderer frei von Fett und Öl halten.
P250 Nicht schleifen/stoßen/…/reiben.
P251 Behälter steht unter Druck: Nicht durchstechen oder verbrennen, auch nicht nach der Verwendung.
P260 Staub/Rauch/Gas/Nebel/Dampf/Aerosol nicht einatmen.
P261 Einatmen von Staub/Rauch/Gas/Nebel/Dampf/Aerosol vermeiden.
P262 Nicht in die Augen, auf die Haut oder auf die Kleidung gelangen lassen.
P263 Kontakt während der Schwangerschaft und der Stillzeit vermeiden.
P264 Nach Gebrauch … gründlich waschen.
P270 Bei Gebrauch nicht essen, trinken oder rauchen.
P271 Nur im Freien oder in gut belüfteten Räumen verwenden.
P272 Kontaminierte Arbeitskleidung nicht außerhalb des Arbeitsplatzes tragen.
P273 Freisetzung in die Umwelt vermeiden.
P280 Schutzhandschuhe/Schutzkleidung/Augenschutz/Gesichtsschutz tragen.
P281 Vorgeschriebene persönliche Schutzausrüstung verwenden.
P282 Schutzhandschuhe/Gesichtsschild/Augenschutz mit Kälteisolierung tragen.
P283 Schwer entflammbare/flammhemmende Kleidung tragen.
P284 Atemschutz tragen.
P285 Bei unzureichender Belüftung Atemschutz tragen.
P231 + P232 Unter inertem Gas handhaben. Vor Feuchtigkeit schützen.
P235 + P410 Kühl halten. Vor Sonnenbestrahlung schützen.

Sicherheitshinweise – Reaktion
P301 BEI VERSCHLUCKEN:
P302 BEI BERÜHRUNG MIT DER HAUT:
P303 BEI BERÜHRUNG MIT DER HAUT (oder dem Haar):
P304 BEI EINATMEN:
P305 BEI KONTAKT MIT DEN AUGEN:
P306 BEI KONTAMINIERTER KLEIDUNG:
P307 BEI Exposition:
P308 BEI Exposition oder falls betroffen:
P309 BEI Exposition oder Unwohlsein:
P310 Sofort GIFTINFORMATIONSZENTRUM oder Arzt anrufen.
P311 GIFTINFORMATIONSZENTRUM oder Arzt anrufen.
P312 Bei Unwohlsein GIFTINFORMATIONSZENTRUM oder Arzt anrufen.
P313 Ärztlichen Rat einholen/ärztliche Hilfe hinzuziehen.
P314 Bei Unwohlsein ärztlichen Rat einholen/ärztliche Hilfe hinzuziehen.
P315 Sofort ärztlichen Rat einholen/ärztliche Hilfe hinzuziehen.
P320 Besondere Behandlung dringend erforderlich (siehe … auf diesem Kennzeichnungsetikett).
P321 Besondere Behandlung (siehe … auf diesem Kennzeichnungsetikett).
P322 Gezielte Maßnahmen (siehe … auf diesem Kennzeichnungsetikett).
P330 Mund ausspülen.
P331 KEIN Erbrechen herbeiführen.
P332 Bei Hautreizung:
P333 Bei Hautreizung oder -ausschlag:
P334 In kaltes Wasser tauchen/nassen Verband anlegen.
P335 Lose Partikel von der Haut abbürsten.
P336 Vereiste Bereiche mit lauwarmem Wasser auftauen. Betroffenen Bereich nicht reiben.
P337 Bei anhaltender Augenreizung:
P338 Eventuell Vorhandene Kontaktlinsen nach Möglichkeit entfernen. Weiter ausspülen.
P340 Die betroffene Person an die frische Luft bringen und in einer Position ruhig stellen, die das Atmen erleichtert.
P341 Bei Atembeschwerden an die frische Luft bringen und in einer Position ruhig stellen, die das Atmen erleichtert.
P342 Bei Symptomen der Atemwege:
P350 Behutsam mit viel Wasser und Seife waschen.
P351 Einige Minuten lang behutsam mit Wasser ausspülen.
P352 Mit viel Wasser und Seife waschen.
P353 Haut mit Wasser abwaschen/duschen.
P360 Kontaminierte Kleidung und Haut sofort mit viel Wasser abwaschen und danach Kleidung ausziehen.
P361 Alle kontaminierten Kleidungsstücke sofort ausziehen.
P362 Kontaminierte Kleidung ausziehen und vor erneutem Tragen waschen.

P363 Kontaminierte Kleidung vor erneutem Tragen waschen.
P370 Bei Brand:
P371 Bei Großbrand und großen Mengen:
P372 Explosionsgefahr bei Brand.
P373 KEINE Brandbekämpfung, wenn das Feuer explosive Stoffe/Gemische/Erzeugnisse erreicht.
P374 Brandbekämpfung mit üblichen Vorsichtsmaßnahmen aus angemessener Entfernung.
P375 Wegen Explosionsgefahr Brand aus der Entfernung bekämpfen.
P376 Undichtigkeit beseitigen, wenn gefahrlos möglich.
P377 Brand von ausströmendem Gas: Nicht löschen, bis Undichtigkeit gefahrlos beseitigt werden kann.
P378 … zum Löschen verwenden.
P380 Umgebung räumen.
P381 Alle Zündquellen entfernen, wenn gefahrlos möglich.
P390 Verschüttete Mengen aufnehmen, um Materialschäden zu vermeiden.
P391 Verschüttete Mengen aufnehmen.
P301 + P310 BEI VERSCHLUCKEN: Sofort GIFTINFORMATIONSZENTRUM oder Arzt anrufen.
P301 + P312 BEI VERSCHLUCKEN: Bei Unwohlsein GIFTINFORMATIONSZENTRUM oder Arzt anrufen.
P301 + P330 + P331 BEI VERSCHLUCKEN: Mund ausspülen. KEIN Erbrechen herbeiführen.
P302 + P334 BEI KONTAKT MIT DER HAUT: In kaltes Wasser tauchen/nassen Verband anlegen.
P302 + P350 BEI KONTAKT MIT DER HAUT: Behutsam mit viel Wasser und Seife waschen.
P302 + P352 BEI KONTAKT MIT DER HAUT: Mit viel Wasser und Seife waschen.
P303 + P361 + P353 BEI KONTAKT MIT DER HAUT (oder dem Haar): Alle kontaminierten Kleidungsstücke sofort ausziehen. Haut mit Wasser abwaschen/duschen.
P304 + P340 BEI EINATMEN: An die frische Luft bringen und in einer Position ruhig stellen, die das Atmen erleichtert.
P304 + P341 BEI EINATMEN: Bei Atembeschwerden an die frische Luft bringen und in einer Position ruhig stellen, die das Atmen erleichtert.
P305 + P351 + P338 BEI KONTAKT MIT DEN AUGEN: Einige Minuten lang behutsam mit Wasser spülen. Vorhandene Kontaktlinsen nach Möglichkeit entfernen. Weiter spülen.
P306 + P360 BEI KONTAKT MIT DER KLEIDUNG: Kontaminierte Kleidung und Haut sofort mit viel Wasser abwaschen und danach Kleidung ausziehen.
P307 + P311 BEI Exposition: GIFTINFORMATIONSZENTRUM oder Arzt anrufen.
P308 + P313 BEI Exposition oder falls betroffen: Ärztlichen Rat einholen/ärztliche Hilfe hinzuziehen.
P309 + P311 BEI Exposition oder Unwohlsein: GIFTINFORMATIONSZENTRUM oder Arzt anrufen.
P332 + P313 Bei Hautreizung: Ärztlichen Rat einholen/ärztliche Hilfe hinzuziehen.
P333 + P313 Bei Hautreizung oder -ausschlag: Ärztlichen Rat einholen/ärztliche Hilfe hinzuziehen.
P335 + P334 Lose Partikel von der Haut abbürsten. In kaltes Wasser tauchen/nassen Verband anlegen.
P337 + P313 Bei anhaltender Augenreizung: Ärztlichen Rat einholen/ärztliche Hilfe hinzuziehen.
P342 + P311 Bei Symptomen der Atemwege: GIFTINFORMATIONSZENTRUM oder Arzt anrufen.
P370 + P376 Bei Brand: Undichtigkeit beseitigen, wenn gefahrlos möglich.
P370 + P378 Bei Brand: … zum Löschen verwenden.
P370 + P380 Bei Brand: Umgebung räumen.
P370 + P380 + P375 Bei Brand: Umgebung räumen. Wegen Explosionsgefahr Brand aus der Entfernung bekämpfen.
P371 + P380 + P375 Bei Großbrand und großen Mengen: Umgebung räumen. Wegen Explosionsgefahr Brand aus der Entfernung bekämpfen.

Sicherheitshinweise – Aufbewahrung

P401 … aufbewahren.
P402 An einem trockenen Ort aufbewahren.
P403 An einem gut belüfteten Ort aufbewahren.
P404 In einem geschlossenen Behälter aufbewahren.
P405 Unter Verschluss aufbewahren.
P406 In korrosionsbeständigem/… Behälter mit korrosionsbeständiger Auskleidung aufbewahren.
P407 Luftspalt zwischen Stapeln/Paletten lassen.
P410 Vor Sonnenbestrahlung schützen.
P411 Bei Temperaturen von nicht mehr als … °C aufbewahren.
P412 Nicht Temperaturen von mehr als 50 °C aussetzen.
P413 Schüttgut in Mengen von mehr als … kg bei Temperaturen von nicht mehr als … °C aufbewahren.
P420 Von anderen Materialien entfernt aufbewahren.
P422 Inhalt in/unter … aufbewahren.
P402 + P404 In einem geschlossenen Behälter an einem trockenen Ort aufbewahren.
P403 + P233 Behälter dicht verschlossen an einem gut belüfteten Ort aufbewahren.
P403 + P235 Kühl an einem gut belüfteten Ort aufbewahren.
P410 + P403 Vor Sonnenbestrahlung geschützt an einem gut belüfteten Ort aufbewahren.
P410 + P412 Vor Sonnenbestrahlung schützen und nicht Temperaturen von mehr als 50 °C aussetzen.
P411 + P235 Kühl und bei Temperaturen von nicht mehr als … °C aufbewahren.

Sicherheitshinweise – Entsorgung

P501 Inhalt/Behälter … zuführen.

Entsorgungsratschläge (E-Sätze)

E1 Verdünnen, in den Ausguss geben (WGK 0 bzw. 1)
E2 Neutralisieren, in den Ausguss geben
E3 In den Hausmüll geben, gegebenenfalls im Polyethylenbeutel (Stäube)
E4 Als Sulfid fällen
E5 Mit Calcium-Ionen fällen, dann E1 oder E3
E6 Nicht in den Hausmüll geben
E7 Im Abzug entsorgen
E8 Der Sondermüllbeseitigung zuführen (Adresse zu erfragen bei der Kreis- oder Stadtverwaltung), Abfallschlüssel beachten
E9 Unter größter Vorsicht in kleinsten Portionen reagieren lassen (z. B. offen im Freien verbrennen)
E10 In gekennzeichneten Behältern sammeln:
1. „Organische Abfälle – halogenhaltig"
2. „Organische Abfälle – halogenfrei"
dann E 8
E11 Als Hydroxid fällen (pH = 8), den Niederschlag zu E8
E12 Nicht in die Kanalisation gelangen lassen
E13 Aus der Lösung mit unedlem Metall (z. B. Eisen) als Metall abscheiden (E14, E3)
E14 Recycling-geeignet (Redestillation oder einem Recyclingunternehmen zuführen)
E15 Mit Wasser vorsichtig umsetzen, frei werdende Gase absorbieren oder ins Freie ableiten
E16 Entsprechend den speziellen Ratschlägen für die Beseitigungsgruppen beseitigen

Liste von Gefahrstoffen

Gefahrstoff	Signalwort	Piktogrammcode	H-Sätze und EUH-Sätze	E-Sätze
Aceton (Propanon)	Gefahr	GHS02 GHS07	H225 H319 H336 EUH066	1-10-14
Acetaldehyd s. Ethanal				
Acetylsalicylsäure	Achtung	GHS07	H302	10-12
Acrolein (Propenal)	Gefahr	GHS06 GHS05 GHS09	H314 H330 H400	10-12-16
Aluminium, Grieß	Gefahr	GHS02	H261	6-9
Aluminium, Pulver (stabilisiert)	Gefahr	GHS02	H261 H228	6-9
Aluminiumchlorid, wasserfrei	Gefahr	GHS05	H314	2
Aluminiumchlorid-lösung $5\,\% \leq w < 10\,\%$	Achtung	GHS07	H315 H319	2
Ameisensäure (Methansäure) $w \geq 90\,\%$	Gefahr	GHS05	H314	1-10
Ameisensäure (Methansäure) $10\,\% \leq w < 90\,\%$	Gefahr	GHS05	H314	1-10
Ameisensäure (Methansäure) $2\,\% \leq w < 10\,\%$	Achtung	GHS07	H315 H319	1-10
Ammoniak, wasserfrei	Gefahr	GHS04 GHS06 GHS05 GHS09	H221 H331 H314 H400	2-7
Ammoniaklösung $w \geq 25\,\%$	Gefahr	GHS05 GHS09	H314 H400	2
Ammoniaklösung $10\,\% \leq w < 25\,\%$	Gefahr	GHS05	H314	2
Ammoniaklösung $5\,\% \leq w < 10\,\%$	Achtung	GHS07	H315 H319 H335	2
Ammonium-carbonat	Achtung	GHS07	H302	2
Ammoniumchlorid	Achtung	GHS07	H302 H319	2
Ammonium-thiocyanat	Achtung	GHS07	H302 + H312 + H332 H412 EUH032	2
Anilin (Amino-benzol)	Gefahr	GHS06 GHS08 GHS05 GHS09	H351 H341 H331 H311 H301 H372 H318 H317 H400	10

Gefahrstoff	Signalwort	Piktogrammcode	H-Sätze und EUH-Sätze	E-Sätze
Anilinlösung (Aminobenzol-lösung) $1\,\% \leq w < 3\,\%$	Gefahr	GHS06 GHS08 GHS09	H351 H341 H331 H311 H301 H372 H319 H317 H400	10
Bariumchlorid	Gefahr	GHS06	H301 H332	1-3
Bariumchlorid-lösung $3\,\% \leq w < 25\,\%$	Achtung	GHS07	H302	1
Bariumhydroxid	Gefahr	GHS05 GHS07	H302 H314 H332	1-3
Bariumhydroxid-8-Wasser	Gefahr	GHS05 GHS07	H302 H314 H332	1-3
Benzoesäure	Achtung	GHS07	H302 H319	10-12
Benzol	Gefahr	GHS02 GHS08 GHS07	H225 H350 H340 H372 H304 H319 H315	10-12
Blei (bioverfügbar)	Gefahr	GHS07 GHS08	H302 H332 H360D H373	8
Blei(II)-acetat	Gefahr	GHS08 GHS09	H360Df H373 H410	8-14
Blei(II)-nitrat	Gefahr	GHS08 GHS07 GHS09	H360Df H332 H302 H373 H410	8
Borsäure	Gefahr	GHS08	H360FD	1-3
Brennspiritus (Ethanol)	Gefahr	GHS02	H225	1-10
Brenzcatechin (1,2-Dihydroxy-benzol)	Achtung	GHS07	H312 H302 H319 H315	10-12
Brom	Gefahr	GHS06 GHS05 GHS09	H330 H314 H400	16
Bromwasser $1\% \leq w < 5\,\%$	Gefahr	GHS06	H311 H330	16
n-Butan	Gefahr	GHS02 GHS04	H220	2

Gefahrstoff	Signalwort	Piktogrammcode	H-Sätze und EUH-Sätze	E-Sätze
Butandisäure (Bernsteinsäure)	Achtung	GHS07	H319	10-12
Butan-1-ol	Gefahr	GHS02 GHS05 GHS07	H226 H302 H335 H315 H318 H336	10
tert-Butanol (2-Methylpropan-2-ol)	Gefahr	GHS02 GHS07	H225 H332 H319 H335	10-12
Butansäure (Buttersäure)	Gefahr	GHS05	H314	10
Calciumcarbid	Gefahr	GHS02	H260	15-16
Calciumchlorid	Achtung	GHS07	H319	1
Calciumchlorid-6-Wasser	Achtung	GHS07	H319	1
Capronsäure s. Hexansäure				
Chlor	Gefahr	GHS06 GHS09	H331 H319 H335 H315 H400	16
Chloroform (Trichlormethan)	Achtung	GHS08 GHS07	H351 H302 H373 H373 H315	10-12
Chlorwasser, gesättigt $w \approx 0{,}7\,\%$	Achtung	GHS07	H332	16
Chlorwasserstoff	Gefahr	GHS04 GHS06 GHS05	H331 H314	2
Citronensäure	Achtung	GHS07	H319	1-10
Cobalt(II)-chlorid	Gefahr	GHS08 GHS07 GHS09	H350i H302 H334 H317 H410	11-12
Cobalt(II)-nitrat	Gefahr	GHS08 GHS09	H350i H341 H360F H334 H317 H410	11-12
Cyclohexan	Gefahr	GHS02 GHS08 GHS07 GHS09	H225 H304 H315 H336 H410	10-12
Cyclohexen	Gefahr	GHS02 GHS08 GHS07 GHS09	H225 H304 H302 H411	10-12
n-Decan	Gefahr	GHS02 GHS08	H226 H304	10-12

Gefahrstoff	Signalwort	Piktogrammcode	H-Sätze und EUH-Sätze	E-Sätze
Decansäuredichlorid s. Sebacinsäuredichlorid				
Dibenzoylperoxid	Gefahr	GHS01 GHS02 GHS07	H241 H319 H317	10-12
Dichlormethan s. Methylenchlorid				
Diethylether (Ether)	Gefahr	GHS02 GHS07	H224 H302 H336 EUH019 EUH066	9-10-12
1,2-Dihydroxyolbenzol s. Brenzcatechin				
1,3-Dihydroxyolbenzol s. Resorcin				
1,4-Dihydroxyolbenzol s. Hydrochinon				
N,N-Dimethylanilin	Gefahr	GHS06 GHS08 GHS09	H351 H331 H311 H301 H411	10-12
Dimethylglyoximlösung, gesättigt in Ethanol	Gefahr	GHS02	H225	1-10
Distickstofftetraoxid	Gefahr	GHS04 GHS03 GHS06 GHS05	H270 H330 H314	7
Eisen(III)-chlorid	Gefahr	GHS05 GHS07	H302 H315 H318 H290	2
Eisen(III)-nitrat-9-Wasser	Achtung	GHS03 GHS07	H272 H315 H319	2
Essigessenz	Achtung	GHS07	H319 H315	2-10
Essigsäure (Ethansäure) $w \geq 90\,\%$	Gefahr	GHS02 GHS05	H226 H314	2-10
Essigsäure (Ethansäure) $25\,\% \leq w < 90\,\%$	Gefahr	GHS05	H314	2-10
Essigsäure (Ethansäure) $10\,\% \leq w < 25\,\%$	Achtung	GHS07	H319 H315	2-10
Essigsäureanhydrid	Gefahr	GHS02 GHS05 GHS07	H226 H332 H302 H314	2-10
Essigsäureethylester (Ethylacetat)	Gefahr	GHS02 GHS07	H225 H319 H336 EUH066	10-12
Ethan	Gefahr	GHS02 GHS04	H220	7

Gefahrstoff	Signalwort	Piktogrammcode	H-Sätze und EUH-Sätze	E-Sätze
Ethanal (Acetaldehyd)	Gefahr	GHS02 GHS08 GHS07	H224 H351 H319 H335	9-10-12-16
Ethanallösung (Acetaldehydlösung) $w \geq 10\,\%$		GHS08 GHS07	H351 H319 H335	9-10-12-16
Ethanol (Brennspiritus)	Gefahr	GHS02	H225	1-10
Ethan-1,2-diol s. Glykol				
Ethen (Ethylen)	Gefahr	GHS02 GHS04 GHS07	H220 H336	7
Ethin (Acetylen)	Gefahr	GHS02 GHS04	H220 EUH006	7
Fehling-Lösung II	Gefahr	GHS05	H314	2
Glykol (Ethan-1,2-diol)	Achtung	GHS07	H302	10-12
n-Heptan	Gefahr	GHS02 GHS08 GHS07 GHS09	H225 H304 H315 H336 H410	10-12
n-Hexan	Gefahr	GHS02 GHS08 GHS07 GHS09	H225 H361f H304 H373 H315 H336 H411	10-12
Hexan-1,6-diamin	Gefahr	GHS05 GHS07	H312 H302 H335 H314	10-12
Hexansäure (Capronsäure)	Gefahr	GHS05	H314 H412	2-10
Hex-1-en	Gefahr	GHS02 GHS08	H225 H304	10-12
Hydrochinon (1,4-Dihydroxybenzol)	Gefahr	GHS08 GHS05 GHS07 GHS09	H351 H341 H302 H318 H317 H400	10-12
Iod	Achtung	GHS07 GHS09	H332 H312 H400	1-16
2-Iodbutan (sek-Butyliodid)	Achtung	GHS02	H226	10-12
Kaliumcyanat	Achtung	GHS07	H302	1
Kaliumhydrogensulfat	Gefahr	GHS05 GHS07	H314 H335	2
Kaliumhydroxid (Ätzkali)	Gefahr	GHS05 GHS07	H314 H302	2
Kaliumhydroxidlösung (Kalilauge) $w \geq 5\,\%$	Gefahr	GHS05 GHS07	H314 H302	2
Kaliumhydroxidlösung (Kalilauge) $2\,\% \leq w < 5\,\%$	Gefahr	GHS05	H314	2
Kaliumhydroxidlösung (Kalilauge) $0{,}5\,\% \leq w < 2\,\%$	Achtung	GHS07	H319 H315	2
Kaliumnitrat	Achtung	GHS03	H272	1
Kaliumpermanganat	Gefahr	GHS03 GHS07 GHS09	H272 H302 H410	1-6
Kohlenstoffdisulfid	Gefahr	GHS02 GHS08 GHS07	H225 H361fd H372 H319 H315	9-10-12
Kupfer(II)-oxid	Achtung	GHS07 GHS09	H302 H410	8-16
Kupfer(II)-sulfat, wasserfrei	Achtung	GHS07 GHS09	H302 H319 H315 H410	11
Kupfer(II)-sulfat-5-Wasser	Achtung	GHS07 GHS09	H302 H319 H315 H410	11
Lithiumchlorid	Achtung	GHS07	H302 H319 H315	1
Magnesium, Späne	Gefahr	GHS02	H228 H261 H252	3
Mangan(IV)-oxid (Braunstein)	Achtung	GHS07	H332 H302	3
Methan	Gefahr	GHS02 GHS04	H220	7
Methanallösung (Formaldehydlösung) $w \geq 25\,\%$	Gefahr	GHS06 GHS08 GHS05	H351 H331 H311 H301 H314 H317	10-12-16
Methanallösung (Formaldehydlösung) $5\,\% \leq w < 25\,\%$	Gefahr	GHS06 GHS08	H351 H331 H311 H301 H319 H315 H317 H335	1-10
Methanol	Gefahr	GHS02 GHS06 GHS08	H225 H331 H311 H301 H370	1-10
Methansäure s. Ameisensäure				

Gefahrstoff	Signalwort	Piktogrammcode	H-Sätze und EUH-Sätze	E-Sätze
Methansäuremethylester (Methylformiat)	Gefahr	GHS02 GHS07	H224 H332 H302 H319 H335	10-12
Methylenchlorid (Dichlormethan)	Achtung	GHS08	H351	10-12
Methylmethacrylat (Methacrylsäuremethylester)	Gefahr	GHS02 GHS07	H225 H335 H315 H317	10-12
Milchsäure (2-Hydroxypropansäure)	Gefahr	GHS05	H318 H315	10-12
Naphthalin	Achtung	GHS08 GHS07 GHS09	H351 H302 H410	10-12
2-Naphthol (2-Hydroxynaphthalin)	Achtung	GHS07 GHS09	H332 H302 H400	10-12
Natrium	Gefahr	GHS02 GHS05	H260 H314 EUH014	6-12-16
Natriumcarbonat	Achtung	GHS07	H319	1
Natriumcarbonat-10-Wasser	Achtung	GHS07	H319	1
Natriumdithionit	Gefahr	GHS02 GHS07	H251 H302 EUH031	1
Natriumfluorid	Gefahr	GHS06	H301 H319 H315 EUH032	5
Natriumhydroxid (Ätznatron)	Gefahr	GHS05	H314	2
Natriumhydroxidlösung (Natronlauge) $w \geq 2\,\%$	Gefahr	GHS05	H314	2
Natriumhydroxidlösung (Natronlauge) $0{,}5\,\% \leq w < 2\,\%$	Achtung	GHS07	H319 H315	1
Natriumnitrat	Gefahr	GHS03	H271	1
Natriumnitrit	Gefahr	GHS03 GHS06 GHS09	H272 H301 H400	1-16
Nicotin	Gefahr	GHS06 GHS09	H310 H301 H411	10-16
Ninhydrin	Achtung	GHS07	H302 H315 H319	10-12
Ninhydrinlösung $w \geq 25\,\%$	Achtung	GHS07	H302 H315 H319	10-12
Nonan-1-ol	Achtung	GHS07	H319	3
n-Octan	Gefahr	GHS02 GHS08 GHS07 GHS09	H225 H304 H315 H336 H410	10-12
Oxalsäure	Achtung	GHS07	H312 H302	5
n-Pentan	Gefahr	GHS02 GHS08 GHS07 GHS09	H225 H304 H336 H411 EUH066	10-12
Pentan-1-ol	Achtung	GHS02 GHS07	H226 H332	10-14
Pentansäure (Valeriansäure)	Gefahr	GHS05	H314 H412	2-10
Perchlorsäure $w \geq 50\,\%$	Gefahr	GHS03 GHS05	H271 H314	2
Perchlorsäure $10\,\% \leq w < 50\,\%$	Gefahr	GHS03 GHS05	H272 H314	2
Perchlorsäure $1\,\% \leq w < 10\,\%$	Gefahr	GHS03 GHS07	H272 H315 H319	2
Petroleumbenzin, Siedebereich 73 °C bis 85 °C	Gefahr	GHS08	H350 H340 H304	10-12
Phenol	Gefahr	GHS06 GHS08 GHS05	H341 H331 H311 H301 H373 H314	10-12
Phenollösung $1\,\% \leq w < 3\,\%$	Achtung	GHS07	H319 H315	10-12
Phenolphthalein	Gefahr	GHS08	H350 H341 H361f	10
Phenolphthaleinlösung (ethanolisch, $w < 1\,\%$)	Gefahr	GHS02	H225	1-10
Phthalsäureanhydrid	Gefahr	GHS08 GHS05 GHS07	H302 H335 H315 H318 H334 H317	10
Propan	Gefahr	GHS02 GHS04	H220	7
Propanal	Gefahr	GHS02 GHS07	H225 H319 H335 H315	9-10-12-16
Propan-1-ol	Gefahr	GHS02 GHS05 GHS07	H225 H318 H336	10
Propan-2-ol	Gefahr	GHS02 GHS07	H225 H319 H336	10

Gefahrstoff	Signalwort	Piktogrammcode	H-Sätze und EUH-Sätze	E-Sätze
Propanon s. Aceton				
Quecksilber(I)-chlorid (Kalomel)	Achtung	GHS07 GHS09	H302 H319 H335 H315 H410	6-12-16
Resorcin (1,3-Dihydroxybenzol)	Achtung	GHS07 GHS09	H302 H319 H315 H400	10
Salpetersäure $w \geq 65\,\%$	Gefahr	GHS03 GHS05	H272 H314	2
Salpetersäure $20\,\% \leq w < 65\,\%$	Gefahr	GHS05	H314	2
Salpetersäure $5\,\% \leq w < 20\,\%$	Gefahr	GHS05	H314	2
Salzsäure $w \geq 25\,\%$	Gefahr	GHS05 GHS07	H314 H335	2
Salzsäure $10\,\% \leq w < 25\,\%$	Achtung	GHS07	H319 H315 H335	2
Schwefel	Achtung	GHS07	H315	3
Schwefeldioxid	Gefahr	GHS04 GHS06 GHS05	H331 H314	7
Schwefelsäure $w \geq 15\,\%$	Gefahr	GHS05	H314	2
Schwefelsäure $5\,\% \leq w < 15\,\%$	Achtung	GHS07	H319 H315	2
Schwefelwasserstoff	Gefahr	GHS02 GHS04 GHS06 GHS09	H220 H330 H400	2-7
Sebacinsäuredichlorid (Decansäuredichlorid)	Gefahr	GHS05 GHS07	H302 H314 H335	10-12
Silbernitrat	Gefahr	GHS03 GHS05 GHS09	H272 H314 H410	12-13-14
Silbernitratlösung $5\,\% \leq w \leq 10\,\%$	Achtung	GHS07	H319 H315	12-13-14
Silbernitratlösung, ammoniakalisch	Achtung	GHS07	H315 H319 H335	2
Stickstoffdioxid	Gefahr	GHS04 GHS03 GHS06 GHS05	H270 H330 H314	7
Stickstoffmonooxid	Gefahr	GHS04 GHS06	H280 H310 H330	7

Gefahrstoff	Signalwort	Piktogrammcode	H-Sätze und EUH-Sätze	E-Sätze
Strontiumchlorid-6-Wasser	Achtung	GHS07	H302	1-3
Styrol	Achtung	GHS02 GHS07	H226 H332 H319 H315	10-12
Sulfanilsäure	Achtung	GHS07	H319 H315 H317	10-16
Toluol	Gefahr	GHS02 GHS08 GHS07	H225 H361d H304 H373 H315 H336	10-12
Trichlormethan s. Chloroform				
Valeriansäure s. Pentansäure				
Wasserstoff	Gefahr	GHS02 GHS04	H220	7
Wasserstoffperoxidlösung $35\,\% \leq w < 50\,\%$	Gefahr	GHS05 GHS07	H332 H302 H315 H318 H335	1
Wasserstoffperoxidlösung $8\,\% \leq w < 35\,\%$	Gefahr	GHS05 GHS07	H332 H302 H318	1
Wasserstoffperoxidlösung $5\,\% \leq w < 8\,\%$	Achtung	GHS07	H332 H302 H319	1
Weinsäure	Achtung	GHS07	H315	2-10
Xylol (Dimethylbenzol; o-, m-, p-)	Achtung	GHS02 GHS07	H226 H332 H312 H315	10-12
Zink, Pulver, Staub (stabilisiert)	Achtung	GHS09	H410	3
Zink, Pulver, Staub (pyrophor)	Gefahr	GHS02 GHS09	H260 H250 H410	3
Zinkchlorid	Gefahr	GHS05 GHS07 GHS09	H302 H314 H410	1-11
Zinkchloridlösung $5\,\% \leq w < 10\,\%$	Achtung	GHS07	H315 H319	1-11
Zinkoxid	Achtung	GHS09	H410	3
Zinn(II)-chlorid	Achtung	GHS07	H302 H315 H317 H319 H335	1-11

Register

A

F

Q

R

S

Bildquellen

adidas AG: 460/1 | Agentur Focus, Hamburg: 17/4 | Agentur Focus/Berger, J./MPI/SPL: 264/1 | Agentur Focus/SPL: 293/3 | Andreas Kometz, Nürnberg: 291/1 | Argus/Rudhart: 267/4 | aventis research & technologies: Vorsatz | BASF: 126, 453/4b | Bayer AG, Leverkusen: 519/1 | Berliner Wasserbetriebe: 186/1 | Bildarchiv Preußischer Kulturbesitz: 142/2 | blickwinkel/H. Schmidbauer: 418 (Titel) | blickwinkel/Poelking, F.: 446/1 | bridgemanart.com: 22/1 | CARO Fotoagentur: 412/2 | Centerpulse/dpa: 207/2c | CERN, Genf: 15/1 | Corbis/Design Pics/Hochachka, Corey: 253/oben | Corbis/Scott T. Smith: 32/oben | Corbis/Su: 508/3 | Corbis/Zefa/Hackenberg, Rainer: 182 | Corel-DB: 450/2, 491/5 | Cornelsen Experimenta: 59 | CV (Archiv): 289/1, 340/1, 352/1, 387 (Klebstoff), 450/1 | Daimler AG: 65/4, 226/1 | Deutsche Bundesstiftung Umwelt: 283/1 | Deutsches Museum, München: 143/2, 217/1 | digitalstock.com/J. Weber: 397/2 | digitalstock.com: 470/1 | Digitalstock/Naumann, R.: 209/4 | Döring, V., Hohen Neuendorf: 33/2, 99/2, 109/1, 125/1, 156/1, 160/1, 173/2, 181/1, 207/2d,e, 209/3, 253/1, 254//1, 263/2,4, 307/3–4, 339/5–6, 412/1, 415/2, 466/1, 490/3–4, 493/4, 496/1–2, 503/5, 504/1, 506/2 | EURONDA Deutschland GmbH, Altenberge: 77/2 | European Community: 265/Euro | Finke, Susanne, Berlin: 203/3 | foodwatch e. V.: 397/1b | Fotolia. com/Franz Pfluegl: 479/1 | Fotolia.com/Hector Fernandez: 381/2 | Fotolia.com/Karin Lau: 445/3 | Fotolia.com/Pascal Martin: 390 (Titel) | Fotolia.com/ unpict: 376/1, 515/4b | Fotolia.com/Andre Bonn: 457/3 | Fotolia.com/Andrew Buckin: 445/2 | Fotolia.com/Anna Khomulo: 482 (Schaumblasen) | Fotolia.com/Anne Kitzman: 483 (Glucose) | Fotolia.com/archana bhartia: 506/3 | Fotolia.com/bilderbox: 449/4 | Fotolia.com/binagel: 457/2 | Fotolia.com/Birgit Reitz-Hofmann: 387/b, 450/5 | Fotolia.com/Carmen Steiner: 515/3 | Fotolia.com/Chee-Onn Leong: 424/1 | Fotolia.com/Daniel Bujack: 383/1 | Fotolia.com/Digitalpress: 467/4 | Fotolia.com/Elenathewise: 340/2 | Fotolia.com/Eni: 457/6 | Fotolia.com/Far Flung Gallery: 322 (Titel) | Fotolia.com/fotoman_317: 472 (Titel) | Fotolia.com/George Dolgikh: 460/2 | Fotolia.com/Gernot Krautberger: 457/4 | Fotolia.com/Günter Menzl: 469/1 | Fotolia.com/Helmut Niklas: 510/1 | Fotolia.com/J.Charles CUVELIER: 294/1 | Fotolia.com/Jerzy Czarkowski: 347/5 | Fotolia.com/Kica Henke: 258 (Titel) | Fotolia.com/Klaus Eppele: 439/2 | Fotolia.com/Leonid Nyshko: 450/7 | Fotolia.com/lily: 302 (Titel) | Fotolia.com/Maria Adelaide Silva: 482/2 | Fotolia.com/MIR: 512/1 | Fotolia.com/NikaNOVAK: 472/1 | Fotolia.com/onlinebewerbung.de: 469/3 | Fotolia.com/Otto Durst: 482/1 | Fotolia.com/pictureworld: 457/5 | Fotolia.com/Puje: 497/4 | Fotolia.com/Rain Roogla: 444/1 | Fotolia.com/Rainer Schmittchen: 487/3 | Fotolia.com/Richard Blaker: 368 (Titel) | Fotolia.com/Robert Kneschke: 525/1 | Fotolia.com/Roposabien: 400 (Titel) | Fotolia.com/S. White: 479/3 | Fotolia.com/seen: 478/3 | Fotolia.com/Stana: 479/2 | Fotolia.com/Stefan Redel: 389/1 | Fotolia.com/Stefan Thiermayer: 450/6 | Fotolia.com/Volker Wille: 342 (Titel) | Fotolia.com/Weimar: 486/1 | Fotolia.com/Werner Münzker: 432 (Titel) | Fotolia.com/WINIKI: 483 (Saccharose) | Fotolia.com/Wong Hock Weng: 439/3 | Fotolia.com/yamix: 478/5 | Gartiser & Piewak GmbH/Michael Link, Bamberg: 505/6 | Geologische Forschung und Erkundung – GFE GmbH, Halle: 55/4 | Grimmer, A., Wörmlitz: 234/1, 242/1 | Honig-Verband e. V.: 377/4 | IKA-Werke GmbH & CO. KG, Staufen: 85/1 | Institut für Rechtsmedizin der Charité, Berlin: 297/2 | invitrogen.com: 404/2 | iStockphoto. com/Anastasia Tsoupa: 385/3 | iStockphoto. com/Joseph Abbott: 471 (Kleber) | iStockphoto.com/ Arthur Kwiatkowski:425/2 | iStockphoto.com/Ali Amamra: 508/1 | iStockphoto.com/Andrjuss Soldatovs: 514/2 | iStockphoto.com/Andrzej Boldaniuk: 352 (Titel) | iStockphoto.com/Baris Simsek: 445/4 | iStockphoto.com/DanielMAR: 508/4 | iStockphoto.com/gehringj: 467/5 | iStockphoto.com/Lise Gagne: 278 (Titel) | iStockphoto.com/Marcella Barsse: 387 (Filmrolle) | iStockphoto.com/Mark Kostich: 412/3 | iStockphoto.com/Olga Milkina: ,381/1 | iStockphoto.com/polarica: 463/3 | iStockphoto.com/Scott Fichter: 351/3 | iStockphoto.com/Soren Pilman: 509 (Jeans) | iStockphoto.com/Tatyana Nyshko: 515/4a | iStockphoto.com/technotr: 465/3 | iStockphoto.com/TommyL: 514/1 | Jahreszeiten Verlag/ Christian Teubner: 489/1a | Jean-Pütz-Produkte: 483 (Fettalkohol) | Kirsten-neumann.de: 207/2f | Kleinig, H., Freiburg: 265/3 | Klinik und Poliklinik für Neurologie, Universitätsklinikum Münster: 505/5 | Knopfe, M., Freiberg: Vorsatz | Laborgemeinschaft 1, Zürich: 522/1 | Landesamt für Denkmalpflege und Archäologie Sachsen-Anhalt/Lipták, J.: 207/1 | Lawrence Berkeley National Laboratory/Science Photo Library: 153/2 | Lehrstuhl für Technische Chemie, Ruhr-Universität Bochum: 121/3 | Manhattan Airborn Project: 207/2b | Mauricio Gambarini/dpa/Corbis: 444 (Titel) | mediacolors/Trummer/vsl: 488 (Titel) | NASA: 12, 15/2, 47/2 | Neubacher-Riens, Th., Berlin: 346/1, 499 (Möhren), 500/1-3 | Norddeutsche Affinerie: 243/3 | Okapia KG: 347/4 | picture alliance/dpa: 148/oben, 210/1, 278/1, 372/1, 386/1 | picture alliance/Okapia/Krutz: 499 (Flamingo) | picture-alliance/medicalpicture: 185/4 | picture-alliance/OKAPIA KG/Vock, Karl Gottfried: 108 | Picture-alliance/OKAPIA/ Lichtenberger, Jürgen: 94/1 | Project Photos: 259/1–2, 295/3 | robert hausch/pop13.org/coco-nuts.org: 483 (Kokosfett) | Science Photo Library/Andrew Syred: Titel | Science Photo Library/Hays Chemicals/Holmes, J.: 241/2 | Science Photo Library/Will & Deni McIntyre : 62 | Science Photo Library: 148/1, 153/1 | Seilnacht, Th., Bern: Vorsatz, 32/1, 130/1, 196 | Siemens AG, München: 70/1 | Simeon, R., Baden-Baden: 347/3 | Stephan Röhl-Fotografie, Berlin: 336 (Titel), 346/2, 392/3, 397/1a, 405/2, 483 (Biotensid), 485/1, 516/1a–1b | Steve Haddock, www.lifesci.edu/~biolumen: 497/5 | Ströck, Michael, Wien: 46/1 | Superbild: Vorsatz | Thyssen Krupp AG: 97/1 | U. Gohlke, U. Heinemann, Max-Delbrück- Centrum für Molekulare Medizin, Berlin: 406/1-3, 407/4 | V+I+S+K, Berlin: 163 | Vario Images/McPhoto: 204/2 | Varta AG: 225/4, 229/4 | Vattenfall Europe AG: 70 | Verlag Werbung und Foto Fabry GmbH, Rüdersdorf: 71/3 | VISUM/Sobotta, S.: 209/1 | Wikipedia/Acdx: 450/3 | Wikipedia/Anmoll: 410/1 | Wikipedia/BMK: 396/1 | Wikipedia/Borislav Mitev: 416 (Albumin) | Wikipedia/Donaulustig: 280/2 | Wikipedia/gemeinfrei: 142/1, 268/Gold | Wikipedia/Grobe, H.: 260/1 | Wikipedia/Jan Homann: 370/2 | Wikipedia/Johntex: 471 (Surfer) | Wikipedia/JWSchmidt: 416 (Kollagen) | Wikipedia/Kristian Peters: 378/1 (Hintergrund) | Wikipedia/Leibnizkeks: 508/2a | Wikipedia/Luigi Chiesa: 217/2 | Wikipedia/Pethan: 508/2b | Wikipedia/public domain: 285/2, 334/1, 440/1, 450/4, 518 (Titel) | Wikipedia/Zwiebeltuete: 270/1.

Leider war es nicht in allen Fällen möglich, den Rechteinhaber zu ermitteln. Berechtigte Ansprüche werden im üblichen Rahmen abgegolten.

▶ Donator-Akzeptor-Konzept

Bei vielen chemischen Reaktionen ist das gegenseitige Abgeben und Aufnehmen von Teilchen durch die reagierenden Stoffe festzustellen. Das Donator-Akzeptor-Konzept ist eine Grundlage zum Verständnis chemischer Reaktionen.

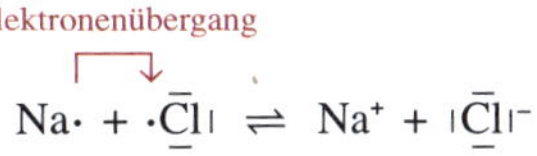

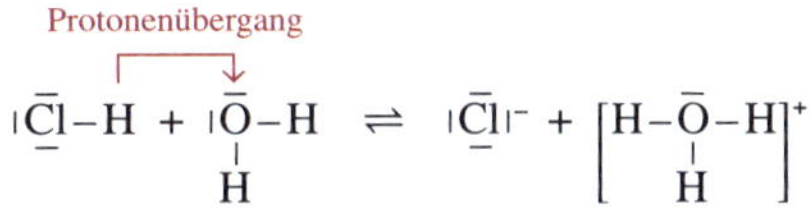

Das Donator-Akzeptor-Konzept betrachtet
- das gegenseitige Abgeben und Aufnehmen von Elektronen in chemischen Reaktionen (Redoxreaktionen)
- das gegenseitige Abgeben und Aufnehmen von Protonen in chemischen Reaktionen (Säure-Base-Reaktionen)
- die Wechselwirkungen von Ionen/Molekülen mit einem freien Elektronenpaar und Ionen/Molekülen mit einer Elektronenlücke

▶ Energie-Konzept

In allen Stoffen ist Energie gespeichert. Energieformen können ineinander umgewandelt werden. Alle chemischen Reaktionen sind mit Energieumsatz verbunden.
Das Energie-Konzept betrachtet
- energetische Erscheinungen bei chemischen Reaktionen
- Energieumwandlungen bei chemischen Reaktionen
- den Zusammenhang zwischen chemischer Bindung und Energie
- den möglichen Ablauf chemischer Reaktionen aus thermodynamischer Sicht

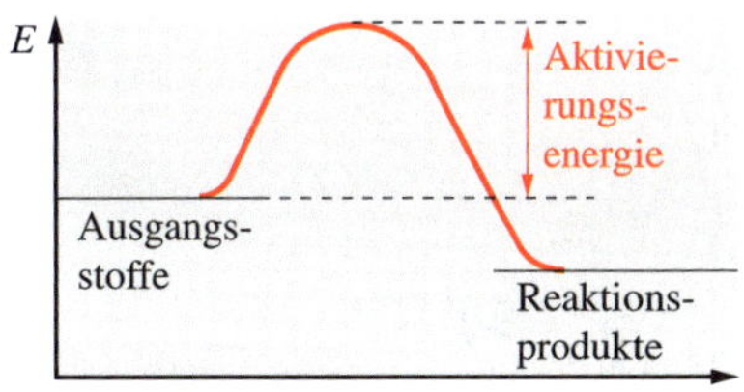

Energiediagramm einer exothermen Reaktion

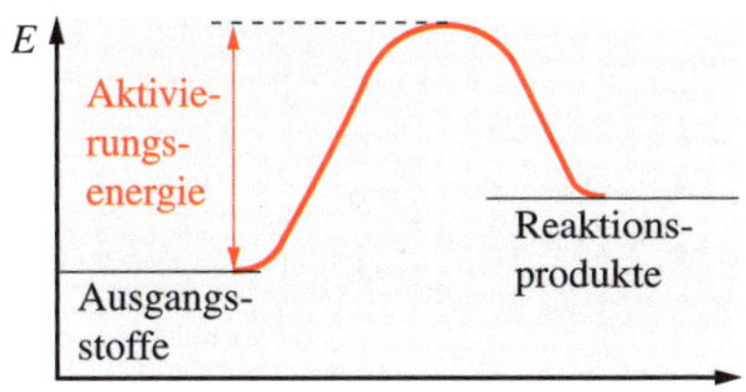

Energiediagramm einer endothermen Reaktion

▶ Konzept des chemischen Gleichgewichts und der Kinetik

Stoffe reagieren oft nicht vollständig miteinander. Es stellt sich ein Gleichgewicht zwischen den Teilchen der Ausgangsstoffe und der Reaktionsprodukte ein.
Stoffe reagieren unterschiedlich schnell miteinander. Die Geschwindigkeit chemischer Reaktionen kann z. B. durch Temperatur und Konzentration der reagierenden Stoffe oder durch die Verwendung eines Katalysators beeinflusst werden.
Das Konzept des chemischen Gleichgewichts und der Kinetik betrachtet
- die Einstellung des chemischen Gleichgewichts und dessen Beeinflussung
- die Geschwindigkeit chemischer Reaktionen und deren Beeinflussung

Einfluss der Temperatur auf das chemische Gleichgewicht zwischen Stickstoffdioxid und Distickstofftetraoxid $2\,NO_2 \rightleftharpoons N_2O_4$ (braun / farblos)

Chemie Oberstufe

Erarbeitet von

Karin Arnold
Volkmar Dietrich
Andreas Eberle
Andreas Grimmer
Anja Grimmer
Astrid Jenckel
Marianne Karohs
Bettina Labahn
Uwe Lüttgens
Ralf Malz
Jörn Peters
Steffen Schäfer
Boris Teichert
Kerstin Tischendorf